Huppert
Angewandte Lineare Algebra

Bertram Huppert

Angewandte Lineare Algebra

Walter de Gruyter
Berlin · New York 1990

Bertram Huppert
Fachbereich Mathematik
Universität Mainz
Saarstr. 21
D–6500 Mainz

CIP-Titelaufnahme der Deutschen Bibliothek

Huppert, Bertram:
Angewandte lineare Algebra / Bertram Huppert. –
Berlin ; New York : de Gruyter, 1990
ISBN 3-11-012107-7

∞ Gedruckt auf säurefreiem Papier

Satz: Danny Lee Lewis, Berlin. – Druck: Gerike GmbH, Berlin. – Buchbinderische Verarbeitung: Dieter Mikolai, Berlin. – Einbandgestaltung: Thomas Bonnie, Hamburg.
Printed in Germany

Vorwort

Die lineare Algebra wurde ursprünglich vor allem für die Zwecke der Analytischen Geometrie entwickelt. Während ihre elementaren Aussagen fast überall eine direkte geometrische Interpretation gestatten, schlagen sich die tieferliegenden Sätze über lineare Abbildungen, ihre Eigenwerte und Normalformen nur zum Teil in geometrischen Aussagen nieder. Das vorliegende Buch hat das Ziel, eine Reihe von Ergänzungen und nichtgeometrischen Anwendungen der Linearen Algebra in direktem Anschluß an den Stoff der Anfängervorlesung zu behandeln.

In Kapitel I stellen wir Grundtatsachen über lineare Abbildungen ohne Beweise zusammen und ergänzen diese durch einige Aussagen über Diagonal- und Dreiecksgestalt von Matrizen. Kapitel II enthält eine breit angelegte Behandlung der reellen und komplexen Hilberträume endlicher Dimension sowie der Eigenwerttheorie hermitescher und normaler Abbildungen. Kapitel III behandelt mit Hilfe der Exponentialfunktion von Matrizen Systeme von linearen Differential- und Differenzengleichungen mit konstanten Koeffizienten. Schwerpunkt dieses Kapitels sind die Paragraphen 5 und 6 über lineare Schwingungen, wo der Charakter der Schwingungsvorgänge durch die Jordansche Normalform gewisser Matrizen bestimmt wird. In Kapitel IV betrachten wir die Eigenwerttheorie nichtnegativer Matrizen, welche interessante Anwendungen gestattet auf ökonomische Probleme, Wachstumsprozesse und stochastische Prozesse. Kapitel V gibt eine Einführung in die Theorie der Vektorräume mit indefinitem Skalarprodukt sowie Anwendungen auf die Kinematik der speziellen Relativitätstheorie, also auf Minkowski-Raum und Lorentz-Gruppe.

Für eine genauere Beschreibung des Inhaltes verweisen wir auf das Inhaltsverzeichnis und die Vorworte der einzelnen Kapitel. Die einzelnen Kapitel sind relativ unabhängig voneinander. In Kapitel III werden Grundkenntnisse aus Kapitel II vorausgesetzt, vor allem II, § § 6, 7, 8. Für Kapitel IV wird II, § § 2, 3 benötigt.

Natürlich behandelt dieses Buch nicht annähernd alle Anwendungen der Linearen Algebra. Unsere Auswahl bevorzugt solche Gebiete, wo lineare Abbildungen, ihre Eigenwerte und Normalformen eine wesentliche Rolle spielen. Das schließt viele Bereiche aus wie etwa lineare Optimierung, Spieltheorie und Kodierungstheorie. Wir waren bestrebt, Beziehungen zu außermathematischen Fragestellungen möglichst vielfältig aufzugreifen. Numerische Verfahren der Linearen Algebra haben wir nicht aufgenommen, aber auf die Abschätzung und Einschließung von Eigenwerten sind wir mehrfach eingegangen.

Bei der Abgrenzung des Stoffes sind wir nicht dogmatisch vorgegangen. Interessante Fragen, die etwas neben der Hauptlinie unserer Darstellung liegen, haben wir mitunter aufgegriffen. Mit Beispielen und Aufgaben wurde nicht gespart, um neben einer Ergänzung des Textes auch Rechentechniken zu vermitteln.

Bei den Arbeiten an diesem Buch haben mich mehrere Kollegen unterstützt. Mit Herrn Wolfgang Gaschütz (Kiel) konnte ich im Verlaufe der letzten Jahre die Entwürfe zu allen Kapiteln eingehend durchsprechen. Nützliche Vorschläge und kritische Kommentare zu verschiedenen Teilen des Manuskriptes verdanke ich den Mainzer Kollegen Thomas Hanschke, Olaf Manz, Hans-Jürgen Schuh und Wolfgang Willems. Dem Verlag Walter de Gruyter danke ich für die Publikation dieses Buches und die vorzügliche Zusammenarbeit.

Nicht zuletzt geht mein Dank an meinen Lehrer Helmut Wielandt, dessen originelle Vorlesungen über Eigenwerte von Matrizen, welche ich vor 30 Jahren in Mainz hören konnte, mein Interesse an diesen Fragen angeregt haben.

Mainz, Februar 1990 Bertram Huppert

Inhalt

Kapitel I
Lineare Abbildungen

Dieses Kapitel soll die Grundzüge der Linearen Algebra, welche wir als bekannt voraussetzen, zusammenstellen und an wenigen Stellen ergänzen.

§ 1 dient vor allem der Festlegung der Bezeichnungen. Lediglich der Faktorraum und die Beschreibung direkter Zerlegungen durch Projektionen mag für manchen Leser neu sein; wir werden von diesen Begriffen systematisch Gebrauch machen. In § 2 beschreiben wir die Teilbarkeitstheorie der Polynome in einer Variablen (ohne Beweise). In § 3 geben wir den Satz von der Jordanschen Normalform in der von uns verwendeten modultheoretischen Gestalt an (ohne Beweis) und beweisen im Anschluß daran einige Aussagen über Minimalpolynom, Diagonalisierbarkeit und Dreiecksgestalt von Matrizen. Mit dem Blick auf Vektorräume über dem reellen Zahlkörper $\mathbb{R}$ betrachten wir neben der Diagonalisierbarkeit auch die Halbeinfachheit linearer Abbildungen.

In Kapitel I werden grundsätzlich keine unnötigen Annahmen über den zugrundeliegenden Körper **K** gemacht; insbesondere kann seine Charakteristik in der Regel von 0 verschieden sein.

Wir haben dieses Kapitel mit einer Aufgabensammlung versehen, die hoffentlich für Lernende und Lehrende von Interesse ist. Die Aufgaben A 3.15 bis A 3.18 behandeln die Jordansche Normalform von Tensorprodukten linearer Abbildungen; dies ist die einzige Stelle, wo Kenntnisse aus der multilinearen Algebra benötigt werden.

Dem Leser sei geraten, Kapitel I zunächst nur zu überfliegen, um sich mit den von uns verwendeten Bezeichnungen vertraut zu machen. Bei Bedarf kann er die später benötigten Ergebnisse aus Kapitel I, soweit diese ihm nicht geläufig sind, dann nachlesen.

§ 1 Vektorräume und lineare Abbildungen

Wir stellen in diesem Paragraphen die wichtigsten Aussagen über Vektorräume und lineare Abbildungen zusammen (meist ohne Beweis) und legen dabei vor allem die weiterhin verwendeten Bezeichnungen fest.

1.1 Vektorräume und Unterräume

a) Die Körper **K**, welche wir zu Grunde legen, seien zunächst ganz beliebig, also nicht notwendig von der Charakteristik 0. Allerdings werden wir in den Kapitel II bis IV nur den reellen Zahlkörper $\mathbb{R}$ und den komplexen Zahlkörper $\mathbb{C}$ benötigen.

b) Alle betrachteten **K**-Vektorräume seien von endlicher Dimension, sofern nicht ausdrücklich anders gesagt. (Die vorkommenden Begriffe behalten übrigens oft auch für Vektorräume von unendlicher Dimension Sinn.)

c) Ist $\mathfrak{V}$ ein **K**-Vektorraum und $\mathfrak{U}$ ein Unterraum von $\mathfrak{V}$, so schreiben wir $\mathfrak{U} \leqslant \mathfrak{V}$; ist $\mathfrak{U} \leqslant \mathfrak{V}$ und $\mathfrak{U} \neq \mathfrak{V}$, so schreiben wir $\mathfrak{U} < \mathfrak{V}$. (Ganz entsprechend verwenden wir auch für Mengen die Zeichen $\subseteq$ und $\subset$.)

d) Seien $\mathfrak{U}_j \leqslant \mathfrak{V}$ $(j = 1, 2)$. Dann sind $\mathfrak{U}_1 \cap \mathfrak{U}_2$ und

$$\mathfrak{U}_1 + \mathfrak{U}_2 = \{\, u_1 + u_2 \mid u_j \in \mathfrak{U}_j \,\}$$

Unterräume von $\mathfrak{V}$.

Sei $\mathfrak{B}_0 = \{\, u_j \mid j = 1, \dots, m \,\}$ eine Basis von $\mathfrak{U}_1 \cap \mathfrak{U}_2$. Bekanntlich läßt sich $\mathfrak{B}_0$ ergänzen zu Basen

$$\mathfrak{B}_1 = \{\, u_j \mid j = 1, \dots, n_1 \,\} \quad \text{von } \mathfrak{U}_1$$

und

$$\mathfrak{B}_2 = \{\, u'_j \mid j = 1, \dots, n_2,\ u_j = u'_j \ \text{ für } \ j = 1, \dots, m \,\} \quad \text{von } \mathfrak{U}_2.$$

Dann ist

$$\mathfrak{B}_3 = \{\, u_j \mid j = 1, \dots, n_1 \,\} \cup \{\, u'_j \mid j = m + 1, \dots, n_2 \,\}$$

eine Basis von $\mathfrak{U}_1 + \mathfrak{U}_2$. Insbesondere folgt die oft benutzte Formel

$$\dim(\mathfrak{U}_1 + \mathfrak{U}_2) = n_1 + n_2 - m = \dim \mathfrak{U}_1 + \dim \mathfrak{U}_2 - \dim(\mathfrak{U}_1 \cap \mathfrak{U}_2).$$

(Für $\dim(\mathfrak{U}_1 + \dots + \mathfrak{U}_m)$ mit $m \geqslant 3$ siehe Aufgabe A 1.6.)

e) Seien $\mathfrak{U}_j \leqslant \mathfrak{V}$ $(j = 1, 2, 3)$. Ist $\mathfrak{U}_1 \leqslant \mathfrak{U}_3$, so gilt die sogenannte Dedekind[1)]-Identität

$$(\mathfrak{U}_1 + \mathfrak{U}_2) \cap \mathfrak{U}_3 = \mathfrak{U}_1 + (\mathfrak{U}_2 \cap \mathfrak{U}_3).$$

Ohne die Voraussetzung $\mathfrak{U}_1 \leqslant \mathfrak{U}_3$ ist diese Aussage jedoch i.a. falsch (siehe Aufgabe A 1.4).

f) Ist $\mathfrak{M}$ eine Untermenge von $\mathfrak{V}$, so bezeichnen wir mit $\langle \mathfrak{M} \rangle$ den kleinsten Unterraum von $\mathfrak{V}$, welcher $\mathfrak{M}$ enthält.

---

1) Richard Dedekind (1831–1916) Braunschweig; Idealtheorie, algebraische Zahlen und Funktionen, Zahlbegriff.

1.2 Der Faktorraum

Sei $\mathfrak{U} \leqslant \mathfrak{V}$.

a) Für $v \in \mathfrak{V}$ bilden wir die sogenannte Nebenklasse

$$v + \mathfrak{U} = \{ v + u \mid u \in \mathfrak{U} \}.$$

Diese Untermengen von $\mathfrak{V}$ fassen wir zusammen zu einer neuen Menge

$$\mathfrak{V}/\mathfrak{U} = \{ v + \mathfrak{U} \mid v \in \mathfrak{V} \}.$$

Dabei gilt $v_1 + \mathfrak{U} = v_2 + \mathfrak{U}$ genau dann, wenn $v_1 - v_2 \in \mathfrak{U}$. Wir machen $\mathfrak{V}/\mathfrak{U}$ zu einem **K**-Vektorraum durch die offenbar wohldefinierten Festsetzungen

$$(v_1 + \mathfrak{U}) + (v_2 + \mathfrak{U}) = v_1 + v_2 + \mathfrak{U} = \{ w_1 + w_2 \mid w_j \in v_j + \mathfrak{U} \}$$

und

$$k(v + \mathfrak{U}) = kv + \mathfrak{U}$$

für $v_1, v_2, v \in \mathfrak{V}$ und $k \in \mathbf{K}$. Das Nullelement von $\mathfrak{V}/\mathfrak{U}$ ist die Nebenklasse $\mathfrak{U}$.

Wir nennen $\mathfrak{V}/\mathfrak{U}$ den Faktorraum von $\mathfrak{V}$ nach dem Unterraum $\mathfrak{U}$.

b) Ist $\{ u_j \mid j = 1, \dots, m \}$ eine Basis von $\mathfrak{U}$ und $\{ u_j \mid j = 1, \dots, n \}$ eine Ergänzung zu einer Basis von $\mathfrak{V}$, so ist

$$\{ u_j + \mathfrak{U} \mid j = m + 1, \dots, n \}$$

eine Basis von $\mathfrak{V}/\mathfrak{U}$. Daher folgt

$$\dim \mathfrak{V}/\mathfrak{U} = \dim \mathfrak{V} - \dim \mathfrak{U}.$$

Ist umgekehrt $\{ u_j \mid j = 1, \dots, m \}$ eine Basis von $\mathfrak{U}$ und $\{ v_j + \mathfrak{U} \mid j = 1, \dots, k \}$ eine Basis von $\mathfrak{V}/\mathfrak{U}$, so ist $\{ u_1, \dots, u_m, v_1, \dots, v_k \}$ eine Basis von $\mathfrak{V}$.

1.3 Lineare Abbildungen und Matrizen

a) Seien $\mathfrak{V}_1$ und $\mathfrak{V}_2$ **K**-Vektorräume über demselbem Körper **K**. Dann bezeichnen wir mit $\mathrm{Hom}(\mathfrak{V}_1, \mathfrak{V}_2)$ die Menge aller linearen Abbildungen von $\mathfrak{V}_1$ in $\mathfrak{V}_2$. Ist $v_1 \in \mathfrak{V}_1$ und $A \in \mathrm{Hom}(\mathfrak{V}_1, \mathfrak{V}_2)$, so schreiben wir Av_1 für das Bild von v_1 unter A. Setzen wir

$$\mathrm{Kern}\, A = \{ v_1 \mid v_1 \in \mathfrak{V}_1,\ Av_1 = 0 \}$$

und

$$\mathrm{Bild}\, A = \{ Av_1 \mid v_1 \in \mathfrak{V}_1 \} = A\mathfrak{V}_1,$$

so ist $\mathrm{Kern}\, A \leqslant \mathfrak{V}_1$ und $\mathrm{Bild}\, A \leqslant \mathfrak{V}_2$. Die Abbildung B mit

$$B(v_1 + \mathrm{Kern}\, A) = Av_1 \qquad (\text{für } v_1 \in \mathfrak{V}_1)$$

ist eine bijektive lineare Abbildung von $\mathfrak{V}_1/\operatorname{Kern} A$ auf $\operatorname{Bild} A$. Daraus folgt insbesondere

$$\dim \operatorname{Bild} A = \dim \mathfrak{V}_1/\operatorname{Kern} A = \dim \mathfrak{V}_1 - \dim \operatorname{Kern} A.$$

$\dim \operatorname{Bild} A$ wird auch als der Rang von A bezeichnet.
Ist $\operatorname{Kern} A = 0$, so nennen wir A einen Monomorphismus; ist $\operatorname{Bild} A = \mathfrak{V}_2$, so heißt A ein Epimorphismus; ist A Monomorphismus und Epimorphismus, so heißt A ein Isomorphismus von $\mathfrak{V}_1$ auf $\mathfrak{V}_2$.

b) Für $A, B \in \operatorname{Hom}(\mathfrak{V}_1, \mathfrak{V}_2)$ definieren wir $A + B \in \operatorname{Hom}(\mathfrak{V}_1, \mathfrak{V}_2)$ durch

$$(A + B)v_1 = Av_1 + Bv_1 \qquad (v_1 \in \mathfrak{V}_1).$$

Für $k \in \mathbf{K}$ setzen wir

$$(kA)v_1 = k(Av_1).$$

Dadurch wird $\operatorname{Hom}(\mathfrak{V}_1, \mathfrak{V}_2)$ ein $\mathbf{K}$-Vektorraum. Ist $\{ v_1, \ldots, v_{n_1} \}$ eine Basis von $\mathfrak{V}_1$ und $\{ w_1, \ldots, w_{n_2} \}$ eine Basis von $\mathfrak{V}_2$, so bilden die $E_{ij} \in \operatorname{Hom}(\mathfrak{V}_1, \mathfrak{V}_2)$ mit

$$E_{ij} v_k = \delta_{jk} w_i \qquad (i = 1, \ldots, n_2; \quad j, k = 1, \ldots, n_1)$$

eine Basis von $\operatorname{Hom}(\mathfrak{V}_1, \mathfrak{V}_2)$. Also gilt

$$\dim \operatorname{Hom}(\mathfrak{V}_1, \mathfrak{V}_2) = \dim \mathfrak{V}_1 \dim \mathfrak{V}_2.$$

c) Sei $\mathfrak{B}_1 = \{ v_1, \ldots, v_n \}$ eine Basis von $\mathfrak{V}_1$ und $\mathfrak{B}_2 = \{ w_1, \ldots, w_m \}$ eine Basis von $\mathfrak{V}_2$. Für $A \in \operatorname{Hom}(\mathfrak{V}_1, \mathfrak{V}_2)$ gibt es dann eindeutig bestimmte $a_{ji} \in \mathbf{K}$ mit

$$Av_i = \sum_{j=1}^{m} a_{ji} w_j \qquad (i = 1, \ldots, n).$$

Wir ordnen dann A bezüglich der Basen $\mathfrak{B}_1$ und $\mathfrak{B}_2$ die Matrix

$$(a_{ij}) = \begin{pmatrix} a_{11} & \ldots & a_{1n} \\ \vdots & & \vdots \\ a_{m1} & \ldots & a_{mn} \end{pmatrix}$$

vom Typ (m, n) zu. (Natürlich sind dabei die Basen als Mengen mit vorgegebener Anordnung anzusehen!)

d) Sei $\mathfrak{V}_1 = \mathbf{K}^n$ der Vektorraum aller Spaltenvektoren

$$\begin{pmatrix} x_1 \\ \vdots \\ x_n \end{pmatrix} \qquad (x_j \in \mathbf{K})$$

der Länge n und $A = (a_{ji})$ eine Matrix vom Typ (m, n) mit $a_{ji} \in \mathbf{K}$. Durch die Matrixmultiplikation von links her wird dann vermöge

$$A_0 \begin{pmatrix} x_1 \\ \vdots \\ x_n \end{pmatrix} = \begin{pmatrix} \sum\limits_{i=1}^{n} a_{1i} x_i \\ \vdots \\ \sum\limits_{i=1}^{n} a_{mi} x_i \end{pmatrix}$$

eine lineare Abbildung A_0 von $\mathfrak{V}_1 = \mathbf{K}^n$ in $\mathfrak{V}_2 = \mathbf{K}^m$ bewirkt.
Sei $\mathfrak{B}_1 = \{\, e_j \mid j = 1, \ldots, n \,\}$ die sogenannte kanonische Basis von $\mathfrak{V}_1$ mit

$$e_j = (\delta_{ji}) = \begin{pmatrix} 0 \\ \vdots \\ 0 \\ 1 \\ 0 \\ \vdots \\ 0 \end{pmatrix} \qquad \text{(1 an der Stelle } j\text{)}$$

und entsprechend $\mathfrak{B}_2 = \{\, e'_k \mid k = 1, \ldots, m \,\}$ die kanonische Basis von $\mathfrak{V}_2$. Dann ist

$$A_0 e_j = \begin{pmatrix} a_{1j} \\ \vdots \\ a_{mj} \end{pmatrix} = \sum_{k=1}^{m} a_{kj} e'_k .$$

Somit ist der linearen Abbildung A_0 bezüglich der Basen $\mathfrak{B}_1$ und $\mathfrak{B}_2$ die Ausgangsmatrix A zugeordnet.

e) Seien $\mathfrak{V}_j$ $(j = 1, 2, 3)$ **K**-Vektorräume mit Basen

$$\mathfrak{B}_j = \{\, v_{jk} \mid k = 1, \ldots, n_j \,\}.$$

Seien $B \in \operatorname{Hom}(\mathfrak{V}_1, \mathfrak{V}_2)$ und $A \in \operatorname{Hom}(\mathfrak{V}_2, \mathfrak{V}_3)$ mit

$$B v_{1j} = \sum_{k=1}^{n_2} b_{kj} v_{2k} \qquad (j = 1, \ldots, n_1)$$

und

$$A v_{2k} = \sum_{l=1}^{n_3} a_{lk} v_{3l} \qquad (k = 1, \ldots, n_2).$$

Wir definieren die lineare Abbildung AB aus $\operatorname{Hom}(\mathfrak{V}_1, \mathfrak{V}_3)$ durch

$$(AB)v = A(Bv) \qquad \text{für } v \in \mathfrak{V}_1 .$$

Dann folgt

$$ABv_{1j} = \sum_{l=1}^{n_3} c_{lj} v_{3l} \qquad \text{mit} \qquad c_{lj} = \sum_{k=1}^{n_2} a_{lk} b_{kj}.$$

Der Abbildung AB ist also bezüglich der Basen $\mathfrak{B}_1$ und $\mathfrak{B}_3$ das Matrizenprodukt $(c_{lj}) = (a_{lk})(b_{kj})$ zugeordnet.

f) Die **K**-Algebra aller Matrizen vom Typ (n, n) über **K** bezeichnen wir mit $(\mathbf{K})_n$. Offenbar sind algebraische Aussagen über $(\mathbf{K})_n$ und $\operatorname{Hom}(\mathfrak{V}, \mathfrak{V})$ mit $\dim \mathfrak{V} = n$ weitgehend gleichwertig. In der Regel formulieren wir nur eine der beiden möglichen Gestalten eines Satzes über Matrizen bzw. lineare Abbildungen.

Mit E bezeichnen wir das Einselement von $\operatorname{Hom}(\mathfrak{V}, \mathfrak{V})$, ebenfalls mit E oder E_n die Einheitsmatrix aus $(\mathbf{K})_n$.

1.4 Direkte Zerlegungen und Projektionen

a) Seien $\mathfrak{U}_j \leqslant \mathfrak{V}$ $(j = 1, \dots, m)$. Hat jedes $v \in \mathfrak{V}$ genau eine Zerlegung

$$v = \sum_{j=1}^{m} u_j \qquad \text{mit} \qquad u_j \in \mathfrak{U}_j,$$

so nennen wir $\mathfrak{V}$ die direkte Summe der $\mathfrak{U}_j$ und schreiben

$$\mathfrak{V} = \mathfrak{U}_1 \oplus \cdots \oplus \mathfrak{U}_m = \bigoplus_{j=1}^{m} \mathfrak{U}_j.$$

Dies ist gleichwertig mit jeder der folgenden beiden Eigenschaften:

$$\mathfrak{V} = \mathfrak{U}_1 + \cdots + \mathfrak{U}_m \tag{1}$$

und

$$\Big(\sum_{j=1}^{k} \mathfrak{U}_j\Big) \cap \mathfrak{U}_{k+1} = 0 \qquad \text{für} \qquad 1 \leqslant k \leqslant m-1.$$

(Die Bedingung $\mathfrak{U}_j \cap \mathfrak{U}_k = 0$ für $j \neq k$ reicht nicht!)

$$\mathfrak{V} = \sum_{j=1}^{m} \mathfrak{U}_j \qquad \text{und} \qquad \dim \mathfrak{V} = \sum_{j=1}^{m} \dim \mathfrak{U}_j. \tag{2}$$

Die Gleichung $\mathfrak{V} = \mathfrak{U}_1 \oplus \mathfrak{U}_2$ besagt also $\mathfrak{V} = \mathfrak{U}_1 + \mathfrak{U}_2$ und $\mathfrak{U}_1 \cap \mathfrak{U}_2 = 0$. In diesem Falle nennen wir $\mathfrak{U}_2$ ein Komplement von $\mathfrak{U}_1$ in $\mathfrak{V}$. (Dies ist wohl zu unterscheiden von der rein mengentheoretischen Komplementärmenge von $\mathfrak{U}_1$ in $\mathfrak{V}$.) Bekanntlich besitzt jeder Unterraum Komplemente. (Siehe Aufgaben A 1.2 und A 1.3.)

b) Ist $\mathfrak{V} = \bigoplus_{j=1}^{m} \mathfrak{U}_j$, so gibt es $P_j \in \operatorname{Hom}(\mathfrak{V}, \mathfrak{V})$ mit

$$P_j\Big(\sum_{k=1}^{m} u_k\Big) = u_j \qquad \text{für} \qquad u_k \in \mathfrak{U}_k.$$

Dann gilt $P_j^2 = P_j$, $P_j P_k = 0$ für $j \neq k$ und $E = \sum_{j=1}^{m} P_j$.

Sind umgekehrt $P_j \in \operatorname{Hom}(\mathfrak{V}, \mathfrak{V})$ vorgegeben mit $P_j^2 = P_j$, $P_j P_k = 0$ für $j \neq k$ und $E = \sum_{j=1}^{m} P_j$, so folgt

$$\mathfrak{V} = \bigoplus_{j=1}^{m} \operatorname{Bild} P_j.$$

Abbildungen P aus $\operatorname{Hom}(\mathfrak{V}, \mathfrak{V})$ mit $P^2 = P$ nennen wir Projektionen. Sie sind offenbar eindeutig festgelegt durch Vorgabe von $\operatorname{Kern} P$ und $\operatorname{Bild} P$, und es gilt

$$\mathfrak{V} = \operatorname{Kern} P \oplus \operatorname{Bild} P.$$

Ist P eine Projektion, so ist auch $E - P$ eine Projektion mit

$$\operatorname{Bild}(E - P) = \operatorname{Kern} P \qquad \text{und} \qquad \operatorname{Kern}(E - P) = \operatorname{Bild} P.$$

c) Seien $\mathfrak{V}_j$ $(j = 1, \ldots, m)$ irgendwelche **K**-Vektorräume. Dann wird die Produktmenge

$$\mathfrak{V} = \{\, (v_1, \ldots, v_m) \mid v_j \in \mathfrak{V}_j \,\}$$

ein **K**-Vektorraum durch komponentenweise Ausführung der Operationen. Setzen wir

$$\mathfrak{U}_j = \{\, (0, \ldots, 0, v_j, 0, \ldots, 0) \mid v_j \in \mathfrak{V}_j \,\},$$

so ist $\mathfrak{U}_j$ ein zu $\mathfrak{V}_j$ isomorpher Unterraum von $\mathfrak{V}$, und es gilt $\mathfrak{V} = \bigoplus_{j=1}^{m} \mathfrak{U}_j$.

Wir schreiben auch in diesem Falle $\mathfrak{V} = \bigoplus_{j=1}^{m} \mathfrak{V}_j$, unterscheiden diese "äußere" direkte Summe der $\mathfrak{V}_j$ in der Bezeichnung also nicht von der in a) definierten "inneren" direkten Summe.

1.5 Invariante Unterräume

Sei $A \in \operatorname{Hom}(\mathfrak{V}, \mathfrak{V})$ und $\mathfrak{U} \leqslant \mathfrak{V}$ mit $Au \in \mathfrak{U}$ für alle $u \in \mathfrak{U}$. Wir nennen dann $\mathfrak{U}$ einen A-invarianten Unterraum von $\mathfrak{V}$. Bezeichnen wir mit $A_{\mathfrak{U}}$ die Einschränkung von A auf $\mathfrak{U}$, so gilt offenbar $A_{\mathfrak{U}} \in \operatorname{Hom}(\mathfrak{U}, \mathfrak{U})$.

a) Wir definieren $A_{\mathfrak{V}/\mathfrak{U}}$ auf $\mathfrak{V}/\mathfrak{U}$ durch

$$A_{\mathfrak{V}/\mathfrak{U}}(v + \mathfrak{U}) = Av + \mathfrak{U} \qquad (\text{für } v \in \mathfrak{V}).$$

Man bestätigt leicht, daß $A_{\mathfrak{V}/\mathfrak{U}}$ wohldefiniert ist und in $\operatorname{Hom}(\mathfrak{V}/\mathfrak{U}, \mathfrak{V}/\mathfrak{U})$ liegt.

b) Sei $\mathfrak{B}_1 = \{ v_1, \ldots, v_m \}$ eine Basis von $\mathfrak{U}$ und $\mathfrak{B}_2 = \{ v_1, \ldots, v_n \}$ eine diese ergänzende Basis von $\mathfrak{V}$. Dann ist nach 1.2 b) $\mathfrak{B}_3 = \{ v_j + \mathfrak{U} \mid j = m+1, \ldots, n \}$ eine Basis von $\mathfrak{V}/\mathfrak{U}$. Sei

$$Av_i = \sum_{j=1}^{n} a_{ji} v_j.$$

Wegen $A\mathfrak{U} \leqslant \mathfrak{U}$ gilt dabei

$$A_{\mathfrak{U}} v_i = Av_i = \sum_{j=1}^{m} a_{ji} v_j \qquad \text{für } 1 \leqslant i \leqslant m.$$

Für $m+1 \leqslant i \leqslant n$ ist

$$A_{\mathfrak{V}/\mathfrak{U}}(v_i + \mathfrak{U}) = Av_i + \mathfrak{U} = \sum_{j=1}^{n} a_{ji} v_j + \mathfrak{U} = \sum_{j=m+1}^{n} a_{ji}(v_j + \mathfrak{U}).$$

Also ist

$$(a_{ji}) = \begin{pmatrix} a_{11} & \ldots & a_{1m} & & & \\ \vdots & & \vdots & & * & \\ a_{m1} & \ldots & a_{mm} & & & \\ & & & a_{m+1,m+1} & \ldots & a_{m+1,n} \\ & 0 & & \vdots & & \vdots \\ & & & a_{n,m+1} & \ldots & a_{nn} \end{pmatrix}.$$

Dabei ist

$$\begin{pmatrix} a_{11} & \ldots & a_{1m} \\ \vdots & & \vdots \\ a_{m1} & \ldots & a_{mm} \end{pmatrix}$$

die Matrix von $A_{\mathfrak{U}}$ zur Basis $\mathfrak{B}_1$ von $\mathfrak{U}$ und

$$\begin{pmatrix} a_{m+1,m+1} & \ldots & a_{m+1,n} \\ \vdots & & \vdots \\ a_{n,m+1} & \ldots & a_{nn} \end{pmatrix}$$

die Matrix von $A_{\mathfrak{V}/\mathfrak{U}}$ zur Basis $\mathfrak{B}_3$ von $\mathfrak{V}/\mathfrak{U}$.

c) Aus b) folgen nützliche Aussagen: Nach einem bekannten Satz über Determinanten ("Kästchensatz") ist

$$\begin{aligned}\det A &= \det(a_{ji})_{i,j=1,\dots,n}\\ &= \det(a_{ji})_{i,j=1,\dots,m}\det(a_{ji})_{i,j=m+1,\dots,n}\\ &= \det A_{\mathfrak{U}}\det A_{\mathfrak{V}/\mathfrak{U}}.\end{aligned}$$

d) Ist $A = (a_{ji}) \in (\mathbf{K})_n$, so definieren wir das charakteristische Polynom f_A von A durch

$$f_A = \det(xE - A) = \det(x\delta_{ji} - a_{ji}).$$

(Dabei sind Determinanten mit Einträgen aus dem Polynomring $\mathbf{K}[x]$ zu bilden.)

Die Nullstellen von f_A sind die Eigenwerte von A.

Ist $\mathfrak{V}$ ein $\mathbf{K}$-Vektorraum, $\mathfrak{B} = \{ v_1, \dots, v_n \}$ eine Basis von $\mathfrak{V}$ und $A \in \operatorname{Hom}(\mathfrak{V}, \mathfrak{V})$ mit

$$Av_i = \sum_{j=1}^{n} a_{ji}v_j \qquad (i = 1, \dots, n),$$

so setzen wir $f_A = \det(x\delta_{ji} - a_{ji})$. Bekanntlich hängt f_A nicht von der Basis $\mathfrak{B}$ ab. Dabei gilt

$$f_A = x^n - \operatorname{Spur} Ax^{n-1} + \dots + (-1)^n \det A,$$

wobei also

$$\operatorname{Spur} A = \sum_{i=1}^{n} a_{ii}$$

ebenfalls nicht von $\mathfrak{B}$ abhängt.

Ist $\mathfrak{U}$ ein A-invarianter Unterraum von $\mathfrak{V}$, so folgt aus c) unmittelbar die nützliche Gleichung

$$f_A = f_{A_{\mathfrak{U}}} f_{A_{\mathfrak{V}/\mathfrak{U}}}.$$

Sie enthält die Aussagen

$$\operatorname{Spur} A = \operatorname{Spur} A_{\mathfrak{U}} + \operatorname{Spur} A_{\mathfrak{V}/\mathfrak{U}}$$

und

$$\det A = \det A_{\mathfrak{U}} \det A_{\mathfrak{V}/\mathfrak{U}}.$$

1.6 Bemerkungen

a) Solange man nur Unterräume betrachtet, kann man die Verwendung des Faktorraumes meist vermeiden und mit Komplementen operieren. Diese sind freilich nicht eindeutig bestimmt (siehe A 1.2). Ist $A \in \operatorname{Hom}(\mathfrak{V}, \mathfrak{V})$ und ist $\mathfrak{U}$ ein

A-invarianter Unterraum von $\mathfrak{V}$, so sind $A_{\mathfrak{U}}$ und $A_{\mathfrak{V}/\mathfrak{U}}$ definiert, aber i.a. gibt es kein A-invariantes Komplement von $\mathfrak{U}$ in $\mathfrak{V}$:

Sei zum Beispiel $\{ v_1, v_2 \}$ eine Basis von $\mathfrak{V}$ und $A \in \operatorname{Hom}(\mathfrak{V}, \mathfrak{V})$ mit

$$Av_1 = 0, \qquad Av_2 = v_1.$$

Setzen wir $\mathfrak{U} = \langle v_1 \rangle$, so ist $A\mathfrak{U} \leqslant \mathfrak{U}$. Aber es gibt kein Komplement $\mathfrak{W}$ von $\mathfrak{U}$ in $\mathfrak{V}$ mit $A\mathfrak{W} \leqslant \mathfrak{W}$:

Wegen $\dim \mathfrak{W} = 1$ wäre nämlich $\mathfrak{W} = \langle av_1 + v_2 \rangle$ mit geeignetem $a \in \mathbf{K}$. Dann ist jedoch

$$A(av_1 + v_2) = v_1 \notin \mathfrak{W}.$$

b) Sei $\mathfrak{V} = \mathfrak{U}_1 \oplus \mathfrak{U}_2$ und sei P die Projektion aus $\operatorname{Hom}(\mathfrak{V}, \mathfrak{V})$ mit $\operatorname{Bild} P = \mathfrak{U}_1$ und $\operatorname{Kern} P = \mathfrak{U}_2$. Ferner sei $A \in \operatorname{Hom}(\mathfrak{V}, \mathfrak{V})$. Dann ist $A\mathfrak{U}_j \leqslant \mathfrak{U}_j$ $(j = 1, 2)$ gleichwertig mit $PA = AP$.

Wir beweisen noch eine nützliche Tatsache:

1.7 Satz. *Sei A eine Matrix vom Typ (n, m) und B eine Matrix vom Typ (m, n) über* $\mathbf{K}$. *Ist $n \geqslant m$, so gilt*

$$f_{AB} = x^{n-m} f_{BA}.$$

Ist insbesondere $n = m$, so haben AB und BA dasselbe charakteristische Polynom und somit auch dieselben Eigenwerte, einschließlich der Vielfachheiten.

Beweis. Seien E_m und E_n die Einheitsmatrizen der Typen (m, m) und (n, n). Wir betrachten im Ring der Matrizen vom Typ $(m+n, m+n)$ über $\mathbf{K}[x]$ die Gleichungen

$$\begin{pmatrix} xE_n & A \\ xB & xE_m \end{pmatrix} \begin{pmatrix} E_n & 0 \\ -B & E_m \end{pmatrix} = \begin{pmatrix} xE_n - AB & A \\ 0 & xE_m \end{pmatrix}$$

und

$$\begin{pmatrix} E_n & 0 \\ -B & E_m \end{pmatrix} \begin{pmatrix} xE_n & A \\ xB & xE_m \end{pmatrix} = \begin{pmatrix} xE_n & A \\ 0 & xE_m - BA \end{pmatrix}.$$

(Dabei verwenden wir die wohlbekannte Tatsache, daß man mit solchen Zerlegungen der Matrizen in Teilmatrizen formal rechnen darf.)
Hier seien E_m und E_n die Einheitsmatrizen der Typen (m, m) und (n, n). Da die Determinante nicht von der Reihenfolge der Faktoren abhängt, folgt

$$\det \begin{pmatrix} xE_n - AB & A \\ 0 & xE_m \end{pmatrix} = \det \begin{pmatrix} xE_n & A \\ 0 & xE_m - BA \end{pmatrix}.$$

Der Kästchensatz liefert dann $f_{AB} x^m = x^n f_{BA}$, und dies ist die Behauptung. □

Aufgaben

A 1.1 Sei $\mathfrak{V}$ ein **K**-Vektorraum, nicht notwendig von endlicher Dimension.

a) Seien $\mathfrak{U}_j < \mathfrak{V}$ $(j = 1, 2)$. Ist $\mathfrak{U}_1 \cup \mathfrak{U}_2$ ein Unterraum von $\mathfrak{V}$, so gilt $\mathfrak{U}_1 \leqslant \mathfrak{U}_2$ oder $\mathfrak{U}_2 \leqslant \mathfrak{U}_1$.

b) Ist $\mathfrak{U}_j < \mathfrak{V}$ $(j = 1, 2)$, so gilt $\mathfrak{U}_1 \cup \mathfrak{U}_2 \subset \mathfrak{V}$.

c) Seien $\mathfrak{U}_j < \mathfrak{V}$ $(j = 1, \dots, m)$. Hat **K** mindestens m Elemente, so gilt $\mathfrak{U}_1 \cup \dots \cup \mathfrak{U}_m \subset \mathfrak{V}$. Ist insbesondere **K** unendlich, so ist $\mathfrak{V}$ nicht Vereinigung von endlich vielen echten Unterräumen.
(Anleitung zu c): Sei $\mathfrak{V} = \bigcup\limits_{j=1}^{m} \mathfrak{U}_j$. Man kann $\bigcup\limits_{j=1, j\neq k}^{m} \mathfrak{U}_j \subset \mathfrak{V}$ für alle k annehmen. Man wähle $v_1 \notin \bigcup\limits_{j=2}^{m} \mathfrak{U}_j$, also $v_1 \in \mathfrak{U}_1$ und $v_2 \notin \bigcup\limits_{j=1, j\neq 2}^{m} \mathfrak{U}_j$, also $v_2 \in \mathfrak{U}_2$. Dann wende man auf die Vektoren

$$v(t) = tv_1 + v_2 \ (\text{ mit } t \in \mathbf{K})$$

einen Schubfachschluß an.)

A 1.2 Sei $\mathfrak{V} = \mathfrak{U} \oplus \mathfrak{W}$.

a) Die sämtlichen Komplemente von $\mathfrak{U}$ in $\mathfrak{V}$ sind die Unterräume

$$\mathfrak{W}' = \{ Aw + w \mid w \in \mathfrak{W} \}$$

mit einem $A \in \operatorname{Hom}(\mathfrak{W}, \mathfrak{U})$.

b) Sei $0 < \mathfrak{U} < \mathfrak{V}$. Dann hat $\mathfrak{U}$ mehr als ein Komplement in $\mathfrak{V}$, falls der Körper **K** unendlich ist sogar unendlich viele.

c) Sei $|\mathbf{K}| = q < \infty$, $\dim \mathfrak{U} = n_1$ und $\dim \mathfrak{W} = n_2$. Dann hat $\mathfrak{U}$ in $\mathfrak{V}$ genau $q^{n_1 n_2}$ Komplemente.

A 1.3 Seien $\mathfrak{U}_j < \mathfrak{V}$ und $\dim \mathfrak{V}/\mathfrak{U}_j = k$ für $j = 1, \dots, m$. Hat der zugrundeliegende Körper **K** mindestens m Elemente, so gibt es ein gemeinsames Komplement $\mathfrak{W}$ für alle $\mathfrak{U}_j$ $(j = 1, \dots, m)$, also ein $\mathfrak{W} \leqslant \mathfrak{V}$ mit $\mathfrak{V} = \mathfrak{U}_j \oplus \mathfrak{W}$ für $j = 1, \dots, m$. (Man wähle ein $v \in \mathfrak{V}$ mit $v \notin \bigcup\limits_{j=1}^{m} \mathfrak{U}_j$ und betrachte die Unterräume $\mathfrak{U}_j \oplus \langle v \rangle$.)

A 1.4 Sei $\mathfrak{V} = \mathbf{K}^2$. Man finde $\mathfrak{U}_j < \mathfrak{V}$ für $j = 1, 2, 3$ mit folgenden Eigenschaften:

a) $(\mathfrak{U}_1 \cap \mathfrak{U}_3) + (\mathfrak{U}_2 \cap \mathfrak{U}_3) < (\mathfrak{U}_1 + \mathfrak{U}_2) \cap \mathfrak{U}_3$.

b) $\mathfrak{U}_i \cap \mathfrak{U}_j = 0$ für $i \neq j$, aber $\mathfrak{V} \neq \mathfrak{U}_1 \oplus \mathfrak{U}_2 \oplus \mathfrak{U}_3$.

A 1.5 Seien $\mathfrak{U}_j \leqslant \mathfrak{V}$ für $j = 1, \ldots, m$. Dann gilt

$$\dim \mathfrak{V} / \bigcap_{j=1}^{m} \mathfrak{U}_j \leqslant \sum_{j=1}^{m} \dim \mathfrak{V}/\mathfrak{U}_j .$$

(Man finde eine lineare Abbildung A von $\mathfrak{V}$ in $\bigoplus_{j=1}^{m} \mathfrak{V}/\mathfrak{U}_j$ mit Kern $A = \bigcap_{j=1}^{m} \mathfrak{U}_j$.)

A 1.6 a) Für $\mathfrak{U}_j \leqslant \mathfrak{V}$ $(j = 1, 2, 3)$ beweise man

$$\dim(\mathfrak{U}_1+\mathfrak{U}_2+\mathfrak{U}_3) \leqslant \sum_{j=1}^{3} \dim \mathfrak{U}_j - \sum_{j,k=1, j<k}^{3} \dim(\mathfrak{U}_j \cap \mathfrak{U}_k) + \dim(\mathfrak{U}_1 \cap \mathfrak{U}_2 \cap \mathfrak{U}_3).$$

b) Man gebe ein Beispiel an mit

$$\dim(\mathfrak{U}_1+\mathfrak{U}_2+\mathfrak{U}_3) < \sum_{j=1}^{3} \dim \mathfrak{U}_j - \sum_{j,k=1, j<k}^{3} \dim(\mathfrak{U}_j \cap \mathfrak{U}_k) + \dim(\mathfrak{U}_1 \cap \mathfrak{U}_2 \cap \mathfrak{U}_3).$$

c) In $\mathfrak{V} = \mathbf{K}^3$ finde man Unterräume $\mathfrak{U}_j$ $(j = 1, 2, 3, 4)$ mit $\mathfrak{V} = \mathfrak{U}_1+\mathfrak{U}_2+\mathfrak{U}_3+\mathfrak{U}_4$, $\dim \mathfrak{U}_j = 2$, $\dim(\mathfrak{U}_j \cap \mathfrak{U}_k) = 1$ für $j \neq k$ und $\dim(\mathfrak{U}_j \cap \mathfrak{U}_k \cap \mathfrak{U}_l) = 0$ für jedes Tripel $j \neq k \neq l \neq j$. Dann ist

$$\dim(\mathfrak{U}_1 + \mathfrak{U}_2 + \mathfrak{U}_3 + \mathfrak{U}_4) > \sum_{j=1}^{4} \dim \mathfrak{U}_j - \sum_{j,k=1, j<k}^{4} \dim(\mathfrak{U}_j \cap \mathfrak{U}_k).$$

A 1.7 Ist $\mathbf{K}$ ein Unterkörper des Körpers $\mathbf{L}$, so können wir jeden $\mathbf{L}$-Vektorraum (insbesondere $\mathbf{L}$ selbst) in natürlicher Weise als $\mathbf{K}$-Vektorraum ansehen.
Ist $\dim_{\mathbf{K}} \mathbf{L} < \infty$, so beweise man für jeden $\mathbf{L}$-Vektorraum $\mathfrak{V}$ von endlicher Dimension

$$\dim_{\mathbf{K}} \mathfrak{V} = \dim_{\mathbf{K}} \mathbf{L} \dim_{\mathbf{L}} \mathfrak{V}.$$

A 1.8 Seien $P, Q \in \mathrm{Hom}(\mathfrak{V}, \mathfrak{V})$ mit $P^2 = P$, $Q^2 = Q$ und $PQ = QP$.

a) PQ ist die Projektion mit

$$\text{Bild}\, PQ = \text{Bild}\, P \cap \text{Bild}\, Q,$$
$$\text{Kern}\, PQ = \text{Kern}\, P + \text{Kern}\, Q.$$

b) $R = P + Q - PQ$ ist die Projektion mit

$$\text{Bild}\, R = \text{Bild}\, P + \text{Bild}\, Q,$$
$$\text{Kern}\, R = \text{Kern}\, P \cap \text{Kern}\, Q.$$

A 1.9 Sei $\operatorname{Char} \mathbf{K} \neq 2$ und seien P und Q Projektionen aus $\operatorname{Hom}(\mathfrak{V}, \mathfrak{V})$. Dann sind gleichwertig:

a) $P + Q$ ist eine Projektion.

b) $PQ + QP = 0$.

c) $PQ = QP = 0$.

d) $\operatorname{Bild} Q \leqslant \operatorname{Kern} P$ und $\operatorname{Bild} P \leqslant \operatorname{Kern} Q$.

A 1.10 Seien P und Q Projektionen aus $\operatorname{Hom}(\mathfrak{V}, \mathfrak{V})$.

a) Genau dann gilt $\operatorname{Bild} P = \operatorname{Bild} Q$, wenn $PQ = Q$ und $QP = P$.

b) Genau dann gilt $\operatorname{Kern} P = \operatorname{Kern} Q$, wenn $PQ = P$ und $QP = Q$.

A 1.11 a) Sei $\dim \mathfrak{V} = 2$ und seien P und Q Projektionen aus $\operatorname{Hom}(\mathfrak{V}, \mathfrak{V})$ derart, daß PQ eine Projektion ist mit $PQ \neq 0$. Dann gilt $PQ = P$ oder $PQ = Q$. (Man führe eine Basis ein, bezüglich der die Q zugeordnete Matrix einfache Gestalt annimmt.)

b) Sei $\dim \mathfrak{V} = 3$. Dann gibt es Projektionen P und Q in $\operatorname{Hom}(\mathfrak{V}, \mathfrak{V})$ derart, daß PQ eine Projektion ist, aber PQ von $0, P, Q, QP$ verschieden ist.

A 1.12 Sei $\mathfrak{U} \leqslant \mathfrak{V}$ und $P \in \operatorname{Hom}(\mathfrak{V}, \mathfrak{V})$.

a) Ist $P_{\mathfrak{U}} = E_{\mathfrak{U}}$ und $P_{\mathfrak{V}/\mathfrak{U}} = 0$, so ist P eine Projektion mit $\operatorname{Bild} P = \mathfrak{U}$.

b) Ist $P_{\mathfrak{U}} = 0$ und $P_{\mathfrak{V}/\mathfrak{U}} = E_{\mathfrak{V}/\mathfrak{U}}$, so ist P eine Projektion mit $\operatorname{Kern} P = \mathfrak{U}$.

A 1.13 Sei $\mathfrak{G}$ eine endliche Gruppe von linearen Abbildungen aus $\operatorname{Hom}(\mathfrak{V}, \mathfrak{V})$ und sei $\operatorname{Char} \mathbf{K} \nmid |\mathfrak{G}|$. Sei $\mathfrak{U} \leqslant \mathfrak{V}$ mit $G\mathfrak{U} = \mathfrak{U}$ für alle $G \in \mathfrak{G}$. Sei P irgendeine Projektion aus $\operatorname{Hom}(\mathfrak{V}, \mathfrak{V})$ mit $\operatorname{Bild} P = \mathfrak{U}$. Wir definieren $Q \in \operatorname{Hom}(\mathfrak{V}, \mathfrak{V})$ durch

$$Q = \frac{1}{|\mathfrak{G}|} \sum_{G \in \mathfrak{G}} G^{-1} P G.$$

a) Mit Hilfe von A 1.12a) zeige man, daß Q eine Projektion ist mit $\operatorname{Bild} Q = \mathfrak{U}$.

b) Für alle $G \in \mathfrak{G}$ gilt $QG = GQ$. Daher folgt $\mathfrak{V} = \mathfrak{U} \oplus \operatorname{Kern} Q$ mit $G \operatorname{Kern} Q = \operatorname{Kern} Q$ für alle $G \in \mathfrak{G}$. (Dies ist der Satz von Maschke[2].)

---

2) Heinrich Maschke (1853–1908) Chicago; Gruppen von linearen Abbildungen.

A 1.14 Sei $\mathfrak{V}$ ein Vektorraum von beliebiger Dimension, $\mathfrak{U} \leqslant \mathfrak{V}$ und $A \in \operatorname{Hom}(\mathfrak{V}, \mathfrak{V})$ mit $A\mathfrak{U} \leqslant \mathfrak{U}$.

a) Ist A ein Monomorphismus, so ist auch $A_{\mathfrak{U}}$ ein Monomorphismus.

b) Ist A ein Epimorphismus, so ist $A_{\mathfrak{V}/\mathfrak{U}}$ ein Epimorphismus.

c) Sind $A_{\mathfrak{U}}$ und $A_{\mathfrak{V}/\mathfrak{U}}$ Monomorphismen, so auch A.

d) Sind $A_{\mathfrak{U}}$ und $A_{\mathfrak{V}/\mathfrak{U}}$ Epimorphismen, so auch A.

e) Für $\dim \mathfrak{V} = \infty$ gebe man Beispiele an mit folgenden Eigenschaften:
(1) A ist Isomorphismus, aber $A_{\mathfrak{U}}$ ist nicht Epimorphismus.
(2) A ist Isomorphismus, aber $A_{\mathfrak{V}/\mathfrak{U}}$ ist nicht Monomorphismus.

A 1.15 Sei $A \in \operatorname{Hom}(\mathfrak{V}, \mathfrak{V})$. Dann sind gleichwertig:

a) $\mathfrak{V} = \operatorname{Kern} A \oplus \operatorname{Bild} A$.

b) $\operatorname{Kern} A \cap \operatorname{Bild} A = 0$.

c) $\operatorname{Kern} A = \operatorname{Kern} A^2$.

d) $A_{\mathfrak{V}/\operatorname{Kern} A}$ ist ein Monomorphismus.

A 1.16 Sei $\mathfrak{U} < \mathfrak{V}$ mit $\dim \mathfrak{U} = m$ und $\dim \mathfrak{V} = n$. Sei $A \in \operatorname{Hom}(\mathfrak{V}, \mathfrak{V})$ mit $A_{\mathfrak{U}} = E_{\mathfrak{U}}$ und $A_{\mathfrak{V}/\mathfrak{U}} = E_{\mathfrak{V}/\mathfrak{U}}$. Dann gibt es ein $\mathfrak{W} < \mathfrak{V}$ mit $\dim \mathfrak{W} = n - m$ und $A_{\mathfrak{W}} = E_{\mathfrak{W}}$, $A_{\mathfrak{V}/\mathfrak{W}} = E_{\mathfrak{V}/\mathfrak{W}}$. (Man beachte $\operatorname{Bild}(A - E) \leqslant \mathfrak{U} \leqslant \operatorname{Kern}(A - E)$. Wo hat man $\mathfrak{W}$ zu suchen?)

A 1.17 (Fitting[3)]) Sei $A \in \operatorname{Hom}(\mathfrak{V}, \mathfrak{V})$. Wegen $\dim \mathfrak{V} < \infty$ gibt es eine natürliche Zahl m mit

$$\operatorname{Bild} A > \operatorname{Bild} A^2 > \ldots > \operatorname{Bild} A^m = \operatorname{Bild} A^{m+1}.$$

Man zeige:

a) $\operatorname{Bild} A^j = \operatorname{Bild} A^m$ für alle $j \geqslant m$.

b) $\operatorname{Kern} A < \operatorname{Kern} A^2 < \ldots < \operatorname{Kern} A^m = \operatorname{Kern} A^j$ für alle $j \geqslant m$.

c) $\mathfrak{V} = \operatorname{Kern} A^m \oplus \operatorname{Bild} A^m$.

A 1.18 a) Für $A, B \in (\mathbf{K})_n$ gilt stets $\operatorname{Spur} AB = \operatorname{Spur} BA$.

b) Sei f eine lineare Abbildung des $\mathbf{K}$-Vektorraumes $(\mathbf{K})_n$ in $\mathbf{K}$ mit $f(AB) = f(BA)$ für alle $A, B \in (\mathbf{K})_n$. Dann gibt es ein $c \in \mathbf{K}$ mit $f(A) = c \operatorname{Spur} A$ für alle $A \in (\mathbf{K})_n$.

---

3) Hans Fitting (1906–1938) Königsberg; Gruppen, Ringe, Moduln.

(Man verwende eine geeignete Basis von $(\mathbf{K})_n$.)

A 1.19 Sei f eine lineare Abbildung von $(\mathbf{K})_n$ in $\mathbf{K}$.

a) Dann gibt es genau ein $A \in (\mathbf{K})_n$ mit $f(X) = \operatorname{Spur} XA$ für alle $X \in (\mathbf{K})_n$.

b) Sei X' die zu X gespiegelte (transponierte) Matrix. Genau dann gilt $f(X) = f(X')$ für alle $X \in (\mathbf{K})_n$, wenn $A' = A$.

A 1.20 Eine $\mathbf{K}$-lineare, bijektive Abbildung α von $\operatorname{Hom}(\mathfrak{V}, \mathfrak{V})$ auf sich heißt ein Automorphismus, falls $\alpha(AB) = \alpha(A)\alpha(B)$ für alle $A, B \in \operatorname{Hom}(\mathfrak{V}, \mathfrak{V})$. Man beweise, daß jedes solche α die Gestalt $\alpha(X) = C^{-1}XC$ mit einer regulären Abbildung C aus $\operatorname{Hom}(\mathfrak{V}, \mathfrak{V})$ hat. Dazu gehe man folgendermaßen vor: Sei $\{ v_1, \dots, v_n \}$ eine Basis von $\mathfrak{V}$ und sei $\{ E_{ij} \mid i, j = 1, \dots, n \}$ die Basis von $\operatorname{Hom}(\mathfrak{V}, \mathfrak{V})$ mit $E_{ij}v_k = \delta_{jk}v_i$. Wir setzen $F_{ij} = \alpha(E_{ij})$.

a) Ist $F_{11}v \neq 0$, so bilden die $w_i = F_{i1}v$ $(i = 1, \dots, n)$ eine Basis von $\mathfrak{V}$.

b) Es gilt $F_{ij}w_k = \delta_{jk}w_i$.

c) Definieren wir die reguläre lineare Abbildung C aus $\operatorname{Hom}(\mathfrak{V}, \mathfrak{V})$ durch $Cv_j = w_j$ $(j = 1, \dots, n)$, so gilt $F_{ij} = C^{-1}E_{ij}C$ für alle $i, j = 1, \dots, n$.

A 1.21 Eine $\mathbf{K}$-lineare, bijektive Abbildung β des Matrixringes $(\mathbf{K})_n$ auf sich heißt ein Antiautomorphismus, falls $\beta(AB) = \beta(B)\beta(A)$ für alle $A, B \in (\mathbf{K})_n$.

a) Jeder Antiautomorphismus β von $(\mathbf{K})_n$ hat die Gestalt $\beta(X) = C^{-1}X'C$ mit regulärem C aus $(\mathbf{K})_n$, wobei X' die zu X gespiegelte (transponierte) Matrix ist.

b) Genau dann ist β^2 die Identität, wenn $C' = \pm C$ gilt. Der Fall $C' = -C$ ist dabei nur möglich, falls n gerade ist.

c) Sei $\beta(X) = C^{-1}X'C$ mit $C' = \pm C$. Setzen wir

$$\mathfrak{F} = \{ X \mid X \in (\mathbf{K})_n, \quad \beta(X) = X \},$$

so gilt

$$\dim \mathfrak{F} = \begin{cases} \frac{n(n+1)}{2} & \text{falls } C' = C \\ \frac{n(n-1)}{2} & \text{falls } C' = -C. \end{cases}$$

§ 2 Polynome

Die algebraischen Grundtatsachen über das Rechnen mit Polynomen setzen wir als bekannt voraus und stellen sie in diesem Paragraphen in der von uns verwendeten Form zusammen. Die Beweise findet man etwa in *H. Lüneburg*, Einführung in die Algebra (Springer 1973).

2.1 Der Polynomring

Der Polynomring $\mathbf{K}[x]$ ist eine $\mathbf{K}$-Algebra mit der Basis $\{ 1, x, x^2, \ldots \}$. Die Elemente aus $\mathbf{K}[x]$ sind daher von der Form

$$f = \sum_{j=0}^{n} a_j x^j \qquad \text{mit} \quad a_j \in \mathbf{K}.$$

Ist $a_n \neq 0$, so setzen wir $\operatorname{Grad} f = n$. Die Festsetzung $\operatorname{Grad} 0 = -\infty$ ist zweckmäßig, dann gilt nämlich für alle $f, g \in \mathbf{K}[x]$

$$\operatorname{Grad} fg = \operatorname{Grad} f + \operatorname{Grad} g.$$

Ist $a_n = 1$ oder $f = 0$, so nennen wir das Polynom f normiert.

2.2 Teilbarkeit in $\mathbf{K}[x]$

a) Unter einem Ideal in einem kommutativen Ring $\mathfrak{R}$ versteht man eine nichtleere Teilmenge $\mathfrak{i}$ mit folgenden Eigenschaften:

(1) Für $a_1, a_2 \in \mathfrak{i}$ gilt $a_1 + a_2 \in \mathfrak{i}$.

(2) Für $a \in \mathfrak{i}$, $r \in \mathfrak{R}$ gilt $ra \in \mathfrak{i}$.

(Da wir stets voraussetzen, daß $\mathfrak{R}$ ein Einselement 1 enthält, folgt für $a \in \mathfrak{i}$ insbesondere $-a = (-1)a \in \mathfrak{i}$.)

Die Division mit Rest in $\mathbf{K}[x]$ hat zur Folge, daß jedes Ideal in $\mathbf{K}[x]$ die Gestalt

$$f\mathbf{K}[x] = \{ fg \mid g \in \mathbf{K}[x] \}$$

hat, also $\mathbf{K}[x]$ ein Hauptidealring ist. Fordern wir, daß f normiert ist, so ist f durch $f\mathbf{K}[x]$ eindeutig festgelegt.

b) Ist $f_1, f_2 \in \mathbf{K}[x]$ mit $f_1\mathbf{K}[x] = f_2\mathbf{K}[x]$, so schreiben wir $f_1 \sim f_2$. Das ist gleichwertig mit $f_2 = af_1$, wobei $0 \neq a \in \mathbf{K}$.

Ist $f_2 = f_1 g$ mit $f_j, g \in \mathbf{K}[x]$, so schreiben wir $f_1 | f_2$. Das ist offenbar gleichwertig mit $f_2\mathbf{K}[x] \subseteq f_1\mathbf{K}[x]$.

c) Seien $f_j \in \mathbf{K}[x]$ $(j = 1, \ldots, n)$. Da Summen und Durchschnitte von Idealen wieder Ideale sind, gibt es eindeutig bestimmte normierte Polynome $d = (f_1, \ldots, f_n)$

und $k = [f_1, \ldots, f_n]$ in $\mathbf{K}[x]$ mit

$$(f_1, \ldots, f_n)\mathbf{K}[x] = \sum_{j=1}^{n} f_j \mathbf{K}[x] = \left\{ \sum_{j=1}^{n} f_j g_j \mid g_j \in \mathbf{K}[x] \right\}$$

und

$$[f_1, \ldots, f_n]\mathbf{K}[x] = \bigcap_{j=1}^{n} f_j \mathbf{K}[x].$$

Dabei ist d der größte gemeinsame Teiler von $f_1, \ldots, f_n$, welcher auch durch folgende Eigenschaften charakterisiert ist:

(1) $d | f_j \quad (j = 1, \ldots, n)$.

(2) Ist $h \in \mathbf{K}[x]$ mit $h | f_j$ $(j = 1, \ldots, n)$, so gilt $h | d$.

Ähnlich läßt sich das kleinste gemeinsame Vielfache k von $f_1, \ldots, f_n$ charakterisieren durch:

(1′) $f_j | k \quad (j = 1, \ldots, n)$.

(2′) Ist $h \in \mathbf{K}[x]$ mit $f_j | h$ $(j = 1, \ldots, n)$, so gilt $k | h$.

Ist $(f_1, \ldots, f_n) = 1$, so nennen wir $f_1, \ldots, f_n$ teilerfremd.

d) Für das Rechnen in $\mathbf{K}[x]$ ist von grundlegender Bedeutung, daß aus

$$(f_1, \ldots, f_n)\mathbf{K}[x] = \sum_{j=1}^{n} f_j \mathbf{K}[x]$$

eine Gleichung

$$(f_1, \ldots, f_n) = \sum_{j=1}^{n} f_j g_j$$

mit geeignetem $g_j \in \mathbf{K}[x]$ folgt.

2.3 Primfaktorzerlegung

a) Sei $f \in \mathbf{K}[x]$ mit $\operatorname{Grad} f \geqslant 1$. Wir nennen f ein irreduzibles Polynom, wenn es keine Zerlegung $f = g_1 g_2$ mit $g_j \in \mathbf{K}[x]$ und $\operatorname{Grad} g_j \geqslant 1$ $(j = 1, 2)$ gibt.
Sei $\mathfrak{P}$ die Menge aller irreduziblen, normierten Polynome aus $\mathbf{K}[x]$.

b) Jedes Polynom $f \neq 0$ aus $\mathbf{K}[x]$ besitzt genau eine Zerlegung

$$f = a \prod_{p \in \mathfrak{P}} p^{r(p)}$$

mit $0 \neq a \in \mathbf{K}$ und $r(p) > 0$ nur für endlich viele $p \in \mathfrak{P}$. Wir nennen dies die Primfaktorzerlegung von f und schreiben oft auch

$$f = a \prod_{j=1}^{n} p_j^{r_j}$$

mit paarweise verschiedenen p_j aus $\mathfrak{P}$ und $r_j > 0$.

Wir nennen f total zerfallend, falls

$$f = a \prod_{j=1}^{n} (x - a_j)^{r_j} \qquad \text{mit} \quad a_j \in \mathbf{K}.$$

c) Aus den Primfaktorzerlegungen

$$f_1 = a_1 \prod_{p \in \mathfrak{P}} p^{r_1(p)} \qquad \text{und} \qquad f_2 = a_2 \prod_{p \in \mathfrak{P}} p^{r_2(p)}$$

entnimmt man leicht

$$(f_1, f_2) = \prod_{p \in \mathfrak{P}} p^{d(p)} \qquad \text{mit} \qquad d(p) = \operatorname{Min}\{\, r_1(p), r_2(p) \,\}$$

und

$$[f_1, f_2] = \prod_{p \in \mathfrak{P}} p^{k(p)} \qquad \text{mit} \qquad k(p) = \operatorname{Max}\{\, r_1(p), r_2(p) \,\}.$$

Daraus folgen zahlreiche Relationen für größten gemeinsamen Teiler und kleinstes gemeinsames Vielfaches, wie etwa

$$f(g_1, g_2) \sim (fg_1, fg_2); \qquad f[g_1, g_2] \sim [fg_1, fg_2]; \qquad fg \sim (f, g)[f, g];$$
$$[(f_1, f_2), f_3] \sim ([f_1, f_3], [f_2, f_3]); \qquad ([f_1, f_2], f_3) \sim [(f_1, f_3), (f_2, f_3)].$$

Ferner bestätigt man leicht folgende Tatsache: Seien $f_1, \ldots, f_m$ paarweise teilerfremde Polynome. Definieren wir g_j durch

$$f_1 f_2 \ldots f_m = f_j g_j \qquad (j = 1, \ldots, m),$$

so gilt

$$[f_1, \ldots, f_m] \sim f_1 \ldots f_m \qquad \text{und} \qquad (g_1, \ldots, g_m) = 1.$$

d) Die Eindeutigkeitsaussage in b) beruht auf folgender Tatsache: Ist p ein irreduzibles Polynom in $\mathbf{K}[x]$ und $p | fg$ mit $f, g \in \mathbf{K}[x]$, so folgt $p | f$ oder $p | g$. Die $p\mathbf{K}[x]$ mit irreduziblen p sind gerade die in der Menge

$$\{\, \mathfrak{i} \mid \mathfrak{i} \ \text{ ist Ideal in } \ \mathbf{K}[x], \ \ \mathfrak{i} \subset \mathbf{K}[x] \,\}$$

bezüglich der Inklusion maximalen Elemente.

2.4 Nullstellen von Polynomen

a) Sei $\mathfrak{A}$ eine $\mathbf{K}$-Algebra mit Einselement, sei $f = \sum_{j=0}^{n} b_j x^j \in \mathbf{K}[x]$ und $a \in \mathfrak{A}$. Wir setzen

$$f(a) = \sum_{j=0}^{n} b_j a^j .$$

Dann ist die Abbildung $f \longrightarrow f(a)$ von $\mathbf{K}[x]$ in $\mathfrak{A}$ ein Algebrenhomomorphismus, d.h. für alle $f, g \in \mathbf{K}[x]$ und alle $k \in \mathbf{K}$ gilt

$$(f + g)(a) = f(a) + g(a), \qquad (kf)(a) = kf(a), \qquad (fg)(a) = f(a)g(a).$$

(Insbesondere können wir also $f(A)$ bilden für Matrizen A aus $(\mathbf{K})_n$ oder $A \in \operatorname{Hom}(\mathfrak{V}, \mathfrak{V})$ für einen $\mathbf{K}$-Vektorraum $\mathfrak{V}$.)

b) Seien $\mathbf{K}$ und $\mathbf{L}$ Körper mit $\mathbf{K} \subseteq \mathbf{L}$. Sei $0 \neq f \in \mathbf{K}[x]$ und $a \in \mathbf{L}$. Dann gibt es eine eindeutig bestimmte Zahl $m \in \mathbb{N} \cup \{0\}$ mit

$$f = (x - a)^m g,$$

wobei $g \in \mathbf{L}[x]$ und $g(a) \neq 0$. Wir nennen dann m die Vielfachheit von a als Nullstelle von f. Ist $m \geqslant 1$, also $f(a) = 0$, so heißt a eine Nullstelle von f. Ist $m \geqslant 2$, so nennen wir a eine mehrfache Nullstelle von f.

c) Für $f = \sum_{j=0}^{n} b_j x^j \in \mathbf{K}[x]$ definieren wir die Ableitung f' von f durch

$$f' = \sum_{j=1}^{n} j b_j x^{j-1} .$$

Genau dann ist a eine mehrfache Nullstelle von f, wenn $f(a) = f'(a) = 0$ gilt.

d) Sei $0 \neq f \in \mathbf{K}[x]$ und sei

$$f = a \prod_{j=1}^{n} p_j^{r_j}$$

die Primfaktorzerlegung von f. Ist $(f, f') = 1$, so gilt $r_1 = \ldots = r_n = 1$.

e) Ist $\mathbf{K}$ algebraisch abgeschlossen (etwa $\mathbf{K} = \mathbb{C}$), so hat jedes irreduzible Polynom aus $\mathbf{K}[x]$ den Grad 1. Die irreduziblen Polynome aus $\mathbb{R}[x]$ sind die Polynome vom Grad 1 und die Polynome vom Grad 2 ohne reelle Nullstellen, also – falls normiert – die $x^2 + ax + b$ mit $a^2 - 4b < 0$.

2.5 Kongruenzen

a) Seien $f_1, f_2, h \in \mathbf{K}[x]$. Wir schreiben

$$f_1 \equiv f_2 \qquad (\operatorname{mod} h),$$

falls $h | f_1 - f_2$. Offenbar ist $\equiv$ eine Äquivalenzrelation. Aus

$$f_1 \equiv f_2 \quad (\operatorname{mod} h) \qquad \text{und} \qquad g_1 \equiv g_2 \quad (\operatorname{mod} h)$$

folgt

$$f_1 + g_1 \equiv f_2 + g_2 \qquad (\operatorname{mod} h).$$

b) (sog. chinesischer Restsatz) Seien $f_j \neq 0$ $(j = 1, \ldots, m)$ paarweise teilerfremde Polynome aus $\mathbf{K}[x]$. Ferner seien beliebige Polynome $r_1, \ldots, r_m$ aus $\mathbf{K}[x]$ vorgegeben. Dann gibt es ein $g \in \mathbf{K}[x]$ mit

$$g \equiv r_j \quad (\operatorname{mod} f_j) \qquad \text{für} \qquad j = 1, \ldots, m.$$

Wir führen den einfachen Beweis dieses Satzes aus:

Dazu betrachten wir die $\mathbf{K}$-lineare Abbildung A von $\mathbf{K}[x]$ in $\bigoplus_{j=1}^{m} \mathbf{K}[x]/f_j\mathbf{K}[x]$ mit

$$Ah = (h + f_1\mathbf{K}[x], \ldots, h + f_m\mathbf{K}[x]).$$

Offenbar ist $h \in \operatorname{Kern} A$ gleichwertig mit $f_j | h$ $(j = 1, \ldots, m)$. Mit 2.3 c) folgt daher

$$f_1 \ldots f_m \sim [f_1, \ldots, f_m] | h.$$

Also ist $\operatorname{Kern} A = f_1 \ldots f_m\mathbf{K}[x]$. Somit bewirkt A einen Monomorphismus A_0 von $\mathbf{K}[x]/f_1 \ldots f_m\mathbf{K}[x]$ in $\bigoplus_{j=1}^{m} \mathbf{K}[x]/f_j\mathbf{K}[x]$. Wegen

$$\begin{aligned} \dim \bigoplus_{j=1}^{m} \mathbf{K}[x]/f_j\mathbf{K}[x] &= \sum_{j=1}^{m} \dim \mathbf{K}[x]/f_j\mathbf{K}[x] = \sum_{j=1}^{m} \operatorname{Grad} f_j \\ &= \operatorname{Grad} f_1 \ldots f_m = \dim \mathbf{K}[x]/f_1 \ldots f_m\mathbf{K}[x] \end{aligned}$$

ist A_0 bijektiv, also A surjektiv.

2.6 Bemerkungen

a) Obwohl sich der größte gemeinsame Teiler nach 2.3 c) aus Primfaktorzerlegungen ablesen läßt, ist doch die für uns entscheidende Tatsache diejenige, daß $\mathbf{K}[x]$ ein Hauptidealring ist und sich daher der größte gemeinsame Teiler $(f_1, \ldots, f_n)$ als Vielfachsumme $\sum_{j=1}^{n} f_j g_j$ schreiben läßt. Die Polynomringe $\mathbf{K}[x_1, \ldots, x_n]$ mit

$n > 1$ haben zwar ebenfalls eine eindeutige Primfaktorzerlegung, aber da sie keine Hauptidealringe sind, ist ihre Idealtheorie viel komplizierter als die von $\mathbf{K}[x]$. Die Idealtheorie von $\mathbf{K}[x_1, \ldots, x_n]$, welche die ringtheoretischen Grundlagen für die algebraische Geometrie liefert, ist eingehend studiert worden.

b) Die Primfaktorzerlegung eines Polynoms aus $\mathbf{K}[x]$ läßt sich i.a. nicht durch einen Algorithmus ermitteln. In $\mathbf{K}[x]$ kann man jedoch den größten gemeinsamen Teiler zweier Polynome f und g mit Hilfe des sog. euklidischen[4] Algorithmus auf folgende Weise bestimmen:

Wir setzen $g_0 = g$. Durch Division mit Rest bestimmen wir rekursiv $g_1, g_2, \ldots$ vermöge

$$f = h_0 g_0 + g_1 \quad \text{mit} \quad \operatorname{Grad} g_1 < \operatorname{Grad} g_0,$$

$$g_0 = h_1 g_1 + g_2 \quad \text{mit} \quad \operatorname{Grad} g_2 < \operatorname{Grad} g_1,$$

allgemein

$$g_{j-1} = h_j g_j + g_{j+1} \quad \text{mit} \quad \operatorname{Grad} g_{j+1} < \operatorname{Grad} g_j .$$

Nach endlich vielen Schritten ist $g_{k+1} = 0$, also $g_k | g_{k-1}$. Dann ist g_k bis auf die Normierung der größte gemeinsame Teiler von f und g.

Aus

$$(f_1, \ldots, f_n)\mathbf{K}[x] = \sum_{j=1}^{n} f_j \mathbf{K}[x]$$

folgt für $n \geqslant 3$ sofort

$$(f_1, \ldots, f_n) = ((f_1, \ldots, f_{n-1}), f_n).$$

Also ist auch $(f_1, \ldots, f_n)$ für $n \geqslant 3$ algorithmisch zu berechnen. Wegen $f_1 f_2 \sim (f_1, f_2)[f_1, f_2]$ und $[f_1, \ldots, f_n] = [[f_1, \ldots, f_{n-1}], f_n]$ (siehe 2.3 c)) sind auch die kleinsten gemeinsamen Vielfachen algorithmisch berechenbar.

Aufgaben

A 2.1 Man zeige, daß die folgende Interpolationsaufgabe mit höheren Ableitungen eine Lösung hat:

Sei $\mathbf{K}$ ein Körper mit $\operatorname{Char} \mathbf{K} = 0$. Vorgegeben seien paarweise verschiedene $a_j \in \mathbf{K}$ $(j = 1, \ldots, n)$ und beliebige $b_{jk} \in \mathbf{K}$ $(j = 1, \ldots, n;\ k = 0, \ldots, m_j)$. Man finde ein Polynom $f \in \mathbf{K}[x]$ mit

$$f^{(k)}(a_j) = b_{jk} \quad \text{für} \quad j = 1, \ldots, n,\ k = 0, \ldots, m_j .$$

Dabei seien die höheren Ableitungen $f^{(k)}$ von f rekursiv definiert durch $f^{(0)} = f$ und $f^{(k)} = (f^{(k-1)})'$ für $k \geqslant 1$.

---

4) Euklid, griechischer Mathematiker, etwa 300 v. Chr.

(Man finde zuerst Polynome g_j mit

$$g_j^{(k)}(a_j) = b_{jk} \qquad \text{für} \qquad k = 0, \ldots, m_j$$

und verwende dann den chinesischen Restsatz.)

A 2.2 $\mathbf{K}[x]$ besitzt unendlich viele normierte irreduzible Polynome, auch dann wenn $\mathbf{K}$ endlich ist. (Man übertrage Euklids Beweis für die Existenz von unendlich vielen Primzahlen in $\mathbb{Z}$.)

§ 3 Die Jordansche[5)] Normalform

Die Jordansche Normalform wird in der Sprache der Moduln am besten verständlich.

3.1 Definition. Sei $\mathfrak{R}$ ein Ring mit Einselement.

a) Eine Menge $\mathfrak{M}$ heißt ein $\mathfrak{R}$-Modul (genauer ein $\mathfrak{R}$-Linksmodul), wenn gilt:
(1) $\mathfrak{M}$ ist bezüglich einer Operation + eine abelsche Gruppe.
(2) Für $r \in \mathfrak{R}$ und $m \in \mathfrak{M}$ ist $rm \in \mathfrak{M}$ definiert. Dabei sollen für alle $r, r_1, r_2 \in \mathfrak{R}$ und alle $m, m_1, m_2 \in \mathfrak{M}$ folgende Regeln gelten:

$$\begin{aligned} &1m = m, \\ &(r_1 + r_2)m = r_1 m + r_2 m, \\ &r(m_1 + m_2) = rm_1 + rm_2, \\ &(r_1 r_2)m = r_1(r_2 m). \end{aligned}$$

b) Sei $\mathfrak{M}$ ein $\mathfrak{R}$-Modul. Eine Teilmenge $\mathfrak{N} \neq \emptyset$ von $\mathfrak{M}$ heißt ein Untermodul, falls $\mathfrak{N}$ bezüglich + eine Untergruppe von $\mathfrak{M}$ ist und für $r \in \mathfrak{R}$, $m \in \mathfrak{N}$ stets $rm \in \mathfrak{N}$ gilt.

c) Ein $\mathfrak{R}$-Modul $\mathfrak{M}$ heißt endlich erzeugbar, falls es $m_j \in \mathfrak{M}$ $(j = 1, \ldots, k)$ gibt mit

$$\mathfrak{M} = \sum_{j=1}^{k} \mathfrak{R} m_j = \left\{ \sum_{j=1}^{k} r_j m_j \mid r_j \in \mathfrak{R} \right\}.$$

Wir nennen $\mathfrak{M}$ zyklisch, falls es ein m_0 in $\mathfrak{M}$ gibt mit $\mathfrak{M} = \mathfrak{R} m_0$.

---

5) Camille Jordan (1835–1922) Paris; Matrizen, Gruppen von linearen Abbildungen und Permutationen, Gleichungstheorie, Maßtheorie, Topologie.

d) Seien $\mathfrak{M}_j$ $(j = 1, \dots, n)$ Untermoduln von $\mathfrak{M}$. Wie in 1.4 schreiben wir $\mathfrak{M} = \mathfrak{M}_1 \oplus \dots \oplus \mathfrak{M}_n$, falls jedes $m \in \mathfrak{M}$ genau eine Zerlegung

$$m = m_1 + \dots + m_n$$

mit $m_j \in \mathfrak{M}_j$ gestattet.

e) Ein $\mathfrak{R}$-Modul $\mathfrak{M}$ heißt einfach (irreduzibel), falls $\mathfrak{M} \neq 0$ und falls 0 und $\mathfrak{M}$ die einzigen Untermoduln von $\mathfrak{M}$ sind.

f) Ein $\mathfrak{R}$-Modul $\mathfrak{M}$ heißt unzerlegbar, falls es keine direkte Zerlegung $\mathfrak{M} = \mathfrak{M}_1 \oplus \mathfrak{M}_2$ mit Untermoduln $\mathfrak{M}_j \neq 0$ $(j = 1, 2)$ gibt.

3.2 Beispiele. a) Sei $\mathfrak{V}$ ein $\mathbf{K}$-Vektorraum und $A \in \operatorname{Hom}(\mathfrak{V}, \mathfrak{V})$. Durch die Festsetzung

$$fv = f(A)v \qquad \text{für} \quad f \in \mathbf{K}[x] \quad \text{und} \quad v \in \mathfrak{V}$$

wird dann $\mathfrak{V}$ ein $\mathbf{K}[x]$-Modul. Die $\mathbf{K}[x]$- Untermoduln von $\mathfrak{V}$ sind also gerade die A-invarianten Unterräume von $\mathfrak{V}$. Diese Auffassung liegt allen unseren weiteren Überlegungen zugrunde.

b) Ist $\mathfrak{N}$ ein Untermodul des $\mathfrak{R}$-Moduls $\mathfrak{M}$, so wird die Faktorgruppe $\mathfrak{M}/\mathfrak{N}$ ein $\mathfrak{R}$-Modul durch die Festsetzung

$$r(m + \mathfrak{N}) = rm + \mathfrak{N} \qquad \text{für} \quad r \in \mathfrak{R}, \quad m \in \mathfrak{M}.$$

(Dies entspricht genau der Definition von $A_{\mathfrak{V}/\mathfrak{U}}$ in 1.5.) Ist insbesondere $\mathfrak{l}$ ein Linksideal in $\mathfrak{R}$, so wird $\mathfrak{R}/\mathfrak{l}$ ein $\mathfrak{R}$-Modul, welcher wegen $\mathfrak{R}/\mathfrak{l} = \mathfrak{R}(1 + \mathfrak{l})$ zyklisch ist.

3.3 Hauptsatz. (C. Jordan). Sei $\mathfrak{V}$ ein $\mathbf{K}$- Vektorraum von endlicher Dimension und $A \in \operatorname{Hom}(\mathfrak{V}, \mathfrak{V})$. Wie in 3.2 a) betrachten wir $\mathfrak{V}$ als $\mathbf{K}[x]$-Modul.

a) Dann gibt es eine direkte Zerlegung

$$\mathfrak{V} = \mathfrak{V}_1 \oplus \dots \oplus \mathfrak{V}_r,$$

wobei

$$\mathfrak{V}_j \cong \mathbf{K}[x]/p_j^{t_j}\mathbf{K}[x]$$

mit normierten, irreduziblen Polynomen p_j aus $\mathbf{K}[x]$, welche nicht notwendig verschieden sind. Dabei ist $p_1^{t_1} \dots p_r^{t_r}$ das charakteristische Polynom f_A von A.

Die Anzahl $N(p^t)$ der Summanden $\mathfrak{V}_j \simeq \mathbf{K}[x]/p_j^{t_j}\mathbf{K}[x]$ mit $p_j = p$ und $t_j \geqslant t$ ist dabei eindeutig bestimmt durch die Gleichung

$$\begin{aligned} N(p^t)\operatorname{Grad} p &= \dim \operatorname{Kern} p(A)^t/\operatorname{Kern} p(A)^{t-1} \\ &= \dim \operatorname{Bild} p(A)^{t-1}/\operatorname{Bild} p(A)^t. \end{aligned}$$

Insbesondere ist die Anzahl der Summanden $\mathfrak{V}_j$ mit $p_j = p$ gleich $\dim \operatorname{Kern} p(A) / \operatorname{Grad} p$.

b) Die Menge

$$\{ g \mid g \in \mathbf{K}[x], \quad g(A) = 0 \}$$

ist ein Ideal in $\mathbf{K}[x]$, hat also die Gestalt $m_A \mathbf{K}[x]$ mit einem eindeutig bestimmten normierten Polynom m_A, dem sog. Minimalpolynom von A. Da $g(A)\mathfrak{V}_j = 0$ genau für $p_j^{t_j} | g$ gilt, folgt sofort

$$m_a = [p_1^{t_1}, \ldots, p_r^{t_r}].$$

Dies zeigt:
(1) $m_A | f_A$, also $f_A(A) = 0$ (Satz von Cayley[6] und Hamilton[7]). Insbesondere folgt $\operatorname{Grad} m_A \leqslant \dim \mathfrak{V}$.
(2) Jeder Primteiler von f_A teilt auch m_A. Insbesondere ist jeder Eigenwert von A eine Nullstelle von m_A.

c) Zur Untersuchung der Wirkung von A auf $\mathfrak{V}$ können wir also $\mathfrak{V} \simeq \mathbf{K}[x]/p^t\mathbf{K}[x]$ mit irreduziblem p annehmen. Sei

$$p = \sum_{j=0}^{m} b_j x^j \qquad \text{mit} \quad b_m = 1$$

und $\mathfrak{V} = \mathbf{K}[x]v_0$. Die Menge der Polynome

$$x^j p^k \qquad \text{mit} \quad j = 0, \ldots, m-1, \quad k = 0, \ldots, t-1$$

enthält für jeden Grad s mit $s < \operatorname{Grad} p^t$ genau ein Polynom, liefert daher eine $\mathbf{K}$-Basis für $\mathbf{K}[x]/p^t\mathbf{K}[x]$. Somit ist

$$\begin{aligned}\mathfrak{B} = \{ & p(A)^{t-1}v_0, Ap(A)^{t-1}v_0, \ldots, A^{m-1}p(A)^{t-1}v_0, \ldots \\ & \ldots, A^{m-1}p(A)v_0, v_0, Av_0, \ldots, A^{m-1}v_0 \}\end{aligned}$$

eine $\mathbf{K}$-Basis von $\mathfrak{V}$. Dabei gilt

$$A(A^j p(A)^k v_0) = A^{j+1} p(A)^k v_0 \qquad \text{für} \quad j < m-1$$

---

6) Arthur Cayley (1821–1895) Cambridge; Algebra, Invariantentheorie, Geometrie.

7) William Rowan Hamilton (1805–1865) Dublin; Mathematiker, Physiker und Astronom; Entdecker der Quaternionen, Hamiltonsches Prinzip der Mechanik, Optik.

und

$$A(A^{m-1}p(A)^k v_0) = \left(-\sum_{j=0}^{m-1} b_j A^j + p(A)\right) p(A)^k v_0$$

$$= \begin{cases} -\sum\limits_{j=0}^{m-1} b_j A^j p(A)^k v_0 + p(A)^{k+1} v_0 & \text{für } k < t-1 \\ -\sum\limits_{j=0}^{m-1} b_j A^j p(A)^{t-1} v_0 & \text{für } k = t-1. \end{cases}$$

Definieren wir Matrizen P und N vom Typ (m, m) durch

$$P = \begin{pmatrix} 0 & 0 & \dots & 0 & -b_0 \\ 1 & 0 & \dots & 0 & -b_1 \\ 0 & 1 & \dots & 0 & -b_2 \\ \vdots & \vdots & & \vdots & \vdots \\ 0 & 0 & \dots & 1 & -b_{m-1} \end{pmatrix} \quad \text{und} \quad N = \begin{pmatrix} 0 & 0 & \dots & 0 & 1 \\ 0 & 0 & \dots & 0 & 0 \\ 0 & 0 & \dots & 0 & 0 \\ \vdots & \vdots & & \vdots & \vdots \\ 0 & 0 & \dots & 0 & 0 \end{pmatrix},$$

so ist also A bezüglich der Basis $\mathfrak{B}$ die Matrix

$$J = \begin{pmatrix} P & N & & 0 \\ & P & \ddots & \\ & & \ddots & N \\ 0 & & & P \end{pmatrix}$$

zugeordnet. Wir nennen P die Begleitmatrix zum Polynom p.

d) Sei in c) speziell $p = x - a$ mit $a \in \mathbf{K}$, also $P = (a)$ und $N = (1)$. Dann ist A die Matrix

$$\begin{pmatrix} a & 1 & & 0 \\ & a & \ddots & \\ & & \ddots & 1 \\ 0 & & & a \end{pmatrix}$$

vom Typ (t, t) zugeordnet.

e) Sei in a) speziell $f_A = \prod\limits_{j=1}^{r} (x - a_j)^{s_j}$ total zerfallend mit paarweise verschiedenen a_j. (Wegen b) ist das gleichwertig damit, daß das Minimalpolynom m_A von A total zerfällt.) Dann ist der Abbildung A bezüglich einer geeigneten Basis von $\mathfrak{V}$ eine Matrix der Gestalt

$$\begin{pmatrix} J_{n_{11}}(a_1) & & & 0 \\ & J_{n_{12}}(a_1) & & \\ & & \ddots & \\ 0 & & & J_{n_{rs}}(a_r) \end{pmatrix}$$

zugeordnet, wobei

$$J_n(a) = \begin{pmatrix} a & 1 & & 0 \\ & a & \ddots & \\ & & \ddots & 1 \\ 0 & & & a \end{pmatrix} \qquad \text{vom Typ } (n, n).$$

Wir nennen die $J_{n_{ij}}(a_i)$ die Jordan-Kästchen zu A.

Für viele Anwendungen reicht bereits die schwächere Aussage, daß A bezüglich einer geeigneten Basis eine Dreiecksmatrix der Gestalt

$$\begin{pmatrix} A_1 & & & 0 \\ & A_2 & & \\ & & \ddots & \\ 0 & & & A_r \end{pmatrix} \qquad \text{mit} \qquad A_j = \begin{pmatrix} a_j & & & * \\ & a_j & & \\ & & \ddots & \\ 0 & & & a_j \end{pmatrix}$$

zugeordnet ist mit paarweise verschiedenen $a_1, \ldots, a_r$.

3.4 Bemerkungen. a) Ist $A \in (\mathbf{K})_n$, so können wir A vermöge Linksmultiplikation auf dem Raum $\mathbf{K}^n$ der Spaltenvektoren der Länge n wirken lassen. Da bei Basiswechsel sich die Matrix bekanntlich gemäß $A \to T^{-1}AT$ mit geeignetem T ändert, folgt aus 3.3 sofort: Es gibt eine reguläre Matrix T in $(\mathbf{K})_n$ derart, daß $T^{-1}AT$ die sog. Jordansche Normalform

$$\begin{pmatrix} J_1 & & 0 \\ & \ddots & \\ 0 & & J_r \end{pmatrix}$$

hat; dabei gilt

$$J_k = \begin{pmatrix} P_k & N_k & & 0 \\ & P_k & \ddots & \\ & & \ddots & N_k \\ 0 & & & P_k \end{pmatrix}$$

und P_k ist die Begleitmatrix eines irreduziblen Polynoms p_k, wobei $p_1, \ldots, p_r$ die sämtlichen Primteiler von f_A sind; N_k hat dieselbe Bedeutung wie in c). Die Jordansche Normalform der Matrix A ist bis auf die Numerierung der J_k eindeutig bestimmt.

Für $A, B \in (\mathbf{K})_n$ gibt es ein reguläres $T \in (\mathbf{K})_n$ mit $B = T^{-1}AT$ offenbar genau dann, wenn A und B dieselbe Jordansche Normalform haben.

b) Kennt man die Primfaktorzerlegung des charakteristischen Polynoms f_A, so läßt sich die Jordansche Normalform von A nach 3.3 a) durch Rangbestimmungen ermitteln, diese können algorithmisch mittels elementarer Umformungen ausgeführt werden (siehe Beispiel 3.6 a)). Unter den endlich vielen Teilern von f_A kann man dann das Minimalpolynom m_A grundsätzlich durch Probieren finden.

Allerdings läßt sich die Zerlegung eines Polynoms aus $\mathbf{K}[x]$ in irreduzible Faktoren nur ausnahmsweise algorithmisch ausführen (falls $\mathbf{K} = \mathbb{Q}$ oder falls $\mathbf{K}$ endlich ist, aber nicht für $\mathbf{K} = \mathbb{R}$ oder $\mathbf{K} = \mathbb{C}$).

c) Eine etwas gröbere Zerlegung als die in 3.3 a) läßt sich hingegen algorithmisch gewinnen: Als $\mathbf{K}[x]$-Modul gilt

$$\mathfrak{V} = \mathfrak{W}_1 \oplus \ldots \oplus \mathfrak{W}_s \qquad \text{mit} \quad \mathfrak{W}_j \cong \mathbf{K}[x]/g_j\mathbf{K}[x],$$

wobei $g_{j+1}|g_j$ für $j = 1, \ldots, s-1$. Diese g_j können algorithmisch durch elementare Umformung und Division mit Rest (für Polynome) bestimmt werden (siehe v.d. Waerden, Algebra 2, § 85, 86 (5. Aufl., 1967)). Dabei ist offenbar $g_1 = m_a$ und $g_1 \ldots g_s = f_A$.

d) Eine algorithmische Bestimmung des Minimalpolynoms m_A kann auch so vorgenommen werden:

Sei $\{ v_1, \ldots, v_n \}$ eine Basis von $\mathfrak{V}$ und $A \in \operatorname{Hom}(\mathfrak{V}, \mathfrak{V})$. Wir können algorithmisch entscheiden, ob $v_j, Av_j, \ldots, A^k v_j$ linear abhängig sind. Also können wir die Polynome $m_j \neq 0$ von kleinstem Grad mit $m_j(A)v_j = 0$ algorithmisch ermitteln. Dann ist nach 2.6 b) auch $m_A = [m_1, \ldots, m_n]$ algorithmisch zu berechnen.

Aus 3.4 folgt eine interessante Tatsache:

3.5 Satz. *Sei $A \in (\mathbf{K})_n$. Dann gibt es eine reguläre Matrix $T \in (\mathbf{K})_n$ mit $A' = T^{-1}AT$.*

Beweis. Es genügt der Nachweis, daß A und A' dieselbe Jordansche Normalform haben. Für jedes $g \in \mathbf{K}[x]$ gilt

$$\operatorname{Rang} g(A') = \operatorname{Rang} g(A)' = \operatorname{Rang} g(A)$$

(Spaltenrang gleich Zeilenrang). Also folgt

$$\dim \operatorname{Bild} p(A')^t = \dim \operatorname{Bild} p(A)^t$$

für alle irreduziblen Polynome p, und nach 3.3 a) haben daher A und A' dieselbe Jordansche Normalform.

Für Begleitmatrizen

$$P = \begin{pmatrix} 0 & 0 & \ldots & 0 & -b_0 \\ 1 & 0 & \ldots & 0 & -b_1 \\ 0 & 1 & \ldots & 0 & -b_2 \\ \vdots & \vdots & & \vdots & \vdots \\ 0 & 0 & \ldots & 1 & -b_{m-1} \end{pmatrix}$$

kann man explizit eine reguläre Matrix T angeben mit $PT = TP'$, nämlich

$$T = \begin{pmatrix} -b_1 & -b_2 & \dots & -b_{m-2} & -b_{m-1} & -1 \\ -b_2 & -b_3 & \dots & -b_{m-1} & -1 & 0 \\ \vdots & \vdots & & \vdots & \vdots & \vdots \\ -b_{m-1} & -1 & \dots & 0 & 0 & 0 \\ -1 & 0 & \dots & 0 & 0 & 0 \end{pmatrix}$$

Daraus folgt mit 3.4 c) leicht die allgemeine Aussage. □

3.6 Beispiele. a) Sei $f = \sum_{j=0}^{n} a_j x^j$ mit $a_n = 1$ ein Polynom aus $\mathbf{K}[x]$. Ist

$$A = \begin{pmatrix} 0 & 0 & \dots & 0 & -a_0 \\ 1 & 0 & \dots & 0 & -a_1 \\ 0 & 1 & \dots & 0 & -a_2 \\ \vdots & \vdots & & \vdots & \vdots \\ 0 & 0 & \dots & 1 & -a_{n-1} \end{pmatrix}$$

die Begleitmatrix zu f, so gilt $f_A = m_A = f$:

Bezüglich der kanonischen Basis $\{ v_1, \dots, v_n \}$ des Raumes $\mathbf{K}^n$ der Spaltenvektoren gilt

$$Av_j = v_{j+1} \qquad (1 \leqslant j \leqslant n-1).$$

Für alle $m < n$ und alle $b_j \in \mathbf{K}$ $(j = 0, \dots, m)$, nicht alle b_j gleich 0, gilt dann

$$\sum_{j=0}^{m} b_j A^j v_1 = b_0 v_1 + b_1 v_2 + \ldots + b_m v_{m+1} \neq 0.$$

Also ist $\operatorname{Grad} m_A \geqslant n$, nach 3.3 b) daher $\operatorname{Grad} m_A = n$ und $m_A = f_A$. Ferner gilt

$$A^j v_1 = v_{j-1} \qquad (j = 0, \dots, n-1)$$

und

$$A^n v_1 = Av_n = -\sum_{j=0}^{n-1} a_j v_{j+1} = -(\sum_{j=0}^{n-1} a_j A^j) v_1.$$

Dies zeigt $f(A)v_1 = 0$. Für alle $1 \leqslant j \leqslant n$ folgt

$$f(A)v_j = f(A)A^{j-1}v_1 = A^{j-1}f(A)v_1 = 0.$$

Also ist $f(A) = 0$. Somit folgt $m_A | f$, also $m_A = f_A = f$.

b) Sei A die Dreiecksmatrix

$$A = \begin{pmatrix} a_1 & 0 & 0 & \dots & 0 \\ a_1 & a_2 & 0 & \dots & 0 \\ a_1 & a_2 & a_3 & \dots & 0 \\ \vdots & \vdots & \vdots & & \vdots \\ a_1 & a_2 & a_3 & \dots & a_n \end{pmatrix}$$

vom Typ (n, n).
(1) Sei 0 ein Eigenwert von A von der Vielfachheit k, seien also genau k der a_j gleich 0. Dann ist offenbar $\operatorname{Rang} A = n - k$, also ist nach 3.3 a) $k = \dim \operatorname{Kern} A$ die Anzahl der Jordan-Kästchen zum Eigenwert 0, und alle diese haben den Typ $(1, 1)$.
(2) Ist $a_j \neq 0$, so gilt $\operatorname{Rang}(A - a_j E) = n - 1$: Wir schreiben A in der Gestalt

$$A = \begin{pmatrix} A_{11} & 0 & 0 \\ & A_{22} & 0 \\ * & & A_{33} \end{pmatrix}$$

wobei a_j kein Eigenwert von A_{11} und A_{33} ist und

$$A_{22} = \begin{pmatrix} a_j & 0 & \dots & 0 \\ a_j & a_{j+1} & \dots & 0 \\ \vdots & \vdots & & \vdots \\ a_j & a_{j+1} & \dots & a_j \end{pmatrix}$$

Ist E_k die Einheitsmatrix von demselben Typ (n_k, n_k) wie A_{kk} $(k = 1, 2, 3)$, so folgt

$$\operatorname{Rang}(A - a_j E) \geqslant \sum_{k=1}^{3} \operatorname{Rang}(A_{kk} - a_j E_k) = n_1 + \operatorname{Rang}(A_{22} - a_j E_2) + n_3.$$

Wir können uns also auf die Betrachtung von A_{22} beschränken. Eine rangerhaltende elementare Transformation liefert

$$A_{22} - a_j E_2 = \begin{pmatrix} 0 & 0 & \dots & & 0 \\ a_j & a_{j+1} - a_j & & & \\ a_j & a_{j+1} & \ddots & & \\ \vdots & \vdots & & & \vdots \\ a_j & a_{j+1} & \dots & a_{m-1} - a_j & 0 \\ a_j & a_{j+1} & \dots & a_{m-1} & 0 \end{pmatrix}$$

$$\longrightarrow \begin{pmatrix} 0 & 0 & 0 & \\ a_j & 0 & 0 & \\ a_j & a_j & a_{j+2} - a_j & \\ \vdots & \vdots & \vdots & \\ a_j & a_j & a_{j+2} & \dots \end{pmatrix}$$

$$\longrightarrow \cdots \longrightarrow \begin{pmatrix} 0 & 0 & \dots & 0 & 0 \\ a_j & 0 & \dots & 0 & 0 \\ a_j & a_j & \dots & 0 & 0 \\ \vdots & \vdots & & \vdots & \vdots \\ a_j & a_j & \dots & a_j & 0 \end{pmatrix}.$$

Letztere Matrix hat wegen $a_j \neq 0$ offenbar den Rang $n_2 - 1$. Da a_j ein Eigenwert von A ist, folgt

$$n > \operatorname{Rang}(A - a_j E) \geqslant n_1 + n_2 - 1 + n_3 = n - 1,$$

also $\operatorname{Rang}(A - a_j E) = n - 1$. Daher tritt wegen $\dim \operatorname{Kern}(A - a_j E) = 1$ nach 3.3 a) genau ein Jordan-Kästchen zum Eigenwert a_j auf. Die Jordansche Normalform von A ist somit

$$\begin{pmatrix} 0 & & & & & 0 \\ & \ddots & & & & \\ & & 0 & & & \\ & & & J_1 & & \\ & & & & \ddots & \\ 0 & & & & & J_t \end{pmatrix}$$

mit

$$J_k = \begin{pmatrix} a_k & 1 & & 0 \\ & a_k & \ddots & \\ & & \ddots & 1 \\ 0 & & & a_k \end{pmatrix}$$

und paarweise verschiedenen $a_k \neq 0$. Das Minimalpolynom von A ist daher

$$m_A = \begin{cases} \prod_{j=1}^{n} (x - a_j) = f_A & \text{falls alle } a_j \neq 0 \\ x \prod_{a_j \neq 0} (x - a_j) & \text{falls einige } a_j = 0. \end{cases}$$

c) Sei $\mathfrak{V}$ ein $\mathbb{C}$-Vektorraum mit einer Basis $\{ v_1, \dots, v_n \}$. Sei $A \in \operatorname{Hom}_{\mathbb{C}}(\mathfrak{V}, \mathfrak{V})$ mit

$$Av_1 = av_1, \quad Av_j = av_j + v_{j-1} \qquad \text{für} \quad 2 \leqslant j \leqslant n$$

mit $a \in \mathbb{C}$. Wir betrachten $\mathfrak{V}$ als $\mathbb{R}$-Vektorraum von der Dimension $2n$ und bestimmen die Jordansche Normalform der $\mathbb{R}$-linearen Abbildung A von $\mathfrak{V}$ in sich. Offenbar ist

$$(A - aE)^n = 0 \neq (A - aE)^{n-1}.$$

Fall 1: Sei $a \in \mathbb{R}$. Nach 3.3 ist

$$\dim_{\mathbb{R}} \operatorname{Kern}(A - aE)^n / \operatorname{Kern}(A - aE)^{n-1} =$$
$$2 \dim_{\mathbb{C}} \operatorname{Kern}(A - aE)^n / \operatorname{Kern}(A - aE)^{n-1} = 2(n - (n-1)) = 2$$

die Anzahl der Jordan-Kästchen

$$\begin{pmatrix} a & 1 & & 0 \\ & a & \ddots & \\ & & \ddots & 1 \\ 0 & & & a \end{pmatrix}$$

vom Typ (n, n) zu A (als $\mathbb{R}$-lineare Abbildung). Aus Dimensionsgründen treten keine weiteren Jordan-Kästchen auf. (Dieses Resultat erhält man noch schneller unter Verwendung der $\mathbb{R}$-Basis

$$\{ v_1, \ldots, v_n, iv_1, \ldots, iv_n \}$$

von $\mathfrak{V}$.)
Fall 2: Sei $a \notin \mathbb{R}$, also $a \neq \bar{a}$. Dann ist

$$p = (x - a)(x - \bar{a})$$

ein irreduzibles Polynom aus $\mathbb{R}[x]$ und

$$p(A)^n = (A - aE)^n (A - \bar{a}E)^n = 0.$$

Wegen der Regularität von $A - \bar{a}E$ ist dabei

$$\operatorname{Kern} p(A)^j = \operatorname{Kern}(A - aE)^j,$$

also

$$\dim_{\mathbb{R}} \operatorname{Kern} p(A)^n / \operatorname{Kern} p(A)^{n-1} =$$
$$2 \dim_{\mathbb{C}} \operatorname{Kern}(A - aE)^n / \operatorname{Kern}(A - aE)^{n-1} = 2.$$

Mit 3.3 folgt sofort, daß A die Jordansche Normalform

$$\begin{pmatrix} P & N & & 0 \\ & P & \ddots & \\ & & \ddots & N \\ 0 & & & P \end{pmatrix}$$

hat mit

$$P = \begin{pmatrix} 0 & -a\bar{a} \\ 1 & a + \bar{a} \end{pmatrix} \qquad \text{und} \qquad N = \begin{pmatrix} 0 & 1 \\ 0 & 0 \end{pmatrix}.$$

3.7 Bemerkung. Seien $A, B \in \operatorname{Hom}(\mathfrak{V}, \mathfrak{V})$. Nach 1.7 ist stets $f_{AB} = f_{BA}$. Schon für $\dim \mathfrak{V} = 2$ zeigen einfache Beispiele, daß $m_{AB} = m_{BA}$ nicht allgemein gilt. Aber stets ist $m_{AB} | x m_{BA}$:

Ist $m_{BA} = \sum_{j=0}^{t} c_j x^j$, so folgt

$$ABm_{BA}(AB) = AB\sum_{j=0}^{t} c_j(AB)^j = A(\sum_{j=0}^{t} c_j(BA)^j)B =$$

$$Am_{BA}(BA)B = 0.$$

Dies zeigt $m_{AB}|xm_{BA}$.

3.8 Hilfssatz. *Seien* $A, B \in \mathrm{Hom}(\mathfrak{V}, \mathfrak{V})$ *mit* $AB = BA$. *Für jedes* $g \in \mathbf{K}[x]$ *sind dann* Kern $g(A)$ *und* Bild $g(A)$ *B-invariante Unterräume von* $\mathfrak{V}$.

Beweis. Wegen

$$Bg(A)v = g(A)Bv$$

ist Bild $g(A)$ B-invariant. Aus $g(A)w = 0$ folgt

$$g(A)Bw = Bg(A)w = 0,$$

daher ist auch Kern $g(A)$ B-invariant. □

3.9 Hilfssatz. *Sei* $\mathfrak{A}$ *eine Menge von paarweise vertauschbaren linearen Abbildungen aus* $\mathrm{Hom}(\mathfrak{V}, \mathfrak{V})$ $(\mathfrak{V} \neq 0)$. *Es gebe keinen Unterraum* $\mathfrak{U}$ *mit* $0 < \mathfrak{U} < \mathfrak{V}$ *und* $A\mathfrak{U} \leqslant \mathfrak{U}$ *für alle* $A \in \mathfrak{A}$.

a) *Zerfällt* m_A *für jedes* $A \in \mathfrak{A}$ *total in* $\mathbf{K}[x]$, *so ist* $\dim \mathfrak{V} = 1$. *(Dies gilt insbesondere, falls* **K** *algebraisch abgeschlossen ist.)*

b) *Ist* $\mathbf{K} = \mathbb{R}$ *der reelle Zahlkörper, so gilt* $1 \leqslant \dim \mathfrak{V} \leqslant 2$.

Beweis. (1) Für jedes $A \in \mathfrak{A}$ ist m_A irreduzibel:

Sei $m_A = pg$ mit irreduziblem p. Nach 3.8 ist $p(A)\mathfrak{V}$ invariant für jedes $B \in \mathfrak{A}$, also $p(A)\mathfrak{V} = 0$ oder $p(A)\mathfrak{V} = \mathfrak{V}$. Im zweiten Falle wäre jedoch

$$g(A)\mathfrak{V} = g(A)p(A)\mathfrak{V} = 0,$$

was wegen Grad $g <$ Grad m_A nicht geht. Also ist $p(A)\mathfrak{V} = 0$ und daher $m_A = p$.
(2) Sind die Voraussetzungen von a) erfüllt, so ist $\dim \mathfrak{V} = 1$:

Nach (1) gilt nun $m_A = x - a$ mit $a \in \mathbf{K}$, also $A = aE$. Dann ist jeder Unterraum von $\mathfrak{V}$ A-invariant für jedes $A \in \mathfrak{A}$, also $\dim \mathfrak{V} = 1$.
(3) Sei nun $\mathbf{K} = \mathbb{R}$ und es gebe ein $B \in \mathfrak{A}$ derart, daß

$$m_B = x^2 + ax + b$$

ein irreduzibles Polynom aus $\mathbb{R}[x]$ vom Grad 2 ist. Nach 2.4e) ist dann $a^2 - 4b < 0$, also $a^2/4 - b = -c^2$ mit geeignetem $c \in \mathbb{R}$. Aus $m_B(B) = 0$ folgt

$$(B + \frac{a}{2}E)^2 = (\frac{a^2}{4} - b)E = -c^2 E.$$

Setzen wir $I = \frac{1}{c}(B + \frac{a}{2}E)$, so ist $I^2 = -E$. Durch die Festsetzung

$$(r + is)v = (rE + sI)v$$

für $r, s \in \mathbb{R}$ und $v \in \mathfrak{V}$ wird $\mathfrak{V}$ ein $\mathbb{C}$-Vektorraum. Wegen $AI = IA$ für alle $A \in \mathfrak{A}$ gilt dabei $\mathfrak{A} \subseteq \operatorname{Hom}_{\mathbb{C}}(\mathfrak{V}, \mathfrak{V})$. Mit (2) folgt $\dim_{\mathbb{C}} \mathfrak{V} = 1$, also

$$\dim_{\mathbb{R}} \mathfrak{V} = 2 \dim_{\mathbb{C}} \mathfrak{V} = 2. \qquad \square$$

3.10 Satz. *Sei $\mathfrak{A}$ eine Menge von paarweise vertauschbaren linearen Abbildungen aus* $\operatorname{Hom}(\mathfrak{V}, \mathfrak{V})$.

a) *Zerfällt m_A für jedes $A \in \mathfrak{A}$ total in $\mathbf{K}[x]$, so gibt es eine Kette*

$$0 = \mathfrak{V}_0 < \mathfrak{V}_1 < \ldots < \mathfrak{V}_n = \mathfrak{V}$$

von Unterräumen $\mathfrak{V}_j$ von $\mathfrak{V}$ mit $\dim \mathfrak{V}_j = j$ und $A\mathfrak{V}_j \leqslant \mathfrak{V}_j$ für alle $A \in \mathfrak{A}$. Wählen wir eine Basis $\mathfrak{B} = \{ v_1, \ldots, v_n \}$ von $\mathfrak{V}$ mit $\mathfrak{V}_j = \langle v_1, \ldots, v_j \rangle$, so ist jedem $A \in \mathfrak{A}$ bezüglich $\mathfrak{B}$ eine Dreiecksmatrix

$$\begin{pmatrix} * & & * \\ & \ddots & \\ 0 & & * \end{pmatrix}$$

zugeordnet. (Insbesondere gilt diese Aussage, falls $\mathbf{K}$ algebraisch abgeschlossen ist.)

b) *Ist $\mathbf{K} = \mathbb{R}$, so gibt es eine Kette*

$$0 = \mathfrak{V}_0 < \mathfrak{V}_1 < \ldots < \mathfrak{V}_m = \mathfrak{V}$$

von Unterräumen $\mathfrak{V}_j$ von $\mathfrak{V}$ mit $\dim \mathfrak{V}_{j+1}/\mathfrak{V}_j \leqslant 2$ und $A\mathfrak{V}_j \leqslant \mathfrak{V}_j$ für alle $A \in \mathfrak{A}$.

Beweis. Wir wählen ein möglichst kleines $\mathfrak{V}_1$ mit $0 < \mathfrak{V}_1 \leqslant \mathfrak{V}$ und $A\mathfrak{V}_1 \leqslant \mathfrak{V}_1$ für alle $A \in \mathfrak{A}$. Nach 3.9 ist dann $\dim \mathfrak{V}_1 = 1$ im Falle der Voraussetzung unter a), $\dim \mathfrak{V}_1 \leqslant 2$ für $\mathbf{K} = \mathbb{R}$. Nun betrachten wir $\mathfrak{V}/\mathfrak{V}_1$. Setzen wir

$$\mathfrak{A}' = \{ A_{\mathfrak{V}/\mathfrak{V}_1} \mid A \in \mathfrak{A} \},$$

so sind offenbar je zwei Elemente aus $\mathfrak{A}'$ vertauschbar. Eine Induktion nach $\dim \mathfrak{V}$ liefert daher eine Kette

$$0 = \mathfrak{V}_1/\mathfrak{V}_1 < \mathfrak{V}_2/\mathfrak{V}_1 < \ldots < \mathfrak{V}_m/\mathfrak{V}_1 = \mathfrak{V}/\mathfrak{V}_1$$

mit

$$A_{\mathfrak{V}/\mathfrak{V}_1}\mathfrak{V}_j/\mathfrak{V}_1 \leqslant \mathfrak{V}_j/\mathfrak{V}_1,$$

also $A\mathfrak{V}_j \leqslant \mathfrak{V}_j$ für alle $A \in \mathfrak{A}$ und

$$\dim \mathfrak{V}_j/\mathfrak{V}_{j-1} = \begin{cases} 1 & \text{im Falle a)} \\ \leqslant 2 & \text{im Falle b).} \end{cases}$$

□

3.11 Definition. Sei $A \in \operatorname{Hom}(\mathfrak{V}, \mathfrak{V})$.

a) Wir nennen A einfach, wenn $\mathfrak{V}$ ein einfacher $\mathbf{K}[x]$-Modul ist, wenn es also keinen A-invarianten Unterraum $\mathfrak{U}$ von $\mathfrak{V}$ gibt mit $0 < \mathfrak{U} < \mathfrak{V}$.

b) Wir nennen A halbeinfach, wenn es zu jedem A-invarianten Unterraum $\mathfrak{U}$ von $\mathfrak{V}$ ein A-invariantes Komplement $\mathfrak{U}'$ gibt, also $\mathfrak{V} = \mathfrak{U} \oplus \mathfrak{U}'$ mit $A\mathfrak{U}' \leqslant \mathfrak{U}'$.

3.12 Hilfssatz. *Sei $A \in \operatorname{Hom}(\mathfrak{V}, \mathfrak{V})$. Dann sind gleichwertig:*

a) $\mathfrak{V} = \bigoplus_{j=1}^{k} \mathfrak{V}_j$, *wobei $\mathfrak{V}_j$ A-invariant und $A_{\mathfrak{V}_j}$ einfach ist.*

b) $\mathfrak{V} = \sum_{j=1}^{k} \mathfrak{V}_j$ *mit A-invarianten $\mathfrak{V}_j$ und einfachen $A_{\mathfrak{V}_j}$.*

c) *A ist halbeinfach.*

Beweis. a)⇒b): Dies ist trivial.

b)⇒c): Sei $\mathfrak{U} < \mathfrak{V}$ mit $A\mathfrak{U} \leqslant \mathfrak{U}$. Wir wählen ein $\mathfrak{U}' \leqslant \mathfrak{V}$ von möglichst großer Dimension mit $A\mathfrak{U}' \leqslant \mathfrak{U}'$ und $\mathfrak{U} \cap \mathfrak{U}' = 0$. Angenommen, es wäre $\mathfrak{U} + \mathfrak{U}' < \mathfrak{V}$. Dann gibt es ein $\mathfrak{V}_j$ mit $\mathfrak{V}_j \not\leqslant \mathfrak{U} + \mathfrak{U}'$. Da $A_{\mathfrak{V}_j}$ einfach ist und $\mathfrak{V}_j \cap (\mathfrak{U} + \mathfrak{U}')$ A-invariant ist, folgt $\mathfrak{V}_j \cap (\mathfrak{U} + \mathfrak{U}') = 0$. Also ist $\mathfrak{U}' + \mathfrak{V}_j$ A-invariant und $\mathfrak{U}' < \mathfrak{U}' + \mathfrak{V}_j$. Wir zeigen

$$\mathfrak{U} \cap (\mathfrak{U}' + \mathfrak{V}_j) = 0,$$

im Widerspruch zur maximalen Wahl von $\mathfrak{U}'$:

Sei

$$u = u' + v_j \in \mathfrak{U} \cap (\mathfrak{U}' + \mathfrak{V}_j)$$

mit $u \in \mathfrak{U}$, $u' \in \mathfrak{U}'$ und $v_j \in \mathfrak{V}_j$. Dann ist

$$v_j = u - u' \in \mathfrak{V}_j \cap (\mathfrak{U} + \mathfrak{U}') = 0,$$

also $v_j = 0$ und dann

$$u = u' \in \mathfrak{U} \cap \mathfrak{U}' = 0.$$

c)⇒a): Wir vermerken zuerst, daß für jeden A-invarianten Unterraum $\mathfrak{U}$ von $\mathfrak{V}$ auch $A_{\mathfrak{U}}$ halbeinfach ist:

Sei $\mathfrak{U}_1 \leqslant \mathfrak{U}$ mit $A\mathfrak{U}_1 \leqslant \mathfrak{U}_1$. Da A halbeinfach ist, gilt $\mathfrak{V} = \mathfrak{U}_1 \oplus \mathfrak{W}$ mit $A\mathfrak{W} \leqslant \mathfrak{W}$. Daraus folgt

$$\mathfrak{U} = \mathfrak{U} \cap (\mathfrak{U}_1 \oplus \mathfrak{W}) = \mathfrak{U}_1 \oplus (\mathfrak{U} \cap \mathfrak{W})$$

mit A-invariantem $\mathfrak{U} \cap \mathfrak{W}$.

Nun folgt durch Induktion nach $\dim \mathfrak{V}$ leicht die Behauptung:

Sei nämlich $0 < \mathfrak{V}_1 \leqslant \mathfrak{V}$ mit $A\mathfrak{V}_1 \leqslant \mathfrak{V}_1$ und möglichst kleinem $\mathfrak{V}_1$. Dann ist $A_{\mathfrak{V}_1}$ einfach. Da A halbeinfach ist, gilt $\mathfrak{V} = \mathfrak{V}_1 \oplus \mathfrak{U}$ mit $A\mathfrak{U} \leqslant \mathfrak{U}$. Wie soeben gezeigt, ist $A_{\mathfrak{U}}$ halbeinfach, also gilt nach Induktionsannahme $\mathfrak{U} = \bigoplus_{j=2}^{k} \mathfrak{V}_j$ mit einfachen $A_{\mathfrak{V}_j}$. □

3.13 Hauptsatz. *Sei* $A \in \operatorname{Hom}(\mathfrak{V}, \mathfrak{V})$. *Dann sind gleichwertig:*

a) *A ist halbeinfach.*

b) *Das Minimalpolynom* m_A *von A hat die Gestalt* $m_A = p_1 \dots p_r$ *mit normierten irreduziblen, paarweise verschiedenen Polynomen* p_j.

Beweis. Sei p ein irreduzibles Polynom aus $\mathbf{K}[x]$. Die $\mathbf{K}[x]$-Untermoduln von $\mathbf{K}[x]/\, p^t\mathbf{K}[x]$ sind dann offenbar die $h\mathbf{K}[x]/p^t\mathbf{K}[x]$ mit $h|p^t$. Wegen der eindeutigen Primfaktorzerlegung in $\mathbf{K}[x]$ erzwingt dies $h\mathbf{K}[x] = p^j\mathbf{K}[x]$ mit $0 \leqslant j \leqslant t$. Also ist die Menge der Untermoduln von $\mathbf{K}[x]/p^t\mathbf{K}[x]$ total geordnet bezüglich der Inklusion, und insbesondere ist $\mathbf{K}[x]/p^t\mathbf{K}[x]$ direkt unzerlegbar.

Sei gemäß 3.3 a)

$$\mathfrak{V} = \mathfrak{V}_1 \oplus \ldots \oplus \mathfrak{V}_r \qquad \text{mit} \qquad \mathfrak{V}_j \cong \mathbf{K}[x]/p_j^{t_j}\mathbf{K}[x].$$

Sei ferner A_j die Einschränkung von A auf $\mathfrak{V}_j$.

a)⇒b): Genau dann ist A nach 3.12 halbeinfach, wenn jedes A_j halbeinfach ist. Nach der Vorbemerkung ist jedoch A_j nur halbeinfach für $t_j = 1$. Also hat $m_A = [p_1^{t_1}, \ldots, p_r^{t_r}]$ keine mehrfachen Primteiler.

b)⇒a): Wegen $p_j^{t_j} | m_A$ folgt nun $t_j = 1$ für alle $j = 1, \ldots, r$. Nach der Vorbemerkung hat dann $\mathfrak{V}_j \cong \mathbf{K}[x]/p_j\mathbf{K}[x]$ nur die A-invarianten Unterräume 0 von $\mathfrak{V}_j$, somit ist A_j einfach und A halbeinfach. □

3.14 Hauptsatz. *Sei* $A \in \operatorname{Hom}(\mathfrak{V}, \mathfrak{V})$. *Dann sind gleichwertig:*

a) *Es gilt*

$$m_A = \prod_{j=1}^{s} (x - a_j)$$

mit paarweise verschiedenen $a_j \in \mathbf{K}$.

b) *Es gibt eine Basis* $\{ v_j, \dots, v_n \}$ *von* $\mathfrak{V}$ *mit*

$$Av_j = a_j v_j \qquad (j = 1, \dots, n)$$

und $a_j \in \mathbf{K}$.

Beweis. a)⇒b): nach 3.3 a) gilt

$$\mathfrak{V} = \mathfrak{V}_1 \oplus \dots \oplus \mathfrak{V}_r \qquad \text{mit} \qquad \mathfrak{V}_j \cong \mathbf{K}[x]/p_j^{t_j}\mathbf{K}[x]$$

und irreduziblen p_j. Wegen $p_j^{t_j} | m_A$ folgt $p_j = x - a_j$ mit $a_j \in \mathbf{K}$ und $t_j = 1$. Dann ist

$$\dim \mathfrak{V}_j = \dim \mathbf{K}[x]/(x - a_j)\mathbf{K}[x] = 1.$$

Mit $\mathfrak{V}_j = \langle v_j \rangle$ folgt dann die Behauptung unter b).

b)⇒a): Seien $a_1, \dots, a_m$ die verschiedenen unter den $a_1, \dots, a_n$. Setzen wir $g = \prod_{j=1}^{m}(x - a_j)$, so gilt $g(A)v_j = 0$ für $j = 1, \dots, n$, also $m_A | g$. □

3.15 Definition. Erfüllt eine lineare Abbildung A die Aussagen in 3.14, so heißt A diagonalisierbar.

3.16 Beispiele. Sei $A \in \operatorname{Hom}(\mathfrak{V}, \mathfrak{V})$ und $\dim \mathfrak{V} = n$.

a) A habe n verschiedene Eigenwerte in $\mathbf{K}$, es sei also $f_A = \prod_{j=1}^{n}(x - a_j)$ mit paarweise verschiedenen a_j. Nach 3.3 b) ist dann $m_A = f_A$, also ist A nach 3.14 diagonalisierbar.

b) Sei $\mathbf{K}$ algebraisch abgeschlossen und m eine natürliche Zahl. Sei $\operatorname{Char} \mathbf{K} = 0$ oder $\operatorname{Char} \mathbf{K} \nmid m$. Sei A diagonalisierbar mit $\det A \neq 0$. Ist $B \in \operatorname{Hom}(\mathfrak{V}, \mathfrak{V})$ mit $B^m = A$, so ist auch B diagonalisierbar:

Sei m_A bzw. m_B das Minimalpolynom von A bzw. B. Dann gilt

$$m_A(B^m) = m_A(A) = 0.$$

Also ist m_B ein Teiler des Polynoms $g = m_A(x^m)$. Da A diagonalisierbar ist, gilt nach 3.14

$$m_A = \prod_{j=1}^{s}(x - a_j)$$

mit paarweise verschdenen $a_j \in \mathbf{K}$. Dann ist

$$g = \prod_{j=1}^{s} g_j \qquad \text{mit} \qquad g_j = x^m - a_j.$$

Da $\mathbf{K}$ algebraisch abgeschlossen ist, zerfällt g_j total in $\mathbf{K}[x]$. Ist $g_j(b_{jk}) = 0$, so ist wegen $a_j \neq 0$ auch $b_{jk} \neq 0$ und wegen $\operatorname{Char} \mathbf{K} \nmid m$ sodann

$$g'_j(b_{jk}) = m b_{jk}^{m-1} \neq 0.$$

Also hat jedes g_j nach 2.4 c) lauter einfache Nullstellen. Da g_j und g_k für $j \neq k$ offenbar keine gemeinsame Nullstelle besitzen, folgt

$$g = \prod_{j=1}^{s} \prod_{k=1}^{m} (x - b_{jk})$$

mit paarweise verschiedenen b_{jk}. Aus $m_B | g$ folgt dann mit Hilfe von 3.14 die Diagonalisierbarkeit von B.

c) In b) enthalten ist die folgende häufig benutzte Aussage:

Sei $\mathbf{K}$ algebraisch abgeschlossen mit $\operatorname{Char} \mathbf{K} = 0$ oder $\operatorname{Char} \mathbf{K} \nmid m$. Ist $B^m = E$, so ist B diagonalisierbar.

3.17 Satz. *Sei $\mathfrak{A}$ eine Menge von paarweise vertauschbaren linearen Abbildungen aus* $\operatorname{Hom}(\mathfrak{A}, \mathfrak{A})$. *Jedes A aus $\mathfrak{A}$ sei diagonalisierbar. Dann sind alle A aus $\mathfrak{A}$ simultan diagonalisierbar, d.h. es gibt eine Basis $\{ v_1, \ldots, v_n \}$ von $\mathfrak{V}$ und $a_j(A) \in \mathbf{K}$ mit*

$$A v_j = a_j(A) v_j \qquad (j = 1, \ldots, n)$$

für alle $A \in \mathfrak{A}$.

Beweis. Wir führen den Beweis durch Induktion nach $\dim \mathfrak{V} = n$. Hat jedes $A \in \mathfrak{A}$ nur einen Eigenwert, so gilt $A = aE$ wegen der Diagonalisierbarkeit von A, und wir sind fertig.

Also gibt es ein $A_0 \in \mathfrak{A}$ mit $m \geqslant 2$ verschiedenen Eigenwerten $a_1, \ldots, a_m$. Da A_0 diagonalisierbar ist, gilt

$$\mathfrak{V} = \bigoplus_{j=1}^{m} \mathfrak{V}_j \qquad \text{mit} \qquad \mathfrak{V}_j = \operatorname{Kern}(A_0 - a_j E).$$

Nach 3.8 ist jedes $\mathfrak{V}_j$ A-invariant für alle $A \in \mathfrak{A}$. Wegen $\dim \mathfrak{V}_j < \dim \mathfrak{V}$ können wir die Induktionsannahme auf

$$\mathfrak{A}_j = \{ A_{\mathfrak{V}_j} \mid A \in \mathfrak{A} \}$$

anwenden. Also gibt es eine Basis $\mathfrak{B}_j = \{ v_{jk} \mid k = 1, \ldots, \dim \mathfrak{V}_j \}$ von $\mathfrak{V}_j$ mit

$$Av_{jk} = a_{jk}(A)v_{jk}$$

und $a_{jk}(A) \in \mathbf{K}$ für alle $A \in \mathfrak{A}$. Dann ist $\bigcup_{j=1}^{m} \mathfrak{B}_j$ die gesuchte Basis von $\mathfrak{V}$. □

3.18 Satz. *Sei* $\mathbf{K}$ *algebraisch abgeschlossen und* $\mathfrak{A}$ *eine kommutative Gruppe von linearen Abbildungen aus* Hom $(\mathfrak{V}, \mathfrak{V})$. *Für jedes* $A \in \mathfrak{A}$ *gebe es eine natürliche Zahl* $m(A)$ *mit* $A^{m(A)} = E$. *Sei ferner* Char $\mathbf{K} = 0$ *oder* Char $\mathbf{K} \nmid m(A)$ *für alle* $A \in \mathfrak{A}$. *Dann sind alle A aus* $\mathfrak{A}$ *simultan diagonalisierbar.*

Beweis. Nach 3.16 c) ist jedes einzelne $A \in \mathfrak{A}$ diagonalisierbar, mit 3.17 folgt dann die simultane Diagonalisierbarkeit aller $A \in \mathfrak{A}$. □

Die Lösung gewisser Matrixgleichungen bereiten wir durch einen Hilfssatz vor:

3.19 Hilfssatz. *Seien* g *und* $m = \prod_{j=1}^{s} (x - a_j)^{r_j}$ *Polynome in* $\mathbf{K}[x]$ *mit paarweise verschiedenen* $a_j \in \mathbf{K}$. *Für jedes* j $(j = 1, \ldots, s)$ *habe das Polynom* $g - a_j$ *wenigstens eine einfache Nullstelle in* $\mathbf{K}$. *Dann gibt es ein* $h \in \mathbf{K}[x]$ *mit*

$$g(h) \equiv x \qquad (\operatorname{mod} m).$$

Beweis. (1) Wir behandeln zuerst den Spezialfall $m = x^r$. Nach Voraussetzung gibt es ein $b \in \mathbf{K}$ mit $g(b) = 0 \neq g'(b)$. Wir konstruieren rekursiv Polynome $h_j \in \mathbf{K}[x]$ $(j = 0, 1, \ldots)$ mit

$$(R_j) \qquad g(h_j) \equiv x \qquad (\operatorname{mod} x^{j+1}).$$

Wir beginnen mit $h_0 = b$, dann ist

$$(R_0) \qquad g(h_0) = g(b) = 0 \equiv x \qquad (\operatorname{mod} x)$$

erfüllt. Sei bereits ein Polynom h_j gefunden mit $h_j(0) = b$ und

$$(R_j) \qquad g(h_j) = x + l_{j+1} x^{j+1}$$

für geeignetes $l_{j+1} \in \mathbf{K}[x]$. Wir versuchen, mit dem Ansatz

$$h_{j+1} = h_j + c_{j+1} x^{j+1}$$

und geeignetem $c_{j+1} \in \mathbf{K}$ zum Ziel zu kommen. Dazu fordern wir

$$(R_{j+1}) \qquad g(h_j + c_{j+1} x^{j+1}) \equiv x \qquad (\operatorname{mod} x^{j+2}).$$

Für beliebige Charakteristik von $\mathbf{K}$ gilt

$$g(x + y) \equiv g(x) + g'(x)y \qquad (\operatorname{mod} y^2),$$

wie man aus der binomischen Entwicklung

$$(x+y)^j \equiv x^j + jx^{j-1}y \qquad (\operatorname{mod} y^2)$$

sofort entnimmt. Also verlangt die Kongruenz (R_{j+1})

$$g(h_j) + g'(h_j)c_{j+1}x^{j+1} \equiv x \qquad (\operatorname{mod} x^{j+2}).$$

Dies bedeutet

$$x + l_{j+1}x^{j+1} + g'(b+\ldots)c_{j+1}x^{j+1} \equiv x + (l_{j+1}(0) + g'(b)c_{j+1})x^{j+1} \equiv x \quad (\operatorname{mod} x^{j+2}).$$

Diese Bedingung erfüllen wir durch

$$c_{j+1} = -l_{j+1}(0)/g'(b).$$

(2) Nun lösen wir für beliebige $a \in \mathbf{K}$ die Kongruenz

$$g(h) \equiv x \qquad (\operatorname{mod}(x-a)^r),$$

falls es ein $b \in \mathbf{K}$ gibt mit $g(b) - a = 0 \neq g'(b)$. Dazu setzen wir $x - a = y$ und betrachten

$$g(h(a+y)) \equiv a + y \qquad (\operatorname{mod} y^r).$$

Diese Kongruenz hat die Gestalt

$$(*) \qquad g_1(k(y)) \equiv y \qquad (\operatorname{mod} y^r)$$

mit $g_1 = g - a$ und $k(y) = h(a+y)$. Wegen

$$g_1(b) = g(b) - a = 0 \qquad \text{und} \qquad g'_1(b) = g'(b) \neq 0$$

existiert nach (1) eine Lösung k von (*). Dann ist $h(x) = k(x-a)$ eine Lösung von

$$g(h) \equiv x \qquad (\operatorname{mod}(x-a)^r).$$

(3) Sei nun allgemein $m = \prod_{j=1}^{s}(x-a_j)^{r_j}$ mit paarweise verschiedenen a_j. Nach (2) existieren Polynome h_j mit

$$g(h_j) \equiv x \qquad (\operatorname{mod}(x-a_j)^{r_j}).$$

Nach 2.5 b) gibt es ein $h \in \mathbf{K}[x]$ mit

$$h \equiv h_j \qquad (\operatorname{mod}(x-a_j)^{r_j})$$

für $j = 1, \ldots, s$. Dann folgt

$$g(h) \equiv g(h_j) \equiv x \qquad (\operatorname{mod}(x-a_j)^{r_j}).$$

Da m das kleinste gemeinsame Vielfache der $(x-a_j)^{r_j}$ ist, folgt

$$g(h) \equiv x \qquad (\operatorname{mod} m).$$ □

3.20 Satz. *Sei* $A \in \operatorname{Hom}(\mathfrak{V}, \mathfrak{V})$ *und* $m_A = \prod_{j=1}^{s}(x-a_j)^{r_j}$ *mit paarweise verschiedenen* $a_j \in K$. *Sei* $g \in \mathbf{K}[x]$, *und* $g - a_j$ *habe für* $j = 1, \dots, s$ *wenigstens eine einfache Nullstelle in* **K**. *Dann gibt es ein* $h \in \mathbf{K}[x]$ *mit* $g(h(A)) = A$.

Beweis. Nach 3.19 gibt es ein Polynom h mit

$$g(h) \equiv x \qquad (\operatorname{mod} m_A).$$

Das heißt

$$g(h) = x + lm_A$$

mit einem $l \in \mathbf{K}[x]$, also folgt $g(h(A)) = A$. □

3.21 Beispiele. a) Sei **K** algebraisch abgeschlossen und $\operatorname{Char}\mathbf{K} \nmid m$. Sei A eine Matrix aus $(\mathbf{K})_n$ mit $\det A \neq 0$. Dann gibt es eine Matrix $B \in (\mathbf{K})_n$ mit $B^m = A$:

In 3.20 wählen wir $g = x^m$. Sei $m_A = \prod_{j=1}^{s}(x-a_j)^{r_j}$ mit paarweise verschiedenen $a_j \in \mathbf{K}$. Nach 3.3 b) sind die a_j Eigenwerte von A, also gilt $a_j \neq 0$. Die Polynome

$$g_j = x^m - a_j \qquad (j = 1, \dots, s)$$

haben Nullstellen $b_j \neq 0$ im algebraisch abgeschlossenen Körper **K**, und wegen $\operatorname{Char}\mathbf{K} \nmid m$ ist

$$g'_j(b_j) = mb_j^{m-1} \neq 0.$$

Daher können wir 3.20 anwenden.

b) Die Matrixgleichung

$$B^2 = \begin{pmatrix} 0 & 0 \\ 1 & 0 \end{pmatrix}$$

hat für keinen Körper **K** Lösungen in $(\mathbf{K})_2$:

Sonst wäre nämlich

$$B^4 = \begin{pmatrix} 0 & 0 \\ 1 & 0 \end{pmatrix}^2 = 0,$$

also $m_B | x^4$. Wegen $\operatorname{Grad} m_B \leqslant 2$ ist dann sogar $m_B | x^2$, also

$$B^2 = 0 \neq \begin{pmatrix} 0 & 0 \\ 1 & 0 \end{pmatrix}.$$

c) Ist Char $\mathbf{K} = p > 0$, so hat die Matrixgleichung

$$C^p = \begin{pmatrix} 1 & & 0 \\ & \ddots & \\ * & & 1 \end{pmatrix} \neq E$$

keine Lösung C in $(\mathbf{K})_p$:
Sonst wäre

$$C^{p^2} = \begin{pmatrix} 1 & & 0 \\ & \ddots & \\ * & & 1 \end{pmatrix}^p = E,$$

wegen Char $\mathbf{K} = p$ daher

$$m_C | x^{p^2} - 1 = (x-1)^{p^2}.$$

Wegen Grad $m_C \leqslant p$ folgt $m_C | (x-1)^p$, und dies ergibt den Widerspruch

$$0 = (C - E)^p = C^p - E.$$

d) Der Versuch, die Gleichung $B^2 = A$ bei vorgegebenem $A = (a_{ij})$ direkt zu lösen, führt zu dem System

$$\sum_{k=1}^{n} b_{ik} b_{kj} = a_{ij} \qquad (i, j = 1, \dots, n)$$

von n^2 gekoppelten quadratischen Gleichungen für die b_{ij}. Selbst für $n = 2$ ist die Lösbarkeit dieses Gleichungssystems unter der Nebenbedingung $a_{11}a_{22} - a_{12}a_{21} \neq 0$ nicht unmittelbar zu sehen.

3.22 Bemerkung. Der Versuch, die beiden folgenden Sätze 3.23 und 3.24 in voller Allgemeinheit zu beweisen, stößt für Char $\mathbf{K} = p > 0$ auf Hindernisse. Treten nämlich in den Minimalpolynomen irreduzible Faktoren f mit $f' = 0$ auf, so sind die gewünschten Aussagen i.a. nicht mehr richtig. Bei Körpern $\mathbf{K}$ mit Char $\mathbf{K} = p > 0$ gibt es i.a. solche Polynome f, sie haben offenbar die Gestalt

$$f = \sum_{j=0}^{m} a_j x^{jp}.$$

Wir gehen diesen Komplikationen aus dem Wege, indem wir die auftretenden Minimalpolynome als total zerfallend voraussetzen.

3.23 Satz. *Sei* $A \in \operatorname{Hom}(\mathfrak{V}, \mathfrak{V})$. *Das Minimalpolynom von* A *zerfalle total, etwa*

$$m_A = \prod_{j=1}^{s} (x - a_j)^{r_j}$$

mit paarweise verschiedenen $a_j \in \mathbf{K}$.

a) *Es gibt Polynome* $g, h \in \mathbf{K}[x]$ *mit*

$$A = g(A) + h(A),$$

dabei ist $g(A)$ *diagonalisierbar mit den Eigenwerten* $a_1, \dots, a_s$ *und* $h(A)$ *ist nilpotent, d.h.* $h(A)^k = 0$ *für geeignetes k.*

b) *Sei* $A = A_1 + A_2$ *mit* $A_1 A_2 = A_2 A_1$, *sei* A_1 *diagonalisierbar und* A_2 *nilpotent. Dann gilt* $A_1 = g(A)$ *und* $A_2 = h(A)$.
(Additive Jordan-Zerlegung).

Beweis. a) Nach 2.5 b) existiert ein $g \in \mathbf{K}[x]$ mit

$$g \equiv a_j \qquad (\mathrm{mod}(x - a_j)^{r_j})$$

für $j = 1, \dots, s$. Nach 3.3 gilt

$$\mathfrak{V} = \bigoplus_{j=1}^{r} \mathfrak{V}_j \qquad \text{mit} \quad \mathfrak{V}_j \cong \mathbf{K}[x]/p_j^{t_j}\mathbf{K}[x],$$

wobei $t_j \leqslant r_{j'}$ und $p_j = x - a_{j'}$ für geeignetes j'. Aus

$$g = a_{j'} + (x - a_{j'})^{r_{j'}} g_j$$

(mit geeignetem g_j) folgt

$$g(A)_{\mathfrak{V}_j} = a_{j'} E_{\mathfrak{V}_j}.$$

Also ist $g(A)$ auf $\mathfrak{V}_j$ und dann auch auf $\mathfrak{V} = \bigoplus_{j=1}^{r} \mathfrak{V}_j$ diagonalisierbar mit den Eigenwerten $a_1, \dots, a_s$.

Setzen wir $h = x - g$, so folgt $A = g(A) + h(A)$ und

$$h \equiv x - a_j \qquad (\mathrm{mod}(x - a_j)^{r_j}).$$

Setzen wir $t = \mathrm{Max}_{j=1,\dots,s}\, r_j$, so ist für $j = 1, \dots, s$

$$h^t \equiv (x - a_j)^t \equiv 0 \qquad (\mathrm{mod}(x - a_j)^{r_j}).$$

Daher ist $m_A = \prod_{j=1}^{s} (x - a_j)^{r_j}$ ein Teiler von h^t, und dies zeigt

$$0 = h^t(A) = h(A)^t.$$

b) Aus $A = A_1 + A_2$ und $A_1 A_2 = A_2 A_1$ folgt $AA_j = A_j A$ $(j = 1, 2)$ und dann

$$g(A)A_1 = A_1 g(A), \qquad h(A)A_2 = A_2 h(A).$$

Setzen wir dim $\mathfrak{V} = n$, so sind die Minimalpolynome der nilpotenten Abbildungen $h(A)$ und A_2 Teiler von x^n, also ist $h(A)^n = A_2^n = 0$. Wegen $h(A)A_2 = A_2h(A)$ folgt

$$(A_2 - h(A))^{2n} = \sum_{j=0}^{2n} \binom{2n}{j} A_2^j h(A)^{2n-j} = 0.$$

Wegen $g(A)A_1 = A_1 g(A)$ sind A_1 und $g(A)$ nach 3.17 simultan diagonalisierbar. Also ist

$$g(A) - A_1 = A_2 - h(A)$$

diagonalisierbar und nilpotent, somit $A_1 = g(A)$ und $A_2 = h(A)$. □

3.24 Satz. *Sei A eine reguläre lineare Abbildung aus* Hom $(\mathfrak{V}, \mathfrak{V})$. *Das Minimalpolynom m_A zerfalle total.*

a) *Es gibt Polynome $f, g \in \mathbf{K}[x]$ mit $A = g(A)f(A)$, wobei $g(A)$ diagonalisierbar ist und $f(A) - E$ nilpotent. (Ein solches $f(A)$ mit einzigem Eigenwert* 1 *nennt man unipotent.)*

b) *Sei $A = A_1A_2 = A_2A_1$ mit diagonalisierbarem A_1 und unipotentem A_2. Dann gilt $A_1 = g(A)$ und $A_2 = f(A)$.*
(Multiplikative Jordan Zerlegung.)

Beweis. a) Sei gemäß 3.23 $A = g(A) + h(A)$ mit diagonalisierbarem $g(A)$ und nilpotentem $h(A)$. Dabei hat gemäß Konstruktion $g(A)$ dieselben Eigenwerte wie A, ist daher regulär. Somit ist

$$A = g(A)(E + g(A)^{-1}h(A)).$$

Für genügend großes m gilt dabei

$$(g(A)^{-1}h(A))^m = g(A)^{-m}h(A)^m = 0.$$

Wir haben also nur noch zu zeigen, daß es ein Polynom f mit $f(A) = E + g(A)^{-1}h(A)$ gibt.

Ist B irgendeine reguläre lineare Abbildung, so gilt nach 3.3 b)

$$0 = f_B(B) = B^n + \sum_{j=0}^{n-1} c_j B^j$$

mit $c_0 = \pm \det B \neq 0$. Daraus folgt

$$B^{-1} = -c_0^{-1}(B^{n-1} + \sum_{j=1}^{n-1} c_j B^{j-1}).$$

Als läßt sich $g(A)^{-1}$ als Polynom in A schreiben, dann auch $E + g(A)^{-1}h(A)$.

b) Nun gilt

$$A_1^{-1}g(A) = A_2 f(A)^{-1}.$$

Aus $AA_1 = A_1A$ folgt $A_1^{-1}g(A) = g(A)A_1^{-1}$. Wegen 3.17 sind A_1^{-1} und $g(A)$ simultan diagonalisierbar, also ist auch $A_1^{-1}g(A)$ diagonalisierbar. A_2 und $f(A)^{-1}$ haben nur den Eigenwert 1, diesen mit der Vielfachheit dim $\mathfrak{V}$. Da auch A_2 und $f(A)^{-1}$ vertauschbar sind, lassen sie sich nach 3.10 a) simultan auf Dreiecksgestalt bringen. Daher hat auch $A_2 f(A)^{-1}$ den Eigenwert 1 mit der Vielfachheit dim $\mathfrak{V}$. Das liefert

$$A_1^{-1}g(A) = A_2 f(A)^{-1} = E,$$

also $A_1 = g(A)$ und $A_2 = f(A)$. □

Aufgaben

A 3.1 Sei $A \in \mathrm{Hom}(\mathfrak{V}, \mathfrak{V})$ und $\mathfrak{U}$ ein A-invarianter Unterraum von $\mathfrak{V}$. Man zeige:

a) $m_{A_\mathfrak{U}} | m_A$ und $m_{A_{\mathfrak{V}/\mathfrak{U}}} | m_A$.

b) $m_A | m_{A_\mathfrak{U}} m_{A_{\mathfrak{V}/\mathfrak{U}}}$.

c) Ist $(m_{A_\mathfrak{U}}, m_{A_{\mathfrak{V}/\mathfrak{U}}}) = 1$, so gilt $m_A = m_{A_\mathfrak{U}} m_{A_{\mathfrak{V}/\mathfrak{U}}}$.

d) Sei

$$A = \begin{pmatrix} A_{11} & A_{12} \\ 0 & A_{22} \end{pmatrix}$$

mit quadratischen Matrizen

$$A_{jj} = \begin{pmatrix} a_j & & & * \\ & a_j & & \\ & & \ddots & \\ 0 & & & a_j \end{pmatrix}$$

mit $a_1 \neq a_2$. Man zeige, daß A genau dann diagonalisierbar ist, wenn $A_{jj} = a_j E_j$ für $j = 1, 2$ ein Vielfaches der Einheitsmatrix ist.

A 3.2 Sei

$$J = \begin{pmatrix} 0 & 1 & 0 & \dots & 0 \\ 0 & 0 & 1 & \ddots & \vdots \\ 0 & 0 & 0 & \ddots & 0 \\ \vdots & \vdots & \vdots & \ddots & 1 \\ 0 & 0 & 0 & \dots & 0 \end{pmatrix}$$

vom Typ (n, n).

a) Ist t die kleinste natürliche Zahl mit $tk \geqslant n$, so ist x^t das Minimalpolynom von J^k.

b) Sei die natürliche Zahl s bestimmt durch $ks \leqslant n < k(s+1)$. In der Jordanschen Normalform von J^k treten dann $n-ks$ Kästchen vom Typ $(s+1, s+1)$ und $k(s+1)-n$ Kästchen vom Typ (s, s) auf.

A 3.3 Sei $\mathbf{K}$ ein algebraisch abgeschlossener Körper mit Char $\mathbf{K} \neq 2$ und $A \in (\mathbf{K})_n$. Dabei sind gleichwertig:

a) Es gibt ein $B \in (\mathbf{K})_n$ mit $B^2 = A$.

b) Die Jordan-Kästchen von A zum Eigenwert 0 treten in Paaren der Gestalt $J_s(0), J_s(0)$ und $J_s(0), J_{s+1}(0)$ auf.
(Man verwende 3.21a) und A3.2.)

A 3.4 Sei A die Matrix

$$A = \begin{pmatrix} a & b & \dots & b \\ b & a & \ddots & \vdots \\ \vdots & \ddots & \ddots & b \\ b & \dots & b & a \end{pmatrix}$$

vom Typ (n, n) mit $n \geqslant 2$.

a) Man bestimme auf möglichst einfache Weise alle Eigenwerte von A.

b) Man bestimme die Jordansche Normalform von A und das Minimalpolynom m_A.

A 3.5 Sei A die Matrix

$$A = \begin{pmatrix} a & a & a & \dots & a & a & a \\ b & 0 & 0 & \dots & 0 & 0 & c \\ \vdots & \vdots & \vdots & & \vdots & \vdots & \vdots \\ b & 0 & 0 & \dots & 0 & 0 & c \\ a & a & a & \dots & a & a & a \end{pmatrix}$$

vom Typ (n, n) mit $n \geqslant 3$.

a) Man zeige, daß 0 ein mindestens $(n-2)$-facher Eigenwert von A ist.

b) Man bestimme durch Betrachtung von Spur A und Spur A^2 die restlichen beiden Eigenwerte von A und zeige

$$f_A = x^{n-2}(x^2 - 2ax - (n-2)a(b+c)).$$

c) Es gilt

$$m_A = \begin{cases} x^2 & \text{für } a = 0 \\ x^2 - 2ax & \text{für } b = c = 0 \\ x(x^2 - 2ax - (n-2)a(b+c)) & \text{für } ab \neq 0 \text{ oder } ac \neq 0. \end{cases}$$

A 3.6 Sei

$$A = \begin{pmatrix} 0 & 0 & \dots & 0 & b_1 \\ 0 & 0 & \dots & 0 & b_2 \\ \vdots & \vdots & & \vdots & \vdots \\ 0 & 0 & \dots & 0 & b_n \\ a_1 & a_2 & \dots & a_n & 0 \end{pmatrix}$$

vom Typ $(n+1, n+1)$ mit $n \geqslant 2$. Es seien nicht alle a_j und nicht alle b_j gleich 0.

a) Man bestimme die Eigenwerte von A.

b) Man zeige $m_A = x(x^2 - \sum_{j=1}^{n} a_j b_j)$.

c) Für $\sum_{j=1}^{n} a_j b_j \neq 0$ und $\operatorname{Char} \mathbf{K} \neq 2$ ist A halbeinfach.

d) Sei $\sum_{j=1}^{n} a_j b_j = 0$. Dann hat A ein Jordan-Kästchen vom Typ (3,3) und $n-2$ Jordan-Kästchen vom Typ $(1, 1)$.

A 3.7 Sei

$$A = \begin{pmatrix} 0 & a & \dots & a \\ b & 0 & \ddots & \vdots \\ \vdots & \ddots & \ddots & a \\ b & \dots & b & 0 \end{pmatrix}$$

vom Typ (n, n) mit $n \geqslant 2$, $ab \neq 0$ und $a \neq b$.

a) Man beweise

$$f_A = \frac{b(x+a)^n - a(x+b)^n}{b-a}.$$

(Dazu betrachte man mit einer weiteren Variablen t die Determinante

$$g(t) = \det \begin{pmatrix} x+t & t-a & t-a & \dots & t-a \\ t-b & x+t & t-a & \dots & t-a \\ \vdots & \vdots & \vdots & & \vdots \\ t-b & t-b & t-b & \dots & x+t \end{pmatrix}$$

zeige, daß $g(t)$ ein Polynom vom Grad 1 in t ist und berechne $f_A = g(0)$ aus $g(a)$ und $g(b)$.)

b) Durch elementare Umformung zeige man Rang $(A - cE) \geqslant n - 1$ für alle c.

c) Man beweise $m_A = f_A$.

d) Ist Char $\mathbf{K} \nmid n$, so ist $(f_A, f'_A) = 1$, und A ist halbeinfach.

e) Ist $\mathbf{K}$ algebraisch abgeschlossen und Char $\mathbf{K} = p$ ein Teiler von n, so ist A nicht diagonalisierbar.

A 3.8 Sei $A \in \mathrm{Hom}(\mathfrak{V}, \mathfrak{V})$. Dann sind gleichwertig:

a) $\mathfrak{V}$ ist ein zyklischer $\mathbf{K}[x]$-Modul.

b) Die Menge

$$\{ B \mid B \in \mathrm{Hom}(\mathfrak{V}, \mathfrak{V}), \quad BA = AB \}$$

ist gleich

$$\{ g(A) \mid g \in \mathbf{K}[x] \}.$$

c) $\mathfrak{V} \cong \bigoplus_{j=1}^{r} \mathbf{K}[x]/p_j^{t_j}\mathbf{K}[x]$ mit paarweise verschiedenen irreduziblen normierten Polynomen p_j, d.h. $m_A = f_A$.

A 3.9 Sei $A \in \mathrm{Hom}(\mathfrak{V}, \mathfrak{V})$. Dann gibt es ein $v_0 \in \mathfrak{V}$ mit

$$\{ g \mid g \in \mathbf{K}[x], \quad g(A)v_0 = 0 \} = m_A\mathbf{K}[x].$$

a) Man beweise diese Aussage mit Hilfe der Jordanschen Normalform.

b) Ist der zugrundeliegende Körper $\mathbf{K}$ unendlich, so gebe man einen einfacheren Beweis, welcher darauf beruht, daß aus $\mathfrak{U}_j < \mathfrak{V}$ $(j = 1, \ldots, r)$ auch $\bigcup_{j=1}^{r} \mathfrak{U}_j \subset \mathfrak{V}$ folgt (siehe Aufgabe A 1.1 c).)

A 3.10 Sei

$$A = \begin{pmatrix} 1 & 0 & 0 & 0 \\ a_{21} & 1 & 0 & 0 \\ a_{31} & a_{32} & 1 & 0 \\ a_{41} & a_{42} & a_{43} & 1 \end{pmatrix}$$

Für jede natürliche Zahl m mit Char $\mathbf{K} \nmid m$ gebe man eine Matrix $B \in (\mathbf{K})_4$ an mit $B^m = A$.

A 3.11 Sei $\mathfrak{V}$ ein $\mathbb{C}$-Vektorraum und $A \in \operatorname{Hom}(\mathfrak{V}, \mathfrak{V})$ mit $A^m = E$. Sei $\epsilon = e^{2\pi i/m}$. Wir setzen

$$P_j = \frac{1}{m} \sum_{k=0}^{m-1} \epsilon^{-jk} A^k \qquad (j = 0, 1, \ldots, m-1).$$

Man beweise:

a) $P_j A = A P_j = \epsilon^j P_j$.

b) $P_j^2 = P_j$, $P_j P_k = 0$ für $j \neq k$ und $E = \sum_{j=0}^{m-1} P_j$.

c) Bild P_j = Kern $(A - \epsilon^j E)$.

d) A ist diagonalisierbar.

A 3.12 Sei $\mathbf{K}$ ein algebraisch abgeschlossener Körper mit $\operatorname{Char} \mathbf{K} = p > 0$. Sei $\{ v_1, \ldots, v_n \}$ eine Basis des $\mathbf{K}$-Vektorraumes und $A \in \operatorname{Hom}(\mathfrak{V}, \mathfrak{V})$ mit

$$A v_j = v_{j+1} \quad (1 \leqslant j < n), \qquad A v_n = v_1.$$

Sei $n = p^k s$ mit $p \nmid s$. Dann gilt

$$x^s - 1 = \prod_{j=1}^{s} (x - a_j)$$

mit paarweise verschiedenen $a_j \in \mathbf{K}$.

Die Jordansche Normalform von A hat die Gestalt

$$\begin{pmatrix} J_{p^k}(a_1) & & 0 \\ & \ddots & \\ 0 & & J_{p^k}(a_s) \end{pmatrix}$$

mit

$$J_{p^k}(a_j) = \begin{pmatrix} a_j & 1 & & 0 \\ & a_j & \ddots & \\ & & \ddots & 1 \\ 0 & & & a_j \end{pmatrix}$$

vom Typ (p^k, p^k).
(Man zeige

$$f_A = m_A = x^n - 1 = \prod_{j=1}^{s} (x - a_j)^{p^k} \quad .)$$

A 3.13 Sei $\mathfrak{P}_n$ der Unterraum der Polynome in $\mathbf{K}[x]$, deren Grad höchstens n ist. Ferner sei $D \in \operatorname{Hom}(\mathfrak{P}_n, \mathfrak{P}_n)$ definiert durch $Df = f'$.

a) $f_D = x^{n+1}$.

b) Ist $\operatorname{Char} \mathbf{K} = 0$, so gilt $m_D = x^{n+1}$, und in der Jordanschen Normalform zu D kommt nur ein Kästchen vor.

c) Sei $\operatorname{Char} \mathbf{K} = p > 0$. Dann ist

$$m_D = \begin{cases} x^{n+1} & \text{für } n < p \\ x^p & \text{für } n \geqslant p. \end{cases}$$

Sei $n = kp + r$ mit $0 \leqslant r < p$. Dann erscheinen in der Jordanschen Normalform zu D genau k Kästchen vom Typ (p, p) und ein Kästchen vom Typ $(r + 1, r + 1)$.

A 3.14 Sei der Vektorraum $\mathfrak{P}_n$ wie in A 3.13 definiert, aber nun sei $T \in \operatorname{Hom}(\mathfrak{P}_n, \mathfrak{P}_n)$ mit $Tf = f(x + 1)$.

a) $f_T = (x - 1)^{n+1}$.

b) Ist $\operatorname{Char} \mathbf{K} = 0$, so gilt $m_T = (x - 1)^{n+1}$, und T hat nur ein einziges Jordan-Kästchen.

c) Sei $\operatorname{Char} \mathbf{K} = p > 0$ und $n = kp + r$ mit $0 \leqslant r < p$. Dann hat $\operatorname{Kern}(T - E)$ die Basis

$$\{\, 1,\ x^p - x,\ (x^p - x)^2, \ldots, (x^p - x)^k \,\}.$$

Definieren wir für $j < p$ die Polynome $\binom{x}{j}$ durch

$$\binom{x}{j} = \frac{x(x-1)\ldots(x-j+1)}{j!},$$

so liefert die Zerlegung $\mathfrak{P}_n = \mathfrak{W}_0 \oplus \ldots \oplus \mathfrak{W}_k$ mit

$$\mathfrak{W}_i = \left\langle (x^p - x)^i \binom{x}{j} \;\middle|\; j = 0, 1, \ldots, p - 1 \right\rangle \qquad \text{für} \quad 0 \leqslant i < k$$

und

$$\mathfrak{W}_k = \left\langle (x^p - x)^k \binom{x}{j} \;\middle|\; j = 0, 1, \ldots, r \right\rangle$$

die Jordansche Normalform von T, nämlich k Kästchen vom Typ (p, p) und ein Kästchen vom Typ $(r + 1, r + 1)$, alle zum Eigenwert 1.

Die folgenden Aufgaben setzen die Kenntnis einiger Tatsachen aus der multilinearen Algebra voraus:

Seien $\mathfrak{V}$ und $\mathfrak{W}$ **K**-Vektorräume der Dimensionen m bzw. n und $A \in \operatorname{Hom}(\mathfrak{V}, \mathfrak{V})$, $B \in \operatorname{Hom}(\mathfrak{W}, \mathfrak{W})$. Dann wird bekanntlich eine lineare Abbildung
$A \otimes B \in \operatorname{Hom}(\mathfrak{V} \otimes \mathfrak{W}, \mathfrak{V} \otimes \mathfrak{W})$ definiert durch

$$(A \otimes B)(v \otimes w) = Av \otimes Bw \qquad \text{für} \quad v \in \mathfrak{V}, w \in \mathfrak{W}.$$

Die Frage nach der Jordanschen Normalform von $A \otimes B$ liegt nahe. Wir beantworten sie für den Fall, daß A und B total zerfallende Minimalpolynome haben und nur ein Jordan-Kästchen besitzen. Dann gibt es also Basen $\{ v_1, \dots, v_m \}$ und $\{ w_1, \dots, w_n \}$ von $\mathfrak{V}$ bzw. $\mathfrak{W}$ mit

$$\begin{aligned} Av_1 &= av_1, \quad Av_j = av_j + v_{j-1} \qquad (2 \leqslant j \leqslant m),\\ Bw_1 &= bw_1, \quad BW_j = bw_j + w_{j-1} \qquad (2 \leqslant j \leqslant n). \end{aligned}$$

(Ist **K** algebraisch abgeschlossen, so läßt sich der allgemeine Fall vermöge der Distributivität des Tensorproduktes leicht auf diesen Fall zurückführen.) Sind $J_{n_i}(c_i)$ $(i = 1, \dots, r)$ die Jordan-Kästchen von $A \otimes B$, so schreiben wir symbolisch

$$J_m(a) \otimes J_n(b) \sim J_{n_1}(c_1) \oplus \dots \oplus J_{n_r}(c_r).$$

A 3.15 Für $a \neq 0$ gilt $J_m(a) \otimes J_n(0) \sim J_n(0) \oplus \dots m \oplus J_n(0)$.
(Wir schlagen zwei Beweisverfahren vor:

a) Man zeige $(A \otimes B)^n = A^n \otimes B^n = 0$ und

$$\operatorname{Kern}(A \otimes B) = \langle v_i \otimes w_1 \mid i = 1, \dots, m \rangle,$$

also $\dim \operatorname{Kern}(A \otimes B) = m$.

b) Die Vektoren

$$(A \otimes B)^j (v_i \otimes w_n) = A^j v_i \otimes w_{n-j} \qquad (i = 1, \dots, m; \quad j = 0, \dots, n-1)$$

sind linear unabhängig. Setzen wir

$$\mathfrak{J}_i = \langle (A \otimes B)^j (v_i \otimes w_n) \mid j = 0, \dots, n-1 \rangle,$$

so ist $\mathfrak{V} \otimes \mathfrak{W} = \mathfrak{J}_1 \oplus \dots \oplus \mathfrak{J}_m$ eine bei $A \otimes B$ invariante Zerlegung.)

A 3.16 Für $m \leqslant n$ gilt

$$\begin{aligned} J_m(0) \otimes J_n(0) \sim{} & J_1(0) \oplus J_1(0) \oplus J_2(0) \oplus J_2(0) \oplus \dots \\ & \oplus J_{m-1}(0) \oplus J_{m-1}(0) \oplus J_m(0) \underbrace{\oplus \dots \oplus}_{n-m+1} J_m(0). \end{aligned}$$

(Wir bilden für $-(m-1) \leqslant j \leqslant n-1$ die Unterräume

$$\mathfrak{U}_j = \langle v_i \otimes w_k \mid k - i = j \rangle.$$

Dann ist $\mathfrak{U}_i$ invariant bei $A \otimes B$ und liefert gerade ein Jordan-Kästchen $J_{m_i}(0)$, wobei

$$m_i = \dim \mathfrak{U}_i = \begin{cases} m + j & \text{für } -(m-1) \leqslant j \leqslant -1 \\ m & \text{für } 0 \leqslant j \leqslant n - m \\ n - j & \text{für } n - m + 1 \leqslant j \leqslant n - 1.) \end{cases}$$

A 3.17 Für $n \geqslant 2$ und $ab \neq 0$ gilt

$$J_2(a) \otimes J_n(b) \sim \begin{cases} J_{n-1}(ab) \oplus J_{n+1}(ab) & \text{falls Char } \mathbf{K} \nmid n \\ J_n(ab) \oplus J_n(ab) & \text{falls Char } \mathbf{K} | n. \end{cases}$$

(1) Aus $(A - aE)^2 = 0$ und

$$A \otimes B - abE \otimes E = (A - aE) \otimes B + aE \otimes (B - bE)$$

folgere man zuerst

$$(A \otimes B - abE \otimes E)^j = a^j E \otimes (B - bE)^j + ja^{j-1}(A - aE) \otimes B(B - bE)^{j-1}.$$

Dies zeigt

$$m_{A \otimes B} = \begin{cases} (x - ab)^{n+1} & \text{für Char } \mathbf{K} \nmid n \\ (x - ab)^n & \text{für Char } \mathbf{K} | n. \end{cases}$$

(2) Kern $(A \otimes B - abE \otimes E) = \langle v_1 \otimes w_1, bv_1 \otimes w_2 - av_2 \otimes w_1 \rangle$.
Daraus folgt die Behauptung.)

A 3.18 Sei Char $\mathbf{K} = 0$. Für $2 \leqslant m \leqslant n$ und $ab \neq 0$ beweise man durch Induktion nach m

$$J_m(a) \otimes J_n(b) \sim J_{n-m+1}(ab) \oplus J_{n-m+3}(ab) \oplus \ldots \oplus J_{n+m-1}(ab).$$

(Für $m < n$ haben $J_2(1) \otimes (J_m(a) \otimes J_n(b))$ und

$$(J_2(1) \otimes J_m(a)) \otimes J_n(b) \sim J_{m-1}(a) \otimes J_n(b) \oplus J_{m+1}(a) \otimes J_n(b)$$

denselben Jordan-Typ (Assoziativität und Distributivität des Tensorproduktes). Der Vergleich liefert unter Verwendung der Induktionsannahme und von A 3.17 den Jordan-Typ von $J_{m+1}(a) \otimes J_n(b)$.)

Kapitel II
Endlichdimensionale Hilberträume

In diesem Kapitel verfeinern wir die geometrische Struktur der Vektorräume durch die Einführung von Länge und Skalarprodukt. Von zentraler Bedeutung sind aus mehreren Gründen die Vektorräume über $\mathbb{R}$ oder $\mathbb{C}$ mit definitem Skalarprodukt, welche wir in Anlehnung an den Sprachgebrauch der Funktionalanalysis als Hilberträume bezeichnen wollen (§ 4). Die Theorie der Hilberträume über $\mathbb{R}$, welche man auch als euklidische Vektorräume bezeichnet, enthält die euklidische Geometrie.

Die Theorie der Hilberträume führt zu ausgezeichneten Klassen von linearen Abbildungen, unter denen die hermiteschen Abbildungen die größte Bedeutung für zahlreiche physikalischen Anwendungen haben (§ 6). So führt zum Beispiel die Behandlung von linearen Schwingungsproblemen der Mechanik oder Elektrodynamik auf Eigenwertfragen für hermitesche Abbildungen. Dieser Anwendung werden wir in Kapitel III ausführlich nachgehen. Um diese späteren Untersuchungen vorzubereiten, haben wir der Behandlung der Eigenwerte hermitescher Abbildungen breiten Raum gewidmet (§ 6–8).

In manchen Fällen ist es nützlich, auf Vektorräumen auch allgemeinere Normen einzuführen, welche nicht mit Skalarprodukten zusammenhängen. So möchte man zum Beispiel Normen auf Matrixringen haben, mit deren Hilfe sich Aufgaben der linearen Algebra approximativ lösen lassen. Ein typisches Beispiel dafür ist die Formel für die geometrische Reihe

$$(E - A)^{-1} = E + A + A^2 + \dots,$$

mit deren Hilfe man für genügend kleine Matrizen A die Inverse von $E - A$ gut angenähert berechnen kann (siehe 2.11). Dies legt es nahe, den Begriff des normierten Vektorraumes in großer Allgemeinheit einzuführen (§ 1). Für endlichdimensionale Vektorräume erhält man eine Reihe von nützlichen Aussagen, die weitgehend bekannten Sätzen der Analysis entsprechen (siehe 1.9–1.16).

Die Theorie der Banachräume und der Hilberträume von unendlicher Dimension ist eines der zentralen Gebiete der modernen Analysis geworden. Sie umfaßt einen großen Teil der klassischen Hilfsmittel der mathematischen Physik, wie die Theorie der Fourierreihen und der linearen Differential- und Integralgleichungen. Es sei ausdrücklich darauf hingewiesen, daß auch die Quantenmechanik in der ihr vor allem von Heisenberg gegebenen mathematischen Gestalt eine Theorie von Hilberträumen und hermiteschen Abbildungen ist. Unsere Darstellung beschränkt sich fast überall auf den Fall endlichdimensionaler Vektorräume, für welche die

auftretenden topologischen Fragen trivial sind. Wir haben jedoch die Bezeichnungen weitgehend in Anlehnung an die Funktionalanalysis gewählt und gelegentlich auf die tieferliegenden Probleme und Ergebnisse hingewiesen. Es sei betont, daß die Begriffe und Sätze dieses Kapitels nicht nur als Vorbereitung auf die Funktionalanalysis von Bedeutung sind.
Die Ergebnisse dieses Kapitels sind die unentbehrliche Grundlage für das Kapitel III über linearen Schwingungen. Ferner spielt der Ergodensatz aus § 3 bei der Untersuchung stochastischer Matrizen in Kapitel IV eine wichtige Rolle.

§ 1 Normierte Vektorräume

In diesem Kapitel sei stets **K** der reelle oder komplexe Zahlkörper. Wir führen auf **K**-Vektorräumen einen Längenbegriff ein:

1.1 Definition. Sei $\mathfrak{V}$ ein **K**-Vektorraum. Eine Norm $\|\cdot\|$ auf $\mathfrak{V}$ sei eine Abbildung von $\mathfrak{V}$ in $\mathbb{R}$ mit folgenden Eigenschaften:
(1) Für alle $v \in \mathfrak{V}$ ist $\|v\| \geqslant 0$, und $\|v\| = 0$ gilt genau für $v = 0$.
(2) $\|av\| = |a|\,\|v\|$ für alle $v \in \mathfrak{V}$ und alle $a \in \mathbf{K}$. (Dabei ist $|a|$ der Betrag der reellen oder komplexen Zahl a.)
(3) Für alle $v_1, v_2 \in \mathfrak{V}$ gilt die sog. Dreiecksungleichung

$$\|v_1 + v_2\| \leqslant \|v_1\| + \|v_2\|.$$

Sie verallgemeinert die elementargeometrische Tatsache, daß in einem Dreieck die Länge jeder Seite höchstens so groß ist wie die Summe der Längen der beiden anderen Seiten.

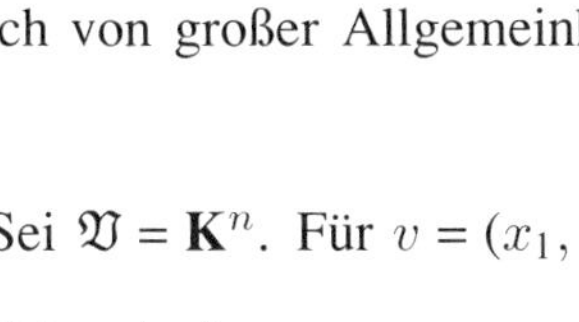

Der Begriff einer Norm ist natürlich dem elementaren Längenbegriff nachgebildet, ist aber noch von großer Allgemeinheit, wie die Beispiele in 1.2 und 1.4 zeigen werden.

1.2 Beispiele. a) Sei $\mathfrak{V} = \mathbf{K}^n$. Für $v = (x_1, \ldots, x_n) \in \mathfrak{V}$ setzen wir

$$\|v\|_\infty = \operatorname*{Max}_{j=1,\ldots,n} |x_j|.$$

Offenbar sind die Bedingungen (1) und (2) aus Definition 1.1 erfüllt. Auch (3) ist erfüllt, denn es gilt

$$\operatorname*{Max}_j |x_j + y_j| \leqslant \operatorname*{Max}_j(|x_j| + |y_j|) \leqslant \operatorname*{Max}_j |x_j| + \operatorname*{Max}_j |y_j|.$$

Also ist $\|\cdot\|_\infty$ eine Norm auf $\mathfrak{V}$. (Die Begründung für den Index ∞ findet der Leser in 1.4 c).)

b) Sei wieder $\mathfrak{V} = \mathbf{K}^n$. Für $v = (x_1, \ldots, x_n) \in \mathfrak{V}$ setzen wir diesmal

$$\|v\|_1 = \sum_{j=1}^{n} |x_j|.$$

Man rechnet leicht nach, daß auch dies eine Norm auf $\mathfrak{V}$ ist.

c) Sei $\mathbf{C}(0,1)$ der $\mathbb{R}$-Vektorraum der stetigen Abbildungen des kompakten Intervalles $[0,1]$ in $\mathbb{R}$. Für $f \in \mathbf{C}(0,1)$ existiert bekanntlich $\operatorname{Max}_{0\leqslant x\leqslant 1} |f(x)|$. Setzen wir

$$\|f\|_\infty = \operatorname*{Max}_{o\leqslant x\leqslant 1} |f(x)|,$$

so sieht man leicht, daß $\|\cdot\|_\infty$ eine Norm auf $\mathbf{C}(0,1)$ ist. (Offenbar ist dies das kontinuierliche Analogon zu Beispiel 1.2 a).)

d) Auf den Raum $\mathbf{C}(0,1)$ aus c) definieren wir durch

$$\|f\|_1 = \int_0^1 |f(t)|\, dt$$

eine weitere Norm. Offenbar gilt $\|f\|_1 \geqslant 0$ für alle $f \in \mathbf{C}(0,1)$. Ist

$$0 = \|f\|_1 = \int_0^1 |f(t)|\, dt,$$

so muß f die Nullfunktion sein:

Ist nämlich $|f(t_0)| > 0$ in einem $t_0 \in [0,1]$, so gibt es wegen der Stetigkeit von f ein Intervall I von positiver Länge ϵ, in welchem $|f(t)| \geqslant \frac{1}{2}|f(t_0)|$ gilt. Dann ist aber

$$\|f\|_1 \geqslant \int_I |f(t)|\, dt \geqslant \frac{\epsilon}{2}|f(t_0)| > 0.$$

(Man kann d) als das kontinuierliche Analogon zu 1.2 b) ansehen.)

Weitere Beispiele von Normen gewinnen wir mit Hilfe von zwei Ungleichungen, die häufiger in der Analysis Verwendung finden:

1.3 Satz. a) *Seien x, y, a reelle Zahlen mit $x \geqslant 0$, $y \geqslant 0$ und $0 < a < 1$. Dann gilt*

$$x^a y^{1-a} \leqslant ax + (1-a)y.$$

b) *(Höldersche[1] Ungleichung) Für* $x_j, y_j \in \mathbb{C}$ *und jede reelle Zahl* p *mit* $1 < p < \infty$ *gilt*

$$\left|\sum_{j=1}^{n} x_j y_j\right| \leqslant (\sum_{j=1}^{n} |x_j|^p)^{1/p} (\sum_{j=1}^{n} |y_j|^q)^{1/q}.$$

Dabei ist q *mit* $1 < q < \infty$ *eindeutig bestimmt durch*

$$\frac{1}{p} + \frac{1}{q} = 1.$$

(Für $0 \leqslant x \in \mathbb{R}$ *und* $0 < s \in \mathbb{R}$ *ist dabei natürlich zu setzen*

$$x^s = e^{s \log x} \qquad \text{und} \qquad 0^s = 0.)$$

c) *(Minkowskische[2] Ungleichung) Für* $1 \leqslant p < \infty$ *und alle* $x_j, y_j \in \mathbb{C}$ *gilt*

$$(\sum_{j=1}^{n} |x_j + y_j|^p)^{1/p} \leqslant (\sum_{j=1}^{n} |x_j|^p)^{1/p} + (\sum_{j=1}^{n} |y_j|^p)^{1/p}.$$

Beweis. a) Für $x = 0$ oder $y = 0$ ist die Behauptung trivial.

Sei zuerst $0 < x \leqslant y$. Da die Funktion f mit $f(t) = t^{-a}$ wegen $a > 0$ in $[x, y]$ monoton fällt, gilt

$$y^{1-a} - x^{1-a} = (1-a) \int_x^y t^{-a}\, dt \leqslant (1-a)(y-x)x^{-a}.$$

Multiplikation mit $x^a > 0$ liefert

$$x^a y^{1-a} - x \leqslant (1-a)(y-x),$$

also

$$x^a y^{1-a} \leqslant x + (1-a)(y-x) = ax + (1-a)y.$$

Ist $0 < y \leqslant x$, so folgt wegen $a < 1$ mit dem Tripel $(1-a, y, x)$ anstelle von (a, x, y) aus dem bereits Bewiesenen

$$y^{1-a} x^a \leqslant (1-a)y + ax.$$

b) Wir dürfen offenbar

$$\sum_{j=1}^{n} |x_j|^p \neq 0 \neq \sum_{j=1}^{n} |y_j|^p$$

---

1) Otto Hölder (1859–1937) Leipzig; Analysis, Potentialtheorie, Gruppentheorie.

2) Hermann Minkowski (1864–1909) Königsberg, Zürich, Göttingen; Zahlentheorie, insb. quadratische Formen, konvexe Körper, geometrische Grundlagen der speziellen Relativitätstheorie (4-dimensionale Raum-Zeit-Welt).

annehmen. Wir setzen

$$x'_j = \frac{|x_j|^p}{\sum\limits_{k=1}^{n} |x_k|^p}, \qquad y'_j = \frac{|y_j|^q}{\sum\limits_{k=1}^{n} |y_k|^q}$$

und $a = \frac{1}{p}$, also $\frac{1}{q} = 1 - a$. Mit a) folgt dann

$$\frac{|x_j||y_j|}{(\sum\limits_{k=1}^{n} |x_k|^p)^{1/p}(\sum\limits_{k=1}^{n} |y_k|^q)^{1/q}} = {x'_j}^{1/p}{y'_j}^{1-1/p} \leqslant \frac{1}{p}x'_j + \frac{1}{q}y'_j.$$

Summation über $j = 1, \ldots, n$ ergibt

$$\frac{\sum\limits_{j=1}^{n} |x_j||y_j|}{(\sum\limits_{k=1}^{n} |x_k|^p)^{1/p}(\sum\limits_{k=1}^{n} |y_k|^q)^{1/q}} \leqslant \frac{1}{p}\sum_{j=1}^{n} x'_j + \frac{1}{q}\sum_{j=1}^{n} y'_j = \frac{1}{p} + \frac{1}{q} = 1.$$

Das ist die Behauptung.

c) Da die Ungleichung für $p = 1$ trivial ist, können wir im Beweis $1 < p < \infty$ annehmen. Sei wieder $\frac{1}{q} = 1 - \frac{1}{p}$. Mit b) folgt nun

$$\begin{aligned}
\sum_{j=1}^{n} |x_j + y_j|^p &= \sum_{j=1}^{n} |x_j + y_j||x_j + y_j|^{p-1} \\
&\leqslant \sum_{j=1}^{n} |x_j||x_j + y_j|^{p-1} + \sum_{j=1}^{n} |y_j||x_j + y_j|^{p-1} \\
&\leqslant \left(\sum_{j=1}^{n} |x_j|^p\right)^{1/p} \left(\sum_{j=1}^{n} |x_j + y_j|^{(p-1)q}\right)^{1/q} \\
&\quad + \left(\sum_{j=1}^{n} |y_j|^p\right)^{1/p} \left(\sum_{j=1}^{n} |x_j + y_j|^{(p-1)q}\right)^{1/q} \\
&= \left\{\left(\sum_{j=1}^{n} |x_j|^p\right)^{1/p} + \left(\sum_{j=1}^{n} |y_j|^p\right)^{1/p}\right\} \left(\sum_{j=1}^{n} |x_j + y_j|^p\right)^{1-1/p}.
\end{aligned}$$

Da wir

$$\sum_{j=1}^{n} |x_j + y_j|^p > 0$$

annehmen dürfen, folgt daraus die Behauptung. □

Mit Hilfe von 1.3 können wir eine Serie von Normen auf $\mathbb{R}^n$ und $\mathbb{C}^n$ angeben:

1.4 Satz. *Sei* $\mathfrak{V} = \mathbb{K}^n$.
a) *Sei* $1 \leqslant p < \infty$. *Setzen wir für* $v = (x_1, \ldots, x_n)$

$$\|v\|_p = (\sum_{j=1}^{n} |x_j|^p)^{1/p},$$

so ist $\| \cdot \|_p$ *eine Norm auf* $\mathfrak{V}$.
b) *Für* $1 \leqslant p < r < \infty$ *und alle* $v \in \mathfrak{V}$ *gilt*

$$\|v\|_p \geqslant \|v\|_r \geqslant \|v\|_\infty.$$

c) *Für jedes* $v \in \mathfrak{V}$ *gilt*

$$\lim_{p \to \infty} \|v\|_p = \|v\|_\infty.$$

Beweis. a) Die Gültigkeit der Dreiecksungleichung folgt aus 1.3 c), die übrigen Forderungen an eine Norm sind offenbar erfüllt.
b) Sei zuerst $w = (x_1, \ldots, x_n) \in \mathfrak{V}$ mit

$$1 = \|w\|_p = (\sum_{j=1}^{n} |x_j|^p)^{1/p}.$$

Dann ist

$$1 \geqslant |x_j|^p = e^{p \log |x_j|},$$

somit $p \log |x_j| \leqslant 0$, wegen $p > 0$ also $\log |x_j| \leqslant 0$. Dann folgt aber wegen $p < r$

$$|x_j|^p = e^{p \log |x_j|} \geqslant e^{r \log |x_j|} = |x_j|^r$$

und somit auch

$$\sum_{j=1}^{n} |x_j|^r \leqslant \sum_{j=1}^{n} |x_j|^p = 1.$$

Daher ist

$$\|w\|_r = (\sum_{j=1}^{n} |x_j|^r)^{1/r} \leqslant 1 = \|w\|_p.$$

Offenbar genügt der Beweis von $\|v\|_p \geqslant \|v\|_r \geqslant \|v\|_\infty$ für $v \neq 0$. Wir setzen dann $w = \frac{1}{\|v\|_p} v$. Dann ist $\|w\|_p = 1$ und somit nach dem bereits Bewiesenen

$$1 \geqslant \|w\|_r = \frac{\|v\|_r}{\|v\|_p}.$$

Ist $v = (x_1, \dots, x_n)$ mit

$$\|v\|_\infty = \operatorname*{Max}_j |x_j| = |x_k|,$$

so gilt ferner

$$\|v\|_r = (\sum_{j=1}^n |x_j|^r)^{1/r} \geqslant (|x_k|^r)^{1/r} = \|v\|_\infty.$$

c) In b) hatten wir bereits $\|v\|_p \geqslant \|v\|_\infty$ bewiesen. Andererseits folgt für $\|v\|_\infty = |x_k|$ auch

$$\|v\|_p = (\sum_{j=1}^n |x_j|^p)^{1/p} \leqslant (n|x_k|^p)^{1/p} = n^{1/p}\|v\|_\infty.$$

Wegen $\lim_{p\to\infty} n^{1/p} = 1$ (bei festem n) folgt $\lim_{p\to\infty} \|v\|_p = \|v\|_\infty$ für alle $v \in \mathfrak{V}$.

□

1.5 Bemerkungen. a) Für $p = 2$ erhält man aus 1.4 a) die Norm $\|\cdot\|_2$ mit

$$\|v\|_2 = \sqrt[2]{\sum_{j=1}^n |x_j|^2}.$$

Dies ist die dem Längenbegriff der euklidischen Geometrie entsprechende Norm (Satz von Pythagoras[3]!). Wir gehen auf sie in § 4 näher ein.
b) Ähnlich wie beim Schritt von 1.2 b) nach 1.2 d) kann man für $1 \leqslant p < \infty$ auf dem Raum $\mathbf{C}(0,1)$ der auf $[0,1]$ stetigen, reellwertigen Funktionen eine Norm $\|\cdot\|_p$ definieren durch

$$\|f\|_p = (\int_0^1 |f(t)|^p \, dt)^{1/p}.$$

Zum Nachweis der Gültigkeit der Dreiecksungleichung benötigt man dann die Höldersche und Minkowskische Ungleichung 1.3 für Integrale (siehe etwa J. Wlocka, Funktionalanalysis und Anwendungen, S. 48–51.)

Auf normierte Vektorräume können wir einige Begriffe der Analysis in natürlicher Weise ausdehnen:

1.6 Definition. Sei $\mathfrak{V}$ ein $\mathbf{K}$-Vektorraum und $\|\cdot\|$ eine Norm auf $\mathfrak{V}$.
a) Durch

$$d(v_1, v_2) = \|v_1 - v_2\|$$

---

3) Pythagoras (etwa 570/60 v. Chr., bis etwa 480 v. Chr.) Samos, Kroton, Metapont; Mathematiker, Philosoph und Mystiker.

wird dann $\mathfrak{V}$ zu einem metrischen Raum, denn aus der Dreiecksungleichung folgt

$$\begin{aligned} d(v_1, v_3) = \|v_1 - v_3\| &= \|(v_1 - v_2) + (v_2 - v_3)\| \\ &\leqslant \|v_1 - v_2\| + \|v_2 - v_3\| = d(v_1, v_2) + d(v_2, v_3). \end{aligned}$$

Also können wir auf $\mathfrak{V}$ die üblichen topologischen Begriffe aus der elementaren Theorie der metrischen Räume einführen.

b) Eine Folge $v_1, v_2, \ldots$ mit $v_j \in \mathfrak{V}$ konvergiert im Sinne der Norm $\|\cdot\|$ gegen ein $v \in \mathfrak{V}$, falls

$$\lim_{j \to \infty} \|v - v_j\| = 0.$$

Wir schreiben dann $\lim_{j \to \infty} v_j = v$ und nennen v den Grenzwert der Folge $v_1, v_2, \ldots$. (Der Grenzwert ist eindeutig bestimmt, falls er überhaupt existiert.)

c) Eine Teilmenge $\mathfrak{W}$ von $\mathfrak{V}$ heißt abgeschlossen, wenn aus $v = \lim_{j \to \infty} w_j$ mit $w_j \in \mathfrak{W}$ stets auch $v \in \mathfrak{W}$ folgt.

Eine Teilmenge $\mathfrak{W}$ von $\mathfrak{V}$ heißt offen, falls die Komplementärmenge $\mathfrak{V} - \mathfrak{W}$ von $\mathfrak{W}$ in $\mathfrak{V}$ abgeschlossen ist. Gleichwertig damit ist bekanntlich: Ist $w \in \mathfrak{W}$ und $\mathfrak{W}$ offen, so gibt es ein $\epsilon > 0$ derart, daß

$$\{ v \mid v \in \mathfrak{V}, \|v - w\| < \epsilon \} \subseteq \mathfrak{W}$$

gilt.

d) $v_1, v_2, \ldots$ heißt eine Cauchy[4)]-Folge in $\mathfrak{V}$, falls zu jedem $\epsilon > 0$ eine natürliche Zahl $n(\epsilon)$ existiert mit $\|v_i - v_j\| \leqslant \epsilon$ für alle $i, j \geqslant n(\epsilon)$.

e) $\mathfrak{V}$ heißt vollständig (komplett), falls jede Cauchy-Folge aus $\mathfrak{V}$ einen Grenzwert in $\mathfrak{V}$ hat. Ein normierter, vollständiger Vektorraum heißt ein Banach[5)]-Raum.

1.7 Hilfssatz. *Sei $\mathfrak{V}$ ein normierter Vektorraum mit der Norm $\|\cdot\|$.*

a) *Für alle $v, w \in \mathfrak{V}$ gilt*

$$\|v + w\| \geqslant \|v\| - \|w\|.$$

b) *Ist $v_1, v_2, \ldots$ eine konvergente Folge aus $\mathfrak{V}$, so gilt*

$$\lim_{j \to \infty} \|v_j\| = \|\lim_{j \to \infty} v_j\|.$$

Beweis. a) Die Behauptung folgt sofort aus

$$\|v\| = \|v + w + (-w)\| \leqslant \|v + w\| + \|-w\| = \|v + w\| + \|w\|.$$

4) Augustin Louis Cauchy (1789–1857) Paris; einer der Begründer der exakten Analysis und der komplexen Funktionentheorie, zahlreiche Beiträge zu fast allen Gebieten der klassischen Analysis.

5) Stefan Banach (1892–1945) Lemberg; grundlegende Arbeiten zur Funktionalanalysis.

b) Sei $\lim_{j\to\infty} v_j = v$. Dann gelten einerseits

$$\|v_j\| = \|(v_j - v) + v\| \leqslant \|v_j - v\| + \|v\|,$$

andererseits nach a)

$$\|v_j\| = \|v + (v_j - v)\| \geqslant \|v\| - \|v_j - v\|.$$

Wegen $\lim_{j\to\infty} \|v_j - v\| = 0$ folgt daraus $\lim_{j\to\infty} \|v_j\| = \|v\|$. □

1.8 Beispiele. a) Sei wieder $\mathbf{C}(0,1)$ der $\mathbb{R}$-Vektorraum der auf dem Intervall $[0,1]$ stetigen, reellwertigen Funktionen, versehen mit der Norm

$$\|f\|_\infty = \operatorname*{Max}_{0\leqslant t\leqslant 1} |f(t)|$$

aus 1.2 c). Die Konvergenz einer Folge $f_1, f_2, \ldots$ von Elementen $f_j \in \mathbf{C}(0,1)$ gegen ein $f \in \mathbf{C}(0,1)$ bedeutet dann:

Zu jedem $\epsilon > 0$ gibt es ein $n(\epsilon)$ mit

$$\operatorname*{Max}_{0\leqslant t\leqslant 1} |f_j(t) - f(t)| = \|f_j - f\|_\infty \leqslant \epsilon$$

für $j \geqslant n(\epsilon)$. Das besagt gerade die gleichmäßige Konvergenz der f_j gegen f.

Sei $f_1, f_2, \ldots$ eine Cauchy-Folge aus $\mathbf{C}(0,1)$ mit

$$\|f_j - f_k\|_\infty \leqslant \epsilon \qquad \text{für} \quad j,k \geqslant n(\epsilon).$$

Für jedes $t \in [0,1]$ gilt dann

$$|f_j(t) - f_k(t)| \leqslant \|f_j - f_k\|_\infty \leqslant \epsilon.$$

Also bilden bei festem t die $f_1(t), f_2(t), \ldots$ eine Cauchy-Folge in $\mathbb{R}$. Da $\mathbb{R}$ vollständig ist, existiert somit $\lim_{j\to\infty} f_j(t)$ für jedes $t \in [0,1]$. Wir definieren eine Funktion g auf $[0,1]$ durch

$$g(t) = \lim_{j\to\infty} f_j(t).$$

Dann gilt offenbar auch

$$|f_j(t) - g(t)| = \lim_{k\to\infty} |f_j(t) - f_k(t)| \leqslant \epsilon$$

für $j \geqslant n(\epsilon)$ und alle $t \in [0,1]$. Somit konvergiert die Folge der f_j gleichmäßig auf $[0,1]$ gegen g. Da die f_j stetig sind, ist bekanntlich auch g stetig, also $g \in \mathbf{C}(0,1)$. Daher ist $\mathbf{C}(0,1)$ vollständig bezüglich der Norm $\|\cdot\|_\infty$.

b) Sei $\mathbf{C}(0,1)$ derselbe $\mathbb{R}$-Vektorraum wie in a). Anstelle von $\|\cdot\|_\infty$ betrachten wir nun die Norm $\|\cdot\|_1$ aus 1.2 d) mit

$$\|f\|_1 = \int_0^1 |f(t)|\,dt.$$

Wir definieren Zackenfunktionen f_j aus $\mathbf{C}(0,1)$ durch

$$f_j(t) = \begin{cases} 2jt & \text{für } 0 \leqslant t \leqslant \frac{1}{2j} \\ 2 - 2jt & \text{für } \frac{1}{2j} \leqslant t \leqslant \frac{1}{j} \\ 0 & \text{für } \frac{1}{j} \leqslant t \leqslant 1. \end{cases}$$

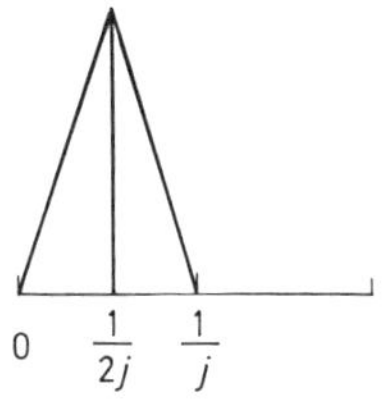

Mit wachsendem j werden die Zacken also immer steiler und schieben sich immer näher an 0. Nun gilt

$$\|f_j\|_\infty = \operatorname*{Max}_{0\leqslant t\leqslant 1} |f_j(t)| = 1$$

und

$$\|f_j\|_1 = \int_0^1 |f_j(t)|\, dt = \frac{1}{2j}.$$

Also ist $\lim_{j\to\infty} f_j = 0$ bezüglich der Norm $\|\cdot\|_1$, aber nicht bezüglich $\|\cdot\|_\infty$.

Man kann übrigens leicht zeigen, daß $\mathbf{C}(0,1)$ bezüglich der Norm $\|\cdot\|_1$ nicht vollständig ist (siehe Aufgabe A 1.6).

Für Vektorräume von endlicher Dimension fallen jedoch die Konvergenzbegriffe für alle Normen zusammen:

1.9 Hauptsatz. *Sei $\mathfrak{V}$ ein $\mathbf{K}$-Vektorraum von endlicher Dimension. Seien $\|\cdot\|$ und $\|\cdot\|'$ irgendwelche Normen auf $\mathfrak{V}$. Dann gibt es reelle Zahlen $a > 0$ und $b > 0$ mit*

$$a\|v\| \leqslant \|v\|' \leqslant b\|v\| \qquad \textit{für alle} \quad v \in \mathfrak{V}.$$

Insbesondere folgt: Konvergiert eine Folge $v_1, v_2, \ldots$ gegen v im Sinne der Norm $\|\cdot\|$, so auch im Sinne der Norm $\|\cdot\|'$. Alle Normen auf $\mathfrak{V}$ liefern daher denselben Konvergenzbegriff.

Beweis. a) Sei $\{v_1, \ldots, v_n\}$ eine Basis von $\mathfrak{V}$. Dann wird durch

$$A\Big(\sum_{j=1}^{n} x_j v_j\Big) = (x_1, \ldots, x_n) \qquad (x_j \in \mathbf{K})$$

ein Isomorphismus A von $\mathfrak{V}$ auf $\mathbf{K}^n$ definiert. Die Festsetzung

$$\|\sum_{j=1}^{n} x_j v_j\|_1 = \|(x_1, \ldots, x_n)\|_1 = \sum_{j=1}^{n} |x_j|$$

liefert dann eine Norm $\|\cdot\|_1$ auf $\mathfrak{V}$ (siehe Aufgabe A 1.2). Setzen wir $c = \mathrm{Max}_{j=1,\ldots,n} \|v_j\|$, so gilt

$$\|\sum_{j=1}^{n} x_j v_j\| \leqslant \sum_{j=1}^{n} |x_j| \|v_j\| \leqslant c \sum_{j=1}^{n} |x_j| = c \|\sum_{j=1}^{n} x_j v_j\|_1 .$$

Wir suchen nun nach einer Abschätzung der Gestalt $\|v\| \geqslant d\|v\|_1$ mit $d > 0$, gültig für alle $v \in \mathfrak{V}$. Dazu definieren wir eine Norm $\|\cdot\|$ auf $\mathbf{K}^n$ durch Übertragung der Norm $\|\cdot\|$ von $\mathfrak{V}$ gemäß

$$\|(x_1, \ldots, x_n)\| = \|A^{-1}(x_1, \ldots, x_n)\| = \|\sum_{j=1}^{n} x_j v_j\|.$$

Wir betrachten die Abbildung f von $\mathbf{K}^n$ in $\mathbb{R}$ mit

$$f(x_1, \ldots, x_n) = \|(x_1, \ldots, x_n)\|.$$

Diese Abbildung ist stetig:
Für $v = (x_1, \ldots, x_n)$ und $w = (y_1, \ldots, y_n)$ gilt nämlich

$$-\|v - w\| \leqslant \|v\| - \|w\| \leqslant \|v - w\| \qquad \text{(siehe 1.7 a))}$$

und

$$\|v - w\| = \|\sum_{j=1}^{n} (x_j - y_j) v_j\| \leqslant c \sum_{j=1}^{n} |x_j - y_j| .$$

Die Menge

$$\mathfrak{M} = \{ (x_1, \ldots, x_n) \mid x_j \in \mathbf{K}, \ \sum_{j=1}^{n} |x_j| = 1 \}$$

in $\mathbf{K}^n$ ist abgeschlossen und beschränkt, also kompakt. Die stetige Funktion f nimmt somit auf $\mathfrak{M}$ ihr Minimum d an, etwa in $(z_1, \ldots, z_n) \neq 0$. Dann ist

$$d = f(z_1, \ldots, z_n) = \|(z_1, \ldots, z_n)\| > 0.$$

Sei

$$0 \neq v = \sum_{j=1}^{n} x_j v_j \in \mathfrak{V}.$$

Wir setzen

$$w = \frac{1}{\|v\|_1} v = \sum_{j=1}^{n} \frac{x_j}{\|v\|_1} v_j = \sum_{j=1}^{n} y_j v_j .$$

Dann gilt

$$d \leqslant \|(y_1, \dots, y_n)\| = \|\sum_{j=1}^{n} y_j v_j\| = \frac{1}{\|v\|_1} \|\sum_{j=1}^{n} x_j v_j\| = \frac{\|v\|}{\|v\|_1}.$$

Das zeigt $\|v\| \geqslant d\|v\|_1$.
b) Der allgemeine Fall ist nun einfach: Seien $\|\cdot\|$ und $\|\cdot\|'$ beliebige Normen auf $\mathfrak{V}$. Nach a) existieren $c_j > 0$ und $d_j > 0$ mit

$$d_1\|v\|_1 \leqslant \|v\| \leqslant c_1\|v\|_1 \qquad \text{und} \qquad d_2\|v\|_1 \leqslant \|v\|' \leqslant c_2\|v\|_1 .$$

Damit folgt

$$\frac{d_2}{c_1}\|v\| \leqslant d_2\|v\|_1 \leqslant \|v\|' \leqslant c_2\|v\|_1 \leqslant \frac{c_2}{d_1}\|v\|.$$

Also gilt die Behauptung mit $a = \frac{d_2}{c_1}$ und $b = \frac{c_2}{d_1}$. □

1.10 Satz. *Sei $\mathfrak{V}$ ein normierter* **K**-*Vektorraum von endlicher Dimension und $\{v_1, \dots, v_n\}$ eine Basis von $\mathfrak{V}$. Sei*

$$w_j = \sum_{k=1}^{n} x_{jk} v_k \qquad (j = 1, 2, \dots)$$

mit $x_{jk} \in \mathbf{K}$ eine Folge von Elementen aus $\mathfrak{V}$.
a) *Genau dann existiert $w = \lim_{j\to\infty} w_j$, wenn $\lim_{j\to\infty} x_{jk}$ für alle $k = 1, \dots, n$ existiert. Dann ist*

$$\lim_{j\to\infty} w_j = \sum_{k=1}^{n} (\lim_{j\to\infty} x_{jk}) v_k .$$

b) *Genau dann bilden die w_j eine Cauchy-Folge, wenn für alle $k = 1, \dots, n$ jeweils die $x_{1k}, x_{2k}, \dots$ eine Cauchy-Folge in* **K** *bilden.*

Beweis. a) Nach 1.9 genügt es, die Konvergenz im Sinne der Norm $\|\cdot\|_1$ mit

$$\|\sum_{j=1}^{n} y_j v_j\|_1 = \sum_{j=1}^{n} |y_j|$$

zu betrachten. Ist $w = \sum_{k=1}^{n} z_k v_k$, so gilt

$$\|w - w_j\|_1 = \sum_{k=1}^{n} |z_k - x_{jk}|.$$

Also ist $\lim_{j\to\infty} \|w - w_j\|_1 = 0$ gleichwertig mit $\lim_{j\to\infty} x_{jk} = z_k$ für $k = 1, \ldots, n$.

b) Der Beweis verläuft ähnlich wie in a). □

1.11 Satz. *Sei* $\mathfrak{V}$ *ein normierter Vektorraum.*
a) *Ist* $\dim \mathfrak{V}$ *endlich, so ist* $\mathfrak{V}$ *vollständig.*
b) *Ist* $\mathfrak{W}$ *ein vollständiger Unterraum von* $\mathfrak{V}$, *so ist* $\mathfrak{W}$ *abgeschlossen in* $\mathfrak{V}$.
c) *Ist* $\mathfrak{W}$ *ein Unterraum von* $\mathfrak{V}$ *von endlicher Dimension, so ist* $\mathfrak{W}$ *abgeschlossen in* $\mathfrak{V}$.

Beweis. a) Sei $\{ v_1, \ldots, v_n \}$ eine Basis von $\mathfrak{V}$. Die

$$w_j = \sum_{k=1}^{n} x_{jk} v_k \qquad (j = 1, 2, \ldots)$$

seien eine Cauchy-Folge in $\mathfrak{V}$. Nach 1.10 b) ist dann $x_{1k}, x_{2k}, \ldots$ für jedes $k = 1, \ldots, n$ eine Cauchy-Folge in **K**. Also existiert

$$x_k = \lim_{j\to\infty} x_{jk}.$$

Setzen wir $w = \sum_{k=1}^{n} x_k v_k$, so folgt mit 1.10 a) $w = \lim_{j\to\infty} w_j$. Also ist $\mathfrak{V}$ vollständig.
b) Sei $w_1, w_2, \ldots$ eine Folge mit $w_j \in \mathfrak{W}$, für welche

$$\lim_{j\to\infty} w_j = v \in \mathfrak{V}$$

existiert. Wir haben also $v \in \mathfrak{W}$ zu zeigen. Sei $\|w_j - v\| \leqslant \epsilon$ für $j \geqslant n(\epsilon)$. Dann ist

$$\|w_j - w_k\| = \|(w_j - v) - (w_k - v)\| \leqslant \|w_j - v\| + \|w_k - v\| \leqslant 2\epsilon$$

für $j, k \geqslant n(\epsilon)$. Also ist $w_1, w_2, \ldots$ eine Cauchy-Folge in $\mathfrak{W}$. Wegen der Vollständigkeit von $\mathfrak{W}$ liegt dann der Grenzwert v der Folge $w_1, w_2, \ldots$ in $\mathfrak{W}$.
c) Dies folgt sofort aus a) und b). □

1.12 Definition. Seien $\mathfrak{V}$ und $\mathfrak{W}$ normierte **K**-Vektorräume und sei $A \in \mathrm{Hom}(\mathfrak{V}, \mathfrak{W})$.

a) A heißt stetig in $v_0 \in \mathfrak{V}$, falls zu jedem $\epsilon > 0$ ein $\delta(\epsilon, v_0) > 0$ existiert derart, daß

$$\|Av_0 - Aw\| \leqslant \epsilon \qquad \text{für} \qquad \|v_0 - w\| \leqslant \delta(\epsilon, v_0).$$

(Man beachte, daß wir dabei die Normen auf $\mathfrak{V}$ und $\mathfrak{W}$ beide als $\|\cdot\|$ geschrieben haben.)
b) Ist A stetig in jedem v_0 aus $\mathfrak{V}$ und kann $\delta(\epsilon, v_0)$ von v_0 unabhängig gewählt werden, so heißt A gleichmäßig stetig auf $\mathfrak{V}$.
c) A heißt beschränkt, falls es ein $M > 0$ gibt mit

$$\|Av\| \leqslant M\|v\| \qquad \text{für alle} \quad v \in \mathfrak{V}.$$

1.13 Satz. *Seien $\mathfrak{V}$ und $\mathfrak{W}$ normierte* **K**-*Vektorräume und $A \in$* Hom$(\mathfrak{V}, \mathfrak{W})$. *Dann sind gleichwertig:*
a) *A ist beschränkt.*
b) *A ist gleichmäßig stetig auf $\mathfrak{V}$.*
c) *A ist stetig in jedem v aus $\mathfrak{V}$.*
d) *A ist stetig in 0.*

Beweis. a) $\Rightarrow$ b): Sei $M > 0$ mit

$$\|Av\| \leqslant M\|v\| \qquad \text{für alle} \quad v \in \mathfrak{V}.$$

Für $v, w \in \mathfrak{V}$ mit $\|v - w\| \leqslant \frac{\epsilon}{M}$ folgt dann

$$\|Av - Aw\| \leqslant M\|v - w\| \leqslant \epsilon.$$

Also erkennen wir die gleichmäßige Stetigkeit von A, indem wir $\delta(\epsilon, v) = \frac{\epsilon}{M}$ setzen.
b) $\Rightarrow$ c) $\Rightarrow$ d): Diese Schlüsse sind trivial.
d) $\Rightarrow$ a): Sei also A stetig in 0. Somit existiert ein $a = \delta(1, 0) > 0$ derart, daß $\|Av\| \leqslant 1$ gilt für alle v mit $\|v\| \leqslant a$. Für $0 \neq v \in \mathfrak{V}$ ist

$$\|\frac{a}{\|v\|}v\| = a,$$

also

$$\frac{a}{\|v\|}\|Av\| = \|A(\frac{a}{\|v\|}v)\| \leqslant 1.$$

Das zeigt

$$\|Av\| \leqslant a^{-1}\|v\| \qquad \text{für alle} \quad v \in \mathfrak{V}.$$

Also ist A beschränkt. □

1.14 Satz. *Seien $\mathfrak{V}$ und $\mathfrak{W}$ normierte* **K**-*Vektorräume. Ist* dim $\mathfrak{V}$ *endlich, so ist jede lineare Abbildung von $\mathfrak{V}$ in $\mathfrak{W}$ beschränkt, also auch gleichmäßig stetig.*

Beweis. Sei $\{ v_1, \ldots, v_n \}$ eine Basis von $\mathfrak{V}$. Wir definieren – wie schon im Beweis von 1.9 – eine Norm $\| \cdot \|_1$ auf $\mathfrak{V}$ durch

$$\| \sum_{j=1}^{n} x_j v_j \|_1 = \sum_{j=1}^{n} |x_j|.$$

Setzen wir $\operatorname{Max}_{j=1,\ldots,n} \|Av_j\| = a$, so folgt für $v = \sum_{j=1}^{n} x_j v_j$

$$\|Av\| \leqslant \sum_{j=1}^{n} |x_j| \, \|Av_j\| \leqslant a \sum_{j=1}^{n} |x_j| = a\|v\|_1.$$

Nach 1.9 gibt es wegen $\dim \mathfrak{V} < \infty$ ein $b > 0$ mit

$$\|v\|_1 \leqslant b\|v\| \qquad \text{für alle} \quad v \in \mathfrak{V}.$$

Also gilt

$$\|Av\| \leqslant ab\|v\| \qquad \text{für alle} \quad v \in \mathfrak{V}.$$

Somit ist A beschränkt. □

Wir machen ausdrücklich darauf aufmerksam, daß die Aussagen in 1.9, 1.11 und 1.14 falsch werden, falls die jeweiligen Voraussetzungen über endliche Dimension nicht zutreffen (siehe 1.8 und Aufgabe A 1.6, A 1.8).

1.15 Definition. Sei $\mathfrak{V}$ ein normierter Vektorraum. Dann setzen wir

$$\mathfrak{E}(\mathfrak{V}) = \{ v \mid v \in \mathfrak{V}, \|v\| \leqslant 1 \}$$

und nennen dies die Einheitskugel von $\mathfrak{V}$.

Der folgende Satz ist für viele unserer Überlegungen wesentlich:

1.16 Satz. *Sei $\mathfrak{V}$ ein normierter Vektorraum. Dann sind gleichwertig:*
a) *$\mathfrak{V}$ hat endliche Dimension.*
b) *Die Einheitskugel $\mathfrak{E}(\mathfrak{V})$ von $\mathfrak{V}$ ist kompakt, d.h. jede Folge $w_1, w_2, \ldots$ mit $w_j \in \mathfrak{E}(\mathfrak{V})$ hat eine konvergente Teilfolge $w_{j_1}, w_{j_2}, \ldots$ mit*

$$\lim_{k \to \infty} w_{j_k} \in \mathfrak{E}(\mathfrak{V}).$$

Beweis. a) ⇒ b): Sei $\{ v_1, \ldots, v_n \}$ eine Basis von $\mathfrak{V}$. Wir definieren eine Norm $\| \cdot \|_\infty$ auf $\mathfrak{V}$ durch

$$\| \sum_{j=1}^{n} x_j v_j \|_\infty = \operatorname*{Max}_{j} |x_j| \qquad \text{(siehe 1.2 a)).}$$

Nach 1.9 gibt es wegen $\dim \mathfrak{V} < \infty$ ein $a > 0$ mit

$$\|v\|_\infty \leqslant a\|v\| \qquad \text{für alle} \quad v \in \mathfrak{V}.$$

Seien

$$w_j = \sum_{k=1}^{n} x_{jk} v_k \in \mathfrak{E}(\mathfrak{V}).$$

Dann folgt für alle j, k

$$|x_{jk}| \leqslant \operatorname*{Max}_r |x_{jr}| = \|w_j\|_\infty \leqslant a\|w_j\| \leqslant a.$$

Also existiert eine Teilfolge $w_{j_1}, w_{j_2}, \ldots$ derart, daß die Folge $x_{j_1,1}, x_{j_2,1}, \ldots$ konvergiert. Mit demselbem Schluß wählen wir aus $w_{j_1}, w_{j_2}, \ldots$ eine Teilfolge $w_{k_1}, w_{k_2}, \ldots$, für welche auch die Folge $x_{k_1,2}, x_{k_2,2}, \ldots$ konvergiert. Nach n solchen Auswahlen erhalten wir eine Teilfolge $w_{m_1}, w_{m_2}, \ldots$, für welche $\lim_{j\to\infty} x_{m_j,k}$ existiert für $k = 1, \ldots, n$. Setzen wir $y_k = \lim_{j\to\infty} x_{m_j,k}$ und $w = \sum_{k=1}^{n} y_k v_k$, so folgt mit 1.10 a) $w = \lim_{j\to\infty} w_{m_j}$.

b) $\Rightarrow$ a): Angenommen, $\mathfrak{V}$ sei nicht endlichdimensional. Dann konstruieren wir rekursiv eine Folge $v_1, v_2, \ldots$ mit

$$\|v_i\| = 1, \qquad \text{also} \qquad v_i \in \mathfrak{E}(\mathfrak{V}); \tag{1}$$

$$\|v_i - v_j\| \geqslant \frac{1}{2} \qquad \text{für alle} \quad i \neq j; \tag{2}$$

$$v_1, \ldots, v_m \quad \text{sind linear unabhängig für alle } m. \tag{3}$$

Wegen (2) kann dann natürlich keine Teilfolge von $v_1, v_2, \ldots$ konvergieren.

Seien bereits $v_1, \ldots, v_m$ mit den Eigenschaften (1) bis (3) konstruiert. Setzen wir $\mathfrak{V}_m = \langle v_1, \ldots, v_m \rangle$, so gilt $\dim \mathfrak{V}_m = m$, also $\mathfrak{V}_m < \mathfrak{V}$. Nach 1.11 c) ist $\mathfrak{V}_m$ abgeschlossen in $\mathfrak{V}$. Sei $w \in \mathfrak{V}$, aber $w \notin \mathfrak{V}_m$. Dann gibt es ein $a > 0$ mit

$$\|w - v\| \geqslant a \qquad \text{für alle} \quad v \in \mathfrak{V}_m :$$

Denn wäre dies nicht richtig, so gäbe es eine Folge $w_1, w_2, \ldots$ mit $w_j \in \mathfrak{V}_m$ und

$$\|w - w_j\| \leqslant \frac{1}{j}.$$

Wegen der Abgeschlossenheit von $\mathfrak{V}_m$ in $\mathfrak{V}$ würde folgen

$$w = \lim_{j\to\infty} w_j \in \mathfrak{V}_m,$$

entgegen der Wahl von w. Also ist

$$d = \inf_{w' \in \mathfrak{V}_m} \|w - w'\| > 0.$$

Dann existiert ein $v_0 \in \mathfrak{V}_m$ mit

$$\|w - v_0\| \leqslant 2d.$$

Wir setzen

$$v_{m+1} = \frac{1}{\|w - v_0\|}(w - v_0).$$

Dann ist $\|v_{m+1}\| = 1$. Wegen $v_0 \in \mathfrak{V}_m$, aber $w \notin \mathfrak{V}_m$ gilt $v_{m+1} \notin \mathfrak{V}_m$. Somit sind $v_1, \dots, v_{m+1}$ linear unabhängig. Für alle $v \in \mathfrak{V}_m$ gilt

$$\|w - v_0\|v + v_0 \in \mathfrak{V}_m,$$

also

$$\begin{aligned} \|v - v_{m+1}\| &= \|v - \frac{1}{\|w - v_0\|}(w - v_0)\| \\ &= \frac{1}{\|w - v_0\|}\| \|w - v_0\|v + v_0 - w\| \geqslant \frac{d}{\|w - v_0\|} \geqslant \frac{1}{2}. \end{aligned}$$

Insbesondere ist also

$$\|v_j - v_{m+1}\| \geqslant \frac{1}{2} \qquad \text{für} \quad j = 1, \dots, m.$$ □

1.17 Definition. Sei $\mathfrak{V}$ ein $\mathbb{R}$-Vektorraum.
a) Eine Teilmenge $\mathfrak{M}$ von $\mathfrak{V}$ heißt konvex, falls für alle $v_1, v_2 \in \mathfrak{M}$ und alle $t \in [0, 1]$ gilt

$$tv_1 + (1 - t)v_2 = v_2 + t(v_1 - v_2) \in \mathfrak{M}.$$

Geometrisch bedeutet dies, daß die "Verbindungsstrecke" von v_1 nach v_2 ganz in $\mathfrak{M}$ liegt.

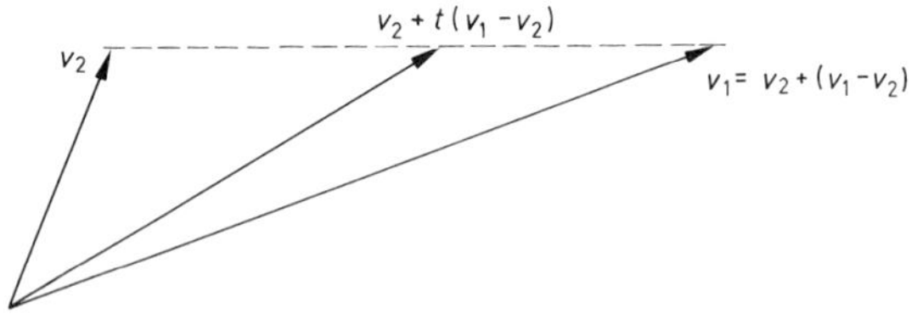

b) Eine Teilmenge $\mathfrak{M}$ von $\mathfrak{V}$ heißt symmetrisch, wenn für $v \in \mathfrak{M}$ stets auch $-v \in \mathfrak{M}$ gilt.

Der Konvexitätsbegriff ist für viele Fragen grundlegend; wir kommen auf ihn in § 9 zurück. An dieser Stelle benutzen wir ihn, um eine Übersicht über alle Normen auf $\mathbb{R}^n$ zu geben.

1.18 Satz. *Sei $\mathfrak{V}$ ein normierter $\mathbb{R}$-Vektorraum. Dann ist $\mathfrak{E}(\mathfrak{V})$ konvex und symmetrisch.*

Beweis. Sind v_1 und v_2 in $\mathfrak{E}(\mathfrak{M})$, so folgt für alle $t \in [0, 1]$

$$\|tv_1 + (1-t)v_2\| \leqslant t\|v_1\| + (1-t)\|v_2\| \leqslant t + (1-t) = 1.$$

Also ist $\mathfrak{E}(\mathfrak{M})$ konvex. Wegen

$$\| - v_1\| = \|v_1\| \leqslant 1$$

ist $\mathfrak{E}(\mathfrak{M})$ auch symmetrisch. □

1.19 Satz. *Es gibt eine bijektive Abbildung der Menge aller Normen auf $\mathbb{R}^n$ auf die Menge aller konvexen, symmetrischen, kompakten Teilmengen $\mathfrak{K}$ von $\mathbb{R}^n$, welche 0 als inneren Punkt enthalten. Diese Abbildung wird gegeben durch*

$$\|\cdot\| \to \mathfrak{E}_{\|\cdot\|} = \{\,(x_1, \ldots, x_n) \mid \|(x_1, \ldots, x_n)\| \leqslant 1\,\},$$

man ordnet also jeder Norm ihre Einheitskugel zu. Die Umkehrung dieser Abbildung ordnet jeder Teilmenge $\mathfrak{K}$ von $\mathbb{R}^n$ mit den oben genannten Eigenschaften die Norm $\|\cdot\|_{\mathfrak{K}}$ zu mit

$$\|v\|_{\mathfrak{K}} = \inf\{\, a \mid 0 < a \in \mathbb{R},\ \frac{1}{a}v \in \mathfrak{K}\,\}.$$

Beweis. a) Ist $\|\cdot\|$ eine Norm auf $\mathbb{R}^n$, so ist $\mathfrak{E}_{\|\cdot\|}$ nach 1.18 konvex und symmetrisch, nach 1.16 kompakt. Sei $\{\,e_1, \ldots, e_n\,\}$ die kanonische Basis von $\mathbb{R}^n$ mit $e_j = (0, \ldots, 1, \ldots, 0)$ (1 an der Stelle j). Für $v = \sum_{j=1}^{n} x_j e_j$ und

$$\|v\|_\infty = \operatorname*{Max}_j |x_j|$$

gilt nach 1.9 mit geeignetem $a > 0$

$$\|v\| \leqslant a\|v\|_\infty.$$

Also liegt

$$\{\,(x_1, \ldots, x_n) \mid |x_j| \leqslant \frac{1}{a}\,\}$$

ganz in $\mathfrak{E}_{\|\cdot\|}$, somit ist 0 ein innerer Punkt von $\mathfrak{E}_{\|\cdot\|}$. Ferner ist nun

$$\begin{aligned}\|v\|_{\mathfrak{E}_{\|\cdot\|}} &= \inf\{\, a \mid 0 < a \in \mathbb{R},\ \frac{1}{a}v \in \mathfrak{E}_{\|\cdot\|}\,\}\\ &= \inf\{\, a \mid 0 < a \in \mathbb{R},\ \|\frac{1}{a}v\| \leqslant 1\,\}\\ &= \inf\{\, a \mid 0 < a \in \mathbb{R},\ \|v\| \leqslant a\,\} = \|v\|.\end{aligned}$$

b) Wir zeigen, daß die im Satz definierte Funktion $\|\cdot\|_{\mathfrak{K}}$ eine Norm ist mit $\mathfrak{E}_{\|\cdot\|_{\mathfrak{K}}} = \mathfrak{K}$:

(1) Da 0 ein innerer Punkt von $\mathfrak{K}$ ist, gibt es eine Umgebung

$$\mathfrak{U}(0) = \{ (x_1, \ldots, x_n) \mid |x_j| \leqslant \epsilon \} \subseteq \mathfrak{K}$$

mit $\epsilon > 0$. Also gibt es zu jedem $v \in \mathfrak{V}$ ein $b > 0$ mit

$$bv \in \mathfrak{U}(0) \subseteq \mathfrak{K}.$$

Dies zeigt

$$\{ a \mid 0 < a \in \mathbb{R},\ \frac{1}{a} v \in \mathfrak{K} \} \neq \emptyset.$$

Somit existiert

$$\inf\{ a \mid 0 < a \in \mathbb{R},\ \frac{1}{a} v \in \mathfrak{K} \} = \|v\|_{\mathfrak{K}} \geqslant 0.$$

(2) Ist $\|v\|_{\mathfrak{K}} = 0$, so gilt $v = 0$:

Ist $\|v\|_{\mathfrak{K}} = 0$, so gibt es eine Nullfolge a_i mit $0 < a_i \in \mathbb{R}$ und $\frac{1}{a_i} v \in \mathfrak{K}$. Da $\mathfrak{K}$ kompakt ist, gilt für $v = (x_1, \ldots, x_n)$ mit geeignetem $M > 0$ daher

$$\left| \frac{x_j}{a_i} \right| \leqslant M \qquad \text{für } j = 1, \ldots, n \text{ und alle } i.$$

Somit ist $|x_j| \leqslant M a_i$, also $x_1 = \ldots = x_n = 0$.

(3) Für $0 \neq v \in \mathbb{R}^n$ gilt

$$\frac{1}{\|v\|_{\mathfrak{K}}} v \in \mathfrak{K} :$$

Sei $0 \neq \|v\|_{\mathfrak{K}} = \lim_{j \to \infty} a_j$ mit $\frac{1}{a_j} v \in \mathfrak{K}$. Da $\mathfrak{K}$ abgeschlossen ist, folgt

$$\frac{1}{\|v\|_{\mathfrak{K}}} v = \lim_{j \to \infty} \frac{1}{a_j} v \in \mathfrak{K}.$$

(4) $\|v_1 + v_2\|_{\mathfrak{K}} \leqslant \|v_1\|_{\mathfrak{K}} + \|v_2\|_{\mathfrak{K}}$:

Zum Beweis können wir offenbar $v_j \neq 0$ $(j = 1, 2)$ annehmen. Nach (3) gilt also

$$\frac{1}{\|v_j\|_{\mathfrak{K}}} v_j \in \mathfrak{K} \quad (j = 1, 2).$$

Setzen wir

$$t = \frac{\|v_1\|_{\mathfrak{K}}}{\|v_1\|_{\mathfrak{K}} + \|v_2\|_{\mathfrak{K}}},$$

so gilt $0 \leqslant t \leqslant 1$. Da $\mathfrak{K}$ konvex ist, folgt

$$\frac{1}{\|v_1\|_{\mathfrak{K}} + \|v_2\|_{\mathfrak{K}}}(v_1 + v_2) = t\frac{1}{\|v_1\|_{\mathfrak{K}}}v_1 + (1-t)\frac{1}{\|v_2\|_{\mathfrak{K}}}v_2 \in \mathfrak{K}.$$

Das zeigt

$$\|v_1 + v_2\|_{\mathfrak{K}} = \inf\{\, a \mid 0 < a \in \mathbb{R}, \frac{1}{a}(v_1 + v_2) \in \mathfrak{K} \,\} \leqslant \|v_1\|_{\mathfrak{K}} + \|v_2\|_{\mathfrak{K}}.$$

(5) Für alle $c \in \mathbb{R}$ gilt $\|cv\|_{\mathfrak{K}} = |c|\,\|v\|_{\mathfrak{K}}$:
Sei zuerst $c > 0$. Dann ist

$$\begin{aligned}\|cv\|_{\mathfrak{K}} &= \inf\{\, b \mid 0 < b \in \mathbb{R}, \frac{c}{b}v \in \mathfrak{K} \,\} \\ &= \inf\{\, ca \mid 0 < a \in \mathbb{R}, \frac{c}{ca}v = \frac{1}{a}v \in \mathfrak{K} \,\} \\ &= c\inf\{\, a \mid 0 < a \in \mathbb{R}, \frac{1}{a}v \in \mathfrak{K} \,\} = c\|v\|_{\mathfrak{K}} = |c|\,\|v\|_{\mathfrak{K}}.\end{aligned}$$

Ist $c < 0$, so gilt wegen der Symmetrie von $\mathfrak{K}$

$$\|cv\|_{\mathfrak{K}} = \|-cv\|_{\mathfrak{K}} = -c\|v\|_{\mathfrak{K}} = |c|\,\|v\|_{\mathfrak{K}}.$$

(6) $\mathfrak{E}_{\|\cdot\|_{\mathfrak{K}}} = \mathfrak{K}$:
Es ist

$$\mathfrak{E}_{\|\cdot\|_{\mathfrak{K}}} = \{\, v \mid v \in \mathbb{R}^n, \|v\|_{\mathfrak{K}} \leqslant 1 \,\}.$$

Ist $0 \neq v \in \mathfrak{K}$, so folgt

$$\|v\|_{\mathfrak{K}} = \inf\{\, a \mid 0 < a \in \mathbb{R}, \frac{1}{a}v \in \mathfrak{K} \,\} \leqslant 1,$$

also $v \in \mathfrak{E}_{\|\cdot\|_{\mathfrak{K}}}$.
Ist umgekehrt $0 \neq v \in \mathfrak{E}_{\|\cdot\|_{\mathfrak{K}}}$, so ist $\|v\|_{\mathfrak{K}} \leqslant 1$ und wegen (3)

$$\frac{1}{\|v\|_{\mathfrak{K}}}v \in \mathfrak{K}.$$

Wegen der Konvexität von $\mathfrak{K}$ gilt dann auch

$$v = \|v\|_{\mathfrak{K}}(\frac{1}{\|v\|_{\mathfrak{K}}}v) + (1 - \|v\|_{\mathfrak{K}})0 \in \mathfrak{K}.$$

Das zeigt insgesamt $\mathfrak{K} = \mathfrak{E}_{\|\cdot\|_{\mathfrak{K}}}$. □

1.20 Beispiele. Sei $\mathfrak{V} = \mathbb{R}^2$. Für die Normen $\|\cdot\|_\infty$, $\|\cdot\|_1$ und $\|\cdot\|_2$ aus 1.2 a) und 1.4 gilt dann

$$\mathfrak{E}_{\|\cdot\|_\infty} = \{\, (x_1, x_2) \mid |x_j| \leqslant 1 \text{ für } j = 1, 2 \,\},$$

$$\mathfrak{E}_{\|\cdot\|_1} = \{\, (x_1, x_2) \mid |x_1| + |x_2| \leqslant 1 \,\},$$

$$\mathfrak{E}_{\|\cdot\|_2} = \{ (x_1, x_2) \mid |x_1|^2 + |x_2|^2 \leqslant 1 \}.$$

Mit Hilfe von 1.4 b) macht man sich leicht klar, daß die Kurven $\|v\|_p = 1$ für $2 \leqslant p < \infty$ zwischen dem Kreis und dem äußeren Quadrat verlaufen, für $1 \leqslant p \leqslant 2$ zwischen dem Kreis und dem inneren Quadrat.

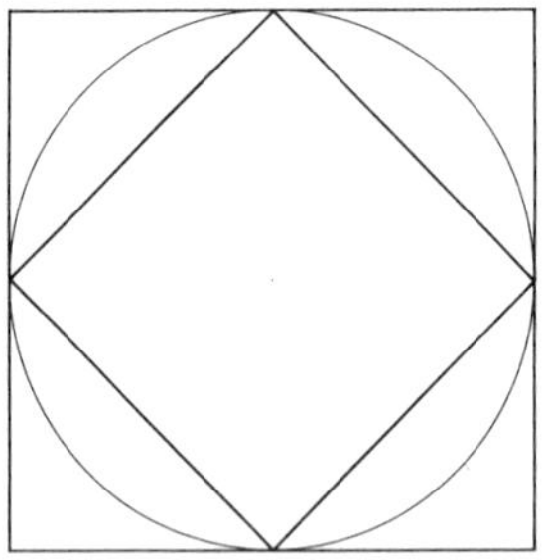

Aufgaben

A 1.1 Sei $\mathfrak{V}$ ein Vektorraum mit Norm $\|\cdot\|$ und $\mathfrak{W}$ ein abgeschlossener Unterraum von $\mathfrak{V}$.

a) Man zeige, daß durch

$$\|v + \mathfrak{W}\|' = \inf\{ \|u\| \mid u \in v + \mathfrak{W} \}$$

eine Norm $\|\cdot\|'$ auf dem Faktorraum $\mathfrak{V}/\mathfrak{W}$ definiert wird.

b) Ist $\mathfrak{V}$ vollständig bezüglich $\|\cdot\|$, so ist auch $\mathfrak{V}/\mathfrak{W}$ vollständig bezüglich $\|\cdot\|'$.

A 1.2 Sei A ein Monomorphismus von $\mathfrak{V}$ in $\mathfrak{W}$ und $\|\cdot\|$ eine Norm auf $\mathfrak{W}$. Dann wird durch

$$\|v\|' = \|Av\|$$

eine Norm $\|\cdot\|'$ auf $\mathfrak{V}$ definiert.

A 1.3 Sei $\mathfrak{V}_j$ ein normierter **K**-Vektorraum mit Norm $\|\cdot\|_j$ $(j = 1, \ldots, m)$. Wir setzen $\mathfrak{V} = \mathfrak{V}_1 \oplus \ldots \oplus \mathfrak{V}_m$.

a) Durch

$$\|v_1 + \ldots + v_m\| = \operatorname*{Max}_j \|v_j\|_j \qquad \text{für} \quad v_j \in \mathfrak{V}_j$$

wird dann eine Norm $\|\cdot\|$ auf $\mathfrak{V}$ definiert. Ist jedes $\mathfrak{V}_j$ vollständig bezüglich $\|\cdot\|_j$, so ist $\mathfrak{V}$ vollständig bezüglich $\|\cdot\|$.

b) Für $1 \leqslant p < \infty$ wird durch

$$\|v_1 + \ldots + v_m\| = (\sum_{j=1}^{n} (\|v_j\|_j)^p)^{1/p} \qquad (\text{mit} \quad v_j \in \mathfrak{V}_j)$$

eine Norm $\|\cdot\|$ auf $\mathfrak{V}$ definiert. Ist jedes $\mathfrak{V}_j$ vollständig bezüglich $\|\cdot\|_j$, so ist $\mathfrak{V}$ vollständig bezüglich $\|\cdot\|$.

A 1.4 Sei $\mathfrak{V} = \mathbb{R}^n$.

a) Für die Normen $\|\cdot\|_p$ mit $p = 1, 2, \infty$ ermittle man jeweils die bestmöglichen Konstanten a und b, für welche Satz 1.9 gilt.

b) Man beweise für $1 \leqslant p < \infty$

$$n^{1/p-1}\|v\|_1 \leqslant \|v\|_p \leqslant \|v\|_1$$

und zeige, daß dies die bestmöglichen Abschätzungen sind.

A 1.5 Sei $0 < p < 1$.

a) Für genügend kleine $x > 0$ gilt

$$1 + x^p > (1 + x)^p.$$

b) Für $n \geqslant 2$ wird durch

$$\|(x_1, \ldots, x_n)\| = (\sum_{j=1}^{n} |x_j|^p)^{1/p}$$

keine Norm auf $\mathbf{K}^n$ definiert.

A 1.6 Sei $\mathbf{C}(0, 1)$ der Vektorraum der auf $[0, 1]$ stetigen, reellwertigen Funktionen. Ferner sei wieder

$$\|f\|_1 = \int_0^1 |f(t)|\, dt \qquad \text{für} \quad f \in \mathbf{C}(0, 1).$$

a) Wir definieren $f_n \in \mathbf{C}(0, 1)$ durch

$$f_n(t) = \begin{cases} 1 & \text{für } 0 \leqslant t \leqslant \frac{1}{2} - \frac{1}{n} \\ \frac{n}{2} - nt & \text{für } \frac{1}{2} - \frac{1}{n} \leqslant t \leqslant \frac{1}{2} + \frac{1}{n} \\ -1 & \text{für } \frac{1}{2} + \frac{1}{n} \leqslant t \leqslant 1. \end{cases}$$

(Man zeichne die f_n!) Dann bilden die f_n $(n = 1, 2, \ldots)$ eine Cauchy-Folge bez. $\|\cdot\|_1$, welche jedoch keinen Grenzwert in $\mathbf{C}(0, 1)$ hat.

b) Sei

$$\mathfrak{W} = \{\, f \mid f \in \mathbf{C}(0,1),\ f(0) = 0 \,\}.$$

Man zeige, daß der Unterraum $\mathfrak{W}$ von $\mathbf{C}(0,1)$ nicht abgeschlossen ist und $\dim \mathbf{C}(0,1)/\mathfrak{W} = 1$ gilt. (In 1.11 c) läßt sich also die endliche Dimension von $\mathfrak{W}$ nicht durch die endliche Dimension von $\mathfrak{V}/\mathfrak{W}$ ersetzen.)

A 1.7 Sei wieder $\mathbf{C}(0,1)$ der $\mathbb{R}$-Vektorraum der auf $[0,1]$ stetigen, reellwertigen Funktionen, diesmal versehen mit der Norm $\|\cdot\|_\infty$ mit

$$\|f\|_\infty = \operatorname*{Max}_{0 \leqslant t \leqslant 1} |f(t)|.$$

Man definiere $f_n \in \mathbf{C}(0,1)$ $(n = 1, 2, \ldots)$ durch $f_n(t) = t^n$. Dann gilt $\|f_n\|_\infty = 1$ für alle n, aber es gibt keine Teilfolge von $f_1, f_2, \ldots$, welche im Sinne der Norm $\|\cdot\|_\infty$ konvergiert. Wie verhält es sich, wenn man die Norm $\|\cdot\|_1$ verwendet?

A 1.8 Sei $\mathbf{C}(0,1)$ der $\mathbb{R}$-Vektorraum der auf $[0,1]$ stetigen, reellwertigen Funktionen, versehen mit der Norm

$$\|f\|_1 = \int_0^1 |f(t)|\, dt.$$

Man entscheide, welche der folgenden linearen Abbildungen von $\mathbf{C}(0,1)$ in $\mathbb{R}$ stetig sind.

a) Sei A definiert durch

$$Af = \int_0^1 f(t) g(t)\, dt$$

mit einem $g \in \mathbf{C}(0,1)$.

b) Sei B definiert durch

$$Bf = \int_0^1 \frac{f(t)}{\sqrt[2]{t}}\, dt.$$

A 1.9 Seien $\mathfrak{V}$ und $\mathfrak{W}$ normierte $\mathbf{K}$-Vektorräume mit $\dim \mathfrak{W} < \infty$. Sei $A \in \operatorname{Hom}(\mathfrak{V}, \mathfrak{W})$ mit abgeschlossenem Kern A. Man zeige, daß A stetig ist.

§ 2 Algebrennormen und Spektralradius

2.1 Definition Sei $\mathbf{K} = \mathbb{R}$ oder $\mathbf{K} = \mathbb{C}$ und sei $\mathfrak{A}$ eine assoziative $\mathbf{K}$-Algebra.

a) Sei $\|\cdot\|$ eine Norm auf dem $\mathbf{K}$-Vektorraum $\mathfrak{A}$ im Sinne von 1.1. Gilt außerdem noch

$$\|AB\| \leqslant \|A\|\,\|B\| \qquad \text{für alle} \quad A, B \in \mathfrak{A},$$

so heißt $\|\cdot\|$ eine Algebrennorm auf $\mathfrak{A}$ und $\mathfrak{A}$ eine normierte Algebra.
b) Ist außer den Forderungen unter a) auch $\mathfrak{A}$ vollständig bezüglich $\|\cdot\|$, so heißt $\mathfrak{A}$ eine Banachalgebra.

2.2 Beispiele. a) Sei wieder $\mathbf{C}(0,1)$ der $\mathbb{R}$-Vektorraum der auf $[0,1]$ stetigen, reellwertigen Funktionen, versehen mit der Norm $\|\cdot\|_\infty$ mit

$$\|f\|_\infty = \operatorname*{Max}_{0\leqslant t\leqslant 1} |f(t)|.$$

Nach 1.8 a) ist $\mathbf{C}(0,1)$ ein Banachraum. Wir machen $\mathbf{C}(0,1)$ zu einer Algebra durch die punktweise Multiplikation der Funktionen. Wegen

$$\|fg\|_\infty = \operatorname*{Max}_{0\leqslant t\leqslant 1} |f(t)g(t)| \leqslant \operatorname*{Max}_{0\leqslant t\leqslant 1} |f(t)| \operatorname*{Max}_{0\leqslant t\leqslant 1} |g(t)| = \|f\|_\infty \|g\|_\infty$$

ist $\mathbf{C}(0,1)$ eine Banachalgebra.
b) Weniger vertraut ist der Leser vermutlich mit der folgenden Banachalgebra:
Sei $\mathfrak{A}$ die Menge der auf $(-\infty,\infty)$ stetigen, reellwertigen Funktionen mit der Periode 2π. Man sieht leicht, daß $\mathfrak{A}$ ein $\mathbb{R}$-Vektorraum ist, auf dem durch

$$\|f\|_1 = \int_0^{2\pi} |f(t)|\,dt$$

eine Norm $\|\cdot\|_1$ definiert wird. Wir definieren eine Multiplikation $*$ auf $\mathfrak{A}$ durch

$$(f * g)(x) = \int_0^{2\pi} f(x-t)g(t)\,dt.$$

(Man nennt $*$ eine Faltung.) Offenbar ist $*$ distributiv. Mit etwas Rechnung sieht man auch, daß $*$ assoziativ ist und $f * g$ in $\mathfrak{A}$ liegt. Ferner gilt für $f, g \in \mathfrak{A}$

$$\begin{aligned} \|f * g\|_1 &= \int_0^{2\pi} \left| \int_0^{2\pi} f(x-t)g(t)\,dt \right| dx \\ &\leqslant \int_0^{2\pi} \int_0^{2\pi} |f(x-t)||g(t)|\,dt\,dx \\ &= \int_0^{2\pi} |f(x)|\,dx \int_0^{2\pi} |g(t)|\,dt \qquad \text{(vermöge der Substitution } x \to x+t,\ t \to t) \\ &= \|f\|_1 \|g\|_1. \end{aligned}$$

Also ist $\mathfrak{A}$ eine normierte Algebra. Sie ist übrigens nicht vollständig, also keine Banachalgebra. Um eine vollständige Algebra zu erhalten, muß man die Menge der Funktionen mit Periode 2π nehmen, für welche das Lebesquesche[6] Integral $\int_0^{2\pi} |f(t)|\, dt$ existiert. Die dann entstehende Algebra spielt eine Rolle in der Theorie der Fourierreihen (siehe 4.17).

Der folgende Satz liefert uns wichtige Beispiele von Algebrennormen:

2.3 Satz. a) *Sei $\mathfrak{V}$ ein normierter Vektorraum und*

$$\mathfrak{L}(\mathfrak{V}) = \{\, A \mid A \in \operatorname{Hom}(\mathfrak{V},\mathfrak{V}),\ A \text{ ist beschränkt} \,\}.$$

Für $A \in \mathfrak{L}(\mathfrak{V})$ setzen wir

$$\|A\| = \sup_{0 \neq v \in \mathfrak{V}} \frac{\|Av\|}{\|v\|} = \sup_{\|v\| \leqslant 1} \|Av\|.$$

(Also ist $\|A\|$ die kleinste reelle Zahl mit $\|Av\| \leqslant \|A\|\,\|v\|$ für alle $v \in \mathfrak{V}$.) Dann ist $\mathfrak{L}(\mathfrak{V})$ eine normierte Algebra.
b) *Ist $\mathfrak{V}$ ein normierter Vektorraum von endlicher Dimension, so wird* $\operatorname{Hom}(\mathfrak{V},\mathfrak{V})$ *durch die Festsetzungen unter* a) *eine Banachalgebra.*

Beweis. a) Für $A, B \in \mathfrak{L}(\mathfrak{V})$ und alle $v \in \mathfrak{V}$ gelten

$$\begin{aligned} \|(A+B)v\| &= \|Av + Bv\| \leqslant \|Av\| + \|Bv\| \\ &\leqslant \|A\|\,\|v\| + \|B\|\,\|v\| = (\|A\| + \|B\|)\|v\| \end{aligned} \tag{1}$$

und

$$\|(AB)v\| = \|A(Bv)\| \leqslant \|A\|\,\|Bv\| \leqslant \|A\|\,\|B\|\,\|v\|. \tag{2}$$

Aus (1) folgt $A+B \in \mathfrak{L}(\mathfrak{V})$ und $\|A+B\| \leqslant \|A\|+\|B\|$, aus (2) folgt $AB \in \mathfrak{L}(\mathfrak{V})$ und $\|AB\| \leqslant \|A\|\,\|B\|$. Man bestätigt leicht $\|cA\| = |c|\,\|A\|$ für $c \in \mathbf{K}$ und $A \in \mathfrak{L}(\mathfrak{V})$. Also ist $\mathfrak{L}(\mathfrak{V})$ eine normierte Algebra.
b) Wegen $\dim \mathfrak{V} < \infty$ ist nach 1.14 jede Abbildung aus $\operatorname{Hom}(\mathfrak{V},\mathfrak{V})$ beschränkt, also gilt $\mathfrak{L}(\mathfrak{V}) = \operatorname{Hom}(\mathfrak{V},\mathfrak{V})$. Wegen $\dim \operatorname{Hom}(\mathfrak{V},\mathfrak{V}) < \infty$ ist $\operatorname{Hom}(\mathfrak{V},\mathfrak{V})$ nach 1.11 a) vollständig. Also ist $\operatorname{Hom}(\mathfrak{V},\mathfrak{V})$ eine Banachalgebra. □

Die Berechnung von $\|A\|$, wenn $A \in \operatorname{Hom}(\mathfrak{V},\mathfrak{V})$ durch Wirkung auf eine Basis von $\mathfrak{V}$ in Gestalt einer Matrix vorgegeben ist, ist nur selten durchführbar. Wir behandeln zwei Fälle, in denen diese Berechnung gelingt. (Für einen weiteren Fall vergleiche man 6.10.)

2.4 Beispiele. Sei $\mathfrak{A} = (\mathbf{K})_n$ die Algebra der Matrizen vom Typ (n,n) über $\mathbf{K}$. Sei

$$\mathbf{K}^n = \{\, (x_j) \mid x_j \in \mathbf{K},\quad j = 1,\ldots,n \,\}$$

6) Henri Lebesque (1875–1941) Paris; reelle Funktionen, der Begründer der modernen Integrationstheorie.

der **K**-Vektorraum aller Spaltenvektoren der Länge n. Für $A = (a_{jk}) \in \mathfrak{A}$ und $x = (x_j) \in \mathbf{K}^n$ wird dann durch

$$x \to Ax = \begin{pmatrix} \sum\limits_{j=1}^{n} a_{1j}x_j \\ \vdots \\ \sum\limits_{j=1}^{n} a_{nj}x_j \end{pmatrix}$$

eine lineare Abbildung von $\mathbf{K}^n$ in sich definiert.
a) Wir versehen $\mathbf{K}^n$ mit der Norm $\|\cdot\|_1$ aus 1.2 b). Gemäß 2.3 erhalten wir eine Algebrennorm $\|\cdot\|_s$ auf $\mathfrak{A}$ durch

$$\|A\|_s = \sup_{\|x\|_1 \leqslant 1} \|Ax\|_1 .$$

Dann gilt

$$\|A\|_s = \operatorname*{Max}_k \sum_{j=1}^{n} |a_{jk}| :$$

Wir setzen $M = \operatorname*{Max}\limits_k \sum\limits_{j=1}^{n} |a_{jk}|$. Dann gilt

$$\begin{aligned} \|Ax\|_1 &= \sum_{j=1}^{n} \left| \sum_{k=1}^{n} a_{jk}x_k \right| \leqslant \sum_{j,k=1}^{n} |a_{jk}||x_k| = \sum_{k=1}^{n} |x_k| \sum_{j=1}^{n} |a_{jk}| \\ &\leqslant \sum_{k=1}^{n} |x_k| M = M\|x\|_1 . \end{aligned}$$

Dies beweist $\|A\|_s \leqslant M$.

Sei der Index m so gewählt, daß

$$M = \sum_{j=1}^{n} |a_{jm}| .$$

Setzen wir $y = (y_j)$ mit $y_j = \delta_{jm}$, so ist $\|y\|_1 = 1$ und

$$\|A\|_s = \|A\|_s \|y\|_1 \geqslant \|Ay\|_1 = \left\| \begin{pmatrix} a_{1m} \\ \vdots \\ a_{nm} \end{pmatrix} \right\|_1 = \sum_{j=1}^{n} |a_{jm}| = M .$$

Insgesamt folgt also $\|A\|_s = M$.
b) Nun versehen wir $\mathbf{K}^n$ mit der Norm $\|\cdot\|_\infty$ aus 1.2 a). Setzen wir

$$\|A\|_z = \sup_{\|x\|_\infty \leqslant 1} \|Ax\|_\infty ,$$

so gilt

$$\|A\|_z = \operatorname*{Max}_k \sum_{j=1}^n |a_{kj}| :$$

Sei

$$\operatorname*{Max}_k \sum_{j=1}^n |a_{kj}| = M'$$

und sei m so gewählt, daß $M' = \sum\limits_{j=1}^n |a_{mj}|$. Für alle k gilt

$$\left|\sum_{j=1}^n a_{kj}x_j\right| \leqslant \sum_{j=1}^n |a_{kj}||x_j| \leqslant \|x\|_\infty \sum_{j=1}^n |a_{kj}| \leqslant \|x\|_\infty M'.$$

Damit folgt

$$\|Ax\|_\infty = \operatorname*{Max}_k \left|\sum_{j=1}^n a_{kj}x_j\right| \leqslant M'\|x\|_\infty,$$

also $\|A\|_z \leqslant M'$.

Nun wählen wir $y = (y_j)$ mit $|y_j| = 1$ und $a_{mj}y_j = |a_{mj}|$. Dann ist $\|y\|_\infty = 1$ und

$$\|Ay\|_\infty = \operatorname*{Max}_k \left|\sum_{j=1}^n a_{kj}y_j\right| \geqslant \left|\sum_{j=1}^n a_{mj}y_j\right| = \sum_{j=1}^n |a_{mj}| = M' = M'\|y\|_\infty.$$

Also folgt $\|A\|_z = M'$. □

2.5 Satz. *Für $1 \leqslant p \leqslant \infty$ definieren wir auf dem **K**-Vektorraum $(\mathbf{K})_n$ der Matrizen vom Typ (n, n) Normen durch*

$$\|(a_{jk})\|_p = \left(\sum_{j,k=1}^n |a_{jk}|^p)^{1/p}\right) \qquad \textit{für} \quad 1 \leqslant p < \infty$$

und

$$\|(a_{jk})\|_\infty = \operatorname*{Max}_{j,k} |a_{jk}|.$$

a) *Für $1 \leqslant p \leqslant 2$ liefert dies eine Algebrennorm auf $(\mathbf{K})_n$.*
b) *Für $n \geqslant 2$ und $2 < p \leqslant \infty$ erhält man so keine Algebrennorm.*

Beweis. a) Ist $A = (a_{jk})$ und $B = (b_{jk})$, so gilt

$$\|AB\|_p^p = \sum_{j,k=1}^{n} \left| \sum_{r=1}^{n} a_{jr} b_{rk} \right|^p \leqslant \sum_{j,k=1}^{n} (\sum_{r=1}^{n} |a_{jr}||b_{rk}|)^p.$$

Sei zuerst $p = 1$. Dann ist

$$\begin{aligned}\|AB\|_1 &\leqslant \sum_{j,k,r=1}^{n} |a_{jr}||b_{rk}| = \sum_{j,r=1}^{n} |a_{jr}| \sum_{k=1}^{n} |b_{rk}| \\ &\leqslant \sum_{j,r=1}^{n} |a_{jr}| \sum_{r,k=1}^{n} |b_{rk}| = \|A\|_1 \|B\|_1.\end{aligned}$$

Sei nun $1 < p \leqslant 2$ und sei q bestimmt durch $\frac{1}{p} + \frac{1}{q} = 1$. Mit der Hölderschen Ungleichung aus 1.3 b) folgt dann

$$\begin{aligned}\|AB\|_p^p &\leqslant \sum_{j,k=1}^{n} \left(\sum_{r=1}^{n} |a_{jr}||b_{rk}| \right)^p \\ &\leqslant \sum_{j,k=1}^{n} \left\{ \left(\sum_{r=1}^{n} |a_{jr}|^p \right)^{1/p} \left(\sum_{s=1}^{n} |b_{sk}|^q \right)^{1/q} \right\}^p \\ &= \sum_{j,k=1}^{n} \left(\sum_{r=1}^{n} |a_{jr}|^p \right) \left(\sum_{s=1}^{n} |b_{sk}|^q \right)^{p/q} \\ &= \sum_{j,r=1}^{n} |a_{jr}|^p \sum_{k=1}^{n} \left(\sum_{s=1}^{n} |b_{sk}|^q \right)^{p/q}.\end{aligned}$$

Wegen $1 < p \leqslant 2$ ist $p \leqslant q$. Also gilt nach 1.4 b)

$$\left(\sum_{s=1}^{n} |b_{sk}|^q \right)^{1/q} \leqslant \left(\sum_{s=1}^{n} |b_{sk}|^p \right)^{1/p}.$$

Damit erhalten wir

$$\|AB\|_p^p \leqslant \|A\|_p^p \sum_{k,s=1}^{n} |b_{sk}|^p = (\|A\|_p \|B\|_p)^p.$$

b) Sei $A = (a_{jk})$ mit $a_{jk} = 1$ für alle $j, k = 1, \ldots, n$. Dann ist $A^2 = (b_{jk})$ mit $b_{jk} = n$ für alle $j, k = 1, \ldots, n$. Für $2 < p < \infty$ und $n \geqslant 2$ ist nun

$$\|A^2\|_p = (n^2 n^p)^{1/p} = n^{1+2/p} > \|A\|_p \|A\|_p = (n^2)^{1/p} (n^2)^{1/p} = n^{4/p}.$$

Ferner ist

$$\|A^2\|_\infty = n > \|A\|_\infty \|A\|_\infty = 1. \qquad \square$$

2.6 Definition. a) Sei $A \in (\mathbf{K})_n$ und sei

$$f_A = \prod_{j=1}^{n} (x - a_j)$$

die Zerlegung des charakteristischen Polynoms f_A von A in $\mathbb{C}[x]$ in Linearfaktoren. Wir setzen dann

$$r(A) = \operatorname*{Max}_{j=1,\ldots,n} |a_j|$$

und nennen $r(A)$ den Spektralradius von A. (Auch im Falle $\mathbf{K} = \mathbb{R}$ sind also die komplexen Eigenwerte von A heranzuziehen!)
b) Ist $\mathfrak{V}$ ein $\mathbf{K}$-Vektorraum der endlichen Dimension n und $A \in \operatorname{Hom}(\mathfrak{V}, \mathfrak{V})$, so definieren wir den Spektralradius $r(A)$ von A wie in a).

2.7 Hauptsatz. *Sei* $A \in (\mathbb{C})_n$.
a) *Für jede Vektorraumnorm* $\|\cdot\|$ *auf* $(\mathbb{C})_n$ *gilt dann*

$$r(A) = \lim_{k\to\infty} \sqrt[k]{\|A^k\|}.$$

b) *Ist* $\|\cdot\|$ *sogar eine Algebrennorm auf* $(\mathbb{C})_n$*, so gilt*

$$r(A) \leqslant \sqrt[k]{\|A^k\|} \qquad \textit{für alle} \quad k = 1, 2, \ldots$$

Insbesondere ist $r(A) \leqslant \|A\|$.

Beweis. a) (1) Wir zeigen zuerst:

Existiert $\lim_{k\to\infty} \sqrt[k]{\|A^k\|}$ für eine Norm $\|\cdot\|$, so gilt für jede andere Norm $\|\cdot\|'$ auf $(\mathbb{C})^n$ ebenfalls

$$\lim_{k\to\infty} \sqrt[k]{\|A^k\|} = \lim_{k\to\infty} \sqrt[k]{\|A^k\|'}.$$

Nach 1.9 gibt es nämlich $a > 0$ und $b > 0$ mit

$$a\|A^k\| \leqslant \|A^k\|' \leqslant b\|A^k\|.$$

Daraus folgt

$$\sqrt[k]{a}\sqrt[k]{\|A^k\|} \leqslant \sqrt[k]{\|A^k\|'} \leqslant \sqrt[k]{b}\sqrt[k]{\|A^k\|}.$$

Dabei gilt

$$\lim_{k\to\infty} \sqrt[k]{a} = \lim_{k\to\infty} e^{1/k \log a} = e^0 = 1$$

und $\lim_{k\to\infty} \sqrt[k]{b} = 1$. Das zeigt

$$\lim_{k\to\infty} \sqrt[k]{\|A^k\|} = \lim_{k\to\infty} \sqrt[k]{\|A^k\|'}.$$

(2) Zum Beweis der Behauptung wählen wir nun eine geeignete Norm. Nach I.3.10 gibt es eine reguläre Matrix T aus $(\mathbb{C})_n$ derart, daß

$$T^{-1}AT = B = \begin{pmatrix} b_{11} & b_{12} & \dots & b_{1n} \\ 0 & b_{22} & \dots & b_{2n} \\ \vdots & \vdots & & \vdots \\ 0 & 0 & \dots & b_{nn} \end{pmatrix}$$

Dreiecksgestalt hat. Da A und B dieselben Eigenwerte $b_{11}, \dots, b_{nn}$ haben, gilt

$$r(A) = \operatorname*{Max}_j |b_{jj}|.$$

Durch die Festsetzung

$$\|Y\| = \|T^{-1}YT\|_1 \qquad \text{für} \quad Y \in (\mathbb{C})_n$$

mit der Algebrennorm $\|\cdot\|_1$ auf $(\mathbb{C})_n$ aus 2.5 a) wird eine Algebrennorm $\|\cdot\|$ auf $(\mathbb{C})_n$ definiert, wie man leicht bestätigt. Wir setzen $r = r(A)$.

Ist $r = 0$, so hat A nur den Eigenwert 0, also ist $f_A = x^n$ das charakteristische Polynom von A. Mit dem Satz von Cayley und Hamilton (I.3.3 b)) folgt $A^n = 0$. Also ist

$$\sqrt[k]{\|A^k\|} = 0 = r(A) \qquad \text{für alle} \quad k \geqslant n.$$

Sei weiterhin $r > 0$. Wir setzen $s = \operatorname{Max}_{j<k} |b_{jk}|$ und betrachten die Matrix

$$C = \begin{pmatrix} r & s & s & \dots & s \\ 0 & r & s & \dots & s \\ \vdots & \vdots & \vdots & & \vdots \\ 0 & 0 & 0 & \dots & r \end{pmatrix} = rE + D$$

mit

$$D = \begin{pmatrix} 0 & s & s & \dots & s \\ 0 & 0 & s & \dots & s \\ \vdots & \vdots & \vdots & & \vdots \\ 0 & 0 & 0 & \dots & 0 \end{pmatrix}.$$

Da D nur den Eigenwert 0 hat, gilt wie oben $D^n = 0$.
Ist $B^m = (b_{jk}^{(m)})$ und $C^m = (c_{jk}^{(m)})$, so gilt jedenfalls

$$|b_{jk}^{(1)}| = |b_{jk}| \leqslant c_{jk}^{(1)}.$$

Ist bereits $|b_{jk}^{(m-1)}| \leqslant |c_{jk}^{(m-1)}|$ für ein $m > 1$ und alle j, k gezeigt, so folgt

$$|b_{jk}^{(m)}| = \left|\sum_{r=1}^{n} b_{jr}^{(m-1)} b_{rk}^{(1)}\right| \leqslant \sum_{r=1}^{n} c_{jr}^{(m-1)} c_{rk}^{(1)} = c_{jk}^{(m)}.$$

Damit folgt für $m \geqslant n$

$$\begin{aligned}\|A^m\| &= \|T^{-1}A^mT\|_1 = \|B^m\|_1 \leqslant \|C^m\|_1 = \|(rE + D)^m\|_1 \\ &= \|\sum_{j=0}^{n-1} \binom{m}{j})r^{m-j}D^j\|_1 \qquad \text{(wegen } D^n = 0) \\ &\leqslant \sum_{j=0}^{n-1} \binom{m}{j} r^{m-j}\|D\|_1^j = r^m p(m)\end{aligned}$$

mit

$$p(x) = \sum_{j=0}^{n-1} \frac{x(x-1)\dots(x-j+1)}{j!} \frac{\|D\|_1^j}{r^j}.$$

Somit ist p ein Polynom mit $\operatorname{Grad} p \leqslant n-1$. Daher gibt es bekanntlich ein $d > 0$ mit

$$|p(m)| \leqslant dm^{n-1} \leqslant dm^n \qquad \text{für alle natürlichen Zahlen } m.$$

Damit folgt

$$\sqrt[m]{\|A^m\|} \leqslant r\sqrt[m]{|p(m)|} \leqslant r\sqrt[m]{d}\sqrt[m]{m^n}.$$

Offenbar ist

$$\lim_{m\to\infty} \sqrt[m]{d}\sqrt[m]{m^n} = \lim e^{1/m(\log d + n\log m)} = 1.$$

Also gibt es zu jedem $\epsilon > 0$ ein $n(\epsilon)$ mit

$$\sqrt[m]{\|A^m\|} \leqslant r(1+\epsilon) \qquad \text{für} \quad m \geqslant n(\epsilon).$$

Andererseits gilt

$$\|A^m\| = \|B^m\|_1 \geqslant \sum_{j=1}^{n} |b_{jj}|^m \geqslant r^m$$

und somit

$$\sqrt[m]{\|A^m\|} \geqslant r \qquad \text{für alle } m.$$

Insgesamt zeigt dies

$$\lim_{m\to\infty} \sqrt[m]{\|A^m\|} = r(A).$$

b) Ist $\|\cdot\|$ eine Algebrennorm, so gilt $\|A^m\| \leqslant \|A\|^m$, also folgt mit a)

$$r(A) = \lim_{m\to\infty} \sqrt[m]{\|A^m\|} \leqslant \lim_{m\to\infty} \sqrt[m]{\|A\|^m} = \|A\|.$$

Sind $a_1, \ldots, a_n$ die Eigenwerte von A, so sind $a_1^k, \ldots, a_n^k$ die Eigenwerte von A^k. Also gilt

$$r(A^k) = \operatorname*{Max}_j |a_j|^k = (\operatorname{Max} |a_j|)^k = r(A)^k.$$

Damit folgt nun auch

$$r(A)^k = r(A^k) \leqslant \|A^k\|,$$

also

$$r(A) \leqslant \sqrt[k]{\|A^k\|}. \qquad \square$$

Aus 2.7 lassen sich handliche Abschätzungen für die Eigenwerte von Matrizen herleiten:

2.8 Satz. *Sei $A = (a_{jk})$ eine Matrix aus $(\mathbb{C})_n$ und $r(A)$ der Spektralradius von A.*
a) *Für alle p mit $1 \leqslant p \leqslant 2$ gilt*

$$r(A) \leqslant \|A\|_p = (\sum_{j,k=1}^{n} |a_{jk}|^p)^{1/p}.$$

(Nach 1.4 b) liefert $p = 2$ die beste Abschätzung.)
b) *Es gilt*

$$r(A) \leqslant \|A\|_s = \operatorname*{Max}_k \sum_{j=1}^{n} |a_{jk}|$$

und

$$r(A) \leqslant \|A\|_z = \operatorname*{Max}_k \sum_{j=1}^{n} |a_{kj}|.$$

Beweis. Die Behauptungen folgen sofort aus 2.7 b) und 2.5 bzw. 2.4. □

2.9 Beispiel. Die Folge $\sqrt[k]{\|A^k\|}$ konvergiert selbst für Algebrennormen $\|\cdot\|$ i.a. nicht monoton fallend gegen $r(A)$, wie das folgende Beispiel zeigt:
Sei

$$A = \begin{pmatrix} 0 & a^2 \\ b^2 & 0 \end{pmatrix}$$

mit $a > b > 0$. Dann hat A die Eigenwerte $\pm ab$, also ist $r(A) = ab$.

Wir verwenden auf $(\mathbb{C})_2$ die Algebrennorm $\|\cdot\|_s$ aus 2.4 a). Dann ist

$$A^{2k} = a^{2k}b^{2k}E, \qquad \text{also} \qquad \sqrt[2k]{\|A^{2k}\|_s} = ab = r(A)$$

und

$$A^{2k+1} = a^{2k}b^{2k}A, \qquad \text{also} \qquad \|A^{2k+1}\|_s = a^{2k+2}b^{2k}$$

und

$$\sqrt[2k+1]{\|A^{2k+1}\|_s} = ab \sqrt[2k+1]{\frac{a}{b}} > r(A).$$

2.10 Satz. *Sei A eine Matrix aus $(\mathbb{C})_n$. Genau dann ist $\lim_{k\to\infty} A^k = 0$, wenn $r(A) < 1$ gilt.*

Beweis. Sei zuerst $\lim_{k\to\infty} A^k = 0$. Ist $\|\cdot\|$ irgendeine Algebrennorm auf $(\mathbb{C})_n$, so folgt mit 2.7 b)

$$r(A)^k \leqslant \|A^k\|,$$

also $\lim_{k\to\infty} r(A)^k = 0$. Das erzwingt $r(A) < 1$.

Sei umgekehrt $r(A) = 1 - 2\epsilon < 1$. Nach 2.7 a) gilt dann für $k \geqslant n(\epsilon)$

$$\sqrt[k]{\|A^k\|} \leqslant r(A) + \epsilon = 1 - \epsilon,$$

also $\|A^k\| \leqslant (1-\epsilon)^k$. Das beweist $\lim_{k\to\infty} A^k = 0$. □

Mit Hilfe von 2.10 kann man mitunter Matrizen invertieren:

2.11 Satz. *Sei $A = (a_{jk}) \in (\mathbb{C})_n$.*
a) *Ist $r(A) < 1$, so gilt*

$$(E - A)^{-1} = \sum_{j=0}^{\infty} A^j.$$

b) *Ist $r(A) < 1$ und $a_{jk} \geqslant 0$ für alle $j, k = 1, \ldots, n$, so sind alle Einträge in $(E-A)^{-1}$ nichtnegativ.*
c) *Ist $\|\cdot\|$ eine Algebrennorm auf $(\mathbb{C})_n$ und $\|A\| \leqslant q < 1$, so gilt*

$$\|(E-A)^{-1} - \sum_{j=0}^{m} A^j\| \leqslant \frac{q^{m+1}}{1-q}.$$

Beweis. a) Wir setzen $S_m = \sum_{j=0}^{m} A^j$. Ist $r(A) = 1 - 2\epsilon < 1$, so gilt wie im Beweis von 2.10

$$\|A^k\| \leqslant (1-\epsilon)^k \qquad \text{für} \quad k \geqslant n(\epsilon).$$

Für $k \geqslant m \geqslant n(\epsilon)$ ist daher

$$\begin{aligned}\|S_k - S_m\| &= \|A^{m+1} + \ldots + A^k\| \leqslant \|A^{m+1}\| + \ldots + \|A^k\| \\ &\leqslant \sum_{j=m+1}^{k} (1-\epsilon)^k < (1-\epsilon)^{m+1} \sum_{j=0}^{\infty} (1-\epsilon)^j = \frac{(1-\epsilon)^{m+1}}{\epsilon},\end{aligned}$$

und dies strebt mit wachsendem m gegen 0. Also bilden die S_m eine Cauchy-Folge in $(\mathbb{C})_n$. Da $(\mathbb{C})_n$ nach 1.11 a) vollständig ist, existiert

$$S = \lim_{m\to\infty} S_m = \sum_{j=0}^{\infty} A^j.$$

Aus

$$(E-A)S_m = E - A^{m+1}$$

folgt dann

$$(E-A)S = E, \qquad \text{also} \quad S = (E-A)^{-1}.$$

b) Die Aussage folgt sofort aus a), da die Einträge aller Matrizen A^j nichtnegativ sind.
c) Wegen $r(A) \leqslant \|A\| < 1$ (siehe 2.7 b)) gilt nach a)

$$(E-A)^{-1} = \sum_{j=0}^{\infty} A^j.$$

Daraus folgt

$$\begin{aligned}\|(E-A)^{-1} - \sum_{j=0}^{m} A^j\| &= \|\sum_{j=m+1}^{\infty} A^j\| \leqslant \sum_{j=m+1}^{\infty} \|A\|^j \\ &\leqslant \sum_{j=m+1}^{\infty} q^j = \frac{q^{m+1}}{1-q}.\end{aligned}$$ □

2.12 Anwendung. Ein Konzern besitze n Fabriken F_j $(j = 1, \ldots, n)$. In der Fabrik F_j werde das Produkt P_j hergestellt. Zur Produktion einer Werteinheit von P_k mögen $a_{jk} \geqslant 0$ Werteinheiten des Produktes P_j $(j \neq k)$ benötigt werden. (Wir können $a_{jj} = 0$ setzen.) Zur Produktion von x_k Einheiten von P_k $(k = 1, \ldots, n)$ werden im Konzern also insgesamt

$$\sum_{k=1}^{n} a_{jk} x_k$$

Einheiten von P_j verbraucht. Für den Markt verbleiben somit

$$y_j = x_j - \sum_{k=1}^{n} a_{jk} x_k$$

Einheiten von P_j.

Die Planungsaufgabe in diesem sog. Leontieff[7)]-Modell ist nun die folgende: Der Marktbedarf $y = (y_j)$ mit $y_j \geqslant 0$ sei vorgegeben, gesucht ist ein Produktionsvektor $x = (x_j)$ mit $x_j \geqslant 0$ und

$$y = (E - A)x.$$

Dabei haben wir $A = (a_{jk})$ gesetzt.

Ist der Spektralradius $r(A)$ kleiner als 1, so hat $(E - A)^{-1}$ nach 2.11 b) lauter nichtnegative Einträge. Dann liefert

$$x = (E - A)^{-1} y$$

einen für unser Problem brauchbaren Lösungsvektor x mit nichtnegativen Komponenten.

Eine ökonomische Interpretation der Bedingung $r(A) < 1$ ist wohl nicht möglich. Jedoch gibt folgende Überlegung einen sinnvollen Einblick:

Nach 2.8 b) gilt

$$r(A) \leqslant \operatorname*{Max}_{k} \sum_{j=1}^{n} a_{jk}.$$

Also ist

$$\sum_{j=1}^{n} a_{jk} < 1 \qquad \text{für} \quad k = 1, \ldots, n$$

eine hinreichende Bedingung für die Lösbarkeit unseres Problems.

Diese Bedingung gestattet eine ökonomische Interpretation. Denn $\sum_{j=1}^{n} a_{jk}$ sind die Kosten, die in der Fabrik F_k bei der Herstellung einer Werteinheit des Produktes P_k durch die Aufnahme von a_{jk} Einheiten von P_j entstehen. Die Forderung

$$\sum_{j=1}^{n} a_{jk} < 1$$

bedeutet also, daß die Fabrik F_k rentabel arbeitet. Somit ist unser Planungsproblem lösbar, wenn alle Fabriken rentabel arbeiten.

---

7) Vassili Leontieff (geb. 1905) Boston (Harvard-University); Entwicklung der Input-Output-Analyse, 1973 Nobelpreis für Wirtschaftswissenschaften.

Ist etwa

$$A = \begin{pmatrix} 0 & 2 \\ \frac{1}{8} & 0 \end{pmatrix},$$

so ist $r(A) = \frac{1}{2}$, also ist unser Verfahren anwendbar. Nun ist die Fabrik F_1 mit dem Unkostenfaktor 2 unrentabel, dafür ist aber F_2 mit dem Faktor $\frac{1}{8}$ besonders rentabel.

Wir werden auf verwandte Fragen in Kap. IV, § 2 zurückkommen.

Wir behandeln noch ein aus der Quantenmechanik stammendes Problem, die sog. Heisenberg[8)]-Gleichung

$$AB - BA = E,$$

wobei $A, B \in \operatorname{Hom}(\mathfrak{V}, \mathfrak{V})$ gilt. Dieses Problem hat keine Lösung, bei der $\mathfrak{V}$ ein normierter Vektorraum und A, B beschränkte lineare Abbildungen sind. Es gilt nämlich:

2.13 Satz. *Sei $\mathfrak{V}$ ein normierter Vektorraum. Dann gibt es keine beschränkten linearen Abbildungen $A, B \in \mathfrak{L}(\mathfrak{V})$ mit*

$$AB - BA = E.$$

Beweis (Wielandt[9)]). Sei $AB - BA = E$ mit $A, B \in \mathfrak{L}(\mathfrak{V})$. Wir verwenden die Algebrennorm aus 2.3 auf $\mathfrak{L}(\mathfrak{V})$.

Für alle $j = 1, 2, \ldots$ gilt

$$A^j B - BA^j = jA^{j-1}:$$

Für $j = 1$ ist dies richtig. Dann folgt es durch Induktion allgemein aus

$$jA^j = A(A^j B - BA^j) = A^{j+1}B - (E + BA)A^j = A^{j+1}B - BA^{j+1} - A^j.$$

Wir erhalten somit

$$(j+1)\|A^j\| = \|A^{j+1}B - BA^{j+1}\| \leqslant \|A^{j+1}B\| + \|BA^{j+1}\| \leqslant 2\|A\|\,\|B\|\,\|A^j\|.$$

Wäre $A^j \neq 0$ für alle j, so würde der Widerspruch

$$j + 1 \leqslant 2\|A\|\,\|B\| \qquad \text{für} \quad j = 1, 2, \ldots$$

---

8) Werner Heisenberg (1901–1976) München; einer der Begründer der Quantenmechanik, Nobelpreis für Physik 1932.

9) Helmut Wielandt (geb. 1910) Tübingen; Strukturtheorie endlicher Gruppen, Permutationsgruppen, Eigenwerte von Matrizen.

folgen. Also gibt es ein j mit $A^j = 0$. Wegen $A \neq 0$ können wir $A^{j-1} \neq 0$ und $j \geqslant 2$ annehmen. Dann folgt jedoch der Widerspruch $0 \neq jA^{j-1} = A^jB - BA^j = 0$. □

Natürlich folgt aus 2.13 sofort, daß die Gleichung

$$AB - BA = E$$

keine Lösung durch Matrizen A, B aus $(\mathbf{K})_n$ gestattet. Freilich sieht man dies leichter unter Verwendung der Spur, denn

$$\operatorname{Spur}(AB - BA) = 0.$$

2.14 Beispiel. Sei $\mathfrak{V}$ der Vektorraum aller ganz-rationalen Funktionen auf $[0, 1]$, versehen mit der Norm $\|\cdot\|_2$ mit

$$\|f\|_2^2 = \int_0^1 |f(t)|^2 \, dt.$$

Wir definieren $A, B \in \operatorname{Hom}(\mathfrak{V}, \mathfrak{V})$ durch

$$(Af)(t) = f'(t) \qquad \text{und} \qquad (Bf)(t) = tf(t).$$

Dann gilt für alle f

$$(AB - BA)f = (tf)' - tf' = f.$$

Wegen

$$\|Bf\|_2^2 = \int_0^1 |tf(t)|^2 \, dt \leqslant \int_0^1 |f(t)|^2 \, dt = \|f\|_2^2$$

ist B beschränkt. Setzen wir $f_n(t) = t^n$, so gilt

$$\|f_n\|_2^2 = \int_0^1 t^{2n} \, dt = \frac{1}{2n+1},$$

aber

$$\|Af_n\|_2^2 = n^2 \int_0^1 t^{2n-2} \, dt = \frac{n^2}{2n-1}.$$

Somit gibt es kein M mit

$$\|Af_n\|_2 \leqslant M\|f_n\|_2 \qquad \text{für alle} \quad n,$$

also ist A unbeschränkt.

Die Notwendigkeit, zur Lösung der Heisenbergschen Gleichung $AB - BA = E$ den Bereich der beschränkten Abbildungen zu verlassen, hat für die Quantenmechanik weitreichende Folgen und hat der Funktionalanalysis entscheidende Anstöße zum Studium von unbeschränkten Abbildungen gegeben.

Aufgaben

A 2.1 Seien $A_j, B_j \in (\mathbb{C})_n$ $(j = 1, 2, \ldots)$ mit

$$\lim_{j\to\infty} A_j = A, \ \lim_{j\to\infty} B_j = B.$$

Man beweise:

a) $\lim_{j\to\infty}(A_j + B_j) = A + B$.

b) $\lim_{j\to\infty} A_j B_j = AB$.

A 2.2 Sei $A \in (\mathbb{C})_n$. Man zeige: Zu jedem $\epsilon > 0$ gibt es eine Algebrennorm $\|\cdot\|$ auf $(\mathbb{C})_n$ mit

$$\|A\| \leqslant r(A) + \epsilon$$

für die spezielle Matrix A.
(Man suche ein T, so daß $T^{-1}AT$ eine Dreiecksmatrix mit kleinen Elementen außerhalb der Diagonalen ist.)

A 2.3 Sei

$$A = \begin{pmatrix} 1 & 0 \\ 1 & 1 \end{pmatrix}.$$

Dann gibt es keine Algebrennorm $\|\cdot\|$ auf $(\mathbb{C})_2$ mit

$$\|A\| = 1 (= r(A)).$$

A 2.4 Sei $\mathfrak{A}$ eine endlichdimensionale **K**-Algebra und $\|\cdot\|$ eine Norm auf $\mathfrak{A}$.

a) Es gibt ein $c > 0$ mit

$$\|AB\| \leqslant c\|A\|\,\|B\| \qquad \text{für alle} \quad A, B \in \mathfrak{A}.$$

b) Es gibt ein $d > 0$ derart, daß $\|\cdot\|'$ mit $\|A\|' = d\|A\|$ eine Algebrennorm auf $\mathfrak{A}$ ist.

c) Für den Fall der Norm $\|\cdot\|_\infty$ mit

$$\|(a_{jk})\|_\infty = \operatorname*{Max}_{j,k} |a_{jk}|$$

auf $(\mathbb{C})_n$ gebe man explizit ein $d > 0$ an, für welches die Aussage in b) zutrifft.

A 2.5 Seien $A, B \in (\mathbb{C})_n$ mit $A \neq 0 \neq B$. Man zeige: Gilt $\|AB\|_\infty = \|A\|_\infty \|B\|_\infty$ für die Norm $\|\cdot\|_\infty$ mit $\|(a_{jk})\|_\infty = \mathrm{Max}_{j,k} |a_{jk}|$, so gilt

$$A = \begin{pmatrix} 0 & \dots & a_{1k} & \dots & 0 \\ \vdots & & \vdots & & \vdots \\ 0 & \dots & a_{nk} & \dots & 0 \end{pmatrix} \qquad \text{und} \qquad B = \begin{pmatrix} 0 & \dots & 0 \\ \vdots & & \vdots \\ b_{k1} & \dots & b_{kn} \\ \vdots & & \vdots \\ 0 & \dots & 0 \end{pmatrix}$$

für ein geeignetes k.

A 2.6 Sei gemäß 2.5 $\|\cdot\|_p$ mit $1 \leqslant p \leqslant 2$ die Algebrennorm auf $(\mathbb{C})_n$ mit

$$\|(a_{jk})\|_p = \Big(\sum_{j,k=1}^{n} |a_{jk}|^p\Big)^{1/p}.$$

Wir lassen $(\mathbb{C})_n$ vermöge Linksmultiplikation auf dem Raum $\mathbb{C}^n$ der Spaltenvektoren operieren. Man zeige: Für $n > 1$ gibt es keine Norm $\|\cdot\|$ auf $\mathbb{C}^n$ mit

$$\|A\|_p = \sup_{v \neq 0} \frac{\|Av\|}{\|v\|}$$

für alle $A \in (\mathbb{C})_n$.

A 2.7 Seien $A, B \in (\mathbb{C})_n$ mit $n \geqslant 2$.

a) Man entscheide, ob stets

$$r(A + B) \leqslant r(A) + r(B) \qquad \text{und} \qquad r(AB) \leqslant r(A)r(B)$$

gelten.

b) Ist $AB = BA$, so beweise man

$$r(A + B) \leqslant r(A) + r(B) \qquad \text{und} \qquad r(AB) \leqslant r(A)r(B).$$

A 2.8 Sei $\|\cdot\|$ eine Algebrennorm auf $(\mathbb{C})_n$ und $A \in (\mathbb{C})_n$. Dann sind gleichwertig:

a) $r(A) = \|A\|$.

b) $\|A^k\| = \|A\|^k$ für alle $k = 1, 2, \dots$.

A 2.9 Für jede Algebrennorm $\|\cdot\|$ auf $(\mathbb{C})_n$ und alle Matrizen $A, B \in (\mathbb{C})_n$ gilt

$$\|AB - BA - E\| \geqslant 1.$$

(Man betrachte die Spur und die Eigenwerte von $AB - BA - E$.)

§ 3 Der Ergodensatz

Sei A eine Matrix aus $(\mathbb{C})_n$. In diesem Paragraphen studieren wir die Frage, für welche A die Grenzwerte

$$\lim_{k\to\infty} A^k \qquad \text{und} \qquad \lim_{k\to\infty} \frac{1}{k}\sum_{j=0}^{k-1} A^j$$

existieren. Die Ergebnisse gestatten wichtige Anwendungen, vor allem auf stochastische Matrizen (siehe Hauptsatz 3.10).

3.1 Definition. Sei $A \in (\mathbb{C})_n$ und sei

$$T^{-1}AT = \begin{pmatrix} J_{n_1}(a_1) & & \\ & \ddots & \\ & & J_{n_r}(a_r) \end{pmatrix}$$

die Jordansche Normalform von A mit

$$J_{n_k}(a_k) = \begin{pmatrix} a_k & 1 & \dots & 0 & 0 \\ 0 & a_k & \dots & 0 & 0 \\ \vdots & \vdots & & \vdots & \vdots \\ 0 & 0 & \dots & a_k & 1 \\ 0 & 0 & \dots & 0 & a_k \end{pmatrix} \qquad \text{vom Typ} \quad (n_k, n_k).$$

Dann setzen wir

$$d(A, a) = \operatorname*{Max}_k \{\, n_k \mid a_k = a \,\}.$$

Wir behandeln das oben genannte Konvergenzproblem zuerst für Jordanmatrizen $J_n(a)$.

3.2 Hilfssatz. *Sei*

$$J_n(a) = \begin{pmatrix} a & 1 & \dots & 0 & 0 \\ 0 & a & \dots & 0 & 0 \\ \vdots & \vdots & & \vdots & \vdots \\ 0 & 0 & \dots & 0 & a \end{pmatrix} \qquad \textit{vom Typ} \quad (n, n),$$

also $r(J_n(a)) = a$.

a) *Ist* $|a| < 1$, *so gilt für alle natürlichen Zahlen m*

$$\lim_{k\to\infty} k^m J_n(a)^k = 0.$$

b) *Genau dann existiert* $\lim J_n(a)^k$, *wenn gilt:*

(1) $|a| \leqslant 1$.

(2) *Ist* $|a| = 1$, *so ist* $a = 1$ *und* $n = 1$.

Beweis. Wir zerlegen $J_n(a) = aE + U$ mit

$$U = \begin{pmatrix} 0 & 1 & \dots & 0 & 0 \\ 0 & 0 & \dots & 0 & 0 \\ \vdots & \vdots & & \vdots & \vdots \\ 0 & 0 & \dots & 0 & 0 \end{pmatrix}$$

Dann ist $U^k = 0$ für $k \geqslant n$. Daher folgt für $k \geqslant n - 1$

$$J_n(a)^k = (aE + U)^k = \sum_{j=0}^{k} \binom{k}{j} a^{k-j} U^j = \sum_{j=0}^{n-1} \binom{k}{j} a^{k-j} U^j$$

$$= \begin{pmatrix} a^k & \binom{k}{1} a^{k-1} & \binom{k}{2} a^{k-2} & \dots & \binom{k}{n-1} a^{k-n+1} \\ 0 & a^k & \binom{k}{1} a^{k-1} & \dots & \binom{k}{n-2} a^{k-n+2} \\ \vdots & \vdots & \vdots & & \vdots \\ 0 & 0 & 0 & \dots & a^k \end{pmatrix}.$$

a) Ist $|a| < 1$, so gilt bekanntlich

$$\lim_{k \to \infty} k^r a^k = 0$$

für alle natürlichen Zahlen r. Da $\binom{k}{j}$ als Funktion von k ein Polynom ist, folgt

$$\lim_{k \to \infty} k^m \binom{k}{j} a^{k-j} = 0$$

für $j = 0, 1, \dots, n - 1$. Das zeigt

$$\lim_{k \to \infty} k^m J_n(a)^k = 0.$$

b) Sind die Bedingungen (1) und (2) erfüllt, so ist entweder $|a| < 1$ oder $J_n(a) = (1)$. Dann existiert sicher $\lim_{k\to\infty} J_n(a)^k$.

Umgekehrt nehmen wir an, daß $\lim_{k\to\infty} J_n(a)^k$ existiert. Dann existieren $\lim_{k\to\infty} a^k$ und für $n > 1$ auch $\lim_{k\to\infty} ka^{k-1}$. Also ist entweder $|a| < 1$ oder $|a| = 1 = n$. Sei also $|a| = 1$ und $b = \lim_{k\to\infty} a^k$ existiere. Dann ist $|b| = 1$ und

$$b = \lim_{k \to \infty} a^{k+1} = a \lim_{k \to \infty} a^k = ab.$$

Daraus folgt $a = 1$. □

3.3 Hilfssatz. *Seien* $A_k \in (\mathbb{C})_n$ $(k = 1, 2, \dots)$ *und es existiere* $P = \lim_{k\to\infty} A_k$. *Dann gilt auch*

$$P = \lim_{k \to \infty} \frac{1}{k} \sum_{j=0}^{k-1} A_j.$$

Beweis. Sei $\|\cdot\|$ irgendeine Norm auf $(\mathbb{C})_n$. Sei $\epsilon > 0$ vorgegeben. Nach Voraussetzung gibt es ein $k(\epsilon)$ mit

$$\|P - A_j\| \leqslant \epsilon \qquad \text{für} \quad j \geqslant k(\epsilon).$$

Da $\lim_{k\to\infty} A_k$ existiert, gibt es ein m mit $\|A_j\| \leqslant m$ für alle j. Dann gilt auch $\|P\| \leqslant m$. Für alle $k \geqslant \operatorname{Max}\left\{k(\epsilon), \frac{2k(\epsilon)m}{\epsilon}\right\}$ folgt

$$\begin{aligned}
&\|P - \frac{1}{k}\sum_{j=0}^{k-1} A_j\| \\
&= \|\frac{1}{k}\sum_{j=k(\epsilon)}^{k-1}(P - A_j) + \frac{k(\epsilon)}{k}P - \frac{1}{k}\sum_{j=0}^{k(\epsilon)-1} A_j\| \\
&\leqslant \frac{1}{k}\sum_{j=k(\epsilon)}^{k-1}\|P - A_j\| + \frac{k(\epsilon)}{k}\|P\| + \frac{1}{k}\sum_{j=0}^{k(\epsilon)-1}\|A_j\| \\
&\leqslant \frac{k - k(\epsilon)}{k}\epsilon + \frac{k(\epsilon)}{k}m + \frac{k(\epsilon)}{k}m \leqslant \epsilon + \frac{2k(\epsilon)}{k}m \leqslant 2\epsilon.
\end{aligned}$$

Das beweist

$$\lim_{k\to\infty}\frac{1}{k}\sum_{j=0}^{k-1} A_j = P. \qquad \square$$

Nun klären wir die Frage nach der Existenz von $\lim_{k\to\infty}\frac{1}{k}\sum_{j=0}^{k-1} J^j$ für Jordanmatrizen J.

3.4 Hilfssatz. a) *Ist* $|a| < 1$, *so gilt*

$$\lim_{k\to\infty}\frac{1}{k}\sum_{j=0}^{k-1} J_n(a)^j = 0.$$

b) *Ist* $|a| = n = 1$, *so gilt*

$$\lim_{k\to\infty}\frac{1}{k}\sum_{j=0}^{k-1} J_n(a)^j = \begin{cases} 0 & \textit{für } a \neq 1 \\ (1) & \textit{für } a = 1. \end{cases}$$

c) *Ist* $|a| \geqslant 1$ *und existiert* $\lim_{k\to\infty}\frac{1}{k}\sum_{j=0}^{k-1} J_n(a)^k$, *so gilt* $|a| = n = 1$.

Beweis. a) Die Behauptung folgt sofort aus 3.2 a) und 3.3.

b) Sei $J = (a)$ mit $|a| = 1$ von Typ (1,1). Für $a \neq 1$ gilt dann

$$\left| \frac{1}{k} \sum_{j=0}^{k-1} a^j \right| = \frac{1}{k} \left| \frac{a^k - 1}{a - 1} \right| \leqslant \frac{1}{k} \frac{|a|^k + 1}{|a - 1|} = \frac{2}{k|a - 1|},$$

also

$$\lim_{k \to \infty} \frac{1}{k} \sum_{j=0}^{k-1} a^j = 0.$$

c) Mit den Rechnungen aus 3.2 folgt

$$\frac{1}{k} \sum_{j=0}^{k-1} J_n(a)^j = \begin{pmatrix} b_k & c_k & \dots & * \\ 0 & b_k & \dots & \\ \vdots & \vdots & & \vdots \\ 0 & 0 & \dots & b_k \end{pmatrix}$$

mit

$$b_k = \frac{1}{k} \sum_{j=0}^{k-1} a^j \qquad \text{und} \qquad c_k = \frac{1}{k} \sum_{j=0}^{k-1} j a^{j-1}.$$

Wir nehmen an, daß $\lim_{k \to \infty} \frac{1}{k} \sum\limits_{j=0}^{k-1} J_n(a)^j$ existiert und $|a| \geqslant 1$ gilt.

Angenommen, es wäre $|a| > 1$. Wegen

$$|b_k| = \frac{1}{k} \left| \frac{a^k - 1}{a - 1} \right| \geqslant \frac{1}{k} \frac{|a|^k - 1}{|a - 1|}$$

wäre dann die Folge der b_k unbeschränkt, könnte also nicht konvergieren. Also ist $|a| = 1$.

Wir haben noch $n = 1$ zu zeigen. Angenommen, es wäre $n > 1$. Dann würde auch

$$\lim_{k \to \infty} c_k = \lim_{k \to \infty} \frac{1}{k} \sum_{j=0}^{k-1} j a^{j-1}$$

existieren.

Für $a = 1$ ist

$$c_k = \frac{1}{k} \sum_{j=0}^{k-1} j = \frac{k(k-1)}{2k} = \frac{k-1}{2}$$

unbeschränkt. Also ist $|a| = 1 \neq a$. Aus

$$\sum_{j=0}^{k-1} x^j = \frac{x^k - 1}{x - 1}$$

folgt durch Differentiation nach der Variablen x

$$\sum_{j=0}^{k-1} j x^{j-1} = \frac{k x^{k-1}(x-1) - (x^k - 1)}{(x-1)^2}.$$

Also konvergiert die Folge der

$$c_k = \frac{1}{k} \frac{(k-1)a^k - k a^{k-1} + 1}{(a-1)^2}.$$

Dann konvergiert auch die Folge der

$$\left(\frac{k-1}{k} a - 1\right) a^{k-1}.$$

Aber

$$\lim_{k\to\infty} \left(\frac{k-1}{k} a - 1\right) = a - 1 \neq 0$$

existiert und $\lim_{k\to\infty} a^{k-1}$ existiert wegen $|a| = 1 \neq a$ nicht, wie wir im Beweis von 3.2 b) sahen. Dies ist ein Widerspruch. Also ist für $|a| = 1$ doch $n = 1$. □

Der Schritt von Jordanmatrizen zu beliebigen Matrizen ist nun leicht.

3.5 Hauptsatz. *Sei* $A \in (\mathbb{C})_n$.
a) *Ist* $r(A) < 1$, *so gilt für alle natürlichen Zahlen* m

$$\lim_{k\to\infty} k^m A^k = \lim_{k\to\infty} \frac{1}{k} \sum_{j=0}^{k-1} A^j = 0.$$

b) *Ist* $r(A) > 1$, *so sind die Folgen der* A^k *und* $\frac{1}{k} \sum_{j=0}^{k-1} A^j$ *divergent.*

c) *Sei* $r(A) = 1$. *Genau dann existiert* $\lim_{k\to\infty} A^k$, *wenn 1 einziger Eigenwert von* A *vom Betrag 1 ist und* $d(A, 1) = 1$ *gilt.*

d) *Sei* $r(A) = 1$. *Genau dann existiert* $\lim_{k\to\infty} \frac{1}{k} \sum_{j=0}^{k-1} A^j$, *wenn* $d(A, a) \leqslant 1$ *für alle* a *mit* $|a| = 1$ *gilt.*

Beweis. Sei

$$T^{-1}AT = \begin{pmatrix} J_{n_1}(a_1) & & \\ & \ddots & \\ & & J_{n_r}(a_r) \end{pmatrix}$$

mit Jordanmatrizen $J_{n_s}(a_s)$. Dann ist

$$T^{-1}A^jT = \begin{pmatrix} J_{n_1}(a_1)^j & & \\ & \ddots & \\ & & J_{n_r}(a_r)^j \end{pmatrix}.$$

a) Ist $r(A) < 1$, so gilt $|a_s| < 1$ für alle $s = 1, \ldots, r$. Mit 3.2 a) folgt

$$\lim_{k\to\infty} k^m J_{n_s}(a_s)^k = 0,$$

also auch

$$\lim_{k\to\infty} k^m A^k = T \lim_{k\to\infty} k^m \begin{pmatrix} J_{n_1}(a_1)^k & & \\ & \ddots & \\ & & J_{n_r}(a_r)^k \end{pmatrix} T^{-1} = 0.$$

Wegen 3.3 gilt dann auch $\lim_{k\to\infty} \frac{1}{k} \sum\limits_{j=0}^{k-1} A^j = 0$.

b) Ist $r(A) > 1$, so gibt es ein s mit $|a_s| = r(A) > 1$. Nach 3.2 und 3.4 existieren dann die Grenzwerte $\lim_{k\to\infty} J_{n_s}(a_s)^k$ und $\lim_{k\to\infty} \frac{1}{k} \sum\limits_{j=0}^{k-1} J_{n_s}(a_s)^j$ nicht. Dann existieren auch $\lim_{k\to\infty} A^k$ und $\lim_{k\to\infty} \frac{1}{k} \sum\limits_{j=0}^{k-1} A^j$ nicht.

c) Sei $r(A) = 1$. Ist $|a_s| < 1$, so gilt $\lim_{k\to\infty} J_{n_s}(a_s)^k = 0$ nach 3.2 a). Ist $|a_s| = 1$, so existiert $\lim_{k\to\infty} J_{n_s}(a_s)^k$ nach 3.2 b) genau dann, wenn $a_s = n_s = 1$.

d) In gleicher Weise folgt die Behauptung unter d) mit Hilfe von 3.4. □

3.6 Satz. *Sei* $A \in (\mathbb{C})_n$ *und es existiere* $P = \lim_{k\to\infty} \frac{1}{k} \sum\limits_{j=0}^{k-1} A^j$.

a) *Es gilt*

$$P^2 = P = PA = AP.$$

Also ist P eine Projektion.

b) *Wir betrachten A als lineare Abbildung auf* $\mathbb{C}^n$ *vermöge Linksmultiplikation. Dann gilt für alle* $m \geqslant 1$

$$\text{Bild}\, P = \text{Kern}\,(A - E) = \text{Kern}\,(A - E)^m$$

und

$$\operatorname{Kern} P = \bigoplus_{a \neq 1} \operatorname{Kern}(A - aE)^n ,$$

wobei über die Eigenwerte $a \neq 1$ von A zu summieren ist.

Beweis. a) Sei wieder

$$T^{-1}AT = \begin{pmatrix} J_{n_1}(a_1) & & \\ & \ddots & \\ & & J_{n_r}(a_r) \end{pmatrix}$$

mit Jordanmatrizen $J_{n_s}(a_s)$.

Nach 3.5 ist $|a_s| \leqslant 1$ für alle s und $n_s = 1$ für $|a_s| = 1$. Daher folgt mit 3.4

$$Q_s = \lim_{k \to \infty} \frac{1}{k} \sum_{j=0}^{k-1} J_{n_s}(a_s) = \begin{cases} 0 & \text{für } a_s \neq 1 \\ (1) & \text{für } a_s = 1 \end{cases} .$$

Also ist

$$T^{-1}PT = \begin{pmatrix} Q_1 & & \\ & \ddots & \\ & & Q_r \end{pmatrix} = Q$$

mit $Q^2 = Q$. Daraus folgt

$$P^2 = TQT^{-1}TQT^{-1} = TQ^2T^{-1} = TQT^{-1} = P.$$

Aus

$$T^{-1}AT = \begin{pmatrix} J_{n_1}(a_1) & & \\ & \ddots & \\ & & J_{n_r}(a_r) \end{pmatrix} \quad \text{und}$$

$$T^{-1}PT = \begin{pmatrix} Q_1 & & \\ & \ddots & \\ & & Q_r \end{pmatrix}$$

mit $Q_s = 0$ oder $Q_s = (1) = J_{n_s}(a_s)$ folgt

$$T^{-1}AT\,T^{-1}PT = T^{-1}PT\,T^{-1}AT = T^{-1}PT,$$

also

$$AP = PA = P.$$

b) Da für $a_s = 1$ stets $n_s = 1$ gilt, ist

$$\operatorname{Kern}(A - E) = \operatorname{Kern}(A - E)^m \qquad \text{für alle} \quad m \geqslant 1.$$

Für $v \in \text{Kern}\,(A - E)$ folgt $Av = v$, also

$$\frac{1}{k}\sum_{j=0}^{k-1} A^j v = v$$

und dann auch $Pv = v$. Das zeigt $\text{Kern}\,(A - E) \leqslant \text{Bild}\,P$.

Für alle $w \in \mathbb{C}^n$ gilt wegen a)

$$(A - E)Pw = (AP - P)w = 0.$$

Also ist $\text{Bild}\,P \leqslant \text{Kern}\,(A - E)$.

Wegen a) gilt für alle $a \in \mathbb{C}$

$$P(A - aE) = PA - aP = (1 - a)P.$$

Ist $v \in \text{Kern}\,(A - aE)^n$ mit $a \neq 1$, so folgt

$$0 = P(A - aE)^n v = (1 - a)^n Pv,$$

also $Pv = 0$. Das zeigt

$$\bigoplus_{a \neq 1} \text{Kern}\,(A - aE)^n \leqslant \text{Kern}\,P.$$

Wegen

$$\mathbb{C}^n = \text{Bild}\,P \oplus \text{Kern}\,P = \bigoplus_{a} \text{Kern}\,(A - aE)^n$$

folgt dann durch Dimensionsvergleich

$$\text{Kern}\,P = \bigoplus_{a \neq 1} \text{Kern}\,(A - aE)^n. \qquad \square$$

Die direkte Anwendung von Hauptsatz 3.5 erfordert die Kenntnis der Jordanschen Normalform von A, welche in der Regel schwer zu ermitteln ist. Wir suchen daher nach hinreichenden Bedingungen, welche leichter zu kontrollieren sind.

3.7 Hauptsatz. (sog. Ergodensatz). *Sei* $\|\cdot\|$ *eine Algebrennorm auf dem Matrixring* $(\mathbb{C})_n$ *und* $A \in (\mathbb{C})_n$ *mit* $\|A\| \leqslant 1$.

a) *Dann existiert*

$$\lim_{k\to\infty} \frac{1}{k}\sum_{j=0}^{k-1} A^j,$$

und es gelten die Aussagen aus Satz 3.6.

b) *Ist 1 der einzige Eigenwert von A vom Betrag 1, so existiert sogar* $\lim_{k\to\infty} A^k$.

Beweis. Nach 2.7 b) gilt $r(A) \leqslant \|A\| \leqslant 1$. Um Hauptsatz 3.5 anzuwenden, haben wir also nur noch $d(A, a) \leqslant 1$ für alle a mit $|a| = 1$ zu beweisen. Sei wieder

$$T^{-1}AT = \begin{pmatrix} J_{n_1}(a_1) & & \\ & \ddots & \\ & & J_{n_r}(a_r) \end{pmatrix}$$

mit Jordanmatrizen $J_{n_s}(a_s)$. Wir verwenden neben $\|\cdot\|$ auch noch die Norm $\|\cdot\|_1$ auf $(\mathbb{C})_n$ mit

$$\|B\|_1 = \sum_{i,j=1}^{n} |b_{ij}| \qquad \text{für} \quad B = (b_{ij}) \qquad \text{(siehe 2.5).}$$

Nach 1.9 gibt es ein $c > 0$ mit

$$\|B\|_1 \leqslant c\|B\| \qquad \text{für alle} \quad B \in (\mathbb{C})_n.$$

Nun gilt für alle j

$$\|T^{-1}A^jT\| \leqslant \|T^{-1}\|\,\|A\|^j\|T\| \leqslant \|T^{-1}\|\,\|T\| = m.$$

Also folgt auch für alle j

$$\|T^{-1}A^jT\|_1 \leqslant c\|T^{-1}A^jT\| \leqslant cm.$$

Andererseits gilt wegen

$$J_{n_s}(a_s)^j = \begin{pmatrix} a_s^j & ja_s^{j-1} & \dots \\ 0 & a_s^j & \dots \\ \vdots & \vdots & \end{pmatrix}$$

für alle s und j auch

$$\|T^{-1}A^jT\|_1 \geqslant \|J_{n_s}(a_s)^j\|_1 \geqslant \begin{cases} |a_s|^j & \\ |a_s|^j + j|a_s|^{j-1} & \text{falls } n_s > 1. \end{cases}$$

Wäre $|a_s| = 1$ und $n_s > 1$, so wäre

$$1 + j \leqslant cm \qquad \text{für alle} \quad j = 1, 2, \dots\ ,$$

ein Widerspruch. Also gilt $n_s = 1$ für $|a_s| = 1$. □

Hauptsatz 3.5, der die Jordansche Normalform verwendet, läßt sich nicht auf unendlichdimensionale Vektorräume übertragen. Hingegen ist der Ergodensatz 3.7 (jedoch nicht der hier gegebene Beweis) für Verallgemeinerungen auf unendlichdimensionale normierte Vektorräume geeignet. Aber dies gehört in die Funktionalanalysis. (Siehe dazu auch Aufgabe A 3.2.)

In den Fällen, in welchen $\lim_{k\to\infty} A^k$ existiert, interessiert man sich häufig für die Konvergenzgeschwindigkeit. Nach Hilfssatz 3.2 hängt diese entscheidend ab von den Absolutbeträgen der Eigenwerte von A im Inneren des Einheitskreises. Die Beweise von 3.2 und 3.5c liefern offenbar Restglieder der Größenordnung

$k^{n-1}r^k$, wenn alle von 1 verschiedenen Eigenwerte von A höchstens den Betrag r haben. Diese Bemerkung ist von Bedeutung für die Beurteilung der Konvergenzgeschwindigkeit von stochastischen Prozessen. Wir kommen darauf in Kap. IV mehrfach zurück.

Zur Vorbereitung der Anwendung von Hauptsatz 3.7 auf stochastische Matrizen beweisen wir eine nützliche Eigenwertabschätzung.

3.8 Satz. (Gerschgorin). *Sei* $A = (a_{jk}) \in (\mathbb{C})_n$. *Für jeden Eigenwert a von A gibt es dann ein k mit* $1 \leqslant k \leqslant n$ *und*

$$|a - a_{kk}| \leqslant \sum_{j=1, j\neq k}^{n} |a_{kj}|.$$

Beweis. Sei $(x_j) \neq 0$ ein Eigenvektor zum Eigenwert a, also

$$a x_j = \sum_{s=1}^{n} a_{js} x_s \qquad (j = 1, \ldots, n).$$

Sei

$$x_k = \operatorname*{Max}_j |x_j| > 0.$$

Dann folgt

$$|a - a_{kk}||x_k| = |a x_k - a_{kk} x_k| = \left| \sum_{\substack{s=1 \\ s\neq k}}^{n} a_{ks} x_s \right| \leqslant \left(\sum_{\substack{s=1 \\ s\neq k}}^{n} |a_{ks}| \right) |x_k|.$$

Wegen $|x_k| > 0$ folgt daraus die Behauptung. □

Die Untersuchung von stochastischen Prozessen mit endlich vielen Zuständen führt auf sog. stochastische Matrizen (siehe IV, § 4).

3.9 Definition. a) Eine Matrix (a_{ij}) aus $(\mathbb{R})_n$ heißt stochastisch, falls alle $a_{ij} \geqslant 0$ und

$$\sum_{j=1}^{n} a_{ij} = 1 \qquad \text{für} \quad i = 1, \ldots, n.$$

b) Gilt außer den Bedingungen unter a) auch noch

$$\sum_{i=1}^{n} a_{ij} = 1 \qquad \text{für} \quad j = 1, \ldots, n,$$

so heißt (a_{ij}) doppelt stochastisch.

3.10 Hauptsatz. *Sei* $A = (a_{ij})$ *eine stochastische Matrix vom Typ* (n, n).
a) *Es existiert*

$$P = \lim_{k\to\infty} \frac{1}{k} \sum_{j=0}^{k-1} A^j,$$

und P ist eine stochastische Matrix mit $P^2 = P = PA = AP$.
b) *1 ist Eigenwert von* A, *und* A *hat den Spektralradius 1.*
c) *Ist 1 einziger Eigenwert von A vom Betrag 1, so existiert sogar* $\lim_{k\to\infty} A^k$.
d) *Ist* $a_{jj} > 0$ *für alle* $j = 1, \ldots, n$, *so ist 1 einziger Eigenwert von A vom Betrag 1, und* $\lim_{k\to\infty} A^k$ *existiert.*
e) *Sei* $\dim \operatorname{Kern}(A - E) = 1$. *Dann gilt*

$$\lim_{k\to\infty} \frac{1}{k} \sum_{j=0}^{k-1} A^j = \begin{pmatrix} y_1 & y_2 & \cdots & y_n \\ y_1 & y_2 & \cdots & y_n \\ \vdots & \vdots & & \vdots \\ y_1 & y_2 & \cdots & y_n \end{pmatrix},$$

wobei der Zeilenvektor $y = (y_1, \ldots, y_n)$ *eindeutig bestimmt ist durch* $yA = y$ *und* $\sum_{j=1}^{n} y_j = 1$.
f) *Ist A sogar doppelt stochastisch und* $\dim \operatorname{Kern}(A - E) = 1$, *so ist*

$$\lim_{k\to\infty} \frac{1}{k} \sum_{j=0}^{k-1} A^j = \begin{pmatrix} \frac{1}{n} & \frac{1}{n} & \cdots & \frac{1}{n} \\ \vdots & \vdots & & \vdots \\ \frac{1}{n} & \frac{1}{n} & \cdots & \frac{1}{n} \end{pmatrix}.$$

Beweis. a) Nach 2.4 b) wird durch

$$\|B\|_z = \operatorname*{Max}_j \sum_{k=1}^{n} |b_{jk}| \qquad \text{für} \quad B = (b_{jk})$$

eine Algebrennorm auf $(\mathbb{C})_n$ definiert. Für jede stochastische Matrix A ist dabei $\|A\|_z = 1$. Also folgt die Existenz von

$$P = \lim_{k\to\infty} \frac{1}{k} \sum_{j=0}^{k-1} A^j$$

aus 3.7 a). Da die Potenzen A^j alle stochastisch sind, wie man leicht nachrechnet, ist $\frac{1}{k} \sum_{j=0}^{k-1} A^j$ stochastisch und dann offenbar auch P. Die restlichen Aussagen unter a) stehen in 3.6 a).

b) Setzen wir

$$e = \begin{pmatrix} 1 \\ \vdots \\ 1 \end{pmatrix},$$

so gilt $Ae = e$. Mit 2.8 b) folgt

$$1 \leqslant r(A) \leqslant \|A\|_z = 1,$$

also ist $r(A) = 1$.
c) Dies folgt aus 3.7 b).
d) Sei a ein Eigenwert von A. Nach 3.8 gibt es ein k mit

$$|a - a_{kk}| \leqslant \sum_{j=1, j\neq k}^{n} a_{kj} = 1 - a_{kk}.$$

Also liegt a in dem Kreis mit dem Mittelpunkt $a_{kk} > 0$ und dem Radius $1 - a_{kk}$, welcher den Einheitskreis in 1 von innen berührt. Daraus folgt $a = 1$ oder $|a| < 1$. Also ist 1 einziger Eigenwert von A vom Betrag 1, und nach c) existiert $\lim_{k\to\infty} A^k$.

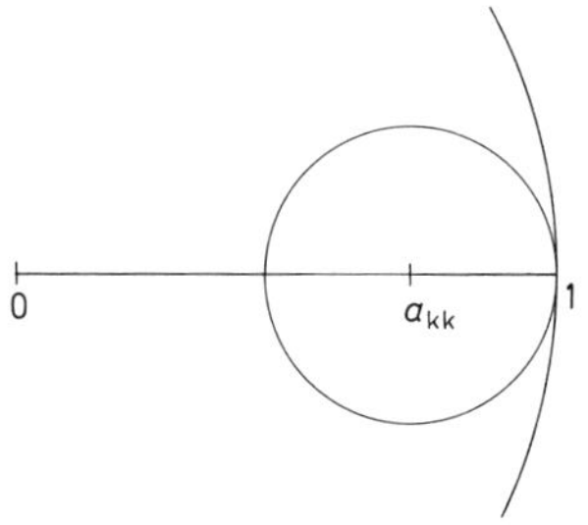

e) Nach a) gilt $PA = P$. Jeder Zeilenvektor $p_j = (p_{j1}, \ldots, p_{jn})$ von P erfüllt daher

$$p_j A = p_j \qquad \text{und} \qquad \sum_{k=1}^{n} p_{jk} = 1.$$

Ist Kern $(A - E)$ eindimensional, so wird dadurch p_j eindeutig bestimmt und alle Zeilen p_j von P sind gleich.
f) Nun ist

$$p_j = (\frac{1}{n}, \ldots, \frac{1}{n})$$

der durch

$$p_j A = p_j \qquad \text{und} \qquad \sum_{k=1}^{n} p_{jk} = 1$$

eindeutig festgelegte Vektor. □

Hauptsatz 3.10 reicht aus, um für zahlreiche stochastische Matrizen A die Berechnung von $\lim_{k\to\infty} A^k$ auf die Lösung von linearen Gleichungen zurückzuführen. Den an diesen Fragen interessierten Leser verweisen wir auf Kapitel IV, wo wir die bisherigen Ergebnisse über stochastische Matrizen ausbauen und auf zahlreiche Beispiele anwenden werden (Kap. IV, § 4 bis 8).

Aufgaben

A 3.1 Sei $\dim \mathfrak{V} < \infty$ und seien $A, P \in \mathrm{Hom}(\mathfrak{V}, \mathfrak{V})$ mit $P^2 = P$ und $AP = PA$. Sei für ein $a \in K$

$$\mathrm{Kern}\, P \geqslant \mathrm{Kern}\,(A - aE).$$

Dann gilt

$$\mathrm{Kern}\, P \geqslant \mathrm{Kern}\,(A - aE)^j \qquad \text{für alle} \quad j = 1, 2, \dots .$$

A 3.2 Sei $\mathfrak{V}$ ein Banachraum von endlicher Dimension und $A \in \mathrm{Hom}(\mathfrak{V}, \mathfrak{V})$ mit $\|A\| \leqslant 1$. Wir setzen

$$P_k = \frac{1}{k} \sum_{j=0}^{k-1} A^j.$$

Man zeige:

a) Aus $v \in \mathrm{Kern}\,(A - E)$ folgt $P_k v = v$.

b) Für $v = (A - E)w$ gilt

$$\|P_k v\| \leqslant \frac{2}{k} \|w\|, \qquad \text{also} \qquad \lim_{k\to\infty} P_k v = 0.$$

c) $\mathrm{Kern}\,(A - E) \cap \mathrm{Bild}\,(A - E) = 0$ und

$$\mathfrak{V} = \mathrm{Kern}\,(A - E) \oplus \mathrm{Bild}\,(A - E).$$

d) $P = \lim_{k\to\infty} P_k$ existiert und ist die Projektion mit $\mathrm{Bild}\, P = \mathrm{Kern}\,(A - E)$ und $\mathrm{Kern}\, P = \mathrm{Bild}\,(A - E)$.
(Diese Beweisanordnung liefert einen von der Jordanschen Normalform unabhängigen Beweis des Ergodensatzes, der für Übertragungen auf Banachräume von unendlicher Dimension besser geeignet ist.)

A 3.3 Sei $\mathfrak{V}$ ein Banachraum von endlicher Dimension über $\mathbb{C}$.
Sei $A \in \mathrm{Hom}(\mathfrak{V}, \mathfrak{V})$ und sei A eine Isometrie von $\mathfrak{V}$, d.h. $\|Av\| = \|v\|$ für alle $v \in \mathfrak{V}$. Dann ist A diagonalisierbar.

(Man zeige dazu: (1) Ist a ein Eigenwert von A, so gilt $|a| = 1$.
(2) Für alle $a \in \mathbb{C}$ mit $|a| = 1$ ist $\|aA\| = 1$.
(3) Es gilt $\operatorname{Kern}(A - aE) = \operatorname{Kern}(A - aE)^n$ für alle a mit $|a| = 1$ und alle n.)

§ 4 Endlichdimensionale Hilberträume[10)]

4.1 Definition Sei $\mathfrak{V}$ ein $\mathbf{K}$-Vektorraum mit $\mathbf{K} = \mathbb{R}$ oder $\mathbf{K} = \mathbb{C}$.
a) Eine Abbildung (,) von $\mathfrak{V} \times \mathfrak{V}$ in $\mathbf{K}$ heißt ein semidefinites Skalarprodukt auf $\mathfrak{V}$, falls gilt:

$$(a_1v_1+a_2v_2, v_3) = a_1(v_1, v_3)+a_2(v_2, v_3) \qquad \text{für alle} \quad v_j \in \mathfrak{V},\ a_j \in \mathbf{K}. \tag{1}$$

$$(v_2, v_1) = \overline{(v_1, v_2)} \qquad \text{für alle} \quad v_j \in \mathfrak{V}. \tag{2}$$

$$(v, v) \geqslant 0 \qquad \text{für alle} \quad v \in \mathfrak{V}. \tag{3}$$

Aus (1) und (2) folgt sofort

$$(v_1, a_2v_2 + a_3v_3) = \overline{a_2}(v_1, v_2) + \overline{a_3}(v_1, v_3). \tag{1'}$$

b) (,) heißt ein definites Skalarprodukt auf $\mathfrak{V}$, falls außer (1) bis (3) noch $(v, v) > 0$ für alle $v \neq 0$ gilt.

4.2 Beispiele. a) Sei $\mathfrak{V} = \mathbf{K}^n$ mit $\mathbf{K} = \mathbb{R}$ oder $\mathbf{K} = \mathbb{C}$. Für $x = (x_1, \ldots, x_n)$ und $y = (y_1, \ldots, y_n)$ setzen wir

$$(x, y) = \sum_{j=1}^{n} x_j\overline{y_j}.$$

Man prüft leicht die Bedingungen (1) und (2) aus 4.1 a) nach. Ferner ist

$$(x, x) = \sum_{j=1}^{n} x_j\overline{x_j} = \sum_{j=1}^{n} |x_j|^2 \geqslant 0,$$

und $(x, x) = 0$ gilt nur für $x_1 = \ldots = x_n = 0$. Also ist (,) ein definites Skalarprodukt auf $\mathbf{K}^n$. Wir nennen es das kanonische Skalarprodukt.

b) Sei $\mathfrak{V} = \mathbb{R}^2$ und seien $v_1 = (x_1, y_1)$ und $v_2 = (x_2, y_2)$ Vektoren aus $\mathfrak{V}$. Schreiben wir

$$x_j = r_j \cos\alpha_j \qquad \text{und} \qquad y_j = r_j \sin\alpha_j \qquad (j = 1, 2),$$

---

10) David Hilbert (1862–1943) Königsberg, Göttingen; Zahlentheorie, Integralgleichungen, Grundlagen der Geometrie, mathematische Logik. Einer der bedeutendsten Mathematiker seiner Zeit.

so folgt mit dem Skalarprodukt aus a)

$$(v_1, v_2) = r_1 r_2(\cos\alpha_1 \cos\alpha_2 + \sin\alpha_1 \sin\alpha_2) = r_1 r_2 \cos(\alpha_1 - \alpha_2).$$

Dabei ist nach dem Satz von Pythagoras

$$r_j = (x_j^2 + y_j^2)^{1/2}$$

die Länge des Vektors $v_j = (x_j, y_j)$ im Sinne der Elementargeometrie und $\alpha_1 - \alpha_2$ ist der von v_1 und v_2 eingeschlossene Winkel. Wir erhalten somit das in der elementaren Vektorrechnung verwendete Skalarprodukt.

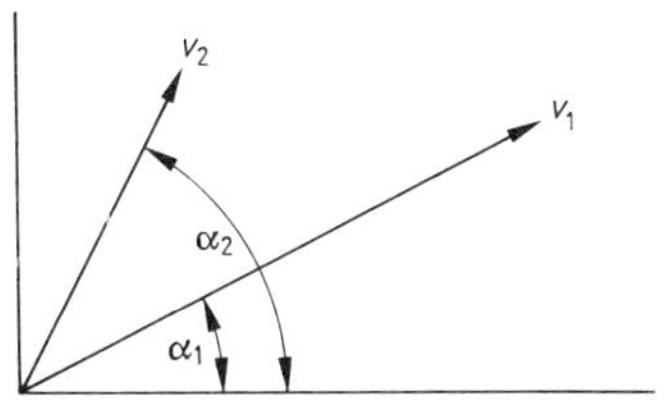

Wir werden diese Überlegung in 4.11 umkehren, um in $\mathbb{R}$-Vektorräumen mit definitem Skalarprodukt Winkel einzuführen.

c) Sei $\mathbf{C}(0,1)$ der $\mathbb{R}$-Vektorraum der auf dem Intervall $[0,1]$ stetigen, reellwertigen Funktionen. Für $f, g \in \mathbf{C}(0,1)$ setzen wir

$$(f, g) = \int_0^1 f(t)g(t)\,dt.$$

Die Bedingungen (1) und (2) aus 4.1 a) sind offenbar erfüllt. Ferner gilt für alle $0 \neq f \in \mathbf{C}(0,1)$

$$(f, f) = \int_0^1 f(t)^2\,dt > 0$$

(siehe 1.2 d)). Also ist $(\ ,\ )$ ein definites Skalarprodukt auf $\mathbf{C}(0,1)$.

4.3 Hauptsatz. (Schwarzsche[11)] Ungleichung).
a) *Sei* $\mathfrak{V}$ *ein Vektorraum mit semidefinitem Skalarprodukt* $(\ ,\ )$. *Für alle* $v_1, v_2 \in \mathfrak{V}$ *gilt dann*

$$|(v_1, v_2)|^2 \leqslant (v_1, v_1)(v_2, v_2).$$

b) *Sei* $\mathfrak{V}$ *ein Vektorraum mit definitem Skalarprodukt* $(\ ,\ )$. *Genau dann gilt*

$$|(v_1, v_2)|^2 = (v_1, v_1)(v_2, v_2),$$

wenn v_1 *und* v_2 *linear abhängig sind.*

---

11) Hermann Amandus Schwarz (1843–1921) Berlin; Funktionentheorie, Differentialgeometrie, Differentialgleichungen, Variationsrechnung.

Beweis. a) Sei zuerst $(v_2, v_2) > 0$. Mit

$$a = -\frac{(v_1, v_2)}{(v_2, v_2)}$$

gilt dann

$$\begin{aligned} 0 &\leqslant (v_1 + av_2, v_1 + av_2) = (v_1, v_1) + a(v_2, v_1) + \overline{a}(v_1, v_2) + a\overline{a}(v_2, v_2) \\ &= (v_1, v_1) - 2\frac{|(v_1, v_2)|^2}{(v_2, v_2)} + \frac{|(v_1, v_2)|^2}{(v_2, v_2)} \\ &= \frac{(v_1, v_1)(v_2, v_2) - |(v_1, v_2)|^2}{(v_2, v_2)}. \end{aligned}$$

Daraus folgt die Behauptung.

Ist $(v_1, v_1) > 0$, so betrachte man analog

$$0 \leqslant (bv_1 + v_2, bv_1 + v_2) \qquad \text{mit} \qquad b = -\frac{(v_2, v_1)}{(v_1, v_1)}.$$

Sei schließlich $(v_1, v_1) = (v_2, v_2) = 0$. Dann gilt für alle $c \in \mathbf{K}$

$$0 \leqslant (v_1 + cv_2, v_1 + cv_2) = c(v_2, v_1) + \overline{c}(v_1, v_2) = 2\,\mathrm{Re}\,\overline{c}(v_1, v_2).$$

Wäre $(v_1, v_2) \neq 0$, so könnten wir c so wählen, daß $\overline{c}(v_1, v_2) = -1$ gilt und hätten einen Widerspruch. Also ist $(v_1, v_2) = 0$.

b) Seien zuerst v_1 und v_2 linear abhängig, etwa $v_1 = bv_2$ mit $b \in \mathbf{K}$. Dann ist

$$(v_1, v_1) = b\overline{b}(v_2, v_2) = |b|^2(v_2, v_2)$$

und

$$|(v_1, v_2)|^2 = |b(v_2, v_2)|^2 = |b|^2(v_2, v_2)^2 = (v_1, v_1)(v_2, v_2).$$

Sei umgekehrt

$$|(v_1, v_2)|^2 = (v_1, v_1)(v_2, v_2).$$

Ist $v_2 = 0$, so sind v_1 und v_2 trivialerweise linear abhängig. Ist $v_2 \neq 0$, so gilt mit

$$a = -\frac{(v_1, v_2)}{(v_2, v_2)}$$

nach der Rechnung unter a)

$$(v_1 + av_2, v_1 + av_2) = \frac{(v_1, v_1)(v_2, v_2) - |(v_1, v_2)|^2}{(v_2, v_2)} = 0.$$

Da $(\ ,\ )$ definit ist, folgt $v_1 + av_2 = 0$. □

4.4 Beispiele. a) Die Anwendung von 4.3 auf den Raum $\mathbb{C}^n$ mit dem definiten Skalarprodukt aus 4.2a) liefert die Ungleichung

$$\left|\sum_{j=1}^{n} x_j \overline{y_j}\right|^2 \leqslant (\sum_{j=1}^{n} |x_j|^2)(\sum_{j=1}^{n} |y_j|^2),$$

wobei Gleichheit genau dann gilt, wenn $(x_1, \ldots, x_n)$ und $(y_1, \ldots, y_n)$ linear abhängig sind. Diese Ungleichung ist der Fall $p = q = 2$ von 1.3 b). Sie wird – je nach der Nationalität des Zitierenden – nach Schwarz, Cauchy oder Bunjakowski[12)] benannt.
b) Wenden wir 4.3 auf das Beispiel 4.2 ċ) an, so erhalten wir

$$\left|\int_0^1 f(t)g(t)\,dt\right|^2 \leqslant \int_0^1 f(t)^2\,dt \int_0^1 g(t)^2\,dt$$

für alle auf $[0, 1]$ stetigen, reellwertigen Funktionen f und g. Dabei gilt Gleichheit genau dann, wenn f und g linear abhängig sind. (Dies ist eine der in 1.5 b) erwähnten Ungleichungen für Integrale.)

4.5 Satz. *Sei* $\mathfrak{V}$ *ein Vektorraum mit definitem Skalarprodukt* (,). *Dann ist* $\|\cdot\|$ *mit*

$$\|v\| = \sqrt[2]{(v, v)} \qquad \textit{(nichtnegative Quadratwurzel)}$$

eine Norm auf $\mathfrak{V}$. *Dabei gilt*

$$\|v_1 + v_2\| = \|v_1\| + \|v_2\|$$

genau dann, wenn $v_1 = bv_2$ *oder* $v_2 = bv_1$ *mit* $0 \leqslant b \in \mathbb{R}$ *gilt.*

Beweis. Offenbar gilt $\|v\| \geqslant 0$, und für $a \in \mathbf{K}$ ist

$$\|av\| = \sqrt[2]{(av, av)} = \sqrt[2]{a\overline{a}(v, v)} = |a|\,\|v\|.$$

Nachzuweisen bleibt von den Forderungen aus 1.1 also noch die Dreiecksungleichung. Wegen 4.3 gilt

$$|(v_1, v_2)| \leqslant \|v_1\|\,\|v_2\|$$

---

12) Viktor Jakowlewitsch Bunjakowski (1804–1889) Petersburg; Wahrscheinlichkeitsrechnung, Zahlentheorie.

und daher

$$\begin{aligned}\|v_1+v_2\|^2 &= (v_1+v_2, v_1+v_2) = (v_1,v_1)+(v_1,v_2)+(v_2,v_1)+(v_2,v_2)\\ &= (v_1,v_1)+2\operatorname{Re}(v_1,v_2)+(v_2,v_2)\\ &\leqslant (v_1,v_1)+2|(v_1,v_2)|+(v_2,v_2)\\ &\leqslant \|v_1\|^2+2\|v_1\|\,\|v_2\|+\|v_2\|^2 = (\|v_1\|+\|v_2\|)^2.\end{aligned}$$

Das Gleichheitszeichen tritt genau dann ein, wenn

$$\operatorname{Re}(v_1,v_2) = |(v_1,v_2)| = \|v_1\|\,\|v_2\|$$

gilt. Daraus folgt nach 4.3 etwa $v_1 = bv_2$ (oder $v_2 = bv_1$) mit $b \in \mathbf{K}$. Dabei ist

$$|b|(v_2,v_2) = |(bv_2,v_2)| = |(v_1,v_2)| = \operatorname{Re}(v_1,v_2) = \operatorname{Re} b(v_2,v_2).$$

Ist $v_2 \neq 0$, so erzwingt dies $|b| = \operatorname{Re} b$, also $0 \leqslant b \in \mathbb{R}$. Für $v_2 = 0$ ist $v_2 = 0v_1$ erfüllt. □

4.6 Definition. Sei $\mathfrak{V}$ ein Vektorraum über $\mathbb{R}$ oder $\mathbb{C}$ mit definitem Skalarprodukt $(\ ,\ )$. Ist $\mathfrak{V}$ vollständig bezüglich der in 4.5 eingeführten Norm, so heißt $\mathfrak{V}$ ein Hilbertraum. (Hat $\mathfrak{V}$ endliche Dimension, so ist $\mathfrak{V}$ nach 1.11 a) sicher vollständig.)

Der Hilbertraum ist ein grundlegendes Hilfsmittel, um die an endlichdimensionalen Räumen geschulte geometrische Anschauung für Fragen der Analysis fruchtbar zu machen. Wir werden uns jedoch im folgenden meist auf Hilberträume von endlicher Dimension beschränken.

4.7 Satz. a) *Sei $\mathfrak{V}$ ein Vektorraum mit semidefinitem Skalarprodukt $(\ ,\ )$. Setzen wir $(v,v) = \|v\|^2$ für $v \in \mathfrak{V}$, so gilt*

$$\|v_1-v_2\|^2+\|v_1+v_2\|^2 = 2(\|v_1\|^2+\|v_2\|^2)$$

(sog. Parallelogrammgleichung). Ihre elementargeometrische Bedeutung ergibt sich, wenn man beachtet, daß v_1+v_2 und v_2-v_1 die Diagonalen des von v_1 und v_2 aufgespannten Parallelogramms sind.

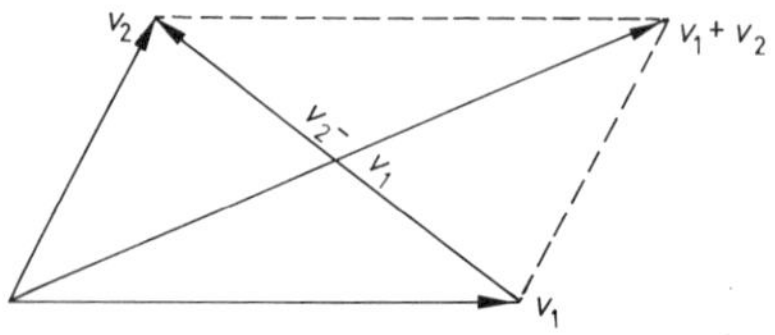

b) *(von Neumann[13]) Sei $\mathfrak{V}$ ein normierter $\mathbb{R}$-Vektorraum mit*

$$\|v_1-v_2\|^2+\|v_1+v_2\|^2 = 2(\|v_1\|^2+\|v_2\|^2)$$

13) John von Neumann (1903–1957) Princeton; Mengenlehre, Operatorenalgebren, Spieltheorie.

für alle $v_1, v_2 \in \mathfrak{V}$. *Dann wird durch die Festsetzung*

$$(v_1, v_2) = \frac{1}{4}(\|v_1 + v_2\|^2 - \|v_1 - v_2\|^2)$$

ein definites Skalarprodukt (,) *auf* $\mathfrak{V}$ *definiert mit*

$$(v, v) = \|v\|^2 \qquad \textit{für alle} \quad v \in \mathfrak{V}.$$

c) *Sei* $\mathfrak{V}$ *ein normierter* $\mathbb{C}$*-Vektorraum mit*

$$\|v_1 - v_2\|^2 + \|v_1 + v_2\|^2 = 2(\|v_1\|^2 + \|v_2\|^2)$$

für alle $v_1, v_2 \in \mathfrak{V}$. *Dann wird durch die Festsetzung*

$$(v_1, v_2) = \frac{1}{4}(\|v_1 + v_2\|^2 - \|v_1 - v_2\|^2 + i\|v_1 + iv_2\|^2 - i\|v_1 - iv_2\|^2)$$

ein definites Skalarprodukt (,) *auf* $\mathfrak{V}$ *definiert mit* $(v, v) = \|v\|^2$ *für alle* $v \in \mathfrak{V}$.

Beweis. a) Es gilt

$$\begin{aligned}\|v_1 - v_2\|^2 + \|v_1 + v_2\|^2 &= (v_1 - v_2, v_1 - v_2) + (v_1 + v_2, v_1 + v_2) \\ &= 2(v_1, v_1) + 2(v_2, v_2) = 2(\|v_1\|^2 + \|v_2\|^2).\end{aligned}$$

b) Offenbar gelten nun

$$(v, v) = \tfrac{1}{4}\|2v\|^2 = \|v\|^2 \geqslant 0 \text{ und } (v, v) = 0 \text{ nur für } v = 0. \tag{1}$$

$$(v_1, 0) = (0, v_2) = 0. \tag{2}$$

$$(v_1, v_2) = (v_2, v_1). \tag{3}$$

Nicht so trivial ist

$$(v_1 + v_2, v_3) = (v_1, v_3) + (v_2, v_3): \tag{4}$$

Es gilt nämlich

$$(v_1, v_3) + (v_2, v_3) = \frac{1}{4}(\|v_1 + v_3\|^2 - \|v_1 - v_3\|^2 + \|v_2 + v_3\|^2 - \|v_2 - v_3\|^2)$$

$$= \frac{1}{4}(\|v_1 + v_3\|^2 + \|v_2 + v_3\|^2) - \frac{1}{4}(\|v_1 - v_3\|^2 + \|v_2 - v_3\|^2)$$

$$= \frac{1}{8}(\|v_1 + v_2 + 2v_3\|^2 + \|v_1 - v_2\|^2) - \frac{1}{8}(\|v_1 + v_2 - 2v_3\|^2 + \|v_1 - v_2\|^2)$$

$$= \frac{1}{2}(\|\frac{1}{2}(v_1 + v_2) + v_3\|^2 - \|\frac{1}{2}(v_1 + v_2) - v_3\|^2) = 2(\frac{1}{2}(v_1 + v_2), v_3).$$

Für $v_2 = 0$ folgt

$$(v_1, v_3) = 2(\frac{1}{2}v_1, v_3).$$

Also ist

$$(v_1, v_3) + (v_2, v_3) = (v_1 + v_2, v_3).$$

Aus (4) und (3) folgt

$$(v_1, v_2 + v_3) = (v_1, v_2) + (v_1, v_3). \tag{5}$$

Wegen

$$0 = (0, v_2) = (v_1 - v_1, v_2) = (v_1, v_2) + (-v_1, v_2)$$

gilt

$$(-v_1, v_2) = -(v_1, v_2). \tag{6}$$

Für alle $n \in \mathbb{Z}$ folgt mit (4), (5), (6) nun

$$(nv_1, v_2) = n(v_1, v_2) = (v_1, nv_2). \tag{7}$$

Für jede rationale Zahl r gilt

$$(rv_1, v_2) = r(v_1, v_2) = (v_1, rv_2) : \tag{8}$$

Sei $r = \frac{m}{n}$ mit $m, n \in \mathbb{Z}$ und $n \neq 0$. Wegen (7) gilt

$$n(\frac{m}{n}v_1, v_2) = (mv_1, v_2) = m(v_1, v_2),$$

also

$$(\frac{m}{n}v_1, v_2) = \frac{m}{n}(v_1, v_2).$$

Ähnlich folgt die restliche Behauptung.
(9) Sei $r \in \mathbb{R}$. Dann gibt es eine Folge (r_j) von rationalen Zahlen r_j mit $r = \lim_{j\to\infty} r_j$. Nun ist

$$\begin{aligned}\lim_{j\to\infty} 4((r_j v_1, v_2) - (rv_1, v_2)) &= \lim_{j\to\infty} 4((r_j - r)v_1, v_2) \qquad \text{(wegen (4))}\\ &= \lim_{j\to\infty} (\|(r_j - r)v_1 + v_2\|^2 - \|(r_j - r)v_1 - v_2\|^2)\\ &= \|\lim_{j\to\infty}((r_j - r)v_1 + v_2)\|^2 - \|\lim_{j\to\infty}((r_j - r)v_1 - v_2\|^2 \text{(wegen 1.7 b))}\\ &= \|v_2\|^2 - \|-v_2\|^2 = 0.\end{aligned}$$

Also gilt

$$\begin{aligned}(rv_1, v_2) &= \lim_{j\to\infty}(r_j v_1, v_2) = \lim_{j\to\infty} r_j(v_1, v_2) \qquad \text{(wegen (8))}\\ &= r(v_1, v_2)\end{aligned}$$

Damit sind alle benötigten Aussagen bewiesen.

c) Wegen $|1 + i| = |1 - i|$ ist nun

$$\begin{aligned}(v, v) &= \frac{1}{4}(\|2v\|^2 + i\|(1 + i)v\|^2 - i\|(1 - i)v\|^2)\\ &= \frac{1}{4}(4\|v\|^2 + i|1 + i|^2\|v\|^2 - i|1 - i|^2\|v\|^2)\\ &= \|v\|^2.\end{aligned} \tag{1}$$

Offenbar gilt wieder

$$(v_1, 0) = (0, v_2) = 0. \tag{2}$$

Ferner ist

$$\begin{aligned}(v_2, v_1) &= \frac{1}{4}(\|v_1 + v_2\|^2 - \|v_2 - v_1\|^2 + i\|v_2 + iv_1\|^2 - i\|v_2 - iv_1\|^2)\\ &= \frac{1}{4}(\|v_1 + v_2\|^2 - \|v_1 - v_2\|^2 + i\|v_1 - iv_2\|^2 - i\|v_1 + iv_2\|^2)\\ &= (\overline{v_1, v_2}).\end{aligned} \tag{3}$$

$$(v_1 + v_2, v_3) = (v_1, v_3) + (v_2, v_3) : \tag{4}$$

Setzen wir

$$[v_1, v_3] = \frac{1}{4}(\|v_1 + v_3\|^2 - \|v_1 - v_3\|^2),$$

so ist

$$(v_1, v_3) = [v_1, v_3] + i[v_1, iv_3].$$

Nach b), Beweisschritt (4) ist [,] additiv bezüglich des ersten Argumentes. Also folgt

$$\begin{aligned}(v_1 + v_2, v_3) &= [v_1, v_3] + [v_2, v_3] + i[v_1, iv_3] + i[v_2, iv_3]\\ &= (v_1, v_3) + (v_2, v_3).\end{aligned}$$

Wie in b) folgen dann die Aussagen (5) bis (9).

$$\begin{aligned}(iv_1, v_2) &= \frac{1}{4}(\|iv_1 + v_2\|^2 - \|iv_1 - v_2\|^2 + i\|iv_1 + iv_2\|^2 - i\|iv_1 - iv_2\|^2)\\ &= \frac{1}{4}(\|v_1 - iv_2\|^2 - \|v_1 + iv_2\|^2 + i\|v_1 + v_2\|^2 - i\|v_1 - v_2\|^2)\\ &= \frac{i}{4}(-i\|v_1 - iv_2\|^2 + i\|v_1 + iv_2\|^2 + \|v_1 + v_2\|^2 - \|v_1 - v_2\|^2)\\ &= i(v_1, v_2).\end{aligned} \tag{10}$$

Aus (9) und (10) folgt schließlich auch

$$(cv_1, v_2) = c(v_1, v_2) \qquad \text{für alle} \quad c \in \mathbb{C}. \tag{11}$$

Somit ist (,) ein definites Skalarprodukt. □

4.8 Bemerkungen. a) Die normierten Räume $\mathfrak{V} = \mathbb{C}^n$ aus 1.4 a) mit

$$\|(x_1, \ldots, x_n)\|_p = (\sum_{j=1}^{n} |x_j|^p)^{1/p}$$

und $1 \leqslant p < \infty$ besitzen für $n \geqslant 2$ und $p \neq 2$ kein definites Skalarprodukt $(\ ,\ )$ mit

$$(v, v) = \|v\|_p^2 \qquad \text{für alle} \quad v \in \mathfrak{V} :$$

Setzen wir nämlich

$$v_1 = (1, 0, \ldots, 0) \qquad \text{und} \qquad v_2 = (0, 1, 0, \ldots, 0),$$

so ist

$$2(\|v_1\|_p^2 + \|v_2\|_p^2) = 2(1 + 1) = 4,$$

aber für $p \neq 2$

$$\|v_1 + v_2\|_p^2 + \|v_1 - v_2\|_p^2 = 2^{2/p} + 2^{2/p} = 2^{1+2/p} \neq 4.$$

Für $p \neq 2$ ist somit die Parallelogrammgleichung 4.7 a) nicht erfüllt.
b) Sei $\mathfrak{V}$ ein normierter Vektorraum. Gibt es zu jedem zweidimensionalen Unterraum $\mathfrak{U}$ von $\mathfrak{V}$ ein definites Skalarprodukt $(\ ,\ )_{\mathfrak{U}}$ auf $\mathfrak{U}$ mit

$$(u, u)_{\mathfrak{U}} = \|u\|^2 \qquad \text{für alle} \quad u \in \mathfrak{U},$$

so gibt es ein definites Skalarprodukt $(\ ,\ )$ auf $\mathfrak{V}$ mit $(v, v) = \|v\|^2$ für alle $v \in \mathfrak{V}$:

Denn in $\mathfrak{U} = \langle v_1, v_2 \rangle$ gilt nach 4.7 a) die Parallelogrammgleichung, also gilt sie für alle $v_1, v_2 \in \mathfrak{V}$. Somit folgt die Behauptung aus 4.7 b) bzw. 4.7 c).

4.9 Definition. Sei $\mathfrak{V}$ ein Vektorraum mit definitem Skalarprodukt.
a) Seien $v_1, v_2 \in \mathfrak{V}$ mit $(v_1, v_2) = 0$. Dann nennen wir v_1 und v_2 orthogonal (senkrecht) zueinander und schreiben mitunter auch $v_1 \perp v_2$. (Zur Motivierung vergleiche man Beispiel 4.2 b).)

Wegen $(v_1, v_2) = (\overline{v_2, v_1})$ ist $v_1 \perp v_2$ gleichwertig mit $v_2 \perp v_1$; Orthogonalität ist also eine symmetrische Relation.
Offenbar gilt $v \perp v$ nur für $v = 0$.
b) Ist $\mathfrak{W}$ eine Teilmenge von $\mathfrak{V}$, so setzen wir

$$\mathfrak{W}^\perp = \{\, v \mid v \in \mathfrak{V}, \quad (v, w) = 0 \ \text{ für alle } \ w \in \mathfrak{W} \,\}.$$

Offenbar ist $\mathfrak{W}$ ein Unterraum von $\mathfrak{V}$, und es gelten $0^\perp = \mathfrak{V}$ und $\mathfrak{V}^\perp = 0$.
c) Sind $\mathfrak{V}_1, \ldots, \mathfrak{V}_m$ Unterräume von $\mathfrak{V}$ mit

$$\mathfrak{V} = \mathfrak{V}_1 + \ldots + \mathfrak{V}_m$$

und gilt $v_j \perp v_k$ für alle $v_j \in \mathfrak{V}_j$, $v_k \in \mathfrak{V}_k$ mit $j \neq k$, so schreiben wir

$$\mathfrak{V} = \mathfrak{V}_1 \perp \ldots \perp \mathfrak{V}_m$$

und nennen $\mathfrak{V}$ die orthogonale Summe der $\mathfrak{V}_j$. Für alle $v_j, v_j' \in \mathfrak{V}_j$ ist dann

$$(v_1 + \ldots + v_m, v_1' + \ldots + v_m') = (v_1, v_1') + \ldots + (v_m, v_m').$$

4.10 Beispiele. a) Sei $\mathbf{C}(0, 2\pi)$ der $\mathbb{R}$-Vektorraum der auf $[0, 2\pi]$ stetigen, reellwertigen Funktionen, versehen mit dem Skalarprodukt (,) mit

$$(f, g) = \int_0^{2\pi} f(t)g(t)\, dt.$$

Einfache Rechnungen zeigen dann

$$(\sin jt, \cos kt) = 0 \qquad \text{für alle } j, k = 0, 1, \ldots$$

$$(\sin jt, \sin kt) = \begin{cases} 0 & \text{für } j \neq k \\ \pi & \text{für } j = k > 0 \end{cases}$$

$$(\cos jt, \cos kt) = \begin{cases} 0 & \text{für } j = k \\ \pi & \text{für } j = k > 0 \\ 2\pi & \text{für } j = k = 0. \end{cases}$$

Also bilden die Funktionen $\cos jt$ $(j \geqslant 0)$, $\sin jt$ $(j > 0)$ ein System von paarweise orthogonalen Elementen aus $\mathbf{C}(0, 2\pi)$.

b) Im $\mathbb{C}$-Vektorraum $\mathbf{C}(-\infty, \infty)$ aller auf der reellen Geraden stetigen, komplexwertigen Funktionen betrachten wir das Erzeugnis $\mathfrak{V}$ aller Funktionn $e^{i\omega t}$ mit reellen ω. Auf $\mathfrak{V}$ definieren wir ein Skalarprodukt (,) durch

$$(f, g) = \lim_{T \to \infty} \frac{1}{2T} \int_{-T}^{T} f(t)\overline{g(t)}\, dt.$$

Bevor wir beweisen, daß dieses Skalarprodukt auf $\mathfrak{V}$ wirklich definit ist, berechnen wir für $\alpha, \beta \in \mathbb{R}$

$$\begin{aligned}(e^{i\alpha t}, e^{i\beta t}) &= \lim_{T \to \infty} \frac{1}{2T} \int_{-T}^{T} e^{i(\alpha - \beta)t}\, dt \\ &= \begin{cases} 1 & \text{für } \alpha = \beta \\ \lim_{T \to \infty} \frac{1}{2T} \frac{e^{i(\alpha-\beta)T} - e^{-i(\alpha-\beta)T}}{i(\alpha-\beta)} & \text{für } \alpha \neq \beta. \end{cases}\end{aligned}$$

Wegen

$$\begin{aligned}\left| \frac{1}{2T} \frac{e^{i(\alpha-\beta)T} - e^{-i(\alpha-\beta)T}}{i(\alpha - \beta)} \right| &\leqslant \frac{1}{2T|\alpha - \beta|} \left(\left|e^{i(\alpha-\beta)T}\right| + \left|e^{-i(\alpha-\beta)T}\right| \right) \\ &= \frac{1}{T|\alpha - \beta|}\end{aligned}$$

folgt

$$(e^{i\alpha t}, e^{i\beta t}) = \begin{cases} 1 & \text{für } \alpha = \beta \\ 0 & \text{für } \alpha \neq \beta. \end{cases}$$

Nun betrachten wir beliebige Funktionen

$$f = \sum_\omega a_\omega e^{i\omega t} \qquad \text{und} \qquad g = \sum_\omega b_\omega e^{i\omega t} \qquad (a_\omega, b_\omega \in \mathbb{C}),$$

wobei jeweils nur über endlich viele reelle ω summiert wird. Dann folgt leicht

$$(f, g) = \sum_\omega a_\omega \overline{b_\omega} \qquad \text{und insbesondere} \qquad (f, f) = \sum_\omega |a_\omega|^2.$$

Dies zeigt, daß $(\ ,\ )$ ein definites Skalarprodukt auf $\mathfrak{V}$ ist, bezüglich dessen die Funktionen $e^{i\omega t} (\omega \in \mathbb{R})$ paarweise orthogonal sind.

Dieses Skalarprodukt spielt eine Rolle in der Theorie der fastperiodischen Funktionen.

4.11 Bemerkung. Sei $\mathfrak{V}$ ein $\mathbb{R}$-Vektorraum mit definitem Skalarprodukt. Seien $0 \neq v_j \in \mathfrak{V}$ $(j = 1, 2)$. Nach 4.3 gilt

$$-1 \leqslant \frac{(v_1, v_2)}{\|v_1\| \, \|v_2\|} \leqslant 1.$$

Also gibt es bekanntlich genau eine reelle Zahl α mit $0 \leqslant \alpha \leqslant \pi$ und

$$\cos \alpha = \frac{(v_1, v_2)}{\|v_1\| \, \|v_2\|}.$$

Wir nennen α den Winkel zwischen v_1 und v_2. Offenbar ist $v_1 \perp v_2$ gleichwertig mit $\alpha = \frac{\pi}{2}$. Nun gilt die Relation

$$(v_1, v_2) = \|v_1\| \, \|v_2\| \cos \alpha,$$

wie in Beispiel 4.2 b). Ferner erhält man

$$\begin{aligned} \|v_1 + v_2\|^2 &= (v_1 + v_2, v_1 + v_2) = (v_1, v_1) + 2(v_1, v_2) + (v_2, v_2) \\ &= \|v_1\|^2 + 2\|v_1\| \, \|v_2\| \cos \alpha + \|v_2\|^2. \end{aligned}$$

Auch dies ist eine aus der euklidischen Geometrie wohlbekannte Aussage (Kosinussatz).

4.12 Hilfssatz. *Sei $\mathfrak{V}$ ein* **K**-*Vektorraum mit definitem Skalarprodukt* $(\ ,\ )$.
a) *Seien* $0 \neq v_j \in \mathfrak{V}$ $(j = 1, \ldots, m)$ *und* $(v_j, v_k) = 0$ *für* $j \neq k$. *Dann sind* $v_1, \ldots, v_m$ *linear unabhängig.*
b) *Seien* $\mathfrak{V}_1, \ldots, \mathfrak{V}_m$ *Unterräume von* $\mathfrak{V}$ *mit* $\mathfrak{V} = \mathfrak{V}_1 \perp \ldots \perp \mathfrak{V}_m$.
Dann gilt $\mathfrak{V} = \mathfrak{V}_1 \oplus \ldots \oplus \mathfrak{V}_m$.

Beweis. a) Sei

$$\sum_{j=1}^{m} a_j v_j = 0$$

mit $a_j \in \mathbf{K}$. Dann folgt

$$0 = (\sum_{j=1}^{m} a_j v_j, v_k) = \sum_{j=1}^{m} a_j (v_j, v_k) = a_k (v_k, v_k).$$

Wegen $v_k \neq 0$ ist $(v_k, v_k) > 0$, also $a_k = 0$. Somit sind $v_1, \dots, v_m$ linear unabhängig.
b) Ist

$$0 = v_1 + \ldots + v_m \qquad \text{mit} \qquad v_j \in \mathfrak{V}_j,$$

so folgt

$$0 = (v_1 + \ldots + v_m, v_k) = (v_k, v_k),$$

also $v_1 = \ldots = v_m = 0$. Da die Bedingung $\mathfrak{V} = \mathfrak{V}_1 + \ldots + \mathfrak{V}_m$ in der Voraussetzung $\mathfrak{V} = \mathfrak{V}_1 \perp \ldots \perp \mathfrak{V}_m$ enthalten ist, gilt $\mathfrak{V} = \mathfrak{V}_1 \oplus \ldots \oplus \mathfrak{V}_m$. □

4.13 Satz. (Orthogonalisierungsverfahren von E. Schmidt[14)]) *Sei $\mathfrak{V}$ ein Vektorraum mit definitem Skalarprodukt (,) und seien $v_1, \dots, v_m$ linear unabhängige Vektoren aus $\mathfrak{V}$. Dann gibt es Vektoren*

$$w_j = \sum_{k=1}^{j} a_{jk} v_k \qquad (j = 1, \dots, m)$$

mit $a_{jj} \neq 0$ und $(w_j, w_k) = \delta_{jk}$. Dabei gilt für $1 \leqslant j \leqslant m$

$$\langle v_1, \dots, v_j \rangle = \langle w_1, \dots, w_j \rangle.$$

Beweis. Wir beginnen die Konstruktion der w_j mit

$$w_1 = \frac{1}{\|v_1\|} v_1.$$

Dann ist $(w_1, w_1) = 1$.

Seien bereits $w_1, \dots, w_{j-1}$ $(j \leqslant m)$ gefunden, welche die gewünschten Eigenschaften haben. Wir versuchen den Ansatz

$$w_j = c(\sum_{k=1}^{j-1} b_k w_k + v_j)$$

14) Erhardt Schmidt (1876–1959) Berlin; Integralgleichungen, Topologie, isoperimetrisches Problem.

mit geeigneten b_k, c aus $\mathbf{K}$. Wegen der Gleichungen

$$w_k = \sum_{r=1}^{k} a_{kr} v_r \qquad \text{für} \quad k < j$$

ist

$$w_j = \sum_{k=1}^{j} a_{jk} v_k$$

mit geeigneten a_{jk} und $a_{jj} = c$. Für $1 \leqslant k \leqslant j-1$ ist gefordert

$$0 = (w_j, w_k) = c(b_k + (v_j, w_k)).$$

Diese Bedingungen erfüllen wir durch $b_k = -(v_j, w_k)$. Wegen

$$v_j \notin \langle v_1, \ldots, v_{j-1} \rangle = \langle w_1, \ldots, w_{j-1} \rangle$$

ist

$$\sum_{k=1}^{j-1} b_k w_k + v_j \neq 0.$$

Daher können wir $c \neq 0$ so bestimmen, daß

$$1 = (w_j, w_j) = c\bar{c}(\sum_{k=1}^{j-1} b_k w_k + v_j, \sum_{k=1}^{j-1} b_k w_k + v_j)$$

gilt. Offenbar ist für $1 \leqslant j \leqslant m$ dann auch

$$\langle v_1, \ldots, v_j \rangle = \langle w_1, \ldots, w_j \rangle. \qquad \square$$

4.14 Hauptsatz. *Sei $\mathfrak{V}$ ein Vektorraum mit definitem Skalarprodukt.*
a) *Ist $\mathfrak{V}$ von endlicher Dimension, so gibt es eine sog. Orthonormalbasis $\{ v_1, \ldots, v_n \}$ von $\mathfrak{V}$ mit $(v_j, v_k) = \delta_{jk}$.*
b) *Ist $\{ v_1, \ldots, v_n \}$ eine Orthonormalbasis von $\mathfrak{V}$ und $v \in \mathfrak{V}$, so gelten*

$$v = \sum_{j=1}^{n} (v, v_j) v_j$$

und

$$(v, v) = \sum_{j=1}^{n} |(v, v_j)|^2$$

(Parsevalsche[15] Gleichung; allgemeiner Satz von Pythagoras).

15) Marc-Antoine Parseval des Chenes (1755–1836) Paris.

c) *Sind* $v_1, \dots, v_m$ *aus* $\mathfrak{V}$ *mit* $(v_j, v_k) = \delta_{jk}$, *so gilt*

$$\operatorname*{Min}_{y_j \in K} (v - \sum_{j=1}^{m} y_j v_j, v - \sum_{j=1}^{m} y_j v_j) = (v, v) - \sum_{j=1}^{m} |(v, v_j)|^2 \geqslant 0;$$

das Minimum wird nur für $y_j = (v, v_j)$ $(j = 1, \dots, m)$ *angenommen. (Besselsche*[16] *Ungleichung).*

Beweis. a) Dies folgt sofort durch Anwendung des Orthogonalisierungsverfahrens aus 4.13 auf eine Basis von $\mathfrak{V}$.
b) Sei $\{ v_1, \dots, v_n \}$ eine Orthonormalbasis von $\mathfrak{V}$ und sei

$$v = \sum_{j=1}^{n} x_j v_j \qquad \text{mit} \quad x_j \in \mathbf{K}.$$

Dann ist

$$(v, v_k) = \sum_{j=1}^{n} x_j (v_j, v_k) = x_k$$

und

$$(v, v) = (\sum_{j=1}^{n} x_j v_j, \sum_{k=1}^{n} x_k v_k) = \sum_{j,k=1}^{n} x_j \overline{x_k} (v_j, v_k) = \sum_{j=1}^{n} |x_j|^2.$$

c) Es gilt

$$\begin{aligned}
&(v - \sum_{j=1}^{m} y_j v_j, v - \sum_{j=1}^{m} y_j v_j) \\
&= (v, v) - \sum_{j=1}^{m} y_j (v_j, v) - \sum_{j=1}^{m} \overline{y_j} (v, v_j) + \sum_{j=1}^{m} |y_j|^2 \\
&= (v, v) - \sum_{j=1}^{m} |(v_j, v)|^2 + \sum_{j=1}^{m} (y_j - (v, v_j))(\overline{y_j} - (\overline{v, v_j})) \\
&= (v, v) - \sum_{j=1}^{m} |(v_j, v)|^2 + \sum_{j=1}^{m} |y_j - (v, v_j)|^2 \geqslant (v, v) - \sum_{j=1}^{m} |(v_j, v)|^2.
\end{aligned}$$

Das letzte Ungleichheitszeichen wird zum Gleichheitszeichen genau für $y_j = (v, v_j)$ $(j = 1, \dots, m)$. □

Zu vorgegebener endlicher Dimension gibt es im wesentlichen nur einen Hilbertraum:

---

16) Friedrich Wilhelm Bessel (1784–1846) Königsberg; Astronom und Physiker.

4.15 Satz. *Seien $\mathfrak{V}$ und $\mathfrak{W}$ Hilberträume über demselben Körper von derselben endlichen Dimension. Dann gibt es einen Isomorphismus* $A \in \operatorname{Hom}(\mathfrak{V}, \mathfrak{W})$ *mit*

$$(Av, Av') = (v, v') \qquad \textit{für alle} \quad v, v' \in \mathfrak{V}.$$

Wir nennen dann A eine Isometrie von $\mathfrak{V}$ auf $\mathfrak{W}$.

Beweis. Sei $\{v_1, \dots, v_n\}$ eine Orthonormalbasis von $\mathfrak{V}$ und $\{w_1, \dots, w_n\}$ eine Orthonormalbasis von $\mathfrak{W}$. Durch die Festsetzung

$$A\Big(\sum_{j=1}^{n} x_j v_j\Big) = \sum_{j=1}^{n} x_j w_j \quad (x_j \in \mathbf{K})$$

wird dann ein Isomorphismus A von $\mathfrak{V}$ auf $\mathfrak{W}$ definiert. Dabei gilt

$$\left(A\sum_{j=1}^{n} x_j v_j, A\sum_{j=1}^{n} y_j v_j\right) = \left(\sum_{j=1}^{n} x_j w_j, \sum_{j=1}^{n} y_j w_j\right) = \sum_{j=1}^{n} x_j \overline{y_j}$$

$$= \left(\sum_{j=1}^{n} x_j v_j, \sum_{j=1}^{n} y_j v_j\right). \qquad \square$$

4.16 Satz. *Sei $\mathfrak{V}$ ein Hilbertraum von endlicher Dimension.*
a) *Ist $\mathfrak{U}$ ein Unterraum von $\mathfrak{V}$ und ist $\mathfrak{U}^\perp$ gemäß 4.9 b) gebildet, so gilt $\mathfrak{V} = \mathfrak{U} \perp \mathfrak{U}^\perp$. Insbesondere ist*

$$\dim \mathfrak{U}^\perp = \dim \mathfrak{V} - \dim \mathfrak{U}.$$

Wir nennen $\mathfrak{U}$ das orthogonale Komplement von $\mathfrak{U}$.
b) *Für jeden Unterraum $\mathfrak{U}$ von $\mathfrak{V}$ gilt $\mathfrak{U}^{\perp\perp} = \mathfrak{U}$.*
c) *Sind $\mathfrak{U}_1$, $\mathfrak{U}_2$ Unterräume von $\mathfrak{V}$, so gilt*

$$(\mathfrak{U}_1 + \mathfrak{U}_2)^\perp = \mathfrak{U}_1^\perp \cap \mathfrak{U}_2^\perp \qquad \textit{und} \qquad (\mathfrak{U}_1 \cap \mathfrak{U}_2)^\perp = \mathfrak{U}_1^\perp + \mathfrak{U}_2^\perp.$$

Beweis. a) Sei $\{v_1, \dots, v_m\}$ eine Basis von $\mathfrak{U}$. Wir ergänzen diese zu einer Basis von $\mathfrak{V}$. Mit dem Orthogonalisierungsverfahren aus 4.13 konstruieren wir dann eine Orthonormalbasis $\{w_1, \dots, w_n\}$ von $\mathfrak{V}$ mit

$$\mathfrak{U} = \langle v_1, \dots, v_m \rangle = \langle w_1, \dots, w_m \rangle.$$

Dann ist

$$\mathfrak{V} = \langle w_1, \dots, w_m \rangle \oplus \langle w_{m+1}, \dots, w_n \rangle$$

mit $\langle w_{m+1}, \dots, w_n \rangle \leqslant \mathfrak{U}^\perp$. Somit gilt

$$\mathfrak{V} = \mathfrak{U} \dot{+} \mathfrak{U}^\perp = \mathfrak{U} \perp \mathfrak{U}^\perp.$$

Daraus folgt mit 4.12 b) $\mathfrak{V} = \mathfrak{U} \oplus \mathfrak{U}^\perp$, also

$$\dim \mathfrak{U}^\perp = \dim \mathfrak{V} - \dim \mathfrak{U}.$$

b) Trivialerweise gilt $\mathfrak{U} \leqslant \mathfrak{U}^{\perp\perp}$. Mit a) folgt

$$\dim \mathfrak{U}^{\perp\perp} = \dim \mathfrak{V} - \dim \mathfrak{U}^\perp = \dim \mathfrak{V} - (\dim \mathfrak{V} - \dim \mathfrak{U}) = \dim \mathfrak{U}.$$

Das zeigt $\mathfrak{U}^{\perp\perp} = \mathfrak{U}$.
c) Die Aussage

$$(\mathfrak{U}_1 + \mathfrak{U}_2)^\perp = \mathfrak{U}_1^\perp \cap \mathfrak{U}_2^\perp$$

folgt sofort aus der Definition. Ferner ist offenbar

$$(\mathfrak{U}_1 \cap \mathfrak{U}_2)^\perp \geqslant \mathfrak{U}_1^\perp + \mathfrak{U}_2^\perp.$$

Schließlich gilt

$$\begin{aligned}\dim(\mathfrak{U}_1^\perp + \mathfrak{U}_2^\perp) &= \dim \mathfrak{U}_1^\perp + \dim \mathfrak{U}_2^\perp - \dim(\mathfrak{U}_1^\perp \cap \mathfrak{U}_2^\perp) \\ &= \dim \mathfrak{U}_1^\perp + \dim \mathfrak{U}_2^\perp - \dim(\mathfrak{U}_1 + \mathfrak{U}_2)^\perp \\ &= \dim \mathfrak{V} - \dim \mathfrak{U}_1 + \dim \mathfrak{V} - \dim \mathfrak{U}_2 \\ &\quad - \dim \mathfrak{V} + \dim(\mathfrak{U}_1 + \mathfrak{U}_2) \\ &= \dim \mathfrak{V} - \dim(\mathfrak{U}_1 \cap \mathfrak{U}_2) = \dim(\mathfrak{U}_1 \cap \mathfrak{U}_2)^\perp.\end{aligned}$$

Insgesamt folgt daher

$$(\mathfrak{U}_1 \cap \mathfrak{U}_2)^\perp = \mathfrak{U}_1^\perp + \mathfrak{U}_2^\perp. \qquad \square$$

4.17 Bericht über Fourierreihen.[17] Aus der mathematischen Physik des 19. Jahrhunderts stammt die Frage, wie weit man allgemeine Schwingungsvorgänge durch eine Überlagerung von harmonischen Schwingungen beschreiben kann. Mathematisch handelt es sich um folgendes Problem:

Sei g eine auf $[0, 2\pi]$ definierte reellwertige Funktion. Wann gibt es reelle Zahlen a_j, b_j mit

$$g(t) = a_0 + \sum_{j=1}^{\infty} (a_j \cos jt + b_j \sin jt)?$$

a) Aus technischen Gründen gehen wir folgendermaßen vor:
Auf $\mathbf{C}(0, 2\pi)$ definieren wir durch

$$(f, g) = \int_0^{2\pi} f(t) g(t)\, dt$$

17) Joseph Fourier (1768–1830) Paris; Theorie der Wärmeleitung, Fouriersche Reihen.

ein definites Skalarprodukt. Setzen wir

$$f_0 = \frac{1}{\sqrt{2\pi}}, \qquad f_{2j+1} = \frac{\cos(j+1)t}{\sqrt{\pi}} \quad (j \geqslant 0), \qquad f_{2j} = \frac{\sin jt}{\sqrt{\pi}} \quad (j > 0),$$

so gilt nach 4.10 a) $(f_j, f_k) = \delta_{jk}$. Wir betrachten sog. trigonometrische Reihen der Gestalt

$$g(t) = \sum_{j=0}^{\infty} a_j f_j(t). \tag{1}$$

Konvergiert diese Reihe gleichmäßig, so ist g stetig und man darf gliedweise integrieren. Das ergibt

$$(g, f_k) = \sum_{j=0}^{\infty} a_j (f_j, f_k) = a_k,$$

also

$$\begin{aligned} a_0 &= \frac{1}{\sqrt{2\pi}} \int_0^{2\pi} g(t)\,dt, \\ a_{2j+1} &= \frac{1}{\sqrt{\pi}} \int_0^{2\pi} g(t)\cos(j+1)t\,dt \qquad (j \geqslant 0), \\ a_{2j} &= \frac{1}{\sqrt{\pi}} \int_0^{2\pi} g(t)\sin jt\,dt \qquad (j \geqslant 1). \end{aligned} \tag{2}$$

Wir nennen die a_j die Fourierkoeffizienten von g und (1) die Fourierreihe von g.
b) Wir kehren diese Betrachtungen nun um: Sei die Funktion g auf $[0, 2\pi]$ vorgegeben, und zwar so, daß die Integrale in (2) existieren (etwa g stückweise stetig in $[0, 2\pi]$). Wir bilden gemäß (2) die Fourierkoeffizienten a_j zu g. Für welche t konvergiert dann die sog. Fourierreihe

$$\sum_{j=0}^{\infty} a_j f_j(t)?$$

Wann konvergiert sie gegen $g(t)$?

Auf diese Fragen gibt es zahlreiche Antworten, von denen wir einige anführen. Wir setzen

$$s_n(t) = \sum_{j=0}^{n} a_j f_j(t).$$

(1) Existiert $\int_0^{2\pi} g(t)^2\,dt$ im Sinne von Lebesque, so gilt

$$\lim_{n\to\infty} \int_0^{2\pi} (g(t) - s_n(t))^2\,dt = 0.$$

Also konvergiert die Folge der s_n im Sinne der Hilbertraumnorm gegen g. Daraus folgt freilich noch nichts über punktweise Konvergenz der Fourierreihe.
(2) Ist g stetig differenzierbar in $[0, 2\pi]$ und $g(0) = g(2\pi)$, so konvergieren die s_n gleichmäßig gegen g.
(3) Ist g von beschränkter Schwankung in einer Umgebung von $t_0 \in (0, 2\pi)$, so konvergieren die $s_n(t_0)$ gegen $g(t_0)$.
(4) Existiert $\int_0^{2\pi} g(t)^2\,dt$ im Sinne von Lebesque, so konvergieren die $s_n(t)$ auf einer Teilmenge von $[0, 2\pi]$ vom vollen Lebesque-Mass 2π gegen $g(t)$. Diese lange gesuchte, sehr tiefliegende Aussage wurde erst 1966 von Carleson bewiesen. Dieser Satz ist bestmöglich, denn die Menge der Divergenzpunkte der Fourierreihe einer stetigen Funktion kann jede Teilmenge von $[0, 2\pi]$ vom Lebesque-Mass 0 sein (J. Kahane, Y. Katznelson 1966). Vor 1966 war nicht einmal bekannt, ob bei stetigem g die Fourierreihe in wenigstens einem Punkte konvergiert!

c) Eine weitere grundlegende Tatsache sei hier noch skizziert:

Sei $\mathbf{L}^2(0, 2\pi)$ der Raum der reellwertigen Funktionen g auf $[0, 2\pi]$, für welche das Lebesque-Integral $\int_0^{2\pi} g(t)^2\,dt$ existiert. (Diese Beschreibung ist nicht ganz exakt; man muß den Faktorraum bilden nach dem Unterraum

$$\{\, g \mid \int_0^{2\pi} g(t)^2\,dt = 0 \,\}$$

der fast überall verschwindenden Funktionen, siehe Aufgabe A 4.1.) Dann ist $\mathbf{L}^2(0, 2\pi)$ ein Hilbertraum bezüglich des Skalarproduktes

$$(f, g) = \int_0^{2\pi} f(t)g(t)\,dt.$$

(Die Vollständigkeit von $\mathbf{L}^2(0, 2\pi)$ ist gar nicht trivial, sie hängt entscheidend von den Eigenschaften des Lebesqueschen Integrals ab! Bei Verwendung des Riemann-Integrales würde man keinen vollständigen Raum erhalten.) Zu jedem g aus $\mathbf{L}^2(0, 2\pi)$ bilden wir gemäß den Formeln (2) die Fourierkoeffizienten a_j. Dann ist die Abbildung F mit

$$Fg = (a_0, a_1, \ldots)$$

eine Isometrie von $L^2(0, 2\pi)$ auf den Hilbertraum

$$l^2 = \{\, (a_0, a_1, \ldots) \mid |a_j \in \mathbb{R}, \sum_{j=0}^{\infty} a_j^2 < \infty \,\}.$$

Insbesondere gilt

$$\int_0^{2\pi} g(t)^2\,dt = \sum_{j=0}^{\infty} a_j^2.$$

Dies ist der berühmte Satz von E. Fischer[18)] und F. Riesz[19)].

Aufgaben

A 4.1 Sei (,) ein semidefinites Skalarprodukt auf $\mathfrak{V}$.

a) $\mathfrak{U} = \{ v \mid v \in \mathfrak{V}, (v, v) = 0 \}$ ist ein Unterraum von $\mathfrak{V}$.

b) Die Festsetzung

$$[v_1 + \mathfrak{U}, v_2 + \mathfrak{U}] = (v_1, v_2)$$

ist wohldefiniert und liefert ein definites Skalarprodukt [,] auf dem Faktorraum $\mathfrak{V}/\mathfrak{U}$.

A 4.2 Sei $\mathfrak{V}$ ein Hilbertraum von endlicher Dimension und $\{ v_1, \dots, v_m \}$ eine Teilmenge von $\mathfrak{V}$ mit $(v_j, v_k) = \delta_{jk}$ für $j, k = 1, \dots, m$. Dann sind folgende Aussagen gleichwertig:

a) $\{ v_1, \dots, v_m \}$ ist eine Orthonormalbasis von $\mathfrak{V}$.

b) Für alle $v \in \mathfrak{V}$ gilt

$$(v, v) = \sum_{j=1}^{m} |(v, v_j)|^2.$$

c) Ist $w \in \mathfrak{V}$ mit $(w, v_j) = 0$ für $j = 1, \dots, m$, so gilt $w = 0$.

A 4.3 Sei $\mathfrak{V}$ ein Hilbertraum der Dimension n und $\{ v_1, \dots, v_n \}$ eine Basis von $\mathfrak{V}$. Dann gibt es genau eine Basis $\{ w_1, \dots, w_n \}$ von $\mathfrak{V}$ mit $(v_j, w_k) = \delta_{jk}$ für $j, k = 1, \dots, n$.

A 4.4 Sei $\mathfrak{V}$ ein Hilbertraum der Dimension n. Dann gibt es eine Basis $\{ v_1, \dots, v_n \}$ von $\mathfrak{V}$ mit

$$(v_j, v_k) = 1 + \delta_{jk} \qquad (j, k = 1, \dots, n).$$

A 4.5 Sei $\mathfrak{V}$ ein Hilbertraum und $\{ v_1, \dots, v_n \}$ eine Orthonormalbasis von $\mathfrak{V}$. Man gebe eine möglichst einfache Orthonormalbasis von $\langle v_1 + v_2 + \dots + v_n \rangle^{\perp}$ an.

A 4.6 Man definiere auf $[-1, 1]$ die Funktionen L_n durch

$$L_n(t) = ((t^2 - 1)^n)^{(n)} \;=\; n\text{-te Ableitung von } (t^2 - 1)^n.$$

---

18) Ernst Fischer (1875–1956) Erlangen; Funktionalanalysis, quadratische Formen.

19) Frederic Riesz (1880–1956) Szeged, Budapest; Funktionalanalysis, Integrationstheorie.

a) L_n ist ein Polynom vom Grad n, das sog. Legendre[20)]-Polynom.

b) Durch partielle Integration beweise man

$$\int_{-1}^{1} L_m(t)L_n(t)\,dt = 0 \qquad \text{für} \quad m \neq n.$$

c) Man berechne

$$\int_{-1}^{1} L_n(t)^2\,dt.$$

A 4.7 Sei $\mathbf{C}(0,1)$ der Vektorraum der auf $[0,1]$ stetigen, reellwertigen Funktionen, versehen mit dem definiten Skalarprodukt $(\ ,\ )$ mit

$$(f,g) = \int_0^1 f(t)g(t)\,dt.$$

a) Man zeige mit Hilfe des Weierstrass-schen[21)] Approximationssatzes, daß aus

$$\int_0^1 f(t)t^n\,dt = 0 \qquad \text{für} \quad n = 0, 1, \ldots$$

und $f \in \mathbf{C}(0,1)$ notwendig $f = 0$ folgt.

b) Sei $\mathfrak{U}$ der Unterraum von $\mathbf{C}(0,1)$, welcher aus allen ganzen rationalen Funktionen besteht. Dann ist $\mathfrak{U}^\perp = 0$, aber $\mathbf{C}(0,1) = \mathfrak{U}^{\perp\perp} > \mathfrak{U}$. (Somit gilt 4.16 bei unendlicher Dimension von $\mathfrak{V}$ nicht immer.)

A 4.8 Sei $\mathfrak{V}$ ein Hilbertraum von endlicher Dimension und $\mathfrak{G}$ eine endliche Untergruppe von $\mathrm{GL}(\mathfrak{V})$.

a) Durch

$$\langle v_1, v_2 \rangle = \frac{1}{|\mathfrak{G}|} \sum_{G \in \mathfrak{G}} (Gv_1, Gv_2)$$

für $v_1, v_2 \in \mathfrak{V}$ wird ein definites Skalarprodukt $\langle\ ,\ \rangle$ auf $\mathfrak{V}$ definiert mit

$$\langle Gv_1, Gv_2 \rangle = \langle v_1, v_2 \rangle \qquad \text{für alle} \quad v_1, v_2 \in \mathfrak{V} \quad \text{und alle} \quad G \in \mathfrak{G}.$$

b) Ist $\mathfrak{U}$ ein Unterraum von $\mathfrak{V}$ mit $G\mathfrak{U} = \mathfrak{U}$ für alle $G \in \mathfrak{G}$, so gilt auch $G\mathfrak{U}^\perp = \mathfrak{U}^\perp$ für alle $G \in \mathfrak{G}$, wobei $\mathfrak{U}^\perp$ das orthogonale Komplement zu $\mathfrak{U}$

20) Adrien Marie Legendre (1752–1833) Paris; Zahlentheorie, elliptische Integrale, Variationsrechnung.

21) Karl Weierstrass (1815–1897) Berlin; Grundlagen der Analysis, Funktionentheorie, Variationsrechnung.

bezüglich $\langle\ ,\ \rangle$ sei. (Dies ist der Satz von Maschke aus der Darstellungstheorie endlicher Gruppen; vgl. I, A 1.13.)

A 4.9 Sei

$$\ell^2 = \{\, (x_1, x_2, \ldots) \mid x_j \in \mathbb{R}, \sum_{j=1}^{\infty} x_j^2 < \infty \,\}.$$

a) ℓ^2 ist ein $\mathbb{R}$-Vektorraum, auf dem durch

$$((x_j)(y_j)) = \sum_{j=1}^{\infty} x_j y_j$$

ein definites Skalarprodukt definiert wird.

b) ℓ^2 ist vollständig.

§ 5 Die adjungierte Abbildung

5.1 Satz *Sei* $\mathfrak{V}$ *ein Hilbertraum von endlicher Dimension über* $\mathbf{K}$ *(*$\mathbf{K} = \mathbb{R}$ *oder* $\mathbf{K} = \mathbb{C}$*) und sei* $f \in \operatorname{Hom}(\mathfrak{V}, \mathbf{K})$. *Dann gibt es genau ein* $w \in \mathfrak{V}$ *mit*

$$f(v) = (v, w) \qquad \textit{für alle} \quad v \in \mathfrak{V}.$$

Beweis. Für $w \in \mathfrak{V}$ definieren wir $f_w \in \operatorname{Hom}(\mathfrak{V}, \mathbf{K})$ durch

$$f_w(v) = (v, w).$$

Offenbar ist $\mathfrak{U} = \{\, f_w \mid w \in \mathfrak{V} \,\}$ ein Unterraum von $\operatorname{Hom}(\mathfrak{V}, \mathbf{K})$. Zum Beweis von $\mathfrak{U} = \operatorname{Hom}(\mathfrak{V}, \mathbf{K})$ reicht der Nachweis von

$$\dim \mathfrak{U} = \dim \operatorname{Hom}(\mathfrak{V}, \mathbf{K}) = \dim \mathfrak{V}.$$

Sei $\{\, w_1, \ldots, w_n \,\}$ eine Basis von $\mathfrak{V}$ und sei $\sum_{j=1}^{n} a_j f_{w_j} = 0$. Dann gilt für alle $v \in \mathfrak{V}$

$$0 = (\sum_{j=1}^{n} a_j f_{w_j})(v) = \sum_{j=1}^{n} a_j (v, w_j) = (v, \sum_{j=1}^{n} \overline{a_j} w_j).$$

Das erzwingt $\sum_{j=1}^{n} \overline{a_j} w_j = 0$, also $a_1 = \ldots = a_n = 0$.

Sei

$$(v, w) = (v, w') \qquad \text{für alle} \quad v \in \mathfrak{V}.$$

Dann gilt mit $v = w - w'$ insbesondere

$$(w - w', w - w') = 0,$$

also $w = w'$. □

Mit Hilfe von 5.1 definieren wir die für alle folgenden Betrachtungen dieses Kapitels grundlegenden adjungierten Abbildungen.

5.2 Hauptsatz. *Seien* $\mathfrak{V}$ *und* $\mathfrak{W}$ *Hilberträume von endlichen Dimensionen über demselben Körper und sei* $A \in \operatorname{Hom}(\mathfrak{V}, \mathfrak{W})$.
a) *Es gibt genau ein* $A^* \in \operatorname{Hom}(\mathfrak{W}, \mathfrak{V})$ *mit*

$$(Av, w) = (v, A^*w) \qquad \textit{für alle} \quad v \in \mathfrak{V}, \; w \in \mathfrak{W}.$$

(Dabei steht links ein Skalarprodukt in $\mathfrak{W}$*, rechts ein Skalarprodukt in* $\mathfrak{V}$*!) Wir nennen* A^* *die Adjungierte von A.*
b) $A^{**} = A$.
c) $\operatorname{Kern} A^* = (\operatorname{Bild} A)^\perp$.
d) $\operatorname{Bild} A^* = (\operatorname{Kern} A)^\perp$ *und* $\operatorname{Rang} A^* = \operatorname{Rang} A$.
e) *Ist A ein Epimorphismus, so ist* A^* *ein Monomorphismus; ist A ein Monomorphismus, so ist* A^* *ein Epimorphismus; ist A ein Isomorphismus, so ist auch* A^* *ein Isomorphismus.*
f) *Für alle* $A, B \in \operatorname{Hom}(\mathfrak{V}, \mathfrak{W})$ *und alle* $c \in \mathbf{K}$ *gilt*

$$(A + B)^* = A^* + B^* \qquad \textit{und} \qquad (cA)^* = \bar{c}A^*.$$

(Nur für $\mathbb{R}$*-Hilberträume ist also die Abbildung von A auf* A^* *linear.)*
g) *Ist* $\mathfrak{X}$ *ein dritter Hilbertraum von endlicher Dimension über demselben Körper, ist* $A \in \operatorname{Hom}(\mathfrak{V}, \mathfrak{W})$ *und* $B \in \operatorname{Hom}(\mathfrak{W}, \mathfrak{X})$*, so gilt*

$$(BA)^* = A^*B^*.$$

Beweis. a) Für festes $w \in \mathfrak{W}$ ist f mit

$$f(v) = (Av, w) \qquad \text{für} \quad v \in \mathfrak{V}$$

ein Element aus $\operatorname{Hom}(\mathfrak{V}, \mathbf{K})$. Also existiert nach 5.1 ein durch w eindeutig bestimmtes $w' \in \mathfrak{V}$ mit

$$(Av, w) = (v, w') \qquad \text{für alle} \quad v \in \mathfrak{V}.$$

Durch $A^*w = w'$ wird daher eine Abbildung A^* von $\mathfrak{W}$ in $\mathfrak{V}$ definiert, und es gilt

$$(Av, w) = (v, A^*w) \qquad \text{für alle} \quad v \in \mathfrak{V}, \; w \in \mathfrak{W}.$$

Wir zeigen, daß A^* eine lineare Abbildung ist:
Für alle $v \in \mathfrak{V}$, $w \in \mathfrak{W}$, $c \in \mathbf{K}$ gilt

$$(v, A^*(cw)) = (Av, cw) = \bar{c}(Av, w) = \bar{c}(v, A^*w) = (v, c(A^*w)).$$

Das zeigt

$$A^*(cw) - c(A^*w) \in \mathfrak{V}^\perp = 0.$$

Für alle $v \in \mathfrak{V}$, $w_1, w_2 \in \mathfrak{W}$ ist ferner

$$\begin{aligned}(v, A^*(w_1 + w_2)) &= (Av, w_1 + w_2) = (Av, w_1) + (Av, w_2) \\ &= (v, A^*w_1) + (v, A^*w_2) = (v, A^*w_1 + A^*w_2).\end{aligned}$$

Daraus folgt

$$A^*(w_1 + w_2) = A^*w_1 + A^*w_2.$$

b) Für alle $v \in \mathfrak{V}$, $w \in \mathfrak{W}$ gilt

$$(Av, w) = (v, A^*w) = \overline{(A^*w, v)} = \overline{(w, A^{**}v)} = (A^{**}v, w).$$

Das zeigt

$$Av - A^{**}v \in \mathfrak{W}^\perp = 0,$$

also $A = A^{**}$.
c) Für $w \in (\operatorname{Bild} A)^\perp$ und alle $v \in \mathfrak{V}$ ist

$$0 = (Av, w) = (v, A^*w).$$

Das zeigt $A^*w \in \mathfrak{V}^\perp = 0$, also $(\operatorname{Bild} A)^\perp \leqslant \operatorname{Kern} A^*$.

Für $w \in \operatorname{Kern} A^*$ und alle $v \in \mathfrak{V}$ ist andererseits

$$0 = (v, A^*w) = (Av, w),$$

also $w \in (\operatorname{Bild} A)^\perp$. Das beweist $\operatorname{Kern} A^* \leqslant (\operatorname{Bild} A)^\perp$. Insgesamt haben wir damit

$$\operatorname{Kern} A^* = (\operatorname{Bild} A)^\perp$$

gezeigt.
d) Wegen $A^{**} = A$ folgt aus c) mit A^* anstelle von A

$$\operatorname{Kern} A = \operatorname{Kern} A^{**} = (\operatorname{Bild} A^*)^\perp.$$

Daher ist wegen 4.16 b)

$$\operatorname{Bild} A^* = (\operatorname{Bild} A^*)^{\perp\perp} = (\operatorname{Kern} A)^\perp.$$

Wir erhalten daraus

$$\begin{aligned}\operatorname{Rang} A^* &= \dim \operatorname{Bild} A^* = \dim(\operatorname{Kern} A)^\perp \\ &= \dim \mathfrak{V} - \dim \operatorname{Kern} A \qquad \text{(siehe 4.16 a))} \\ &= \dim \operatorname{Bild} A = \operatorname{Rang} A.\end{aligned}$$

e) Nach c) ist $\operatorname{Bild} A = \mathfrak{W}$ gleichwertig mit

$$\operatorname{Kern} A^* = (\operatorname{Bild} A)^\perp = \mathfrak{W}^\perp = 0.$$

Analog folgt aus d) die Gleichwertigkeit von Kern $A = 0$ mit Bild $A^* = \mathfrak{V}$.
f) Die Aussagen ergeben sich aus

$$\begin{aligned}(v, (A+B)^*w) &= ((A+B)v, w) = (Av, w) + (Bv, w) \\ &= (v, A^*w) + (v, B^*w) = (v, (A^* + B^*)w)\end{aligned}$$

und

$$(v, (cA)^*w) = ((cA)v, w) = c(Av, w) = c(v, A^*w) = (v, \overline{c}(A^*w))$$

für alle $v \in \mathfrak{V}$, $w \in \mathfrak{W}$.
g) Aus

$$(v, (BA)^*x) = ((BA)v, x) = (Av, B^*x) = (v, A^*B^*x)$$

für alle $v \in \mathfrak{V}$, $x \in \mathfrak{X}$ folgt $(BA)^* = A^*B^*$. □

5.3 Bemerkungen. a) Ist $\mathfrak{V}$ ein Hilbertraum von endlicher Dimension über $\mathbb{R}$, so läßt sich ein mehr begrifflicher Beweis für Satz 5.1 wie folgt geben:

Für jedes $w \in \mathfrak{V}$ definieren wir f_w durch $f_w(v) = (v, w)$. Dann gilt $f_w \in \operatorname{Hom}(\mathfrak{V}, \mathbb{R})$, und die Abbildung T mit $Tw = f_w$ ist eine $\mathbb{R}$-lineare Abbildung von $\mathfrak{V}$ in $\operatorname{Hom}(\mathfrak{V}, \mathbb{R})$. Ist $w \in \operatorname{Kern} T$, so gilt insbesondere

$$0 = f_w(w) = (w, w), \qquad \text{also} \qquad w = 0.$$

Somit ist T ein Monomorphismus, wegen $\dim \mathfrak{V} = \dim \operatorname{Hom}(\mathfrak{V}, \mathbb{R})$ dann sogar ein Isomorphismus.
b) Sei $\mathfrak{V}$ ein $\mathbb{C}$-Vektorraum mit definitem Skalarprodukt (,) und $A \in \operatorname{Hom}(\mathfrak{V}, \mathfrak{V})$. Gilt $(Av, v) = 0$ für alle $v \in \mathfrak{V}$, so ist $A = 0$:

Nach Voraussetzung gilt für alle $v, w \in \mathfrak{V}$ nun

$$0 = (A(v+w), v+w) - (A(v-w), v-w) = 2((Av, w) + (Aw, v))$$

und

$$0 = (A(v+iw), v+iw) - (A(v-iw), v-iw) = 2i((-(Av, w) + (Aw, v)).$$

Zusammen folgt

$$(Av, w) = 0 \qquad \text{für alle} \quad v, w \in \mathfrak{V}$$

und dann $A = 0$.
c) Ist $\mathfrak{V}$ ein $\mathbb{C}$-Hilbertraum von endlicher Dimension und $A \in \operatorname{Hom}(\mathfrak{V}, \mathfrak{V})$, so wird A^* bereits eindeutig festgelegt durch

$$(Av, v) = (v, A^*v) \qquad \text{für alle} \quad v \in \mathfrak{V}:$$

Ist nämlich

$$(Av, v) = (v, Bv) = (v, Cv) \qquad \text{für alle} \quad v \in \mathfrak{V},$$

so folgt

$$0 = \overline{(v,(B-C)v)} = ((B-C)v, v),$$

nach b) also $B = C$.

d) Ist $\mathfrak{V}$ ein $\mathbb{R}$-Hilbertraum, so gilt die Aussage unter c) nicht:

Sei $\{ v_1, v_2 \}$ eine Orthonormalbasis von $\mathfrak{V}$ und sei $A \in \operatorname{Hom}(\mathfrak{V}, \mathfrak{V})$ definiert durch

$$Av_1 = v_2, \qquad Av_2 = -v_1.$$

Für alle $v = x_1v_1 + x_2v_2 \in \mathfrak{V}$ gilt dann

$$(Av, v) = (x_1v_2 - x_2v_1, x_1v_1 + x_2v_2) = x_1x_2 - x_2x_1 = 0 = (v, Av) = (v, 0v).$$

In Wirklichkeit ist in diesem Falle $A^* = -A$, wie man leicht nachprüft.

5.4 Satz. *Sei $\mathfrak{V}$ ein Vektorraum mit definitem Skalarprodukt (,) und seien $v_1, \dots, v_m \in \mathfrak{V}$.*

a) *Dann sind gleichwertig:*

(1) $v_1, \dots, v_m$ *sind linear unabhängig.*

(2) $\det((v_j, v_k))_{j,k=1,\dots,m} > 0$.

(3) $\det((v_j, v_k))_{j,k=1,\dots,m} \neq 0$.

Die Matrix $((v_j, v_k))$ vom Typ (m, m) heißt die Gramsche[22] *Matrix zu $v_1, \dots, v_m$.*

b) *Es gilt*

$$\dim\langle v_1, \dots, v_m\rangle = \operatorname{Rang}((v_j, v_k))_{j,k=1,\dots,m}.$$

Beweis. a) (1) $\Rightarrow$ (2): Sei $\{ w_1, \dots, w_m \}$ eine Orthonormalbasis von $\langle v_1, \dots, v_m\rangle$. Sei

$$v_j = \sum_{r=1}^{m} a_{jr}w_r \qquad (j = 1, \dots, m)$$

mit $a_{jr} \in K$, also $\det(a_{jr}) \neq 0$. Dann ist

$$(v_j, v_k) = (\sum_{r=1}^{m} a_{jr}w_r, \sum_{s=1}^{m} a_{ks}w_s) = \sum_{r,s=1}^{m} a_{jr}\overline{a_{ks}}(w_r, w_s)$$
$$= \sum_{r=1}^{m} a_{jr}\overline{a_{kr}}.$$

Das bedeutet

$$((v_j, v_k)) = (a_{jr})(\overline{a_{jr}})'$$

22) Jörgen Petersen Gram (1850–1916) Orthogonale Funktionensysteme, Versicherungsmathematiker.

und somit

$$\det((v_j, v_k)) = \det(a_{jr}) \det(\overline{a_{jr}})' = \det(a_{jr})\overline{\det(a_{jr})}$$
$$= |\det(a_{jr})|^2 > 0.$$

(2) $\Rightarrow$ (3): Dies ist trivial.

(3) $\Rightarrow$ (1): Sei $\sum\limits_{j=1}^{m} x_j v_j = 0$ mit $x_j \in K$. Dann ist auch für alle $k = 1, \ldots, m$

$$0 = (\sum_{j=1}^{m} x_j v_j, v_k) = \sum_{j=1}^{m} x_j (v_j, v_k).$$

Wegen $\det((v_j, v_k)) \neq 0$ folgt dann $x_1 = \ldots = x_m = 0$, also sind $v_1, \ldots, v_m$ linear unabhängig.

b) Wir setzen $\mathfrak{W} = \langle v_1, \ldots, v_m \rangle$ und können annehmen, daß $\{ v_1, \ldots, v_r \}$ eine Basis von $\mathfrak{W}$ ist. (Dazu beachten wir, daß bei einer Permutation der v_j die Zeilen und Spalten der Gramschen Matrix $((v_j, v_k))$ vertauscht werden, wobei sich der Rang nicht ändert.)

(1) Wir zeigen zuerst

$$\operatorname{Rang}((v_j, v_k)) \leqslant r = \dim \mathfrak{W} :$$

Für $r < k \leqslant m$ gilt

$$v_k = \sum_{j=1}^{r} a_{kj} v_j$$

mit geeigneten $a_{kj} \in \mathbf{K}$. Für $1 \leqslant s \leqslant m$ folgt $(v_s, v_k) = \sum\limits_{j=1}^{r} \overline{a_{kj}} (v_s, v_j)$.

Somit ist die k-te Spalte

$$\begin{pmatrix} (v_1, v_k) \\ \vdots \\ (v_m, v_k) \end{pmatrix}$$

der Gramschen Matrix linear abhängig von den Spalten mit den Nummern 1 bis r. Also hat die Gramsche Matrix $((v_j, v_k))$ höchstens r linear unabhängige Spalten, woraus $\operatorname{Rang}((v_j, v_k)) \leqslant r$ folgt.

(2) Wir zeigen

$$\operatorname{Rang}((v_j; v_k)) \geqslant r :$$

Da $\{ v_1, \ldots, v_r \}$ linear unabhängig sind, gilt nach a)

$$\det((v_j, v_k))_{j,k=1,\ldots r} \neq 0.$$

Also sind die Zeilenabschnitte

$$((v_j, v_1), \ldots, (v_j, v_r))$$

mit $1 \leqslant j \leqslant r$ linear unabhängig. Erst recht sind dann die vollen Zeilen

$$((v_j, v_1), \ldots, (v_j, v_m)) \qquad (1 \leqslant j \leqslant r)$$

der Gramschen Matrix $((v_j, v_k))_{j,k=1,\ldots,m}$ linear unabhängig. Das zeigt

$$\operatorname{Rang}((v_j, v_k)) \geqslant r. \qquad \square$$

Nun können wir die A^* zugeordnete Matrix berechnen:

5.5 Satz. *Sei* $\{ v_1, \ldots, v_m \}$ *eine Basis des Hilbertraumes* $\mathfrak{V}$ *und* $\{ w_1, \ldots, w_n \}$ *eine Basis des Hilbertraumes* $\mathfrak{W}$. *Sei ferner* $A \in \operatorname{Hom}(\mathfrak{V}, \mathfrak{W})$ *und*

$$Av_j = \sum_{k=1}^{n} a_{kj} w_k \qquad (j = 1, \ldots, m),$$

$$A^* w_j = \sum_{k=1}^{m} b_{kj} v_k \qquad (j = 1, \ldots, n).$$

Seien $G = ((v_j, v_k))$ *und* $H = ((w_r, w_s))$ *die zugehörigen Gramschen Matrizen. Dann ist*

$$(b_{rj})' = H(\overline{a_{sk}})G^{-1}.$$

Beweis. Wir haben

$$\begin{aligned} (A^* w_j, v_k) &= \left(\sum_{r=1}^{m} b_{rj} v_r, v_k \right) = \sum_{r=1}^{m} b_{rj} (v_r, v_k) \\ &= (w_j, A^{**} v_k) = (w_j, A v_k) = \left(w_j, \sum_{s=1}^{n} a_{sk} w_s \right) = \sum_{s=1}^{n} \overline{a_{sk}} (w_j, w_s). \end{aligned}$$

Das bedeutet

$$(b_{rj})' G = H(\overline{a_{sk}}).$$

Nach 5.4 ist G invertierbar, also folgt die Behauptung. $\square$

5.6 Satz. *Sei* $\mathfrak{V}$ *ein Hilbertraum von endlicher Dimension und* $A \in \operatorname{Hom}(\mathfrak{V}, \mathfrak{V})$.
a) *Sei* $\{ v_1, \ldots, v_n \}$ *eine Orthonormalbasis von* $\mathfrak{V}$ *und*

$$Av_j = \sum_{k=1}^{n} a_{kj} v_k \qquad (j = 1, \ldots, n).$$

Dann gilt

$$A^* v_j = \sum_{k=1}^{n} \overline{a_{jk}} v_k \qquad (j = 1, \ldots, n).$$

b) *Es gilt* $\det A^* = \overline{\det A}$. *Ist* A *regulär, so ist auch* A^* *regulär und* $(A^*)^{-1} = (A^{-1})^*$.
c) *Ist* $f_A = \sum_{j=0}^{n} c_j x^j$ *das charakteristische Polynom von* A, *so ist* $\overline{f_A} = \sum_{j=0}^{n} \overline{c_j} x^j$ *das charakteristische Polynom von* A^*.
d) *Ist* a *ein Eigenwert von* A *mit der Vielfachheit* m, *so ist* $\overline{a}$ *ein Eigenwert von* A^* *mit derselben Vielfachheit* m.

Beweis. a) In 5.5 ist nun $v_j = w_j$ und $G = H = E$ zu setzen. Das ergibt $b_{kj} = \overline{a_{jk}}$, also

$$A^* v_j = \sum_{k=1}^{n} \overline{a_{jk}} v_k.$$

b) Wegen a) gilt

$$\det A^* = \det(\overline{a_{jk}})' = \overline{\det(a_{jk})} = \overline{\det A}.$$

Ist A invertierbar, so folgt aus

$$E = E^* = (AA^{-1})^* = (A^{-1})^* A^*$$

sofort $(A^*)^{-1} = (A^{-1})^*$.
c) Ist f_{A^*} das charakteristische Polynom von A^*, so gilt nach a)

$$f_{A^*} = \det(xE - (\overline{a_{jk}})') = \det(xE - (\overline{a_{jk}}))' = \overline{\det(xE - (a_{jk}))} = \overline{f_A}$$
$$= \sum_{j=0}^{n} \overline{c_j} x^j.$$

d) Ist a ein Eigenwert von A mit Vielfachheit m, so gilt

$$f_A = (x - a)^m g \qquad \text{mit} \quad g(a) \neq 0.$$

Daraus folgt

$$f_{A^*} = \overline{f_A} = (x - \overline{a})^m \overline{g} \qquad \text{mit} \quad \overline{g}(\overline{a}) = \overline{g(a)} \neq 0.$$

Also ist $\overline{a}$ ein Eigenwert von A^* mit der Vielfachheit m. □

5.7 Beispiel. Sei $\{ v_1, v_2 \}$ eine Orthonormalbasis eines zweidimensionalen Hilbertraumes $\mathfrak{V}$. Sei $A \in \operatorname{Hom}(\mathfrak{V}, \mathfrak{V})$ mit

$$Av_1 = 0, Av_2 = v_1 + v_2.$$

Dann ist

$$A(v_1 + v_2) = v_1 + v_2.$$

Nach 5.6 a) gilt

$$A^* v_1 = A^* v_2 = v_2,$$

also

$$A^*(v_1 - v_2) = 0, \qquad A^* v_2 = v_2.$$

Zwar haben A und A^* dieselben Eigenwerte, aber nicht dieselben Eigenvektoren.

Ist $\mathfrak{V}$ ein Hilbertraum von endlicher Dimension und $A \in \operatorname{Hom}(\mathfrak{V}, \mathfrak{V})$, so sei $\|A\|$ stets die gemäß 2.3 durch

$$\|A\| = \sup_{\|v\| \leqslant 1} \|Av\| = \operatorname*{Max}_{\|v\| \leqslant 1} \|Av\|$$

definierte Algebrennorm. (Das Supremum wird angenommen, da nach 1.16 die Einheitskugel $\mathfrak{E}(\mathfrak{V})$ kompakt und die Abbildung $v \to \|Av\|$ stetig ist.)

5.8 Satz. *Sei* $\mathfrak{V}$ *ein Hilbertraum von endlicher Dimension und* $A \in \operatorname{Hom}(\mathfrak{V}, \mathfrak{V})$. *Dann gilt:*
a) $\|A^*\| = \|A\|$.
b) $\|A\|^2 = \|AA^*\| = \|A^*A\|$.
c) *Ist* $\lim_{j\to\infty} A_j = A$, *so gilt* $\lim_{j\to\infty} A_j^* = A^*$.

Beweis. a) Für $A = 0$ ist $A^* = 0$, also gilt dann die Behauptung. Sei $A \neq 0$, also auch $A^* \neq 0$ und

$$\|A^*\| = \|A^*v\| > 0 \qquad \text{mit} \quad \|v\| = 1.$$

Dann ist

$$\begin{aligned} \|A^*\|^2 &= (A^*v, A^*v) = (AA^*v, v) \\ &\leqslant \|AA^*v\|\,\|v\| \qquad \text{(siehe 4.3)} \\ &\leqslant \|AA^*\|\,\|v\|^2 = \|AA^*\| \leqslant \|A\|\,\|A^*\|. \end{aligned}$$

Das zeigt $\|A^*\| \leqslant \|A\|$. Die Anwendung dieser Aussage auf A^* ergibt

$$\|A\| = \|A^{**}\| \leqslant \|A^*\|,$$

also insgesamt $\|A\| = \|A^*\|$ und $\|A^*\|^2 = \|AA^*\|$.
b) In a) steht bereits

$$\|A\|^2 = \|AA^*\|.$$

Mit A^* anstelle von A folgt daraus auch

$$\|A\|^2 = \|A^*\|^2 = \|A^*A^{**}\| = \|A^*A\|.$$

c) Dies folgt sofort aus

$$\|A^* - A_j^*\| = \|(A - A_j)^*\| = \|A - A_j\|. \qquad \square$$

5.9 Satz. *Sei $\mathfrak{V}$ ein Hilbertraum von endlicher Dimension, sei $A \in \operatorname{Hom}(\mathfrak{V}, \mathfrak{V})$ mit $AA^* = A^*A$. Dann gilt*

$$\|A^n\| = \|A\|^n \qquad \text{für alle} \quad n = 1, 2, \ldots$$

und $r(A) = \|A\|$. (Abbildungen mit $AA^* = A^*A$ heißen normal; wir werden solche Abbildung in § 6 eingehend studieren.)

Beweis. a) Sei zuerst $A = A^*$. Nach 5.8 b) ist dann

$$\|A\|^2 = \|A^*A\| = \|A^2\|.$$

Wegen 5.2 g) gilt für alle $m = 1, 2, \ldots$

$$(A^m)^* = (A^*)^m = A^m.$$

Daher erhalten wir durch Induktion nach n

$$\|A\|^{2^n} = (\|A\|^{2^{n-1}})^2 = \|A^{2^{n-1}}\|^2 = \|A^{2^n}\|.$$

Mit 2.7 a) folgt dann

$$r(A) = \lim_{n\to\infty} \sqrt[2^n]{\|A^{2^n}\|} = \lim_{n\to\infty} \sqrt[2^n]{\|A\|^{2^n}} = \|A\|.$$

Da dies gemäß der Herleitung auch für jedes A^n gilt, folgt schließlich

$$\|A^n\| = r(A^n) = r(A)^n = \|A\|^n.$$

b) Sei nun $AA^* = A^*A$. Sicher gilt $\|A^n\| \leqslant \|A\|^n$. Es folgt

$$\begin{aligned} \|A^n\|^2 &= \|A^n\| \, \|(A^n)^*)\| && \text{(siehe 5.8 a))} \\ &\geqslant \|A^n A^{*n}\| = \|(AA^*)^n\| && \text{(wegen } AA^* = A^*A). \end{aligned}$$

Wegen

$$(AA^*)^* = A^{**}A^* = AA^*$$

folgt mit dem unter a) Bewiesenen

$$\|A^n\|^2 \geqslant \|(AA^*)^n\| = \|AA^*\|^n = \|A\|^{2n} \qquad \text{(siehe 5.8 b))}.$$

Das ergibt $\|A^n\| \geqslant \|A\|^n$, also $\|A^n\| = \|A\|^n$ für alle n. Schließlich folgt mit 2.7 a) dann

$$r(A) = \lim_{n\to\infty} \sqrt[n]{\|A^n\|} = \lim_{n\to\infty} \sqrt[n]{\|A\|^n} = \|A\|. \qquad \square$$

5.10 Satz. *Seien $\mathfrak{V}$ und $\mathfrak{W}$ Hilberträume von endlicher Dimension und $A \in \operatorname{Hom}(\mathfrak{V}, \mathfrak{W})$. Dann gilt*

$$\|A\| = \operatorname*{Max}_{\substack{v\in\mathfrak{V},\ \|v\|\leqslant 1 \\ w\in\mathfrak{W},\ \|w\|\leqslant 1}} |(Av, w)|.$$

Beweis. Nach 4.3 gilt

$$|(Av,w)|^2 \leqslant \|Av\|^2\|w\|^2 \leqslant \|A\|^2\|v\|^2\|w\|^2 \leqslant \|A\|^2$$

für alle $v \in \mathfrak{V}$, $w \in \mathfrak{W}$ mit $\|v\| \leqslant 1$ und $\|w\| \leqslant 1$.
Sei $v_0 \in \mathfrak{V}$ mit $\|v_0\| \leqslant 1$ und $\|A\|^2 = (Av_0, Av_0)$. Wir können offenbar $\|A\| > 0$ annehmen. Setzen wir

$$w_0 = \frac{1}{\|A\|}Av_0,$$

so gilt $\|w_0\| = 1$ und

$$(Av_0, w_0) = \frac{1}{\|A\|}(Av_0, Av_0) = \|A\|.$$

Das zeigt insgesamt

$$\|A\| = \operatorname*{Max}_{\substack{v\in\mathfrak{V},\ \|v\|\leqslant 1\\ w\in\mathfrak{W},\ \|w\|\leqslant 1}} |(Av,w)|. \qquad \square$$

Sei $\mathfrak{U}$ ein Unterraum von $\mathfrak{V}$. Zu jedem Komplement $\mathfrak{W}$ von $\mathfrak{U}$ in $\mathfrak{V}$ gibt es dann genau eine Projektion P mit $\operatorname{Bild} P = \mathfrak{U}$ und $\operatorname{Kern} P = \mathfrak{W}$. Ist nun $\mathfrak{V}$ ein Hilbertraum von endlicher Dimension, so haben wir ein ausgezeichnetes Komplement von $\mathfrak{U}$, nämlich $\mathfrak{U}^\perp$.
Wodurch ist die Projektion P mit $\operatorname{Bild} P = \mathfrak{U}$ und $\operatorname{Kern} P = \mathfrak{U}^\perp$ ausgezeichnet?

5.11 Satz. *Sei $\mathfrak{V}$ ein Hilbertraum von endlicher Dimension, sei $\mathfrak{U}$ ein Unterraum von $\mathfrak{V}$ und $P \in \operatorname{Hom}(\mathfrak{V},\mathfrak{V})$ eine Projektion mit $\operatorname{Bild} P = \mathfrak{U}$. Dann sind gleichwertig:*
a) $\|P\| \leqslant 1$, *also* $\|Pv\| \leqslant \|v\|$ *für alle* $v \in \mathfrak{V}$.
b) $\operatorname{Kern} P = \mathfrak{U}^\perp = (\operatorname{Bild} P)^\perp$.
c) $P = P^*$, *d.h. P ist hermitesch (siehe Definition 6.1 b)).*

Beweis. a) $\Rightarrow$ b): Wegen

$$\mathfrak{V} = \mathfrak{U}\perp\mathfrak{U}^\perp = \operatorname{Bild} P \oplus \operatorname{Kern} P$$

ist $\dim\mathfrak{U}^\perp = \dim\operatorname{Kern} P$. Angenommen, es wäre $\mathfrak{U}^\perp \neq \operatorname{Kern} P$. Dann gibt es ein $v \in \operatorname{Kern} P$ mit $(v,v) = 1$ und ein $w = Pw \in \operatorname{Bild} P = \mathfrak{U}$ mit $(v,w) = 1$. Es folgt

$$\begin{aligned}(v-2w, v-2w) &= (v,v) - 2(v,w) - 2(w,v) + 4(w,w)\\ &= 1 - 4 + 4(w,w)\\ &< 4(w,w) = (P(v-2w), P(v-2w)).\end{aligned}$$

Das widerspricht der Annahme $\|P\| \leqslant 1$. Also gilt doch $\operatorname{Kern} P = \mathfrak{U}^\perp$.
b) $\Rightarrow$ c): Sei

$$v = v_1 + v_2 \qquad \text{und} \qquad w = w_1 + w_2$$

mit $v_1, w_1 \in \operatorname{Kern} P$ und $v_2, w_2 \in \operatorname{Bild} P$. Dann ist

$$(Pv, w) = (v_2, w_1 + w_2) = (v_2, w_2) = (v_1 + v_2, w_2) = (v, Pw).$$

Da dies für alle $v, w \in \mathfrak{V}$ gilt, folgt $P^* = P$.
c) $\Rightarrow$ a): Ist $P = P^*$, so folgt

$$\|Pv\|^2 = (Pv, Pv) = (v, P^*Pv) = (v, P^2v) = (v, Pv) \leqslant \|v\| \, \|Pv\|$$

(siehe 4.3).

Also gilt $\|Pv\| \leqslant \|v\|$. □

5.12 Satz. *Sei* $\mathfrak{V}$ *ein endlichdimensionaler Hilbertraum und seien* $P_j \in \operatorname{Hom}(\mathfrak{V}, \mathfrak{V})$ $(j = 1, 2)$ *mit* $P_j = P_j^2 = P_j^*$.
a) *Genau dann ist* $P_1 + P_2$ *eine Projektion, wenn* $P_1P_2 = 0$ *gilt. (Dann ist auch* $P_2P_1 = 0$.*)*
b) *Ist* $P_1P_2 = 0$, *so gilt*

$$\operatorname{Bild}(P_1 + P_2) = \operatorname{Bild} P_1 + \operatorname{Bild} P_2,$$

$$\operatorname{Kern}(P_1 + P_2) = \operatorname{Kern} P_1 \cap \operatorname{Kern} P_2.$$

c) *Genau dann ist* $P_1P_2 = 0$, *wenn* Bild P_1 *und* Bild P_2 *zueinander orthogonal sind.*

Beweis. a) Es gilt

$$(P_1 + P_2)^2 = P_1^2 + P_1P_2 + P_2P_1 + P_2^2 = P_1 + P_2 + P_1P_2 + P_2P_1.$$

Also ist $P_1 + P_2$ genau dann eine Projektion, wenn

$$P_1P_2 + P_2P_1 = 0$$

gilt. Ist $P_1P_2 = 0$, so ist auch

$$0 = (P_1P_2)^* = P_2^*P_1^* = P_2P_1,$$

und dann ist $P_1 + P_2$ eine Projektion.
Ist $P_1P_2 + P_2P_1 = 0$, so folgt

$$\begin{aligned} P_1P_2 = P_1^2P_2^2 = P_1(P_1P_2)P_2 = -P_1(P_2P_1)P_2 = P_2P_1P_1P_2 = P_2P_1P_2 \\ = -P_1P_2^2 = -P_1P_2, \end{aligned}$$

also $P_1P_2 = 0$.
b) Offenbar gilt

$$\operatorname{Kern} P_1 \cap \operatorname{Kern} P_2 \leqslant \operatorname{Kern}(P_1 + P_2).$$

Sei $v \in \operatorname{Kern}(P_1 + P_2)$. Dann gilt

$$P_1v = P_1(v - P_1v - P_2v) = P_1v - P_1^2v - P_1P_2v = 0,$$

also $v \in \operatorname{Kern} P_1$. Analog folgt wegen $P_2 P_1 = 0$ auch

$$P_2 v = P_2(v - P_1 v - P_2 v) = P_2 v - P_2 P_1 v - P_2^2 v = 0.$$

Das zeigt

$$\operatorname{Kern}(P_1 + P_2) = \operatorname{Kern} P_1 \cap \operatorname{Kern} P_2.$$

Wegen

$$(P_1 + P_2)^* = P_1^* + P_2^* = P_1 + P_2$$

folgt mit 5.11 nun

$$\begin{aligned} \operatorname{Bild}(P_1 + P_2) &= \operatorname{Kern}(P_1 + P_2)^{\perp} = (\operatorname{Kern} P_1 \cap \operatorname{Kern} P_2)^{\perp} \\ &= (\operatorname{Kern} P_1)^{\perp} + (\operatorname{Kern} P_2)^{\perp} \qquad \text{(siehe 4.16 c))} \\ &= \operatorname{Bild} P_1 + \operatorname{Bild} P_2. \end{aligned}$$

c) $P_1 P_2 = 0$ ist gleichwertig mit

$$\operatorname{Bild} P_2 \leqslant \operatorname{Kern} P_1 = (\operatorname{Bild} P_1)^{\perp}.$$ □

5.13 Satz. *Sei $\mathfrak{V}$ ein Hilbertraum von endlicher Dimension und seien $P_j \in \operatorname{Hom}(\mathfrak{V}, \mathfrak{V})$ $(j = 1, 2)$ mit $P_j = P_j^2 = P_j^*$.*
a) *Genau dann gilt $P_1 P_2 = (P_1 P_2)^*$, wenn $P_1 P_2 = P_2 P_1$.*
b) *Ist $P_1 P_2 = P_2 P_1$, so ist $P_1 P_2$ die Projektion mit*

$$\operatorname{Bild} P_1 P_2 = \operatorname{Bild} P_1 \cap \operatorname{Bild} P_2$$

und

$$\operatorname{Kern} P_1 P_2 = \operatorname{Kern} P_1 + \operatorname{Kern} P_2.$$

c) *Ist $P_1 P_2 = P_2 P_1$, so ist*

$$R = P_1 + P_2 - P_1 P_2$$

die Projektion mit $R = R^*$ und

$$\operatorname{Bild} R = \operatorname{Bild} P_1 + \operatorname{Bild} P_2,$$

$$\operatorname{Kern} R = \operatorname{Kern} P_1 \cap \operatorname{Kern} P_2.$$

Beweis. a) Wegen

$$(P_1 P_2)^* = P_2^* P_1^* = P_2 P_1$$

ist $P_1 P_2 = (P_1 P_2)^*$ gleichwertig mit $P_1 P_2 = P_2 P_1$.
b) Ist $P_1 P_2 = P_2 P_1$, so gilt

$$(P_1 P_2)^2 = P_1^2 P_2^2 = P_1 P_2.$$

Für alle $v \in \mathfrak{V}$ ist nun

$$P_1 P_2 v = P_2 P_1 v \in \operatorname{Bild} P_1 \cap \operatorname{Bild} P_2.$$

Also gilt

$$\operatorname{Bild} P_1 P_2 \leqslant \operatorname{Bild} P_1 \cap \operatorname{Bild} P_2.$$

Sei umgekehrt $v \in \operatorname{Bild} P_1 \cap \operatorname{Bild} P_2$. Dann ist $v = P_1 v = P_2 v$, also auch

$$v = P_1 P_2 v \in \operatorname{Bild} P_1 P_2.$$

Somit gilt

$$\operatorname{Bild} P_1 P_2 = \operatorname{Bild} P_1 \cap \operatorname{Bild} P_2.$$

Wegen $(P_1 P_2)^* = P_1 P_2$ folgt mit 5.11 dann

$$\begin{aligned} \operatorname{Kern} P_1 P_2 &= (\operatorname{Bild} P_1 P_2)^\perp = (\operatorname{Bild} P_1 \cap \operatorname{Bild} P_2)^\perp \\ &= (\operatorname{Bild} P_1)^\perp + (\operatorname{Bild} P_2)^\perp \qquad \text{(siehe 4.16 c))} \\ &= \operatorname{Kern} P_1 + \operatorname{Kern} P_2. \end{aligned}$$

c) Offenbar ist $E - P_j$ eine Projektion mit $(E - P_j)^* = E - P_j$ und

$$\operatorname{Bild}(E - P_j) = \operatorname{Kern} P_j, \qquad \operatorname{Kern}(E - P_j) = \operatorname{Bild} P_j.$$

Da auch $E - P_1$ und $E - P_2$ vertauschbar sind, ist nach b)

$$Q = (E - P_1)(E - P_2) = Q^*$$

eine Projektion. Dann ist auch

$$R = E - Q = P_1 + P_2 - P_1 P_2$$

eine Projektion mit $R = R^*$. Dabei gilt

$$\begin{aligned} \operatorname{Bild} R = \operatorname{Kern} Q &= \operatorname{Kern}(E - P_1) + \operatorname{Kern}(E - P_2) \qquad \text{(nach b))} \\ &= \operatorname{Bild} P_1 + \operatorname{Bild} P_2 \end{aligned}$$

und

$$\begin{aligned} \operatorname{Kern} R = \operatorname{Bild} Q &= \operatorname{Bild}(E - P_1) \cap \operatorname{Bild}(E - P_2) \qquad \text{(nach b))} \\ &= \operatorname{Kern} P_1 \cap \operatorname{Kern} P_2. \end{aligned}$$

□

5.14 Satz. *Sei $\mathfrak{V}$ ein Hilbertraum von endlicher Dimension und seien $P_j \in \operatorname{Hom}(\mathfrak{V}, \mathfrak{V})$ mit $P_j = P_j^2 = P_j^*$ $(j = 1, 2)$. Dann existiert*

$$\lim_{k \to \infty} (P_1 P_2)^k = P,$$

es gilt $P = P^2 = P^*$ und

$$\operatorname{Bild} P = \operatorname{Bild} P_1 \cap \operatorname{Bild} P_2, \qquad \operatorname{Kern} P = \operatorname{Kern} P_1 + \operatorname{Kern} P_2.$$

Beweis. Nach 5.11 gilt $\|P_j\| \leqslant 1$, also auch

$$\|P_1 P_2\| \leqslant \|P_1\| \, \|P_2\| \leqslant 1.$$

Zum Beweis der Existenz von $\lim_{k\to\infty}(P_1P_2)^k$ genügt daher nach 3.7 b) der Nachweis, daß P_1P_2 keinen von 1 verschiedenen Eigenwert vom Betrag 1 hat. Sei also

$$P_1P_2v = av \quad \text{mit} \quad |a| = 1 \quad \text{und} \quad v \neq 0.$$

Wegen $\|P_j\| \leqslant 1$ $(j = 1, 2)$ gilt dann

$$\|P_2v\| \geqslant \|P_1P_2v\| = |a| \, \|v\| = \|v\| \geqslant \|P_2v\|.$$

Also ist $\|P_2v\| = \|v\|$. Sei

$$v = v_1 + v_2 \qquad \text{mit} \quad v_1 \in \operatorname{Bild} P_2, \ v_2 \in \operatorname{Kern} P_2.$$

Dann folgt wegen 5.11

$$(v_1, v_1) = (P_2v, P_2v) = \|P_2v\|^2 = \|v\|^2 = (v_1+v_2, v_1+v_2) = (v_1, v_1)+(v_2, v_2).$$

Das zeigt $v_2 = 0$, also $v \in \operatorname{Bild} P_2$. Dann ergibt sich

$$\|v\| = \|P_1P_2v\| = \|P_1v\|,$$

und wie eben daraus $v = P_1v$. Insgesamt folgt

$$av = P_1P_2v = v, \qquad \text{also} \quad a = 1.$$

Nach 3.6 ist $P = \lim_{k\to\infty}(P_1P_2)^k$ eine Projektion. Wegen

$$\|(P_1P_2)^k\| \leqslant \|P_1P_2\|^k \leqslant 1$$

ist auch $\|P\| \leqslant 1$. Mit 5.11 folgt daher $P = P^*$.
Ist $v \in \operatorname{Bild} P_1 \cap \operatorname{Bild} P_2$, so gilt $v = (P_1P_2)^k v$ für alle k, somit auch $v = Pv$. Sei umgekehrt $v = Pv$. Nach 3.6 ist $P = P_1P_2P$, also

$$v = Pv = P_1P_2Pv = P_1P_2v.$$

Wie oben folgt daraus $v = P_1v = P_2v$. Insgesamt zeigt dies

$$\operatorname{Bild} P = \operatorname{Bild} P_1 \cap \operatorname{Bild} P_2.$$

Wegen $P = P^*$ ist schließlich

$$\begin{aligned}\operatorname{Kern} P &= (\operatorname{Bild} P)^\perp = (\operatorname{Bild} P_1 \cap \operatorname{Bild} P_2)^\perp = (\operatorname{Bild} P_1)^\perp + (\operatorname{Bild} P_2)^\perp \\ &= \operatorname{Kern} P_1 + \operatorname{Kern} P_2.\end{aligned}$$

□

Aufgaben

A 5.1. Sei $\mathfrak{V}$ ein Hilbertraum von endlicher Dimension über $\mathbb{C}$ und $A \in \operatorname{Hom}(\mathfrak{V}, \mathfrak{V})$. Man beweise als Ergänzung von Satz 5.6:

a) Ist m_A das Minimalpolynom von A, so gilt $m_{A^*} = \overline{m_A}$.

b) Für alle $a \in \mathbb{C}$ und alle $j = 1, 2, \dots$ gilt

$$\dim \operatorname{Kern}(A - aE)^j = \dim \operatorname{Kern}(A^* - \overline{a}E)^j.$$

c) Ist

$$\begin{pmatrix} J_1 & & \\ & \ddots & \\ & & J_r \end{pmatrix} \qquad \text{mit} \qquad J_k = \begin{pmatrix} a_k & 1 & \dots & 0 & 0 \\ 0 & a_k & \dots & 0 & 0 \\ \vdots & \vdots & & \vdots & \vdots \\ 0 & 0 & \dots & a_k & 1 \\ 0 & 0 & \dots & 0 & a_k \end{pmatrix}$$

die Jordansche Normalform zu A, so ist

$$\begin{pmatrix} \overline{J_1} & & \\ & \ddots & \\ & & \overline{J_r} \end{pmatrix} \qquad \text{mit} \qquad \overline{J_k} = \begin{pmatrix} \overline{a_k} & 1 & \dots & 0 & 0 \\ 0 & \overline{a_k} & \dots & 0 & 0 \\ \vdots & \vdots & & \vdots & \vdots \\ 0 & 0 & \dots & \overline{a_k} & 1 \\ 0 & 0 & \dots & 0 & \overline{a_k} \end{pmatrix}$$

und $\operatorname{Typ} \overline{J_k} = \operatorname{Typ} J_k$ die Jordansche Normalform zu A^*.

A 5.2. Sei $\mathfrak{V}$ ein Hilbertraum von endlicher Dimension und $P_j \in \operatorname{Hom}(\mathfrak{V}, \mathfrak{V})$ $(j = 1, 2)$ mit $P_j^2 = P_j = P_j^*$. Dann sind gleichwertig:

a) $\|P_1 P_2\| < 1$.

b) $\operatorname{Bild} P_1 \cap \operatorname{Bild} P_2 = 0$.

A 5.3. Die Voraussetzungen über $\mathfrak{V}$ und P_j $(j = 1, 2)$ seien wie in A 5.2. Dann sind gleichwertig:

a) $\|P_1 v\| \leqslant \|P_2 v\|$ für alle $v \in \mathfrak{V}$.

b) $\operatorname{Bild} P_1 \leqslant \operatorname{Bild} P_2$.

c) $P_1 P_2 = P_1$.

d) $P_2 P_1 = P_1$.

e) $P_1 P_2 = P_2 P_1 = P_1$.

f) $(P_1 v, v) \leqslant (P_2 v, v)$ für alle $v \in \mathfrak{V}$.

g) $P_2 - P_1$ ist eine Projektion.

A 5.4. Die Voraussetzungen über $\mathfrak{V}$ und P_j $(j = 1, 2)$ seien wie in A 5.2. Man zeige, daß

$$P = \lim_{k\to\infty} \left(\frac{1}{2}(P_1 + P_2)\right)^k$$

existiert, und daß $P = P^2 = P^*$,

$$\operatorname{Bild} P = \operatorname{Bild} P_1 \cap \operatorname{Bild} P_2, \qquad \operatorname{Kern} P = \operatorname{Kern} P_1 + \operatorname{Kern} P_2$$

gelten.

A 5.5. Sei $\mathfrak{V}$ ein Hilbertraum von endlicher Dimension und $A \in \operatorname{Hom}(\mathfrak{V}, \mathfrak{V})$ mit $\|A\| \leqslant 1$. Dann gelten:

a) $\operatorname{Kern}(A - E) = \{\, v \mid v \in \mathfrak{V},\ (Av, v) = (v, v) \,\}$.

b) $\operatorname{Kern}(A - E) = \operatorname{Kern}(A^* - E)$.

A 5.6. Sei $\mathfrak{V}$ ein Hilbertraum von endlicher Dimension und $A \in \operatorname{Hom}(\mathfrak{V}, \mathfrak{V})$ mit $\|A\| \leqslant 1$. Nach 3.7 existiert dann

$$Q = \lim_{k\to\infty} \frac{1}{k} \sum_{j=0}^{k-1} A^j .$$

Man beweise $Q = Q^*$.

A 5.7. Sei $\mathfrak{V}$ ein Hilbertraum über $\mathbb{R}$ und $\mathfrak{V} = \mathfrak{U}_1 + \mathfrak{U}_2$ mit $\dim \mathfrak{U}_1 = n - 1$ und $\dim \mathfrak{U}_2 = 1$. Sei P die Projektion mit $\operatorname{Bild} P = \mathfrak{U}_1$ und $\operatorname{Kern} P = \mathfrak{U}_2$. Dann gilt $\|P\|^2 = \frac{1}{\cos^2 \alpha}$, wobei α der Winkel zwischen $\mathfrak{U}_2$ und $\mathfrak{U}_1^{\perp}$ ist.
(Sei $\{\, e_1, \ldots, e_n \,\}$ eine Orthonormalbasis von $\mathfrak{V}$ mit $\mathfrak{U}_1 = \langle e_1, \ldots, e_{n-1} \rangle$ und sei $\mathfrak{U}_2 = \langle \sum_{j=1}^{n-1} a_j e_j + e_n \rangle$. Man stelle die Matrix zu P auf und verwende 6.10a) zur Berechnung von $\|P\|$.)

§ 6 Normale, hermitesche und unitäre Abbildungen

In diesem Paragraphen sei stets $\mathfrak{V}$ ein Hilbertraum von endlicher Dimension über $\mathbb{R}$ oder $\mathbb{C}$. Das definite Skalarprodukt auf $\mathfrak{V}$ bezeichnen wir mit $(\ ,\ )$ und setzen $\|v\|^2 = (v, v)$. Ist $A \in \operatorname{Hom}(\mathfrak{V}, \mathfrak{V})$, so sei stets

$$\|A\| = \operatorname*{Max}_{\|v\| \leqslant 1} \|Av\|.$$

6.1 Definition. Sei $A \in \mathrm{Hom}(\mathfrak{V}, \mathfrak{V})$.
a) A heißt normal, wenn $AA^* = A^*A$ gilt.
b) A heißt hermitesch[23], falls $A = A^*$, falls also

$$(Av, w) = (v, Aw) \qquad \text{für alle} \quad v, w \in \mathfrak{V}.$$

c) A heißt unitär, falls $A^*A = E$. Das ist offenbar gleichwertig mit

$$(v, w) = (v, A^*Aw) = (Av, Aw) \qquad \text{für alle} \quad v, w \in \mathfrak{V}.$$

(Offenbar sind hermitesche und unitäre Abbildungen normal.)

Die entsprechenden Definitionen für Matrizen lauten so:

6.2 Definition. Sei $A = (a_{jk}) \in (\mathbb{C})_n$.
a) A heißt normal, falls $A\overline{A}' = \overline{A}'A$; das bedeutet

$$\sum_{r=1}^{n} a_{jr}\overline{a_{kr}} = \sum_{r=1}^{n} \overline{a_{rj}}a_{rk} \qquad \text{für} \quad j, k = 1, \ldots, n.$$

b) A heißt hermitesch, falls $A = \overline{A}'$, d.h. $a_{kj} = \overline{a_{jk}}$ für alle $j, k = 1, \ldots, n$. (Ist $\mathbf{K} = \mathbb{R}$, so nennt man eine solche Matrix auch symmetrisch.)
c) A heißt unitär, falls $A\overline{A}' = E$, d.h.

$$\sum_{r=1}^{n} a_{jr}\overline{a_{kr}} = \delta_{jk} \qquad \text{für} \quad j, k = 1, \ldots, n.$$

Das ist offenbar gleichwertig mit $\overline{A}'A = E$, also mit

$$\sum_{r=1}^{n} \overline{a_{rj}}a_{rk} = \delta_{jk} \qquad (j, k = 1, \ldots, n).$$

Die Definitionen 6.1 und 6.2 sind verträglich:

6.3 Hilfssatz. *Sei $A \in \mathrm{Hom}(\mathfrak{V}, \mathfrak{V})$ und sei $\mathfrak{B}$ eine Orthonormalbasis von $\mathfrak{V}$. Genau dann ist A normal (hermitesch, unitär), wenn die A bezüglich der Basis $\mathfrak{B}$ zugeordnete Matrix im Sinne von 6.2 normal (hermitesch, unitär) ist.*

Beweis. Ist A bezüglich der Basis $\mathfrak{B}$ die Matrix (a_{jk}) zugeordnet, so ist A^* bezüglich $\mathfrak{B}$ nach 5.6 a) die Matrix $(\overline{a_{jk}})'$ zugeordnet. □

Wir wollen die Existenz von Eigenwerten hermitescher Abbildungen ohne Verwendung des Fundamentalsatzes der Algebra beweisen. Dazu zeigen wir zuerst:

---

23) Charles Hermite (1822–1901) Paris; Analysis, Algebra, Zahlentheorie, Transzendenz der Eulerschen Zahl e (1873).

6.4 Hilfssatz. *Sei* $A = A^* \in \operatorname{Hom}(\mathfrak{V}, \mathfrak{V})$. *Dann gilt*

$$\|A\| = \sup_{\|v\| \leqslant 1} |(Av, v)| = \sup_{\|v\|=1} |(Av, v)|.$$

Beweis. Mit der Schwarzschen Ungleichung 4.3 folgt für $\|v\| \leqslant 1$ sofort

$$|(Av, v)| \leqslant \|Av\| \, \|v\| \leqslant \|A\| \, \|v\|^2 \leqslant \|A\|.$$

Wir setzen

$$M = \sup_{\|v\| \leqslant 1} |(Av, v)|.$$

Dann gilt $M \leqslant \|A\|$ und

$$|(Av, v)| \leqslant M\|v\|^2 \qquad \text{für alle} \quad v \in \mathfrak{V}.$$

Wir können offenbar $A \neq 0$ annehmen. Sei v irgendein Vektor mit $Av \neq 0$ und $\|v\| \leqslant 1$. Setzen wir

$$w = \frac{1}{\|Av\|} Av,$$

so ist $\|w\| = 1$. Nun erhalten wir

$$\begin{aligned} 4M &\geqslant M(2\|v\|^2 + 2\|w\|^2) = M(\|v+w\|^2 + \|v-w\|^2) \qquad \text{(siehe 4.7 a))} \\ &\geqslant |(A(v+w), v+w)| + |(A(v-w), v-w)| \\ &\geqslant |(A(v+w), v+w) - (A(v-w), v-w)| = 2|(Av, w) + (Aw, v)| \\ &= 2|(Av, w) + (w, Av)| \qquad \text{(wegen } A^* = A) \\ &= 2\left|(Av, \frac{1}{\|Av\|}Av) + (\frac{1}{\|Av\|}Av, Av)\right| = \frac{4}{\|Av\|}(Av, Av) = 4\|Av\|. \end{aligned}$$

Daraus folgt

$$\|A\| = \sup_{\|v\| \leqslant 1} \|Av\| \leqslant M \leqslant \|A\|.$$

Also ist

$$\|A\| = \sup_{\|v\| \leqslant 1} |(Av, v)|.$$

□

6.5 Satz. *Sei* $A = A^* \in \operatorname{Hom}(\mathfrak{V}, \mathfrak{V})$. *Dann ist wenigstens eine der beiden reellen Zahlen* $\|A\|, -\|A\|$ *ein Eigenwert von* A.

Beweis. Wegen $\dim \mathfrak{V} < \infty$ ist

$$\mathfrak{E}(\mathfrak{V}) = \{\, v \mid v \in \mathfrak{V}, \ \|v\| \leqslant 1 \,\}$$

nach 1.16 kompakt. Die Abbildung f von $\mathfrak{V}$ in $\mathbb{R}$ mit $f(v) = |(Av, v)|$ ist stetig auf $\mathfrak{E}(\mathfrak{V})$:

Da der Absolutbetrag stetig ist, genügt der Nachweis, daß g mit $g(v) = (Av, v)$ stetig ist. Das folgt aus

$$\begin{aligned}|(Av_1, v_1) - (Av_2, v_2)| &= |(Av_1, v_1) - (Av_1, v_2) + (Av_1, v_2) - (Av_2, v_2)|\\ &\leqslant |(Av_1, v_1 - v_2)| + |(A(v_1 - v_2), v_2)|\\ &\leqslant \|A\|\,\|v_1\|\,\|v_1 - v_2\| + \|A\|\,\|v_1 - v_2\|\,\|v_2\|\\ &\leqslant 2\|A\|\,\|v_1 - v_2\|\end{aligned}$$

für $\|v_j\| \leqslant 1$ $(j = 1, 2)$. Also existiert $\operatorname{Max}_{\|v\|\leqslant 1} |(Av, v)|$. Wegen $A = A^*$ gilt nach 6.4

$$\|A\| = \operatorname*{Max}_{\|v\|\leqslant 1} |(Av, v)|.$$

Sei $v_0 \in \mathfrak{V}$ mit $\|v_0\| \leqslant 1$ und $\|A\| = |(Av_0, v_0)|$. Ist $v_0 = 0$, so ist $A = 0$ und die Behauptung ist trivialerweise richtig. Sei also $A \neq 0$ und $v_0 \neq 0$. Wegen

$$(Av_0, v_0) = (v_0, A^* v_0) = (v_0, Av_0) = \overline{(Av_0, v_0)}$$

ist (Av_0, v_0) reell. Somit gilt

$$(Av_0, v_0) = \pm\|A\|.$$

Es folgt

$$\begin{aligned}\|Av_0 - (Av_0, v_0)v_0\|^2 &= (Av_0 - (Av_0, v_0)v_0, Av_0 - (Av_0, v_0)v_0)\\ &= \|Av_0\|^2 - 2(Av_0, v_0)^2 + (Av_0, v_0)^2\|v_0\|^2\\ &\leqslant \|Av_0\|^2 - (Av_0, v_0)^2 \qquad (\text{wegen } \|v_0\| \leqslant 1)\\ &= \|Av_0\|^2 - \|A\|^2 \leqslant 0.\end{aligned}$$

Das erzwingt

$$Av_0 = (Av_0, v_0)v_0 = \pm\|A\|v_0. \qquad \square$$

Dieser Beweis hat den Vorteil, daß er auch bei Hilberträumen von unendlicher Dimension unter geeigneten Voraussetzungen verwendet werden kann. Für das Eigenwertproblem der Integralgleichung

$$\int_0^1 F(x, t)f(t)\,dt = af(x)$$

kann man so bei symmetrischem Kern F mit $F(x, t) = F(t, x)$ und

$$\int_0^1 \int_0^1 |F(x, t)|^2\,dx\,dt < \infty$$

die Existenz eines Eigenwertes $a \in \mathbb{R}$ und einer Eigenfunktion $f \neq 0$ zeigen.

6.6 Hilfssatz. *Sei A eine normale Abbildung aus* $\operatorname{Hom}(\mathfrak{V}, \mathfrak{V})$ *und $\mathfrak{U}$ ein Unterraum von $\mathfrak{V}$ mit $A\mathfrak{U} \leqslant \mathfrak{U}$. Dann gilt:*
a) $A^*\mathfrak{U} \leqslant \mathfrak{U}$.
b) *Ist $v \in \mathfrak{V}$ mit $Av = av$ und $a \in \mathbb{C}$, so gilt $A^*v = \overline{a}v$.*
c) $A\mathfrak{U}^\perp \leqslant \mathfrak{U}^\perp$ *und $A^*\mathfrak{U}^\perp \leqslant \mathfrak{U}^\perp$. (Insbesondere ist A halbeinfach).*
d) *Bezeichnen wir mit $A_\mathfrak{U} \in$* $\operatorname{Hom}(\mathfrak{U}, \mathfrak{U})$ *die Einschränkung von A auf $\mathfrak{U}$, so gilt $(A_\mathfrak{U})^* = (A^*)_\mathfrak{U}$, und $A_\mathfrak{U}$ ist normal.*
e) Ist $Av = av$ und $Aw = bw$ mit $a \neq b\,(a, b \in \mathbb{C})$, so gilt $(v, w) = 0$.

Beweis. a) Sei $\{v_1, \ldots, v_m\}$ eine Orthonormalbasis von $\mathfrak{U}$. Wir ergänzen sie durch eine Orthonormalbasis $\{v_{m+1}, \ldots, v_n\}$ von $\mathfrak{U}^\perp$ zu einer Orthonormalbasis $\{v_1, \ldots, v_n\}$ von $\mathfrak{V}$. Sei

$$Av_j = \sum_{k=1}^{n} a_{kj} v_k \qquad (j = 1, \ldots, n). \tag{1}$$

Wegen $A\mathfrak{U} \leqslant \mathfrak{U}$ gilt dabei

$$a_{kj} = 0 \qquad \text{für} \quad j \leqslant m < k. \tag{2}$$

Nach 5.6 a) ist

$$A^* v_j = \sum_{k=1}^{n} \overline{a_{jk}} v_k. \tag{3}$$

Da A normal ist, gilt für alle $v \in \mathfrak{V}$

$$(Av, Av) = (v, A^*Av) = (v, AA^*v) = (A^*v, A^*v).$$

Damit erhalten wir

$$\begin{aligned}
\sum_{j,k=1}^{m} |a_{kj}|^2 &= \sum_{j=1}^{m} \sum_{k=1}^{n} |a_{kj}|^2 \qquad \text{(wegen (2))} \\
&= \sum_{j=1}^{m} (Av_j, Av_j) = \sum_{j=1}^{m} (A^*v_j, A^*v_j) \\
&= \sum_{j=1}^{m} \sum_{k=1}^{n} |\overline{a_{jk}}|^2 \qquad \text{(wegen (3)).}
\end{aligned}$$

Das zeigt $a_{jk} = 0$ für $j \leqslant m < k$. Also folgt für $j \leqslant m$

$$A^* v_j = \sum_{k=1}^{m} \overline{a_{jk}} v_k \in \mathfrak{U}$$

und somit $A^*\mathfrak{U} \leqslant \mathfrak{U}$.

b) Es gilt

$$(A^*v - \overline{a}v, A^*v - \overline{a}v)$$

$$= (A^*v, A^*v) - (A^*v, \overline{a}v) - (\overline{a}v, A^*v) + |a|^2(v, v)$$

$$= (Av, Av) - a(v, Av) - \overline{a}(Av, v) + |a|^2(v, v)$$

$$= (Av - av, Av - av) = 0.$$

Das zeigt $A^*v = \overline{a}v$.
c) Ist $u \in \mathfrak{U}$ und $v \in \mathfrak{U}^\perp$, so gilt wegen $A^*u \in \mathfrak{U}$

$$(u, Av) = (A^*u, v) = 0.$$

Das beweist $A\mathfrak{U}^\perp \leqslant \mathfrak{U}^\perp$.

Wegen

$$A^*(A^*)^* = A^*A = AA^* = (A^*)^*A^*$$

ist auch A^* normal. Aus $A^*\mathfrak{U} \leqslant \mathfrak{U}$ (siehe a)) folgt daher auch $A^*\mathfrak{U}^\perp \leqslant \mathfrak{U}^\perp$.
d) Für alle $u_1, u_2 \in \mathfrak{U}$ gilt

$$(A_\mathfrak{U}u_1, u_2) = (Au_1, u_2) = (u_1, A^*u_2) = (u_1, (A^*)_\mathfrak{U}u_2).$$

Daraus ersehen wir $(A_\mathfrak{U})^* = (A^*)_\mathfrak{U}$. Wegen

$$A_\mathfrak{U}(A_\mathfrak{U})^* = A_\mathfrak{U}(A^*)_\mathfrak{U} = (AA^*)_\mathfrak{U} = (A^*A)_\mathfrak{U} = (A^*)_\mathfrak{U}A_\mathfrak{U} = (A_\mathfrak{U})^*A_\mathfrak{U}$$

ist auch $A_\mathfrak{U}$ normal.
e) Es gilt

$$a(v, w) = (av, w) = (Av, w) = (v, A^*w) = (v, \overline{b}w) = b(v, w). \qquad \text{(siehe b))}$$

Wegen $a \neq b$ folgt $(v, w) = 0$. □

6.7 Hauptsatz. *Sei $\mathfrak{V}$ ein Hilbertraum von endlicher Dimension über $\mathbb{R}$ oder $\mathbb{C}$ und $A \in \mathrm{Hom}(\mathfrak{V}, \mathfrak{V})$. Dann sind gleichwertig:*
a) *A ist hermitesch.*
b) *Es gibt eine Orthonormalbasis $\{v_1, \dots, v_n\}$ von $\mathfrak{V}$ mit $Av_j = a_jv_j$ und $a_j \in \mathbb{R}$. Insbesondere sind alle Eigenwerte hermitescher Abbildungen reell.*

Beweis. a) ⇒ b): Nach 6.5 gibt es einen reellen Eigenwert a_1 von A. Sei $v_1 \in \mathfrak{V}$ mit $Av_1 = a_1v_1$ und $(v_1, v_1) = 1$. Wegen $A\langle v_1\rangle \leqslant \langle v_1\rangle$ gilt nach 6.6 c) $A\langle v_1\rangle^\perp \leqslant \langle v_1\rangle^\perp$. Die Einschränkung $A_{\langle v_1\rangle^\perp}$ von A auf $\langle v_1\rangle^\perp$ ist wieder hermitesch, denn wegen 6.6 d) gilt

$$(A_{\langle v_1\rangle^\perp})^* = (A^*)_{\langle v_1\rangle^\perp} = A_{\langle v_1\rangle^\perp}.$$

Gemäß einer Induktion nach $\dim \mathfrak{V}$ besitzt $\langle v_1 \rangle^\perp$ eine Orthonormalbasis $\{ v_2, \dots, v_n \}$ mit

$$a_j v_j = A_{\langle v_1 \rangle^\perp} v_j = A v_j$$

und $a_j \in \mathbb{R}$.
b) $\Rightarrow$ a): Nun ist für alle $j, k = 1, \dots, n$

$$\begin{aligned}(A^* v_j - A v_j, v_k) &= (v_j, A v_k) - (A v_j, v_k) = (v_j, a_k v_k) - (a_j v_j, v_k) \\ &= (\overline{a_k} - a_j)\delta_{jk} = (a_k - a_j)\delta_{jk} = 0.\end{aligned}$$

Somit gilt $A^* v_j = A v_j$ für $j = 1, \dots, n$, also $A^* = A$. □

Für $\mathbb{C}$-Hilberträume läßt sich eine weitere Charakterisierung der hermiteschen Abbildungen angeben:

6.8 Satz. *Sei $\mathfrak{V}$ ein Hilbertraum von endlicher Dimension über $\mathbb{C}$ und $A \in \operatorname{Hom}(\mathfrak{V}, \mathfrak{V})$. Dann sind gleichwertig:*
a) *A ist hermitesch.*
b) *(Av, v) ist reell für alle $v \in \mathfrak{V}$.*

Beweis. a) $\Rightarrow$ b): Das folgt sofort aus

$$(Av, v) = (v, A^* v) = (v, Av) = \overline{(Av, v)}.$$

b) $\Rightarrow$ a): Für alle $v, w \in \mathfrak{V}$ gilt nun

$$(A(v+w), v+w) - (Av, v) - (Aw, w) = (Av, w) + (Aw, v) \in \mathbb{R}$$

und

$$(A(v+iw), v+iw) - (Av, v) - (Aw, w) = i\{ (Aw, v) - (Av, w) \} \in \mathbb{R}.$$

Daraus folgt

$$\operatorname{Im}(Aw, v) = -\operatorname{Im}(Av, w) \qquad \text{und} \qquad \operatorname{Re}(Aw, v) = \operatorname{Re}(Av, w),$$

also

$$(Av, w) = \overline{(Aw, v)} = (v, Aw).$$

Da dies für alle $v, w \in \mathfrak{V}$ gilt, ist A hermitesch. □

6.9 Satz. *Sei $A = A^* \in \operatorname{Hom}(\mathfrak{V}, \mathfrak{V})$ und seien $a_1 \geqslant \dots \geqslant a_n$ (mit $n = \dim \mathfrak{V}$) die nach 6.7 reellen Eigenwerte von A. Dann ist die Menge*

$$\mathbf{W}(A) = \{ (Av, v) \mid v \in \mathfrak{V},\ \|v\| = 1 \}$$

das abgeschlossene Intervall $[a_n, a_1]$. Insbesondere gilt

$$a_n = \operatorname*{Min}_{\|v\|=1} (Av, v) \qquad \textit{und} \qquad a_1 = \operatorname*{Max}_{\|v\|=1} (Av, v).$$

Ferner ist

$$r(A) = \operatorname{Max}\{\,|a_1|, |a_n|\,\} = \|A\| = \operatorname*{Max}_{\|v\|=1} |(Av, v)|.$$

Beweis. Sei gemäß Hauptsatz 6.7 $\{\,v_1, \ldots, v_n\,\}$ eine Orthonormalbasis von $\mathfrak{V}$ mit

$$Av_j = a_j v_j \qquad \text{und} \qquad a_j \in \mathbb{R}.$$

Sei

$$v = \sum_{j=1}^{n} x_j v_j \in \mathfrak{V}$$

mit

$$1 = (v, v) = \sum_{j=1}^{n} |x_j|^2.$$

Dann ist

$$(Av, v) = (\sum_{j=1}^{n} x_j a_j v_j, \sum_{j=1}^{n} x_j v_j) = \sum_{j=1}^{n} a_j |x_j|^2.$$

Dabei gilt

$$a_n = a_n \sum_{j=1}^{n} |x_j|^2 \leqslant \sum_{j=1}^{n} a_j |x_j|^2 = (Av, v) \leqslant a_1 \sum_{j=1}^{n} |x_j|^2 = a_1.$$

Somit ist $\mathbf{W}(A) \subseteq [a_n, a_1]$.

Sei o.B.d.A. $a_n < a_1$ und $a_n \leqslant b \leqslant a_1$. Setzen wir

$$c = \sqrt[2]{\frac{a_1 - b}{a_1 - a_n}},$$

so ist $0 \leqslant c \leqslant 1$. Für

$$v = \sqrt[2]{1 - c^2}\, v_1 + c v_n$$

ist dann

$$(v, v) = 1 - c^2 + c^2 = 1$$

und

$$\begin{aligned}(Av, v) &= (\sqrt[2]{1 - c^2}\, a_1 v_1 + c a_n v_n,\ \sqrt[2]{1 - c^2}\, v_1 + c v_n)\\ &= (1 - c^2) a_1 + c^2 a_n = b.\end{aligned}$$

Also ist $\mathbf{W}(A)$ das volle Intervall $[a_n, a_1]$. Mit 5.9 folgt $r(A) = \|A\|$ und mit 6.4

$$\|A\| = \operatorname*{Max}_{\|v\|=1} |(Av, v)| = \operatorname{Max}\{\, |a_1|, |a_n|\,\}. \qquad \square$$

Die Menge $\mathbf{W}(A)$ heißt der numerische Wertebereich von A. Für beliebige lineare Abbildungen hat sie überraschende Eigenschaften. Wir kommen darauf in § 10 zurück.

Wir können jetzt § 2 ergänzen, indem wir Abschätzungen von

$$\|A\| = \operatorname*{Max}_{\|v\|\leqslant 1} \|Av\|$$

angeben.

6.10 Satz. *Sei* $A \in \operatorname{Hom}(\mathfrak{V}, \mathfrak{V})$. *Sei* $\{\, v_1, \ldots, v_n \,\}$ *eine Orthonormalbasis von* $\mathfrak{V}$ *und*

$$Av_j = \sum_{k=1}^{n} a_{kj} v_k \qquad (j = 1, \ldots, n).$$

Wir setzen $\|A\| = \operatorname{Max}_{\|v\|=1} \|Av\|$ *und*

$$\|A\|_2 = \Big(\sum_{j,k=1}^{n} |a_{jk}|^2\Big)^{1/2} \qquad \textit{(siehe 2.5)}$$

a) $\|A\|^2$ *ist der maximale Eigenwert der hermiteschen Abbildung* A^*A.
b) *Es gilt* $\|A\|_2^2 = \operatorname{Spur} A^*A$, *und dies ist unabhängig von der verwendeten Orthonormalbasis* $\{\, v_1, \ldots, v_n \,\}$.
c) *Es gilt*

$$\frac{1}{\sqrt{n}}\|A\|_2 \leqslant \|A\| \leqslant \|A\|_2 \qquad \textit{(vgl. 1.9)}.$$

d) *Genau dann ist* $\|A\| = \|A\|_2$, *wenn* $\operatorname{Rang} A \leqslant 1$ *gilt*.
e) *Genau dann ist* $\|A\| = \frac{1}{\sqrt{n}}\|A\|_2$, *wenn* $A = cU$ *mit* $0 \leqslant c \in \mathbb{R}$ *und einer unitären Abbildung* U *gilt*.

Beweis. a) Es gilt

$$\|A\|^2 = \operatorname*{Max}_{\|v\|=1}(Av, Av) = \operatorname*{Max}_{\|v\|=1}(A^*Av, v).$$

Wegen

$$(A^*A)^* = A^*A^{**} = A^*A$$

ist $\|A\|^2$ nach 6.9 der maximale Eigenwert der hermiteschen Abbildung A^*A.

(Man beachte, daß aus $A^*Aw = aw$ die Aussage

$$a(w, w) = (A^*Aw, w) = (Aw, Aw) \geqslant 0$$

folgt, also sind alle Eigenwerte von A^*A nichtnegativ.)
b) Nach 5.6 a) gilt

$$A^*v_j = \sum_{k=1}^{n} \overline{a_{jk}} v_k.$$

Also ist

$$A^*Av_j = \sum_{k=1}^{n} c_{kj} v_k$$

mit

$$c_{kj} = \sum_{r=1}^{n} a_{rj} \overline{a_{rk}}.$$

Somit gilt

$$\text{Spur } A^*A = \sum_{j=1}^{n} c_{jj} = \sum_{j,r=1}^{n} |a_{rj}|^2 = \|A\|_2^2$$

für alle Orthonormalbasen $\{ v_1, \ldots, v_n \}$ von $\mathfrak{V}$.
c) Sei gemäß 6.7 $\{ w_1, \ldots, w_n \}$ eine Orthonormalbasis von $\mathfrak{V}$ mit

$$A^*Aw_j = b_j w_j$$

und $b_1 \geqslant \ldots \geqslant b_n$. Dann ist

$$b_j = (A^*Aw_j, w_j) = (Aw_j, Aw_j) \geqslant 0 \qquad \text{für} \quad j = 1, \ldots, n.$$

Damit folgt einerseits

$$\begin{aligned} \|A\|^2 &= b_1 \qquad \text{(nach a))} \\ &\leqslant b_1 + \ldots + b_n = \text{Spur } A^*A = \|A\|_2^2, \end{aligned}$$

andererseits

$$\|A\|^2 = b_1 \geqslant \frac{1}{n}(b_1 + \ldots + b_n) = \frac{1}{n}\|A\|_2^2.$$

d) Sei zuerst $\|A\|^2 = \|A\|_2^2$, also

$$b_1 = b_1 + \ldots + b_n.$$

Wegen $b_j \geqslant 0$ ist dann $b_2 = \ldots = b_n = 0$. Da die hermitesche Abbildung A^*A nach 6.7 diagonalisierbar ist, folgt

$$\dim \text{Kern } A^*A \geqslant n - 1.$$

Für $v \in \operatorname{Kern} A^*A$ gilt

$$0 = (A^*Av, v) = (Av, Av),$$

also $Av = 0$. Somit ist

$$\dim \operatorname{Kern} A \geqslant \dim \operatorname{Kern} A^*A \geqslant n - 1$$

und daher

$$\operatorname{Rang} A = n - \dim \operatorname{Kern} A \leqslant 1.$$

Sei nun umgekehrt $\operatorname{Rang} A \leqslant 1$, also $\dim \operatorname{Kern} A \geqslant n - 1$. Sei $\{ w_1, \ldots, w_n \}$ eine Orthonormalbasis von $\mathfrak{V}$ mit

$$\{ w_1, \ldots, w_{n-1} \} \subseteq \operatorname{Kern} A,$$

also

$$Aw_j = 0 \qquad \text{für} \quad 1 \leqslant j \leqslant n - 1$$

$$Aw_n = \sum_{k=1}^{n} b_{kn} w_k.$$

Mit b) folgt

$$\|A\|_2^2 = \operatorname{Spur} A^*A = \sum_{k=1}^{n} |b_{kn}|^2 = (Aw_n, Aw_n) \leqslant \|A\|^2 \|w_n\|^2 = \|A\|^2.$$

Wegen der nach c) stets gültigen Ungleichung $\|A\|^2 \leqslant \|A\|_2^2$ folgt also $\|A\| = \|A\|_2$ für $\operatorname{Rang} A \leqslant 1$.

e) Ist $\|A\|^2 = \frac{1}{n}\|A\|_2^2$, so gilt nach dem Beweis unter c)

$$b_1 = \frac{1}{n}(b_1 + \ldots + b_n).$$

Wegen $b_1 \geqslant \ldots \geqslant b_n$ erzwingt das $b_1 = b_2 = \ldots = b_n \geqslant 0$. Also hat die hermitesche Abbildung A^*A den n-fachen Eigenwert b_1. Mit 6.7 folgt $A^*A = b_1 E$. Ist $0 = b_1 = \|A\|^2$, so ist $A = 0$. Dann ist unsere Behauptung mit $c = 0$ erfüllt. Ist $b_1 > 0$, so sei $b_1 = c^2$ mit $0 < c \in \mathbb{R}$. Setzen wir $U = c^{-1}A$, so gilt

$$U^*U = c^{-2}A^*A = E,$$

also ist U unitär.

Sei umgekehrt $A = cU$ mit $0 \leqslant c \in \mathbb{R}$ und unitärem U. Dann ist

$$\|A\| = |c| \, \|U\| = |c|,$$

denn aus der Definition einer unitären Abbildung in 6.1 c) folgt natürlich $\|U\| = 1$. Ferner ist

$$\|A\|_2^2 = |c|^2 \|U\|_2^2 = |c|^2 \operatorname{Spur} U^*U = c^2 \operatorname{Spur} E = \|A\|^2 n.$$

In diesem Falle gilt also

$$\|A\| = \frac{1}{\sqrt{n}}\|A\|_2. \qquad \square$$

Unser nächstes Ziel ist eine Ausdehnung des Satzes 6.7 auf normale Abbildungen. Dazu zeigen wir zuerst:

6.11 Satz. *Sei $\mathfrak{V}$ ein Hilbertraum von endlicher Dimension über $\mathbb{C}$ und* $A \in \operatorname{Hom}(\mathfrak{V}, \mathfrak{V})$.
a) *Es gilt*

$$A = \frac{1}{2}(A + A^*) + i\frac{1}{2i}(A - A^*).$$

Dabei sind

$$\frac{1}{2}(A + A^*) \qquad \textit{und} \qquad \frac{1}{2i}(A - A^*)$$

hermitesch.
b) *Ist $A = H_1 + iH_2$ mit hermiteschen H_1, H_2, so ist*

$$H_1 = \frac{1}{2}(A + A^*) \qquad \textit{und} \qquad H_2 = \frac{1}{2i}(A - A^*).$$

c) *Sei $A = H_1 + iH_2$ mit hermiteschen H_1, H_2. Genau dann ist A normal, wenn $H_1H_2 = H_2H_1$ gilt.*

Beweis. a) Die Behauptung folgt aus trivialen Rechnungen.
b) Neben $A = H_1 + iH_2$ haben wir nun noch

$$A^* = (H_1 + iH_2)^* = H_1^* + \bar{i}H_2^* = H_1 - iH_2.$$

Daraus folgt die angegebene Gestalt von H_1 und H_2.
c) Es gilt

$$AA^* = (H_1 + iH_2)(H_1 - iH_2) = H_1^2 - iH_1H_2 + iH_2H_1 + H_2^2$$

und

$$A^*A = H_1^2 + iH_1H_2 - iH_2H_1 + H_2^2.$$

Also ist $AA^* = A^*A$ gleichwertig mit $H_1H_2 = H_2H_1$. $\square$

6.12 Hilfssatz. *Sei $\mathfrak{V}$ ein Hilbertraum von endlicher Dimension über $\mathbb{C}$ und A eine normale Abbildung aus* $\operatorname{Hom}(\mathfrak{V}, \mathfrak{V})$. *Dann ist A diagonalisierbar.*

Beweis. Nach 6.11 c) gilt $A = H_1 + iH_2$, wobei H_1 und H_2 hermitesch sind mit $H_1H_2 = H_2H_1$. Nach Hauptsatz 6.7 sind H_1 und H_2 diagonalisierbar. Nach

I, 3.18 sind dann H_1 und H_2 gleichzeitig diagonalisierbar. Also gibt es eine Basis $\{ v_1, \dots, v_n \}$ von $\mathfrak{V}$ mit

$$H_1 v_j = a_j v_j, H_2 v_j = b_j v_j$$

und $a_j, b_j \in \mathbb{R}$. Dann folgt

$$Av_j = (H_1 + iH_2)v_j = (a_j + ib_j)v_j.$$

(Dieser Beweis stützt sich auf 6.7 und hat den Fundamentalsatz der Algebra nicht verwendet!) □

6.13 Bemerkung. Man kann die Halbeinfachheit normaler Abbildungen über $\mathbb{R}$ oder $\mathbb{C}$ auch mit Hilfe des Minimalpolynoms beweisen:
(1) Ist A hermitesch und $A^2 = 0$, so ist $A = 0$:
Für alle $v \in \mathfrak{V}$ gilt nämlich

$$0 = (A^2 v, v) = (Av, A^* v) = (Av, Av).$$

(2) Ist A normal und $A^2 = 0$, so ist $A = 0$:

$$A^* A \text{ ist hermitesch und } (A^* A)^2 = A^* A^2 A^* = 0.$$

Mit (1) folgt also $A^* A = 0$. Wegen

$$0 = (A^* Av, v) = (Av, Av)$$

für alle $v \in \mathfrak{V}$ ist dann auch $A = 0$.
(3) Angenommen, das Minimalpolynom m_A der normalen Abbildung A hätte einen mehrfachen Primteiler p. Dann wäre

$$m_A = p^2 g \qquad \text{mit} \quad p, g \in \mathbf{K}[x].$$

Wir setzen $h = pg$. Dann ist

$$h^2 = p^2 g^2 = m_A g,$$

also

$$0 = h^2(A) = h(A)^2.$$

Ist $h = \sum_{j=0}^{m} c_j x^j$, so gilt

$$h(A)^* = \sum_{j=0}^{m} \overline{c_j} A^{*j}.$$

Da A und A^* vertauschbar sind, sind also auch $h(A)$ und $h(A)^*$ vertauschbar, somit ist $h(A)$ normal. Aus $h(A)^2 = 0$ folgt daher mit (2) $h(A) = 0$. Das ist jedoch ein Widerspruch, da m_A offenbar h nicht teilt.

Somit hat m_A keine mehrfachen Primteiler, also ist A nach I, 3.14 halbeinfach.

Dieser Schluß liefert für $\mathbf{K} = \mathbb{C}$ die Diagonalisierbarkeit normaler Abbildungen, für $\mathbf{K} = \mathbb{R}$ eine Teilaussage von Satz 6.18.

6.14 Hauptsatz. *Sei $\mathfrak{V}$ ein Hilbertraum von endlicher Dimension über $\mathbb{C}$ und $A \in \mathrm{Hom}(\mathfrak{V}, \mathfrak{V})$. Dann sind gleichwertig:*
a) *A ist normal.*
b) *Es gibt eine Orthonormalbasis $\{ v_1, \ldots, v_n \}$ von $\mathfrak{V}$ mit*

$$Av_j = a_j v_j \qquad (j = 1, \ldots, n)$$

mit geeigneten $a_j \in \mathbb{C}$.
c) *Für alle $v \in \mathfrak{V}$ gilt $\|Av\| = \|A^*v\|$.*

Beweis. a) $\Rightarrow$ b): Nach 6.12 existiert ein $v_1 \in \mathfrak{V}$ und ein $a_1 \in \mathbb{C}$ mit

$$Av_1 = a_1 v_1 \qquad \text{und} \qquad (v_1, v_1) = 1.$$

Nach 6.6 c) ist $A\langle v_1 \rangle^\perp \leqslant \langle v_1 \rangle^\perp$, und die Einschränkung von A auf $\langle v_1 \rangle^\perp$ ist nach 6.6 d) wieder normal. Also können wir mit Induktion nach $\dim \mathfrak{V}$ eine Orthonormalbasis $\{ v_2, \ldots, v_n \}$ von $\langle v_1 \rangle^\perp$ finden mit

$$Av_j = a_j v_j.$$

b) $\Rightarrow$ c): Sei $v = \sum\limits_{j=1}^{n} x_j v_j$ mit $x_j \in \mathbb{C}$. Dann ist

$$\|Av\|^2 = (Av, Av) = (\sum_{j=1}^{n} x_j a_j v_j, \sum_{j=1}^{n} x_j a_j v_j) = \sum_{j=1}^{n} |a_j|^2 |x_j|^2.$$

Nach 6.6 b) gilt $A^* v_j = \overline{a_j} v_j$. Daher folgt ähnlich

$$\|A^*v\|^2 = \sum_{j=1}^{n} |\overline{a_j}|^2 |x_j|^2 = \|Av\|^2.$$

c) $\Rightarrow$ a): Für alle $v, w \in \mathfrak{V}$ gilt nun

$$(A(v + w), A(v + w)) = (A^*(v + w), A^*(v + w)).$$

Das liefert

$$(Av, Aw) + (Aw, Av) = (A^*v, A^*w) + (A^*w, A^*v).$$

Dabei ist

$$(Av, Aw) + (Aw, Av) = (Av, Aw) + \overline{(Av, Aw)} = 2\,\mathrm{Re}(Av, Aw).$$

Also erhalten wir

$$\mathrm{Re}(Av, Aw) = \mathrm{Re}(A^*v, A^*w). \tag{1}$$

Aus

$$(A(v+iw), A(v+iw)) = (A^*(v+iw), A^*(v+iw))$$

folgt analog

$$\mathrm{Im}(Av, Aw) = \mathrm{Im}(A^*v, A^*w). \tag{2}$$

Also gilt für alle $v, w \in \mathfrak{V}$

$$(A^*Av, w) = (Av, Aw) = (A^*v, A^*w) = (AA^*v, w).$$

Das zeigt $A^*A = AA^*$, also ist A normal. □

Für die Übertragung auf Hilberträume von unendlicher Dimension ist eine etwas abgeänderte Fassung von Hauptsatz 6.14 geeignet:

6.15 Satz. *Sei $\mathfrak{V}$ ein Hilbertraum von endlicher Dimension über $\mathbb{C}$ und A eine normale Abbildung aus* Hom $(\mathfrak{V}, \mathfrak{V})$. *Seien $a_1, \dots, a_m$ die verschiedenen Eigenwerte von A und $\mathfrak{V}_j$ =* Kern $(A - a_jE)$. *Sei $P_j = P_j^2 \in$* Hom $(\mathfrak{V}, \mathfrak{V})$ *die hermitesche Projektion mit* Bild $P_j = \mathfrak{V}_j$ *und* Kern $P_j = \mathfrak{V}_j^\perp$ *(siehe 5.11). Dann gilt*

$$E = \sum_{j=1}^{m} P_j, \quad A = \sum_{j=1}^{m} a_j P_j \qquad \textit{und} \qquad P_j P_k = \delta_{jk} P_j.$$

(sog. Spektralzerlegung von A).

Beweis. Da A nach 6.12 diagonalisierbar ist, gilt

$$\mathfrak{V} = \bigoplus_{j=1}^{m} \mathfrak{V}_j.$$

Für $j \neq k$ sind $\mathfrak{V}_j$ und $\mathfrak{V}_k$ nach 6.6 e) orthogonal zueinander. Also ist

$$\mathfrak{V} = \mathfrak{V}_1 \perp \dots \perp \mathfrak{V}_m.$$

Wegen $P_j = P_j^*$ ist nach 5.11

$$\mathrm{Kern}\, P_j = \mathfrak{V}_j^\perp = \perp_{k \neq j} \mathfrak{V}_k.$$

Sei $v = \sum_{j=1}^{m} v_j$ mit $v_j \in \mathfrak{V}_j$. Dann ist

$$(\sum_{j=1}^{m} P_j)v = \sum_{j=1}^{m} P_j v = \sum_{j=1}^{m} v_j = v,$$

also $\sum_{j=1}^{m} P_j = E$. Ferner gilt

$$P_j P_k v = P_j v_k = \begin{cases} 0 & \text{für } j \neq k \\ v_j = P_j v & \text{für } j = k. \end{cases}$$

Das zeigt $P_j P_k = \delta_{jk} P_j$.
Aus

$$\left(\sum_{j=1}^{m} a_j P_j\right) v = \sum_{j=1}^{m} a_j v_j = Av$$

folgt schließlich $A = \sum_{j=1}^{m} a_j P_j$. □

Wir vermerken als Ergänzungen zu 5.10 und 6.4:

6.16 Satz. *Sei $\mathfrak{V}$ ein Hilbertraum von endlicher Dimension über $\mathbb{C}$ und A eine normale Abbildung aus* Hom$(\mathfrak{V}, \mathfrak{V})$. *Dann gilt*

$$\|A\| = \operatorname*{Max}_{\|v\|=1} |(Av, v)|.$$

Beweis. Ist $\|v\| = 1$, so folgt mit der Schwarzschen Ungleichung 4.3

$$|(Av, v)| \leqslant \|Av\| \, \|v\| \leqslant \|A\|.$$

Nach 5.9 gilt $\|A\| = r(A)$. Sei a ein Eigenwert von A mit $|a| = r(A)$ und sei $Aw = aw$ mit $(w, w) = 1$. Dann ist

$$|(Aw, w)| = |a(w, w)| = |a| = r(A) = \|A\|.$$

Also ist

$$\|A\| = \operatorname*{Max}_{\|v\|=1} |(Av, v)|.$$ □

Für normale Abbildungen auf Hilberträumen über $\mathbb{R}$ wird natürlich Hauptsatz 6.14 meist ungültig, da die Abbildung nicht genügend viele reelle Eigenwerte zu haben braucht. Man kann aber über $\mathbb{R}$ noch recht viel sagen, wie die nächsten beiden Sätze zeigen.

6.17 Satz. *Sei $\mathfrak{V}$ ein Hilbertraum von endlicher Dimension über $\mathbb{R}$ und* $A \in$ Hom$(\mathfrak{V}, \mathfrak{V})$. *Dann sind gleichwertig:*
a) *A ist normal.*
b) *Für alle $v \in \mathfrak{V}$ gilt $\|Av\| = \|A^* v\|$.*

Beweis. a) $\Rightarrow$ b): Dies folgt sofort aus

$$\|Av\|^2 = (Av, Av) = (v, A^*Av) = (v, AA^*v) = (A^*v, A^*v) = \|A^*v\|^2.$$

b) $\Rightarrow$ a): Aus

$$\|A(v+w)\| = \|A^*(v+w)\|$$

folgt wie im Beweisschritt von c) nach a) in 6.14, daß A normal ist. □

6.18 Hauptsatz. *Sei $\mathfrak{V}$ ein Hilbertraum von endlicher Dimension über $\mathbb{R}$ und A eine normale Abbildung aus* Hom$(\mathfrak{V}, \mathfrak{V})$.
a) *Es gibt eine orthogonale Zerlegung*

$$\mathfrak{V} = \mathfrak{V}_1 \perp \ldots \perp \mathfrak{V}_m$$

von $\mathfrak{V}$ mit $A\mathfrak{V}_j \leqslant \mathfrak{V}_j$ und $1 \leqslant \dim \mathfrak{V}_j \leqslant 2$.
b) *Sei* $\dim \mathfrak{V}_j = 2$ *und gestatte $\mathfrak{V}_j$ keine orthogonale Zerlegung $\mathfrak{V}_j = \mathfrak{V}_{j1} \perp \mathfrak{V}_{j2}$ mit $A\mathfrak{V}_{jk} \leqslant \mathfrak{V}_{jk}$ und* $\dim \mathfrak{V}_{jk} = 1$. *Dann gilt für jede Orthonormalbasis $\{ v_{j1}, v_{j2} \}$ von $\mathfrak{V}_j$*

$$Av_{j1} = a_j v_{j1} + b_j v_{j2}$$

$$Av_{j2} = -b_j v_{j1} + a_j v_{j2}$$

mit $a_j, b_j \in \mathbb{R}$ und $b_j \neq 0$.

Beweis. a) Nach I, 3.10 existiert ein Unterraum $\mathfrak{V}_1$ von $\mathfrak{V}$ mit $A\mathfrak{V}_1 \leqslant \mathfrak{V}_1$ und $1 \leqslant \dim \mathfrak{V}_1 \leqslant 2$. Nach 6.6 gilt $A\mathfrak{V}_1^\perp \leqslant \mathfrak{V}_1^\perp$, und die Einschränkung von A auf $\mathfrak{V}_1^\perp$ ist wieder normal. Also folgt die Behauptung durch Induktion nach $\dim \mathfrak{V}$.
b) Sei

$$Av_{j1} = av_{j1} + bv_{j2}$$

$$Av_{j2} = cv_{j1} + dv_{j2}.$$

Nach 5.6 a) ist dann

$$A^*v_{j1} = av_{j1} + cv_{j2}$$

$$A^*v_{j2} = bv_{j1} + dv_{j2}.$$

Wegen $A^*A = AA^*$ folgt

$$\begin{pmatrix} a & b \\ c & d \end{pmatrix} \begin{pmatrix} a & c \\ b & d \end{pmatrix} = \begin{pmatrix} a & c \\ b & d \end{pmatrix} \begin{pmatrix} a & b \\ c & d \end{pmatrix}.$$

Das führt zu den Bedingungen

$$b^2 = c^2 \qquad \text{und} \qquad ac + bd = ab + cd.$$

Fall 1: Sei $b = -c$. Nach unserer Voraussetzung ist dann $b \neq 0$. Somit folgt

$$b(-a + d) = b(a - d),$$

also $a = d$.
Fall 2: Sei $b = c$. Dann hat

$$\det\left(xE - \begin{pmatrix} a & b \\ b & d \end{pmatrix}\right) = (x - \frac{a+d}{2})^2 - (\frac{(a-d)^2}{4}) + b^2)$$

reelle Nullstellen. Somit enthielte $\mathfrak{V}_j$ einen Eigenvektor v'_{j1} von A zu einem reellen Eigenwert. Da die Einschränkung von A auf $\mathfrak{V}_j$ normal ist, folgt

$$\mathfrak{V}_j = \langle v'_{j1} \rangle \perp \langle v'_{j2} \rangle$$

mit $A\langle v'_{j2} \rangle \leqslant \langle v'_{j2} \rangle$.
Das widerspricht jedoch unserer Voraussetzung. □

Wir wenden uns den unitären Abbildungen zu.

6.19 Hauptsatz. *Sei $\mathfrak{V}$ ein Hilbertraum von endlicher Dimension über $\mathbb{R}$ oder $\mathbb{C}$ und $A \in \mathrm{Hom}(\mathfrak{V}, \mathfrak{V})$. Dann sind gleichwertig:*
a) *A ist unitär, also $A^*A = AA^* = E$.*
b) *Es gilt $\|Av\| = \|v\|$ für alle $v \in \mathfrak{V}$.*
c) *Es gilt $(Av, Aw) = (v, w)$ für alle $v, w \in \mathfrak{V}$.*
Ist $\mathfrak{V}$ ein Hilbertraum über $\mathbb{C}$, so sind a) *bis* c) *gleichwertig mit*
d) *$\mathfrak{V}$ hat eine Orthonormalbasis $\{ v_1, \dots, v_n \}$ mit*

$$Av_j = a_j v_j \qquad \textit{und} \qquad |a_j| = 1.$$

Beweis. a) ⇒ b): Dies folgt sofort aus

$$(Av, Av) = (v, A^*Av) = (v, v).$$

b) ⇒ c): Für alle $v, w \in \mathfrak{V}$ gilt nun

$$(A(v + w), A(v + w)) = (v + w, v + w).$$

Das ergibt

$$(Av, Aw) + (Aw, Av) = (v, w) + (w, v).$$

Ist $\mathfrak{V}$ ein $\mathbb{R}$-Hilbertraum, so ist $(v, w) = (w, v)$, also

$$(Av, Aw) = (v, w).$$

Ist $\mathfrak{V}$ ein $\mathbb{C}$-Hilbertraum, so erhalten wir aus

$$(A(v + iw), A(v + iw)) = (v + iw, v + iw)$$

ähnlich wie eben

$$(Av, Aw) - (Aw, Av) = (v, w) - (w, v).$$

Insgesamt folgt auch in diesem Fall $(Av, Aw) = (v, w)$.
c) $\Rightarrow$ a): Für $v \neq 0$ ist

$$(Av, Av) = (v, v) > 0.$$

Also ist A regulär. Für alle $v, w \in \mathfrak{V}$ gilt nun

$$(v, A^*w) = (Av, w) = (Av, AA^{-1}w) = (v, A^{-1}w).$$

Das erzwingt $A^* = A^{-1}$.

Sei weiterhin $\mathfrak{V}$ ein Hilbertraum über $\mathbb{C}$.
a) $\Rightarrow$ d): Da eine unitäre Abbildung normal ist, gibt es nach 6.14 eine Orthonormalbasis $\{ v_1, \ldots, v_n \}$ von $\mathfrak{V}$ mit

$$Av_j = a_j v_j.$$

Dabei gilt

$$1 = (v_j, v_j) = (Av_j, Av_j) = (a_j v_j, a_j v_j) = |a_j|^2.$$

Also ist $|a_j| = 1$.
d) $\Rightarrow$ b): Sei $v = \sum_{j=1}^{n} x_j v_j$ mit $x_j \in \mathbb{C}$. Dann ist

$$\begin{aligned}(Av, Av) &= (\sum_{j=1}^{n} x_j a_j v_j, \sum_{j=1}^{n} x_j a_j v_j) = \sum_{j=1}^{n} |x_j|^2 |a_j|^2 \\ &= \sum_{j=1}^{n} |x_j|^2 = (v, v).\end{aligned}$$

□

6.20 Satz. a) *Sei $\mathfrak{V}$ ein Hilbertraum von endlicher Dimension und A eine nicht notwendig lineare Abbildung von $\mathfrak{V}$ in $\mathfrak{V}$ mit*

$$(Av, Aw) = (v, w) \qquad \textit{für alle} \quad v, w \in \mathfrak{V}.$$

Dann ist A unitär.
b) *Sei $\mathfrak{V}$ ein Hilbertraum von endlicher Dimension über $\mathbb{R}$ und A eine nicht notwendig lineare Abbildung von $\mathfrak{V}$ auf $\mathfrak{V}$ mit*

$$(Av - Aw, Av - Aw) = (v - w, v - w)$$

für alle $v, w \in \mathfrak{V}$. Dann gilt

$$Av = Uv + v_0$$

mit geeignetem v_0 und einer unitären Abbildung U.

Beweis. a) Sei $\{ v_1, \ldots, v_n \}$ eine Orthonormalbasis von $\mathfrak{V}$. Dann gilt

$$(Av_i, Av_j) = (v_i, v_j) = \delta_{ij}.$$

Also ist $\{ Av_1, \ldots, Av_n \}$ eine Basis von $\mathfrak{V}$ und somit $\langle Av \mid v \in \mathfrak{V} \rangle = \mathfrak{V}$.
Für alle $v_1, v_2, w \in \mathfrak{V}$ ist

$$\begin{aligned}(A(v_1 + v_2), Aw) &= (v_1 + v_2, w) = (v_1, w) + (v_2, w) \\ &= (Av_1, Aw) + (Av_2, Aw) = (Av_1 + Av_2, Aw).\end{aligned}$$

Das zeigt

$$A(v_1 + v_2) - Av_1 - Av_2 \in \langle Aw \mid w \in \mathfrak{V} \rangle^\perp = 0.$$

Ferner gilt für alle $c \in \mathbf{K}$

$$(A(cv), Aw) = (cv, w) = c(v, w) = c(Av, Aw) = (c(Av), Aw),$$

also

$$A(cv) - c(Av) \in \langle Aw \mid w \in \mathfrak{V} \rangle^\perp = 0.$$

Somit ist A linear, nach 6.19 daher unitär.
b) Sei $A0 = v_0$. Wir definieren eine Abbildung B von $\mathfrak{V}$ auf $\mathfrak{V}$ durch

$$Bv = Av - v_0.$$

Dann ist $B0 = 0$ und

$$(v - w, v - w) = (Bv - Bw, Bv - Bw)$$

für alle $v, w \in \mathfrak{V}$. Mit $w = 0$ folgt zuerst

$$(v, v) = (Bv, Bv) \qquad \text{für alle} \quad v \in \mathfrak{V}.$$

Daher ist wegen $(v, w) = (w, v)$ nun

$$\begin{aligned}-2(v, w) &= (v - w, v - w) - (v, v) - (w, w) \\ &= (Bv - Bw, Bv - Bw) - (Bv, Bv) - (Bw, Bw) \\ &= -2(Bv, Bw).\end{aligned}$$

Mit a) folgt sodann, daß B unitär ist. □

6.21 Bemerkung. Die Aussage in 6.20 b) gilt nicht für Hilberträume $\mathfrak{V}$ über $\mathbb{C}$:
Sei $\{ v_1, \ldots, v_n \}$ eine Orthonormalbasis von $\mathfrak{V}$. Definieren wir A durch

$$A \sum_{j=1}^{n} x_j v_j = \sum_{j=1}^{n} \overline{x_j} v_j,$$

so ist A nicht linear, aber

$$(Av - Aw, Av - Aw) = (v - w, v - w)$$

für alle v, w, die man leicht nachrechnet.

6.22 Satz. *Sei $\mathfrak{V}$ ein Hilbertraum von endlicher Dimension und A aus* Hom$(\mathfrak{V}, \mathfrak{V})$ *eine lineare Abbildung, welche die Orthogonalität erhält, d.h. für $(v, w) = 0$ sei stets auch $(Av, Aw) = 0$. Dann gilt $A = cU$ mit $0 \leqslant c \in \mathbb{R}$ und unitärem U.*

Beweis. Sei $\{v_1, \ldots, v_n\}$ eine Orthonormalbasis von $\mathfrak{V}$.
Wegen $(v_j, v_k) = 0$ für $j \neq k$ gilt

$$(Av_j, Av_k) = 0. \tag{1}$$

Wegen $(v_j - v_k, v_j + v_k) = 0$ ist ferner

$$0 = (A(v_j - v_k), A(v_j + v_k)) = (Av_j, Av_j) - (Av_k, Av_k). \tag{2}$$

Also gilt $(Av_j, Av_j) = c^2$ mit von j unabhängigem c. Ist $c = 0$, so gilt $A = 0$, und wir sind fertig. Ist $c > 0$, so gilt

$$(c^{-1}Av_j, c^{-1}Av_k) = (v_j, v_k) \qquad \text{für alle} \quad j, k.$$

Daraus folgt sofort

$$(c^{-1}Av, c^{-1}Aw) = (v, w)$$

für alle $v, w \in \mathfrak{V}$, also ist $c^{-1}A$ nach 6.19 c) unitär. □

6.23 Bemerkungen. Die Anwendung der Sätze 6.19 bis 6.22 auf Hilberträume $\mathfrak{V}$ von endlicher Dimension über $\mathbb{R}$ liefert geometrische Aussagen:
a) Ist $A \in \text{Hom}(\mathfrak{V}, \mathfrak{V})$ mit $\|Av\| = \|v\|$ für alle $v \in \mathfrak{V}$, so gilt nach 6.19 auch $(Av, Aw) = (v, w)$ für alle $v, w \in \mathfrak{V}$. Da wir in 4.11 den Winkel α zwischen den Vektoren v und w (mit $v \neq 0 \neq w$) durch

$$\cos \alpha = \frac{(v, w)}{\|v\| \, \|w\|}$$

definiert hatten, erhält die längentreue Abbildung A auch alle Winkel.
b) Sei $A \in \text{Hom}(\mathfrak{V}, \mathfrak{V})$ eine Abbildung, welche das Senkrechtstehen erhält im Sinne von 6.22. Dann gilt nach 6.22 $A = cU$ mit $0 \leqslant c \in \mathbb{R}$ und unitärem U. Ist A invertierbar, so ist $c > 0$. Für alle $v \in \mathfrak{V}$ gilt dann

$$(Av, Av) = c^2(Uv, Uv) = c^2(v, v)$$

und für $v \neq 0 \neq w$

$$\frac{(Av, Aw)}{\|Av\| \, \|Aw\|} = \frac{c^2(Uv, Uw)}{c\|v\|c\|w\|} = \frac{(v, w)}{\|v\| \, \|w\|}.$$

Also erhält die Abbildung A alle Winkel und streckt die Längen aller Vektoren um denselben Faktor $c > 0$.

c) Wir machen $\mathfrak{V}$ zu einem metrischen Raum durch

$$d(v, w) = \|v - w\|.$$

Sei A eine Abbildung von $\mathfrak{V}$ auf sich, welche alle Abstände erhält, also

$$\|Av - Aw\| = d(Av, Aw) = d(v, w) = \|v - w\|$$

für alle $v, w \in \mathfrak{V}$. Dann hat A nach 6.20 b) die Gestalt

$$Av = Uv + v_0$$

mit unitärem U.
d) Sei A eine unitäre (also orthogonale) Abbildung von $\mathfrak{V}$. Mit 6.18 folgt

$$\mathfrak{V} = \mathfrak{V}_1 \perp \ldots \perp \mathfrak{V}_m,$$

wobei $A\mathfrak{V}_j \leqslant \mathfrak{V}_j$ und $1 \leqslant \dim \mathfrak{V}_j \leqslant 2$. Ist $\mathfrak{V}_j = \langle v_j \rangle$, so gilt offenbar $Av_j = \pm v_j$. Hat $\mathfrak{V}_j = \langle v_{j1} \rangle \perp \langle v_{j2} \rangle$ die Dimension 2, so gilt nach 6.18

$$Av_{j1} = a_j v_{j1} + b_j v_{j2}$$

$$Av_{j2} = -b_j v_{j1} + a_j v_{j2}.$$

Dabei ist

$$1 = (v_{j1}, v_{j1}) = (Av_{j1}, Av_{j1}) = a_j^2 + b_j^2.$$

Bekanntlich gibt es dann ein α_j mit $0 \leqslant \alpha_j < 2\pi$ und $a_j = \cos \alpha_j$, $b_j = \sin \alpha_j$. Dies ist die bekannte Normalform orthogonaler Abbildungen.

Wir wenden uns schließlich der naheliegenden Frage zu, bezüglich welcher natürlichen Operationen die Mengen der normalen, hermiteschen, unitären Abbildungen abgeschlossen sind.

6.24 Hilfssatz. *Sei* $A \in \mathrm{Hom}(\mathfrak{V}, \mathfrak{V})$. *Dann sind gleichwertig:*
a) *Es gibt ein Polynom* f *mit* $A^* = f(A)$.
b) A *ist normal.*

Beweis. a) $\Rightarrow$ b): Dies ist trivial, da A sicherlich mit $f(A)$ vertauschbar ist.
b) $\Rightarrow$ a): Sei zuerst $\mathbf{K} = \mathbb{C}$. Nach 6.14 gibt es eine Orthonormalbasis $\{ v_1, \ldots, v_n \}$ von $\mathfrak{V}$ mit

$$Av_j = a_j v_j.$$

Nach 6.6 b) ist $A^* v_j = \overline{a_j} v_j$. Wir wählen nun das Polynom f aus $\mathbb{C}[x]$ vermöge Interpolation so, daß

$$f(a_j) = \overline{a_j} \qquad \text{für} \quad j = 1, \ldots, n.$$

Dann ist offenbar $f(A) = A^*$.

Sei nun $\mathbf{K} = \mathbb{R}$. Nach 6.18 gehört zu A bezüglich einer geeigneten Orthonormalbasis von $\mathfrak{V}$ eine Matrix A_0 der Gestalt

$$A_0 = \begin{pmatrix} A_1 & & \\ & \ddots & \\ & & A_r \end{pmatrix},$$

wobei entweder $A_j = (a_j)$ oder

$$A_k = \begin{pmatrix} a_k & b_k \\ -b_k & a_k \end{pmatrix}$$

mit $b_k \neq 0$ gilt. Dabei ist

$$A_0' = \begin{pmatrix} A_1' & & \\ & \ddots & \\ & & A_r' \end{pmatrix},$$

Wir suchen also ein Polynom f mit $f(A_j) = A_j'$. Für $A_j = (a_j)$ verlangt das

$$f \equiv a_j \pmod{(x - a_j)}.$$

Für

$$A_k = \begin{pmatrix} a_k & b_k \\ -b_k & a_k \end{pmatrix}$$

gilt

$$A_k' = -A_k + 2a_k E.$$

Also fordern wir für diese k

$$f \equiv -x + 2a_k \pmod{f_{A_k}},$$

wobei

$$f_{A_k} = (x - a_k)^2 + b_k^2$$

das wegen $b_k \neq 0$ in $\mathbb{R}[x]$ irreduzible charakteristische Polynom von A_k ist. Die Polynome

$$x - a_j, \qquad (x - a_k)^2 + b_k^2$$

sind teilerfremd oder gleich. Nach dem chinesischen Restsatz (I,2.5) können wir daher die simultanen Kongruenzen

$$f \equiv a_j \pmod{(x - a_j)}$$

$$f \equiv -x + 2a_k \pmod{(x - a_k)^2 + b_k^2}$$

für die benötigten j und k lösen. Dann folgt

$$f(A_0) = \begin{pmatrix} f(A_1) & & \\ & \ddots & \\ & & f(A_r) \end{pmatrix} = \begin{pmatrix} A_1' & & \\ & \ddots & \\ & & A_r' \end{pmatrix} = A_0'$$

Für die Abbildung heißt das $f(A) = A^*$. □

6.25 Hilfssatz. *Seien* $A, B \in \mathrm{Hom}(\mathfrak{V}, \mathfrak{V})$. *Ist A normal und* $AB = BA$, *so gilt auch* $A^*B = BA^*$ *und* $AB^* = B^*A$.

Beweis. Nach 6.24 gibt es ein Polynom f mit $A^* = f(A)$. Wegen $AB = BA$ ist dann auch

$$A^*B = f(A)B = Bf(A) = BA^*.$$

Damit folgt

$$AB^* = (BA^*)^* = (A^*B)^* = B^*A.$$ □

6.26 Satz. a) *Sind A und B normale Abbildungen aus* $\mathrm{Hom}(\mathfrak{V}, \mathfrak{V})$ *mit* $AB = BA$, *so sind* AB *und* $c_1A + c_2B$ *für alle* $c_j \in \mathbf{K}$ *normal.*
b) *Sind* $A, U \in \mathrm{Hom}(\mathfrak{V}, \mathfrak{V})$ *mit U unitär und A normal (hermitesch), so ist* $U^{-1}AU$ *normal (hermitesch).*
c) *Seien A und B hermitesche Abbildungen aus* $\mathrm{Hom}(\mathfrak{V}, \mathfrak{V})$. *Dann sind* $c_1A + c_2B$ *hermitesch für alle* $c_j \in \mathbb{R}$. *Genau dann ist* AB *hermitesch, wenn* $AB = BA$ *gilt.*
d) *Die unitären Abbildungen bilden eine kompakte Gruppe.*

Beweis. a) Wegen $AB = BA$ gilt nach 6.25 auch $A^*B = BA^*$, $AB^* = B^*A$ und

$$A^*B^* = (BA)^* = (AB)^* = B^*A^*.$$

Daraus folgt durch einfache Rechnungen die Behauptung.
b) Wegen $U^* = U^{-1}$ gilt

$$(U^{-1}AU)^* = U^*A^*U^{-1*} = U^{-1}A^*U.$$

Daraus folgt

$$(U^{-1}AU)^*(U^{-1}AU) = U^{-1}A^*AU = U^{-1}AA^*U = (U^{-1}AU)(U^{-1}AU)^*.$$

Also ist $U^{-1}AU$ normal. Noch einfacher ist der Beweis, daß für hermitesches A auch $U^{-1}AU$ hermitesch ist.
c) Die erste Behauptung folgt aus

$$(c_1A + c_2B)^* = \overline{c_1}A^* + \overline{c_2}B^*,$$

die zweite aus

$$(AB)^* = B^*A^* = BA.$$

d) Sind U_1 und U_2 unitär, so ist

$$(U_1U_2)^*U_1U_2 = U_2^*U_1^*U_1U_2 = U_2^*U_2 = E.$$

Also ist U_1U_2 unitär. Ferner ist

$$(U_1^{-1})^* = (U_1^*)^{-1} = (U_1^{-1})^{-1},$$

also ist auch U_1^{-1} unitär.

Ist U unitär, so folgt aus $\|Uv\| = \|v\|$ für alle $v \in \mathfrak{V}$ sofort $\|U\| = 1$. Also ist die Menge der unitären Abbildungen beschränkt.

Sei U_j $(j = 1, 2, \ldots)$ eine Folge von unitären Abbildungen, und es existiere $U = \lim_{j\to\infty} U_j$. Dann ist

$$E = \lim_{j\to\infty} U_jU_j^* = (\lim_{j\to\infty} U_j)(\lim_{j\to\infty} U_j)^* = UU^*.$$

Somit ist die Gruppe aller unitären Abbildungen beschränkt und abgeschlossen, also kompakt. □

6.27 Satz. (I. Schur[24)]) a) *Sei $\mathfrak{V}$ ein Hilbertraum von endlicher Dimension über $\mathbb{C}$ und $A \in \mathrm{Hom}(\mathfrak{V}, \mathfrak{V})$. Dann gibt es eine Orthonormalbasis $\{v_1, \ldots, v_n\}$ von $\mathfrak{V}$ mit*

$$Av_j = \sum_{k=1}^{j} a_{kj}v_k \qquad (j = 1, \ldots, n).$$

(Also ist A bezüglich $\{v_1, \ldots, v_n\}$ eine Dreiecksmatriz zugeordnet.)

b) *Sei $A \in (\mathbb{C})_n$. Dann gibt es eine unitäre Matrix $U \in (\mathbb{C})_n$ derart, daß $U^{-1}AU$ eine Dreiecksmatrix ist.*

c) *Sei $A \in (\mathbb{C})_n$. Genau dann ist A normal, wenn es eine unitäre Matrix U gibt derart, daß $U^{-1}AU$ eine Diagonalmatrix ist.*

Beweis. a) Nach I, 3.14 existiert eine Basis $\{w_1, \ldots, w_n\}$ von $\mathfrak{V}$ mit

$$Aw_j = \sum_{k=1}^{j} b_{kj}w_k \qquad (j = 1, \ldots, n).$$

Durch Anwendung des Schmidtschen Orthogonalisierungsverfahrens aus 4.13 erhalten wir eine Orthonormalbasis $\{v_1, \ldots, v_n\}$ von $\mathfrak{V}$ mit

$$\langle v_1, \ldots, v_j\rangle = \langle w_1, \ldots, w_j\rangle \qquad \text{für} \quad 1 \leqslant j \leqslant n.$$

---

24) Issai Schur (1875–1941) Berlin, 1939 nach Israel emigriert; Gruppentheorie, Darstellungstheorie, unendliche Reihen, Zahlentheorie, Matrizen.

Damit folgt

$$Av_j \in A\langle w_1, \ldots, w_j \rangle \leqslant \langle w_1, \ldots, w_j \rangle = \langle v_1, \ldots, v_j \rangle.$$

Also gilt

$$Av_j = \sum_{k=1}^{j} a_{kj} v_k \qquad (j = 1, \ldots, n)$$

mit geeigneten $a_{kj} \in \mathbb{C}$.

b) Sei $\mathfrak{V}$ ein Hilbertraum über $\mathbb{C}$ mit Orthonormalbasis $\mathfrak{B} = \{ v_1, \ldots, v_n \}$. Wir definieren eine lineare Abbildung $A_0 \in \operatorname{Hom}(\mathfrak{V}, \mathfrak{V})$ durch

$$A_0 v_j = \sum_{k=1}^{n} a_{kj} v_k,$$

wobei $A = (a_{jk})$ die vorgegebene Matrix sei. Nach a) gibt es eine Orthonormalbasis $\mathfrak{B}' = \{ v'_1, \ldots, v'_n \}$ von $\mathfrak{V}$ mit

$$A_0 v'_j = \sum_{k=1}^{j} b_{kj} v'_k.$$

Sei die Matrix $U = (u_{jk})$ definiert durch

$$v'_j = \sum_{k=1}^{n} u_{kj} v_k \qquad (j = 1, \ldots, n).$$

Da $\mathfrak{B}$ und $\mathfrak{B}'$ Orthonormalbasen sind, sieht man leicht, daß U unitär ist (siehe Aufgabe A 6.25). Dabei gilt

$$U^{-1} A U = (b_{jk}).$$

c) Sei zuerst $U^{-1} A U = D$ eine Diagonalmatrix mit unitärem U. Dann ist D trivialerweise normal. Nach 6.26 b) (für Matrizen) ist somit auch $A = UDU^{-1}$ normal.

Sei umgekehrt A eine normale Matrix. Dann ist nach 6.3 die in b) gebildete lineare Abbildung A_0 normal. Nach Hauptsatz 6.14 gibt es daher eine Orthonormalbasis $\{ v'_1, \ldots, v'_n \}$ von $\mathfrak{V}$ mit

$$A_0 v'_j = a_j v'_j \qquad (j = 1, \ldots, n).$$

Wie unter b) findet man dann eine unitäre Matrix U mit

$$U^{-1} A U = \begin{pmatrix} a_1 & & 0 \\ & \ddots & \\ 0 & & a_n \end{pmatrix}. \qquad \square$$

Satz 6.27 hat interessante Abschätzungen der Eigenwerte zur Folge:

6.28 Satz. (I. Schur) *Sei* $A = (a_{jk})$ *eine Matrix aus* $(\mathbb{C})_n$ *mit den Eigenwerten* $a_1, \dots, a_n$. *Wir setzen*

$$\|A\|_2 = (\sum_{j,k=1}^{n} |a_{jk}|^2)^{1/2}.$$

a) *Es gilt*

$$\sum_{j=1}^{n} |a_j|^2 \leqslant \|A\|_2^2.$$

b) $\sum_{j=1}^{n} |\operatorname{Re} a_j|^2 \leqslant \|\frac{1}{2}(A + \overline{A}')\|_2^2.$

c) $\sum_{j=1}^{n} |\operatorname{Im} a_j|^2 \leqslant \|\frac{1}{2}(A - \overline{A}')\|_2^2.$

Das Gleichheitszeichen gilt in allen drei Ungleichungen genau dann, wenn A normal ist.

Beweis. a) Nach 6.27 b) existiert eine unitäre Matrix U mit

$$U^{-1}AU = \begin{pmatrix} b_{11} & b_{12} & \dots & b_{1n} \\ 0 & b_{22} & \dots & b_{2n} \\ \vdots & \vdots & \dots & \vdots \\ 0 & 0 & \dots & b_{nn} \end{pmatrix}.$$

Es folgt

$$\|U^{-1}AU\|_2^2 = \sum_{j,k=1}^{n} |b_{jk}|^2 \geqslant \sum_{j=1}^{n} |b_{jj}|^2 = \sum_{j=1}^{n} |a_j|^2. \tag{1}$$

Für jede Matrix C vom Typ (n, n) gilt $\|C\|_2^2 = \operatorname{Spur} \overline{C}' C$, wie wir in 6.10 b) festgestellt hatten. Also ist

$$\begin{aligned} \|U^{-1}AU\|_2^2 &= \operatorname{Spur} \overline{(U^{-1}AU)}' (U^{-1}AU) = \operatorname{Spur} \overline{U}' \overline{A}' U U^{-1} AU \\ &= \operatorname{Spur} U^{-1} \overline{A}' AU = \operatorname{Spur} \overline{A}' A = \|A\|_2^2. \end{aligned}$$

Das Gleichheitszeichen in (1) gilt offenbar genau dann, wenn $U^{-1}AU$ bei geeignetem U eine Diagonalmatrix ist, d.h. wenn A normal ist (siehe 6.27 c)). (Übrigens folgt dabei auch: Ist A normal, U unitär und $U^{-1}AU$ eine Dreiecksmatrix, so ist $U^{-1}AU$ eine Diagonalmatrix.)

b) Setzen wir $C = \frac{1}{2}(A + \overline{A}')$, so folgt

$$\begin{aligned} U^{-1}CU &= \frac{1}{2}(U^{-1}AU + U^{-1}\overline{A}'U) = \frac{1}{2}(U^{-1}AU + \overline{U^{-1}AU}') \\ &= \begin{pmatrix} \frac{1}{2}(b_{11} + \overline{b_{11}}) & \frac{1}{2}b_{12} & \cdots \\ \frac{1}{2}\overline{b_{12}} & \frac{1}{2}(b_{22} + \overline{b_{22}}) & \\ & & \ddots \end{pmatrix}. \end{aligned}$$

Somit ist

$$\|C\|_2^2 = \|U^{-1}CU\|_2^2 = \sum_{j=1}^{n} |\operatorname{Re} a_j|^2 + \frac{1}{2}\sum_{j<k} |b_{jk}|^2 \geqslant \sum_{j=1}^{n} |\operatorname{Re} a_j|^2$$

mit Gleichheit genau dann, wenn $b_{jk} = 0$ für alle $j < k$, d.h. wenn A normal ist.
c) Der Beweis erfolgt ähnlich wie in b) mit $\frac{1}{2}(A - \overline{A}')$ anstelle von $\frac{1}{2}(A + \overline{A}')$. □

Aus 6.28 folgt ein einfacher Beweis des folgenden merkwürdigen Satzes:

6.29 Satz. *Seien A, B normale Matrizen aus $(\mathbb{C})_n$. Ist AB normal, so ist auch BA normal.*

Beweis. Seien $c_1, \ldots, c_n$ die Eigenwerte von AB. Nach I,1.7 sind dies dann auch die Eigenwerte von BA. Es folgt

$$\begin{aligned} \sum_{j=1}^{n} |c_j|^2 &= \|AB\|_2^2 && \text{(da } AB \text{ normal; 6.28 a))} \\ &= \operatorname{Spur}(\overline{AB}'AB) && \text{(siehe 6.10 b))} \\ &= \operatorname{Spur}(\overline{B}'\overline{A}'AB) = \operatorname{Spur}(\overline{B}'A \cdot \overline{A}'B) && \text{(da } A \text{ normal)} \\ &= \operatorname{Spur}(\overline{A}'B\overline{B}'A) && \text{(da stets Spur } XY = \text{Spur } YX) \\ &= \operatorname{Spur}(\overline{A}'\overline{B}'BA) && \text{(da } B \text{ normal)} \\ &= \operatorname{Spur}(\overline{BA}'BA) = \|BA\|_2^2. \end{aligned}$$

Mit 6.28 a) folgt daher, daß auch BA normal ist. □

Aufgaben

A 6.1. Sei $\mathfrak{V}$ ein Hilbertraum von endlicher Dimension und seien $u, w \in \mathfrak{V}$. Wir definieren $A_{u,w} \in \operatorname{Hom}(\mathfrak{V}, \mathfrak{V})$ durch

$$A_{u,w}v = (v, u)w.$$

a) Man beweise $A_{u,w}^* = A_{w,u}$.

b) Man bestimme alle Eigenwerte von $A_{u,w}$.

c) Man gebe notwendige und hinreichende Bedingungen dafür an, daß $A_{u,w}$ normal bzw. hermitesch ist.

d) Man beweise $\|A_{u,w}\| = \|u\| \, \|w\|$.

A 6.2. Sei $\mathfrak{V}$ ein Hilbertraum von endlicher Dimension.

a) Durch

$$(A, B) = \operatorname{Spur} AB^*$$

für $A, B \in \operatorname{Hom}(\mathfrak{V}, \mathfrak{V})$ wird auf $\operatorname{Hom}(\mathfrak{V}, \mathfrak{V})$ ein definites Skalarprodukt erklärt.

b) Sei $A \in \operatorname{Hom}(\mathfrak{V}, \mathfrak{V})$. Dann wird durch

$$F_A X = AX \qquad \text{für} \quad X \in \operatorname{Hom}(\mathfrak{V}, \mathfrak{V})$$

eine lineare Abbildung F_A von $\operatorname{Hom}(\mathfrak{V}, \mathfrak{V})$ in sich erklärt. Man drücke das charakteristische Polynom f von F_A durch das charakeristische Polynom f_A von A aus.

c) Man bestimme die Adjungierte F_A^* von F_A.

A 6.3. Für den Fall, daß A hermitesch oder unitär ist, gebe man einfachere Beweise für 6.6c) an.

A 6.4. Sei $\mathfrak{V}$ ein Hilbertraum von endlicher Dimension und $A \in \operatorname{Hom}(\mathfrak{V}, \mathfrak{V})$. Sind dann folgende Aussagen gleichwertig?

a) A ist normal.

b) Für jeden Unterraum $\mathfrak{U}$ von $\mathfrak{V}$ mit $A\mathfrak{U} \leqslant \mathfrak{U}$ gilt auch $A\mathfrak{U}^\perp \leqslant \mathfrak{U}^\perp$.

A 6.5. Sei $\mathfrak{V}$ ein Hilbertraum von endlicher Dimension über $\mathbb{C}$.

a) Ist $\dim \mathfrak{V} = 2$ und $A \in \operatorname{Hom}(\mathfrak{V}, \mathfrak{V})$ mit $\|A\| = r(A)$, so ist A normal.

b) Für $\dim \mathfrak{V} \geqslant 3$ gibt es stets nichtnormale $A \in \operatorname{Hom}(\mathfrak{V}, \mathfrak{V})$ mit $\|A\| = r(A)$.

A 6.6. Sei $A = H_1 + iH_2 \in \operatorname{Hom}(\mathfrak{V}, \mathfrak{V})$ mit hermiteschem H_1, H_2.

a) Gilt stets $\|A\|^2 \leqslant \|H_1\|^2 + \|H_2\|^2$?

b) Gilt für normales A stets

$$\|A\|^2 \leqslant \|H_1\|^2 + \|H_2\|^2?$$

c) Gilt für normales A stets

$$\|A\|^2 = \|H_1\|^2 + \|H_2\|^2?$$

A 6.7. Sei $\mathfrak{V}$ ein Hilbertraum von endlicher Dimension über $\mathbb{R}$ und sei $A \in \operatorname{Hom}(\mathfrak{V}, \mathfrak{V})$ mit $A^* = -A$.

a) Ist a ein reeller Eigenwert von A, so gilt $a = 0$.

b) Es gibt eine orthogonale Zerlegung

$$\mathfrak{V} = \mathfrak{V}_1 \perp \ldots \perp \mathfrak{V}_m,$$

wobei entweder

$$\mathfrak{V}_j = \langle v_j \rangle \qquad \text{und} \quad Av_j = 0 \tag{1}$$

oder

$$\mathfrak{V}_j \text{ hat eine Orthonormalbasis } \{ v_j, w_j \}, \text{ und es gilt} \tag{2}$$

$$Av_j = a_j w_j, \qquad Aw_j = -a_j v_j$$

mit $0 \neq a_j \in \mathbb{R}$.

A 6.8. Sei $\{ v_1, \ldots, v_n \}$ eine Orthonormalbasis eines Hilbertraumes $\mathfrak{V}$ und sei $J_n \in \operatorname{Hom}(\mathfrak{V}, \mathfrak{V})$ definiert durch

$$J_n v_1 = v_1$$

$$J_n v_k = v_{k-1} + v_k \qquad \text{für} \quad 2 \leqslant k \leqslant n.$$

a) Man beweise

$$\|J_1\| \leqslant \|J_2\| \leqslant \ldots \leqslant 2$$

und

$$\|J_n\| \geqslant 2\sqrt[2]{1 - \frac{3}{4n}}.$$

Also folgt $\lim_{n\to\infty} \|J_n\| = 2$.

b) Man berechne $\|J_2\|$.

A 6.9. a) Sei $\mathfrak{V}$ ein Hilbertraum von endlicher Dimension über $\mathbb{C}$ und $A \in \operatorname{Hom}(\mathfrak{V}, \mathfrak{V})$ eine normale Abbildung. Seien $a_1, \ldots, a_n$ die Eigenwerte von A und $m_0 = \operatorname{Min}_j |a_j|$. Dann gilt $\|Av\| \geqslant m_0 \|v\|$ für alle $v \in \mathfrak{V}$.

b) Für $\dim \mathfrak{V} = 2$ gibt es Abbildungen $A_j \in \operatorname{Hom}(\mathfrak{V}, \mathfrak{V})$ derart, daß jedes A_j nur den Eigenwert 1 hat, die Zahlen

$$b_j = \operatorname{Min}\{\, \|A_j v\| \mid v \in \mathfrak{V},\ \|v\| = 1 \,\}$$

aber eine Nullfolge bilden.

A 6.10. Sei $\mathfrak{V}$ ein Hilbertraum von endlicher Dimension n über $\mathbb{C}$. Seien $A, B \in \operatorname{Hom}(\mathfrak{V}, \mathfrak{V})$ mit A normal und B beliebig. Ist c ein Eigenwert von $A+B$, so gibt es einen Eigenwert a von A mit $|c-a| \leqslant \|B\|$. (Dies ist ein sog. Störungssatz.)

A 6.11. Sei $\{\, v_1, \ldots, v_n \,\}$ eine Orthonormalbasis von $\mathfrak{V}$ und sei $A \in \operatorname{Hom}(\mathfrak{V}, \mathfrak{V})$ definiert durch

$$Av_j = v_{j+1} \qquad \text{für} \quad 1 \leqslant j \leqslant n-1, \quad Av_n = v_1 .$$

a) Ist $\mathfrak{V}$ ein $\mathbb{C}$-Hilbertraum, so gebe man explizit eine Orthonormalbasis $\{\, w_1, \ldots, w_n \,\}$ von $\mathfrak{V}$ an mit $Aw_j = a_j w_j$ und bestimme die Eigenwerte a_j von A.

b) Ist $\mathfrak{V}$ ein $\mathbb{R}$-Hilbertraum, so gebe man explizit die Zerlegung aus 6.18 an.

A 6.12. Sei $\mathfrak{V}$ ein endlichdimensionaler **K**-Hilbertraum und U eine unitäre Abbildung aus $\operatorname{Hom}(\mathfrak{V}, \mathfrak{V})$.

a) Man beweise $|\det U| = 1$.

b) Für $\mathbf{K} = \mathbb{R}$ zeige man, daß es ein unitäres U gibt mit $\det U = -1$.

c) Sei $\mathbf{K} = \mathbb{C}$. Man zeige, daß es für jede komplexe Zahl a mit $|a| = 1$ ein unitäres U gibt mit $\det U = a$.

A 6.13. Sei $\mathfrak{V}$ ein $\mathbb{C}$-Hilbertraum von endlicher Dimension.

a) Ist H eine hermitesche Abbildung aus $\operatorname{Hom}(\mathfrak{V}, \mathfrak{V})$, so existiert

$$(E + iH)(E - iH)^{-1},$$

und dies ist eine unitäre Abbildung ohne Eigenwert -1.

b) Für welche unitären Abbildungen U aus $\operatorname{Hom}(\mathfrak{V}, \mathfrak{V})$ gibt es eine hermitesche Abbildung H mit

$$U = (E + iH)(E - iH)^{-1}? \qquad \text{(sog. Cayleysche Darstellung).}$$

A 6.14. Sei $\mathfrak{V}$ ein Hilbertraum von endlicher Dimension über $\mathbb{R}$ oder $\mathbb{C}$. Man bestimme die Dimension des $\mathbb{R}$-Vektorraumes aller hermiteschen Abbildungen von $\mathfrak{V}$ in sich.

A 6.15. Sei $\mathfrak{V}$ ein Hilbertraum und $A \in \operatorname{Hom}(\mathfrak{V}, \mathfrak{V})$. Dann sind gleichwertig:

a) A ist unitär.

b) Für wenigstens eine Orthonormalbasis $\{ v_1, \ldots, v_n \}$ von $\mathfrak{V}$ ist $\{ Av_1, \ldots, Av_n \}$ eine Orthonormalbasis von $\mathfrak{V}$.

c) Für jede Orthonormalbasis $\{ v_1, \ldots, v_n \}$ von $\mathfrak{V}$ ist $\{ Av_1, \ldots, Av_n \}$ eine Orthonormalbasis von $\mathfrak{V}$.

A 6.16. Seien $A, B, C \in (\mathbb{C})_n$ mit A und B normal und $AC = CB$. Dann gilt auch $\overline{A}'C = C\overline{B}'$. (Man wende 6.25 an auf

$$\begin{pmatrix} A & 0 \\ 0 & B \end{pmatrix}, \qquad \begin{pmatrix} 0 & C \\ 0 & 0 \end{pmatrix}.)$$

A 6.17. a) Sei $\mathfrak{V}$ ein $\mathbb{C}$-Hilbertraum von endlicher Dimension. Sei $\mathfrak{M}$ ein $\mathbb{C}$-Unterraum von $\operatorname{Hom}(\mathfrak{V}, \mathfrak{V})$ aus lauter normalen Abbildungen. Für $A \in \mathfrak{M}$ gelte stets auch $A^* \in \mathfrak{M}$. Dann gilt $AB = BA$ für alle $A, B \in \mathfrak{M}$.

A 6.18. Sei $\mathfrak{V}$ ein endlichdimensionaler Hilbertraum mit $\dim \mathfrak{V} \geqslant 2$. Für welche $a, b \in \mathbb{C}$ gilt dann, daß für jedes $A \in \operatorname{Hom}(\mathfrak{V}, \mathfrak{V})$ stets $aA + bA^*$ normal ist?

A 6.19. Seien $A, B, C \in (\mathbb{C})_n$ mit A und B normal und $C^{-1}AC = B$. Dann gibt es ein unitäres $U \in (\mathbb{C})_n$ mit $U^{-1}AU = B$.

A 6.20. Folgt aus $AB = 0$ für normale Abbildungen A und B stets $BA = 0$?

A 6.21. Sei $(a_{jk}) \in (\mathbb{C})_n$. Wir setzen

$$r = \operatorname*{Max}_{j,k} |a_{jk}|, \qquad s = \operatorname*{Max}_{j,k} |\operatorname{Re} a_{jk}|, \qquad t = \operatorname*{Max}_{j,k} |\operatorname{Im} a_{jk}|.$$

a) Ist a ein Eigenwert von (a_{jk}), so gelten

$$|a| \leqslant nr, \qquad |\operatorname{Re} a| \leqslant ns, \qquad |\operatorname{Im} a| \leqslant nt.$$

b) Sind alle a_{jk} reell, so gilt sogar

$$|\operatorname{Im} a| \leqslant t\sqrt[2]{\frac{n(n-1)}{2}}.$$

(Man verwende 6.28.)

A 6.22. Sei $\mathfrak{V}$ ein Hilbertraum von endlicher Dimension und A eine invertierbare Abbildung aus $\operatorname{Hom}(\mathfrak{V}, \mathfrak{V})$. Dann sind gleichwertig:

a) Für alle normalen B aus $\operatorname{Hom}(\mathfrak{V}, \mathfrak{V})$ ist $A^{-1}BA$ normal.

b) Für alle hermiteschen B aus $\operatorname{Hom}(\mathfrak{V}, \mathfrak{V})$ ist $A^{-1}BA$ hermitesch.

c) $A = cU$ mit $0 < c \in \mathbb{R}$ und unitärem U.

§ 7 Positive hermitesche Abbildungen

In diesem Paragraphen sei wieder stets $\mathfrak{V}$ ein Hilbertraum von endlicher Dimension über $\mathbb{R}$ oder $\mathbb{C}$.

7.1 Definition. a) Seien A und B hermitesche Abbildungen aus $\operatorname{Hom}(\mathfrak{V}, \mathfrak{V})$. Wir setzen $A \geqslant B$ (bzw. $A > B$), falls

$$((A - B)v, v) \geqslant 0 \qquad \text{für alle } v \in \mathfrak{V}$$

(bzw. $((A - B)v, v) > 0$ für alle $0 \neq v \in \mathfrak{V}$).
(Nach 6.8 ist (Av, v) für hermitesches A stets reell.)
b) Ist A hermitesch mit $A > 0$ (bzw. $A \geqslant 0$), so nennen wir A positiv (bzw. nichtnegativ).
(Bei manchen Autoren heißt es "positiv definit" statt "positiv" und "positiv semidefinit" statt "nichtnegativ".)
c) Sei $A = (a_{jk})$ eine hermitesche Matrix aus $(\mathbf{K})_n$. Wir setzen $A \geqslant 0$ (bzw. $A \geqslant 0$), falls

$$\sum_{j,k=1}^{n} a_{kj} x_j \overline{x_k} \geqslant 0 \qquad \text{für alle} \quad (x_1, \ldots, x_n) \in \mathbf{K}^n$$

(bzw. $\sum\limits_{j,k=1}^{n} a_{kj} x_j \overline{x_k} > 0$ für alle $0 \neq (x_1, \ldots, x_n) \in \mathbf{K}^n$).

7.2 Bemerkungen. a) Die Definitionen in 7.1 b) und c) sind verträglich:
Sei A hermitesch aus $\operatorname{Hom}(\mathfrak{V}, \mathfrak{V})$, sei $\{ v_1, \ldots, v_n \}$ eine Orthonormalbasis von $\mathfrak{V}$ und

$$Av_j = \sum_{k=1}^{n} a_{kj} v_k \qquad (j = 1, \ldots, n).$$

Für $v = \sum\limits_{j=1}^{n} x_j v_j \in \mathfrak{V}$ ist dann

$$(Av, v) = (\sum_{j,k=1}^{n} x_j a_{kj} v_k, \sum_{r=1}^{n} x_r v_r) = \sum_{j,k=1}^{n} a_{kj} x_j \overline{x_k}.$$

Also ist $A \geqslant 0$ (bzw. $A > 0$) gleichwertig mit $(a_{jk}) \geqslant 0$ (bzw. $(a_{jk}) > 0$).

b) Sei (a_{jk}) eine hermitesche Matrix aus $(\mathbb{R})_n$. Gilt $\sum_{j,k=1}^{n} a_{kj}x_jx_k \geqslant 0$ für alle $(x_1,\ldots,x_n) \in \mathbb{R}^n$, so gilt auch $\sum_{j,k=1}^{n} a_{kj}z_j\overline{z}_k \geqslant 0$ für alle $(z_1,\ldots,z_n) \in \mathbb{C}^n$: Sei $z_j = x_j + iy_j$ mit $x_j, y_j \in \mathbb{R}$. Dann ist wegen $a_{jk} = a_{kj}$

$$\begin{aligned}\sum_{j,k=1}^{n} a_{kj}z_j\overline{z_k} &= \sum_{j,k=1}^{n} a_{kj}(x_jx_k + y_jy_k) + i\sum_{j,k=1}^{n} a_{kj}(x_ky_j - x_jy_k) \\ &= \sum_{j,k=1}^{n} a_{kj}(x_jx_k + y_jy_k) \geqslant 0.\end{aligned}$$

7.3 Satz. *Sei A eine hermitesche Abbildung. Genau dann gilt* $A > 0$ $(A \geqslant 0)$, *wenn alle Eigenwerte von A positiv (nichtnegativ) sind.*

Beweis. Seien $a_1 \geqslant \ldots \geqslant a_n$ die Eigenwerte von A. Nach 6.9 gilt dann

$$\{\,(Av, v) \mid v \in \mathfrak{V},\ \|v\| = 1\,\} = [a_n, a_1].$$

Also gilt $(Av, v) > 0$ $(\geqslant 0)$ für alle $v \neq 0$ genau dann, wenn $a_n > 0$ $(a_n \geqslant 0)$. □

Zwar ist Satz 7.3 für die Entscheidung, ob $A > 0$ gilt, nicht immer geeignet, da die Berechnung der Eigenwerte von A nur selten durchführbar ist, aber für die Zwecke der Theorie leistet 7.3 gute Dienste. (Ein umständliches, aber rechnerisch grundsätzlich immer verwendbares Determinantenkriterium für $(a_{jk}) > 0$ geben wir in 8.9 an.)

7.4 Satz. *Seien A und B hermitesche Abbildungen aus* Hom$(\mathfrak{V}, \mathfrak{V})$ *mit* $AB = BA$. *Nach 6.26 c) ist dann* AB *hermitesch.*
a) *Ist* $A \geqslant 0$ *und* $B \geqslant 0$, *so gilt* $AB \geqslant 0$.
b) *Ist* $A > 0$ *und* $B > 0$, *so gilt* $AB > 0$.

Beweis. Nach 6.7 sind A und B diagonalisierbar. Wegen $AB = BA$ sind dann A und B nach I,4.7 gleichzeitig diagonalisierbar, d.h. es gibt eine Basis $\{v_1,\ldots,v_n\}$ von $\mathfrak{V}$ mit

$$Av_j = a_jv_j \qquad \text{und} \qquad Bv_j = b_jv_j.$$

Dann ist

$$ABv_j = a_jb_jv_j.$$

Ist $A \geqslant 0$ und $B \geqslant 0$, so gilt nach 7.3 $a_j \geqslant 0$ und $b_j \geqslant 0$ für $j = 1,\ldots,n$. Dann ist auch $a_jb_j \geqslant 0$, also folgt $AB \geqslant 0$ mit 7.3. Analog folgt aus $A > 0$ und $B > 0$ auch $AB > 0$. □

Wir stellen einige triviale Eigenschaften der in 7.1 eingeführten Ordnungsrelation zusammen:

7.5 Satz. *Seien* A, B, C, D *hermitesche Abbildungen aus* Hom $(\mathfrak{V}, \mathfrak{V})$.
a) *Aus* $A \geqslant B$ *und* $B \geqslant C$ *folgt* $A \geqslant C$.
b) *Ist* $A \geqslant C$ *und* $B \geqslant D$, *so ist* $A + B \geqslant C + D$.
c) *Ist* $A \geqslant B$ *und* $0 < c \in \mathbb{R}$, *so ist* $cA \geqslant cB$.
d) *Ist* $A \geqslant B$, $C \geqslant 0$ *und* $AC = CA$, $BC = CB$, *so gilt* $AC \geqslant BC$.
e) *Ist* $A \geqslant B \geqslant 0$ *und* $AB = BA$, *so ist* $A^m \geqslant B^m$ *für alle* $m = 1, 2, \ldots$.
(Entsprechende Aussagen gelten natürlich auch für $>$ *anstelle von* $\geqslant$.*)*

Beweis. Die Aussagen a) bis c) folgen sofort aus der Definition.
d) Nun gelten $A - B \geqslant 0$, $C \geqslant 0$ und $(A - B)C = C(A - B)$. Daher folgt mit 7.4 a) auch

$$AC - BC = (A - B)C \geqslant 0.$$

e) Wegen $AB = BA$ ist nach 7.4 a)

$$A^m - B^m = (A - B)(A^{m-1} + A^{m-2}B + \ldots + B^{m-1}) \geqslant 0. \qquad \square$$

Nach 7.5 liefert $\geqslant$ auf der Menge der hermiteschen Abbildungen eine Teilordnung, und es gelten gewisse Monotoniegesetze. Jedoch gelten keineswegs alle von den reellen Zahlen her vertrauten Regeln:

7.6 Bemerkungen. a) Hat eine hermitesche Abbildung A die Eigenwerte 1 und -1, so sind nach 7.3 die beiden Aussagen $A \geqslant 0$ und $0 \geqslant A$ falsch. Somit ist $\geqslant$ auf der Menge der hermiteschen Abbildungen keine Totalordnung.
b) Das volle Monotoniegesetz der Multiplikation gilt nicht:
Wir betrachten die hermiteschen Matrizen

$$A = \begin{pmatrix} 1 & 0 \\ 0 & 0 \end{pmatrix} \qquad \text{und} \qquad B = \begin{pmatrix} 5/4 & 1/4 \\ 1/4 & 1/4 \end{pmatrix}.$$

Da $B - A$ die Eigenwerte 0, $\frac{1}{2}$ hat, gilt nach 7.3 $B \geqslant A \geqslant 0$. Aber

$$B^2 - A^2 = 4^{-2} \begin{pmatrix} 10 & 6 \\ 6 & 2 \end{pmatrix}$$

hat die Eigenwerte

$$4^{-2}(6 - \sqrt{52}) < 0 \qquad \text{und} \qquad 4^{-2}(6 + \sqrt{52}) > 0.$$

Aus $B \geqslant A \geqslant 0$ folgt also nicht $B^2 \geqslant A^2$.
c) Immerhin kann durch Potenzieren eine Ungleichung nicht umgekehrt werden. Es gilt nämlich:

Sind A und B hermitesch mit $B \geqslant A \geqslant 0$ und $B^m \leqslant A^m$ für eine natürliche Zahl m, so gilt $A = B$:

Nach 6.9 gilt nun wegen $0 \leqslant A \leqslant B$

$$r(A) = \underset{\|v\|=1}{\text{Max}}(Av, v) \leqslant \underset{\|v\|=1}{\text{Max}}(Bv, v) = r(B).$$

Aus $0 \leqslant B^m \leqslant A^m$ folgt analog

$$r(B)^m = r(B^m) \leqslant r(A^m) = r(A)^m.$$

Das zeigt $r(A) = r(B)$.
Sei $v \in \mathfrak{V}$ mit $\|v\| = 1$ und $Av = av$ mit

$$(Av, v) = a = r(A) = r(B).$$

Nun folgt

$$r(B) = (Av, v) \leqslant (Bv, v) \leqslant \|Bv\| \, \|v\| \leqslant \|B\| \, \|v\|^2 = \|B\| = r(B)$$

(siehe 6.9).

Also gilt

$$(Av, v) = (Bv, v) = \|Bv\| \, \|v\|.$$

Nach 4.3 b) ist daher $Bv = bv$ mit geeignetem $b \in \mathbf{K}$. Das liefert

$$a = (Av, v) = (Bv, v) = b.$$

Somit haben A und B den gemeinsamen Eigenvektor v zum gemeinsamen Eigenwert a. Setzen wir $A_1 = A_{\langle v \rangle^\perp}$ und $B_1 = B_{\langle v \rangle^\perp}$, so gilt offenbar

$$0 \leqslant A_1 \leqslant B_1 \qquad \text{und} \qquad B_1^m \leqslant A_1^m.$$

Vermöge einer Induktion nach $\dim \mathfrak{V}$ erhalten wir $A_1 = B_1$, also $A = B$.

Wir nehmen eine Teilaussage von Satz 8.10 vorweg:

7.7 Hilfssatz. a) *Sei (a_{jk}) eine hermitesche Matrix mit $(a_{jk}) \geqslant 0$. Dann gilt für alle j, k*

$$a_{jj} \geqslant 0 \qquad \textit{und} \qquad a_{jj}a_{kk} - |a_{jk}|^2 \geqslant 0.$$

b) *Sei (a_{jk}) eine hermitesche Matrix vom Typ $(2, 2)$. Genau dann gilt $(a_{jk}) \geqslant 0$, wenn*

$$a_{11} \geqslant 0, \quad a_{22} \geqslant 0, \quad a_{11}a_{22} - |a_{12}|^2 \geqslant 0.$$

Beweis. a) Setzen wir in Definition 7.1 c) Vektoren $(x_1, \ldots, x_n) \in \mathbf{K}^n$ ein mit $x_r = 0$ für $j \neq r \neq k$, so erhalten wir für alle $j < k$

$$\begin{pmatrix} a_{jj} & a_{jk} \\ \overline{a_{jk}} & a_{kk} \end{pmatrix} \geqslant 0.$$

Für $x_j = 1$, $x_k = 0$ folgt $a_{jj} \geqslant 0$, analog auch $a_{kk} \geqslant 0$. Nach 7.2 und 7.3 sind beide Eigenwerte der hermiteschen Matrix

$$\begin{pmatrix} a_{jj} & a_{jk} \\ \overline{a_{jk}} & a_{kk} \end{pmatrix}$$

nichtnegativ. Also gilt

$$0 \leqslant \det \begin{pmatrix} a_{jj} & a_{jk} \\ \overline{a_{jk}} & a_{kk} \end{pmatrix} = a_{jj}a_{kk} - |a_{jk}|^2.$$

b) Aus a) folgt, daß die angegebenen Bedingungen notwendig sind.

Ist $a_{11} = a_{22} = 0$, so folgt aus $|a_{12}|^2 \leqslant a_{11}a_{22} = 0$ auch $a_{12} = 0$, und wir sind fertig. Sei also etwa $a_{11} > 0$. Dann gilt

$$\begin{aligned} &a_{11}(a_{11}x_1\overline{x_1} + a_{21}x_1\overline{x_2} + \overline{a_{21}x_1}x_2 + a_{22}x_2\overline{x_2}) \\ &\geqslant a_{11}^2x_1\overline{x_1} + a_{11}a_{21}x_1\overline{x_2} + a_{11}\overline{a_{21}x_1}x_2 + |a_{21}|^2x_2\overline{x_2} \\ &= |a_{11}x_1 + \overline{a_{21}}x_2|^2 \geqslant 0. \end{aligned}$$

Daraus folgt

$$\sum_{j,k=1}^{2} a_{kj}x_j\overline{x_k} \geqslant 0,$$

also $(a_{jk}) \geqslant 0$. □

Die Inklusion definiert für die Untermengen einer Menge oder die Unterräume eines Vektorraumes eine Teilordnung. In diesen Fällen gibt es zu je zwei Objekten $\mathfrak{A}, \mathfrak{B}$ genau ein $\mathfrak{C}$ mit folgenden Eigenschaften:

(1) $\mathfrak{A} \subseteq \mathfrak{C}$ und $\mathfrak{B} \subseteq \mathfrak{C}$.

(2) Ist $\mathfrak{A} \subseteq \mathfrak{D}$ und $\mathfrak{B} \subseteq \mathfrak{D}$, so gilt $\mathfrak{C} \subseteq \mathfrak{D}$.

Die Teilordnung der hermiteschen Abbildungen hat diese Verbandseigenschaften nicht:

7.8 Satz. *Seien A und B hermitesche Abbildungen aus* Hom $(\mathfrak{V}, \mathfrak{V})$. *Es gebe ein hermitesches C aus* Hom $(\mathfrak{V}, \mathfrak{V})$ *mit folgenden Eigenschaften:*

(1) *$A \leqslant C$ und $B \leqslant C$.*

(2) *Ist H eine hermitesche Abbildung mit $A \leqslant H$ und $B \leqslant H$, so sei $C \leqslant H$.*

Dann gilt $A \leqslant B$ oder $B \leqslant A$ (und natürlich $C = B$ bzw. $C = A$).

Beweis. Wir nehmen an, daß C existiert, aber $A \nleqslant B$ und $B \nleqslant A$ gilt, und leiten daraus einen Widerspruch her.

a) Zuerst reduzieren wir das Problem auf den Fall $A = 0$:

Es gelten

$$C - A \geqslant A - A = 0 \qquad \text{und} \qquad C - A \geqslant B - A.$$

Ist $H \geqslant 0$ und $H \geqslant B - A$, so gilt

$$H + A \geqslant A \qquad \text{und} \qquad H + A \geqslant B,$$

nach Voraussetzung also auch $H + A \geqslant C$, also $H \geqslant C - A$.
Ferner ist $B - A \not\geqslant 0$ und $B - A \not\leqslant 0$. Also können wir weiterhin im Beweis $A = 0$ und $B \not\geqslant 0$, $B \not\leqslant 0$ annehmen.

Sei $\{ v_1, \ldots, v_n \}$ eine Orthonormalbasis von $\mathfrak{V}$ mit

$$Bv_j = b_{jj} v_j \qquad (j = 1, \ldots, n)$$

und $b_{jj} \geqslant 0$ für $j = 1, \ldots, k$, $b_{jj} > 0$ aber $b_{jj} < 0$ für $j = k + 1, \ldots, n$. Dabei ist $1 \leqslant k < n$.

b) Wir betrachten die hermitesche Abbildung D mit

$$Dv_j = \begin{cases} b_{jj} v_j & \text{für } j \leqslant k \\ 0 & \text{für } j > k \end{cases}$$

und beweisen $D = C$:

Wegen $D \geqslant 0$ und $D \geqslant B$ ist $D \geqslant C$. Sei

$$Cv_j = \sum_{k=1}^{n} c_{kj} v_k \qquad (j = 1, \ldots, n).$$

Aus $D \geqslant C \geqslant B$ folgt mit 7.7

$$b_{jj} \geqslant c_{jj} \geqslant b_{jj} \qquad \text{für} \quad j = 1, \ldots, k.$$

Aus $D \geqslant C \geqslant 0$ folgt

$$0 \geqslant c_{jj} \geqslant 0 \qquad \text{für} \quad j = k + 1, \ldots, n.$$

Also gilt

$$c_{jj} = \begin{cases} b_{jj} & \text{für } j \leqslant k \\ 0 & \text{für } j > k. \end{cases}$$

Aus $D - C \geqslant 0$ folgt ferner für $j \neq k$ mit 7.7 $0 \leqslant -|c_{jk}|^2$. Insgesamt zeigt dies $D = C$.

c) Um den Widerspruch herbeizuführen, suchen wir eine zweireihige hermitesche Matrix

$$H_0 = \begin{pmatrix} h_{11} & h_{1n} \\ h_{n1} & h_{nn} \end{pmatrix}$$

mit

$$H_0 \geqslant \begin{pmatrix} b_{11} & 0 \\ 0 & b_{nn} \end{pmatrix}, \qquad H_0 \geqslant 0, \qquad H_0 \not\geqslant \begin{pmatrix} b_{11} & 0 \\ 0 & 0 \end{pmatrix}. \tag{$*$}$$

Für die (n,n)-Matrix

$$(h_{jk}) = \begin{pmatrix} h_{11} & 0 & \dots & 0 & & & h_{1n} \\ 0 & b_{22} & \dots & & & & 0 \\ \vdots & \vdots & \ddots & & & & \\ 0 & & & b_{kk} & & & 0 \\ & & & & 0 & & \\ \vdots & & & \vdots & & \ddots & \vdots \\ & & & & & 0 & \\ h_{n1} & 0 & \dots & 0 & & \dots & h_{nn} \end{pmatrix}$$

gilt dann nämlich

$$\sum_{j,k=1}^{n} h_{kj}x_j\overline{x_k} = h_{11}x_1\overline{x_1} + h_{n1}x_1\overline{x_n} + h_{1n}\overline{x_1}x_n + h_{nn}x_n\overline{x_n} + \sum_{j=2}^{k} b_{jj}x_j\overline{x_j} \geqslant 0$$

und

$$\sum_{j,k=1}^{n} h_{kj}x_j\overline{x_k} \geqslant \sum_{j=1}^{k} b_{jj}x_j\overline{x_j} + b_{nn}x_n\overline{x_n} \geqslant \sum_{j=1}^{n} b_{jj}x_j\overline{x_j}.$$

Aber für geeignete x_1, x_n ist

$$h_{11}x_1\overline{x_1} + h_{n1}x_1\overline{x_n} + h_{1n}\overline{x_1}x_n + h_{nn}x_n\overline{x_n} < b_{11}x_1\overline{x_1}.$$

Ist H die zu (h_{jk}) gehörende Abbildung, so heißt dies

$$H \geqslant 0, H \geqslant B, \qquad \text{aber} \qquad H \not\geqslant C.$$

d) Nach 7.7 bedeuten die Bedingungen unter $(*)$

$$h_{11} \geqslant b_{11}, \quad h_{nn} \geqslant b_{nn}, \quad (h_{11} - b_{11})(h_{nn} - b_{nn}) \geqslant |h_{1n}|^2,$$

$$h_{11} \geqslant 0, \quad h_{nn} \geqslant 0, \quad h_{11}h_{nn} \geqslant |h_{1n}|^2,$$

aber

$$(h_{11} - b_{11})h_{nn} < |h_{1n}|^2.$$

Um diese zu erfüllen, setzen wir

$$h_{11} = b_{11} + 1, \quad h_{nn} = 1 \qquad \text{und} \qquad |h_{1n}|^2 = \operatorname{Min}\{\, 1 + b_{11},\ 1 - b_{nn} \,\}.$$

Wegen $b_{11} > 0$, $b_{nn} < 0$ ist dann

$$h_{11} > b_{11}, \quad h_{nn} > b_{nn}, \quad |h_{1n}|^2 > 1$$

$$h_{11}h_{nn} - |h_{1n}|^2 = 1 + b_{11} - |h_{1n}|^2 \geqslant 0,$$

$$(h_{11} - b_{11})(h_{nn} - b_{nn}) = 1 - b_{nn} \geqslant |h_{1n}|^2,$$

aber

$$(h_{11} - b_{11})h_{nn} = 1 < |h_{1n}|^2. \qquad \square$$

7.9 Hauptsatz. *Sei A eine hermitesche Abbildung aus* Hom $(\mathfrak{V}, \mathfrak{V})$ *mit* $A \geqslant 0$.
a) *Für jede natürliche Zahl m gibt es genau ein hermitesches $B \geqslant 0$ mit $B^m = A$.*
b) *Ist $C \in$* Hom $(\mathfrak{V}, \mathfrak{V})$ *mit $AC = CA$, so gilt $BC = CB$.*

Beweis. a) Sei $\{ v_1, \dots, v_n \}$ eine Orthonormalbasis von $\mathfrak{V}$ mit

$$Av_j = a_j v_j \qquad (j = 1, \dots, n).$$

Wegen $A \geqslant 0$ gilt nach 7.3 $0 \leqslant a_j \in \mathbb{R}$. Also existieren nichtnegative b_j aus $\mathbb{R}$ mit $b_j^m = a_j$. Definieren wir die Abbildung B durch

$$Bv_j = b_j v_j \qquad (j = 1, \dots, n),$$

so ist B nach 6.7 hermitesch, und nach 7.3 gilt $B \geqslant 0$. Offenbar ist $B^m = A$. Ist f ein Polynom aus $\mathbb{R}[x]$ mit $f(a_j) = b_j$ $(j = 1, \dots, n)$, so gilt $B = f(A)$.

Zum Beweis der Eindeutigkeit von B gehen wir so vor:

Seien $a_1, \dots, a_m$ die verschiedenen Eigenwerte von A. Setzen wir

$$\mathfrak{V}_j = \text{Kern}\,(A - a_j E),$$

so gilt

$$\mathfrak{V} = \mathfrak{V}_1 \perp \dots \perp \mathfrak{V}_m.$$

Sei nun $H \geqslant 0$ mit $H^m = A$. Dann ist $HA = AH$. Für $v_j \in \mathfrak{V}_j$ gilt daher

$$AHv_j = HAv_j = a_j Hv_j.$$

Das zeigt $H\mathfrak{V}_j \leqslant \mathfrak{V}_j$. Nach 6.6 d) ist die Einschränkung von H auf $\mathfrak{V}_j$ normal. Also gibt es nach 6.7 eine Orthonormalbasis $\{ v_{j1}, \dots, v_{j,n_j} \}$ von $\mathfrak{V}_j$ mit

$$Hv_{jk} = h_{jk} v_{jk}$$

und geeigneten h_{jk}. Wegen $H \geqslant 0$ gilt dabei $0 \leqslant h_{jk} \in \mathbb{R}$, wegen $H^m = A$ ist

$$h_{jk}^m = a_j \qquad (k = 1, \dots, n_j).$$

Das erzwingt $h_{jk} = b_j$, also $H = B$.
b) Wie in a) vermerkt, gibt es ein Polynom f mit $B = f(A)$. Aus $AC = CA$ folgt daher auch $BC = CB$. $\square$

7.10 Bemerkung. Mit Hilfe von 7.9 geben wir einen Beweis von 7.4, der sich auch auf Hilberträume von unendlicher Dimension übertragen läßt, wenn man 7.9 für solche Fälle bewiesen hat (siehe dazu auch 7.21 a)):

Sei also $A \geqslant 0$, $B \geqslant 0$ und $AB = BA$. Nach 7.9 existiert ein $H \geqslant 0$ mit $H^2 = A$, und dabei gilt $HB = BH$. Wegen $B \geqslant 0$ folgt für alle $v \in \mathfrak{V}$

$$(ABv, v) = (H^2 Bv, v) = (BHv, Hv) \geqslant 0.$$

Das zeigt $AB \geqslant 0$.

Sei $\mathfrak{V}$ ein Hilbertraum von endlicher Dimension über $\mathbb{C}$. In 6.11 hatten wir für jedes $A \in \mathrm{Hom}\,(\mathfrak{V}, \mathfrak{V})$ eine Zerlegung $A = H_1 + iH_2$ mit hermiteschem H_1, H_2 ermittelt. Das erinnert natürlich an die Zerlegung

$$z = \mathrm{Re}\, z + i\, \mathrm{Im}\, z$$

einer komplexen Zahl z in Real- und Imaginärteil. Kann man die sog. Polarzerlegung

$$z = a|z| \quad \text{mit} \quad |a| = 1 \quad \text{und} \quad |z| \geqslant 0$$

sinnvoll auf Abbildungen übertragen? Um dies zu tun, benötigen wir einen Hilfssatz:

7.11 Hilfssatz. *Seien* $A, B \in \mathrm{Hom}\,(\mathfrak{V}, \mathfrak{V})$ *mit*

$$(Av, Av) = (Bv, Bv) \qquad \textit{für alle} \quad v \in \mathfrak{V}.$$

Dann gibt es eine unitäre Abbildung $U \in \mathrm{Hom}\,(\mathfrak{V}, \mathfrak{V})$ *mit* $A = UB$.

Beweis. Ist B invertierbar, so folgt für alle $w \in \mathfrak{V}$

$$(AB^{-1}w, AB^{-1}w) = (w, w),$$

also ist AB^{-1} nach 6.19 unitär.

Im allgemeinen Fall müssen wir jedoch etwas vorsichtiger sein. Wir setzen

$$\mathfrak{A} = \mathrm{Bild}\, A, \qquad \mathfrak{B} = \mathrm{Bild}\, B$$

und definieren eine Abbildung C von $\mathfrak{B}$ in $\mathfrak{A}$ durch

$$Cw = Av \qquad \text{falls} \qquad w = Bv \in \mathfrak{B}.$$

C ist wohldefiniert: Sei $w = Bv_1 = Bv_2$. Dann ist nach Voraussetzung

$$(A(v_1 - v_2), A(v_1 - v_2)) = (B(v_1 - v_2), B(v_1 - v_2)) = 0,$$

somit auch $Av_1 = Av_2$.
C ist linear: Für $w_j = Bv_j \in \mathfrak{B}$ und $a_j \in \mathbf{K}$ $(j = 1, 2)$ gilt

$$\begin{aligned} C(a_1 w_1 + a_2 w_2) &= C(B(a_1 v_1 + a_2 v_2)) = A(a_1 v_1 + a_2 v_2) \\ &= a_1 A v_1 + a_2 A v_2 = a_1 C w_1 + a_2 C w_2. \end{aligned}$$

Wegen $C(Bv) = Av$ ist C ein Epimorphismus von $\mathfrak{B}$ auf $\operatorname{Bild} A = \mathfrak{A}$. Ist schließlich $w = Bv \in \mathfrak{B}$, so folgt

$$(Cw, Cw) = (Av, Av) = (Bv, Bv) = (w, w).$$

Insbesondere folgt $\operatorname{Kern} C = 0$.
Somit ist C ein Isomorphismus von $\mathfrak{B}$ auf $\mathfrak{A}$. Daraus folgt $\dim \mathfrak{A} = \dim \mathfrak{B}$ und mit 4.16 a) dann auch $\dim \mathfrak{A}^{\perp} = \dim \mathfrak{B}^{\perp}$. Nach 4.15 gibt es daher einen Isomorphismus D von $\mathfrak{B}^{\perp}$ auf $\mathfrak{A}^{\perp}$ mit $(Du, Du) = (u, u)$ für alle $u \in \mathfrak{B}^{\perp}$. Wir definieren U durch

$$U(v_1 + v_2) = Cv_1 + Dv_2 \qquad \text{für} \quad v_1 \in \mathfrak{B}, \quad v_2 \in \mathfrak{B}^{\perp}.$$

Dann ist U ein Isomorphismus von $\mathfrak{B} \perp \mathfrak{B}^{\perp} = \mathfrak{V}$ auf $\mathfrak{A} \perp \mathfrak{A}^{\perp} = \mathfrak{V}$ mit

$$\begin{aligned}(U(v_1 + v_2), U(v_1 + v_2)) &= (Cv_1, Cv_1) + (Dv_2, Dv_2) = (v_1, v_1) + (v_2, v_2) \\ &= (v_1 + v_2, v_1 + v_2).\end{aligned}$$

Also ist U unitär. Dabei gilt für alle $v \in \mathfrak{V}$

$$U(Bv) = C(Bv) = Av,$$

also $UB = A$. □

7.12 Hauptsatz. *Sei $\mathfrak{V}$ ein Hilbertraum von endlicher Dimension über $\mathbb{R}$ oder $\mathbb{C}$ und $A \in \operatorname{Hom}(\mathfrak{V}, \mathfrak{V})$.*
a) *Es gibt ein hermitesches $H \geqslant 0$ und ein unitäres U mit $A = UH$. Ist A invertierbar, so ist $H > 0$. (sog. Polarzerlegung von A).*
b) *H ist eindeutig bestimmt durch $H \geqslant 0$ und $H^2 = A^*A$. Ist A invertierbar, so ist auch U eindeutig bestimmt.*
c) *Genau dann ist A normal, wenn $UH = HU$ gilt.*

Beweis. a) Offenbar ist A^*A hermitesch. Wegen

$$(A^*Av, v) = (Av, Av) \geqslant 0$$

gilt $A^*A \geqslant 0$. Nach 7.9 gibt es daher ein $H \geqslant 0$ mit $H^2 = A^*A$. Nun gilt für alle $v \in \mathfrak{V}$

$$(Av, Av) = (v, A^*Av) = (v, H^2v) = (Hv, Hv).$$

Nach 7.11 gibt es daher ein unitäres U mit $A = UH$.
Ist A invertierbar, so auch H. Dann hat H keinen Eigenwert 0, und es folgt sogar $H > 0$.
b) Sei $A = UH$ mit U unitär und $H \geqslant 0$. Dann ist

$$A^*A = H^*U^*UH = H^2,$$

und dadurch ist H nach 7.9 eindeutig bestimmt.

Ist A regulär, so ist nach a) auch H regulär, und dann ist U durch $U = AH^{-1}$ eindeutig bestimmt.
c) Sei zuerst $A = UH = HU$. Dann ist

$$A^*A = H^*U^*UH = H^2 = HUU^*H = (HU)(HU)^* = AA^*,$$

und A ist normal.

Sei umgekehrt $A = UH$ normal. Dann ist

$$UH^2U^{-1} = UH^2U^* = UH(UH)^* = AA^* = A^*A = H^2.$$

Nach 7.9 b) ist dann auch $UH = HU$. □

7.13 Satz. *Sei $A = UH$ gemäß 7.12 a). Dann sind gleichwertig:*
a) *A ist normal.*
b) $A(A^*A) = (A^*A)A$.
c) $AH = HA$.

Beweis. a) ⇒ b): Dies folgt sofort aus $AA^* = A^*A$.
b) ⇒ c): Die Aussage in b) bedeutet nach 7.12 b) $AH^2 = H^2A$, daraus folgt mit 7.9 b) $AH = HA$.
c) ⇒ b): Dies ist wegen $H^2 = A^*A$ trivial.
b) ⇒ a): Die Abbildung $B = AA^* - A^*A$ ist offenbar hermitesch. Es gilt

$$A^*AA^* = (A(A^*A))^* = ((A^*A)A)^* = A^*A^*A.$$

Damit erhalten wir

$$\begin{aligned}\operatorname{Spur} B^2 &= \operatorname{Spur} A \cdot A^*AA^* - \operatorname{Spur} AA^*A^*A - \operatorname{Spur} A^*AA \cdot A^* + \operatorname{Spur} A^*AA^* \cdot A\\ &= \operatorname{Spur} AA^*A^*A - \operatorname{Spur} AA^*A^*A - \operatorname{Spur} A^*A^*AA + \operatorname{Spur} A^*A^*AA = 0.\end{aligned}$$

Seien $b_1, \ldots, b_n$ die Eigenwerte der hermiteschen Abbildung B. Dann folgt

$$0 = \operatorname{Spur} B^2 = \sum_{j=1}^{n} b_j^2.$$

Da die b_j reell sind, gilt $b_1 = \ldots = b_n = 0$. Da B diagonalisierbar ist, folgt

$$0 = B = AA^* - A^*A,$$

und A ist normal. □

Als Vorbereitung auf Satz 7.16 beweisen wir eine wichtige Ungleichung:

7.14 Satz. *Seien* $0 \leqslant a_j \in \mathbb{R}$ $(j = 1, \ldots, n)$. *Dann gilt*

$$\sqrt[n]{a_1 \ldots a_n} \leqslant \frac{1}{n}(a_1 + \ldots + a_n),$$

wobei die nichtnegative n-te Wurzel gemeint ist. Genau dann gilt

$$\sqrt[n]{a_1 \ldots a_n} = \frac{1}{n}(a_1 + \ldots + a_n),$$

wenn $a_1 = a_2 = \ldots = a_n$.
(Man nennt $\frac{1}{n}(a_1 + \ldots + a_n)$ *das arithmetische und* $\sqrt[n]{a_1 \ldots a_n}$ *das geometrische Mittel der Zahlen* $a_1, \ldots, a_n$.*)*

Beweis. Für $a_1 = \ldots = a_n$ sind geometrisches und arithmetisches Mittel offenbar gleich. Sei also

$$a_1 = \operatorname{Min} a_j < \operatorname*{Max}_j a_j = a_n.$$

Wir setzen $g = \sqrt[n]{a_1 \ldots a_n}$ und $a = \frac{1}{n}(a_1 + \ldots + a_n)$. Ist $a_1 = 0$, so folgt $g = 0 < a$, und wir sind fertig. Sei also $a_1 > 0$. Dann ist

$$0 < (a_n - a)(a - a_1) = a(a_1 + a_n - a) - a_1 a_n,$$

also

$$a_1 a_n < a(a_1 + a_n - a).$$

Wir setzen $b = a_1 + a_n - a$. Dann ist $b > a_n - a > 0$ und

$$b + a_2 + \ldots + a_{n-1} = \sum_{j=1}^{n} a_j - a = (n-1)a.$$

Gemäß einer Induktion nach n können wir

$$b a_2 \ldots a_{n-1} \leqslant a^{n-1}$$

als bewiesen ansehen. Dann folgt

$$g^n = a_1 a_n a_2 \ldots a_{n-1} < a b a_2 \ldots a_{n-1} \leqslant a^n.$$

□

7.15 Hilfssatz. *Sei* $\{ v_1, \ldots, v_n \}$ *eine Orthonormalbasis von* $\mathfrak{V}$ *und* $A \in \operatorname{Hom}(\mathfrak{V}, \mathfrak{V})$ *mit* $A \geqslant 0$ *und*

$$A v_j = \sum_{k=1}^{n} a_{kj} v_k \qquad (j = 1, \ldots, n).$$

a) *Dann gilt* $a_{jj} \geqslant 0$ $(j = 1, \ldots, n)$ *und*

$$0 \leqslant \det A \leqslant a_{11} a_{22} \ldots a_{nn}.$$

b) *Sei* $a_{jj} > 0$ *für* $j = 1, \ldots, n$. *Genau dann gilt* $\det A = a_{11} \ldots a_{nn}$, *wenn* $a_{jk} = 0$ *für alle* $j \neq k$ *gilt.*

Beweis. (1) Wegen $A \geqslant 0$ ist nach 7.7 $a_{jj} \geqslant 0$ für alle $j = 1, \ldots, n$. Sind $b_1, \ldots, b_n$ die Eigenwerte von A, so gilt nach 7.3 $b_j \geqslant 0$, also ist

$$\det A = b_1 \ldots b_n \geqslant 0.$$

(2) Sei $a_{jj} = (Av_j, v_j) = 0$ für ein j. Wegen $A \geqslant 0$ ist dann

$$\operatorname*{Min}_{\|v\|=1} (Av, v) = 0$$

nach 6.9 der kleinste Eigenwert von A. Also ist $\det A = 0$.
(3) Sei nun $a_{jj} = 1$ für $j = 1, \ldots, n$. Sind wieder $b_1, \ldots, b_n$ die Eigenwerte von A, so folgt

$$b_1 + \ldots + b_n = \operatorname{Spur} A = \sum_{j=1}^{n} a_{jj} = n.$$

Wegen $b_j \geqslant 0$ erhalten wir mit 7.14 daher

$$\sqrt[n]{b_1 \ldots b_n} \leqslant \frac{1}{n}(b_1 + \ldots + b_n) = 1,$$

wobei Gleichheit nur für $b_1 = \ldots = b_n$ eintritt. Also folgt

$$\det A = b_1 \ldots b_n \leqslant 1 = a_{11} \ldots a_{nn},$$

wobei Gleichheit nur für $A = b_1 E$ eintritt.
(4) Sei nun $a_{jj} > 0$ für $j = 1, \ldots, n$. Wir definieren eine hermitesche Abbildung B durch

$$Bv_j = \frac{1}{\sqrt{a_{jj}}} v_j \qquad (j = 1, \ldots, n).$$

Dann ist BAB hermitesch mit

$$(BABv, v) = (ABv, Bv) \geqslant 0$$

für alle $v \in \mathfrak{V}$. Das zeigt $BAB \geqslant 0$. Ferner gilt

$$BABv_j = \sum_{k=1}^{n} c_{kj} v_k \qquad \text{mit} \qquad c_{jk} = \frac{a_{jk}}{\sqrt{a_{jj}}\sqrt{a_{kk}}}.$$

Insbesondere gilt $c_{jj} = 1$ für $j = 1, \ldots, n$. Mit (3) folgt daher

$$1 = c_{11} \ldots c_{nn} \geqslant \det(c_{jk}) = \det BAB = \det A (\det B)^2 = \det A (a_{11} \ldots a_{nn})^{-1}.$$

Das zeigt

$$\det A \leqslant a_{11} \dots a_{nn}.$$

Nach (3) gilt die Gleichheit nur, wenn $BAB = cE$, also $a_{jk} = 0$ für alle $j \neq k$ gilt. □

Aus 7.15 folgt eine nützliche Determinantenabschätzung, deren Aussage der geometrischen Intuition entspricht.

7.16 Satz. (Hadamard[25)]) *Sei $A = (a_{jk})$ eine Matrix aus $(\mathbb{C})_n$. Wir führen die Zeilenvektoren*

$$z_j = (a_{j1}, \dots, a_{jn})$$

von A ein und setzen $\|z_j\| = \left(\sum\limits_{k=1}^{n} |a_{jk}|^2\right)^{1/2}$. *Dann gilt*

$$|\det A| \leqslant \|z_1\| \dots \|z_n\|,$$

und Gleichheit tritt genau dann ein, wenn wenigstens ein z_j die Nullzeile ist oder je zwei verschiedene z_j im Sinne des kanonischen Skalarproduktes auf $\mathbb{C}^n$ orthogonal sind.
(Interpretiert man $|\det A|$ als das Volumen des von $z_1, \dots, z_n$ aufgespannten Körpers

$$\{\sum_{j=1}^{n} t_j z_j \mid 0 \leqslant t_j \leqslant 1\},$$

so wird das Volumen nach oben durch das Produkt der Kantenlängen $\|z_j\|$ abgeschätzt; hat keine Kante die Länge 0, so gilt

$$|\det A| = \|z_1\| \dots \|z_n\|$$

genau dann, wenn je zwei der z_j zueinander orthogonal sind.)

Beweis. Auf $\mathbb{C}^n$ verwenden wir das kanonische Skalarprodukt (,) mit

$$((x_j), (y_j)) = \sum_{j=1}^{n} x_j \overline{y_j}.$$

Wir betrachten die hermitesche Matrix

$$(a_{jk})(\overline{a_{jk}})' = (\sum_{r=1}^{n} a_{jr} \overline{a_{kr}}) = ((z_j, z_k)).$$

---

25) Jacques Hadamard (1865–1963) Paris; Funktionentheorie, partielle Differentialgleichungen, Zahlentheorie.

Diese ist nichtnegativ, denn es gilt

$$\sum_{j,k=1}^{n}(z_j,z_k)\,x_j\overline{x_k} = \Big(\sum_{j=1}^{n} x_j z_j, \sum_{j=1}^{n} x_j z_j\Big) \geqslant 0$$

für alle $(x_1,\dots,x_n)$. Mit 7.15 folgt daher

$$|\det A|^2 = \det A\overline{A}' = \det((z_j,z_k)) \leqslant (z_1,z_1)\dots(z_n,z_n) = \|z_1\|^2\dots\|z_n\|^2,$$

und dabei gilt die Gleichheit genau dann, wenn wenigstens ein $z_j = 0$ oder $(z_j,z_k) = 0$ für alle $j \neq k$ gilt. □

7.17 Satz. *Seien $A > 0$ und $B > 0$ hermitesche Abbildungen aus* Hom$(\mathfrak{V},\mathfrak{V})$. *Setzen wir $C = \frac{1}{2}(A+B)$, so gilt*

$$\det C \geqslant \sqrt[2]{\det A \det B},$$

wobei Gleichheit genau für $A = B$ eintritt.

Beweis. Da C hermitesch ist, gibt es eine Orthonormalbasis $\{v_1,\dots,v_n\}$ von $\mathfrak{V}$ mit

$$Cv_j = c_j v_j \qquad (j = 1,\dots,n).$$

Sei

$$Av_j = \sum_{k=1}^{n} a_{kj} v_k \qquad \text{und} \qquad Bv_j = \sum_{k=1}^{n} b_{kj} v_k.$$

Dann ist

$$c_j = \frac{1}{2}(a_{jj} + b_{jj}).$$

Somit folgt

$$\begin{aligned}\det C = c_1 \dots c_n = \prod_{j=1}^{n} \frac{a_{jj}+b_{jj}}{2} &\geqslant \prod_{j=1}^{n} \sqrt{a_{jj} b_{jj}} \qquad \text{(siehe 7.14)}\\ &= \sqrt{a_{11}\dots a_{nn}}\sqrt{b_{11}\dots b_{nn}}\\ &\geqslant \sqrt{\det A \det B} \qquad \text{(siehe 7.15).}\end{aligned}$$

Wegen $A > 0$ und $B > 0$ sind dabei alle a_{jj} und alle b_{jj} positiv. Gleichheit beim ersten Ungleichheitszeichen bedeutet nach 7.14 $a_{jj} = b_{jj}$, Gleichheit beim zweiten Ungleichheitszeichen bedeutet nach 7.15 $a_{jk} = b_{jk} = 0$ für alle $j \neq k$. Also tritt Gleichheit genau für $A = B$ ein. □

Wir werden Satz 7.17 in § 12 verwenden, um eine Charakterisierung der $\mathbb{R}$-Hilberträume unter den normierten Räumen herzuleiten.

7.18 Hilfssatz. a) *Sei* $A \in \operatorname{Hom}(\mathfrak{V}, \mathfrak{V})$ *mit* $A \geqslant 0$. *Durch*

$$[v_1, v_2] = (Av_1, v_2)$$

wird dann ein semidefinites Skalarprodukt [,] *auf* $\mathfrak{V}$ *definiert. Ist* $A > 0$, *so ist* [,] *ein definites Skalarprodukt.*
b) *Unter den Voraussetzungen unter* a) *gilt*

$$|(Av, w)|^2 \leqslant (Av, v)(Aw, w) \qquad \text{für alle} \quad v, w \in \mathfrak{V}.$$

Ist $(Av, v) = 0$, *so folgt* $Av = 0$.

Beweis. a) Es gilt

$$[v_1, v_2] = (Av_1, v_2) = (v_1, Av_2) = \overline{(Av_2, v_1)} = \overline{[v_2, v_1]}.$$

Die übrigen Forderungen aus 4.1 sind offenbar erfüllt. Ist $A > 0$, so gilt

$$[v, v] = (Av, v) > 0 \qquad \text{für alle} \quad v \neq 0,$$

und dann ist [,] definit.
b) Mit 4.3 a) folgt

$$|(Av, w)|^2 = |[v, w]|^2 \leqslant [v, v][w, w] = (Av, v)(Aw, w).$$

Ist $(Av, v) = 0$, so folgt daraus $(Av, w) = 0$ für alle w, also $Av = 0$. □

In 7.6 b) sahen wir, daß aus $B \geqslant A \geqslant 0$ nicht notwendig $B^2 \geqslant A^2$ folgt. Daher mag der folgende Satz etwas überraschen.

7.19 Satz. *Seien A und B hermitesche Abbildungen aus* $\operatorname{Hom}(\mathfrak{V}, \mathfrak{V})$ *mit* $A > 0$ *und* $B > 0$. *Dann sind gleichwertig:*
a) $A \leqslant B$.
b) *Alle Eigenwerte von* $B^{-1}A$ *liegen im Intervall* $(0, 1]$.
c) $B^{-1} \leqslant A^{-1}$.

Beweis. Wegen $B > 0$ wird nach 7.18 durch $[v, w] = (Bv, w)$ ein definites Skalarprodukt [,] definiert. Dabei ist

$$\begin{aligned}[B^{-1}Av, w] &= (Av, w) = (v, Aw) = (v, BB^{-1}Aw) \\ &= (Bv, B^{-1}Aw) = [v, B^{-1}Aw].\end{aligned}$$

Somit ist $B^{-1}A$ hermitesch bezüglich [,].
a) ⇒ b): Sei $B^{-1}Av = cv$ mit $[v, v] = 1$. Dann folgt wegen $A > 0$

$$0 < c = [B^{-1}Av, v] = (Av, v) \leqslant (Bv, v) = [v, v] = 1.$$

Also liegen alle Eigenwerte von $B^{-1}A$ in $(0, 1]$.

b) $\Rightarrow$ a): Liegen alle Eigenwerte von $B^{-1}A$ in $(0,1]$, so folgt mit 6.9 für alle $w \neq 0$

$$0 < \frac{[B^{-1}Aw, w]}{[w,w]} = \frac{(Aw,w)}{(Bw,w)} \leqslant 1, \qquad \text{also} \quad A \leqslant B.$$

b) $\Leftrightarrow$ c): $B^{-1}A$ und $AB^{-1} = (A^{-1})^{-1}B^{-1}$ haben dieselben Eigenwerte. Nach dem bereits Bewiesenen ist daher b) gleichwertig mit $B^{-1} \leqslant A^{-1}$. □

In den Sätzen 6.11 und 7.12 sahen wir bereits Beispiele dafür, daß es sinnvolle Übertragungen von Aussagen über komplexe und reelle Zahlen auf beliebige bzw. hermitesche Abbildungen von Hilberträumen gibt. Der folgende Satz ist die Übertragung des Satzes von der Konvergenz monoton steigender, beschränkter Folgen von reellen Zahlen.

7.20 Satz. *Seien A_j hermitesche Abbildungen aus* $\mathrm{Hom}(\mathfrak{V},\mathfrak{V})$ *mit*

$$A_1 \leqslant A_2 \leqslant \ldots \leqslant B$$

für ein geeignetes hermitesches $B \in \mathrm{Hom}(\mathfrak{V},\mathfrak{V})$. Dann existiert $\lim_{j\to\infty} A_j$.

Beweis. Für $r(A_1) \leqslant d$ und $r(B) + d \leqslant e$ gilt nach 7.3

$$0 \leqslant A_1 + dE \qquad \text{und} \qquad B + dE \leqslant eE.$$

Indem wir die A_j durch $A_j + dE$ ersetzen, können wir also annehmen, daß

$$0 \leqslant A_1 \leqslant A_2 \leqslant \ldots \leqslant eE$$

mit geeignetem $e \in \mathbb{R}$ gilt. Wir setzen $A_{jk} = A_k - A_j$. Für $k \geqslant j$ ist wegen $A_j \geqslant 0$ dann

$$0 \leqslant A_{jk} = A_k - A_j \leqslant A_k \leqslant eE.$$

Mit 7.5 e) folgt

$$A_{jk}^3 \leqslant e^3 E.$$

Mit Hilfe von 7.18 b) erhalten wir daher

$$\begin{aligned}\|A_{jk}v\|^4 &= (A_{jk}v, A_{jk}v)^2 \leqslant (A_{jk}v, v)(A_{jk}^2 v, A_{jk}v) \\ &= (A_{jk}v, v)(A_{jk}^3 v, v) \leqslant (A_{jk}v, v)e^3(v,v) \\ &= ((A_k v, v) - (A_j v, v))e^3(v,v).\end{aligned}$$

Wegen

$$(A_1 v, v) \leqslant (A_2 v, v) \leqslant \ldots \leqslant e(v,v)$$

existiert für jedes v

$$\lim_{j\to\infty} (A_j v, v).$$

Sei $\{ v_1, \dots, v_n \}$ eine Orthonormalbasis von $\mathfrak{V}$. Setzen wir

$$d_{jk} = \operatorname*{Max}_r \|A_k v_r - A_j v_r\| = \operatorname*{Max}_r \|A_{jk} v_r\|,$$

so gilt also

$$d_{jk} \leqslant \epsilon \qquad \text{für} \quad j, k \geqslant n(\epsilon).$$

Ist $v = \sum_{r=1}^{n} x_r v_r \in \mathfrak{V}$, so folgt

$$\begin{aligned} \|A_k v - A_j v\| &\leqslant \sum_{r=1}^{n} |x_r| \, \|A_k v_r - A_j v_r\| \leqslant \sum_{r=1}^{n} |x_r| d_{jk} \\ &\leqslant d_{jk} \sqrt{n} (\sum_{r=1}^{n} |x_r|^2)^{1/2} = d_{jk} \sqrt{n} \|v\|. \end{aligned}$$

Das zeigt

$$\|A_k - A_j\| \leqslant \sqrt{n} d_{jk} \leqslant \sqrt{n} \epsilon.$$

Wegen der Vollständigkeit von Hom $(\mathfrak{V}, \mathfrak{V})$ existiert somit $\lim_{j \to \infty} A_j$. □

7.21 Anwendungen. a) Zuerst liefern wir einen weiteren Beweis dafür, daß eine hermitesche Abbildung $A \geqslant 0$ eine nichtnegative Quadratwurzel hat. Indem wir A nötigenfalls mit einem Faktor multiplizieren, können wir $0 \leqslant A \leqslant E$ annehmen. Wir setzen $B = E - A$ und versuchen, ein hermitesches Y zu finden mit

$$A = E - B = (E - Y)^2 = E - 2Y + Y^2,$$

also mit

$$Y = \frac{1}{2}(B + Y^2).$$

Diese Gleichung lösen wir iterativ durch

$$Y_0 = 0, \quad Y_1 = \frac{1}{2} B \quad \text{und} \quad Y_{j+1} = \frac{1}{2}(B + Y_j^2).$$

Wegen $0 \leqslant B = E - A \leqslant E$ gilt $0 = Y_0 \leqslant Y_1 \leqslant E$. Sei bereits

$$0 \leqslant Y_{j-1} \leqslant Y_j \leqslant E$$

gezeigt. Dann ist $0 \leqslant Y_j^2 \leqslant E$ und somit

$$0 \leqslant Y_{j+1} = \frac{1}{2}(B + Y_j^2) \leqslant E.$$

Offenbar gibt es ein Polynom f_j aus $\mathbb{R}[x]$ mit $Y_j = f_j(B)$. Somit gilt

$Y_{j-1}Y_j = Y_jY_{j-1}$ und daher mit 7.4

$$Y_{j+1} - Y_j = \frac{1}{2}(B + Y_j^2) - \frac{1}{2}(B + Y_{j-1}^2) = \frac{1}{2}(Y_j^2 - Y_{j-1}^2) = \frac{1}{2}(Y_j - Y_{j-1})(Y_j + Y_{j-1}) \geqslant 0.$$

Also erhalten wir

$$0 \leqslant Y_1 \leqslant Y_2 \leqslant \ldots \leqslant E.$$

Nach 7.20 existiert somit $Y = \lim_{j\to\infty} Y_j$, es gilt $0 \leqslant Y \leqslant E$ und

$$Y = \frac{1}{2}(B + Y^2).$$

Dann ist $E - Y \geqslant 0$ und $(E - Y)^2 = A$.
(Dieser Beweis läßt sich auf Hilberträume von unendlicher Dimension besser ausdehnen als der in 7.9 gegebene.)
b) Seien P_1 und P_2 hermitesche Projektionen aus Hom $(\mathfrak{V}, \mathfrak{V})$. Wir definieren $A_0 = P_1$ und für $j \geqslant 1$

$$A_j = (P_1P_2P_1)^j = P_1P_2P_1P_2 \ldots P_1P_2P_1 \qquad \text{(mit } j \text{ Faktoren } P_2\text{)}.$$

Dann existiert $P = \lim_{j\to\infty} A_j$, und P ist die hermitesche Projektion von $\mathfrak{V}$ mit

$$\operatorname{Bild} P = \operatorname{Bild} P_1 \cap \operatorname{Bild} P_2.$$

(Ist $P_1P_2 = P_2P_1$, so gilt $P = P_1P_2$; man vergleiche mit 5.13. In 5.14 hatten wir mit anderen Überlegungen $P = \lim_{j\to\infty}(P_1P_2)^j$ bewiesen; vergleiche auch Aufgabe A 7.15.):
Offenbar sind alle A_j hermitesch. Wir beweisen durch Induktion nach j

$$A_0 \geqslant A_1 \geqslant \ldots \geqslant A_{j-1} \geqslant A_j \geqslant 0:$$

Wegen $0 \leqslant P_j \leqslant E$ gilt für alle $v \in \mathfrak{V}$

$$(A_1v, v) = (P_1P_2P_1v, v) = (P_2P_1v, P_1v) \geqslant 0$$

und

$$(A_1v, v) \leqslant (P_1v, P_1v) = (P_1v, v) = (A_0v, v).$$

Also ist

$$A_0 \geqslant A_1 \geqslant 0. \tag{1}$$

Ferner gilt

$$(A_2v, v) = ((P_1P_2P_1)^2v, v) = (P_1(P_2P_1v), P_2P_1v) \geqslant 0$$

und

$$(A_2v, v) \leqslant (P_2P_1v, P_2P_1v) = (P_1P_2P_1v, v) = (A_1v, v).$$

Das zeigt

$$A_1 \geqslant A_2 \geqslant 0. \tag{2}$$

Sei $j \geqslant 3$ und sei bereits $A_{j-2} \geqslant A_{j-1} \geqslant A_j \geqslant 0$ bewiesen. Dann folgt

$$(A_{j+1}v, v) = (P_1 P_2 A_{j-1} P_2 P_1 v, v) = (A_{j-1} P_2 P_1 v, P_2 P_1 v) \geqslant 0$$

und

$$(A_{j+1}v, v) \leqslant (A_{j-2} P_2 P_1 v, P_2 P_1 v) = (P_1 P_2 A_{j-2} P_2 P_1 v, v) = (A_j v, v).$$

Daher ist

$$A_1 \geqslant A_2 \geqslant \ldots \geqslant 0$$

bewiesen. Nach 7.20 konvergiert deshalb die Folge der A_j gegen einen Grenzwert P, der natürlich auch hermitesch ist. Aus $A_{2j} = A_j A_j$ folgt $P = P^2$.

Wir haben also noch Bild P zu bestimmen.

Für $v \in \operatorname{Bild} P_1 \cap \operatorname{Bild} P_2$ gilt $v = P_1 v = P_2 v$, also $v = A_j v$ für alle j und dann auch $v = Pv$. Das zeigt

$$\operatorname{Bild} P_1 \cap \operatorname{Bild} P_2 \leqslant \operatorname{Bild} P. \tag{3}$$

Ferner gelten die Gleichungen

$$P_1 A_j = A_j \qquad \text{und} \qquad A_j P_2 A_j = A_{2j+1}.$$

Daraus folgt durch Grenzübergang

$$P_1 P = P \qquad \text{und} \qquad P P_2 P = P.$$

Für $v \in \operatorname{Bild} P$ erhalten wir somit

$$v = Pv = P_1 P v \in \operatorname{Bild} P_1.$$

Wegen

$$0 = P - P P_2 P = P(E - P_2)P = P(E - P_2)^2 P$$

gilt schließlich für alle $v \in \mathfrak{V}$

$$0 = (P(E - P_2)^2 P v, v) = ((E - P_2)Pv, (E - P_2)Pv).$$

Daraus folgt

$$Pv \in \operatorname{Kern}(E - P_2) = \operatorname{Bild} P_2.$$

Damit haben wir auch

$$\operatorname{Bild} P \leqslant \operatorname{Bild} P_1 \cap \operatorname{Bild} P_2$$

bewiesen.

Für spätere Anwendungen auf lineare Schwingungen im Kapitel III benötigen wir einige Sätze über Produkte von hermiteschen Abbildungen. Zwar sind solche Produkte in der Regel nicht mehr hermitesch (siehe 6.26 c)), aber über ihre Eigenwerte lassen sich Aussagen machen, wenn wenigstens einer der Faktoren nichtnegativ ist.

7.22 Satz. *Seien A und B hermitesche Abbildungen aus* $\mathrm{Hom}(\mathfrak{V}, \mathfrak{V})$.
a) *Ist $A \geqslant 0$, so hat AB lauter reelle Eigenwerte. Ist auch $B \geqslant 0$, so sind alle Eigenwerte von AB nichtnegativ.*
b) *Ist $A > 0$, so ist AB diagonalisierbar mit lauter reellen Eigenwerten. Ist auch $B > 0$, so sind alle Eigenwerte von AB positiv.*
c) *Ist $A \geqslant 0$ und $B \geqslant 0$, so ist AB diagonalisierbar.*

Beweis. a) Nach 7.9 a) gibt es ein hermitesches $H \geqslant 0$ mit $A = H^2$. Nach I, 1.7 haben

$$AB = H^2B = H(HB) \qquad \text{und} \qquad (HB)H$$

dieselben Eigenwerte. Sei

$$HBHv = bv \qquad \text{mit} \quad v \neq 0.$$

Dann ist

$$b(v, v) = (HBHv, v) = (BHv, Hv) \in \mathbb{R},$$

da B hermitesch ist. Ist $B \geqslant 0$, so folgt sogar $b \geqslant 0$.
b) Gemäß 7.18 definieren wir ein definites Skalarprodukt [,] auf $\mathfrak{V}$ durch

$$[v_1, v_2] = (A^{-1}v_1, v_2).$$

(Man beachte dazu, daß aus $A > 0$ mit 7.3 sofort $A^{-1} > 0$ folgt.) Wegen

$$\begin{aligned}[ABv_1, v_2] &= (A^{-1}(ABv_1), v_2) = (Bv_1, v_2) = (v_1, Bv_2) = (v_1, A^{-1}ABv_2) \\ &= (A^{-1}v_1, ABv_2) = [v_1, ABv_2]\end{aligned}$$

ist AB hermitesch bezüglich [,]. Also ist AB diagonalisierbar mit lauter reellen Eigenwerten.

Sei $A > 0$, $B > 0$ und $ABv = cv$ mit $v \neq 0$. Dann ist c reell und

$$0 < (Bv, v) = c(A^{-1}v, v) \qquad \text{mit} \quad (A^{-1}v, v) > 0.$$

Somit ist $c > 0$.
c) Wir zeigen zuerst: Für $A \geqslant 0$ und $B \geqslant 0$ und alle n gilt

$$\mathrm{Kern}\, AB = \mathrm{Kern}\,(AB)^2 = \ldots = \mathrm{Kern}\,(AB)^n;$$

also ist AB diagonalisierbar auf $\mathrm{Kern}\,(AB)^n$:

Sei

$$(AB)^2 v = 0.$$

Dann ist

$$(BABv, ABv) = (ABABv, Bv) = 0.$$

Wegen $B \geqslant 0$ folgt mit 7.18 b) dann $BABv = 0$. Das liefert

$$(ABv, Bv) = (BABv, v) = 0,$$

also abermals mit 7.18 b) wegen $A \geqslant 0$ dann $ABv = 0$.
Also ist $\operatorname{Kern} AB = \operatorname{Kern} (AB)^2$, woraus die Zwischenbehauptung folgt.

Die Behauptung unter c) beweisen wir nun durch Induktion nach $n = \dim \mathfrak{V}$. Ist $A > 0$, so sind wir wegen b) fertig. Sei also $\operatorname{Kern} A \neq 0$. Wir wählen eine Orthonormalbasis $\{ v_1, \ldots, v_n \}$ von $\mathfrak{V}$ mit

$$Av_j = a_j v_j \qquad (j = 1, \ldots, n)$$

und $a_n = 0$. Sei $\mathfrak{U} = \langle v_1, \ldots, v_{n-1} \rangle$. Setzen wir $A_1 = A_{\mathfrak{U}}$, so gilt $A_1 \geqslant 0$.
Sei P die hermitesche Projektion aus $\operatorname{Hom}(\mathfrak{V}, \mathfrak{V})$ mit $\operatorname{Bild} P = \mathfrak{U}$ und $\operatorname{Kern} P = \langle v_n \rangle$. Dann ist $\mathfrak{U}$ invariant bei PBP und

$$(PBP)^* = PBP,$$
$$(PBPv, v) = (BPv, Pv) \geqslant 0.$$

Also ist auch $B_1 = (PBP)_{\mathfrak{U}} \geqslant 0$. Für $j \leqslant n - 1$ gilt mit geeigneten c_j

$$ABv_j = A(PBPv_j + c_j v_n) = APBPv_j = A_1 B_1 v_j.$$

Nach Induktionsannahme ist $A_1 B_1$ diagonalisierbar auf $\mathfrak{U}$. Also gibt es eine Basis $\{ w_1, \ldots, w_{n-1} \}$ von $\mathfrak{U}$ mit

$$ABw_j = A_1 B_1 w_j = d_j w_j \qquad (j = 1, \ldots, n - 1).$$

Ferner ist $AB\mathfrak{V} \leqslant A\mathfrak{V} \leqslant \mathfrak{U}$. Daher gilt für $d_j \neq 0$ und $w \in \operatorname{Kern} (AB - d_j E)^n$ nun

$$0 = (AB - d_j E)^n w + \mathfrak{U} = (-d_j)^n w + \mathfrak{U}$$

also $w \in \mathfrak{U}$. Es folgt

$$\mathfrak{V} = \bigoplus_{d_j \neq 0} \operatorname{Kern} (AB - d_j E)^n \oplus \operatorname{Kern} (AB)^n = \mathfrak{U} + \operatorname{Kern} (AB)^n.$$

Da AB auf $\mathfrak{U}$ und $\operatorname{Kern} (AB)^n$ diagonalisierbar ist, ist AB auch auf $\mathfrak{V}$ diagonalisierbar.

7.23 Beispiele. a) Sei

$$A = \begin{pmatrix} 0 & i \\ -i & 0 \end{pmatrix} \quad \text{und} \quad B = \begin{pmatrix} 1 & 2 \\ 2 & 1 \end{pmatrix}.$$

Dann sind A und B hermitesch, aber AB hat die nichtreellen Eigenwerte $\pm\sqrt{-3}$.
b) Sei

$$A = \begin{pmatrix} 1 & 0 \\ 0 & 0 \end{pmatrix} \quad \text{und} \quad B = \begin{pmatrix} 0 & 1 \\ 1 & 0 \end{pmatrix}.$$

Dann sind A und B hermitesch und $A \geqslant 0$. Aber

$$AB = \begin{pmatrix} 0 & 1 \\ 0 & 0 \end{pmatrix}$$

ist offenbar nicht diagonalisierbar.

Aufgaben

A 7.1 Seien A und B hermitesch aus Hom$(\mathfrak{V}, \mathfrak{V})$ mit $B > 0$. Dann gibt es eine natürliche Zahl m mit $mB > A$.

A 7.2 Seien A, B, C, D hermitesche Abbildungen aus Hom$(\mathfrak{V}, \mathfrak{V})$ mit $A \geqslant C \geqslant 0$, $B \geqslant D \geqslant 0$, $AB = BA$ und $CD = DC$. Gilt $AD = DA$ oder $BC = CB$, so ist $AB \geqslant CD$.

A 7.3 Seien A und B hermitesche Abbildungen aus Hom$(\mathfrak{V}, \mathfrak{V})$ mit $B > 0$. Für jede reelle Zahl r gelte eine der Ungleichungen $A - rB \geqslant 0$ oder $A - rB \leqslant 0$. Dann gilt $A = sB$ mit geeignetem $s \in \mathbb{R}$. (Vergleichbarkeit hermitescher Abbildungen ist also selten!)

A 7.4 Seien A und B hermitesche Abbildungen aus Hom$(\mathfrak{V}, \mathfrak{V})$ mit $A \leqslant B$. Dann ist das "Intervall"

$$\{ H \mid H \text{ ist hermitesch mit } A \leqslant H \leqslant B \}$$

kompakt.

A 7.5 Man beschreibe in $(\mathbb{R})_2$ die Menge

$$\{ H \mid H \in (\mathbb{R})_2,\ H \text{ ist hermitesch und } 0 \leqslant H \leqslant E \},$$

indem man jedem $H = (h_{jk})$ (mit $h_{12} = h_{21}$) im Raume $\mathbb{R}^3$ den Punkt (h_{11}, h_{22}, h_{12}) zuordnet.

A 7.6 Seien A und B hermitesch aus Hom$(\mathfrak{V}, \mathfrak{V})$ mit $A \leqslant B$. Ist Spur A = Spur B, so gilt $A = B$.

A 7.7 Seien A und B hermitesch aus Hom $(\mathfrak{V}, \mathfrak{V})$ mit $0 \leqslant A \leqslant B$. Dann gilt $\|A\| \leqslant \|B\|$.

A 7.8 Seien A und B hermitesch aus Hom $(\mathfrak{V}, \mathfrak{V})$ mit $A > 0$ und $B > 0$. Ist $A^2 \leqslant B^2$, so gilt $A \leqslant B$.
(Man zeige zuerst $\|AB^{-1}\| \leqslant 1$.)

A 7.9 Seien $A = (a_{jk})$ und $B = (b_{jk})$ hermitesche Matrizen vom Typ (n, n) mit $A > 0$ und $B > 0$. Sei $C = (c_{jk})$ mit $c_{jk} = a_{jk} b_{jk}$. Dann gilt $C > 0$.
(Man verwende $A = U^{-1} D U$ mit unitärem U und einer Diagonalmatrix D.)

A 7.10 Sei $\mathfrak{V}$ ein **K**-Hilbertraum der Dimension n und $A = (a_{jk})$ eine Matrix aus $(\mathbf{K})_n$. Dann sind gleichwertig:

a) Es gibt eine Basis $\{ v_1, \dots, v_n \}$ von $\mathfrak{V}$ mit $a_{jk} = (v_j, v_k)$.

b) $A > 0$.

A 7.11 Sei $\mathfrak{V}$ ein Hilbertraum von endlicher Dimension und seien $P_j = P_j^2 = P_j^* \in \operatorname{Hom}(\mathfrak{V}, \mathfrak{V})$ $(j = 1, 2)$. Seien Q und R die durch

$$\operatorname{Bild} Q = \operatorname{Bild} P_1 + \operatorname{Bild} P_2$$

$$\operatorname{Bild} R = \operatorname{Bild} P_1 \cap \operatorname{Bild} P_2$$

eindeutig festgelegten hermiteschen Projektionen.

a) Ist S eine hermitesche Projektion mit $S \leqslant P_1$ und $S \leqslant P_2$, so gilt $S \leqslant R$.

b) Ist T eine hermitesche Projektion mit $T \geqslant P_1$ und $T \geqslant P_2$, so gilt $T \geqslant Q$.

A 7.12 Sei

$$A = \begin{pmatrix} a & b & b & \dots & b \\ b & a & b & \dots & b \\ \vdots & \vdots & \vdots & & \vdots \\ b & b & b & \dots & a \end{pmatrix}$$

vom Typ (n, n) mit $a, b \in \mathbb{R}$.

a) Genau dann gilt $A \geqslant 0$, wenn $a - b \geqslant 0$ und $a + (n-1)b \geqslant 0$.

b) Ist $A \geqslant 0$, so gebe man für jede natürliche Zahl m die hermitesche Matrix $H \geqslant 0$ mit $H^m = A$ an.

A 7.13 Seien A und B hermitesche Abbildungen aus Hom $(\mathfrak{V}, \mathfrak{V})$ mit $A > 0$ und $B > 0$. Ist $\dim \mathfrak{V} = n$, so gilt

$$\operatorname{Spur} AB \geqslant n(\det A)^{1/n} (\det B)^{1/n}.$$

(Man reduziere den Beweis auf den Fall $\det A = 1$ und verwende, daß A diagonalisierbar ist.)

A 7.14 Seien A und B hermitesche Abbildungen aus $\mathrm{Hom}(\mathfrak{V}, \mathfrak{V})$ mit $\dim \mathfrak{V} = n$, $A > 0$ und $B > 0$.

a) Man zeige

$$(\det A)^{1/n} = \frac{1}{n} \operatorname*{Min}_{\substack{H>0 \\ \det H=1}} \operatorname{Spur} AH.$$

b) Aus a) folgere man

$$(\det(A+B))^{1/n} \geqslant (\det A)^{1/n} + (\det B)^{1/n}.$$

A 7.15 Die Voraussetzungen seien wie in 5.14. Man folgere daraus direkt ohne Verwendung von 7.21 b)

$$\lim_{k\to\infty} (P_1 P_2 P_1)^k = \lim_{k\to\infty} (P_1 P_2)^k.$$

§ 8 Eigenwerte hermitescher und normaler Abbildungen

Sei wieder stets $\mathfrak{V}$ ein Hilbertraum von endlicher Dimension über $\mathbb{R}$ oder $\mathbb{C}$. Da man die Eigenwerte von linearen Abbildungen nur selten genau angeben kann, ist man an Ungleichungen interessiert, welche die Lage der Eigenwerte einschränken.

Sei A hermitesch und seien $a_1 \geqslant \ldots \geqslant a_n$ die Eigenwerte von A. Dann gilt nach 6.9

$$a_1 = \operatorname*{Max}_{\|v\|=1} (Av, v) \qquad \text{und} \qquad a_n = \operatorname*{Min}_{\|v\|=1} (Av, v).$$

Wir verschärfen diese Aussage:

8.1 Hauptsatz. (Courants[26] Mini-Max-Prinzip) *Sei $A = A^* \in \mathrm{Hom}(\mathfrak{V}, \mathfrak{V})$ und seien $a_1 \geqslant \ldots \geqslant a_n$ die Eigenwerte von A. Dann gilt*

$$a_k = \operatorname*{Min}_{\mathfrak{W} \leqslant \mathfrak{V}} \operatorname*{Max}_{\substack{v \in \mathfrak{W} \\ \|v\|=1}} (Av, v);$$

dabei ist das Minimum zu bilden über alle Unterräume $\mathfrak{W}$ von $\mathfrak{V}$ von der Dimension $n - k + 1$.

---

26) Richard Courant (1888-1972) Göttingen, New York; Differentialgleichungen der mathematischen Physik.

Beweis. Sei $\{ v_1, \dots, v_n \}$ ein Orthonormalbasis von $\mathfrak{V}$ mit

$$Av_j = a_j v_j \quad (j = 1, \dots, n).$$

(1) Sei $\mathfrak{W}_0 = \langle v_k, \dots, v_n \rangle$, also $\dim \mathfrak{W}_0 = n - k + 1$. Für $v = \sum_{j=k}^{n} x_j v_j \in \mathfrak{W}_0$ mit

$$1 = (v, v) = \sum_{j=k}^{n} |x_j|^2$$

gilt dann

$$(Av, v) = \sum_{j=k}^{n} a_j |x_j|^2 \leqslant a_k \sum_{j=k}^{n} |x_j|^2 = a_k.$$

Wegen $(Av_k, v_k) = a_k$ und $v_k \in \mathfrak{W}_0$ folgt somit

$$a_k = \operatorname*{Max}_{\substack{v \in \mathfrak{W}_0 \\ \|v\|=1}} (Av, v) \geqslant \inf_{\mathfrak{W}} \operatorname*{Max}_{\substack{v \in \mathfrak{W} \\ \|v\|=1}} (Av, v).$$

(2) Sei $\mathfrak{W}$ irgendein Unterraum von $\mathfrak{V}$ mit $\dim \mathfrak{W} = n - k + 1$. Wir setzen $\mathfrak{U} = \langle v_1, \dots, v_k \rangle$. Dann gilt

$$\begin{aligned} \dim(\mathfrak{U} \cap \mathfrak{W}) &= \dim \mathfrak{U} + \dim \mathfrak{W} - \dim(\mathfrak{U} + \mathfrak{W}) \\ &\geqslant \dim \mathfrak{U} + \dim \mathfrak{W} - \dim \mathfrak{V} \\ &= k + (n - k + 1) - n = 1. \end{aligned}$$

Sei $w \in \mathfrak{U} \cap \mathfrak{W}$ mit $\|w\| = 1$, also

$$w = \sum_{j=1}^{k} y_j v_j.$$

Dann folgt

$$\operatorname*{Max}_{\substack{v \in \mathfrak{W} \\ \|v\|=1}} (Av, v) \geqslant (Aw, w) = \sum_{j=1}^{k} a_j |y_j|^2 \geqslant a_k \sum_{j=1}^{k} |y_j|^2 = a_k.$$

Somit ist

$$\inf_{\mathfrak{W} \leqslant \mathfrak{V}} \operatorname*{Max}_{\substack{v \in \mathfrak{W}1 \\ \|v\|=1}} (Av, v) \geqslant a_k.$$

Insgesamt erhalten wir die Behauptung

$$a_k = \operatorname*{Min}_{\mathfrak{W} \leqslant \mathfrak{V}} \operatorname*{Max}_{\substack{v \in \mathfrak{W} \\ \|v\|=1}} (Av, v). \qquad \square$$

Die Aussage in Hauptsatz 8.1 sieht recht unhandlich aus. Sie ist jedoch ein vorzügliches Hilfsmittel zur Herleitung von Eigenwertabschätzungen.

8.2 Satz. (H. Weyl[27]) *Seien A und B hermitesche Abbildungen aus* $\operatorname{Hom}(\mathfrak{V},\mathfrak{V})$ *mit den Eigenwerten*

$$a_1 \geqslant \ldots \geqslant a_n \qquad \textit{bzw.} \qquad b_1 \geqslant \ldots \geqslant b_n.$$

Sind $c_1 \geqslant \ldots \geqslant c_n$ die Eigenwerte von $A+B$, so gilt

$$c_j \leqslant \operatorname*{Min}_{1\leqslant k\leqslant j} (a_k + b_{j-k+1}).$$

Beweis. Seien $\{v_1,\ldots,v_n\}$ und $\{w_1,\ldots,w_n\}$ Orthonormalbasen von $\mathfrak{V}$ mit

$$Av_j = a_j v_j \qquad \text{und} \qquad Bw_j = b_j w_j.$$

Wir setzen für $0 \leqslant j \leqslant n-1$, $0 \leqslant k \leqslant n-1$

$$\mathfrak{U}_1 = \langle v_{j+1},\ldots,v_n\rangle \qquad \text{und} \qquad \mathfrak{U}_2 = \langle w_{k+1},\ldots,w_n\rangle.$$

Wie im Beweis von 8.1 ist dann

$$a_{j+1} = \operatorname*{Max}_{v\in\mathfrak{U}_1,\ \|v\|=1} (Av,v) \qquad \text{und} \qquad b_{k+1} = \operatorname*{Max}_{w\in\mathfrak{U}_2,\ \|w\|=1} (Bw,w).$$

Dabei gilt

$$\dim(\mathfrak{U}_1\cap\mathfrak{U}_2) \geqslant \dim\mathfrak{U}_1 + \dim\mathfrak{U}_2 - n = (n-j)+(n-k)-n = n-j-k.$$

Sei $n-j-k \geqslant 1$. Dann gibt es einen Unterraum $\mathfrak{W}_0 \leqslant \mathfrak{U}_1\cap\mathfrak{U}_2$ mit $\dim\mathfrak{W}_0 = n-j-k$. Nach 8.1 gilt

$$\begin{aligned} c_{j+k+1} &= \operatorname*{Min}_{\mathfrak{W}\leqslant\mathfrak{V}} \operatorname*{Max}_{\substack{w\in\mathfrak{W}\\ \|w\|=1}} ((A+B)w,w) \leqslant \operatorname*{Max}_{\substack{w\in\mathfrak{W}_0\\ \|w\|=1}} ((A+B)w,w) \\ &\leqslant \operatorname*{Max}_{\substack{w\in\mathfrak{W}_0\\ \|w\|=1}} (Aw,w) + \operatorname*{Max}_{\substack{w\in\mathfrak{W}_0\\ \|w\|=1}} (Bw,w) \\ &\leqslant \operatorname*{Max}_{\substack{w\in\mathfrak{U}_1\\ \|w\|=1}} (Aw,w) + \operatorname*{Max}_{\substack{w\in\mathfrak{U}_2\\ \|w\|=1}} (Bw,w) \\ &= a_{j+1} + b_{k+1}. \end{aligned}$$

Daraus folgt die Behauptung. □

8.3 Bemerkung. Für nicht-hermitesche Abbildungen gilt 8.2 i.a. nicht. Sei

$$A = \begin{pmatrix} 0 & 0 \\ 1 & 0 \end{pmatrix} \qquad \text{und} \qquad B = \begin{pmatrix} 0 & 1 \\ 0 & 0 \end{pmatrix}.$$

---

27) Hermann Weyl (1885-1955) Göttingen, Princeton; mathematische Physik, Relativitätstheorie, Lie-Gruppen, Funktionentheorie.

Dann ist $a_1 = a_2 = b_1 = b_2 = 0$, aber $A + B$ hat die Eigenwerte 1 und -1.

8.4 Satz. *Sei $\mathfrak{V}$ ein Hilbertraum von der Dimension n und $\mathfrak{U}$ ein Unterraum von $\mathfrak{V}$ von der Dimension $n - 1$. Sei A eine hermitesche Abbildung aus* $\operatorname{Hom}(\mathfrak{V}, \mathfrak{V})$ *und P die hermitesche Projektion von $\mathfrak{V}$ auf $\mathfrak{U}$. Wir setzen $B = PAP|_{\mathfrak{U}}$. Seien $a_1 \geqslant \ldots \geqslant a_n$ die Eigenwerte von A und $b_1 \geqslant \ldots \geqslant b_{n-1}$ die von B. Dann gilt*

$$a_1 \geqslant b_1 \geqslant a_2 \geqslant b_2 \geqslant \ldots \geqslant a_{n-1} \geqslant b_{n-1} \geqslant a_n .$$

Beweis. Da B hermitesch ist, gilt nach 8.1

$$\begin{aligned} b_j &= \operatorname*{Min}_{\substack{\mathfrak{W} \leqslant \mathfrak{U} \\ \dim \mathfrak{W} = n-j}} \ \operatorname*{Max}_{\substack{w \in \mathfrak{W} \\ \|w\|=1}} (Bw, w) \\ &= \operatorname*{Min}_{\substack{\mathfrak{W} \leqslant \mathfrak{U} \\ \dim \mathfrak{W} = n-j}} \ \operatorname*{Max}_{\substack{w \in \mathfrak{W} \\ \|w\|=1}} (APw, Pw) \\ &= \operatorname*{Min}_{\substack{\mathfrak{W} \leqslant \mathfrak{U} \\ \dim \mathfrak{W} = n-j}} \ \operatorname*{Max}_{\substack{w \in \mathfrak{W} \\ \|w\|=1}} (Aw, w) \qquad (\text{wegen } w = Pw \text{ für } w \in \mathfrak{W} \leqslant \mathfrak{U}) \\ &\geqslant \operatorname*{Min}_{\substack{\mathfrak{W} \leqslant \mathfrak{V} \\ \dim \mathfrak{W} = n-j}} \ \operatorname*{Max}_{\substack{w \in \mathfrak{W} \\ \|w\|=1}} (Aw, w) = a_{j+1} . \end{aligned}$$

Also gilt $b_j \geqslant a_{j+1}$ für $j = 1, \ldots, n-1$.

Setzen wir $C = -A$, so hat C die Eigenwerte

$$-a_n \geqslant \ldots \geqslant -a_1 ,$$

und $PCP|_{\mathfrak{U}} = -PAP|_{\mathfrak{U}}$ hat die Eigenwerte

$$-b_{n-1} \geqslant \ldots \geqslant -b_1 .$$

Durch Anwendung unseres Teilergebnisses auf $-A$ folgt somit $-b_j \geqslant -a_j$, also

$$b_j \leqslant a_j \qquad \text{für} \quad j = 1, \ldots, n-1. \qquad \square$$

Aus 8.4 folgt eine handliche Abschätzung für die Eigenwerte hermitescher Matrizen:

8.5 Satz. *Sei $A = (a_{jk}) \in (\mathbb{C})_n$, sei A hermitesch mit den Eigenwerten $a_1 \geqslant \ldots \geqslant a_n$. Sei*

$$B = (a_{jk})_{j,k=1,\ldots,n-1}$$

und seien $b_1 \geqslant \ldots \geqslant b_{n-1}$ die Eigenwerte von B. Dann gilt

$$a_1 \geqslant b_1 \geqslant a_2 \geqslant \ldots \geqslant a_{n-1} \geqslant b_{n-1} \geqslant a_n .$$

Beweis. Sei $\mathfrak{V}$ ein Hilbertraum der Dimension n und $\{ v_1, \ldots, v_n \}$ eine Orthonormalbasis von $\mathfrak{V}$. Wir definieren $A_0 \in \operatorname{Hom}(\mathfrak{V}, \mathfrak{V})$ durch

$$A_0 v_j = \sum_{k=1}^{n} a_{kj} v_k \qquad (j = 1, \ldots, n).$$

Dann sind $a_1, \ldots, a_n$ auch die Eigenwerte der hermiteschen Abbildung A_0. Wir definieren ferner durch

$$P v_j = \begin{cases} v_j & \text{für } 1 \leqslant j \leqslant n-1 \\ 0 & \text{für } j = n \end{cases}$$

eine offenbar hermitesche Projektion P mit Bild $P = \langle v_1, \ldots, v_{n-1} \rangle$. Für $j \leqslant n-1$ gilt dann

$$P A_0 P v_j = P A_0 v_j = P \sum_{k=1}^{n} a_{kj} v_k = \sum_{k=1}^{n-1} a_{kj} v_k.$$

Also ist

$$(a_{jk})_{j,k=1,\ldots,n-1}$$

die Matrix zur Einschränkung von PA_0P auf Bild P. Mit 8.4 folgt daher die Behauptung.

□

8.6 Beispiel. Sei

$$A = \begin{pmatrix} 0 & a & b \\ a & 0 & c \\ b & c & 0 \end{pmatrix} \qquad \text{mit} \quad a, b, c \in \mathbb{R}.$$

Die Nullstellen des charakteristischen Polynoms

$$f_A = x^3 - (a^2 + b^2 + c^2)x - 2abc$$

von A scheinen nicht bekannt zu sein. Wir wollen sie abschätzen. Seien $c_1 \geqslant c_2 \geqslant c_3$ die Eigenwerte von A.

(1) Die Abschnittsmatrix

$$\begin{pmatrix} 0 & a \\ a & 0 \end{pmatrix}$$

hat die Eigenwerte $\pm a$. Mit 8.5 folgt daher

$$c_1 \geqslant |a| \geqslant c_2 \geqslant -|a| \geqslant c_3.$$

Da man natürlich auch mit den Abschnittsmatrizen

$$\begin{pmatrix} 0 & b \\ b & 0 \end{pmatrix} \qquad \text{und} \qquad \begin{pmatrix} 0 & c \\ c & 0 \end{pmatrix}$$

arbeiten kann, welche durch Streichen der zweiten bzw. dritten Zeile und Spalte von A entstehen, gilt ebenfalls

$$c_1 \geqslant |b| \geqslant c_2 \geqslant -|b| \geqslant c_3$$

und

$$c_1 \geqslant |c| \geqslant c_2 \geqslant -|c| \geqslant c_3.$$

Das liefert insgesamt

$$c_1 \geqslant \operatorname{Max}\{\,|a|, |b|, |c|\,\}$$

$$c_3 \leqslant \operatorname{Min}\{\,-|a|, -|b|, -|c|\,\} = -\operatorname{Max}\{\,|a|, |b|, |c|\,\}$$

und

$$\operatorname{Min}\{\,|a|, |b|, |c|\,\} \geqslant c_2 \geqslant -\operatorname{Min}\{\,|a|, |b|, |c|\,\}.$$

(2) Um 8.2 anzuwenden, zerlegen wir

$$A = \begin{pmatrix} 0 & a & b \\ a & 0 & 0 \\ b & 0 & 0 \end{pmatrix} \quad + \quad \begin{pmatrix} 0 & 0 & 0 \\ 0 & 0 & c \\ 0 & c & 0 \end{pmatrix} = B + C.$$

Dabei hat B die Eigenwerte $0, \pm\sqrt{a^2+b^2}$ und C hat die Eigenwerte $0, \pm|c|$. Somit liefert 8.2

$$c_1 \leqslant \sqrt{a^2+b^2} + |c|$$

$$c_2 \leqslant \begin{cases} \sqrt{a^2+b^2} \\ |c| \end{cases}$$

$$c_3 \leqslant \begin{cases} \sqrt{a^2+b^2} - |c| \\ 0 \\ -\sqrt{a^2+b^2} + |c|. \end{cases}$$

Dem können wir aus 2.8 b) noch die Abschätzungen

$$|c_j| \leqslant \operatorname{Max}\{\,|a|+|b|, |a|+|c|, |b|+|c|\,\}$$

hinzufügen.

8.7 Satz. *Seien* $A, B \in \operatorname{Hom}(\mathfrak{V}, \mathfrak{V})$, *$A$ und B hermitesch mit* $A \geqslant B$. *Seien*

$$a_1 \geqslant \ldots \geqslant a_n \qquad \textit{bzw.} \qquad b_1 \geqslant \ldots \geqslant b_n$$

die Eigenwerte von A bzw. B.
a) *Dann gilt* $a_j \geqslant b_j$ *für* $j = 1, \ldots, n$.
b) *Ist* $A \geqslant B \geqslant 0$, *so ist* $\det A \geqslant \det B$.

Beweis. a) Dies folgt wegen

$$(Av, v) \geqslant (Bv, v) \qquad \text{für alle} \quad v \in \mathfrak{V}$$

unmittelbar aus 8.1.
b) Nach a) ist nun $a_j \geqslant b_j \geqslant 0$ für $j = 1, \ldots, n$, also

$$\det A = a_1 \ldots a_n \geqslant b_1 \ldots b_n = \det B. \qquad \square$$

Für nichtnegative hermitesche Matrizen lassen sich die Eigenwerte folgendermaßen abschätzen:

8.8 Satz. (Aronszain) *Sei die Matrix*

$$A = \begin{pmatrix} B & C \\ \overline{C}' & D \end{pmatrix} \geqslant 0$$

hermitesch mit Typ $B = (k, k)$ *und* Typ $D = (n-k, n-k)$. *Seien* $a_1 \geqslant \ldots \geqslant a_n \geqslant 0$ *die Eigenwerte von* A, $b_1 \geqslant \ldots \geqslant b_k \geqslant 0$ *die von* B *und* $d_1 \geqslant \ldots \geqslant d_{n-k} \geqslant 0$ *die von* D. *Wir setzen* $b_j = 0$ *für* $j > k$ *und* $d_j = 0$ *für* $j > n-k$. *Dann gilt für* $j = 1, \ldots, n$

$$\operatorname{Max}\{ b_j, d_j \} \leqslant a_j \leqslant \operatorname*{Max}_{1 \leqslant k \leqslant j} (b_k + d_{j-k+1}).$$

Beweis (Wielandt). Wegen $A \geqslant 0$ gibt es nach 7.9 a) eine hermitesche Matrix $H \geqslant 0$ mit $A = H^2$. Wir zerlegen

$$H = (FG) \quad \text{mit} \quad \text{Typ}\, F = (n, k) \quad \text{und} \quad \text{Typ}\, G = (n, n-k).$$

Dann ist einerseits

$$A = H\overline{H}' = (FG) \begin{pmatrix} \overline{F}' \\ \overline{G}' \end{pmatrix} = F\overline{F}' + G\overline{G}', \tag{1}$$

andererseits

$$A = \overline{H}' H = \begin{pmatrix} \overline{F}' \\ \overline{G}' \end{pmatrix} (FG) = \begin{pmatrix} \overline{F}'F & \overline{F}'G \\ \overline{G}'F & \overline{G}'G \end{pmatrix}. \tag{2}$$

Es folgt

$$B = \overline{F}'F \geqslant 0 \qquad \text{und} \qquad D = \overline{G}'G \geqslant 0. \tag{3}$$

Für die charakteristischen Polynome von $F\overline{F}'$ und $\overline{F}'F$ gilt nach I, 1.7

$$f_{F\overline{F}'} = x^{n-k} f_{\overline{F}'F} = x^{n-k} f_B.$$

Also hat die Matrix $F\overline{F}'$ vom Typ (n, n) die Eigenwerte

$$b_1 \geqslant \ldots \geqslant b_k \geqslant 0, \ldots, 0 \qquad (0\ (n-k)\text{-fach}).$$

Entsprechend hat $G\overline{G}'$ die Eigenwerte

$$d_1 \geqslant \ldots \geqslant d_{n-k} \geqslant 0, \ldots, 0 \qquad (0\ k\text{-fach}).$$

Wegen $A = F\overline{F}' + G\overline{G}'$ folgt mit 8.2

$$a_j \leqslant b_k + d_{j-k+1} \qquad \text{für} \quad k = 1, \ldots, j.$$

Mehrfache Anwendung von 8.5 liefert $a_j \geqslant b_j$ für $j = 1, \ldots, k$, und trivialerweise gilt $a_j \geqslant 0 = b_j$ für $j > k$. Analog folgt $a_j \geqslant d_j$. □

8.9 Satz. *Sei* $A = (a_{jk}) \in (\mathbb{C})_n$ *eine hermitesche Matrix. Dann sind gleichwertig:*
a) $A > 0$.
b) *Für alle* $1 \leqslant k \leqslant n$ *und alle*

$$1 \leqslant i_1 < i_2 < \ldots < i_k \leqslant n$$

gilt

$$\det \begin{pmatrix} a_{i_1 i_1} & a_{i_1 i_2} & \ldots & a_{i_1 i_k} \\ a_{i_2 i_1} & a_{i_2 i_2} & \ldots & a_{i_2 i_k} \\ \vdots & \vdots & & \vdots \\ a_{i_k i_1} & a_{i_k i_2} & \ldots & a_{i_k i_k} \end{pmatrix} > 0.$$

c) *Für alle k mit* $1 \leqslant k \leqslant n$ *gilt*

$$\det \begin{pmatrix} a_{11} & a_{12} & \ldots & a_{1k} \\ a_{21} & a_{22} & \ldots & a_{2k} \\ \vdots & \vdots & & \vdots \\ a_{k1} & a_{k2} & \ldots & a_{kk} \end{pmatrix} > 0.$$

Beweis. a) $\Rightarrow$ b): Die Bedingung $A > 0$ bedeutet nach 7.1 c)

$$\sum_{j,k=1}^{n} a_{kj} x_j \overline{x_k} > 0 \qquad \text{für alle} \quad (x_1, \ldots, x_n) \neq 0.$$

Wir wählen $x_{i_1}, \ldots, x_{i_k}$ beliebig, die restlichen x_j gleich 0. Also ist auch

$$A_1 = \begin{pmatrix} a_{i_1 i_1} & a_{i_1 i_2} & \ldots & a_{i_1 i_k} \\ a_{i_2 i_1} & a_{i_2 i_2} & \ldots & a_{i_2 i_k} \\ \vdots & \vdots & & \vdots \\ a_{i_k i_1} & a_{i_k i_2} & \ldots & a_{i_k i_k} \end{pmatrix} > 0.$$

Nach 7.3 sind daher alle Eigenwerte $b_1, \ldots, b_k$ von A_1 positiv, also folgt

$$\det A_1 = b_1 \ldots b_k > 0.$$

b) $\Rightarrow$ c): Das ist trivial.

c) $\Rightarrow$ a): Wir beweisen die Behauptung durch Induktion nach n. Somit können wir

$$B = \begin{pmatrix} a_{11} & \dots & a_{1,n-1} \\ \vdots & & \vdots \\ a_{n-1,1} & \dots & a_{n-1,n-1} \end{pmatrix} > 0$$

annehmen. Seien $a_1 \geqslant \ldots \geqslant a_n$ die Eigenwerte von $A, b_1 \geqslant \ldots \geqslant b_{n-1}$ die von B. Nach 8.5 gilt

$$a_1 \geqslant b_1 \geqslant a_2 \geqslant \ldots \geqslant b_{n-1} \geqslant a_n.$$

Wegen $B > 0$ gilt nach 7.3 $b_{n-1} > 0$, also auch $a_j > 0$ für $j = 1, \ldots, n-1$. Aus

$$0 < \det A = a_1 \ldots a_n$$

folgt schließlich noch $a_n > 0$. Nach 7.3 ist somit $A > 0$. □

8.10 Satz. *Sei $A = (a_{jk}) \in (\mathbb{C})_n$ eine hermitesche Matrix. Dann sind gleichwertig:*
a) $A \geqslant 0$.
b) *Für alle $1 \leqslant k \leqslant n$ und alle*

$$1 \leqslant i_1 < i_2 < \ldots < i_k \leqslant n$$

gilt

$$\det \begin{pmatrix} a_{i_1 i_1} & \dots & a_{i_1 i_k} \\ \vdots & & \vdots \\ a_{i_k i_1} & \dots & a_{i_k i_k} \end{pmatrix} \geqslant 0.$$

Beweis. a) $\Rightarrow$ b): Dies wird wie in 8.9 bewiesen.
b) $\Rightarrow$ a): Bekanntlich gilt (siehe etwa E. Bodewig, Matrix Calculus, S. 58, North Holland Publ. 1959)

$$\det(xE - A) = \sum_{j=0}^{n} (-1)^{n-j} d_j x^j$$

mit $d_n = 1$ und

$$d_j = \sum_{B \in \mathfrak{D}_j} \det B,$$

wobei $\mathfrak{D}_j$ die Menge der Teilmatrizen von A vom Typ $(n-j, n-j)$ ist, welche durch Streichen der Zeilen und Spalten mit beliebigen Nummern $k_1 < \ldots < k_j$ entstehen. Nach unseren Voraussetzungen gilt $d_j \geqslant 0$. Für $b > 0$ folgt

$$\det(-bE - A) = \sum_{j=0}^{n} (-1)^n d_j b^j = (-1)^n (b^n + d_{n-1} b^{n-1} + \ldots + d_0) \neq 0.$$

Also ist $-b$ kein Eigenwert von A. Somit sind alle Eigenwerte von A nichtnegativ, und mit 7.3 folgt $A \geqslant 0$. □

Die Bedingung unter b) in 8.10 kann nicht durch die schwächere Bedingung

$$\det \begin{pmatrix} a_{11} & \dots & a_{1k} \\ \vdots & & \vdots \\ a_{k1} & \dots & a_{kk} \end{pmatrix} \geqslant 0$$

für $1 \leqslant k \leqslant n$ ersetzt werden, wie folgendes Beispiel zeigt:

8.11 Beispiel. Sei

$$A = \begin{pmatrix} 0 & 0 & \dots & 0 \\ 0 & & & \\ \vdots & & B & \\ 0 & & & \end{pmatrix}$$

mit einer beliebigen hermiteschen Matrix B vom Typ $(n-1, n-1)$. Dann gilt offenbar

$$\det \begin{pmatrix} a_{11} & \dots & a_{1k} \\ \vdots & & \vdots \\ a_{k1} & \dots & a_{kk} \end{pmatrix} = 0$$

für $k = 1, \dots, n$. Wählen wir $B < 0$, so ist $A \geqslant 0$ sicher nicht erfüllt.

Wir wenden uns nun Einschließungssätzen für die Eigenwerte normaler Matrizen zu:

8.12 Satz. (Wielandt) *Sei $\mathfrak{V}$ ein Hilbertraum von endlicher Dimension über $\mathbb{C}$ und A eine normale Abbildung aus* $\operatorname{Hom}(\mathfrak{V}, \mathfrak{V})$. *Sei $0 \neq v \in \mathfrak{V}$. Wir setzen*

$$m_{00} = (v, v), \quad m_{01} = \overline{m_{10}} = (Av, v), \quad m_{11} = (Av, Av).$$

Sei

$$f(z) = b_{00} + b_{01}z + b_{10}\overline{z} + b_{11}z\overline{z}$$

mit $b_{jk} \in \mathbb{C}$. Ist

$$\operatorname{Re}(b_{00}m_{00} + b_{01}m_{01} + b_{10}m_{10} + b_{11}m_{11}) \geqslant 0,$$

so hat A einen Eigenwert a mit $\operatorname{Re} f(a) \geqslant 0$.

Beweis. Sei $\{ v_1, \dots, v_n \}$ eine Orthonormalbasis von $\mathfrak{V}$ mit

$$Av_j = a_j v_j.$$

Sei $v = \sum_{j=1}^{n} x_j v_j$ mit $x_j \in \mathbb{C}$. Dann ist

$$m_{00} = (v, v) = \sum_{j=1}^{n} |x_j|^2,$$

$$m_{01} = (Av, v) = \sum_{j=1}^{n} a_j |x_j|^2,$$

$$m_{11} = (Av, Av) = \sum_{j=1}^{n} a_j \overline{a_j} |x_j|^2.$$

Nach Voraussetzung gilt

$$0 \leqslant \operatorname{Re} \sum_{j=1}^{n} (b_{00} + b_{01} a_j + b_{10} \overline{a_j} + b_{11} a_j \overline{a_j}) |x_j|^2 = \sum_{j=1}^{n} \operatorname{Re} f(a_j) |x_j|^2.$$

Somit existiert wenigstens ein j mit $\operatorname{Re} f(a_j) \geqslant 0$. □

Wir geben handliche Spezialfälle von 8.12 an:

8.13 Satz. *Die Voraussetzungen und Bezeichnungen seien wie in 8.12.*
a) Wir setzen

$$b = \frac{m_{01}}{m_{00}} \quad \textit{und} \quad r^2 = \frac{m_{11}}{m_{00}} - b\overline{b}.$$

Dann ist $r^2 \geqslant 0$ und wir können $r \geqslant 0$ wählen. Die Mengen

$$\{\, z \mid z \in \mathbb{C},\ |z - b| \leqslant r \,\} \quad \textit{und} \quad \{\, z \mid z \in \mathbb{C},\ |z - b| \geqslant r \,\}$$

enthalten jede mindestens einen Eigenwert von A.
b) *Jede abgeschlossene Halbebene in der komplexen Ebene, deren berandende Gerade durch b geht, enthält wenigstens einen Eigenwert von A.*

Beweis. a) Wegen der Schwarzschen Ungleichung gilt

$$m_{01} m_{10} = |(Av, v)|^2 \leqslant (v, v)(Av, Av) = m_{00} m_{11}.$$

Also ist

$$\frac{m_{11}}{m_{00}} - b\overline{b} = \frac{m_{11} m_{00} - m_{01} m_{10}}{m_{00}^2} \geqslant 0.$$

Wir können daher ein $r \geqslant 0$ wie angegeben wählen. Wir setzen

$$f(z) = (z - b)(\overline{z} - \overline{b}) - r^2 = b\overline{b} - r^2 - \overline{b} z - b \overline{z} + \overline{z z}.$$

Dann ist

$$
\begin{aligned}
&(b\bar{b} - r^2)m_{00} - \bar{b}m_{01} - bm_{10} + m_{11} \\
&= b\bar{b}m_{00} - (m_{11} - b\bar{b}m_{00}) - \frac{m_{10}m_{01}}{m_{00}} - \frac{m_{01}m_{10}}{m_{00}} + m_{11} \\
&= 2b\bar{b}m_{00} - 2\frac{m_{10}m_{01}}{m_{00}} = 0.
\end{aligned}
$$

Daher hat A nach 8.12 einen Eigenwert a mit

$$0 \leqslant \operatorname{Re} f(a) = |a - b|^2 - r^2.$$

Die analoge Überlegung mit $-f$ anstelle von f liefert den zweiten Teil der Behauptung.
b) Setzen wir

$$f(z) = c(z - b) \qquad \text{mit} \quad 0 \neq c \in \mathbb{C},$$

so ist

$$c(m_{01} - bm_{00}) = 0.$$

Nach 8.12 gibt es daher einen Eigenwert a von A mit

$$\operatorname{Re} c(a - b) \geqslant 0.$$

Offenbar wird jede Halbebene durch b beschrieben durch

$$\{\, z \mid z \in \mathbb{C},\ \operatorname{Re} c(z - b) \geqslant 0 \,\}$$

mit geeignetem $0 \neq c \in \mathbb{C}$. □

8.14 Satz. *Sei A eine hermitesche Abbildung aus* Hom $(\mathfrak{V}, \mathfrak{V})$, *sei* $\{ v_1, \dots, v_n \}$ *eine Orthonormalbasis von* $\mathfrak{V}$ *und*

$$v = \sum_{j=1}^{n} x_j v_j, \qquad Av = \sum_{j=1}^{n} y_j v_j$$

mit $x_j, y_j \in \mathbb{R}$ *und* $x_j \neq 0$ *für* $j = 1, \dots, n$. *Dann enthält das Intervall*

$$[\operatorname*{Min}_j \frac{y_j}{x_j}, \operatorname*{Max}_j \frac{y_j}{x_j}]$$

einen Eigenwert von A.

Beweis. Wir setzen

$$c = \operatorname*{Min}_j \frac{y_j}{x_j}, \qquad d = \operatorname*{Max}_j \frac{y_j}{x_j}$$

und wählen zur Anwendung von 8.12

$$f(z) = -(z - c)(\overline{z} - d) = -cd + dz + c\overline{z} - z\overline{z}.$$

Dabei ist

$$\begin{aligned} &-cd\,m_{00} + d\,m_{01} + c\,m_{10} - m_{11} \\ &\quad = \sum_{j=1}^{n}(-cd\,x_j^2 + d\,x_j y_j + c\,x_j y_j - y_j^2) \\ &\quad = \sum_{j=1}^{n}(y_j - cx_j)(dx_j - y_j) \geqslant 0, \end{aligned}$$

wie aus $c \leqslant \frac{y_j}{x_j} \leqslant d$ sofort folgt. Nach 8.12 gibt es somit einen Eigenwert a von A mit

$$\operatorname{Re} f(a) = -(a - c)(a - d) \geqslant 0,$$

und das heißt $c \leqslant a \leqslant d$. □

8.15 Beispiele. a) Sei $A = (a_{jk}) \in (\mathbb{C})_n$ eine normale Matrix. Wählen wir in 8.13 für v den Spaltenvektor e_j, welcher an der Stelle j eine Eins hat, sonst nur Nullen, so folgt

$$m_{00} = 1, \quad m_{01} = a_{jj}, \quad m_{10} = \overline{a_{jj}}, \quad m_{11} = \sum_{k=1}^{n} |a_{kj}|^2.$$

Nach 8.13 a) enthält daher jede Kreisscheibe

$$\{\, z \mid z \in \mathbb{C},\ |z - a_{jj}|^2 \leqslant \sum_{k=1,\ k\neq j}^{n} |a_{kj}|^2 \,\}$$

wenigstens einen Eigenwert von A.

Dies verschärft für normale Matrizen den Satz 3.8 von Gerschgorin, denn nach 1.4 b) gilt

$$\sum_{k=1,\ k\neq k}^{n} |a_{kj}| \geqslant \Big(\sum_{k=1,\ k\neq j}^{n} |a_{kj}|^2 \Big)^{1/2}.$$

b) Sei $A = (a_{jk})$ eine hermitesche Matrix mit $a_{jk} \in \mathbb{R}$. Wir wenden 8.14 an mit

$$v = \begin{pmatrix} 1 \\ \vdots \\ 1 \end{pmatrix}, \qquad \text{also} \quad Av = \begin{pmatrix} \sum_{k=1}^{n} a_{1k} \\ \vdots \\ \sum_{k=1}^{n} a_{nk} \end{pmatrix}.$$

Nach 8.14 enthält dann das Intervall

$$[\underset{j}{\text{Min}} \sum_{k=1}^{n} a_{jk}, \underset{j}{\text{Max}} \sum_{k=1}^{n} a_{jk}]$$

einen Eigenwert von A. Das verschärft die nach 2.8 b) für alle Matrizen A geltende Abschätzung

$$r(A) \leqslant \underset{j}{\text{Max}} \sum_{k=1}^{n} |a_{jk}|.$$

c) Sei $\mathfrak{V}$ ein Hilbertraum mit der Orthonormalbasis $\{ v_1, v_2, v_3 \}$ und sei $A \in \text{Hom}(\mathfrak{V}, \mathfrak{V})$ definiert durch

$$Av_1 = v_1$$

$$Av_2 = v_1 + v_2$$

$$Av_3 = v_2 + v_3.$$

Nach 6.10 a) gilt $\|A\|^2 = r(A^*A)$. Zu A^*A gehört die Matrix

$$\begin{pmatrix} 1 & 1 & 0 \\ 1 & 2 & 1 \\ 0 & 1 & 2 \end{pmatrix}$$

Wir wenden zuerst 8.5 an: Die Abschnittsmatrizen vom Typ (2,2) haben folgende Eigenwerte:

$$\begin{pmatrix} 1 & 1 \\ 1 & 2 \end{pmatrix} : \quad \frac{3-\sqrt{5}}{2} \text{ und } \frac{3+\sqrt{5}}{2};$$

$$\begin{pmatrix} 1 & 0 \\ 0 & 2 \end{pmatrix} : \quad 1 \text{ und } 2;$$

$$\begin{pmatrix} 2 & 1 \\ 1 & 2 \end{pmatrix} : \quad 1 \text{ und } 3.$$

Sind $a_1 \geqslant a_2 \geqslant a_3$ die Eigenwerte von A^*A, so folgt wegen der nach 2.8 b) gültigen Ungleichung $r(A^*A) \leqslant 4$ nun

$$a_1 \in [3,4], \quad a_2 \in [1,2], \quad a_3 \in [0, \frac{3-\sqrt{5}}{2}].$$

Wir interessieren uns vor allem für $a_1 = \|A\|^2$ und wenden nun 8.14 an mit

$$v = \begin{pmatrix} 1 \\ x \\ 1 \end{pmatrix} \qquad \text{mit} \quad 0 < x \in \mathbb{R}.$$

Jedes Intervall, welches $1 + x$, $2 + \frac{2}{x}$, $2 + x$ enthält, enthält daher einen Eigenwert von A^*A. Wählen wir $x = \sqrt{2}$, so liegt also in $[1 + \sqrt{2}, 2 + \sqrt{2}]$ ein Eigenwert von

A^*A, und wegen $1+\sqrt{2} > 2$ kann dies nur a_1 sein. Also erhalten wir

$$3 \leqslant a_1 \leqslant 2+\sqrt{2} \sim 3,41\ldots$$

Aufgaben

A 8.1 Seien A und B hermitesche Abbildungen aus $\mathrm{Hom}(\mathfrak{V},\mathfrak{V})$ mit $A < B$. Dann gibt es ein $\epsilon > 0$ derart, daß für alle hermitesche C mit $\|A - C\| \leqslant \epsilon$ auch $C < B$ gilt.
(Die Menge

$$\{\, C \mid C \in \mathrm{Hom}(\mathfrak{V},\mathfrak{V}),\ C < B \,\}$$

ist also offen.)

§ 9 Konvexe Mengen

Wir ergänzen die Definition einer konvexen Menge aus 1.17 a):

9.1 Definition. a) Sei $\mathfrak{V}$ ein $\mathbb{R}$-Vektorraum. Eine Teilmenge $\mathfrak{K}$ von heißt konvex, falls für alle $v_1, v_2 \in \mathfrak{K}$ und alle reellen t mit $0 \leqslant t \leqslant 1$

$$tv_1 + (1-t)v_2 \in \mathfrak{K}$$

gilt.
b) Sei $\mathfrak{K}$ eine konvexe Menge. Ein $v \in \mathfrak{K}$ heißt Extremalelement von $\mathfrak{K}$, falls es keine $v_1, v_2 \in \mathfrak{K}$ gibt mit $v_1 \neq v_2$ und

$$v = tv_1 + (1-t)v_2 \qquad \text{mit} \qquad 0 < t < 1.$$

(Dis bedeutet, daß v nicht innerer Punkt einer ganz in $\mathfrak{K}$ liegenden Strecke ist.)
Die Menge der Extremalelemente von $\mathfrak{K}$ bezeichnen wir mit $\mathrm{Ext}\,\mathfrak{K}$.
c) Sei $0 \neq f \in \mathrm{Hom}(\mathfrak{V},\mathbb{R})$ und $a \in \mathbb{R}$. Wir setzen

$$\mathfrak{H} = \mathfrak{H}_{f,a} = \{\, v \mid v \in \mathfrak{V},\ f(v) = a \,\}.$$

Wir nennen $\mathfrak{H}$ eine Stützhyperebene an $\mathfrak{K}$, falls $\mathfrak{H} \cap \mathfrak{K} \neq \emptyset$ und

$$\mathfrak{K} \subseteq \{\, v \mid v \in \mathfrak{V},\ f(v) \geqslant a \,\}.$$

Also liegt $\mathfrak{K}$ ganz in dem durch die Bedingung $f(v) \geqslant a$ definierten Halbraum von $\mathfrak{V}$.

Trivial ist:

9.2 Hilfssatz. a) *Ist* $\mathfrak{K}_j$ $(j \in J)$ *eine beliebige Menge von konvexen Teilmengen von* $\mathfrak{V}$, *so ist auch* $\bigcap_{j\in J} \mathfrak{K}_j$ *konvex.*
b) Sei $v_0 \in \mathfrak{V}$ *und* $A \in \mathrm{Hom}(\mathfrak{V}, \mathfrak{V})$. *Ist* $\mathfrak{K}$ *eine konvexe Teilmenge von* $\mathfrak{V}$, *so ist auch*

$$\{ Av + v_0 \mid v \in \mathfrak{K} \}$$

konvex.

9.3 Definition. Sei $\mathfrak{M}$ eine Teilmenge von $\mathfrak{V}$. Wir setzen

$$\mathcal{C}(\mathfrak{M}) = \bigcap_{\substack{\mathfrak{M}\subseteq\mathfrak{K}\subseteq\mathfrak{V} \\ \mathfrak{K}\ \text{konvex}}} \mathfrak{K}$$

und nennen dies die konvexe Hülle von $\mathfrak{M}$. Nach 9.2 ist $\mathcal{C}(\mathfrak{M})$ konvex.

Man kann die konvexe Hülle auch "von innen her" beschreiben:

9.4 Satz. a) *Seien* $\mathfrak{M}_j$ $(j \in J)$ *konvexe Teilmengen von* $\mathfrak{V}$. *Dann gilt*

$$\mathcal{C}(\bigcup_{j\in J} \mathfrak{M}_j) =$$
$$\Big\{\sum_{j\in J} a_j m_j \mid m_j \in \mathfrak{M}_j,\ a_j \geqslant 0,\ \sum_{j\in J} a_j = 1,\ \textit{nur endlich viele } a_j \neq 0\Big\}.$$

b) *Insbesondere gilt für jede Teilmenge* $\mathfrak{M}$ *von* $\mathfrak{V}$

$$\mathcal{C}(\mathfrak{M}) = \left\{ \sum_{k=1}^{m} a_k m_k \mid m_k \in \mathfrak{M},\ a_k > 0,\ \sum_{k=1}^{m} a_k = 1;\ m = 1, 2, \ldots \right\}.$$

Beweis. a) Wir setzen

$$\mathfrak{D} = \left\{ \sum_{j\in J} a_j m_j \mid m_j \in \mathfrak{M}_j,\ a_j \geqslant 0,\ \sum_{j\in J} a_j = 1, \qquad \text{nur endliche viele } a_j \neq 0 \right\}.$$

(1) $\mathfrak{D}$ ist eine konvexe Menge mit $\bigcup_{j\in J} \mathfrak{M}_j \subseteq \mathfrak{D}$, also gilt $\mathcal{C}(\bigcup_{j\in J} \mathfrak{M}_j) \subseteq \mathfrak{D}$:
Für $m, m' \in \mathfrak{M}_k$ und $a \geqslant 0$, $b \geqslant 0$ mit $a + b > 0$ gilt wegen der Konvexität von $\mathfrak{M}_k$

$$am + bm' = (a + b)m''$$

mit geeignetem $m'' \in \mathfrak{M}_k$.
Seien $v, w \in \mathfrak{D}$. Also gilt bei geeigneter Numerierung der $\mathfrak{M}_k$

$$v = \sum_{k=1}^{n} a_k m_k, w = \sum_{k=1}^{n} b_k m'_k$$

mit $m_k, m'_k \in \mathfrak{M}_k$, $a_k \geqslant 0$, $b_k \geqslant 0$, $a_k + b_k > 0$ und

$$1 = \sum_{k=1}^{n} a_k = \sum_{k=1}^{n} b_k.$$

Für $0 < t < 1$ folgt

$$ta_k m_k + (1-t)b_k m'_k = (ta_k + (1-t)b_k)m''_k$$

mit geeignetem $m''_k \in \mathfrak{M}_k$. Damit folgt

$$tv + (1-t)w = \sum_{k=1}^{n}(ta_k + (1-t)b_k)m''_k$$

mit $ta_k + (1-t)b_k > 0$ und

$$\sum_{k=1}^{n}(ta_k + (1-t)b_k) = t\sum_{k=1}^{n} a_k + (1-t)\sum_{k=1}^{n} b_k = 1.$$

Dies zeigt, daß $\mathfrak{D}$ konvex ist. Offenbar gilt $\bigcup_{j\in J}\mathfrak{M}_j \subseteq \mathfrak{D}$.

(2) Ist $\mathfrak{K}$ eine konvexe Teilmenge von $\mathfrak{V}$ mit $\bigcup_{j\in J}\mathfrak{M}_j \subseteq \mathfrak{K}$, so gilt auch $\mathfrak{D} \subseteq \mathfrak{K}$. Also ist $\mathfrak{D} \subseteq \mathcal{C}(\bigcup_{j\in J}\mathfrak{M}_j)$:

Wir beweisen durch Induktion nach n, daß

$$\sum_{k=1}^{n} a_k m_k \in \mathfrak{K}$$

gilt für $m_k \in \bigcup_{j\in J}\mathfrak{M}_j$, $a_k > 0$ und $\sum\limits_{k=1}^{n} a_k = 1$. Für $n = 1$ ist das wegen $\bigcup_{j\in J}\mathfrak{M}_j \subseteq \mathfrak{D}$ erfüllt. Sei $n > 1$, also $a_n < 1$ und

$$\sum_{k=1}^{n-1}\frac{a_k}{1-a_n} = 1.$$

Nach Induktionsannahme gilt dann

$$w = \sum_{k=1}^{n-1}\frac{a_k}{1-a_n}m_k \in \mathfrak{K}.$$

Da $\mathfrak{K}$ konvex ist, folgt

$$(1-a_n)w + a_n m_n = \sum_{k=1}^{n} a_k m_k \in \mathfrak{K}.$$

b) Die Behauptung folgt sofort aus a), wenn wir $J = \mathfrak{M}$ und $\mathfrak{M}_m = \{\, m \,\}$ wählen.

□

Wir versehen im folgenden den Vektorraum $\mathfrak{V} = \mathbb{R}^n$ stets mit dem kanonischen Skalarprodukt und der zugehörigen Norm $\|\cdot\|$.

9.5 Hilfssatz. *Sei $\mathfrak{K} \neq \emptyset$ eine konvexe, abgeschlossene Teilmenge von $\mathfrak{V}$ und $v_0 \in \mathfrak{V}, \notin \mathfrak{K}$.*

a) *Dann gibt es genau ein $w_0 \in \mathfrak{K}$ mit*

$$\|w_0 - v_0\| = \inf_{w \in \mathfrak{K}} \|w - v_0\| = \operatorname*{Min}_{w \in \mathfrak{K}} \|w - v_0\| > 0.$$

b) *Ist w_j $(j = 1, 2, \ldots)$ eine Folge mit $w_j \in \mathfrak{K}$ und*

$$\lim_{j \to \infty} \|w_j - v_0\| = \|w_0 - v_0\|,$$

so gilt $\lim_{j \to \infty} w_j = w_0$.

Beweis. a) Sei $w_1 \in \mathfrak{K}$. Dann ist die Menge

$$\mathfrak{B} = \{\, v \mid v \in \mathfrak{K},\ \|v - v_0\| \leqslant \|w_1 - v_0\| \,\}$$

als Durchschnitt der abgeschlossenen Menge $\mathfrak{K}$ mit der kompakten Menge

$$\{\, v \mid \|v - v_0\| \leqslant \|w_1 - v_0\| \,\}$$

kompakt. Da $\|\cdot\|$ stetig ist, existiert daher

$$\operatorname*{Min}_{w \in \mathfrak{B}} \|w - v_0\| = \operatorname*{Min}_{w \in \mathfrak{K}} \|w - v_0\|.$$

Sei $w_0 \in \mathfrak{K}$ mit

$$\|w_0 - v_0\| = \operatorname*{Min}_{w \in \mathfrak{K}} \|w - v_0\| = a > 0.$$

Sei w_1 ein weiterer Vektor aus $\mathfrak{K}$ mit $\|w_1 - v_0\| = a$. Da $\mathfrak{K}$ konvex ist, gilt

$$\frac{1}{2}(w_0 + w_1) \in \mathfrak{K}.$$

Somit folgt unter Verwendung der Parallelogrammgleichung 4.7 a)

$$\begin{aligned} a^2 \leqslant \left\|\frac{1}{2}(w_0 + w_1) - v_0\right\|^2 &= \frac{1}{4}\|(w_0 - v_0) + (w_1 - v_0)\|^2 \\ &= \frac{1}{2}(\|w_0 - v_0\|^2 + \|w_1 - v_0\|^2) - \frac{1}{4}\|w_0 - w_1\|^2 \\ &= a^2 - \frac{1}{4}\|w_0 - w_1\|^2. \end{aligned}$$

Das zeigt $w_0 = w_1$.

b) Sei

$$\lim_{j \to \infty} \|w_j - v_0\| = \|w_0 - v_0\| = a$$

mit $w_j \in \mathfrak{K}$. Dann folgt abermals mit 4.7 a)

$$\begin{aligned} 0 &\leqslant \frac{1}{4}\|w_j - w_k\|^2 = \frac{1}{4}\|(w_j - v_0) - (w_k - v_0)\|^2 \\ &= \frac{1}{2}(\|w_j - v_0\|^2 + \|w_k - v_0\|^2) - \frac{1}{4}\|(w_j - v_0) + (w_k - v_0)\|^2 \\ &= \frac{1}{2}(\|w_j - v_0\|^2 + \|w_k - v_0\|^2 - \|\frac{1}{2}(w_j + w_k) - v_0\|^2 \\ &\leqslant \frac{1}{2}(\|w_j - v_0\|^2 + \|w_k - v_0\|^2) - a^2. \end{aligned}$$

Da die rechte Seite mit $j, k \to \infty$ gegen 0 strebt, bilden die w_j eine Cauchy-Folge. Somit existiert $\lim_{j\to\infty} w_j$ und liegt in $\mathfrak{K}$, da $\mathfrak{K}$ abgeschlossen ist. Es gilt

$$\|w_0 - v_0\| = \lim_{j\to\infty} \|w_j - v_0\| = \|\lim_{j\to\infty} w_j - v_0\|.$$

Wegen a) ist dann $\lim_{j\to\infty} w_j = w_0$. □

9.6 Satz. *Seien $\mathfrak{K}_1 \neq \emptyset$ und $\mathfrak{K}_2 \neq \emptyset$ abgeschlossene Teilmengen von $\mathfrak{V}$, sei $\mathfrak{K}_1$ kompakt und $\mathfrak{K}_1 \cap \mathfrak{K}_2 = \emptyset$.*
a) *Es gibt $v_j \in \mathfrak{K}_j$ $(j = 1, 2,)$ mit*

$$\|v_1 - v_2\| = \operatorname*{Min}_{w_j \in \mathfrak{K}_j} \|w_1 - w_2\| > 0.$$

b) *Sind $\mathfrak{K}_1$ und $\mathfrak{K}_2$ konvex, so gibt es eine Hyperebene*

$$\mathfrak{H} = \mathfrak{H}_{f,a} = \{\, v \mid v \in \mathfrak{V},\ f(v) = a \,\}$$

mit

$$\mathfrak{K}_1 \subseteq \{\, v \mid f(v) > a \,\} \qquad \textit{und} \qquad \mathfrak{K}_2 \subseteq \{\, v \mid f(v) < a \,\}.$$

Man sagt dann, daß $\mathfrak{H}$ die konvexen Mengen $\mathfrak{K}_1$ und $\mathfrak{K}_2$ trennt.

Beweis. a) Wir setzen für $r > 0$

$$\mathfrak{E}_r = \{\, v \mid v \in \mathfrak{V},\ \|v\| \leqslant r \,\}.$$

Sei r so groß gewählt, daß $\mathfrak{K}_1 \subseteq \mathfrak{E}_r$ und $\mathfrak{K}_2 \cap \mathfrak{E}_r \neq \emptyset$. Dann ist

$$\inf_{w_j \in \mathfrak{K}_j} \|w_1 - w_2\| \leqslant 2r.$$

Da $\mathfrak{K}_1$ und $\mathfrak{K}_2 \cap \mathfrak{E}_{3r}$ kompakt sind, existiert

$$\operatorname*{Min}_{w_1 \in \mathfrak{K}_1,\ w_2 \in \mathfrak{K}_2 \cap \mathfrak{E}_{3r}} \|w_1 - w_2\| = \|v_1 - v_2\| \qquad \text{mit} \quad v_j \in \mathfrak{K}_j.$$

Für $w_1 \in \mathfrak{K}_1, w_2 \in \mathfrak{K}_2$ und $\|w_2\| > 3r$ ist

$$\|w_1 - w_2\| \geqslant \|w_2\| - \|w_1\| > 2r.$$

Also gilt

$$\operatorname*{Min}_{w_j \in \mathfrak{K}_j} \|w_1 - w_2\| = \|v_1 - v_2\|.$$

Wegen $\mathfrak{K}_1 \cap \mathfrak{K}_2 = \emptyset$ ist dabei $v_1 \neq v_2$.

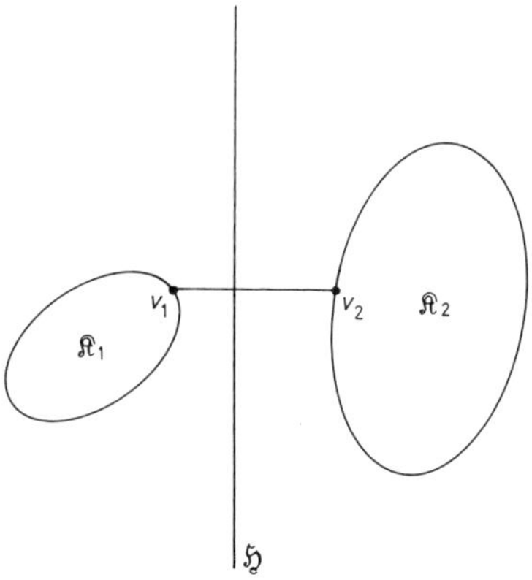

b) Wir definieren $f \in \operatorname{Hom}(\mathfrak{V}, \mathbb{R})$ durch

$$f(v) = (v_1 - v_2, v).$$

Dann gilt

$$f(v_1) - f(v_2) = (v_1 - v_2, v_1 - v_2) > 0.$$

Für $w \in \mathfrak{K}_1$ und $0 < t \leqslant 1$ gilt

$$(1 - t)v_1 + tw \in \mathfrak{K}_1.$$

Somit ist

$$\begin{aligned} \|v_1 - v_2\|^2 &\leqslant \|(1-t)v_1 + tw - v_2\|^2 = \|(v_1 - v_2) + t(w - v_1)\|^2 \\ &= \|v_1 - v_2\|^2 + 2t(v_1 - v_2, w - v_1) + t^2\|w - v_1\|^2. \end{aligned}$$

Da dies für alle $0 < t \leqslant 1$ gilt, folgt

$$(v_1 - v_2, w - v_1) \geqslant 0,$$

also

$$f(w) = (v_1 - v_2, w) \geqslant (v_1 - v_2, v_1) = f(v_1).$$

Setzen wir

$$a = \frac{1}{2}(f(v_1) + f(v_2)),$$

so gilt daher

$$f(w) > a \qquad \text{für alle} \quad w \in \mathfrak{K}_1.$$

Dieselbe Überlegung mit $-f$ anstelle von f liefert

$$-f(w') \geqslant -f(v_2) \qquad \text{für alle} \quad w' \in \mathfrak{K}_2,$$

also

$$f(w') \leqslant f(v_2) < a.$$

□

9.7 Satz. *Sei $\mathfrak{K}$ eine konvexe, abgeschlossene Teilmenge von $\mathfrak{V}$ und $v_0 \in$ Rand $\mathfrak{K}$. Dann existiert ein $0 \neq f \in \mathrm{Hom}(\mathfrak{V}, \mathbb{R})$ mit*

$$\mathfrak{K} \subseteq \{ v \mid v \in \mathfrak{V},\ f(v) \geqslant f(v_0) \}.$$

Somit ist

$$\mathfrak{H} = \{ v \mid v \in \mathfrak{V},\ f(v) = f(v_0) \}$$

eine Stützhyperebene an $\mathfrak{K}$ durch v_0.

Beweis. Wegen $v_0 \in$ Rand $\mathfrak{K}$ existiert zu jeder natürlichen Zahl j ein $v_j \notin \mathfrak{K}$ mit $\|v_0 - v_j\| \leqslant \frac{1}{j}$. Nach 9.5 gibt es ein $w_j \in \mathfrak{K}$ mit

$$\operatorname*{Min}_{w \in \mathfrak{K}} \|w - v_j\| = \|w_j - v_j\| > 0.$$

Wegen $\|w_j - v_j\| \leqslant \|v_0 - v_j\|$ ist dabei $\lim_{j\to\infty} w_j = \lim_{j\to\infty} v_j = v_0$. Für $0 < t \leqslant 1$ und alle $w \in \mathfrak{K}$ gilt wegen $(1-t)w_j + tw \in \mathfrak{K}$ dann

$$\|w_j - v_j\|^2 \leqslant \|(1-t)w_j + tw - v_j\|^2 =$$

$$\|w_j - v_j\|^2 + 2t(w_j - v_j, w - w_j) + t^2\|w - w_j\|^2.$$

Das erzwingt $(w_j - v_j, w - w_j) \geqslant 0$. Wir setzen

$$u_j = \frac{w_j - v_j}{\|w_j - v_j\|}.$$

Wegen der Kompaktheit der Einheitskugel in $\mathfrak{V}$ (siehe 1.16) gibt es eine Teilfolge der u_j mit einem Grenzwert u. Aus $(u_j, w - w_j) \geqslant 0$ folgt dann $(u, w - v_0) \geqslant 0$. Also ist

$$(u, w) \geqslant (u, v_0) \qquad \text{für alle} \quad w \in \mathfrak{K}.$$

Definieren wir nun f durch $f(v) = (u, v)$, so ist $f \neq 0$ und

$$\mathfrak{K} \subseteq \{ v \mid f(v) \geqslant f(v_0) \}.$$

□

9.8 Hilfssatz. *Sei $\mathfrak{K} \neq \emptyset$ eine konvexe Menge.*

a) *Ist* v *ein Extremalelement von* $\mathfrak{K}$*, so gilt* $v \in \operatorname{Rand} \mathfrak{K}$.
b) *Sei* $\mathfrak{H}$ *eine Stützhyperebene von* $\mathfrak{K}$*. Dann gilt*

$$\operatorname{Ext}(\mathfrak{H} \cap \mathfrak{K}) \subseteq \operatorname{Ext} \mathfrak{K}.$$

c) *Ist* $\mathfrak{K} \neq \emptyset$ *konvex und kompakt, so hat* $\mathfrak{K}$ *Extremalelemente.*

Beweis. a) Angenommen, v sei ein innerer Punkt von $\mathfrak{K}$. Dann gibt es ein $a > 0$ mit

$$\{ w \mid w \in \mathfrak{V},\ \|w - v\| \leqslant a \} \subseteq \mathfrak{K}.$$

Ist u irgendein Vektor mit $\|u\| = 1$, so folgt $v \pm au \in \mathfrak{K}$ und

$$v = \frac{1}{2}(v + au) + \frac{1}{2}(v - au).$$

Das widerspricht jedoch der Tatsache, daß v ein Extremalelement von $\mathfrak{K}$ ist.
b) Angenommen, es wäre

$$w \in \operatorname{Ext}(\mathfrak{H} \cap \mathfrak{K}), \quad \text{aber} \quad w \notin \operatorname{Ext} \mathfrak{K}.$$

Sei

$$\mathfrak{H} = \{ v \mid f(v) = a \}$$

und

$$\mathfrak{K} \subseteq \{ v \mid f(v) \geqslant a \}.$$

Wegen $w \notin \operatorname{Ext} \mathfrak{K}$ gibt es $w_1, w_2 \in \mathfrak{K}$ mit $w_1 \neq w_2$ und ein $0 < t < 1$ mit

$$w = tw_1 + (1 - t)w_2.$$

Wegen $w \in \mathfrak{H}$ folgt

$$a = f(w) = tf(w_1) + (1 - t)f(w_2) \geqslant ta + (1 - t)a = a.$$

Also gilt $f(w_j) = a$, somit $w_j \in \mathfrak{H} \cap \mathfrak{K}$. Das widerspricht jedoch der Voraussetzung $w \in \operatorname{Ext}(\mathfrak{H} \cap \mathfrak{K})$. Somit ist doch $\operatorname{Ext}(\mathfrak{H} \cap \mathfrak{K}) \subseteq \operatorname{Ext} \mathfrak{K}$.
c) Wir beweisen die Behauptung durch Induktion nach $n = \dim \mathfrak{V}$.

Für $n = 1$ ist die konvexe, kompakte Menge $\mathfrak{K}$ ein Intervall $[a, b]$, hat also die Extremalelemente a und b

Sei $n > 1$ und $v_0 \in \operatorname{Rand} \mathfrak{K}$. Vermöge einer Translation $v \to v - v_0$ können wir $v_0 = 0$ annehmen. Nach 9.7 existiert eine Stützhyperebene

$$\mathfrak{H} = \{ v \mid v \in \mathfrak{V},\ f(v) = 0 \}$$

an $\mathfrak{K}$ durch 0 mit

$$\mathfrak{K} \subseteq \{ v \mid v \in \mathfrak{V},\ f(v) \geqslant 0 \}.$$

Offenbar ist $\mathfrak{H} \cap \mathfrak{K}$ konvex und kompakt mit $0 \in \mathfrak{H} \cap \mathfrak{K}$. Nach Induktionsannahme hat $\mathfrak{H} \cap \mathfrak{K}$ ein Extremalelement w, und nach b) gilt

$$w \in \operatorname{Ext}(\mathfrak{H} \cap \mathfrak{K}) \subseteq \operatorname{Ext} \mathfrak{K}. \qquad \square$$

Nun können wir zeigen, daß jede konvexe, kompakte Menge die konvexe Hülle ihrer Extremalelemente ist.

9.9 Hauptsatz. *Sei* $\dim \mathfrak{V} = n$ *und sei* $\mathfrak{K}$ *eine konvexe und kompakte Teilmenge von* $\mathfrak{V}$ *und* $v \in \mathfrak{V}$. *Dann gibt es* $v_1, \ldots, v_r \in \operatorname{Ext} \mathfrak{K}$ *mit* $r \leqslant n+1$ *und* $a_j > 0$, $\sum_{j=1}^{r} a_j = 1$ *mit*

$$v = \sum_{j=1}^{n} a_j v_j.$$

Insbesondere gilt $\mathfrak{K} = \mathcal{C}(\operatorname{Ext} \mathfrak{K})$.

Beweis. Fall 1: Sei $v \in \operatorname{Rand} \mathfrak{K}$. Nach 9.7 existiert eine Stützhyperebene $\mathfrak{H}$ an $\mathfrak{K}$ durch v. Sei $\mathfrak{H} = v + \mathfrak{U}$ mit einem Unterraum $\mathfrak{U}$ von $\mathfrak{V}$ mit $\dim \mathfrak{U} = n-1$ und

$$\mathfrak{H} \cap \mathfrak{K} = v + \mathfrak{K}_0$$

mit einer konvexen, kompakten Menge $\mathfrak{K}_0$. Wegen $0 \in \mathfrak{K}_0$ gilt nach Induktionsannahme

$$0 = \sum_{j=1}^{s} b_j w_j \qquad \text{mit} \quad b_j > 0, \quad \sum_{j=1}^{s} b_j = 1, \quad w_j \in \operatorname{Ext} \mathfrak{K}_0, \quad s \leqslant n.$$

Dann ist

$$v = \sum_{j=1}^{s} b_j (v + w_j)$$

mit

$$v + w_j \in v + \operatorname{Ext} \mathfrak{K}_0 = \operatorname{Ext}(v + \mathfrak{K}_0) = \operatorname{Ext}(\mathfrak{H} \cap \mathfrak{K}) \subseteq \operatorname{Ext} \mathfrak{K} \text{ (wegen 9.8 b)).}$$

Fall 2: Sei nun v ein innerer Punkt von $\mathfrak{K}$. Nach 9.8 c) existiert ein $w_0 \in \operatorname{Ext} \mathfrak{K}$. Wir betrachten

$$y(t) = (1-t) w_0 + t v \qquad \text{für} \quad 0 \leqslant t \leqslant 1.$$

Dann gilt wegen der Konvexität von $\mathfrak{K}$ sicher $y(t) \in \mathfrak{K}$. Da $y(1) = v$ im Innern von $\mathfrak{K}$ liegt, existieren $t > 1$ mit $y(t) \in \mathfrak{K}$. Da $\mathfrak{K}$ kompakt ist, ist

$$1 < \sup\{\, t \mid y(t) \in \mathfrak{K} \,\} = t_0 < \infty.$$

Da $\mathfrak{K}$ abgeschlossen ist, ist $y(t_0) \in \operatorname{Rand} \mathfrak{K}$.

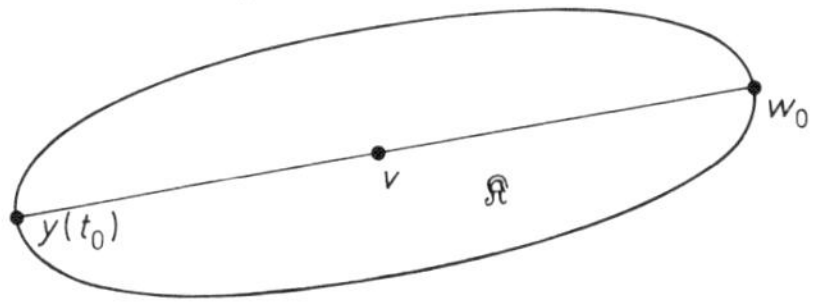

Gemäß Fall 1 gilt daher

$$y(t_0) = \sum_{j=1}^{r} a_j v_j \qquad \text{mit} \quad a_j > 0, \quad \sum_{j=1}^{r} a_j = 1, \quad v_j \in \operatorname{Ext} \mathfrak{K}$$

und $r \leqslant n$. Es folgt

$$v = \frac{1}{t_0} y(t_0) + \frac{t_0 - 1}{t_0} w_0 = \sum_{j=1}^{r} \frac{a_j}{t_0} v_j + \frac{t_0 - 1}{t_0} w_0$$

mit $v_1, \ldots, v_r, w_0 \in \operatorname{Ext} \mathfrak{K}$, $r + 1 \leqslant n + 1$ und

$$\sum_{j=1}^{r} \frac{a_j}{t_0} + \frac{t_0 - 1}{t_0} = 1, \qquad \text{sowie}$$

$$\frac{a_j}{t_0} > 0, \frac{t_0 - 1}{t_0} > 0.$$

□

9.10 Satz. a) *Für jede Teilmenge* $\mathfrak{M}$ *von* $\mathfrak{V}$ *gilt* $\operatorname{Ext}(\mathcal{C}(\mathfrak{M})) \subseteq \mathfrak{M}$.
b) (Carathéodory[28]). *Sei* $\dim \mathfrak{V} = n$ *und sei* $\mathfrak{M}$ *eine Teilmenge von* $\mathfrak{V}$.
Ist $v \in \mathcal{C}(\mathfrak{M})$, *so gilt*

$$v = \sum_{j=1}^{r} a_j m_j$$

mit $m_j \in \mathfrak{M}$, $a_j > 0$, $\sum_{j=1}^{r} a_j = 1$ *und* $r \leqslant n + 1$.

Beweis. a) Angenommen, es wäre

$$v = \sum_{j=1}^{r} a_j m_j \in \operatorname{Ext} \mathcal{C}(\mathfrak{M})$$

28) Constantin Carathéodory (1873–1950) München; Variationsrechnung, Funktionentheorie und konforme Abbildungen, reelle Funktionen und Maßtheorie.

mit $m_j \in \mathfrak{M}$, $a_j > 0$ und $\sum_{j=1}^{r} a_j = 1$, aber $v \notin \mathfrak{M}$. Dann ist $r \geqslant 2$. Wir betrachten

$$w_1 = (a_1 + a_2)m_1 + \sum_{j=3}^{r} a_j m_j \qquad \text{und} \qquad w_2 = (a_1 + a_2)m_2 + \sum_{j=3}^{r} a_j m_j.$$

Dann gilt $w_1, w_2 \in \mathcal{C}(\mathfrak{M})$ und

$$\frac{a_1}{a_1 + a_2} w_1 + \frac{a_2}{a_1 + a_2} w_2 = v.$$

Das widerspricht jedoch der Annahme $v \in \operatorname{Ext} \mathcal{C}(\mathfrak{M})$.
b) Sei

$$v = \sum_{j=1}^{s} b_j m_j' \qquad \text{mit } m_j' \in \mathfrak{M}, \quad b_j > 0 \text{ und } \sum_{j=1}^{s} b_j = 1.$$

Nach 9.4 b) gilt

$$\mathcal{C}(\{ m_1', \dots, m_s' \}) = \{ \sum_{j=1}^{s} x_j m_j' \mid x_j \geqslant 0, \sum_{j=1}^{s} x_j = 1 \}.$$

Also ist $\mathcal{C}(\{ m_1', \dots, m_s' \})$ als Bild der kompakten Menge

$$\{ (x_1, \dots, x_s) \mid 0 \leqslant x_j \in \mathbb{R}, \sum_{j=1}^{s} x_j = 1 \}$$

unter einer stetigen Abbildung kompakt. Nach a) gilt

$$\operatorname{Ext} \mathcal{C}(\{ m_1', \dots, m_s' \}) \subseteq \{ m_1', \dots, m_s' \}.$$

Nach 9.9 gibt es daher $m_1, \dots, m_r \in \{ m_1', \dots, m_s' \}$ mit $r \leqslant n + 1$ und $a_j \in \mathbb{R}$ mit $a_j > 0$, $\sum_{j=1}^{r} a_j = 1$, so daß

$$v = \sum_{j=1}^{r} a_j m_j. \qquad \square$$

9.11 Beispiele. a) Seien positive Zahlen $z_i > 0$ $(i = 1, \dots, m)$ und $s_j > 0$ $(j = 1, \dots, n)$ vorgegeben mit

$$\sum_{i=1}^{m} z_i = \sum_{j=1}^{n} s_j.$$

Dann ist die Menge

$$\mathfrak{S} = \{ (a_{ij})_{\substack{i=1,\dots,m \\ j=1,\dots,n}} \mid a_{ij} \geqslant 0, \quad \sum_{j=1}^{n} a_{ij} = z_i, \quad \sum_{i=1}^{m} a_{ij} = s_j \}$$

offenbar konvex und kompakt. Wir sagen, daß in $A = (a_{ij})$ ein Zyklus auftritt, wenn es eine Folge von Paaren (i_k, j_k) gibt mit $a_{i_k,j_k} > 0$ und $a_{i_k,j_{k+1}} > 0$, wobei $i_k \neq i_{k+1}$, $j_k \neq j_{k+1}$ und $a_{i_m,j_m} = a_{i_1,j_1}$.

(1) Tritt in A ein Zyklus auf, so gilt $A \notin \operatorname{Ext} \mathfrak{S}$:

Sei

$$0 < \epsilon < \operatorname*{Min}_k \{ a_{i_k,j_k}, a_{i_k,j_{k+1}} \}.$$

Wir definieren Matrizen $B = (b_{ij})$ und $C = (c_{ij})$ durch

$$b_{ij} = \begin{cases} a_{ij} + \epsilon & \text{für } (i,j) = (i_k, j_k) \\ a_{ij} - \epsilon & \text{für } (i,j) = (i_k, j_{k+1}) \\ a_{ij} & \text{sonst} \end{cases}$$

und

$$c_{ij} = \begin{cases} a_{ij} - \epsilon & \text{für } (i,j) = (i_k, j_k) \\ a_{ij} + \epsilon & \text{für } (i,j) = (i_k, j_{k+1}) \\ a_{ij} & \text{sonst.} \end{cases}$$

Die Indexpaare (i_k, j_k) auf einer festen Zeile i treten in Paaren (i, j_k), (i, j_{k+1}) auf. Also gilt

$$\sum_{j=1}^{n} b_{ij} = \sum_{j=1}^{n} c_{ij} = z_i.$$

Ebenso treten die Indexpaare in der Spalte j in Paaren (i_k, j), (i_{k+1}, j) auf, also gilt auch

$$\sum_{i=1}^{m} b_{ij} = \sum_{j=1}^{m} c_{ij} = s_j.$$

Dies zeigt $B, C \in \mathfrak{S}$. Wegen $A = \frac{1}{2}(B + C)$ und $B \neq C$ folgt $A \notin \operatorname{Ext} \mathfrak{S}$.

(2) Tritt in A kein Zyklus auf, so gilt $A \in \operatorname{Ext} \mathfrak{S}$:

Ist jede Zeile und Spalte von A mit mindestens zwei positiven Einträgen besetzt, so findet man eine unendliche Folge

$$\dots, (i_k, j_k), \quad (i_k, j_{k+1}), \quad (i_{k+1}, j_{k+1}), \dots$$

mit $a_{i_k,j_k} > 0$, $a_{i_k,j_{k+1}} > 0$. Wegen der Endlichkeit der zur Verfügung stehenden Indexpaare gibt es dann auch einen Zyklus in A. Enthält A keinen Zyklus, so hat also A eine Zeile oder Spalte mit genau einem positiven Eintrag. Wir können o.B.d.A.

$$A = \begin{pmatrix} s_1 & \\ 0 & \\ \vdots & A_1 \\ 0 & \end{pmatrix}$$

annehmen. Sei $A = tB + (1-t)C$ mit $0 < t < 1$ und $B, C \in \mathfrak{S}$. Dann folgt

$$B = \begin{pmatrix} s_1 & \\ 0 & \\ \vdots & B_1 \\ 0 & \end{pmatrix} \qquad C = \begin{pmatrix} s_1 & \\ 0 & \\ \vdots & C_1 \\ 0 & \end{pmatrix}$$

wobei $A_1 = tB_1 + (1-t)C_1$. Die Matrizen A_1, B_1, C_1 liegen in dem konvexen Bereich, der durch die Zeilensummen $z_1 - s_1, z_2, \dots, z_m$ und die Spaltensummen $s_2, \dots, s_n$ charakterisiert ist. Da A_1 keinen Zyklus enthält, folgt gemäß einer Induktion nach $m + n$ dann $B_1 = C_1$, also $B = C$. Somit ist $A \in \operatorname{Ext}\mathfrak{S}$.

b) Wir behandeln den Spezialfall $m = n$ und $z_i = s_j = 1$ für $i, j = 1, \dots, n$. Dann ist $\mathfrak{S}$ die Menge der sog. doppelt stochastischen Matrizen vom Typ (n, n). Nach a) besteht $\operatorname{Ext}\mathfrak{S}$ aus den Matrizen ohne Zyklen. Wir zeigen, daß diese Eigenschaft nur die Permutationsmatrizen haben:

Sei (a_{ij}) doppelt stochastisch mit zwei positiven Einträgen in der Zeile i_1, etwa $a_{i_1,j_1} > 0$ und $a_{i_1,j_2} > 0$. Wegen $0 < a_{i_1,j_2} < 1$ gibt es ein $i_2 \neq i_1$ mit $0 < a_{i_2,j_2} < 1$, dann ein j_3 mit $0 < a_{i_2,j_3} < 1$ usw. Diese Folge enthält einen Zyklus.

Also hat jedes $A \in \operatorname{Ext}\mathfrak{S}$ in jeder Zeile genau eine 1, sonst Nullen. Da auch alle Spaltensummen von A gleich 1 sind, ist A eine Permutationsmatrix.

Aus 9.9 und 9.11 b) folgt sofort der folgende interessante Satz:

9.12 Satz. (D. König[29)]) *Sei $A = (a_{ij})$ eine doppelt stochastische Matrix vom Typ (n, n). Dann existieren Permutationsmatrizen P_j $(j = 1, \dots, r)$ vom Typ (n, n) sowie $b_j > 0$ mit $\sum_{j=1}^{r} b_j = 1$ derart, daß*

$$A = \sum_{j=1}^{r} b_j P_j.$$

(Nach 9.10 b) kann man dabei $r \leqslant n^2 + 1$ erreichen. Man kann sogar zeigen, daß man mit $r \leqslant n^2 - 2n + 2$ auskommt; siehe M. Marcus, R. Ree, Diagonals of doubly stochastic matrices Quat. J. of Math., Oxford Ser. (2) 10, p. 295-302 (1959).)

29) Dénes König (1884-1944) Budapest; Mengenlehre und Graphentheorie, deren Begründer König ist.

Der Begriff der konvexen Menge ist ein geometrischer Grundbegriff. Er hat in den letzten Jahren im Zusammenhang mit der linearen Optimierung auch für die Anwendungen an Bedeutung gewonnen. Da wir Überlegungen aus diesem Bereich in § 11 benötigen werden, stellen wir kurz die Grundzüge dar.

9.13 Satz. *Sei $\mathfrak{K}$ eine konvexe und kompakte Teilmenge eines endlichdimensionalen $\mathbb{R}$-Vektorraumes $\mathfrak{V}$. Sei $f \in \operatorname{Hom}(\mathfrak{V}, \mathbb{R})$. Dann gibt es ein Extremalelement v_0 von $\mathfrak{K}$ mit*

$$\operatorname*{Max}_{v \in \mathfrak{K}} f(v) = f(v_0).$$

Beweis. Da $\mathfrak{K}$ kompakt und f stetig ist, gibt es ein $w \in \mathfrak{K}$ mit

$$\operatorname*{Max}_{v \in \mathfrak{K}} f(v) = f(w).$$

Sei gemäß 9.9

$$w = \sum_{j=1}^{r} a_j v_j \quad \text{mit } a_j > 0, \quad \sum_{j=1}^{r} a_j = 1 \quad \text{und} \quad v_j \in \operatorname{Ext} \mathfrak{K}.$$

Damit folgt

$$f(w) = \sum_{j=1}^{r} a_j f(v_j) \leqslant \sum_{j=1}^{r} a_j f(w) = f(w).$$

Also gilt $f(w) = f(v_j)$ für $j = 1, \ldots, r$. □

9.14 Beispiel. Gegeben sei eine Gesellschaft aus n Frauen $F_1, \ldots, F_n$ und n Männern $M_1, \ldots, M_n$. Vorgegeben seien ferner

die Sympathie s_{jk} von F_j für M_k

und

die Sympathie s'_{jk} von M_j für F_k.

(Wir nehmen keineswegs $s_{jk} = s'_{kj}$ an; auch dürfen die s_{jk} und s'_{jk} negativ sein.) Das Paar (F_j, M_k) verbringe gemeinsam den Bruchteil $x_{jk} \geqslant 0$ der Freizeit, welche wir für alle Mitglieder unserer Gesellschaft (etwas idealistisch) als gleich annehmen. Also gilt

$$\sum_{k=1}^{n} x_{jk} = \sum_{j=1}^{n} x_{jk} = 1,$$

und $X = (x_{jk})$ ist somit eine doppelt stochastische Matrix. Wir definieren

$$\text{das Glück von } F_j \text{ durch } \sum_{k=1}^{n} s_{jk} x_{jk}$$

und

$$\text{das Glück von } M_j \text{ durch } \sum_{k=1}^{n} s'_{jk} x_{kj}.$$

Das Gesamtglück in unserer Gesellschaft definieren wir durch

$$g(X) = \sum_{j,k=1}^{n} (s_{jk} + s'_{kj}) x_{jk}.$$

Wir stellen uns die Aufgabe, die Matrix X der Zeitaufteilung so zu wählen, daß $g(X)$ maximal wird. Bezeichnet $\mathfrak{D}$ die Menge der doppelt stochastischen Matrizen vom Typ (n, n), so folgt mit 9.12 und 9.13

$$\operatorname*{Max}_{X \in \mathfrak{D}} g(X) = \operatorname*{Max}_{X \in \operatorname{Ext} \mathfrak{D}} g(X) = g(P)$$

mit einer geeigneten Permutationsmatrix P. Also wird das Maximum von g angenommen für eine Zeitaufteilung der Gestalt

$$x_{jk} = \begin{cases} 1 & \text{für } k = \pi j \\ 0 & \text{sonst} \end{cases}$$

mit einer geeigneten Permutation π. Die Paare $(F_j, M_{\pi j})$ $(j = 1, \ldots, n)$ verhalten sich also strikt monogam!

Wir können allerdings nicht verschweigen, daß das Maximum von g durchaus auch für nicht-monogame Zeitaufteilungen X angenommen werden kann. Wenden wir obenstehende Überlegungen auf $-g$ anstelle von g an, so folgt, daß auch das Minimum von g in geeigneten (eher wohl ungeeigneten) monogamen Zuständen angenommen wird.

9.15 Beispiele. a) Eine Firma benötige zur Herstellung ihres Produktes zwei Metalle M_1 und M_2, und zwar pro Einheit des Produktes 8 Einheiten von M_1 und 9 Einheiten von M_2. Zwei Lieferanten stehen zur Verfügung, sie liefern Erzmischungen

$$E_1 = 2M_1 + 3M_2 \text{ zum Preis } 5,$$
$$E_2 = 4M_1 + M_2 \text{ zum Preis } 3.$$

Die Firma kauft $x_j \geqslant 0$ Einheiten von E_j, und wählt die x_j so, daß

$$2x_1 + 4x_2 \geqslant 8, \tag{1}$$
$$3x_1 + x_2 \geqslant 9, \tag{2}$$
$$5x_1 + 3x_2 \quad \text{möglichst klein ist.} \tag{3}$$

Wir zeichnen den konvexen Bereich

$$\mathfrak{K} = \{ (x_1, x_2) \mid x_1 \geqslant 0,\ x_2 \geqslant 0,\ 2x_1 + 4x_2 \geqslant 8,\ 3x_1 + x_2 \geqslant 9 \} :$$

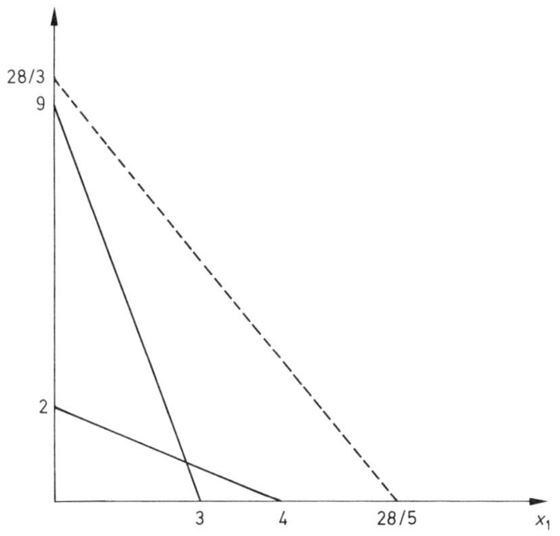

Offenbar ist $\mathfrak{K}$ nicht kompakt. Wir betrachten die Gerade

$$5x_1 + 3x_2 = 28$$

durch die Punkte (0,28/3) und (28/5,0). Auf die konvexe und kompakte Menge

$$\mathfrak{K}' = \{ (x_1, x_2) \mid (x_1, x_2) \in \mathfrak{K},\ 5x_1 + 3x_2 \leqslant 28 \}$$

wenden wir Satz 9.13 an. Die Extremalelemente von $\mathfrak{K}'$ sind die Eckpunkte

$$(0, 28/3), \quad (28/5, 0), \quad (0, 9), \quad (4, 0), \quad (14/5, 3/5).$$

Das Minimum der Preisfunktion $5x_1 + 3x_2$ wird im letzten dieser Punkte angenommen, es hat den Wert 15.8. Also ist $x_1 = 14/5$, $x_2 = 3/5$ die gesuchte Lösung.

b) Vorgelegt sei das folgende sog. Transportproblem: In den Häfen A_i $(i = 1, \dots, m)$ wird jeweils die Weizenmenge $z_i > 0$ angeliefert. Von dem Weizen ist die Menge $s_j > 0$ nach dem Hafen B_j $(j = 1, \dots, n)$ zu liefern, dabei sei $\sum\limits_{i=1}^{m} z_i = \sum\limits_{j=1}^{n} s_j$. Die von A_i nach B_j verschiffte Menge sei $x_{ij} \geqslant 0$. Also muß gelten

$$\sum_{j=1}^{n} x_{ij} = z_i \qquad (i = 1, \dots, m),$$

$$\sum_{i=1}^{m} x_{ij} = s_j \qquad (j = 1, \dots, n).$$

Die Kosten für den Transport einer Einheit Weizen von A_i nach B_j seien $k_{ij} \geqslant 0$. Es sind die $x_{ij} \geqslant 0$ so zu wählen, daß die gesamten Transportkosten

$$\sum_{i,j} k_{ij} x_{ij}$$

möglichst klein sind. Nach 9.13 wird das Minimum der Transportkosten in Extremalpunkten von

$$\mathfrak{D} = \{ (x_{ij}) \mid x_{ij} \geqslant 0, \; \sum_{j=1}^{n} x_{ij} = z_i, \; \sum_{i=1}^{m} x_{ij} = s_j \}$$

angenommen.

Wir betrachten ein einfaches Beispiel: Sei $m = 3$, $n = 2$, $z_1 = z_2 = z_3 = 2$, $s_1 = s_2 = 3$. Extremalpunkte von $\mathfrak{D}$ sind nach 9.11a) zyklenfrei, haben also in einer Zeile oder Spalte nur einen positiven Eintrag. Dies muß in einer Zeile geschehen, da die Zeilensummen kleiner als die Spaltensummen sind. Bis auf die Numerierung der Zeilen und Spalten ist dann notwendig

$$(x_{ij}) = \begin{pmatrix} 2 & 0 \\ 1 & 1 \\ 0 & 2 \end{pmatrix}.$$

Also hat die Menge $\mathfrak{D}$ genau 6 Extremalpunkte.

Seien etwa die Transportkosten beschrieben durch die Linearform

$$x_{11} + 2(x_{12} + x_{21}) + x_{22} + 3x_{31} + 4x_{32}.$$

Das Minimum dieser Funktion auf $\mathfrak{D}$ ist 11 und wird nur angenommen für

$$(x_{ij}) = \begin{pmatrix} 2 & 0 \\ 0 & 2 \\ 1 & 1 \end{pmatrix}, \qquad \begin{pmatrix} 1 & 1 \\ 0 & 2 \\ 2 & 0 \end{pmatrix}.$$

Die Menge der Extremalelemente eines durch endlich viele Ungleichungen definierten kompakten Bereiches ist immer endlich (siehe 9.16). Aber das in 9.15 verwendete primitive Verfahren, nämlich alle Extremalelemente zu ermitteln und dann das Minimum der vorgegebenen linearen Funktion auf diesen, ist höchstens im $\mathbb{R}^2$ praktikabel. Für kompliziertere Fälle ist man auf das sog. Simplexverfahren angewiesen (siehe E. Stiefel, Einführung in die numerische Mathematik, Teubner 1970).

9.16 Satz. *Sei* $\dim \mathfrak{V} = n$, *seien* $0 \neq f_j \in \mathrm{Hom}(\mathfrak{V}, \mathbb{R})$ *und* $a_j \in \mathbb{R}$ $(j = 1, \dots, m)$.

Sei $\mathfrak{K}$ *die konvexe Menge*

$$\mathfrak{K} = \{ v \mid v \in \mathfrak{V},\ f_j(v) \geqslant a_j \text{ für } j = 1, \dots, m \}.$$

Ist $v_0 \in \operatorname{Ext} \mathfrak{K}$, *so gibt es* $k_1, \dots, k_n \in \{ 1, \dots, m \}$ *mit* $\bigcap_{j=1}^{n} \operatorname{Kern} f_{k_j} = 0$ *und*

$$f_{k_j}(v_0) = a_{k_j} \qquad (j = 1, \dots, n).$$

Also folgt

$$|\operatorname{Ext} \mathfrak{K}| \leqslant \binom{m}{n}$$

und insbesondere $\operatorname{Ext} \mathfrak{K} = \emptyset$ *für* $m < n$.

Beweis. Sei $v_0 \in \operatorname{Ext} \mathfrak{K}$, nach 9.8 a) also $v_0 \in \operatorname{Rand} \mathfrak{K}$. Wir numerieren die f_j so, daß

$$f_j(v_0) = a_j \qquad \text{für} \quad j = 1, \dots, s \quad \text{mit} \quad s \geqslant 1,$$

$$f_j(v_0) > a_j \qquad \text{für} \quad j = s + 1, \dots, m.$$

Setzen wir $\mathfrak{U} = \bigcap_{j=1}^{s} \operatorname{Kern} f_j$, so gilt

$$\{ v \mid f_j(v) = a_j \quad \text{für} \quad j = 1, \dots, s \} = v_0 + \mathfrak{U}.$$

Angenommen, es wäre $\mathfrak{U} \neq 0$. Es ist

$$\mathfrak{K} \cap (v_0 + \mathfrak{U}) \supseteq \{ v_0 + u \mid u \in \mathfrak{U},\ f_j(v_0 + u) > a_j \quad \text{für} \quad j = s + 1, \dots, m \}.$$

Wegen $f_j(v_0) > a_j$ $(j = s + 1, \dots, m)$ gilt für genügend kleines $\|u\| > 0$ auch $f_j(v_0 + u) > a_j$. Somit ist $v_0 \pm u \in \mathfrak{K}$ und

$$v_0 = \frac{1}{2}(v_0 + u) + \frac{1}{2}(v_0 - u).$$

Das widerspricht jedoch der Annahme $v_0 \in \operatorname{Ext} \mathfrak{K}$. Somit ist

$$\bigcap_{j=1}^{s} \operatorname{Kern} f_j = \mathfrak{U} = 0.$$

Aus der Dualitätstheorie folgt dann, daß die $f_1, \dots, f_s$ den zu $\mathfrak{V}$ dualen Raum $\mathfrak{V}^* = \operatorname{Hom}(\mathfrak{V}, \mathbb{R})$ erzeugen. Wegen $\dim \mathfrak{V}^* = \dim \mathfrak{V} = n$ gilt $s \geqslant n$, und es gibt $j_1, \dots, j_n \in \{ 1, \dots, s \}$ mit $\mathfrak{V}^* = \langle f_{j_1}, \dots, f_{j_n} \rangle$, also $\bigcap_{k=1}^{n} \operatorname{Kern} f_{j_k} = 0$. Dann ist v_0 durch

$$f_{j_k}(v_0) = a_{j_k} \qquad (k = 1, \dots, n)$$

eindeutig festgelegt. Also folgt $|\operatorname{Ext} \mathfrak{K}| \leqslant \binom{m}{n}$. □

Die Abschätzung in 9.16 ist recht schlecht. Die beste Abschätzung für kompakte, konvexe Mengen ist erst sei 1970 bekannt, sie folgt aus der Lösung einer berühmten Vermutung über konvexe Polytope:

9.17 Bemerkung. (McMullen) Im $\mathbb{R}^n$ sei die konvexe und kompakte Menge

$$\mathfrak{K} = \{\, v \mid v \in \mathbb{R}^n,\ f_j(v) \geqslant a_j \quad \text{für} \quad j = 1, \ldots, m \,\}$$

vorgegeben. Dann ist $m > n$ und es gilt

$$|\operatorname{Ext} \mathfrak{K}| \leqslant \binom{m - \left[\frac{n+1}{2}\right]}{m-n} + \binom{m - \left[\frac{n+2}{2}\right]}{m-n},$$

und diese Schranken sind bestmöglich. Insbesondere erhält man

$$|\operatorname{Ext} \mathfrak{K}| \leqslant m \qquad \text{für} \quad n = 2$$

und

$$|\operatorname{Ext} \mathfrak{K}| \leqslant 2(m-2) \qquad \text{für} \quad n = 3.$$

Der Beweis dieser Tatsache erfordert ein wesentlich tieferes Eindringen in die Theorie der konvexen Polytope. (P. McMullen, G.C. Shepard, Convex Polytopes and the Upper Bound Conjecture.)

Aufgaben

A 9.1 Man bestimme die Extremalelemente der folgenden Mengen im $\mathbb{R}^n$:

a) $\mathfrak{K} = \{\, (x_j) \mid |x_j| \leqslant 1 \text{ für } j = 1, \ldots, n \,\}$.

b) $\mathfrak{K} = \{\, (x_j) \mid \sum_{j=1}^{n} |x_j| \leqslant 1 \,\}$.

c) $\mathfrak{K} = \{\, (x_j) \mid \sum_{j=1}^{n} x_j^2 \leqslant 1 \,\}$.

A 9.2 Man bestimme Maximum und Minimum von $\sum_{j=1}^{n} a_j x_j$ auf der Menge

$$\{\, (x_j) \mid x_j \geqslant 0,\ \sum_{j=1}^{n} x_j \leqslant 1 \,\}.$$

A 9.3 Sei $\dim_{\mathbb{R}} \mathfrak{V} = n$ und sei $\mathfrak{K}$ eine konvexe Teilmenge von $\mathfrak{V}$. Hat $\mathfrak{K}$ keine inneren Punkte, so gilt $\mathfrak{K} \subseteq v_0 + \mathfrak{U}$ für ein $v_0 \in \mathfrak{V}$ und einen Unterraum $\mathfrak{U}$ von $\mathfrak{V}$ mit $\dim \mathfrak{U} = n - 1$.

A 9.4 Sei $\dim_{\mathbb{R}} \mathfrak{V} = n$. Sei $\mathfrak{M}$ eine abgeschlossene Untermenge von $\mathfrak{V}$, welche in keiner Menge der Gestalt $v_0 + \mathfrak{U}$ mit $\dim \mathfrak{U} = n - 1$ enthalten ist. Geht durch jeden Randpunkt von $\mathfrak{M}$ eine Stützhyperebene im Sinne von 9.1 c), so ist $\mathfrak{M}$ konvex.

A 9.5 Sei $\dim_{\mathbb{R}} \mathfrak{V} = n$ und sei $\mathfrak{K}$ eine konvexe Teilmenge von $\mathfrak{V}$. Seien $\mathfrak{U}_j$ $(j = 1, \ldots, m)$ Unterräume von $\mathfrak{V}$ mit $\dim \mathfrak{U}_j = n - 1$ und seien $v_j \in \mathfrak{V}$. Gilt

$$\mathfrak{K} \subseteq \bigcup_{j=1}^{m} (v_j + \mathfrak{U}_j),$$

so gibt es ein j_0 mit $\mathfrak{K} \subseteq v_{j_0} + \mathfrak{U}_{j_0}$.

A 9.6 Sei $\dim_{\mathbb{R}} \mathfrak{V} = n$ und sei $\mathfrak{M}$ eine kompakte Untermenge von $\mathfrak{V}$. Dann ist die konvexe Hülle $\mathcal{C}(\mathfrak{M})$ von $\mathfrak{M}$ ebenfalls kompakt.

A 9.7 In $\mathfrak{V} = \mathbb{R}^2$ gebe man eine abgeschlossene Menge $\mathfrak{M}$ an mit $0 \neq \mathfrak{M} \neq \mathfrak{V}$ derart, daß $\mathcal{C}(\mathfrak{M})$ offen ist.

§ 10 Der numerische Wertebereich

Im ganzen Paragraphen sei stets $\mathfrak{V}$ ein Hilbertraum von endlicher Dimension über $\mathbb{C}$.

10.1 Definition. Ist $A \in \operatorname{Hom}(\mathfrak{V}, \mathfrak{V})$, so setzen wir

$$\mathbf{W}(A) = \{ (Av, v) \mid v \in \mathfrak{V}, \ \|v\| = 1 \}$$

und nennen $\mathbf{W}(A)$ den numerischen Wertebereich von A.

10.2 Satz. a) *Ist $\sigma(A)$ das Spektrum von A, so gilt*

$$\sigma(A) \subseteq \mathbf{W}(A) \subseteq \{ z \mid z \in \mathbb{C}, \ |z| \leqslant \|A\| \}.$$

b) $\mathbf{W}(A)$ *ist kompakt und zusammenhängend.*
c) *Ist $a \in \mathbf{W}(A)$ mit $|a| = \|A\|$, so ist a ein Eigenwert von A.*
d) *Genau dann ist A hermitesch, wenn $\mathbf{W}(A)$ nur reelle Zahlen enthält.*
e) *Es gilt ein $a \in \mathbf{W}(A)$ mit $|a| \geqslant \frac{\|A\|}{2}$.*

Beweis. a) Sei $a \in \sigma(A)$ und

$$Av = av \qquad \text{mit} \quad \|v\| = 1.$$

Dann folgt

$$a = (Av, v) \in \mathbf{W}(A).$$

Wegen der Schwarzschen Ungleichung gilt für alle v mit $\|v\| = 1$

$$|(Av, v)| \leqslant \|A\| \, \|v\|^2 = \|A\|.$$

b) Die Abbildung f mit $f(v) = (Av, v)$ ist eine stetige Abbildung der kompakten und zusammenhängenden Einheitssphäre

$$\{ v \mid v \in \mathfrak{V}, \ \|v\| = 1 \}$$

auf $\mathbf{W}(A)$. Da bekanntlich Kompaktheit und Zusammenhang bei stetigen Abbildungen erhalten bleiben, folgt die Behauptung.
c) Sei $a = (Av, v)$ mit $\|v\| = 1$ und $|a| = \|A\|$. Wegen

$$\|A\| = |(Av, v)| \leqslant \|Av\| \, \|v\| \leqslant \|A\|$$

folgt mit 4.3 b), daß v und Av linear abhängig sind. Also gilt $Av = bv$ mit $b \in \mathbb{C}$. Das ergibt

$$a = (Av, v) = b \in \sigma(A).$$

d) Dies folgt sofort aus 6.8.
e) Wir zeigen: Gilt $|(Av, v)| \leqslant r$ für alle v mit $\|v\| = 1$, so ist $r \geqslant \frac{\|A\|}{2}$:
Sei gemäß 6.11 $A = H_1 + iH_2$ mit hermiteschem H_j. Wegen d) gilt

$$\operatorname{Re}(Av, v) = (H_1 v, v) \qquad \text{und} \qquad \operatorname{Im}(Av, v) = (H_2 v, v).$$

Also folgt nach Voraussetzung

$$\sigma(H_j) \subseteq \mathbf{W}(H_j) \subseteq [-r, r].$$

Nach 6.9 ist daher

$$\|H_j\| = r(H_j) \leqslant r \quad (j = 1, 2).$$

Damit folgt

$$\|A\| = \|H_1 + iH_2\| \leqslant \|H_1\| + \|H_2\| \leqslant 2r,$$

also $r \geqslant \frac{\|A\|}{2}$. □

10.3 Hilfssatz. a) *Ist U unitär, so gilt* $\mathbf{W}(U^{-1}AU) = \mathbf{W}(A)$.
b) *Für alle $a, b \in \mathbb{C}$ ist*

$$\mathbf{W}(aE + bA) = \{ a + bz \mid z \in \mathbf{W}(A) \}.$$

c) *Sei $A = H_1 + iH_2$ mit hermiteschem H_j. Seien $a = a_1 + ia_2$, $b = b_1 + ib_2 \in \mathbb{C}$ mit $a_j, b_j \in \mathbb{R}$ und $a_1 b_1 + a_2 b_2 \neq 0$. Dann ist die Abbildung τ mit*

$$\tau(x + iy) = ax + iby = (a_1 x - b_2 y) + i(a_2 x + b_1 y)$$

für $x, y \in \mathbb{R}$ *eine bijektive Abbildung von* $\mathbb{C}$ *auf sich. Definieren wir* τA *durch*

$$\tau A = aH_1 + ibH_2,$$

so gilt

$$\mathbf{W}(\tau A) = \{\, \tau z \mid z \in \mathbf{W}(A) \,\} = \tau(\mathbf{W}(A)).$$

Beweis. a) Die Behauptung folgt sofort aus

$$\{\, v \mid v \in \mathfrak{V},\ \|v\| = 1 \,\} = \{\, Uv \mid v \in \mathfrak{V},\ \|v\| = 1 \,\}$$

und

$$(U^{-1}AUv, v) = (AUv, Uv).$$

b) Dies ist trivial.
c) Wegen $a_1 b_1 + a_2 b_2 \neq 0$ ist τ eine $\mathbb{R}$-lineare, bijektive Abbildung von $\mathbb{C}$ auf sich. Sei

$$z = (Av, v) = (H_1 v, v) + i(H_2 v, v) \in \mathbf{W}(A)$$

mit $\|v\| = 1$. Dann ist

$$\tau z = a(H_1 v, v) + ib(H_2 v, v) = ((aH_1 + ibH_2)v, v) \in \mathbf{W}(\tau A).$$

Das zeigt

$$\tau \mathbf{W}(A) \subseteq \mathbf{W}(\tau A).$$

Dann folgt auch

$$\tau^{-1}\mathbf{W}(\tau A) \subseteq \mathbf{W}(\tau^{-1}\tau A) = \mathbf{W}(A),$$

also ist $\mathbf{W}(\tau A) = \tau \mathbf{W}(A)$. □

10.4 Hilfssatz. (Hausdorff[30)]) *Der numerische Wertebereich* $\mathbf{W}(A)$ *ist konvex.*

Beweis. Seien

$$c_j = (Aw_j, w_j) \in \mathbf{W}(A)$$

mit $\|w_j\| = 1$ und $c_1 \neq c_2$. Wir haben

$$tc_1 + (1 - t)c_2 \in \mathbf{W}(A)$$

für $0 \leqslant t \leqslant 1$ nachzuweisen. Wir wählen komplexe Zahlen a und b so, daß

$$a + bc_1 = 0 \qquad \text{und} \qquad a + bc_2 = i.$$

30) Felix Hausdorff (1868-1942) Leipzig, Greifswald, Bonn; einer der Begründer der allgemeinen Topologie; Freitod vor dem Abtransport ins Konzentrationslager.

Setzen wir $B = aE + bA$, so ist also

$$(Bw_1, w_1) = 0 \qquad \text{und} \qquad (Bw_2, w_2) = i.$$

Nach 10.3 b) reicht also der Nachweis, daß die Menge

$$\{\, ti \mid t \in [0,1] \,\}$$

in $\mathbf{W}(B)$ liegt. Dazu genügt offenbar der Nachweis, daß

$$\mathbf{W}(B) \cap \{\, iy \mid y \in \mathbb{R} \,\}$$

zusammenhängend ist.

Sei $B = H_1 + iH_2$ mit hermiteschem H_j und sei $\{\, v_1, \dots, v_n \,\}$ eine Orthonormalbasis von $\mathfrak{V}$ mit

$$H_1 v_j = a_j v_j \qquad (j = 1, \dots, n),$$

also $a_j \in \mathbb{R}$. Sei

$$w_1 = \sum_{j=1}^{n} r_j (\cos \alpha_j + i \sin \alpha_j) v_j$$

und

$$w_2 = \sum_{j=1}^{n} s_j (\cos \beta_j + i \sin \beta_j) v_j$$

mit $r_j \geqslant 0$, $s_j \geqslant 0$ und

$$\sum_{j=1}^{n} r_j^2 = (w_1, w_1) = 1 = (w_2, w_2) = \sum_{j=1}^{n} s_j^2.$$

Wir betrachten die folgenden stetigen Funktionen einer reellen Variablen t:

$$w_1(t) = \sum_{j=1}^{n} r_j (\cos \alpha_j (1-t) + i \sin \alpha_j (1-t)) v_j; \tag{1}$$

dann ist

$$w_1(0) = w_1, \quad w_1(1) = \sum_{j=1}^{n} r_j v_j, \quad (w_1(t), w_1(t)) = \sum_{j=1}^{n} r_j^2 = 1,$$

$$\operatorname{Re}(Bw_1(t), w_1(t)) = (H_1 w_1(t), w_1(t)) = \sum_{j=1}^{n} a_j r_j^2 = (Bw_1, w_1) = 0$$

für $0 \leqslant t \leqslant 1$.

$$w_2(t) = \sum_{j=1}^{n} ((1-t^2) r_j^2 + t^2 s_j^2)^{1/2} v_j; \tag{2}$$

nun ist

$$w_2(0) = \sum_{j=1}^{n} r_j v_j = w_1(1), \qquad w_2(1) = \sum_{j=1}^{n} s_j v_j,$$

$$(w_2(t), w_2(t)) = \sum_{j=1}^{n} ((1-t^2) r_j^2 + t^2 s_j^2) = 1,$$

$$\begin{aligned} \mathrm{Re}(Bw_2(t), w_2(t)) &= (H_1 w_2(t), w_2(t)) \\ &= \sum_{j=1}^{n} a_j ((1-t^2) r_j^2 + t^2 s_j^2) \\ &= (1-t^2) \sum_{j=1}^{n} a_j r_j^2 + t^2 \sum_{j=1}^{n} a_j s_j^2 \\ &= (1-t^2)\, \mathrm{Re}(Bw_1, w_1) + t^2\, \mathrm{Re}(Bw_2, w_2) = 0. \end{aligned}$$

$$w_3(t) = \sum_{j=1}^{n} s_j (\cos \beta_j t + i \sin \beta_j t) v_j; \tag{3}$$

diesmal ist

$$w_3(0) = \sum_{j=1}^{n} s_j v_j = w_2(1), \quad w_3(1) = w_2,$$

$$(w_3(t), w_3(t)) = 1, \quad \mathrm{Re}(Bw_3(t), w_3(t)) = 0.$$

Somit liefert die Zusammensetzung der Kurven $w_1(t)$, $w_2(t)$, $w_3(t)$ eine stetige Kurve $w(t)$ von w_1 nach w_2 mit

$$(Bw(t), w(t)) \in \mathbf{W}(B) \cap \{\, iy \mid y \in \mathbb{R} \,\}. \qquad \square$$

10.5 Satz. a) *Sei* $\mathfrak{V} = \mathfrak{V}_1 \perp \ldots \perp \mathfrak{V}_m$, *sei* $A \in \mathrm{Hom}(\mathfrak{V}, \mathfrak{V})$ *mit* $A\mathfrak{V}_j \leqslant \mathfrak{V}_j$ $(j = 1, \ldots, m)$. *Ist* A_j *die Einschränkung von* A *auf* $\mathfrak{V}_j$, *so gilt*

$$\mathbf{W}(A) = \mathcal{C}\Big(\bigcup_{j=1}^{m} \mathbf{W}(A_j)\Big).$$

b) *Ist* A *normal, so ist* $\mathbf{W}(A) = \mathcal{C}(\sigma(A))$ *die konvexe Hülle des Spektrums* $\sigma(A)$ *von* A.

Beweis. a) Sei $v = \sum_{j=1}^{m} v_j$ mit $v_j \in \mathfrak{V}_j$ und

$$1 = (v, v) = \sum_{j=1}^{m} (v_j, v_j).$$

Dann ist

$$(Av, v) = \sum_{j=1}^{m} (A_j v_j, v_j) = \sum_{j=1,\ v_j \neq 0}^{m} (v_j, v_j)(A_j w_j, w_j) \in \mathcal{C}(\bigcup_{j=1}^{m} \mathbf{W}(A_j))$$

mit $w_j = \frac{1}{\|v_j\|} v_j$ für $v_j \neq 0$. Da $\mathbf{W}(A_j)$ nach 10.4 konvex ist, erhält man dabei durch Wahl der (v_j, v_j) nach 9.4 a) alle Elemente aus $\mathcal{C}(\bigcup_{j=1}^{m} \mathbf{W}(A_j))$.
b) Sei $\{ v_1, \dots, v_n \}$ eine Orthonormalbasis von $\mathfrak{V}$ mit $Av_j = a_j v_j$. Mit $\mathfrak{V}_j = \langle v_j \rangle$ und $\mathbf{W}(A_j) = \{ a_j \}$ folgt aus a) dann

$$\mathbf{W}(A) = \mathcal{C}(\{ a_1, \dots, a_n \}) = \mathcal{C}(\sigma(A)).$$ □

10.6 Beispiele. a) Sei $\{ v_1, v_2 \}$ eine Orthonormalbasis von $\mathfrak{V}$ und $A \in \operatorname{Hom}(\mathfrak{V}, \mathfrak{V})$ mit

$$Av_1 = av_1$$

$$Av_2 = bv_1 + av_2.$$

Für $B = A - aE$ gilt dann

$$Bv_1 = 0, Bv_2 = bv_1.$$

Wir zeigen

$$\mathbf{W}(B) = \{ z \mid z \in \mathbb{C},\ |z| \leqslant \frac{|b|}{2} = \frac{\|B\|}{2} \}.$$

Mit 10.3 b) folgt dann

$$\mathbf{W}(A) = \{ z \mid z \in \mathbb{C},\ |z - a| \leqslant \frac{1}{2} \|A - aE\| \} :$$

Sei $v = x_1 v_1 + x_2 v_2 \in \mathfrak{V}$ mit $1 = (v, v) = |x_1|^2 + |x_2|^2$. Dann ist

$$(Bv, v) = b\overline{x_1} x_2$$

und

$$|(Bv, v)| = |b\overline{x_1} x_2| \leqslant \frac{|b|}{2}(|x_1|^2 + |x_2|^2) = \frac{|b|}{2}.$$

Zu zeigen bleibt also: Für jedes $z \in \mathbb{C}$ mit $|z| \leqslant \frac{1}{2}$ gibt es $x_1, x_2 \in \mathbb{C}$ mit $\overline{x_1} x_2 = z$ und $|x_1|^2 + |x_2|^2 = 1$. Wir können offenbar $z \neq 0$ annehmen.

Die Funktion $f(t) = t^2(1 - t^2)$ nimmt für $0 \leqslant t \leqslant 1$ alle Werte aus $[0, \frac{1}{4}]$ an. Also gibt es t mit $0 \leqslant t \leqslant 1$ und $|z| = t\sqrt{1 - t^2}$. Setzen wir $x_1 = t$ und $x_2 = \frac{z}{|z|}\sqrt{1 - t^2}$, so ist $\overline{x_1}x_2 = z$ und $|x_1|^2 + |x_2|^2 = 1$.
b) Die Aussage $\mathbf{W}(A) = \mathcal{C}(\sigma(A))$ in 10.5 b) charakterisiert die normalen Abbildungen nicht:

Seien a_1, a_2, a_3 komplexe Zahlen, welche die Ecken eines Dreiecks bilden, das den Einheitskreis enthält. Sei $\{ v_1, \dots, v_5 \}$ eine Orthonormalbasis des Hilbertraumes $\mathfrak{V}$ und $A \in \operatorname{Hom}(\mathfrak{V}, \mathfrak{V})$ mit

$$Av_1 = 0, \quad Av_2 = 2v_1, \quad Av_j = a_j v_j \quad (j = 3, 4, 5).$$

Ist A_1 die Einschränkung von A auf $\langle v_1, v_2 \rangle$ und A_2 die von A auf $\langle v_3, v_4, v_5 \rangle$, so gilt nach 10.6 a) und 10.5 b)

$$\mathbf{W}(A_1) = \{ z \mid |z| \leqslant 1 \} \qquad \text{und} \qquad \mathbf{W}(A_2) = \mathcal{C}(\{ a_3, a_4, a_5 \}).$$

Mit 10.5 a) folgt

$$\mathbf{W}(A) = \mathcal{C}(\mathbf{W}(A_1) \cup \mathbf{W}(A_2)) = \mathcal{C}(\{ a_3, a_4, a_5 \}) = \mathcal{C}(\sigma(A)).$$

Aber A ist nicht diagonalisierbar, also sicher nicht normal.

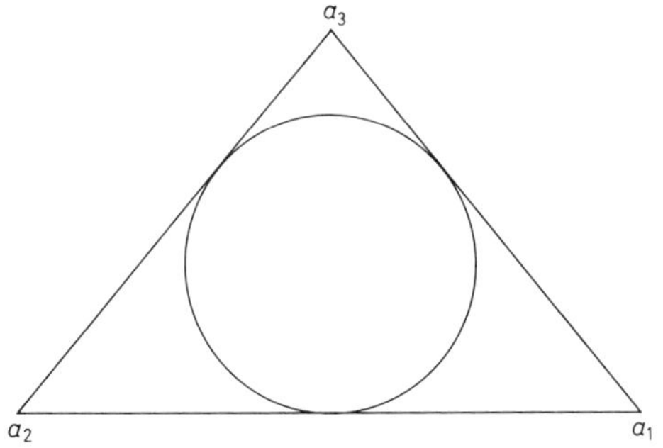

10.7 Satz. *Sei a ein Eigenwert von A mit* $a \in \operatorname{Rand} \mathbf{W}(A)$.
a) *Ist* $Av = av$, *so gilt* $A^*v = \bar{a}v$.
b) *Für alle k gilt*

$$\operatorname{Kern}(A - aE) = \operatorname{Kern}(A - aE)^k$$

und

$$\mathfrak{V} = \operatorname{Kern}(A - aE) \perp (\operatorname{Kern}(A - aE)^{\perp}$$

mit

$$A(\operatorname{Kern}(A - aE))^{\perp} \leqslant (\operatorname{Kern}(A - aE))^{\perp}.$$

Beweis. a) Zuerst ersetzen wir A durch $B = bA + cE$ mit geeigneten $b \neq 0$, $c \in \mathbb{C}$ so, daß $0 = ba + c$ ein Eigenwert von B ist, die imaginäre Achse eine Stützgerade in 0 an $\mathbf{W}(B)$ ist und

$$\mathbf{W}(B) \subseteq \{ z \mid \operatorname{Re} z \leqslant 0 \}$$

gilt (siehe 9.7). Sei also

$$Bv = 0 \qquad \text{und} \qquad \operatorname{Re}(Bw, w) \leqslant 0 \qquad \text{für alle} \quad w \in \mathfrak{V}.$$

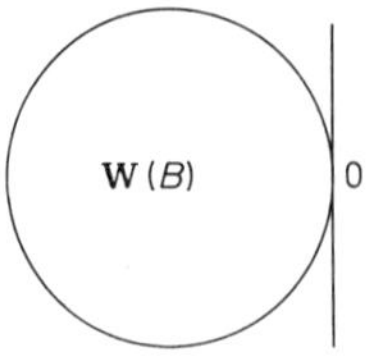

Sei $B = H_1 + iH_2$ mit hermiteschen H_j. Dann ist

$$0 = (Bv, v) = (H_1 v, v) + i(H_2 v, v),$$

insbesondere also $(H_1 v, v) = 0$. Wegen

$$(H_1 w, w) = \operatorname{Re}(Bw, w) \leqslant 0 \qquad \text{für alle} \quad w \in \mathfrak{V}$$

ist $-H_1 \geqslant 0$. Nach 7.18 b) gilt daher $H_1 v = 0$.
Dann ist wegen

$$0 = Bv = H_1 v + iH_2 v$$

auch $H_2 v = 0$. Daraus folgt

$$B^* v = H_1 v - iH_2 v = 0.$$

Schließlich ergibt sich

$$0 = B^* v = (bA + cE)^* v = (\overline{b}A^* + \overline{c}E)v = \overline{b}A^* v + \overline{c}v,$$

also

$$A^* v = -\frac{\overline{c}}{\overline{b}} v = \overline{a} v.$$

b) Es gilt

$$A(\operatorname{Kern}(A - aE))^\perp \leqslant (\operatorname{Kern}(A - aE))^\perp :$$

Sei $w \in (\operatorname{Kern}(A - aE))^\perp$, also $(w, v) = 0$ für alle $v \in \operatorname{Kern}(A - aE)$. Dann ist wegen a)

$$(Aw, v) = (w, A^* v) = (w, \overline{a} v) = 0.$$

Also gilt $Aw \in (\operatorname{Kern}(A - aE))^\perp$.

Zum Beweis von

$$\operatorname{Kern}(A - aE) = \operatorname{Kern}(A - aE)^k$$

genügt der Nachweis von

$$\operatorname{Kern}(A - aE) = \operatorname{Kern}(A - aE)^2.$$

Sei also

$$(A - aE)^2 w = 0$$

mit $w = v_1 + v_2$, $v_1 \in \operatorname{Kern}(A - aE)$, $v_2 \in (\operatorname{Kern}(A - aE))^\perp$. Dann ist

$$0 = (A - aE)^2 w = (A - aE)^2 v_2,$$

also wegen dem bereits Bewiesenen

$$(A - aE)v_2 \in \operatorname{Kern}(A - aE) \cap (\operatorname{Kern}(A - aE)^\perp = 0.$$

Dann folgt

$$v_2 \in \operatorname{Kern}(A - aE) \cap (\operatorname{Kern}(A - aE))^\perp = 0.$$

Also gilt $w = v_1 \in \operatorname{Kern}(A - aE)$. □

10.8 Satz. *Sei a eine Ecke von $\mathbf{W}(A)$, d.h. $\mathbf{W}(A)$ liege in einem Winkelraum mit Scheitel in a von einem Öffnungswinkel $\alpha < \pi$. Dann ist a ein Eigenwert von A und*

$$A(\operatorname{Kern}(A - aE))^\perp \leqslant (\operatorname{Kern}(A - aE))^\perp.$$

Beweis. Ist gezeigt, daß a ein Eigenwert von A ist, so folgt der zweite Teil der Behauptung aus 10.7. Durch eine geeignete Ersetzung von A durch $c(A - aE)$ erreichen wir $a = 0$ und

$$\mathbf{W}(A) \subseteq \mathfrak{W} = \{\, z \mid z \in \mathbb{C},\ 0 \leqslant \operatorname{arc} z \leqslant \alpha < \pi \,\}.$$

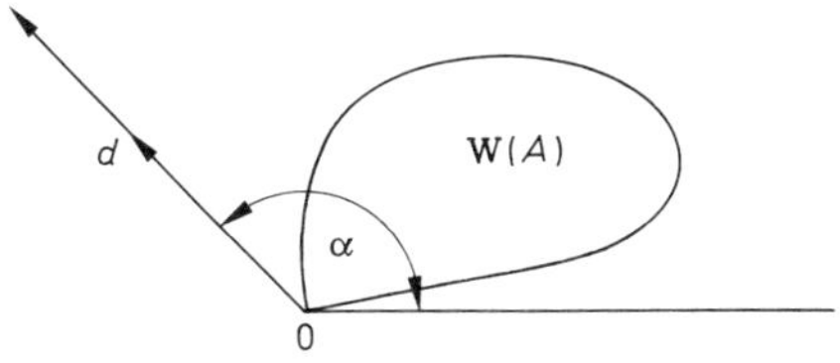

Sei wieder $A = H_1 + iH_2$ mit hermiteschen H_j. Wir können $\alpha > 0$ annehmen. Setzen wir

$$d = \cos\alpha + i\sin\alpha, \quad \text{so gilt} \quad A = A_1 + dA_2$$

mit hermiteschen Abbildungen

$$A_1 = H_1 - \frac{\cos\alpha}{\sin\alpha} H_2, \qquad A_2 = \frac{1}{\sin\alpha} H_2.$$

Für alle $v \in \mathfrak{V}$ mit $(v, v) = 1$ ist nun

$$(Av, v) = (A_1 v, v) + d(A_2 v, v) \in \mathbf{W}(A).$$

Wegen $(A_j v, v) \in \mathbb{R}$ erzwingt das $(A_j v, v) \geqslant 0$, also $A_j \geqslant 0$. Wegen $0 \in \mathbf{W}(A)$ gibt es ein $w \neq 0$ mit

$$0 = (Aw, w) = (A_1 w, w) + d(A_2 w, w).$$

Das erzwingt $(A_j w, w) = 0$ $(j = 1, 2)$. Wegen $A_j \geqslant 0$ folgt mit 7.18 b) $A_j w = 0$. Das liefert

$$Aw = (A_1 + dA_2)w = 0.$$

Also ist 0 ein Eigenwert von A. □

10.9 Beispiele. a) Liegt jeder Eigenwert von A auf dem Rand von $\mathbf{W}(A)$, so ist A normal:

Seien $a_1, \ldots, a_m$ die verschiedenen Eigenwerte von A. Nach 10.7 gilt $\mathfrak{V} = \mathfrak{V}_1 \perp \mathfrak{V}_1^\perp$ mit $\mathfrak{V}_1 = \operatorname{Kern}(A - a_1 E)$ und $A\mathfrak{V}_1^\perp \leqslant \mathfrak{V}_1^\perp$. Ist A_1 die Einschränkung von A auf $\mathfrak{V}_1^\perp$, so gilt

$$\sigma(A_1) = \{ a_2, \ldots, a_m \}$$

und trivialerweise $\mathbf{W}(A_1) \subseteq \mathbf{W}(A)$. Also ist

$$\sigma(A_1) \subseteq \mathbf{W}(A_1) \cap \operatorname{Rand} \mathbf{W}(A) \subseteq \operatorname{Rand} \mathbf{W}(A_1).$$

Gemäß einer Induktion nach $\dim \mathfrak{V}$ können wir annehmen, daß A_1 normal ist. Dann ist offenbar auch A normal.

b) Ist $\mathbf{W}(A)$ ein Punkt oder eine Strecke, so ist A normal: Dies folgt aus a), da nun $\mathbf{W}(A) = \operatorname{Rand} \mathbf{W}(A)$ gilt.

c) Ist $\mathbf{W}(A) = \mathcal{C}(\sigma(A))$ und $\dim \mathfrak{V} \leqslant 4$, so ist A normal (vgl. Beispiel 10.6 b)):

Ist $\mathcal{C}(\sigma(A))$ ein Punkt oder eine Strecke, so sind wir nach b) fertig. Andernfalls gibt es drei verschiedene Eigenwerte a_j $(j = 1, 2, 3)$ von A mit

$$a_j \in \operatorname{Rand} \mathcal{C}(\sigma(A)) = \operatorname{Rand} \mathbf{W}(A).$$

Wir setzen $\mathfrak{V}_j = \operatorname{Kern}(A - a_j E)$. Für $v_j \in \mathfrak{V}_j$ gilt nach 10.7 a) $A^* v_j = \overline{a_j} v_j$.

Für $j \neq k$ folgt somit

$$a_j(v_j, v_k) = (Av_j, v_k) = (v_j, A^* v_k) = (v_j, \overline{a}_k v_k) = a_k(v_j, v_k),$$

also $(v_j, v_k) = 0$. Somit ist

$$\mathfrak{V} = \mathfrak{V}_1 \perp \mathfrak{V}_2 \perp \mathfrak{V}_3 \perp \mathfrak{W}$$

mit geeignetem $\mathfrak{W}$. Ist $\dim \mathfrak{V} = 3$, so ist $\mathfrak{W} = 0$, und A ist normal. Ist einer der Eigenwerte a_j mehrfach, so ist ebenfalls $\mathfrak{W} = 0$. Es bleibt alleine der Fall $\dim \mathfrak{V} = 4$ und $\dim \mathfrak{V}_j = 1$ $(j = 1, 2, 3)$, also $\dim \mathfrak{W} = 1$. Dann ist

$$\mathfrak{W} = (\mathfrak{V}_1 + \mathfrak{V}_2 + \mathfrak{V}_3)^\perp = \bigcap_{j=1}^{3} \mathfrak{V}_j^\perp \qquad (4.16 \text{ c})).$$

Nach 10.7 gilt $A\mathfrak{V}_j^\perp \leqslant \mathfrak{V}_j^\perp$, somit auch $A\mathfrak{W} \leqslant \mathfrak{W}$. Daher ist $\mathfrak{W} = \langle v_4 \rangle$ mit $Av_4 = a_4 v_4$, und A ist normal. □

Für die Dimension 2 ist die Bestimmung des Wertebereiches noch möglich, aber bereits etwas mühsam:

10.10 Satz. *Sei* $\dim \mathfrak{V} = 2$ *und* $A \in \operatorname{Hom}(\mathfrak{V}, \mathfrak{V})$. *Es habe A zwei verschiedene Eigenwerte* a_1, a_2, *und A sei nicht normal.* (*Für die anderen Fälle siehe* 10.5 b), 10.6 a).) *Dann ist* $\mathbf{W}(A)$ *das Innere samt Rand einer Ellipse mit den Brennpunkten in* a_1 *und* a_2.

Beweis. (1) Wir setzen

$$B = \frac{1}{a_2 - a_1}(A - a_1 E).$$

Dann ist B nichtnormal mit den Eigenwerten 0 und 1. Nach 10.3 b) gilt

$$\mathbf{W}(A) = \{\, a_1 + (a_2 - a_1)z \mid z \in \mathbf{W}(B) \,\}.$$

Wir wählen eine Orthonormalbasis $\{\, v_1, v_2 \,\}$ von $\mathfrak{V}$ mit

$$Bv_1 = 0$$

$$Bv_2 = cv_1 + v_2.$$

Da B nicht normal ist, gilt $c \neq 0$. Durch eine Ersetzung $v_1 \to kv_1$ mit $|k| = 1$ können wir $0 < c \in \mathbb{R}$ erreichen.

(2) Es gilt $B = H_1 + iH_2$ mit

$$H_1 = \frac{1}{2}(B + B^*) \to \begin{pmatrix} 0 & c/2 \\ c/2 & 1 \end{pmatrix}$$

und

$$H_2 = \frac{1}{2i}(B - B^*) \to \begin{pmatrix} 0 & -c/2i \\ c/2i & 0 \end{pmatrix}$$

(die Matrizen bezüglich der Basis $\{ v_1, v_2 \}$ gebildet). Gemäß 10.3 c) bilden wir mit τ

$$\tau(x + iy) = 2x + iby$$

mit noch zu wählendem $0 \neq b \in \mathbb{R}$ und

$$\tau B = 2H_1 + ibH_2 \to \begin{pmatrix} 0 & c - bc/2 \\ c + bc/2 & 2 \end{pmatrix}.$$

Dann gilt nach 10.3 c)

$$\mathbf{W}(\tau B) = \tau \mathbf{W}(B).$$

Das charakteristische Polynom von τB ist

$$x(x-2) - c^2(1 - \frac{b^2}{4}).$$

Wir wählen nun $0 < b \in \mathbb{R}$ mit

$$\frac{b^2}{4} = 1 + c^{-2}.$$

Dann hat τB den zweifachen Eigenwert 1. Nach 10.6 a) gilt daher

$$\mathbf{W}(\tau B) = \{ z \mid |z - 1| \leqslant \frac{1}{2}\|\tau B - E\| \}.$$

Wir setzen $\tau B - E = C$. Dann gehört zu C^*C die Matrix

$$\begin{pmatrix} 1 + (c + \frac{bc}{2})^2 & bc \\ bc & 1 + (c - \frac{bc}{2})^2 \end{pmatrix}.$$

Da C den Eigenwert 0 hat, hat C^*C die beiden Eigenwerte 0 und

$$\operatorname{Spur} C^*C = 2 + (c + \frac{bc}{2})^2 + (c - \frac{bc}{2})^2 = 2 + 2c^2 + \frac{b^2c^2}{2} = 4(1 + c^2).$$

Mit 6.10 a) folgt daher

$$\|\tau B - E\| = 2(1 + c^2)^{1/2}.$$

Also erhalten wir

$$\mathbf{W}(\tau B) = \{ z \mid |z - 1| \leqslant (1 + c^2)^{1/2} \}.$$

Es folgt

$$\begin{aligned} \mathbf{W}(B) = \tau^{-1}\mathbf{W}(\tau B) &= \{ \frac{x}{2} + i\frac{y}{b} \mid (x-1)^2 + y^2 \leqslant 1 + c^2 \} \\ &= \{ x + iy \mid (2x-1)^2 + (by)^2 \leqslant 1 + c^2 \}. \end{aligned}$$

Dies ist Inneres und Rand der Ellipse, welche durch die Gleichung

$$\frac{(x-\frac{1}{2})^2}{\frac{1+c^2}{4}} + \frac{y^2}{\frac{1+c^2}{b^2}} = 1$$

beschrieben wird. Diese Ellipse hat den Mittelpunkt $(\frac{1}{2}, 0)$ und die Hauptachsen e_1, e_2 mit

$$e_1^2 = \frac{1+c^2}{4}, \qquad e_2^2 = \frac{1+c^2}{b^2} = \frac{c^2}{4}.$$

Dabei gilt

$$e_1^2 - e_2^2 = \frac{1}{4}.$$

Daher liegen die Brennpunkte der Ellipse bekanntlich in $\frac{1}{2} \pm \sqrt[2]{\frac{1}{4}}$, also in 0 und 1.

□

Aufgaben

A 10.1 Sei $\{ v_1, \ldots, v_4 \}$ eine Orthonormalbasis von $\mathfrak{V}$ und $A \in \operatorname{Hom}(\mathfrak{V}, \mathfrak{V})$ mit

$$Av_1 = av_1$$

$$Av_2 = bv_1 + av_2$$

$$Av_3 = cv_3$$

$$Av_4 = dv_3 + cv_4$$

mit komplexen Zahlen a, b, c, d. Man beschreibe den numerischen Wertebereich $\mathbf{W}(A)$.

A 10.2 Sei $\{ v_1, \ldots, v_n \}$ eine Orthonormalbasis von $\mathfrak{V}$ und $A \in \operatorname{Hom}(\mathfrak{V}, \mathfrak{V})$ mit

$$Av_1 = 0, Av_j = v_{j-1} \qquad (j = 2, \ldots, n).$$

a) Man zeige, daß $\mathbf{W}(A)$ eine Kreisscheibe ist um den Mittelpunkt 0 mit dem Radius

$$R_n = \operatorname*{Max}_{0 \leqslant r_j \leqslant 1} (r_1 r_2 + \ldots + r_{n-2} r_{n-1} + r_{n-1}(1 - r_1^2 - \ldots - r_{n-1}^2)^{1/2}).$$

b) Man beweise $R_2 = \frac{1}{2}$ und $R_3 = \frac{1}{\sqrt{2}}$.

c) Es gilt $\frac{n-1}{n} \leqslant R_n \leqslant 1$ für alle n.

A 10.3 Sei gemäß 7.12 $A = UH$ mit $H \geqslant 0$ und unitärem U. Es gebe einen konvexen Winkelraum

$$\mathbf{W} = \{ z \mid \alpha_1 \leqslant \operatorname{arc} z \leqslant \alpha_2 \}$$

mit Öffnungswinkel $\alpha_2 - \alpha_1 \leqslant \pi$, in dem alle Eigenwerte von U liegen. Dann gilt

$$\sigma(A) \subseteq \{ z \mid z \in \mathbf{W}, |z| \leqslant r(H) \}.$$

§ 11 Zwei Eigenwertabschätzungen

Mit Hilfe von 9.12 beweisen wir zwei Sätze über Eigenwerte.

11.1 Satz. *Sei*

$$\Delta_n = \{ c \mid c \in \mathbb{C},\ c \textit{Eigenwert einer doppelt stochastischen Matrix vom Typ } (n,n) \}.$$

Sei ferner

$$\epsilon_k = \cos \frac{2\pi}{k} + i \sin \frac{2\pi}{k}$$

und sei

$$\Sigma_k = \mathcal{C}(\{ 1, \epsilon_k, \epsilon_k^2, \dots, \epsilon_k^{k-1} \})$$

die konvexe Hülle aller k-ten Einheitswurzeln in $\mathbb{C}$. *(Also ist* Σ_k *das regelmäßige k-Eck mit dem Mittelpunkt in 0 und einer Ecke in 1.) Dann gilt*

$$\bigcup_{k=2}^{n} \Sigma_k \subseteq \Delta_n \subseteq \mathcal{C}(\bigcup_{k=2}^{n} \Sigma_k).$$

Beweis. a) Für alle $k \leqslant n$ gilt $\Sigma_k \subseteq \Delta_n$:

Sei $c \in \Sigma_k$ mit $k \leqslant n$, also

$$c = \sum_{j=0}^{k-1} c_j \epsilon_k^j \quad \text{mit} \quad c_j \geqslant 0 \quad \text{und} \quad \sum_{j=0}^{k-1} c_j = 1.$$

Die Matrix

$$Z = \begin{pmatrix} 0 & 1 & 0 & \dots & 0 \\ 0 & 0 & 1 & \dots & 0 \\ \vdots & \vdots & \vdots & & \vdots \\ 0 & 0 & 0 & \dots & 1 \\ 1 & 0 & 0 & \dots & 0 \end{pmatrix}$$

vom Typ (k, k) hat das charakteristische Polynom $x^k - 1$, also den Eigenwert ϵ_k. Daher hat die Matrix

$$B = \begin{pmatrix} c_0 & c_1 & \dots & c_{k-1} \\ c_{k-1} & c_0 & \dots & c_{k-2} \\ \vdots & \vdots & & \vdots \\ c_1 & c_2 & \dots & c_0 \end{pmatrix} = \sum_{j=0}^{k-1} c_j Z^j$$

den Eigenwert $\sum_{j=0}^{k-1} c_j \epsilon_k^j = c$. Somit hat auch die doppelt stochastische Matrix

$$A = \begin{pmatrix} B & 0 \\ 0 & E_{n-k} \end{pmatrix}$$

vom Typ (n, n) den Eigenwert c. Daher gilt $\Sigma_k \subseteq \Delta_n$.
b) Sei A doppelt stochastisch vom Typ (n, n) und

$$Av = av \qquad \text{mit} \quad (v, v) = 1.$$

Nach 9.12 gilt

$$A = \sum_{j=1}^{r} b_j P_j \qquad \text{mit} \quad b_j > 0, \quad \sum_{j=1}^{r} b_j = 1$$

und geeigneten Permutationsmatrizen P_j. Dann ist

$$a = (Av, v) = \sum_{j=1}^{r} b_j (P_j v, v) \in \mathcal{C}(\bigcup_{j=1}^{r} \mathbf{W}(P_j)),$$

wenn wir mit $\mathbf{W}(P_j)$ den numerischen Wertebereich von P_j bezeichnen. Somit genügt der Nachweis von

$$\mathbf{W}(P_j) \subseteq \mathcal{C}(\bigcup_{k=2}^{n} \Sigma_k).$$

Ist P eine Permutationsmatrix, so ist P unitär. Daher gilt nach 10.5 b)

$$\mathbf{W}(P) = \mathcal{C}(\sigma(P)).$$

Also reicht der Beweis von

$$\sigma(P) \subseteq \bigcup_{k=2}^{n} \Sigma_k$$

für jede Permutationsmatrix P vom Typ (n, n). Sei π die Permutation zu P und sei o.B.d.A.

$$\pi = (1, \dots, n_1)(n_1 + 1, \dots, n_1 + n_2) \dots (\dots, n_1 + \dots + n_s)$$

die Zyklenzerlegung von π. Dann ist

$$P = \begin{pmatrix} Z_1 & & \\ & \ddots & \\ & & Z_s \end{pmatrix}$$

mit

$$Z_j = \begin{pmatrix} 0 & 1 & 0 & \dots & 0 \\ 0 & 0 & 1 & \dots & 0 \\ \vdots & \vdots & \vdots & & \vdots \\ 1 & 0 & 0 & \dots & 0 \end{pmatrix} \qquad \text{vom Typ} \quad (n_j, n_j).$$

Dann ist

$$\sigma(Z_j) = \{\, 1, \epsilon_{n_j}, \dots, \epsilon_{n_j}^{n_j - 1} \,\} \subseteq \Sigma_{n_j}.$$

Somit folgt

$$\sigma(P) = \bigcup_{j=1}^{s} \sigma(Z_j) \subseteq \bigcup_{j=1}^{s} \Sigma_{n_j} \subseteq \bigcup_{k=2}^{n} \Sigma_k. \qquad \square$$

11.2 Bemerkungen. a) Da jede stochastische Matrix A vom Typ $(2,2)$ den Eigenwert 1 hat und der zweite Eigenwert wegen $0 \leqslant \operatorname{Spur} A \leqslant 2$ im Intervall $[-1,1]$ liegt, folgt sofort $\Delta_2 = \Sigma_2$.
b) Wir zeigen $\Delta_3 = \Sigma_2 \cup \Sigma_3$:

Sei A eine doppelt stochastische Matrix vom Typ $(3,3)$ und sei $a \in \sigma(A)$. Ist a reell, so gilt wegen $|a| \leqslant 1$ sicher $a \in [-1,1] = \Sigma_2$.

Sei $a = b + ic$ mit $b, c \in \mathbb{R}$ und $c \neq 0$. Dann hat A die Eigenwerte $1, a, \overline{a}$. Also folgt

$$1 + 2b = 1 + a + \overline{a} = \operatorname{Spur} A = \sum_{j=1}^{3} a_{jj} \in [0,3].$$

Somit gilt $b \in [-\frac{1}{2}, 1]$. Nach 11.1 gilt jedoch auch

$$a \in \mathcal{C}(\Sigma_2 \cup \Sigma_3).$$

Also folgt $a \in \Sigma_3$, wie man sofort der Zeichnung entnimmt.

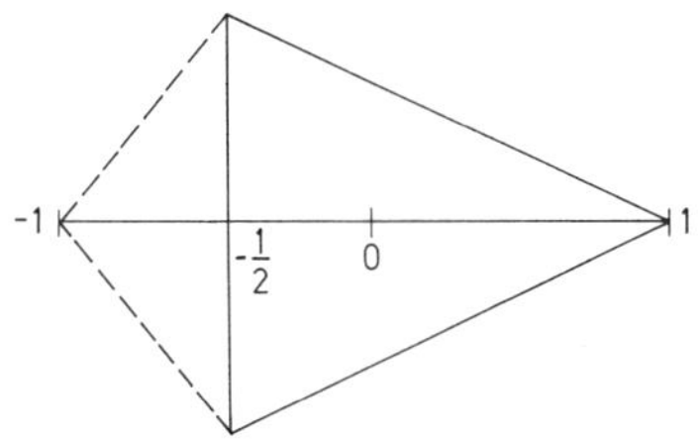

c) Nach 11.1 ist

$$\Sigma_3 \cup \Sigma_4 \subseteq \Delta_4 \subseteq \mathcal{C}(\Sigma_3 \cup \Sigma_4).$$

Uns ist unbekannt, ob

$$\Sigma_3 \cup \Sigma_4 = \Delta_4$$

gilt. Einige numerische Experimente legen diese Gleichheit nahe.

Wir beweisen schließlich noch einen Störungssatz für normale Matrizen:

11.3 Satz. (A. I. Hoffman, H. Wielandt) *Seien A und B normale Matrizen aus* $(\mathbb{C})_n$ *mit den Eigenwerten* $a_1, \dots, a_n$ *bzw.* $b_1, \dots, b_n$.
a) *Bei geeigneter Numerierung der Eigenwerte gilt*

$$\sum_{j=1}^{n} |a_j - b_j|^2 \leqslant \|A - B\|_2^2.$$

b) Sei A hermitesch und

$$a_1 \geqslant \ldots \geqslant a_n, \quad \operatorname{Re} b_1 \geqslant \ldots \geqslant \operatorname{Re} b_n.$$

Dann ist

$$\sum_{j=1}^{n} |a_j - b_j|^2 \leqslant \|A - B\|_2^2.$$

Beweis. a) Nach 6.27 c) gibt es eine unitäre Matrix U mit

$$U^{-1}AU = A_0 = \begin{pmatrix} a_1 & & 0 \\ & \ddots & \\ 0 & & a_n \end{pmatrix}.$$

Da auch $U^{-1}BU$ nach 6.26 b) wieder normal ist, gibt es ein unitäres V mit

$$V^{-1}(U^{-1}BU)V = B_0 = \begin{pmatrix} b_1 & & 0 \\ & \ddots & \\ 0 & & b_n \end{pmatrix}.$$

Nach 6.10 b) gilt für jede Matrix C

$$\|C\|_2^2 = \operatorname{Spur} C\overline{C}'.$$

Daher gilt für unitäres U

$$\begin{aligned}\|U^{-1}CU\|_2^2 &= \operatorname{Spur} U^{-1}CU\overline{(U^{-1}CU)'} = \operatorname{Spur} U^{-1}CU\overline{U}'\overline{C}'U \\ &= \operatorname{Spur} U^{-1}C\overline{C}'U = \operatorname{Spur} C\overline{C}' = \|C\|_2^2.\end{aligned}$$

Damit folgt

$$\|A - B\|_2 = \|U^{-1}(A - B)U\|_2 = \|A_0 - VB_0V^{-1}\|_2.$$

Wir zeigen: Ist π eine geeignete Permutation und P_0 die Permutationsmatrix zu π, so gilt

$$\operatorname*{Min}_{W \text{ unitär}} \|A_0 - WB_0W^{-1}\|_2 = \|A_0 - P_0B_0P_0'\|_2 = \left(\sum_{j=1}^{n} |a_j - b_{\pi j}|^2\right)^{1/2}.$$

Dann folgt auch

$$\sum_{j=1}^{n} |a_j - b_{\pi j}|^2 = \operatorname*{Min}_{W \text{ unitär}} \|A_0 - WB_0W^{-1}\|_2^2 \leqslant \|A_0 - VB_0V^{-1}\|_2^2 = \|A - B\|_2^2.$$

Nach obiger Bemerkung gilt für unitäres W

$$\begin{aligned}\|A_0 - WB_0W^{-1}\|_2^2 &= \operatorname{Spur}(A_0 - WB_0W^{-1})(\overline{A}_0' - W\overline{B}_0'W^{-1}) \\ &= \operatorname{Spur}(A_0\overline{A}_0' + WB_0\overline{B}_0'W^{-1}) + t(W) \\ &= \operatorname{Spur}(A_0\overline{A}_0' + B_0\overline{B}_0') + t(W)\end{aligned}$$

mit

$$t(W) = -\operatorname{Spur}(WB_0\overline{W}'\overline{A}_0' + A_0W\overline{B}_0'\overline{W}').$$

Ist $W = (w_{jk})$, so hat $WB_0\overline{W}'\overline{A}_0'$ den (j,k)-Koeffizienten

$$\sum_{r=1}^{n} w_{jr}b_r\overline{w_{kr}a_k}.$$

Somit ist

$$\operatorname{Spur} WB_0\overline{W}'\overline{A}_0' = \sum_{j,r=1}^{n} w_{jr}b_r\overline{w_{jr}a_j}.$$

Analog ergibt sich

$$\operatorname{Spur} A_0 W \overline{B}_0' \overline{W}' = \sum_{j,r=1}^{n} w_{jr} \overline{w_{jr}} a_j \overline{b_r}.$$

Also ist

$$t(W) = -\sum_{j,r=1}^{n} |w_{jr}|^2 (a_j \overline{b_r} + \overline{a_j} b_r) = \sum_{j,r=1}^{n} s_{jr} c_{jr}$$

mit

$$c_{jr} = -a_j \overline{b_r} - \overline{a_j} b_r \in \mathbb{R},$$

$$s_{rj} = |w_{jr}|^2 \geqslant 0$$

sowie

$$\sum_{r=1}^{n} s_{jr} = \sum_{r=1}^{n} |w_{jr}|^2 = 1$$

$$\sum_{j=1}^{n} s_{jr} = \sum_{j=1}^{n} |w_{jr}|^2 = 1,$$

wobei letztere Gleichungen sofort aus $W\overline{W}' = \overline{W}'W = E$ folgen. Somit ist die Matrix $S = (s_{jr})$ doppelt stochastisch. Wir setzen

$$f(S) = \sum_{j,r=1}^{n} s_{jr} c_{jr} = t(W).$$

Bezeichnen $\mathfrak{S}$ die Menge der doppelt stochastischen Matrizen vom Typ (n, n), so gilt nach 9.11 und 9.13

$$\operatorname*{Min}_{S \in \mathfrak{S}} f(S) = f(P_0)$$

mit einer Permutationsmatrix $P_0 = (p_{jk})$ mit

$$p_{jk} = \begin{cases} 1 & \text{für } k = \pi j \\ 0 & \text{sonst} \end{cases}$$

Wir wählen nun $W_0 = P_0$. Dann ist W_0 unitär und $|p_{jk}|^2 = p_{jk}$. Also ist

$$\operatorname*{Min}_{W \text{ unitär}} t(W) = f(P_0)$$

und dann

$$\operatorname*{Min}_{W \text{ unitär}} \|A_0 - W B_0 \overline{W}'\|_2 = \|A_0 - P_0 B_0 P_0'\|_2.$$

Dabei hat $P_0 B_0 P_0'$ den (j,k)-Koeffienten

$$\sum_{r=1}^{n} p_{jr} b_r p_{kr} = p_{j,\pi j} b_{\pi j} p_{k,\pi j} = \begin{cases} b_{\pi j} |p_{j,\pi j}|^2 = b_{\pi j} & \text{für } k = j \\ 0 & \text{sonst.} \end{cases}$$

Das liefert

$$\|A_0 - P_0 B_0 P_0'\|_2 = (\sum_{j=1}^{n} |a_j - b_{\pi j}|^2)^{1/2}.$$

b) Sei etwa $\operatorname{Re} b_j < \operatorname{Re} b_{j+1}$. Dann ist

$$|a_j - b_j|^2 + |a_{j+1} - b_{j+1}|^2 = a_j^2 - 2a_j \operatorname{Re} b_j + |b_j|^2 + a_{j+1}^2 - 2a_{j+1} \operatorname{Re} b_{j+1} + |b_{j+1}|^2$$

$$\geqslant a_j^2 - 2a_j \operatorname{Re} b_{j+1} + |b_{j+1}|^2 + a_{j+1}^2 - 2a_{j+1} \operatorname{Re} b_j + |b_j|^2$$

$$= |a_j - b_{j+1}|^2 + |a_{j+1} - b_j|^2,$$

denn es gilt ja

$$(a_j - a_{j+1})(\operatorname{Re} b_{j+1} - \operatorname{Re} b_j) \geqslant 0.$$

Also folgt mit Hilfe von a) die Behauptung. □

11.4 Beispiel. Sei

$$A = \begin{pmatrix} 0 & 0 \\ 0 & 3 \end{pmatrix} \quad \text{und} \quad B = \begin{pmatrix} -1 & -1 \\ 1 & 1 \end{pmatrix}.$$

Dann ist A normal mit den Eigenwerten 0 und 3, B ist nichtnormal mit den Eigenwerten $0, 0$. Bei jeder Numerierung der Eigenwerte von A und B gilt nun

$$\sum_{j=1}^{2} |a_j - b_j|^2 = 9 > \|A - B\|_2^2 = 7.$$

Also kann man in 11.3 nicht auf die Normalität beider Matrizen A und B verzichten.

§ 12 Zum Helmholtzschen[31)] Raumproblem

Bereits der große Naturforscher Helmholtz hat die Frage aufgeworfen, welche Annahmen über die Natur des Raumes eigentlich dazu führen, daß Längen mit Hilfe von quadratischen Formen gemessen werden können. Auf diese Frage sind mehrere

31) Hermann von Helmholtz (1821–1894) Berlin; Physiologe und Physiker; Energiesatz, Akustik, Hydrodynamik, physiologische Optik.

Antworten gegeben worden. Sie laufen darauf hinaus, daß aus "Beweglichkeitsforderungen" hergeleitet wird, daß der vorliegende Raum ein Hilbertraum ist. Man bezeichnet diesen Fragenkomplex meist als Helmholtzsches Raumproblem.

Die umfassendste Beweglichkeitsaussage im Hilbertraum enthält der folgende "allgemeine Kongruenzsatz":

12.1 Satz. *Sei $\mathfrak{V}$ ein Hilbertraum von endlicher Dimension über $\mathbb{R}$ oder $\mathbb{C}$. Seien $v_1, \dots, v_r, w_1, \dots, w_r \in \mathfrak{V}$. Genau dann gibt es eine unitäre Abbildung G von $\mathfrak{V}$ auf sich mit $Gv_j = w_j$ $(j = 1, \dots, r)$, wenn $(v_j, v_k) = (w_j, w_k)$ für alle $j, k = 1, \dots, r$ gilt.*

Beweis. a) Die Notwendigkeit der Bedingung ist klar:

Gibt es eine unitäre Abbildung G mit $Gv_j = w_j$, so folgt

$$(v_j, v_k) = (Gv_j, Gv_k) = (w_j, w_k).$$

b) Sei nun

$$(v_j, v_k) = (w_j, w_k) \qquad \text{für} \quad j, k = 1, \dots, r.$$

Mit 5.4 b) folgt

$$\begin{aligned} \dim\langle v_1, \dots, v_r\rangle &= \operatorname{Rang}((v_j, v_k))_{j,k=1,\dots,r} \\ &= \operatorname{Rang}((w_j, w_k))_{j,k=1,\dots,r} \\ &= \dim\langle w_1, \dots, w_r\rangle. \end{aligned}$$

Wir numerieren die v_j so, daß $\{ v_1, \dots, v_m \}$ eine Basis von $\langle v_1, \dots, v_r\rangle$ ist. Nach 5.4 b) gilt dann

$$\begin{aligned} m = \dim\langle v_1, \dots, v_m\rangle &= \operatorname{Rang}((v_j, v_k))_{j,k=1,\dots,m} \\ &= \operatorname{Rang}((w_j, w_k))_{j,k=1,\dots,m} \\ &= \dim\langle w_1, \dots, w_m\rangle. \end{aligned}$$

Also ist $\{ w_1, \dots, w_m \}$ eine Basis von $\langle w_1, \dots, w_r\rangle$.

Wir definieren nun eine lineare Abbildung G_1 von $\langle v_1, \dots, v_m\rangle$ auf $\langle w_1, \dots, w_m\rangle$ durch $G_1 v_j = w_j$ $(1 \leqslant j \leqslant m)$. Wegen

$$(G_1 v_j, G_1 v_k) = (w_j, w_k) = (v_j, v_k)$$

ist G_1 eine Isometrie. Wegen

$$\dim\langle v_1, \dots, v_m\rangle^\perp = \dim \mathfrak{V} - m = \dim\langle w_1, \dots, w_m\rangle^\perp$$

gibt es nach 4.15 eine Isometrie G_2 von $\langle v_1, \dots, v_m\rangle^\perp$ auf $\langle w_1, \dots, w_m\rangle^\perp$. Definieren wir $G \in \operatorname{Hom}(\mathfrak{V}, \mathfrak{V})$ durch

$$G(v + v') = G_1 v + G_2 v'$$

für $v \in \langle v_1, \ldots, v_m \rangle$ und $v' \in \langle v_1, \ldots, v_m \rangle^\perp$, so ist offenbar G eine Isometrie von $\mathfrak{V}$ auf sich mit $Gv_j = w_j$ für $1 \leqslant j \leqslant m$.

Wir haben also noch

$$Gv_j = w_j \qquad \text{für} \quad m < j \leqslant r$$

zu zeigen. Sei für $m < j \leqslant r$

$$v_j = \sum_{k=1}^{m} a_{jk} v_k \qquad (a_{jk} \text{ aus } \mathbb{R} \text{ oder } \mathbb{C}).$$

Dann ist

$$(v_j, v_s) = \sum_{k=1}^{m} a_{jk}(v_k, v_s) \qquad \text{für} \quad m < j \leqslant r, \quad 1 \leqslant s \leqslant m. \tag{1}$$

Da $v_1, \ldots, v_m$ linear unabhängig sind, gilt nach 5.4 a)

$$\det((v_j, v_s))_{j,s=1,\ldots,m} \neq 0.$$

Also sind die a_{jk} durch das inhomogene lineare Gleichungssystem (1) eindeutig bestimmt.

Analog gilt für $m < j \leqslant r$ auch

$$w_j = \sum_{k=1}^{m} b_{jk} w_k \qquad (b_{jk} \text{ aus } \mathbb{R} \text{ oder } \mathbb{C})$$

mit

$$(v_j, v_s) = (w_j, w_s) = \sum_{k=1}^{m} b_{jk}(w_k, w_s) = \sum_{k=1}^{m} b_{jk}(v_k, v_s) \tag{2}$$

für $m < j \leqslant r$, $1 \leqslant s \leqslant m$. Das erzwingt $a_{jk} = b_{jk}$ für alle $m < j \leqslant r$, $1 \leqslant k \leqslant m$. Damit folgt für $m < j \leqslant r$

$$Gv_j = \sum_{k=1}^{m} a_{jk} Gv_k = \sum_{k=1}^{m} b_{jk} w_k = w_j. \qquad \square$$

Es drängt sich die Frage auf, wieviel Beweglichkeit in normierten Vektorräumen gültig sein kann. Wir beweisen dazu den folgenden Hauptsatz, welcher die euklidischen $\mathbb{R}$-Vektorräume unter den normierten $\mathbb{R}$-Vektorräumen charakterisiert:

12.2 Hauptsatz. *Sei $\mathfrak{V}$ ein normierter $\mathbb{R}$-Vektorraum von endlicher Dimension. Wir definieren die Gruppe $\mathbf{I}(\mathfrak{V})$ der Isometrien von $\mathfrak{V}$ durch*

$$\mathbf{I}(\mathfrak{V}) = \{\, G \mid G \in \mathbf{GL}(\mathfrak{V}),\ \|Gv\| = \|v\| \text{ für alle } v \in \mathfrak{V} \,\}.$$

Dann sind gleichwertig:

a) *Es gibt ein definites Skalarprodukt* [,] *auf* $\mathfrak{V}$ *mit*

$$\|v\|^2 = [v, v] \qquad \text{für alle} \quad v \in \mathfrak{V}.$$

b) *Für* $v, v' \in \mathfrak{V}$ *mit* $\|v\| = \|v'\|$ *gibt es ein* $G \in \mathbf{I}(\mathfrak{V})$ *mit* $Gv = v'$.

Die Implikation a) $\Rightarrow$ b) in 12.2 ist der Spezialfall r=1 von 12.1. Der weit weniger triviale Beweis von b) $\Rightarrow$ a) beruht auf folgendem bemerkenswerten Satz:

12.3 Satz. (Loewner[32]). *Sei* $\mathfrak{V}$ *ein euklidischer Vektorraum der Dimension n und* $\mathfrak{M}$ *eine beschränkte Teilmenge von* $\mathfrak{V}$. *Es gebe ein* $r_0 > 0$ *derart, daß die Kugel*

$$\mathfrak{K}_{r_0} = \{ v \mid v \in \mathfrak{V},\ (v, v) \leqslant r_0^2 \}$$

in $\mathfrak{M}$ *liegt.*
Für jede hermitesche Abbildung $A \in \operatorname{Hom}(\mathfrak{V}, \mathfrak{V})$ *mit* $A \geqslant 0$ *setzen wir*

$$\mathfrak{E}(A) = \{ v \mid v \in \mathfrak{V},\ (Av, v) \leqslant 1 \}.$$

Wir betrachten die Menge

$$\begin{aligned} \mathcal{A} &= \{ A \mid A \in \operatorname{Hom}(\mathfrak{V}, \mathfrak{V}),\ A \geqslant 0,\ \mathfrak{M} \subseteq \mathfrak{E}(A) \} \\ &= \{ A \mid A \text{ hermitesch},\ (Av, v) \geqslant 0 \text{ für alle } v \in \mathfrak{V},\ (Aw, w) \leqslant 1 \\ &\qquad \text{für alle } w \in \mathfrak{M} \}. \end{aligned}$$

Dann gibt es genau ein $A_0 \in \mathcal{A}$ *mit*

$$\det A_0 = \operatorname*{Max}_{A \in \mathcal{A}} \det A,$$

dabei ist $A_0 > 0$ *und* $\det A_0 > 0$.

Beweis. a) Wir beweisen zuerst durch einen Kompaktsheitsschluß die Existenz des Maximums:

(1) Es gibt ein $b > 0$ mit $b^{-1}E \in \mathcal{A}$:
Nach Voraussetzung gibt es ein $b > 0$ mit

$$\mathfrak{M} \subseteq \{ v \mid v \in \mathfrak{V},\ (v, v) \leqslant b \}.$$

Das ist gleichwertig mit $\mathfrak{M} \subseteq \mathfrak{E}(b^{-1}E)$, also mit $b^{-1}E \in \mathcal{A}$. Dabei ist

$$\det(b^{-1}E) = b^{-n} > 0.$$

(2) $\mathcal{A}$ ist beschränkt:

---

32) Karl Loewner (1893-1968) Prag, Stanford; konforme Abbildungen, Analysis, Transformationsgruppen, Hydrodynamik.

Sei $\{ v_1, \ldots, v_n \}$ eine Orthonormalbasis von $\mathfrak{V}$. Für $A \in \mathcal{A}$ sei

$$Av_j = \sum_{k=1}^{n} a_{kj} v_k \qquad (j = 1, \ldots, n)$$

mit $a_{jk} = a_{kj} \in \mathbb{R}$. Nach Voraussetzung gilt für alle $j = 1, \ldots, n$

$$r_0 v_j \in \mathfrak{K}_{r_0} \subseteq \mathfrak{M} \subseteq \mathfrak{E}(A),$$

also

$$r_0^2 (Av_j, v_j) = (A(r_0 v_j), r_0 v_j) \leqslant 1.$$

Mit 7.18 folgt wegen $A \geqslant 0$ dann

$$|a_{jk}|^2 = |(Av_j, v_k)|^2 \leqslant (Av_j, v_j)(Av_k, v_k) \leqslant r_0^{-4}.$$

Somit ist $\mathcal{A}$ beschränkt bezüglich der ∞-Norm mit

$$\|A\|_\infty = \operatorname*{Max}_{j,k} |a_{jk}|,$$

dann aber nach 1.9 auch bezüglich jeder Norm auf $\operatorname{Hom}(\mathfrak{V}, \mathfrak{V})$.

(3) $\mathcal{A}$ ist abgeschlossen:
Seien $A_j \in \mathcal{A}$ mit $\lim_{j \to \infty} A_j = A$. Offenbar ist A hermitesch. Wegen

$$|(A_j v, v) - (Av, v)| = |((A_j - A)v, v)| \leqslant \|A_j - A\| \, \|v\|^2 \underset{j \to \infty}{\longrightarrow} 0$$

gilt dann

$$(Av, v) = \lim_{j \to \infty} (A_j v, v) \geqslant 0 \qquad \text{für alle} \quad v \in \mathfrak{V}$$

und

$$(Aw, w) = \lim_{j \to \infty} (A_j w, w) \leqslant 1 \qquad \text{für alle} \quad w \in \mathfrak{M}.$$

Das zeigt $A \in \mathcal{A}$, also ist $\mathcal{A}$ abgeschlossen.

(4) Es gibt ein $A_0 \in \mathcal{A}$ mit

$$\det A_0 = \operatorname*{Max}_{A \in \mathcal{A}} \det A$$

und $A_0 > 0$:
Die Abbildung f mit $f(A) = \det A$ ist stetig auf der nach (2) und (3) kompakten Menge $\mathcal{A}$. Also gibt es ein $A_0 \in \mathcal{A}$ mit

$$\det A_0 = \operatorname*{Max}_{A \in \mathcal{A}} \det A.$$

Wegen (1) ist dabei

$$\det A_0 \geqslant \det(b^{-1} E) = b^{-n} > 0.$$

Da $A_0 \geqslant 0$ gilt, sind alle Eigenwerte von A_0 positiv, und es folgt $A_0 > 0$.

b) Wir beweisen nun die Eindeutigkeit von A_0:
Seien $A_0, A_1 \in \mathcal{A}$ mit

$$\det A_0 = \det A_1 = \operatorname*{Max}_{A \in \mathcal{A}} \det A > 0.$$

Dabei gilt wegen $A_j \geqslant 0$ sicher $A_j > 0$. Wir setzen $B = \frac{1}{2}(A_0 + A_1)$. Dann ist auch B hermitesch mit $B > 0$. Für alle $w \in \mathfrak{M}$ gilt

$$(Bw, w) = \frac{1}{2}((A_0 w, w) + (A_1 w, w)) \leqslant 1.$$

Das zeigt $B \in \mathcal{A}$. Nach 7.17 ist

$$\det B \geqslant \sqrt{\det A_0 \det A_1} = \det A_0 = \operatorname*{Max}_{A \in \mathcal{A}} \det A,$$

also gilt $\det B = \det A_0$. Das Gleichheitszeichen in dieser Ungleichung tritt nach 7.17 nur für $A_0 = A_1$ ein. □

Der anschauliche Inhalt von Satz 12.3 wird durch die folgende Deutung verständlich:

12.4 Geometrische Deutung von Satz 12.3.
Sei $\mathfrak{V}$ ein euklidischer Vektorraum und sei $A \in \operatorname{Hom}(\mathfrak{V}, \mathfrak{V})$ eine hermitesche Abbildung mit $A \geqslant 0$. Nach 6.7 gibt es dann eine Orthonormalbasis $\{ v_1, \ldots, v_n \}$ von $\mathfrak{V}$ mit

$$Av_j = a_j v_j \quad \text{und} \quad a_j \geqslant 0 \qquad (j = 1, \ldots, n).$$

Ist $v = \sum\limits_{j=1}^{n} x_j v_j$, so gilt

$$(Av, v) = \sum_{j=1}^{n} a_j x_j^2.$$

Also ist

$$\mathfrak{E}(A) = \{ v \mid v \in \mathfrak{V},\ (Av, v) \leqslant 1 \} = \{ \sum_{j=1}^{n} x_j v_j \mid \sum_{j=1}^{n} a_j x_j^2 \leqslant 1 \}.$$

Wir deuten diese Menge geometrisch:

(1) Sei zuerst $A > 0$, also $a_j > 0$ für $j = 1, \ldots, n$. Bestimmen wir b_j mit $0 < b_j \in \mathbb{R}$ durch $a_j = b_j^{-2}$, so ist

$$\mathfrak{E}(A) = \{ \sum_{j=1}^{n} x_j v_j \mid \sum_{j=1}^{n} b_j^{-2} x_j^2 \leqslant 1 \}.$$

Diese offenbar kompakte Menge ist das Innere einschließlich des Randes eines Ellipsoides mit den Hauptachsen $b_j > 0$.

(2) Sei nun etwa $a_j > 0$ für $j = 1, \ldots, k$ mit $k < n$, aber $a_{k+1} = \ldots = a_n = 0$. Setzen wir nun $a_j = b_j^{-2}$ für $1 \leqslant j \leqslant k$, so ist

$$\mathfrak{E}(A) = \{ \sum_{j=1}^{n} x_j v_j \mid \sum_{j=1}^{k} b_j^{-2} x_j^2 \leqslant 1;\ x_{k+1}, \ldots, x_n \text{ beliebig} \}.$$

Das ist ein Zylinder über den Ellipsoid

$$\sum_{j=1}^{k} b_j^{-2} x_j^2 \leqslant 1,$$

und nun ist $\mathfrak{E}(A)$ nicht kompakt.
Sei $A > 0$. Dann wird durch

$$f(\sum_{j=1}^{n} x_j v_j) = \sum_{j=1}^{n} y_j v_j \qquad \text{mit} \quad y_j = b_j^{-1} x_j$$

eine bijektive Abbildung f von $\mathfrak{E}(A)$ auf die Einheitskugel

$$\mathfrak{K}_1 = \{ \sum_{j=1}^{n} y_j v_j \mid \sum_{j=1}^{n} y_j^2 \leqslant 1 \}$$

definiert. Für die Volumina gilt dann nach einem bekannten Satz der Analysis

$$\begin{aligned} \mathbf{V}(\mathfrak{K}_1) &= \int_{\mathfrak{K}_1} dy_1 \ldots dy_n = \int_{\mathfrak{E}(A)} \det(\frac{\partial y_j}{\partial x_k})\, dx_1 \ldots dx_n \\ &= (b_1 \ldots b_n)^{-1} \int_{\mathfrak{E}(A)} dx_1 \ldots dx_n = (b_1 \ldots b_n)^{-1} \mathbf{V}(\mathfrak{E}(A)). \end{aligned}$$

Wegen

$$\det A = a_1 \ldots a_n = (b_1 \ldots b_n)^{-2}$$

folgt

$$\mathbf{V}(\mathfrak{E}(A)) = (\det A)^{-1/2} \mathbf{V}(\mathfrak{K}_1).$$

Der Satz 12.3 von Loewner kann also so ausgesprochen werden: Unter allen Ellipsoiden $\mathfrak{E}$ mit $\mathfrak{M} \subseteq \mathfrak{E}$ gibt es ein eindeutig bestimmtes Ellipsoid mit minimalem Volumen.

12.5 Hilfssatz. *Sei $\mathfrak{V}$ ein normierter $\mathbb{R}$-Vektorraum von endlicher Dimension. Für jede Isometrie G von $\mathfrak{V}$ gilt dann* $\det G = \pm 1$.

Beweis. Wir versehen $\mathrm{Hom}(\mathfrak{V}, \mathfrak{V})$ mit der Norm $\| \ \|$ mit

$$\|A\| = \operatorname*{Max}_{0 \neq v \in \mathfrak{V}} \frac{\|Av\|}{\|v\|} \qquad \text{für} \quad A \in \mathrm{Hom}(\mathfrak{V}, \mathfrak{V}).$$

Für jede Isometrie G von $\mathfrak{V}$ ist dann $\|G\| = 1$. Wegen $\dim \mathrm{Hom}(\mathfrak{V}, \mathfrak{V}) < \infty$ ist nach 1.16

$$\mathfrak{E} = \{ A \mid A \in \mathrm{Hom}(\mathfrak{V}, \mathfrak{V}), \ \|A\| \leqslant 1 \}$$

kompakt und enthält alle Isometrien von $\mathfrak{V}$. Die stetige Funktion f mit $f(A) = \det A$ ist auf $\mathfrak{E}$ also nach oben beschränkt, etwa durch M.

Sei G eine Isometrie von $\mathfrak{V}$. Dann ist auch G^{2k} eine Isometrie für alle $k \in \mathbb{Z}$. Also gilt $G^{2k} \in \mathfrak{E}$ und somit

$$(\det G)^{2k} = \det G^{2k} \leqslant M.$$

Das erzwingt $(\det G)^2 = 1$, also $\det G = \pm 1$. □

12.6 Beweis von 12.2. (D. Laugwitz[33)]). Sei $\| \cdot \|$ die vorgegebene Norm auf $\mathfrak{V}$ und $(\ , \ )$ ein beliebiges definites Skalarprodukt auf $\mathfrak{V}$. (Ein solches existiert immer: Ist $\{ v_1, \ldots, v_n \}$ eine Basis von $\mathfrak{V}$, so setzen wir einfach

$$\Big(\sum_{j=1}^{n} x_j v_j, \sum_{j=1}^{n} y_j v_j\Big) = \sum_{j=1}^{n} x_j y_j \,).$$

Nach 1.9 gibt es $a > 0$ und $b > 0$ mit

$$a^2 \|v\|^2 \leqslant (v, v) \leqslant b^2 \|v\|^2 \qquad \text{für alle} \quad v \in \mathfrak{V}.$$

Wir setzen

$$\mathfrak{M} = \{ v \mid v \in \mathfrak{V}, \ \|v\| \leqslant 1 \}.$$

Für $v \in \mathfrak{M}$ ist dann $(v, v) \leqslant b^2$, also ist $\mathfrak{M}$ beschränkt im Sinne der Norm zu $(\ , \ )$. Für $(v, v) \leqslant a^2$ ist

$$a^2 \|v\|^2 \leqslant (v, v) \leqslant a^2,$$

also $\|v\| \leqslant 1$. Das zeigt

$$\mathfrak{K}_a = \{ v \mid v \in \mathfrak{V}, \ (v, v) \leqslant a^2 \} \subseteq \mathfrak{M}.$$

Nach 12.3 existiert somit ein eindeutig bestimmtes $A_0 \in \mathcal{A}$ mit $A_0 > 0$, $\mathfrak{M} \subseteq \mathfrak{E}(A_0)$ und

$$\det A_0 = \operatorname*{Max}_{A \in \mathcal{A}} \det A.$$

33) Detlef Laugwitz (geb. 1932) Darmstadt; Geometrie.

Sei G irgendeine Isometrie von $\mathfrak{V}$ bezüglich der Norm $\|\cdot\|$. Dann gilt

$$\begin{aligned}\mathfrak{M} = G\mathfrak{M} \subseteq G\mathfrak{E}(A_0) &= \{\, Gv \mid v \in \mathfrak{V},\ (A_0 v, v) \leqslant 1 \,\}\\ &= \{\, w \mid w \in \mathfrak{V},\ (A_0 G^{-1} w, G^{-1} w) \leqslant 1 \,\}\\ &= \{\, w \mid w \in \mathfrak{V},\ ((G^{-1})^* A_0 G^{-1} w, w) \leqslant 1 \,\} = \mathfrak{E}((G^{-1})^* A_0 G^{-1}).\end{aligned}$$

Wir setzen

$$A_1 = (G^{-1})^* A_0 G^{-1}.$$

Wegen

$$A_1^* = (G^{-1})^* A_0^* (G^{-1})^{**} = (G^{-1})^* A_0 G^{-1} = A_1$$

und

$$(A_1 v, v) = (A_0 G^{-1} v, G^{-1} v) \geqslant 0 \qquad \text{für alle} \quad v \in \mathfrak{V}$$

ist A_1 hermitesch mit $A_1 \geqslant 0$. Also gilt $\mathfrak{M} \subseteq \mathfrak{E}(A_1)$, somit $A_1 \in \mathcal{A}$, und wegen 12.5

$$\det A_1 = \det A_0 \det G^{-1} \det(G^{-1})^* = \det A_0.$$

Wegen der Eindeutigkeit von A_0 folgt

(1) $\qquad A_0 = A_1 = (G^{-1})^* A_0 G^{-1}$ für alle $G \in \mathbf{I}(\mathfrak{V})$,

wobei $\mathbf{I}(\mathfrak{V})$ die Gruppe der Isometrien von $\mathfrak{V}$ bezüglich $\|\cdot\|$ sei.

(2) $\qquad$ Wir zeigen: Es gibt ein $v_0 \in \mathfrak{V}$ mit

$$(A_0 v_0, v_0) = 1 = \|v_0\| :$$

Nach unserer Konstruktion gilt $\mathfrak{M} \subseteq \mathfrak{E}(A_0)$. Für alle v mit $\|v\| = 1$ ist daher $(A_0 v, v) \leqslant 1$. Angenommen, es sei $(A_0 v, v) < 1$ für alle v mit $\|v\| = 1$. Sei $0 < \|w\| = r \leqslant 1$. Setzen wir $v = r^{-1} w$, so ist $\|v\| = 1$ und daher

$$(A_0 w, w) = r^2 (A_0 v, v) < r^2 \leqslant 1.$$

Also gilt $(A_0 w, w) < 1$ für alle $w \in \mathfrak{M}$. Da $\mathfrak{M}$ kompakt ist (siehe 1.16), gibt es ein $\epsilon > 0$ mit

$$\operatorname*{Max}_{w \in \mathfrak{M}} (A_0 w, w) = 1 - \epsilon < 1.$$

Dann folgt jedoch

$$\mathfrak{M} \subseteq \mathfrak{E}((1-\epsilon)^{-1} A_0)$$

mit $(1-\epsilon)^{-1} A_0 > 0$ und

$$\det((1-\epsilon)^{-1} A_0) = (1-\epsilon)^{-n} \det A_0 > \det A_0.$$

Das widerspricht der Wahl von A_0.

Also gibt es ein v_0 mit

$$\|v_0\| = 1 = (A_0 v_0, v_0).$$

(3) Es gilt

$$(A_0 v, v) = \|v\|^2 \qquad \text{für alle} \quad v \in \mathfrak{V}:$$

Sei $w \in \mathfrak{V}$ mit $\|w\| = 1$. Nach Voraussetzung gibt es ein $G \in \mathbf{I}(\mathfrak{V})$ mit $v_0 = Gw$. Es folgt

$$\begin{aligned}(A_0 w, w) = (A_0 G^{-1} v_0, G^{-1} v_0) &= ((G^{-1})^* A_0 G^{-1} v_0, v_0) \\ &= (A_0 v_0, v_0) \qquad \text{(wegen (1))} \\ &= 1 = \|w\|^2.\end{aligned}$$

Ist $0 \neq w \in \mathfrak{V}$, so ist $\|\frac{1}{\|w\|} w\| = 1$ und daher

$$1 = (A_0 \frac{1}{\|w\|} w, \frac{1}{\|w\|} w) = \frac{1}{\|w\|^2}(A_0 w, w).$$

Also gilt stets

$$(A_0 w, w) = \|w\|^2.$$

(4) Für $v_1, v_2 \in \mathfrak{V}$ setzen wir

$$[v_1, v_2] = (A_0 v_1, v_2).$$

Dann ist [,] ein definites Skalarprodukt auf $\mathfrak{V}$ und $[v, v] = \|v\|^2$ für alle $v \in \mathfrak{V}$:

Wegen $A_0 > 0$ ist [,] nach 7.18 definit. Nach (3) gilt

$$[v, v] = (A_0 v, v) = \|v\|^2 \qquad \text{für alle} \quad v \in \mathfrak{V}.$$ □

Als weitere Anwendung von Satz 12.3 beweisen wir einen Satz über beschränkte Untergruppen von $\mathbf{GL}(\mathfrak{V})$, welcher in der Darstellungstheorie der orthogonalen Gruppen eine wichtige Anwendung findet:

12.7 Satz. *Sei $\mathfrak{V}$ ein $\mathbb{R}$-Vektorraum von endlicherDimension und $\mathfrak{G}$ eine Untergruppe von* $\mathbf{GL}(\mathfrak{V})$, *welche beschränkt ist bezüglich irgendeiner (und dann jeder) Norm von* Hom $(\mathfrak{V}, \mathfrak{V})$.
a) *Es gibt ein definites Skalarprodukt* [,] *auf $\mathfrak{V}$ mit*

$$[Gv_1, Gv_2] = [v_1, v_2]$$

für alle $G \in \mathfrak{G}$ und alle $v_1, v_2 \in \mathfrak{V}$.
b) *Sei $\mathfrak{U}$ ein Unterraum von $\mathfrak{V}$ mit $G\mathfrak{U} = \mathfrak{U}$ für alle $G \in \mathfrak{G}$. Setzen wir*

$$\mathfrak{W} = \{ v \mid v \in \mathfrak{V},\ [u, v] = 0 \textit{ für alle } u \in \mathfrak{U} \},$$

so gilt $\mathfrak{V} = \mathfrak{U} \oplus \mathfrak{W}$ und $G\mathfrak{W} = \mathfrak{W}$ für alle $G \in \mathfrak{G}$.

c) *Sei* $G \in \mathfrak{G}$ *und sei* $\mathfrak{U}$ *ein Unterraum von* $\mathfrak{V}$ *mit* $G\mathfrak{U} = \mathfrak{U}$. *Dann gilt* $\mathfrak{V} = \mathfrak{U} \oplus \mathfrak{W}$ *und* $G\mathfrak{W} = \mathfrak{W}$ *mit geeignetem* $\mathfrak{W} \leqslant \mathfrak{V}$. *Also ist jedes Element aus* $\mathfrak{G}$ *halbeinfach. (In Marizen ausgedrückt bedeuten* b) *und* c)*: Gilt*

$$G \to \begin{pmatrix} G_{11} & 0 \\ G_{21} & G_{22} \end{pmatrix}$$

bezüglich einer Basis von $\mathfrak{V}$, *so gibt es eine Basis mit*

$$G \to \begin{pmatrix} G_{11} & 0 \\ 0 & G_{22} \end{pmatrix}.$$

Für endliche Gruppen $\mathfrak{G}$ *ist dies der Satz von Maschke; siehe* A 4.8.)

Beweis. a) Sei (,) irgendein definites Skalarprodukt auf $\mathfrak{V}$. Für $G \in \mathfrak{G}$ setzen wir

$$\|G\|^2 = \operatorname*{Max}_{0 \neq v \in \mathfrak{V}} \frac{(Gv, Gv)}{(v, v)}.$$

Nach Voraussetzung gibt es ein $M > 0$ mit $\|G\| \leqslant M$ für alle $G \in \mathfrak{G}$. Wie in 12.5 folgt daraus $\det G = \pm 1$ für alle $G \in \mathfrak{G}$.

Wir setzen ferner für $r > 0$

$$\mathfrak{K}_r = \{\, v \mid v \in \mathfrak{V},\ (v, v) \leqslant r^2 \,\}$$

und

$$\mathfrak{M} = \{\, Gv \mid G \in \mathfrak{G},\ v \in \mathfrak{K}_1 \,\}.$$

Wegen $E \in \mathfrak{G}$ ist $\mathfrak{K}_1 \subseteq \mathfrak{M}$. Für $Gv \in \mathfrak{M}$ mit $G \in \mathfrak{G}$ und $v \in \mathfrak{K}_1$ gilt

$$(Gv, Gv) \leqslant \|G\|^2 (v, v) \leqslant M^2.$$

Das zeigt

$$\mathfrak{K}_1 \subseteq \mathfrak{M} \subseteq \mathfrak{K}_M.$$

Nach 12.3 existiert daher ein eindeutig bestimmtes $A_0 > 0$ mit $\mathfrak{M} \subseteq \mathfrak{E}(A_0)$ und

$$\det A_0 = \operatorname*{Max}_{A \in \mathcal{A}} \det A.$$

Für alle $G \in \mathfrak{G}$ gilt dabei

$$\mathfrak{M} = G\mathfrak{M} \subseteq G\mathfrak{E}(A_0) = \mathfrak{E}((G^{-1})^* A_0 G^{-1}).$$

Wegen

$$\det((G^{-1})^* A_0 G^{-1}) = \det A_0 (\det G^{-1})^2 = \det A_0$$

und der Eindeutigkeit von A_0 folgt wie in 12.6 dann

$$A_0 = (G^{-1})^* A_0 G^{-1} \qquad \text{für alle} \quad G \in \mathfrak{G}. \tag{1}$$

Wir definieren für $v_1, v_2 \in \mathfrak{V}$ nun

$$[v_1, v_2] = (A_0 v_1, v_2).$$

Dann ist [,] nach 7.18 a) ein definites Skalarprodukt auf $\mathfrak{V}$. Für alle $G \in \mathfrak{G}$ folgt wegen (1)

$$[Gv_1, Gv_2] = (A_0 G v_1, G v_2) = (G^* A_0 G v_1, v_2) = (A_0 v_1, v_2) = [v_1, v_2].$$

b) Nun ist

$$\mathfrak{V} = \mathfrak{U} \oplus \mathfrak{W}.$$

Für alle $G \in \mathfrak{G}$, $u \in \mathfrak{U}$, $v \in \mathfrak{W}$ gilt wegen $G^{-1}u \in \mathfrak{U}$ dann

$$[u, Gv] = [G^{-1}u, G^{-1}Gv] = [G^{-1}u, v] = 0.$$

Das zeigt $G\mathfrak{W} \leqslant \mathfrak{W}$. Da G regulär ist, gilt $G\mathfrak{W} = \mathfrak{W}$.
c) Die Behauptung folgt wie unter b).
Die Übersetzung in die Sprache der Matrizen ist klar. □

12.8 Satz. *Sei $\mathfrak{V}$ ein $\mathbb{R}$-Vektorraum mit einer Norm $\|\cdot\|$. Ist G eine Isometrie von $\mathfrak{V}$ bezüglich $\|\cdot\|$, so ist G halbeinfach.*

Beweis. Für jede Isometrie G von $\mathfrak{V}$ gilt

$$\|G\| = \operatorname*{Max}_{0 \neq v \in \mathfrak{V}} \frac{\|Gv\|}{\|v\|} = 1.$$

Also ist die Gruppe $\mathbf{I}(\mathfrak{V})$ der Isometrien von $\mathfrak{V}$ bezüglich $\|\cdot\|$ beschränkt, und die Behauptung folgt aus 12.7c). □

12.9 Satz. *Sei $\mathfrak{G}$ eine kompakte topologische Gruppe. Sei $\mathfrak{V}$ ein $\mathbb{R}$-Vektorraum von endlicher Dimension und D ein stetiger Gruppenhomomorphismus von $\mathfrak{G}$ in $\mathbf{GL}(\mathfrak{V})$ (eine sog. Darstellung von $\mathfrak{G}$ auf $\mathfrak{V}$). Ist $\mathfrak{U}$ ein Unterraum von $\mathfrak{V}$ mit $D(G)\mathfrak{U} = \mathfrak{U}$ für alle $G \in \mathfrak{G}$, so gibt es ein Komplement $\mathfrak{W}$ von $\mathfrak{U}$ in $\mathfrak{V}$ mit $D(G)\mathfrak{W} = \mathfrak{W}$ für alle $G \in \mathfrak{G}$. (Man sagt: Die Darstellung D ist vollständig reduzibel.)*

Beweis. Da $\mathfrak{G}$ kompakt ist und D eine stetige Abbildung ist, ist bekanntlich

$$D(\mathfrak{G}) = \{ D(G) \mid G \in \mathfrak{G} \}$$

eine kompakte Untergruppe von $\mathbf{GL}(\mathfrak{V})$. Insbesondere ist $D(\mathfrak{G})$ beschränkt, und wir können 12.7 b) anwenden. □

Aufgaben

A 12.1 Sei $\mathfrak{V} = \mathbb{R}^n$, versehen mit der Norm

$$\|(x_1, \dots, x_n)\|_1 = \sum_{j=1}^{n} |x_j|.$$

Sei $\{ e_1, \dots, e_n \}$ die kanonische Basis von $\mathbb{R}^n$. Man zeige: Ist G eine Isometrie von $\mathfrak{V}$, so gilt

$$Ge_j = \epsilon_j v_{\pi j}$$

mit $\epsilon_j \in \{ 1, -1 \}$ und einer Permutation π auf $\{ 1, \dots, n \}$. Insbesondere ist die Gruppe aller Isometrien $\mathbf{I}(\mathfrak{V})$ von $\mathfrak{V}$ endlich mit $|\mathbf{I}(\mathfrak{V})| = 2^n n!$.

A 12.2 Sei $\mathfrak{V} = \mathbb{R}^n$, diesmal versehen mit der Norm

$$\|(x_1, \dots, x_n)\|_\infty = \operatorname{Max}_j |x_j|.$$

Man beweise, daß die Gruppe der Isometrien von $\mathfrak{V}$ bezüglich dieser Norm $\| \cdot \|_\infty$ dieselbe ist wie in A 12.1.

A 12.3 Sei $\mathfrak{V} = \mathbb{R}^3$, versehen mit der Norm

$$\|(x_1, x_2, x_3)\| = \operatorname{Max}(|x_1|, \sqrt{x_2^2 + x_3^2}).$$

Man bestimme die Gruppe aller Isometrien von $\mathfrak{V}$.

In den Aufgaben A 12.1 bis A 12.3 betrachte man die Extremalpunkte von

$$\mathfrak{E} = \{ v \mid v \in \mathfrak{V},\ \|v\| \leqslant 1 \}.$$

A 12.4 Sei $\mathfrak{V}$ ein $\mathbb{R}$-Vektorraum mit $\dim \mathfrak{V} = 2$ und sei $\| \cdot \|$ eine Norm auf $\mathfrak{V}$. Ist die Gruppe der Isometrien von $\mathfrak{V}$ bezüglich $\| \cdot \|$ unendlich, so gibt es auf $\mathfrak{V}$ ein definites Skalarprodukt $[\ ,\ ]$ mit $[v, v] = \|v\|^2$ für alle $v \in \mathfrak{V}$.
(Mit 12.7 sieht man, daß die Gruppe $\mathbf{I}(\mathfrak{V})$ der Isometrien von $\mathfrak{V}$ bezüglich $\| \cdot \|$ ein definites Skalarprodukt $[\ ,\ ]$ fest läßt. Also ist $\mathbf{I}(\mathfrak{V})$ eine abgeschlossene, unendliche Untergruppe der orthogonalen Gruppe $\mathbf{O}(\mathfrak{V})$ zu $[\ ,\ ]$. Man zeige, daß daraus $\mathbf{SO}(\mathfrak{V}) \leqslant \mathbf{I}(\mathfrak{V})$ folgt und wende schließlich 12.2 an.)

Kapitel III
Lineare Differential- und Differenzengleichungen mit Anwendungen auf Schwingungsprobleme

Eine wichtige Anwendung der Jordanschen Normalform von Matrizen tritt auf bei der Behandlung von Systemen von linearen Differentialgleichungen von der Gestalt

$$y_j'(t) = \sum_{k=1}^{n} a_{jk} y_k(t) \qquad (j = 1, \ldots, n) \tag{1}$$

mit konstanten a_{jk}. Für $n = 1$ erhält man die einfache Differentialgleichung

$$y'(t) = ay(t)$$

mit der Lösung $y(t) = e^{at}y(0)$. Indem wir

$$y(t) = \begin{pmatrix} y_1(t) \\ \vdots \\ y_n(t) \end{pmatrix} \qquad \text{und} \qquad A = (a_{jk})$$

setzen, können wir (1) in der vektoriellen Gestalt

$$y'(t) = Ay(t) \tag{2}$$

schreiben. Es liegt nahe, diese Gleichung durch $y(t) = e^{At}y(0)$ mit

$$e^{At} = \sum_{j=0}^{\infty} \frac{t^j}{j!} A^j$$

zu lösen. Dies führt uns in § 2 zum Studium der Exponentialfunktion e^{At}, wobei die Jordansche Normalform von A eine wesentliche Rolle spielen wird. Die Anwendung auf die Lösung der Differentialgleichung (2) geben wir in § 3. Analoge Probleme treten auf bei der Behandlung von linearen Differenzengleichungen, darauf gehen wir in § 4 ein.

Mechanische und elektromagnetische Schwingungsprobleme, von denen wir einige bereits in § 1 betrachten, führen vielfach auf Differentialgleichungssysteme der Gestalt

$$z'(t) = Cz(t) \qquad \text{mit} \qquad C = \begin{pmatrix} 0 & E \\ -M^{-1}A & -M^{-1}B \end{pmatrix},$$

wobei M, A, B hermitesche Matrizen aus $(\mathbb{C})_n$ sind mit $M > 0$, $A \geqslant 0$, $B \geqslant 0$. Um die Ergebnisse aus § 3 anzuwenden, müssen wir die Jordansche Normalform solcher Matrizen C bestimmen. Probleme ohne Reibung (d.h. $B = 0$) behandeln wir in § 5, solche mit Reibung in § 6.

Dieses Kapitel setzt einige Kenntnisse über hermitesche Matrizen und ihre Eigenwerte voraus (insb. Kap. II, § 6–8).

§ 1 Beispiele von linearen Schwingungen

Eine systematische Einführung in die Theorie der mechanischen und elektromagnetischen Schwingungen ist nicht unser Ziel. In diesem einleitenden Paragraphen wollen wir vielmehr nur einige Beispiele behandeln, bei denen die uns interessierenden mathematischen Probleme auftreten.

1.1 Beispiel. Gedämpfte mechanische Schwingungen eines Systems von endlich vielen Massenpunkten.

Es seien n Massenpunkte mit den Massen $m_j > 0$ ($j = 1, \dots, n$) gegeben, welche sich auf der x-Achse bewegen können. Die Lage des Massenpunktes mit der Nummer j zur Zeit t beschreiben wir durch die Angabe der Koordinate $x_j(t)$. Folgende Kräfte mögen auf die Massen wirken:

(1) **Absolutkräfte**: m_j sei mit dem Punkte mit der Koordinate a_j durch eine Hooke'sche[1)] Kraft

$$-c_{jj}(x_j(t) - a_j)$$

verbunden. (Man denke etwa an einen elastischen Faden, welcher a_j mit der Masse m_j verbindet.) Physikalisch sinnvoll ist dabei die Annahme, daß diese Kraft die Masse m_j zum Punkte a_j zieht, dies heißt $c_{jj} \geqslant 0$.

(2) **Relativkräfte**: m_k übe auf m_j eine Hooke'sche Kraft aus von der Gestalt

$$-c_{jk}(x_j(t) - x_k(t)).$$

Wie in (1) ist nur die Annahme $c_{jk} \geqslant 0$ physikalisch sinnvoll. Nach dem New-

1) Robert Hooke (1635–1703) London; bedeutender Experimentalphysiker, der zahlreiche Geräte verbesserte, wie Mikroskop und Luftpumpe.

ton'schen[2] Prinzip "actio=reactio" ist die von m_j auf m_k ausgeübte Kraft

$$-c_{kj}(x_k(t) - x_j(t))$$

das Negative der von m_k auf m_j ausgeübten Kraft, also gilt $c_{jk} = c_{kj}$.
(3) **Absolutreibungen**: Auf m_j wirke eine zur Geschwindigkeit $x_j'(t)$ proportionale Reibungskraft $-d_{jj}x_j'(t)$, wobei natürlich $d_{jj} \geqslant 0$ gilt.
(4) **Relativreibungen**: Auf m_j wirke von m_k her eine Reibungskraft der Gestalt

$$-d_{jk}(x_j'(t) - x_k'(t)).$$

Wie in (2) gelte hier $d_{jk} = d_{kj} \geqslant 0$.

Die physikalische Realisierung einer solchen Kraft kann man sich folgendermaßen vorstellen:

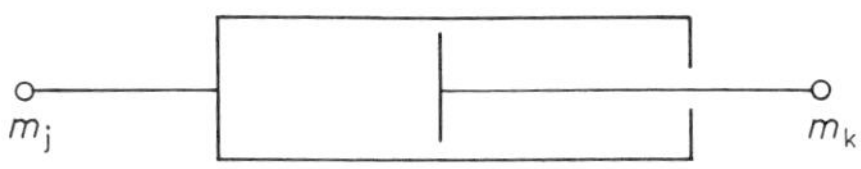

Die beiden Massenpunkte m_j und m_k seien durch einen Kolben in einem Zylinder mit einer Bremsflüssigkeit verbunden. Die Geschwindigkeit des Kolbens relativ zum Zylinder ist dann $x_j'(t) - x_k'(t)$. Wir nehmen an, daß die entstehende Reibungskraft entsprechend dem Stokes'schen[3] Gesetz die Gestalt $-d_{jk}(x_j'(t)-x_k'(t))$ hat.
(5) **Ortsunabhängige Kräfte**: Auf m_j wirke noch eine von Ort und Zeit unabhängige Kraft k_j (etwa die Schwerkraft).

Die Newtonschen Bewegungsgleichungen lauten dann

$$\begin{aligned} m_j x_j''(t) = &- c_{jj}(x_j(t) - a_j) - \sum_{\substack{k=1\\k\neq j}}^{n} c_{jk}(x_j(t) - x_k(t)) \\ &- d_{jj}x_j'(t) - \sum_{\substack{k=1\\k\neq j}}^{n} d_{jk}(x_j'(t) - x_k'(t)) + k_j. \end{aligned} \tag{1}$$

---

2) Isaac Newton (1642–1726) Cambridge und London; einer der Schöpfer der Analysis; Begründer der theoretischen Mechanik und ihrer Anwendungen auf die Astronomie; Arbeiten zur Optik u.a. Gebieten.

3) George Gabriel Stokes (1819–1903) Cambridge; Hydrodynamik, Optik.

Wir setzen

$$x(t) = \begin{pmatrix} x_1(t) \\ \vdots \\ x_n(t) \end{pmatrix}, \quad M = \begin{pmatrix} m_1 & & 0 \\ & \ddots & \\ 0 & & m_n \end{pmatrix} \quad \text{und}$$

$$d = \begin{pmatrix} k_1 + c_{11}a_1 \\ \vdots \\ k_n + c_{nn}a_n \end{pmatrix}.$$

Ferner sei $A = (a_{jk})$ mit

$$a_{jj} = \sum_{k=1}^{n} c_{jk}, \qquad a_{jk} = -c_{jk} \qquad (j \neq k)$$

und $B = (b_{jk})$ mit

$$b_{jj} = \sum_{k=1}^{n} d_{jk}, \qquad b_{jk} = -d_{jk} \qquad (j \neq k).$$

Dann können wir die Gleichungen (1) in vektorieller Schreibweise zusammenfassen zu

$$Mx''(t) = -Ax(t) - Bx'(t) + d. \tag{2}$$

Wir vermerken ausdrücklich, daß Stoßprozesse in allen unseren Betrachtungen ausgeschlossen sind. Die Realisierung unserer Gleichungen durch mechanische Modelle ist daher mitunter nur für genügend kleine Auslenkungen möglich.

1.2 Beispiel. Induktiv gekoppelte Schwingkreise.
Vorgegeben sei ein System aus $n + 1$ elektrischen Schwingkreisen, welche in der durch die Zeichnung beschriebenen Weise induktiv gekoppelt sind.

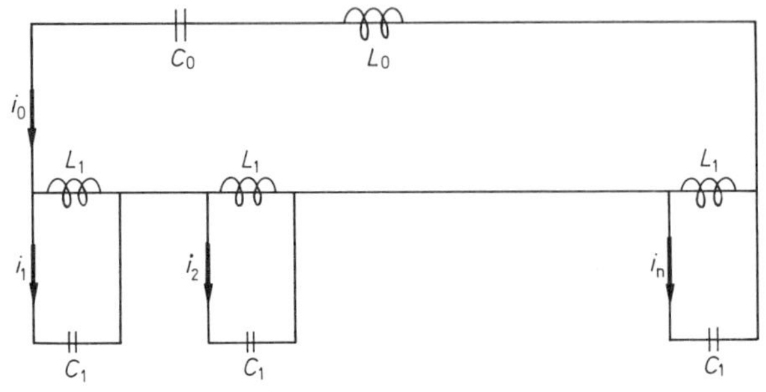

Dabei seien die Kapazitäten C_j und die Induktivitäten L_j $(j = 0, 1)$ positiv, die Ohm'schen[4] Widerstände seien vernachlässigt. Die Stromstärken (entgegen dem

4) Georg Simon Ohm (1787–1854) München; Elektrizitätslehre, Akustik.

Uhrzeigersinn gemessen) zur Zeit t bezeichnen wir mit $i_j(t)$ $(j = 0, 1, \ldots, n)$. Ferner sei $q_j(t)$ die Ladung der Kondensatoren zur Zeit t. Nach dem Kirchhoff'schen[5] Gesetz ist die Spannungssumme in jedem einzelnen Stromkreis gleich 0, also

$$\frac{q_0(t)}{C_0} + L_0 i_0'(t) + L_1 \sum_{j=1}^{n} (i_0'(t) - i_j'(t)) = 0$$

und

$$\frac{q_j(t)}{C_1} + L_1(i_j'(t) - i_0'(t)) = 0 \qquad (j = 1, \ldots, n).$$

Wegen $q_j'(t) = i_j(t)$ folgt durch Differentiation nach t

$$\begin{aligned} &L_0 i_0''(t) + L_1 \sum_{j=1}^{n} (i_0''(t) - i_j''(t)) + \frac{i_0(t)}{C_0} = 0, \\ &L_1(i_j''(t) - i_0''(t)) + \frac{i_j(t)}{C_1} = 0 \qquad (j = 1, \ldots, n). \end{aligned} \tag{3}$$

Setzen wir

$$M = \begin{pmatrix} L_0 + nL_1 & -L_1 & -L_1 & \ldots & -L_1 \\ -L_1 & L_1 & 0 & \ldots & 0 \\ \vdots & \vdots & \vdots & & \vdots \\ -L_1 & 0 & 0 & \ldots & L_1 \end{pmatrix},$$

$$A = \begin{pmatrix} 1/C_0 & & & 0 \\ & 1/C_1 & & \\ & & \ddots & \\ 0 & & & 1/C_1 \end{pmatrix} \qquad \text{und} \qquad i(t) = \begin{pmatrix} i_0(t) \\ i_1(t) \\ \vdots \\ i_n(t) \end{pmatrix},$$

so nimmt das Gleichungssystem (3) die folgende Gestalt an:

$$M i''(t) + A i(t) = 0. \tag{4}$$

1.3 Beispiel. Schwingkreise mit ohmscher Koppelung.

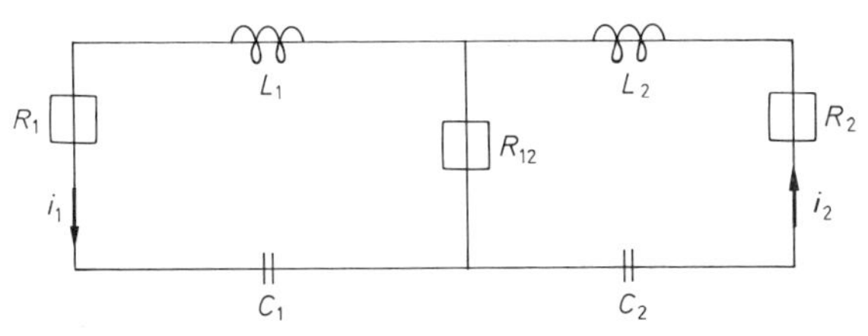

---

5) Gustav Robert Kirchhoff (1824–1887) Heidelberg; Berlin, Elektrizitätslehre, Strahlungstheorie.

Die Koppelung der beiden Schwingkreise der Zeichnung erfolge über den gemeinsamen ohmschen Widerstand R_{12}. Ansonsten seien die Bezeichnungen ähnlich wie in 1.2 (C_j Kapazitäten, L_j Induktivitäten, R_j, R_{12} ohmsche Widerstände). Die Anwendung des Kirchhoff'schen Gesetzes und Differentiation nach t liefert nun

$$Mi''(t) + Ai(t) + Bi'(t) = 0$$

mit

$$M = \begin{pmatrix} L_1 & 0 \\ 0 & L_2 \end{pmatrix}, \qquad A = \begin{pmatrix} 1/C_1 & 0 \\ 0 & 1/C_2 \end{pmatrix},$$

$$B = \begin{pmatrix} R_1 + R_{12} & -R_{12} \\ -R_{12} & R_2 + R_{12} \end{pmatrix}, \qquad i(t) = \begin{pmatrix} i_1(t) \\ i_2(t) \end{pmatrix}.$$

Dabei übernimmt R_{12} die Rolle, welche in Beispiel 1.1 die Relativreibung spielte.

1.4 Beispiel. Ein Mehrfachpendel.
Wir betrachten ein in der Ebene schwingendes Mehrfachpendel mit Massen der Größe $m_0, m_1, \dots, m_n$ verbunden durch nichtelastische Fäden der Länge $l > 0$ gemäß der Zeichnung.

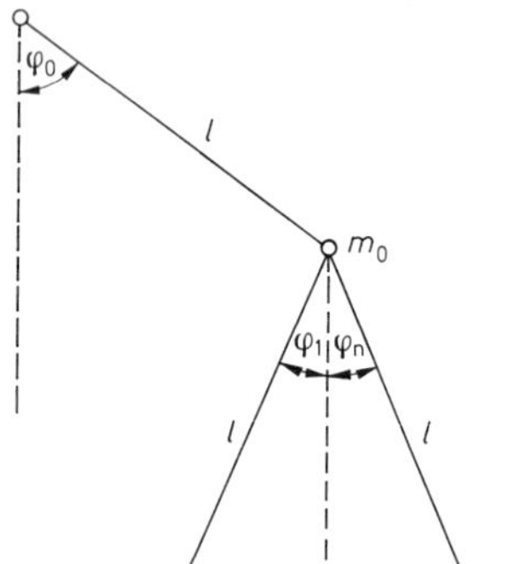

Die Herleitung der Bewegungsgleichung erfolgt in diesem Falle zweckmäßig mit Hilfe der Lagrange'schen[6)] Gleichungen:

Die kartesischen Koordinaten der Massenpunkte m_j ($j = 0, \dots, n$) sind

$$x_0(t) = l \sin \varphi_0(t), \qquad y_0(t) = l \cos \varphi_0(t)$$

6) Joseph Louis Lagrange (1736–1813) Turin, Berlin, Paris; grundlegende Beiträge zur analytischen Mechanik, Variationsrechnung, Zahlentheorie; erkannte teilweise den Zusammenhang zwischen Gleichungstheorie und Permutationsgruppen.

und für $j = 1, \ldots, n$

$$x_j(t) = l(\sin \varphi_0(t) + \sin \varphi_j(t))$$

$$y_j(t) = l(\cos \varphi_0(t) + \cos \varphi_j(t)).$$

Die kinetische Energie des Systems ist daher

$$\begin{aligned} T &= \frac{1}{2} \sum_{j=0}^{n} m_j (x_j'(t)^2 + y_j'(t)^2) \\ &= m_0 \frac{l^2}{2} \{ (\cos \varphi_0 \varphi_0')^2 + (-\sin \varphi_0 \varphi_0')^2 \} \\ &\quad + \frac{l^2}{2} \sum_{j=1}^{n} m_j \{ (\cos \varphi_0 \varphi_0' + \cos \varphi_j \varphi_j')^2 + (\sin \varphi_0 \varphi_0' + \sin \varphi_j \varphi_j')^2 \} \\ &= \frac{l^2}{2} (\sum_{j=0}^{n} m_j) {\varphi_0'}^2 + \frac{l^2}{2} \sum_{j=1}^{n} m_j \{ {\varphi_j'}^2 + 2 \cos(\varphi_0 - \varphi_j) \varphi_0' \varphi_j' \}. \end{aligned}$$

Das durch Einwirkung der Schwerkraft entstehende Potential ist

$$V = -m_0 g y_0 - \sum_{j=1}^{n} m_j g y_j = -gl \{ (\sum_{j=0}^{n} m_j) \cos \varphi_0 - \sum_{j=1}^{n} m_j \cos \varphi_j \}.$$

Die Lagrange'schen Bewegungsgleichungen lauten dann bekanntlich

$$\frac{d}{dt} \frac{\partial T}{\partial \varphi_j'} = \frac{\partial (T - V)}{\partial \varphi_j} \qquad (j = 0, \ldots, n).$$

Mit der Abkürzung $m = \sum_{j=1}^{n} m_j$ gilt also

$$\begin{aligned} \frac{d}{dt} \frac{\partial T}{\partial \varphi_0'} &= l^2 (m_0 + m) \varphi_0'' + l^2 \sum_{j=1}^{n} m_j \frac{d}{dt} (\cos(\varphi_0 - \varphi_j) \varphi_j') \\ &= l^2 (m_0 + m) \varphi_0'' + l^2 \sum_{j=1}^{n} m_j \{ \cos(\varphi_0 - \varphi_j) \varphi_j'' - \sin(\varphi_0 - \varphi_j)(\varphi_0' - \varphi_j') \varphi_j' \} \\ &= \frac{\partial (T - V)}{\partial \varphi_0} = -l^2 \sum_{j=1}^{n} m_j \sin(\varphi_0 - \varphi_j) \varphi_0' \varphi_j' - gl(m_0 + m) \sin \varphi_0 \end{aligned}$$

und für $j = 1, \ldots, n$

$$\begin{aligned}\frac{d}{dt}\frac{\partial T}{\partial \varphi_j'} &= l^2 m_j(\varphi_j'' + \frac{d}{dt}(\cos(\varphi_0 - \varphi_j)\varphi_0')) \\ &= l^2 m_j\{\, \varphi_j'' - \sin(\varphi_0 - \varphi_j)(\varphi_0' - \varphi_j')\varphi_0' + \cos(\varphi_0 - \varphi_j)\varphi_0''\,\} \\ &= \frac{\partial(T - V)}{\partial \varphi_j} = l^2 m_j \sin(\varphi_0 - \varphi_j)\varphi_0'\varphi_j' - m_j g l \sin\varphi_j .\end{aligned}$$

Nun nehmen wir an, daß die Winkel $\varphi_j(t)$ und die Winkelgeschwindigkeiten $\varphi_j'(t)$ so klein sind, daß wir unter Vernachlässigung höherer Glieder der Taylorreihe setzen können

$$\cos(\varphi_0 - \varphi_j) \sim 1, \quad \sin\varphi_0 \sim \varphi_0, \quad \sin\varphi_j \sim \varphi_j,$$

$$\sin(\varphi_0 - \varphi_j)\varphi_0'^{\,2} \sim \sin(\varphi_0 - \varphi_j)\varphi_j'^{\,2} \sim \sin(\varphi_0 - \varphi_j)\varphi_0'\varphi_j' \sim 0.$$

Die solcherart linearisierten Bewegungsgleichungen sind dann

$$(m_0 + m)\varphi_0'' + \sum_{j=1}^{n} m_j\varphi_j'' = -(m_0 + m)\frac{g}{l}\varphi_0,$$

$$\varphi_0'' + \varphi_j'' = -\frac{g}{l}\varphi_j \qquad (j = 1, \ldots, n).$$

Die in 1.4 durchgeführte Linearisierung ist eine zur Untersuchung kleiner Bewegungen oft verwendete Methode. Ein Satz aus der Theorie der Differentialgleichungen besagt, daß bei der Ersetzung der ursprünglichen Differentialgleichung durch ihre Linearisierung die Lösungen nur wenig geändert werden, aber dies gilt nur für genügend kleine Zeiten. In jedem Einzelfall muß man daher klären, für welche Zeiträume die Lösungen der linearisierten Differentialgleichung wirklich gute Approximationen für die Lösungen der ursprünglichen Bewegungsgleichungen liefern.

1.5 Zusammenfassung

In den Beispielen 1.1 bis 1.4 wurden wir jeweils auf ein System von linearen Differentialgleichungen der Gestalt

$$Mx''(t) = -Ax(t) - Bx'(t) + d$$

geführt. Die Matrizen M, A, B genügen dabei noch gewissen Bedingungen, denen wir in § 5 nachgehen werden.

§ 2 Die Exponentialfunktion von Matrizen

In der Einleitung zu diesem Kapitel haben wir bereits vermerkt, daß die Differentialgleichung $y'(t) = Ay(t)$ durch $y(t) = e^{At}y(0)$ gelöst wird. Zur Begründung dieses formalen Vorgehens definieren wir e^{At} und studieren diese Matrix als Funktion von t.

2.1 Satz. a) *Ist A eine Matrix aus* $(\mathbb{C})_n$, *so existiert*

$$\lim_{k\to\infty} \sum_{j=0}^{k} \frac{1}{j!} A^j .$$

Wir setzen

$$e^A = \sum_{j=0}^{\infty} \frac{1}{j!} A^j = \lim_{k\to\infty} \sum_{j=0}^{k} \frac{1}{j!} A^j .$$

b) *Sind* $A, B \in (\mathbb{C})_n$ *und ist B regulär, so ist*

$$B^{-1} e^A B = e^{B^{-1}AB} .$$

c) *Sind* $A, B \in (\mathbb{C})_n$ *mit* $AB = BA$, *so gilt* $e^A e^B = e^{A+B} = e^B e^A$. *Insbesondere folgt* $(e^A)^{-1} = e^{-A}$, *also ist* e^A *stets eine reguläre Matrix.*
d) *Sind* $a_1, \ldots, a_n$ *die Eigenwerte von A, so hat* e^A *die Eigenwerte* $e^{a_1}, \ldots, e^{a_n}$.
e) $\det e^A = e^{\operatorname{Spur} A}$.

Beweis. a) Sei $\|\cdot\|$ irgendeine Algebrennorm auf $(\mathbb{C})_n$, etwa

$$\|(a_{jk})\| = \sqrt[2]{\sum_{j,k=1}^{n} |a_{jk}|^2} .$$

Für $k < m$ setzen wir

$$S_{km} = \sum_{j=k}^{m} \frac{1}{j!} A^j .$$

Dann ist

$$\|S_{km}\| \leqslant \sum_{j=k}^{m} \frac{1}{j!} \|A^j\| \leqslant \sum_{j=k}^{m} \frac{1}{j!} \|A\|^j .$$

Da die Reihe $\sum_{j=0}^{m} \frac{1}{j!} \|A\|^j$ zu $e^{\|A\|}$ konvergiert, ist $\lim_{k\to\infty} S_{km} = 0$. Somit bilden die

$$S_k = \sum_{j=0}^{k} \frac{1}{j!} A^j$$

eine Cauchy-Folge in $(\mathbb{C})_n$, welche wegen der Vollständigkeit von $(\mathbb{C})_n$ konvergiert.

b) Mit der Bezeichnung aus a) gilt

$$\begin{aligned} B^{-1} e^A B &= B^{-1} \lim_{k\to\infty} S_k B = \lim_{k\to\infty} B^{-1} S_k B \\ &= \lim_{k\to\infty} \sum_{j=0}^{k} \frac{1}{j!} B^{-1} A^j B = \lim_{k\to\infty} \sum_{j=0}^{k} \frac{1}{j!} (B^{-1}AB)^j = e^{B^{-1}AB}. \end{aligned}$$

c) Es gilt

$$\begin{aligned} &\left\| \sum_{j=0}^{2m} \frac{1}{j!} (A+B)^j - \sum_{k=0}^{m} \frac{1}{k!} A^k \sum_{l=0}^{m} \frac{1}{l!} B^l \right\| \\ &= \left\| \sum_{j=0}^{2m} \sum_{k=0}^{j} \frac{1}{j!} \binom{j}{k} A^k B^{j-k} - \sum_{k=0}^{m} \frac{1}{k!} A^k \sum_{l=0}^{m} \frac{1}{l!} B^l \right\| \\ &= \left\| \sum_{k+l\leqslant 2m} \frac{1}{k!} A^k \frac{1}{l!} B^l - \sum_{k=0}^{m} \frac{1}{k!} A^k \sum_{l=0}^{m} \frac{1}{l!} B^l \right\| \\ &= \left\| \sum_{\substack{k>m\\ k+l\leqslant 2m}} \frac{1}{k!} A^k \frac{1}{l!} B^l + \sum_{\substack{l>m\\ k+l\leqslant 2m}} \frac{1}{k!} A^k \frac{1}{l!} B^l \right\| \qquad \text{(siehe Zeichnung)} \\ &\leqslant \sum_{\substack{k>m\\ k+l\leqslant 2m}} \frac{1}{k!} \|A\|^k \frac{1}{l!} \|B\|^l + \sum_{\substack{l>m\\ k+l\leqslant 2m}} \frac{1}{k!} \|A\|^k \frac{1}{l!} \|B\|^l \\ &\leqslant \sum_{k=m+1}^{\infty} \frac{1}{k!} \|A\|^k \sum_{l=0}^{\infty} \frac{1}{l!} \|B\|^l + \sum_{k=0}^{\infty} \frac{1}{k!} \|A\|^k \sum_{l=m+1}^{\infty} \frac{1}{l!} \|B\|^l \\ &= e^{\|B\|} \sum_{k=m+1}^{\infty} \frac{1}{k!} \|A\|^k + e^{\|A\|} \sum_{l=m+1}^{\infty} \frac{1}{l!} \|B\|^l. \end{aligned}$$

Dies zeigt

$$0 = \lim_{m\to\infty} \left\{ \sum_{j=0}^{2m} \frac{1}{j!}(A+B)^j - \sum_{k=0}^{m} \frac{1}{k!}A^k \sum_{l=0}^{m} \frac{1}{l!}B^l \right\} = e^{A+B} - e^A e^B .$$

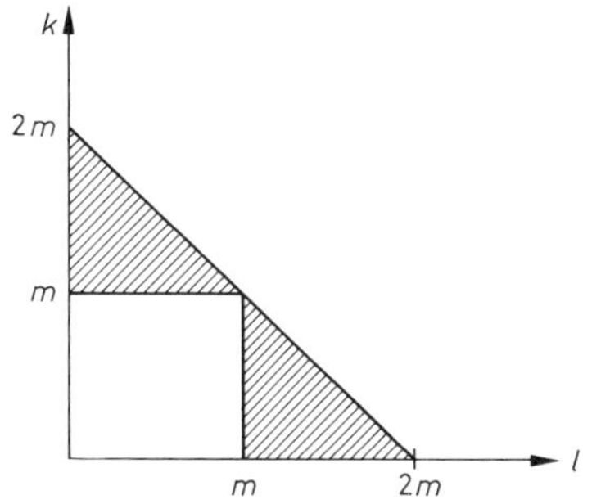

Wegen $A + B = B + A$ folgt dann auch $e^{A+B} = e^B e^A$. Insbesondere ist

$$e^A e^{-A} = e^0 = E.$$

d) Bekanntlich gibt es eine reguläre Matrix $B \in (\mathbb{C})_n$ derart, daß

$$B^{-1}AB = \begin{pmatrix} a_1 & & * \\ & \ddots & \\ 0 & & a_n \end{pmatrix}$$

Dreiecksgestalt hat. Dabei sind $a_1, \ldots, a_n$ die Eigenwerte von A. Es folgt

$$(B^{-1}AB)^j = \begin{pmatrix} a_1^j & & * \\ & \ddots & \\ 0 & & a_n^j \end{pmatrix}$$

und dann mit b)

$$B^{-1}e^A B = e^{B^{-1}AB} = \lim_{k\to\infty} \sum_{j=0}^{k} \frac{1}{j!}(B^{-1}AB)^j = \begin{pmatrix} e^{a_1} & & * \\ & \ddots & \\ 0 & & e^{a_n} \end{pmatrix}.$$

Somit sind $e^{a_1}, \ldots, e^{a_n}$ die Eigenwerte von $B^{-1}e^A B$ und dann auch von e^A. (Man beachte jedoch, daß dabei die Vielfachheit von e^{a_1} größer sein kann als die von a_1; das geschieht offenbar genau dann, wenn es ein j gibt mit $a_1 \neq a_j$, aber $e^{a_1} = e^{a_j}$. Im Komplexen ist dies möglich, nämlich genau dann, wenn $a_j = a_1 + 2\pi i r$ mit $r \in \mathbb{Z}$ gilt, siehe 2.3 e).)

e) Es gilt

$$\det e^A = \prod_{j=1}^{n} e^{a_j} = e^{\sum\limits_{j=1}^{n} a_j} = e^{\operatorname{Spur} A}. \qquad \square$$

2.2 Bemerkungen. a) Für

$$A = \begin{pmatrix} 2\pi i & 1 \\ 0 & 0 \end{pmatrix} \quad \text{und} \quad B = \begin{pmatrix} 2\pi i & -1 \\ 0 & 0 \end{pmatrix}$$

gilt

$$e^A e^B = e^{A+B} = e^B e^A, \qquad \text{aber} \quad AB \neq BA.$$

Für

$$A = \begin{pmatrix} 0 & 2\pi \\ -2\pi & 0 \end{pmatrix} \quad \text{und} \quad B = \begin{pmatrix} 1 & 0 \\ 0 & -1 \end{pmatrix}$$

gilt

$$e^A e^B = e^B e^A \neq e^{A+B}.$$

Die Bedingung $AB = BA$ in 2.1 c) ist also nicht notwendig, sie kann aber auch nicht durch die schwächere Bedingung $e^A e^B = e^B e^A$ ersetzt werden.

b) Vorgegeben sei eine Potenzreihe $f = \sum\limits_{j=0}^{\infty} c_j z^j$ mit $c_j \in \mathbb{C}$ und dem Konvergenzradius $R(f)$ $(0 \leqslant R(f) \leqslant \infty)$. Ferner sei A eine Matrix aus $(\mathbb{C})_n$ mit dem Spektralradius $r(A)$. Dann gilt:

(1) Ist $r(A) < R(f)$, so existiert

$$\lim_{k\to\infty} \sum_{j=0}^{k} c_j A^j.$$

(2) Ist $r(A) > R(f)$, so divergiert $\sum\limits_{j=0}^{\infty} c_j A^j$.

(Der Beweis von a) beruht unmittelbar auf der Formel

$$r(A) = \lim_{k\to\infty} \sqrt[k]{\|A^k\|}$$

aus II, 2.7 a), gültig für jede Norm $\|\cdot\|$ auf $(\mathbb{C})_n$.)

Die Verwendung der Exponentialfunktion mit komplexem Argument z, definiert durch

$$e^z = \sum_{j=0}^{\infty} \frac{z^j}{j!},$$

ist für die von uns beabsichtigten Anwendungen auf lineare Schwingungen wesentlich. Im folgenden Satz fassen wir die wichtigsten (leicht zu beweisenden) Aussagen über die Exponentialfunktion im Komplexen zusammen:

2.3 Satz. a) *Sei* $z = x + iy$ *mit* $x, y \in \mathbb{R}$. *Dann gilt*

$$e^z = e^x(\cos y + i \sin y),$$

also

$$\operatorname{Re} e^z = e^x \cos y \qquad \textit{und} \qquad \operatorname{Im} e^z = e^x \sin y \qquad \textit{sowie} \qquad |e^z| = e^x.$$

b) *Für jedes* $y \in \mathbb{R}$ *ist*

$$\cos y = \frac{1}{2}(e^{iy} + e^{-iy}) \qquad \textit{und} \qquad \sin y = \frac{1}{2i}(e^{iy} - e^{-iy}).$$

c) *Für alle* $z_1, z_2 \in \mathbb{C}$ *gilt* $e^{z_1+z_2} = e^{z_1}e^{z_2}$. *Insbesondere ist* $(e^z)^{-1} = e^{-z}$, *also* $e^z \neq 0$ *für alle* $z \in \mathbb{C}$.
d) *Genau dann ist* $e^z = 1$, *wenn* $z = 2\pi ik$ *mit* $k \in \mathbb{Z}$ *gilt.*
e) *Für alle* $k \in \mathbb{Z}$ *gilt* $e^{z+2\pi ik} = e^z$. *Also ist* e^z *eine periodische Funktion mit der rein imaginären Periode* $2\pi i$.
f) *Zu jeder komplexen Zahl* $a \neq 0$ *gibt es ein* $b \in \mathbb{C}$ *mit* $e^b = a$.

Wir benötigen später noch die folgende genauere Analyse der Matrix e^{tA} als Funktion von t.

2.4 Hilfssatz. *Sei* $A \in (\mathbb{C})_n$ *und seien* $a_1, \ldots, a_m$ *die verschiedenen Eigenwerte von* A. *Alle Jordan-Kästchen von* A *zum Eigenwert* a_l *mögen höchstens* z_l *Zeilen und Spalten haben. Für alle* $t \in \mathbb{R}$ *gilt dann*

$$e^{tA} = (e_{jk}(t))$$

mit

$$e_{jk}(t) = \sum_{l=1}^{m} e^{a_l t} f_{jkl}(t),$$

wobei f_{jkl} *ein Polynom aus* $\mathbb{C}[t]$ *ist mit* Grad $f_{jkl} \leqslant z_l - 1$. *Ist insbesondere* A *diagonalisierbar, so ist*

$$e_{jk}(t) = \sum_{l=1}^{m} c_{jkl} e^{a_l t}$$

mit geeigneten $c_{jkl} \in \mathbb{C}$.

Beweis. a) Ist

$$J = \begin{pmatrix} a & 1 & 0 & \dots & 0 \\ 0 & a & 1 & \dots & 0 \\ \vdots & \vdots & \vdots & & \vdots \\ 0 & 0 & 0 & \dots & 1 \\ 0 & 0 & 0 & \dots & a \end{pmatrix} = aE + N$$

eine Jordan-Matrix vom Typ (r, r), so gilt $N^r = 0$. Daher folgt mit 2.1 c)

$$\begin{aligned} e^{tJ} &= e^{taE} e^{tN} = e^{taE}(E + tN + \dots + \frac{t^{r-1}}{(r-1)!} N^{r-1}) \\ &= e^{ta} \begin{pmatrix} 1 & t & \frac{t^2}{2!} & \dots & \frac{t^{r-1}}{(r-1)!} \\ 0 & 1 & t & \dots & \frac{t^{r-2}}{(r-2)!} \\ \vdots & \vdots & \vdots & & \vdots \\ 0 & 0 & 0 & \dots & t \\ 0 & 0 & 0 & \dots & 1 \end{pmatrix}. \end{aligned}$$

b) Ist

$$T^{-1}AT = \begin{pmatrix} J_1 & & 0 \\ & \ddots & \\ 0 & & J_r \end{pmatrix}$$

mit Jordan-Kästchen J_k vom Typ (m_k, m_k) mit dem Eigenwert a_k, so folgt

$$T^{-1}e^{tA}T = e^{tT^{-1}AT} = \begin{pmatrix} e^{tJ_1} & & \\ & \ddots & \\ & & e^{tJ_r} \end{pmatrix}.$$

Nach der Vorbemerkung in a) haben dabei die Koeffizienten in e^{tJ_k} die Gestalt $e^{ta_k} g_{ij}(t)$, wobei g_{ij} ein Polynom mit $\operatorname{Grad} g_{ij} \leqslant m_k - 1$ ist. Wegen

$$e^{tA} = T \begin{pmatrix} e^{tJ_1} & & \\ & \ddots & \\ & & e^{tJ_r} \end{pmatrix} T^{-1}.$$

folgt daraus die Behauptung. □

Aufgaben

A 2.1 Man beweise die Aussagen in 2.2 a).

A 2.2 a) Man zeige, daß es für jede natürliche Zahl $n \geqslant 2$ ein Polynom $f_n \in \mathbb{R}[x]$ gibt mit

$$f_n + \frac{f_n^2}{2!} + \dots + \frac{f_n^{n-1}}{(n-1)!} \equiv x \pmod{x^n}.$$

(Man setze $f_n = \sum_{j=1}^{n-1} a_{nj}x^j$ mit $a_{n1} = 1$ und bestimme die f_n rekursiv.)

b) Ist $A = aE + N$ eine Jordan-Matrix mit dem Eigenwert $a \neq 0$, so existiert ein Polynom g mit

$$e^{g(N)} = aE + N.$$

c) Ist A eine reguläre Matrix aus $(\mathbb{C})_n$, so gibt es ein $B \in (\mathbb{C})_n$ mit $e^B = A$.

A 2.3 a) Für ungerades n gibt es kein $A \in (\mathbb{R})_n$ mit $e^A = -E$.

b) Für gerades n gibt es ein $A \in (\mathbb{R})_n$ mit $e^A = -E$. (Man behandle zuerst den Fall $n = 2$.)

c) Es gibt kein $A \in (\mathbb{R})_2$ mit $e^A = \begin{pmatrix} -1 & 0 \\ 1 & -1 \end{pmatrix}$.

A 2.4 Sei $\mathfrak{V}$ ein Hilbertraum von endlicher Dimension über $\mathbb{C}$.

a) Ist U eine unitäre Abbildung aus $\operatorname{Hom}_{\mathbb{C}}(\mathfrak{V}, \mathfrak{V})$, so gibt es ein hermitesches $H \in \operatorname{Hom}_{\mathbb{C}}(\mathfrak{V}, \mathfrak{V})$ mit $U = e^{iH}$.

b) Ist $H \in \operatorname{Hom}_{\mathbb{C}}(\mathfrak{V}, \mathfrak{V})$ und H hermitesch, so ist e^{iH} unitär.

§ 3 Systeme von linearen Differentialgleichungen

3.1 Problemstellung. Vorgegeben seien eine Matrix $A = (a_{jk}) \in (\mathbb{C})_n$ und komplexe Zahlen b_j, c_j $(j = 1, \ldots, n)$. Gesucht sind auf ganz $\mathbb{R}$ einmal stetig differenzierbare, komplexwertige Funktionen $y_j(t)$ $(j = 1, \ldots, n)$ mit

$$\begin{aligned} y_j'(t) &= \sum_{k=1}^{n} a_{jk}y_k(t) + c_j \\ y_j(0) &= b_j. \end{aligned} \qquad (j = 1, \ldots, n). \qquad (*)$$

Wir nennen dies die Anfangswertaufgabe für das System $(*)$ von gewöhnlichen Differentialgleichungen.

Wir werden zeigen, daß die in 3.1 gestellte Aufgabe genau eine Lösung hat.

3.2 Hilfssatz. *Die Funktionen $y_j(t)$ seien auf ganz $\mathbb{R}$ stetig differenzierbar mit*

$$\begin{aligned} y_j'(t) &= \sum_{k=1}^{n} a_{jk}y_k(t) \\ y_j(0) &= 0 \end{aligned} \qquad (j = 1, \ldots, n).$$

Dann gilt $y_j(t) = 0$ für alle $j = 1, \ldots, n$ und alle $t \in \mathbb{R}$.

Beweis. Sei $I = [-T, T]$ ein beliebiges kompaktes Intervall mit $T > 0$. Da die stetig differenzierbaren Funktionen y_j bekanntlich stetig sind, sind sie beschränkt auf I. Also gibt es ein $M > 0$ mit

$$|y_j(t)| \leqslant M \qquad \text{für} \quad j = 1, \ldots, n \quad \text{und} \quad t \in I.$$

(Natürlich hängt M dabei von T ab.) Wir setzen $a = \operatorname{Max}_{j,k} |a_{jk}|$. Für alle $t \in I$ gilt dann

$$|y_j(t)| = |y_j(t) - y_j(0)| = \left| \int_0^t y_j'(x)\, dx \right| = \left| \int_0^t \sum_{k=1}^n a_{jk} y_k(x)\, dx \right|$$
$$\leqslant \sum_{k=1}^n |a_{jk}| \left| \int_0^t |y_k(x)|\, dx \right| \leqslant \sum_{k=1}^n aM \left| \int_0^t dx \right| = naM|t|.$$

Sei für $t \in I$ und alle $j = 1, \ldots, n$ bereits

$$|y_j(t)| \leqslant M \frac{a^r n^r |t|^r}{r!}$$

bewiesen. Dann folgt

$$|y_j(t)| = \left| \int_0^t y_j'(x)\, dx \right| \leqslant \sum_{k=1}^n |a_{jk}| \left| \int_0^t |y_k(x)|\, dx \right|$$
$$\leqslant \sum_{k=1}^n aM \frac{a^r n^r}{r!} \left| \int_0^t |x|^r\, dx \right| = M \frac{a^{r+1} n^{r+1}}{(r+1)!} |t|^{r+1}.$$

Mit Induktion nach r folgt daher

$$|y_j(t)| \leqslant M \frac{a^r n^r T^r}{r!}$$

für alle r und alle $t \in I$. Wegen

$$\lim_{r \to \infty} \frac{(anT)^r}{r!} = 0$$

ist also $y_j(t) = 0$ für alle $t \in I$. Da $I = [-T, T]$ ein beliebiges Intervall ist, folgt $y_j(t) = 0$ für alle $t \in \mathbb{R}$. □

In Hilfssatz 3.2 hätten wir ohne Änderung des Beweises die a_{jk} durch stetige Funktionen ersetzen können. Für die explizite Berechnung der Lösungen des Problems aus 3.1 machen wir nun jedoch vollen Gebrauch davon, daß die a_{jk} konstant sind.

3.3 Hilfssatz. *Eine Matrix* $A = (a_{jk}) \in (\mathbb{C})_n$ *sei vorgegeben. Für* $t \in \mathbb{R}$ *seien die Funktionen* $e_{jk}(t)$ *definiert durch*

$$e^{tA} = (e_{jk}(t)).$$

Zu vorgegebenen $b_j \in \mathbb{C}$ $(j = 1, \dots, n)$ *bilden wir*

$$y_j(t) = \sum_{k=1}^{n} e_{jk}(t) b_k = \left(e^{tA} \begin{pmatrix} b_1 \\ \vdots \\ b_n \end{pmatrix} \right)_j .$$

Dann gelten

$$y_j'(t) = \sum_{k=1}^{n} a_{jk} y_k(t) \qquad \text{und} \qquad y_j(0) = b_j \qquad (j = 1, \dots, n).$$

Bilden wir den Spaltenvektor

$$y(t) = \begin{pmatrix} y_1(t) \\ \vdots \\ y_n(t) \end{pmatrix}$$

und differenzieren wir ihn komponentenweise, so wird also die Gleichung $y'(t) = Ay(t)$ *gelöst durch* $y(t) = e^{tA} y(0)$.

Beweis. Wegen

$$(e_{jk}(0)) = e^0 = E \qquad \text{gilt} \qquad e_{jk}(0) = \delta_{jk}.$$

Daher ist

$$y_j(0) = \sum_{k=1}^{n} e_{jk}(0) b_k = b_j.$$

Sei $A^r = (a_{jk}^{(r)})$. Dann ist

$$e_{jk}(t) = \sum_{r=0}^{\infty} a_{jk}^{(r)} \frac{t^r}{r!},$$

und diese Potenzreihe konvergiert für alle reellen t. Da man konvergente Potenzreihen bekanntlich gliedweise differenzieren darf, folgt

$$e_{jk}'(t) = \sum_{r=1}^{\infty} a_{jk}^{(r)} \frac{t^{r-1}}{(r-1)!}.$$

Aus

$$(a_{jk}^{(r)}) = A^r = AA^{r-1} = (a_{jk})(a_{jk}^{(r-1)})$$

folgt

$$a_{jk}^{(r)} = \sum_{m=1}^{n} a_{jm} a_{mk}^{(r-1)}.$$

Daher ist

$$e'_{jk}(t) = \sum_{r=1}^{\infty} \frac{t^{r-1}}{(r-1)!} \sum_{m=1}^{n} a_{jm} a_{mk}^{(r-1)} = \sum_{m=1}^{n} a_{jm} \sum_{r=1}^{\infty} a_{mk}^{(r-1)} \frac{t^{r-1}}{(r-1)!}$$
$$= \sum_{m=1}^{n} a_{jm} e_{mk}(t).$$

Damit folgt

$$y'_j(t) = \sum_{k=1}^{n} e'_{jk}(t) b_k = \sum_{k=1}^{n} \left(\sum_{m=1}^{n} a_{jm} e_{mk}(t) \right) b_k$$
$$= \sum_{m=1}^{n} a_{jm} \sum_{k=1}^{n} e_{mk}(t) b_k = \sum_{m=1}^{n} a_{jm} y_m(t).$$ □

Nun lösen wir das Problem aus 3.1:

3.4 Hauptsatz. *Seien $A = (a_{jk}) \in (\mathbb{C})_n$ und $b \in \mathbb{C}^n$ vorgegeben. Dabei sei*

$$m_A = \prod_{j=1}^{r} (x - a_j)^{z_j}$$

mit paarweise verschiedenen a_j das Minimalpolynom von A.
a) *Die Anfangswertaufgabe*

$$y'(t) = Ay(t) \qquad \textit{und} \qquad y(0) = b$$

hat genau eine Lösung, nämlich $y(t) = e^{tA} b$.
b) *Ist $y(t) = (y_j(t))$, so gilt*

$$y_j(t) = \sum_{k=1}^{r} p_{jk}(t) e^{a_k t}$$

mit Polynomen p_{jk}, wobei Grad $p_{jk} \leqslant z_k - 1$. *Ist insbesondere A diagonalisierbar, so ist*

$$y_j(t) = \sum_{k=1}^{r} c_{jk} e^{a_k t} \qquad \textit{mit geeigneten} \quad c_{jk} \in \mathbb{C}.$$

c) *Für jedes $m < z_k$ hat $y'(t) = Ay(t)$ eine Lösung der Gestalt*

$$y(t) = e^{a_k t}(v_0 + t v_1 + \ldots + t^m v_m) \qquad \textit{mit} \quad v_j \in \mathbb{C}^n \quad \textit{und} \quad v_m \neq 0.$$

Beweis. a) Die Behauptungen folgen sofort aus 3.2 und 3.3.

b) Dies folgt aus der in 2.4 angegebenen Gestalt von e^{tA}.

c) Bekanntlich haben die größten Jordan-Kästchen von A zum Eigenwert a_k den Typ (z_k, z_k). Sei

$$T^{-1}AT = \begin{pmatrix} J_1 & & 0 \\ & \ddots & \\ 0 & & J_s \end{pmatrix} \qquad \text{mit} \qquad J_1 = \begin{pmatrix} a_k & 1 & \dots & 0 \\ 0 & a_k & \dots & 0 \\ \vdots & \vdots & & \vdots \\ 0 & 0 & \dots & 1 \\ 0 & 0 & \dots & a_k \end{pmatrix}$$

vom Typ (z_k, z_k). Sei $m < z_k$ und

$$w = \begin{pmatrix} d_1 \\ \vdots \\ d_n \end{pmatrix}, \quad \text{mit} \quad d_{m+1} = 1,\ d_j = 0 \text{ für } j \neq m+1.$$

Dann folgt wie in 2.4 a)

$$T^{-1}e^{tA}Tw = \begin{pmatrix} e^{tJ_1} & & \\ & \ddots & \\ & & e^{tJ_s} \end{pmatrix} w = e^{ta_k} \begin{pmatrix} \frac{t^m}{m!} \\ \vdots \\ 1 \\ 0 \\ \vdots \\ 0 \end{pmatrix} = e^{ta_k} \sum_{j=0}^{m} t^j w_j$$

mit $w_m \neq 0$. Dabei ist

$$e^{tA}(Tw) = e^{ta_k} \sum_{j=0}^{m} t^j (Tw_j)$$

eine Lösung von $y'(t) = Ay(t)$ mit $Tw_m \neq 0$. □

Die Bewegungsgleichungen der Mechanik aus § 1 enthalten zweite Ableitungen der gesuchten Funktionen. Das ist jedoch gegenüber 3.1 kein wirklich allgemeineres Problem, denn wir können die höheren Ableitungen durch künstliche Einführung neuer Funktionen vermeiden:

3.5 Hauptsatz. *Vorgegeben seien* $A_j \in (\mathbb{C})_n$ *und* $d_j \in \mathbb{C}^n$ $(j = 0, \dots, m-1)$. *Die sog. homogene Anfangswertaufgabe*

$$y^{(m)}(t) = \sum_{j=0}^{m-1} A_j y^{(j)}(t), \qquad y^{(j)}(0) = d_j \qquad (j = 0, \dots, m-1)$$

gestattet dann genau eine Lösung $y(t)$.

Beweis. Wir setzen

$$z(t) = \begin{pmatrix} y(t) \\ y'(t) \\ \vdots \\ y^{(m-1)}(t) \end{pmatrix} \qquad \text{und} \qquad C = \begin{pmatrix} 0 & E & 0 & \dots & 0 \\ 0 & 0 & E & \dots & 0 \\ \vdots & \vdots & \vdots & & \vdots \\ 0 & 0 & 0 & \dots & E \\ A_0 & A_1 & A_2 & \dots & A_{m-1} \end{pmatrix}.$$

Dann gilt

$$z'(t) = \begin{pmatrix} y'(t) \\ \vdots \\ y^{(m)}(t) \end{pmatrix} = \begin{pmatrix} 0 & E & 0 & \dots & 0 \\ 0 & 0 & E & \dots & 0 \\ \vdots & \vdots & \vdots & & \vdots \\ 0 & 0 & 0 & \dots & E \\ A_0 & A_1 & A_2 & \dots & A_{m-1} \end{pmatrix} \begin{pmatrix} y(t) \\ y'(t) \\ \vdots \\ y^{(m-1)}(t) \end{pmatrix} = Cz(t).$$

Die Anfangswertaufgabe

$$z'(t) = Cz(t) \qquad \text{und} \qquad z(0) = \begin{pmatrix} d_0 \\ \vdots \\ d_{m-1} \end{pmatrix}$$

hat nach 3.4 genau eine Lösung. □

Als Spezialfall vermerken wir:

3.6 Satz. *Vorgegeben seien $b_j \in \mathbb{C}$ $(j = 0, \dots, m-1)$. Dann bilden die m-mal stetig differenzierbaren Funktionen $y(t)$ mit*

$$y^{(m)}(t) + \sum_{j=0}^{m-1} b_j y^{(j)}(t) = 0$$

einen $\mathbb{C}$-Vektorraum $\mathfrak{D}$ der Dimension m. Ist

$$x^m + \sum_{j=0}^{m-1} b_j x^j = \prod_{j=1}^{r} (x - a_j)^{z_j}$$

mit paarweise verschiedenen a_j, so bilden die Funktionen

$$e^{a_j t} t^k \qquad \textit{mit} \qquad j = 1, \dots, r, \quad k = 0, \dots, z_j - 1$$

eine $\mathbb{C}$-Basis von $\mathfrak{D}$.

Beweis. Wenden wir das Verfahren aus 3.5 auf unsere Aufgabe an, so erhalten wir das System

$$\begin{pmatrix} y'(t) \\ y''(t) \\ \vdots \\ y^{(m)}(t) \end{pmatrix} = A \begin{pmatrix} y(t) \\ y'(t) \\ \vdots \\ y^{(m-1)}(t) \end{pmatrix}$$

mit

$$A = \begin{pmatrix} 0 & 1 & 0 & \dots & 0 & 0 \\ 0 & 0 & 1 & \dots & 0 & 0 \\ \vdots & \vdots & \vdots & & \vdots & \vdots \\ 0 & 0 & 0 & \dots & 0 & 1 \\ -b_0 & -b_1 & -b_2 & \dots & -b_{m-2} & -b_{m-1} \end{pmatrix}.$$

Diese Matrix hat das charakteristische Polynom

$$f_A = x^m + \sum_{j=0}^{m-1} b_j x^j \qquad \text{(siehe I, 3.8 b)).}$$

Nach 3.4 b) haben die Lösungen unseres Systems daher die Gestalt

$$y(t) = \sum_{k=1}^{r} e^{a_k t} p_k(t)$$

mit Polynomen p_k mit Grad $p_k \leqslant z_k - 1$. Das liefert

$$\dim_{\mathbb{C}} \mathfrak{D} \leqslant \sum_{k=1}^{r} z_k = m.$$

Andererseits gibt es in $\mathfrak{D}$ nach 3.5 Funktionen w_j ($j = 0, \dots, m-1$) mit

$$w_j^{(j)}(0) = 1 \quad \text{und} \quad w_j^{(k)}(0) = 0 \quad \text{für} \quad k \neq j \quad \text{und} \quad 0 \leqslant k \leqslant m-1.$$

Da diese Funktionen offenbar linear unabhängig sind, folgt $\dim_{\mathbb{C}} \mathfrak{D} \geqslant m$. Also ist $\dim_{\mathbb{C}} \mathfrak{D} = m$, und dann müssen alle Funktionen

$$e^{a_k t} t^j \qquad \text{mit} \quad k = 1, \dots, r, \quad j = 0, \dots, z_k - 1$$

in $\mathfrak{D}$ liegen und bilden eine Basis von $\mathfrak{D}$. □

Aus 3.6 und 3.4 entnehmen wir übrigens noch, daß das einzige Jordan-Kästchen zu A zum Eigenwert a_j den Typ (z_j, z_j) haben muß. Diese Tatsache ist nicht überraschend, denn das Minimalpolynom von A ist das charakteristische Polynom f_A.

Aus Satz 3.6 folgt unmittelbar eine Aussage, die wir in § 5 benötigen werden:

3.7 Hilfssatz. *Seien $a_1, \ldots, a_r$ paarweise verschiedene komplexe Zahlen. Dann sind die Funktionen*

$$e^{a_j t} t^k \qquad (j = 1, \ldots, r,\ k = 0, 1, \ldots)$$

linear unabhängig über $\mathbb{C}$.

Beweis. Seien z_j $(j = 1, \ldots, r)$ natürliche Zahlen und sei

$$\prod_{j=1}^{r} (x - a_j)^{z_j} = x^m + \sum_{j=0}^{m-1} b_j x^j.$$

Nach 3.6 bilden dann die Funktionen

$$e^{a_j t} t^k \qquad (j = 1, \ldots, r;\ k = 0, 1, \ldots, z_j - 1)$$

eine Basis des Raumes der Lösungen von

$$y^{(m)}(t) + \sum_{j=0}^{m-1} b_j y^{(j)}(t) = 0,$$

sind also linear unabhängig. □

Bislang haben wir die Aufgabe aus 3.1 nur für den Fall $c_1 = \ldots = c_n = 0$ behandelt, das sog. homogene Problem. Die Lösung des allgemeinen Falles enthält der folgende Satz:

3.8 Satz. *Vorgelegt sei die inhomogene Differentialgleichung*

$$y'(t) = Ay(t) + c \tag{1}$$

aus 3.1, *wobei $A = (a_{jk})$ sei und c ein Spaltenvektor mit den Komponenten c_j.*
a) *Sei $z(t)$ eine Lösung von $z'(t) = Az(t) + c$. Dann hat jede Lösung $y(t)$ von $y'(t) = Ay(t) + c$ die Gestalt $y(t) = z(t) + x(t)$, wobei $x(t)$ eine Lösung der homogenen Gleichung $x'(t) = Ax(t)$ ist.*
b) *Die Jordan-Gestalt von A sei*

$$T^{-1}AT = J = \begin{pmatrix} J_1 & & 0 \\ & \ddots & \\ 0 & & J_r \end{pmatrix}$$

mit Jordan-Kästchen J_k. Zum Eigenwert 0 mögen nur Jordan-Kästchen der Typen (n_j, n_j) mit $n_j \leqslant m$ vorkommen. Dann hat

$$y'(t) = Ay(t) + c$$

eine Lösung, bei der die Komponenten $y_j(t)$ von $y(t)$ Polynome sind mit Grad $y_j \leqslant m$.

Beweis. a) Ist $y(t)$ eine Lösung von (1), so gilt

$$(y(t) - z(t))' = A(y(t) - z(t)).$$

b) Setzen wir $z(t) = T^{-1}y(t)$, so gilt

$$z'(t) = T^{-1}ATz(t) + T^{-1}c = Jz(t) + T^{-1}c.$$

Wir können uns daher auf den Fall beschränken, daß ein einziges Jordan-Kästchen vom Typ (k, k) vorliegt. Dann ist also

$$\begin{aligned} z_1'(t) &= az_1(t) + z_2(t) + d_1 \\ z_2'(t) &= az_2(t) + z_3(t) + d_2 \\ &\vdots \\ z_k'(t) &= az_k(t) + d_k \end{aligned}$$

zu lösen.

Ist $a \neq 0$, so ist der konstante Vektor $z = -J^{-1}d$ eine Lösung. Ist $a = 0$, so ist

$$\begin{aligned} z_k(t) &= d_k t \\ z_{k-1}(t) &= \frac{d_k}{2}t^2 + d_{k-1}t \\ &\vdots \\ z_1(t) &= \sum_{j=1}^{k} d_j \frac{t^j}{j!} \end{aligned}$$

eine Lösung. Dann sind auch die Komponenten $y_j(t)$ von $y(t) = Tz(t)$ Polynome von höchstens dem Grad k. □

Da wir zahlreiche Beispiele von Differentialgleichungen im Zusammenhang mit linearen Schwingungen in den Paragraphen 5 und 6 behandeln werden, verzichten wir an dieser Stelle auf Beispiele und Aufgaben.

§ 4 Lineare Differenzengleichungen

Den Resultaten aus § 3 über Systeme von linearen Differentialgleichungen entsprechen Aussagen über Systeme von linearen Differenzengleichungen und lineare Rekursionsgleichungen. Da auch diese Theorie sich mit Hilfe der Jordanschen Normalform am durchsichtigsten darstellen läßt, behandeln wir sie in diesem Paragraphen.

4.1 Problemstellung. Sei

$$\mathfrak{F} = \{ f \mid f : \mathbb{N} \cup \{0\} \to \mathbb{C} \}$$

der $\mathbb{C}$-Vektorraum aller Abbildungen von $\mathbb{N} \cup \{0\}$ in $\mathbb{C}$, d.h. aller Folgen $(f(0), f(1), \ldots)$ von Zahlen aus $\mathbb{C}$. Für $f \in \mathfrak{F}$ definieren wir den Differenzenoperator Δ aus $\operatorname{Hom}_{\mathbb{C}}(\mathfrak{F}, \mathfrak{F})$ durch

$$(\Delta f)(i) = f(i+1) - f(i).$$

Vorgegeben sei eine Matrix $A = (a_{jk}) \in (\mathbb{C})_n$. Wir betrachten das System

$$\Delta f_j = \sum_{k=1}^{n} a_{jk} f_k \qquad (j = 1, \ldots, n) \tag{D}$$

von linearen Differenzengleichungen für Funktionen $f_1, \ldots, f_n$ aus $\mathfrak{F}$. Setzen wir

$$f = \begin{pmatrix} f_1 \\ \vdots \\ f_n \end{pmatrix} \qquad \text{und} \qquad \Delta f = \begin{pmatrix} \Delta f_1 \\ \vdots \\ \Delta f_n \end{pmatrix},$$

so können wir (D) in der vektoriellen Gestalt

$$\Delta f = Af \tag{D'}$$

schreiben.
Die Lösung der Differenzengleichung $\Delta f = cf$ (also $n = 1$) lautet $f(i) = (c+1)^i f(0)$, wie man leicht nachprüft. Diese Gestalt der Lösung läßt sich unmittelbar auf $n > 1$ verallgemeinern.

4.2 Satz. a) *Die Differenzengleichung*

$$\Delta f = Af \tag{D'}$$

hat zu vorgegebenem $f(0)$ genau eine Lösung, nämlich

$$f(i) = (A+E)^i f(0).$$

(Dabei ist $(A+E)^0 = E$ zu setzen, auch für $A = -E$.)
b) *Die Lösungen von (D') (und (D)) bilden einen n-dimensionalen $\mathbb{C}$-Vektorraum.*

Beweis. a) Es gilt

$$\begin{aligned}(\Delta f)(i) = f(i+1) - f(i) &= ((A+E)^{i+1} - (A+E)^i) f(0) \\ &= A(A+E)^i f(0) = (Af)(i).\end{aligned}$$

Die Eindeutigkeit der Lösung von (D') zu vorgegebenen Anfangswerten $f(0)$ ist trivial.

b) Offenbar bilden die Lösungen von (D') einen $\mathbb{C}$-Vektorraum $\mathfrak{L}$. Die Abbildung $f \to f(0)$ ist wegen a) eine bijektive $\mathbb{C}$-lineare Abbildung von $\mathfrak{L}$ auf $\mathbb{C}^n$. □

Zur genaueren Untersuchung der Lösungen von (D') behandeln wir zuerst den Spezialfall, daß A eine unzerlegbare Jordan-Matrix ist.

4.3 Hilfssatz. *Sei*

$$J = \begin{pmatrix} c & 1 & 0 & \dots & 0 & 0 \\ 0 & c & 1 & \dots & 0 & 0 \\ \vdots & \vdots & \vdots & & \vdots & \vdots \\ 0 & 0 & 0 & \dots & c & 1 \\ 0 & 0 & 0 & \dots & 0 & c \end{pmatrix} = cE + N$$

eine Jordan-Matrix vom Typ (n, n). Die eindeutig bestimmte Lösung $f = (f_k)$ von $\Delta f = Jf$ mit vorgegebenem $f(0)$ ist dann

$$f_k(i) = \sum_{j=0}^{n-k} \binom{i}{j} (c+1)^{i-j} f_{j+k}(0) \qquad (k = 1, \dots, n).$$

(Dabei ist $(c+1)^0 = 1$ zu setzen, auch für $c = -1$.)

Beweis. Nach 4.2 a) gilt

$$f(i) = (J+E)^i f(0) = ((c+1)E + N)^i f(0) = \sum_{j=0}^{i} \binom{i}{j} (c+1)^{i-j} N^j f(0).$$

Dabei ist $N^n = 0$, und für $j < n$ gilt

$$N^j f(0) = \begin{pmatrix} 0 & \dots & 0 & 1 & 0 & \dots & 0 \\ 0 & \dots & & 0 & 1 & \dots & 0 \\ \vdots & & & & & & \vdots \\ & & & & & & 1 \\ & & & & & & \vdots \\ 0 & \dots & & & & & 0 \end{pmatrix} \begin{pmatrix} f_1(0) \\ \vdots \\ f_n(0) \end{pmatrix} = \begin{pmatrix} f_{j+1}(0) \\ \vdots \\ f_n(0) \\ 0 \\ \vdots \\ 0 \end{pmatrix}.$$

Somit folgt

$$f_k(i) = \sum_{j=0}^{i} \binom{i}{j} (c+1)^{i-j} (N^j f(0))_k = \sum_{j=0}^{n-k} \binom{i}{j} (c+1)^{i-j} f_{j+k}(0). \qquad \square$$

Mit Hilfe von 4.3 erhalten wir leicht im allgemeinen Falle die Gestalt der Lösungen von

$$\Delta f = Af. \qquad (D')$$

4.4 Satz. *Seien $c_1, \ldots, c_m$ die verschiedenen Eigenwerte von A und sei*

$$\prod_{j=1}^{m} (x - c_j)^{z_j}$$

das Minimalpolynom von A. Dann hat jede Lösung $f = (f_j)$ von $\Delta f = Af$ die Gestalt

$$f_j(i) = \sum_{k=1}^{m} p_{jk}(i)(c_k + 1)^i$$

mit Polynomen p_{jk}, wobei $\operatorname{Grad} p_{jk} \leqslant z_k - 1$.

Beweis. Sei T eine reguläre Matrix derart, daß

$$T^{-1}AT = \begin{pmatrix} J_1 & & 0 \\ & \ddots & \\ 0 & & J_r \end{pmatrix}$$

Jordansche Gestalt hat. Man bestätigt leicht $T^{-1}(\Delta f) = \Delta(T^{-1}f)$. Setzen wir $g = T^{-1}f$, so folgt

$$\Delta g = \Delta(T^{-1}f) = T^{-1}\Delta f = T^{-1}Af = T^{-1}ATg.$$

Für jedes einzelne Jordankästchen J_k haben wir die Differenzengleichungen $\Delta y = J_k y$ in Hilfssatz 4.3 gelöst, die Komponenten der Lösung sind Linearkombinationen der

$$\binom{i}{j}(c_k + 1)^i$$

(als Funktionen von i betrachtet) mit $j \leqslant n_k - 1$, wenn J_k den Eigenwert c_k und den Typ (n_k, n_k) hat. Natürlich wird n_k nach oben abgeschätzt durch die Vielfachheit z_k von c_k als Nullstelle des Minimalpolynoms von A. Dabei ist

$$\binom{i}{j} = \frac{i(i-1)\ldots(i-j+1)}{j!}$$

der Wert eines Polynoms vom Grad j an der Stelle i. Somit hat g die behauptete Gestalt, dann auch $f = Tg$. □

Bei vielen Überlegungen stößt man auf lineare Rekursionsgleichungen der Gestalt

$$f(i+n) = \sum_{j=0}^{n-1} a_j f(i+j) \qquad (i \in \mathbb{N} \cup \{0\}),$$

wobei die $a_j \in \mathbb{C}$ vorgegeben sind. Man kann die Behandlung dieses Problems leicht auf Satz. 4.4 zurückführen (man vergleiche mit 3.6):

4.5 Satz. *Vorgelegt sei die lineare Rekursionsgleichung*

$$f(i+n) = \sum_{j=0}^{n-1} a_j f(i+j) \tag{R}$$

mit $a_0 \neq 0$.
a) *Die Lösungen von* (R) *bilden einen* $\mathbb{C}$*-Vektorraum* $\mathfrak{L}$ *der Dimension* n. *Jede Lösung* f *ist eindeutig bestimmt durch Vorgabe der Anfangswerte* $(f(0), f(1), \ldots, f(n-1))$.
b) *Sei*

$$x^n - \sum_{j=0}^{n-1} a_j x^j = \prod_{k=1}^{m} (x - b_k)^{z_k}$$

mit paarweise verschiedenen $b_k \in \mathbb{C}$. *Dann bilden die Funktionen* g_{jk} *mit*

$$g_{jk}(i) = i^j b_k^i \qquad (k = 1, \ldots, m;\ j = 0, \ldots, z_k - 1)$$

eine $\mathbb{C}$*-Basis von* $\mathfrak{L}$.

Beweis. a) Wir führen Funktionen f_j $(j = 1, \ldots, n)$ ein durch

$$f_j(i) = f(i + j - 1).$$

Für $1 \leqslant j < n$ ist dann

$$(\Delta f_j)(i) = f_j(i+1) - f_j(i) = f_{j+1}(i) - f_j(i),$$

also

$$\Delta f_j = f_{j+1} - f_j.$$

Ferner ist

$$(\Delta f_n)(i) = f(i+n) - f(i+n-1) = \sum_{j=0}^{n-1} a_j f(i+j) - f(i+n-1),$$

also

$$\Delta f_n = a_0 f_1 + \ldots + a_{n-2} f_{n-1} + (a_{n-1} - 1) f_n.$$

Mit den Abkürzungen

$$g = \begin{pmatrix} f_1 \\ \vdots \\ f_n \end{pmatrix} \qquad \text{und} \qquad A = \begin{pmatrix} -1 & 1 & 0 & 0 & \ldots & 0 & 0 \\ 0 & -1 & 1 & 0 & \ldots & 0 & 0 \\ \vdots & \vdots & \vdots & \vdots & & \vdots & \vdots \\ a_0 & a_1 & a_2 & a_3 & \ldots & a_{n-2} & a_{n-1} - 1 \end{pmatrix}$$

erhalten wir dann

$$\Delta g = Ag. \tag{R'}$$

Nach Satz 4.2 hat der Lösungsraum dieses Systems die Dimension n, und jede Lösung ist eindeutig bestimmt durch die Vorgabe von

$$g(0) = \begin{pmatrix} f_1(0) \\ \vdots \\ f_n(0) \end{pmatrix} = \begin{pmatrix} f(0) \\ \vdots \\ f(n-1) \end{pmatrix}.$$

b) Es gilt

$$\begin{aligned} &\det(xE - A) \\ &= \det \begin{pmatrix} x+1 & -1 & 0 & 0 & \dots & 0 & 0 \\ 0 & x+1 & -1 & 0 & \dots & 0 & 0 \\ \vdots & \vdots & \vdots & \vdots & & \vdots & \vdots \\ 0 & 0 & 0 & 0 & \dots & x+1 & -1 \\ -a_0 & -a_1 & -a_2 & -a_3 & \dots & -a_{n-2} & x+1-a_{n-1} \end{pmatrix} \\ &= (x+1)^n - \sum_{j=0}^{n-1} a_j (x+1)^j = \prod_{k=1}^{m} (x - (b_k - 1))^{z_k}. \end{aligned}$$

Nach Satz 4.4 haben daher die Lösungen die Gestalt

$$f_j(i) = \sum_{k=1}^{m} f_{jk}(i) b_k^i$$

mit Polynomen f_{jk} mit Grad $f_{jk} \leqslant z_k - 1$. Dies zeigt, daß der Raum $\mathfrak{L}$ der Lösungen von (R) ein Unterraum von

$$\langle g_{jk} \mid k = 1, \dots, m;\ j = 0, \dots, z_k - 1 \rangle$$

ist. Wegen

$$\sum_{k=1}^{n} z_k = n = \dim_{\mathbb{C}} \mathfrak{L}$$

folgt dann, daß die angegebenen g_{jk} alle in $\mathfrak{L}$ liegen und eine Basis von $\mathfrak{L}$ bilden. □

4.6 Beispiele. a) Vorgelegt sei die Fibonaccische[7] Rekursionsgleichung

$$f(i+2) = f(i) + f(i+1).$$

---

7) Leonardo Fibonacci (1170–1240?) Pisa.

Wegen

$$x^2 - x - 1 = (x - \frac{1}{2}(1 + \sqrt{5})(x - \frac{1}{2}(1 - \sqrt{5}))$$

folgt nach 4.5 mit geeigneten a_1, a_2

$$f(i) = a_1(\frac{1 + \sqrt{5}}{2})^i + a_2(\frac{1 - \sqrt{5}}{2})^i.$$

Die a_j sind dabei aus den Anfangsbedingungen

$$f(0) = a_1 + a_2$$

$$f(1) = \frac{1}{2}(a_1(1 + \sqrt{5}) + a_2(1 - \sqrt{5}))$$

zu bestimmen. Ist etwa $f(0) = f(1) = 1$ als Anfangsbedingung gefordert, so erhält man

$$a_1 = \frac{1 + \sqrt{5}}{2\sqrt{5}}, \qquad a_2 = \frac{\sqrt{5} - 1}{2\sqrt{5}},$$

also

$$f(i) = \frac{1}{2^{i+1}\sqrt{5}}((1 + \sqrt{5})^{i+1} - (1 - \sqrt{5})^{i+1}).$$

b) Wir betrachten die Rekursionsgleichung

$$f(i + 2) = \frac{1}{2}(f(i) + f(i + 1)).$$

Wegen

$$x^2 - \frac{1}{2}(x + 1) = (x - 1)(x + \frac{1}{2})$$

folgt mit 4.5

$$f(i) = c_1 + c_2(-\frac{1}{2})^i.$$

Dabei ist

$$f(0) = c_1 + c_2, \qquad f(1) = c_1 - \frac{c_2}{2},$$

also

$$f(i) = \frac{1}{3}(f(0) + 2f(1)) + \frac{2}{3}(f(0) - f(1))(-\frac{1}{2})^i.$$

Insbesondere ergibt sich

$$\lim_{i \to \infty} f(i) = \frac{1}{3}(f(0) + 2f(1)).$$

c) Sei $n \geqslant 2$. Vorgelegt sei die Rekursionsgleichung

$$f(j+n) = \sum_{i=0}^{n-1} a_i f(j+i) \tag{$*$}$$

mit $a_i > 0$ und $\sum\limits_{i=0}^{n-1} a_i = 1$ mit den Anfangswerten $f(0), \ldots, f(n-1)$. Nach 4.5 haben wir das Polynom

$$g(x) = x^n - \sum_{i=0}^{n-1} a_i x^i = \prod_{j=1}^{m} (x - b_j)^{z_j}$$

zu betrachten. Dabei ist $g(1) = 0$ und

$$g'(1) = n - \sum_{i=0}^{n-1} i a_i = \sum_{i=0}^{n-1} (n-i) a_i > 0.$$

Also ist $b_1 = 1$ eine einfache Nullstelle von g. Sei b eine Nullstelle von g mit $|b| \geqslant 1$. Dann ist

$$|b|^n = \left| \sum_{i=0}^{n-1} a_i b^i \right| \leqslant \sum_{i=0}^{n-1} a_i |b|^i \leqslant \sum_{i=0}^{n-1} a_i |b|^{n-1} = |b|^{n-1}.$$

Dies erzwingt $|b| = 1$. Ferner müssen wegen $a_i > 0$ alle $1, b, \ldots, b^{n-1}$ gleichgerichtet sein, also ist $b = 1$. (Offenbar reicht für diesen Schluß bereits die Voraussetzung $a_i \geqslant 0$ und $a_j > 0$, $a_{j+1} > 0$ für wenigstens ein j.) Somit haben nach 4.5 die Lösungen von $(*)$ die Gestalt

$$f(i) = c_1 + \sum_{k=2}^{m} p_k(i) b_k^i$$

mit Polynomen p_k und $|b_k| < 1$ für $k = 2, \ldots, m$. Also folgt $\lim_{i\to\infty} f(i) = c_1$. Die Abbildungen

$$(f(0), \ldots, f(n-1)) \to f \to \lim_{i\to\infty} f(i) = c_1$$

sind offenbar linear. Also gilt

$$c_1 = \sum_{j=0}^{n-1} r_j f(j),$$

wobei die r_j unabhängig sind von den $f(0), \ldots, f(n-1)$.

Der gleiche Grenzwert c_1 liegt offenbar vor, wenn wir den Rekursionsprozeß mit $f(1), \ldots, f(n-1), \sum_{j=0}^{n-1} a_j f(j)$ beginnen. Also gilt

$$\sum_{j=0}^{n-1} r_j f(j) = r_0 f(1) + \ldots + r_{n-2} f(n-1) + r_{n-1} \sum_{j=0}^{n-1} a_j f(j).$$

Da $f(0), \ldots, f(n-1)$ beliebig sind, erzwingt dies

$$\begin{aligned} r_0 &= r_{n-1} a_0, \\ r_1 &= r_0 + r_{n-1} a_1 = r_{n-1}(a_0 + a_1), \\ &\vdots \\ r_{n-1} &= r_{n-2} + r_{n-1} a_{n-1} = r_{n-1}(a_0 + a_1 + \ldots + a_{n-1}). \end{aligned}$$

Setzen wir $b_j = a_0 + a_1 + \ldots + a_j$, so ist also

$$c_1 = r_{n-1}(b_0 f(0) + b_1 f(1) + \ldots + b_{n-1} f(n-1)).$$

Wählen wir insbesondere $f(0) = \ldots = f(n-1) = 1$, so ist $f(j) = 1$ für alle j, also

$$1 = c_1 = r_{n-1}(b_0 + \ldots + b_{n-1}).$$

Also folgt schließlich

$$\lim_{j \to \infty} f(j) = \frac{b_0 f(0) + b_1 f(1) + \ldots + b_{n-1} f(n-1)}{b_0 + b_1 + \ldots + b_{n-1}}.$$

Wählen wir insbesondere $a_j = \frac{1}{n}$, so erhalten wir das bemerkenswerte Ergebnis von A. Markoff[8)]

$$\lim_{j \to \infty} f(j) = \frac{2}{n(n+1)}(f(0) + 2f(1) + \ldots + nf(n-1)).$$

4.7 Beispiel. (Wiederholter mechanischer Stoß)
Auf einem Kreis laufen reibungsfrei zwei Massen m und M. Sind u_i, v_i die Geschwindigkeiten von M und m vor dem i-ten Zusammenstoß und u_{i+1}, v_{i+1} die Geschwindigkeiten danach, so gelte (elastischer Stoß)

$$Mu_i + mv_i = Mu_{i+1} + mv_{i+1} \qquad \text{(Impulserhaltung)}$$

$$\frac{M}{2}u_i^2 + \frac{m}{2}v_i^2 = \frac{M}{2}u_{i+1}^2 + \frac{m}{2}v_{i+1}^2 \qquad \text{(Energieerhaltung).}$$

Das ergibt

$$M(u_i - u_{i+1}) = m(v_{i+1} - v_i), \tag{1}$$

8) Andrei Andrejevitsch Markoff (1856–1922) Petersburg/Leningrad; Wahrscheinlichkeitsrechnung.

$$M(u_i^2 - u_{i+1}^2) = m(v_{i+1}^2 - v_i^2). \tag{2}$$

Da bei dem i-ten Stoß die Geschwindigkeiten geändert werden, ist $(u_{i+1}, v_{i+1}) \neq (u_i, v_i)$. Wegen (1) gilt daher $u_i - u_{i+1} \neq 0 \neq v_i - v_{i+1}$, und durch Division folgt

$$u_{i+1} + u_i = v_{i+1} + v_i. \tag{3}$$

Aus (1) und (3) ergibt sich durch einfache Rechnung

$$\begin{pmatrix} u_{i+1} \\ v_{i+1} \end{pmatrix} = \frac{1}{M+m} \begin{pmatrix} M-m & 2m \\ 2M & -(M-m) \end{pmatrix} \begin{pmatrix} u_i \\ v_i \end{pmatrix}.$$

Das liefert

$$\Delta u_i = u_{i+1} - u_i = \frac{1}{M+m}(-2mu_i + 2mv_i)$$

$$\Delta v_i = v_{i+1} - v_i = \frac{1}{M+m}(2Mu_i - 2Mv_i).$$

Also ist

$$\Delta \begin{pmatrix} u_i \\ v_i \end{pmatrix} = \frac{1}{M+m} \begin{pmatrix} -2m & 2m \\ 2M & -2M \end{pmatrix} \begin{pmatrix} u_i \\ v_i \end{pmatrix} = A \begin{pmatrix} u_i \\ v_i \end{pmatrix}.$$

Offenbar hat A die Eigenwerte 0 und Spur $A = -2$. Nach Satz 4.4 folgt daher mit geeigneten c_j, d_j

$$u_i = c_1 + c_2(-1)^i, \qquad v_i = d_1 + d_2(-1)^i.$$

Für alle i ist daher

$$\begin{aligned} u_{i+1} - u_i = -2c_2(-1)^i &= \frac{2m}{M+m}(v_i - u_i) \\ &= \frac{2m}{M+m}(d_1 - c_1 + (d_2 - c_2)(-1)^i). \end{aligned}$$

Das erzwingt $c_1 = d_1$ und

$$\frac{m}{M+m}(d_2 - c_2) = -c_2,$$

also

$$d_2 = c_2 - \frac{M+m}{m}c_2 = -\frac{M}{m}c_2.$$

Somit ist

$$u_i = c_1 + c_2(-1)^i$$

$$v_i = c_1 - \frac{M}{m}c_2(-1)^i.$$

Sind die Anfangswerte $u_1 = u$, $v_1 = v$ vorgegeben, so ist

$$u = c_1 - c_2, \qquad v = c_1 + \frac{M}{m}c_2.$$

Das ergibt

$$c_1 = \frac{Mu + mv}{M + m} \qquad \text{und} \qquad c_2 = \frac{m(v-u)}{M+m},$$

daher

$$u_i = \frac{Mu + mv}{M + m} + \frac{m}{M+m}(v-u)(-1)^i$$

$$v_i = \frac{Mu + mv}{M + m} - \frac{M}{M+m}(v-u)(-1)^i.$$

Dabei ist

$$u_{2i+1} = u, \qquad v_{2i+1} = v,$$

$$u_{2i} = \frac{(M-m)u + 2mv}{M+m}, \qquad v_{2i} = \frac{2Mu - (M-m)v}{M+m}.$$

Wir berechnen mit Hilfe von Satz 4.5 die Eigenwerte einer Matrix, welche wir in 5.13 zur Behandlung eines Schwingungsproblems benötigen.

4.8 Satz. *Sei $D_n(a)$ die Jacobi-Matrix*

$$D_n(a) = \begin{pmatrix} a & 1 & 0 & 0 & & & \\ 1 & a & 1 & 0 & & & \\ 0 & 1 & a & 1 & & & \\ & & & & \ddots & & \\ & & & & 1 & a & 1 \\ & & & & 0 & 1 & a \end{pmatrix}$$

vom Typ (n, n).
a) *Setzen wir $b = \frac{a^2}{4} - 1$, so gelten*

$$\det D_n(2) = 1 + n, \qquad \det D_n(-2) = (-1)^n(1+n)$$

und für $a \neq \pm 2$

$$\det D_n(a) = \frac{1}{2\sqrt{b}}\{(\frac{a}{2} + \sqrt{b})^{n+1} - (\frac{a}{2} - \sqrt{b})^{n+1}\}.$$

b) *$D_n(0)$ hat die Eigenwerte $2\cos\frac{j\pi}{n+1}$ $\quad (j = 1, \ldots, n)$.*

Beweis. a) Wir setzen $d_n(a) = \det D_n(a)$. Die Entwicklung von $\det D_n(a)$ nach der ersten Zeile liefert

$$d_{n+2}(a) = a d_{n+1}(a) - d_n(a).$$

Dabei ist $d_1(a) = a$ und $d_2(a) = a^2 - 1$. Mit $b = \frac{a^2}{4} - 1$ gilt

$$x^2 - ax + 1 = (x - \frac{a}{2} - \sqrt{b})(x - \frac{a}{2} + \sqrt{b}).$$

Fall 1: Ist $a = \pm 2$, so hat $x^2 - ax + 1$ die zweifache Nullstelle $\frac{a}{2} = \pm 1$. Mit 4.5 folgt daher

$$d_n(a) = (\frac{a}{2})^n (c_1 + c_2 n).$$

Aus der Kenntnis von $d_1(a)$ und $d_2(a)$ erhält man leicht die Behauptung.

Fall 2: Ist $a \neq \pm 2$, so hat $x^2 - ax + 1$ die beiden verschiedenen Nullstellen $\frac{a}{2} \pm \sqrt{b}$, und mit 4.5 folgt

$$d_n(a) = c_1(a)(\frac{a}{2} + \sqrt{b})^n + c_2(a)(\frac{a}{2} - \sqrt{b})^n.$$

Dabei gilt

$$a = d_1(a) = \frac{a}{2}(c_1(a) + c_2(a)) + \sqrt{b}(c_1(a) - c_2(a))$$

und

$$a^2 - 1 = d_2(a) = (\frac{a^2}{2} - 1)(c_1(a) + c_2(a)) + a\sqrt{b}(c_1(a) - c_2(a)).$$

Daraus folgt

$$c_1(a) = \frac{1}{2\sqrt{b}}(\frac{a}{2} + \sqrt{b}) \qquad \text{und} \qquad c_2(a) = -\frac{1}{2\sqrt{b}}(\frac{a}{2} - \sqrt{b}),$$

also schließlich

$$d_n(a) = \frac{1}{2\sqrt{b}}\{(\frac{a}{2} + \sqrt{b})^{n+1} - (\frac{a}{2} - \sqrt{b})^{n+1}\}.$$

b) Genau dann ist a ein Eigenwert von $D_n(0)$, wenn

$$0 = d_n(-a) = (-1)^n d_n(a),$$

also wenn

$$(\frac{a}{2} + \sqrt{b})^{n+1} = (\frac{a}{2} - \sqrt{b})^{n+1}. \tag{1}$$

Wegen $b = \frac{a^2}{4} - 1$ ist $\frac{a}{2} \pm \sqrt{b} \neq 0$, daher bedeutet (1)

$$\frac{\frac{a}{2} + \sqrt{b}}{\frac{a}{2} - \sqrt{b}} = e^{\frac{2\pi j}{n+1}} \qquad \text{mit} \quad j \in \{0, 1, \ldots, n\}.$$

Wegen a) ist ± 2 kein Eigenwert von $D_n(0)$, also ist $b \neq 0$ und somit $j \neq 0$. Es folgt

$$\begin{aligned} 2\cos\frac{2\pi j}{n+1} &= \frac{\frac{a}{2} + \sqrt{b}}{\frac{a}{2} - \sqrt{b}} + \frac{\frac{a}{2} - \sqrt{b}}{\frac{a}{2} + \sqrt{b}} = (\frac{a}{2} + \sqrt{b})^2 + (\frac{a}{2} - \sqrt{b})^2 \\ &= 2(\frac{a^2}{4} + b) = a^2 - 2. \end{aligned}$$

Das ergibt

$$a^2 = 2(1 + \cos\frac{2\pi j}{n+1}) = 4\left(\cos\frac{j\pi}{n+1}\right)^2.$$

Wegen $\cos(\pi - \frac{j\pi}{n+1}) = -\cos\frac{j\pi}{n+1}$ liefert

$$a = 2\cos\frac{j\pi}{n+1} \qquad (j = 1, 2, \dots, n)$$

alle Lösungen.

Ist umgekehrt $a = 2\cos\frac{j\pi}{n+1} \neq \pm 2$, so folgt $\frac{a}{2} + \sqrt{b} = e^{\frac{j\pi}{n+1}}$, und dann ist (1) erfüllt.

Man vergleiche auch mit 5.12. □

Aufgaben

A 4.1 Sei

$$D_n(a) = \begin{pmatrix} a & 1 & 0 & 0 & & & \\ 1 & a & 1 & 0 & & & \\ 0 & 1 & a & 1 & & & \\ & & & & \ddots & & \\ & & & & 1 & a & 1 \\ & & & & 0 & 1 & 1+a \end{pmatrix}$$

vom Typ (n, n). Wir setzen $d_n(a) = \det D_n(a)$.

a) Wie in 4.8 beweise man

$$d_n(2) = 1 + 2n, d_n(-2) = (-1)^n$$

und für $a \neq \pm 2$ mit $b = \frac{a^2}{4} - 1$

$$d_n(a) = \frac{1}{2\sqrt{b}}\{(\frac{a}{2} + \sqrt{b})^n + (\frac{a}{2} + \sqrt{b})^{n+1} - (\frac{a}{2} - \sqrt{b})^n - (\frac{a}{2} - \sqrt{b})^{n+1}\}.$$

b) Die Eigenwerte von $D_n(0)$ sind

$$2\cos\frac{(2j-1)\pi}{2n+1} \qquad (j = 1, \dots, n).$$

(Ist a ein Eigenwert von $D_n(0)$, so gilt $-\frac{a}{2} + \sqrt{b} = e^{i\psi}$ mit reellem ψ. Das liefert $\psi = \frac{2j\pi}{2n+1}$ mit $1 \leqslant j \leqslant n$.)
Man vergleiche auch mit Aufgabe A 5.7 b).

A 4.2 Vorgelegt sei die Rekursionsgleichung

$$f(j+4) = \frac{1}{2}(f(j) + f(j+2)).$$

a) Man löse diese Gleichung für vorgegebene Anfangswerte $f(0), \ldots, f(3)$.

b) Für welche Anfangswerte existiert $\lim_{j\to\infty} f(j)$? Man berechne dann diesen Grenzwert.

A 4.3 In Beispiel 4.6 c) mit $a_j = \frac{1}{n}$ $(j = 0, \ldots, n-1)$ zeige man, daß das Polynom g keine mehrfachen Nullstellen hat.

A 4.4 Man gebe für jede natürliche Zahl n einen Rekursionsprozeß der Gestalt

$$f(j+n) = \sum_{i=0}^{n-1} a_i f(j+i)$$

an mit $a_i > 0$ und $\sum\limits_{i=0}^{k-1} a_i = 1$ derart, daß das zugehörige Polynom g (siehe 4.6 c)) neben der einfachen Nullstelle 1 nur eine weitere Nullstelle hat.

A 4.5 Bei einem Spiel zwischen zwei Personen sei der Einsatz im einzelnen Spielvorgang jeweils eine Mark. Mit der Wahrscheinlichkeit $p > 0$ gewinne der Spieler 1, mit der Wahrscheinlichkeit $q = 1 - p > 0$ verliere er. Das Spiel breche ab, wenn Spieler 1 kein Geld mehr hat (Bankrott) oder der gesamte im Spiel befindliche Geldvorrat von n Mark in der Hand von Spieler 1 ist.

a) Sei $f(i)$ die Wahrscheinlichkeit für den schließlichen Bankrott von Spieler 1, wenn er im Augenblick im Besitz von i Mark ist $(0 \leqslant i \leqslant n)$. Man zeige

$$f(i) = pf(i+1) + qf(i-1), \quad f(0) = 1, \quad f(n) = 0.$$

b) Man berechne $f(i)$. (Man vergleiche mit IV, 8.11 a).)

A 4.6 Eine Folge von Funktionen $T_0, T_1, \ldots$ auf $\mathbb{R}$ habe die Eigenschaft

$$T_{k+1}(x) - 2xT_k(x) + T_{k-1}(x) = 0$$

für $k \geqslant 1$ und alle $x \in \mathbb{R}$, sowie $T_0(x) = 1$ und $T_1(x) = x$.
Man zeige, daß $T_k(x)$ ein Polynom ist vom Grad k in x mit dem höchsten Koeffizienten 2^{k-1}.
(Diese T_n sind die sog. Tschebyscheff[9)]-Polynome, welche bei Interpolations- und Approximationsfragen eine Rolle spielen.)

---

9) Pavnuti Lwowitsch Tschebyscheff (1821–1894) St. Petersburg; Zahlentheorie, Approximationstheorie, Wahrscheinlichkeitsrechnung.

§ 5 Lineare Schwingungen ohne Reibung

In diesem Paragraphen studieren wir lineare Schwingungen ohne Reibung, welche durch Differentialgleichungen von der Gestalt

$$My''(t) = -Ay(t) + d$$

beschrieben werden. Zuerst analysieren wir die in Beispiel 1.1 aufgetretenen Matrizen.

5.1 Definition. Sei $A = (a_{ij}) \in (\mathbb{R})_n$.
a) A heißt eine Oszillationsmatrix, falls folgendes gilt:

$$a_{jk} = a_{kj} \leqslant 0 \qquad \text{für} \quad j \neq k,$$

$$\sum_{k=1}^{n} a_{jk} \geqslant 0 \qquad \text{für} \quad j = 1, \ldots, n.$$

b) Sei A eine Oszillationsmatrix vom Typ (n, n). Seien $j, k \in \{1, \ldots, n\}$. Wir definieren eine Relation $j \overset{A}{\sim} k$, falls $j = k$ oder falls es eine Folge

$$j = j_1 \neq j_2 \neq \ldots \neq j_t = k$$

gibt mit $a_{j_i, j_{i+1}} < 0$ für $i = 1, \ldots, t-1$.
Wegen $a_{jk} = a_{kj}$ ist $\overset{A}{\sim}$ offenbar eine Äquivalenzrelation. Die Äquivalenzklassen $K_1, \ldots, K_s$ zu $\overset{A}{\sim}$ nennen wir die Komponenten zu A. Nach geeigneter Vertauschung der Zeilen und Spalten von A gilt

$$A = \begin{pmatrix} A_1 & & 0 \\ & \ddots & \\ 0 & & A_s \end{pmatrix},$$

wobei die quadratische Matrix A_j zur Komponente K_j gehört.
c) Eine Komponente K_j heißt frei, falls alle Zeilensummen von A_j gleich 0 sind. Ist wenigstens eine Zeilensumme von A_j positiv, so heißt K_j gebunden.

5.2 Bemerkung. Die Definitionen aus 5.1 sind dem mechanischen Problem aus 1.1 genau angepaßt. Dort war nämlich

$$a_{jk} = a_{kj} = -c_{jk} \leqslant 0 \qquad \text{für} \quad j \neq k$$

und

$$a_{jj} = \sum_{k=1}^{n} c_{jk}, \qquad \text{also} \qquad \sum_{k=1}^{n} a_{jk} = c_{jj} \geqslant 0.$$

Genau dann liegen nun j und k in der gleichen Komponente zu A, wenn zwischen den Massen m_j und m_k eine elastische Verbindung (evtl. über andere Massenpunkte hinweg) besteht. Eine Komponente K_j zu A ist genau dann frei, wenn $c_{kk} = 0$ für alle $k \in K_j$ gilt, d.h. wenn die Massen m_k mit $k \in K_j$ keinen Absolutkräften unterliegen.

gebundene Komponente freie Komponente

5.3 Hilfssatz. *Sei*

$$A = \begin{pmatrix} A_1 & & 0 \\ & \ddots & \\ 0 & & A_s \end{pmatrix}$$

eine Oszillationsmatrix, wobei die Teilmatrizen A_j zu den Komponenten K_j von A gehören.

a) *Sei (,) das kanonische hermitesche Skalarprodukt auf $\mathbb{C}^n$. Für*

$$x = \begin{pmatrix} x_1 \\ \vdots \\ x_n \end{pmatrix} \in \mathbb{C}^n$$

gilt dann

$$(Ax, x) = \sum_{j=1}^{n} \Big(\sum_{k=1}^{n} a_{jk}\Big)|x_j|^2 - \sum_{j<k} a_{jk}|x_j - x_k|^2.$$

Insbesondere ist $A \geqslant 0$.

b) *Ist die Komponente K_j gebunden, so ist $A_j > 0$.*

c) *Ist die Komponente K_j frei, so ist 0 einfacher Eigenwert von A_j, und* Kern A_j *wird erzeugt von dem Vektor*

$$f_j = \begin{pmatrix} 1 \\ \vdots \\ 1 \end{pmatrix} \qquad \textit{(Komponentenzahl entspr. dem Typ von } A_j\textit{)}.$$

Beweis. a) Wegen $a_{jk} = a_{kj}$ gilt

$$\begin{aligned}
&\sum_{j,k=1}^{n} a_{jk}|x_j|^2 - \sum_{j<k} a_{jk}|x_j - x_k|^2 \\
&= \sum_{j,k=1}^{n} a_{jk}|x_j|^2 - \sum_{j<k} a_{jk}(x_j\overline{x_j} + x_k\overline{x_k} - x_j\overline{x_k} - \overline{x_j}x_k) \\
&= \sum_{j=1}^{n} a_{jj}|x_j|^2 + \sum_{j<k} a_{jk}(x_j\overline{x_k} + \overline{x_j}x_k) = \sum_{j,k=1}^{n} a_{jk}x_k\overline{x_j} = (Ax, x).
\end{aligned}$$

Wegen $a_{jk} \leqslant 0$ $(j \neq k)$ und $\sum\limits_{k=1}^{n} a_{jk} \geqslant 0$ folgt $(Ax, x) \geqslant 0$ für alle $x \in \mathbb{C}^n$, also $A \geqslant 0$.

b) Wir dürfen annehmen, daß zu A nur eine Komponente gehört. Wegen $A \geqslant 0$ ist $Ay = 0$ gleichwertig mit $(Ay, y) = 0$ (siehe II, 7.18 b)). Also gilt

$$\text{Kern}\, A = \{\, y \mid y \in \mathbb{C}^n,\ (Ay, y) = 0 \,\}.$$

Nach a) ist

$$(Ay, y) = \sum_{j,k=1}^{n} a_{jk}|y_j|^2 - \sum_{j<k} a_{jk}|y_j - y_k|^2.$$

Wegen $a_{jk} \leqslant 0$ $(j \neq k)$ und $\sum\limits_{k=1}^{n} a_{jk} \geqslant 0$ ist $(Ay, y) = 0$ gleichwertig mit

$$\left(\sum_{k=1}^{n} a_{jk}\right)|y_j|^2 = a_{jk}|y_j - y_k|^2 = 0 \quad (j, k = 1, \ldots, n).$$

Da A nur eine Komponente hat, folgt $y_1 = \ldots = y_n$. Ist diese Komponente gebunden, also $\sum\limits_{k=1}^{n} a_{jk} > 0$ für ein j, so folgt $y_j = 0$ und dann $y_1 = \ldots = y_n = 0$.

c) Für freie Komponenten K_j folgt wie unter b) Kern $A_j = \langle f_j \rangle$ mit

$$f_j = \begin{pmatrix} 1 \\ \vdots \\ 1 \end{pmatrix}.$$

Da A_j als reell-symmetrische Matrix diagonalisierbar ist, ist 0 dann ein einfacher Eigenwert von A_j. □

5.4 Hilfssatz. *Seien* $A, B, C, D \in (K)_n$. *Gilt* $AC = CA$ *und* $\det A \neq 0$, *so ist*

$$\det\begin{pmatrix} A & B \\ C & D \end{pmatrix} = \det(AD - CB).$$

Beweis. Aus

$$\begin{pmatrix} E & 0 \\ -C & A \end{pmatrix} \begin{pmatrix} A & B \\ C & D \end{pmatrix} = \begin{pmatrix} A & B \\ 0 & AD - CB \end{pmatrix}$$

folgt mit dem Kästchensatz

$$\det A \ \det \begin{pmatrix} A & B \\ C & D \end{pmatrix} = \det A \ \det(AD - CB).$$

Wegen $\det A \neq 0$ liefert dies die Behauptung. □

5.5 Bemerkung. Die Bedingung $AC = CA$ in 5.4 ist nicht entbehrlich, für

$$A = \begin{pmatrix} 0 & 1 \\ 0 & 0 \end{pmatrix} \qquad \text{und} \qquad B = \begin{pmatrix} 0 & 0 \\ 1 & 0 \end{pmatrix}$$

ist nämlich

$$1 = \det \begin{pmatrix} A & B \\ -B & A \end{pmatrix} \neq \det(A^2 + B^2) = 0.$$

Indem man A durch $A + xE$ ersetzt (x eine Unbestimmte), sieht man übrigens leicht ein, daß man in 5.4 auf die Bedingung $\det A \neq 0$ verzichten kann; dies werden wir jedoch nicht benötigen.

5.6 Hilfssatz. *Zu einer Matrix $A \in (\mathbb{C})_n$ bilden wir*

$$\tilde{A} = \begin{pmatrix} 0 & E \\ A & 0 \end{pmatrix} \in (\mathbb{C})_{2n}.$$

a) *Ist f_A das charakteristische Polynom von A und $f_{\tilde{A}}$ das von $\tilde{A}$, so gilt $f_{\tilde{A}}(x) = f_A(x^2)$. Sind $a_1, \ldots, a_n$ die Eigenwerte von A, so hat $\tilde{A}$ daher die Eigenwerte $\pm\sqrt{a_1}, \ldots, \pm\sqrt{a_n}$.*

b) *Sei A diagonalisierbar mit den Eigenwerten $a_1 = \ldots = a_r = 0$ und $a_j \neq 0$ für $r + 1 \leqslant j \leqslant n$. Dann gibt es eine reguläre Matrix $T \in (\mathbb{C})_{2n}$ mit*

$$T^{-1}\tilde{A}T = \begin{pmatrix} J &&&&&&& 0 \\ & {}_r\ddots &&&&&& \\ && J &&&&& \\ &&& \sqrt{a_{r+1}} &&&& \\ &&&& -\sqrt{a_{r+1}} &&& \\ &&&&& \ddots && \\ &&&&&& \sqrt{a_n} & \\ 0 &&&&&&& -\sqrt{a_n} \end{pmatrix},$$

wobei $J = \begin{pmatrix} 0 & 1 \\ 0 & 0 \end{pmatrix}$ gesetzt ist. Ist insbesondere A diagonalisierbar und regulär, so ist auch $\tilde{A}$ diagonalisierbar.

Beweis. a) Nach 5.4 gilt

$$f_{\tilde{A}}(x) = \det\begin{pmatrix} xE & -E \\ -A & xE \end{pmatrix} = \det(x^2E - A) = f_A(x^2).$$

b) Sei $R \in (\mathbb{C})_n$ mit

$$R^{-1}AR = D = \begin{pmatrix} 0 & \dots & & & \dots & 0 \\ \vdots & \ddots & & & & \vdots \\ & & 0 & & & \\ & & & a_{r+1} & & \\ \vdots & & & & \ddots & 0 \\ 0 & \dots & & & 0 & a_n \end{pmatrix}$$

diagonal. Setzen wir $S = \begin{pmatrix} R & 0 \\ 0 & R \end{pmatrix}$, so ist

$$B = S^{-1}\tilde{A}S = \begin{pmatrix} 0 & E \\ D & 0 \end{pmatrix}.$$

Auf die kanonische Basis $\{ e_1, \dots, e_{2n} \}$ von $\mathbb{C}^{2n}$ wirkt B also vermöge

$$Be_j = a_j e_{n+j}, \qquad Be_{n+j} = e_j \qquad (j = 1, \dots, n).$$

Daher ist

$$\mathbb{C}^{2n} = \langle e_1, e_{n+1} \rangle \oplus \dots \oplus \langle e_n, e_{2n} \rangle$$

eine B-invariante Zerlegung. Für $j \leqslant r$ ist $a_j = 0$, also

$$Be_j = 0, \qquad Be_{n+j} = e_j.$$

Für $j > r$ hat hingegen B auf $\langle e_j, e_{n+j} \rangle$ die beiden verschiedenen Eigenwerte $\sqrt{a_j}, -\sqrt{a_j}$, ist daher dort diagonalisierbar. Also haben B und dann auch $\tilde{A}$ den angegebenen Jordan-Typ. □

5.7 Satz. *Vorgelegt sei das Differentialgleichungssystem*

$$My''(t) = -Ay(t)$$

mit $M > 0$ *und* $A > 0$. *Dann sind die Eigenwerte von* $M^{-1}A$ *reell und positiv. Seien* $\omega_1^2, \dots, \omega_r^2$ *die verschiedenen unter den Eigenwerten von* $M^{-1}A$. *Dann gilt*

$$y(t) = \sum_{k=1}^{r} (d_{k1}e^{i\omega_k t} + d_{k2}e^{-i\omega_k t})$$

mit konstanten Vektoren d_{kj}, *welche die Gleichung* $M^{-1}Ad_{kj} = \omega_k^2 d_{kj}$ $(j = 1, 2)$ *erfüllen.*

Beweis. Gemäß 3.5 schreiben wir das Gleichungssystem in der Gestalt

$$z'(t) = Cz(t) \qquad \text{mit} \quad z(t) = \begin{pmatrix} y(t) \\ y'(t) \end{pmatrix} \quad \text{und} \quad C = \begin{pmatrix} 0 & E \\ -M^{-1}A & 0 \end{pmatrix}.$$

Wegen $M^{-1} > 0$ und $A > 0$ ist nach II, 7.22 $M^{-1}A$ diagonalisierbar mit lauter positiven Eigenwerten, die wir in der Gestalt ω_j^2 mit $0 < \omega_j \in \mathbb{R}$ schreiben $(j = 1, \ldots, r)$. Nach 5.6 b) ist daher C diagonalisierbar mit den Eigenwerten $\pm i\omega_j$ $(j = 1, \ldots, r)$. Jede Lösung von $z'(t) = Cz(t)$ hat nach 3.4 b) die Gestalt

$$z(t) = \sum_{k=1}^{r} (f_{k1} e^{i\omega_k t} + f_{k2} e^{-i\omega_k t})$$

mit geeigneten $f_{kj} \in \mathbb{C}^{2n}$. Also hat auch $y(t)$ die angegebene Gestalt. Aus

$$My''(t) = -Ay(t)$$

folgt wegen der linearen Unabhängigkeit der $e^{\pm i\omega_k t}$ $(k = 1, \ldots, r)$ durch Koeffizientenvergleich $\omega_k^2 M d_{kj} = A d_{kj}$ (siehe 3.7). □

5.8 Beispiele. a) Wir betrachten die Gleichung

$$Mi''(t) + Ai(t) = 0$$

aus 1.2 mit

$$M = \begin{pmatrix} L_0 + nL_1 & -L_1 & \ldots & -L_1 \\ -L_1 & L_1 & \ldots & 0 \\ \vdots & \vdots & & \vdots \\ -L_1 & 0 & \ldots & L_1 \end{pmatrix} \quad \text{und}$$

$$A = \begin{pmatrix} 1/C_0 & 0 & \ldots & 0 \\ 0 & 1/C_1 & & \vdots \\ \vdots & & \ddots & 0 \\ 0 & \ldots & 0 & 1/C_1 \end{pmatrix}.$$

Dabei ist $A > 0$ wegen $C_j > 0$. Wegen $L_1 > 0$ ist M eine Oszillationsmatrix mit nur einer Komponente. Die Zeilensumme der ersten Zeile von M ist $L_0 > 0$, also folgt aus 5.3 auch $M > 0$.

b) Das Differentialgleichungssystem zum Mehrfachpendel aus Beispiel 1.4 können wir in der Gestalt

$$\begin{pmatrix} m_0 + m & -m_1 & \dots & -m_n \\ -m_1 & m_1 & \dots & 0 \\ \vdots & \vdots & & \vdots \\ -m_n & 0 & \dots & m_n \end{pmatrix} \begin{pmatrix} \varphi_0(t) \\ -\varphi_1(t) \\ \vdots \\ -\varphi_n(t) \end{pmatrix}''$$

$$= -\frac{g}{l} \begin{pmatrix} m_0 + m & 0 & \dots & 0 \\ 0 & m_1 & & \vdots \\ \vdots & & \ddots & 0 \\ 0 & \dots & 0 & m_n \end{pmatrix} \begin{pmatrix} \varphi_0(t) \\ -\varphi_1(t) \\ \vdots \\ -\varphi_n(t) \end{pmatrix}$$

schreiben, also als

$$M\varphi''(t) + A\varphi(t) = 0.$$

Wie in a) sieht man, daß $M > 0$ und $A > 0$ gelten. In diesem Falle erfolgt also die Koppelung des Systems über die Massenmatrix M.

Auf beide Beispiele ist also Satz 5.7 anwendbar. Zur Berechnung der Schwingungsfrequenzen in diesen Beispielen dient uns der folgende Hilfssatz:

5.9 Hilfssatz. *Sei*

$$A = \begin{pmatrix} a_1 & a_2 & a_3 & \dots & a_n \\ b_2 & c & 0 & \dots & 0 \\ b_3 & 0 & c & \dots & 0 \\ \vdots & \vdots & \vdots & & \vdots \\ b_n & 0 & 0 & \dots & c \end{pmatrix}$$

mit $a_j, b_j, c \in \mathbb{C}$. *Dann hat* A *die Eigenwerte*

$$\underbrace{c, \dots, c}_{n-2}, \quad \frac{a_1 + c}{2} + \sqrt{d}, \quad \frac{a_1 + c}{2} - \sqrt{d}$$

mit

$$d = \frac{1}{4}(a_1 - c)^2 + \sum_{j=2}^{n} a_j b_j.$$

Beweis. Wegen $\operatorname{Rang}(A - cE) \leqslant 2$ tritt der Eigenwert c bei A mindestens mit der Vielfachheit $n - 2$ auf. Seien $0, \dots, 0, r, s$ die Eigenwerte von

$$A - cE = \begin{pmatrix} a_1 - c & a_2 & \dots & a_n \\ b_2 & 0 & \dots & 0 \\ \vdots & \vdots & & \vdots \\ b_n & 0 & \dots & 0 \end{pmatrix}.$$

Dann gelten

$$r + s = \mathrm{Spur}(A - cE) = a_1 - c$$

und

$$r^2 + s^2 = \mathrm{Spur}(A - cE)^2 = (a_1 - c)^2 + 2\sum_{j=2}^{n} a_j b_j.$$

Somit sind r und s die Nullstellen des Polynoms

$$x^2 - (a_1 - c)x - \sum_{j=2}^{n} a_j b_j.$$

Daraus folgt die Behauptung. □

5.10 Beispiele. a) Wir betrachten erneut das Beispiel der induktiv gekoppelten Schwingkreise aus 1.2 und 5.8 a). Die Eigenfrequenzen ω des Systems sind nach 5.7 aus

$$\det(\omega^2 M - A) = 0$$

zu ermitteln, also aus

$$\det(\omega^{-2} E - A^{-1} M) = 0.$$

Dabei hat

$$A^{-1}M = \begin{pmatrix} (L_0 + nL_1)C_0 & -L_1C_0 & \dots & -L_1C_0 \\ -L_1C_1 & L_1C_1 & \dots & 0 \\ \vdots & \vdots & & \vdots \\ -L_1C_1 & 0 & \dots & L_1C_1 \end{pmatrix}$$

nach 5.9 die Eigenwerte

$$\underbrace{L_1C_1, \dots, L_1C_1}_{n-1}, \frac{L_0C_0 + L_1(nC_0 + C_1)}{2} \pm \sqrt{d}$$

mit

$$d = \frac{1}{4}(L_0C_0 + L_1(nC_0 - C_1))^2 + nL_1^2 C_0 C_1.$$

Beim Grenzübergang $L_0 \to 0$ gehen diese Eigenwerte über in

$$\underbrace{L_1C_1, \dots, L_1C_1}_{n-1},\ 0,\ L_1(nC_0 + C_1).$$

Eine der Frequenzen geht also gegen unendlich, die beiden anderen gegen

$$\omega_0 = \frac{1}{\sqrt{L_1C_1}} \quad \text{und} \quad \omega_1 = \frac{1}{\sqrt{L_1(nC_0 + C_1)}}.$$

Für $L_0 = 0$ tritt wegen der aus den Gleichungen (3) von 1.2 folgenden Relation

$$\frac{i_0(t)}{C_0} + \frac{1}{C_1} \sum_{j=1}^{n} i_j(t) = 0$$

ein Verlust eines Freiheitsgrades ein, dabei wandert eine der Frequenzen nach unendlich ab.

Beim Grenzübergang $C_0 \to 0$ gehen die Eigenwerte von $A^{-1}M$ nach

$$\underbrace{L_1C_1, \ldots, L_1C_1}_{n},\ 0.$$

Für $C_0 = 0$ ist der große Kreis unterbrochen, die kleinen Kreise werden entkoppelt und jeder von ihnen schwingt mit der ihm eigenen Frequenz $\frac{1}{\sqrt{L_1C_1}}$.

b) Für das Beispiel des Mehrfachpendels aus 1.4 und 5.8 b) ermitteln wir die Frequenzen ω aus der Gleichung

$$\det(\omega^{-2}E - A^{-1}M) = 0$$

mit

$$A^{-1}M = \frac{l}{g}\begin{pmatrix} 1 & -\frac{m_1}{m_0+m} & \ldots & -\frac{m_n}{m_0+m} \\ -1 & 1 & \ldots & 0 \\ \vdots & \vdots & & \vdots \\ -1 & 0 & \ldots & 1 \end{pmatrix}.$$

Mit 5.9 erhalten wir die Eigenwerte

$$\underbrace{\frac{l}{g}, \ldots, \frac{l}{g}}_{n-1},\ \frac{l}{g}\Big(1 + \sqrt{\frac{m}{m_0 + m}}\Big),\ \frac{l}{g}\Big(1 - \sqrt{\frac{m}{m_0 + m}}\Big).$$

Neben der Frequenz $\omega_0 = \sqrt{\frac{g}{l}}$ des einfachen Pendels der Länge l treten also für $n \geqslant 2$ noch die beiden "verstimmten" Frequenzen

$$\omega_{1/2} = \sqrt{\frac{g/l}{1 \pm \sqrt{\frac{m}{m_0+m}}}}$$

auf. Ist $\frac{m}{m_0}$ klein, so liegen ω_1 und ω_2 dicht unter- bzw. oberhalb von ω_0. Für $n = 1$ (Doppelpendel) entfällt ω_0, dann treten nur die beiden verstimmten Frequenzen ω_1 und ω_2 auf.

Wir kommen auf Beispiel 1.1 ohne Reibung (also mit $B = 0$) zurück:

5.11 Satz. *Das reibungsfreie Problem*

$$Mx''(t) = -Ax(t) + d$$

aus 1.1 *sei vorgelegt, dabei sei also M eine Diagonalmatrix und A eine Oszillationsmatrix. Offenbar können wir annehmen, daß A nur eine Komponente im Sinne von Definition* 5.1 *hat.*

a) *Die einzige Komponente des Systems sei gebunden. Dann gibt es eine eindeutig bestimmte Gleichgewichtslage* $w = A^{-1}d$ *des Systems. Ferner gilt*

$$x(t) = w + \sum_{k=1}^{r} (f_{k1} \cos \omega_k t + f_{k2} \sin \omega_k t).$$

Dabei sind ω_k^2 $(k = 1, \dots, r)$ *die paarweise verschiedenen unter den Eigenwerten von* $M^{-1}A$, *die* f_{kj} *sind Vektoren aus* $\mathbb{R}^n$ *mit*

$$M^{-1}Af_{kj} = \omega_k^2 f_{kj}.$$

Die Lösung $x(t)$ *ist eindeutig bestimmt durch Vorgabe der Anfangslage* $x(0)$ *und der Anfangsgeschwindigkeit* $x'(0)$ *des Systems (Kausalitätssatz der Mechanik). Die Bewegung ist eine Überlagerung von harmonischen Schwingungen mit den Frequenzen* $\omega_1, \dots, \omega_r$ *um die Gleichgewichtslage* w. *(Die Anzahl* r *der Frequenzen ist dabei höchstens gleich der Anzahl* n *der Freiheitsgrade des Systems; sie kann kleiner sein, wie viele Beispiele zeigen.)*

b) *Die einzige Komponente des Systems sei frei. Dann ist* $d = (k_j)$ *der Vektor der äußeren Kräfte* (*siehe* 1.1). *Wir setzen*

$$m = \sum_{j=1}^{n} m_j \qquad \textit{und} \qquad k = \sum_{j=1}^{n} k_j.$$

Ferner definieren wir den Schwerpunkt $s(t)$ *der Massen* m_j $(j = 1, \dots, n)$ *zur Zeit t durch*

$$s(t) = \frac{1}{m} \sum_{j=1}^{n} m_j x_j(t) = \frac{1}{m}(Mx(t), f)$$

mit $f = \begin{pmatrix} 1 \\ \vdots \\ 1 \end{pmatrix}$. *Dann gilt*

$$s(t) = \frac{k}{2m} t^2 + s'(0)t + s(0)$$

und

$$x(t) = s(t)f + f_1 + \sum_{k=1}^{r} (f_{k1} \cos \omega_k t + f_{k2} \sin \omega_k t)$$

mit konstanten Vektoren $f_1, f_{k1}, f_{k2} \in \mathbb{R}^n$. *Dabei sind die* ω_k^2 $(k = 1, \dots, r)$ *die paarweise verschiedenen unter den von 0 verschiedenen Eigenwerten von* $M^{-1}A$, *und es gilt wieder*

$$M^{-1}Af_{kj} = \omega_k^2 f_{kj} \qquad (j = 1, 2).$$

Wieder ist $x(t)$ durch Vorgabe von $x(0)$ und $x'(0)$ eindeutig festgelegt.

Der Schwerpunkt des Systems vollführt also eine "galileische[10] Fallbewegung" unter dem Einfluß der gemittelten Kraft k, und das System oszilliert mit harmonischen Schwingungen um den Schwerpunkt.

Wir nennen in beiden Fällen die auftretenden $\omega_j (\neq 0)$ die Eigenfrequenzen des Systems.

Beweis. a) Nach 5.3 b) gilt $A > 0$, also ist A regulär. Daher hat die Gleichung

$$0 = -Aw + d$$

genau eine Lösung $w = A^{-1}d$. Setzen wir $y(t) = x(t) - w$, so folgt

$$My''(t) = Mx''(t) = -Ax(t) + d = -A(y(t) + w) + d = -Ay(t).$$

Nach 5.7 gilt

$$y(t) = \sum_{k=1}^{r} (d_{k1}e^{i\omega_k t} + d_{k2}e^{-i\omega_k t}),$$

wobei $\omega_1^2, \ldots, \omega_r^2$ die paarweise verschiedenen unter den Eigenwerten von $M^{-1}A$ sind. Da $y(t)$ reelle Komponenten hat, folgt

$$\begin{aligned} y(t) &= \operatorname{Re} \sum_{k=1}^{r} (d_{k1}e^{i\omega_k t} + d_{k2}e^{-i\omega_k t}) \\ &= \sum_{k=1}^{r} (f_{k1} \cos \omega_k t + f_{k2} \sin \omega_k t) \end{aligned}$$

mit geeigneten $f_{kj} \in \mathbb{R}^n$. Wegen $My''(t) = -Ay(t)$ und der linearen Unabhängigkeit der $\cos \omega_k t$, $\sin \omega_k t$ $(k = 1, \ldots, r)$ ist

$$M^{-1}Af_{kj} = \omega_k^2 f_{kj}.$$

Die Eindeutigkeitsaussage ergibt sich sofort aus 3.5.

b) Nun liege eine einzige Komponente vor, welche frei sei. Nach 5.3 c) ist nun $A \geqslant 0$ und

$$\operatorname{Kern} A = \langle f \rangle \qquad \text{mit} \quad f = \begin{pmatrix} 1 \\ \vdots \\ 1 \end{pmatrix}.$$

---

10) Galileo Galilei (1564–1642) Florenz; Physiker und Astronom, Fallgesetze.

Wir suchen eine spezielle Lösung $x_0(t)$ der Gleichung

$$Mx''(t) = -Ax(t) + d$$

von der Gestalt

$$x_0(t) = \frac{b}{2}t^2 f + v$$

mit geeigneten $b \in \mathbb{R}$ und $v \in \mathbb{R}^n$. (Ein Ansatz mit $x_0(t)$ als Polynom höchstens zweiten Grades in t führt nach 3.8 und 5.6 b) sicher zum Ziel.) Wegen $Af = 0$ fordert dies

$$bMf = -A(\frac{b}{2}t^2 f + v) + d = -Av + d.$$

Wir haben daher b und v so zu bestimmen, daß

$$bMf - d = -Av \in \text{Bild } A = (\text{Kern } A)^{\perp} = \langle f \rangle^{\perp} = \{ (y_j) \mid \sum_{j=1}^{n} y_j = 0 \}$$

gilt. Dies heißt

$$b\sum_{j=1}^{n} m_j - \sum_{j=1}^{n} k_j = 0, \qquad \text{also} \qquad b = \frac{k}{m}.$$

Wählen wir b so, dann existiert ein $v \in \mathbb{R}^n$ mit

$$bMf - d = -Av.$$

Setzen wir $y(t) = x(t) - x_0(t)$, so gilt wie in a)

$$My''(t) = -Ay(t). \tag{1}$$

Diese Gleichung schreiben wir wieder in der Gestalt

$$z'(t) = Cz(t) \quad \text{mit} \quad z(t) = \begin{pmatrix} y(t) \\ y'(t) \end{pmatrix} \quad \text{und} \quad C = \begin{pmatrix} 0 & E \\ -M^{-1}A & 0 \end{pmatrix}. \tag{2}$$

Wegen $M^{-1} > 0$ und $A \geqslant 0$ ist $M^{-1}A$ nach II, 7.22 b) diagonalisierbar mit lauter reellen nichtnegativen Eigenwerten. Nach 5.3 c) ist 0 einfacher Eigenwert von A, also auch von $M^{-1}A$. Somit haben die Eigenwerte von $-M^{-1}A$ die Gestalt $0, -\omega_1^2, \ldots, -\omega_{n-1}^2$ mit geeigneten $0 < \omega_j \in \mathbb{R}$. Nach 5.6 b) gilt mit geeigneter Matrix T

$$T^{-1}CT = \begin{pmatrix} J & 0 & & \ldots & & 0 \\ 0 & i\omega_1 & & & & \\ & & -i\omega_1 & & & \\ \vdots & & & \ddots & & \vdots \\ & & & & i\omega_{n-1} & 0 \\ 0 & & & \ldots & 0 & -i\omega_{n-1} \end{pmatrix}$$

mit $J = \begin{pmatrix} 0 & 1 \\ 0 & 0 \end{pmatrix}$. Sind $\omega_1, \dots, \omega_r$ die paarweise verschiedenen unter den $\omega_1, \dots, \omega_{n-1}$, so folgt mit 3.4

$$y(t) = f_0 + f_1 t + \sum_{k=1}^{r} (g_{k1} e^{i\omega_k t} + g_{k2} e^{-i\omega_k t}) \tag{3}$$

mit geeigneten $f_0, f_1, g_{kj} \in \mathbb{C}^n$. Wegen

$$\begin{aligned} &- M \sum_{k=1}^{r} \omega_k^2 (g_{k1} e^{i\omega_k t} + g_{k2} e^{-i\omega_k t}) = M y''(t) = -A y(t) \\ &- A f_0 - A f_1 t - \sum_{k=1}^{r} A (g_{k1} e^{i\omega_k t} + g_{k2} e^{-i\omega_k t}) \end{aligned}$$

folgt dann vermöge 3.7 durch Koeffizientenvergleich $Af_0 = Af_1 = 0$. Also gilt $f_j = c_j f$ mit geeigneten $c_j \in \mathbb{C}$. Wegen $Af = 0$ ist ferner

$$\begin{aligned} s''(t) &= \frac{1}{m}(Mx''(t), f) \\ &= \frac{1}{m}(-Ax(t) + d, f) = \frac{1}{m}(-x(t), Af) + \frac{1}{m}(d, f) = \frac{k}{m}. \end{aligned}$$

Daraus folgt

$$s(t) = \frac{k}{2m} t^2 + s'(0) t + s(0). \tag{4}$$

Mit (3) erhalten wir dann

$$\begin{aligned} x(t) &= x_0(t) + y(t) \\ &= \frac{k}{2m} t^2 f + v + c_0 f + c_1 t f + \sum_{k=1}^{r} (g_{k1} e^{i\omega_k t} + g_{k2} e^{-i\omega_k t}). \end{aligned}$$

Der Vergleich der Komponente in t in

$$s(t) = \frac{k}{2m} t^2 + s'(0) t + s(0) = \frac{1}{m}(Mx(t), f) = \frac{k}{2m} t^2 + c_1 t + \dots$$

vermöge 3.7 führt wegen $(Mf, f) = m$ zu $c_1 = s'(0)$. Wie in a) erhalten wir schließlich

$$x(t) = s(t) f + f_1 + \sum_{k=1}^{r} (f_{k1} \cos \omega_k t + f_{k2} \sin \omega_k t)$$

mit geeigneten $f_1, f_{kj} \in \mathbb{R}^n$, wobei $M^{-1} A f_{kj} = \omega_k^2 f_{kj}$ gilt. □

Zur vollständigen Behandlung eines weiteren Beispiels benötigen wir die Eigenwerte und Eigenvektoren einer speziellen Matrix.

5.12 Hilfssatz. *Sei*

$$D_n = \begin{pmatrix} 0 & 1 & 0 & 0 & \dots & 0 & 0 & 0 \\ 1 & 0 & 1 & 0 & \dots & 0 & 0 & 0 \\ 0 & 1 & 0 & 1 & \dots & 0 & 0 & 0 \\ \vdots & \vdots & \vdots & \vdots & & \vdots & \vdots & \vdots \\ 0 & 0 & 0 & 0 & \dots & 1 & 0 & 1 \\ 0 & 0 & 0 & 0 & \dots & 0 & 1 & 0 \end{pmatrix}$$

vom Typ (n,n). Setzen wir

$$v_j = \begin{pmatrix} \sin \frac{j\pi}{n+1} \\ \sin \frac{2j\pi}{n+1} \\ \vdots \\ \sin \frac{nj\pi}{n+1} \end{pmatrix} \qquad (j = 1, \dots, n),$$

so gilt

$$D_n v_j = 2\cos\frac{j\pi}{n+1} v_j \qquad \text{und} \qquad (v_j, v_k) = \delta_{jk}\frac{n+1}{2}.$$

Also hat D_n die paarweise verschiedenen Eigenwerte $2\cos\frac{j\pi}{n+1}$ $(j = 1, \dots, n)$. Dies liefert die Formeln

$$\sum_{m=1}^{n} \sin\frac{mj\pi}{n+1} \sin\frac{mk\pi}{n+1} = \delta_{jk}\frac{n+1}{2},$$

ein diskretes Gegenstück zu

$$\int_0^\pi \sin jx \ \sin kx \ dx = \delta_{jk}\frac{\pi}{2}.$$

(Siehe auch 4.8.)

Beweis. Mit Hilfe der Formel

$$\sin\alpha + \sin\beta = 2\cos\frac{\alpha-\beta}{2} \ \sin\frac{\alpha+\beta}{2}$$

erhalten wir

$$D_n v_j = \begin{pmatrix} \sin\frac{0j\pi}{n+1} + \sin\frac{2j\pi}{n+1} \\ \sin\frac{j\pi}{n+1} + \sin\frac{3j\pi}{n+1} \\ \vdots \\ \sin\frac{(n-1)j\pi}{n+1} + \sin\frac{(n+1)j\pi}{n+1} \end{pmatrix} = 2\cos\frac{j\pi}{n+1} v_j.$$

Da die Zahlen $2\cos\frac{j\pi}{n+1}$ $(1 \leqslant j \leqslant n)$ wegen der strengen Monotonie von $\cos x$ im Intervall $[0, \pi]$ paarweise verschieden sind, haben wir damit alle Eigenwerte von D_n gefunden. Da D_n eine reell-symmetrische Matrix ist, gilt $(v_j, v_k) = 0$ für $j \neq k$. Wir haben also nur noch

$$(v_j, v_j) = \sum_{k=1}^{n} (\sin \frac{jk\pi}{n+1})^2$$

zu berechnen. Dazu setzen wir $\alpha = \frac{j\pi}{n+1}$ sowie

$$a = \sum_{k=0}^{n} \sin^2 k\alpha \qquad \text{und} \qquad b = \sum_{k=0}^{n} \cos^2 k\alpha.$$

Dann ist $a + b = n + 1$ und

$$b - a = \sum_{k=0}^{n} \cos 2k\alpha = \mathrm{Re}(1 + \epsilon + \ldots + \epsilon^n)$$

mit $\epsilon = e^{2i\alpha}$. Wegen $\epsilon^{n+1} = 1 \neq \epsilon$ ist

$$1 + \epsilon + \ldots + \epsilon^n = \frac{\epsilon^{n+1} - 1}{\epsilon - 1} = 0.$$

Damit folgt $a = b$ und dann $(v_j, v_j) = a = \frac{n+1}{2}$. □

5.13 Beispiel. Wir betrachten in der Ebene ein System von n Massenpunkten, alle mit derselben Masse $m > 0$. Zur Zeit t befinde sich der j-te Massenpunkt im Punkte mit den kartesischen Koordinaten $(x_j(t), y_j(t))$. Zwischen den Massenpunkten mit den Nummern j und $j + 1$ wirke jeweils eine Relativkraft

$$-c(x_j(t) - x_{j+1}(t), y_j(t) - y_{j+1}(t)) \qquad (1 \leqslant j < n).$$

Auf die Massenpunkte mit den Nummern 1 und n mögen ferner noch Absolutkräfte

$$-c(x_1(t), y_1(t)) \qquad \text{und} \qquad -c(x_n(t) - L, y_n(t))$$

wirken.

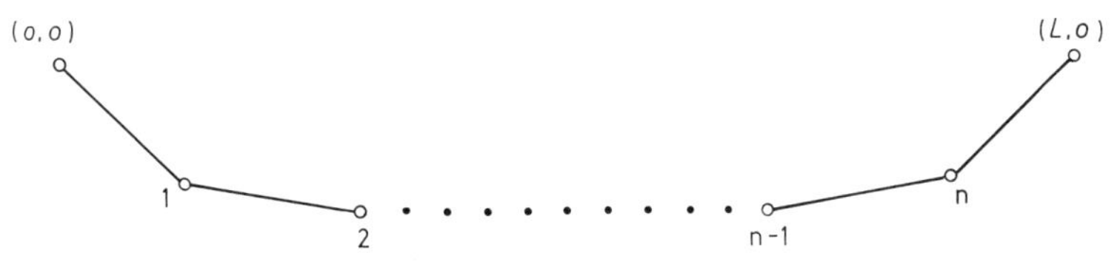

Auf jeden Punkt wirke die Schwerkraft $(0, -mg)$. Die Bewegungsgleichungen für die x-Koordinaten lauten dann

$$mx_1''(t) = -cx_1(t) - c(x_1(t) - x_2(t)) = -2cx_1(t) + cx_2(t),$$

für $1 < j < n$

$$\begin{aligned} mx_j''(t) &= -c(x_j(t) - x_{j-1}(t)) - c(x_j(t) - x_{j+1}(t)) \\ &= cx_{j-1}(t) - 2cx_j(t) + cx_{j+1}(t) \end{aligned}$$

und

$$mx_n''(t) = -c(x_n(t) - x_{n-1}(t)) - c(x_n(t) - L).$$

Für die y-Koordinate gilt analog

$$my_j''(t) = -mg - c(y_j(t) - y_{j-1}(t)) - c(y_j(t) - y_{j+1}(t)),$$

wobei $y_0(t) = y_{n+1}(t) = 0$ für alle t zu setzen ist.

Dieses System hat offenbar genau eine Komponente, welche gebunden ist. Wir ermitteln zuerst die Gleichgewichtslage. Ihre x-Koordinaten sind bestimmt durch

$$0 = -2x_1 + x_2$$

$$0 = x_{j-1} - 2x_j + x_{j+1} \quad (1 < j < n)$$

$$0 = x_{n-1} - 2x_n + L.$$

Aus den ersten $n-1$ Gleichungen folgt rekursiv $x_j = jx_1$, dann aus der letzten Gleichung

$$x_1 = \frac{L}{n+1}, \qquad \text{also} \qquad x_j = \frac{jL}{n+1}.$$

Für die y-Koordinaten der Gleichgewichtslage erhalten wir

$$-2y_1 + y_2 = \frac{mg}{c}$$

$$y_{j-1} - 2y_j + y_{j+1} = \frac{mg}{c} \qquad (1 < j < n)$$

$$y_{n-1} - 2y_n = \frac{mg}{c}.$$

Aus den ersten $n-1$ Gleichungen erhält man rekursiv

$$y_j = jy_1 + \frac{mg}{c}\binom{j}{2}.$$

Dann liefert die letzte Gleichung

$$\frac{mg}{c} = y_{n-1} - y_n = -(n+1)y_1 + \frac{mg}{c}\left(\binom{n-1}{2} - 2\binom{n}{2}\right).$$

Das ergibt $y_1 = -\dfrac{mgn}{2c}$ und dann

$$y_j = -\frac{mg}{2c}j(n+1-j).$$

In der Gleichgewichtslage liegen die Massenpunkte also auf einer Parabel. Eine Parabel stellt sich hier ein, da die Verbindungen der Massenpunkte elastisch sind. Hingegen nimmt eine starre Kette, welche an ihren Endpunkten aufgehängt ist, unter dem Einfluß der Schwerkraft die Gestalt einer sog. Kettenlinie mit der Gleichung

$$y(x) = \frac{a}{2}(e^{x/a} + e^{-x/a})$$

an.

Im vorliegenden Falle ist

$$M^{-1}A = \frac{c}{m}\begin{pmatrix} 2 & -1 & 0 & 0 & \dots & 0 & 0 & 0 \\ -1 & 2 & -1 & 0 & \dots & 0 & 0 & 0 \\ 0 & -1 & 2 & -1 & \dots & 0 & 0 & 0 \\ \vdots & \vdots & \vdots & \vdots & & \vdots & \vdots & \vdots \\ 0 & 0 & 0 & 0 & \dots & -1 & 2 & -1 \\ 0 & 0 & 0 & 0 & \dots & 0 & -1 & 2 \end{pmatrix} = \frac{c}{m}(2E - D_n),$$

wobei D_n die Matrix aus Hilfssatz 5.12 ist. Daher hat $M^{-1}A$ nach 5.12 die Eigenwerte

$$\omega_j^2 = \frac{2c}{m}(1 - \cos\frac{j\pi}{n+1}) = \frac{4c}{m}(\sin\frac{j\pi}{2(n+1)})^2 \qquad (j = 1, \dots, n).$$

Die Eigenfrequenzen dieses Systems sind daher

$$\omega_j = 2\sqrt{\frac{c}{m}}\sin\frac{j\pi}{2(n+1)} \qquad (j = 1, \dots, n).$$

Der Eigenraum zu ω_j^2 wird nach 5.12 aufgespannt von dem Vektor

$$v_j = \begin{pmatrix} \sin\frac{j\pi}{n+1} \\ \sin\frac{2j\pi}{n+1} \\ \vdots \\ \sin\frac{nj\pi}{n+1} \end{pmatrix}.$$

Setzen wir

$$w_1 = \frac{L}{n+1}\begin{pmatrix} 1 \\ 2 \\ \vdots \\ n \end{pmatrix} \qquad \text{und} \qquad w_2 = -\frac{mg}{2c}\begin{pmatrix} n \\ 2(n-1) \\ 3(n-2) \\ \vdots \\ n \end{pmatrix},$$

so folgt mit 5.11 a) für $x(t) = (x_j(t))$

$$x(t) = w_1 + \sum_{k=1}^{n}(c_{k1}\cos\omega_k t + c_{k2}\sin\omega_k t)v_k$$

und eine entsprechende Formel für $y(t) = (y_j(t))$ mit w_2 anstelle von w_1. Durch

$$(x(0), v_k) = (w_1, v_k) + c_{k1}(v_k, v_k) = (w_1, v_k) + c_{k1}\frac{n+1}{2}$$

und

$$(x'(0), v_k) = c_{k2}\omega_k(v_k, v_k) = c_{k2}\omega_k\frac{n+1}{2}$$

sind dann c_{k1} und c_{k2} bestimmt.

Das mathematisch eng verwandte Beispiel der Saite mit diskreten Massen (siehe Aufgabe A 5.5) hat Johann Bernoulli[11)] bereits 1727 behandelt.

5.14 Beispiel. a) Ähnlich wie in Beispiel 5.13 seien $2k+1$ Massenpunkte derselben Masse $m > 0$ vorgegeben, ihre Koordinaten zur Zeit t seien jeweils $(x_j(t), y_j(t))$ mit $j = 0, 1, \ldots, 2k$. Wir nehmen an, daß zwischen den Massenpunkten mit den Nummern i und j eine Relativkraft

$$-c_{ij}(x_i(t) - x_j(t), y_i(t) - y_j(t))$$

wirkt. Dabei sei

$$\begin{aligned} c_{ij} &= 0 \quad \text{für} \quad 1 \leqslant i \leqslant k < j, \\ c_{0j} &= c_{0,j+k} \quad \text{für} \quad 1 \leqslant j \leqslant k, \\ c_{ij} &= c_{i+k,j+k} \quad \text{für} \quad 1 \leqslant i, j \leqslant k. \end{aligned}$$

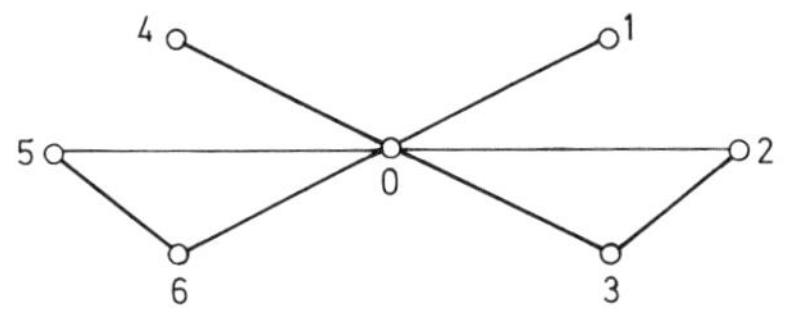

Es herrscht also eine ausgeprägte Symmetrie des Systems bezüglich 0. Die Kräftematrix ist nun von der Gestalt

$$A = \left(\begin{array}{c|ccc} a_{00} & -c_{01} & \ldots & -c_{0,2k} \\ \hline -c_{01} & & & \\ \vdots & & D & \\ -c_{0,2k} & & & \end{array}\right) \qquad \text{mit} \qquad D = \begin{pmatrix} B & 0 \\ 0 & B \end{pmatrix},$$

wobei $a_{00} = \sum_{j=1}^{2k} c_{0j}$ und Typ $B = (k, k)$.

11) Johann Bernoulli (1667–1748) Basel; Analysis.

Sind $b_1 \geqslant \ldots \geqslant b_k$ die Eigenwerte von B und $a_1 \geqslant \ldots \geqslant a_{2k+1}$ die von A, so gilt nach II, 8.5

$$a_1 \geqslant b_1 \geqslant a_2 \geqslant b_1 \geqslant a_3 \geqslant b_2 \geqslant \ldots \geqslant b_k \geqslant a_{2k} \geqslant b_k \geqslant a_{2k+1} \geqslant 0.$$

Dies zeigt

$$a_1 \geqslant b_1, \quad a_{2j} = b_j \quad (j = 1, \ldots, k), \quad b_j \geqslant a_{2j+1} \geqslant b_{j+1}, \quad b_k \geqslant a_{2k+1}.$$

Da das System lauter freie Komponenten hat, ist nach 5.3 c) $a_{2k+1} = 0$.

b) Wir wählen in a) speziell $c_{0j} = c > 0$ für $j = 1, \ldots, 2k$ und $c_{ij} = c_{i+k,j+k} = c > 0$ für alle $i, j = 1, \ldots, k$ mit $i \neq j$. Dann erhalten wir

$$A = c \left(\begin{array}{c|ccc} 2k & -1 & \ldots & -1 \\ \hline -1 & & & \\ \vdots & & D & \\ -1 & & & \end{array}\right)$$

mit

$$D = \begin{pmatrix} B & 0 \\ 0 & B \end{pmatrix} \qquad \text{und} \qquad B = \begin{pmatrix} k & -1 & -1 & \ldots & -1 \\ -1 & k & -1 & \ldots & -1 \\ \vdots & \vdots & \vdots & & \vdots \\ -1 & -1 & -1 & \ldots & k \end{pmatrix}.$$

Bekanntlich hat B die Eigenwerte

$$\underbrace{k+1, \ldots, k+1}_{k-1}, \ 1.$$

Daher erhalten wir

$$\begin{aligned} a_1 &\geqslant c(k+1) \geqslant a_2 \geqslant c(k+1) \geqslant \ldots \geqslant a_{2k-2} \geqslant c(k+1) \geqslant a_{2k-1} \\ &\geqslant c \geqslant a_{2k} \geqslant c \geqslant a_{2k+1} = 0. \end{aligned}$$

Also ist

$$a_2 = a_3 = \ldots = a_{2k-2} = c(k+1), \qquad a_{2k} = c.$$

Die noch fehlenden Eigenwerte a_1 und a_{2k-1} ermitteln wir aus den Gleichungen

$$c(k+1)(2k-3) + c + a_1 + a_{2k-1} = \text{Spur}\, A = 2c(k+1)k$$

und

$$c^2(k+1)^2(2k-3) + c^2 + a_1^2 + a_{2k-1}^2 = \text{Spur}\, A^2 = c^2(2k^3 + 6k^2 + 2k).$$

Also ist

$$a_1 + a_{2k-1} = c(3k+2) \qquad \text{und} \qquad a_1^2 + a_{2k-1}^2 = c^2(5k^2 + 6k + 2).$$

Dies führt zu $a_1 = c(2k+1)$ und $a_{2k-1} = c(k+1)$. Somit hat A die Eigenwerte

$$0,\ c,\ \underbrace{c(k+1), \ldots, c(k+1)}_{2k-2},\ c(2k+1).$$

Unser System hat daher nur drei Eigenfrequenzen, nämlich

$$\omega_1 = \sqrt{\frac{c}{m}}, \qquad \omega_2 = \sqrt{\frac{c(k+1)}{m}}, \qquad \omega_3 = \sqrt{\frac{c(2k+1)}{m}}.$$

Für die Form der Schwingungen zu ω_1 und ω_3 verweisen wir auf Aufgabe A 5.8.

Wir verfolgen die qualitative Änderung der Frequenzen bei Änderung der Daten eines schwingungsfähigen Systems:

5.15 Satz. *Vorgelegt sei wie in* 1.1 *die Bewegungsgleichung*

$$Mx''(t) + Ax(t) = 0$$

eines Systems mit

$$(Ay, y) = \sum_{j=1}^{n} c_{jj}|y_j|^2 + \sum_{j<k} c_{jk}|y_j - y_k|^2$$

und $c_{jk} \geqslant 0$. *(Man beachte* 5.3 *sowie den in* 1.1 *beschriebenen Zusammenhang zwischen den Matrixelementen* a_{jk} *und den* c_{jk}.*) Seien* $0 \leqslant \omega_1 \leqslant \ldots \leqslant \omega_n$ *die Eigenfrequenzen des Systems, also* ω_j^2 *die Eigenwerte von* $M^{-1}A$. *Wir verändern das System, indem wir entweder*
(1) *alle elastischen Bindungen verstärken, also zu* $\tilde{c}_{jk} \geqslant c_{jk}$ *übergehen*
oder
(2) *alle Massen verkleinern entsprechend* $\tilde{m}_j \leqslant m_j$.
Sind $0 \leqslant \tilde{\omega}_1 \leqslant \ldots \leqslant \tilde{\omega}_n$ *die Eigenfrequenzen des neuen Systems, so gilt* $\omega_j \leqslant \tilde{\omega}_j$ *für alle* $j = 1, \ldots, n$.
(Dies beschreibt eine wohlvertraute akustische Erscheinung: Bei Verstärkung der elastischen Bindungen werden die Töne höher.)

Beweis. Wegen $M > 0$ wird durch $[v, w] = (Mv, w)$ ein positiv definites Skalarprodukt $[\ ,\ ]$ auf $\mathbb{C}^n$ definiert (siehe II, 7.18). Man sieht leicht, daß $M^{-1}A$ hermitisch ist bezüglich $[\ ,\ ]$. Das Courantsche Minimax-Prinzip (siehe II, 8.1) besagt

$$\begin{aligned}\omega_k^2 &= \operatorname*{Min}_{\dim \mathfrak{W}=n-k+1} \operatorname*{Max}_{\substack{w\in\mathfrak{W}\\ [w,w]=1}} [M^{-1}Aw, w] \\ &= \operatorname*{Min}_{\dim \mathfrak{W}=n-k+1} \operatorname*{Max}_{0\neq w\in\mathfrak{W}} \frac{[M^{-1}Aw, w]}{[w,w]} \\ &= \operatorname*{Min}_{\dim \mathfrak{W}=n-k+1} \operatorname*{Max}_{0\neq w\in\mathfrak{W}} \frac{(Aw,w)}{(Mw,w)}.\end{aligned}$$

Wir betrachten zuerst den Fall, daß die Kräfte verstärkt werden. Dann gilt für alle $w = (w_j) \in \mathbb{C}^n$

$$\begin{aligned}(\tilde{A}w, w) &= \sum_{j=1}^{n} \tilde{c}_{jj}|w_j|^2 + \sum_{j<k} \tilde{c}_{jk}|w_j - w_k|^2 \\ &\geqslant \sum_{j=1}^{n} c_{jj}|w_j|^2 + \sum_{j<k} c_{jk}|w_j - w_k|^2 = (Aw, w).\end{aligned}$$

Aus

$$\frac{(\tilde{A}w,w)}{(Mw,w)} \geqslant \frac{(Aw,w)}{(Mw,w)}$$

für alle $w \neq 0$ folgt dann mit dem Minimax-Prinzip $\tilde{\omega}_j^2 \geqslant \omega_j^2$ $(j = 1, \ldots, n)$.

Im Falle der Verkleinerung der Massen ist offenbar $(Mw, w) \geqslant (\tilde{M}w, w)$, und daraus folgt wieder $\tilde{\omega}_j \geqslant \omega_j$. □

Aufgaben

A 5.1 Wir betrachten zwei auf der x-Achse frei bewegliche Massenpunkte der Massen m_1 und m_2, welche durch eine Relativkraft der Stärke $c > 0$ verbunden seien.

a) Man stelle die Bewegungsgleichung auf.

b) Man bestimme die Eigenfrequenzen des Systems.

c) Für die Anfangsbedingungen

$$x(0) = \begin{pmatrix} 0 \\ 0 \end{pmatrix} \quad \text{und} \quad x'(0) = \begin{pmatrix} 0 \\ v \end{pmatrix}$$

löse man die Bewegungsgleichungen.
(Zur Zeit 0 befinden sich also beide Massen im Punkt 0 und man gibt der Masse m_2 einen Stoß mit dem Anfangsimpuls $m_2 v$.)

A 5.2 Wir betrachten ein System aus drei Massen derselben Größe $m > 0$, welche sich auf der y-Achse reibungsfrei bewegen können. Zwischen den Massen mögen hookesche Relativkräfte der Stärke $c > 0$ entsprechend der Zeichnung wirken. Das System unterliege der Schwerkraft.

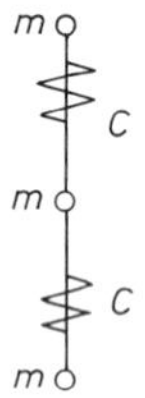

a) Man stelle die Bewegungsgleichung auf.

b) Man finde eine spezielle Lösung der inhomogenen Bewegungsgleichung.

c) Zur Matrix $M^{-1}A$ dieses Problems bestimme man die Eigenwerte und Eigenvektoren.

d) Man löse die Bewegungsgleichungen zu vorgegebenen Anfangswerten $y(0)$ und $y'(0)$.

A 5.3 Vorgelegt seien n Massenpunkte derselben Masse $m > 0$, welche sich auf der x-Achse reibungsfrei bewegen können. Jeder Massenpunkt sei an die Punkte 0 und $L > 0$ durch hookesche Absolutkräfte der Stärke $c > 0$ gebunden und zwischen je zwei Massenpunkten wirke eine Relativkraft derselben Stärke c.

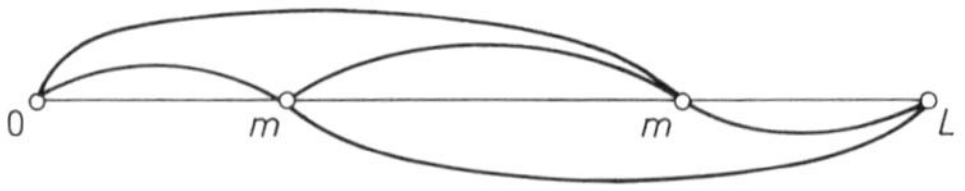

$(n = 2)$

a) Man stelle die Bewegungsgleichung auf.

b) Man bestimme die Gleichgewichtslage des Systems.

c) Man gebe die allgemeine Lösung der homogenen Bewegungsgleichung an.

d) Zu vorgegebenen Anfangswerten $x(0)$ und $x'(0)$ berechne man die Lösung der Bewegungsgleichung.

A 5.4 Vorgelegt sei ähnlich wie in Beispiel 1.2 ein System aus $n + 1$ gekoppelten Schwingkreisen, diesmal mit kapazitiver Koppelung entsprechend der Zeichnung.

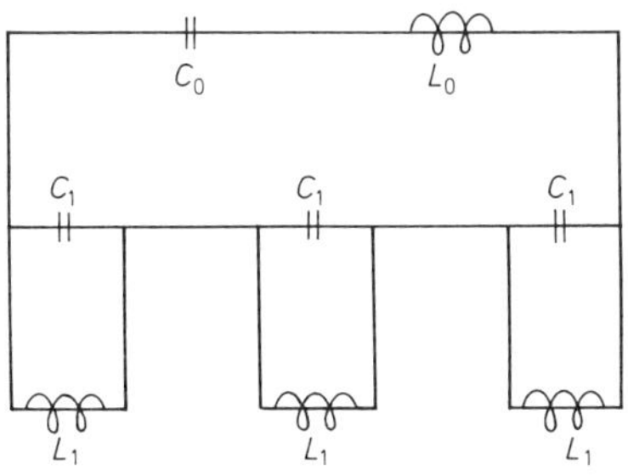

$(n = 3)$

Dabei sei $C_j > 0$ und $L_j > 0$ $(j = 1, 2)$, die ohmschen Widerstände seien vernachlässigt.

a) Man stelle die Differentialgleichung für die Stromstärken auf.

b) Man bestimme die Eigenfrequenzen des Systems.

A 5.5 Vorgegeben sei eine elastische Saite der Spannung s, welche bei 0 und L fest eingespannt sei.

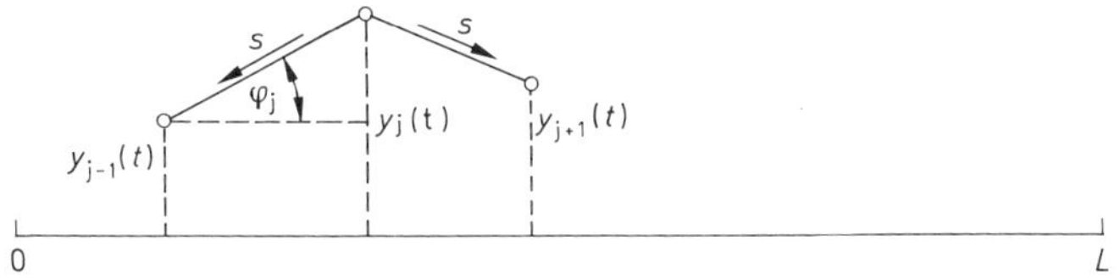

Auf der Saite befinden sich in der Ruhelage n Massenpunkte, alle von der Masse $m > 0$, äquidistant verteilt mit dem Abstand $l = \frac{L}{n+1}$. Wir studieren kleine Auslenkungen der Saite. Diese sollen so erfolgen, daß jede Masse ihre x-Koordinate beibehält und in vertikaler Richtung zur Zeit t nach $y_j(t)$ $(j = 1, \ldots, n)$ ausgelenkt wird (siehe Zeichnung.) Wir vernachlässigen den Einfluß der Schwerkraft. Von der Saitenspannung zwischen den Massen $j - 1$ und j wirkt in der y-Richtung der Anteil $s \sin \varphi_j$. Für kleine Auslenkungen ist

$$\frac{y_j - y_{j-1}}{l} = tg\varphi_j \sim \varphi_j \sim \sin \varphi_j .$$

Wir ersetzen dementsprechend $s \sin \varphi_j$ durch $\frac{s}{l}(y_j - y_{j-1})$.

a) Setzen wir $y_0(t) = y_{n+1}(t) = 0$ für alle t, so lauten die Bewegungsgleichungen

$$my_j''(t) = \frac{s}{l}(y_{j-1}(t) - 2y_j(t) + y_{j+1}(t)).$$

b) Man bestimme die Eigenfrequenzen der Saite.

A 5.6 Vorgelegt sei ein System aus n Massenpunkten derselben Masse $m > 0$, welches aus einer freien Komponente bestehe. Alle Bewegungen seien reibungsfrei und alle auftretenden Relativkräfte seien von der Stärke $c > 0$. Wir geben die Kräfte in Gestalt eines Graphen an, dessen Ecken den Massenpunkten und dessen Kanten den Relativkräften entsprechen. Man bestimme jeweils die Eigenfrequenzen des Systems für die folgenden Fälle:

a) 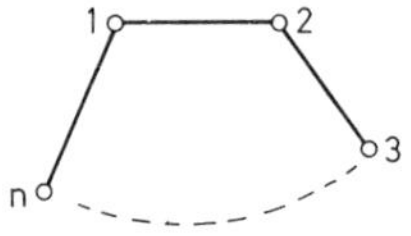 (n-Zyklus)

b) 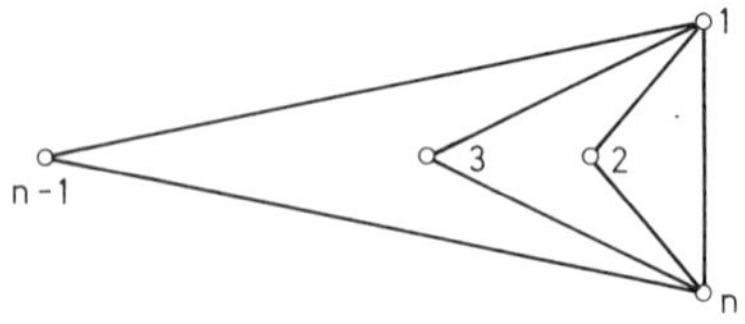

c) 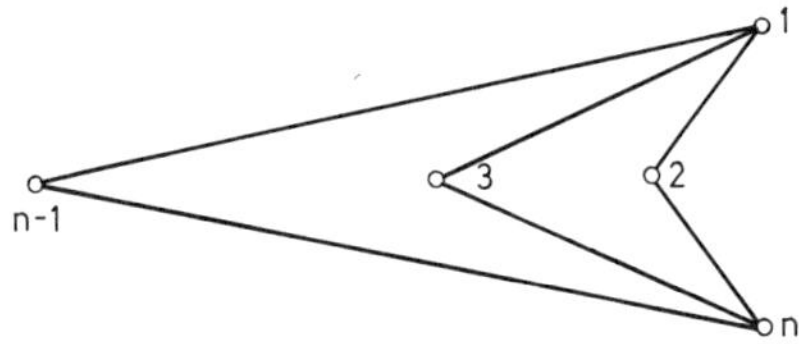

d) 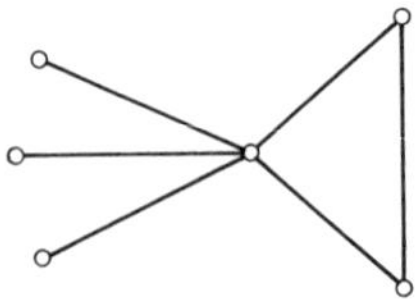 ($n \geqslant 4$)

e) n Massenpunkte, von denen je zwei verbunden sind.

f) 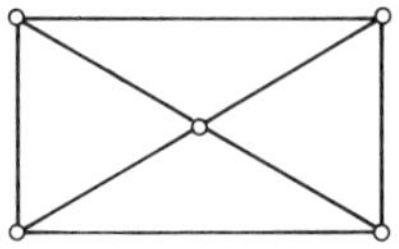 ($n = 5$)

A 5.7 a) Sei A die Jacobi-Matrix

$$\begin{pmatrix} 1 & 1 & 0 & & & \\ 1 & 0 & 1 & & & \\ & & & \ddots & & \\ & & & 1 & 0 & 1 \\ & & & 0 & 1 & 1 \end{pmatrix}$$

vom Typ (n, n). Setzen wir $\alpha_j = \frac{(j-1)\pi}{2n}$ $(j = 1, \dots, n)$ und

$$v_j = \begin{pmatrix} \cos \alpha_j \\ \cos 3\alpha_j \\ \vdots \\ \cos(2n-1)\alpha_j \end{pmatrix},$$

so gilt

$$Av_j = 2 \cos 2\alpha_j v_j.$$

b) Sei B die Jacobi-Matrix

$$\begin{pmatrix} 0 & 1 & 0 & & & \\ 1 & 0 & 1 & & & \\ & & & \ddots & & \\ & & & 1 & 0 & 1 \\ & & & 0 & 1 & 1 \end{pmatrix}$$

vom Typ (n, n). Setzen wir $\beta_j = \frac{(2j-1)\pi}{2n+1}$ $(j = 1, \dots, n)$ und

$$w_j = \begin{pmatrix} \sin \beta_j \\ \sin 2\beta_j \\ \vdots \\ \sin n\beta_j \end{pmatrix},$$

so gilt

$$Bw_j = 2 \cos \beta_j w_j.$$

(Mit Hilfe von $\cos(2n+1)\frac{\beta_j}{2} = 0$ beweise man die benötigte Relation

$$2 \cos \frac{\beta_j}{2} \ \sin(n\beta_j - \frac{\beta_j}{2}) = 2 \cos \beta_j \ \sin n\beta_j).$$

A 5.8 In Beispiel 5.14 b) ermittle man die Gestalt der Schwingungen zu den

Frequenzen $\omega_1 = \sqrt{\frac{c}{m}}$ und $\omega_3 = \sqrt{\frac{c}{m}(2k+1)}$. (Man erhält

$$x(t) = a \begin{pmatrix} 0 \\ 1 \\ \vdots \\ 1 \\ -1 \\ \vdots \\ -1 \end{pmatrix} e^{i\omega_1 t} \quad \text{mit der Masse } m_0 \text{ in Ruhe}$$

bzw.

$$x(t) = b \begin{pmatrix} 1 \\ -1/2k \\ \vdots \\ -1/2k \end{pmatrix} e^{i\omega_3 t} \quad \text{mit dem Schwerpunkt in Ruhe.)}$$

§ 6 Lineare Schwingungen mit Reibung

6.1 Problemstellung. Wir greifen nun Beispiel 1.1 in voller Allgemeinheit auf. Die Bewegungsgleichung lautet dann

$$Mx''(t) = -Ax(t) - Bx(t). \qquad (*)$$

Dabei sind A und B nach 5.2 Oszillationsmatrizen, nach 5.3 ist daher $A \geqslant 0$ und $B \geqslant 0$. Die Diagonalmatrix $M > 0$ ist invertierbar. Wir schreiben das System $(*)$ in der Gestalt

$$z'(t) = Cz(t) \quad \text{mit} \quad z(t) = \begin{pmatrix} x(t) \\ x'(t) \end{pmatrix} \quad \text{und}$$

$$C = \begin{pmatrix} 0 & E \\ -M^{-1}A & -M^{-1}B \end{pmatrix}.$$

Die Lösung dieses Systems ist nach 3.3 $z(t) = e^{tC}z(0)$. Der Charakter dieser Lösung hängt nach 3.4 von der Jordanschen Normalform von C ab, welche wir in 6.3 und 6.4 ermitteln werden.

6.2 Bemerkung. Wir betrachten die homogene Bewegungsgleichung

$$Mx''(t) = -Ax(t) - Bx(t)$$

aus 6.1. Zu diesem System bilden wir die kinetische Energie

$$T = \frac{1}{2}\sum_{j=1}^{n} m_j x_j'(t)^2 = \frac{1}{2}(Mx'(t), x'(t))$$

und die potentielle Energie

$$U = \frac{1}{2}\sum_{j,k=1}^{n} a_{jk}x_j(t)x_k(t) = \frac{1}{2}(Ax(t), x(t)).$$

(Man bestätigt leicht, daß $-\frac{\partial U}{\partial x_j}$ der auf die Masse m_j wirkende, nicht von der Reibung herrührende Anteil der Kräfte ist.) Wegen $a_{jk} = a_{kj}$ gilt

$$\begin{aligned}\frac{d}{dt}(T+U) &= \sum_{j=1}^{n} m_j x_j'(t)x_j''(t) + \sum_{j,k=1}^{n} a_{jk}x_j'(t)x_k(t)\\ &= \sum_{j=1}^{n} x_j'(t)\left(m_j x_j''(t) + \sum_{k=1}^{n} a_{jk}x_k(t)\right)\\ &= -\sum_{j,k=1}^{n} x_j'(t)b_{jk}x_k'(t) = -(Bx'(t), x'(t)).\end{aligned}$$

Aus $B \geqslant 0$ folgt $\frac{d}{dt}(T+U) \leqslant 0$. Da $T+U$ die mechanische Energie des Systems ist, heißt dies, daß durch die Reibung ein Verlust an mechanischer Energie auftritt, der sich in der Regel durch Wärmeentwicklung bemerkbar macht. Ist $B > 0$, so tritt ein echter Energieverlust $-(Bx'(t), x'(t)) < 0$ sogar für alle Bewegungsvorgänge mit $x'(t) \neq 0$ auf.

Wir untersuchen in den Hilfssätzen 6.3 und 6.4 die Eigenwerte und die Jordansche Normalform der Matrix aus 6.1.

6.3 Hilfssatz. a) *Seien $R, S, T \in (K)_n$. Dann hat*

$$\begin{pmatrix} 0 & R \\ S & T \end{pmatrix}$$

das charakteristische Polynom

$$\det(x^2E - xT - SR).$$

b) *Seien M, A, B hermitesche Matrizen aus $(\mathbb{C})_n$ mit $M > 0$, $A \geqslant 0$, $B \geqslant 0$. Dann hat jeder Eigenwert von*

$$C = \begin{pmatrix} 0 & E \\ -M^{-1}A & -M^{-1}B \end{pmatrix}$$

einen nichtpositiven Realteil.

c) *Ist $B > 0$, so hat jeder von 0 verschiedene Eigenwert von C einen negativen Realteil.*

d) *Ist $B = 0$, so ist jeder von 0 verschiedene Eigenwert von C rein imaginär.*

Beweis. a) Mit 5.4 folgt

$$\det\begin{pmatrix} xE & -R \\ -S & xE-T \end{pmatrix} = \det(x^2E - xT - SR).$$

b) Ist c ein Eigenwert von C, so gilt nach a)

$$\det(c^2E + cM^{-1}B + M^{-1}A) = 0,$$

also auch

$$\det(c^2M + cB + A) = 0.$$

Somit gibt es einen Vektor $v \neq 0$ in $\mathbb{C}^n$ mit

$$(c^2M + cB + A)v = 0.$$

Skalare Multiplikation mit v liefert

$$c^2(Mv, v) + c(Bv, v) + (Av, v) = 0.$$

Setzen wir $m = (Mv, v)$, $a = (Av, v)$ und $b = (Bv, v)$, so ist $m > 0$, $a \geqslant 0$ und $b \geqslant 0$. Wir erhalten

$$c = -\frac{b}{2m} \pm \sqrt{\frac{b^2 - 4am}{4m^2}}.$$

Ist $b^2 - 4am \leqslant 0$, so folgt $\operatorname{Re} c = -\dfrac{b}{2m} \leqslant 0$. Sei weiter $b^2 - 4am > 0$, wegen $am \geqslant 0$ also

$$0 < \frac{b^2 - 4am}{4m^2} \leqslant \frac{b^2}{4m^2}.$$

Dann ist $c = \operatorname{Re} c \leqslant 0$.

c) Sei c ein Eigenwert von C mit $c \in \mathbb{R}i$. Dann folgt $c^2 \in \mathbb{R}$ und

$$bc = -mc^2 - a \in \mathbb{R}i \cap \mathbb{R} = \{0\}.$$

Wegen $B > 0$ ist $b = (Bv, v) > 0$, also $c = 0$. Wegen b) haben daher alle von 0 verschiedenen Eigenwerte von C negativen Realteil.

d) Ist $B = 0$, so gilt $c = \pm\sqrt{-\frac{a}{m}}$ mit $\frac{a}{m} \geqslant 0$. □

Die wichtigsten Aussagen über die Jordansche Normalform von C enthält der folgende Hilfssatz:

6.4 Hilfssatz. *Seien M, A, B hermitesche Matrizen aus $(\mathbb{C})_n$ mit $M > 0$, $A \geqslant 0$ und $B \geqslant 0$. Sei wieder*

$$C = \begin{pmatrix} 0 & E \\ -M^{-1}A & -M^{-1}B \end{pmatrix}$$

a) *Genau dann ist 0 ein Eigenwert von C, wenn* $\det A = 0$.

b) *Die Jordan-Kästchen von C zum Eigenwert 0 sind von der Form* (0) *oder* $\begin{pmatrix} 0 & 1 \\ 0 & 0 \end{pmatrix}$, *der zweite Fall tritt genau für* Kern $A \cap$ Kern $B \neq 0$ *auf.*
c) *Ist* ia $(0 \neq a \in \mathbb{R})$ *ein rein imaginärer Eigenwert von C, so treten in C zu* ia *nur Jordan-Kästchen* (ia) *auf.*
d) *Für alle Vektoren* $w \neq 0$ *aus* $\mathbb{C}^n$ *sei*

$$(Bw, w)^2 > 4(Mw, w)(Aw, w).$$

Dann ist C diagonalisierbar, alle Eigenwerte von C sind reell und nichtpositiv.

Beweis. a) Nach 5.4 gilt $\det C = \det M^{-1}A$.

Zum Beweis der übrigen Behauptungen erinnern wir an die Aussage in 3.4 c):

Sei $m_C = (x-a)^k g$ mit $g(a) \neq 0$ das Minimalpolynom von C. (Die größten Jordan-Kästchen von C zum Eigenwert a haben dann den Typ (k, k).) Für jedes $j \leqslant k$ besitzt dann die Gleichung $z'(t) = Cz(t)$ eine Lösung der Gestalt

$$z(t) = e^{at}(w_0 + tw_1 + \ldots + t^{j-1}w_{j-1})$$

mit konstanten Vektoren w_i und $w_{j-1} \neq 0$. Dabei ist $z(t) = \begin{pmatrix} x(t) \\ x'(t) \end{pmatrix}$, wobei $x(t)$ eine Lösung ist von

$$Mx''(t) + Bx'(t) + Ax(t) = 0 \qquad (*)$$

von der Gestalt

$$x(t) = e^{at}(v_0 + tv_1 + \ldots + t^{j-1}v_{j-1})$$

mit $v_{j-1} \neq 0$.

Nun beweisen wir mit Hilfe dieser Vorbemerkung die Aussagen unter b) bis d).
b) Sei

$$x(t) = v_0 + tv_1 + t^2 v_2$$

eine Lösung von $(*)$ mit $a = 0$. Dann ist

$$2Mv_2 = Mx''(t) = -Bx'(t) - Ax(t) = -B(v_1 + 2tv_2) - A(v_0 + tv_1 + t^2 v_2).$$

Der Vergleich der Koeffizienten von $t^2, t, 1$ zeigt

$$Av_2 = 0 \qquad (1)$$

$$Av_1 + 2Bv_2 = 0 \qquad (2)$$

$$Av_0 + Bv_1 = -2Mv_2. \qquad (3)$$

Aus (2) folgt durch skalare Multiplikation mit v_2 dann

$$2(Bv_2, v_2) = -(Av_1, v_2) = -(v_1, Av_2) = 0.$$

Wegen $B \geqslant 0$ erzwingt dies $Bv_2 = 0$ (siehe II, 7.18 b)). Also ist auch $Av_1 = 0$.

Weiter folgt durch skalare Multiplikation von (3) mit v_2

$$2(Mv_2, v_2) = -(Av_0, v_2) - (Bv_1, v_2) = -(v_0, Av_2) - (v_1, Bv_2) = 0.$$

Wegen $M > 0$ erzwingt dies $v_2 = 0$. Aus den verbleibenden Bedingungen

$$Av_1 = Av_0 + Bv_1 = 0$$

folgt dann

$$(Bv_1, v_1) = -(Av_0, v_1) = -(v_0, Av_1) = 0,$$

wegen $B \geqslant 0$ also $Bv_1 = 0$. Somit gilt $v_1 \in \operatorname{Kern} A \cap \operatorname{Kern} B$.

Ist $\operatorname{Kern} A \cap \operatorname{Kern} B = 0$, so haben wir zum Eigenwert 0 in C also nur Jordan-Kästchen von der Gestalt (0). Ist hingegen

$$0 \neq v_1 \in \operatorname{Kern} A \cap \operatorname{Kern} B,$$

so ist offenbar $x(t) = tv_1$ eine Lösung von $(*)$. Dann treten in C Jordan-Kästchen $\begin{pmatrix} 0 & 1 \\ 0 & 0 \end{pmatrix}$, aber keine größeren Kästchen zum Eigenwert 0 auf.

c) Sei nun $0 \neq a \in \mathbb{R}$ und sei

$$x(t) = e^{iat}(v_0 + tv_1)$$

eine Lösung von $(*)$. Wir zeigen $v_1 = 0$.

Diesmal folgt aus $(*)$ durch Koeffizientenvergleich

$$a^2 M v_1 = Av_1 + iaBv_1 \tag{4}$$

$$-a^2 M v_0 + 2iaMv_1 = -Av_0 - iaBv_0 - Bv_1. \tag{5}$$

Aus (4) folgt

$$((a^2 M - A)v_1, v_1) = ia(Bv_1, v_1) \in \mathbb{R} \cap i\mathbb{R} = \{0\}.$$

Wegen $a \neq 0$ ist daher $(Bv_1, v_1) = 0$, wegen $B \geqslant 0$ dann $Bv_1 = 0$. Aus (4) folgt daher $(a^2 M - A)v_1 = 0$. Mit (5) erhalten wir dann

$$\begin{aligned} 2ia(Mv_1, v_1) &= ((a^2 M - A - iaB)v_0, v_1) \\ &= (v_0, (a^2 M - A + iaB)v_1) = 0. \end{aligned}$$

Wegen $M > 0$ ist daher $v_1 = 0$.

d) Sei c ein Eigenwert von C. Dann gibt es einen Vektor $v \neq 0$ in $\mathbb{C}^n$ mit

$$(c^2 M + cB + A)v = 0.$$

Setzen wir wie im Beweis von 6.3 b)

$$m = (Mv, v), \quad a = (Av, v) \quad \text{und} \quad b = (Bv, v),$$

so erhalten wir wieder

$$c = -\frac{b}{2m} \pm \sqrt{\frac{b^2 - 4am}{4m^2}}.$$

Wegen unserer augenblicklichen Voraussetzungen ist dabei $0 < b^2 - 4am \leqslant b^2$. Also ist c reell und $c \leqslant 0$.
Sei nun

$$x(t) = e^{ct}(v_0 + tv_1)$$

eine Lösung von $(*)$. Wie in c) genügt der Beweis von $v_1 = 0$. Der Koeffizientenvergleich bezüglich t und 1 liefert diesmal

$$(c^2 M + cB + A)v_1 = 0 \tag{6}$$

$$(c^2 M + cB + A)v_0 = -(B + 2cM)v_1. \tag{7}$$

Da c reell ist, folgt

$$\begin{aligned}((B + 2cM)v_1, v_1) &= -((c^2 M + cB + A)v_0, v_1)\\ &= -(v_0, (c^2 M + cB + A)v_1) = 0.\end{aligned}$$

Also gilt

$$c^2(Mv_1, v_1) + c(Bv_1, v_1) + (Av_1, v_1) = (Bv_1, v_1) + 2c(Mv_1, v_1) = 0.$$

Daraus folgt

$$\begin{aligned}0 &= ((Bv_1, v_1) + 2c(Mv_1, v_1))^2\\ &= (Bv_1, v_1)^2 + 4c(Bv_1, v_1)(Mv_1, v_1) + 4c^2(Mv_1, v_1)^2\\ &= (Bv_1, v_1)^2 + 4c(Bv_1, v_1)(Mv_1, v_1) - 4(Mv_1, v_1)(c(Bv_1, v_1) + (Av_1, v_1))\\ &= (Bv_1, v_1)^2 - 4(Mv_1, v_1)(Av_1, v_1).\end{aligned}$$

Wegen unserer Voraussetzung erzwingt dies $v_1 = 0$. □

Die Formulierung von Hilfssatz 6.4 ist der Verwendung in 6.5 angepaßt; die Spezialisierung $M = E$ wäre kein Verlust an Allgemeinheit, da $M^{-1}A$ und $M^{-1}B$ bezüglich des definiten Skalarproduktes [,] mit $[v, w] = (Mv, w)$ nichtnegative hermitesche Abbildungen liefern.

6.5 Hauptsatz. *Vorgelegt sei die Gleichung*

$$Mx''(t) = -Ax(t) - Bx'(t) \tag{$*$}$$

mit $M > 0$, $A \geqslant 0$ *und* $B \geqslant 0$.

a) *Jede Lösung* $x(t) = (x_j(t))$ *von* $(*)$ *hat die Gestalt*

$$x_j(t) = \sum_{k=1}^{r} f_{jk}(t)e^{c_k t},$$

wobei $c_1, \ldots, c_r$ *die verschiedenen Eigenwerte von*

$$C = \begin{pmatrix} 0 & E \\ -M^{-1}A & -M^{-1}B \end{pmatrix}$$

sind und die f_{jk} *Polynome. Dabei ist* $\operatorname{Re} c_k \leqslant 0$.
b) *Ist* $c_k \neq 0$ *rein imaginär, so ist* $\operatorname{Grad} f_{jk} = 0$.
c) *Genau dann ist 0 ein Eigenwert von* C, *etwa* $c_1 = 0$, *wenn* $\det A = 0$. *Dann gilt* $\operatorname{Grad} f_{j1} \leqslant 1$. *Lösungen von* $(*)$ *mit* $\operatorname{Grad} f_{j1} = 1$ *für geeignete j treten genau dann auf, wenn* $\operatorname{Kern} A \cap \operatorname{Kern} B \neq 0$ *gilt. Dann gibt es Lösungen* $x(t) = tv$ *von* $(*)$ *vom Translationstyp mit* $0 \neq v \in \operatorname{Kern} A \cap \operatorname{Kern} B$.
d) *Für alle* $w \neq 0$ *sei*

$$(Bw, w)^2 > 4(Mw, w)(Aw, w).$$

Dann haben alle Lösungen von $(*)$ *die Gestalt*

$$x_j(t) = \sum_{k=1}^{r} d_{jk} e^{c_k t}$$

mit $c_k \leqslant 0$ *und konstanten* d_{jk}.
(Dieser Fall wird in der Schwingungstechnik als Überdämpfung (overdamping) bezeichnet. Die Reibungskräfte sind dabei so stark, daß sich keine Schwingungen ausbilden können, es liegt ein reiner Abklingvorgang vor.)

Beweis. Die Aussage unter a) folgt aus 6.3, die übrigen aus 6.4. □

Die physikalische Bedeutung der Aussagen in 6.5 ist einleuchtend: Da durch die Reibung i.a. ein Energieverlust eintritt, sind Bewegungsvorgänge von der Gestalt $f(t)e^{ict}$ mit $c \in \mathbb{R}$ und mit nichtkonstanten Polynomen f, bei welchen die Amplitude $|f(t)|$ mit der Zeit beliebig groß würde, ausgeschlossen. Ist jedoch $\operatorname{Re} c = a < 0$, so strebt

$$|f(t)e^{ct}| = |f(t)|e^{at}$$

für jedes Polynom f mit wachsendem t nach 0. Physikalische Gründe, welche den Grad von f einschränken, liegen hier nicht vor. In der Tat kann $\operatorname{Grad} f$ beliebig groß sein, wie Beispiel 6.7 b) zeigen wird.

Die in Hilfssatz 6.4 a) bis c) stehenden Aussagen lassen sich auch rein algebraisch ohne Bezug auf die Differentialgleichung beweisen (siehe Aufgabe A 6.1). Interessanter ist vielleicht der folgende analytische Zugang:

6.6 Bemerkung. Wir geben einen analytischen Beweis für 6.5 a) bis c), welcher auf einer physikalisch naheliegenden Energiebetrachtung beruht.
a) Zuerst beweisen wir folgende Aussage:
Sei

$$f(t) = \sum_{k=1}^{s} f_k(t) e^{ic_k t}$$

mit reellen, paarweise verschiedenen c_k und mit Polynomen $f_k \in \mathbb{C}[t]$. Ist f in $[0, \infty)$ beschränkt, so gilt Grad $f_k = 0$ für alle k.
Sei

$$f_k(t) = \sum_{j=0}^{m} b_{kj} t^j \qquad \text{mit} \quad m = \operatorname*{Max}_k \operatorname{Grad} f_k.$$

Dann ist

$$f(t) = \sum_{j=0}^{m} t^j g_j(t) \qquad \text{mit} \quad g_j(t) = \sum_{k=1}^{s} b_{kj} e^{ic_k t}.$$

Für alle reellen t gilt dabei

$$|g_j(t)| \leqslant \sum_{k=1}^{s} |b_{kj}|.$$

Angenommen, es wäre $m > 0$. Dann strebt

$$g_m(t) = \frac{f(t)}{t^m} - \sum_{j=0}^{m-1} \frac{g_j(t)}{t^{m-j}}$$

wegen der Beschränktheit von f und g_j mit wachsendem t gegen 0. Für reelles $c \neq 0$ gilt

$$\frac{1}{T} \int_0^T e^{ict} dt = \frac{e^{icT} - 1}{icT},$$

und dies strebt wegen

$$|e^{icT} - 1| \leqslant |e^{icT}| + 1 = 2$$

mit wachsendem T gegen 0. Daher folgt

$$\lim_{T\to\infty}\frac{1}{T}\int_0^T g_m(t)e^{-ic_kt}\,dt = \lim_{T\to\infty}\frac{1}{T}\int_0^T\sum_{j=1}^s b_{jm}e^{i(c_j-c_k)t}\,dt$$
$$= \lim_{T\to\infty}\frac{1}{T}\int_0^T b_{km}\,dt = b_{km}.$$

Sei $\epsilon > 0$ vorgegeben. Wir wählen $t_0 > 0$ so, daß $|g_m(t)| \leqslant \epsilon$ für $t \geqslant t_0$. Ferner sei $|g_m(t)| \leqslant a$ für $0 \leqslant t \leqslant t_0$. Damit folgt für $T \geqslant t_0$

$$\left|\frac{1}{T}\int_0^T g_m(t)e^{-ic_kt}\,dt\right| \leqslant \frac{1}{T}\int_0^{t_0}|g_m(t)|dt + \frac{1}{T}\int_{t_0}^T|g_m(t)|\,dt$$
$$\leqslant \frac{t_0a}{T} + \frac{T-t_0}{T}\epsilon.$$

Wählen wir $T \geqslant \frac{t_0a}{\epsilon}$, so folgt

$$\left|\frac{1}{T}\int_0^T g_m(t)e^{-ic_kt}\,dt\right| \leqslant 2\epsilon.$$

Also ist

$$b_{km} = \lim_{T\to\infty}\frac{1}{T}\int_0^T g_m(t)e^{ic_kt}dt = 0$$

und somit $g_m = 0$. Dieser Widerspruch zeigt $m = 0$.
b) Sei nun

$$Mx'' = -Ax(t) - Bx'(t)$$

mit $M > 0$, $A \geqslant 0$ und $B \geqslant 0$. Wie in 6.2 bilden wir die Energie

$$E(t) = \frac{1}{2}((Mx'(t), x'(t)) + (Ax(t), x(t))).$$

Nach 6.2 gilt dabei

$$\frac{dE}{dt} = -(Bx'(t), x'(t)) \leqslant 0.$$

Wegen $A \geqslant 0$ folgt daher für alle $t \geqslant 0$

$$(Mx'(t), x'(t)) \leqslant 2E(t) \leqslant 2E(0).$$

Ist $m_0 > 0$ der kleinste Eigenwert von M, so gilt nach II, 6.9

$$m_0(x'(t), x'(t)) \leqslant (Mx'(t), x'(t)) \leqslant 2E(0).$$

Daher sind die $x_j'(t)$ $(j = 1, \dots, n)$ auf $[0, \infty)$ beschränkt. Seien $c_1, \dots, c_r$ die verschiedenen Eigenwerte von

$$C = \begin{pmatrix} 0 & E \\ -M^{-1}A & -M^{-1}B \end{pmatrix}.$$

Nach 6.3 b) gilt $\operatorname{Re} c_k \leqslant 0$. Nach 3.4 ist

$$x_j(t) = \sum_{k=1}^{r} f_{jk} e^{c_k t}$$

mit geeigneten Polynomen f_{jk}. Also folgt

$$x_j'(t) = \sum_{k=1}^{r} (f_{jk}'(t) + c_k f_{jk}(t)) e^{c_k t}.$$

Ist $\operatorname{Re} c_k = a_k < 0$, so strebt

$$|(f_{jk}'(t) + c_k f_{jk}(t)) e^{c_k t}| = |f_{jk}'(t) + c_k f_{jk}(t)| e^{a_k t}$$

mit wachsendem t gegen 0. Sei $\operatorname{Re} c_k = 0$ für $k = 1, \dots, s$ und $\operatorname{Re} c_k < 0$ für $k = s + 1, \dots, r$. Dann ist auch

$$\sum_{k=1}^{s} (f_{jk}'(t) + c_k f_{jk}(t)) e^{c_k t}$$

beschränkt auf $[0, \infty)$. Mit der unter a) bewiesenen Aussage folgt

$$\operatorname{Grad}(f_{jk}' + c_k f_{jk}) = 0.$$

Das liefert $\operatorname{Grad} f_{jk} = 0$ für $c_k \neq 0$ und $\operatorname{Grad} f_{jk} \leqslant 1$ für $c_k = 0$.

6.7 Beispiele. a) Wir beginnen mit dem einfachsten Fall eines einzigen Massenpunktes, welcher sich auf der x-Achse bewegen kann. Die Bewegungsgleichung laute

$$mx''(t) + ax(t) + bx'(t) = 0 \qquad (*)$$

mit $m > 0$, $a \geqslant 0$ und $b \geqslant 0$. Die Matrix

$$C = \begin{pmatrix} 0 & 1 \\ -\frac{a}{m} & -\frac{b}{m} \end{pmatrix}$$

hat die Eigenwerte

$$-\frac{b}{2m} \pm \sqrt{\frac{b^2 - 4am}{4m^2}}.$$

Fall 1: Sei $b^2 - 4am < 0$. Dann hat C die Eigenwerte

$$-\frac{b}{2m} \pm i\omega \qquad \text{mit} \quad \omega^2 = \frac{4am - b^2}{4m^2}.$$

Die Lösungen von $(*)$ haben nun die Gestalt

$$x(t) = e^{-bt/2m}(d_1 \cos \omega t + d_2 \sin \omega t).$$

Für $b > 0$ sind dies exponentiell gedämpfte Schwingungen der Periode $\frac{2\pi}{\omega}$.

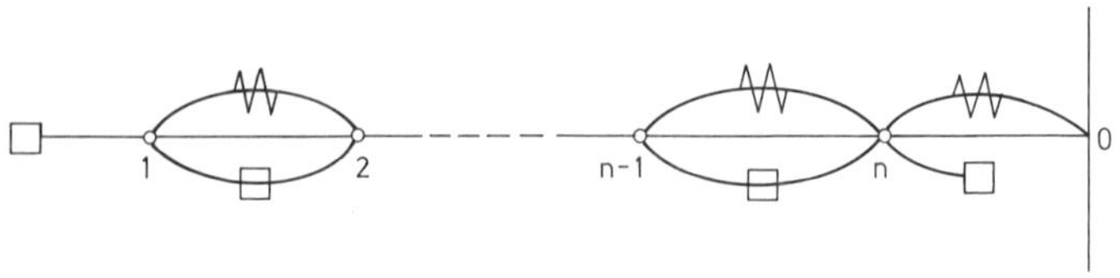

Fall 2: Sei $b^2 = 4am$. Dann ist $-\frac{b}{2m}$ ein zweifacher Eigenwert von C. Da C kein Vielfaches der Einheitsmatrix ist, ist C nicht diagonalisierbar. Daher haben die Lösungen von $(*)$ die Gestalt

$$x(t) = e^{-bt/2m}(d_0 + d_1 t).$$

Fall 3: Sei schließlich $b^2 - 4am > 0$. Dann hat C zwei verschiedene reelle Eigenwerte c_1 und c_2. Für $a > 0$ ist $c_j < 0$ $(j = 1, 2)$. Dann haben die Lösungen von $(*)$ die Gestalt

$$x(t) = d_1 e^{c_1 t} + d_2 e^{c_2 t}.$$

Diese Gleichung beschreibt einen exponentiellen Abklingvorgang.

b) Hauptsatz 6.5 enthält im Falle $\operatorname{Re} c_k < 0$ keine Information über die Grade der Polynome f_{jk}. Das folgende Beispiel, welches ich einer Mitteilung von Herrn Joachim Frank verdanke, zeigt, daß bei Systemen aus n Massenpunkten in den Lösungen Polynome bis zum Grad $2n - 1$ auftreten können.

Wir betrachten ein System von n auf der x-Achse beweglichen Massenpunkten, alle von derselben Masse 1. Dabei mögen folgende Kräfte wirken: Relativkräfte $\pm(x_j - x_{j+1})$ und Relativreibungen $\pm(x'_j - x'_{j+1})$ jeweils zwischen den Massen mit den Nummern j und $j + 1 (1 \leqslant j \leqslant n - 1)$; eine Absolutkraft $-x_n$ und eine Absolutreibung $-x'_n$; eine Absolutreibung $-x'_1$.

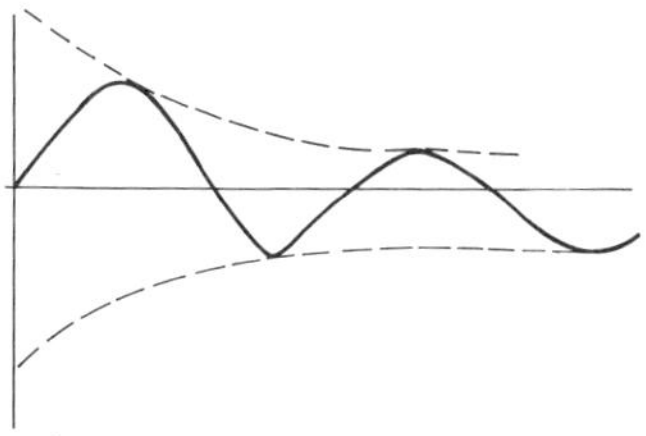

(Wir deuten die elastischen Bindungen durch eine Feder ⩘ an, die Reibungen durch □.) Dann ist $M = E$,

$$A = \begin{pmatrix} 1 & -1 & 0 & \dots & 0 & 0 & 0 \\ -1 & 2 & -1 & \dots & 0 & 0 & 0 \\ \vdots & \vdots & \vdots & & \vdots & \vdots & \vdots \\ 0 & 0 & 0 & \dots & -1 & 2 & -1 \\ 0 & 0 & 0 & \dots & 0 & -1 & 2 \end{pmatrix}$$

und

$$B = \begin{pmatrix} 2 & -1 & 0 & \dots & 0 & 0 & 0 \\ -1 & 2 & -1 & \dots & 0 & 0 & 0 \\ \vdots & \vdots & \vdots & & \vdots & \vdots & \vdots \\ 0 & 0 & 0 & \dots & -1 & 2 & -1 \\ 0 & 0 & 0 & \dots & 0 & -1 & 2 \end{pmatrix}$$

Setzen wir $g(t) = t^{2n-1}$, so ist

$$x(t) = e^{-t} \begin{pmatrix} g(t) \\ g'(t) - g^{(2n-1)}(t) \\ g^{(2)}(t) - g^{(2n-2)}(t) \\ \vdots \\ g^{(n-1)}(t) - g^{(n+1)}(t) \end{pmatrix}$$

($g^{(k)}$ die k-te Ableitung von g) eine Lösung von

$$x''(t) + Ax(t) + Bx'(t) = 0,$$

wie man leicht nachrechnet. Mit 3.4 folgt daher, daß die Matrix

$$C = \begin{pmatrix} 0 & E \\ -A & -B \end{pmatrix}$$

das charakteristische Polynom $f_C = (x+1)^{2n}$ und nur ein einziges Jordan-Kästchen hat. (Dies kann man natürlich auch durch die Berechnung von f_C und den Nachweis von $\dim \operatorname{Kern}(C+E) = 1$ beweisen.)

c) (Joachim Frank) Wir betrachten das Beispiel mit $M = E$,

$$A = \begin{pmatrix} 2 & -2 & 0 \\ -2 & 4 & 0 \\ 0 & 0 & 2 \end{pmatrix} \quad \text{und} \quad B = \begin{pmatrix} 2 & -1 & 0 \\ -1 & 2 & -1 \\ 0 & -1 & 2 \end{pmatrix}$$

mit den Kräften und Reibungen, welche die Zeichnung andeutet.

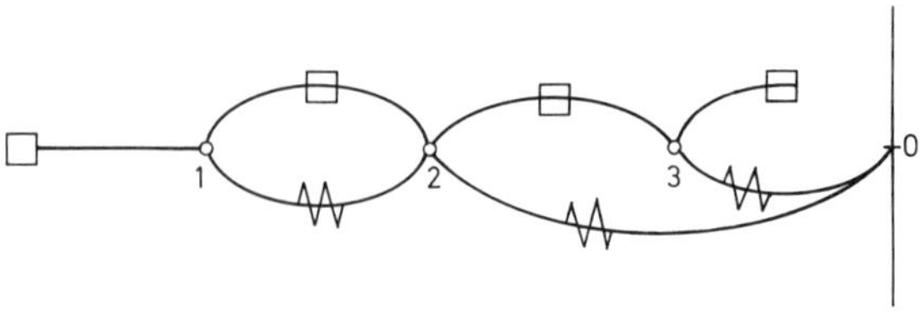

Dabei seien alle elastischen Kräfte von der Stärke 2, die Reibungen von der Stärke 1.

Eine einfache Determinantenrechnung liefert für das charakteristische Polynom von

$$C = \begin{pmatrix} 0 & E \\ -A & -B \end{pmatrix}$$

dann

$$f_C = \det(x^2 E + xB + A) = (x^2 + 2x + 2)^3.$$

Also hat C die Eigenwerte $-1 \pm i$, beide mit der Vielfachheit 3. Wir bestimmen $\dim \operatorname{Kern}(C - (-1 \pm i)E)$:
Die Gleichung

$$C \begin{pmatrix} v \\ w \end{pmatrix} = \begin{pmatrix} w \\ -Av - Bw \end{pmatrix} = (-1 \pm i) \begin{pmatrix} v \\ w \end{pmatrix}$$

verlangt

$$w = (-1 \pm i)v \qquad \text{und} \qquad (A + (-1 \pm i)B + (-1 \pm i)^2 E)v = 0.$$

Da die Matrix

$$A + (-1 \pm i)B + (-1 \pm i)^2 E = \begin{pmatrix} 0 & -1 \mp i & 0 \\ -1 \mp i & 2 & 1 \mp i \\ 0 & 1 \mp i & 0 \end{pmatrix}$$

offenbar den Rang 2 hat, ist v bis auf einen Skalarfaktor eindeutig bestimmt und daher $\dim \operatorname{Kern}(C - (-1 \pm i)E) = 1$. Also hat C zwei Jordan-Kästchen vom Typ (3,3) zu den Eigenwerten $-1 + i$ und $-1 - i$. (Man kann auch durch eine etwas umständliche Matrixrechnung

$$(C^2 + 2C + 2E)^2 \neq 0$$

nachweisen, woraus folgt, daß $(x^2 + 2x + 2)^3$ das Minimalpolynom von C ist.)

Beispiel 6.7 c) legt folgende Vermutung nahe:
Für jedes n gibt es hermitesche Matrizen $M, A, B \in (\mathbb{R})_n$ mit $M > 0$, $A \geqslant 0$ und $B \geqslant 0$ derart, daß

$$\begin{pmatrix} 0 & E \\ -M^{-1}A & -M^{-1}B \end{pmatrix}$$

genau zwei konjugiert komplexe Eigenwerte hat, und zu jedem von diesen gehört ein einziges Jordan-Kästchen vom Typ (n, n). (6.7 c) liefert gerade ein solches Beispiel für $n = 3$.)

6.8 Bemerkung. Sind $M^{-1}A$ und $M^{-1}B$ vertauschbar, so kann man sie nach I, 3.17 simultan diagonalisieren, da $M^{-1}A$ und $M^{-1}B$ beide diagonalisierbar sind (siehe II, 7.22). Also gibt es eine reguläre Matrix T derart, daß

$$D_1 = T^{-1}M^{-1}AT \qquad \text{und} \qquad D_2 = T^{-1}M^{-1}BT$$

Diagonalmatrizen sind. Aus

$$Mx''(t) + Ax(t) + Bx'(t) = 0 \tag{$*$}$$

wird mit $y(t) = T^{-1}x(t)$ dann

$$y''(t) + D_1y(t) + D_2y'(t) = 0.$$

Dies liefert für jede Komponente $y_j(t)$ von $y(t)$ eine Gleichung der in 6.7 a) behandelten Gestalt

$$y_j''(t) + d_{1j}y_j(t) + d_{2j}y_j'(t) = 0. \tag{$**$}$$

Durch die Transformation $x(t) \to T^{-1}x(t)$ ist also das System $(*)$ völlig entkoppelt worden. In den Lösungen von $(**)$ treten nach 6.7 a) höchstens Polynome ersten Grades auf, also haben alle Jordan-Kästchen von C den Typ $(1, 1)$ oder $(2, 2)$.

Für $B = 0$ liegt der hier beschriebene Fall vor, dies ist der Grund für die einfachen Resultate in Satz 5.11. Wir kennen jedoch keine natürliche mechanische Bedingung, welche mit der Vertauschbarkeit von $M^{-1}A$ und $M^{-1}B$ gleichwertig ist.

6.9 Beispiel. Vorgelegt sei ein System aus n Massenpunkten, alle von derselben Masse $m > 0$. Auf jeden Massenpunkt wirke eine Absolutkraft der Stärke $c' > 0$. Ferner wirke zwischen je zwei Massenpunkten eine Relativkraft der Stärke $c > 0$. Dann gilt

$$mx''(t) + Ax(t) + Bx'(t) = 0 \tag{$*$}$$

mit

$$A = \begin{pmatrix} c' + (n-1)c & -c & \dots & -c \\ -c & c' + (n-1)c & \dots & -c \\ \vdots & \vdots & & \vdots \\ -c & -c & \dots & c' + (n-1)c \end{pmatrix}.$$

Setzen wir

$$F = \begin{pmatrix} 1 & \dots & 1 \\ \vdots & & \vdots \\ 1 & \dots & 1 \end{pmatrix},$$

so ist

$$A = (c' + nc)E - cF.$$

Also sind $M^{-1}A$ und $M^{-1}B$ in diesem Falle genau dann vertauschbar, wenn $BF = FB$ gilt. Eine kurze Rechnung zeigt, daß dies genau dann der Fall ist, wenn alle Zeilensummen von B gleich sind, d.h. wenn auf jeden Massenpunkt dieselbe Absolutreibung wirkt; für die Relativreibungen bedeutet dies keine Einschränkung.

Wir nehmen weiterhin speziell an, daß auf jeden Massenpunkt dieselbe Absolutreibung $b' \geqslant 0$ und zwischen je zwei Massenpunkten dieselbe Relativreibung $b \geqslant 0$ wirkt. Dann ist

$$B = (b' + nb)E - bF.$$

Da F die Eigenwerte $0, \dots, 0, n$ hat, gilt für alle y, z

$$\det(yE + zF) = y^{n-1}(y + nz).$$

Nach 6.3 a) ist das charakteristische Polynom der zugeordneten Matrix C dann

$$\begin{aligned} f_C &= \det(x^2E + xM^{-1}B + M^{-1}A) \\ &= \det(x^2E + x(\frac{b' + nb}{m}E - \frac{b}{m}F) + (\frac{c' + nc}{m}E - \frac{c}{m}F)) \\ &= (x^2 + \frac{b' + nb}{m}x + \frac{c' + nc}{m})^{n-1}(x^2 + \frac{b'}{m}x + \frac{c'}{m}). \end{aligned}$$

Jordan-Kästchen vom Typ $(2, 2)$ zu einem Eigenwert a von C treten genau dann auf, wenn a eine zweifache Nullstelle von

$$x^2 + \frac{b' + nb}{m}x + \frac{c' + nc}{m} \qquad \text{oder von} \qquad x^2 + \frac{b'}{m}x + \frac{c'}{m}$$

ist. Nach 6.8 treten in C niemals Jordan-Kästchen von einem Typ (k, k) mit $k > 2$ auf. Offenbar sind ungedämpfte Schwingungen nur für $b' = 0$ möglich.

Die Lösung $x(t) = e^{\omega t} f$ mit $f = \begin{pmatrix} 1 \\ \vdots \\ 1 \end{pmatrix}$ und $\omega^2 + \frac{b'}{m}\omega + \frac{c'}{m} = 0$ entspricht einer Bewegung, bei welcher alle Massen in einem Punkte vereinigt sind, also Relativkräfte und Relativreibungen nicht in Aktion treten.

6.10 Satz. *Vorgelegt sei die Bewegungsgleichung*

$$Mx''(t) = -Ax(t) - Bx'(t) \tag{$*$}$$

wie in Beispiel 1.1 mit einer Diagonalmatrix M und mit Oszillationsmatrizen A und B vom Typ (n, n). *Analog zu 5.1 b) definieren wir auf der Menge* $\{1, \ldots, n\}$ *eine* (A, B)*-Äquivalenzrelation* $\overset{A,B}{\sim}$ *durch* $j \overset{A,B}{\sim} k$, *falls* $j = k$ *oder falls es eine Folge*

$$j = j_1 \neq j_2 \neq \ldots \neq j_t = k$$

gibt mit

$$a_{j_i, j_{i+1}} + b_{j_i, j_{i+1}} < 0 \qquad \text{für} \quad i = 1, \ldots, t-1.$$

Mechanisch bedeutet dies, daß die Massen m_{j_i} *und* $m_{j_{i+1}}$ *durch eine Relativkraft oder eine Relativreibung (oder beides) gekoppelt sind.*

Im Sinne dieser Äquivalenzrelation $\overset{A,B}{\sim}$ *bestehe das betrachtete System aus einer einzigen Äquivalenzklasse. Dann sind gleichwertig:*
a) Kern $A \cap$ Kern $B \neq 0$.
b) *Es gilt*

$$\text{Kern}\, A \cap \text{Kern}\, B = \langle f \rangle \qquad \text{mit} \quad f = \begin{pmatrix} 1 \\ \vdots \\ 1 \end{pmatrix}.$$

Insbesondere sind alle Zeilensummen von A und B gleich 0, also wirken weder Absolutkräfte noch Absolutreibungen.
c) *Es gibt eine Lösung* $x(t) = tv$ *von* $(*)$ *mit konstantem Vektor* $v \neq 0$, *welche eine Translation des Systems mit konstanter Geschwindigkeit* v *beschreibt.*

Beweis. a) $\Rightarrow$ b): Wir numerieren die Massenpunkte so, daß

$$A = \begin{pmatrix} A_1 & & 0 \\ & \ddots & \\ 0 & & A_s \end{pmatrix}$$

gilt, wobei die Matrix A_j vom Typ (n_j, n_j) zur Komponente K_j der Äquivalenzrelation $\overset{A}{\sim}$ gehöre. Nach 5.3 gilt dann

$$\text{Kern}\, A_j = \begin{cases} 0, & \text{falls } K_j \text{ gebunden} \\ \langle f_j \rangle \text{ mit } f_j = \begin{pmatrix} 1 \\ \vdots \\ 1 \end{pmatrix} \; (n_j \text{ Komponenten}), & \text{falls } K_j \text{ frei.} \end{cases}$$

Der Zerlegung von A entsprechend sei

$$B = \begin{pmatrix} B_{11} & \ldots & B_{1s} \\ \vdots & & \vdots \\ B_{s1} & \ldots & B_{ss} \end{pmatrix} \qquad \text{mit } B_{jk} \text{ vom Typ } (n_j, n_k).$$

Nach Voraussetzung gibt es einen Vektor $v \neq 0$ mit $Av = Bv = 0$. Wegen $Av = 0$ ist

$$v = \begin{pmatrix} x_1 f_1 \\ \vdots \\ x_s f_s \end{pmatrix} \qquad \text{mit geeigneten} \quad x_j \in \mathbb{C}. \tag{1}$$

Damit folgt

$$0 = Bv = \begin{pmatrix} \sum_{j=1}^{s} x_j B_{1j} f_j \\ \vdots \\ \sum_{j=1}^{s} x_j B_{sj} f_j \end{pmatrix}. \tag{2}$$

Sei $z_{kj}^{(i)}$ $(1 \leqslant i \leqslant n_k)$ die Zeilensumme der i-ten Zeile in B_{kj} und

$$\tilde{b}_{kj} = \sum_{i=1}^{n_k} z_{kj}^{(i)}$$

die Summe aller Einträge in B_{kj}. Da B eine Oszillationsmatrix ist, sind für $k \neq j$ alle Einträge in B_{kj} nichtpositiv. Für $j \neq k$ ist also $\tilde{b}_{kj} \leqslant 0$ und $\tilde{b}_{kj} = 0$ genau für $B_{kj} = 0$. Da alle Zeilensummen von B nichtnegativ sind, ist

$$\sum_{j=1}^{s} \tilde{b}_{kj} \geqslant 0 \qquad (k = 1, \ldots, s).$$

Also ist auch $\tilde{B} = (\tilde{b}_{kj})$ eine Oszillationsmatrix. Ferner gilt

$$B_{kj} f_j = \begin{pmatrix} z_{kj}^{(1)} \\ \vdots \\ z_{kj}^{(n_k)} \end{pmatrix}$$

mit

$$(B_{kj} f_j, f_k) = \sum_{i=1}^{n_k} z_{kj}^{(i)} = \tilde{b}_{kj}.$$

$\tilde{B}$ hat im Sinne der Äquivalenzrelation $\overset{\tilde{B}}{\sim}$ nur eine Komponente: Andernfalls hätten wir bei geeigneter Numerierung der A-Komponenten $K_1, \ldots, K_s$ nämlich eine Zerlegung

$$\tilde{B} = \begin{pmatrix} * & 0 \\ 0 & * \end{pmatrix},$$

also nach obenstehender Bemerkung auch

$$B = \begin{pmatrix} * & 0 \\ 0 & * \end{pmatrix}.$$

Dies widerspräche jedoch der Voraussetzung, daß es bezüglich $\overset{A,B}{\sim}$ nur eine Äquivalenzklasse gibt.
Aus (2) folgt nun

$$0 = (Bv, v) = \sum_{j,k=1}^{s} x_j \overline{x_k} (B_{kj} f_j, f_k) = \sum_{j,k=1}^{s} x_j \overline{x_k} \tilde{b}_{kj}.$$

Wegen $\tilde{B} \geqslant 0$ folgt

$$\tilde{B} \begin{pmatrix} x_1 \\ \vdots \\ x_s \end{pmatrix} = 0.$$

Da $\tilde{B}$ nur eine Komponente hat, ist nach 5.3 $x_1 = \ldots = x_s$, also $v = x_1 f$. Daher gilt $\operatorname{Kern} A \cap \operatorname{Kern} B = \langle f \rangle$.
b) $\Rightarrow$ c): Wegen $Af = Bf = 0$ ist $x(t) = tf$ eine Lösung von $(*)$.
c) $\Rightarrow$ a): Ist $x(t) = tv$ mit konstantem Vektor v eine Lösung von $(*)$, so gilt für alle $t \in \mathbb{R}$

$$0 = Atv + Bv.$$

Das erzwingt $Av = Bv = 0$. □

Die Behandlung der inhomogenen Bewegungsgleichung mit Reibung bereiten wir durch einen Hilfssatz vor.

6.11 Hilfssatz. *Sei $\mathfrak{V}$ ein Hilbertraum von endlicher Dimension und seien A und B hermitesche Abbildungen aus* $\operatorname{Hom}(\mathfrak{V}, \mathfrak{V})$ *mit* $B \geqslant 0$. *Dann gilt*

$$\operatorname{Bild} A + B\operatorname{Kern} A = \operatorname{Bild} A + \operatorname{Bild} B.$$

Ist $\operatorname{Kern} A \cap \operatorname{Kern} B = 0$, *so ist*

$$\mathfrak{V} = \operatorname{Bild} A \oplus B\operatorname{Kern} A.$$

Beweis. Da A und B hermitesch sind, gilt

$$\begin{aligned}(\operatorname{Bild} A + B\operatorname{Kern} A)^{\perp} &= (\operatorname{Bild} A)^{\perp} \cap (B\operatorname{Kern} A)^{\perp} \\ &= \operatorname{Kern} A \cap (B\operatorname{Kern} A)^{\perp} \\ &\supseteq \operatorname{Kern} A \cap (\operatorname{Bild} B)^{\perp} = \operatorname{Kern} A \cap \operatorname{Kern} B.\end{aligned}$$

Sei

$$w \in (\operatorname{Bild} A + B\operatorname{Kern} A)^{\perp} = \operatorname{Kern} A \cap (B\operatorname{Kern} A)^{\perp}.$$

Dann ist $Aw = 0$ und für alle $v \in \operatorname{Kern} A$ auch

$$(Bw, v) = (w, Bv) = 0.$$

Dies zeigt

$$Bw \in (\text{Kern } A)^{\perp} = \text{Bild } A.$$

Somit gilt $Bw = Au$ mit geeignetem $u \in \mathfrak{V}$. Daraus folgt

$$(Bw, w) = (Au, w) = (u, Aw) = 0.$$

Wegen $B \geqslant 0$ ist dann $Bw = 0$. Dies zeigt

$$(\text{Bild } A + B \text{ Kern } A)^{\perp} = \text{Kern } A \cap \text{Kern } B.$$

Daher ist

$$\begin{aligned} \text{Bild } A + B \text{ Kern } A &= (\text{Kern } A \cap \text{Kern } B)^{\perp} = (\text{Kern } A)^{\perp} + (\text{Kern } B)^{\perp} \\ &= \text{Bild } A + \text{Bild } B. \end{aligned}$$

Ist $\text{Kern } A \cap \text{Kern } B = 0$, so folgt aus

$$(\text{Bild } A + B \text{ Kern } A)^{\perp} = \text{Kern } A \cap \text{Kern } B = 0$$

sofort

$$\mathfrak{V} = (\text{Kern } A \cap \text{Kern } B)^{\perp} = \text{Bild } A + B \text{ Kern } A.$$

Wegen

$$\dim B \text{ Kern } A \leqslant \dim \text{Kern } A = \dim \mathfrak{V} - \dim \text{Bild } A$$

erzwingt dies

$$\mathfrak{V} = \text{Bild } A \oplus B \text{ Kern } A.$$

□

6.12 Satz. *Vorgelegt sei ein System von der in Beispiel* 1.1 *beschriebenen Art mit der Bewegungsgleichung*

$$Mx''(t) = -Ax(t) - Bx'(t) + d. \qquad (*)$$

Wir setzen voraus, daß im Sinne von 6.10 *nur eine Komponente bezüglich der Relation* $\overset{A,B}{\sim}$ *vorliege.*

a) *Ist* $\text{Kern } A \cap \text{Kern } B \neq 0$, *so gibt es eine Lösung* $x(t)$ *von* $(*)$ *von der Gestalt*

$$x(t) = \frac{k}{2m} t^2 f + tv + w$$

mit $m = \sum_{j=1}^{n} m_j$, $k = \sum_{j=1}^{n} k_j$ *und* $f = \begin{pmatrix} 1 \\ \vdots \\ 1 \end{pmatrix}$, *wobei* $d = (k_j)$ *die auf das System wirkende zeitlich konstante äußere Kraft ist. Dabei sind* v *und* w *konstante Vektoren mit* $Av = 0$.

b) *Sei*

$$\text{Kern}\, A \supset \text{Kern}\, A \cap \text{Kern}\, B = 0.$$

Dann gibt es Lösungen von $(*)$ *von der Gestalt* $x(t) = tv + w$. *Dabei sind* v *und* Aw *eindeutig bestimmt, und es gilt* $Av = 0$. *(Bei der Geschwindigkeit* v *kompensieren die elastischen Kräfte und die Reibungen gerade die äußeren Kräfte.)*
c) *Ist* Kern $A = 0$, *so ist* $x(t) = A^{-1}d$ *eine Lösung von* $(*)$, *welche einer Gleichgewichtslage des Systems entspricht.*

Beweis. a) Nach 6.10 gilt nun

$$\text{Kern}\, A \cap \text{Kern}\, B = \langle f \rangle.$$

Also sind alle Komponenten bezüglich A frei. Nach 1.1 ist dann $d = (k_i)$ der Vektor der äußeren Kräfte. Zur Ermittlung einer Lösung der inhomogenen Gleichung $(*)$ versuchen wir den Ansatz

$$x(t) = rt^2 f + tv + w$$

mit noch zu bestimmenden r, v, w. Wegen $Af = Bf = 0$ erfordert dies

$$2rMf = -A(tv + w) - Bv + d.$$

Das ergibt $Av = 0$ und

$$2rMf - d = -Aw - Bv \in \text{Bild}\, A + B\, \text{Kern}\, A.$$

Nach 6.11 gilt

$$\begin{aligned} \text{Bild}\, A + B\, \text{Kern}\, A &= \text{Bild}\, A + \text{Bild}\, B = (\text{Kern}\, A \cap \text{Kern}\, B)^{\perp} \\ &= \langle f \rangle^{\perp} = \{ (y_j) \mid \sum_{j=1}^{n} y_j = 0 \}. \end{aligned}$$

Wir müssen also r so bestimmen, daß die Komponentensumme von

$$2rMf - d = \begin{pmatrix} 2rm_1 - k_1 \\ \vdots \\ 2rm_n - k_n \end{pmatrix}$$

gleich 0 ist. Das ergibt $r = \frac{k}{2m}$ mit $k = \sum_{j=1}^{n} k_j$ und $m = \sum_{j=1}^{n} m_j$. Dann existieren $v \in \text{Kern}\, A$ und w mit

$$2rMf - d = -Aw - Bv.$$

b) Der Ansatz $x(t) = tv + w$ erfordert $Av = 0$ und

$$Aw + Bv - d = 0.$$

Wegen $\operatorname{Kern} A \cap \operatorname{Kern} B = 0$ ist nach 6.10

$$\mathfrak{V} = \operatorname{Bild} A \oplus B \operatorname{Kern} A.$$

Also ist die Gleichung

$$d = Aw + Bv$$

lösbar mit eindeutig bestimmten Aw und Bv.
Wegen $Av = 0$ und $\operatorname{Kern} A \cap \operatorname{Kern} B = 0$ ist dabei v eindeutig bestimmt.
c) Die Behauptung ist trivial. □

6.13 Beispiele. a) Vorgelegt sei die Bewegungsgleichung

$$Mx''(t) = -Ax(t) - Bx'(t) + d \qquad (*)$$

von dem in Beispiel 1.1 beschriebenen Typ. Das betrachtete System sei bezüglich $\underset{\sim}{A}$ frei und bestehe nur aus einer Komponente. Dann ist $d = (k_j)$ der Vektor der äußeren Kräfte. Nach 5.3 c) gilt $\operatorname{Kern} A = \langle f \rangle$ mit $f = \begin{pmatrix} 1 \\ \vdots \\ 1 \end{pmatrix}$. Schließlich setzen wir noch $\operatorname{Kern} A \cap \operatorname{Kern} B = 0$ voraus. Dies heißt $Bf \neq 0$, also wirkt auf wenigstens einen der Massenpunkte eine Absolutreibung. Nach 6.12 b) hat $(*)$ eine Lösung

$$x(t) = tvf + w \qquad \text{mit} \quad v \in \mathbb{R}.$$

Das verlangt

$$-Aw - vBf + d = 0,$$

also

$$\begin{aligned} 0 = (-Aw - vBf + d, f) &= (-w, Af) - v(Bf, f) + (d, f) \\ &= -v(Bf, f) + (d, f). \end{aligned}$$

Wegen $Bf \neq 0$ und $B \geqslant 0$ ist dabei

$$(Bf, f) = \sum_{j,k=1}^{n} b_{kj} > 0.$$

Der Vergleich mit 1.1 zeigt, daß (Bf, f) die Summe aller Absolutreibungen ist. Also folgt

$$v = \frac{(d, f)}{(Bf, f)} = \frac{\sum\limits_{j=1}^{n} k_j}{\sum\limits_{j,k=1}^{n} b_{jk}}.$$

Ist sogar $B > 0$, so folgt mit 6.3 c)

$$x(t) = tvf + w + \sum_{k=1}^{r} f_k(t)e^{c_k t}$$

mit Polynomvektoren f_k und $\operatorname{Re} c_k < 0$. Dann folgt

$$\lim_{t \to \infty} x'(t) = vf.$$

Also ist v die allen Massen gemeinsame Grenzgeschwindigkeit, bei welcher sich schließlich ein Gleichgewicht zwischen den Reibungen, den elastischen Kräften und den äußeren Kräften einstellt.

b) Wir betrachten ein System aus n Massenpunkten, alle von derselben Masse $m > 0$. Der erste Massepunkt sei an den Nullpunkt durch eine Relativkraft der Stärke $c > 0$ gebunden, zwischen den Massen mit den Nummern j und $j+1$ wirke für $1 \leqslant j < k < n$ eine Relativkraft derselben Stärke $c > 0$. Ferner wirke zwischen den Massen j und $j+1$ für $k \leqslant j \leqslant n-1$ eine Relativreibung der Stärke $b > 0$. Das System unterliege der Schwerkraft.

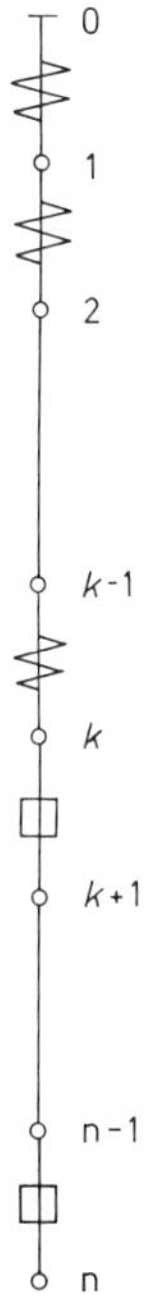

Die Bewegungsgleichung lautet

$$my''(t) = -Ay(t) - By'(t) + d \tag{$*$}$$

mit $d = -mgf$,

$$A = c\left(\begin{array}{cccccc|c} 2 & -1 & 0 & \dots & 0 & 0 & \\ -1 & 2 & -1 & \dots & 0 & 0 & 0 \\ \vdots & \vdots & \vdots & & \vdots & \vdots & \\ 0 & 0 & 0 & \dots & -1 & 1 & \\ \hline & & & 0 & & & 0 \end{array}\right)$$

und

$$B = b\left(\begin{array}{c|cccccc} 0 & & & & 0 & & \\ \hline & 1 & -1 & 0 & \dots & 0 & 0 \\ 0 & -1 & 2 & -1 & \dots & 0 & 0 \\ & \vdots & \vdots & \vdots & & \vdots & \vdots \\ & 0 & 0 & 0 & \dots & -1 & 1 \end{array}\right),$$

wobei die linke obere Teilmatrix von A den Typ (k, k) und die rechte untere Teilmatrix von B den Typ $(n - k + 1, n - k + 1)$ hat. Da die Ausschnitte in A und B jeweils nur eine Komponente haben, ist nach 5.3

$$\text{Kern}\, A = \{ (x_j) \mid x_1 = \ldots = x_k = 0 \}$$

und

$$\text{Kern}\, B = \{ (x_j) \mid x_k = x_{k+1} = \ldots = x_n \}.$$

Also gilt

$$\text{Kern}\, A \supset \text{Kern}\, A \cap \text{Kern}\, B = 0.$$

Nach 6.12 b) existiert daher eine Lösung von $(*)$ von der Gestalt $x(t) = tv + w$. Dabei ist

$$Av = Aw + Bv - d = 0. \tag{1}$$

Aus $Av = 0$ folgt

$$v = \begin{pmatrix} 0 \\ \vdots \\ 0 \\ v_{k+1} \\ \vdots \\ v_n \end{pmatrix}$$

mit geeigneten v_j. Wir setzen

$$e_j = \begin{pmatrix} 0 \\ \vdots \\ 0 \\ 1 \\ 0 \\ \vdots \\ 0 \end{pmatrix} \qquad \text{und} \qquad f' = \begin{pmatrix} 0 \\ \vdots \\ 0 \\ 1 \\ \vdots \\ 1 \end{pmatrix},$$

wobei die 1 in e_j in der j-ten Zeile steht, und die oberen $k-1$ Komponenten von f' den Wert Null haben. Wegen $Be_j = 0$ für $j < k$ folgt aus (1)

$$-mg = (d, e_j) = (Aw + Bv, e_j) = (Aw, e_j) + (v, Be_j) = (Aw, e_j).$$

Wegen $Bf' = 0$ ist ferner

$$\begin{aligned} -mg(n-k+1) = (d, f') &= (Aw, f') + (Bv, f') \\ &= (Aw, f') + (v, Bf') = (Aw, f') \\ &= c(-w_{k-1} + w_k). \end{aligned}$$

Dies liefert das Gleichungssystem

$$\begin{aligned} 2w_1 - w_2 &= -\frac{mg}{c} \\ -w_{j-1} + 2w_j - w_{j+1} &= -\frac{mg}{c} \qquad (1 < j < k) \\ -w_{k-1} + w_k &= -\frac{mg}{c}(n-k+1). \end{aligned} \tag{3}$$

Aus den ersten $k-1$ Gleichungen erhalten wir rekursiv

$$w_j = jw_1 + \frac{mg}{c}\binom{j}{2},$$

aus der letzten Gleichung ergibt sich dann $w_1 = -\frac{mg}{c}n$. Also ist

$$w_j = -\frac{mg}{c}\left(nj - \binom{j}{2}\right) \qquad (j \leqslant k). \tag{4}$$

Dabei ist

$$w_{j+1} - w_j = -\frac{mg}{c}(n-j).$$

Die Feder zwischen den Massen j und $j+1$ ($j < k$) ist also so stark gedehnt, als ob an ihrem unteren Ende die vereinigte Masse $m(n-j)$ der Massenpunkte $j+1, \ldots, n$ hängen würde.

Aus $Aw + Bv - d = 0$ erhalten wir dann unter Verwendung von (2) und (3)

$$b \begin{pmatrix} 0 \\ \vdots \\ 0 \\ -v_{k+1} \\ 2v_{k+1} - v_{k+2} \\ -v_{k+1} + 2v_{k+2} - v_{k+3} \\ \vdots \\ -v_{n-1} + v_n \end{pmatrix} = Bv = -Aw + d$$

$$= mg \begin{pmatrix} 1 \\ \vdots \\ 1 \\ n-k+1 \\ 0 \\ \vdots \\ 0 \end{pmatrix} - mg \begin{pmatrix} 1 \\ \vdots \\ 1 \end{pmatrix} = mg \begin{pmatrix} 0 \\ \vdots \\ 0 \\ n-k \\ -1 \\ \vdots \\ -1 \end{pmatrix},$$

wobei der Ausdruck $n - k$ in der k-ten Zeile steht. Das ergibt

$$v_{k+1} = -\frac{mg}{b}(n-k)$$

und rekursiv

$$v_{k+j} = -\frac{mg}{b}\Big(j(n-k) - \binom{j}{2}\Big).$$

Dabei ist

$$v_{k+j+1} - v_{k+j} = -\frac{mg}{b}(n-k-j).$$

Diese Relativgeschwindigkeit würde sich ebenfalls einstellen, wenn die gesamte Masse $m(n-k-j)$ der Massenpunkte $k+j+1, \ldots, n$ sich unter dem Einfluß der Schwerkraft und einer Absolutreibung der Stärke $b > 0$ bewegen würde.

Die Komponente $w_{k+1}, \ldots, w_n$ sind natürlich erst bei Vorgabe der Anfangslage $x(0)$ des Systems eindeutig bestimmt.

Aufgaben

A 6.1 Sei

$$C = \begin{pmatrix} 0 & E \\ -M^{-1}A & -M^{-1}B \end{pmatrix}$$

mit $M > 0$, $A \geqslant 0$, $B \geqslant 0$. Man beweise:

a) $\operatorname{Kern} C = \{ \binom{v}{0} \mid Av = 0 \}$

$$\operatorname{Kern} C^2 = \{ \tbinom{v}{w} \mid Av = Aw = Bw = 0 \} = \operatorname{Kern} C^3.$$

b) Sei ia mit $0 \neq a \in \mathbb{R}$ ein Eigenwert von C. Dann ist

$$\operatorname{Kern}(C - iaE) = \operatorname{Kern}(C - iaE)^2 = \{ \begin{pmatrix} v \\ iav \end{pmatrix} \mid Bv = (A - a^2M)v = 0 \}.$$

(Diese Aussagen liefern die Informationen aus 6.4 a) bis c) über die Jordansche Normalform von C.)

A 6.2 a) Vorgelegt sei die Bewegungsgleichung

$$Mx''(t) = -Ax(t) - Bx'(t)$$

mit $M > 0$, $A \geqslant 0$, $B \geqslant 0$. Genau dann gibt es Lösungen der Gestalt $x(t) = e^{i\omega t}d$ mit $0 \neq \omega \in \mathbb{R}$ und konstantem Vektor d (also ungedämpfte Schwingungen der Frequenz ω), wenn

$$\operatorname{Kern}(\omega^2 M - A) \cap \operatorname{Kern} B \neq 0.$$

b) Vorgelegt sei ein System aus drei Massen $m_j > 0$ $(j = 1, 2, 3)$ mit Relativkräften der Stärken $c_{12} > 0$ und $c_{23} > 0$. Ferner wirke auf die Masse m_j eine Absolutreibung der Stärke $b_j \geqslant 0$ $(j = 1, 2, 3)$. Es sei $b_1 + b_2 + b_3 > 0$.

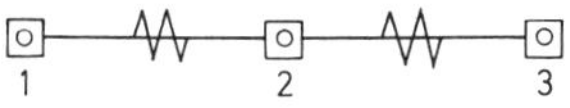

Man zeige: Ungedämpfte Schwingungen sind nur möglich für $b_1 = b_3 = 0$ und $\frac{c_{12}}{m_1} = \frac{c_{23}}{m_2}$. Die Frequenz ist dann $\omega = \sqrt{\frac{c_{12}}{m_1}}$, die Masse m_2 bleibt in Ruhe, m_1 und m_3 schwingen synchron.

c) In b) sei speziell $m_j = m$ $(j = 1, 2, 3)$, $c_{12} = c_{23} = c > 0$, $b_1 = b_3 = 0$ und $b_2 = b > 0$. Man zeige, daß dann das charakteristische Polynom f_C von

$$C = \begin{pmatrix} 0 & E \\ -M^{-1}A & -M^{-1}B \end{pmatrix}$$

folgende Nullstellen hat: 0; $\pm i\omega$ mit $\omega^2 = \frac{c}{m}$; eine reelle negative Nullstelle; zwei konjugiert komplexe, nichtreelle Nullstellen mit negativem Realteil.
(Sind $0, \pm i\omega, a_1, a_2, a_3$ die Nullstellen von f_C, so zeige man

$$a_1^2a_2 + a_1^2a_3 + a_2^2a_1 + a_2^2a_3 + a_3^2a_1 + a_3^2a_2 = 0.)$$

A 6.3 Das in der Zeichnung angedeutete einfache Modell simuliert die Vertikalschwingungen eines Autos.

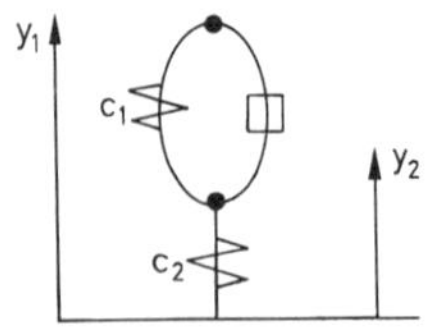

Dabei sei m_2 die Masse der Räder und Achsen, m_1 die restliche Masse des Autos. Die Relativkraft $c_1 > 0$ entspringt der Federung des Autos, diese ist gekoppelt mit einem Stoßdämpfer, welcher einer Relativreibung $b > 0$ entspricht. Die Absolutkraft $c_2 > 0$ kommt von der Elastizität der Reifen.

a) Man stelle die Bewegungsgleichung auf.

b) Man zeige, daß dieses System keine ungedämpften Schwingungen vollführen kann.

A 6.4 Vorgegeben sei ein System aus vier Massenpunkten derselben Masse $m > 0$. Folgende Kräfte mögen wirken:
Relativkräfte der Stärke $c > 0$ zwischen den Massen 1,2 und 3,4;
eine Relativreibung der Stärke $b' > 0$ zwischen den Massen 2 und 3;
eine Absolutreibung der Stärke $b > 0$ auf die Masse 2;
die Schwerkraft.

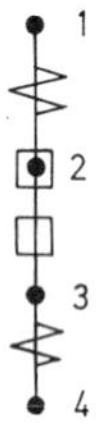

a) Man stelle die Bewegungsgleichung auf.

b) Man ermittle eine Lösung der Gestalt $x(t) = tv + w$.

A 6.5 Man behandle die Bewegungsgleichung

$$Mx''(t) = -Bx'(t) + d$$

mit $M > 0$, $B \geqslant 0$. (Nur Reibungskräfte treten auf.) Sei

$$C = \begin{pmatrix} 0 & E \\ 0 & -M^{-1}B \end{pmatrix}.$$

a) Das charakteristische Polynom von C ist

$$f_C = x^n \det(xE + M^{-1}B).$$

b) Die Eigenwerte von $M^{-1}B$ seien $d_1 = \ldots = d_k = 0$ und $0 < d_{k+1} \leqslant \ldots \leqslant d_n$. Dann hat C die Jordan-Kästchen

$$\begin{array}{ll} \begin{pmatrix} 0 & 1 \\ 0 & 0 \end{pmatrix} & k\text{-fach} \\ (0) & (n-k)\text{-fach} \\ (-d_j) & \text{für} \quad k+1 \leqslant j \leqslant n. \end{array}$$

c) Was folgt für die Lösungen der Differentialgleichung?

Kapitel IV
Nichtnegative Matrizen

Zahlreiche Anwendungen führen auf das folgende Problem: Ein Prozeß werde beschrieben durch einen Zustandsvektor $x = (x_j)$ aus $\mathbb{R}^n$, oft mit der Nebenbedingung $x_j \geqslant 0$, und eine Matrix $A = (a_{jk})$ vom Typ (n, n) mit $a_{jk} \geqslant 0$, welche vermöge $x \to Ax$ den Ablauf des Prozesses in der Zeiteinheit beschreibt. Dabei möchte man vor allem das Verhalten nach langer Zeit wissen, möchte also A^k für große k übersichtlich beschreiben. In diesem Kapitel gehen wir dieser und einigen damit verwandten Fragen über nichtnegative Matrizen systematisch nach.

In § 1 entwickeln wir die grundlegenden Sätze von Perron und Frobenius über die Eigenwerte von nichtnegativen Matrizen; dabei sind wir einer Arbeit von H. Wielandt gefolgt (Math. Z. 52 (1950), 642–648). Diese Sätze gehören zu den schönsten und für die Anwendungen wichtigsten der Matrizentheorie. In § 2 behandeln wir eine Anwendung auf ökonomische Planungsfragen, das Modell von Leontieff. In § 3 beschäftigen wir uns mit einem typischen Wachstumsprozeß, dem Verlauf einer Bevölkerungsentwicklung.

Die restlichen Paragraphen 4 bis 9 dieses Kapitels sind den stochastischen Matrizen gewidmet, welche die vielfältigsten Anwendungen der Theorie der nichtnegativen Matrizen liefern. § 4 enthält eine bewußt ganz elementar gehaltene Einführung in die Problemstellung, welche nur einfachste Tatsachen der Matrizenrechnung verwendet. In § 5 gewinnen wir durch Kombination des Ergodensatzes (II, § 3) und der Sätze von Perron und Frobenius weitreichende Einsichten, welche wir auf die Behandlung zahlreicher Beispiele anwenden (random-walk, Mischprozesse, Erneuerungsvorgänge). In § 6 untersuchen wir ausführlich den beim Mischen von Spielkarten auftretenden Prozeß. § 7 geht knapp auf Lagerhaltung und Warteschlangen ein; die Theorie der Warteschlangen, welche in den letzten Jahren zu einem eigenständigen Gebiet angewachsen ist, eignet sich allerdings nur beschränkt für die matrizentheoretische Behandlung. In § 8 über Prozesse mit absorbierenden Zuständen lernen wir Anwendungen auf genetische Fragen und Spiele mit Bankrott kennen. Dieser Paragraph enthält auch einige allgemeine Aussagen über stochastische Matrizen, welche die Theorie zu einem gewissen Abschluß bringen. Schließlich berechnen wir in § 9 für einige Prozesse die mittleren Übergangszeiten, insbesondere für ein diskretes Modell für den radioaktiven Zerfall.

Einige Bemerkungen zur Abgrenzung dieses Kapitels gegenüber dem Buch "Stochastische Matrizen" von F. J. Fritz, B. Huppert und W. Willems sind am Platze: Die systematische Verwendung der Sätze von Perron und Frobenius führt an mehreren Stellen zu Beweisverbesserungen und vertieften Einsichten. Da der

Vorrat an reizvollen Beispielen nicht unbeschränkt ist, erscheinen hier naturgemäß mitunter dieselben oder ähnliche Beispiele wie in dem genannten Buch. Wir haben uns jedoch bemüht, mehr Systematik in diese Beispielsammlung zu bringen, so in § 8 durch die Verwendung des Begriffes Martingal. Die Behandlung der mittleren Übergangszeiten in § 9 ist von einigen unnatürlichen und überflüssigen Voraussetzungen befreit worden.

Stärker von der Wahrscheinlichkeitstheorie her bestimmt ist folgendes Buch: M. Iosifescu, Finite Markov Processes and their Applications (Wiley 1980). Auch dieses enthält zahlreiche Beispiele.

Der Leser dieses Kapitels sollte Kap. II, § 1-3 kennen. In § 6 werden einfachste Tatsachen der Gruppentheorie (Nebenklassenzerlegung nach einer Untergruppe) benutzt.

§1 Die Sätze von Perron[1)] und Frobenius[2)]

1.1 Definition. a) Sei $x = (x_j)$ ein Zeilen- oder Spaltenvektor aus $\mathbb{R}^n$. Wir schreiben

$$x > 0, \quad \text{falls alle} \quad x_j > 0 \quad (j = 1, \ldots, n),$$

$$x \geqslant 0, \quad \text{falls alle} \quad x_j \geqslant 0 \quad (j = 1, \ldots, n).$$

Für $x, y \in \mathbb{R}^n$ setzen wir $x > y$ (bzw. $x \geqslant y$), falls $x - y > 0$ (bzw. $x - y \geqslant 0$).
b) Sei $A = (a_{jk}) \in (\mathbb{R})_n$. Wir setzen

$$A > 0, \qquad \text{falls alle} \quad a_{jk} > 0,$$

$$A \geqslant 0, \qquad \text{falls alle} \quad a_{jk} \geqslant 0.$$

Ist $A > 0$, so nennen wir A eine positive Matrix, ist $A \geqslant 0$, so heißt A nichtnegativ. (Selbstverständlich hat diese Definition nichts zu tun mit der in II, § 7 eingeführten Ordnungsrelation für hermitesche Matrizen.) Für $A, B \in (\mathbb{R})_n$ schreiben wir

$$A > B, \qquad \text{falls } A - B > 0,$$

$$A \geqslant B, \qquad \text{falls } A - B \geqslant 0.$$

Trivialerweise gilt:

---

1) Oskar Perron (1880–1975) München; Kettenbrüche, Irrationalzahlen, Differentialgleichungen.

2) Georg Frobenius (1849–1917) Berlin; Gruppentheorie, Darstellungstheorie endlicher Gruppen, Matrizen.

1.2 Hilfssatz. *Seien A und B aus $(\mathbb{R})_n$ und sei x ein Zeilen- oder Spaltenvektor aus $\mathbb{R}^n$. Gilt $A > 0$ und $B > 0$, so ist $AB > 0$. Ist $A \geqslant 0$ und $B \geqslant 0$, so ist $AB \geqslant 0$. Ist $A > 0$ und $x > 0$, so ist $xA > 0$ (bzw. $Ax > 0$). Ist $A \geqslant 0$ und $x \geqslant 0$, so ist $xA \geqslant 0$ (bzw. $Ax \geqslant 0$).*

Grundlegend für unsere Betrachtungen ist folgende kombinatorische Definition:

1.3 Definition. Sei $A = (a_{jk}) \in (\mathbb{R})_n$ und $A \geqslant 0$. Wir setzen $\mathcal{N} = \{1, \ldots, n\}$.
a) Für $\emptyset \neq \mathcal{M} \subseteq \mathcal{N}$ setzen wir

$$\mathcal{A}_0(\mathcal{M}) = \mathcal{M}$$

und definieren rekursiv für $t \geqslant 1$

$$\mathcal{A}_t(\mathcal{M}) = \{j \mid j \in \mathcal{N},\ a_{kj} > 0 \text{ für ein } k \in \mathcal{A}_{t-1}(\mathcal{M})\}.$$

Schließlich setzen wir

$$\mathcal{A}(\mathcal{M}) = \bigcup_{t \geqslant 0} \mathcal{A}_t(\mathcal{M}).$$

Ist $\mathcal{M} = \{j\}$, so schreiben wir auch $\mathcal{A}(\mathcal{M}) = \mathcal{A}(j)$ und $\mathcal{A}_t(\mathcal{M}) = \mathcal{A}_t(j)$.

Sei $A^t = (a_{jk}^{(t)})$. Offenbar gilt

$$\begin{aligned}\mathcal{A}_t(j) &= \{k \mid a_{j,k_1} a_{k_1,k_2} \ldots a_{k_{t-1},k} > 0 \text{ für geeignete } k_j \in \mathcal{N}\} \\ &= \{k \mid a_{jk}^{(t)} > 0\}.\end{aligned}$$

Wir sagen: k ist von j aus erreichbar, falls $k \in \mathcal{A}(j)$. Diese Relation ist transitiv und reflexiv, aber i.a. nicht symmetrisch.

b) A heißt für $n > 1$ reduzibel, falls es eine Permutationsmatrix P vom Typ (n, n) gibt mit

$$PAP^{-1} = \begin{pmatrix} A_{11} & 0 \\ A_{21} & A_{22} \end{pmatrix},$$

wobei A_{11} vom Typ (k, k), A_{22} vom Typ $(n-k, n-k)$ ist mit $0 < k < n$; für $n = 1$ nennen wir $A = (a_{11})$ reduzibel, falls $a_{11} = 0$. Ist A nicht reduzibel, so heißt A irreduzibel.

1.4 Bemerkung. Sei $A = (a_{jk}) \in (\mathbb{R})_n$.
a) Sei P die Permutationsmatrix zur Permutation π auf $\{1, \ldots, n\}$, also $P = (p_{jk})$ mit

$$p_{jk} = \begin{cases} 1 & \text{für } k = \pi j \\ 0 & \text{sonst.} \end{cases}$$

Dann ist $P^{-1} = (p'_{jk})$ mit

$$p'_{jk} = \begin{cases} 1 & \text{für } j = \pi k \\ 0 & \text{sonst.} \end{cases}$$

Somit hat PAP^{-1} den (j,k)-Eintrag

$$\sum_{r,s=1}^{n} p_{jr}a_{rs}p'_{sk} = a_{\pi j,\pi k}.$$

Also bedeutet der Übergang von A zu PAP^{-1} die Anwendung derselben Permutation π^{-1} auf die Zeilen und Spalten von A.
b) Sei

$$A = \begin{pmatrix} A_{11} & 0 \\ A_{21} & A_{22} \end{pmatrix} \geqslant 0$$

reduzibel und sei P die Permutationsmatrix zur Permutation

$$\pi = \begin{pmatrix} 1 & 2 & \dots & n \\ n & n-1 & \dots & 1 \end{pmatrix}.$$

Dann ist

$$PAP^{-1} = \begin{pmatrix} B_{11} & B_{12} \\ 0 & B_{22} \end{pmatrix}$$

mit Typ B_{11} = Typ A_{22}. Also ist A für $n > 1$ genau dann reduzibel, wenn es eine Permutationsmatrix Q vom Typ (n,n) gibt mit

$$QAQ^{-1} = \begin{pmatrix} B_{11} & B_{12} \\ 0 & B_{22} \end{pmatrix}$$

mit Typ $B_{11} = (k,k)$ und $0 < k < n$.
c) Ist $A \geqslant 0$ und ist P eine Permutationsmatrix aus $(\mathbb{R})_n$, so ist offenbar A genau dann irreduzibel, wenn PAP^{-1} irreduzibel ist.

1.5 Hilfssatz. *Sei $A \in (\mathbb{R})_n$ mit $n \geqslant 1$ und $A \geqslant 0$. Dann sind gleichwertig:*
a) *A ist irreduzibel.*
b) *Für alle $j \in \mathcal{N} = \{1,\dots,n\}$ gilt $\mathcal{A}(j) = \mathcal{N}$.*

Beweis. a) $\Rightarrow$ b): Angenommen, es wäre $\mathcal{A}(j) = \mathcal{M} \subset \mathcal{N}$ für ein j. Für $k \in \mathcal{A}(j)$ gilt dann $\mathcal{A}(k) \subseteq \mathcal{A}(j) = \mathcal{M}$. Wir permutieren nun gemäß 1.4 a) die Zeilen und Spalten von A so, daß $\mathcal{A}(j)$ übergeht in $\{1,\dots,k\}$. Dann folgt

$$PAP^{-1} = \begin{pmatrix} A_{11} & 0 \\ A_{21} & A_{22} \end{pmatrix}$$

mit Typ $A_{11} = (k,k)$ und $1 \leqslant k < n$. Somit wäre A reduzibel, entgegen unserer Annahme. Also gilt doch $\mathcal{A}(j) = \{1,\dots,n\}$ für alle j.
b) $\Rightarrow$ a): Angenommen, es wäre A reduzibel, also mit einer geeigneten Permutationsmatrix P

$$PAP^{-1} = \begin{pmatrix} A_{11} & 0 \\ A_{21} & A_{22} \end{pmatrix}$$

mit Typ $A_{11} = (k,k)$ und $1 \leqslant k < n$. Ist π die Permutation zu P, so folgt

$$\mathcal{A}(\pi 1) \subseteq \{\pi 1, \dots, \pi k\} \subset \mathcal{N},$$

entgegen der Voraussetzung unter b). □

1.6 Hilfssatz. *Sei $A \geqslant 0$ vom Typ (n,n) und A irreduzibel. Dann ist*

$$(E + A)^{n-1} > 0.$$

Beweis. Wir setzen $E + A = (b_{ij})$ und $(E + A)^{n-1} = (b_{ij}^{(n-1)})$. Dann ist

$$b_{ii} = 1 + a_{ii} \geqslant 1.$$

Da A irreduzibel ist, gibt es für $i \neq j$ eine Folge $j_1, \dots, j_{t-1}$ mit

$$a_{i,j_1} a_{j_1,j_2} \dots a_{j_{t-1},j} > 0.$$

Indem wir diese Folge möglichst kurz wählen, erreichen wir, daß $j_1, \dots, j_{t-1}$ paarweise verschieden und von i und j verschieden sind. Also gilt $t \leqslant n - 1$ und daher

$$\begin{aligned} b_{ij}^{(n-1)} &= \sum_{(s_k)} b_{i,s_1} b_{s_1,s_2} \dots b_{s_{n-2},j} \\ &\geqslant a_{i,j_1} a_{j_1,j_2} \dots a_{j_{t-1},j} b_{jj} \dots b_{jj} > 0. \end{aligned}$$

□

Wir trennen den analytischen Teil des Beweises von Hauptsatz 1.8 in einem Hilfssatz ab:

1.7 Hilfssatz. *Sei $A \in (\mathbb{R})_n$, sei $A \geqslant 0$ und A irreduzibel. Wir verwenden das kanonische Skalarprodukt (,) mit*

$$(x, y) = \sum_{j=1}^{n} x_j y_j$$

für $x, y \in \mathbb{R}^n$, welches $\mathbb{R}^n$ zu einem reellen Hilbertraum macht. Sei

$$e_j = \begin{pmatrix} 0 \\ \vdots \\ 1 \\ \vdots \\ 0 \end{pmatrix} \qquad \text{(1 nur an der Stelle } j\text{, sonst 0).}$$

Für $0 \neq x \in \mathbb{R}^n$ und $x \geqslant 0$ setzen wir

$$g(x) = \operatorname*{Min}_{(e_j, x) \neq 0} \frac{(e_j, Ax)}{(e_j, x)} = \operatorname*{Min}_{x_j \neq 0} \frac{\sum_{k=1}^{n} a_{jk} x_k}{x_j}.$$

Dann existiert

$$\operatorname*{Max}_{\substack{0 \neq x \in \mathbb{R}^n \\ x \geqslant 0}} g(x).$$

Beweis. Wir betrachten in $\mathbb{R}^n$ die Teilmengen

$$\mathfrak{M} = \{x \mid 0 \neq x \in \mathbb{R}^n, \ x \geqslant 0\},$$

$$\mathfrak{N} = \{x \mid 0 \leqslant x \in \mathbb{R}^n, \ \sum_{j=1}^{n} x_j = 1\}$$

und

$$\mathfrak{P} = \{x \mid x = (E + A)^{n-1} y \text{ mit } y \in \mathfrak{N}\} = (E + A)^{n-1} \mathfrak{N}.$$

Wegen $g(cx) = g(x)$ für $0 < c \in \mathbb{R}$ gilt offenbar

$$\sup_{x \in \mathfrak{M}} g(x) = \sup_{y \in \mathfrak{N}} g(y).$$

Dabei ist $\mathfrak{N}$ offenbar kompakt, aber leider ist g nicht stetig auf $\mathfrak{N}$.

Wegen $\mathfrak{P} = (E + A)^{n-1} \mathfrak{N}$ ist $\mathfrak{P}$ als Bild der kompakten Menge $\mathfrak{N}$ unter der stetigen Abbildung $(E + A)^{n-1}$ ebenfalls kompakt. Für $x \in \mathfrak{P}$ gilt nach 1.6 $x > 0$. Also existiert $\operatorname{Max}_{x \in \mathfrak{P}} g(x)$, denn g ist als Minimum der auf $\mathfrak{P}$ stetigen Funktionen

$$g_j(x) = \frac{\sum_{k=1}^{n} a_{jk} x_k}{x_j}$$

ebenfalls stetig. Somit folgt

$$m_0 = \operatorname*{Max}_{x \in \mathfrak{P}} g(x) \leqslant \sup_{x \in \mathfrak{M}} g(x) = \sup_{x \in \mathfrak{N}} g(x).$$

Sei $y \in \mathfrak{N}$, also $x = (E + A)^{n-1} y \in \mathfrak{P}$. Nach Definition von $g(y)$ ist dies die größte reelle Zahl mit $Ay \geqslant g(y) y$. Es folgt

$$\begin{aligned} g(y)x = g(y)(E + A)^{n-1} y &= (E + A)^{n-1}(g(y)y) \leqslant (E + A)^{n-1} Ay \\ &= A(E + A)^{n-1} y = Ax. \end{aligned}$$

Nach Definition von $g(x)$ folgt daraus $g(y) \leqslant g(x)$. Das zeigt

$$\sup_{y \in \mathfrak{M}} g(y) \leqslant \sup_{x \in \mathfrak{P}} g(x) = m_0.$$

Also existiert

$$\operatorname*{Max}_{y \in \mathfrak{M}} g(y) = \operatorname*{Max}_{x \in \mathfrak{P}} g(x). \qquad \square$$

Wir kommen nun zum ersten zentralen Ergebnis dieses Kapitels:

1.8 Hauptsatz. (Perron, Frobenius, Wielandt). *Sei*

$$0 \leqslant A = (a_{jk}) \in (\mathbb{R})_n$$

und A irreduzibel.

a) *Für* $0 \neq x \in \mathbb{R}^n$ *und* $x \geqslant 0$ *setzen wir*

$$g(x) = \operatorname*{Min}_{x_j \neq 0} \frac{\sum_{k=1}^{n} a_{jk} x_k}{x_j}.$$

Dann existiert $r = \operatorname{Max}_{x \geqslant 0 \neq x} g(x)$. *Es gilt* $r > 0$, *und r ist einfacher Eigenwert von A. Ferner ist* $r = r(A)$ *der Spektralradius von A. (Man vergleiche dies mit dem Minimaxprinzip für hermitesche Matrizen aus* II,8.1.)

b) *Ist* $r = g(y)$ *mit* $0 \neq y \in \mathbb{R}^n$ *und* $y \geqslant 0$, *so gilt* $Ay = ry$ *und* $y > 0$. *Also kann der bis auf skalare Vielfache festliegende Eigenvektor von A zum Eigenwert r positiv gewählt werden.*

c) *Ist* $Aw = bw$ *mit* $0 \neq w \in \mathbb{R}^n$, $w \geqslant 0$ *und* $b \in \mathbb{R}$, *so gilt* $b = r$.

Beweis. (Wielandt) (1) Nach 1.7 existiert

$$r = \operatorname*{Max}_{x \geqslant 0 \neq x} g(x).$$

Setzen wir

$$e = \begin{pmatrix} 1 \\ \vdots \\ 1 \end{pmatrix},$$

so ist $g(e) = \operatorname{Min}_j \sum_{k=1}^{n} a_{jk}$. Wäre $r = 0$, so wäre

$$a_{j1} = \ldots = a_{jn} = 0$$

für ein j. Indem wir Zeilen und Spalten von A so permutieren, daß die j-te Zeile an die letzte Stelle kommt, erhalten wir mit einer geeigneten Permutationsmatrix P

$$PAP^{-1} = \left(\begin{array}{c|c} * & * \\ \hline 0 \; \ldots \; 0 & 0 \end{array}\right).$$

Dann wäre A reduzibel, entgegen der Voraussetzung. Also gilt

$$r = \operatorname*{Max}_{\substack{0 \neq x \in \mathbb{R}^n \\ x \geqslant 0}} g(x) \geqslant g(e) > 0.$$

(2) Ist $r = g(y)$ mit $y \geqslant 0$ und $y \neq 0$, so gilt $Ay = ry$ und $y > 0$:
Wir definieren $\mathfrak{N}$ und $\mathfrak{P}$ wie in 1.7. Indem wir y nötigenfalls um einen skalaren Faktor abändern, können wir $y \in \mathfrak{N}$ annehmen. Wir betrachten

$$z = (E + A)^{n-1} y \in \mathfrak{P}.$$

Wegen 1.6 ist $z > 0$. Wegen $r = g(y)$ ist auch $Ay - ry \geqslant 0$. Angenommen, es wäre $Ay - ry \neq 0$. Mit 1.6 folgte dann

$$Az - rz = (E + A)^{n-1}(Ay - ry) > 0.$$

Das zeigt $r < g(z)$, im Widerspruch zu

$$r = \operatorname*{Max}_{x \geqslant 0 \neq x} g(x).$$

Also gilt doch $Ay - ry = 0$. Wegen

$$0 < z = (E + A)^{n-1} y = (1 + r)^{n-1} y$$

folgt dann auch $y > 0$.

(3) r ist der Spektralradius von A:
Sei a ein (eventuell nichtreeller) Eigenwert von A und sei $Ay = ay$ mit $0 \neq y \in \mathbb{C}^n$. Dann ist also

$$a y_j = \sum_{k=1}^{n} a_{jk} y_k \qquad (j = 1, \ldots, n).$$

Es folgt

$$|a||y_j| \leqslant \sum_{k=1}^{n} a_{jk} |y_k| \qquad (j = 1, \ldots, n). \tag{$*$}$$

Wir setzen

$$y^* = \begin{pmatrix} |y_1| \\ \vdots \\ |y_n| \end{pmatrix}.$$

Dann ist $0 \neq y^* \in \mathbb{R}^n$ und $y^* \geqslant 0$. Die Gleichungen $(*)$ besagen $|a| y^* \leqslant A y^*$, also ist

$$|a| \leqslant g(y^*) \leqslant \operatorname*{Max}_{x \geqslant 0 \neq x} g(x) = r.$$

Das beweist $r = r(A)$.

(4) Sei $Aw = bw$ mit $0 \neq w \in \mathbb{R}^n$ und $w \geqslant 0$. Dann ist $b = r$:

Die zu A transponierte Matrix A' ist ebenfalls irreduzibel (siehe 1.4 b)), und es gilt bekanntlich $r(A') = r(A) = r$. Nach (2) gibt es daher ein $z > 0$ mit $A'z = rz$. Dann ist

$$r(z, w) = (A'z, w) = (z, Aw) = b(z, w).$$

Wegen $z > 0$ und $w \geqslant 0 \neq w$ gilt dabei

$$(z, w) = \sum_{j=1}^{n} z_j w_j > 0.$$

Also ist $b = r$.

(5) Betrachten wir A als lineare Abbildung auf $\mathbb{R}^n$ vermöge Linksmultiplikation, so gilt

$$\dim \operatorname{Kern}(A - rE) = 1 :$$

Nach (2) gibt es ein $y > 0$ mit $Ay = ry$. Sei $Ax = rx$ mit $x \in \mathbb{R}^n$. Wir wählen $c \in \mathbb{R}$ so, daß $x - cy \geqslant 0$, daß aber $x - cy$ wenigstens eine Komponente 0 hat (d.h. wir wählen $c = \operatorname{Min}_j x_j/y_j$). Wir setzen $w = x - cy$. Dann ist $Aw = rw$. Wäre $w \neq 0$, so folgte mit 1.6

$$0 < (E + A)^{n-1} w = (1 + r)^{n-1} w,$$

also $w > 0$, entgegen der Wahl von c. Somit ist $w = 0$ und daher

$$x \in \mathbb{R}y = \operatorname{Kern}(A - rE).$$

(6) r ist einfacher Eigenwert von A:

Dazu haben wir

$$\operatorname{Kern}(A - rE)^2 = \operatorname{Kern}(A - rE)$$

zu zeigen. Nach (5) und (2) gilt $\operatorname{Kern}(A - rE) = \langle y \rangle$ mit $y > 0$. Ist $w \in \operatorname{Kern}(A - rE)^2$, so gilt

$$(A - rE)w = ay \qquad \text{mit} \qquad a \in \mathbb{R}.$$

Wie in (4) sei $A'z = rz$ mit $z > 0$. Damit folgt

$$a(y, z) = (ay, z) = ((A - rE)w, z) = (w, (A' - rE)z) = 0.$$

Wegen $y > 0$ und $z > 0$ ist $(y, z) > 0$. Also folgt $a = 0$ und damit $w \in \operatorname{Kern}(A - rE)$. □

Aus Hauptsatz 1.8 lassen sich nützliche Eigenwertabschätzungen herleiten, denen wir uns zunächst zuwenden:

1.9 Satz. (Wielandt). *Sei* $0 \leqslant A = (a_{jk}) \in (\mathbb{R})_n$ *und sei A irreduzibel. Sei ferner* $B = (b_{jk}) \in (\mathbb{C})_n$ *mit* $|b_{jk}| \leqslant a_{jk}$ *für alle* $j, k = 1, \ldots, n$. *Dann gilt* $r(B) \leqslant r(A)$. *Ist* $r(B) = r(A)$, *so hat B einen Eigenwert* $b = re^{i\varphi}$ *mit* $r = r(A)$ *und* $\varphi \in \mathbb{R}$, *und dann ist*

$$B = e^{i\varphi} DAD^{-1}$$

mit einer geeigneten Diagonalmatrix

$$D = \begin{pmatrix} d_{11} & & 0 \\ & \ddots & \\ 0 & & d_{nn} \end{pmatrix}$$

mit $|d_{jj}| = 1$ $(j = 1, \ldots, n)$. *Dann ist also*

$$b_{jk} = e^{i\varphi} d_{jj} a_{jk} d_{kk}^{-1}$$

und insbesondere $|b_{jk}| = a_{jk}$ *für alle* $j, k = 1, \ldots, n$.

Beweis. Sei $Bx = bx$ mit

$$0 \neq x = \begin{pmatrix} x_1 \\ \vdots \\ x_n \end{pmatrix} \in \mathbb{C}^n.$$

Dann gilt

$$|b||x_j| = \left| \sum_{k=1}^{n} b_{jk} x_k \right| \leqslant \sum_{k=1}^{n} |b_{jk}||x_k| \leqslant \sum_{k=1}^{n} a_{jk}|x_k|. \tag{$*$}$$

Wir setzen

$$x^* = \begin{pmatrix} |x_1| \\ \vdots \\ |x_n| \end{pmatrix}.$$

Also ist $x^* \geqslant 0 \neq x^*$. Aus $(*)$ folgt

$$Ax^* - |b|x^* \geqslant 0$$

und somit nach Definition von $g(x^*)$

$$|b| \leqslant g(x^*) \leqslant \operatorname*{Max}_{y \geqslant 0 \neq y} g(y) = r(A) \tag{$**$}$$

(siehe 1.8 a)). Das zeigt $r(B) \leqslant r(A)$.

Sei nun $r(B) = r(A) = r$ und sei $Bx = bx$ mit $|b| = r$ und $x \neq 0$. Aus $(**)$ folgt dann

$$r(A) = |b| = g(x^*).$$

Nach 1.8 b) ist daher

$$Ax^* = rx^* \qquad \text{und} \qquad x^* > 0.$$

Wir setzen $B^* = (|b_{jk}|)$. Aus (∗) folgt dann

$$rx^* \leqslant B^*x^* \leqslant Ax^* = rx^*.$$

Das zeigt $B^*x^* = Ax^* = rx^*$, also

$$\sum_{k=1}^{n} |b_{jk}||x_k| = \sum_{k=1}^{n} a_{jk}|x_k| \qquad (j = 1, \ldots, n).$$

Wegen $x^* > 0$ sind alle $|x_j|$ positiv. Wegen $|b_{jk}| \leqslant a_{jk}$ ist also $|b_{jk}| = a_{jk}$ für alle $j, k = 1, \ldots, n$. Sei

$$x = \begin{pmatrix} x_1 \\ \vdots \\ x_n \end{pmatrix} = \begin{pmatrix} d_{11}|x_1| \\ \vdots \\ d_{nn}|x_n| \end{pmatrix}$$

mit $|d_{jj}| = 1$. Setzen wir

$$D = \begin{pmatrix} d_{11} & & 0 \\ & \ddots & \\ 0 & & d_{nn} \end{pmatrix},$$

so gilt $x = Dx^*$. Sei $b = re^{i\varphi}$. Dann ist

$$BDx^* = Bx = bx = re^{i\varphi}Dx^*.$$

Setzen wir $e^{-i\varphi}D^{-1}BD = C$, so ist also

$$Cx^* = rx^*$$

und C hat die Einträge

$$c_{jk} = e^{-i\varphi}d_{jj}^{-1}b_{jk}d_{kk}.$$

Also ist

$$|c_{jk}| = |b_{jk}| = a_{jk}$$

und

$$Cx^* = rx^* = Ax^* \qquad \text{mit} \qquad x^* > 0.$$

Aus

$$\sum_{k=1}^{n} a_{jk}|x_k| = \sum_{k=1}^{n} c_{jk}|x_k| = \operatorname{Re} \sum_{k=1}^{n} c_{jk}|x_k| \leqslant \sum_{k=1}^{n} |c_{jk}||x_k| = \sum_{k=1}^{n} a_{jk}|x_k|$$

folgt wegen $x^* > 0$ dann

$$c_{jk} = \operatorname{Re} c_{jk} = |c_{jk}| = a_{jk}.$$

Also ist

$$A = C = e^{-i\varphi} D^{-1} B D$$

und somit

$$B = e^{i\varphi} D A D^{-1}. \qquad \square$$

1.10 Satz. *Sei* $0 \leqslant A = (a_{jk}) \in (\mathbb{R})_n$ *und sei A irreduzibel.*
a) *Für* $0 < x \in \mathbb{R}^n$ *gilt*

$$\operatorname*{Min}_j \sum_{k=1}^n a_{jk} x_k / x_j \leqslant r(A) \leqslant \operatorname*{Max}_j \sum_{k=1}^n a_{jk} x_k / x_j .$$

b) *Es gilt*

$$\operatorname*{Min}_j \sum_{k=1}^n a_{jk} \leqslant r(A) \leqslant \operatorname*{Max}_j \sum_{k=1}^n a_{jk}.$$

(*Für die Abschätzung nach oben vergleiche man* II, 2.8 b).)
Steht an einer Stelle das Gleichheitszeichen, so ist

$$r(A) = \sum_{k=1}^n a_{jk} \quad \textit{für alle} \quad j = 1, \dots, n.$$

Beweis. a) Wir setzen

$$y_j = \sum_{k=1}^n a_{jk} x_k \quad \text{und} \quad t_j = y_j / x_j \quad (\text{man beachte } x_j > 0).$$

Nach 1.8 gibt es ein $z > 0$ mit $A'z = r(A)z$. Es folgt

$$\begin{aligned}\sum_{j=1}^n (t_j - r(A)) x_j z_j &= \sum_{j=1}^n y_j z_j - \sum_{j,k=1}^n a_{kj} z_k x_j \\ &= \sum_{j,k=1}^n a_{jk} x_k z_j - \sum_{j,k=1}^n a_{kj} x_j z_k = 0.\end{aligned}$$

Wegen $x > 0$ und $z > 0$ existieren Indizes j, k mit

$$t_j - r(A) \geqslant 0 \qquad \text{und} \qquad t_k - r(A) \leqslant 0.$$

Also ist

$$\operatorname*{Min}_i t_i \leqslant t_k \leqslant r(A) \leqslant t_j \leqslant \operatorname*{Max}_i t_i.$$

b) Aus a) folgt mit

$$x = \begin{pmatrix} 1 \\ \vdots \\ 1 \end{pmatrix}$$

sofort

$$\operatorname*{Min}_j \sum_{k=1}^n a_{jk} \leqslant r(A) \leqslant \operatorname*{Max}_j \sum_{k=1}^n a_{jk}.$$

Sei zuerst

$$r(A) = \operatorname*{Max}_j \sum_{k=1}^n a_{jk} = \sum_{k=1}^n a_{sk}.$$

Wir bilden die Matrix $B = (b_{jk})$ mit

$$b_{jk} = \begin{cases} a_{jk} & \text{für } k < n \\ r(A) - \sum\limits_{l=1}^{n-1} a_{jl} & \text{für } k = n. \end{cases}$$

Dann ist $B \geqslant A$, also ist auch B irreduzibel. Ferner gilt

$$\sum_{k=1}^n b_{jk} = r(A) \qquad \text{für alle} \qquad j = 1, \ldots, n.$$

Mit 1.9 folgt

$$\sum_{k=1}^n a_{sk} = r(A) \leqslant r(B) \leqslant \operatorname*{Max}_j \sum_{k=1}^n b_{jk} = \sum_{k=1}^n a_{sk}.$$

Nach 1.9 gilt daher $b_{jk} = a_{jk}$. Das zeigt

$$\sum_{k=1}^n a_{jk} = \sum_{k=1}^n b_{jk} = r(A) \qquad \text{für alle} \qquad j = 1, \ldots, n.$$

Sei nun

$$r(A) = \operatorname*{Min}_j \sum_{k=1}^n a_{jk} = \sum_{k=1}^n a_{tk}.$$

Seien $z_j = \sum\limits_{k=1}^n a_{jk}$ die j-ten Zeilensummen von A, also

$$z_j \geqslant z_t = r(A) > 0.$$

Wir betrachten die Matrix $C = (c_{jk})$ mit $c_{jk} = \frac{z_t}{z_j} a_{jk}$. Dann ist $c_{jk} \leqslant a_{jk}$ und $c_{jk} > 0$ falls $a_{jk} > 0$. Also ist C irreduzibel und $C \leqslant A$. Dabei gilt für alle j

$$\sum_{k=1}^{n} c_{jk} = \frac{z_t}{z_j} \sum_{k=1}^{n} a_{jk} = z_t = r(A).$$

Mit 1.9 folgt wieder

$$\sum_{k=1}^{n} a_{tk} = r(A) \geqslant r(C) \geqslant \operatorname*{Min}_{j} \sum_{k=1}^{n} c_{jk} = r(A)$$

und dann $a_{jk} = c_{jk}$, also

$$z_j = \sum_{k=1}^{n} a_{jk} = z_t = r(A) \qquad \text{für} \qquad j = 1, \dots, n. \qquad \square$$

Wir werden aus Satz 1.10 bei ökonomischen Problemen (siehe 2.5) und bei stochastischen Matrizen (siehe 8.1 bis 8.5) interessante Folgerungen ziehen.

1.11 Hauptsatz. (Frobenius). *Sei $0 \leqslant A = (a_{jk}) \in (\mathbb{R})_n$ und A irreduzibel.*
a) *A habe genau k verschiedene Eigenwerte $a_1, \dots, a_k$ mit $|a_j| = r(A)$. Dann gilt bei geeigneter Numerierung*

$$a_j = e^{\frac{2\pi i j}{k}} r(A) \qquad (j = 0, \dots, k-1).$$

Alle a_j sind einfache Eigenwerte. Ferner ist

$$e^{\frac{2\pi i j}{k}} \sigma(A) = \sigma(A),$$

das Spektrum $\sigma(A)$ von A gestattet also eine Drehung um den Winkel $\frac{2\pi}{k}$.
b) *Ist $k > 1$, so gibt es eine Permutationsmatrix P mit*

$$PAP^{-1} = \begin{pmatrix} 0 & A_{12} & 0 & \dots & 0 \\ 0 & 0 & A_{23} & \dots & 0 \\ \vdots & \vdots & \vdots & & \vdots \\ A_{k1} & 0 & 0 & \dots & 0 \end{pmatrix},$$

wobei Typ $A_{j,j+1} = (n_j, n_{j+1})$ *für $j < k$ und* Typ $A_{k,1} = (n_k, n_1)$ *gilt.*
c) *Ist $a_{jj} > 0$ für wenigstens ein j, so gilt $k = 1$.*
d) *Gibt es $i \neq j$ mit $a_{ij}\, a_{ji} > 0$, so ist $k \leqslant 2$.*

Beweis (Wielandt). a) Sei $a_j = e^{i\varphi_j} r$ mit $r = r(A)$ und reellem φ_j. Wir wenden 1.9 an mit $B = A$ und $b = a_j$. Also existiert eine Diagonalmatrix D_j mit

$$A = e^{i\varphi_j} D_j A D_j^{-1}.$$

Daher ist

$$\sigma(A) = \sigma(D_j A D_j^{-1}) = \sigma(e^{-i\varphi_j} A) = e^{-i\varphi_j}\sigma(A).$$

Nach 1.8 ist $r = r(A)$ einfacher Eigenwert von A. Also ist r auch einfacher Eigenwert von $D_j A D_j^{-1}$, und dann ist $a_j = e^{i\varphi_j} r$ einfacher Eigenwert von

$$e^{i\varphi_j} D_j A D_j^{-1} = A.$$

Ferner gilt nun

$$\begin{aligned} A = e^{i\varphi_j} D_j A D_j^{-1} &= e^{i\varphi_j} D_j (e^{i\varphi_l} D_l A D_l^{-1}) D_j^{-1} \\ &= e^{i(\varphi_j + \varphi_l)} (D_j D_l) A (D_j D_l)^{-1}. \end{aligned}$$

Das zeigt

$$e^{i(\varphi_j + \varphi_l)} r \in \sigma(A).$$

Somit bilden die $e^{i\varphi_j}$ eine Untergruppe von $\mathbb{C}^*$ von der Ordnung k, und diese muß

$$\{e^{\frac{2\pi i j}{k}} \mid j = 0, \ldots, k-1\}$$

sein.
b) Nach a) ist $\frac{2\pi}{k}$ eines der φ_j, also gibt es eine Diagonalmatrix D mit

$$A = e^{\frac{2\pi i}{k}} D A D^{-1}.$$

Wir vermerken, daß diese Gleichung erhalten bleibt, wenn wir in A und D die Zeilen und Spalten derselben Permutation unterwerfen, also den Übergang $A \to PAP^{-1}$ und $D \to PDP^{-1}$ mit einer Permutationsmatrix P vollziehen. Wir ordnen nun die Zeilen und Spalten von D (und A) so um, daß

$$D = \begin{pmatrix} e^{i\delta_1} E_1 & & \\ & \ddots & \\ & & e^{i\delta_m} E_m \end{pmatrix}$$

mit $0 \leqslant \delta_j < 2\pi$, paarweise verschiedenen $e^{i\delta_j}$ und Einheitsmatrizen E_j von geeignetem Typ gilt. Da wir D unter Erhaltung von

$$A = e^{\frac{2\pi i}{k}} D A D^{-1}$$

um einen skalaren Faktor vom Betrag 1 abändern können, können wir noch $e^{i\delta_1} = 1$, also $\delta_1 = 0$ verlangen. Wir zerlegen

$$A = (A_{jl}) \qquad (j, l = 1, \ldots, m)$$

entsprechend. Aus

$$A = e^{\frac{2\pi i}{k}} D A D^{-1}$$

folgt dann

$$A_{jl} = e^{\frac{2\pi i}{k}} e^{i\delta_j} A_{jl} e^{-i\delta_l}.$$

Ist

$$e^{i(\frac{2\pi}{k} + \delta_j - \delta_l)} \neq 1,$$

so ist also $A_{jl} = 0$. Zu jedem j gibt es daher höchstens ein l mit $A_{jl} \neq 0$, welches durch

$$e^{i\delta_l} = e^{i(\frac{2\pi}{k} + \delta_j)}$$

eindeutig bestimmt ist. Wegen $k > 1$ ist dabei $l \neq j$. Da die irreduzible Matrix A keine Nullzeilen hat, ist tatsächlich auch $A_{jl} \neq 0$ für

$$e^{i\delta_l} = e^{i(\frac{2\pi}{k} + \delta_j)}.$$

Durch geeignete Umordnung der m Abschnittsmatrizen $e^{i\delta_j} E_j$ in D können wir nun folgendes erreichen:

$$\begin{array}{lll} \delta_1 = 0 & \text{(wie vorher festgelegt)} & \\ A_{12} \neq 0, & \text{also} & \delta_2 = \dfrac{2\pi}{k} \\ A_{23} \neq 0, & \text{also} & \delta_3 = 2\dfrac{2\pi}{k} \\ \vdots & & \\ A_{k-1,k} \neq 0, & \text{also} & \delta_k = (k-1)\dfrac{2\pi}{k}. \end{array}$$

Ist l die durch $A_{kl} \neq 0$ eindeutig bestimmte Zahl, so ist

$$e^{i\delta_l} = e^{i(\frac{2\pi}{k} + \delta_k)} = 1 = e^{i\delta_1},$$

also $l = 1$ und $A_{k1} \neq 0$. Nun hat A die Gestalt

$$A = \begin{pmatrix} 0 & A_{12} & 0 & \dots & 0 \\ 0 & 0 & A_{23} & \dots & 0 \\ \vdots & \vdots & \vdots & & \vdots \\ A_{k1} & 0 & 0 & \dots & 0 \\ * & * & * & \dots & * \end{pmatrix}.$$

Wegen der Irreduzibilität von A und da die Teilmatrix

$$\begin{pmatrix} 0 & A_{12} & 0 & \dots & 0 \\ 0 & 0 & A_{23} & \dots & 0 \\ \vdots & \vdots & \vdots & & \vdots \\ A_{k1} & 0 & 0 & \dots & 0 \end{pmatrix}$$

quadratisch ist, treten die Sterne garnicht auf.

c) Ist $k > 1$, so gilt nach b) $a_{jj} = 0$ für alle $j = 1, \dots, n$.

d) Sei $a_{ij}\, a_{ji} > 0$ mit a_{ij} im Block $A_{l,l+1}$. Dann ist $a_{ji} > 0$ im Block $A_{l+1,l+2}$, also folgt $l + 2 \equiv l (\operatorname{mod} k)$, somit $k \leqslant 2$. □

Wir untersuchen das Spektrum einer Matrix von dem in Hauptsatz 1.11 b) auftretenden Typ:

1.12 Satz. *Sei $A \in (\mathbb{C})_n$ und*

$$A = \begin{pmatrix} 0 & A_{12} & 0 & \dots & 0 \\ 0 & 0 & A_{23} & \dots & 0 \\ \vdots & \vdots & \vdots & & \vdots \\ A_{k1} & 0 & 0 & \dots & 0 \end{pmatrix}$$

mit Typ $A_j = (n_j, n_{j+1})$ *für* $j < k$ *und* Typ $A_{k1} = (n_k, n_1)$. *Dann gilt für das charakteristische Polynom f_A von A*

$$f_A(x) = x^{n-kn_1} \det(x^k E - A_{12} A_{23} \dots A_{k1}) = x^{n-kn_1} f_B(x^k),$$

wenn wir mit B die quadratische Matrix $A_{12} A_{23} \dots A_{k1}$ bezeichnen. (Dabei kann $n - kn_1$ negativ sein, in diesem Fall muß B natürlich den Eigenwert 0 haben.)

Beweis. Die Produkte $A_{j,j+1} A_{j+1,j+2} \dots$ sind definiert und $B = A_{12} A_{23} \dots A_{k1}$ ist eine quadratische Matrix vom Typ (n_1, n_1). Wir betrachten die Matrix

$$C = \begin{pmatrix} E_1 & x^{-1} A_{12} & x^{-2} A_{12} A_{23} & \dots & x^{-(k-1)} A_{12} \dots A_{k-1,k} \\ 0 & E_2 & x^{-1} A_{23} & \dots & x^{-(k-2)} A_{23} \dots A_{k-1,k} \\ \vdots & \vdots & \vdots & & \vdots \\ 0 & 0 & 0 & \dots & E_k \end{pmatrix}$$

wobei E_j die Einheitsmatrix vom Typ (n_j, n_j) sei. Dann ist

$$C(xE - A) = \begin{pmatrix} xE_1 - x^{-(k-1)} A_{12} \dots A_{k1} & 0 & 0 & \dots & 0 \\ & xE_2 & 0 & \dots & 0 \\ & & xE_3 & \dots & 0 \\ & & & \ddots & \\ & * & & & xE_k \end{pmatrix}.$$

Mit dem Kästchensatz folgt wegen $\det C = 1$ dann

$$\begin{aligned} f_A(x) &= \det(C(xE - A)) \\ &= \det(xE_1 - x^{-(k-1)} A_{12} \dots A_{k1}) x^{n_2 + \dots + n_k} \\ &= x^{-(k-1)n_1} \det(x^k E_1 - A_{12} \dots A_{k1}) x^{n_2 + \dots + n_k} \\ &= x^{n-kn_1} \det(x^k E_1 - A_{12} \dots A_{k1}). \end{aligned}$$

□

Für spätere Anwendungen benötigen wir einige Aussagen über nichtnegative Matrizen, welche nicht notwendig irreduzibel sind.

1.13 Satz. *Sei* $A \in (\mathbb{R})_n$ *und* $A \geqslant 0$.
a) *Der Spektralradius* $r(A)$ *von A ist ein Eigenwert von A (aber nicht notwendig von der Vielfachheit 1).*
b) *Ist a ein Eigenwert von A mit* $|a| = r(A)$, *so gilt* $a = \epsilon r(A)$, *wobei* $\epsilon^m = 1$ *für ein* $m \leqslant n$.
c) *Es gibt einen Eigenvektor* $z \geqslant 0$ *von A mit* $Az = r(A)z$ *und* $z \neq 0$.
d) *Für alle* $x \in \mathbb{R}^n$ *mit* $x > 0$ *gilt*

$$r(A) \leqslant \operatorname*{Max}_j \frac{\sum_{k=1}^{n} a_{jk} x_k}{x_j}.$$

Beweis. Für irreduzibles A stimmen a) (1.8 a)), b) (1.11 a)), c) (1.8 b)) und d) (1.10 a)). Wir wenden Induktion nach n an und können

$$A = \begin{pmatrix} B & 0 \\ C & D \end{pmatrix}$$

mit Typ $B = (k, k)$ und $1 \leqslant k < n$ annehmen.
a) Nach Induktionsannahme gilt $r(B) \in \sigma(B)$ und $r(D) \in \sigma(D)$. Also folgt

$$r(A) = \operatorname{Max}\{r(B), r(D)\} \in \sigma(B) \cup \sigma(D) = \sigma(A).$$

b) Sei etwa a ein Eigenwert von B. Dann ist

$$r(A) = |a| \leqslant r(B) \leqslant r(A),$$

also $r(A) = r(B)$. Nach Induktionsannahme gilt daher $a = \epsilon r(A)$ mit $\epsilon^m = 1$ und $m \leqslant k < n$.
c) Wir suchen einen Vektor

$$z = \begin{pmatrix} z_1 \\ z_2 \end{pmatrix} \geqslant 0$$

mit

$$r(A) \begin{pmatrix} z_1 \\ z_2 \end{pmatrix} = Az = \begin{pmatrix} Bz_1 \\ Cz_1 + Dz_2 \end{pmatrix}.$$

Fall 1: Sei $r(A) = r(D)$. Dann gibt es nach Induktionsannahme ein $z_2 \neq 0$ mit $z_2 \geqslant 0$ und

$$Dz_2 = r(D)z_2 = r(A)z_2.$$

Wir setzen dann $z_1 = 0$.

Fall 2: Sei $r(A) = r(B) > r(D)$. Wir können nach Induktionsannahme ein $z_1 \neq 0$ mit $z_1 \geqslant 0$ finden mit

$$Bz_1 = r(A)z_1.$$

Wir suchen sodann ein $z_2 \geqslant 0$ mit

$$Cz_1 + Dz_2 = r(A)z_2.$$

Wegen $r(A) > r(D) \geqslant 0$ heißt dies

$$(E - \frac{1}{r(A)}D)z_2 = \frac{1}{r(A)}Cz_1 \geqslant 0.$$

Dabei ist

$$r(\frac{1}{r(A)}D) = \frac{r(D)}{r(A)} < 1.$$

Nach II,2.11 ist daher

$$z_2 = (E - \frac{1}{r(A)}D)^{-1}\frac{1}{r(A)}Cz_1 = \sum_{j=0}^{\infty} r(A)^{-(j+1)}D^jCz_1 \geqslant 0.$$

d) Sei

$$x = \binom{y}{z}$$

mit $0 < y \in \mathbb{R}^k$ und $0 < z \in \mathbb{R}^{n-k}$. Nach Induktionsannahme gilt

$$r(B) \leqslant \operatorname*{Max}_{j=1,\dots,k} \frac{\sum_{l=1}^{k} b_{jl}y_l}{y_j} = \operatorname*{Max}_{j=1,\dots,k} \frac{\sum_{l=1}^{n} a_{jl}x_l}{x_j} \leqslant \operatorname*{Max}_{j=1,\dots,n} \frac{\sum_{l=1}^{n} a_{jl}x_l}{x_j}.$$

Ferner ist

$$\begin{aligned} r(D) &\leqslant \operatorname*{Max}_{j=1,\dots,n-k} \frac{\sum_{l=1}^{n-k} d_{jl}z_l}{z_j} \leqslant \operatorname*{Max}_{j=1,\dots,n-k} \frac{\sum_{l=1}^{n-k} d_{jl}z_l + \sum_{l=1}^{k} c_{jl}y_l}{z_j} \\ &= \operatorname*{Max}_{j=k+1,\dots,n} \frac{\sum_{l=1}^{n} a_{jl}x_l}{x_j} \leqslant \operatorname*{Max}_{j=1,\dots,n} \frac{\sum_{l=1}^{n} a_{jl}x_l}{x_j}. \end{aligned}$$

Wegen

$$r(A) = \operatorname{Max}\{r(B), r(C)\}$$

folgt daraus die Behauptung. □

1.14 Definition. Sei $0 \leqslant A \in (\mathbb{R})_n$. Wir nennen A primitiv, falls gilt:
a) A ist irreduzibel.

b) Ist a ein Eigenwert von A mit $|a| = r(A)$, so gilt $a = r(A)$. (Also ist dann $k = 1$ in Hauptsatz 1.11).

Für primitive Matrizen $A \geqslant 0$ läßt sich das asymptotische Verhalten der Potenzen A^k gut übersehen. Dies ist in den Anwendungen eine wichtige Aufgabe, wie wir bereits in der Einleitung zu diesem Kapitel ausführten.

1.15 Satz. *Sei* $0 \leqslant A \in (\mathbb{R})_n$ *und sei A primitiv. Wir setzen* $r = r(A)$. *Nach* 1.8 *ist* $r > 0$. *Sei gemäß* 1.8

$$Az = rz \qquad \textit{mit} \qquad z > 0$$

und

$$yA = ry \qquad \textit{mit} \qquad y > 0.$$

(Dabei sei z *ein Spalten- und* y *ein Zeilenvektor.) Letztere Gleichung heißt* $A'y' = ry'$ *und ist lösbar, da mit A auch* A' *irreduzibel ist. Wir können* z *um einen Skalarfaktor so abändern, daß* $yz = (y, z) = 1$ *gilt.*
a) *Dann gilt*

$$P = \lim_{k \to \infty} r^{-k} A^k = \begin{pmatrix} z_1 y_1 & \dots & z_1 y_n \\ \vdots & & \vdots \\ z_n y_1 & \dots & z_n y_n \end{pmatrix}$$

und

$$Pv = (y, v)z \qquad \textit{für alle} \quad v \in \mathbb{R}^n.$$

b) *Sei* $0 \leqslant v \in \mathbb{R}^n$ *und* $0 \leqslant w \in \mathbb{R}^n$ *mit* $v \neq 0 \neq w$. *Für genügend große k ist dann* $A^k v > 0$ *und* $A^k w > 0$. *Ferner ist*

$$\lim_{k \to \infty} \frac{(A^k v)_j}{(A^k w)_j} = \frac{(y, v)}{(y, w)} \quad \textit{unabhängig von } j$$

und

$$\lim_{k \to \infty} \frac{(A^k v)_i}{(A^k v)_j} = \frac{y_i}{y_j} \quad \textit{unabhängig von } v.$$

Beweis. a) Nach 1.8 ist 1 ein einfacher Eigenwert von $r^{-1}A$. Daher gibt es eine reguläre Matrix T mit

$$T^{-1}(r^{-1}A)T = \begin{pmatrix} 1 & 0 \\ 0 & B \end{pmatrix},$$

wobei 1 kein Eigenwert von B ist. Da A primitiv ist, ist 1 einziger Eigenwert von $r^{-1}A$ vom Betrag 1. Also ist $r(B) < 1$. Daher gilt nach II,2.10 $\lim_{k \to \infty} B^k = 0$, somit

$$T^{-1}\lim_{k\to\infty}(r^{-k}A^k)T = \begin{pmatrix} 1 & 0 \\ 0 & 0 \end{pmatrix}.$$

Sei

$$T = \begin{pmatrix} s_1 & \\ \vdots & * \\ s_n & \end{pmatrix} \qquad \text{und} \qquad T^{-1} = \begin{pmatrix} t_1 & \dots & t_n \\ & * & \end{pmatrix}.$$

Dann folgt

$$P = \lim_{k\to\infty} r^{-k}A^k = T\begin{pmatrix} 1 & 0 \\ 0 & 0 \end{pmatrix}T^{-1} = \begin{pmatrix} s_1t_1 & \dots & s_1t_n \\ \vdots & & \vdots \\ s_nt_1 & \dots & s_nt_n \end{pmatrix}.$$

Wegen $Az = rz$ ist $Pz = z$, also

$$0 \neq \begin{pmatrix} z_1 \\ \vdots \\ z_n \end{pmatrix} = Pz = \begin{pmatrix} s_1(t, z) \\ \vdots \\ s_n(t, z) \end{pmatrix},$$

wenn wir $t = (t_1, \dots, t_n)$ setzen. Also ist $(t, z) \neq 0$. Indem wir T um einen skalaren Faktor abändern, können wir $(t, z) = 1$ annehmen. Dann ist $z_j = s_j$. Ferner gilt

$$(y_1, \dots, y_n) = yP = (t_1(y, z), \dots, t_n(y, z)) = (t_1, \dots, t_n).$$

Also ist

$$P = \lim_{k\to\infty} r^{-k}A^k = \begin{pmatrix} z_1y_1 & \dots & z_1y_n \\ \vdots & & \vdots \\ z_ny_1 & \dots & z_ny_n \end{pmatrix}.$$

Daraus folgt

$$Pv = \begin{pmatrix} z_1(y, v) \\ \vdots \\ z_n(y, v) \end{pmatrix} = (y, v)z.$$

b) Nach a) ist

$$\lim_{k\to\infty} r^{-k}(A^kv)_j = (Pv)_j = (y, v)z_j$$

mit $z_j > 0$. Wegen $y > 0$ und $w \geqslant 0 \neq w$ folgt

$$\lim_{k\to\infty} \frac{(A^kv)_j}{(A^kw)_j} = \lim_{k\to\infty} \frac{(r^{-k}A^kv)_j}{(r^{-k}A^kw)_j} = \frac{(y, v)z_j}{(y, w)z_j} = \frac{(y, v)}{(y, w)}.$$

Ferner ist

$$\lim_{k\to\infty} \frac{(A^kv)_i}{(A^kv)_j} = \frac{(y, v)z_i}{(y, v)z_j} = \frac{z_i}{z_j}.$$

□

1.16 Satz. *Sei* $0 \leqslant A \in (\mathbb{R})_n$. *Dann sind gleichwertig:*
a) *Es gibt ein* k_0 *derart, daß* $A^k > 0$ *gilt für alle* $k \geqslant k_0$.
b) *Es gibt ein* k *mit* $A^k > 0$.
c) A *ist primitiv.*

Beweis. a) $\Rightarrow$ b): Dies ist trivial.
b) $\Rightarrow$ c): Wir zeigen zuerst, daß A irreduzibel ist. Wäre nämlich

$$PAP^{-1} = \begin{pmatrix} A_{11} & 0 \\ A_{21} & A_{22} \end{pmatrix}$$

reduzibel, so wäre für alle k

$$PA^kP^{-1} = \begin{pmatrix} A_{11}^k & 0 \\ * & A_{22}^k \end{pmatrix}$$

nicht positiv, also auch A^k nicht positiv. Daher ist A irreduzibel.

Seien $a_1, \ldots, a_m$ die sämtlichen Eigenwerte von A vom Betrag $r(A)$. Sei

$$Av_j = a_j v_j \qquad \text{mit} \qquad v_j \neq 0.$$

Die v_j $(j = 1, \ldots, m)$ sind linear unabhängig, und nach 1.11 gilt

$$A^m v_j = a_j^m v_j = r(A)^m v_j.$$

Da die irreduzible Matrix A sicher keine Nullspalte hat, gilt offenbar sogar $A^r > 0$ für alle $r \geqslant k$. Sei t so gewählt, daß $tm \geqslant k$. Dann ist

$$A^{tm} v_j = r(A)^{tm} v_j \qquad (j = 1, \ldots, m)$$

und $r(A^{tm}) = r(A)^{tm}$. Wegen $A^{tm} > 0$ ist trivialerweise A^{tm} irreduzibel, also ist nach 1.8 $r(A)^{tm}$ ein einfacher Eigenwert von A^{tm}. Das erzwingt $m = 1$, und A ist somit primitiv.
c) $\Rightarrow$ a): Nach 1.15 a) gilt wegen $y > 0$ und $z > 0$ auch

$$\lim_{k \to \infty} r(A)^{-k} A^k = \begin{pmatrix} z_1 y_1 & \ldots & z_1 y_n \\ \vdots & & \vdots \\ z_n y_1 & \ldots & z_n y_n \end{pmatrix} > 0.$$

Also ist $A^k > 0$ für alle genügend großen k. □

Aus 1.16 folgt sofort eine nützliche Bemerkung:

1.17 Bemerkung. Sei $0 \leqslant A \in (\mathbb{R})_n$. Gibt es ein $t \in \mathbb{N}$ derart, daß A^t primitiv ist, so ist A selbst primitiv.

1.18 Bemerkung. Satz 1.16 liefert noch kein konstruktives Verfahren zur Kontrolle der Primitivität von A, da man nicht weiß, bis zu welchem k man A^k berechnen muß. Dieser Mangel wird jedoch durch folgendes Ergebnis von Wielandt abgestellt:

Sei $0 \leqslant A \in (\mathbb{R})_n$ und sei A primitiv. Dann gilt $A^k > 0$ für alle $k \geqslant n^2-2n+2$. Diese Schranke ist scharf, denn die einzigen primitiven Matrizen A vom Typ (n, n), für welche

$$A^{n^2-2n+1}$$

noch nicht positiv ist, sind bis auf Permutation von Zeilen und Spalten die Matrizen

$$\begin{pmatrix} 0 & a_{12} & 0 & 0 & \dots & 0 \\ 0 & 0 & a_{23} & 0 & \dots & 0 \\ \vdots & \vdots & \vdots & \vdots & & \vdots \\ 0 & 0 & 0 & 0 & \dots & a_{n-1,n} \\ a_{n1} & a_{n2} & 0 & 0 & \dots & 0 \end{pmatrix}$$

mit $a_{12}a_{23}\dots a_{n-1,n}a_{n1}a_{n2} > 0$.
(Siehe E. Seneta, Nonnegative Matrices, S. 53; für stochastische Matrizen wird das Ergebnis bewiesen in Fritz, Huppert, Willems, Stochastische Matrizen, S. 52. Derselbe Beweis ist auch für nichtnegative Matrizen gültig.)

Aufgaben

A 1.1 Man beweise für irreduzibles $A = (a_{jk}) \geqslant 0$ die Gleichung

$$r(A) = \underset{x>0}{\operatorname{Min}} \underset{j}{\operatorname{Max}} \frac{\sum\limits_{k=1}^{n} a_{jk}x_k}{x_j}.$$

§ 2 Das Austauschmodell von Leontieff

2.1 Problemstellung. Gegeben seien n Fabriken F_j $(j = 1, \dots, n)$, jede stelle ein Produkt P_j her. Für die Herstellung der Werteinheit von P_k mögen $a_{jk} \geqslant 0$ Werteinheiten von P_j gebraucht werden. (Wir setzen $a_{jj} = 0$.) Vorgegeben sei der Marktbedarf $z_j \geqslant 0$ an Werteinheiten von P_j. Wir setzen

$$z = \begin{pmatrix} z_1 \\ \vdots \\ z_n \end{pmatrix} \geqslant 0$$

und suchen einen Produktionsvektor

$$y = \begin{pmatrix} y_1 \\ \vdots \\ y_n \end{pmatrix} \geqslant 0$$

mit

$$y - Ay = z.$$

Das heißt

$$y_j - \sum_{k=1}^{n} a_{jk} y_k = z_j.$$

Dabei ist $\sum\limits_{k=1}^{n} a_{jk} y_k$ der Verbrauch des Produktes P_j für die Herstellung von y_k Einheiten von P_k in den Fabriken $F_1, \dots, F_n$ (ohne F_j).

In II,2.12 haben wir gesehen, daß dieses Problem eine Lösung hat, falls $r(A) < 1$ gilt. Als Ergänzung der früheren Betrachtungen beweisen wir:

2.2 Satz. *Die Aufgabe aus* 2.1 *ist lösbar, falls es wenigstens ein* $x > 0$ *gibt mit* $x - Ax > 0$. *(Das heißt, es gibt eine Produktion, bei der alle Fabriken beschäftigt sind und bei der von jedem Produkt eine positive Menge für den Markt übrig bleibt.)*

Beweis. Sei also $x > 0$ und $x - Ax > 0$. Mit 1.10 a) folgt dann

$$r(A) \leqslant \operatorname*{Max}_j \frac{\sum\limits_{k=1}^{n} a_{jk} x_k}{x_j} < 1.$$

Dann können wir II,2.12 anwenden. □

2.3 Hilfssatz. *Sei* $A \geqslant 0$. *Dann gibt es eine Permutationsmatrix P derart, daß gilt*

$$PAP^{-1} = \begin{pmatrix} A_{11} & 0 & 0 & \dots & 0 \\ A_{21} & A_{22} & 0 & \dots & 0 \\ \vdots & \vdots & \vdots & & \vdots \\ A_{m1} & A_{m2} & A_{m3} & \dots & A_{mm} \end{pmatrix}$$

mit quadratischen, irreduziblen A_{jj} *oder* $A_{jj} = (0)$ *vom Typ* $(1, 1)$.

Beweis. Wir wählen j so, daß $|\mathcal{A}(j)|$ möglichst klein ist (siehe Definition 1.3). Für alle $k \in \mathcal{A}(j)$ ist $\mathcal{A}(k) \subseteq \mathcal{A}(j)$, also $\mathcal{A}(k) = \mathcal{A}(j)$. Durch Vertauschung von Zeilen und Spalten von A bringen wir $\mathcal{A}(j)$ an die ersten Stellen. Dann ist für eine geeignete Permutationsmatrix P_1

$$P_1 A P_1^{-1} = \begin{pmatrix} A_{11} & 0 \\ B & C \end{pmatrix}.$$

Wegen $\mathcal{A}(k) = \mathcal{A}(j)$ für alle $k \in \mathcal{A}(j)$ ist A_{11} nach 1.5 irreduzibel oder $A_{11} = (0)$ vom Typ $(1, 1)$. Nun wenden wir Induktion auf C an. □

Wir ändern die Problemstellung aus 2.1 ein wenig:

2.4 Problemstellung. Wir betrachten das Modell aus 2.1 mit $z = 0$ und

$$\sum_{j=1}^{n} a_{jk} = 1 \qquad \text{für} \quad k = 1, \dots, n.$$

Dies bedeutet, daß jede Fabrik F_k ohne Gewinn und Verlust wirtschaftet.

Diese Annahme sieht etwas realistischer aus, wenn wir auch die Arbeiter formal als eine Fabrik F_n ansehen, welche das Produkt P_n=Arbeit herstellt. Nun ist einerseits zur Produktion von P_j $(j < n)$ ein gewisser Arbeitsaufwand a_{nj} nötig, andererseits erfordert die "Herstellung" einer Arbeitsstunde einen gewissen Aufwand an Konsumgütern $P_1, \dots, P_{n-1}$.

Wir suchen nun einen Produktionsvektor $y \geqslant 0$ mit $Ay = y$. Falls möglich, möchten wir alle Fabriken beschäftigen, hätten also gerne sogar $y > 0$.

2.5 Satz. *Sei* $A = (a_{jk}) \geqslant 0$ *mit* $\sum_{j=1}^{n} a_{jk} = 1$ *für* $k = 1, \dots, n$.
a) *Es gibt stets ein* $y \geqslant 0 \neq y$ *mit* $Ay = y$.
b) *Genau dann gibt es ein* y *mit* $Ay = y > 0$, *wenn nach geeigneter Permutation der Zeilen und Spalten von* A *gilt*

$$A = \begin{pmatrix} A_{11} & 0 & \dots & 0 \\ 0 & A_{22} & \dots & 0 \\ \vdots & \vdots & & \vdots \\ 0 & 0 & \dots & A_{mm} \end{pmatrix}$$

mit irreduziblen A_{jj}.

Beweis. a) Die Anwendung von 1.13 d) auf A' zeigt sofort $r(A) = r(A') = 1$. Nach 1.13 c) gibt es daher ein $y \neq 0$ mit $Ay = y \geqslant 0$.
b) Sei zuerst

$$A = \begin{pmatrix} A_{11} & \dots & 0 \\ & \ddots & \\ 0 & \dots & A_{mm} \end{pmatrix}$$

mit irreduziblen A_{jj}. Da in jedem A_{jj} alle Spaltensummen gleich 1 sind, gilt $r(A_{jj}) = 1$. Nach 1.8 gibt es daher einen Vektor y_j mit $A_{jj} y_j = y_j > 0$. Setzen wir

$$y = \begin{pmatrix} y_1 \\ \vdots \\ y_n \end{pmatrix},$$

so ist $Ay = y > 0$.

Sei umgekehrt $Ay = y > 0$. Sei gemäß Hilfssatz 2.3

$$A = \begin{pmatrix} A_{11} & 0 \\ B & C \end{pmatrix}$$

mit irreduziblem A_{11} oder $A_{11} = (0)$ und sei entsprechend

$$y = \begin{pmatrix} u \\ v \end{pmatrix}.$$

Dann ist

$$\begin{pmatrix} u \\ v \end{pmatrix} = A \begin{pmatrix} u \\ v \end{pmatrix} = \begin{pmatrix} A_{11}u \\ Bu + Cv \end{pmatrix}.$$

Wegen $r(A) = r(A')$ gilt 1.10 b) natürlich auch für die Spaltensummen von A_{11}. Also ist

$$\begin{aligned} r(A_{11}) &\leqslant \text{ maximale Spaltensumme von } A_{11} \\ &\leqslant \text{ maximale Spaltensumme von } A = 1. \end{aligned}$$

Wegen $A_{11}u = u > 0$ ist andererseits $r(A_{11}) \geqslant 1$, also $r(A_{11}) = 1$. Mit 1.10 b) folgt daher

$$1 = r(A_{11}) = \text{ jede Spaltensumme von } A_{11}.$$

Wegen $B \geqslant 0$ ist dann $B = 0$ und $Cv = v > 0$. Auf C wenden wir Induktion nach n an. □

2.6 Bemerkung. Die Überlegung aus dem Beweis von 2.5 zeigt auch: Sei

$$A = \begin{pmatrix} A_{11} & 0 \\ B & C \end{pmatrix}$$

mit irreduziblem A_{11} vom Typ (k, k). Also ist $a_{ij} = 0$ für $i \leqslant k < j$; dies bedeutet, daß die Fabriken $F_{k+1}, \ldots, F_n$ in ihrer Produktion die Produkte $P_1, \ldots, P_k$ nicht benötigen. Ist $Ay = y \geqslant 0$ mit

$$\begin{pmatrix} y_1 \\ \vdots \\ y_k \end{pmatrix} \neq 0$$

so ist $B = 0$. Das heißt: Nur dann sind $F_1, \ldots, F_k$ an der Produktion überhaupt beteiligt, wenn diese Fabriken die Produkte $P_{k+1}, \ldots, P_n$ nicht benötigen. Wer also nicht auftragslos sein will, muß entweder autark sein oder sich beiderseitig verflechten.

Für weitere Ausführungen zum Leontieff-Modell verweisen wir auf A. Berman und R. J. Plemmons, Nonnegative Matrices in the Mathematical Sciences.

§ 3 Bevölkerungsentwicklung und Leslie-Matrizen

3.1 Problemstellung. Wir beschreiben die zahlenmäßige Entwicklung des weiblichen Anteils einer Bevölkerung wie folgt:

Wir verteilen die weibliche Bevölkerung auf $n+1$ Altersklassen $\mathfrak{k}_j$, wobei $\mathfrak{k}_j$ die Personen im Altersintervall $[j, j+1)$ seien. Es sei p_j die Überlebensrate der Altersklasse $\mathfrak{k}_j$ nach $\mathfrak{k}_{j+1}$. Wir nehmen an, daß $p_j > 0$ für $0 \leqslant j \leqslant n-1$, aber $p_n = 0$. Eine Frau der Altersklasse $\mathfrak{k}_j$ habe während ihres Verbleibs in $\mathfrak{k}_j$ durchschnittlich $q_j \geqslant 0$ weibliche Nachkommen. Ist $x_j \geqslant 0$ die Anzahl der Personen in $\mathfrak{k}_j$, so erfolgt in der gewählten Zeiteinheit der Übergang

$$\begin{pmatrix} x_0 \\ x_1 \\ \vdots \\ x_n \end{pmatrix} \longrightarrow \begin{pmatrix} x_0' \\ x_1' \\ \vdots \\ x_n' \end{pmatrix} = A \begin{pmatrix} x_0 \\ x_1 \\ \vdots \\ x_n \end{pmatrix}$$

mit

$$x_0' = \sum_{j=0}^{n} q_j x_j$$

$$x_j' = p_{j-1} x_{j-1} \qquad (1 \leqslant j \leqslant n)$$

und

$$A = \begin{pmatrix} q_0 & q_1 & \dots & q_{n-1} & q_n \\ p_0 & 0 & \dots & 0 & 0 \\ 0 & p_1 & \dots & 0 & 0 \\ \vdots & \vdots & & \vdots & \vdots \\ 0 & 0 & \dots & p_{n-1} & 0 \end{pmatrix}.$$

Wir nennen A eine Leslie-Matrix.

Sei weiterhin m mit $0 \leqslant m \leqslant n$ so bestimmt, daß

$$q_m \neq 0 = q_{m+1} = \ldots = q_n.$$

Dann ist also $\mathfrak{k}_m$ die letzte fruchtbare Altersklasse.

3.2 Satz. *Sei A eine Leslie-Matrix wie in* 3.1.

a) *Es gilt*

$$A = \begin{pmatrix} A_1 & 0 \\ * & A_2 \end{pmatrix}$$

mit Typ $A_1 = (m+1, m+1)$. *Dabei ist A_1 irreduzibel mit dem charakteristischen Polynom*

$$f_{A_1} = x^{m+1} - q_0 x^m - p_0 q_1 x^{m-1} - \ldots - p_0 \ldots p_{m-1} q_m$$

und $f_{A_2} = x^{n-m}$. *Also gilt*

$$\sigma(A) = \sigma(A_1) \cup \sigma(A_2)$$

mit $\sigma(A_2) = \{0\}$ *für* $m < n$.
b) *Es gibt genau ein* $r > 0$ *mit* $f_{A_1}(r) = 0$, *nämlich*

$$r = r(A_1) = r(A).$$

c) *Sei* $q_j > 0$ *für die Indizes* $j = m_1, m_2, \ldots, m_s$, *aber* $q_j = 0$ *sonst. Sei*

$$d = (m_1 + 1, \ldots, m_s + 1)$$

der größte gemeinsame Teiler der $m_j + 1$. *Genau dann gilt*

$$f_{A_1}(re^{i\beta}) = 0,$$

wenn

$$\beta \in \{\frac{2\pi}{d} j \mid j = 0, \ldots, d-1\}.$$

Insbesondere ist A_1 *genau dann primitiv, wenn* $d = 1$ *gilt. (Dies wird zum Beispiel immer erzwungen, wenn es ein j mit* $q_j q_{j+1} > 0$ *gibt, wenn es also zwei aufeinanderfolgende fruchtbare Altersklassen gibt.)*

Beweis. Durch Induktion nach k beweisen wir zuerst allgemein

$$\begin{aligned} f_k &= \det \begin{pmatrix} -q_1 & -q_2 & -q_3 & \ldots & -q_{k-1} & -q_k \\ -p_1 & x & 0 & \ldots & 0 & 0 \\ 0 & -p_2 & x & \ldots & 0 & 0 \\ \vdots & \vdots & \vdots & & \vdots & \vdots \\ 0 & 0 & 0 & \ldots & -p_{k-1} & x \end{pmatrix} \\ &= -q_1 x^{k-1} - p_1 q_1 x^{k-2} - \cdots - p_1 \cdots p_{k-1} q_k : \end{aligned}$$

Dies ist offenbar richtig für $k = 1$. Durch Entwicklung der Determinante nach der ersten Spalte und Verwendung der Induktionsannahme erhalten wir

$$\begin{aligned} f_k &= -q_1 x^{k-1} + p_1 \det \begin{pmatrix} -q_2 & -q_3 & \ldots & -q_{k-1} & -q_k \\ -p_2 & x & \ldots & 0 & 0 \\ \vdots & \vdots & & \vdots & \vdots \\ 0 & 0 & \ldots & -p_{k-1} & x \end{pmatrix} \\ &= -q_1 x^{k-1} + p_1(-q_2 x^{k-2} - p_2 q_3 x^{k-3} - \ldots - p_2 \ldots p_{k-1} q_k). \end{aligned}$$

a) Sei also

$$A = \begin{pmatrix} A_1 & 0 \\ B & A_2 \end{pmatrix}$$

mit

$$A_1 = \begin{pmatrix} q_0 & q_1 & \dots & q_{m-1} & q_m \\ p_0 & 0 & \dots & 0 & 0 \\ 0 & p_1 & \dots & 0 & 0 \\ \vdots & \vdots & & \vdots & \vdots \\ 0 & 0 & \dots & p_{m-1} & 0 \end{pmatrix}$$

und $q_m > 0$,

$$A_2 = \begin{pmatrix} 0 & 0 & \dots & 0 & 0 \\ p_{m+1} & 0 & \dots & 0 & 0 \\ \vdots & \vdots & & \vdots & \vdots \\ 0 & 0 & \dots & p_{n-1} & 0 \end{pmatrix}$$

und

$$B = \begin{pmatrix} 0 & 0 & \dots & 0 & p_m \\ 0 & 0 & \dots & 0 & 0 \\ \vdots & \vdots & & \vdots & \vdots \\ 0 & 0 & \dots & 0 & 0 \end{pmatrix}.$$

Dann ist $f_A = f_{A_1} f_{A_2}$ mit $f_{A_2} = x^{n-m}$. Durch Entwicklung nach der ersten Spalte und Verwendung der Vorbemerkung erhalten wir

$$\begin{aligned} f_{A_1} &= \det \begin{pmatrix} x - q_0 & -q_1 & \dots & -q_{m-1} & -q_m \\ -p_0 & x & \dots & 0 & 0 \\ \vdots & \vdots & & \vdots & \vdots \\ 0 & 0 & \dots & -p_{m-1} & x \end{pmatrix} \\ &= (x - q_0)x^m + p_0 \det \begin{pmatrix} -q_1 & -q_2 & \dots & -q_{m-1} & -q_m \\ -p_1 & x & \dots & 0 & 0 \\ \vdots & \vdots & & \vdots & \vdots \\ 0 & 0 & \dots & -p_{m-1} & x \end{pmatrix} \\ &= (x - q_0)x^m - p_0 q_1 x^{m-1} - p_0 p_1 q_2 x^{m-2} - \dots - p_0 \dots p_{m-1} q_m. \end{aligned}$$

Das ist die behauptete Gestalt von f_{A_1}.

Bei A_1 sind wegen $p_0 \dots p_{m-1} q_m > 0$ die Übergänge

$$0 \longrightarrow m \longrightarrow m - 1 \longrightarrow \dots \longrightarrow 1 \longrightarrow 0$$

möglich, also ist A_1 irreduzibel.

b) Wir betrachten für $0 < x < \infty$ die Funktion

$$h(x) = \frac{x^{m+1} - f_{A_1}(x)}{x^{m+1}} = q_0 x^{-1} + p_0 q_1 x^{-2} + \dots + p_0 \dots p_{m-1} q_m x^{-(m+1)}.$$

Da alle p_j und q_j nichtnegativ sind und $p_0 \dots p_{m-1} q_m > 0$, fällt h in $(0, \infty)$ stark monoton, und es gilt

$$\lim_{x \to 0} h(x) = \infty, \qquad \lim_{x \to \infty} h(x) = 0.$$

Somit gibt es genau ein $r > 0$ mit $h(r) = 1$, also mit $f_{A_1}(r) = 0$. Wegen Hauptsatz 1.8 a) ist dann notwendig $r = r(A_1)$.

c) Sei $a = re^{i\beta}$ und $f_{A_1}(a) = 0$. Für die Funktion h aus b) gilt dann

$$h(r) = 1 = h(a) = \operatorname{Re} h(a).$$

Das heißt

$$q_0 r^{-1} + p_0 q_1 r^{-2} + \dots + p_0 \dots p_{m-1} q_m r^{-(m+1)} = 1$$
$$= q_0 r^{-1} \cos \beta + p_0 q_1 r^{-2} \cos 2\beta + \dots + p_0 \dots p_{m-1} q_m r^{-(m+1)} \cos(m+1)\beta.$$

Somit folgt

$$0 = q_0 r^{-1}(1 - \cos \beta) + p_0 q_1 r^{-2}(1 - \cos 2\beta) + \dots$$
$$+ p_0 \dots p_{m-1} q_m r^{-(m+1)}(1 - \cos(m+1)\beta).$$

Wegen $p_j > 0$ erzwingt dies

$$q_j(1 - \cos(j+1)\beta) = 0 \qquad \text{für} \qquad j = 0, \dots, m.$$

Seien $q_{m_1}, \dots, q_{m_s}$ die sämtlichen von 0 verschiedenen q_j. Dann folgt

$$\cos(m_j + 1)\beta = 1 \qquad (j = 1, \dots, s),$$

also

$$(m_j + 1)\beta = 2\pi s_j \qquad \text{mit} \qquad s_j \in \mathbb{Z}.$$

Bekanntlich existieren $t_j \in \mathbb{Z}$ mit

$$d = (m_1 + 1, \dots, m_s + 1) = \sum_{j=1}^{s} t_j(m_j + 1).$$

Dann folgt

$$d\beta = \sum_{j=1}^{s} t_j(m_j + 1)\beta = 2\pi \sum_{j=1}^{s} t_j s_j = 2\pi t \qquad \text{mit} \qquad t \in \mathbb{Z}.$$

Also gilt

$$\beta = \frac{2\pi}{d} t \qquad \text{mit} \qquad 0 \leqslant t < d.$$

Sei umgekehrt $m_j + 1 = dr_j$ mit $r_j \in \mathbb{Z}$. Für $\beta = \frac{2\pi}{d} l$ mit $0 \leqslant l < d$ ist dann

$$e^{i(m_j+1)\beta} = e^{idr_j \frac{2\pi}{d} l} = e^{2\pi i r_j l} = 1.$$

Daraus folgt dann

$$f_{A_1}(re^{i\beta}) = f_{A_1}(r) = 0. \qquad \square$$

3.3 Beispiel. Sei nur eine einzige Altersklasse fruchtbar, also $q_m > 0$, aber $q_j = 0$ für $j \neq m$. Dann gilt nach 3.2

$$f_A = x^{n-m}(x^{m+1} - p_0 \dots p_{m-1}q_m).$$

Das liefert

$$r(A) = \sqrt[m+1]{p_0 \dots p_{m-1}q_m},$$

und nach 3.2 c) hat A_1 die Eigenwerte

$$r(A)e^{\frac{2\pi i}{m+1}j} \qquad (j = 0, \dots, m).$$

3.4 Bemerkungen. a) Ist $d = 1$, also A_1 primitiv, so können wir die Entwicklung der Bevölkerung asymptotisch beschreiben.

Nach 1.15 a) existiert

$$\lim_{k\to\infty} r^{-k}A_1^k = P.$$

Wir können dabei P nach 1.15 angeben, wenn wir Eigenvektoren y und z mit

$$yA_1 = ry \qquad \text{und} \qquad A_1 z = rz$$

kennen. Die Vektoren y und z lassen sich leicht rekursiv berechnen, nämlich

$$y = (1, \frac{r}{p_0}, \frac{r^2}{p_0 p_1}, \dots, \frac{r^m}{p_0 \dots p_{m-1}})$$

und

$$z = \begin{pmatrix} 1 \\ p_0 r^{-1} \\ p_0 p_1 r^{-2} \\ \vdots \\ p_0 \dots p_{m-1} r^{-m} \end{pmatrix}$$

Dabei ist $(y, z) = m + 1$, und mit 1.15 folgt

$$\lim_{k\to\infty} r^{-k}A_1^k = (s_{ij})$$

mit

$$s_{ij} = \frac{z_i y_j}{m+1} = \frac{p_0 \dots p_{i-1} r^{j-i}}{(m+1)p_0 \dots p_{j-1}}.$$

Sei wieder wie in 3.2

$$A = \begin{pmatrix} A_1 & 0 \\ B & A_2 \end{pmatrix}.$$

Wegen $f_{A_2} = x^{n-m}$ gilt nach dem Satz von Hamilton und Cayley

$$0 = f_{A_2}(A_2) = A_2^{n-m}.$$

Durch einfache Induktion folgt dann für $k \geqslant n - m$

$$A^k = \begin{pmatrix} A_1^k & 0 \\ B_k & 0 \end{pmatrix}$$

mit

$$B_k = BA_1^{k-1} + A_2BA_1^{k-2} + A_2^2BA_1^{k-3} + \ldots + A_2^{n-m-1}BA_1^{k-n+m}.$$

Aus $\lim_{k\to\infty} r^{-k}A_1^k = P$ folgt

$$\lim_{k\to\infty} r^{-k}B_k = (r^{-1}B + r^{-2}A_2B + \ldots + r^{-(n-m)}A_2^{n-m-1}B)P.$$

Damit ist auch $\lim_{k\to\infty} r^{-k}A^k$ berechnet.

Für $k \geqslant n - m$ ist übrigens

$$A^k \begin{pmatrix} v \\ w \end{pmatrix} = \begin{pmatrix} A_1^k v \\ B_k v \end{pmatrix},$$

und dies ist unabhängig von der Verteilung w der Frauen in den unfruchtbaren Altersklassen $m + 1, \ldots, n$ beim Beginn des Prozesses.

b) Das interessanteste Datum ist der Spektralradius $r(A)$ von A, er regelt nämlich, ob die Potenzen $A_1^k \sim r^kP$ mit wachsendem k groß werden oder nicht. Natürlich läßt sich $r(A)$ nicht allgemein für Leslie-Matrizen berechnen. Aber man kann leicht entscheiden, ob $r(A) > 1$ (Bevölkerung wächst exponentiell) oder $r(A) < 1$ (Bevölkerung schrumpft exponentiell) gilt.

Wir setzen

$$R = q_0 + p_0q_1 + \ldots + p_0 \ldots p_{m-1}q_m.$$

Man kann R als die wahrscheinliche Anzahl der weiblichen Nachkommen einer Frau während ihres ganzen Lebens interpretieren. Dann gilt:

Ist $R < 1$, so gilt $r(A) < 1$; ist $R > 1$, so ist $r(A) > 1$; ist $R = 1$, so gilt $r(A) = 1$.

Wir beweisen dies: $r = r(A_1) = r(A)$ ist nach 3.2 b) eindeutig bestimmt durch

$$1 = h(r) = q_0r^{-1} + p_0q_1r^{-2} + \ldots + p_0 \ldots p_{m-1}q_mr^{-(m+1)}.$$

Dabei fällt h stark monoton in $(0, \infty)$.

Ist $h(1) = R < 1$, so liegt die Stelle r mit $h(r) = 1$ links von 1, also ist dann auch $r < 1$. Ist $h(1) = R > 1$, so liegt r rechts von 1. Ist $R = 1$, so ist $h(1) = 1$, also auch $r = 1$.

Zum tieferen Eindringen in diese Fragen verweisen wir auf J. H. Pollard, Mathematical Models for the Growth of Human Populations (1973).

§ 4 Elementare Behandlung stochastischer Matrizen

Wir behandeln in diesem Paragraphen einige Beispiele von stochastischen Matrizen. Mit voller Absicht benutzen wir dabei nur die Anfangsgründe der Matrizenrechnung. Erst in den Paragraphen 5 bis 9 entwickeln wir eine systematische Theorie der stochastischen Matrizen, welche sich auf die Sätze von Perron und Frobenius und den Ergodensatz aus II,§ 3 stützt.

4.1 Problemstellung. a) Vorgegeben sei ein System **S**, welches sich in genau einem von n Zuständen befinden kann, die wir mit $1, \ldots, n$ numerieren. Dieses System werde einem "stochastischen" Vorgang $\mathcal{A}$ ausgesetzt, dessen Wirkung auf **S** nicht sicher anzugeben ist. Es sei jedoch bekannt, daß die Wahrscheinlichkeit für den Übergang des Systems **S** beim Vorgang $\mathcal{A}$ vom Zustand i zum Zustand j gerade $a_{ij} \geqslant 0$ ist. Ausdrücklich sei betont, daß diese Wahrscheinlichkeit nur vom Zustand i, jedoch nicht von der Vorgeschichte des Systems abhängen soll. Man nennt einen solchen Prozeß einen Markoff-Prozeß.

Wir beschreiben diesen stochastischen Prozeß durch Vorgabe der Übergangsmatrix $A = (a_{ij})$ vom Typ (n, n). Dann ist $\sum_{j=1}^{n} a_{ij}$ die Wahrscheinlichkeit für den Übergang des Systems **S** beim Vorgang $\mathcal{A}$ aus dem Zustand i in irgendeinen der n Zustände, also gilt

$$\sum_{j=1}^{n} a_{ij} = 1 \qquad (i = 1, \ldots, n).$$

b) Seien $\mathcal{A}$ und $\mathcal{B}$ stochastische Vorgänge im System **S** mit den Übergangsmatrizen $A = (a_{ij})$ und $B = (b_{ij})$. Wie verhält sich das System bei dem zusammengesetzten Vorgang $\mathcal{AB}$? Die Wahrscheinlichkeit für den Übergang

$$i \xrightarrow{\mathcal{A}} k \xrightarrow{\mathcal{B}} j$$

ist $a_{ik} b_{kj}$. Die Wahrscheinlichkeit für $i \xrightarrow{\mathcal{AB}} j$ über irgendeinen Zwischenzustand k aus $\{1, \ldots, n\}$ ist daher

$$c_{ij} = \sum_{k=1}^{n} a_{ik} b_{kj}.$$

Die Übergangsmatrix (c_{ij}) zu $\mathcal{AB}$ ist also das Produkt der Matrizen A und B. Die Zusammensetzung stochastischer Vorgänge führt somit ganz natürlich zur Matrizenmultiplikation. (Wir haben bei der obenstehenden Betrachtung ganz naiv naheliegende Regeln über die Multiplikation und Addition von Wahrscheinlichkeiten verwendet.)

c) Meist interessiert man sich für das Verhalten des Systems bei oftmaliger Anwendung des Prozesses $\mathcal{A}$. Zur k-maligen Anwendung von $\mathcal{A}$ gehört nach b) die Übergangsmatrix A^k. Diese ist grundsätzlich berechenbar, wenn A bekannt ist, aber für große k werden die Matrizenrechnungen meist sehr unhandlich. Da man sich oft nur für das Verhalten für sehr große k interessiert, wird man fragen, ob $\lim_{k\to\infty} A^k$ existiert und wie man diesen Grenzwert berechnen kann. Ist $A^k = (a_{ij}^{(k)})$, so ist dabei natürlich

$$\lim_{k\to\infty} A^k = (\lim_{k\to\infty} a_{ij}^{(k)})$$

gemeint. Dabei ist also $\lim_{k\to\infty} a_{ij}^{(k)}$ die Wahrscheinlichkeit dafür, nach sehr vielen Elementarprozessen vom Zustand i in den Zustand j zu gelangen. Ausführlich aufgeschrieben ist

$$a_{ij}^{(k)} = \sum_{m_1,\ldots,m_{k-1}=1}^{n} a_{i,m_1} a_{m_1,m_2} \ldots a_{m_{k-1},j}.$$

Die Frage, ob diese komplizierten Ausdrücke für $k \to \infty$ konvergieren, erscheint auf den ersten Blick nicht angreifbar. Sie konvergieren nicht immer, aber doch unter recht weiten Voraussetzungen für A, und man kann dann $\lim_{k\to\infty} A^k$ allein durch das Auflösen von linearen Gleichungen berechnen.

Wir werden ab § 5 diese Fragen systematisch aufgreifen. In diesem Paragraphen begnügen wir uns mit einfachen Beispielen, die sich mit Hilfe geeigneter Rechentricks behandeln lassen.

Die in 4.1 dargelegte Verbindung zwischen Matrizenrechnung und Wahrscheinlichkeitsrechnung ist natürlich ganz heuristisch angelegt, in Ermangelung eines exakten mathematischen Begriffes "Wahrscheinlichkeit" läßt sich mit unseren Hilfsmitteln keine strengere Begründung geben.

Wir fassen den matrizentheoretischen Teil unserer Überlegungen zusammen:

4.2 Definition. Sei $A = (a_{ij})$ eine Matrix vom Typ (n, n) mit reellen Einträgen a_{ij}. Wir nennen A eine stochastische Matrix, falls gilt:

$$a_{ij} \geqslant 0 \quad \text{für alle} \quad i, j = 1, \ldots, n. \tag{1}$$

$$\sum_{j=1}^{n} a_{ij} = 1 \quad \text{für} \quad i = 1, \ldots, n. \tag{2}$$

Die Bedingung (2) können wir auch in der Gestalt $Ae = e$ mit dem Spaltenvektor

$$e = \begin{pmatrix} 1 \\ \vdots \\ 1 \end{pmatrix}$$

schreiben. (Aus (1) und (2) folgt natürlich $0 \leqslant a_{ij} \leqslant 1$.)

4.3 Satz. a) *Sind A und B stochastische Matrizen vom Typ* (n, n), *so ist auch AB stochastisch.*
b) *Sind die Matrizen* $A_k = (a_{ij}^{(k)})$ $(k = 1, 2, \dots)$ *vom Typ* (n, n) *stochastisch und existiert*

$$A = \lim_{k\to\infty} A_k = (\lim_{k\to\infty} a_{ij}^{(k)}),$$

so ist A stochastisch.
c) *Ist A stochastisch und existiert* $P = \lim_{k\to\infty} A^k$, *so gilt* $P^2 = P = AP = PA$.

Beweis. a) Die Einträge von AB sind die

$$c_{ij} = \sum_{k=1}^{n} a_{ik} b_{kj}.$$

Offenbar gilt $c_{ij} \geqslant 0$. Ferner ist

$$\sum_{j=1}^{n} c_{ij} = \sum_{j=1}^{n} \sum_{k=1}^{n} a_{ik} b_{kj} = \sum_{k=1}^{n} a_{ik} \sum_{j=1}^{n} b_{kj} = \sum_{k=1}^{n} a_{ik} = 1.$$

Also ist $AB = (c_{ij})$ eine stochastische Matrix.
b) Es gilt $A = (a_{ij})$ mit $a_{ij} = \lim_{k\to\infty} a_{ij}^{(k)}$. Aus $a_{ij}^{(k)} \geqslant 0$ folgt sofort $a_{ij} \geqslant 0$. Ferner gilt

$$\sum_{j=1}^{n} a_{ij} = \sum_{j=1}^{n} \lim_{k\to\infty} a_{ij}^{(k)} = \lim_{k\to\infty} (\sum_{j=1}^{n} a_{ij}^{(k)}) = 1.$$

Also ist $A = \lim_{k\to\infty} A_k$ stochastisch.
c) Wir machen zuerst eine einfache Vorbemerkung:
Seien A_k, B_k $(k = 1, 2, \dots)$ Matrizen vom Typ (n, n). Ist $\lim_{k\to\infty} A_k = A$ und $\lim_{k\to\infty} B_k = B$, so ist $\lim_{k\to\infty} A_k B_k = AB$.

Dies erkennt man so: Sei $A_k = (a_{ij}^{(k)})$ und $B_k = (b_{ij}^{(k)})$. Dann ist $A_k B_k = (c_{ij}^{(k)})$ mit

$$c_{ij}^{(k)} = \sum_{l=1}^{n} a_{il}^{(k)} b_{lj}^{(k)}.$$

Daher folgt

$$\lim_{k\to\infty} c_{ij}^{(k)} = \sum_{l=1}^{n} (\lim_{k\to\infty} a_{il}^{(k)})(\lim_{k\to\infty} b_{lj}^{(k)}) = \sum_{l=1}^{n} a_{il} b_{lj},$$

und dies ist der (i, j)-Eintrag von AB.

Damit erhalten wir

$$P = \lim_{k\to\infty} A^k = \lim_{k\to\infty} A^{k+1} = A \lim_{k\to\infty} A^k = AP = \lim_{k\to\infty} A^k A = PA$$

und

$$P = \lim_{k\to\infty} A^{2k} = \lim_{k\to\infty} A^k \lim_{k\to\infty} A^k = P^2. \qquad \square$$

Der Sinn der Ausführungen in 4.1 wird in den folgenden Beispielen klar.

4.4 Beispiele. a) Eine Nachricht der Form "ja" oder "nein" (etwa "X lebt noch" oder "X ist tot") werde mündlich weitergegeben. Bei der Weitergabe werde sie möglicherweise verfälscht, und zwar wie folgt:
Mit der Wahrscheinlichkeit $1 - p$ wird "ja" als "ja" weitergegeben, mit der Wahrscheinlichkeit p wird "ja" verfälscht in "nein"; mit der Wahrscheinlichkeit q wird "nein" als "ja" weitergegeben, mit der Wahrscheinlichkeit $1 - q$ wird "nein" als "nein" weitergegeben. Die Zustände des Systems seien das Vorliegen der Nachricht "ja" oder "nein", die Übergangsmatrix ist also

$$A = \begin{pmatrix} 1-p & p \\ q & 1-q \end{pmatrix}.$$

Hier kommen wir mit einem Rechentrick zum Ziel: Es gilt

$$A = E + B \qquad \text{mit} \qquad B = \begin{pmatrix} -p & p \\ q & -q \end{pmatrix}.$$

Dabei ist

$$B^2 = -(p+q)B,$$

wie man leicht bestätigt. (Dies ist die Aussage $f_B(B) = 0$ des Satzes von Cayley-Hamilton.)

Ist $p + q = 0$, wegen $p \geqslant 0$ und $q \geqslant 0$ also $p = q = 0$, so ist $A = E$, also $A^k = E$ für alle k.

Sei weiterhin $p + q > 0$. Dann folgt mit dem binomischen Satz, der wegen

$EB = BE$ anwendbar ist,

$$\begin{aligned} A^k = (E+B)^k &= \sum_{j=0}^{k} \binom{k}{j} B^j = E + \sum_{j=1}^{k} \binom{k}{j} (-1)^{j-1}(p+q)^{j-1} B \\ &= E + \frac{1}{p+q} B - \frac{1}{p+q} \sum_{j=0}^{k} \binom{k}{j} (-1)^j (p+q)^j B \\ &= E + \frac{1}{p+q} B - \frac{(1-p-q)^k}{p+q} B. \end{aligned}$$

Wegen $0 \leqslant p \leqslant 1$ und $0 \leqslant q \leqslant 1$ gilt dabei

$$-1 \leqslant 1 - p - q \leqslant 1.$$

Ist $1 - p - q = 1$, so ist $p = q = 0$, also $A = E$. Ist $1 - p - q = -1$, so ist $p = q = 1$, also

$$A = \begin{pmatrix} 0 & 1 \\ 1 & 0 \end{pmatrix}.$$

Dann ist für alle k

$$A^{2k} = E \qquad \text{und} \qquad A^{2k+1} = A,$$

also existiert $\lim_{k\to\infty} A^k$ nicht.

Ist hingegen $-1 < 1 - p - q < 1$, so gilt

$$\lim_{k\to\infty} (1-p-q)^k = 0$$

und daher

$$\lim_{k\to\infty} A^k = E + \frac{1}{p+q} B = \begin{pmatrix} \frac{q}{p+q} & \frac{p}{p+q} \\ \frac{q}{p+q} & \frac{p}{p+q} \end{pmatrix}.$$

Ist insbesondere $p = q > 0$ (unparteiische Verfälschung der Nachricht), so erhalten wir

$$\lim_{k\to\infty} A^k = \begin{pmatrix} \frac{1}{2} & \frac{1}{2} \\ \frac{1}{2} & \frac{1}{2} \end{pmatrix}.$$

Nach einer langen Kette von Zwischenträgern haben wir also nur noch mit Wahrscheinlichkeit $\frac{1}{2}$ die Ankunft der unverfälschten Ausgangsnachricht zu erwarten. (Dies mag man als eine "Theorie des Gerüchtes" ansehen.)

b) Sei

$$A = \begin{pmatrix} a & b & b & \dots & b & b \\ b & a & b & \dots & b & b \\ \vdots & \vdots & \vdots & \dots & b & a \end{pmatrix}$$

stochastisch vom Typ (n, n) mit $n \geqslant 2$, also $a \geqslant 0$, $b \geqslant 0$ und $a + (n-1)b = 1$. Setzen wir

$$F = \begin{pmatrix} 1 & 1 & \dots & 1 \\ \vdots & \vdots & & \vdots \\ 1 & 1 & \dots & 1 \end{pmatrix},$$

so gilt

$$A = (a-b)E + bF$$

und $F^2 = nF$, also $F^j = n^{j-1}F$ für $j \geqslant 1$. Ähnlich wie in a) erhalten wir daher

$$\begin{aligned} A^k = ((a-b)E + bF)^k &= \sum_{j=0}^{k} \binom{k}{j} (a-b)^{k-j} (bF)^j \\ &= (a-b)^k E + \sum_{j=1}^{k} \binom{k}{j} (a-b)^{k-j} b^j n^{j-1} F \\ &= (a-b)^k E - \frac{(a-b)^k}{n} F + \frac{1}{n} \sum_{j=0}^{k} \binom{k}{j} (a-b)^{k-j} (nb)^j F \\ &= (a-b)^k E - \frac{(a-b)^k}{n} F + \frac{1}{n}(a-b+nb)^k F \\ &= (a-b)^k (E - \frac{1}{n}F) + \frac{1}{n}F. \end{aligned}$$

Ist $|a-b| < 1$, so folgt

$$\lim_{k\to\infty} A^k = \frac{1}{n} F = \begin{pmatrix} \frac{1}{n} & \dots & \frac{1}{n} \\ \vdots & & \vdots \\ \frac{1}{n} & \dots & \frac{1}{n} \end{pmatrix}.$$

Nach langer Zeit sind also alle Zustände gleich wahrscheinlich.

Ist $1 - nb = a - b \geqslant 1$, so folgt wegen $b \geqslant 0$ sofort $b = 0$, $a = 1$, also $A = E$. Dann ist natürlich $\lim_{k\to\infty} A^k = E$.

Ist hingegen $1 - nb = a - b \leqslant -1$, so ist wegen $0 \leqslant a \leqslant 1$ und $0 \leqslant b \leqslant 1$ sicher $a = 0$, $b = 1$ und wegen $a + (n-1)b = 1$ dann $n = 2$. Das führt zu der bereits in Beispiel 4.4 a) behandelten Matrix

$$A = \begin{pmatrix} 0 & 1 \\ 1 & 0 \end{pmatrix}.$$

c) Wir geben für $n = 4$ eine typische Interpretation des Beispiels aus b).

Vorgegeben sei ein Labyrinth aus vier Kammern, in welchem je zwei Kammern durch eine Tür verbunden sind.

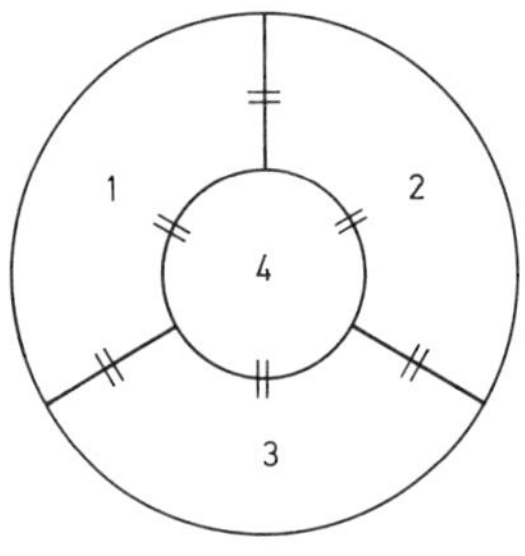

In diesem Labyrinth sitze eine Maus. Dieses System sei im Zustande i $(1 \leqslant i \leqslant 4)$, wenn die Maus sich in der Kammer i befindet. Im Elementarprozeß verhalte die Maus sich wie folgt: Mit der Wahrscheinlichkeit $a \geqslant 0$ bleibe sie in der Kammer i, mit der Wahrscheinlichkeit $b = \frac{1-a}{3} > 0$ wechsele sie zur Kammer j $(j \neq i)$. Man erhält dann die Übergangsmatrix

$$A = \begin{pmatrix} a & b & b & b \\ b & a & b & b \\ b & b & a & b \\ b & b & b & a \end{pmatrix}.$$

Nach b) existiert $\lim_{k\to\infty} A^k$, und alle Einträge darin sind gleich $\frac{1}{4}$. Nach langer Zeit ist also die Wahrscheinlichkeit dafür, die Maus in der Kammer i zu finden, gerade $\frac{1}{4}$, und zwar unabhängig davon, wo sich die Maus beim Beginn des Prozesses befand. Wegen der Symmetrie unseres Problems war natürlich nichts anderes zu erwarten.

Für $n > 4$ läßt sich die Matrix aus b) nicht durch ein ebenes Labyrinth realisieren. Auf Fragen dieser Art, oft als "random walk" bezeichnet, kommen wir mehrfach zurück (siehe insbesondere 5.8).

4.5 Beispiel. Eine Krankheit verlaufe wie folgt:
Die Zustände, welche bei der Morgenvisite ermittelt werden, seien die folgenden:
1: Der Patient ist tot.
2: Der Patient ist gesund geworden und bleibt gesund.
$2 + j$ $(1 \leqslant j \leqslant n)$: Der Patient ist krank, und war bei den letzten $j - 1$ Visiten krank, vorher gesund.
Die Zustände 1 und 2 können also niemals verlassen werden. Im Zustande $2 + j$ habe der Patient für die nächsten 24 Stunden die folgenden Erwartungen:
Er sterbe mit der Wahrscheinlichkeit a_j,
er werde gesund mit der Wahrscheinlichkeit b_j,
er überlebe krank mit der Wahrscheinlichkeit $c_j = 1 - a_j - b_j$.
Wir nehmen $c_n = 0$ an, die Krankheit dauere also keinesfalls länger als n Tage.

Die Übergangsmatrix zu diesem Prozeß ist dann

$$A = \begin{pmatrix} E & 0 \\ B & C \end{pmatrix}$$

mit

$$E = \begin{pmatrix} 1 & 0 \\ 0 & 1 \end{pmatrix}, \quad B = \begin{pmatrix} a_1 & b_1 \\ a_2 & b_2 \\ \vdots & \vdots \\ a_n & b_n \end{pmatrix}, \quad C = \begin{pmatrix} 0 & c_1 & 0 & \dots & 0 \\ 0 & 0 & c_2 & \dots & 0 \\ \vdots & \vdots & \vdots & & \vdots \\ 0 & 0 & 0 & \dots & c_{n-1} \\ 0 & 0 & 0 & \dots & 0 \end{pmatrix}.$$

Durch Induktion nach k bestätigt man schnell

$$A^k = \begin{pmatrix} E & 0 \\ D_k & C^k \end{pmatrix}$$

mit

$$D_k = (E + C + C^2 + \ldots + C^{k-1})B.$$

Ferner bestätigt man leicht $C^n = 0$, also

$$A^k = A^n = \begin{pmatrix} E & 0 \\ D_n & 0 \end{pmatrix}$$

für $k \geqslant n$. Da A^n stochastisch ist, gilt

$$D_n = \begin{pmatrix} d_1 & 1 - d_1 \\ d_2 & 1 - d_2 \\ \vdots & \vdots \\ d_n & 1 - d_n \end{pmatrix}$$

mit noch zu bestimmenden d_j. Aus

$$D_n = (E + C + \ldots + C^{n-1})B$$

$$= \begin{pmatrix} 1 & c_1 & c_1c_2 & c_1c_2c_3 & \dots & c_1 \dots c_{n-1} \\ 0 & 1 & c_2 & c_2c_3 & \dots & c_2 \dots c_{n-1} \\ \vdots & \vdots & \vdots & \vdots & & \vdots \\ 0 & 0 & 0 & 0 & \dots & c_{n-1} \\ 0 & 0 & 0 & 0 & \dots & 1 \end{pmatrix} \begin{pmatrix} a_1 & b_1 \\ a_2 & b_2 \\ \vdots & \vdots \\ a_n & b_n \end{pmatrix}$$

folgt dann

$$d_j = a_j + c_j a_{j+1} + c_j c_{j+1} a_{j+2} + \ldots + c_j \ldots c_{n-1} a_n.$$

Die Rechnung in Beispiel 4.5 beruhte auf dem glücklichen Umstand, daß $C^n = 0$ gilt. Ähnliche Überlegungen führen mitunter zum Ziel, wenn man nur die schwächere Aussage $\lim_{k\to\infty} C^k = 0$ zur Verfügung hat. Zur Vorbereitung beweisen wir einen Hilfssatz.

4.6 Hilfssatz. *Sei*

$$C = \begin{pmatrix} c_{11} & c_{12} & \dots & c_{1n} \\ 0 & c_{22} & \dots & c_{2n} \\ \vdots & \vdots & & \vdots \\ 0 & 0 & \dots & c_{nn} \end{pmatrix}$$

eine Dreiecksmatrix mit komplexen c_{ij} *und* $|c_{jj}| < 1$ *für alle* $j = 1, \dots, n$. *Dann gilt* $\lim_{k\to\infty} C^k = 0$.

Beweis. Dies folgt wegen $r(A) = \operatorname{Max}_j |c_{jj}| < 1$ sofort aus II,2.10. Um diesen Paragraphen möglichst elementar zu halten, geben wir einen direkten Beweis an. Wir zerlegen den Beweis in mehrere Schritte:
a) Sei

$$M = \begin{pmatrix} q & m & m & \dots & m \\ 0 & q & m & \dots & m \\ 0 & 0 & q & \dots & m \\ \vdots & \vdots & \vdots & & \vdots \\ 0 & 0 & 0 & \dots & q \end{pmatrix}$$

eine Dreiecksmatrix vom Typ (n, n) mit $m \geqslant 0$ und $0 \leqslant q < 1$, dann gilt $\lim_{k\to\infty} M^k = 0$:

Wir zerlegen

$$M = qE + N$$

mit

$$N = \begin{pmatrix} 0 & m & m & \dots & m \\ 0 & 0 & m & \dots & m \\ \vdots & \vdots & \vdots & & \vdots \\ 0 & 0 & 0 & \dots & 0 \end{pmatrix}.$$

Dann ist $N^n = 0$. Daher folgt für $k \geqslant n$ mit dem binomischen Satz ähnlich wie in 4.4

$$M^k = (qE + N)^k = \sum_{j=0}^{k} \binom{k}{j} q^{k-j} N^j = \sum_{j=0}^{n-1} \binom{k}{j} q^{k-j} N^j.$$

Dabei gilt für $j \leqslant n - 1$

$$\binom{k}{j} = \frac{k(k-1)\dots(k-j+1)}{j!} \leqslant \frac{k^j}{j!} \leqslant k^{n-1}.$$

Wegen $0 \leqslant q < 1$ ist bekanntlich

$$\lim_{k\to\infty} k^{n-1} q^k = 0.$$

Also ist auch

$$\lim_{k\to\infty} \binom{k}{j} q^{k-j} = 0$$

und dann

$$\lim_{k\to\infty} M^k = \sum_{j=0}^{n-1} \lim_{k\to\infty} \binom{k}{j} q^{k-j} N^j = 0.$$

b) Sei $B = (b_{ij})$ mit $|c_{ij}| \leqslant b_{ij}$. Ist $C^k = (c_{ij}^{(k)})$ und $B^k = (b_{ij}^{(k)})$, so gilt

$$|c_{ij}^{(k)}| \leqslant b_{ij}^{(k)} :$$

Für $k = 1$ ist dies nach Voraussetzung richtig. Wir beweisen es allgemein durch Induktion nach k:

$$\begin{aligned} |c_{ij}^{(k)}| &= \left| \sum_{l=1}^{n} c_{il}^{(k-1)} c_{lj} \right| \\ &\leqslant \sum_{l=1}^{n} |c_{il}^{(k-1)}||c_{lj}| \qquad \text{(Dreiecksungleichung)} \\ &\leqslant \sum_{l=1}^{n} b_{il}^{(k-1)} b_{lj} = b_{ij}^{(k)} \qquad \text{(nach Induktion).} \end{aligned}$$

c) Nun wählen wir

$$q = \operatorname*{Max}_{j} |c_j| \qquad \text{und} \qquad m = \operatorname*{Max}_{i<j} |c_{ij}|.$$

Wie in a) bilden wir

$$M = \begin{pmatrix} q & m & m & \dots & m \\ 0 & q & m & \dots & m \\ \vdots & \vdots & \vdots & & \vdots \\ 0 & 0 & 0 & \dots & q \end{pmatrix} = (m_{ij}).$$

Dann ist $|c_{ij}| \leqslant m_{ij}$ für alle i, j, wegen b) also auch

$$|c_{ij}^{(k)}| \leqslant m_{ij}^{(k)}.$$

Wegen $|q| < 1$ gilt nach a) $\lim_{k\to\infty} m_{ij}^{(k)} = 0$, also ist auch $\lim_{k\to\infty} c_{ij}^{(k)} = 0$. □

Mit Hilfe von 4.6 können wir eine Klasse von stochastischen Matrizen einheitlich behandeln:

4.7 Satz. *Sei*

$$A = \begin{pmatrix} 1 & 0 & 0 & \dots & 0 \\ 0 & 1 & 0 & \dots & 0 \\ a_{31} & a_{32} & a_{33} & \dots & a_{3n} \\ \vdots & \vdots & \vdots & & \vdots \\ a_{n1} & a_{n2} & a_{n3} & \dots & a_{nn} \end{pmatrix} = \begin{pmatrix} E & 0 \\ B & C \end{pmatrix}$$

eine stochastische Matrix.
a) *Gilt* $\lim_{k\to\infty} C^k = 0$, *so existiert* $P = \lim_{k\to\infty} A^k$ *und hat die Gestalt*

$$P = \begin{pmatrix} 1 & 0 & 0 & \dots & 0 \\ 0 & 1 & 0 & \dots & 0 \\ b_3 & 1-b_3 & 0 & \dots & 0 \\ \vdots & \vdots & \vdots & & \vdots \\ b_n & 1-b_n & 0 & \dots & 0 \end{pmatrix}$$

mit geeigneten b_j.
b) *Ist*

$$C = \begin{pmatrix} a_{33} & \dots & a_{3n} \\ & \ddots & \vdots \\ 0 & & a_{nn} \end{pmatrix}$$

eine Dreiecksmatrix mit $0 \leqslant a_{jj} < 1$, *so sind die* b_j *aus dem Gleichungssystem*

$$b_j = a_{j1} + \sum_{k=j}^{n} a_{jk} b_k \qquad (j = 3, \dots, n)$$

eindeutig rekursiv berechenbar.

Beweis. a) Es gilt

$$A^k = \begin{pmatrix} & E & & 0 \\ a_{31}^{(k)} & & a_{32}^{(k)} & \\ \vdots & & \vdots & C^k \\ a_{n1}^{(k)} & & a_{n2}^{(k)} & \end{pmatrix}.$$

Wegen $A^{k+1} = A^k A$ folgt

$$a_{j1}^{(k+1)} = a_{j1}^{(k)} + \sum_{l=3}^{n} a_{jl}^{(k)} a_{l1} \geqslant a_{j1}^{(k)}.$$

Also bilden die $a_{j1}^{(k)}$ $(k = 1, 2, \dots)$ eine monoton steigende Folge. Wegen $a_{j1}^{(k)} \leqslant 1$ existiert daher

$$b_j = \lim_{k\to\infty} a_{j1}^{(k)}.$$

Nach Voraussetzung gilt $\lim_{k\to\infty} C^k = 0$. Ist $c_j^{(k)}$ die j-te Zeilensumme von C^k, so ist

$$1 = a_{j1}^{(k)} + a_{j2}^{(k)} + c_j^{(k)},$$

also

$$1 = \lim_{k\to\infty} (a_{j1}^{(k)} + a_{j2}^{(k)} + c_j^{(k)}) = b_j + \lim_{k\to\infty} a_{j2}^{(k)}.$$

Somit folgt

$$\lim_{k\to\infty} A^k = \begin{pmatrix} 1 & 0 & 0 & \dots & 0 \\ 0 & 1 & 0 & \dots & 0 \\ b_3 & 1-b_3 & 0 & \dots & 0 \\ \vdots & \vdots & \vdots & & \vdots \\ b_n & 1-b_n & 0 & \dots & 0 \end{pmatrix}$$

b) Wegen 4.6 ist nun $\lim_{k\to\infty} C^k = 0$, und wir können a) anwenden. Nach 4.3 c) ist $P = AP$. Durch Vergleich der ersten Spalte folgt

$$b_j = a_{j1} + \sum_{k=j}^{n} a_{jk} b_k \qquad (3 \leqslant j \leqslant n),$$

also

$$\begin{aligned} b_n(1 - a_{nn}) &= a_{n1} \\ b_{n-1}(1 - a_{n-1,n-1}) &= a_{n-1,1} + a_{n-1,n} b_n \\ &\vdots \\ b_3(1 - a_{33}) &= a_{31} + a_{34} b_4 + \ldots + a_{3n} b_n. \end{aligned}$$

Wegen $1 - a_{jj} \neq 0$ kann man aus diesem Gleichungssystem nacheinander $b_n, b_{n-1}, \ldots, b_3$ eindeutig bestimmen. □

4.8 Beispiel. Eine Schulausbildung dauere regulär n Jahre. Am Ende des j-ten Jahres habe der Schüler folgende Aussichten:
Mit der Wahrscheinlichkeit p_j bricht er die Schule ab;
mit der Wahrscheinlicheit q_j ($q_j < 1$) bleibt er sitzen und muß das j-te Schuljahr wiederholen;
mit der Wahrscheinlichkeit r_j wird er in die nächste Klasse versetzt bzw. mit der Wahrscheinlichkeit r_n besteht er die Abschlußprüfung.
Dabei ist

$$p_j + q_j + r_j = 1 \qquad (j = 1, \ldots, n).$$

Wir numerieren die Zustände wie folgt:
1: Der Schüler hat das Abschlußexamen bestanden.
2: Der Schüler hat abgebrochen.

$2+j$ $(1 \leqslant j \leqslant n)$: Der Schüler ist im j-ten Schuljahr.
Die Übergangsmatrix zu diesem Prozeß ist

$$A = \begin{pmatrix} 1 & 0 & 0 & 0 & 0 & \dots & 0 & 0 \\ 0 & 1 & 0 & 0 & 0 & \dots & 0 & 0 \\ 0 & p_1 & q_1 & r_1 & 0 & \dots & 0 & 0 \\ 0 & p_2 & 0 & q_2 & r_2 & \dots & 0 & 0 \\ \vdots & \vdots & \vdots & \vdots & \vdots & & \vdots & \vdots \\ 0 & p_{n-1} & 0 & 0 & 0 & \dots & q_{n-1} & r_{n-1} \\ r_n & p_n & 0 & 0 & 0 & \dots & 0 & q_n \end{pmatrix} = \begin{pmatrix} E & 0 \\ B & C \end{pmatrix}.$$

Wegen $0 \leqslant q_j < 1$ sind die Voraussetzungen von 4.7 b) erfüllt. Also gilt (mit etwas anderer Numerierung der b_j als in 4.7 b))

$$\lim_{k\to\infty} A^k = \begin{pmatrix} 1 & 0 & 0 & \dots & 0 \\ 0 & 1 & 0 & \dots & 0 \\ b_1 & 1-b_1 & 0 & \dots & 0 \\ \vdots & \vdots & \vdots & & \vdots \\ b_n & 1-b_n & 0 & \dots & 0 \end{pmatrix},$$

wobei

$$b_j = q_j b_j + r_j b_{j+1} \quad (1 \leqslant j \leqslant n-1)$$

$$b_n = r_n + q_n b_n.$$

Das ergibt

$$b_n = \frac{r_n}{1-q_n} = \frac{r_n}{p_n + r_n}$$

und

$$b_j = \frac{r_j b_{j+1}}{1-q_j} = \prod_{k=j}^{n} \frac{r_k}{p_k + r_k}.$$

Dieses b_j ist also die Wahrscheinlichkeit dafür, daß ein Schüler, der gerade im j-ten Schuljahr ist, schließlich die Schule erfolgreich mit bestandener Abschlußprüfung abschließt.

Weitere Fälle, die sich mit Hilfe von Satz 4.7 behandeln lassen, findet der Leser in den Aufgaben.

Wir weisen darauf hin, daß Satz 4.7 ein Spezialfall eines viel allgemeineren Satzes ist (siehe 8.2). Aber mit den in diesem Paragraphen alleine benutzten elementaren Hilfsmitteln lassen sich kaum allgemeinere Sätze beweisen.

Aufgaben

A 4.1 a) Sei A eine invertierbare Matrix vom Typ (n, n), jede Zeilensumme von A sei gleich 1. Dann ist auch jede Zeilensumme von A^{-1} gleich 1.
b) Sei A eine invertierbare stochastische Matrix. Ist A^{-1} stochastisch, so ist A eine Permutationsmatrix, beschreibt also einen deterministischen Prozeß.

A 4.2 Sei

$$A = \begin{pmatrix} 1 & 0 & 0 \\ a_{21} & a_{22} & 0 \\ a_{31} & a_{32} & a_{33} \end{pmatrix}$$

eine stochastische Dreiecksmatrix. Man berechne $\lim_{k\to\infty} A^k$. (Fallunterscheidungen beachten!)

A 4.3 Auf einen Fuchs lauern n Fallen ($n \geqslant 2$). Die Zustände seien wie folgt definiert:
Zustand 0: Der Fuchs ist frei.
Zustand j ($1 \leqslant j \leqslant n$): Der Fuchs ist in der Falle j gefangen und bleibt dort.
Pro Woche habe der Fuchs folgende Aussichten:
Mit der Wahrscheinlichkeit p_0 bleibe er frei ($0 < p_0 < 1$), mit der Wahrscheinlichkeit p_j werde er in der Falle j im Laufe der Woche gefangen. Dabei sei $\sum\limits_{j=0}^{n} p_j = 1$.

Man stelle die Übergangsmatrix A zu diesem Prozeß auf und berechne A^k und $\lim_{k\to\infty} A^k$.

A 4.4 Ein Spieler wirft eine Münze mit dem Ergebnis “Kopf” oder “Zahl”, und zwar “Kopf” mit der Wahrscheinlichkeit p und “Zahl” mit der Wahrscheinlichkeit $q = 1-p$. Der Zustand werde beschrieben durch die Angabe des Paares (a_1, a_2), wobei a_1 das Ergebnis des vorletzten Wurfes sei, a_2 das des letzten. Der Elementarprozeß sei der Übergang

$$(a_1, a_2) \longrightarrow (a_2, b),$$

wobei b das Ergebnis eines weiteren Wurfes sei. Man stelle die Übergangsmatrix A auf, beweise $A^2 = A^3 = A^4 = \ldots$ und interpretieren dies.

A 4.5 Man behandle die zu A 4.4 ähnliche Aufgabe für einen Würfelspieler, wobei nun der Zustand durch das Ergebnis $(i_1, \ldots, i_m)$ der letzten m Würfe beschrieben werde ($1 \leqslant i_k \leqslant 6$). Ist A die Übergangsmatrix zu diesem Prozeß, so zeige man, daß $A^m = A^{m+1} = \ldots$ eine Matrix mit lauter gleichen Einträgen ist.

A 4.6 Gegeben seien n verdeckte Spielkarten, davon seien r rot und $n-r$ schwarz ($0 < r < n$). Spieler 1 ziehe eine Karte, jede Karte werde mit derselben Wahrscheinlichkeit $\frac{1}{n}$ gezogen. Zieht Spieler 1 rot, so zahle er an Spieler 2 eine Mark; zieht er schwarz, so erhalte er von Spieler 2 eine Mark. Nach dem Ziehen wird die Karte jeweils in den Stapel zurückgelegt und dann gemischt. Im Spiel seien genau 4 Mark, die 5 Zustände j des Spieles ($0 \leqslant j \leqslant 4$) seien durch den Geldbestand von Spieler 1 gegeben. Hat einer der Spieler kein Geld mehr, so sei das Spiel zu Ende.

a) Bei geeigneter Numerierung der Zustände hat die Übergangsmatrix A die Gestalt

$$A = \begin{pmatrix} E & 0 \\ B & C \end{pmatrix},$$

wobei E die Einheitsmatrix vom Typ $(2,2)$ ist.

b) Man berechne A^k und führe unter Verwendung von

$$C^3 = \frac{2r(n-r)}{n^2} C$$

die Bestimmung von $\lim_{k\to\infty} A^k$ durch.

(Ein ähnliches Beispiel mit beliebigem Geldvorrat werden wir in 8.11a) behandeln.)

A 4.7 Vorgelegt sei das folgende Labyrinth aus $n+1$ Zellen:

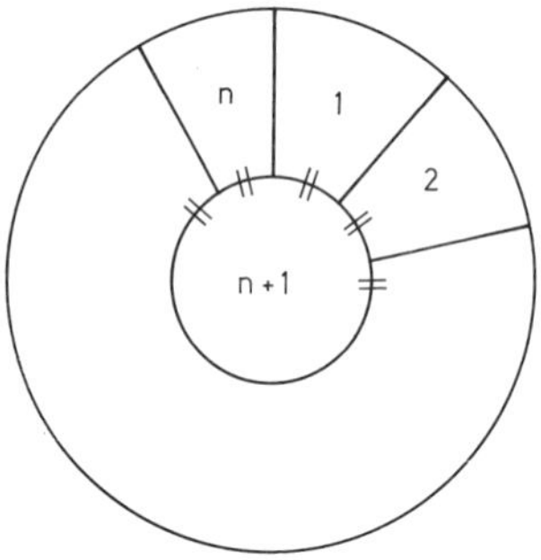

Eine Maus im Labyrinth verhalte sich im Elementarprozeß wie folgt: Mit der Wahrscheinlichkeit a ($0 < a < 1$) bleibe sie in ihrer jeweiligen Zelle; ist sie in der Zelle j ($1 \leqslant j \leqslant n$), so gehe sie mit der Wahrscheinlichkeit $1-a$ nach Zelle $n+1$; ist sie in der Zelle $n+1$, so gehe sie mit der Wahrscheinlichkeit $\frac{1-a}{n}$ nach Zelle j ($1 \leqslant j \leqslant n$).

a) Man stelle die Übergangsmatrix A zu diesem Prozeß auf.

b) Man setze $A = aE + B$ und berechne B^{2j} und B^{2j+1} ($j = 0, 1, \ldots$).

c) Man beweise

$$A^k = a^k E + \frac{1-(2a-1)^k}{2(1-a)} B + \frac{(\frac{1}{2}(1+(2a-1)^k) - a^k)}{(1-a)^2} B^2.$$

d) Man beweise

$$\lim_{k\to\infty} A^k = \begin{pmatrix} \frac{1}{2n} & \frac{1}{2n} & \cdots & \frac{1}{2n} & \frac{1}{2} \\ \vdots & \vdots & & \vdots & \vdots \\ \frac{1}{2n} & \frac{1}{2n} & \cdots & \frac{1}{2n} & \frac{1}{2} \\ \frac{1}{2n} & \frac{1}{2n} & \cdots & \frac{1}{2n} & \frac{1}{2} \end{pmatrix}.$$

A 4.8 Vorgegeben sei ein Labyrinth aus n Zellen ($n \geqslant 3$), in dem sich eine Maus befinde. Die Zellen 1 und 2 können von der Maus nicht verlassen werden, sie seien Mausefallen. Von der Zelle j mit $j \geqslant 3$ führen Türen in die Zellen $j-1$ und $j-2$, welche aber nur in der Pfeilrichtung für die Maus passierbar seien. (Siehe Zeichnung für $n = 6$.)

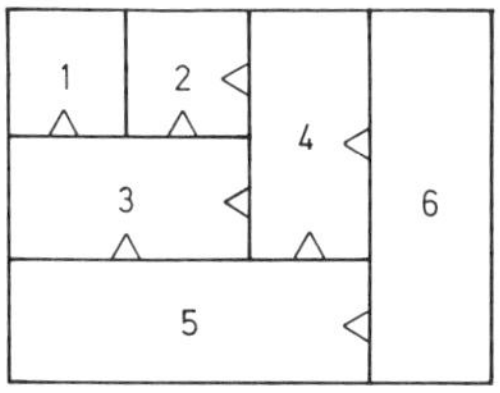

Im Elementarprozeß verhalte sich die Maus, falls sie in der Zelle j ($j \geqslant 3$) sitzt, wie folgt: Mit der Wahrscheinlichkeit $\frac{1}{3}$ bleibe sie in der Zelle sitzen, mit jeweils der Wahrscheinlichkeit $\frac{1}{3}$ benutze sie eine der Türen von Zelle j und gehe in die Zelle $j-1$ oder $j-2$.

Man stelle die Übergangsmatrix A auf und berechne $\lim_{k\to\infty} A^k$.
(Man hat bei der Lösung die Rekursionsgleichung

$$b_{j+1} = \frac{1}{2}(b_{j-1} + b_j)$$

zu lösen. Man versuche einen Ansatz der Gestalt $b_j = a + cr^j$ mit zu bestimmenden Zahlen a, c, r; siehe III, 4.5 6).).

A 4.9 Man behandle analog das Labyrinth

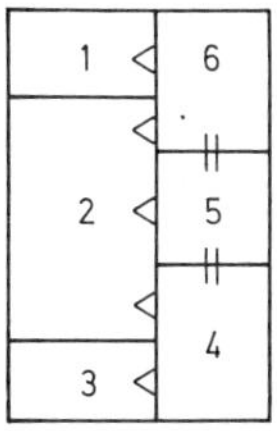

A 4.10 a) Ist A eine stochastische Matrix vom Typ (2,2), so gilt Spur $A^2 \geqslant 1$.

b) Ist A stochastisch vom Typ (2.2) mit Spur $A \geqslant 1$, so gibt es eine stochastische Matrix B mit $B^2 = A$.
(Man schreibe

$$A = \begin{pmatrix} 1-p & p \\ q & 1-q \end{pmatrix}$$

und setze B an in der Gestalt

$$B = \begin{pmatrix} 1-s & s \\ t & 1-t \end{pmatrix}.)$$

A 4.11 Seien A und B stochastische Matrizen vom Typ (n, n) mit $AB = BA$, $\lim_{k\to\infty} A^k = P_A$ und $\lim_{k\to\infty} B^k = P_B$. Man beweise, daß für $0 < t < 1$ gilt

$$\lim_{k\to\infty} ((1-t)A + tB)^k = P_A P_B.$$

Für $B = E$ folgt insbesondere

$$\lim_{k\to\infty} ((1-t)A + tE)^k = \lim_{k\to\infty} A^k.$$

(Man entwickle $((1-t)A + tB)^k$ binomisch und zerlege die Summe geeignet in drei Teile.)

§ 5 Irreduzible stochastische Matrizen

Für stochastische Matrizen kombinieren wir nun die Ergebnisse aus II,3.10 mit den Sätzen von Perron und Frobenius. Das führt direkt zu grundlegenden Einsichten.

5.1 Hauptsatz. *Sei $A = (a_{jk})$ eine stochastische Matrix vom Typ (n, n).*
a) *A hat den Spektralradius 1, und 1 ist Eigenwert von A. Ist A irreduzibel, so ist 1 einfacher Eigenwert von A.*
b) *Ist a ein Eigenwert von A mit $|a| = 1$, so gilt $a^m = 1$ für ein $m \leqslant n$.*
c) *Ist $a_{jj} > 0$ für alle $j = 1, \dots, n$, so ist 1 der einzige Eigenwert von A vom Betrag 1.*
d) *Ist A irreduzibel und $a_{jj} > 0$ für wenigstens ein j, so ist 1 der einzige Eigenwert von A vom Betrag 1.*
e) *Sei A irreduzibel, und es gebe ein Paar $j \neq k$ mit $a_{jk}\, a_{kj} > 0$. Ist a ein Eigenwert von A vom Betrag 1, so gilt $a \in \{1, -1\}$.*

Beweis. a) Dies folgt aus II,3.10 b) und 1.8 a).
b) Dies steht in 1.13 b).

c) Siehe II,3.10 d).
d) Siehe 1.11 c).
e) Siehe 1.11 d). □

Die für die Anwendungen zentrale Frage nach der Existenz der Grenzwerte

$$\lim_{k\to\infty} A^k \qquad \text{und} \qquad \lim_{k\to\infty} \frac{1}{k}\sum_{j=0}^{k-1} A^j$$

für stochastische Matrizen A können wir nun weitgehend beantworten.

5.2 Hauptsatz. *Sei A eine stochastische Matrix vom Typ* (n,n).
a) *Stets existiert*

$$P = \lim_{k\to\infty} \frac{1}{k}\sum_{j=0}^{k-1} A^j,$$

und es gilt $P^2 = P = PA = AP$.
b) *Ist 1 einziger Eigenwert von A vom Betrag 1, so existiert* $\lim_{k\to\infty} A^k$. *Dies ist insbesondere dann der Fall, wenn A primitiv ist.*
c) *Ist A irreduzibel, so gilt*

$$\lim_{k\to\infty} \frac{1}{k}\sum_{j=0}^{k-1} A^j = \begin{pmatrix} y_1 & \dots & y_n \\ \vdots & & \vdots \\ y_1 & \dots & y_n \end{pmatrix};$$

dabei ist $y = (y_1, \dots, y_n)$ *eindeutig bestimmt durch* $yA = y$ *und* $\sum_{j=1}^{n} y_j = 1$.

Beweis. a) und b): Dies folgt aus II, 3.10 a) und c).
c) Nach 1.8 a) ist nun 1 einfacher Eigenwert von A. Daher folgt die Behauptung aus II,3.10 e). □

Die Konvergenzgeschwindigkeit von $\lim_{k\to\infty} A^k$ wird nach den Beweisen in II,§ 3 entscheidend beeinflußt durch die Größe der Eigenwerte a von A mit $|a| < 1$. Mitunter gibt das folgende Verfahren Auskunft über diese Eigenwerte.

5.3 Definition. Sei $A = (a_{jk})$ stochastisch vom Typ (n,n). Sei eine disjunkte Zerlegung

$$\{1,\dots,n\} = \mathcal{B}_1 \cup \ldots \cup \mathcal{B}_m \qquad (\mathfrak{P})$$

gegeben mit $\mathcal{B}_j \neq \emptyset$. Wir nennen diese Partition $\mathfrak{P}$ zulässig für A, falls

$$\sum_{k\in\mathcal{B}_j} a_{rk} = \sum_{k\in\mathcal{B}_j} a_{sk}$$

gilt für alle $r, s \in \mathcal{B}_i$ und alle $i, j = 1, \ldots, m$.

Setzen wir

$$b_{ij} = \sum_{k \in \mathcal{B}_j} a_{rk} \qquad \text{für} \qquad r \in \mathcal{B}_i,$$

so ist b_{ij} also wohldefiniert, und $B = (b_{ij})$ ist eine stochastische Matrix vom Typ (m, m).

5.4 Satz. *Sei $A = (a_{jk})$ stochastisch vom Typ (n, n), sei $\mathfrak{P}$ eine für A zulässige Partition und sei B wie in 5.3 gebildet. Dann ist das charakteristische Polynom f_B von B ein Teiler des charakteristischen Polynoms f_A von A.*

Beweis. Sei $\mathfrak{V} = \bigoplus_{j=1}^{n} \mathbb{C} v_j$ der $\mathbb{C}$-Vektorraum der Dimension n. Wir lassen A als lineare Abbildung auf $\mathfrak{V}$ operieren vermöge

$$A v_j = \sum_{k=1}^{n} a_{kj} v_k \qquad (j = 1, \ldots, n).$$

Wir setzen

$$w_j = \sum_{k \in \mathcal{B}_j} v_k \qquad (j = 1, \ldots, m).$$

Wegen der Disjunktheit der $\mathcal{B}_j$ sind die w_j linear unabhängig. Es gilt

$$\begin{aligned} A w_j &= \sum_{k \in \mathcal{B}_j} A v_k = \sum_{l=1}^{n} \Big(\sum_{k \in \mathcal{B}_j} a_{lk} \Big) v_l = \sum_{r=1}^{m} \sum_{l \in \mathcal{B}_r} \Big(\sum_{k \in \mathcal{B}_j} a_{lk} \Big) v_l \\ &= \sum_{r=1}^{m} b_{rj} \sum_{l \in \mathcal{B}_r} v_l = \sum_{r=1}^{m} b_{rj} w_r. \end{aligned}$$

Also bleibt der Unterraum $\bigoplus_{j=1}^{m} \mathbb{C} w_j$ bei A als Ganzes fest. Ergänzen wir $\{w_1, \ldots, w_m\}$ zu einer Basis von $\mathfrak{V}$, so wird A eine Matrix der Gestalt

$$\begin{pmatrix} B & C \\ 0 & D \end{pmatrix}$$

zugeordnet. Daraus folgt $f_A = f_B f_D$. □

5.5 Beispiel. Sei A eine stochastische Matrix von der Gestalt

$$\begin{pmatrix} 0 & B_1 & 0 & \ldots & 0 \\ 0 & 0 & B_2 & \ldots & 0 \\ \vdots & \vdots & \vdots & & \vdots \\ B_k & 0 & 0 & \ldots & 0 \end{pmatrix}$$

wie in Hauptsatz 1.11 b). Dabei sei Typ $B_j = (n_j, n_{j+1})$ für $j \leqslant k-1$ und Typ $B_k = (n_k, n_1)$. Setzen wir

$$\mathcal{B}_j = \{n_1 + \ldots + n_{j-1} + 1, \ldots, n_1 + \ldots + n_{j-1} + n_j\},$$

so ist

$$\{1, \ldots, n\} = \mathcal{B}_1 \cup \ldots \cup \mathcal{B}_k$$

eine für A zulässige Partition, und das zugehörige B ist

$$B = \begin{pmatrix} 0 & 1 & 0 & \ldots & 0 \\ 0 & 0 & 1 & \ldots & 0 \\ \vdots & \vdots & \vdots & & \vdots \\ 1 & 0 & 0 & \ldots & 0 \end{pmatrix}.$$

Nach 5.4 ist daher $f_B = x^k - 1$ ein Teiler von f_A.

Dieselbe Aussage folgt übrigens auch aus 1.12:
Da jedes B_j lauter Zeilensummen 1 hat, gilt dies auch für $B_1 \ldots B_k$, wie man leicht nachrechnet. Da $B_1 \ldots B_k$ eine quadratische Matrix vom Typ (n_1, n_1) ist, ist $B_1 \ldots B_k$ stochastisch, hat also den Eigenwert 1. Somit ist $x^k - 1$ ein Teiler von

$$\det(x^k E - B_1 \ldots B_k).$$

Nach 1.12 ist

$$f_A = x^{n-kn_1} \det(x^k E - B_1 \ldots B_k).$$

5.6 Problemstellung. Vorgegeben sei ein Labyrinth aus n Zellen, in dem sich eine Maus befinde. Die Zelle j habe $w_j > 0$ Türen, die zu einigen der anderen Zellen führen. (Es ist auch zugelassen, daß zwei Zellen durch mehrere Türen verbunden sind.) Jede Tür sei in beiden Richtungen passierbar. Sei t_{jk} die Anzahl der Türen von der Zelle j nach der Zelle k. Dann ist also $t_{jk} = t_{kj}$ und $w_j = \sum_{k=1}^{n} t_{jk}$, falls wir $t_{jj} = 0$ setzen.

Der Zustand j liege vor, wenn die Maus in der Zelle j ist. Im Elementarprozeß gehe die Maus von der Zelle j nach der Zelle k mit der Wahrscheinlichkeit

$$a_{jk} = \begin{cases} b \geqslant 0 & \text{für } j = k \\ \frac{1-b}{w_j} t_{jk} & \text{für } j \neq k. \end{cases}$$

Kurz gesagt: Die Maus bleibe mit der Wahrscheinlichkeit b $(0 \leqslant b < 1)$ in ihrer Zelle, sie wähle die w_j verschiedenen Türen der Zelle j alle mit derselben Wahrscheinlichkeit $\frac{1-b}{w_j}$.

Wir nennen das Labyrinth zusammenhängend, falls die Maus von jeder Zelle zu jeder anderen gelangen kann. Nach 1.5 ist das gleichwertig damit, daß die Übergangsmatrix $A = (a_{jk})$ irreduzibel ist.

5.7 Satz. *Sei $A = (a_{jk})$ die Übergangsmatrix zu einem zusammenhängenden Labyrinth aus n Zellen.*
a) *1 ist einfacher Eigenwert von A, und für $w = (w_1, \ldots, w_n)$ gilt $wA = w$.*
b) *Ist a ein Eigenwert von A mit $|a| = 1$, so ist $a = \pm 1$.*
c) *Ist A primitiv, so gilt*

$$\lim_{k\to\infty} A^k = \begin{pmatrix} y_1 & \ldots & y_n \\ \vdots & & \vdots \\ y_1 & \ldots & y_n \end{pmatrix}$$

mit

$$y_j = \frac{w_j}{w_1 + \ldots + w_n}.$$

Dabei ist y_j die Wahrscheinlichkeit dafür, nach sehr langer Zeit die Maus in der Zelle j zu finden, und diese Wahrscheinlichkeit ist unabhängig von der Position der Maus beim Beginn des Prozesses.
d) *Ist $a_{jj} = b > 0$, so ist A primitiv.*
e) *Sei $a_{jj} = 0$ für $j = 1, \ldots, n$. Genau dann ist -1 ein Eigenwert von A, wenn es eine disjunkte Zerlegung*

$$\{1, \ldots, n\} = \mathcal{B}_1 \cup \mathcal{B}_2$$

der Menge der Zellen gibt mit $\mathcal{B}_i \neq \emptyset$ und $a_{jk} = 0$, falls j und k in demselben $\mathcal{B}_i$ liegen.

Beweis. a) Da A irreduzibel ist, ist 1 nach 5.1 a) ein einfacher Eigenwert von A. Es gilt

$$\begin{aligned} \sum_{j=1}^{n} w_j a_{jk} &= w_k a_{kk} + \sum_{j=1, j\neq k}^{n} w_j a_{jk} \\ &= w_k b + \sum_{j=1, j\neq k}^{n} w_j \frac{1-b}{w_j} t_{jk} = w_k b + (1-b) \sum_{j=1, j\neq k}^{n} t_{kj} \\ &= w_k b + (1-b) w_k = w_k. \end{aligned}$$

Also ist $wA = w$.
b) Ist

$$a_{jk} = \frac{1-b}{w_j} t_{jk} > 0,$$

so ist wegen $t_{jk} = t_{kj}$ auch

$$a_{kj} = \frac{1-b}{w_k} t_{kj} > 0.$$

Daher folgt die Behauptung aus 5.1 e).
c) Dies ergibt sich sofort aus 5.2 und 5.7 a).
d) Da A irreduzibel ist, folgt dies aus 5.1 c).
e) Sei zuerst -1 ein Eigenwert von A. Nach 1.11 b) gilt dann nach geeigneter Numerierung der Zellen

$$A = \begin{pmatrix} 0 & A_1 \\ A_2 & 0 \end{pmatrix}.$$

Dann gilt offenbar die Behauptung.

Sei umgekehrt bei geeigneter Numerierung der Zellen

$$A = \begin{pmatrix} 0 & A_1 \\ A_2 & 0 \end{pmatrix}.$$

Dann hat A nach 5.5 den Eigenwert -1. □

5.8 Beispiele. a) Wir betrachten ein Schachbrett aus n^2 Zellen ($n \geqslant 2$), alle möglichen Türen seien angebracht. Wir numerieren die Zellen wie folgt:

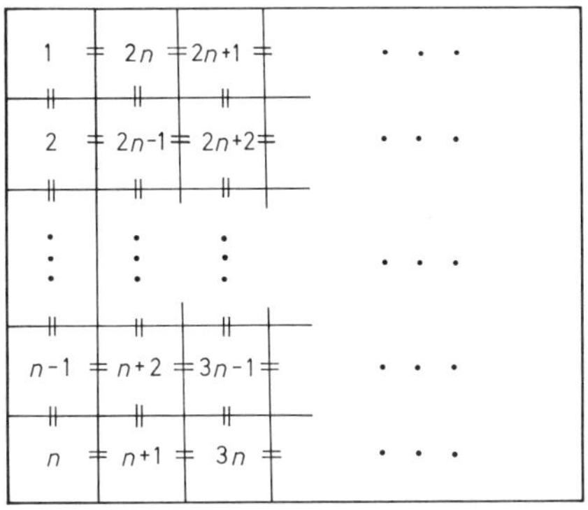

Dann ist also

$$w_j = \begin{cases} 2 & \text{in den 4 Eckzellen} \\ 3 & \text{in den } 4(n-2) \text{ Randzellen} \\ 4 & \text{in den restlichen } n^2-4n+4 \text{ inneren Zellen.} \end{cases}$$

Somit ist

$$\sum_{j=1}^{n^2} w_j = 4n(n-1).$$

Ist die Übergangsmatrix A primitiv, so folgt mit 5.7 c)

$$\lim_{k\to\infty} A^k = \begin{pmatrix} y_1 & \dots & y_n \\ \vdots & & \vdots \\ y_1 & \dots & y_n \end{pmatrix}$$

mit

$$y_j = \begin{cases} \frac{2}{4n(n-1)} & \text{in den 4 Eckzellen} \\ \frac{3}{4n(n-1)} & \text{in den Randzellen} \\ \frac{4}{4n(n-1)} & \text{in den inneren Zellen.} \end{cases}$$

Ist $b > 0$, so ist A nach 5.7 d) primitiv.

Sei $b = 0$. Dann ändert sich bei der von uns gewählten Numerierung der Zellen beim Elementarprozeß die Parität mod 2 der Zellennummer. Setzen wir

$$\mathcal{B}_1 = \{1, 3, 5, \dots\}, \qquad \mathcal{B}_2 = \{2, 4, 6, \dots\},$$

so ist -1 nach 5.7 e) ein Eigenwert von A, und $\lim_{k\to\infty} A^k$ existiert nicht.

b) Sei nun das Labyrinth

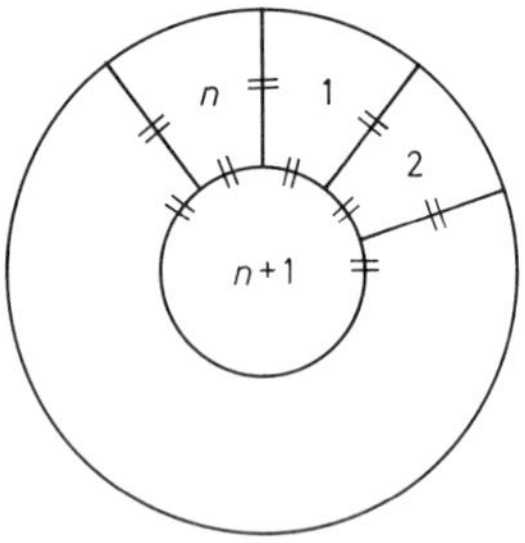

$(n \geqslant 3)$

vorgelegt. Die Übergangsmatrix ist dann

$$A = \begin{pmatrix} b & \frac{1-b}{3} & 0 & \dots & 0 & \frac{1-b}{3} & \frac{1-b}{3} \\ \frac{1-b}{3} & b & \frac{1-b}{3} & \dots & 0 & 0 & \frac{1-b}{3} \\ \vdots & \vdots & \vdots & & \vdots & \vdots & \vdots \\ \frac{1-b}{3} & 0 & 0 & \dots & \frac{1-b}{3} & b & \frac{1-b}{3} \\ \frac{1-b}{n} & \frac{1-b}{n} & \frac{1-b}{n} & \dots & \frac{1-b}{n} & \frac{1-b}{n} & b \end{pmatrix}.$$

Dann hat A^2 – auch für $b = 0$ – lauter positive Einträge. Also ist A nach 1.16 primitiv. Mit 5.7 c) folgt daher

$$\lim_{k\to\infty} A^k = \begin{pmatrix} y_1 & \dots & y_{n+1} \\ \vdots & & \vdots \\ y_1 & \dots & y_{n+1} \end{pmatrix}$$

mit

$$y_j = \begin{cases} \frac{3}{4n} & \text{für } 1 \leqslant j \leqslant n \\ \frac{1}{4} & \text{für } j = n+1. \end{cases}$$

Wir wenden für $b = 0$ auf diese Matrix die Überlegungen aus 5.4 an:
(1) Sei zuerst $\mathcal{B}_1 = \{1, \dots, n\}$ und $\mathcal{B}_2 = \{n+1\}$. Dies ist eine für A zulässige Partition und führt zu

$$B = \begin{pmatrix} \frac{2}{3} & \frac{1}{3} \\ 1 & 0 \end{pmatrix}$$

mit den Eigenwerten 1 und $-\frac{1}{3}$. Also hat A den Eigenwert $-\frac{1}{3}$.
(2) Ist n gerade, so ist auch

$$\mathcal{B}_1 = \{1, 3, \dots, n-1\}, \qquad \mathcal{B}_2 = \{2, 4, \dots, n\}, \qquad \mathcal{B}_3 = \{n+1\}$$

eine für A zulässige Partition. Das liefert

$$B = \begin{pmatrix} 0 & \frac{2}{3} & \frac{1}{3} \\ \frac{2}{3} & 0 & \frac{1}{3} \\ \frac{1}{2} & \frac{1}{2} & 0 \end{pmatrix}$$

mit

$$f_B = (x-1)(x+\frac{1}{3})(x+\frac{2}{3}).$$

Also ist $-\frac{2}{3}$ ein Eigenwert von B und A.

Wir wenden uns einem anderen Typ von stochastischen Matrizen zu.

5.9 Satz. *Sei*

$$A = \begin{pmatrix} p_1 & q_1 & 0 & 0 & \dots & 0 \\ p_2 & 0 & q_2 & 0 & \dots & 0 \\ p_3 & 0 & 0 & q_3 & \dots & 0 \\ \vdots & \vdots & \vdots & \vdots & & \vdots \\ p_{n-1} & 0 & 0 & 0 & \dots & q_{n-1} \\ p_n & 0 & 0 & 0 & \dots & q_n \end{pmatrix}$$

stochastisch vom Typ (n, n). (Für $q_n = 0$ ist übrigens A eine Leslie-Matrix.)
a) *Genau dann ist A irreduzibel, wenn $q_1 \dots q_{n-1} p_n > 0$ gilt.*
b) *Sei A irreduzibel. Ist $p_1 > 0$ oder $q_n > 0$, so ist A primitiv.*
c) *Sei A irreduzibel und $p_1 = q_n = 0$. Genau dann hat A den Eigenwert $\epsilon = e^{\frac{2\pi i}{k}}$, wenn $p_j = 0$ gilt für alle j mit $j \not\equiv 0 \pmod{k}$.*
d) *Ist A primitiv, so gilt*

$$\lim_{k \to \infty} A^k = \begin{pmatrix} y_1 & \dots & y_n \\ \vdots & & \vdots \\ y_1 & \dots & y_n \end{pmatrix}$$

mit

$$y_j = \begin{cases} q_1 q_2 \dots q_{j-1} y_1 & \textit{für } 1 \leqslant j \leqslant n-1, \\ \frac{q_1 \dots q_{n-1}}{p_n} y_1 & \textit{für } j = n, \end{cases}$$

wobei y_1 *aus*

$$1 = y_1 (1 + q_1 + q_1 q_2 + \dots + q_1 \dots q_{n-2} + \frac{q_1 \dots q_{n-1}}{p_n})$$

zu berechnen ist.

Beweis. a) Ist $q_1 \dots q_{n-1} p_n > 0$, so sind die Übergänge

$$1 \longrightarrow 2 \longrightarrow \dots \longrightarrow n-1 \longrightarrow n \longrightarrow 1$$

möglich, also ist A nach 1.5 irreduzibel. Ist $p_n = 0$, so ist

$$A = \left(\begin{array}{cccc|c} & & * & & * \\ \hline 0 & 0 & \dots & 0 & q_n \end{array} \right)$$

reduzibel. Ist $q_j = 0$ für ein j, so ist

$$A = \left(\begin{array}{cccc|ccc} p_1 & q_1 & 0 & \dots & 0 & \dots & 0 \\ \vdots & \vdots & \vdots & & \vdots & & \vdots \\ p_j & 0 & 0 & \dots & 0 & \dots & 0 \\ \hline & & * & & & * & \end{array} \right)$$

ebenfalls reduzibel.
b) Dies folgt sofort aus 5.1 d).
c) Sei zuerst $p_j = 0$ für alle j mit $j \not\equiv 0 \pmod k$. Wir setzen

$$v = \begin{pmatrix} x_1 \\ \vdots \\ x_n \end{pmatrix}$$

mit $x_j = \epsilon^{j-1}$. Dann hat Av die j-Komponente

$$p_j x_1 + q_j x_{j+1} = p_j + q_j \epsilon^j = \begin{cases} \epsilon^j = \epsilon x_j & \text{für } j \not\equiv 0 \pmod k) \\ p_j + q_j = 1 = \epsilon x_j & \text{für } j \equiv 0 \pmod k). \end{cases}$$

Also ist $Av = \epsilon v$ und somit ist ϵ ein Eigenwert von A.

Sei umgekehrt ϵ ein Eigenwert von A. Nach 1.11 sind die Eigenwerte von A vom Betrag 1 dann die

$$\{ e^{\frac{2\pi i j}{m}} \mid 0 \leqslant j < m \}$$

für geeignetes m, und da ϵ unter diesen ist, ist k ein Teiler von m. Nach geeigneter Permutation der Zeilen und Spalten von A ist nach 1.11

$$PAP^{-1} = \begin{pmatrix} 0 & A_1 & 0 & \dots & 0 \\ 0 & 0 & A_2 & \dots & 0 \\ \vdots & \vdots & \vdots & & \vdots \\ A_m & 0 & 0 & \dots & 0 \end{pmatrix}.$$

Positive Übergangswahrscheinlichkeiten liegen also höchstens vor für die Übergänge

$$\mathcal{B}_1 \longrightarrow \mathcal{B}_2 \longrightarrow \dots \longrightarrow \mathcal{B}_m \longrightarrow \mathcal{B}_1.$$

Wir können die $\mathcal{B}_j$ so numerieren, daß $1 \in \mathcal{B}_1$ gilt. Wegen $q_1 \dots q_{n-1}p_n > 0$ ist dann $i \in \mathcal{B}_j$ genau für $i \equiv j \pmod m$. Ist $p_j > 0$, so sind die Übergänge $j \longrightarrow j+1$ und $j \longrightarrow 1$ möglich. Also liegen $j+1$ und 1 in demselben $\mathcal{B}_i$, und das heißt $j+1 \equiv 1 \pmod m$, also $j \equiv 0 \pmod m$. Erst recht ist dann $j \equiv 0 \pmod k$.
d) Die Gleichung $yA = y$ läßt sich leicht rekursiv auflösen und liefert das behauptete Ergebnis. □

Die Matrizen von dem in 5.9 behandelten Typ beschreiben Erneuerungsvorgänge, wie etwa den folgenden:

5.10 Beispiel. Eine technische Apparatur werde im Verlauf einer Woche mit der Wahrscheinlichkeit p defekt $(0 < p < 1)$, sie werde dann sofort durch eine fabrikneue Apparatur desselben Typs ersetzt. Wir definieren die Zustände wie folgt:
Zustand j $(1 \leqslant j \leqslant n-1)$: Die Apparatur ist genau j Wochen in Betrieb;
Zustand n: Die Apparatur ist n oder mehr Wochen in Betrieb.
Setzen wir $q = 1 - p$, so ist die Übergangsmatrix zu diesem Prozeß

$$A = \begin{pmatrix} p & q & 0 & \dots & 0 \\ p & 0 & q & \dots & 0 \\ \vdots & \vdots & \vdots & & \vdots \\ p & 0 & 0 & \dots & q \\ p & 0 & 0 & \dots & q \end{pmatrix}.$$

Wegen $pq > 0$ ist A nach 5.9 primitiv, und es gilt

$$\lim_{k\to\infty} A^k = \begin{pmatrix} y_1 & \dots & y_n \\ \vdots & & \vdots \\ y_1 & \dots & y_n \end{pmatrix}$$

mit

$$y_j = q^{j-1}y_1 \qquad \text{für} \quad 1 \leqslant j \leqslant n-1,$$

$$y_n = \frac{q^{n-1}}{p}y_1.$$

Dabei ist

$$\begin{aligned} 1 &= y_1(1 + q + q^2 + \ldots + q^{n-2} + \frac{q^{n-1}}{p}) \\ &= y_1(\frac{1 - q^{n-1}}{1 - q} + \frac{q^{n-1}}{1 - q}) = \frac{y_1}{p}. \end{aligned}$$

Also gilt

$$y_j = pq^{j-1} \quad (1 \leqslant j \leqslant n - 1)$$

$$y_n = q^{n-1}.$$

Dieses Ergebnis läßt sich durch einfache Matrizenrechnung ebenfalls gewinnen, es gilt nämlich

$$A^k = \begin{pmatrix} p & pq & \ldots & pq^{k-1} & q^k & 0 & \ldots & 0 \\ p & pq & \ldots & pq^{k-1} & 0 & q^k & \ldots & 0 \\ \vdots & \vdots & & \vdots & \vdots & \vdots & \ddots & \vdots \\ p & pq & \ldots & pq^{k-1} & 0 & 0 & \ldots & q^k \\ \vdots & \vdots & & \vdots & \vdots & \vdots & & \vdots \\ p & pq & \ldots & pq^{k-1} & 0 & 0 & \ldots & q^k \end{pmatrix}$$

für $k < n - 1$ und

$$A^k = A^{n-1} = \begin{pmatrix} p & pq & pq^2 & \ldots & pq^{n-2} & q^{n-1} \\ \vdots & \vdots & \vdots & & \vdots & \vdots \\ p & pq & pq^2 & \ldots & pq^{n-2} & q^{n-1} \end{pmatrix}$$

für $k \geqslant n - 1$.

Wir können im vorliegenden Fall auch leicht die Jordansche Normalform von A bestimmen.

Dazu betrachten wir die linear unabhängigen Vektoren

$$\begin{aligned} v_1 &= (0, 1, -1, 0, \ldots, 0) \\ v_2 &= (0, 0, 1, -1, 0, \ldots, 0) \\ &\vdots \\ v_{n-2} &= (0, 0, \ldots, 0, 1, -1). \end{aligned}$$

Dann gilt

$$v_1 A = (0, 0, q, -q, 0, \ldots, 0) = qv_2$$

$$v_2 A = qv_3$$

$$v_{n-3} A = qv_{n-2}$$

$$v_{n-2} A = 0.$$

Also hat 0 als Eigenwert von A mindestens die Vielfachheit $n-2$. Die Eigenwerte von A sind daher

$$1, \underbrace{0, \ldots, 0}_{n-2}, \quad \text{Spur}\, A - 1 = p + q - 1 = 0.$$

Auch daraus folgt übrigens $A^{n-1} = A^k$ für $k \geqslant n$ (siehe Aufgabe A 5.13). Man bestätigt leicht

$$\{v \mid vA = 0\} = \langle (0, 0, \ldots, 0, 1, -1) \rangle.$$

Also hat A in seiner Jordanschen Normalform ein Jordankästchen vom Typ $(n-1, n-1)$ zum Eigenwert 0. Dies zeigt, daß die Eigenwerte von stochastischen Matrizen im Innern des Einheitskreises zu beliebig großen Jordan-Kästchen führen können.

Zahlreiche stochastische Prozesse haben die Eigenschaft, daß man vom Zustand j im Elementarprozeß nur in die Zustände $j-1, j, j+1$ gelangen kann. Wir behandeln die dann entstehenden Übergangsmatrizen etwas genauer.

5.11 Satz. *Sei*

$$A = \begin{pmatrix} a_1 & b_1 & & & & 0 \\ c_1 & a_2 & b_2 & & & \\ & c_2 & a_3 & b_3 & & \\ & & \ddots & \ddots & \ddots & \\ & & & c_{n-2} & a_{n-1} & b_{n-1} \\ 0 & & & & c_{n-1} & a_n \end{pmatrix}$$

mit reellen a_j, b_j, c_j. Man nennt solche Matrizen Jacobi[3]-Matrizen.
a) *Ist $b_j c_j \geqslant 0$ für $j = 1, \ldots, n-1$, so hat A dasselbe charakteristische Polynom wie die reelle symmetrische Matrix*

$$B = \begin{pmatrix} a_1 & d_1 & & & & 0 \\ d_1 & a_2 & d_2 & & & \\ & d_2 & a_3 & d_3 & & \\ & & \ddots & \ddots & \ddots & \\ & & & d_{n-2} & a_{n-1} & d_{n-1} \\ 0 & & & & d_{n-1} & a_n \end{pmatrix}$$

mit $d_j = \sqrt{b_j c_j}$. Insbesondere sind alle Eigenwerte von A reell.
b) *Ist $b_j c_j > 0$ für $j = 1, \ldots, n-1$, so ist jeder Eigenwert von A einfach.*
c) *Sei $b_j > 0$, $c_j > 0$, $a_j \geqslant 0$ für alle j. Dann ist A irreduzibel. Ist wenigstens ein a_j positiv, so ist A primitiv. Ist jedoch $a_1 = \ldots = a_n = 0$, so hat A den Eigenwert $-r(A)$.*

---

3) Carl Gustav Jacob Jacobi (1804–1851) Königsberg und Berlin; elliptische Funktionen, Variationsrechnung, Mechanik.

Beweis. a) Sei f_A das charakteristische Polynom von A und $f_A^{(k)}$ das der Abschnittsmatrix vom Typ (k, k) in A links oben. Für $n = 2$ stimmt die Behauptung. Wir beweisen sie durch Induktion nach n für $n \geqslant 3$.

Die Entwicklung von $f_A = \det(xE - A)$ nach der letzten Zeile ergibt

$$\begin{aligned} f_A &= f_A^{(n-1)}(x - a_n) + c_{n-1} \det \begin{pmatrix} x - a_1 & -b_1 & \dots & 0 \\ & & & \vdots \\ & & * & 0 \\ & & & -b_{n-1} \end{pmatrix} \\ &= f_A^{(n-1)}(x - a_n) - b_{n-1} c_{n-1} f_A^{(n-2)}. \end{aligned}$$

Ähnlich erhält man

$$f_B = f_B^{(n-1)}(x - a_n) - d_{n-1}^2 f_B^{(n-2)}.$$

Nach unserer Induktionsannahme gilt $f_A^{(j)} = f_B^{(j)}$ für $j < n$, also ist auch $f_A = f_B$. Nach II,6.7 sind alle Eigenwerte von B reell.

b) Wegen a) reicht die Betrachtung der Matrix B. Sei b ein Eigenwert von B und $yB = by$ mit $y = (y_1, \dots, y_n)$. Das erfordert

$$\begin{aligned} by_1 &= a_1 y_1 + d_1 y_2 \\ by_2 &= d_1 y_1 + a_2 y_2 + d_2 y_3 \\ &\vdots \\ by_{n-1} &= d_{n-2} y_{n-2} + a_{n-1} y_{n-1} + d_{n-1} y_n \\ by_n &= d_{n-1} y_{n-1} + a_n y_n. \end{aligned}$$

Wegen $d_j \neq 0$ lassen sich aus den ersten $n - 1$ Gleichungen $y_2, \dots, y_n$ eindeutig als Vielfache von y_1 berechnen. Das zeigt

$$\dim \operatorname{Kern}(B - bE) = 1.$$

Da B reell-symmetrisch ist, ist B diagonalisierbar, und es folgt, daß 1 auch die Vielfachheit von b als Eigenwert von B ist.

c) Für $b_j c_j > 0 \quad (j = 1, \dots, n - 1)$ sind die Übergänge

$$1 \longrightarrow 2 \longrightarrow \dots \longrightarrow n - 1 \longrightarrow n \longrightarrow n - 1 \longrightarrow \dots \longrightarrow 2 \longrightarrow 1$$

möglich. Also ist A irreduzibel. Ist wenigstens ein $a_j > 0$, so ist A nach 1.11 c) primitiv.

Sei weiter also $a_1 = \dots = a_n = 0$. Nach 1.8 gibt es einen Eigenvektor

$x = (x_j) \neq 0$ mit $Ax = r(A)x$. Das heißt

$$\begin{aligned} r(A)x_1 &= b_1 x_2 \\ r(A)x_2 &= c_1 x_1 + b_2 x_3 \\ &\vdots \\ r(A)x_{n-1} &= c_{n-2}x_{n-2} + b_{n-1}x_n \\ r(A)x_n &= c_{n-1}x_{n-1}. \end{aligned}$$

Setzen wir $y_j = (-1)^j x_j$ und $y = (y_j)$, so folgt $Ay = -r(A)y$ mit $y \neq 0$. Also ist $-r(A)$ ein Eigenwert von A. □

5.12 Satz. *Sei*

$$A = \begin{pmatrix} a_1 & b_1 & & & & 0 \\ c_1 & a_2 & b_2 & & & \\ & c_2 & a_3 & b_3 & & \\ & & \ddots & \ddots & \ddots & \\ & & & c_{n-2} & a_{n-1} & b_{n-1} \\ 0 & & & & c_{n-1} & a_n \end{pmatrix}$$

eine stochastische Jacobi-Matrix.

a) *Sind alle b_j positiv oder alle c_j positiv, so ist 1 ein einfacher Eigenwert von A. Jeder Eigenvektor y mit $yA = y$ hat die Gestalt*

$$y = y_n\Big(\frac{c_1 \dots c_{n-1}}{b_1 \dots b_{n-1}}, \dots, \frac{c_{n-1}}{b_{n-1}}, 1\Big) \quad \textit{für} \quad b_1 \dots b_{n-1} > 0$$

und

$$y = y_1\Big(1, \frac{b_1}{c_1}, \frac{b_1 b_2}{c_1 c_2}, \dots, \frac{b_1 \dots b_{n-1}}{c_1 \dots c_{n-1}}\Big) \quad \textit{für} \quad c_1 \dots c_{n-1} > 0.$$

b) *Sind alle b_j, alle c_j und wenigstens ein a_j positiv, so ist A primitiv und*

$$\lim_{k \to \infty} A^k = \begin{pmatrix} y_1 & \dots & y_n \\ \vdots & & \vdots \\ y_1 & \dots & y_n \end{pmatrix},$$

wobei die y_j wie unter a) mit der Nebenbedingung $\sum_{j=1}^{n} y_j = 1$ zu bestimmen sind.

c) *Ist $a_1 = \ldots = a_n = 0$, so ist -1 ein Eigenwert von A.*

Beweis. a) $y = yA$ heißt

$$\begin{aligned} y_1 &= y_1 a_1 + y_2 c_1 \\ &\vdots \\ y_j &= y_{j-1} b_{j-1} + y_j a_j + y_{j+1} c_j \qquad (2 \leqslant j \leqslant n-1) \\ &\vdots \\ y_n &= y_{n-1} b_{n-1} + y_n a_n. \end{aligned}$$

Also ist

$$y_2 c_1 = y_1(1 - a_1) = y_1 b_1.$$

Wir zeigen durch Induktion nach j, daß

$$y_{j+1} c_j = y_j b_j$$

gilt. Für $j + 1 < n$ ist nämlich

$$y_{j+1} c_j = y_j(1 - a_j) - y_{j-1} b_{j-1} = y_j(1 - a_j) - y_j c_{j-1} = y_j b_j.$$

Ferner gilt

$$y_{n-1} b_{n-1} = y_n(1 - a_n) = y_n c_{n-1}.$$

Ist $b_1 \ldots b_{n-1} > 0$ oder $c_1 \ldots c_{n-1} > 0$, so folgt rekursiv die angegebene Gestalt von y.
b) Diese Behauptung folgt aus 5.2 und 5.11 c).
c) Dies ergibt sich aus 5.11 c). □

5.13 Beispiele. a) $n \geqslant 2$ weiße und n schwarze Kugeln seien auf zwei Urnen U_1 und U_2 verteilt, und zwar n Kugeln in jeder Urne. Der Zustand j $(0 \leqslant j \leqslant n)$ liege vor, falls genau j weiße Kugeln in der Urne U_1 sind. Der Elementarprozeß verlaufe wie folgt: Wir ziehen blind je eine Kugel aus U_1 und U_2, wobei jede Kugel mit derselben Wahrscheinlichkeit $\frac{1}{n}$ gezogen werde, und vertausche diese beiden Kugeln.

Dann ist $a_{j,j-1}$ die Wahrscheinlichkeit für das Ziehen eines Kugelpaares

weiß aus U_1, schwarz aus U_2,

also ist

$$a_{j,j-1} = \frac{j}{n}\frac{j}{n} = \frac{j^2}{n^2}.$$

Ähnlich folgen

$$a_{j,j+1} = \frac{(n-j)^2}{n^2} \qquad \text{und} \qquad a_{jj} = \frac{2j(n-j)}{n^2}.$$

Alle übrigen a_{ij} sind 0. Somit ist die Übergangsmatrix

$$A = \begin{pmatrix} 0 & 1 & 0 & 0 & & & \\ a_{10} & a_{11} & a_{12} & 0 & & & \\ 0 & a_{21} & a_{22} & a_{23} & & & \\ & & & & \ddots & & \\ & & & & 0 & 1 & 0 \end{pmatrix}.$$

Mit 5.12 b) folgt

$$\lim_{k\to\infty} A^k = \begin{pmatrix} y_0 & y_1 & \dots & y_n \\ \vdots & \vdots & & \vdots \\ y_0 & y_1 & \dots & y_n \end{pmatrix}$$

mit

$$\begin{aligned} y &= y_0\Big(1, \frac{1}{a_{10}}, \frac{a_{12}}{a_{10}a_{21}}, \dots, \frac{a_{12}\dots a_{n-1,n}}{a_{10}a_{21}\dots a_{n,n-1}}\Big) \\ &= y_0\Big(\binom{n}{0}^2, \binom{n}{1}^2, \dots, \binom{n}{n}^2\Big). \end{aligned}$$

Dabei ist y_0 zu bestimmen aus

$$1 = \sum_{j=0}^{n} y_j = y_0 \sum_{j=0}^{n} \binom{n}{j}^2.$$

Aus der Polynomidentität

$$\sum_{j=0}^{2n} \binom{2n}{j} x^j = (x+1)^{2n} = \sum_{j=0}^{n} \binom{n}{j} x^j \sum_{k=0}^{n} \binom{n}{k} x^k$$

folgt durch Vergleich des Koeffizienten von x^n

$$\binom{2n}{n} = \sum_{j=0}^{n} \binom{n}{j}\binom{n}{n-j} = \sum_{j=0}^{n} \binom{n}{j}^2.$$

Also ist

$$y_j = \frac{\binom{n}{j}^2}{\binom{2n}{n}}$$

die Wahrscheinlichkeit dafür, nach langem Mischen j weiße Kugeln in der Urne U_1 zu finden. Das maximale y_j liegt vor, falls $j = \frac{n}{2}$ (für gerade n) bzw. $j = \frac{n\pm1}{2}$ (für ungerades n).

Der Erwartungswert für die Anzahl der weißen Kugeln in U_1 nach langer Zeit

ist

$$\sum_{j=0}^{n} j y_j = \sum_{j=0}^{n} j \frac{\binom{n}{j}^2}{\binom{2n}{n}}.$$

Aus Symmetriegründen wird man vermuten, daß dieser Wert gleich $\frac{n}{2}$ ist, daß also

$$\sum_{j=0}^{n} j \binom{n}{j}^2 = \frac{n}{2}\binom{2n}{n}$$

gilt. Dies läßt sich folgendermaßen bestätigen:
Wir betrachten die Polynomidentität

$$n \sum_{i=0}^{2n-1} \binom{2n-1}{i} x^i = n(1+x)^{2n-1} = ((1+x)^n)'(1+x)^n$$

$$= (\sum_{j=0}^{n} j \binom{n}{j} x^{j-1})(\sum_{k=0}^{n} \binom{n}{k} x^k).$$

Der Vergleich des Koeffizienten von x^{n-1} ergibt

$$n\binom{2n-1}{n-1} = \sum_{j+k=n} j \binom{n}{j}\binom{n}{k} = \sum_{j=0}^{n} j \binom{n}{j}^2.$$

Eine einfache Rechnung zeigt

$$n\binom{2n-1}{n-1} = \frac{n}{2}\binom{2n}{n}.$$

Für $n = 10$ erhält man

$$y_0 = y_{10} = 0,000005, \quad y_1 = y_9 = 0,000541, \quad y_2 = y_8 = 0,010960,$$

$$y_3 = y_7 = 0,077941, \quad y_4 = y_6 = 0,238693, \quad y_5 = 0,343718.$$

Also liegt bereits für $n = 10$ eine deutliche Konzentration auf die mittleren Zustände 4,5,6 vor.

b) (Ehrenfestsches[4)] Diffusionsmodell). Ein Gefäß sei durch eine durchlässige Membran in zwei Kammern T_1 und T_2 zerlegt. Im Gefäß seien $n > 1$ Moleküle derselben Art. Der Zustand j $(0 \leqslant j \leqslant n)$ liege vor, falls genau j Moleküle in T_1 sind. Im Elementarprozeß wechsele genau eines der Moleküle die Kammer, jedes

4) Paul Ehrenfest (1880–1933) Leiden; Grundlagen der statistischen Mechanik, Quantentheorie.

mit derselben Wahrscheinlichkeit $\frac{1}{n}$. Die Übergangsmatrix A ist dann

$$\begin{pmatrix} 0 & 1 & 0 & 0 & & & \\ \frac{1}{n} & 0 & \frac{n-1}{n} & 0 & & & \\ 0 & \frac{2}{n} & 0 & \frac{n-2}{n} & & & \\ & & & & \ddots & & \\ & & & & \frac{n-1}{n} & 0 & \frac{1}{n} \\ & & & & 0 & 1 & 0 \end{pmatrix}.$$

Nach 5.12 c) hat A den Eigenwert -1, also existiert $\lim_{k\to\infty} A^k$ nicht. Nach 5.12 a) gilt für y mit $yA = y$ und $\sum\limits_{j=0}^{n} y_j = 1$ nun

$$y = y_0\left(1, \binom{n}{1}, \binom{n}{2}, \dots, \binom{n}{n}\right)$$

und

$$1 = \sum_{j=0}^{n} y_j = y_0 \sum_{j=0}^{n} \binom{n}{j} = y_0 2^n.$$

Mit 5.2 c) folgt

$$\lim_{k\to\infty} \frac{1}{k} \sum_{j=0}^{k-1} A^j = \begin{pmatrix} y_0 & \dots & y_n \\ \vdots & \dots & \vdots \\ y_0 & \dots & y_n \end{pmatrix} \qquad \text{mit} \qquad y_j = 2^{-n}\binom{n}{j}.$$

Der Erwartungswert für die Anzahl der Moleküle in T_1 nach langer Zeit ist

$$\sum_{j=0}^{n} j y_j = 2^{-n} \sum_{j=0}^{n} j \binom{n}{j} = 2^{-n} n (1+1)^{n-1} = \frac{n}{2},$$

wie man leicht unter Verwendung der Polynomidentität

$$\sum_{j=0}^{n} j \binom{n}{j} x^{j-1} = ((1+x)^n)' = n(1+x)^{n-1}$$

feststellt.

Man kann nach H. Kneser[5)] mit einem schönen Trick alle Eigenwerte von A bestimmen:

Sei $f_k(x,y)$ das Polynom

$$f_k(x,y) = (x+y)^{n-k}(x-y)^k = \sum_{j=0}^{n} b_{kj} x^{n-j} y^j.$$

5) Hellmuth Kneser (1898–1973) Tübingen; Topologie, Funktionentheorie mehrerer Variabler.

Wir setzen $b_{k,-1} = b_{k,n+1} = 0$. Ferner sei

$$v_k = (b_{k1}, b_{k2}, \ldots, b_{kn}).$$

Dann gilt

$$\begin{aligned} & y\frac{\partial f_k}{\partial x} + x\frac{\partial f_k}{\partial y} \\ &\quad = y\{(n-k)(x+y)^{n-k-1}(x-y)^k + k(x+y)^{n-k}(x-y)^{k-1}\} \\ &\quad + x\{(n-k)(x+y)^{n-k-1}(x-y)^k - k(x+y)^{n-k}(x-y)^{k-1}\} \\ &\quad = (n-k)(x+y)^{n-k}(x-y)^k - k(x+y)^{n-k}(x-y)^k = (n-2k)f_k. \end{aligned}$$

Also ist

$$y\sum_{j=0}^{n} b_{kj}(n-j)x^{n-j-1}y^j + x\sum_{j=0}^{n} b_{kj}\,j\,x^{n-j}y^{j-1} = (n-2k)\sum_{j=0}^{n} b_{kj}x^{n-j}y^j.$$

Der Koeffizientenvergleich ergibt

$$\begin{aligned} & x^n : (n-2k)b_{k0} = b_{k1} \\ & x^{n-j}y^j \ (1 \leqslant j \leqslant n-1) : (n-2k)b_{kj} = (n-j+1)b_{k,j-1} + (j+1)b_{k,j+1} \\ & y^n : (n-2k)b_{kn} = b_{k,n-1}. \end{aligned}$$

Dies heißt

$$\left(1 - \frac{2k}{n}\right)v_k = v_k A.$$

Also hat A die Eigenwerte

$$a_k = 1 - \frac{2k}{n} \qquad (0 \leqslant k \leqslant n) \qquad \text{mit} \qquad a_0 = 1, \quad a_n = -1.$$

Die Konvergenzgüte von

$$\lim_{k\to\infty} \frac{1}{k}\sum_{j=0}^{k-1} A^j$$

wird bestimmt von dem Eigenwert $1 - \frac{2}{n}$, ist also für große n sehr schlecht.

Dieses Beispiel hat eine Rolle gespielt bei der Diskussion der Grundlagen der Boltzmannschen[6)] statistischen Mechanik. Einerseits kehrt jeder Zustand des Systems nach genügend langer Zeit mit positiver Wahrscheinlichkeit wieder, andererseits ist jedoch die Diffusion ein irreversibler Vorgang. Ehrenfest wies darauf hin, daß für Zustände i, welche weit vom Gleichgewicht $\frac{n}{2}$ entfernt sind, die Erwartungswerte für die Rückkehrzeiten riesig groß sind, so daß makrophysikalisch

6) Ludwig Boltzmann (1844–1906) Wien; Thermodynamik, Begründer der kinetischen Gastheorie.

doch ein praktisch irreversibler Vorgang vorliegt. (Siehe P. und T. Ehrenfest: Über zwei bekannte Einwände gegen das Boltzmannsche H-Theorem. Phys. Zeitschr. 8 (1907), 311–314; und M. Iosifescu, P. Tautu: Stochastic Processes and Applications in Biology and Medicine I, S. 70.)

5.14 Satz. *Sei A stochastisch und eine Spalte von A sei total positiv. Dann existiert* $\lim_{k\to\infty} A^k$ *und hat lauter gleiche Zeilen.*

Beweis. Sei P eine Permutationsmatrix derart, daß

$$P^{-1}AP = \begin{pmatrix} A_{11} & 0 & \dots & 0 \\ A_{21} & A_{22} & \dots & 0 \\ \vdots & \vdots & & \vdots \\ A_{k1} & A_{k2} & \dots & A_{kk} \end{pmatrix}$$

mit quadratischen, irreduziblen Matrizen A_{jj} oder $A_{jj} = (0)$gilt ($k \geqslant 1$); siehe 2.3. Da auch $P^{-1}AP$, welches aus A durch Vertauschung der Zeilen und Spalten hervorgeht, eine total positive Spalte hat, muß diese durch die Matrizen $A_{11}, A_{21}, \dots, A_{k1}$ hindurchlaufen. Also sind alle Zeilensummen von $A_{22}, \dots, A_{kk}$ kleiner als 1, somit nach II,2.8 b) auch der Spektralradius dieser Matrizen. Eigenwerte vom Betrag 1 hat daher nur A_{11}. Da A_{11} irreduzibel ist und eine total positive Spalte hat, hat A_{11} nach 1.11 c) auf dem Einheitskreis nur den Eigenwert 1, und dieser ist nach 1.11 a) einfach. Insbesondere existiert $\lim_{k\to\infty} A^k$.

Da 1 einfacher Eigenwert von A ist, gilt

$$\dim \{ v \mid vA = v \} = 1.$$

Da alle Zeilen von $\lim_{k\to\infty} A^k$ Lösungen von $zA = z$ mit Komponentensumme 1 sind, hat $\lim_{k\to\infty} A^k$ lauter gleiche Zeilen.

Die Voraussetzungen des folgenden Satzes sind in vielen Beispielen erfüllt:

5.15 Satz. *Sei $A = (a_{ij})$ stochastisch vom Typ (n, n). Es gebe ein m mit $1 \leqslant m \leqslant n$ derart, daß*

$$a_{i1} \leqslant a_{i2} \leqslant \dots \leqslant a_{im} \geqslant a_{i,m+1} \geqslant \dots \geqslant a_{in}$$

für alle $i = 1, \dots, n$ gilt. (Dies bedeutet eine Tendenz auf den Zustand m hin.) Dann existiert $\lim_{k\to\infty} A^k$ *und hat die Gestalt*

$$\begin{pmatrix} x_1 & x_2 & \dots & x_n \\ x_1 & x_2 & \dots & x_n \\ \vdots & \vdots & & \vdots \\ x_1 & x_2 & \dots & x_n \end{pmatrix}$$

mit

$$x_1 \leqslant x_2 \leqslant \dots \leqslant x_m \geqslant x_{m+1} \geqslant \dots \geqslant x_n.$$

Beweis. Offenbar ist die m-te Spalte von A total positiv. Nach 5.14 existiert daher $\lim_{k\to\infty} A^k$ und hat lauter gleiche Zeilen $(x_1, \ldots, x_n)$ mit $x_j \geqslant 0$. Für $j < m$ gilt dann

$$x_j = \sum_{k=1}^{n} a_{kj} x_k \leqslant \sum_{k=1}^{n} a_{k,j+1} x_k = x_{j+1}.$$

Für $j \geqslant m$ folgt ebenso $x_j \geqslant x_{j+1}$, also ist

$$x_1 \leqslant x_2 \leqslant \ldots \leqslant x_m \geqslant x_{m+1} \geqslant \ldots \geqslant x_n. \qquad \square$$

Aufgaben

A 5.1 Im Beispiel 5.8 a) zeige man die Existenz von $\lim_{k\to\infty} A^{2k}$ und $\lim_{k\to\infty} A^{2k+1}$ und berechne diese Grenzwerte.

A 5.2 a) Zu dem Labyrinth aus 5.8 b) berechne man für den Fall, daß n durch 3 teilbar ist, mit Hilfe von 5.4 weitere Eigenwerte von A.

b) Für $n = 6$ ermittle man alle Eigenwerte von A.

A 5.3 Man betrachte das Labyrinth

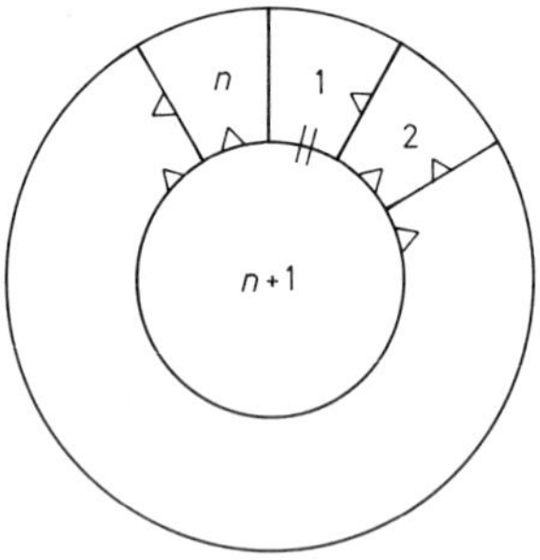

wobei die Türen $>$ nur in der Pfeilrichtung passierbar seien. Es sei $a_{jj} = 0$ für alle j, und die Maus wähle jede verfügbare Tür mit derselben Wahrscheinlichkeit.

a) Man stelle die Übergangsmatrix A auf und beweise ihre Primitivität. (Man beweise zweckmäßig die Primitivität von A^2.)

b) Man berechne $\lim_{k\to\infty} A^k$.

A 5.4 Analog zu Aufgabe 5.3 behandle man das Labyrinth

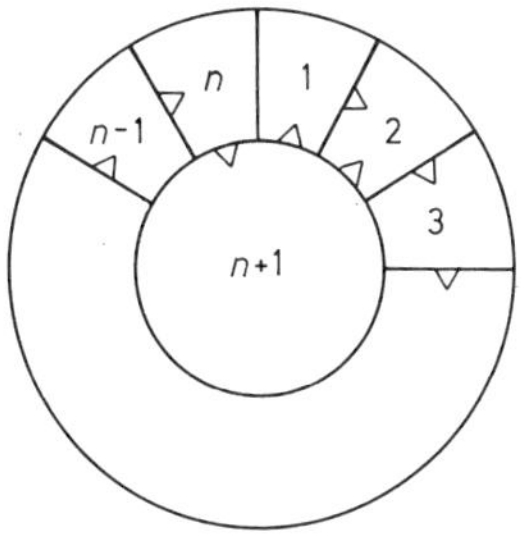

A 5.5 Analog zu Aufgabe 5.3 behandle man das Labyrinth

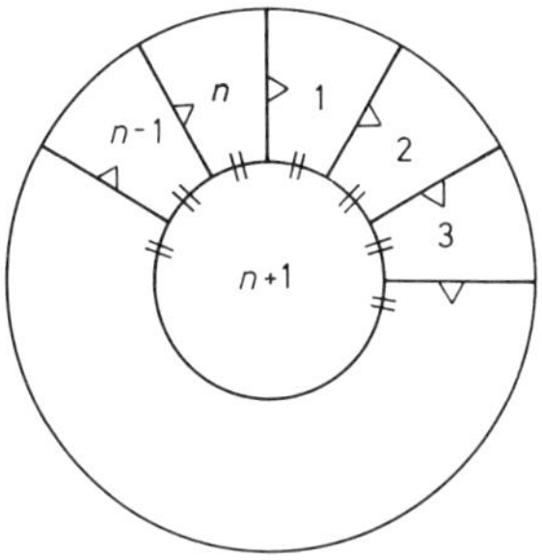

Für $n = 4$ und $n = 6$ berechne man alle Eigenwerte der Übergangsmatrix.

A 5.6 Für das Labyrinth

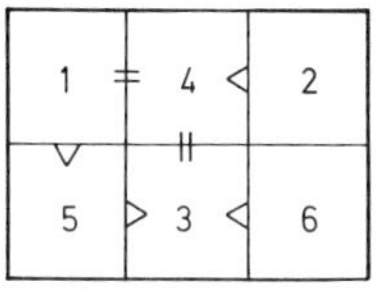

stelle man die Übergangsmatrix A auf, berechne alle Eigenwerte von A, berechne

$$\lim_{k\to\infty} \frac{1}{k} \sum_{j=0}^{k-1} A^j$$

und entscheide die Existenz von $\lim_{k\to\infty} A^k$.

A 5.7 Sei A eine stochastische Matrix und m die Vielfachheit von 1 als Eigenwert von A.

a) Setzen wir

$$Q = \lim_{k\to\infty} \frac{1}{k} \sum_{j=0}^{k-1} A^j,$$

so gilt Rang $Q = m$.

b) Ist $RA = AR = R = R^2$ und Rang $R \geqslant m$, so ist $R = Q$.

A 5.8 Seien A und B stochastische Matrizen desselben Typs mit $AB = BA$. Wir setzen

$$Q_A = \lim_{k\to\infty} \frac{1}{k} \sum_{j=0}^{k-1} A^j \qquad \text{und} \qquad Q_B = \lim_{k\to\infty} \frac{1}{k} \sum_{j=0}^{k-1} B^j.$$

Für $0 < t < 1$ gilt dann

$$\lim_{k\to\infty} \frac{1}{k} \sum_{j=0}^{k-1} (tA + (1-t)B)^j = Q_A Q_B.$$

(Man wende A 5.7 an mit $R = Q_A Q_B$.)

A 5.9 Sei

$$A = \begin{pmatrix} a_1 & b_1 & & & & \\ c_1 & a_2 & b_2 & & & \\ & & \ddots & & & \\ & & & c_{n-2} & a_{n-1} & b_{n-1} \\ & & & & c_{n-1} & a_n \end{pmatrix}$$

eine stochastische Jacobi-Matrix. Dann sind gleichwertig:

a) A ist primitiv.

b) Es gibt ein k mit $a_k > 0$, $c_k c_{k+1} \ldots c_{n-1} > 0$ und $b_1 \ldots b_{k-1} > 0$.

A 5.10 Man behandle die folgenden stochastischen Matrizen vom Typ (n, n) mit $p + q = 1$ und $0 < p < 1$:

a)

$$\begin{pmatrix} p & q & & & & \\ p & 0 & q & & & \\ & p & 0 & q & & \\ & & & \ddots & & \\ & & & p & 0 & q \\ & & & & p & q \end{pmatrix}$$

b)

$$\begin{pmatrix} 0 & 1 & & & & & \\ p & 0 & q & & & & \\ & p & 0 & q & & & \\ & & & \ddots & & & \\ & & & & p & 0 & q \\ & & & & & 1 & 0 \end{pmatrix}$$

c)

$$\begin{pmatrix} p & q & & & & & \\ p & 0 & q & & & & \\ & p & 0 & q & & & \\ & & & \ddots & & & \\ & & & & p & 0 & q \\ & & & & & 1 & 0 \end{pmatrix}$$

A 5.11 Die stochastische Matrix A vom Typ (n, n) sei definiert durch

$$a_{j,j-1} = a_{1,n} = p > 0 \qquad \text{für} \quad 2 \leqslant j \leqslant n,$$

$$a_{j,j+1} = a_{n,1} = q = 1 - p > 0 \qquad \text{für} \qquad 1 \leqslant j \leqslant n - 1$$

und $a_{jk} = 0$ für alle übrigen j, k.

a) Man berechne

$$\lim_{k\to\infty} \frac{1}{k} \sum_{j=0}^{k-1} A^j.$$

b) Setzen wir $\epsilon = e^{\frac{2\pi i}{n}}$, so hat A die Eigenwerte $p\epsilon^j + q\epsilon^{-j}$ mit $0 \leqslant j \leqslant n$.

c) Für ungerades n existiert $\lim_{k\to\infty} A^k$, für gerades n jedoch nicht.

A 5.12 Die Spielstärke eines Bundesligavereins sei abhängig vom Ausgang des vorhergehenden Spiels. Die Wahrscheinlichkeit für einen Sieg sei

$1 - p_1$, falls vor einer Woche nicht gewonnen wurde,

$1 - p_2$, falls vor einer Woche gewonnen wurde.

Die Zustände seien wie folgt definiert:
Zustand j ($1 \leqslant j < n$): Die letzten j aufeinanderfolgenden Spiele wurden gewonnen, das Spiel davor aber nicht.
Zustand n: Mindestens die letzten n Spiele wurden gewonnen.

Man stelle die Übergangsmatrix A auf, berechne $\lim_{k\to\infty} A^k$ und bestimme die Eigenwerte von A.

A 5.13 a) Sei A eine stochastische Matrix vom Typ (n, n), welche nur die Eigenwerte 0 und 1 hat. Dann gilt

$$A^{n-1} = A^{n-1+k} = \lim_{j\to\infty} A^j \qquad \text{für alle} \quad k = 0, 1, \ldots .$$

b) Sei A eine stochastische Matrix und sei $\lim_{k\to\infty} A^k = A^m$ für ein m. Dann gilt $A^{m+j} = A^m$ für alle $j = 0, 1, \ldots$. Ferner hat A nur die Eigenwerte 0 und 1.

A 5.14 Auf zwei Urnen U_1 und U_2 seien insgesamt n Kugeln verteilt. Der Zustand i $(0 \leqslant i \leqslant n)$ liege vor, falls sich genau i Kugeln in U_1 befinden. Im Elementarprozeß werde zufällig eine der n Kugeln ausgewählt, jede mit derselben Wahrscheinlichkeit $\frac{1}{n}$. Dann werde diese Kugel mit der Wahrscheinlichkeit $p > 0$ nach U_1 gelegt, mit der Wahrscheinlichkeit $q = 1 - p > 0$ nach U_2.
Man stelle die Übergangsmatrix A auf und zeige

$$\lim_{k\to\infty} A^k = \begin{pmatrix} z_0 & z_1 \ldots & z_n \\ \vdots & \vdots & \vdots \\ z_0 & z_1 \ldots & z_n \end{pmatrix}$$

mit

$$z_j = \binom{n}{j} p^j q^{n-j}.$$

A 5.15 Sei $0 \leqslant p < 1$ und

$$A = \begin{pmatrix} p & 1-p & 0 & \ldots & 0 & 0 \\ 0 & p & 1-p & \ldots & 0 & 0 \\ \vdots & \vdots & \vdots & & \vdots & \vdots \\ 0 & 0 & 0 & & p & 1-p \\ 0 & 0 & 0 & \ldots & 0 & 1 \end{pmatrix}$$

vom Typ n, n. Man zeige, daß A ein Jordan-Kästchen vom Typ $(n-1, n-1)$ zum Eigenwert p hat.

§ 6 Das Mischen von Spielkarten

6.1 Problemstellung. Vorgegeben sei ein Kartenspiel aus $m > 1$ Karten. Die Zustände seien die $n = m!$ möglichen Anordnungen der Karten. Wir greifen eine beliebige Anordnung $\mathbb{A}_0$ heraus. Zu jeder Anordnung $\mathbb{A}$ gibt es eine eindeutig bestimmte Permutation π aus der symmetrischen Gruppe $\mathfrak{S}_m$, welche $\mathbb{A}_0$ in $\mathbb{A}$ überführt, und dann indizieren wir die Anordnung $\mathbb{A}$ mit π.

Vorgegeben sei eine Verteilung p auf $\mathfrak{S}_m$ mit $p(\pi) \geqslant 0$ für alle $\pi \in \mathfrak{S}_m$ und

$$\sum_{\pi \in \mathfrak{S}_m} p(\pi) = 1.$$

Im Elementarprozeß des Mischvorganges wählen wir eine Permutation π aus $\mathfrak{S}_m$, und zwar mit der Wahrscheinlichkeit $p(\pi)$, und wenden π auf die Lage der Karten an. Das bewirkt den Übergang der Lage σ in $\pi\sigma$. Somit ist die Wahrscheinlichkeit für den Übergang von σ nach τ gerade

$$a_{\sigma,\tau} = p(\tau\sigma^{-1}).$$

Wir bilden die Übergangsmatrix $A = (a_{\sigma,\tau})$ unseres Mischprozesses.

Wir nennen A fair, wenn

$$\lim_{k\to\infty} A^k = \begin{pmatrix} \frac{1}{n} & \cdots & \frac{1}{n} \\ \vdots & & \vdots \\ \frac{1}{n} & \cdots & \frac{1}{n} \end{pmatrix}$$

gilt, wenn also nach langem Mischen alle Kartenlagen gleichwahrscheinlich sind.

6.2 Hilfssatz. *A ist doppelt stochastisch.*

Beweis. Dies folgt aus

$$\sum_{\sigma \in \mathfrak{S}_m} a_{\sigma,\tau} = \sum_{\sigma \in \mathfrak{S}_m} p(\tau\sigma^{-1}) = \sum_{\rho \in \mathfrak{S}_m} p(s) = 1,$$

denn die Abbildung $\sigma \to \tau\sigma^{-1}$ ist für jedes τ bijektiv auf $\mathfrak{S}_m$. □

Das Verfahren aus 5.4 zur Berechnung von Eigenwerten läßt sich auf die jetzt vorliegenden Matrizen anwenden:

6.3 Hilfssatz. a) *Sei $\mathfrak{G}$ eine Untergruppe von $\mathfrak{S}_m$ und sei*

$$\mathfrak{S}_m = \bigcup_{j=1}^{k} \pi_j \mathfrak{G}$$

die Zerlegung von $\mathfrak{S}_m$ in Nebenklassen nach $\mathfrak{G}$. Setzen wir $\mathcal{B}_j = \pi_j \mathfrak{G}$, so ist

$$\mathfrak{S}_m = \mathcal{B}_1 \cup \ldots \cup \mathcal{B}_k$$

eine für A im Sinne von 5.4 zulässige Partition.

b) $\sum_{\sigma \in \mathfrak{S}_m} p(\sigma) \operatorname{sgn} \sigma$ *ist ein Eigenwert von A.*

c) *Enthält die Menge*

$$\mathfrak{T} = \{\pi \mid \pi \in \mathfrak{S}_m,\ p(\pi) > 0\}$$

nur ungerade Permutationen, so ist -1 *ein Eigenwert von* A, *und* $\lim_{k\to\infty} A^k$ *existiert nicht.*

Beweis. a) Für $\pi, \tau \in \pi_i \mathfrak{G}$ haben wir

$$\sum_{\rho\in\pi_j\mathfrak{G}} a_{\pi,\rho} = \sum_{\rho\in\pi_j\mathfrak{G}} a_{\tau,\rho}$$

nachzuweisen $(i, j = 1, \ldots, k)$. Nun ist

$$\sum_{\rho\in\pi_j\mathfrak{G}} a_{\pi,\rho} = \sum_{\rho\in\pi_j\mathfrak{G}} p(\rho\pi^{-1}) = \sum_{\sigma\in\pi_j\mathfrak{G}\pi^{-1}} p(\sigma)$$

und entsprechend

$$\sum_{\rho\in\pi_j\mathfrak{G}} a_{\tau,\rho} = \sum_{\sigma\in\pi_j\mathfrak{G}\tau^{-1}} p(\sigma).$$

Wegen $\pi, \tau \in \pi_i\mathfrak{G}$ gilt $\pi\mathfrak{G} = \pi_i\mathfrak{G} = \tau\mathfrak{G}$.Durch Inversenbildung folgt $\mathfrak{G}\pi^{-1} = \mathfrak{G}\tau^{-1}$ und dann auch $\pi_j\mathfrak{G}\pi^{-1} = \pi_j\mathfrak{G}\tau^{-1}$. Daraus ergibt sich die gewünschte Gleichung

$$\sum_{\rho\in\pi_j\mathfrak{G}} a_{\pi,\rho} = \sum_{\rho\in\pi_j\mathfrak{G}} a_{\tau,\rho}.$$

b) In a) wählen wir für $\mathfrak{G}$ die alternierende Gruppe $\mathfrak{A}_m$, also $k = 2$. Mit $\tau = (1, 2)$ erhalten wir dann die $(2, 2)$-Matrix $B = (b_{jk})$ mit

$$b_{11} = \sum_{\sigma\in\mathfrak{A}_m} a_{\iota,\sigma} = \sum_{\sigma\in\mathfrak{A}_m} p(\sigma),$$

$$b_{12} = \sum_{\sigma\notin\mathfrak{A}_m} a_{\iota,\sigma} = \sum_{\sigma\notin\mathfrak{A}_m} p(\sigma),$$

$$b_{21} = \sum_{\sigma\in\mathfrak{A}_m} a_{\tau,\sigma} = \sum_{\sigma\in\mathfrak{A}_m} p(\tau^{-1}\sigma) = \sum_{\rho\notin\mathfrak{A}_m} p(\rho) = b_{12},$$

$$b_{22} = \sum_{\sigma\notin\mathfrak{A}_m} a_{\tau,\sigma} = \sum_{\sigma\notin\mathfrak{A}_m} p(\tau^{-1}\sigma) = \sum_{\rho\in\mathfrak{A}_m} p(\sigma) = b_{11}.$$

Dann hat B die Eigenwerte 1 und

$$\operatorname{Spur} B - 1 = 2\sum_{\sigma\in\mathfrak{A}_m} p(\sigma) - \sum_{\sigma\in\mathfrak{S}_m} p(\sigma) = \sum_{\sigma\in\mathfrak{S}_m} p(\sigma)\operatorname{sgn}\sigma.$$

c) Ist $p(\sigma) = 0$ für alle $\sigma \in \mathfrak{A}_m$, so ist

$$\sum_{\sigma \in \mathfrak{S}_m} p(\sigma) \operatorname{sgn} \sigma = -1$$

ein Eigenwert von A. □

Die Aussage unter b) kann man leicht auch folgendermaßen einsehen: Setzt man $x = (x_\sigma)$ mit $x_\sigma = \operatorname{sgn} \sigma$, so hat Ax die σ-Komponente

$$\sum_{\tau \in \mathfrak{S}_m} a_{\sigma,\tau} x_\tau = \sum_{\tau \in \mathfrak{S}_m} p(\tau\sigma^{-1}) \operatorname{sgn}(\tau\sigma^{-1}) \operatorname{sgn} \sigma = \operatorname{sgn} \sigma \sum_{\rho \in \mathfrak{S}_m} p(\rho) \operatorname{sgn} \rho.$$

Das zeigt

$$Ax = (\sum_{\rho \in \mathfrak{S}_m} p(\rho) \operatorname{sgn} \rho) x.$$

6.4 Hilfssatz. *Setzen wir $A^k = (a^{(k)}_{\sigma,\tau})$, so gilt*

$$a^{(k)}_{\sigma,\tau} = \sum_{\pi_1 \ldots \pi_k \sigma = \tau} p(\pi_1) \ldots p(\pi_k).$$

Beweis. Es ist

$$\begin{aligned} a^{(k)}_{\sigma,\tau} &= \sum_{\rho_j} a_{\sigma,\rho_1} a_{\rho_1,\rho_2} \ldots a_{\rho_{k-1},\tau} \\ &= \sum_{\rho_j} p(\rho_1\sigma^{-1}) p(\rho_2\rho_1^{-1}) \ldots p(\tau\rho_{k-1}^{-1}). \end{aligned}$$

Wir definieren π_j rekursiv durch

$$\tau\rho_{k-1}^{-1} = \pi_1, \quad \rho_{k-1}\rho_{k-2}^{-1} = \pi_2, \ \ldots, \ \rho_2\rho_1^{-1} = \pi_{k-1}, \quad \rho_1\sigma^{-1} = \pi_k.$$

Dann sind $\pi_1, \ldots, \pi_{k-1}$ beliebig vorgebbar durch Wahl der ρ_j und $\pi_1 \ldots \pi_k = \tau\sigma^{-1}$. Also ist

$$a^{(k)}_{\sigma,\tau} = \sum_{\pi_1 \ldots \pi_k \sigma = \tau} p(\pi_1) \ldots p(\pi_k).$$ □

6.5 Hilfssatz. *Gleichwertig sind:*
a) *A ist irreduzibel.*
b) *Definieren wir die Trägermenge $\mathfrak{T}$ der Verteilung p durch*

$$\mathfrak{T} = \{\pi \mid \pi \in \mathfrak{S}_m, \ p(\pi) > 0\},$$

so gilt $\mathfrak{S}_m = \langle \mathfrak{T} \rangle$, d.h. jede Permutation aus $\mathfrak{S}_m$ ist ein Produkt von Permutationen aus $\mathfrak{T}$.

Beweis. a) $\Rightarrow$ b): Ist A irreduzibel, so gibt es zu jedem $\pi \in \mathfrak{S}_m$ ein k mit

$$0 < a_{\iota,\pi}^{(k)} = \sum_{\pi_1 \dots \pi_k = \pi} p(\pi_1) \dots p(\pi_k).$$

Dann gibt es $\pi_j \in \mathfrak{S}_m$ mit $\pi = \pi_1 \dots \pi_k$ und $p(\pi_j) > 0$, also $\pi_j \in \mathfrak{T}$. Das zeigt $\pi \in \langle \mathfrak{T} \rangle$, also $\mathfrak{S}_m = \langle \mathfrak{T} \rangle$.
b) $\Rightarrow$ a): Seien σ und τ vorgegeben. Wegen $\mathfrak{S}_m = \langle \mathfrak{T} \rangle$ gilt

$$\tau\sigma^{-1} = \tau_1 \dots \tau_k$$

für geeignetes k mit $\tau_j \in \mathfrak{T}$. Dann folgt mit 6.4

$$a_{\sigma,\tau}^{(k)} = \sum_{\rho_1 \dots \rho_k \sigma = \tau} p(\rho_1) \dots p(\rho_k) \geqslant p(\tau_1) \dots p(\tau_k) > 0.$$

Also ist A irreduzibel. □

Wir ergänzen Satz 6.3 c):

6.6 Hilfssatz. *Die Übergangsmatrix A zu unserem Mischverfahren sei irreduzibel. Sei a ein Eigenwert von A mit $|a| = 1 \neq a$. Dann gilt $a = -1$, und $\mathfrak{T}$ enthält nur ungerade Permutationen.*

Beweis. Sei $k \geqslant 2$ die Anzahl der Eigenwerte von A vom Betrag 1. Nach Hauptsatz 1.11 gilt dann bei geeigneter Anordnung der Zeilen und Spalten von A

$$A = \begin{pmatrix} 0 & B_1 & 0 & \dots & 0 \\ 0 & 0 & B_2 & \dots & 0 \\ \vdots & \vdots & \vdots & & \vdots \\ 0 & 0 & 0 & \dots & B_{k-1} \\ B_k & 0 & 0 & \dots & 0 \end{pmatrix} \begin{matrix} \}\mathfrak{B}_1 \\ \}\mathfrak{B}_2 \\ \vdots \\ \}\mathfrak{B}_{k-1} \\ \}\mathfrak{B}_k \end{matrix}.$$

Für $\sigma \in \mathfrak{B}_j$ und $\rho \in \mathfrak{T}$ gilt

$$a_{\sigma,\rho\sigma} = p(\rho\sigma\sigma^{-1}) = p(\rho) > 0,$$

also $\rho\sigma \in \mathfrak{B}_{j+1}$ (bzw. $\rho\sigma \in \mathfrak{B}_1$ für $j = k$). Das zeigt

$$\rho\mathfrak{B}_j \subseteq \mathfrak{B}_{j+1} \quad (1 \leqslant j < k) \qquad \text{und} \qquad \rho\mathfrak{B}_k \subseteq \mathfrak{B}_1$$

für alle $\rho \in \mathfrak{T}$. Wegen

$$\begin{aligned} |\mathfrak{B}_1| = |\rho\mathfrak{B}_1| \leqslant |\mathfrak{B}_2| = |\rho\mathfrak{B}_2| \leqslant |\mathfrak{B}_3| = \dots \\ \leqslant |\mathfrak{B}_k| = |\rho\mathfrak{B}_k| \leqslant |\mathfrak{B}_1| \end{aligned}$$

folgt

$$\rho\mathfrak{B}_j = \mathfrak{B}_{j+1} \quad (1 \leqslant j < k) \qquad \text{und} \qquad \rho\mathfrak{B}_k = \mathfrak{B}_1 \quad \text{für alle } \rho \in \mathfrak{T}.$$

Ist $\sigma = \rho_1 \ldots \rho_r \in \mathfrak{S}_m$ mit $\rho_j \in \mathfrak{T}$, so ist daher

$$\sigma \mathfrak{B}_j = \mathfrak{B}_{j+r} \qquad (j + r \mod k).$$

Die Abbildung α mit

$$\alpha(\sigma) = \begin{pmatrix} \mathfrak{B}_1 & \ldots & \mathfrak{B}_k \\ \sigma\mathfrak{B}_1 & \ldots & \sigma\mathfrak{B}_k \end{pmatrix}$$

ist somit ein Epimorphismus von $\mathfrak{S}_m$ auf die zyklische Gruppe der Ordnung k. Wegen $k > 1$ ist bekanntlich dann $k = 2$, also $a = -1$ und

$$\alpha(\sigma) = \begin{cases} \begin{pmatrix} \mathfrak{B}_1 & \mathfrak{B}_2 \\ \mathfrak{B}_1 & \mathfrak{B}_2 \end{pmatrix} & \text{für } \sigma \in \mathfrak{A}_m \\ \begin{pmatrix} \mathfrak{B}_1 & \mathfrak{B}_2 \\ \mathfrak{B}_2 & \mathfrak{B}_1 \end{pmatrix} & \text{für } \sigma \notin \mathfrak{A}_m. \end{cases}$$

Wegen

$$\rho\mathfrak{B}_1 = \mathfrak{B}_2 \quad \text{und} \quad \rho\mathfrak{B}_2 = \mathfrak{B}_1 \quad \text{für alle} \quad \rho \in \mathfrak{T}$$

folgt $\mathfrak{T} \cap \mathfrak{A}_m = \emptyset$. □

6.7 Hauptsatz. *Sei A die Übergangsmatrix eines Mischprozesses gemäß* 6.1. *Wie in* 6.5 b) *setzen wir*

$$\mathfrak{T} = \{\pi \mid \pi \in \mathfrak{S}_m,\ p(\pi) > 0\}.$$

Dann sind gleichwertig:

a) *A ist primitiv.*

b) *A ist fair.*

c) *$\mathfrak{T}$ erzeugt $\mathfrak{S}_m$. Es gibt ein $k \geqslant 1$ und $\tau_1, \ldots, \tau_k, \tau'_1, \ldots, \tau'_{k+1}$ aus $\mathfrak{T}$ mit*

$$\tau_1 \ldots \tau_k = \tau'_q \ldots \tau'_{k+1} = \iota,$$

wobei ι die identitsche Permutation sei.

d) *$\mathfrak{T}$ erzeugt $\mathfrak{S}_m$ und enthält wenigstens eine gerade Permutation.*

Beweis. a) $\Rightarrow$ b): Wegen der Primitivität von A gilt nach 5.2

$$\lim_{k \to \infty} A^k = \begin{pmatrix} y_1 & \ldots & y_n \\ \vdots & & \vdots \\ y_1 & \ldots & y_n \end{pmatrix},$$

wobei $y = (y_1, \ldots, y_n)$ durch $yA = y$ und $\sum_{j=1}^{n} y_j = 1$ eindeutig festgelegt ist. Da A nach 6.2 doppelt stochastisch ist, folgt $y_j = \frac{1}{n}$. Also ist A fair.

b) $\Rightarrow$ c): Wegen

$$\lim_{k\to\infty} A^k = \begin{pmatrix} \frac{1}{n} & \dots & \frac{1}{n} \\ \vdots & & \vdots \\ \frac{1}{n} & \dots & \frac{1}{n} \end{pmatrix}$$

gilt $A^k > 0$ für $k \geqslant k_0$. Also ist A nach 1.16 primitiv, somit erst recht irreduzibel. Nach 6.5 ist daher $\mathfrak{S}_m = \langle \mathfrak{T} \rangle$.

Nach 6.4 gilt für $k \geqslant k_0$

$$\sum_{\pi_1 \dots \pi_k = \iota} p(\pi_1) \dots p(\pi_k) = a_{\sigma,\sigma}^{(k)} > 0.$$

Also gibt es $\pi_j \in \mathfrak{T}$ $(j = 1, \dots, k)$ mit $\pi_1 \dots \pi_k = \iota$. Insbesondere sind die Bedingungen aus c) für alle $k \geqslant k_0$ erfüllt.

c) $\Rightarrow$ d): Angenommen, es wäre $\mathfrak{T} \cap \mathfrak{A}_m = \emptyset$. Für alle ungeraden k und alle $\tau_j \in \mathfrak{T}$ $(j = 1, \dots, k)$ wäre dann

$$\operatorname{sgn}(\tau_1 \dots \tau_k) = (-1)^k = -1,$$

also sicher $\tau_1 \dots \tau_k \neq \iota$. Das widerspricht jedoch der Annahme unter c). Also ist $\mathfrak{T} \cap \mathfrak{A}_m \neq \emptyset$.

d) $\Rightarrow$ a): Wegen $\mathfrak{S}_m = \langle \mathfrak{T} \rangle$ ist A nach 6.5 irreduzibel. Nach 6.6 ist 1 einziger Eigenwert von A vom Betrag 1, also ist A primitiv. $\square$

Wir vermerken ausdrücklich, daß alleine die Trägermenge $\mathfrak{T}$ über die Fairnis des Mischverfahrens entscheidet, auf die Größe der $p(\pi)$ kommt es nicht an.

Wir zeigen, daß das meistgebrauchte Mischverfahren fair ist:

6.8 Beispiele. Die Kartenanzahl m sei mindestens 3.

a) Als Menge $\mathfrak{T}$ nehmen wir alle Permutationen, welche auf folgende Weise entstehen: Man zerlege das Kartenpaket in 2 oder 3 Abschnitte, lege den obersten Abschnitt unter Erhaltung seiner Anordnung nach unten, auf diesen unter Erhaltung der Anordnung den zweitobersten Abschnitt usw.

(1) Es gilt $\mathfrak{S}_m = \langle \mathfrak{T} \rangle$:

Für $1 < j < m - 1$ haben wir

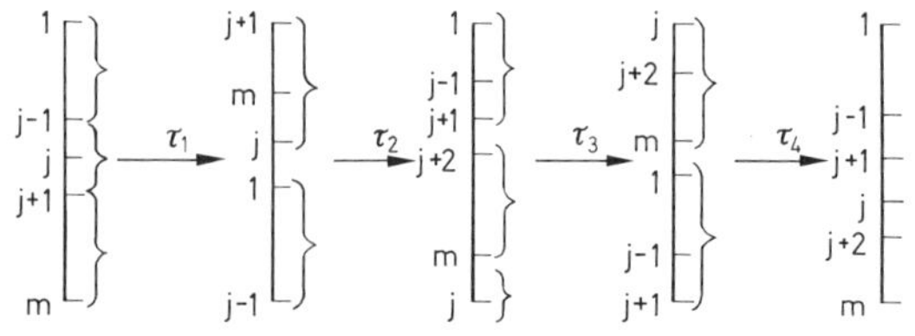

(Die Klammern deuten die Abschnitte an.)
Also ist

$$\tau_4\tau_3\tau_2\tau_1 = (j, j+1) \qquad \text{mit} \quad \tau_k \in \mathfrak{T}.$$

Wir haben ferner

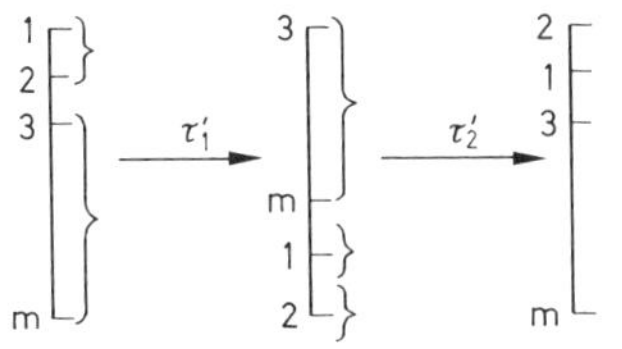

und

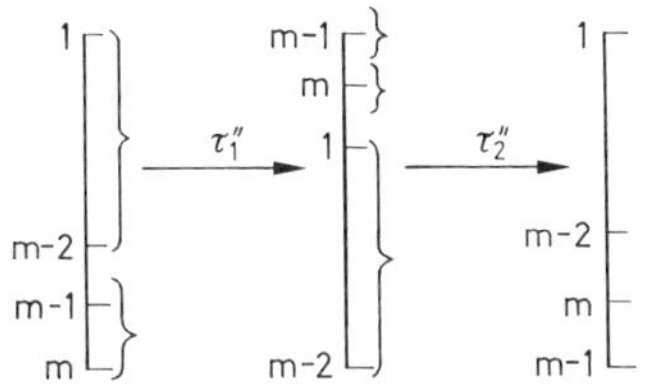

also $\tau_2'\tau_1' = (1,2)$ und $\tau_2''\tau_1'' = (m-1, m)$ mit $\tau_j', \tau_j'' \in \mathfrak{T}$. Daher liegen alle Transpositionen $(j, j+1)$ $(1 \leqslant j \leqslant m-1)$ in $\langle\mathfrak{T}\rangle$. Da diese Transpositionen bekanntlich die symmetrische Gruppe $\mathfrak{S}_m$ erzeugen, folgt $\mathfrak{S}_m = \langle\mathfrak{T}\rangle$.

(2) Wir zeigen, daß $\mathfrak{T}$ eine gerade Permutation enthält:

Die Permutation, welche dem Abheben der $m-2$ obersten Karten entspricht, ist

$$\tau = \begin{pmatrix} 1 & 2 & \dots & m-2 & m-1 & m \\ 3 & 4 & \dots & m & 1 & 2 \end{pmatrix} \in \mathfrak{T}.$$

Ist m ungerade, so ist

$$\tau = (1, 3, \dots, m, 2, 4, \dots, m-1),$$

also $\operatorname{sgn}\tau = (-1)^{m-1} = 1$. Ist m gerade, so gilt

$$\tau = (1, 3, \dots, m-1)(2, 4, \dots, m)$$

und ebenfalls $\operatorname{sgn}\tau = 1$.

b) Vergrößert man die Menge $\mathfrak{T}$, so entsteht nach 6.7 aus einem fairen Mischverfahren wieder ein faires Mischverfahren. Also ist auch das Verfahren fair, welches entsteht, wenn man in a) Einteilungen des Kartenhaufens in $k \geqslant 2$ ($k = 2, 3, \ldots$) Abschnitte vornimmt und dann wie in a) verfährt. Dies ist das von Skatspielern wohl meistens verwendete Mischverfahren.

Aufgaben

A 6.1 Sei $\mathfrak{T}$ die Menge der folgenden Permutationen aus $\mathfrak{S}_m$: Man zerlege das Kartenpaket in zwei nichtleere Abschnitte und schiebe diese irgendwie ineinander. Man zeige, daß dieses Mischverfahren fair ist.

A 6.2 Man zeige, daß das in 6.8 beschriebene Mischverfahren nicht fair ist, wenn man im Elementarprozeß das Kartenpaket nur in zwei Abschnitte zerlegt, also nur einmal abhebt.

A 6.3 Sei $m = 3$. Man berechne alle Eigenwerte für die Übergangsmatrix A zu folgenden Mischverfahren:

a) $p(\iota) = p((1,2)) = p((1,3)) = p((2,3)) = \frac{1}{4}, p((1,2,3)) = p((1,3,2)) = 0.$

b) $p((1,2)) = p((1,2,3)) = \frac{1}{2}$, $p(\tau) = 0$ für alle anderen τ.
(Man wende 6.3 a) an mit $\mathfrak{G} = \{\iota, (1,2)\}$.)

§ 7 Lagerhaltung und Warteschlangen

In diesem Paragraphen behandeln wir einige Typen von stochastischen Matrizen, welche bei Bedienungsproblemen auftreten, die in den letzten Jahren vielfach studiert worden sind.

7.1 Problemstellung. Gegeben sei ein Lager, welches maximal n Einheiten einer Ware speichern kann. Der Zustand j ($0 \leqslant j \leqslant n$) liege vor, falls sich genau j Einheiten auf dem Lager befinden. Mit der Wahrscheinlichkeit p_j werden in der Zeiteinheit j Einheiten aus dem Lager abgerufen, wobei $\sum_{j=0}^{n} p_j = 1$ gelte. (Genauer gesagt sei p_n die Wahrscheinlichkeit für die Anforderung von n oder mehr Einheiten.) Vorgegeben sei ferner eine Zahl m mit $1 \leqslant m < n$. Der Lagerhalter gehe nach folgendem Verfahren vor: Enthält das Lager mindestens $m + 1$ Einheiten, so bedient er, soweit die Lagervorräte reichen, den Abruf in der nächsten Zeiteinheit. Sind jedoch höchstens noch m Einheiten auf dem Lager, so läßt er das Lager durch Belieferung von einer Zentrale sofort auf n Einheiten auffüllen und bedient danach den nächsten Abruf.

Setzen wir

$$P_j = p_j + p_{j+1} + \ldots + p_n,$$

so erhalten wir als Übergangsmatrix zu diesem Prozeß

$$A = \begin{pmatrix} p_n & p_{n-1} & \cdots & p_{n-m} & p_{n-m-1} & p_{n-m-2} & \cdots & p_1 & p_0 \\ p_n & p_{n-1} & \cdots & p_{n-m} & p_{n-m-1} & p_{n-m-2} & \cdots & p_1 & p_0 \\ \vdots & \vdots & & \vdots & \vdots & \vdots & & \vdots & \vdots \\ p_n & p_{n-1} & \cdots & p_{n-m} & p_{n-m-1} & p_{n-m-2} & \cdots & p_1 & p_0 \\ P_{m+1} & p_m & \cdots & p_1 & p_0 & 0 & \cdots & 0 & 0 \\ P_{m+2} & p_{m+1} & \cdots & p_2 & p_1 & p_0 & \cdots & 0 & 0 \\ \vdots & \vdots & & \vdots & \vdots & \vdots & & \vdots & \vdots \\ p_n & p_{n-1} & \cdots & p_{n-m} & p_{n-m-1} & p_{n-m-2} & \cdots & p_1 & p_0 \end{pmatrix}$$
$$= \begin{pmatrix} A_{11} & A_{12} \\ A_{21} & A_{22} \end{pmatrix}$$

mit Typ $A_{11} = (m+1, m+1)$ und Typ $A_{22} = (n-m, n-m)$.

7.2 Hilfssatz. *Sei A die Matrix aus* 7.1. *Dann sind gleichwertig:*
a) *A ist irreduzibel.*
b) *Es gilt* $p_0 > 0$, $p_1 > 0$ *und*

$$p_{m+1} + \ldots + p_n > 0$$

$$p_m + \ldots + p_{n-1} > 0$$

$$\vdots$$

$$p_1 + \ldots + p_{n-m} > 0.$$

c) *A ist primitiv.*

Beweis. a) $\Rightarrow$ b): Ist A irreduzibel, so hat A sicher keine Spalte, in welcher nur Nullen stehen. Das liefert für die Spalten $0, 1, \ldots, m$ und n die Bedingungen

$$\begin{aligned} P_{m+1} = p_{m+1} + \ldots + p_n &> 0, \\ p_m + \ldots + p_{n-1} &> 0, \\ &\vdots \\ p_1 + \ldots + p_{n-m} &> 0, \\ p_0 &> 0. \end{aligned}$$

Wäre $p_1 = 0$, so wäre der Übergang $i \longrightarrow n-1$ unmöglich für alle $i \neq n-1$. Dann wäre aber $n-1 \notin \mathcal{A}(j)$ für $j \neq n-1$, und A wäre reduzibel. Also ist auch $p_1 > 0$.

b) $\Rightarrow$ c): Es genügt, die Irreduzibilität von A nachzuweisen, denn dann folgt wegen $p_0 > 0$ mit 5.1 d) sogar die Primitivität von A.

Wegen $p_0 > 0$ ist für jedes $i \in \{0, 1, \ldots, m\}$ der Übergang $i \longrightarrow n$ möglich. Wegen $p_1 > 0$ sind die Übergänge

$$n \longrightarrow n-1 \longrightarrow \ldots \longrightarrow m$$

möglich. Das zeigt

$$\{m, m+1, \ldots, n\} \subseteq \mathcal{A}(i) \qquad \text{für} \qquad 0 \leqslant i \leqslant m.$$

Die Matrix

$$A = \begin{pmatrix} A_{11} & A_{12} \\ A_{21} & A_{22} \end{pmatrix}$$

(aufgeteilt wie in 7.1) hat nach der Voraussetzung unter b) keine Nullspalte in A_{21}. Ist $0 \leqslant j \leqslant m$, so existiert also ein $k \geqslant m+1$ mit $a_{kj} > 0$, und der Übergang $k \longrightarrow j$ ist dann möglich. Daher ist für $0 \leqslant i \leqslant m$ auch $i \longrightarrow k \longrightarrow j$ möglich, also gilt $\mathcal{A}(i) = \{0, \ldots, n\}$ für alle $0 \leqslant i \leqslant m$. Für $j > m$ ist $j \longrightarrow m$ möglich und daher

$$\mathcal{A}(j) \supseteq \mathcal{A}(m) = \{0, \ldots, n\}.$$

Somit ist A irreduzibel.

c) $\Rightarrow$ a): Dies ist trivialerweise richtig. □

7.3 Bemerkung. Für $p_0 < 1$ kann man den Zeilenvektor y mit $yA = y$ und $\sum_{j=0}^{n} y_j = 1$ relativ leicht berechnen:

Wir zerlegen wieder wie in 7.1

$$A = \begin{pmatrix} A_{11} & A_{12} \\ A_{21} & A_{22} \end{pmatrix}$$

und entsprechend $y = (z_1, z_2)$ mit $z_1 = (y_0, \ldots, y_m)$ und $z_2 = (y_{m+1}, \ldots, y_n)$. Dann ist also

$$z_1 = z_1 A_{11} + z_2 A_{21}$$

$$z_2 = z_1 A_{12} + z_2 A_{22}.$$

Setzen wir $t = y_0 + \ldots + y_m$, so folgt

$$z_1 A_{11} = t(p_n, p_{n-1}, \ldots, p_{n-m})$$

und

$$z_1 A_{12} = t(p_{n-m-1}, \ldots, p_1, p_0).$$

Also ist

$$z_2(E - A_{22}) = z_1 A_{12} = t(p_{n-m-1}, \dots, p_1, p_0).$$

Wegen $p_0 < 1$ ist die Dreiecksmatrix $E - A_{22}$ invertierbar, und man kann die Inverse relativ leicht berechnen, entweder rekursiv oder in der Gestalt

$$(E - A_{22})^{-1} = \sum_{j=0}^{\infty} A_{22}^j.$$

Also erhalten wir

$$z_2 = t(p_{n-m-1}, \dots, p_1, p_0)(E - A_{22})^{-1}.$$

Dann folgt

$$\begin{aligned} z_1 &= z_1 A_{11} + z_2 A_{21} \\ &= t\{(p_n, p_{n-1}, \dots, p_{n-m}) + (p_{n-m-1}, \dots, p_0)(E - A_{22})^{-1} A_{21}\}. \end{aligned}$$

Schließlich bestimmt man t aus $\sum_{j=0}^{n} y_j = 1$.

7.4 Beispiel. Sei p vorgegeben mit $0 < p < 1$ und sei $q = 1 - p$. Wir behandeln den Spezialfall von 7.1, in welchem

$$p_j = p^j q \qquad \text{für} \quad 0 \leqslant j \leqslant n - 1$$

gilt. Dann ist

$$p_n = 1 - \sum_{j=0}^{n-1} p_j = 1 - q \frac{1 - p^n}{1 - p} = p^n$$

und

$$\begin{aligned} P_j &= p_j + p_{j+1} + \ldots + p_n = q(p^j + \ldots + p^{n-1}) + p^n \\ &= qp^j \frac{1 - p^{n-j}}{1 - p} + p^n = p^j. \end{aligned}$$

Also ist die Übergangsmatrix nun

$$A = \begin{pmatrix} p^n & p^{n-1}q & \dots & p^{n-m}q & p^{n-m-1}q & p^{n-m-2}q & \dots & pq & q \\ \vdots & \vdots & & \vdots & \vdots & \vdots & & \vdots & \vdots \\ p^n & p^{n-1}q & \dots & p^{n-m}q & p^{n-m-1}q & p^{n-m-2}q & \dots & pq & q \\ p^{m+1} & p^m q & \dots & pq & q & 0 & \dots & 0 & 0 \\ p^{m+2} & p^{m+1}q & \dots & p^2q & pq & q & \dots & 0 & 0 \\ \vdots & \vdots & & \vdots & \vdots & \vdots & & \vdots & \vdots \\ p^n & p^{n-1}q & \dots & p^{n-m}q & p^{n-m-1}q & p^{n-m-2}q & \dots & pq & q \end{pmatrix}$$

$$= \begin{pmatrix} A_{11} & A_{12} \\ A_{21} & A_{22} \end{pmatrix}.$$

Nach dem Verfahren in 7.3 lösen wir zuerst

$$z_2(E - A_{22}) = tq(p^{n-m-1}, \dots, p, 1).$$

Man prüft leicht nach, daß dies zu

$$z_2 = (y_{m+1}, \dots, y_n) = \frac{tq}{p}(1, \dots, 1)$$

führt. Sodann ist z_1 zu bestimmen aus

$$\begin{aligned} z_1 &= t(p^n, p^{n-1}q, \dots, p^{n-m}q) + \frac{tq}{p}(1, \dots, 1)A_{21} \\ &= t(p^n, p^{n-1}q, \dots, p^{n-m}q) \\ &\qquad + \frac{tq}{p}(p^{m+1} + \dots + p^n, q(p^m + \dots + p^{n-1}), \dots, q(p + \dots + p^{n-m})) \\ &= t(p^n, p^{n-1}q, \dots, p^{n-m}q) + \\ &\qquad t(p^m(1 - p^{n-m}), qp^{m-1}(1 - p^{n-m}), \dots, q(1 - p^{n-m})) \\ &= t(p^m, qp^{m-1}, \dots, q). \end{aligned}$$

Schließlich ist noch t zu berechnen aus

$$1 = \sum_{j=0}^{n} y_j = t + \frac{tq}{p}(n - m).$$

Das liefert schließlich

$$y_0 = \frac{p^m}{1 + \frac{q}{p}(n - m)},$$

$$y_j = \frac{qp^{m-j}}{1 + \frac{q}{p}(n - m)} \qquad \text{für} \quad 1 \leqslant j \leqslant m,$$

$$y_j = \frac{\frac{q}{p}}{1 + \frac{q}{p}(n - m)} \qquad \text{für} \quad m + 1 \leqslant j \leqslant n.$$

Daraus entnimmt man sofort

$$y_1 < y_2 < \ldots < y_m < y_{m+1} = \ldots = y_n.$$

Ferner ist $y_0 \leqslant y_1$ genau für $p \leqslant \frac{1}{2}$.

Man kann das Problem aus 7.1 auch geschlossen lösen für den (sehr unrealistischen) Fall $p_j = \frac{1}{n+1}$ für $j = 0, 1, \ldots, n$. (Siehe Aufgabe A 7.1.)

Ein Bedienungsproblem etwas anderer Art ist das folgende:

7.5 Beispiel. Eine Fabrik habe n Maschinen desselben Typs, und möchte laufend möglichst viele von diesen in Betrieb halten. Daher hat sie mit einer Reparaturwerkstätte einen umfassenden Wartungsvertrag abgeschlossen: Alle bei Wochenbeginn defekten Maschinen werden innerhalb einer Woche repariert. Die Wahrscheinlichkeit für den Ausfall einer Maschine im Laufe einer Woche sei p mit $0 < p < 1$. Wir setzen $q = 1 - p$. Der Zustand i $(0 \leqslant i \leqslant n)$ liege vor, wenn bei Wochenbeginn i Maschinen intakt sind und $n - i$ defekt. Die Wahrscheinlichkeit für den Ausfall von genau j der bei Wochenbeginn intakten i Maschinen im Verlauf der Woche ist

$$\binom{i}{j} p^j q^{i-j}.$$

Da zum Wochenende $n - i$ Maschinen intakt aus der Werkstätte zurückkommen, erfolgt der Übergang

$$i \longrightarrow (i - j) + (n - i) = n - j$$

mit der Wahrscheinlichkeit

$$\binom{i}{j} p^j q^{i-j}.$$

Die Übergangsmatrix dieses Prozesses ist also

$$A = \begin{pmatrix} 0 & 0 & \dots & & & 0 & 0 & 1 \\ 0 & 0 & \dots & & & 0 & p & q \\ & & & & & p^2 & 2pq & q^2 \\ & & & & \cdot^{\cdot^{\cdot}} & & & \\ & & & p^{n-i} & & & & q^{n-i} \\ & & p^{n-i+1} & \binom{n-i+1}{1} p^{n-i} q & & \dots & & q^{n-i+1} \\ & \cdot^{\cdot^{\cdot}} & & & & & & \\ p^n & \dots & & \binom{n}{i} p^{n-i} q^i & & \dots & & q^n \end{pmatrix}.$$

Die folgenden Übergänge sind möglich:

$$i \longrightarrow n \qquad \text{(wegen } q^i > 0\text{)}$$

$$n \longrightarrow j \qquad \text{(wegen } \tbinom{n}{j} p^{n-j} q^j > 0\text{).}$$

Also ist A irreduzibel, wegen $q^n > 0$ nach 5.1 d) sogar primitiv.

Wir haben somit den Vektor $y = (y_0, \dots, y_n)$ mit $yA = y$ und $\sum_{j=0}^{n} y_j = 1$ zu bestimmen. Das erfordert

$$y_i = p^{n-i} \sum_{j=0}^{i} \binom{n-i+j}{j} q^j y_{n-i+j}.$$

Die Lösung dieses Gleichungssystems ist

$$y_i = \binom{n}{i} p^{n-i} (1+p)^{-n} :$$

Aus der Polynomidentität

$$\sum_{i=0}^{n} \binom{n}{i} x^{n-i} \sum_{j=0}^{i} \binom{i}{j} y^j z^{i-j} = \sum_{i=0}^{n} \binom{n}{i} x^{n-i} (y+z)^i = (x+y+z)^n$$

$$= \sum_{k=0}^{n} \binom{n}{k} (x+y)^{n-k} z^k = \sum_{k=0}^{n} \binom{n}{k} \sum_{j=0}^{n-k} \binom{n-k}{j} x^{n-k-j} y^j z^k$$

folgt durch Vergleich der Koeffizienten von $x^{n-i}y^j z^{i-j}$ sofort

$$\binom{n}{i}\binom{i}{j} = \binom{n}{i-j}\binom{n-i+j}{j} = \binom{n}{n-i+j}\binom{n-i+j}{j}.$$

Damit erhalten wir

$$p^{n-i}\sum_{j=0}^{i}\binom{n-i+j}{j}q^j\binom{n}{n-i+j}p^{i-j}$$

$$= p^{n-i}\sum_{j=0}^{i}\binom{n}{i}\binom{i}{j}q^j p^{i-j} = p^{n-i}\binom{n}{i}(p+q)^i = \binom{n}{i}p^{n-i}.$$

Das zeigt, daß

$$y_i = \binom{n}{i}p^{n-i}(1+p)^{-n}$$

die gesuchte, eindeutig bestimmte Lösung ist.

Man rechnet leicht nach, daß $y_i \leqslant y_{i+1}$ gilt genau für $i \leqslant \frac{n-p}{1+p}$. Das maximale y_j liegt also vor für das i mit

$$i \leqslant \frac{n-p}{1+p} < i+1.$$

Wir berechnen den Erwartungswert

$$e = \sum_{j=0}^{n} j y_j$$

für die Anzahl der intakten Maschinen:
Es ist

$$e = (1+p)^{-n}\sum_{j=0}^{n} j\binom{n}{j}p^{n-j} = (1+p)^{-n}p^{n-1}\sum_{j=0}^{n} j\binom{n}{j}(\frac{1}{p})^{j-1}$$
$$= (1+p)^{-n}p^{n-1}n(1+\frac{1}{p})^{n-1} = \frac{n}{1+p},$$

wie man mit Hilfe der Formel

$$n(1+x)^{n-1} = ((1+x)^n)' = \sum_{j=1}^{n} j\binom{n}{j}x^{j-1}$$

sofort bestätigt. Also ist $e = \frac{n}{1+p}$ die zu erwartende Anzahl der intakten Maschinen.

Wie kommt man auf die Lösungen y_i? Für eine einzelne Maschine hat man die Übergangsmatrix

$$B = \begin{pmatrix} 1-p & p \\ 1 & 0 \end{pmatrix} \qquad \text{mit} \qquad \lim_{k\to\infty} B^k = \begin{pmatrix} \frac{1}{1+p} & \frac{p}{1+p} \\ \frac{1}{1+p} & \frac{p}{1+p} \end{pmatrix} \qquad \text{(siehe 4.4 a)).}$$

Also ist eine einzelne Maschine nach langer Zeit

intakt mit der Wahrscheinlichkeit $\dfrac{1}{1+p}$

defekt mit der Wahrscheinlichkeit $\dfrac{p}{1+p}$.

Die Wahrscheinlichkeit dafür, daß nach langer Zeit genau i Maschinen intakt sind und $n-i$ defekt, ist somit vermutlich

$$y_i = \binom{n}{i}\left(\frac{1}{1+p}\right)^i \left(\frac{p}{1+p}\right)^{n-i} = \binom{n}{i} p^{n-i}(1+p)^{-n}.$$

Man kann diesen Schluß exakt begründen (siehe Fritz, Huppert, Willems, Stochastische Matrizen, S. 174–175).

Wir wenden uns einem typischen Warteschlangenproblem zu:

7.6 Problemstellung. Ein Sessellift kann pro Zeiteinheit maximal eine Person abtransportieren. (Dies sei die Definition der Zeiteinheit.) Die Wahrscheinlichkeit für die Ankunft von j ($j \geqslant 0$) Personen pro Zeiteinheit an der Talstation sei p_j, wobei $\sum_{j=0}^{\infty} p_j = 1$ gilt. Der Wartesaal an der Talstation fasse maximal n Personen; Skiläufer, die den Wartesaal total besetzt vorfinden, kehren um. Wir bilden einen stochastischen Prozeß mit den folgenden $n+1$ Zuständen:
Zustand j ($0 \leqslant j \leqslant n$): j Personen warten an der Talstation.
In der Zeiteinheit können sich folgende Übergänge abspielen:
$0 \longrightarrow 0$, falls höchstens eine Person ankommt, also mit der Wahrscheinlichkeit $p_0 + p_1$;
$j \longrightarrow k$ ($0 \leqslant j \leqslant k < n$), falls $k - j + 1$ Personen ankommen, also mit der Wahrscheinlichkeit p_{k-j+1};
$j \longrightarrow n$ ($0 \leqslant j \leqslant n$), falls $n - j + 1$ oder mehr Personen ankommen, also mit der Wahrscheinlichkeit $\sum_{k=n-j+1}^{\infty} p_k$;
$j \longrightarrow j - 1$ ($1 \leqslant j \leqslant n$), falls niemand ankommt, also mit der Wahrscheinlichkeit p_0.

Wir erhalten somit die Übergangsmatrix

$$A = \begin{pmatrix} p_0 + p_1 & p_2 & p_3 & \dots & p_n & \sum\limits_{j=n+1}^{\infty} p_j \\ p_0 & p_1 & p_2 & \dots & p_{n-1} & \sum\limits_{j=n}^{\infty} p_j \\ 0 & p_0 & p_1 & \dots & p_{n-2} & \sum\limits_{j=n-1}^{\infty} p_j \\ \vdots & \vdots & \vdots & & \vdots & \vdots \\ 0 & 0 & 0 & \dots & p_0 & \sum\limits_{j=1}^{\infty} p_j \end{pmatrix}.$$

Man kann sich überlegen, daß 1 einziger Eigenwert von A vom Betrag 1 ist, also $\lim_{k\to\infty} A^k$ existiert:

Ist $p_0 = 0$, so hat A die Eigenwerte $p_1, \dots, p_1$ und 1. Ist $p_0 = 1$, so sind $1, 0, \dots, 0$ die Eigenwerte von A.

Sei also $0 < p_0 < 1$. Ist $p_1 > 0$, so ist die Diagonale von A total positiv, und unsere Behauptung folgt aus 5.1 c). Sei also weiterhin $p_1 = 0$. Dann gibt es ein $k \geqslant 2$ mit $p_k > 0$. Man hat dann positive Wahrscheinlichkeiten für die Übergänge

$$n \to n-1 \to \dots \to 1 \to 0$$

wegen $p_0 > 0$, wegen $p_k > 0$ aber auch für

$$0 \to k-1 \to 2(k-1) \to \dots \to m(k-1) \to n$$

(mit $m(k-1) < n \leqslant (m+1)(k-1)$).

Also ist A irreduzibel. Da das Diagonalglied $a_{00} = p_0$ nun positiv ist, folgt mit 5.1 d) die Behauptung.

(Ist $\sum\limits_{j=n+1}^{\infty} p_j > 0$, so ist die letzte Spalte von A total positiv, und wir kommen mit 5.14 schneller zum Ziel.)

Die geschlossenen Lösungen dieses Problems sind recht unhandlich. Das liegt nicht zuletzt daran, daß ein Modell mit abzählbar unendlich vielen Zuständen unserem Prozeß besser angepaßt wäre. Wir beschränken uns auf einen Spezialfall, der noch zu handlichen Formeln führt.

7.7 Beispiel. Sei $0 < p < 1$ und $q = 1 - p$. Wir nehmen in 7.6 eine geometrische Verteilung der p_j an, nämlich $p_j = pq^j$ $(0 \leqslant j < \infty)$. Dann ist

$$\sum_{j=k}^{\infty} p_j = pq^k(1 + q + q^2 + \dots) = \frac{pq^k}{1-q} = q^k.$$

Also erhält die Übergangsmatrix A die Gestalt

$$A = \begin{pmatrix} p+pq & pq^2 & pq^3 & \dots & pq^n & q^{n+1} \\ p & pq & pq^2 & \dots & pq^{n-1} & q^n \\ 0 & p & pq & \dots & pq^{n-2} & q^{n-1} \\ \vdots & \vdots & \vdots & & \vdots & \vdots \\ 0 & 0 & 0 & \dots & p & q \end{pmatrix}.$$

Sei $z = (z_0, z_1, \dots, z_n)$ mit $zA = z$. Das verlangt

$$\begin{aligned} z_0 &= (p+pq)z_0 + pz_1 \\ z_1 &= pq^2 z_0 + pqz_1 + pz_2 \\ z_j &= pq^{j+1} z_0 + pq^j z_1 + \dots + pqz_j + pz_{j+1} \\ z_n &= q^{n+1} z_0 + q^n z_1 + \dots + qz_n. \end{aligned}$$

Die rekursive Auflösung ergibt

$$\begin{aligned} z_1 &= \frac{1}{p}(1-p-pq)z_0 = \frac{q(1-p)}{p} z_0 = \frac{q^2}{p} z_0, \\ z_2 &= \frac{1}{p}((1-pq)z_1 - pq^2 z_0) = \frac{1}{p}((1-pq)\frac{q^2}{p} - pq^2)z_0 \\ &= \frac{q^2}{p^2}(1-pq-p^2)z_0 = \frac{q^2}{p^2}(1-p)z_0 = \frac{q^3}{p^2} z_0. \end{aligned}$$

Sei bereits $z_j = \frac{q^{j+1}}{p^j} z_0$ gezeigt für $j = 1, \dots, k$. Dann folgt

$$\begin{aligned} z_{k+1} &= \frac{1}{p}\{-pq^{k+1} z_0 - pq^k z_1 - \dots - pq^2 z_{k-1} + (1-pq)z_k\} \\ &= \frac{1}{p}\{-pq^{k+1} - q^{k+2} - \frac{q^{k+2}}{p} - \dots - \frac{q^{k+2}}{p^{k-2}} + (1-pq)\frac{q^{k+1}}{p^k}\} z_0 \\ &= \frac{q^{k+1}}{p}\{-p - q(1 + \frac{1}{p} + \dots + \frac{1}{p^{k-1}}) + \frac{1}{p^k}\} z_0 \\ &= \frac{q^{k+1}}{p}\{-p - q\frac{1-p^{-k}}{1-p^{-1}} + p^{-k}\} z_0 \\ &= \frac{q^{k+1}}{p^k}\{-p^k - q\frac{p^k - 1}{p-1} + \frac{1}{p}\} z_0 \\ &= \frac{q^{k+1}}{p^k}\{-p^k + (p^k - 1) + \frac{1}{p}\} z_0 = \frac{q^{k+1}}{p^k}(\frac{1}{p} - 1) z_0 = \frac{q^{k+2}}{p^{k+1}} z_0. \end{aligned}$$

Die Zeilenvektoren von $\lim_{k\to\infty} A^k$ sind daher

$$z = t(1, \frac{q^2}{p}, \frac{q^3}{p^2}, \dots, \frac{q^{n+1}}{p^n}) \qquad \text{mit} \qquad 1 = t(1 + \frac{q^2}{p} + \dots + \frac{q^{n+1}}{p^n}).$$

Das Maximum der Komponenten z_j von z ist dabei

$$\text{Max}\{z_0, z_n\} = t\,\text{Max}\{1, \frac{q^{n+1}}{p^n}\}.$$

Der Zustand mit der größten Wahrscheinlichkeit ist also entweder ein leerer Wartesaal (falls $\frac{q^{n+1}}{p^n} < 1$) oder ein mit n Personen total besetzter Wartesaal (falls $1 < \frac{q^{n+1}}{p^n}$).

Weitere Ergebnisse zum Sesselliftproblem findet der Leser in Fritz, Huppert, Willems, Stochastische Matrizen, § 7.

Aufgaben

A 7.1 Man zeige, daß die Lösung des Lagerhaltungsproblems 7.1 im Spezialfall $p_j = \frac{1}{n+1}$ $(0 \leqslant j \leqslant n)$ folgende Gestalt hat:

$$\lim_{k\to\infty} A^k = \begin{pmatrix} y_0 & \dots & y_n \\ \vdots & & \vdots \\ y_0 & \dots & y_n \end{pmatrix}$$

mit

$$y_0 = (\frac{n}{n+1})^{n-m} - \frac{m}{n+1},$$

$$y_j = \frac{1}{n+1} \qquad \text{für} \quad 1 \leqslant j \leqslant m,$$

$$y_j = \frac{1}{n}(\frac{n}{n+1})^{j-m} \qquad \text{für} \quad m < j \leqslant n.$$

Was ist bei festem m der Grenzwert $\lim_{n\to\infty} y_0$?

A 7.2 Zu dem Beispiel 7.4 berechne man die mittlere Belegung $\sum\limits_{j=0}^{n} j y_j$ des Lagers und die erwartete Anzahl $\sum\limits_{j=0}^{n} j p_j$ der in der Zeiteinheit verkauften Wareneinheiten.

A 7.3 Man behandle das zu Beispiel 7.5 ähnliche Problem, wobei aber nun der Wartungsvertrag pro Woche höchstens die Reparatur von k $(1 \leqslant k < n)$ Maschinen sichert. Man stelle die Übergangsmatrix auf und beweise ihre Primitivität.

A 7.4 Eine Fabrik habe zwei Maschinen des gleichen Typs, jede falle mit der Wahrscheinlichkeit p im Laufe einer Woche aus $(0 < p < 1)$. Die Reparaturwerkstatt kann jeweils nur eine der Maschinen wiederherstellen, sie benötige zwei Wochen für die Reparatur. Wir beschreiben die fünf Zustände durch Angabe des Paares (x, y), wobei x die Anzahl der bei Wochenbeginn intakten Maschinen ist

($0 \leqslant x \leqslant 2$) und y die Anzahl der bei einer in Reparatur befindlichen Maschine bereits aufgewandten Arbeitswochen ($0 \leqslant y \leqslant 1$). Man stelle die Übergangsmatrix A auf, beweise die Existenz von $\lim_{k\to\infty} A^k$ und berechne diesen Grenzwert.

§ 8 Prozesse mit absorbierenden Zuständen

Bisher haben wir meist irreduzible stochastische Matrizen betrachtet. Eine Reihe von interessanten Anwendungen führt jedoch zu stochastischen Matrizen ganz anderer Art. Bevor wir uns diesen zuwenden, führen wir zuerst Überlegungen allgemeinerer Natur durch.

8.1 Hilfssatz. *Sei*

$$A = \begin{pmatrix} B_{11} & B_{12} \\ B_{21} & B_{22} \end{pmatrix}$$

stochastisch mit quadratischen Matrizen B_{jj} *und mit* $Typ B_{11} = (m, m)$, $Typ B_{22} = (n - m, n - m)$ *und* $1 \leqslant m < n$. *Für jedes j mit* $m + 1 \leqslant j \leqslant n$ *sei*

$$\mathcal{A}(j) \cap \{1, \ldots, m\} \neq \emptyset,$$

d.h. von jedem solchen j aus sei wenigstens ein Zustand aus $\{1, \ldots, m\}$ *erreichbar. Dann gilt* $r(B_{22}) < 1$.

Beweis. Wir ordnen gemäß 2.3 die Zustände $m + 1, \ldots, n$ so um, daß

$$B_{22} = \begin{pmatrix} C_{11} & & 0 \\ & \ddots & \\ * & & C_{rr} \end{pmatrix} \begin{matrix} \}\mathfrak{M}_1 \\ \vdots \\ \}\mathfrak{M}_r \end{matrix}$$

mit quadratischen, irreduziblen Matrizen C_{jj} oder $C_{jj} = (0)$ gilt. Wegen

$$\sigma(B_{22}) = \bigcup_{j=1}^{r} \sigma(C_{jj})$$

reicht der Nachweis von $r(C_{jj}) < 1$ für $j = 1, \ldots, r$. Wir verwenden die Norm $\|\cdot\|_z$ mit

$$\|(c_{ij})\|_z = \operatorname*{Max}_i \sum_j |c_{ij}|$$

aus II,2.4 b). Dann ist nach 1.10 b)

$$r(C_{jj}) \leqslant \|C_{jj}\|_z \leqslant 1.$$

Angenommen, es wäre $r(C_{jj}) = 1$ für ein j. Wegen der Irreduzibilität von C_{jj} wäre dann nach 1.10 b) jede Zeilensumme von C_{jj} gleich 1. Da A stochastisch ist, führt das zu

$$A = \begin{pmatrix} & & & * & & & \\ 0 & \dots & 0 & C_{jj} & 0 & \dots & 0 \\ & & & * & & & \end{pmatrix} \}\mathfrak{M}_j .$$

Daraus folgt $\mathcal{A}(\mathfrak{M}_j) \subseteq \mathfrak{M}_j$, im Widerspruch zur Voraussetzung

$$\mathcal{A}(\mathfrak{M}_j) \cap \{1, \dots, m\} \neq \emptyset.$$

Somit gilt doch $r(C_{jj}) < 1$ für alle $j = 1, \dots, r$. □

8.2 Satz. *Sei*

$$A = \begin{pmatrix} B & 0 \\ C & D \end{pmatrix}$$

stochastisch vom Typ (n, n) *und* $Typ B = (m, m)$ *mit* $1 \leqslant m < n$. *Wir setzen voraus, daß für jedes j mit* $m + 1 \leqslant j \leqslant n$ *gilt*

$$\mathcal{A}(j) \cap \{1, \dots, m\} \neq \emptyset,$$

d.h. daß von j aus wenigstens einer der Zustände $1, \dots, m$ *erreichbar ist.*

a) *Dann ist* $r(D) < 1$.

b) *Sei*

$$\lim_{k\to\infty} \frac{1}{k} \sum_{j=0}^{k-1} B^j = P.$$

Dann gilt

$$\lim_{k\to\infty} \frac{1}{k} \sum_{j=0}^{k-1} A^j = \begin{pmatrix} P & 0 \\ S & 0 \end{pmatrix}$$

mit $S = (E - D)^{-1} CP$.

c) *Existiert* $\lim_{k\to\infty} B^k = P$, *so ist*

$$\lim_{k\to\infty} A^k = \begin{pmatrix} P & 0 \\ S & 0 \end{pmatrix}$$

mit $S = (E - D)^{-1} CP$.

d) *Ist B primitiv, so ist*

$$\lim_{k\to\infty} A^k = \begin{pmatrix} y_1 & \dots & y_m & 0 & \dots & 0 \\ \vdots & & \vdots & \vdots & & \vdots \\ y_1 & \dots & y_m & 0 & \dots & 0 \end{pmatrix},$$

wobei $y = (y_1, \dots, y_m)$ *eindeutig bestimmt ist durch* $yB = y$ *und* $\sum_{j=1}^{m} y_j = 1$.

Beweis. a) Die Behauptung folgt sofort aus 8.1.

b) Wir setzen

$$Q = \lim_{k\to\infty} \frac{1}{k} \sum_{j=0}^{k-1} A^j.$$

Dann ist offenbar

$$Q = \begin{pmatrix} P & 0 \\ S & T \end{pmatrix}$$

mit geeigneten Matrizen S und T. Aus $AQ = Q$ (siehe 5.2 a)) folgt

$$S = CP + DS \qquad \text{und} \qquad T = DT.$$

Da $E - D$ nach a) invertierbar ist, ist $T = 0$ und $S = (E - D)^{-1}CP$.

c) Der Beweis verläuft wie unter b).

d) Ist B primitiv, so gilt nach 5.2 c)

$$P = \begin{pmatrix} y_1 & \dots & y_m \\ \vdots & & \vdots \\ y_1 & \dots & y_m \end{pmatrix}$$

Dabei ist $PB = P$, also auch

$$SB = (E - D)^{-1}CPB = (E - D)^{-1}CP = S.$$

Somit ist jede Zeile y von S eine Lösung von $yB = y$ mit $\sum_{j=1}^{m} y_j = 1$, und dann sind alle Zeilen von $\lim_{k\to\infty} A^k$ gleich. □

Falls die Voraussetzungen von 8.2 d) erfüllt sind, erhält man also eine Konvergenz in die Zustandsgruppe $\{1, \dots, m\}$.

Im Spezialfall

$$A = \begin{pmatrix} E & 0 \\ C & D \end{pmatrix}$$

(also mit absorbierenden Zuständen $1, \dots, m$; siehe 8.6 a)) gilt nach 8.2 c)

$$\lim_{k\to\infty} A^k = \begin{pmatrix} E & 0 \\ S & 0 \end{pmatrix}$$

mit $(E - D)S = C$. Dies heißt

$$s_{ij} = c_{ij} + \sum_{k=1}^{n-m} d_{ik} s_{kj}.$$

Diese Gleichung enthält die folgende plausible Aussage:

Die Wahrscheinlichkeit für "schließliche" Absorption im Zustand j bei Beginn im Zustand $m+i$ ist gleich der Wahrscheinlichkeit c_{ij} für den Übergang von $m+i$

nach j in einem Schritt plus die Wahrscheinlichkeiten $d_{ik}s_{kj}$ für den Übergang von $m+i$ nach $m+k$ in einem Schritt und anschließenden "schließlichen" Übergang von $m+k$ nach j.

8.3 Beispiel. Vorgegeben seien n Karten, darunter $s > 0$ schwarze und $r > 0$ rote $(n = r + s)$. Ein Spieler habe m Karten in der Hand, wobei $2 \leqslant m \leqslant \operatorname{Min}\{r, s\}$ gelte. Der Spieler sei im Zustande i $(0 \leqslant i \leqslant m)$, wenn er i rote und $m-i$ schwarze Karten hat. Im Elementarprozeß ziehe der Spieler eine der $n-m$ Karten, welche er nicht in der Hand hat, und zwar jede mit der Wahrscheinlichkeit $\frac{1}{n-m}$. Der Spieler strebt eine möglichst große Anzahl von schwarzen Karten an. Hat er daher wenigstens eine rote Karte auf der Hand und zieht er eine schwarze, so gibt er eine rote Karte ab und behält die schwarze. Hat der Spieler jedoch nur schwarze Karten und zieht er eine rote, so muß er eine schwarze Karte abgeben und die rote Karte aufnehmen. In allen anderen Fällen bleibe der Zustand ungeändert. Ist $A = (a_{ij})$ die Übergangsmatrix, so gilt also für $i > 0$

$$a_{ii} = \frac{r-i}{n-m} \qquad \text{(der Spieler ziehe eine der } r-i \text{ roten Karten)}$$

$$a_{i,i-1} = \frac{s+i-m}{n-m} \qquad \text{(der Spieler zieht eine der } s+i-m \text{ schwarzen Karten)}$$

und

$$a_{00} = \frac{s-m}{n-m} \qquad \text{(der Spieler zieht eine der } s-m \text{ schwarzen Karten)}$$

$$a_{01} = \frac{r}{n-m} \qquad \text{(der Spieler zieht eine der } r \text{ roten Karten).}$$

Also ist die Übergangsmatrix

$$A = \begin{pmatrix} a_{00} & a_{01} & & & \\ a_{10} & a_{11} & & & \\ & a_{21} & a_{22} & & \\ & & & \ddots & \\ & & & a_{m,m-1} & a_{mm} \end{pmatrix} = \begin{pmatrix} B & 0 \\ C & D \end{pmatrix}.$$

Dabei sind wegen $a_{i,i-1} > 0$ für $i \geqslant 1$ die Voraussetzungen von 8.2 erfüllt. Ferner ist

$$B = \begin{pmatrix} \frac{s-m}{n-m} & \frac{r}{n-m} \\ \frac{s+1-m}{n-m} & \frac{r-1}{n-m} \end{pmatrix},$$

und von den Einträgen in B ist wegen $r \geqslant 2$ höchstens $\frac{s-m}{n-m}$ gleich 0. Also ist B primitiv. Der Vektor $y = (y_1, y_2)$ mit $yB = y$ und $y_1 + y_2 = 1$ ist

$$(y_1, y_2) = (\frac{s+1-m}{n-m+1}, \frac{r}{n-m+1}).$$

Also folgt mit 8.2 d)

$$\lim_{k\to\infty} A^k = \begin{pmatrix} \frac{s+1-m}{n-m+1} & \frac{r}{n-m+1} & 0 & \dots & 0 \\ \vdots & \vdots & \vdots & & \vdots \\ \frac{s+1-m}{n-m+1} & \frac{r}{n-m+1} & 0 & \dots & 0 \end{pmatrix}.$$

Nach langer Spieldauer hat der Spieler also m schwarze Karten mit der Wahrscheinlichkeit $\frac{s+1-m}{n-m+1}$ und $m-1$ schwarze und eine rote Karte mit der Wahrscheinlichkeit $\frac{r}{n-m+1}$ zu erwarten.

Mit ähnlichen Überlegungen können wir eine Aussage über ganz allgemeine stochastische Matrizen gewinnen.

8.4 Satz. a) *Sei A eine stochastische Matrix. Bei geeigneter Numerierung der Zustände gilt*

$$A = \begin{pmatrix} B_1 & 0 & \dots & 0 & & & & 0 \\ 0 & B_2 & \dots & 0 & & & & \\ & & \ddots & & & & & \\ 0 & 0 & \dots & B_m & & & & \\ 0 & 0 & \dots & & D_m & 0 & \dots & 0 \\ 0 & * & \dots & & * & D_{m-1} & \dots & 0 \\ & & & & & & \ddots & \\ * & * & \dots & * & * & * & \dots & D_1 \end{pmatrix} = \begin{pmatrix} B & 0 \\ C & D \end{pmatrix};$$

dabei sind die B_j irreduzible stochastische Matrizen, die D_j sind quadratische Matrizen mit $r(D_j) < 1$. (Einige der D_j können dabei ganz fehlen.) Ist A doppelt stochastisch, so treten die D_j nicht auf. Ferner ist m die Vielfachheit von 1 als Eigenwert von A.

b) *Existiert $\lim_{k\to\infty} B_j^k$ für $j = 1,\dots,m$, so gilt*

$$\lim_{k\to\infty} A^k = \begin{pmatrix} P & 0 \\ S & 0 \end{pmatrix}$$

mit

$$P = \begin{pmatrix} \lim_{k\to\infty} B_1^k & & \\ & \ddots & \\ & & \lim_{k\to\infty} B_m^k \end{pmatrix}$$

und $S = (E-D)^{-1}CP$. Also ist die Berechnung von $\lim_{k\to\infty} A^k$ mit Hilfe von 5.2 völlig zurückgeführt auf das Lösen von linearen Gleichungen.

Beweis. a) Wir wählen j so, daß $|\mathcal{A}(j)|$ minimal ist und bringen $\mathcal{A}(j)$ an die ersten Stellen, etwa $\mathcal{A}(j) = \{1,\dots,r\}$. Seien $n-s+1,\dots,n$ mit $r \leqslant n-s$ die Zustände k mit $k \notin \mathcal{A}(j)$, aber $\mathcal{A}(k) \cap \mathcal{A}(j) \neq \emptyset$. (Diese Menge kann leer sein, d.h. es kann $s = 0$ gelten.) Von den Zuständen $r+1,\dots,n-s$ aus ist dann keiner der Zustände

$1, \dots, r, n-s+1, \dots, n$ erreichbar. Also erhalten wir bei dieser Numerierung der Zustände die Matrix

$$A = \begin{pmatrix} B_1 & 0 & 0 \\ 0 & A_1 & 0 \\ * & * & D_1 \end{pmatrix} \begin{matrix} \}r \\ \}n-r-s \\ \}s \end{matrix}$$

Dabei ist B_1 irreduzibel. Nach 8.1 gilt $r(D_1) < 1$.

Sei insbesondere A doppelt stochastisch. Angenommen, es wäre $s \neq 0$. Da alle Spaltensummen von D_1 den Wert 1 haben, wäre dann $r(D_1) = 1$, entgegen obenstehender Feststellung. Also fehlt D_1 bei doppelt stochastischem A.

Nach einer Induktionsannahme hat A_1 die gewünschte Gestalt

$$A_1 = \begin{pmatrix} B_2 & 0 & \dots & 0 & & & & 0 \\ 0 & B_3 & \dots & 0 & & & & \\ & & \ddots & & & & & \\ 0 & 0 & \dots & B_m & & & & \\ 0 & 0 & \dots & & D_m & 0 & \dots & 0 \\ 0 & * & \dots & & * & D_{m-1} & \dots & 0 \\ & & & & & & \ddots & \\ * & * & \dots & * & * & * & \dots & D_2 \end{pmatrix}.$$

Also folgt die Aussage für A.

Da 1 nach 1.8 ein einfacher Eigenwert eines jedes B_j ist und $r(D_j) < 1$ gilt, ist m die Vielfachheit von 1 als Eigenwert von A.

b) Dies folgt sofort aus 8.2 c). □

8.5 Satz. *Sei A eine stochastische Matrix vom Typ (n, n). Es gebe einen Spaltenvektor $x = (x_j) \in \mathbb{R}^n$ mit paarweise verschiedenen x_j und mit $Ax \leqslant x$, d.h.*

$$\sum_{k=1}^{n} a_{jk} x_k \leqslant x_j \qquad (j = 1, \dots, n).$$

Dann ist 1 *der einzige Eigenwert von A vom Betrag* 1, *also existiert* $\lim_{k\to\infty} A^k$.

Beweis. Indem wir x durch $x + se$ ersetzen und die Komponenten geeignet umordnen, können wir $0 < x_1 < x_j$ für $j > 1$ annehmen. Dann ist

$$x_1 \geqslant \sum_{k=1}^{n} a_{1k} x_k \geqslant \sum_{k=1}^{n} a_{1k} x_1 = x_1.$$

Das erzwingt $a_{1k} = 0$ für $k > 1$ und $a_{11} = 1$. Seien $m+1, \dots, n$ die Zustände, von denen aus 1 erreichbar ist. Dann ist

$$A = \begin{pmatrix} 1 & 0 & 0 \\ 0 & B & 0 \\ * & * & C \end{pmatrix}.$$

Ist

$$x = \begin{pmatrix} x_1 \\ u \\ v \end{pmatrix}$$

entsprechend zerlegt, so folgt

$$\begin{pmatrix} x_1 \\ u \\ v \end{pmatrix} \geqslant A \begin{pmatrix} x_1 \\ u \\ v \end{pmatrix} = \begin{pmatrix} x_1 \\ Bu \\ * \end{pmatrix}.$$

Dann ist $u \geqslant Bu$, und u hat lauter verschiedene Komponenten. Gemäß einer Induktion nach n ist 1 einziger Eigenwert vom Betrag 1 von B. Nach 8.1 ist ferner $r(C) < 1$. Also ist

$$f_A = (x-1) f_B f_C.$$

Daraus folgt die Behauptung. □

8.6 Definition. a) Sei $A = (a_{jk})$ eine stochastische Matrix. Wir nennen j einen absorbierenden Zustand, wenn $a_{jj} = 1$, also $a_{jk} = 0$ für alle $k \neq j$.
b) Sei $A = (a_{jk})$ $(j, k = 0, \dots, n)$ eine stochastische Matrix. Wir nennen A ein Martingal[7)], wenn

$$w = \begin{pmatrix} 0 \\ 1 \\ 2 \\ \vdots \\ n \end{pmatrix}$$

ein Eigenvektor von A zum Eigenwert 1 ist, d.h. wenn

$$j = \sum_{k=0}^{n} a_{jk} k \qquad (j = 0, 1, \dots, n) \tag{$*$}$$

gilt. Dies kann man wahrscheinlichkeitstheoretisch folgendermaßen interpretieren: Bei Start im Zustand j ist der Erwartungswert $\sum\limits_{k=0}^{n} a_{jk} k$ für den Zustandsparameter nach einem Elementarprozeß wieder j. (Das bedeutet eine gewisse Symmetrie der Matrix A; ist insbesondere A eine stochastische Jacobi-Matrix, so ist A genau dann ein Martingal, wenn $a_{j,j-1} = a_{j,j+1}$ für alle j gilt.)

8.7 Satz. *Sei* $A = (a_{jk})$ $(j, k = 0, 1, \dots, n)$ *ein Martingal.*
a) $\lim_{k \to \infty} A^k$ *existiert.*
b) 0 *und n sind absorbierende Zustände.*

---

7) Ein Zügel am Pferd; wird heute verwendet für stochastische Prozesse mit einer zu $(*)$ analogen Eigenschaft.

c) *Seien* 0 *und* n *die einzigen absorbierenden Zustände. Dann gilt für* $0 < j < n$ *stets* $0 \in \mathcal{A}(j)$ *und* $n \in \mathcal{A}(j)$. *Ferner ist*

$$\lim_{k\to\infty} A^k = \begin{pmatrix} 1 & 0 & \dots & 0 & 0 \\ \frac{n-1}{n} & 0 & \dots & 0 & \frac{1}{n} \\ \frac{n-2}{n} & 0 & \dots & 0 & \frac{2}{n} \\ \vdots & \vdots & & \vdots & \vdots \\ \frac{1}{n} & 0 & \dots & 0 & \frac{n-1}{n} \end{pmatrix}.$$

Beweis. a) Dies folgt sofort aus 8.5 mit

$$x = \begin{pmatrix} 0 \\ 1 \\ 2 \\ \vdots \\ n \end{pmatrix}.$$

b) Es gilt

$$0 = \sum_{k=0}^{n} a_{0k} k,$$

also $a_{0k} = 0$ für $k = 1, \dots, n$. Aus

$$n = \sum_{k=0}^{n} a_{nk} k \leqslant \sum_{k=0}^{n} a_{nk} n = n$$

folgt $a_{nk} = 0$ für $k = 0, \dots, n-1$.
c) Sei $0 < j < n$. Nach Voraussetzung ist j kein absorbierender Zustand, und es gilt

$$j = \sum_{k=0}^{n} a_{jk} k.$$

Angenommen, es wäre

$$\mathcal{A}_1(j) \subseteq \{0, \dots, j\},$$

also $a_{jk} = 0$ für $k > j$. Dann folgt

$$j = \sum_{k=0}^{j} a_{jk} k \leqslant \sum_{k=0}^{j} a_{jk} j = j,$$

und das erzwingt auch $a_{jk} = 0$ für $k < j$. Dann wäre jedoch j ein absorbierender Zustand. Also gibt es ein k_1 mit

$$j < k_1 \in \mathcal{A}_1(j).$$

Ist $k_1 < n$, so erhält man analog ein k_2 mit

$$k_1 < k_2 \in \mathcal{A}_1(k_1) \subseteq \mathcal{A}_2(j).$$

Nach endlich vielen Schritten kommt man so zu $n \in \mathcal{A}(j)$. Ähnlich beweist man $0 \in \mathcal{A}(j)$.

Vertauschen wir in A die Zeilen und Spalten 1 und n, so erhalten wir

$$\tilde{A} = \begin{pmatrix} 1 & 0 & 0 & \dots & 0 \\ 0 & 1 & 0 & \dots & 0 \\ & C & & D & \end{pmatrix},$$

und die Voraussetzungen von 8.2 sind für $\tilde{A}$ erfüllt. Also ist

$$\lim_{k\to\infty} \tilde{A}^k = \begin{pmatrix} 1 & 0 & 0 & \dots & 0 \\ 0 & 1 & 0 & \dots & 0 \\ * & * & 0 & \dots & 0 \end{pmatrix}.$$

Das zeigt

$$P = \lim_{k\to\infty} A^k = \begin{pmatrix} a_0 & 0 & \dots & 0 & b_0 \\ a_1 & 0 & \dots & 0 & b_1 \\ \vdots & \vdots & & \vdots & \vdots \\ a_n & 0 & \dots & 0 & b_n \end{pmatrix}$$

mit $a_0 = 1$, $b_0 = 0$, $a_n = 0$, $b_n = 1$. Aus

$$A \begin{pmatrix} 0 \\ 1 \\ \vdots \\ n \end{pmatrix} = \begin{pmatrix} 0 \\ 1 \\ \vdots \\ n \end{pmatrix}$$

folgt

$$P \begin{pmatrix} 0 \\ 1 \\ \vdots \\ n \end{pmatrix} = \begin{pmatrix} 0 \\ 1 \\ \vdots \\ n \end{pmatrix}.$$

Das liefert

$$a_j \cdot 0 + b_j \cdot n = j,$$

also $b_j = \frac{j}{n}$ und $a_j = 1 - b_j = \frac{n-j}{n}$. □

8.8 Beispiele aus der Genetik. a) Eine vererbliche Eigenschaft sei durch Gene der Typen a und b bestimmt. Jedes Individuum habe zwei solcher Gene. Beim Erbvorgang erhalte jedes Kind von jedem Elternteil ein Gen, jedes der beiden vorhandenen mit der Wahrscheinlichkeit $\frac{1}{2}$. Wir betrachten einen Vorgang reiner Inzucht, d.h. das Paar der nächsten Generation werde aus den Söhnen und Töchtern des Paares der jetzigen Generation gebildet.

Für die Gene eines Elternpaares gibt es sechs Zustände, nämlich

$$\begin{array}{ll} 1: \; aa \times aa & 4: \; aa \times bb = bb \times aa \\ 2: \; bb \times bb & 5: \; ab \times ab \\ 3: \; aa \times ab = ab \times aa & 6: \; ab \times bb = bb \times ab. \end{array}$$

(Dabei unterscheiden wir genetisch gleichwertige Zustände, wie etwa $aa \times ab$ und $ab \times aa$, nicht.)

Für die Genverteilung der Nachkommen in der nächsten Generation erhält man in leicht verständlicher Schreibweise

$$\begin{aligned} aa \times aa &\longrightarrow aa \\ bb \times bb &\longrightarrow bb \\ aa \times ab &\longrightarrow \frac{1}{2}aa + \frac{1}{2}ab \\ aa \times bb &\longrightarrow ab \\ ab \times ab &\longrightarrow \frac{1}{4}aa + \frac{1}{2}ab + \frac{1}{4}bb \\ ab \times bb &\longrightarrow \frac{1}{2}ab + \frac{1}{2}bb. \end{aligned}$$

Dabei bedeutet etwa die fünfte Zeile, daß die Nachkommen eines Paares vom Typ $ab \times ab$ sich verteilen auf die Typen

$$\begin{array}{ll} aa & \text{mit der Wahrscheinlichkeit } \frac{1}{4} \\ ab & \text{mit der Wahrscheinlichkeit } \frac{1}{2} \\ bb & \text{mit der Wahrscheinlichkeit } \frac{1}{4}. \end{array}$$

(Natürlich haben wir dabei die Mendelschen[8)] Gesetze benutzt.)

Aus dieser Nachkommenverteilung werde nun zufällig (oder nach einer genetisch neutralen Regel, etwa erstgeborener Sohn und erstgeborene Tochter) das Paar

8) Gregor Mendel (1822–1884) Brünn; grundlegende Vererbungsversuche.

der nächsten Generation gebildet. Das ergibt

$$
\begin{aligned}
aa \times aa &\longrightarrow aa \times aa \\
bb \times bb &\longrightarrow bb \times bb \\
aa \times ab &\longrightarrow \frac{1}{4} aa \times aa + \frac{1}{2} aa \times ab + \frac{1}{4} ab \times ab \\
aa \times bb &\longrightarrow ab \times ab \\
ab \times ab &\longrightarrow \frac{1}{16} aa \times aa + \frac{1}{16} bb \times bb + \frac{1}{4} aa \times ab + \\
&\qquad \frac{1}{8} aa \times bb + \frac{1}{4} ab \times ab + \frac{1}{4} ab \times bb \\
ab \times bb &\longrightarrow \frac{1}{4} bb \times bb + \frac{1}{4} ab \times ab + \frac{1}{2} ab \times bb.
\end{aligned}
$$

Wir erhalten somit die Übergangsmatrix

$$
A = \begin{pmatrix}
1 & 0 & 0 & 0 & 0 & 0 \\
0 & 1 & 0 & 0 & 0 & 0 \\
\frac{1}{4} & 0 & \frac{1}{2} & 0 & \frac{1}{4} & 0 \\
0 & 0 & 0 & 0 & 1 & 0 \\
\frac{1}{16} & \frac{1}{16} & \frac{1}{4} & \frac{1}{8} & \frac{1}{4} & \frac{1}{4} \\
0 & \frac{1}{4} & 0 & 0 & \frac{1}{4} & \frac{1}{2}
\end{pmatrix}.
$$

Die reinrassigen Zustände 1 und 2 sind offenbar absorbierend, und von jedem anderen Zustand aus sind 1 und 2 erreichbar. Also ist 8.2 c) anwendbar (mit $B = E$) und liefert

$$
P = \lim_{k \to \infty} A^k = \begin{pmatrix}
1 & 0 & \\
0 & 1 & \\
p_3 & 1 - p_3 & 0 \\
\vdots & \vdots & \\
p_6 & 1 - p_6 &
\end{pmatrix}.
$$

Wir bestimmen die p_j aus $P = AP$. Das ergibt

$$
\begin{aligned}
p_3 &= \frac{1}{4} + \frac{1}{2} p_3 + \frac{1}{4} p_5 \\
p_4 &= p_5 \\
p_5 &= \frac{1}{16} + \frac{1}{4} p_3 + \frac{1}{8} p_4 + \frac{1}{4} p_5 + \frac{1}{4} p_6 \\
p_6 &= \frac{1}{4} p_5 + \frac{1}{2} p_6.
\end{aligned}
$$

Daraus ermittelt man leicht

$$\lim_{k\to\infty} A^k = \begin{pmatrix} 1 & 0 & 0 & \dots \\ 0 & 1 & 0 & \dots \\ \frac{3}{4} & \frac{1}{4} & 0 & \dots \\ \frac{1}{2} & \frac{1}{2} & 0 & \dots \\ \frac{1}{2} & \frac{1}{2} & 0 & \dots \\ \frac{1}{4} & \frac{3}{4} & 0 & \dots \end{pmatrix}.$$

Die Wahrscheinlichkeit für den Übergang in den Zustand $aa \times aa$ ist nach langer Zeit also proportional zur Anzahl der Gene vom Typ a beim Ausgangspaar.

Man kann die Eigenwerte von A mit dem Verfahren aus 5.4 bestimmen: Die Partition

$$\mathfrak{B}_1 = \{1,2\}, \quad \mathfrak{B}_2 = \{3,6\}, \quad \mathfrak{B}_3 = \{4\}, \quad \mathfrak{B}_4 = \{5\}$$

ist zulässig für A und führt zu der Matrix

$$B = \begin{pmatrix} 1 & 0 & 0 & 0 \\ \frac{1}{4} & \frac{1}{2} & 0 & \frac{1}{4} \\ 0 & 0 & 0 & 1 \\ \frac{1}{8} & \frac{1}{2} & \frac{1}{8} & \frac{1}{4} \end{pmatrix} = \begin{pmatrix} 1 & 0 \quad 0 \quad 0 \\ * & C \end{pmatrix}.$$

Dabei ist

$$f_C = x^3 - \frac{3}{4}x^2 - \frac{x}{8} + \frac{1}{16} = (x - \frac{1}{4})(x - \frac{1+\sqrt{5}}{4})(x - \frac{1-\sqrt{5}}{4}).$$

Den Eigenwert $\frac{1}{4}$ von C muß man dabei erraten oder durch systematische Suche nach den rationalen Eigenwerten von C finden.

Da 1 mindestens zweifacher Eigenwert von A ist, kennen wir nun fünf Eigenwerte von A. Der fehlende Eigenwert a ergibt sich leicht aus

$$3 + \frac{1}{4} = \operatorname{Spur} A = 2 + \frac{1}{4} + \frac{1+\sqrt{5}}{4} + \frac{1-\sqrt{5}}{4} + a,$$

nämlich zu $a = \frac{1}{2}$.

Die Konvergenzgeschwindigkeit des Prozesses wird also bestimmt durch den Eigenwert

$$\frac{1+\sqrt{5}}{4} \sim 0{,}81.$$

b) Wir verfolgen bei einem ähnlichen Prozeß wie in a) die Vererbung der Farbenblindheit. Wieder gibt es zwei Typen von Genen, nämlich

a : farbensehend

b : farbenblind.

Der Mann hat jedoch nun nur ein Gen, die Frau zwei. (Frauen vom Gentyp ab sind selbst farbensehend, vererben aber die Farbenblindheit. Nur die Frauen vom Gentyp bb sind farbenblind. Daher ist Farbenblindheit bei Frauen viel seltener als bei Männern.) Im Erbvorgang erhält das männliche Kind eines der Gene der Mutter, das weibliche Kind das Gen des Vaters und eines der Mutter. Die Zustände seien wie folgt numeriert:

$$\begin{array}{llll} 1: & aa \times a & 4: & ab \times a \\ 2: & bb \times b & 5: & ab \times b \\ 3: & aa \times b & 6: & bb \times a. \end{array}$$

(Vor dem Kreuz stehen die Gene der Mutter, dahinter das des Vaters.) Offenbar sind 1 und 2 absorbierende Zustände, und man hat

$$aa \times b \longrightarrow ab \times a, \qquad bb \times a \longrightarrow ab \times b.$$

Das Paar $ab \times a$ hat die Nachkommenverteilung

$$\frac{1}{2}a + \frac{1}{2}b \qquad \text{für männliche Kinder}$$

$$\frac{1}{2}aa + \frac{1}{2}ab \qquad \text{für weibliche Kinder.}$$

Das ergibt

$$ab \times a \longrightarrow \frac{1}{4}aa \times a + \frac{1}{4}aa \times b + \frac{1}{4}ab \times a + \frac{1}{4}ab \times b.$$

Analog erhält man

$$ab \times b \longrightarrow \frac{1}{4}bb \times b + \frac{1}{4}ab \times a + \frac{1}{4}ab \times b + \frac{1}{4}bb \times a.$$

Also ist die Übergangsmatrix

$$A = \begin{pmatrix} 1 & 0 & 0 & 0 & 0 & 0 \\ 0 & 1 & 0 & 0 & 0 & 0 \\ 0 & 0 & 0 & 1 & 0 & 0 \\ \frac{1}{4} & 0 & \frac{1}{4} & \frac{1}{4} & \frac{1}{4} & 0 \\ 0 & \frac{1}{4} & 0 & \frac{1}{4} & \frac{1}{4} & \frac{1}{4} \\ 0 & 0 & 0 & 0 & 1 & 0 \end{pmatrix}.$$

Nach 8.2 c) existiert $P = \lim_{k\to\infty} A^k$, und wie in a) erhält man aus $P = AP$ leicht

$$\lim_{k\to\infty} A^k = \begin{pmatrix} 1 & 0 & 0 & \dots \\ 0 & 1 & 0 & \dots \\ \frac{2}{3} & \frac{1}{3} & 0 & \dots \\ \frac{2}{3} & \frac{1}{3} & 0 & \dots \\ \frac{1}{3} & \frac{2}{3} & 0 & \dots \\ \frac{1}{3} & \frac{2}{3} & 0 & \dots \end{pmatrix}.$$

Auch hier lassen sich die Eigenwerte von A leicht ermitteln. Die Partition

$$\mathfrak{B}_1 = \{1,2\}, \quad \mathfrak{B}_2 = \{3,6\}, \quad \mathfrak{B}_3 = \{4,5\}$$

ist für A zulässig und führt zu

$$B = \begin{pmatrix} 1 & 0 & 0 \\ 0 & 0 & 1 \\ \frac{1}{4} & \frac{1}{4} & \frac{1}{2} \end{pmatrix}$$

mit den Eigenwerten 1, $\frac{1+\sqrt{5}}{4}$, $\frac{1-\sqrt{5}}{4}$. Sind a und b die beiden noch fehlenden Eigenwerte von A, so gilt

$$2 + \frac{1}{2} = \operatorname{Spur} A = 2 + \frac{1}{2} + a + b, \tag{1}$$

$$3 + \frac{1}{4} = \operatorname{Spur} A^2 = 2 + \frac{(1+\sqrt{5})^2}{16} + \frac{(1-\sqrt{5})^2}{16} + a^2 + b^2 \tag{2}$$

$$= 2 + \frac{3}{4} + a^2 + b^2.$$

Das ergibt

$$\frac{1}{2} = a^2 + b^2 = 2a^2,$$

also $a = \frac{1}{2}$, $b = -\frac{1}{2}$. Die Eigenwerte von A sind daher

$$1,\ 1,\ \frac{1}{2},\ -\frac{1}{2},\ \frac{1+\sqrt{5}}{4},\ \frac{1-\sqrt{5}}{4},$$

die Konvergenzgüte ist dieselbe wie in Beispiel a).

Wir behandeln weitere Beispiele aus der Genetik von etwas allgemeinerer Natur:

8.9 Weitere Beispiele aus der Genetik. a) Wir betrachten wieder ein Merkmal, das durch zwei Gentypen a und b bestimmt wird. In einer Population seien insgesamt n Gene dieser Typen vorhanden (etwa m Personen mit je zwei Genen). Der Zustand i $(0 \leqslant i \leqslant n)$ liege vor, wenn genau i der n Gene vom Typ a sind.

Im Elementarprozeß werden alle n Gene ver-t-facht $(t \geqslant 2)$, aus den entstandenen nt Genen werden sodann n zufällig ausgewählt. Das liefert die Übergangsmatrix $A(t) = (a_{ij}(t))$ mit

$$a_{ij}(t) = \frac{\binom{ti}{j}\binom{tn-ti}{n-j}}{\binom{tn}{n}},$$

denn aus den Genen

$$\underbrace{a,\ldots,a}_{ti},\underbrace{b,\ldots,b}_{tn-ti}$$

lassen sich genau $\binom{ti}{j}\binom{tn-ti}{n-j}$ Mengen vom Typ

$$\underbrace{a,\ldots,a}_{j},\underbrace{b,\ldots,b}_{n-j}$$

auswählen. (Dieses genetische Modell stammt von Kimura.)
Es gilt $a_{00}(t) = a_{nn}(t) = 1$. Ferner ist

$$a_{i0}(t) = \frac{\binom{ti}{0}\binom{tn-ti}{n}}{\binom{tn}{n}} > 0 \qquad \text{für} \quad 0 < i \leqslant \frac{t-1}{t}n$$

und

$$a_{in}(t) = \frac{\binom{ti}{n}\binom{tn-ti}{0}}{\binom{tn}{n}} > 0 \qquad \text{für} \quad \frac{n}{t} \leqslant i < n.$$

Also sind 0 und n die einzigen absorbierenden Zustände. Wir zeigen, daß $A(t)$ ein Martingal ist, daß also gilt

$$i = \sum_{j=0}^{n} a_{ij}(t)j = \sum_{j=0}^{n} \frac{\binom{ti}{j}\binom{tn-ti}{n-j}}{\binom{tn}{n}} j. \tag{1}$$

Dazu beachten wir für $0 \leqslant i \leqslant n$ die Polynomidentität

$$\begin{aligned} ti\sum_{r=0}^{tn-1}\binom{tn-1}{r}x^r &= ti(1+x)^{tn-1} = ti(1+x)^{ti-1}(1+x)^{tn-ti} \\ &= ((1+x)^{ti})'(1+x)^{tn-ti} \\ &= \sum_{j=0}^{ti} j\binom{ti}{j}x^{j-1}\sum_{l=0}^{tn-ti}\binom{tn-ti}{l}x^l. \end{aligned}$$

Der Vergleich des Koeffizienten von x^{n-1} liefert

$$ti\binom{tn-1}{n-1} = \sum_{j+l=n} j\binom{ti}{j}\binom{tn-ti}{l} = \sum_{j=0}^{n} j\binom{ti}{j}\binom{tn-ti}{n-j}.$$

Man rechnet leicht nach, daß

$$ti\binom{tn-1}{n-1} = i\binom{tn}{n}$$

gilt, womit (1) bewiesen ist.

Aus 8.7 folgt nun sofort

$$\lim_{k\to\infty} A(t)^k = \begin{pmatrix} 1 & 0 & \dots & 0 & 0 \\ \frac{n-1}{n} & 0 & \dots & 0 & \frac{1}{n} \\ \vdots & \vdots & & \vdots & \vdots \\ \frac{1}{n} & 0 & \dots & 0 & \frac{n-1}{n} \\ 0 & 0 & \dots & 0 & 1 \end{pmatrix}.$$

Die Eigenwerte von $A(t)$ lassen sich übrigens mit recht trickreichen Überlegungen alle bestimmen, es sind die Zahlen

$$a_j(t) = \frac{\binom{n}{j} t^j}{\binom{nt}{j}} \qquad (j = 0, \dots, n)$$

mit $a_0(t) = a_1(t) = 1$ (siehe C. Cannings, Adv. Appl. Probability (1974), 260–290). Dabei bestimmt

$$a_2(t) = 1 - \frac{t-1}{nt-1}$$

die Konvergenzgüte, diese ist also für große n sehr schlecht.

Mit einem schönen Trick können wir in diesem Falle leicht den die Konvergenzgüte bestimmenden Eigenwert $a_2(t)$ ermitteln:
Sei

$$w = \begin{pmatrix} 0 \\ 1(n-1) \\ 2(n-2) \\ \vdots \\ (n-1)1 \\ 0 \end{pmatrix} = \begin{pmatrix} 0 \\ v \\ 0 \end{pmatrix},$$

also $v > 0$. Wir beweisen

$$A(t)w = \frac{t(n-1)}{tn-1} w :$$

Dazu betrachten wir die Gleichungen

$$\binom{ti}{j} j = ti \binom{ti-1}{j-1}$$

und

$$\binom{tn-ti}{n-j}(n-j) = t(n-i)\binom{tn-ti-1}{n-j-1},$$

die man durch einfache Rechnung bestätigt. Unter Verwendung des Additionstheorems für Binomialkoeffizienten folgt damit

$$\sum_{j=0}^{n} a_{ij}(t)j(n-j) = \frac{t^2 i(n-i)}{\binom{tn}{n}} \sum_{j=1}^{n-1} \binom{ti-1}{j-1}\binom{tn-ti-1}{n-j-1}$$

$$= \frac{t^2 i(n-i)}{\binom{tn}{n}} \binom{tn-2}{n-2} = i(n-i)\frac{t(n-1)}{tn-1}.$$

Setzen wir

$$A(t) = \begin{pmatrix} 1 & 0 & 0 \\ * & B(t) & * \\ 0 & 0 & 1 \end{pmatrix},$$

so folgt

$$B(t)v = \frac{t(n-1)}{tn-1}v \qquad \text{mit} \quad v > 0.$$

Man bestätigt leicht, daß $B(t)$ irreduzibel ist. Mit 1.8 c) folgt daher

$$r(B(t)) = \frac{t(n-1)}{tn-1} = 1 - \frac{t-1}{tn-1}.$$

Wegen $\sigma(A(t)) = \{1\} \cup \sigma(B(t))$ gilt also

$$|a_j(t)| \leqslant 1 - \frac{t-1}{tn-1}$$

für alle Eigenwerte $a_j(t)$ von $A(t)$ mit $a_j(t) \neq 1$.

Ein realistisches Modell für einen solchen Vorgang mit festgelegter Größe der Populationen liefert ein Versuchsbeet mit Pflanzen, wobei die Fläche des Beetes die Anzahl der darauf wachsenden Pflanzen weitgehend bestimmt.

b) In dem Modell aus a) vollziehen wir bei festem n den Grenzübergang $t \to \infty$. Setzen wir $a_{ij} = \lim_{t\to\infty} a_{ij}(t)$, so gilt

$$a_{ij} = \lim_{t\to\infty} \frac{\frac{ti(ti-1)\dots(ti-j+1)}{j!}\,\frac{(tn-ti)(tn-ti-1)\dots(tn-ti-n+j+1)}{(n-j)!}}{\frac{tn(tn-1)\dots(tn-n+1)}{n!}}$$

$$= \binom{n}{j} \lim_{t\to\infty} \frac{i(i-\frac{1}{t})\dots(i-\frac{(j-1)}{t})(n-i)(n-i-\frac{1}{t})\dots(n-i-\frac{(n-j-1)}{t})}{n(n-\frac{1}{t})\dots(n-\frac{(n-1)}{t})}$$

$$= \binom{n}{j}\frac{i^j(n-i)^{n-j}}{n^n} = \binom{n}{j}(\frac{i}{n})^j(1-\frac{i}{n})^{n-j}.$$

Setzen wir

$$A = (a_{ij}) \quad \text{mit} \quad a_{ij} = \binom{n}{j}(\frac{i}{n})^j(1-\frac{i}{n})^{n-j},$$

so ist A aufgrund seiner Herkunft stochastisch und ein Martingal. (Dieses genetische Modell wurde von R. Fisher[9] und S. Wright betrachtet.) Wegen

$$a_{ij} > 0 \qquad \text{für} \qquad 0 < i < n \qquad \text{und alle} \qquad j$$

sind 0 und n die einzigen absorbierenden Zustände. Mit 8.7 folgt daher wieder

$$\lim_{k\to\infty} A^k = \begin{pmatrix} 1 & 0 & \dots & 0 & 0 \\ \frac{n-1}{n} & 0 & \dots & 0 & \frac{1}{n} \\ \vdots & \vdots & & \vdots & \vdots \\ \frac{1}{n} & 0 & \dots & 0 & \frac{n-1}{n} \\ 0 & 0 & \dots & 0 & 1 \end{pmatrix}.$$

Die Eigenwerte von A sind nun die

$$a_j = \binom{n}{j}\frac{j!}{n^j} \qquad (j = 0, \dots, n)$$

mit $a_0 = a_1 = 1$ und

$$1 - \frac{1}{n} = a_2 > a_3 > \dots$$

(siehe W. S. Ewens, Mathematical Population Genetics, Springer 1979). Auch hier ist für große n die Konvergenz sehr schlecht.

Nach a) gilt

$$\sum_{j=0}^{n} a_{ij}(t)j(n-j) = \frac{t(n-1)}{tn-1} i(n-i).$$

Durch den Grenzübergang $t \to \infty$ erhalten wir

$$\sum_{j=0}^{n} a_{ij}j(n-j) = (1 - \frac{1}{n})i(n-i).$$

Daraus schließen wir wie unter a), daß $|a_j| \leqslant 1 - \frac{1}{n}$ für alle Eigenwerte $a_j \neq 1$ von A gilt.

c) Wir ersetzen in dem genetischen Modell aus Beispiel 8.9 a) den Elementarprozeß wie folgt:

Eines der n Gene wird ausgewählt, und zwar jedes Gen mit derselben Wahrscheinlichkeit $\frac{1}{n}$. Das ausgewählte Gen spaltet ein Gen des gleichen Typs ab. Sodann stirbt eines der ursprünglichen n Gene (eventuell dasjenige, welches soeben die Abspaltung vollzogen hat), auch hier sei für jedes Gen die Sterbewahrscheinlichkeit $\frac{1}{n}$. Die Übergangsmatrix $A = (a_{ij})$ dieses Prozesses ist dann die

9) Sir Ronald Fisher (1890–1966) Cambridge; Statistik, Genetik, Biometrie.

Jacobi-Matrix mit

$$a_{j,j+1} = \frac{j}{n}\frac{n-j}{n} \qquad \text{(ein Gen } a \text{ teilt sich, ein Gen } b \text{ stirbt)}$$

$$a_{j,j-1} = \frac{n-j}{n}\frac{j}{n} \qquad \text{(ein Gen } b \text{ teilt sich, ein Gen } a \text{ stirbt)}$$

$$a_{jj} = 1 - a_{j,j-1} - a_{j,j+1} = \frac{j^2 + (n-j)^2}{n^2}.$$

(Dieses Modell stammt von P. A. P. Moran.) Man stellt schnell fest, daß A ein Martingal ist und die Voraussetzungen aus 8.7 erfüllt. Also folgt

$$\lim_{k\to\infty} A^k = \begin{pmatrix} 1 & 0 & \dots & 0 & 0 \\ \frac{n-1}{n} & 0 & \dots & 0 & \frac{1}{n} \\ \vdots & \vdots & & \vdots & \vdots \\ \frac{1}{n} & 0 & \dots & 0 & \frac{n-1}{n} \\ 0 & 0 & \dots & 0 & 1 \end{pmatrix}.$$

Auch hier kann man wie in den Beispielen 8.9 a) und b) die Konvergenzgüte ermitteln:

Sei wieder

$$w = \begin{pmatrix} 0 \\ 1(n-1) \\ 2(n-2) \\ \vdots \\ (n-1)1 \\ 0 \end{pmatrix} = \begin{pmatrix} 0 \\ v \\ 0 \end{pmatrix} \qquad \text{mit} \quad v > 0.$$

Dann zeigt eine einfache Rechnung

$$Aw = (1 - \frac{2}{n^2})w.$$

Zerlegen wir

$$A = \begin{pmatrix} 1 & 0 & 0 \\ * & B & * \\ 0 & 0 & 1 \end{pmatrix},$$

so folgt

$$Bv = (1 - \frac{2}{n^2})v \quad \text{mit} \quad v > 0.$$

Man bestätigt leicht, daß B irreduzibel ist. Mit 1.8 c) folgt daher

$$r(B) = 1 - \frac{2}{n^2}.$$

Die Eigenwerte von A sind übrigens diesmal die

$$a_j = 1 - \frac{j(j-1)}{n^2} \qquad (j = 0, \dots, n)$$

mit

$$a_0 = a_1 = 1,\ a_2 = 1 - \frac{2}{n^2} > a_3 > \dots > a_n = \frac{1}{n}$$

(siehe Ewens, S. 85).

In allen drei Beispielen aus 8.9 haben wir eine sehr langsame Konvergenz gegen die beiden reinrassigen Zustände. Das entspricht natürlich nicht der biologischen Realität. Wir haben nämlich den Einfluß von Selektion und Mutation in unseren Modellen nicht berücksichtigt. Während die Selektion gewisse Zustände bevorzugt, bietet die Mutation die Möglichkeit, aus den reinrassigen Zuständen wieder herauszukommen. Anstelle von Prozessen mit zwei absorbierenden Zuständen erhält man dann irreduzible Prozesse, deren asymptotisches Verhalten grundsätzlich mit den Methoden aus § 5 studiert werden kann. Da die dann auftretenden Formeln jedoch recht unübersichtlich sind, gehen wir darauf weiter nicht ein, sondern verweisen auf das oben genannte Buch von Ewens.

Wir wenden uns Jacobi-Matrizen mit absorbierenden Rändern zu:

8.10 Satz. *Sei*

$$A = \begin{pmatrix} 1 & 0 & 0 & 0 & & & \\ p_1 & q_1 & r_1 & 0 & & & \\ 0 & p_2 & q_2 & r_2 & & & \\ & & & & \ddots & & \\ & & & & p_{n-1} & q_{n-1} & r_{n-1} \\ & & & & 0 & 0 & 1 \end{pmatrix}$$

eine stochastische Jacobi-Matrix vom Typ $(n+1, n+1)$. *Wir numerieren die Zustände mit* $0, 1 \dots, n$. *Offenbar sind* 0 *und n absorbierende Zustände.*

Sei $r_1 \dots r_{n-1} > 0$. *Dann ist*

$$\lim_{k\to\infty} A^k = \begin{pmatrix} 1 & 0 & \dots & 0 & 0 \\ s_1 & 0 & \dots & 0 & 1 - s_1 \\ \vdots & \vdots & & \vdots & \vdots \\ s_{n-1} & 0 & \dots & 0 & 1 - s_{n-1} \\ 0 & 0 & \dots & 0 & 1 \end{pmatrix}$$

mit

$$s_j = t_1 \sum_{k=j}^{n-1} \frac{p_2 \dots p_k}{r_2 \dots r_k} \quad \textit{für } j \geqslant 2 \textit{ und } s_1 = t_1 + s_2.$$

Dabei ist t_1 aus

$$t_1(1 - q_1 + p_1 \sum_{k=2}^{n-1} \frac{p_2 \dots p_k}{r_2 \dots r_k}) = p_1$$

zu bestimmen. (Analoge Formeln gelten im Falle $p_1 \dots p_{n-1} > 0$.)

Beweis. Wir ordnen die Zeilen und Spalten von A so um, daß 0 und n an die beiden ersten Plätze kommen. Das führt zu der Matrix

$$B = \begin{pmatrix} E & 0 \\ C & D \end{pmatrix}$$

mit

$$C = \begin{pmatrix} p_1 & 0 \\ 0 & 0 \\ \vdots & \vdots \\ 0 & 0 \\ 0 & r_{n-1} \end{pmatrix} \quad \text{und} \quad D = \begin{pmatrix} q_1 & r_1 & & & \\ p_2 & q_2 & r_2 & & \\ & & \ddots & & \\ & & p_{n-2} & q_{n-2} & r_{n-2} \\ & & & p_{n-1} & q_{n-1} \end{pmatrix}.$$

Mit 8.2 folgt sofort

$$\lim_{k \to \infty} B^k = \begin{pmatrix} E & 0 \\ S & 0 \end{pmatrix},$$

wobei S aus $S - DS = C$ zu berechnen ist. Ist

$$S = \begin{pmatrix} s_1 & 1 - s_1 \\ s_2 & 1 - s_2 \\ \vdots & \vdots \\ s_{n-1} & 1 - s_{n-1} \end{pmatrix},$$

so liefert dies das Gleichungssystem

$$s_1 = p_1 + q_1 s_1 + r_1 s_2 \tag{1}$$

$$s_j = p_j s_{j-1} + q_j s_j + r_j s_{j+1} \quad (1 < j < n - 1) \tag{j}$$

$$s_{n-1} = p_{n-1} s_{n-2} + q_{n-1} s_{n-1}. \tag{n - 1}$$

Wir führen die Größen t_j ein durch den Ansatz

$$s_j = \sum_{k=j}^{n-1} t_k, \qquad \text{also} \qquad t_j = s_j - s_{j+1} \text{ für } j < n - 1.$$

Das ergibt

$$(1 - q_1)t_1 + p_1 \sum_{k=2}^{n-1} t_k = p_1 \tag{1'}$$

$$r_j t_j = p_j t_{j-1} \quad (1 < j < n-1) \tag{j'}$$

$$r_{n-1} t_{n-1} = p_{n-1} t_{n-2}. \tag{$(n-1)'$}$$

Daraus folgt rekursiv

$$t_j = \frac{p_2 \dots p_j}{r_2 \dots r_j} t_1.$$

Wegen $(1')$ ist dabei

$$t_1(1 - q_1 + p_1 \sum_{k=2}^{n-1} \frac{p_2 \dots p_k}{r_2 \dots r_k}) = p_1.$$

Nach unseren Voraussetzungen ist $r_1 > 0$, daher

$$1 - q_1 + p_1 \sum_{k=2}^{n-1} \frac{p_2 \dots p_k}{r_2 \dots r_k} \geqslant 1 - q_1 = p_1 + r_1 > 0.$$

Somit ist auch t_1 eindeutig festgelegt. □

Wir wenden Satz 8.10 auf zwei Spiele mit Bankrott an:

8.11 Beispiele. a) Zwei Spieler spielen mit einem Geldvorrat von n Mark. Im Elementarprozeß (einer Partie) werde um eine Mark gespielt, welche den Besitzer wechselt. Dabei gewinne Spieler 1 mit der Wahrscheinlichkeit $r > 0$, Spieler 2 gewinne mit der Wahrscheinlichkeit $1 - r = p > 0$.
Der Zustand j $(0 \leqslant j \leqslant n)$ liege vor, wenn Spieler 1 genau j Mark hat. Die Zustände 0 und n seien absorbierend, d.h. das Spiel ende, wenn einer der Spieler kein Geld mehr hat.

Die Übergangsmatrix ist also

$$A = \begin{pmatrix} 1 & 0 & 0 & 0 & & & \\ p & 0 & r & 0 & & & \\ 0 & p & 0 & r & & & \\ & & & & \ddots & & \\ & & & & p & 0 & r \\ & & & & 0 & 0 & 1 \end{pmatrix}$$

vom Typ $(n+1, n+1)$ mit $pr > 0$. Aus 8.10 folgt mit $p_j = p$, $r_j = r$, $q_j = 0$ dann

$$\lim_{k \to \infty} A^k = \begin{pmatrix} 1 & 0 & \dots & 0 & 0 \\ s_1 & 0 & \dots & 0 & 1 - s_1 \\ \vdots & \vdots & & \vdots & \vdots \\ s_{n-1} & 0 & \dots & 0 & 1 - s_{n-1} \\ 0 & 0 & \dots & 0 & 1 \end{pmatrix}$$

mit

$$s_j = t_1 \sum_{k=j}^{n-1} \left(\frac{p}{r}\right)^{k-1}$$

und

$$t_1(1 + p \sum_{k=2}^{n-1} \left(\frac{p}{r}\right)^{k-1}) = p.$$

Fall 1: Sei zuerst $p = r = \frac{1}{2}$, die Gewinnaussichten im einzelnen Spiel seien also für beide Spieler gleich. Dann ist

$$\frac{1}{2} = t_1(1 + \frac{n-2}{2}) = t_1 \frac{n}{2},$$

also $t_1 = \frac{1}{n}$ und

$$s_j = \frac{1}{n} \sum_{k=j}^{n-1} 1 = \frac{n-j}{n}.$$

(In diesem Falle hätte man auch Satz 8.7 anwenden können, denn A ist ein Martingal.)
Fall 2: Sei nun $p \neq r$. Wir setzen $u = \frac{p}{r}$. Dann ist

$$s_j = t_1 \sum_{k=j}^{n-1} u^{k-1} = t_1 u^{j-1} \frac{u^{n-j} - 1}{u - 1}$$

und

$$p = t_1(1 + p \sum_{k=2}^{n-1} u^{k-1}) = t_1(1 + pu \frac{u^{n-2} - 1}{u - 1}).$$

Damit folgt wegen $p + r = 1$ leicht

$$1 = \frac{t_1}{u-1}(\frac{1}{r} - \frac{1}{p} + u^{n-1} - u) = \frac{t_1}{u-1}(u^{n-1} - \frac{1}{u}) = \frac{t_1}{u(u-1)}(u^n - 1).$$

Somit ist

$$s_j = \frac{u^n - u^j}{u^n - 1}$$

die Wahrscheinlichkeit dafür, daß der Spieler 1 schließlich bankrott wird, wenn er mit j Mark das Spiel beginnt.

Die Konvergenzgüte des Prozesses wird durch den größten Eigenwert der Matrix

$$B = \begin{pmatrix} 0 & r & 0 & & & \\ p & 0 & r & & & \\ & & & \ddots & & \\ & & & p & 0 & r \\ & & & 0 & p & 0 \end{pmatrix}$$

bestimmt. Nach 5.11 a) hat B dieselben Eigenwerte wie die Matrix $\sqrt{pr}D$ mit

$$D = \begin{pmatrix} 0 & 1 & 0 & & & \\ 1 & 0 & 1 & & & \\ & & & \ddots & & \\ & & & 1 & 0 & 1 \\ & & & 0 & 1 & 0 \end{pmatrix}.$$

Man kann nachrechnen (siehe III,5.12), daß D die Eigenwerte

$$2\cos\frac{\pi j}{n} \qquad (j = 1, \ldots, n-1)$$

hat. Daher hat B die Eigenwerte

$$a_j = 2\sqrt{pr}\cos\frac{\pi j}{n} \qquad (j = 1, \ldots, n-1)$$

mit

$$a_1 > a_2 > \ldots > a_{n-1}.$$

Der die Konvergenzgüte bestimmende Eigenwert von A ist also

$$a_1 = 2\sqrt{pr}\cos\frac{\pi}{n}.$$

Für $p = r = \frac{1}{2}$ und große n ist

$$a_1 = \cos\frac{\pi}{n} \sim 1 - \frac{1}{2}(\frac{\pi}{n})^2$$

sehr nahe bei 1, also liegt sehr langsame Konvergenz vor.

Was kann man aus den Formeln für s_j ablesen? Sei Spieler 2 die Spielbank. Sie macht $u = \frac{p}{r}$ etwas größer als 1. Die Bank beginne mit k Mark, Spieler 1 mit $n - k$ Mark. Die Wahrscheinlichkeit für den Ruin von Spieler 1 ist dann

$$s_{n-k} = \frac{u^n - u^{n-k}}{u^n - 1} = \frac{u^n}{u^n - 1}\frac{u^k - 1}{u^k} > \frac{u^k - 1}{u^k}.$$

Dabei strebt $\frac{u^k-1}{u^k}$ wegen $u > 1$ mit wachsendem k monoton von unten her gegen 1. Bei vorgegebenem $u > 1$ kann die Bank also ihren Geldvorrat k so bestimmen, daß

$$s_{n-k} > \frac{u^k - 1}{u^k}$$

deutlich größer als $\frac{1}{2}$ ist, und zwar für jedes noch so hohe Anfangskapital $n-k$ des Spielers. Eine genügend reiche Spielbank hat also gegen beliebig reiche Spieler immer noch gute Gewinnaussichten.

b) Zwei Spieler besitzen zusammen $n \geqslant 2$ Karten mit den Ziffern $1, \ldots, n$. Der Zustand j $(0 \leqslant j \leqslant n)$ liege vor, wenn Spieler 1 genau j Karten hat. Beim Elementarprozeß werde zufällig eine Zahl k aus $1, \ldots, n$ ausgewählt, jede mit der Wahrscheinlichkeit $\frac{1}{n}$, und dann wechsele die Karte k ihren Besitzer. (Für $n = 6$ kann man dieses Spiel mit Hilfe eines Würfels leicht ausführen.) Besitzt einer der Spieler alle Karten, so ende das Spiel, d.h. die Zustände 0 und n seien absorbierend.

Die Übergangsmatrix ist

$$A = \begin{pmatrix} 1 & 0 & 0 & 0 & & & \\ \frac{1}{n} & 0 & \frac{n-1}{n} & 0 & & & \\ 0 & \frac{2}{n} & 0 & \frac{n-2}{n} & & & \\ & & & & \ddots & & \\ & & & & \frac{n-1}{n} & 0 & \frac{1}{n} \\ & & & & 0 & 0 & 1 \end{pmatrix}.$$

Nach 8.10 gilt

$$\lim_{k\to\infty} A^k = \begin{pmatrix} 1 & 0 & \ldots & 0 & 0 \\ s_1 & 0 & \ldots & 0 & 1 - s_1 \\ \vdots & \vdots & & \vdots & \vdots \\ s_{n-1} & 0 & \ldots & 0 & 1 - s_{n-1} \\ 0 & 0 & \ldots & 0 & 1 \end{pmatrix}$$

mit

$$s_j = t_1 \sum_{k=j}^{n-1} \frac{2 \cdot 3 \cdots k}{(n-2)(n-3)\ldots(n-k)} = t_1(n-1) \sum_{k=j}^{n-1} \binom{n-1}{k}^{-1}.$$

Dabei ist t_1 zu bestimmen aus

$$t_1(1 + \frac{n-1}{n} \sum_{k=2}^{n-1} \binom{n-1}{k}^{-1}) = \frac{1}{n},$$

also aus

$$1 = t_1(n-1)(\frac{n}{n-1} + \sum_{k=2}^{n-1} \binom{n-1}{k}^{-1}) = t_1(n-1) \sum_{k=0}^{n-1} \binom{n-1}{k}^{-1}.$$

Daher erhalten wir

$$s_j = \frac{\sum\limits_{k=j}^{n-1} \binom{n-1}{k}^{-1}}{\sum\limits_{k=0}^{n-1} \binom{n-1}{k}^{-1}}. \tag{1}$$

Dabei ist s_j die Bankrottaussicht von Spieler 1, falls er das Spiel mit j Karten beginnt.

Wir wollen die Abhängigkeit der s_j von j untersuchen. Wegen (1) und $\binom{n-1}{k} = \binom{n-1}{n-1-k}$ ist $s_j + s_{n-j} = 1$, also können wir $\frac{n-1}{2} \leqslant j \leqslant n-1$ annehmen.

Da die Binomialkoeffizienten $\binom{n-1}{k}$ im Bereich $0 \leqslant k \leqslant \frac{n-1}{2}$ monoton ansteigen und in $\frac{n-1}{2} \leqslant k \leqslant n-1$ monoton fallen, gilt für $n \geqslant 4$

$$\begin{aligned}\sum_{k=0}^{n-1} \binom{n-1}{k}^{-1} &\leqslant 2 + 2\binom{n-1}{1}^{-1} + (n-4)\binom{n-1}{2}^{-1} \\ &= 2 + \frac{4(n-3)}{(n-1)(n-2)} < 2 + \frac{4}{n} = \frac{2(n+2)}{n}.\end{aligned}$$

Für $\frac{n-1}{2} \leqslant j \leqslant n-1$ ist daher einerseits

$$s_j = \frac{\sum\limits_{k=j}^{n-1} \binom{n-1}{k}^{-1}}{\sum\limits_{k=0}^{n-1} \binom{n-1}{k}^{-1}} > \frac{1}{\sum\limits_{k=0}^{n-1} \binom{n-1}{k}^{-1}} > \frac{n}{2(n+2)}$$

und andererseits wegen $\binom{n-1}{k} = \binom{n-1}{n-1-k}$ auch

$$s_j = \frac{\sum\limits_{k=j}^{n-1} \binom{n-1}{k}^{-1}}{\sum\limits_{k=0}^{n-1} \binom{n-1}{k}^{-1}} \leqslant \frac{1}{2}.$$

Daher haben wir für $\frac{n-1}{2} \leqslant j \leqslant n-1$ die Abschätzung

$$\frac{n}{2(n+2)} < s_j \leqslant \frac{1}{2}.$$

Für große n liegen also alle diese s_j sehr dicht unterhalb von $\frac{1}{2}$.
Wegen $s_j = 1 - s_{n-j}$ gilt Ensprechendes für die s_j mit $1 \leqslant j \leqslant \frac{n-1}{2}$. Selbst mit $n-1$ Karten bei Spielbeginn hat also der Spieler 1 immer noch eine Bankrottaussicht s_{n-1} ganz nahe unterhalb von $\frac{1}{2}$, mit nur einer Karte bei Spielbeginn liegt

seine Bankrottaussicht $s_1 = 1 - s_{n-1}$ nur wenig über $\frac{1}{2}$. (Für $n = 6$ ist zum Beispiel

$$s_1 = \frac{8}{13}, \quad s_2 = \frac{7}{13}, \quad s_3 = s_4 = \frac{1}{2}, \quad s_5 = \frac{6}{13}, \quad s_6 = \frac{5}{13}.)$$

Aufgaben

A 8.1 Die Zustände eines Systems seien beschrieben durch die k-elementigen Teilmengen J von $\{1, \ldots, n\}$, wobei $2 \leqslant k < n$ sei. Im Elementarprozeß werde eine Ziffer j aus $\{1, \ldots, n\}$ gewählt, jede mit derselben Wahrscheinlichkeit $\frac{1}{n}$. Ist $j \in J$, so bleibe der Zustand J ungeändert. Ist $j \notin J$, so werde die kleinste Ziffer in J durch j ersetzt. Man stelle die Übergangsmatrix auf und berechne mit Hilfe von 8.2 $\lim_{k\to\infty} A^k$.

A 8.2 Sei A stochastisch vom Typ (n, n). Genau dann gilt

$$\lim_{k\to\infty} A^k = \begin{pmatrix} 1 & 0 & \ldots & 0 \\ 1 & 0 & \ldots & 0 \\ \vdots & \vdots & & \vdots \\ 1 & 0 & \ldots & 0 \end{pmatrix},$$

wenn 1 ein absorbierender Zustand ist und $1 \in \mathcal{A}(j)$ für alle $j = 2, \ldots, n$ gilt.

A 8.3 Vorgelegt sei die stochastische Jacobi-Matrix

$$A = \begin{pmatrix} 1 & 0 & 0 & 0 & 0 & 0 \\ \frac{1}{3} & \frac{1}{3} & \frac{1}{3} & 0 & 0 & 0 \\ 0 & \frac{1}{3} & \frac{1}{3} & \frac{1}{3} & 0 & 0 \\ 0 & 0 & 0 & \frac{1}{2} & \frac{1}{2} & 0 \\ 0 & 0 & 0 & \frac{1}{3} & \frac{1}{3} & \frac{1}{3} \\ 0 & 0 & 0 & 0 & 0 & 1 \end{pmatrix}.$$

a) Man bringe A durch Umordnen der Zeilen und Spalten auf die in 8.4 angegebene Gestalt.
b) Mit möglichst wenig Rechnung bestimme man $\lim_{k\to\infty} A^k$.

A 8.4 Die Vererbung der Bluterkrankheit erfolgt nach demselben Genmechanismus wie in Beispiel 8.8 b). Allerdings existieren die weiblichen Bluter vom Typ bb, wenn b das kranke Gen ist, nicht. Daher hat man nur die Zustände

$1: \; aa \times a \qquad 3: \; ab \times a$
$2: \; aa \times b \qquad 4: \; ab \times b.$

a) Man stelle die Übergangsmatrix A auf und berechne $\lim_{k\to\infty} A^k$.

b) Man zeige, daß A in jedem der Intervalle

$$(-\frac{1}{2}, 0), \qquad (0, \frac{1}{2}), \qquad (\frac{3}{4}, 1)$$

einen Eigenwert hat. (Außer 1 hat A übrigens keinen rationalen Eigenwert.)

A 8.5 Wir ändern den Prozeß aus 8.8 b) auf zwei Weisen ab, indem wir eine Selektion einführen:
1) Ist überhaupt ein männliches Kind vom Typ a vorhanden, so werde stets ein solches zur Bildung des nächsten Paares verwendet.
2) Außer der Selektion in 1) werden erkennbar farbenblinde Frauen vom Typ bb nicht zur Bildung des nächsten Paares zugelassen, sofern Frauen vom Typ aa oder ab vorhanden sind.
a) Man stelle für beide Prozesse die Übergangsmatrix A auf und berechne $\lim\limits_{k\to\infty} A^k$.
b) Durch Berechnung der Eigenwerte von A belege man die Tatsache, daß Prozeß 2) schneller konvergiert als Prozeß 1).

A 8.6 Man betrachte das Labyrinth

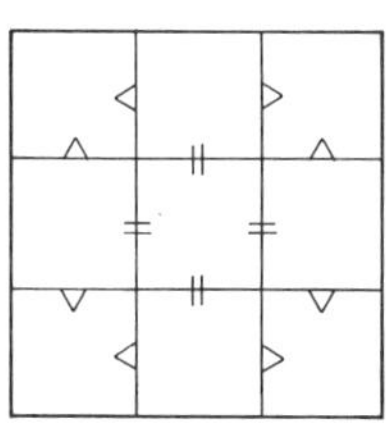

mit absorbierenden Eckfeldern. Die Übergangsmatrix sei wie in 5.7 gebildet mit $a_{jj} = 0$ außerhalb der Eckfelder. Man berechne $\lim_{k\to\infty} A^k$. (Nutzt man die geometrischen Symmetrien des Labyrinthes aus, so hat man ein lineares Gleichungssystem mit nur zwei Unbekannten zu lösen.)

A 8.7 Analog zu A 8.6 behandle man das Labyrinth

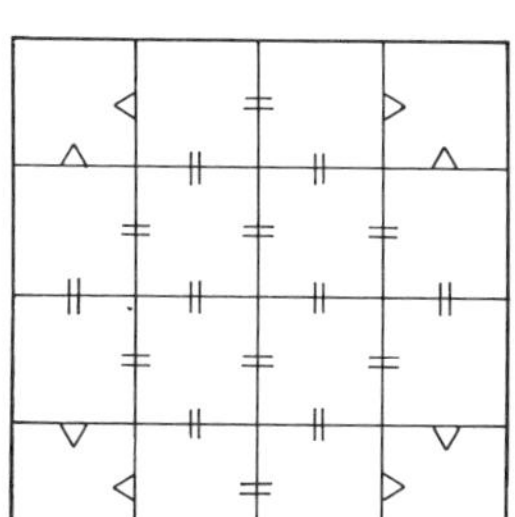

(Nutzt man hier die Symmetrien aus, so kommt man auf ein lineares Gleichungssystem mit sechs Unbekannten.)

A 8.8 Man behandle analog das folgende Labyrinth aus $n + 1$ Zellen:

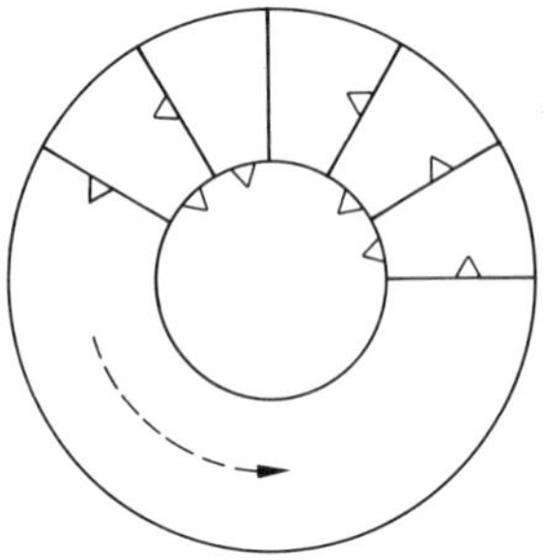

A 8.9 Man behandle das folgende Labyrinth aus acht Zellen:

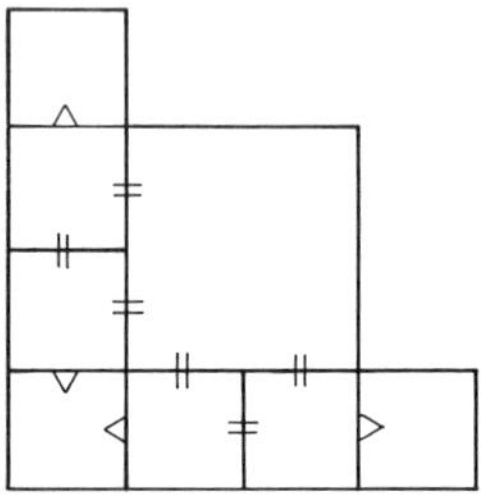

A 8.10 In einer Urne seien zwei Kugeln, deren jede mit einer der Farben weiß, schwarz oder rot gefärbt sei. Im Elementarprozeß ziehen wir zufällig eine der Kugeln und verfahren mit ihr wie folgt: Ist sie schwarz (rot), so färben wir sie rot (schwarz); ist sie weiß, so färben wir sie schwarz oder rot, jeweils mit Wahrscheinlichkeit 1/2. Dann legen wir die neu gefärbte Kugel in die Urne zurück. Sind beide Kugeln von gleicher Farbe schwarz oder rot, so ende der Prozeß, diese beiden Zustände seien also absorbierend. Man stelle die Übergangsmatrix A auf und berechne $\lim_{k\to\infty} A^k$.

§ 9 Mittlere Übergangszeiten

Bisher haben wir immer gefragt, mit welcher Wahrscheinlichkeit wir bei einem stochastischen Prozeß schließlich in einen Zustand gelangen. Nun stellen wir die

Frage, wie lange es wahrscheinlich dauert, bis wir in einem bestimmten Zustand ankommen.

9.1 Definition. Sei $A = (a_{jk})$ eine stochastische Matrix vom Typ (n, n). Die Wahrscheinlichkeit, daß die Zeit des ersten Überganges von j nach k gleich t ist, ist offenbar

$$p_{jk}^{(t)} = \sum_{j_s \neq k} a_{j,j_1} a_{j_1,j_2} \dots a_{j_{t-1},k},$$

wobei über alle $(t-1)$-Tupel $(j_1, \dots, j_{t-1})$ mit $j_s \neq k$ für $s = 1, \dots, t-1$ summiert wird. Falls die folgenden Summen konvergieren, setzen wir

$$r_{jk} = \sum_{t=1}^{\infty} p_{jk}^{(t)} \qquad \text{und} \qquad s_{jk} = \sum_{t=1}^{\infty} t p_{jk}^{(t)}.$$

Ist der Übergang von j nach k überhaupt möglich, so ist $r_{jk} > 0$. Dann definieren wir

$$t_{jk} = \frac{s_{jk}}{r_{jk}}$$

als die mittlere Übergangszeit von j nach k.

Wir klären zuerst die Konvergenz der unendlichen Summen in 9.1:

9.2 Hilfssatz. *Sei* $j \neq k$.
a) *Dann konvergieren*

$$\sum_{t=1}^{\infty} p_{jk}^{(t)} \qquad \textit{und} \qquad \sum_{t=1}^{\infty} t p_{jk}^{(t)},$$

und es gilt $\sum_{t=1}^{\infty} p_{jk}^{(t)} \leqslant 1$.
b) *Ist der Zustand k von jedem anderen Zustand aus erreichbar, so ist*

$$\sum_{t=1}^{\infty} p_{jk}^{(t)} = 1.$$

Beweis. (1) Wir permutieren Zeilen und Spalten von A so, daß der Zustand k die Nummer 1 erhält. Dann definieren wir $B = (b_{ij})$ durch

$$b_{ij} = \begin{cases} \delta_{1j} & \text{für } i = 1 \\ a_{ij} & \text{für } i > 1. \end{cases}$$

Die Zustände $2, \dots, n$ numerieren wir so, daß 1 bezüglich B von keinem Zustand aus $\{2, \dots, w\}$ erreichbar ist, aber 1 erreichbar ist von jedem Zustand aus

$\{w+1,\ldots,n\}$. Dann ist

$$B = \begin{pmatrix} 1 & 0 & 0 \\ 0 & B_{22} & 0 \\ B_{31} & B_{32} & B_{33} \end{pmatrix}.$$

Nach 8.1 gilt dabei $r(B_{33}) < 1$.
(2) Wir setzen

$$B^m = (b_{ij}^{(m)}).$$

Für $2 \leqslant j \leqslant w$ ist offenbar $p_{j1}^{(t)} = 0$, und dann ist nichts zu beweisen. Für $j \in \{w+1,\ldots,n\}$ gilt

$$\begin{aligned} b_{j1}^{(m)} &= \sum_{j_s} b_{j,j_1} b_{j_1,j_2} \ldots b_{j_{m-1},1} \\ &= a_{j1} + \sum_{j_1 \neq 1} a_{j,j_1} a_{j_1,1} + \ldots + \sum_{j_s \neq 1} a_{j,j_1} a_{j_1,j_2} \ldots a_{j_{m-1},1} \\ &= \sum_{t=1}^{m} p_{j1}^{(t)}. \end{aligned}$$

Da B^m stochastisch ist, folgt

$$\sum_{t=1}^{m} p_{j1}^{(t)} = b_{j1}^{(m)} \leqslant 1.$$

Also konvergiert

$$\sum_{t=1}^{\infty} p_{j1}^{(t)}, \quad \text{und es gilt} \quad \sum_{t=1}^{\infty} p_{j1}^{(t)} \leqslant 1.$$

Ist 1 von allen Zuständen $2,\ldots,n$ aus erreichbar, so ist

$$B = \begin{pmatrix} 1 & 0 \\ B_{31} & B_{33} \end{pmatrix}$$

und wegen $r(B_{33}) < 1$ dann

$$\lim_{m \to \infty} B^m = \begin{pmatrix} 1 & 0 & \ldots \\ 1 & 0 & \ldots \\ \vdots & \vdots & \\ 1 & 0 & \ldots \end{pmatrix}.$$

Das zeigt

$$\sum_{t=1}^{\infty} p_{j1}^{(t)} = \lim_{m \to \infty} b_{j1}^{(m)} = 1.$$

(3) Durch einfache Induktion folgt

$$B^t = \begin{pmatrix} 1 & 0 & 0 \\ 0 & B_{22}^t & 0 \\ C_t & * & B_{33}^t \end{pmatrix}$$

mit

$$C_t = (E + B_{33} + \ldots + B_{33}^{t-1})B_{31}.$$

Daher ist

$$\sum_{t=1}^{m} tp_{j1}^{(t)} = \sum_{t=1}^{m} t(b_{j1}^{(t)} - b_{j1}^{(t-1)})$$

der $(j, 1)$-Koeffizient in

$$\sum_{t=1}^{m} t(B^t - B^{t-1}) = \begin{pmatrix} 0 & 0 & 0 \\ 0 & * & 0 \\ D_m & * & * \end{pmatrix}$$

mit

$$D_m = \sum_{t=1}^{m} t(C_t - C_{t-1}) = \sum_{t=1}^{m} tB_{33}^{t-1}B_{31}.$$

Wir zeigen, daß

$$\sum_{t=1}^{\infty} tB_{33}^{t-1} = (E - B_{33})^{-2}$$

gilt. Dann folgt auch

$$\sum_{t=1}^{\infty} tp_{j1}^{(t)} = \lim_{m\to\infty} (D_m)_{j,1} = ((E - B_{33})^{-2}B_{31})_{j,1}.$$

Wir beweisen dazu allgemein: Ist T eine quadratische Matrix mit $r(T) < 1$, so ist

$$\sum_{j=1}^{\infty} jT^{j-1} = (E - T)^{-2} :$$

Es gilt

$$(\sum_{j=1}^{m} jT^{j-1})(E - T)^2$$

$$= (E + 2T + \ldots + mT^{m-1} - T - 2T^2 - \ldots - mT^m)(E - T)$$

$$= (E + T + T^2 + \ldots + T^{m-1} - mT^m)(E - T)$$

$$= E - (m+1)T^m + mT^{m+1}.$$

Nach II,3.5 a) ist $\lim_{m\to\infty} mT^m = 0$. Also folgt

$$(\sum_{j=1}^{\infty} jT^{j-1})(E-T)^2 = E.$$

□

9.3 Satz. *Für alle j, k existieren*

$$r_{jk} = \sum_{t=1}^{\infty} p_{jk}^{(t)} \quad \text{und} \quad s_{jk} = \sum_{t=1}^{\infty} t p_{jk}^{(t)},$$

und es gilt

$$r_{jk} = a_{jk} + \sum_{l \neq k} a_{jl} r_{lk} = a_{jk}(1 - r_{kk}) + \sum_{l=1}^{n} a_{jl} r_{lk}$$

sowie

$$s_{jk} = a_{jk} + \sum_{l \neq k} a_{jl} r_{lk} + \sum_{l \neq k} a_{jl} s_{lk}.$$

Beweis. Offenbar gilt für $t > 1$

$$p_{jk}^{(t)} = \sum_{l \neq k} a_{jl} p_{lk}^{(t-1)}.$$

Wegen $p_{jk}^{(1)} = a_{jk}$ folgt für alle j, k dann

$$\sum_{t=1}^{m} p_{jk}^{(t)} = a_{jk} + \sum_{t=2}^{m} p_{jk}^{(t)} = a_{jk} + \sum_{t=2}^{m} \sum_{l \neq k} a_{jl} p_{lk}^{(t-1)}$$
$$= a_{jk} + \sum_{l \neq k} a_{jl} \sum_{t=2}^{m} p_{lk}^{(t-1)}.$$

Nach 9.2 existiert für $l \neq k$ dabei $\lim_{m\to\infty} \sum_{t=2}^{m} p_{lk}^{(t-1)} = r_{lk}$. Also existiert

$$\lim_{m\to\infty} \sum_{t=1}^{m} p_{jk}^{(t)}$$

auch für $j = k$, und es folgt

$$r_{jk} = a_{jk} + \sum_{l \neq k} a_{jl} r_{lk}.$$

Analog folgt

$$\begin{aligned}\sum_{t=1}^{m} tp_{jk}^{(t)} &= a_{jk} + \sum_{t=2}^{m} tp_{jk}^{(t)} = a_{jk} + \sum_{t=2}^{m} t \sum_{l\neq k} a_{jl} p_{lk}^{(t-1)} \\ &= a_{jk} + \sum_{l\neq k} a_{jl} \sum_{t=2}^{m} tp_{lk}^{(t-1)} \\ &= a_{jk} + \sum_{l\neq k} a_{jl} \sum_{t=2}^{m} p_{jk}^{(t-1)} + \sum_{l\neq k} a_{jl} \sum_{t=2}^{m} (t-1) p_{lk}^{(t-1)}.\end{aligned}$$

Mit $m \to \infty$ folgt dann (auch für $j = k$)

$$s_{jk} = a_{jk} + \sum_{l\neq k} a_{jl} r_{lk} + \sum_{l\neq k} a_{jl} s_{lk}.$$ □

Besonders interessant sind die mittleren Übergangszeiten in absorbierende Zustände. Von diesen handelt der folgende Satz.

9.4 Satz. *Sei*

$$A = \begin{pmatrix} E & 0 \\ B & C \end{pmatrix}$$

stochastisch, wobei E eine Einheitsmatrix vom Typ (m, m) *sei und* $r(C) < 1$ *gelte.*
a) *Für* $1 \leqslant k \leqslant m$ *bilden wir*

$$r_k = \begin{pmatrix} r_{1k} \\ \vdots \\ r_{nk} \end{pmatrix} \qquad \textit{und} \qquad s_k = \begin{pmatrix} s_{1k} \\ \vdots \\ s_{nk} \end{pmatrix}$$

mit den r_{jk} *und* s_{jk} *aus* 9.1. *Dann ist* r_k *eindeutig bestimmt durch*

$$Ar_k = r_k \qquad \textit{und} \qquad r_{jk} = \delta_{jk} \qquad \textit{für} \qquad 1 \leqslant j \leqslant m.$$

Ferner ist s_k *eindeutig bestimmt durch*

$$s_{jk} = r_{jk} - a_{jk} + \sum_{l=1}^{n} a_{jl} s_{lk} \qquad (j = 1, \ldots, n)$$

und

$$s_{jk} = \delta_{jk} \qquad \textit{für} \qquad 1 \leqslant j \leqslant m.$$

b) *Ist insbesondere* $m = 1$ *und ist der Zustand* 1 *von jedem anderen Zustand aus erreichbar, so gilt*

$$r_1 = \begin{pmatrix} 1 \\ 1 \\ \vdots \\ 1 \end{pmatrix},$$

und die mittleren Übergangszeiten t_{j1} sind eindeutig bestimmt durch

$$t_{j1} = 1 + \sum_{l=2}^{n} a_{jl} t_{l1} \qquad \textit{und} \qquad t_{11} = 1.$$

Beweis. a) Für $j \leqslant m$ und $k \leqslant m$ ist

$$p_{jk}^{(1)} = a_{jk} = \delta_{jk},$$

$$p_{jk}^{(t)} = 0 \qquad \text{für} \qquad t \geqslant 2.$$

Also ist $r_{jk} = s_{jk} = \delta_{jk}$ für $j, k \leqslant m$. Für $1 \leqslant k \leqslant m$ und beliebiges j folgt daher mit 9.3

$$r_{jk} = \sum_{l=1}^{n} a_{jl} r_{lk}.$$

Sei

$$r_k = \begin{pmatrix} e_k \\ v_k \end{pmatrix} \qquad \text{mit} \quad e_k = \begin{pmatrix} 0 \\ \vdots \\ 1 \\ \vdots \\ 0 \end{pmatrix} \qquad (1 \text{ an Stelle } k).$$

Dann ist also

$$\begin{pmatrix} e_k \\ v_k \end{pmatrix} = A \begin{pmatrix} e_k \\ v_k \end{pmatrix} = \begin{pmatrix} e_k \\ Be_k + Cv_k \end{pmatrix}.$$

Wegen $r(C) < 1$ ist daher v_k eindeutig bestimmt, nämlich

$$v_k = (E - C)^{-1} B e_k \qquad (k \leqslant m).$$

Aus 9.3 erhalten wir ferner wegen $Ar_k = r_k$ und $r_{kk} = s_{kk} = 1$

$$\begin{aligned} s_{jk} &= a_{jk} + \sum_{l \neq k} a_{jl} r_{lk} + \sum_{l \neq k} a_{jl} s_{lk} \\ &= a_{jk} + \sum_{l=1}^{n} a_{jl} r_{lk} - a_{jk} r_{kk} + \sum_{l=1}^{n} a_{jl} s_{lk} - a_{jk} s_{kk} \\ &= a_{jk} + r_{jk} - a_{jk} + \sum_{l=1}^{n} a_{jl} s_{lk} - a_{jk} \\ &= r_{jk} - a_{jk} + \sum_{l=1}^{n} a_{jl} s_{lk}. \end{aligned}$$

Ist

$$s'_k = \begin{pmatrix} s'_{1k} \\ \vdots \\ s'_{nk} \end{pmatrix}$$

eine weitere Lösung dieses Gleichungssystems mit $s'_{jk} = \delta_{jk}$ für $1 \leqslant j \leqslant m$, so ist

$$\begin{pmatrix} 0 \\ \vdots \\ 0 \\ w \end{pmatrix} = s'_k - s_k = A(s'_k - s_k) = \begin{pmatrix} 0 \\ \vdots \\ 0 \\ Cw \end{pmatrix}$$

und dann $w = 0$ wegen $r(C) < 1$. Also ist auch s_{jk} durch die angegebenen Bedingungen eindeutig festgelegt.

b) Für $m = 1$ ist nach 9.2 b) auch $r_{j1} = 1$. Aus

$$\begin{aligned} s_{j1} &= a_{j1} + \sum_{l=2}^{n} a_{jl} r_{l1} + \sum_{l=2}^{n} a_{jl} s_{l1} \qquad \text{(siehe Beweisende von 9.3)} \\ &= \sum_{l=1}^{n} a_{jl} + \sum_{l=2}^{n} a_{jl} s_{l1} = 1 + \sum_{l=2}^{n} a_{jl} s_{l1} \end{aligned}$$

folgt dann die Behauptung. □

9.5 Beispiele. a) Sei

$$A = \begin{pmatrix} p_1 & q_1 & 0 & 0 & & & \\ 0 & p_2 & q_2 & 0 & & & \\ & & & \ddots & & & \\ & & & & 0 & p_{n-1} & q_{n-1} \\ & & & & 0 & 0 & 1 \end{pmatrix}$$

eine stochastische Dreiecksmatrix mit $q_1 \ldots q_{n-1} > 0$. Nach 8.2 gilt

$$\lim_{k \to \infty} A^k = \begin{pmatrix} 0 & \ldots & 0 & 1 \\ \vdots & & \vdots & \vdots \\ 0 & \ldots & 0 & 1 \end{pmatrix}.$$

Wir berechnen die mittleren Übergangszeiten t_{jn} nach 9.4 b) aus $t_{nn} = 1$ und

$$t_{jn} = 1 + \sum_{k=1}^{n-1} a_{jk} t_{kn}.$$

Das heißt

$$t_{jn} = 1 + p_j t_{jn} + q_j t_{j+1,n} \qquad (1 \leqslant j \leqslant n-2)$$

$$t_{n-1,n} = 1 + p_{n-1}t_{n-1,n}.$$

Es folgt

$$t_{jn} = \frac{1}{q_j} + t_{j+1,n} \qquad (1 \leqslant j \leqslant n-2),$$

$$t_{n-1,n} = \frac{1}{q_{n-1}}.$$

Also ist

$$t_{jn} = \sum_{k=j}^{n-1} \frac{1}{q_k}.$$

b) In einer nach außen abgeschlossenen Gemeinschaft aus $n > 1$ Personen herrsche eine ansteckende Krankheit. Der Zustand j liege vor, falls j Personen erkrankt sind und $n - j$ noch gesund. Der Elementarprozeß verlaufe wie folgt: Es treffen sich zwei Personen, und dabei erfolge mit der Wahrscheinlichkeit $p > 0$ eine Ansteckung, falls eine der Personen krank ist und die andere gesund.

Die Anzahl der möglichen kritischen Begegnungen im Zustand j, bei denen sich eine kranke mit einer gesunden Person trifft, ist

$$j(n-j) + (n-j)j = 2j(n-j).$$

Die Wahrscheinlichkeit dafür, daß ein Paar kritisch ist, ist daher

$$\frac{2j(n-j)}{n(n-1)}.$$

Also ist

$$a_{j,j+1} = \frac{2j(n-j)p}{n(n-1)}, \quad a_{jj} = 1 - a_{j,j+1} \quad \text{und} \quad a_{jk} = 0 \quad \text{sonst.}$$

Somit ist die Übergangsmatrix von der Gestalt

$$A = \begin{pmatrix} 1 & 0 & 0 \\ 0 & B & * \\ 0 & 0 & 1 \end{pmatrix},$$

und die Dreiecksmatrix B hat die Eigenwerte

$$a_{jj} = 1 - \frac{2j(n-j)p}{n(n-1)} \qquad (1 \leqslant j \leqslant n-1).$$

Daher ist $r(B) < 1$, und es folgt

$$\lim_{k\to\infty} A^k = \begin{pmatrix} 1 & 0 & \dots & 0 & 0 \\ 0 & 0 & \dots & 0 & 1 \\ \vdots & \vdots & & \vdots & \vdots \\ 0 & 0 & \dots & 0 & 1 \end{pmatrix}.$$

Dies bedeutet: Sind am Anfang alle Personen gesund, so bleiben alle gesund, ist aber am Anfang wenigstens eine Person krank, so sind schließlich alle krank. (Unser primitives Modell sieht keinen Gesundungsprozeß vor.) Aus 9.5 a) folgt wegen

$$\frac{1}{a_{k,k+1}} = \frac{n-1}{2p}\left(\frac{1}{k} + \frac{1}{n-k}\right)$$

nun

$$t_{1n} = \frac{n-1}{p} \sum_{k=1}^{n-1} \frac{1}{k}.$$

Dabei ist

$$\log n = \int_1^n \frac{dx}{x} < \sum_{k=1}^{n-1} \frac{1}{k} = 1 + \sum_{k=2}^{n-1} \frac{1}{k} < 1 + \int_1^{n-1} \frac{dx}{x} = 1 + \log(n-1).$$

Somit erhalten wir

$$t_{1n} \sim \frac{n-1}{p} \log n.$$

Dies ist die zu erwartende Zeit, bis zu der alle Personen krank sind, falls zu Anfang genau einer krank war.

9.6 Beispiele. a) Wir greifen das Vererbungsbeispiel aus 8.8 a) auf. Aus den Gleichungen in 9.4 a) ermittelt man durch einfache Rechnungen

$$r_{31} = \frac{3}{4}, \quad r_{41} = r_{51} = \frac{1}{2}, \quad r_{61} = \frac{1}{4},$$

$$s_{31} = \frac{35}{12}, \quad s_{41} = \frac{10}{3}, \quad s_{51} = \frac{17}{6}, \quad s_{61} = \frac{23}{12}.$$

Also sind die mittleren Übergangszeiten

$$t_{31} = \frac{s_{31}}{r_{31}} = \frac{35}{9} \sim 3.9 \qquad \text{von } aa \times ab \text{ nach } aa \times aa,$$

$$t_{41} = \frac{20}{3} \sim 6.7 \qquad \text{von } aa \times bb \text{ nach } aa \times aa,$$

$$t_{51} = \frac{17}{3} \sim 5.7 \qquad \text{von } ab \times ab \text{ nach } aa \times aa,$$

$$t_{61} = \frac{23}{3} \sim 7.7 \qquad \text{von } ab \times bb \text{ nach } aa \times aa.$$

(Etwas überraschend erscheint vielleicht der Unterschied zwischen t_{41} und t_{51} trotz gleicher Genzahlen a im Ausgangszustand.)

b) Eine ähnliche Rechnung für die Vererbung der Farbenblindheit aus 8.8 b) führt zu den mittleren Übergangszeiten

$$aa \times b \longrightarrow aa \times a \quad \text{mit} \quad t_{31} = \frac{31}{6} \sim 5.2,$$

$$ab \times a \longrightarrow aa \times a \quad \text{mit} \quad t_{41} = \frac{25}{6} \sim 4.2,$$

$$ab \times b \longrightarrow aa \times a \quad \text{mit} \quad t_{51} = \frac{40}{6} \sim 6.7,$$

$$bb \times a \longrightarrow aa \times a \quad \text{mit} \quad t_{61} = \frac{46}{6} \sim 7.7.$$

9.7 Beispiel. Wir behandeln ein diskretes Modell für den radioaktiven Zerfall.
a) Vorgegeben seien n radioaktive Atome desselben Elementes. In der Zeiteinheit zerfalle jedes dieser Atome mit der Wahrscheinlichkeit p $(0 < p < 1)$. Der Zustand j $(0 \leqslant j \leqslant n)$ liege vor, wenn j der Atome noch radioaktiv sind, die übrigen $n-j$ bereits zerfallen. Sei $A = (a_{jk})$ die Übergangsmatrix des entstehenden Prozesses. Natürlich gilt

$$a_{00} = 1 \qquad \text{und} \qquad a_{jk} = 0 \qquad \text{für} \qquad k > j.$$

Sei $k \leqslant j$. Die Wahrscheinlichkeit dafür, daß von den j noch radioaktiven Atomen in der Zeiteinheit gerade $j-k$ bestimmte zerfallen, die übrigen k nicht, ist $p^{j-k}(1-p)^k$. Die Wahrscheinlichkeit dafür, daß irgendwelche $j-k$ Atome zerfallen, die übrigen k nicht, ist somit

$$a_{jk} = \binom{j}{j-k} p^{j-k}(1-p)^k = \binom{j}{k} p^{j-k}(1-p)^k.$$

Daher erhalten wir die Übergangsmatrix

$$A = \begin{pmatrix} 1 & 0 & 0 & \dots & 0 \\ p & 1-p & 0 & \dots & 0 \\ p^2 & 2p(1-p) & (1-p)^2 & \dots & 0 \\ \vdots & \vdots & \vdots & & \vdots \\ p^n & \binom{n}{1} p^{n-1}(1-p) & \binom{n}{2} p^{n-2}(1-p)^2 & \dots & (1-p)^n \end{pmatrix}.$$

Mit 8.2 folgt sofort

$$\lim_{k \to \infty} A^k = \begin{pmatrix} 1 & 0 & \dots \\ 1 & 0 & \dots \\ \vdots & \vdots & \\ 1 & 0 & \dots \end{pmatrix}.$$

Schließlich sind also mit Wahrscheinlichkeit 1 alle Atome zerfallen. Interessant an diesem Prozeß sind die mittleren Zerfallszeiten $t_j = t_{j0}$.

Wir setzen weiterhin $q = 1 - p$.

b) Nach 9.4 b) gilt

$$t_j = 1 + \sum_{k=1}^{n} a_{jk} t_k = 1 + \sum_{k=1}^{j} \binom{j}{k} p^{j-k} q^k t_k. \tag{1}$$

Aus diesen Gleichungen sind wegen $0 < q < 1$ die t_j eindeutig rekursiv berechenbar.
Wir schreiben (1) in der Gestalt

$$\frac{t_j}{j!} = \frac{1}{j!} + \sum_{k=1}^{j} \frac{q^k}{k!} t_k \frac{p^{j-k}}{(j-k)!}. \tag{2}$$

Ferner führen wir die formale Potenzreihe

$$u(x) = \sum_{j=1}^{\infty} \frac{t_j}{j!} x^j$$

ein. Aus den Gleichungen (2) folgt dann durch Multiplikation mit x^j und Summation über $j = 0, 1, \ldots$

$$u(x) + 1 = e^x + u(qx)e^{px}. \tag{3}$$

Durch Induktion folgern wir daraus leicht für alle $k \geqslant 1$

$$\begin{aligned} u(x) &= e^x - 1 + u(qx)e^{px} \\ &= e^x - 1 + (e^{qx} - 1 + u(q^2x)e^{pqx})e^{px} \\ &= e^x - 1 + e^x - e^{(1-q)x} + u(q^2x)e^{(1-q^2)x} \\ &= \ldots \\ &= \sum_{j=0}^{k-1} (e^x - e^{(1-q^j)x}) + u(q^k x)e^{(1-q^k)x}. \end{aligned}$$

Wegen $\lim_{k\to\infty} q^k = 0$ und da in der Potenzreihe für u das Absolutglied fehlt, liegt die Annahme

$$\lim_{k\to\infty} u(q^k x)e^{(1-q^k)x} = 0$$

nahe, also

$$u(x) = \sum_{j=0}^{\infty} (e^x - e^{(1-q^j)x}).$$

Der Koeffizientenvergleich liefert dann für $k \geqslant 1$

$$t_k = \sum_{j=0}^{\infty}(1-(1-q^j)^k). \tag{4}$$

Nach der Bernoullischen Ungleichung gilt

$$(1-q^j)^k \geqslant 1-kq^j,$$

also hat die Reihe $\sum\limits_{j=0}^{\infty}(1-(1-q^j)^k)$ die konvergente Majorante $\sum\limits_{j=0}^{\infty} kq^j$.

c) Bei der Herleitung der Formel (4) haben wir etwas kühn mit der formalen Potenzreihe $u(x)$ operiert. Wir versuchen nicht, die einzelnen Schritte dieser Rechnung zu rechtfertigen, sondern beweisen direkt, daß

$$t_k = \sum_{i=0}^{\infty}(1-(1-q^i)^k)$$

eine Lösung von (1) ist:

$$\begin{aligned}
&1+\sum_{k=1}^{j}\binom{j}{k}p^{j-k}q^k\sum_{i=0}^{\infty}(1-(1-q^i)^k)\\
&=1+\sum_{i=0}^{\infty}\{\sum_{k=1}^{j}\binom{j}{k}p^{j-k}q^k-\sum_{k=1}^{j}\binom{j}{k}p^{j-k}(q(1-q^i))^k\}\\
&=1+\sum_{i=0}^{\infty}\{(p+q)^j-p^j-(p+q(1-q^i))^j+p^j\}\\
&=1+\sum_{i=0}^{\infty}(1-(1-q^{i+1})^j)=t_j.
\end{aligned}$$

d) Die folgende Herleitung einer asymptotischen Formel für t_n verdanken wir Herrn H. J. Schuh.

Wir setzen $b = -\log q$ und vergleichen t_n mit

$$f(n) = \int_0^{\infty}(1-(1-e^{-bx})^n)dx.$$

Da der Integrand monoton fällt, gilt

$$1-(1-e^{-b(j+1)})^n \leqslant \int_j^{j+1}(1-(1-e^{-bx})^n)dx \leqslant 1-(1-e^{-bj})^n$$

und daher

$$t_n - 1 = \sum_{j=0}^{\infty}(1-(1-e^{-b(j+1)})^n) \leqslant f(n) \leqslant \sum_{j=0}^{\infty}(1-(1-e^{-bj})^n) = t_n.$$

e) Wir zeigen:

$$\lim_{n\to\infty}(f(n) - b^{-1}\log n) = b^{-1}\{\int_1^{\infty}(1-e^{-1/y})\frac{dy}{y} - \int_0^1 e^{-1/y}\frac{dy}{y}\}:$$

Mit der Substitution $e^{bx} = ny$ folgt

$$f(n) - b^{-1}\log n = \int_0^{\infty}(1-(1-e^{-bx})^n)dx - b^{-1}\log n$$

$$= \int_{b^{-1}\log n}^{\infty} (1-(1-e^{-bx})^n)dx +$$

$$\int_0^{b^{-1}\log n} (1-(1-e^{-bx})^n)dx - b^{-1}\int_0^{\log n} dx$$

$$= b^{-1}\int_1^{\infty}(1-(1-\frac{1}{ny})^n)\frac{dy}{y} - b^{-1}\int_{1/n}^{1}(1-\frac{1}{ny})^n\frac{dy}{y}.$$

Dabei gilt bekanntlich

$$1-(1-\frac{1}{ny})^n \longrightarrow_{n\to\infty} 1-e^{-1/y} \tag{1}$$

und

$$0 \leqslant 1-(1-\frac{1}{ny})^n \geqslant \frac{1}{y} \quad \text{für} \quad 1 \leqslant y < \infty; \tag{2}$$

die letzte Ungleichung folgt dabei vermöge Induktion nach n aus

$$\begin{aligned}(1-\frac{1}{(n+1)y})^{n+1} &= (1-\frac{1}{(n+1)y})(1-\frac{1}{n\frac{n+1}{n}y})^n \\ &\geqslant (1-\frac{1}{(n+1)y})(1-\frac{n}{(n+1)y}) \\ &= 1-\frac{n+1}{(n+1)y}+\frac{n}{(n+1)^2y^2} \geqslant 1-\frac{1}{y}.\end{aligned}$$

Ferner gilt

$$(1 - \frac{1}{ny})^n \longrightarrow_{n\to\infty} e^{-1/y} \tag{3}$$

und

$$0 \leqslant (1 - \frac{1}{ny})^n \leqslant y \qquad \text{für} \quad \frac{1}{n} \leqslant y \leqslant 1. \tag{4}$$

Denn für $y = 1$ gilt offenbar $1 - \frac{1}{ny} \leqslant y$, und für $\frac{1}{n} \leqslant y \leqslant 1$ ist

$$\frac{d}{dy}(1 - \frac{1}{ny}) = \frac{1}{ny^2} \geqslant \frac{1}{ny^{1-1/n}} = \frac{d}{dy} y^{1/n}.$$

Da somit die Integranden $(1 - (1 - \frac{1}{ny})^n)\frac{1}{y}$ bzw. $(1 - \frac{1}{ny})^n \frac{1}{y}$ die über $(1, \infty)$ bzw. $(\frac{1}{n}, 1)$ integrierbaren Majoranten $\frac{1}{y^2}$ bzw. 1 haben, können wir nach einem bekannten Satz den Grenzübergang unter dem Integral vollziehen und erhalten

$$\lim_{n\to\infty} (f(n) - b^{-1} \log n) = b^{-1} \int_1^\infty (1 - e^{-1/y}) \frac{dy}{y} - b^{-1} \int_0^1 e^{-1/y} \frac{dy}{y}.$$

f) Insbesondere folgt aus d) und e) nun

$$\lim_{n\to\infty} \frac{t_n}{\log n} = \lim_{n\to\infty} \frac{f(n)}{\log n} = b^{-1} = \frac{1}{\log \frac{1}{q}}.$$

Dies ist das bekannte makrophysikalische Zerfallsgesetz.
g) Übrigens gilt

$$\sum_{k=0}^{n} a_{jk} k = \sum_{k=1}^{j} \binom{j}{k} p^{j-k} q^k k = j \sum_{k=1}^{j} \binom{j-1}{k-1} p^{j-k} q^k$$
$$= jq \sum_{l=0}^{j-1} \binom{j-1}{l} p^{j-1-l} q^l = jq(p+q)^{j-1} = j(1-p).$$

Im Zustand j ist also die in der Zeiteinheit zu erwartende Änderung der Anzahl der noch radioaktiven Atome gleich

$$\sum_{k=0}^{n} a_{jk} k - j = -pj.$$

Das entspricht genau dem bekannten makroskopischen Zerfallsgesetz

$$\frac{dm(t)}{dt} = -pm(t),$$

wenn $m(t)$ die als kontinuierlich veränderlich angesehene radioaktive Masse zur Zeit t ist.

9.8 Beispiele. a) Sei

$$A = \begin{pmatrix} 1 & 0 & 0 & 0 & & & \\ p_1 & q_1 & r_1 & 0 & & & \\ 0 & p_2 & q_2 & r_2 & & & \\ & & & & \ddots & & \\ & & & & p_{n-1} & q_{n-1} & r_{n-1} \\ & & & & 0 & 0 & 1 \end{pmatrix}$$

eine stochastische Jacobi-Matrix mit absorbierenden Zuständen 0 und n. Wir bestimmen die mittleren Übergangszeiten bis zur Ankunft in einem der beiden absorbierenden Zustände, welche wir zu diesem Zweck zu einem Zustand vereinigen. Das führt zu der Matrix

$$B = \begin{pmatrix} q_1 & r_1 & 0 & \dots & 0 & 0 & p_1 \\ p_2 & q_2 & r_2 & \dots & 0 & 0 & 0 \\ & & & & \vdots & \vdots & \vdots \\ & & & & p_{n-1} & q_{n-1} & r_{n-1} \\ & & & & 0 & 0 & 1 \end{pmatrix}.$$

Gemäß 9.4 b) gilt nun für $t_j = t_{j,n}$ $(1 \leqslant j \leqslant n-1)$, und zwar gebildet zu B,

$$t_j = 1 + \sum_{k=1}^{n-1} b_{jk} t_k,$$

also

$$t_1 = 1 + q_1 t_1 + r_1 t_2$$

$$t_j = 1 + p_j t_{j-1} + q_j t_j + r_j t_{j+1} \qquad (\text{für } 1 < j < n-1)$$

$$t_{n-1} = 1 + p_{n-1} t_{n-2} + q_{n-1} t_{n-1}.$$

Setzen wir $t_0 = t_n = 0$, so können wir diese Gleichungen schreiben als

$$(p_j + r_j) t_j = (1 - q_j) t_j = 1 + p_j t_{j-1} + r_j t_{j+1} \qquad (1 \leqslant j \leqslant n-1).$$

Das heißt

$$p_j (t_j - t_{j-1}) = 1 + r_j (t_{j+1} - t_j).$$

Wir setzen $u_j = t_j - t_{j-1}$ $(1 \leqslant j \leqslant n)$. Dann folgt

$$p_j u_j = 1 + r_j u_{j+1} \tag{1}$$

und

$$\sum_{j=1}^{n} u_j = t_n - t_0 = 0. \tag{2}$$

b) Wir führen diese Rechnungen weiter für das Spiel mit Bankrott aus 8.11 b). In diesem Falle ist $p_j = \frac{j}{n}$, $q_j = 0$, $r_j = \frac{n-j}{n}$. Zu lösen ist dann also das Gleichungssystem

$$\frac{j}{n} u_j - \frac{n-j}{n} u_{j+1} = 1 \qquad (1 \leqslant j \leqslant n-1) \tag{1'}$$

mit

$$\sum_{j=1}^{n} u_j = 0. \tag{2'}$$

Die Multiplikation von (1′) mit $\binom{n}{j}$ ergibt

$$\binom{n-1}{j-1} u_j - \binom{n-1}{j} u_{j+1} = \binom{n}{j}. \tag{1''}$$

Wir setzen $v_j = \binom{n-1}{j-1} u_j$. Dann ist

$$v_j - v_{j+1} = \binom{n}{j}. \tag{1'''}$$

Da der Prozeß symmetrisch ist, gilt $t_j = t_{n-j}$ für $1 \leqslant j \leqslant n-1$. Das ergibt

$$u_j = t_j - t_{j-1} = t_{n-j} - t_{n-j+1} = -u_{n+1-j}.$$

Mit (1‴) folgt für $2j \leqslant n+1$

$$v_j = v_{n+1-j} + \sum_{k=j}^{n-j} \binom{n}{k}.$$

Dabei ist

$$v_{n+1-j} = \binom{n-1}{n-j} u_{n+1-j} = -\binom{n-1}{j-1} u_j = -v_j.$$

Das ergibt

$$2v_j = \sum_{k=j}^{n-j} \binom{n}{k}.$$

Somit folgt für $2j \leqslant n+1$ schließlich

$$u_j = \frac{1}{2} \binom{n-1}{j-1}^{-1} \sum_{k=j}^{n-j} \binom{n}{k}$$

und dann

$$t_i = \sum_{j=1}^{i} u_j = \frac{1}{2}\sum_{j=1}^{i}\binom{n-1}{j-1}^{-1}\sum_{k=j}^{n-j}\binom{n}{k}$$
$$= \frac{1}{2}\sum_{k=1}^{n-1}\binom{n}{k}\sum_{j=1}^{\mathrm{Min}\{k,i,n-k\}}\binom{n-1}{j-1}^{-1},$$

wie man aus der Zeichnung entnimmt.

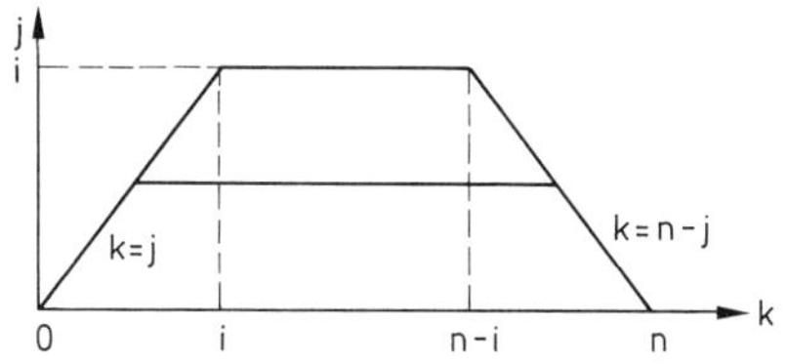

Wir setzen

$$s_m(n) = \sum_{j=1}^{m}\binom{n-1}{j-1}^{-1}.$$

Für $m \leqslant \mathrm{Min}\{k,i,n-k\} \leqslant \frac{n}{2}$ gilt dann wie in 8.11 b)

$$1 \leqslant s_m(n) \leqslant \frac{1}{2}s_n(n) \leqslant \frac{1}{2}(2 + 2\binom{n-1}{1}^{-1} + (n-4)\binom{n-1}{2}^{-1})$$
$$< \frac{1}{2}(2 + \frac{4}{n}) = 1 + \frac{2}{n}.$$

Die mittlere Spieldauer t_i, falls bei Spielbeginn Spieler 1 genau i Karten hat $(1 \leqslant i < n)$, erfüllt somit

$$t_i \geqslant \frac{1}{2}\sum_{j=1}^{n-1}\binom{n}{j} = \frac{1}{2}(2^n - 2) = 2^{n-1} - 1$$

und

$$t_i \leqslant \frac{1}{2}\sum_{j=1}^{n-1}\binom{n}{j}(1 + \frac{2}{n}) = (2^{n-1} - 1)\frac{n+2}{n}.$$

Damit ist t_i recht gut abgeschätzt.

Aufgaben

A 9.1 Für das Beispiel der Vererbung der Bluterkrankheit aus Aufgabe A 8.4 berechne man die mittleren Übergangszeiten t_{21}, t_{31}, t_{41}.

A 9.2 Für das Beispiel aus 8.11 a) berechne man nach Zusammenfassung der beiden absorbierenden Zustände die mittlere Spieldauer.

A 9.3 Für den Prozeß aus 4.8 berechne man nach Zusammenfassung der beiden absorbierenden Zustände die mittlere Verweilzeit eines Schülers an der Schule.

A 9.4 Für den Prozeß aus Aufgabe A 4.3 berechne man die vom Fuchs zu erwartende Dauer seiner Freiheit, und zwar

a) bei Zusammenfassung aller absorbierenden Zustände

b) bei getrennten absorbierenden Zuständen.

A 9.5 Sei A eine irreduzible stochastische Matrix. Man zeige als Ergänzung von 9.3:

a) Ist $yA = y$ mit $y = (y_1, \ldots, y_n)$ und $\sum\limits_{j=1}^{n} y_j = 1$, so gilt $s_{kk} = \frac{1}{y_k}$.

b) Durch das Gleichungssystem

$$s_{jk} = 1 + \sum_{l \neq k} a_{jl} s_{lk} \qquad (j = 1, \ldots, n)$$

und die Bedingung $s_{kk} = \frac{1}{y_k}$ sind die s_{jk} eindeutig bestimmt.

A 9.6 Man berechne für das Lagerhaltungsmodell 7.4 die wahrscheinliche Anzahl t_j der Elementarprozesse bis man von einem Zustand j (mit $m + 1 \leqslant j \leqslant n$) erstmals zu einem der Zustände $1, \ldots, m$ kommt, bei welchen das Lager aufgefüllt wird.
(Man vereinige die Zustände $0, 1, \ldots, m$ gemäß 5.3 und wende auf die dabei entstehende Matrix Aufgabe A 9.5 an. Das Ergebnis ist

$$t_j = \frac{1 - q^j}{p^2}.)$$

A 9.7 Man führe die entsprechenden Berechnungen durch für das Lagerhaltungsmodell aus Aufgabe A 7.1.
(Man erhält nun

$$t_j = (\frac{n+1}{n})^j.)$$

Kapitel V
Geometrische Algebra und spezielle Relativitätstheorie

In Kapitel II haben wir die Hilberträume mit positiv definitem Skalarprodukt behandelt. In diesem Kapitel betrachten wir Vektorräume $\mathfrak{V}$ über einem beliebigen Körper $\mathbf{K}$, auf denen ein Skalarprodukt (,) definiert ist, für welches die Regeln

$$(a_1v_1 + a_2v_2, v_3) = a_1(v_1, v_3) + a_2(v_2, v_3)$$

$$(v_1, a_2v_2 + a_3v_3) = (\alpha a_2)(v_1, v_2) + (\alpha a_3)(v_1, v_3)$$

für alle $v_j \in \mathfrak{V}$, $a_j \in \mathbf{K}$ $(j = 1, 2, 3)$ gelten, wobei α ein Automorphismus des Körpers $\mathbf{K}$ ist. Aber die Definitheitsbedingung $(v, v) > 0$ für $v \neq 0$ streichen wir ersatzlos; bei einem Körper $\mathbf{K}$ ohne Anordnung ist sie gar nicht formulierbar. Jetzt kann es also Vektoren $v \neq 0$ mit $(v, v) = 0$ geben, und dann hat die Einführung der Länge von v mittels (v, v) keinen geometrischen Sinn mehr. An geometrisch sinnvollen Aussagen bleibt aber die Orthogonalität von v_1 und v_2, ausgedrückt durch $(v_1, v_2) = 0$. Wir fordern ab § 2, daß diese Orthogonalität eine symmetrische Relation ist, daß also $(v_1, v_2) = 0$ gleichwertig ist mit $(v_2, v_1) = 0$. Während die Behandlung orthogonaler Zerlegungen in § 3 noch ganz analog zu den entsprechenden Aussagen über Hilberträume verläuft, tritt ab § 4 der Fall in den Vordergrund, daß es tatsächlich sog. isotrope Vektoren $v \neq 0$ mit $(v, v) = 0$ gibt. Das führt zu Sätzen, welche im Hilbertraum kein Gegenstück haben. In den Paragraphen 5 und 6 untersuchen wir spezielle Isometrien. Auf die Untersuchung der Gruppe aller Isometrien, insbesondere den Nachweis der Einfachheit, welche ein zentraler Gegenstand der geometrischen Algebra ist, gehen wir nicht ein. Dafür verweisen wir auf das schöne Buch "Geometric Algebra" von E. Artin, welches für den Aufbau dieses Kapitels richtungsweisend war und von welchem wir auch den Namen für dieses Gebiet übernommen haben. Gerne benutzen wir die Gelegenheit, in § 7 einiges über Vektorräume mit Skalarprodukt über endlichen Körpern zu beweisen, da dabei reizvolle Abzählargumente verwendet werden. In § 8 behandeln wir das Normalformenproblem für Isometrien von Vektorräumen mit Skalarprodukt. Der § 9 über Ähnlichkeiten steht bereits ganz im Dienste der folgenden Paragraphen über die Geometrie der speziellen Relativitätstheorie.

Neben innermathematischen Anwendungen haben die Elemente der geometrischen Algebra eine wichtige Anwendung in der Physik gefunden. Wie nämlich

Minkowski[1] gezeigt hat, wird die Einsteinsche[2] spezielle Relativitätstheorie mathematisch sehr elegant durch einen 4-dimensionalen $\mathbb{R}$-Vektorraum $\mathfrak{V}$ mit einem indefiniten Skalarprodukt beschrieben. Wir werden diesen sog. Minkowski-Raum und seine Isometrien, die berühmten Lorentz[3]-Transformationen, in den Paragraphen 10 und 11 eingehend studieren. In § 12 werden wir physikalische Folgerungen aus Einsteins spezieller Relativitätstheorie behandeln, welche sich bereits aus der Geometrie des Minkowski-Raumes gewinnen lassen.

§ 1 Skalarprodukte

1.1 Definition. Sei **K** ein Körper. Eine bijektive Abbildung α von **K** auf sich heißt ein Automorphismus von **K**, falls für alle $a, b \in \mathbf{K}$ gilt

$$\alpha(a+b) = \alpha a + \alpha b \qquad \text{und} \qquad \alpha(ab) = (\alpha a)(\alpha b).$$

Daraus folgt leicht

$$\alpha 0 = 0, \quad \alpha 1 = 1, \quad \alpha(-a) = -(\alpha a) \quad \text{und}$$

$$\alpha\left(\frac{1}{a}\right) = \frac{1}{\alpha a} \quad \text{für} \quad a \neq 0.$$

1.2 Beispiele. a) Sei $\mathbb{C}$ der komplexe Zahlkörper. Dann ist α mit $\alpha a = \overline{a}$ für $a \in \mathbb{C}$ ein Automorphismus von $\mathbb{C}$, wie aus den Formeln

$$\overline{a+b} = \overline{a} + \overline{b}, \qquad \overline{ab} = \overline{a}\,\overline{b}$$

sofort folgt. (Übrigens sind die Identität und dieser Automorphismus die einzigen Automorphismen von $\mathbb{C}$, welche jedes Element aus $\mathbb{R}$ fest lassen; siehe dazu 2.4 g). Man kann jedoch unter Verwendung des Zornschen Lemmas beweisen, daß $\mathbb{C}$ noch viele andere Automorphismen besitzt.)

b) Die identische Abbildung ist der einzige Automorphismus des reellen Zahlkörpers:

---

1) Hermann Minkowski (1864–1909) Göttingen; quadratische Formen, Geometrie der Zahlen, konvexe Körper, Elektrodynamik bewegter Körper und spezielle Relativitätstheorie.

2) Albert Einstein (1879–1955) Berlin, Princeton; Schöpfer der speziellen und allgemeinen Relativitätstheorie, quantenmechanische Deutung des Photoeffektes, Nobelpreis für Physik 1921.

3) Hendrik Antoon Lorentz (1853–1928) Leiden; Elektronentheorie, bereitete die spezielle Relativitätstheorie Einsteins vor, Nobelpreis für Physik 1902.

Sei α ein Automorphismus von $\mathbb{R}$. Aus $\alpha 1 = 1$ folgert man leicht $\alpha n = n$ für alle $n \in \mathbb{Z}$. Aus

$$n\frac{m}{n} = m$$

für $m, n \in \mathbb{Z}$ und $n \neq 0$ erhalten wir dann

$$\alpha n \cdot \alpha\frac{m}{n} = \alpha m, \quad \text{also} \quad \alpha\frac{m}{n} = \frac{\alpha m}{\alpha n} = \frac{m}{n}.$$

Somit gilt $\alpha r = r$ für alle rationalen Zahlen r.

Seien $a, b \in \mathbb{R}$ mit $a > b$. Dann gibt es bekanntlich eine reelle Zahl c mit $a - b = c^2$. Daraus folgt

$$\alpha a - \alpha b = \alpha c^2 = (\alpha c)^2 > 0.$$

Somit erhält α die Anordnung auf $\mathbb{R}$.

Sei nun $a \in \mathbb{R}$. Zu vorgegebenem $\epsilon > 0$ gibt es dann bekanntlich rationale Zahlen r_1 und r_2 mit $r_1 < a < r_2$ und $0 < r_2 - r_1 < \epsilon$. Dann folgt mit dem bereits Bewiesenen

$$r_1 = \alpha r_1 < \alpha a < \alpha r_2 = r_2.$$

Das liefert $|\alpha a - a| < \epsilon$ für jedes $\epsilon > 0$, also $\alpha a = a$ für alle $a \in \mathbb{R}$.

c) Sei $\mathbf{K}$ ein Körper der Charakteristik $p > 0$. Dann ist bekanntlich p eine Primzahl. Der Binomialkoeffizient

$$\binom{p}{j} = \frac{p(p-1)\cdots(p-j+1)}{1\cdot 2\cdots j}$$

ist für $1 \leqslant j < p$ durch p teilbar, da p dann im Zähler, aber nicht im Nenner auftritt. Mit dem binomischen Satz folgt daher

$$(a+b)^p = \sum_{j=0}^{p} \binom{p}{j} a^{p-j} b^j = a^p + b^p.$$

Definieren wir eine Abbildung α von $\mathbf{K}$ in sich durch $\alpha a = a^p$, so gilt also

$$\alpha(a+b) = \alpha a + \alpha b$$

und trivialerweise auch

$$\alpha(ab) = (ab)^p = a^p b^p = (\alpha a)(\alpha b).$$

Aus

$$a^p = \alpha a = \alpha b = b^p$$

folgt

$$0 = a^p - b^p = (a-b)^p,$$

also $a = b$. Somit ist α eine injektive Abbildung von $\mathbf{K}$ in sich. Freilich können wir nicht allgemein beweisen, daß α surjektiv ist. Ist jedoch $\mathbf{K}$ endlich, so folgt bereits aus der Injektivität von α, daß α surjektiv ist. Damit haben wir gezeigt:

Ist $\mathbf{K}$ ein endlicher Körper der Charakteristik p, so ist die Abbildung α mit $\alpha a = a^p$ für $a \in \mathbf{K}$ ein Automorphismus von $\mathbf{K}$.

Alle in diesem Kapitel betrachteten Vektorräume seien von endlicher Dimension.

1.3 Definition. Sei $\mathbf{K}$ ein Körper, sei α ein Automorphismus von $\mathbf{K}$ und $\mathfrak{V}$ ein $\mathbf{K}$-Vektorraum.

a) Eine Abbildung $(\ ,\ )$ von $\mathfrak{V} \times \mathfrak{V}$ in $\mathbf{K}$ heißt ein α-Skalarprodukt auf $\mathfrak{V}$, falls gilt:

$$\begin{aligned} (v_1 + v_2, v_3) &= (v_1, v_3) + (v_2, v_3) \quad \text{und} \\ (v_1, v_2 + v_3) &= (v_1, v_2) + (v_1, v_3) \end{aligned} \tag{1}$$

für alle $v_j \in \mathfrak{V}$,

$$(av_1, v_2) = a(v_1, v_2) \qquad \text{und} \qquad (v_1, av_2) = (\alpha a)(v_1, v_2) \tag{2}$$

für alle $v_j \in \mathfrak{V}$ und alle $a \in \mathbf{K}$.

b) Ist $\alpha a = a$ für alle $a \in \mathbf{K}$, so nennen wir $(\ ,\ )$ ein Skalarprodukt auf $\mathfrak{V}$.

1.4 Beispiele. a) Sei $\mathfrak{V}$ ein Hilbertraum von endlicher Dimension über $\mathbb{R}$ oder $\mathbb{C}$ mit dem Skalarprodukt $(\ ,\ )$. Im reellen Falle ist dann $(\ ,\ )$ ein Skalarprodukt im Sinne von 1.3b), im komplexen Falle ist $(\ ,\ )$ ein α-Skalarprodukt, wobei α der Automorphismus von $\mathbb{C}$ aus 1.2 a) mit $\alpha a = \overline{a}$ ist.

b) Sei $\mathbf{K}$ ein beliebiger Körper, α ein Automorphismus von $\mathbf{K}$ und $\mathfrak{V}$ ein $\mathbf{K}$-Vektorraum. Sei $\{v_1, \ldots, v_n\}$ eine $\mathbf{K}$-Basis von $\mathfrak{V}$ und seien $a_{jk} \in \mathbf{K}$ $(j, k = 1, \ldots, n)$. Dann wird durch

$$\Big(\sum_{j=1}^{n} x_j v_j, \sum_{j=1}^{n} y_j v_j\Big) = \sum_{j,k=1}^{n} a_{jk} x_j (\alpha y_k)$$

für $x_j, y_j \in \mathbf{K}$ ein α-Skalarprodukt auf $\mathfrak{V}$ definiert, wie man leicht bestätigt.

c) Sei $\mathfrak{V}$ ein 4-dimensionaler $\mathbb{R}$-Vektorraum mit der Basis $\{v_1, v_2, v_3, v_4\}$. Wir definieren ein Skalarprodukt $(\ ,\ )$ auf $\mathfrak{V}$ durch die Festsetzung

$$\Big(\sum_{j=1}^{4} x_j v_j, \sum_{j=1}^{4} y_j v_j\Big) = x_1 y_1 + x_2 y_2 + x_3 y_3 - c^2 x_4 y_4,$$

wobei c die Lichtgeschwindigkeit sei. Dieser Raum ist der in der Einleitung dieses Kapitels erwähnte Minkowski-Raum.

1.5 Definition. Sei $\mathfrak{V}$ ein **K**-Vektorraum mit α-Skalarprodukt (,) und sei $\mathfrak{B} = \{ v_1, \ldots, v_n \}$ eine Basis von $\mathfrak{V}$. Wir bilden die Matrix

$$G(\mathfrak{B}) = ((v_j, v_k))_{j,k=1,\ldots,n}$$

vom Typ (n, n) und nennen sie die Gramsche Matrix von $\mathfrak{V}$ zu $\mathfrak{B}$ (vergleiche mit II,5.4). Ferner setzen wir

$$D(\mathfrak{B}) = \det G(\mathfrak{B})$$

und nennen $D(\mathfrak{B})$ die Diskriminante von $\mathfrak{V}$ zu $\mathfrak{B}$.

Die Abhängigkeit von $G(\mathfrak{B})$ und $D(\mathfrak{B})$ von der Wahl der Basis klärt der folgende Satz:

1.6 Satz. *Sei $\mathfrak{V}$ ein Vektorraum mit α-Skalarprodukt. Seien $\mathfrak{B} = \{ v_1, \ldots, v_n \}$ und $\mathfrak{B}' = \{ w_1, \ldots, w_n \}$ Basen von $\mathfrak{V}$ und*

$$w_j = \sum_{r=1}^{n} a_{jr} v_r \qquad (j = 1, \ldots, n)$$

*mit $a_{jr} \in$ **K**. Dann gelten:*

$$G(\mathfrak{B}') = (a_{jk}) G(\mathfrak{B}) (\alpha a_{jk})'. \tag{a}$$

$$D(\mathfrak{B}') = D(\mathfrak{B}) \det(a_{jk}) \alpha(\det(a_{jk})). \tag{b}$$

Ist insbesondere $D(\mathfrak{B}) \neq 0$ für eine Basis $\mathfrak{B}$ von $\mathfrak{V}$, so gilt $D(\mathfrak{B}') \neq 0$ für jede Basis $\mathfrak{B}'$ von $\mathfrak{V}$.

Beweis. a) Es gilt

$$(w_j, w_k) = (\sum_{r=1}^{n} a_{jr} v_r, \sum_{s=1}^{n} a_{ks} v_s) = \sum_{r,s=1}^{n} a_{jr} (v_r, v_s)(\alpha a_{ks}),$$

und dies ist gerade die (j, k)-Komponente von $(a_{jk})\, G\,(\mathfrak{B})(\alpha a_{jk})'$.
b) Dies folgt sofort aus a) wegen $\det(\alpha a_{jk}) = \alpha(\det(a_{jk}))$. □

1.7 Definition. Sei $\mathfrak{V}$ ein Vektorraum mit α-Skalarprodukt.
a) Ist $\mathfrak{U}$ eine Teilmenge von $\mathfrak{V}$, so setzen wir

$$\mathfrak{U}^{\perp} = \{ v \mid v \in \mathfrak{V},\ (u, v) = 0 \text{ für alle } u \in \mathfrak{U} \}$$

und

$${}^{\perp}\mathfrak{U} = \{ v \mid v \in \mathfrak{V},\ (v, u) = 0 \text{ für alle } u \in \mathfrak{U} \}.$$

(Vgl. II,4.9).
b) Wir nennen $\mathfrak{V}$ rechtsregulär (bzw. linksregulär), wenn $\mathfrak{V}^{\perp} = 0$ (bzw. ${}^{\perp}\mathfrak{V} = 0$) gilt.

1.8 Satz. *Sei $\mathfrak{V}$ ein Vektorraum mit α-Skalarprodukt (,). Dann sind gleichwertig:*
a) *$\mathfrak{V}$ ist linksregulär, d.h. aus $(v, w) = 0$ für alle $w \in \mathfrak{V}$ folgt $v = 0$.*
b) *Für jede Basis $\mathfrak{B}$ von $\mathfrak{V}$ gilt $D(\mathfrak{B}) \neq 0$.*
c) *Es gibt eine Basis $\mathfrak{B}$ von $\mathfrak{V}$ mit $D(\mathfrak{B}) \neq 0$.*
d) *$\mathfrak{V}$ ist rechtsregulär.*

Beweis. a) $\Rightarrow$ b): Sei $\mathfrak{B} = \{ v_1, \dots, v_n \}$ irgendeine Basis von $\mathfrak{V}$. Sei $v = \sum_{j=1}^n x_j v_j$ mit $x_j \in \mathbf{K}$. Dann ist $(v, w) = 0$ für alle $w \in \mathfrak{V}$ gleichwertig mit

$$0 = (v, v_k) = \sum_{j=1}^n x_j (v_j, v_k) \qquad \text{für} \qquad k = 1, \dots, n.$$

Das ist ein homogenes lineares Gleichungssystem für $x_1, \dots, x_n$, welches nur die triviale Lösung $x_1 = \dots = x_n = 0$ gestattet. Bekanntlich ist daher

$$D(\mathfrak{B}) = \det((v_j, v_k)) \neq 0.$$

b) $\Rightarrow$ c): Dies ist trivial.
c) $\Rightarrow$ d): Sei $\mathfrak{B} = \{ v_1, \dots, v_n \}$ mit $D(\mathfrak{B}) \neq 0$. Sei $v = \sum_{j=1}^n x_j v_j$ mit $(w, v) = 0$ für alle $w \in \mathfrak{V}$. Dann ist insbesondere

$$0 = (v_k, v) = \sum_{j=1}^n (\alpha x_j)(v_k, v_j) \quad (k = 1, \dots, n).$$

Die Matrix dieses homogenen linearen Gleichungssystems für die αx_j $(j = 1, \dots, n)$ ist $G(\mathfrak{B})'$ mit

$$\det G(\mathfrak{B})' = \det G(\mathfrak{B}) = D(\mathfrak{B}) \neq 0.$$

Also folgt $\alpha x_j = 0$, somit $x_j = 0$ für $j = 1, \dots, n$. Das zeigt $\mathfrak{V}^\perp = 0$, also ist $\mathfrak{V}$ rechtsregulär.
d) $\Rightarrow$ a): Da die Schlußkette von a) nach d) offenbar auch nach Vertauschung von rechts und links gültig bleibt, folgt auch a) aus d). □

Da wir nun zwischen Links- und Rechtsregularität nicht mehr unterscheiden müssen, definieren wir:

1.9 Definition. Sei $\mathfrak{V}$ ein Vektorraum mit α-Skalarprodukt (,). Wir nennen $\mathfrak{V}$ und (,) regulär, falls eine der Bedingungen a) bis d) aus 1.8 erfüllt ist.

1.10 Beispiele. a) Sei $\mathfrak{V}$ ein Vektorraum mit α-Skalarprodukt (,). Sei $\mathfrak{B} = \{ v_1, \dots, v_n \}$ eine Basis von $\mathfrak{V}$ mit $(v_j, v_k) = \delta_{jk} a_j$ mit $a_j \in \mathbf{K}$. Dann ist $D(\mathfrak{B}) = \prod_{j=1}^n a_j$. Nach 1.8 ist daher $\mathfrak{V}$ genau dann regulär, wenn alle a_j von 0 verschieden sind. Insbesondere ist der Minkowski-Raum aus 1.4 c) regulär.

b) Sei $\mathfrak{V}$ ein Vektorraum mit Skalarprodukt (,).
Sei $\mathfrak{B} = \{ v_1, \ldots, v_m, w_1, \ldots, w_m \}$ eine Basis von $\mathfrak{V}$ und

$$(v_j, v_k) = (w_j, w_k) = 0 \qquad \text{für alle} \quad j, k;$$
$$(v_j, w_k) = -(w_k, v_j) = \delta_{jk}.$$

Ordnen wir die Basis gemäß $\{ v_1, w_1, v_2, w_2, \ldots, v_m, w_m \}$, so ist die Gramsche Matrix

$$G(\mathfrak{B}) = \begin{pmatrix} 0 & 1 & & & \\ -1 & 0 & & & \\ & & \ddots & & \\ & & & 0 & 1 \\ & & & -1 & 0 \end{pmatrix}.$$

Daraus folgt $\det G(\mathfrak{B}) = 1$, also ist $\mathfrak{V}$ nach 1.8 regulär.
Für alle $v = \sum_{j=1}^{m} (x_j v_j + y_j w_j) \in \mathfrak{V}$ gilt nun

$$(v, v) = \sum_{j=1}^{m} x_j y_j (v_j, w_j) + \sum_{j=1}^{m} y_j x_j (w_j, v_j) = 0.$$

Diese Beispiele werden noch mehrfach eine Rolle spielen.

1.11 Satz. *Sei $\mathfrak{V}$ ein Vektorraum mit α-Skalarprodukt (,). Ist $\mathfrak{V}$ regulär, so gibt es zu jedem $f \in \mathfrak{V}^* = \operatorname{Hom}(\mathfrak{V}, \mathbf{K})$ genau ein $w \in \mathfrak{V}$ mit*

$$f(v) = (v, w) \qquad \textit{für alle} \quad v \in \mathfrak{V}.$$

(Vgl. II, 5.1).

Beweis. Wörtlich wie in II, 5.1 zeigt man, daß jedes $f \in \mathfrak{V}^*$ die Gestalt $f(v) = (v, w)$ mit geeignetem $w \in \mathfrak{V}$ hat. Ist $(v, w) = (v, w')$ für alle $v \in \mathfrak{V}$, so folgt $(v, w - w') = 0$, wegen der Regularität von $\mathfrak{V}$ also $w - w' \in \mathfrak{V}^{\perp} = 0$. □

1.12 Satz. *Sei $\mathfrak{V}$ ein Vektorraum mit α-Skalarprodukt (,). Sei $\mathfrak{U}$ eine Teilmenge von $\mathfrak{V}$.*
a) *${}^{\perp}\mathfrak{U}$ und $\mathfrak{U}^{\perp}$ sind Unterräume von $\mathfrak{V}$.*
b) *Ist $\mathfrak{V}$ regulär und ist $\mathfrak{U}$ ein Unterraum von $\mathfrak{V}$, so gilt*

$$\dim \mathfrak{U}^{\perp} = \dim {}^{\perp}\mathfrak{U} = \dim \mathfrak{V} - \dim \mathfrak{U}.$$

c) *Ist $\mathfrak{V}$ regulär und sind $\mathfrak{U}_1$ und $\mathfrak{U}_2$ Unterräume von $\mathfrak{V}$, so ist*

$$(\mathfrak{U}_1 + \mathfrak{U}_2)^{\perp} = \mathfrak{U}_1^{\perp} \cap \mathfrak{U}_2^{\perp} \qquad \textit{und} \qquad (\mathfrak{U}_1 \cap \mathfrak{U}_2)^{\perp} = \mathfrak{U}_1^{\perp} + \mathfrak{U}_2^{\perp}.$$

Die entsprechenden Aussagen gelten auch für ${}^{\perp}\mathfrak{U}_j$. (Vgl. II, 4.16).

Beweis. a) Aus $(v_1, u) = (v_2, u) = 0$ für alle $u \in \mathfrak{U}$ folgt

$$(a_1 v_1 + a_2 v_2, u) = a_1(v_1, u) + a_2(v_2, u) = 0.$$

Also ist ${}^{\perp}\mathfrak{U}$ ein Unterraum von $\mathfrak{V}$. Ähnlich sieht man, daß auch $\mathfrak{U}^{\perp}$ ein Unterraum ist.
b) Sei $\{ u_1, \ldots, u_m \}$ eine Basis von $\mathfrak{U}$ und $\{ v_1, \ldots, v_n \}$ eine Basis von $\mathfrak{V}$. Genau dann gilt $v = \sum_{j=1}^{n} x_j v_j \in {}^{\perp}\mathfrak{U}$, wenn

$$0 = (v, u_k) = \sum_{j=1}^{n} x_j (v_j, u_k) \quad (k = 1, \ldots, m). \tag{$*$}$$

Dies ist ein homogenes lineares Gleichungssystem für die x_j mit der Matrix

$$A = ((v_j, u_k))_{\substack{j=1,\ldots,n, \\ k=1,\ldots,m}}.$$

Wir zeigen, daß die m Spalten von A linear unabhängig sind, daß also Rang $A = m$ gilt:
Sei

$$0 = \sum_{k=1}^{m} a_k (v_j, u_k) \qquad (j = 1, \ldots, n)$$

mit $a_k \in \mathbf{K}$. Da der Automorphismus α von $\mathbf{K}$, welcher zu unserem Skalarprodukt gehört, bijektiv ist, gibt es $b_k \in \mathbf{K}$ mit $a_k = \alpha b_k$. Damit folgt für $j = 1, \ldots, n$

$$0 = \sum_{k=1}^{m} (\alpha b_k)(v_j, u_k) = \sum_{k=1}^{m} (v_j, b_k u_k) = (v_j, \sum_{k=1}^{m} b_k u_k).$$

Setzen wir $u = \sum_{k=1}^{m} b_k u_k$, so ist für alle $v = \sum_{j=1}^{n} x_j v_j \in \mathfrak{V}$

$$(v, u) = \sum_{j=1}^{n} x_j (v_j, u) = 0.$$

Wegen der Regularität von $\mathfrak{V}$ erzwingt dies $u = 0$, also $b_1 = \ldots = b_m = 0$. Dann ist auch $a_1 = \ldots = a_m = 0$, und die m Spalten von A sind linear unabhängig.

Bekanntlich bilden die Lösungen von $(*)$ einen Vektorraum der Dimension

$$n - \text{Rang}\, A = n - m.$$

Das ergibt

$$\dim {}^{\perp}\mathfrak{U} = n - m = \dim \mathfrak{V} - \dim \mathfrak{U}.$$

Ähnlich führt man den Beweis für $\mathfrak{U}^{\perp}$.
c) Die Aussage

$$(\mathfrak{U}_1 + \mathfrak{U}_2)^{\perp} = \mathfrak{U}_1^{\perp} \cap \mathfrak{U}_2^{\perp}$$

folgt sofort aus der Definition von $\mathfrak{U}^\perp$. Ferner ist offenbar

$$\mathfrak{U}_1^\perp + \mathfrak{U}_2^\perp \subseteq (\mathfrak{U}_1 \cap \mathfrak{U}_2)^\perp.$$

Dabei gilt nach b)

$$\begin{aligned}
\dim(\mathfrak{U}_1^\perp + \mathfrak{U}_2^\perp) &= \dim \mathfrak{U}_1^\perp + \dim \mathfrak{U}_2^\perp - \dim(\mathfrak{U}_1^\perp \cap \mathfrak{U}_2^\perp) \\
&= \dim \mathfrak{U}_1^\perp + \dim \mathfrak{U}_2^\perp - \dim(\mathfrak{U}_1 + \mathfrak{U}_2)^\perp \\
&= (n - \dim \mathfrak{U}_1) + (n - \dim \mathfrak{U}_2) - (n - \dim(\mathfrak{U}_1 + \mathfrak{U}_2)) \\
&= n - (\dim \mathfrak{U}_1 + \dim \mathfrak{U}_2 - \dim(\mathfrak{U}_1 + \mathfrak{U}_2)) \\
&= n - \dim(\mathfrak{U}_1 \cap \mathfrak{U}_2) = \dim(\mathfrak{U}_1 \cap \mathfrak{U}_2)^\perp.
\end{aligned}$$

Das zeigt

$$(\mathfrak{U}_1 \cap \mathfrak{U}_2)^\perp = \mathfrak{U}_1^\perp + \mathfrak{U}_2^\perp.$$ □

1.13 Definition. Seien $\mathfrak{V}$ und $\mathfrak{W}$ **K**-Vektorräume, beide mit einem α-Skalarprodukt versehen. Wir verwenden für die Skalarprodukte auf $\mathfrak{V}$ und $\mathfrak{W}$ dieselbe Bezeichnung $(\ ,\ )$.
a) Eine **K**-lineare Abbildung A von $\mathfrak{V}$ in $\mathfrak{W}$ heißt eine Isometrie von $\mathfrak{V}$ in $\mathfrak{W}$, falls A ein Monomorphismus ist und

$$(Av_1, Av_2) = (v_1, v_2) \quad \text{für alle} \quad v_j \in \mathfrak{V} \quad \text{gilt.}$$

(Es hat wenig Sinn, an dieser Stelle auf die Bedingung Kern $A = 0$ zu verzichten; siehe Aufgabe A 1.2).
b) Gibt es eine Isometrie von $\mathfrak{V}$ auf $\mathfrak{W}$, so nennen wir $\mathfrak{V}$ und $\mathfrak{W}$ isometrische Räume. Offenbar ist Isometrie eine Äquivalenzrelation.

Eine Grundaufgabe der Theorie ist die Bestimmung aller Isometrietypen von **K**-Vektorräumen mit α-Skalarprodukt. Eine vollständige Lösung ist nur für wenige Körper **K** bekannt. Die Fälle $\mathbf{K} = \mathbb{R}$, $\mathbf{K} = \mathbb{C}$ oder **K** ein endlicher Körper werden wir in § 4 und § 7 vollständig klären, wobei wir freilich noch gewisse Symmetrieannahmen über das Skalarprodukt machen werden.

1.14 Satz. *Sei $\mathfrak{V}$ ein Vektorraum mit α-Skalarprodukt. Dann bilden die Isometrien von $\mathfrak{V}$ auf sich eine Gruppe, welche wir mit $I(\mathfrak{V})$ bezeichnen.*

Beweis. Für $G_1, G_2 \in I(\mathfrak{V})$ ist $G_1 G_2$ eine bijektive lineare Abbildung von $\mathfrak{V}$ auf sich mit

$$(G_1 G_2 v_1, G_1 G_2 v_2) = (G_2 v_1, G_2 v_2) = (v_1, v_2) \quad \text{für alle} \quad v_j \in \mathfrak{V}.$$

Also gilt $G_1 G_2 \in I(\mathfrak{V})$.
Für $G \in I(\mathfrak{V})$ haben wir noch $G^{-1} \in I(\mathfrak{V})$ zu zeigen. Da G^{-1} existiert, gilt

$$(v_1, v_2) = (GG^{-1}v_1, GG^{-1}v_2) = (G^{-1}v_1, G^{-1}v_2).$$

Das zeigt $G^{-1} \in I(\mathfrak{V})$. □

Ist $\mathfrak{V}$ der Minkowski-Raum aus 1.4 c), so ist $I(\mathfrak{V})$ die Gruppe der sog. Lorentz-Transformationen, welche die Erscheinungen der speziellen Relativitätstheorie weitgehend beherrschen. Wir kommen darauf ausführlich in den Paragraphen 10 bis 12 zurück.

1.15 Satz. *Sei $\mathfrak{V}$ ein Vektorraum mit regulärem α-Skalarprodukt.*
Sei $\mathfrak{B} = \{ v_1, \ldots, v_n \}$ eine Basis von $\mathfrak{V}$. Sei $A \in \mathrm{GL}(\mathfrak{V})$ mit

$$Av_j = \sum_{k=1}^{n} a_{kj} v_k.$$

a) *Genau dann ist A eine Isometrie von $\mathfrak{V}$, wenn*

$$(a_{jk})' G(\mathfrak{B})(\alpha a_{jk}) = G(\mathfrak{B})$$

gilt, wobei $G(\mathfrak{B})$ die Gramsche Matrix zu $\mathfrak{B}$ ist.
b) *Ist A eine Isometrie von $\mathfrak{V}$, so gilt*

$$\det A \cdot \alpha(\det A) = 1.$$

Ist insbesondere $\alpha = 1$, so gilt also $\det A = \pm 1$.
c) *Ist $\alpha = 1$, ist A eine Isometrie und ist f_A das charakteristische Polynom von A, so gilt*

$$f_A(x) = (-x)^n \det A \, f_A\left(\frac{1}{x}\right).$$

d) *Sei* $\mathrm{Char}\,\mathbf{K} \neq 2$, *$\alpha = 1$ und A eine Isometrie. Dann hat A den Eigenwert 1, falls* $\det A(-1)^n = -1$ *gilt. Ist* $\det A = -1$, *so hat A stets den Eigenwert -1.*

Beweis. a) Es gilt

$$(Av_j, Av_k) = \left(\sum_{r=1}^{n} a_{rj} v_r, \sum_{s=1}^{n} a_{sk} v_s\right) = \sum_{r,s=1}^{n} a_{rj}(v_r, v_s)(\alpha a_{sk}),$$

und dies ist der (j, k)-Koeffizient von

$$(a_{jk})' G(\mathfrak{B})(\alpha a_{jk}).$$

Also ist A genau dann eine Isometrie, wenn

$$G(\mathfrak{B}) = (a_{jk})' G(\mathfrak{B})(\alpha a_{jk})$$

gilt.
b) Ist A eine Isometrie, so gilt nach a)

$$\det G(\mathfrak{B}) = \det(a_{jk})' \det G(\mathfrak{B}) \det(\alpha a_{jk}) = \det A \det G(\mathfrak{B}) \alpha \det A.$$

Wegen $\det G(\mathfrak{B}) \neq 0$ (siehe 1.8) folgt die Behauptung.

c) Setzen wir $G = G(\mathfrak{B})$, so gilt nach a) also $(a_{jk}) = G^{-1}(a_{jk})'^{-1}G$. Damit erhalten wir

$$\begin{aligned} f_A(x) &= \det(xE - (a_{jk})) = \det(xE - G^{-1}(a_{jk})'^{-1}G) \\ &= \det(xE - (a_{jk})^{-1}) = \det((-x)(\frac{1}{x}E - (a_{jk}))(a_{jk})^{-1}) \\ &= (-x)^n \det A^{-1} \det(\frac{1}{x}E - A) = (-x)^n \det A\, f_A(\frac{1}{x}). \end{aligned}$$

d) Aus c) folgt

$$f_A(1) = (-1)^n \det A\, f_A(1),$$

also $f_A(1) = 0$ falls $(-1)^n \det A = -1$ und $\operatorname{Char} \mathbf{K} \neq 2$. Ferner ist für $\det A = -1$ und alle n

$$f_A(-1) = \det A\, f_A(-1) = -f_A(-1),$$

somit $f_A(-1) = 0$. □

Aufgaben

A 1.1 Sei $\mathfrak{V}$ ein Vektorraum mit α-Skalarprodukt.

a) Man beweise

$$\dim^{\perp} \mathfrak{V} = \dim \mathfrak{V}^{\perp} = \dim \mathfrak{V} - \operatorname{Rang} G(\mathfrak{B}),$$

wobei $G(\mathfrak{B})$ die bezüglich irgendeiner Basis $\mathfrak{B}$ von $\mathfrak{V}$ gebildete Gramsche Matrix ist.

b) Man gebe ein Beispiel mit ${}^{\perp}\mathfrak{V} \neq \mathfrak{V}^{\perp}$ an.

A 1.2 Seien $\mathfrak{V}$ und $\mathfrak{W}$ **K**-Vektorräume mit α-Skalarprodukt.
Sei ferner $A \in \operatorname{Hom}(\mathfrak{V}, \mathfrak{W})$ mit

$$(Av_1, Av_2) = (v_1, v_2) \qquad \text{für alle} \qquad v_j \in \mathfrak{V}.$$

Ist $\mathfrak{V}$ regulär, so gilt $\operatorname{Kern} A = 0$.

A 1.3 Sei $\mathfrak{V}$ ein Vektorraum mit α-Skalarprodukt und $\mathfrak{W}$ ein Unterraum von $\mathfrak{V}$. Man zeige:

a) Genau dann wird durch

$$[v_1 + \mathfrak{W}, v_2 + \mathfrak{W}] = (v_1, v_2)$$

ein α-Skalarprodukt auf dem Faktorraum $\mathfrak{V}/\mathfrak{W}$ definiert, wenn $\mathfrak{W} \subseteq {}^{\perp}\mathfrak{V} \cap \mathfrak{V}^{\perp}$.

b) Ist $\mathfrak{W} = {}^{\perp}\mathfrak{V} = \mathfrak{V}^{\perp}$, so ist $\mathfrak{V}/\mathfrak{W}$ mit dem Skalarprodukt [,] aus a) regulär.

§ 2 Orthosymmetrische Skalarprodukte

Sei $\mathfrak{V}$ ein Vektorraum mit α-Skalarprodukt (,). Wie in II,4.9 wollen wir auf $\mathfrak{V}$ eine Orthogonalitätsrelation einführen durch die Festsetzung, daß v_1 zu v_2 orthogonal sei, falls $(v_1, v_2) = 0$ gilt. Nun ist es freilich bei der großen Allgemeinheit des Skalarproduktbegriffes noch möglich, daß es Vektoren v_1, v_2 gibt mit

$$(v_1, v_2) = 0 \neq (v_2, v_1).$$

Dann wäre Orthogonalität also keine symmetrische Relation. Es leuchtet ein, daß dies für den Aufbau einer geometrisch orientierten Theorie ein großes Hindernis sein würde. Wir wollen solche Fälle daher weiterhin ausschließen und definieren dazu:

2.1 Definition. Sei $\mathfrak{V}$ ein Vektorraum mit α-Skalarprodukt (,). Folgt aus $(v_1, v_2) = 0$ für irgendwelche $v_j \in \mathfrak{V}$ stets auch $(v_2, v_1) = 0$, so nennen wir (,) ein orthosymmetrisches Skalarprodukt.

2.2 Beispiele. Sei $\mathfrak{V}$ ein Vektorraum mit α-Skalarprodukt (,).
a) Ist $\alpha = 1$ der identische Automorphismus von $\mathbf{K}$ und gilt $(v, v) = 0$ für alle $v \in \mathfrak{V}$, so nennen wir (,) ein symplektisches Skalarprodukt und $\mathfrak{V}$ einen symplektischen Raum. Für alle $v_1, v_2 \in \mathfrak{V}$ ist dann

$$\begin{aligned} 0 = (v_1 + v_2, v_1 + v_2) &= (v_1, v_1) + (v_1, v_2) + (v_2, v_1) + (v_2, v_2) \\ &= (v_1, v_2) + (v_2, v_1). \end{aligned}$$

Somit ist

$$(v_1, v_2) = -(v_2, v_1).$$

Symplektische Skalarprodukte sind also schiefsymmetrisch und daher offenbar orthosymmetrisch.

Ist $\operatorname{Char} \mathbf{K} \neq 2$ und ist (,) ein schiefsymmetrisches Skalarprodukt, so gilt für alle $v \in \mathfrak{V}$

$$(v, v) = -(v, v),$$

wegen $\operatorname{Char} \mathbf{K} \neq 2$ also $(v, v) = 0$. Für $\operatorname{Char} \mathbf{K} \neq 2$ sind daher die symplektischen Skalarprodukte gerade die schiefsymmetrischen. Für $\operatorname{Char} \mathbf{K} = 2$ hingegen sind Schiefsymmetrie und Symmetrie dasselbe, aber nicht jedes schiefsymmetrische Skalarprodukt ist dann symplektisch.
b) Sei $\alpha = 1$ und $(v_1, v_2) = (v_2, v_1)$ für alle $v_j \in \mathfrak{V}$. Dann ist (,) sicher orthosymmetrisch. Ist $\operatorname{Char} \mathbf{K} \neq 2$, so nennen wir $\mathfrak{V}$ einen symmetrischen Raum. (Der Fall $\operatorname{Char} \mathbf{K} = 2$ spielt bei symmetrischen Skalarprodukten eine unangenehme Sonderrolle, wie wir an mehreren Stellen sehen werden; siehe 4.6 und 6.4).

c) Sei nun α ein Automorphismus von $\mathbf{K}$ mit $\alpha^2 = 1 \neq \alpha$ und sei

$$(v_2, v_1) = \alpha(v_1, v_2) \qquad \text{für alle } v_j \in \mathfrak{V}.$$

Dann ist $\mathfrak{V}$ offenbar orthosymmetrisch. Wir nennen nun (,) ein unitäres Skalarprodukt und $\mathfrak{V}$ einen unitären Raum. (Ein uns bereits bekannter Fall dieser Art sind die $\mathbb{C}$-Hilberträume.)

Wir werden in Hauptsatz 2.5 zeigen, daß die in 2.2 aufgezählten Fälle im wesentlichen alle orthosymmetrischen Skalarprodukte erfassen. Dazu benötigen wir eine naheliegende Definition:

2.3 Definition. Seien (,) und [,] α-Skalarproduke auf $\mathfrak{V}$ zu demselben Automorphismus α. Wir nennen (,) und [,] ähnlich, falls es ein $0 \neq a \in \mathbf{K}$ gibt mit

$$[v_1, v_2] = a(v_1, v_2) \qquad \text{für alle} \qquad v_j \in \mathfrak{V}.$$

Offenbar definieren dann [,] und (,) denselben Orthogonalitätsbegriff auf $\mathfrak{V}$, und die Gruppen der Isometrien von $\mathfrak{V}$ bezüglich [,] und (,) stimmen überein. Für unsere Untersuchungen ist daher oft der Übergang zu einem ähnlichen Skalarprodukt erlaubt.

Wir benötigen noch einen Hilfssatz über Automorphismen von Körpern:

2.4 Hilfssatz. *Sei* $\mathbf{K}$ *ein Körper und* α *ein Automorphismus von* $\mathbf{K}$ *mit* $\alpha^2 = 1 \neq \alpha$.
a) *Die Menge*

$$\mathbf{K}_0 = \{\, a \mid a \in \mathbf{K},\ \alpha a = a \,\}$$

ist ein Teilkörper von $\mathbf{K}$.
b) *Wir definieren die Abbildung* N *der multiplikativen Gruppe* $\mathbf{K}^\times$ *von* $\mathbf{K}$ *in sich durch* $N(a) = a(\alpha a)$. *Dann ist* N *ein Homomorphismus von* $\mathbf{K}^\times$ *in* $\mathbf{K}_0^\times$ *mit*

$$\operatorname{Kern} N = \{\, \frac{b}{\alpha b} \mid b \in \mathbf{K}^\times \,\}.$$

(Man nennt N *die Norm von* $\mathbf{K}$ *über* $\mathbf{K}_0$*).*
c) *Wir definieren die Abbildung* S *von* $\mathbf{K}$ *in sich durch* $S(a) = a + \alpha a$. *Dann ist* S *ein Homomorphismus der additiven Gruppe* $\mathbf{K}^+$ *von* $\mathbf{K}$ *auf* $\mathbf{K}_0^+$. *(Man nennt* S *die Spur von* $\mathbf{K}$ *über* $\mathbf{K}_0$*;* S *ist tatsächlich die Spur einer geeigneten linearen Abbildung, siehe Aufgabe A 2.1).*
d) *Es gilt*

$$\operatorname{Kern} S = \operatorname{Bild}(1 - \alpha) = \{\, b - \alpha b \mid b \in \mathbf{K} \,\}.$$

Insbesondere gibt es ein $a \neq 0$ *in* $\mathbf{K}$ *mit* $a + \alpha a = 0$.

e) *Ist* $\operatorname{Char}\mathbf{K} \neq 2$, *so gibt es ein* $b \in \mathbf{K}$ *mit* $\alpha b = -b \neq 0$. *Dann gilt*

$$\mathbf{K} = \mathbf{K}_0 \oplus \mathbf{K}_0 b$$

und insbesondere $\dim_{\mathbf{K}_0} \mathbf{K} = 2$.
f) *Ist* $\operatorname{Char}\mathbf{K} = 2$, *so gibt es ein* $c \in \mathbf{K}$ *mit* $\alpha c = c + 1$. *Wieder gilt*

$$\mathbf{K} = \mathbf{K}_0 \oplus \mathbf{K}_0 c$$

und $\dim_{\mathbf{K}_0} \mathbf{K} = 2$.
g) *1 und* α *sind die einzigen Automorphismen von* $\mathbf{K}$, *welche* $\mathbf{K}_0$ *elementweise fest lassen.*

Beweis. a) Diese Behauptung ist trivial.
b) Man bestätigt sofort

$$N(ab) = N(a)N(b).$$

Wegen

$$\alpha(a(\alpha a)) = \alpha a \cdot \alpha^2 a = (\alpha a)a$$

gilt $\operatorname{Bild} N \leqslant \mathbf{K}_0^\times$.
Aus $a = \frac{b}{\alpha b}$ mit $b \in \mathbf{K}^\times$ folgt sofort

$$N(a) = a(\alpha a) = \frac{b}{\alpha b}\frac{\alpha b}{\alpha^2 b} = 1.$$

Sei umgekehrt

$$1 = N(a) = a(\alpha a).$$

Wir suchen ein $b \neq 0$ mit $a = \frac{b}{\alpha b}$. Dazu machen wir den Ansatz

$$b = x + a(\alpha x)$$

mit noch zu bestimmendem $x \in \mathbf{K}$. Dann ist

$$\alpha b = \alpha x + (\alpha a)(\alpha^2 x) = \alpha x + (\alpha a)x = \alpha x + a^{-1}x = a^{-1}b.$$

Wir haben also nur noch x so zu wählen, daß $x + a(\alpha x) \neq 0$ gilt. Ist $a \neq -1$, so setzen wir einfach $x = 1$, also $b = 1 + a$. Für $a = -1$ können wir wegen $\alpha \neq 1$ ein x mit $b = x - \alpha x \neq 0$ finden.
c) Offenbar ist S ein Homomorphismus von $\mathbf{K}^+$ in sich, und wegen

$$\alpha(a + \alpha a) = \alpha a + \alpha^2 a = \alpha a + a$$

gilt $\operatorname{Bild} S \leqslant \mathbf{K}_0^+$. Für $a \in \mathbf{K}$ und $b \in \mathbf{K}_0$ gilt

$$S(ba) = ba + \alpha(ba) = ba + (\alpha b)(\alpha a) = bS(a).$$

Also ist S eine $\mathbf{K}_0$-lineare Abbildung von $\mathbf{K}$ in $\mathbf{K}_0$. Zum Nachweis von $\operatorname{Bild} S = \mathbf{K}_0$ reicht also der Beweis von $\operatorname{Bild} S \neq 0$.

Ist Char $\mathbf{K} \neq 2$, so gilt

$$S(1) = 1 + \alpha 1 = 2 \neq 0.$$

Ist Char $\mathbf{K} = 2$, so gibt es wegen $\alpha \neq 1$ ein $a \in \mathbf{K}$ mit

$$0 \neq a - \alpha a = a + \alpha a = S(a).$$

d) Ist $a = b - \alpha b$, so gilt wegen $\alpha^2 = 1$

$$S(a) = a + \alpha a = (b - \alpha b) + (\alpha b - \alpha^2 b) = 0.$$

Sei umgekehrt

$$S(a) = a + \alpha a = 0.$$

Nach c) gibt es ein $b \in \mathbf{K}$ mit $b + \alpha b = 1$. Dann folgt

$$ab - \alpha(ab) = ab - (\alpha a)(\alpha b) = a(b + \alpha b) = a.$$

Damit ist die Behauptung über Kern S bewiesen.

Ist $b \neq \alpha b$, so gilt für $a = b - \alpha b$ also $a \neq 0$ und $a + \alpha a = 0$.

e) Nach d) gibt es ein $b \in \mathbf{K}^\times$ mit $b + \alpha b = 0$. Wegen Char $\mathbf{K} \neq 2$ gilt dabei $b \notin \mathbf{K}_0$. Für beliebiges $a \in \mathbf{K}$ erhalten wir nun

$$a = \frac{1}{2}(a + \alpha a) + b\frac{a - \alpha a}{2b}$$

mit $a + \alpha a$, $\frac{a - \alpha a}{b} \in \mathbf{K}_0$, wie man leicht nachrechnet. Das zeigt $\mathbf{K} = \mathbf{K}_0 + \mathbf{K}_0 b$. Wegen $\alpha x = -x$ für alle $x \in \mathbf{K}_0 b$ ist $\mathbf{K}_0 \cap \mathbf{K}_0 b = 0$, also gilt $\mathbf{K} = \mathbf{K}_0 \oplus \mathbf{K}_0 b$ als $\mathbf{K}_0$-Vektorraum.

f) Sei nun Char $\mathbf{K} = 2$ und sei $x \in \mathbf{K}$ mit

$$0 \neq x - \alpha x = x + \alpha x.$$

Dann ist $x + \alpha x \in \mathbf{K}_0$. Setzen wir

$$c = \frac{x}{x + \alpha x},$$

so gilt $\alpha c - c = 1$ und somit sicher $c \notin \mathbf{K}_0$.
Sei nun $a \in \mathbf{K}$. Dann ist wegen Char $\mathbf{K} = 2$

$$a = (a + (\alpha a + a)c) + (\alpha a + a)c.$$

Dabei gilt offenbar $\alpha a + a \in \mathbf{K}_0$, und wegen

$$\alpha(a + (\alpha a + a)c) = \alpha a + (a + \alpha a)(c + 1) = a + (a + \alpha a)c$$

gilt auch $a + (\alpha a + a)c \in \mathbf{K}_0$. Das zeigt $\mathbf{K} = \mathbf{K}_0 + \mathbf{K}_0 c$. Ist $x = yc \in \mathbf{K}_0 \cap \mathbf{K}_0 c$ mit $x, y \in \mathbf{K}_0$, so gilt

$$x = \alpha x = (\alpha y)(\alpha c) = y(c + 1) = x + y,$$

also $x = y = 0$. Somit ist $\mathbf{K} = \mathbf{K}_0 \oplus \mathbf{K}_0 c$.

g) Sei β ein Automorphismus von $\mathbf{K}$, der $\mathbf{K}_0$ elementweise fest läßt.

Sei zuerst $\operatorname{Char} \mathbf{K} \neq 2$. Nach e) gilt dann $\mathbf{K} = \mathbf{K}_0 \oplus \mathbf{K}_0 b$ mit $\alpha b = -b$. Es folgt

$$\alpha(b^2) = (\alpha b)^2 = b^2,$$

also $b^2 \in \mathbf{K}_0$. Daher ist auch

$$(\beta b)^2 = \beta(b^2) = b^2$$

und somit $\beta b = \pm b$. Ist $\beta b = b$, so ist $\beta = 1$; ist $\beta b = -b$, so gilt $\beta = \alpha$.

Sei nun $\operatorname{Char} \mathbf{K} = 2$. Nach f) ist jetzt $\mathbf{K} = \mathbf{K}_0 \oplus \mathbf{K}_0 c$ mit $\alpha c = c + 1$. Daraus folgt

$$\alpha(c^2 + c) = (\alpha c)^2 + \alpha c = (c + 1)^2 + (c + 1) = c^2 + c,$$

also $c^2 + c \in \mathbf{K}_0$. Wieder ist daher

$$(\beta c)^2 + \beta c = \beta(c^2 + c) = c^2 + c,$$

und das heißt

$$0 = (\beta c)^2 - c^2 + \beta c - c = (\beta c - c)(\beta c - c + 1).$$

Das erzwingt $\beta c = c$ oder $\beta c = c + 1$, also wieder $\beta = 1$ oder $\beta = \alpha$. □

Hilfssatz 2.4 ist ein Spezialfall viel allgemeinerer körpertheoretischer Sätze. Wir machen darauf aufmerksam, daß i.a. nicht $\operatorname{Bild} N = \mathbf{K}_0^\times$ gilt; vgl. jedoch 7.13 c).

Man mache sich die Aussagen von Hilfssatz 2.4 für $\operatorname{Char} \mathbf{K} \neq 2$ an dem Beispiel $\mathbf{K} = \mathbb{C}$, $\alpha a = \overline{a}$ und $\mathbf{K}_0 = \mathbb{R}$ klar. (In diesem Falle besteht $\operatorname{Bild} N$ nur aus den positiven reellen Zahlen.)

Nun können wir den Hauptsatz dieses Paragraphen beweisen:

2.5 Hauptsatz. *Sei $\mathfrak{V}$ ein Vektorraum mit regulärem α-Skalarprodukt (,). Ferner sei (,) orthosymmetrisch.*

a) *Ist $\alpha = 1$, so ist (,) symmetrisch oder schiefsymmetrisch, also gilt entweder*

$$(v_1, v_2) = (v_2, v_1) \qquad \textit{für alle} \quad v_j \in \mathfrak{V}$$

oder

$$(v_1, v_2) = -(v_2, v_1) \qquad \textit{für alle} \quad v_j \in \mathfrak{V}.$$

b) *Ist $\alpha \neq 1$ und* $\dim \mathfrak{V} \geqslant 2$, *so ist $\alpha^2 = 1$, und (,) ist ähnlich zu einem unitären Skalarprodukt im Sinne von 2.2 c).*

Beweis. Ist $\alpha = 1$ und $\mathfrak{V} = \mathbf{K}v_1$ eindimensional, so gilt

$$(xv_1, yv_1) = xy(v_1, v_1),$$

und das Skalarprodukt ist symmetrisch. Sei weiterhin also $\dim \mathfrak{V} \geqslant 2$.
Sei $0 \neq v_0 \in \mathfrak{V}$. Durch die Festsetzungen

$$f(v) = (v, v_0) \qquad \text{und} \qquad g(v) = \alpha^{-1}(v_0, v)$$

werden Elemente f und g aus $\mathfrak{V}^* = \operatorname{Hom}(\mathfrak{V}, \mathbf{K})$ definiert. (Man beachte dazu für $a \in \mathbf{K}$ und $v \in \mathfrak{V}$ die Gleichung

$$g(av) = \alpha^{-1}(v_0, av) = \alpha^{-1}((\alpha a)(v_0, v)) = a\alpha^{-1}(v_0, v) = ag(v).)$$

Da $\mathfrak{V}$ regulär ist und $v_0 \neq 0$, gilt $f \neq 0 \neq g$. Da ferner $(\ ,\ )$ orthosymmetrisch ist, ist $f(v) = 0$ gleichwertig mit $g(v) = 0$. Setzen wir $\mathfrak{W} = \operatorname{Kern} f$, so hat $\mathfrak{W}$ die Kodimension 1 in $\mathfrak{V}$. Somit gilt

$$\mathfrak{V} = \mathfrak{W} \oplus \langle v' \rangle$$

für jeden Vektor v' mit $v' \notin \mathfrak{W}$. Nun sind f und $\frac{f(v')}{g(v')}g$ gleich auf $\mathfrak{W}$ und auf v', also auf ganz $\mathfrak{V}$. Daher ist $f = a(v_0)g$ mit einem eventuell noch von v_0 abhängendem Faktor $a(v_0) \in \mathbf{K}^\times$. Das heißt

$$(v, v_0) = a(v_0)\alpha^{-1}(v_0, v) \qquad \text{für alle} \quad v \in \mathfrak{V}.$$

Durch zweimalige Anwendung erhalten wir

$$(v, v_0) = a(v_0)\alpha^{-1}a(v)\alpha^{-2}(v, v_0). \tag{1}$$

Seien v_0 und v_1 linear unabhängig. Wegen

$$\dim \mathfrak{V} - 2 = \dim\langle v_0, v_1\rangle^\perp = \dim(\langle v_0\rangle^\perp \cap \langle v_1\rangle^\perp)$$

ist dann $\langle v_0\rangle^\perp \neq \langle v_1\rangle^\perp$. Sei $w \in \mathfrak{V}$ mit $(w, v_0) = 1$ und $u \in \langle v_0\rangle^\perp$, aber $u \notin \langle v_1\rangle^\perp$. Dann können wir $b \in \mathbf{K}$ so wählen, daß

$$(w + bu, v_0) = 1 \qquad \text{und} \qquad (w + bu, v_1) = (w, v_1) + b(u, v_1) = 1.$$

Mit (1) und $v = w + bu$ folgt daher

$$a(v_0)\alpha^{-1}a(v) = 1 = a(v_1)\alpha^{-1}a(v), \tag{2}$$

also $a(v_0) = a(v_1)$.

Sind v_0 und v_2 linear abhängig, so gibt es ein von v_0 und v_2 linear unabhängiges v_1, und mit dem bereits Bewiesenen folgt

$$a(v_0) = a(v_1) = a(v_2).$$

Also ist $a(v)$ konstant, etwa $a(v) = a$. Mit (1) und (2) erhalten wir dann

$$a\alpha^{-1}a = 1 \tag{3}$$

$$(v, v_0) = \alpha^{-2}(v, v_0) \qquad \text{für alle} \quad v, v_0 \in \mathfrak{V}. \tag{4}$$

Da $\mathfrak{V}$ regulär ist, nimmt (,) alle Werte aus **K** an. Also folgt aus (4) nun $\alpha^2 = 1$.
a) Ist $\alpha = 1$, so folgt aus (3) $1 = a^2$, also ist $a = \pm 1$. Somit gilt

$$(v_1, v_2) = a(v_2, v_1) \qquad \text{mit} \qquad a = \pm 1.$$

b) Sei nun $\alpha^2 = 1 \neq \alpha$. Dann ist $\alpha = \alpha^{-1}$, und mit (3) folgt

$$1 = a(\alpha a).$$

Nach 2.4 b) gibt es daher ein $b \in \mathbf{K}^\times$ mit $b(\alpha b)^{-1} = a$. Wir definieren nun ein zu (,) ähnliches Skalarprodukt [,] durch

$$[v_1, v_2] = b^{-1}(v_1, v_2).$$

Dann ist auch [,] ein α-Skalarprodukt mit

$$\begin{aligned}[v_2, v_1] &= b^{-1}(v_2, v_1) = b^{-1} a\alpha(v_1, v_2) = (\alpha b)^{-1}\alpha(v_1, v_2) \\ &= \alpha(b^{-1}(v_1, v_2)) = \alpha[v_1, v_2].\end{aligned}$$

Also ist [,] ein unitäres und offenbar auch reguläres α-Skalarprodukt.

2.6 Bemerkung. Man könnte schiefunitäre Skalarprodukte definieren durch die Forderung

$$(v_2, v_1) = -\alpha(v_1, v_2)$$

mit $\alpha^2 = 1 \neq \alpha$. Natürlich sind diese orthosymmetrisch. Daß sie in Hauptsatz 2.5 nicht explizit auftreten, liegt daran, daß sie stets zu unitären Skalarprodukten ähnlich sind:

Nach 2.4 d) gibt es nämlich ein $b \in \mathbf{K}^\times$ mit $b + \alpha b = 0$. Setzen wir

$$[v_1, v_2] = b(v_1, v_2),$$

so folgt

$$[v_2, v_1] = b(v_2, v_1) = -b\alpha(v_1, v_2) = (\alpha b)\alpha(v_1, v_2) = \alpha[v_1, v_2].$$

Also ist [,] unitär.

Für $\alpha = 1$ kann man natürlich nicht so vorgehen, symmetrische und schiefsymmetrische Skalarprodukte können für $\operatorname{Char} \mathbf{K} \neq 2$ nicht ähnlich sein.

2.7 Definition. a) Sei $\mathfrak{V}$ ein regulärer Vektorraum mit symplektischem Skalarprodukt. Die Isometrien von $\mathfrak{V}$ nennen wir dann symplektische Abbildungen. Die Gruppe aller Isometrien von $\mathfrak{V}$ bezeichnen wir als die symplektische Gruppe zu $\mathfrak{V}$ und schreiben dafür $\operatorname{Sp}(\mathfrak{V})$.
b) Sei $\mathfrak{V}$ ein regulärer Vektorraum mit symmetrischem Skalarprodukt über einem Körper **K** mit $\operatorname{Char} \mathbf{K} \neq 2$. Die Isometrien von $\mathfrak{V}$ bezeichnen wir dann als die orthogonalen Abbildungen von $\mathfrak{V}$. Die Gruppe aller Isometrien von $\mathfrak{V}$ nennen wir die orthogonale Gruppe von $\mathfrak{V}$ und schreiben dafür $\mathrm{O}(\mathfrak{V})$. Ferner setzen wir

$$\mathrm{SO}(\mathfrak{V}) = \{\, G \mid G \in \mathrm{O}(\mathfrak{V}),\ \det G = 1 \,\}$$

und nennen SO($\mathfrak{V}$) die spezielle orthogonale Gruppe von $\mathfrak{V}$.
c) Sei $\mathfrak{V}$ ein regulärer Vektorraum mit unitärem α-Skalarprodukt. Die Isometrien von $\mathfrak{V}$ bezeichnen wir nun als unitäre Abbildungen. Die Gruppe aller Isometrien von $\mathfrak{V}$ nennen wir die unitäre Gruppe von $\mathfrak{V}$ und bezeichnen sie mit U($\mathfrak{V}$). Schließlich setzen wir

$$\mathrm{SU}(\mathfrak{V}) = \{\, G \mid G \in \mathrm{U}(\mathfrak{V}),\ \det G = 1 \,\}.$$

Der Grund dafür, daß wir in 2.7 a) neben Sp($\mathfrak{V}$) nicht noch eine “spezielle symplektische Gruppe” eingeführt haben, ist einfach: Für alle $G \in \mathrm{Sp}(\mathfrak{V})$ gilt $\det G = 1$ (siehe 5.3 b)).

Aufgaben

A 2.1 Sei α ein Automorphismus des Körpers $\mathbf{K}$ mit $\alpha^2 = 1 \neq \alpha$, und wie in 2.4 sei

$$\mathbf{K}_0 = \{\, a \mid a \in \mathbf{K},\ \alpha a = a \,\}.$$

a) Für jedes $b \in \mathbf{K}$ ist T_b mit $T_b a = ab$ ($a \in \mathbf{K}$) eine $\mathbf{K}_0$-lineare Abbildung von $\mathbf{K}$ in sich.

b) Es gilt

$$\det(xE - T_b) = x^2 - S(b)x + N(b).$$

Also ist $S(b) = \operatorname{Spur} T_b$ und $N(b) = \det T_b$.

c) Durch die Festsetzung

$$(x, y) = S(xy)$$

wird auf dem zweidimensionalen $\mathbf{K}_0$-Vektorraum $\mathbf{K}$ ein reguläres Skalarprodukt (,) definiert.

§ 3 Orthogonale Zerlegungen

Alle vorkommenden Vektorräume seien mit orthosymmetrischen α-Skalarprodukten versehen. Ähnlich wie in II,§ 4 betrachten wir orthogonale Zerlegungen. Dazu definieren wir:

3.1 Definition. a) Sind $\mathfrak{U}_1$ und $\mathfrak{U}_2$ Teilmengen von $\mathfrak{V}$ und gilt $(u_1, u_2) = 0$ für alle $u_j \in \mathfrak{U}_j$ $(j = 1, 2)$, so sagen wir, daß $\mathfrak{U}_1$ und $\mathfrak{U}_2$ zueinander orthogonal sind.
b) Ist $\mathfrak{U}$ eine Teilmenge von $\mathfrak{V}$, so setzen wir

$$\mathfrak{U}^{\perp} = \{\, v \mid v \in \mathfrak{V},\ (u, v) = 0 \text{ für alle } u \in \mathfrak{U} \,\}.$$

(Die Unterscheidung von $\mathfrak{U}^\perp$ und $^\perp\mathfrak{U}$ ist nun nicht mehr nötig.)
c) Wir setzen

$$\operatorname{Rad}\mathfrak{V} = \mathfrak{V}^\perp = \{\, w \mid w \in \mathfrak{V},\ (v,w) = 0 \text{ für alle } v \in \mathfrak{V}\,\}$$

und nennen $\operatorname{Rad}\mathfrak{V}$ das Radikal von $\mathfrak{V}$. Offenbar gilt $\operatorname{Rad}\mathfrak{V} = 0$ genau dann, wenn $\mathfrak{V}$ regulär ist.
d) Seien $\mathfrak{V}_1, \ldots, \mathfrak{V}_m$ Unterräume von $\mathfrak{V}$ mit

$$\mathfrak{V} = \mathfrak{V}_1 \oplus \ldots \oplus \mathfrak{V}_m.$$

Für $j \neq k$ seien $\mathfrak{V}_j$ orthogonal zu $\mathfrak{V}_k$. Dann schreiben wir

$$\mathfrak{V} = \mathfrak{V}_1 \perp \ldots \perp \mathfrak{V}_m$$

und nennen $\mathfrak{V}$ die orthogonale Summe der $\mathfrak{V}_j$. Für $v_j, w_j \in \mathfrak{V}_j$ gilt dann

$$\Big(\sum_{j=1}^m v_j, \sum_{j=1}^m w_j\Big) = \sum_{j=1}^m (v_j, w_j).$$

3.2 Hilfssatz. a) *Sei* $\mathfrak{W}$ *ein Komplement von* $\operatorname{Rad}\mathfrak{V}$ *in* $\mathfrak{V}$. *Dann gilt*

$$\mathfrak{V} = \operatorname{Rad}\mathfrak{V} \perp \mathfrak{W},$$

und $\mathfrak{W}$ *ist regulär.*
b) *Ist* $\mathfrak{V} = \mathfrak{V}_1 \perp \ldots \perp \mathfrak{V}_m$, *so gilt*

$$\operatorname{Rad}\mathfrak{V} = \operatorname{Rad}\mathfrak{V}_1 \perp \ldots \perp \operatorname{Rad}\mathfrak{V}_m.$$

Insbesondere ist $\mathfrak{V}_1 \perp \ldots \perp \mathfrak{V}_m$ *genau dann regulär, wenn jedes* $\mathfrak{V}_j$ *regulär ist.*

Beweis. a) Es gilt $\mathfrak{V} = \operatorname{Rad}\mathfrak{V} \oplus \mathfrak{W}$. Da die Vektoren aus $\operatorname{Rad}\mathfrak{V}$ zu allen Vektoren aus $\mathfrak{V}$ orthogonal sind, gilt auch $\mathfrak{V} = \operatorname{Rad}\mathfrak{V} \perp \mathfrak{W}$. Ferner ist $\operatorname{Rad}\mathfrak{W}$ orthogonal zu $\mathfrak{W}$ und zu $\operatorname{Rad}\mathfrak{V}$, also auch zu $\operatorname{Rad}\mathfrak{V} \perp \mathfrak{W} = \mathfrak{V}$. Das liefert

$$\operatorname{Rad}\mathfrak{W} \subseteq \mathfrak{W} \cap \operatorname{Rad}\mathfrak{V} = 0.$$

Also ist $\mathfrak{W}$ regulär.
b) Man sieht sofort, daß $\operatorname{Rad}\mathfrak{V}_j \subseteq \operatorname{Rad}\mathfrak{V}$ gilt. Also ist

$$\operatorname{Rad}\mathfrak{V}_1 \perp \ldots \perp \operatorname{Rad}\mathfrak{V}_m \subseteq \operatorname{Rad}\mathfrak{V}.$$

Sei $v = v_1 + \ldots + v_m \in \operatorname{Rad}\mathfrak{V}$ mit $v_j \in \mathfrak{V}_j$. Für alle $w_j \in \mathfrak{V}_j$ gilt dann

$$0 = (v, w_j) = (v_j, w_j).$$

Das zeigt $v_j \in \operatorname{Rad}\mathfrak{V}_j$. Also ist

$$\operatorname{Rad}\mathfrak{V} = \operatorname{Rad}\mathfrak{V}_1 \perp \ldots \perp \operatorname{Rad}\mathfrak{V}_m. \qquad \square$$

3.3 Satz. *Sei $\mathfrak{V}$ ein regulärer Vektorraum mit orthosymmetrischem α-Skalarprodukt und $\mathfrak{U}$ ein Unterraum von $\mathfrak{V}$.*
a) *Es gilt*

$$\dim \mathfrak{U}^{\perp} = \dim \mathfrak{V} - \dim \mathfrak{U}.$$

b) $\mathfrak{U}^{\perp\perp} = \mathfrak{U}$.
c) $\operatorname{Rad} \mathfrak{U} = \operatorname{Rad} \mathfrak{U}^{\perp} = \mathfrak{U} \cap \mathfrak{U}^{\perp}$.
Genau dann ist also $\mathfrak{U}$ regulär, wenn $\mathfrak{U}^{\perp}$ regulär ist.
d) *Ist $\mathfrak{U}$ regulär, so gilt* $\mathfrak{V} = \mathfrak{U} \perp \mathfrak{U}^{\perp}$.
e) *Sind $\mathfrak{U}_1$ und $\mathfrak{U}_2$ Unterräume von $\mathfrak{V}$, so gilt*

$$(\mathfrak{U}_1 + \mathfrak{U}_2)^{\perp} = \mathfrak{U}_1^{\perp} \cap \mathfrak{U}_2^{\perp} \qquad \textit{und} \qquad (\mathfrak{U}_1 \cap \mathfrak{U}_2)^{\perp} = \mathfrak{U}_1^{\perp} + \mathfrak{U}_2^{\perp}.$$

Beweis. a) Dies steht in 1.12 b).
b) Offenbar gilt $\mathfrak{U} \subseteq \mathfrak{U}^{\perp\perp}$. Mit a) folgt

$$\dim \mathfrak{U}^{\perp\perp} = \dim \mathfrak{V} - \dim \mathfrak{U}^{\perp} = \dim \mathfrak{U},$$

also ist $\mathfrak{U} = \mathfrak{U}^{\perp\perp}$.
c) Nach Definition ist $\operatorname{Rad} \mathfrak{U} = \mathfrak{U} \cap \mathfrak{U}^{\perp}$. Daher folgt mit b)

$$\operatorname{Rad} \mathfrak{U}^{\perp} = \mathfrak{U}^{\perp} \cap \mathfrak{U}^{\perp\perp} = \mathfrak{U}^{\perp} \cap \mathfrak{U} = \operatorname{Rad} \mathfrak{U}.$$

d) Sei $\mathfrak{U}$ regulär, also $\mathfrak{U} \cap \mathfrak{U}^{\perp} = 0$. Wegen $\dim \mathfrak{U}^{\perp} = \dim \mathfrak{V} - \dim \mathfrak{U}$ folgt dann

$$\mathfrak{V} = \mathfrak{U} \oplus \mathfrak{U}^{\perp} = \mathfrak{U} \perp \mathfrak{U}^{\perp}.$$

e) Dies steht bereits in 1.12 c). □

Wir bereiten den Nachweis der Existenz von Orthogonalbasen durch einen Hilfssatz vor:

3.4 Hilfssatz. *Sei $\mathfrak{V}$ ein Vektorraum mit α-Skalarprodukt, und es gebe $v_1, v_2 \in \mathfrak{V}$ mit $(v_1, v_2) \neq 0$. Ferner liege einer der folgenden Fälle vor:*
(1) $(\ ,\ )$ *ist symmetrisch und* $\operatorname{Char} \mathbf{K} \neq 2$.
(2) $(\ ,\ )$ *ist unitär.*
Dann gibt es ein $v \in \mathfrak{V}$ mit $(v, v) \neq 0$.

Beweis. Indem wir nötigenfalls v_1 mit einem geeigneten Faktor aus $\mathbf{K}$ multiplizieren, können wir $(v_1, v_2) = 1$ annehmen. Ist $(v_j, v_j) \neq 0$ für $j = 1$ oder $j = 2$, so sind wir fertig. Sei also

$$(v_1, v_1) = (v_2, v_2) = 0.$$

Für jedes $x \in \mathbf{K}$ ist dann

$$(v_1 + xv_2, v_1 + xv_2) = x + \alpha x.$$

Ist Char $\mathbf{K} \neq 2$, so setzen wir $x = 1$ und erhalten

$$(v_1 + v_2, v_1 + v_2) = 2 \neq 0.$$

Ist hingegen Char $\mathbf{K} = 2$, so gilt nach Voraussetzung $\alpha \neq 1$. Daher gibt es ein $x \in \mathbf{K}$ mit

$$x + \alpha x = x - \alpha x \neq 0. \qquad \square$$

Natürlich ist Hilfssatz 3.4 für symplektische Räume total falsch, denn in solchen gilt ja $(v, v) = 0$ für alle $v \in \mathfrak{V}$.

3.5 Hauptsatz. *Sei $\mathfrak{V}$ ein Vektorraum mit α-Skalarprodukt. Es sei entweder (,) symmetrisch, aber nicht symplektisch, oder (,) sei unitär. Dann gibt es eine sog. Orthogonalbasis $\{ v_1, \ldots, v_n \}$ von $\mathfrak{V}$ mit $(v_i, v_j) = 0$ für $i \neq j$. Also gilt*

$$\Big(\sum_{j=1}^{n} x_j v_j, \sum_{j=1}^{n} y_j v_j\Big) = \sum_{j=1}^{n} a_j x_j (\alpha y_j)$$

mit $a_j = (v_j, v_j)$. Ist dabei $a_1 = \ldots = a_m = 0$, aber $a_j \neq 0$ für $j > m$, so gilt

$$\operatorname{Rad} \mathfrak{V} = \langle v_1, \ldots, v_m \rangle.$$

Beweis. Sei gemäß 3.2 a)

$$\mathfrak{V} = \operatorname{Rad} \mathfrak{V} \perp \mathfrak{W}$$

mit regulärem $\mathfrak{W}$. Sei $\{ v_1, \ldots, v_m \}$ irgendeine Basis von Rad $\mathfrak{V}$.
a) Wir führen den Beweis durch Induktion nach dim $\mathfrak{W}$ zuerst für die Fälle, daß (,) unitär ist oder daß (,) symmetrisch ist und Char $\mathbf{K} \neq 2$ gilt. Nach 3.4 gibt es ein $w_1 \in \mathfrak{W}$ mit $(w_1, w_1) \neq 0$. Dann ist $\langle w_1 \rangle$ regulär, und mit 3.3 d) folgt

$$\mathfrak{W} = \langle w_1 \rangle \perp \langle w_1 \rangle^{\perp}$$

mit regulärem $\langle w_1 \rangle^{\perp}$. Nach Induktionsannahme hat $\langle w_1 \rangle^{\perp}$ eine Orthogonalbasis $\{ w_2, \ldots, w_{n-m} \}$. Dann ist $\{ v_1, \ldots, v_m, w_1, \ldots, w_{n-m} \}$ eine Orthogonalbasis von $\mathfrak{V}$.
b) Sei nun (,) symmetrisch, aber nicht symplektisch, und Char $\mathbf{K} = 2$. Dann gibt es ein $v \in \mathfrak{V}$ mit $(v, v) \neq 0$. Ist $v = v_0 + w$ mit $v_0 \in \operatorname{Rad} \mathfrak{V}$ und $w \in \mathfrak{W}$, so folgt

$$0 \neq (v_0 + w, v_0 + w) = (w, w).$$

Also gibt es jedenfalls ein $w_1 \in \mathfrak{W}$ mit $(w_1, w_1) \neq 0$. Sei $w_1, \ldots, w_m$ ein System von linear unabhängigen Vektoren aus $\mathfrak{W}$ mit

$$(w_j, w_k) = 0 \qquad \text{für} \quad j \neq k, \ (w_j, w_j) = a_j \neq 0$$

mit möglichst großem m. Angenommen, es wäre $\langle w_1, \ldots, w_m \rangle < \mathfrak{W}$. Setzen wir

$$\mathfrak{W}_1 = \langle w_1, \ldots, w_m \rangle = \langle w_1 \rangle \perp \ldots \perp \langle w_m \rangle,$$

so ist $\mathfrak{W}_1$ regulär. Also gilt nach 3.3 d)

$$\mathfrak{W} = \mathfrak{W}_1 \perp \mathfrak{W}_1^{\perp} \qquad (\mathfrak{W}_1^{\perp} \text{ gebildet innerhalb von } \mathfrak{W})$$

mit $\mathfrak{W}_1^{\perp} \neq 0$. Dabei gibt es in $\mathfrak{W}_1^{\perp}$ keinen Vektor w mit $(w, w) \neq 0$. Da $\mathfrak{W}_1^{\perp}$ nach 3.3 c) regulär ist, gibt es Vektoren $w_1', w_2' \in \mathfrak{W}_1^{\perp}$ mit $(w_1', w_2') = 1$, aber $(w_j', w_j') = 0$ für $j = 1, 2$. Dabei sind w_1', w_2' linear unabhängig. Die beiden Vektoren

$$u_1 = w_m + w_1'$$
$$u_2 = w_m - a_m w_2'$$

sind offenbar linear unabhängig und liegen in $\langle w_1, \ldots, w_{m-1} \rangle^{\perp}$. Es gilt

$$(u_1, u_2) = (w_m, w_m) - a_m (w_1', w_2') = 0,$$
$$(u_1, u_1) = (u_2, u_2) = a_m \neq 0.$$

Also wären die Vektoren

$$w_1, \ldots, w_{m-1}, u_1, u_2$$

ein linear unabhängiges System mit $m + 1$ Elementen. Das widerspräche der maximalen Wahl von m. Somit ist doch $\{ w_1, \ldots, w_m \}$ eine Orthogonalbasis von $\mathfrak{W}$.
Die Aussage über Rad $\mathfrak{V}$ folgt in beiden Fällen durch einfache Rechnung. □

Für die speziellen Körper $\mathbb{C}$ und $\mathbb{R}$ erhalten wir:

3.6 Satz. a) *Sei $\mathfrak{V}$ ein $\mathbb{C}$-Vektorraum mit regulärem symmetrischem Skalarprodukt. Dann gibt es eine sog. Orthonormalbasis $\{ v_1, \ldots, v_n \}$ von $\mathfrak{V}$ mit $(v_j, v_k) = \delta_{jk}$. Insbesondere ist $\mathfrak{V}$ durch seine Dimension bis auf Isometrie eindeutig bestimmt.*
b) *Sei $\mathfrak{V}$ ein $\mathbb{R}$-Vektorraum mit regulärem symmetrischem Skalarprodukt. Dann gibt es eine Orthonormalbasis $\{ v_1, \ldots, v_n \}$ von $\mathfrak{V}$ mit*

$$(v_j, v_j) = 1 \qquad \textit{für} \quad 1 \leqslant j \leqslant m,$$
$$(v_j, v_j) = -1 \qquad \textit{für} \quad m+1 \leqslant j \leqslant n$$

für ein geeignetes m.
c) *Sei $\mathfrak{V}$ ein $\mathbb{C}$-Vektorraum mit regulärem unitären α-Skalarprodukt, wobei α der Automorphismus von $\mathbb{C}$ mit $\alpha a = \bar{a}$ sei. Dann gibt es eine Orthogonalbasis $\{ v_1, \ldots, v_n \}$ und ein m mit*

$$(v_j, v_j) = 1 \qquad \textit{für} \quad 1 \leqslant j \leqslant m,$$
$$(v_j, v_j) = -1 \qquad \textit{für} \quad m+1 \leqslant j \leqslant n.$$

Beweis. Nach 3.5 gibt es eine Orthogonalbasis $\{w_1, \ldots, w_n\}$ von $\mathfrak{V}$ mit $(w_j, w_k) = 0$ für $j \neq k$ und $(w_j, w_j) = a_j \neq 0$.
a) Es gibt ein $b_j \in \mathbb{C}$ mit $b_j^2 = a_j$. Setzen wir $v_j = b_j^{-1} w_j$, so ist $(v_j, v_j) = 1$ und $(v_j, v_k) = 0$ für $j \neq k$.
b) Nun gilt $a_j \in \mathbb{R}$. Indem wir $b_j \in \mathbb{R}$ mit $b_j^2 = |a_j|$ wählen und wieder $v_j = b_j^{-1} w_j$ setzen, erreichen wir

$$(v_j, v_j) = b_j^{-2} a_j = \pm 1.$$

Bei geeigneter Numerierung der v_j erhalten wir also die gewünschte Basis.
c) Wegen

$$a_j = (w_j, w_j) = \overline{(w_j, w_j)} = \overline{a}_j$$

ist $a_j \in \mathbb{R}$. Wir verfahren nun wie in b). □

Übrigens bestimmen die Zahlen n und m in 3.6 b) und c) den Isometrietyp von $\mathfrak{V}$ eindeutig, wie wir in 4.12 zeigen werden. Völlig offen bleibt bei beliebigem Körper die Frage, wann zwei Räume

$$\mathfrak{V} = \langle v_1 \rangle \perp \ldots \perp \langle v_m \rangle \qquad \text{und} \qquad \mathfrak{W} = \langle w_1 \rangle \perp \ldots \perp \langle w_m \rangle$$

mit $(v_j, v_j) = a_j$ und $(w_j, w_j) = b_j$ isometrisch sind. Nur für sehr spezielle Körper konnte diese Frage bislang geklärt werden (siehe Aufgabe A 3.1).

Aufgaben

A 3.1 Sei $\mathfrak{V} = \langle v_1 \rangle \perp \langle v_2 \rangle$ ein regulärer **K**-Vektorraum mit symmetrischem Skalarprodukt und $(v_j, v_j) = a_j \neq 0$. Sei ferner $\mathfrak{W} = \langle w_1 \rangle \perp \langle w_2 \rangle$ mit $(w_j, w_j) = b_j \neq 0$. Man zeige: Genau dann gibt es eine Isometrie von $\mathfrak{V}$ auf $\mathfrak{W}$, wenn
(1) die Gleichung $b_1 = a_1 x_1^2 + a_2 x_2^2$ lösbar ist mit geeignetem $x_1, x_2 \in \mathbf{K}$,
(2) $\frac{a_1 a_2}{b_1 b_2}$ das Quadrat eines Elementes aus $\mathbf{K}^\times$ ist.

A 3.2 Man zeige, daß über dem rationalen Zahlkörper $\mathbb{Q}$ die Vektorräume

$$\mathfrak{V} = \langle v_1 \rangle \perp \langle v_2 \rangle, \mathfrak{W} = \langle w_1 \rangle \perp \langle w_2 \rangle$$

mit symmetrischem Skalarprodukt und mit

$$(v_j, v_j) = 1, \quad (w_j, w_j) = 3 \qquad (j = 1, 2)$$

nicht isometrisch sind.

A 3.3 Sei $\mathfrak{V}$ ein $\mathbb{R}$-Vektorraum mit symmetrischem Skalarprodukt (,) und mit $(v, v) \geqslant 0$ für alle $v \in \mathfrak{V}$. Dann gilt

$$\mathfrak{V} = \mathfrak{W} \perp \operatorname{Rad} \mathfrak{V},$$

wobei (,) auf $\mathfrak{W}$ positiv definit ist.

A 3.4 Sei $\mathfrak{V}$ ein Vektorraum mit regulärem α-Skalarprodukt. Sei $\mathfrak{V} = \mathfrak{V}_1 \perp \mathfrak{V}_2$ und sei G_j $(j = 1, 2)$ eine Isometrie von $\mathfrak{V}_j$. Dann wird durch die Festsetzung

$$G(v_1 + v_2) = G_1 v_1 + G_2 v_2 \qquad \text{für} \quad v_j \in \mathfrak{V}_j \quad (j = 1, 2)$$

eine Isometrie G von $\mathfrak{V}$ definiert.

§ 4 Isotrope Unterräume und hyperbolische Ebenen

Unsere bisherigen Betrachtungen haben sich recht eng an die Geometrie der Hilberträume (II, § 4) angelehnt. Die Ergebnisse dieses Paragraphen haben dagegen einen völlig anderen Charakter, sie beruhen nämlich auf der Existenz von sog. isotropen Vektoren, das sind Vektoren v mit $(v, v) = 0$. Die Hauptresultate dieses Paragraphen stammen aus einer grundlegenden Arbeit von Witt[4)] aus dem Jahre 1937.

4.1 Definition. Sei $\mathfrak{V}$ ein Vektorraum mit regulärem α-Skalarprodukt. Wir nennen $\mathfrak{V}$ einen klassischen Vektorraum, wenn einer der folgenden Fälle vorliegt:
(1) $\mathfrak{V}$ ist symplektisch.
(2) $\mathfrak{V}$ ist unitär.
(3) Das Skalarprodukt (,) ist symmetrisch, und es gilt $\operatorname{Char} \mathbf{K} \neq 2$.

Von den in Hauptsatz 2.6 aufgezählten Fällen mit orthosymmetrischen Skalarprodukten ist also der Fall ausgeschlossen worden, daß $\operatorname{Char} \mathbf{K} = 2$ gilt und (,) symmetrisch, aber nicht symplektisch ist. Die Gründe für diesen Ausschluß werden in 4.6 und auch an späteren Stellen (etwa 6.4) deutlich werden.

4.2 Definition. Sei $\mathfrak{V}$ ein Vektorraum mit α-Skalarprodukt (,).
a) Ein Vektor $v \in \mathfrak{V}$ heißt isotrop, falls $(v, v) = 0$ gilt. (Wir nennen also auch den Nullvektor isotrop.)
b) Ein Unterraum $\mathfrak{U}$ von $\mathfrak{V}$ heißt isotrop, falls $(u_1, u_2) = 0$ für alle $u_j \in \mathfrak{U}$ gilt.
c) Ist der Nullvektor der einzige isotrope Vektor aus $\mathfrak{V}$, so heißt $\mathfrak{V}$ anisotrop.

Man beachte, daß bei dieser Definition nicht jeder Vektorraum isotrop oder anisotrop ist.

Die reellen oder komplexen Hilberträume sind natürlich anisotrop. Wir werden in diesem Paragraphen für jeden klassischen Vektorraum $\mathfrak{V}$ eine Zerlegung $\mathfrak{V} = \mathfrak{V}_1 \perp \mathfrak{V}_2$ angeben, wobei $\mathfrak{V}_1$ einen genau angegebenen, recht einfachen Typ hat und $\mathfrak{V}_2$ anisotrop ist. Die wirklichen Schwierigkeiten bietet die Untersuchung von $\mathfrak{V}_2$, und nur für sehr spezielle Körper ist man zu abschließenden Resultaten

4) Ernst Witt (geb. 1911) Hamburg; wichtige Beiträge zu vielen Gebieten der Algebra, wie quadratische Formen, bewertete Körper, assoziative Algebren und Lie-Algebren.

gekommen. Ist $\mathfrak{V}$ symplektisch, so gilt natürlich $\mathfrak{V}_2 = 0$, so daß wir für symplektische Vektorräume über beliebigen Körpern eine abschließende Aussage erhalten (Hauptsatz 4.10).

Aus 3.4 folgt sofort

4.3 Hilfssatz. *Sei $\mathfrak{V}$ ein klassischer Vektorraum, aber nicht symplektisch. Genau dann ist ein Unterraum $\mathfrak{U}$ von $\mathfrak{V}$ isotrop, wenn jeder Vektor aus $\mathfrak{U}$ isotrop ist.*

Wir definieren nun die Bausteine zum Aufbau von Vektorräumen, welche nicht anisotrop sind:

4.4 Definition. a) Sei $\mathfrak{V}$ ein klassischer Vektorraum mit $\dim \mathfrak{V} = 2$ und mit einer Basis $\mathfrak{B} = \{ v_1, v_2 \}$ mit

$$(v_1, v_1) = (v_2, v_2) = 0, (v_1, v_2) = 1.$$

Dann ist also

$$(v_2, v_1) = \begin{cases} -1 & \text{im symplektischen Fall} \\ 1 & \text{im symmetrischen und unitären Fall.} \end{cases}$$

Es gilt

$$(x_1 v_1 + x_2 v_2, y_1 v_1 + y_2 v_2) = \begin{cases} x_1 y_2 - x_2 y_1 & \text{im symplektischen Fall} \\ x_1 y_2 + x_2 y_1 & \text{im symmetrischen Fall} \\ x_1(\alpha y_2) + x_2(\alpha y_1) & \text{im unitären Fall.} \end{cases}$$

Ferner ist $D(\mathfrak{B}) = \pm 1$, also ist $\mathfrak{V}$ regulär. Wir nennen dann $\mathfrak{V}$ eine hyperbolische Ebene und das geordnete Paar v_1, v_2 ein hyperbolisches Paar.
b) Ist $\mathfrak{V}$ ein klassischer Vektorraum und gilt

$$\mathfrak{V} = \mathfrak{H}_1 \perp \ldots \perp \mathfrak{H}_m$$

mit hyperbolischen Ebenen $\mathfrak{H}_j$, so nennen wir $\mathfrak{V}$ einen hyperbolischen Raum. Offenbar ist $\mathfrak{V}$ regulär. Ist v_j, w_j ein hyperbolisches Paar in $\mathfrak{H}_j$, so ist

$$\{ v_1, \ldots, v_m, w_1, \ldots, w_m \}$$

eine Basis von $\mathfrak{V}$ mit

$$(v_j, v_k) = (w_j, w_k) = 0, (v_j, w_k) = \delta_{jk} \qquad \text{für alle } j, k.$$

(Dann gilt $(w_j, v_k) = \pm\delta_{jk}$, je nach dem Typ des Raumes.)

Wir kommen zum entscheidenden Hilfssatz:

4.5 Hilfssatz. *Sei $\mathfrak{V}$ ein klassischer Vektorraum. Es gebe ein $v_1 \in \mathfrak{V}$ mit $v_1 \neq 0$, aber $(v_1, v_1) = 0$. Dann gibt es ein hyperbolisches Paar v_1, v_2 in $\mathfrak{V}$. Setzen wir $\mathfrak{H} = \langle v_1, v_2 \rangle$, so gilt $\mathfrak{V} = \mathfrak{H} \perp \mathfrak{H}^\perp$.*

ist, gilt $v_1 \notin \operatorname{Rad} \mathfrak{V} = 0$. Also gibt es ein $w \in \mathfrak{V}$ mit
nötigenfalls w mit einem geeigneten Faktor aus $\mathbf{K}^\times$ multi-
$v_1, w) = 1$ erreichen. Wegen $(v_1, v_1) = 0$ ist $w \notin \langle v_1 \rangle$, also

nsatz $v_2 = xv_1 + w$ mit noch zu bestimmenden $x \in \mathbf{K}$. Ist
$(w, w) = 0$ und wir setzen $v_2 = w$. In den anderen Fällen

$$) = 1 = (w, v_1)$$

$$x + (w, w).$$

ählen, daß

$$= 0$$

und $\alpha = 1$, so können wir wegen $\operatorname{Char} \mathbf{K} \neq 2$ das Element

$$2x + (w, w) = 0$$

bestimmen.
Sei schließlich $\mathfrak{V}$ unitär. Dann ist $\alpha(w, w) = (w, w)$. Daher gibt es nach 2.4 c) ein $x \in \mathbf{K}$ mit

$$x + \alpha x = -(w, w).$$

Nun ist $\mathfrak{H} = \langle v_1, v_2 \rangle$ eine hyperbolische Ebene. Da $\mathfrak{H}$ regulär ist, folgt mit 3.3 d) $\mathfrak{V} = \mathfrak{H} \perp \mathfrak{H}^\perp$. □

Die Aussage in 4.5 ist wirklich falsch, falls $\operatorname{Char} \mathbf{K} = 2$, $\alpha = 1$ und $(\ , \ )$ ein symmetrisches Skalarprodukt ist:

4.6 Beispiel. Sei $\operatorname{Char} \mathbf{K} = 2$ und $\mathfrak{V} = \langle v_1, v_2 \rangle$ ein zweidimensionaler Vektorraum mit

$$(x_1 v_1 + x_2 v_2, y_1 v_1 + y_2 v_2) = x_1 y_2 + x_2 y_1 + x_2 y_2.$$

Dieses Skalarprodukt ist symmetrisch. An der Gramschen Matrix sieht man sofort, daß $\mathfrak{V}$ regulär ist.
Für $x_2 \neq 0$ gilt wegen $\operatorname{Char} \mathbf{K} = 2$

$$(x_1 v_1 + x_2 v_2, x_1 v_1 + x_2 v_2) = 2x_1 x_2 + x_2^2 = x_2^2 \neq 0.$$

Also sind die $x_1 v_1$ $(x_1 \in \mathbf{K})$ die sämtlichen isotropen Vektoren in $\mathfrak{V}$, und $\mathfrak{V}$ enthält somit kein hyperbolisches Paar.

Eine (nach 3.5 sicher existierende) Orthogonalbasis von $\mathfrak{V}$ ist übrigens $\{v_1 + v_2, v_2\}$.

Wir erweitern Hilfssatz 4.5:

4.7 Hilfssatz. *Sei $\mathfrak{V}$ ein klassischer Vektorraum. Es sei*

$$\mathfrak{U} = \operatorname{Rad}\mathfrak{U} \perp \mathfrak{U}_0$$

ein Unterraum von $\mathfrak{V}$ und $\{u_1, \dots, u_m\}$ eine Basis von $\operatorname{Rad}\mathfrak{U}$. *Dann gibt es Vektoren $v_1, \dots, v_m \in \mathfrak{U}_0^\perp$ mit*

$$(u_j, v_k) = \delta_{jk}, (v_j, v_k) = 0 \qquad \textit{für alle} \quad j, k = 1, \dots, m.$$

Insbesondere ist

$$\mathfrak{U} + \langle v_1, \dots, v_m \rangle = \langle u_1, v_1 \rangle \perp \dots \perp \langle u_m, v_m \rangle \perp \mathfrak{U}_0$$

regulär von der Dimension $2m + \dim \mathfrak{U}_0$.

Beweis. Indem wir $\mathfrak{V}$ durch den regulären Raum $\mathfrak{U}_0^\perp$ ersetzen, können wir $\mathfrak{U}_0 = 0$ annehmen. Wir beweisen die Behauptung durch Induktion nach m, für $m = 0$ ist sie trivial. Dazu setzen wir

$$\mathfrak{U}' = \langle u_1, \dots, u_{m-1} \rangle.$$

Nach 3.3 c) ist

$$\operatorname{Rad}\mathfrak{U}'^\perp = \operatorname{Rad}\mathfrak{U}' = \langle u_1, \dots, u_{m-1} \rangle.$$

Somit gilt $u_m \in \mathfrak{U}'^\perp$, aber $u_m \notin \operatorname{Rad}\mathfrak{U}'^\perp$. Also gibt es ein $w \in \mathfrak{U}'^\perp$ mit $(u_m, w) \neq 0$. Dann ist $\langle u_m, w \rangle$ ein zweidimensionaler Unterraum von $\mathfrak{U}'^\perp$, welcher bezüglich der Basis $\{u_m, w\}$ die Gramsche Matrix

$$\begin{pmatrix} 0 & (u_m, w) \\ (w, u_m) & (w, w) \end{pmatrix}$$

mit der Determinante $-(u_m, w)(w, u_m) \neq 0$ hat. Also ist $\langle u_m, w \rangle$ regulär. Mit 4.5 folgt daher die Existenz eines hyperbolischen Paares u_m, v_m in $\langle u_m, w \rangle$. Setzen wir $\mathfrak{H}_m = \langle u_m, v_m \rangle$, so gilt $\mathfrak{H}_m \leqslant \mathfrak{U}'^\perp$ und somit

$$\mathfrak{H}_m^\perp \geqslant \mathfrak{U}'^{\perp\perp} = \mathfrak{U}'.$$

Die Anwendung der Induktionsannahme auf den regulären Vektorraum $\mathfrak{H}_m^\perp$ mit dem Unterraum $\mathfrak{U}'$ liefert dann hyperbolische Paare u_j, v_j $(j = 1, \dots, m-1)$ in $\mathfrak{H}_m^\perp$, und mit $\mathfrak{H}_j = \langle u_j, v_j \rangle$ gilt

$$\mathfrak{H}_1 \perp \dots \perp \mathfrak{H}_{m-1} \leqslant \mathfrak{H}_m^\perp$$

sowie

$$\dim(\mathfrak{H}_1 \perp \dots \perp \mathfrak{H}_{m-1}) = 2(m-1).$$

Dann folgt

$$\dim(\mathfrak{H}_1 \perp \ldots \perp \mathfrak{H}_m) = 2m. \qquad \square$$

4.8 Hauptsatz. (Witt) *Sei $\mathfrak{V}$ ein klassischer Vektorraum.*
a) *Sei $\mathfrak{U}$ ein maximaler isotroper Unterraum von $\mathfrak{V}$, d.h. ein isotroper Unterraum, welcher in keinem isotropen Unterraum von $\mathfrak{V}$ echt enthalten ist. Sei $\{ u_1, \ldots, u_m \}$ eine Basis von $\mathfrak{U}$. Dann gibt es eine Zerlegung*

$$\mathfrak{V} = \langle u_1, v_1 \rangle \perp \ldots \perp \langle u_m, v_m \rangle \perp \mathfrak{V}_0$$

mit hyperbolischen Paaren u_j, v_j und mit einem anisotropen Unterraum $\mathfrak{V}_0$. Insbesondere folgt $2 \dim \mathfrak{U} \leqslant \dim \mathfrak{V}$.
b) *Sei*

$$\mathfrak{V} = \langle u_1, v_1 \rangle \perp \ldots \perp \langle u_m, v_m \rangle \perp \mathfrak{V}_0$$

mit hyperbolischen Paaren u_j, v_j und mit anisotropem $\mathfrak{V}_0$. Dann hat jeder isotrope Unterraum von $\mathfrak{V}$ höchstens die Dimension m. Insbesondere sind $\langle u_1, \ldots, u_m \rangle$ und $\langle v_1, \ldots, v_m \rangle$ maximale isotrope Unterräume von $\mathfrak{V}$.
c) *Unter den Voraussetzungen von* b) *hat jeder maximale isotrope Unterraum von $\mathfrak{V}$ genau die Dimension m.*

Beweis. a) Wir wenden Hilfssatz 4.7 an mit $\mathfrak{U} = \operatorname{Rad} \mathfrak{U}$ und $\mathfrak{U}_0 = 0$. Das liefert einen hyperbolischen Unterraum

$$\langle u_1, v_1 \rangle \perp \ldots \perp \langle u_m, v_m \rangle$$

von $\mathfrak{V}$. Da dieser hyperbolische Raum regulär ist, folgt mit 3.3 d)

$$\mathfrak{V} = \langle u_1, v_1 \rangle \perp \ldots \perp \langle u_m, v_m \rangle \perp \mathfrak{V}_0$$

mit geeignetem $\mathfrak{V}_0$.
Angenommen, $\mathfrak{V}_0$ enthalte einen isotropen Vektor $w \neq 0$. Wegen $(u_j, w) = 0$ für $j = 1, \ldots, m$ ist dann

$$\langle u_1, \ldots, u_m, w \rangle = \mathfrak{U} \perp \langle w \rangle$$

isotrop und echt größer als $\mathfrak{U}$. Das widerspricht jedoch der Wahl von $\mathfrak{U}$ als maximalem isotropen Unterraum. Also ist $\mathfrak{V}_0$ anisotrop.

b) Wir beweisen die Behauptung durch Induktion nach m, für $m = 0$ ist sie trivial. Sei $\mathfrak{W}$ ein isotroper Unterraum von $\mathfrak{V}$. Angenommen, es wäre $\dim \mathfrak{W} = s > m$. Dann wäre aus Dimensionsgründen

$$\mathfrak{W} \cap (\mathfrak{U} \perp \mathfrak{V}_0) \neq 0$$

für $\mathfrak{U} = \langle u_1, \ldots, u_m \rangle$. Sei

$$0 \neq w = \sum_{j=1}^{m} x_j u_j + v_0 \in \mathfrak{W} \cap (\mathfrak{U} \perp \mathfrak{V}_0)$$

mit $x_j \in \mathbf{K}$ und $v_0 \in \mathfrak{V}_0$. Da $\mathfrak{W}$ isotrop ist, gilt

$$0 = (w, w) = (v_0, v_0).$$

Da jedoch $\mathfrak{V}_0$ anisotrop ist, erzwingt dies $v_0 = 0$. Also gilt $0 \neq w \in \mathfrak{W} \cap \mathfrak{U}$. Wir können (nötigenfalls nach Umnumerierung der u_j)

$$\mathfrak{U} = \langle w, u_2, \ldots, u_m \rangle$$

annehmen. Die Anwendung von 4.7 auf den Raum

$$\mathfrak{H} = \langle u_1, v_1 \rangle \perp \ldots \perp \langle u_m, v_m \rangle$$

mit der Basis $\{ w, u_2, \ldots, u_m \}$ von $\mathfrak{U}$ liefert

$$\mathfrak{H} = \langle w, w' \rangle \perp \langle u_2, v_2' \rangle \perp \ldots \perp \langle u_m, v_m' \rangle$$

mit hyperbolischen Paaren w, w' und u_j, v_j'. Aus der Isotropie von $\mathfrak{W}$ folgt

$$\langle w \rangle \leqslant \mathfrak{W} \leqslant \langle w \rangle^{\perp} = \langle w \rangle \perp \mathfrak{H}_1 \perp \mathfrak{V}_0$$

mit

$$\mathfrak{H}_1 = \langle u_2, v_2' \rangle \perp \ldots \perp \langle u_m, v_m' \rangle.$$

Mit der Dedekind-Identität erhalten wir daher

$$\mathfrak{W} = \langle w \rangle \perp (\mathfrak{W} \cap (\mathfrak{H}_1 \perp \mathfrak{V}_0)).$$

Dabei ist $\mathfrak{W} \cap (\mathfrak{H}_1 \perp \mathfrak{V}_0)$ isotrop und hat wegen der Gestalt von $\mathfrak{H}_1 \perp \mathfrak{V}_0$ nach unserer Induktionsannahme höchstens die Dimension $m - 1$. Also folgt doch $\dim \mathfrak{W} \leqslant m$.
c) Sei nun $\mathfrak{W}$ ein maximaler isotroper Unterraum von $\mathfrak{V}$ und $\{ w_1, \ldots, w_s \}$ eine Basis von $\mathfrak{W}$. Nach b) gilt jedenfalls $s \leqslant m$. Nach a) ist

$$\mathfrak{V} = \langle w_1, w_1' \rangle \perp \ldots \perp \langle w_s, w_s' \rangle \perp \mathfrak{V}_0'$$

mit hyperbolischen Paaren w_j, w_j' und anisotropem $\mathfrak{V}_0'$. Aus dieser Zerlegung folgt jedoch nach b), daß jeder isotrope Unterraum von $\mathfrak{V}$ höchstens die Dimension s hat. Also gilt $s = m$. □

4.9 Definition. Die durch 4.8 eindeutig festgelegte Zahl m heißt der Index von $\mathfrak{V}$. Wir schreiben $m = \operatorname{ind} \mathfrak{V}$.

Aus 4.8 folgt sofort ein abschließender Satz für symplektische Vektorräume über beliebigen Körpern:

4.10 Hauptsatz. *Sei $\mathfrak{V}$ ein regulärer symplektischer* **K**-*Vektorraum.*
a) *Stets ist* $\dim \mathfrak{V} = 2m$ *gerade. Es gilt*

$$\mathfrak{V} = \mathfrak{H}_1 \perp \ldots \perp \mathfrak{H}_m$$

mit hyperbolischen Ebenen $\mathfrak{H}_j$. Ist u_j, v_j ein hyperbolisches Paar in $\mathfrak{H}_j$, so ist $\{ u_1, \ldots, u_m, v_1, \ldots, v_m \}$ eine Basis von $\mathfrak{V}$ und

$$\left(\sum_{j=1}^{m}(x_j u_j + y_j v_j), \sum_{j=1}^{m}(x_j' u_j + y_j' v_j)\right) = \sum_{j=1}^{m}(x_j y_j' - x_j' y_j).$$

b) *Sind $\mathfrak{V}$ und $\mathfrak{V}'$ reguläre symplektische Räume derselben Dimension über* **K**, *so gibt es eine Isometrie von $\mathfrak{V}$ auf $\mathfrak{V}'$.*
c) *Alle maximalen isotropen Unterräume von $\mathfrak{V}$ haben dieselbe Dimension m. Ist $\mathfrak{U}$ ein maximaler isotroper Unterraum von $\mathfrak{V}$, so gibt es einen maximalen isotropen Unterraum $\mathfrak{U}'$ von $\mathfrak{V}$ mit $\mathfrak{U} = \mathfrak{U} \oplus \mathfrak{U}'$. (Diese Summe ist freilich keine orthogonale Summe!)*

Beweis. a) Nach 4.8 gilt

$$\mathfrak{V} = \mathfrak{H}_1 \perp \ldots \perp \mathfrak{H}_m \perp \mathfrak{V}_0$$

mit hyperbolischen Ebenen $\mathfrak{H}_j$ und anisotropem $\mathfrak{V}_0$. Da $\mathfrak{V}$ symplektisch ist, folgt $\mathfrak{V}_0 = 0$. Die restlichen Behauptungen unter a) sind dann klar.
b) Sei gemäß a)

$$\mathfrak{V} = \langle u_1, v_1 \rangle \perp \ldots \perp \langle u_m, v_m \rangle$$

mit $(u_j, u_k) = (v_j, v_k) = 0$, $(u_j, v_k) = -(v_k, u_j) = \delta_{jk}$. Sei analog

$$\mathfrak{V}' = \langle u_1', v_1' \rangle \perp \ldots \perp \langle u_m', v_m' \rangle$$

mit hyperbolischen Paaren u_j', v_j'. Dann wird durch

$$Au_j = u_j', \ Av_j = v_j' \ (j = 1, \ldots, m)$$

eine Isometrie A von $\mathfrak{V}$ auf $\mathfrak{V}'$ definiert, wie man leicht nachrechnet.
c) Dies folgt aus 4.8c) und 4.7. □

4.11 Satz. *Sei $\mathfrak{V}$ ein klassischer Vektorraum über $\mathbb{R}$ oder $\mathbb{C}$. Sei gemäß* 4.8 a)

$$\mathfrak{V} = \mathfrak{H}_1 \perp \ldots \perp \mathfrak{H}_m \perp \mathfrak{V}_0$$

mit hyperbolischen Ebenen $\mathfrak{H}_j$ und anisotropem $\mathfrak{V}_0$.
a) *Ist $\mathfrak{V}$ ein $\mathbb{C}$-Vektorraum und ist das Skalarprodukt symmetrisch, so gilt* $\dim \mathfrak{V}_0 \leqslant 1$.
b) *Ist entweder $\mathfrak{V}$ ein $\mathbb{R}$-Vektorraum mit symmetrischem Skalarprodukt oder ein $\mathbb{C}$-Vektorraum mit unitärem Skalarprodukt zu dem Automorphismus α mit $\alpha c = \overline{c}$*

für alle $c \in \mathbb{C}$, *so hat* $\mathfrak{V}_0$ *eine Orthogonalbasis* $\{ v_1, \ldots, v_r \}$ *mit* $(v_j, v_j) = 1$ *für* $j = 1, \ldots, r$ *oder* $(v_j, v_j) = -1$ *für* $j = 1, \ldots, r$.

Beweis. Die Zerlegung

$$\mathfrak{V} = \mathfrak{H}_1 \perp \ldots \perp \mathfrak{H}_m \perp \mathfrak{V}_0$$

folgt aus 4.8. Wir haben also nur noch den anisotropen Raum $\mathfrak{V}_0$ zu untersuchen. Nach 3.6 b) und c) hat $\mathfrak{V}_0$ eine Orthogonalbasis $\{ v_1, \ldots, v_r \}$ mit

$$\begin{aligned} (v_j, v_j) &= 1 \qquad \text{für} \qquad j = 1, \ldots, s \\ (v_j, v_j) &= -1 \qquad \text{für} \qquad j = s+1, \ldots, r. \end{aligned}$$

Angenommen, es wäre $1 \leqslant s < r$. Dann wäre

$$(v_1 - v_{s+1}, v_1 - v_{s+1}) = 0,$$

also wäre $v_1 - v_{s+1}$ ein von 0 verschiedener isotroper Vektor in $\mathfrak{V}_0$. Da $\mathfrak{V}_0$ anisotrop ist, ist das nicht möglich. Daher gilt

$$(v_j, v_j) = 1 \qquad \text{für} \qquad j = 1, \ldots, r$$

oder

$$(v_j, v_j) = -1 \qquad \text{für} \qquad j = 1, \ldots, r.$$

Für $r > 1$ wäre im Falle a) $v_1 + iv_2 \neq 0$ ein isotroper Vektor, also gilt dann $r \leqslant 1$. □

4.12 Satz. *Sei* $\mathfrak{V}$ *entweder ein* $\mathbb{R}$*-Vektorraum mit regulärem symmetrischem Skalarprodukt oder ein* $\mathbb{C}$*-Vektorraum mit regulärem unitären Skalarprodukt zu dem Automorphismus* α *mit* $\alpha c = \overline{c}$ *für alle* $c \in \mathbb{C}$. *Sei gemäß* 3.6 $\{ v_1, \ldots, v_n \}$ *eine Orthogonalbasis von* $\mathfrak{V}$ *mit*

$$\begin{aligned} (v_j, v_j) &= 1 \qquad \textit{für} \quad j = 1, \ldots, s \\ (v_j, v_j) &= -1 \qquad \textit{für} \quad j = s+1, \ldots, n. \end{aligned}$$

a) *Dann ist* $\operatorname{Min}\{ s, n-s \}$ *der Index von* $\mathfrak{V}$.
b) *Für jede Orthogonalbasis* $\{ w_1, \ldots, w_n \}$ *von* $\mathfrak{V}$ *ist* s *die Anzahl der* w_j *mit* $(w_j, w_j) > 0$. *Wir nennen*

$$(\underbrace{1, \ldots, 1}_{s}, \underbrace{-1, \ldots, -1}_{n-s})$$

die Signatur von $\mathfrak{V}$. *(Dies ist der sog. Trägheitssatz von Sylvester*[5]*).*

---

5) James Joseph Sylvester (1814–1897) Oxford; Invariantentheorie, Matrizen, Geometrie, Mechanik.

Beweis. a) Sei zuerst $s \leqslant n - s$. Dann ist

$$\mathfrak{U} = \langle v_1 + v_{s+1}, \ldots, v_s + v_{2s} \rangle$$

ein isotroper Unterraum von $\mathfrak{V}$ von der Dimension s. Sei

$$w = \sum_{j=1}^{n} x_j v_j \in \mathfrak{U}^{\perp}$$

und w isotrop. Dann gilt

$$0 = (w, v_j + v_{s+j}) = x_j - x_{s+j} \quad (j = 1, \ldots, s)$$

und

$$0 = (w, w) = \sum_{j=1}^{s} |x_j|^2 - \sum_{j=s+1}^{n} |x_j|^2 = - \sum_{j=2s+1}^{n} |x_j|^2.$$

Das erzwingt

$$w = \sum_{j=1}^{s} x_j (v_j + v_{s+j}) \in \mathfrak{U}.$$

Also kann es keinen isotropen Unterraum $\mathfrak{W}$ von $\mathfrak{V}$ geben mit $\mathfrak{U} < \mathfrak{W}$. Daher ist $\dim \mathfrak{U} = s$ der Index von $\mathfrak{V}$.
Ist $s > n - s$, so betrachte man

$$\mathfrak{U} = \langle v_{2s-n+1} + v_{s+1}, \ldots, v_s + v_n \rangle$$

und zeige ähnlich, daß dies ein maximaler isotroper Unterraum ist von der Dimension $n - s$. Dann ist $n - s$ der Index von $\mathfrak{V}$.

b) Auf dem Unterraum $\langle v_1, \ldots, v_s \rangle$ ist das Skalarprodukt $(\, , \,)$ positiv definit. Ist $\mathfrak{W}$ ein Unterraum, auf dem $(\, , \,)$ positiv definit ist, so gilt offenbar

$$\mathfrak{W} \cap \langle v_{s+1}, \ldots, v_n \rangle = 0$$

und somit $\dim \mathfrak{W} \leqslant s$. Dadurch ist s also eindeutig festgelegt. Mit derselben Überlegung unter Verwendung der Basis $\{ w_1, \ldots, w_n \}$ stellt man dann fest, daß s auch die Anzahl der positiven (w_j, w_j) ist. □

Wir bestimmen die Isometrien von hyperbolischen Ebenen:

4.13 Satz. *Sei* $\mathfrak{H} = \langle v_1, v_2 \rangle$ *eine hyperbolische Ebene über dem Körper* $\mathbf{K}$ *und*

$$(v_1, v_1) = (v_2, v_2) = 0, (v_1, v_2) = 1.$$

a) *Ist das Skalarprodukt symplektisch, so ist* $G \in \mathrm{GL}(\mathfrak{H})$ *genau dann eine Isometrie, wenn* $\det G = 1$ *gilt.*

b) Ist das Skalarprodukt symmetrisch und Char $\mathbf{K} \neq 2$*, so sind die Isometrien gerade die Abbildungen G mit*

$$Gv_1 = av_1, Gv_2 = \frac{1}{a}v_2$$

oder

$$Gv_1 = av_2, Gv_2 = \frac{1}{a}v_1,$$

wobei $a \in \mathbf{K}^\times$.

Beweis. Genau dann ist G offenbar eine Isometrie, wenn

$$(Gv_j, Gv_k) = (v_j, v_k) \qquad \text{für alle } j, k \in \{1, 2\}$$

gilt.
a) Da im symplektischen Falle jeder Vektor aus $\mathfrak{H}$ isotrop ist, ist $(Gv_j, Gv_j) = 0$ automatisch erfüllt. Ist

$$Gv_j = a_{1j}v_1 + a_{2j}v_2 \qquad (j = 1, 2)$$

mit $a_{jk} \in \mathbf{K}$, so bleibt als einzige Bedingung also

$$\begin{aligned} 1 = (v_1, v_2) = (Gv_1, Gv_2) &= (a_{11}v_1 + a_{21}v_2, a_{12}v_1 + a_{22}v_2) \\ &= a_{11}a_{22}(v_1, v_2) + a_{12}a_{21}(v_2, v_1) \\ &= a_{11}a_{22} - a_{12}a_{21} = \det G. \end{aligned}$$

b) Aus

$$(x_1v_1 + x_2v_2, x_1v_1 + x_2v_2) = 2x_1x_2$$

folgt, daß die skalaren Vielfachen von v_1 und v_2 die einzigen isotropen Vektoren in $\mathfrak{H}$ sind. Also gilt für eine Isometrie G von $\mathfrak{H}$ entweder

$$Gv_1 = a_1v_1, Gv_2 = a_2v_2$$

oder

$$Gv_1 = a_1v_2, Gv_2 = a_2v_1.$$

Dabei ist in beiden Fällen noch

$$1 = (v_1, v_2) = (Gv_1, Gv_2) = a_1a_2$$

gefordert. □

Für die Bestimmung der Isometrien von unitären hyperbolischen Ebenen verweisen wir auf Aufgabe A 4.1.

4.14 Hilfssatz. *Sei $\mathfrak{V}$ ein klassischer Vektorraum und $\mathfrak{U}$ ein isotroper Unterraum von $\mathfrak{V}$.*
a) *Durch die Festsetzung*

$$[w_1 + \mathfrak{U}, w_2 + \mathfrak{U}] = (w_1, w_2)$$

für $w_1, w_2 \in \mathfrak{U}^\perp$ wird ein reguläres Skalarprodukt $[\ ,\ ]$ auf $\mathfrak{U}^\perp/\mathfrak{U}$ definiert.
b) *Es gilt*

$$\operatorname{ind} \mathfrak{U}^\perp/\mathfrak{U} = \operatorname{ind} \mathfrak{V} - \dim \mathfrak{U}.$$

Beweis. a) Die Wohldefiniertheit von $[\ ,\ ]$ folgt aus

$$(w_1, w_2) = (w_1 + u_1, w_2 + u_2)$$

für alle $w_1, w_2 \in \mathfrak{U}^\perp$, $u_1, u_2 \in \mathfrak{U}$. Man bestätigt leicht, daß $[\ ,\ ]$ tatsächlich ein α-Skalarprodukt ist bezüglich des zu $(\ ,\ )$ gehörenden Automorphismus α.
Sei $w_1 + \mathfrak{U} \in \operatorname{Rad} \mathfrak{U}^\perp/\mathfrak{U}$. Das bedeutet

$$0 = [w_1 + \mathfrak{U}, w_2 + \mathfrak{U}] = (w_1, w_2)$$

für alle $w_2 \in \mathfrak{U}^\perp$, also

$$w_1 \in \mathfrak{U}^{\perp\perp} = \mathfrak{U}.$$

Somit gilt $\operatorname{Rad} \mathfrak{U}^\perp/\mathfrak{U} = 0$.

b) Sei $\mathfrak{W}$ ein maximaler isotroper Unterraum von $\mathfrak{V}$ mit $\mathfrak{U} \leqslant \mathfrak{W}$. Nach 4.8 c) gilt $\dim \mathfrak{W} = \operatorname{ind} \mathfrak{V}$. Wegen $\mathfrak{W} \subseteq \mathfrak{U}^\perp$ ist $\mathfrak{W}/\mathfrak{U}$ ein bezüglich $[\ ,\ ]$ isotroper Unterraum von $\mathfrak{U}^\perp/\mathfrak{U}$. Das zeigt

$$\operatorname{ind} \mathfrak{U}^\perp/\mathfrak{U} \geqslant \dim \mathfrak{W}/\mathfrak{U} = \operatorname{ind} \mathfrak{V} - \dim \mathfrak{U}.$$

Sei umgekehrt $\mathfrak{W}'/\mathfrak{U}$ ein maximaler bezüglich $[\ ,\ ]$ isotroper Unterraum von $\mathfrak{U}^\perp/\mathfrak{U}$. Dann ist $\mathfrak{W}'$ isotrop bezüglich $(\ ,\ )$, und es folgt

$$\operatorname{ind} \mathfrak{U}^\perp/\mathfrak{U} = \dim \mathfrak{W}'/\mathfrak{U} = \dim \mathfrak{W}' - \dim \mathfrak{U} \leqslant \operatorname{ind} \mathfrak{V} - \dim \mathfrak{U}.$$

Also gilt

$$\operatorname{ind} \mathfrak{U}^\perp/\mathfrak{U} = \operatorname{ind} \mathfrak{V} - \dim \mathfrak{U}.$$ □

4.15 Satz. *Sei $\mathfrak{V}$ ein $\mathbb{R}$-Vektorraum mit regulärem symmetrischem Skalarprodukt. Der Index von $\mathfrak{V}$ sei ungerade. Dann hat jede Isometrie G von $\mathfrak{V}$ einen reellen Eigenwert.*

Beweis. Ist $\dim \mathfrak{V}$ ungerade, so hat G trivialerweise einen reellen Eigenwert, da das charakteristische Polynom von G ungeraden Grad hat. Sei also $\dim \mathfrak{V} = n$ gerade und $\operatorname{ind} \mathfrak{V} = m$ ungerade. Wir führen den Beweis durch Induktion nach n.

Nach I, 3.10 b) gibt es einen Unterraum $\mathfrak{U}$ von $\mathfrak{V}$ mit $G\mathfrak{U} = \mathfrak{U}$ und $1 \leqslant \dim \mathfrak{U} \leqslant 2$. Wegen $G\mathfrak{U} = \mathfrak{U}$ ist auch $G \operatorname{Rad} \mathfrak{U} = \operatorname{Rad} \mathfrak{U}$ und $G\mathfrak{U}^\perp = \mathfrak{U}^\perp$. Ist $\dim \mathfrak{U} = 1$ oder $\dim \operatorname{Rad} \mathfrak{U} = 1$, so sind wir fertig. Sei also $\dim \mathfrak{U} = 2$ und $\dim \operatorname{Rad} \mathfrak{U} \neq 1$. Dann ist entweder $\mathfrak{U} = \operatorname{Rad} \mathfrak{U}$ isotrop oder $\mathfrak{U}$ ist regulär.

Fall 1: Sei $\mathfrak{U} = \operatorname{Rad} \mathfrak{U}$ isotrop, also $\mathfrak{U} \leqslant \mathfrak{U}^\perp$. Dann wird nach 4.14 durch

$$[w_1 + \mathfrak{U}, w_2 + \mathfrak{U}] = (w_1, w_2)$$

für $w_j \in \mathfrak{U}^\perp$ auf $\mathfrak{U}^\perp/\mathfrak{U}$ ein reguläres Skalarprodukt definiert, und es gilt

$$\operatorname{ind} \mathfrak{U}^\perp/\mathfrak{U} = \operatorname{ind} \mathfrak{V} - \dim \mathfrak{U} = m - 2 \not\equiv 0 (\operatorname{mod} 2).$$

Dies zeigt $\mathfrak{U}^\perp > \mathfrak{U}$. Durch die Festsetzung

$$\overline{G}(w + \mathfrak{U}) = Gw + \mathfrak{U}$$

für $w \in \mathfrak{U}^\perp$ wird eine lineare Abbildung $\overline{G}$ auf $\mathfrak{U}^\perp/\mathfrak{U}$ erklärt. Wegen

$$[\overline{G}(w_1 + \mathfrak{U}), \overline{G}(w_2 + \mathfrak{U})] = (Gw_1, Gw_2) = (w_1, w_2) = [w_1 + \mathfrak{U}, w_2 + \mathfrak{U}]$$

ist $\overline{G}$ eine Isometrie bezüglich [,]. Gemäß unserer Induktionsannahme hat daher $\overline{G}$ einen reellen Eigenwert. Nach dem Kästchensatz ist das charakteristische Polynom von $\overline{G}$ ein Teiler des charakteristischen Polynoms von G, also hat auch G einen reellen Eigenwert.

Fall 2:. Sei $\mathfrak{U}$ regulär, also $\mathfrak{V} = \mathfrak{U} \perp \mathfrak{U}^\perp$ mit $G\mathfrak{U}^\perp = \mathfrak{U}^\perp$.
Ist $\mathfrak{U}$ eine hyperbolische Ebene und u_1, u_2 ein hyperbolisches Paar in $\mathfrak{U}$, so gilt nach 4.13 b) entweder

$$Gu_1 = au_1, \qquad Gu_2 = \frac{1}{a}u_2$$

oder

$$Gu_1 = au_2, \qquad Gu_2 = \frac{1}{a}u_1.$$

Im ersten Falle ist a ein reeller Eigenwert von G, im zweiten Falle ist 1 Eigenwert von G wegen

$$G(u_1 + au_2) = u_1 + au_2.$$

Wir können also weiterhin annehmen, daß $\mathfrak{U}$ die Signatur $(1, 1)$ oder $(-1, -1)$ hat. Sei

$$(\underbrace{1, \ldots, 1}_{r}, \underbrace{-1, \ldots, -1}_{s})$$

die Signatur von $\mathfrak{V}$. Dann ist $n = r + s$ gerade, und nach 4.12 a) gilt

$$m = \operatorname{ind} \mathfrak{V} = \operatorname{Min}\{ r, s \}.$$

Also sind r und s ungerade.

Hat $\mathfrak{U}$ die Signatur $(1, 1)$, so hat $\mathfrak{U}^\perp$ wegen der Eindeutigkeit der Signatur (siehe 4.12 b)) die Signatur $(r - 2, s)$. Dann ist

$$\operatorname{ind} \mathfrak{U}^\perp = \operatorname{Min}\{\, r - 2, s \,\}$$

ungerade. Hat $\mathfrak{U}$ die Signatur $(-1, -1)$, so folgt analog

$$\operatorname{ind} \mathfrak{U}^\perp = \operatorname{Min}\{\, r, s - 2 \,\},$$

und dies ist wieder ungerade.
Also hat gemäß unserer Induktionsannahme die Einschränkung von G auf $\mathfrak{U}^\perp$ einen reellen Eigenwert, und dann auch G selbst. □

4.16 Hilfssatz. *Sei $\mathfrak{V}$ ein $\mathbb{R}$-Vektorraum mit regulärem symmetrischem Skalarprodukt. Sei* $\dim \mathfrak{V}$ *gerade und* $\operatorname{ind} \mathfrak{V}$ *ungerade. Sei G eine Isometrie von $\mathfrak{V}$ ohne isotrope Eigenvektoren. Dann gibt es eine Zerlegung $\mathfrak{V} = \mathfrak{H} \perp \mathfrak{H}^\perp$ mit einer hyperbolischen Ebene $\mathfrak{H}$ und mit $G\mathfrak{H} = \mathfrak{H}$.*

Beweis. Nach 4.15 gibt es ein $v \neq 0$ mit $Gv = av$ und $a \in \mathbb{R}$. Nach unserer Voraussetzung ist $(v, v) \neq 0$. Da $\dim\langle v\rangle^\perp$ ungerade ist, gibt es ein $w \in \langle v\rangle^\perp$ mit $Gw = bw \neq 0$, und wieder ist $(w, w) \neq 0$. Da $\langle v, w\rangle$ regulär ist, folgt

$$\mathfrak{V} = \langle v, w\rangle \perp \langle v, w\rangle^\perp$$

mit $G\langle v, w\rangle = \langle v, w\rangle$. Ist $\langle v, w\rangle$ eine hyperbolische Ebene, so sind wir fertig. Hat $\langle v, w\rangle$ die Signatur $(1, 1)$ oder $(-1, -1)$, so hat $\langle v, w\rangle^\perp$ einen ungeraden Index, wie im Beweis von 4.15 gezeigt wurde. Dann gilt gemäß einer Induktionsannahme

$$\langle v, w\rangle^\perp = \mathfrak{H} \perp \mathfrak{W}$$

mit einer hyperbolischen Ebene $\mathfrak{H} = G\mathfrak{H}$. Dann ist

$$\mathfrak{V} = \mathfrak{H} \perp (\langle v, w\rangle \perp \mathfrak{W})$$

die gewünschte Zerlegung. □

4.17 Satz. *Sei $\mathfrak{V}$ ein $\mathbb{R}$-Vektorraum mit regulärem symmetrischem Skalarprodukt. Sei* $\dim \mathfrak{V}$ *gerade und* $\operatorname{ind} \mathfrak{V}$ *ungerade. Ist G eine Isometrie von $\mathfrak{V}$ mit* $\det G = 1$*, so hat G einen reellen Eigenwert mit isotropem Eigenvektor.*

Beweis. Angenommen, G habe keine isotropen Eigenvektoren. Nach 4.16 gilt dann $\mathfrak{V} = \mathfrak{H} \perp \mathfrak{H}^\perp$ mit einer hyperbolischen Ebene $\mathfrak{H} = G\mathfrak{H}$. Sei v_1, v_2 ein hyperbolisches Paar in $\mathfrak{H}$. Nach 4.13 b) gilt dann

$$Gv_1 = av_2, \qquad Gv_2 = \frac{1}{a} v_1$$

und somit $\det G_{\mathfrak{H}} = -1$, wenn $G_{\mathfrak{H}}$ die Einschränkung von G auf $\mathfrak{H}$ bezeichnet. Also ist wegen

$$1 = \det G = \det G_{\mathfrak{H}} \det G_{\mathfrak{H}^\perp}$$

auch $\det G_{\mathfrak{H}^\perp} = -1$. Da $\dim \mathfrak{H}^\perp$ gerade ist, sind 1 und -1 nach 1.15 d) Eigenwerte von $G_{\mathfrak{H}^\perp}$. Sei also $0 \neq w_j \in \mathfrak{H}^\perp$ mit

$$Gw_1 = w_1, \qquad Gw_2 = -w_2.$$

Nach unserer Annahme sind die w_j nicht isotrop. Aus

$$(w_1, w_2) = (Gw_1, Gw_2) = -(w_1, w_2)$$

folgt $(w_1, w_2) = 0$. Somit ist $\langle w_1, w_2 \rangle$ regulär und

$$\mathfrak{V} = \langle v_1, v_2 \rangle \perp \langle w_1, w_2 \rangle \perp \mathfrak{V}'$$

mit geeignetem $\mathfrak{V}'$.
Ist $\langle w_1, w_2 \rangle$ eine hyperbolische Ebene, so ist $\dim \mathfrak{V}'$ gerade und

$$\operatorname{ind} \mathfrak{V}' = \operatorname{ind} \mathfrak{V} - 2$$

ungerade. Gemäß einer Induktionsannahme hat dann $G_{\mathfrak{V}'}$ mit $\det G_{\mathfrak{V}'} = 1$ auf $\mathfrak{V}'$ einen isotropen Eigenvektor.
Sei also $\langle w_1, w_2 \rangle$ keine hyperbolische Ebene. Dann können wir

$$(w_1, w_1) = (w_2, w_2) = b$$

mit $b = \pm 1$ annehmen.
Sei zuerst $ab > 0$. Dann gilt für alle $c \in \mathbb{R}$

$$G(v_1 - av_2 + cw_2) = av_2 - v_1 - cw_2 = -(v_1 - av_2 + cw_2)$$

und

$$(v_1 - av_2 + cw_2, v_1 - av_2 + cw_2) = -2a + c^2 b.$$

Wählen wir $c^2 = \frac{2a}{b}$, so ist $v_1 - av_2 + cw_2$ ein isotroper Eigenvektor von G.
Ist $ab < 0$, so gilt

$$G(v_1 + av_2 + cw_1) = v_1 + av_2 + cw_1,$$

und wir wählen nun $c \in \mathbb{R}$ so, daß

$$(v_1 + av_2 + cw_1, v_1 + av_2 + cw_1) = 2a + c^2 b = 0$$

gilt. □

Aufgaben

A 4.1 Sei $\mathfrak{V}$ eine hyperbolische Ebene mit schiefunitärem α-Skalarprodukt und sei v_1, v_2 ein hyperbolisches Paar in $\mathfrak{V}$. Sei $G \in \mathrm{SL}(\mathfrak{V})$ mit

$$Gv_j = \sum_{k=1}^{2} a_{kj} v_k \qquad (j = 1, 2).$$

Man zeige, daß G genau dann eine Isometrie von $\mathfrak{V}$ ist, wenn $\alpha a_{jk} = a_{jk}$ für alle $j, k = 1, 2$ gilt.
(Man zeige: Genau dann ist G eine Isometrie, wenn

$$\begin{pmatrix} a_{11} & a_{21} \\ a_{12} & a_{22} \end{pmatrix}^{-1} = \begin{pmatrix} \alpha a_{22} & -\alpha a_{21} \\ -\alpha a_{12} & -\alpha a_{11} \end{pmatrix}$$

gilt.)

A 4.2 Sei $\mathfrak{V}$ ein klassischer Vektorraum. Ist $\mathfrak{V}$ nicht anisotrop, so besitzt $\mathfrak{V}$ eine Basis aus lauter isotropen Vektoren. (Man zerlege $\mathfrak{V} = \langle v_1, v_2 \rangle \perp \mathfrak{W}$ mit einem hyperbolischen Paar v_1, v_2 und suche für eine Basis $\{ w_1, \ldots, w_{n-2} \}$ von $\mathfrak{W}$ isotrope Vektoren der Gestalt $x_j v_1 + v_2 + w_j$ mit $x_j \in \mathbf{K}$.)

A 4.3 Sei $\mathfrak{V}$ ein klassischer $\mathbf{K}$-Vektorraum, der nicht symplektisch ist. Ferner sei $\mathfrak{V}$ nicht anisotrop.

a) Ist das Skalarprodukt (,) auf $\mathfrak{V}$ symmetrisch, so gibt es zu jedem $a \in \mathbf{K}$ ein $v \in \mathfrak{V}$ mit $(v, v) = a$.

b) Ist das Skalarprodukt unitär, so gibt es zu jedem $a \in \mathbf{K}$ mit $\alpha a = a$ ein $v \in \mathfrak{V}$ mit $(v, v) = a$.

A 4.4 Sei $\mathfrak{V}$ ein klassischer Vektorraum und $\mathfrak{W}$ ein isotroper Unterraum von $\mathfrak{V}$. Dann gibt es maximale isotrope Unterräume $\mathfrak{W}_1$ und $\mathfrak{W}_2$ von $\mathfrak{V}$ mit $\mathfrak{W} = \mathfrak{W}_1 \cap \mathfrak{W}_2$.
(Man bette $\mathfrak{W}$ mit Hilfe von 4.7 in einem hyperbolischen Raum $\mathfrak{H}$ mit $\dim \mathfrak{H} = 2 \dim \mathfrak{W}$ ein und argumentiere geeignet in $\mathfrak{H}^{\perp}$.)

A 4.5 Sei $\mathfrak{V}$ ein $\mathbb{R}$-Hilbertraum bezüglich des Skalarproduktes (,) und sei $A \in \mathrm{Hom}(\mathfrak{V}, \mathfrak{V})$.

a) Durch

$$[v_1, v_2] = (Av_1, v_2)$$

wird ein Skalarprodukt [,] auf $\mathfrak{V}$ definiert. Genau dann ist $\mathfrak{V}$ regulär bezüglich [,], wenn A regulär ist.

b) Genau dann ist [,] symmetrisch, wenn A hermitesch ist.

c) Sei A hermitesch und regulär und seien

$$a_1 \geqslant \ldots \geqslant a_s > 0 > a_{s+1} \geqslant \ldots \geqslant a_n$$

die Eigenwerte von A. Dann hat $[\ ,\ ]$ die Signatur $(s, n-s)$.

A 4.6 Sei $\mathfrak{V}$ ein $\mathbb{R}$-Vektorraum und $\{v_1, \ldots, v_n\}$ eine Basis von $\mathfrak{V}$. Ein Skalarprodukt $(\ ,\ )$ sei auf $\mathfrak{V}$ erklärt durch

$$(v_j, v_j) = a, (v_j, v_k) = b \text{ für } j \neq k.$$

Man zeige:

a) Genau dann ist $(\ ,\ )$ regulär, wenn $(a-b)(a+(n-1)b) \neq 0$.

b) Ist $(a-b)(a+(n-1)b) > 0$, so gilt $\operatorname{ind} \mathfrak{V} = 0$.

c) Ist $(a-b)(a+(n-1)b) < 0$, so gilt $\operatorname{ind} \mathfrak{V} = 1$.

A 4.7 Man zeige, daß die Sätze 4.15 und 4.17 bestmöglich sind durch Angabe von Beispielen folgender Art:
Sei $\mathfrak{V}$ ein $\mathbb{R}$-Vektorraum der Dimension n mit regulärem symmetrischem Skalarprodukt $(\ ,\ )$. Sei $\operatorname{ind} \mathfrak{V} = m$.

a) Sind n und m gerade, so hat $\mathfrak{V}$ Isometrien ohne reelle Eigenwerte.

b) Ist n ungerade, so gibt es eine Isometrie G von $\mathfrak{V}$ mit $\det G = 1$, welche zwar reelle Eigenwerte hat, aber keine isotropen Eigenvektoren.

§ 5 Spiegelungen und Transvektionen

Wir betrachten Isometrien, die einen Unterraum der Kodimension 1 elementweise fest lassen.

5.1 Satz. *Sei $\mathfrak{V}$ ein klassischer Vektorraum der Dimension n und $\mathfrak{U}$ ein Unterraum mit* $\dim \mathfrak{U} = n - 1$. *Sei G eine Isometrie von $\mathfrak{V}$ mit $G \neq E$, aber $Gu = u$ für alle $u \in \mathfrak{U}$.*
a) *Ist $\mathfrak{V}$ symplektisch, so gibt es einen Vektor $0 \neq w \in \mathfrak{U}$ mit $\mathfrak{U}^{\perp} = \langle w \rangle$. Also ist $\mathfrak{U}$ nicht regulär. Dann gilt*

$$Gv = v + c(v, w)w \qquad \textit{für alle} \qquad v \in \mathfrak{V}$$

*mit $0 \neq c \in$ **K**. Umgekehrt ist jede solche Abbildung eine Isometrie von $\mathfrak{V}$ von der Determinante 1.*

Wir nennen dann G eine symplektische Transvektion.

b) *Ist das Skalarprodukt symmetrisch und* $\operatorname{Char}\mathbf{K} \neq 2$, *so ist* $\mathfrak{U} = \langle w \rangle^\perp$ *mit* $(w, w) \neq 0$. *Dann ist* $\mathfrak{U}$ *regulär. Dabei gilt*

$$Gv = v - \frac{2(v, w)}{(w, w)} w \qquad \textit{für alle} \quad v \in \mathfrak{V}, \tag{1}$$

also

$$Gu = u \qquad \textit{für alle} \quad u \in \mathfrak{U} \quad \textit{und} \quad Gw = -w.$$

Ferner ist $G^2 = E$ *und* $\det G = -1$.

Umgekehrt ist die durch (1) *definierte Abbildung für jedes* w *mit* $(w, w) \neq 0$ *eine Isometrie.*

Wir nennen G die orthogonale Spiegelung an $\mathfrak{U}$.

c) *Sei* $\mathfrak{V}$ *unitär und sei* $\mathfrak{U}$ *regulär. Dann ist* $\mathfrak{U} = \langle w \rangle^\perp$ *mit* $(w, w) \neq 0$. *Nun gilt*

$$Gu = u \quad \textit{für alle} \quad u \in \mathfrak{U} \quad \textit{und} \quad Gw = aw \quad \textit{mit} \quad a(\alpha a) = 1.$$

Umgekehrt liefert jede solche Abbildung eine Isometrie. Wir nennen G eine unitäre Spiegelung an $\mathfrak{U}$.

d) *Sei schließlich* $\mathfrak{V}$ *unitär und* $\mathfrak{U}$ *nicht regulär. Dann ist* $\mathfrak{U} = \langle w \rangle^\perp$ *mit* $(w, w) = 0$. *Es gilt*

$$Gv = v + c(v, w)w \qquad \textit{für alle} \quad v \in \mathfrak{V}$$

mit $c \in \mathbf{K}^\times$ *und* $c + \alpha c = 0$.

Umgekehrt ist jede Abbildung dieser Art eine Isometrie. Wir nennen dann G eine unitäre Transvektion.

Beweis. a) Wegen $\dim \mathfrak{U}^\perp = 1$ gibt es ein w mit $\mathfrak{U}^\perp = \langle w \rangle$, also mit $\mathfrak{U} = \mathfrak{U}^{\perp\perp} = \langle w \rangle^\perp$. Da $\mathfrak{V}$ symplektisch ist, gilt $(w, w) = 0$, also $w \in \mathfrak{U}$. Sei w', w ein hyperbolisches Paar in $\mathfrak{V}$ (siehe 4.5). Dann ist $w' \notin \langle w \rangle^\perp = \mathfrak{U}$, also $\mathfrak{V} = \mathfrak{U} \oplus \langle w' \rangle$. Da G eine Isometrie ist, gilt für alle $u \in \mathfrak{U}$

$$0 = (u, w') - (Gu, Gw') = (u, w' - Gw').$$

Das zeigt

$$Gw' - w' \in \mathfrak{U}^\perp = \langle w \rangle,$$

also

$$Gw' = w' + cw \qquad \text{mit geeignetem} \quad c \in \mathbf{K}.$$

Dann gilt für alle $v = u + aw'$ (mit $u \in \mathfrak{U}$, $a \in \mathbf{K}$)

$$Gv = u + aw' + acw = v + c(v, w)w.$$

Umgekehrt ist wegen

$$(v_1 + c(v_1, w)w, v_2 + c(v_2, w)w) =$$
$$(v_1, v_2) + c(v_2, w)(v_1, w) + c(v_1, w)(w, v_2) = (v_1, v_2)$$

jedes G mit $Gv = v + c(v, w)w$ tatsächlich eine Isometrie.

b) Sei zuerst $\mathfrak{U}$ regulär, also

$$\mathfrak{V} = \mathfrak{U} \perp \langle w \rangle \qquad \text{mit} \qquad \mathfrak{U}^{\perp} = \langle w \rangle.$$

Aus $G\mathfrak{U} = \mathfrak{U}$ folgt $G\mathfrak{U}^{\perp} = \mathfrak{U}^{\perp}$. Somit gilt $Gw = aw$ mit $a \in \mathbf{K}^{\times}$. Da mit $\mathfrak{U}$ auch $\mathfrak{U}^{\perp}$ regulär ist, gilt $(w, w) \neq 0$. Daher ist

$$0 \neq (w, w) = (Gw, Gw) = (aw, aw) = a^2(w, w).$$

Wegen $G \neq E$ erzwingt das $a = -1$. Also ist

$$Gu = u \qquad \text{für alle} \quad u \in \mathfrak{U} \quad \text{und} \quad Gw = -w$$

und somit

$$Gv = v - \frac{2(v, w)}{(w, w)} w \qquad \text{für alle} \quad v \in \mathfrak{V}.$$

Nun sei $\mathfrak{U}$ nicht regulär. Dann ist $\mathfrak{U}^{\perp} = \langle w \rangle \leqslant \mathfrak{U}$, also $(w, w) = 0$. Sei w, w' ein hyperbolisches Paar, also $w' \notin \langle w \rangle^{\perp} = \mathfrak{U}$ und somit $\mathfrak{V} = \mathfrak{U} \oplus \langle w' \rangle$. Für alle $u \in \mathfrak{U}$ gilt

$$0 = (u, w') - (Gu, Gw') = (u, w' - Gw').$$

Das heißt

$$Gw' - w' \in \mathfrak{U}^{\perp} = \langle w \rangle,$$

also $Gw' = w' + cw$ mit geeignetem $c \in \mathbf{K}$. Ferner gilt wegen $(w, w') = (w', w) = 1$ auch

$$0 = (w', w') = (Gw', Gw') = 2c(w, w') = 2c.$$

Wegen $\operatorname{Char} \mathbf{K} \neq 2$ folgt $c = 0$, also $G = E$, entgegen unserer Annahme. Somit tritt dieser Fall nicht auf.

c) Nun ist

$$\mathfrak{V} = \mathfrak{U} \perp \mathfrak{U}^{\perp} = \mathfrak{U} \perp \langle w \rangle.$$

Da mit $\mathfrak{U}$ auch $\mathfrak{U}^{\perp}$ regulär ist, folgt $(w, w) \neq 0$. Wie in b) sieht man, daß $Gw \in \mathfrak{U}^{\perp}$, also $Gw = aw$ mit geeignetem $a \in \mathbf{K}$. Dabei muß wegen

$$0 \neq (w, w) = (Gw, Gw) = (aw, aw) = a(\alpha a)(w, w)$$

noch $a(\alpha a) = 1$ gelten.
Man stellt leicht fest, daß jede solche Abbildung eine Isometrie ist.

d) Nun gilt wie unter a) $\mathfrak{U} = \langle w \rangle^\perp$ mit $(w, w) = 0$, also $w \in \mathfrak{U}$. Sei wieder w, w' ein hyperbolisches Paar. Wörtlich wie in a) folgt

$$Gw' - w' = cw \in \mathfrak{U}^\perp$$

mit geeignetem $c \in \mathbf{K}$. Dabei muß nun noch gelten

$$\begin{aligned} 0 = (w', w') &= (Gw', Gw') = (cw + w', cw + w') \\ &= c(w, w') + (\alpha c)(w', w) = c + \alpha c. \end{aligned}$$

Dann ist

$$Gv = v + c(v, w)w \qquad \text{für alle} \quad v \in \mathfrak{V}.$$

Sei umgekehrt $(w, w) = c + \alpha c = 0$. Dann gilt für alle $v_j \in \mathfrak{V}$

$$\begin{aligned} (v_1 + c(v_1, w)w, &v_2 + c(v_2, w)w) \\ &= (v_1, v_2) + \alpha(c(v_2, w))(v_1, w) + c(v_1, w)(w, v_2) \\ &= (v_1, v_2) - c(w, v_2)(v_1, w) + c(v_1, w)(w, v_2) = (v_1, v_2). \end{aligned}$$

(Man beachte dazu $\alpha c = -c$ und $\alpha(v_2, w) = (w, v_2)$.) Also wird durch

$$Gv = v + c(v, w)w$$

eine Isometrie definiert. □

5.2 Hilfssatz. *Sei $\mathfrak{V}$ ein regulärer symplektischer Vektorraum. Sind v_1, v_2 und w_1, w_2 hyperbolische Paare in $\mathfrak{V}$, so gibt es ein Produkt G von symplektischen Transvektionen mit $Gv_1 = w_1$ und $Gv_2 = w_2$.*

Beweis. a) Wir beweisen zuerst die Existenz eines Produktes H von symplektischen Transvektionen mit $Hv_1 = w_1$ und unterscheiden dazu zwei Fälle:

Fall 1. Sei $(v_1, w_1) \neq 0$. Dann ist T mit

$$Tv = v + \frac{1}{(v_1, w_1)}(v, v_1 - w_1)(v_1 - w_1)$$

nach 5.1 a) eine symplektische Transvektion mit

$$Tv_1 = v_1 + \frac{(v_1, v_1 - w_1)}{(v_1, w_1)}(v_1 - w_1) = v_1 - (v_1 - w_1) = w_1.$$

Fall 2. Sei nun $(v_1, w_1) = 0$. Wegen $\langle v_1 \rangle^\perp \cup \langle w_1 \rangle^\perp \subset \mathfrak{V}$ gibt es ein u mit $(v_1, u) \neq 0 \neq (w_1, u)$. Wie in Fall 1 gezeigt, gibt es dann symplektische Transvektionen T_1 und T_2 mit

$$T_1 v_1 = u \qquad \text{und} \qquad T_2 u = w_1.$$

Dann ist $T_2T_1v_1 = w_1$.
b) Seien nun v_1, v_2 und w_1, w_2 hyperbolische Paare. Nach a) gibt es ein Produkt H von symplektischen Transvektionen mit $Hv_1 = w_1$. Indem wir Hv_1, Hv_2 und w_1, w_2 betrachten, können wir also $v_1 = w_1$ annehmen. Wieder unterscheiden wir zwei Fälle:

Fall 1. Sei $(v_2, w_2) \neq 0$. Dann wird durch

$$Tv = v + \frac{(v, v_2 - w_2)}{(v_2, w_2)}(v_2 - w_2)$$

eine symplektische Transvektion definiert. Dabei ist $Tv_2 = w_2$ und wegen

$$(v_1, v_2 - w_2) = (v_1, v_2) - (v_1, w_2) = 1 - 1 = 0$$

auch $Tv_1 = v_1 = w_1$.

Fall 2. Sei $(v_2, w_2) = 0$. Nun ist $v_1, v_1 + v_2$ ein hyperbolisches Paar und

$$(v_2, v_1 + v_2) = (v_2, v_1) = -1 \neq 0.$$

Nach Fall 1 gibt es daher eine symplektische Transvektion T_1 mit

$$T_1v_1 = v_1, \quad T_1v_2 = v_1 + v_2.$$

Ferner ist

$$(v_1 + v_2, w_2) = (v_1, w_2) = (w_1, w_2) = 1.$$

Daher gibt es eine symplektische Transvektion T_2 mit

$$T_2v_1 = v_1, \quad T_2(v_1 + v_2) = w_2.$$

Insgesamt folgt

$$T_2T_1v_1 = v_1, \quad T_2T_1v_2 = w_2. \qquad \square$$

5.3 Satz. *Sei $\mathfrak{V}$ ein regulärer symplektischer Raum.*
a) *Jede Isometrie von $\mathfrak{V}$ ist ein Produkt von symplektischen Transvektionen.*
b) *Jede Isometrie von $\mathfrak{V}$ hat die Determinante 1.*

Beweis. a) Wir führen den Beweis durch Induktion nach $\dim \mathfrak{V}$. Sei v, w ein hyperbolisches Paar aus $\mathfrak{V}$ und G eine Isometrie von $\mathfrak{V}$. Dann ist auch Gv, Gw ein hyperbolisches Paar. Nach 5.2 gibt es ein Produkt H von symplektischen Transvektionen von $\mathfrak{V}$ mit $HGv = v$ und $HGw = w$. Dann bleiben $\langle v, w\rangle$ und somit auch $\langle v, w\rangle^\perp$ bei HG als Ganzes fest. Nach Induktionsannahme ist die Einschränkung $(HG)'$ von HG auf $\langle v, w\rangle^\perp$ ein Produkt von symplektischen Transvektionen T_j'

$(j = 1, \dots, r)$ auf $\langle v, w\rangle^\perp$. Sei

$$T_j' u = u + c_j(u, v_j)v_j \qquad \text{für} \quad u \in \langle v, w\rangle^\perp$$

mit geeigneten $v_j \in \langle v, w\rangle^\perp$. Definieren wir die symplektische Transvektion T_j auf $\mathfrak{V}$ durch

$$T_j x = x + c_j(x, v_j)v_j,$$

so gilt wegen $v, w \in \langle v_j\rangle^\perp$ sicher $T_j v = v$ und $T_j w = w$. Also folgt $HG = T_1 \dots T_r$. Da die Inverse einer Transvektion wieder eine Transvektion ist, ist $G = H^{-1}T_1 \dots T_r$ ein Produkt von symplektischen Transvektionen.
b) Da jede symplektische Transvektion die Determinante 1 hat, folgt die Aussage unter b) sofort aus a). □

5.4 Satz. *Sei $\mathfrak{V}$ ein Vektorraum mit regulärem symmetrischem Skalarprodukt über einem Körper* **K** *mit* Char **K** $\neq 2$. *Ist* dim $\mathfrak{V} = n$, *so ist jede Isometrie von $\mathfrak{V}$ ein Produkt von höchstens n orthogonalen Spiegelungen.*

Beweis. Sei $\mathfrak{V}$ ein Gegenbeispiel von kleinstmöglicher Dimension n und G eine Isometrie von $\mathfrak{V}$, welche nicht Produkt von höchstens n Spiegelungen ist. Offenbar gilt $n > 1$. Wir zeigen:

(1) Ist H eine Isometrie von $\mathfrak{V}$ und $Hv = v$ mit $(v, v) \neq 0$, so ist H ein Produkt von höchstens $n - 1$ Spiegelungen:
Wegen $(v, v) \neq 0$ gilt $\mathfrak{V} = \langle v\rangle \perp \langle v\rangle^\perp$, und $\langle v\rangle^\perp$ ist als Ganzes fest bei H. Ist H' die Einschränkung von H auf $\langle v\rangle^\perp$, so gilt $H' = S_1' \dots S_r'$ mit Spiegelungen S_j' von $\langle v\rangle^\perp$ und $r \leqslant n - 1$. Sei

$$S_j' u = u - \frac{2(u, v_j)}{(v_j, v_j)} v_j \qquad \text{für} \qquad u \in \langle v\rangle^\perp$$

mit geeigneten $v_j \in \langle v\rangle^\perp$. Wir definieren Spiegelungen S_j auf $\mathfrak{V}$ durch

$$S_j w = w - \frac{2(w, v_j)}{(v_j, v_j)} v_j \qquad \text{für} \qquad w \in \mathfrak{V}.$$

Wegen $v_j \in \langle v\rangle^\perp$ gilt dann $S_j v = v$, also $H = S_1 \dots S_r$ auf ganz $\mathfrak{V}$ mit $r \leqslant n - 1$.

(2) Ist $(v, v) \neq 0$, so ist $Gv - v$ isotrop:
Es gilt

$$(Gv + v, Gv - v) = (Gv, Gv) - (v, v) = 0.$$

Angenommen, $w = Gv - v$ wäre nicht isotrop. Dann existiert die Spiegelung S mit

$$Su = u - \frac{2(u, w)}{(w, w)} w.$$

Wegen $(Gv + v, w) = 0$ gilt

$$S(Gv + v) = Gv + v \qquad \text{und} \qquad S(Gv - v) = -(Gv - v).$$

Das ergibt $2SGv = 2v$, wegen $\operatorname{Char}\mathbf{K} \neq 2$ also $SGv = v$. Nach (1) folgt

$$SG = S_1 \dots S_r$$

mit Spiegelungen S_j und mit $r \leqslant n - 1$. Dann ist $G = SS_1 \dots S_r$, entgegen der Wahl von $\mathfrak{V}$ und G als Gegenbeispiel.

(3) $\dim \mathfrak{V} > 2$:
Angenommen, $\dim \mathfrak{V} = 2$. Nach (2) ist $\mathfrak{V}$ nicht anisotrop. Also ist $\mathfrak{V}$ nach 4.5 eine hyperbolische Ebene. Sei v_1, v_2 ein hyperbolisches Paar in $\mathfrak{V}$. Nach 4.13 gilt
(i) $Gv_1 = av_1, \quad Gv_2 = a^{-1}v_2$
oder
(ii) $Gv_1 = av_2, \quad Gv_2 = a^{-1}v_1$
mit geeignetem $a \in \mathbf{K}^\times$. Wegen

$$(v_1 + v_2, v_1 + v_2) = 2 \neq 0$$

ist $G(v_1 + v_2) - v_1 - v_2$ nach (2) isotrop. Nun ist aber

$$G(v_1 + v_2) - v_1 - v_2 = \begin{cases} (a - 1)v_1 + (a^{-1} - 1)v_2 \\ (a^{-1} - 1)v_1 + (a - 1)v_2. \end{cases}$$

Also folgt

$$0 = (G(v_1 + v_2) - v_1 - v_2, G(v_1 + v_2) - v_1 - v_2) = 2(a - 1)(a^{-1} - 1).$$

Das erzwingt $a = 1$. Also ist $G = E$ oder $Gv_1 = v_2$, $Gv_2 = v_1$. Im zweiten Fall ist jedoch G die Spiegelung zu $v_1 - v_2$, wie man leicht nachprüft. Somit liegt kein Gegenbeispiel vor.

(4) $\operatorname{Bild}(G - E)$ ist isotrop:
Nach 4.3 genügt der Nachweis, daß $Gv - v$ für jedes v isotrop ist. Ist $(v, v) \neq 0$, so gilt dies nach (2). Sei also $(v, v) = 0$. Wegen

$$\dim \langle v \rangle^\perp = n - 1 \geqslant 2$$

und

$$\operatorname{Rad}\langle v \rangle^\perp = \operatorname{Rad}\langle v \rangle = \langle v \rangle \qquad \text{(siehe 3.3 c))}$$

ist $\operatorname{Rad}\langle v \rangle^\perp < \langle v \rangle^\perp$. Also ist $\langle v \rangle^\perp$ nicht isotrop. Nach 4.3 gibt es daher ein $w \in \langle v \rangle^\perp$ mit $(w, w) \neq 0$. Für alle $a \in \mathbf{K}$ ist dann

$$(w + av, w + av) = (w, w) \neq 0.$$

Mit (2) folgt daher

$$\begin{aligned} 0 &= (G(w+av)-(w+av), G(w+av)-(w+av)) \\ &= ((Gw-w)+a(Gv-v), (Gw-w)+a(Gv-v)) \\ &= (Gw-w, Gw-w) + 2a(Gw-w, Gv-v) + a^2(Gv-v, Gv-v) \\ &= 2a(Gw-w, Gv-v) + a^2(Gv-v, Gv-v). \end{aligned}$$

Addieren wir diese Gleichungen für $a = 1$ und $a = -1$, so ergibt sich $(Gv-v, Gv-v) = 0$, wie gewünscht.

(5) Bild $(G-E)$ ist ein maximaler isotroper Unterraum von $\mathfrak{V}$, und es gilt

$$\dim \operatorname{Bild}(G-E) = \frac{1}{2} \dim \mathfrak{V}.$$

Ferner bewirkt G die Identität auf Bild $(G-E)$:
Wir setzen $\mathfrak{W} = \operatorname{Bild}(G-E)$. Nach (4) ist $\mathfrak{W}$ isotrop. Sei $w \in \mathfrak{W}^\perp$. Da $\mathfrak{W}$ isotrop ist, gilt für alle $v \in \mathfrak{V}$ nun

$$\begin{aligned} 0 &= (Gv-v, Gw-w) = (Gv-v, Gw) \\ &= (Gv, Gw) - (v, Gw) = (v, w) - (v, Gw) = (v, w-Gw). \end{aligned}$$

Das zeigt

$$w - Gw \in \operatorname{Rad} \mathfrak{V} = 0.$$

Nach (1) ist daher w isotrop, also ist $\mathfrak{W}^\perp$ nach 4.3 isotrop. Aus der Isotropie von $\mathfrak{W}$ und $\mathfrak{W}^\perp$ folgt nun

$$\mathfrak{W}^\perp \leqslant \mathfrak{W}^{\perp\perp} = \mathfrak{W} \leqslant \mathfrak{W}^\perp.$$

Das ergibt wegen 3.3 a)

$$\dim \mathfrak{V} = \dim \mathfrak{W} + \dim \mathfrak{W}^\perp = 2 \dim \mathfrak{W}.$$

Nach 4.8 a) ist $\mathfrak{W}$ daher ein maximaler isotroper Unterraum von $\mathfrak{V}$. Wir hatten bereits $Gw = w$ für alle $w \in \mathfrak{W}^\perp = \mathfrak{W}$ gezeigt.

(6) Es gilt $\det G = 1$:
Angenommen, es wäre $\det G = -1$. Nach 1.15 d) gibt es dann ein $v \neq 0$ mit $Gv = -v$. Für alle $w \in \mathfrak{W}$ folgt

$$(v, w) = (Gv, Gw) = -(v, w),$$

also $v \in \mathfrak{W}^\perp = \mathfrak{W}$. Aber wegen (5) folgt dann $Gv = v$, entgegen $Gv = -v$.

(7) Beweisabschluß:
Ist S irgendeine Spiegelung auf $\mathfrak{V}$, so gilt wegen $\det S = -1$ und (6) $\det SG = -1$. Also ist SG kein Gegenbeispiel, und somit gilt

$$SG = S_1 \ldots S_r$$

mit Spiegelungen S_j und mit $r \leqslant n$. Es folgt

$$-1 = \det SG = \prod_{j=1}^{r} \det S_j = (-1)^r.$$

Also ist r ungerade. Nach (5) ist $n = \dim \mathfrak{V}$ gerade. Aus $r \leqslant n$ folgt daher $r < n$. Dann ist $G = SS_1 \ldots S_r$ ein Produkt von höchstens n Spiegelungen. □

Für unitäre Vektorräume liegen die Verhältnisse ähnlich, aber die Beweise sind erheblich schwieriger. Wir erwähnen ohne Beweis:

5.5 Satz. *Sei $\mathfrak{V}$ ein* **K**-*Vektorraum mit regulärem unitärem α-Skalarprodukt.*
a) *Jede Isometrie von $\mathfrak{V}$ ist ein Produkt von höchstens* $\dim \mathfrak{V} + 1$ *unitären Spiegelungen, ausgenommen den Fall* $\dim \mathfrak{V} = 2$ *und* $|\mathbf{K}| = 4$. *(J. Dieudonne, On the structure of unitary groups II, Amer. J. of Math. 75 (1953), 665–678.)*
b) *Sei $\mathfrak{V}$ nicht anisotrop. Dann ist jede Isometrie mit Determinante 1 ein Produkt von unitären Transvektionen, ausgenommen den Fall* $\dim \mathfrak{V} = 3$ *und* $|\mathbf{K}| = 4$.

Aufgaben

A 5.1 Aus 5.4 folgere man ohne Verwendung von 1.15: Erfüllt $\mathfrak{V}$ die Voraussetzungen von 5.4 und ist G eine Isometrie von $\mathfrak{V}$ mit $(-1)^n \det G = -1$, so hat G den Eigenwert 1.

A 5.2 Sei $\mathfrak{V}$ ein Vektorraum der Dimension 3 über einem Körper **K** mit Char $\mathbf{K} \neq 2$. Auf $\mathfrak{V}$ sei ein symmetrisches Skalarprodukt definiert. Es sei

$$\mathfrak{V} = \langle v_1, v_3 \rangle \perp \langle v_2 \rangle$$

mit einem hyperbolischen Paar v_1, v_3 und mit $(v_2, v_2) = 1$.

a) Sei G eine Isometrie von $\mathfrak{V}$ mit $Gv_1 = v_1$ und $\det G = 1$. Dann gilt mit geeignetem $a \in \mathbf{K}$

$$\begin{aligned} Gv_1 &= v_1 \\ Gv_2 &= av_1 + v_2 \\ Gv_3 &= -\frac{a^2}{2} v_1 - av_2 + v_3. \end{aligned}$$

Alle diese G bilden eine kommutative Gruppe, welche zur additiven Gruppe $\mathbf{K}^+$ von **K** isomorph ist.

b) Für $a \neq 0$ ist jeder Vektor w mit $Gw = w$ isotrop.

A 5.3 Sei $\mathfrak{V}$ ein regulärer symplektischer **K**-Vektorraum und J eine Isometrie von $\mathfrak{V}$ mit $J^2 = E \neq J$.

a) Ist Char $\mathbf{K} \neq 2$, so gilt $\mathfrak{V} = \mathfrak{V}_1 \perp \mathfrak{V}_{-1}$ mit

$$\mathfrak{V}_j = \{ v \mid v \in \mathfrak{V}, Jv = jv \} \quad (j = \pm 1).$$

b) Sei Char $\mathbf{K} = 2$. Man zeige Bild $(J - E) =$ Rad Kern $(J - E)$. Daraus folgere man, daß es eine Zerlegung $\mathfrak{V} = \mathfrak{W} \oplus \mathfrak{W}'$ mit maximalen isotropen Unterräumen $\mathfrak{W}$ und $\mathfrak{W}'$ von $\mathfrak{V}$ gibt mit

$$Jw = w \qquad \text{für alle} \qquad w \in \mathfrak{W}$$

und

$$Jw' - w' \in \mathfrak{W} \qquad \text{für alle} \qquad w' \in \mathfrak{W}'.$$

A 5.4 Sei $\mathfrak{V}$ ein klassischer Vektorraum und sei Z eine Isometrie von $\mathfrak{V}$, welche mit jeder Isometrie von $\mathfrak{V}$ vertauschbar ist. Dann gilt $Z = aE$ mit $a \in \mathbf{K}^\times$ und $a(\alpha a) = 1$.

A 5.5 Sei $\mathfrak{V}$ ein regulärer symplektischer Vektorraum.

a) Sei T eine symplektische Transvektion von $\mathfrak{V}$ und $\mathfrak{U}$ ein Unterraum von $\mathfrak{V}$. Genau dann gilt $T\mathfrak{U} = \mathfrak{U}$, wenn $\mathfrak{U} \leqslant$ Kern $(T - E)$ oder $\mathfrak{U} \geqslant$ Bild $(T - E)$ gilt.

b) Seien T_1 und T_2 symplektische Transvektionen von $\mathfrak{V}$. Wann gilt $T_1 T_2 = T_2 T_1$?

A 5.6 Man formuliere und beweise die zu A 5.5 analogen Aussagen für den Fall, daß $\mathfrak{V}$ ein $\mathbf{K}$-Vektorraum mit regulärem symmetrischem Skalarprodukt ist (Char $\mathbf{K} \neq 2$) und Spiegelungen an die Stelle der Transvektionen treten.

§ 6 Der Satz von Witt

In diesem Paragraphen beweisen wir den folgenden grundlegenden Satz:

6.1 Hauptsatz. (Witt). *Sei $\mathfrak{V}$ ein klassischer Vektorraum. Seien $\mathfrak{U}_1$ und $\mathfrak{U}_2$ Unterräume von $\mathfrak{V}$ und sei G eine Isometrie von $\mathfrak{U}_1$ auf $\mathfrak{U}_2$. Dann gibt es eine Isometrie H von $\mathfrak{V}$ auf sich mit $Hu_1 = Gu_1$ für alle $u_1 \in \mathfrak{U}_1$. Also ist H eine Fortsetzung von G auf ganz $\mathfrak{W}$.*

Den Beweis von 6.1 bereiten wir durch einen Hilfssatz vor:

6.2 Hilfssatz. *Sei $\mathfrak{V}$ ein* $\mathbf{K}$*-Vektorraum mit regulärem α-Skalarprodukt $(\ ,\ )$. Dabei sei entweder $(\ ,\ )$ symmetrisch und* Char $\mathbf{K} \neq 2$ *oder $(\ ,\ )$ sei unitär. Seien $v, w \in \mathfrak{V}$ mit $(v, v) = (w, w) \neq 0$. Dann gibt es eine Isometrie G von $\mathfrak{V}$ mit $Gv = w$.*

Beweis. Wir unterscheiden drei Fälle:

Fall 1. Sei $\langle v \rangle = \langle w \rangle$, also $w = av$ mit $a \in \mathbf{K}^\times$. Nach Voraussetzung ist

$$(v, v) = (w, w) = a(\alpha a)(v, v), \qquad \text{also} \qquad a(\alpha a) = 1.$$

Wir definieren dann eine Spiegelung (unitäre Spiegelung für $\alpha \neq 1$) gemäß 5.1 c) durch

$$Gv = av, \ Gu = u \qquad \text{für alle} \quad u \in \langle v \rangle^\perp.$$

Dann ist G eine Isometrie von $\mathfrak{V}$ mit $Gv = w$.

Fall 2. Sei $\mathfrak{W} = \langle v, w \rangle$ ein regulärer Vektorraum von der Dimension 2. Dann ist $\mathfrak{V} = \mathfrak{W} \perp \mathfrak{W}^\perp$. Ist H eine Isometrie von $\mathfrak{W}$ mit $Hv = w$, so definieren wir eine Isometrie G von $\mathfrak{V}$ durch

$$Gu = Hu \quad \text{für} \qquad u \in \mathfrak{W}, \ Gu' = u' \quad \text{für} \quad u' \in \mathfrak{W}^\perp.$$

Dann ist $Gv = w$.

Also können wir zum Beweis weiterhin $\mathfrak{V} = \langle v, w \rangle$ annehmen.

Angenommen, es wäre $\langle v - w \rangle^\perp = \langle v \rangle$. Dann würde folgen

$$0 = (v, v - w) = (v, v) - (v, w) = (w, w) - (v, w) = (w - v, w).$$

Dann wäre aber $\langle v \rangle = \langle v - w \rangle^\perp = \langle w \rangle$, entgegen $\dim\langle v, w \rangle = 2$.
Also ist $\langle v - w \rangle^\perp \neq \langle v \rangle$ und ähnlich auch $\langle v - w \rangle^\perp \neq \langle w \rangle$. Sei $\langle v - w \rangle^\perp = \langle u \rangle$. Nun gilt also

$$\langle v, w \rangle = \langle v, u \rangle = \langle w, u \rangle.$$

Wegen $(v, u) = (w, u)$ wird durch

$$Hu = u, \ Hv = w$$

eine Isometrie H von $\langle v, w \rangle$ definiert, wie man leicht nachrechnet.

Fall 3. Sei schließlich $\dim\langle v, w \rangle = 2$, aber $\langle v, w \rangle$ nicht regulär. Wegen $(v, v) \neq 0$ ist dann $\dim \operatorname{Rad}\langle v, w \rangle = 1$. Sei $\operatorname{Rad}\langle v, w \rangle = \langle t \rangle$. Setzen wir $\mathfrak{U} = \langle v, w \rangle$,so gilt

$$\mathfrak{U} = \operatorname{Rad} \mathfrak{U} \perp \mathfrak{U}_0 \qquad \text{mit} \qquad \mathfrak{U}_0 = \langle v \rangle.$$

Nach 4.7 gibt es dann ein hyperbolisches Paar t, t' in $\mathfrak{V}$ mit $t' \in \mathfrak{U}_0^\perp = \langle v \rangle^\perp$. Wir setzen

$$\mathfrak{W} = \langle t, t' \rangle \perp \langle v \rangle = \langle v, w \rangle \oplus \langle t' \rangle.$$

Dann ist $\mathfrak{W}$ regulär, $\dim \mathfrak{W} = 3$ und $\mathfrak{V} = \mathfrak{W} \perp \mathfrak{W}^\perp$. Wie im Falle 2 können wir $\mathfrak{V} = \mathfrak{W}$ annehmen.

Einerseits gilt $\mathfrak{V} = \langle t, t' \rangle \perp \langle v \rangle$. Der reguläre Vektorraum $\langle w \rangle^\perp$ enthält den isotropen Vektor t, ist daher nach 4.5 eine hyperbolische Ebene. Sei t, t'' ein hyperbolisches Paar in $\langle w \rangle^\perp$. Dann gilt auch $\mathfrak{V} = \langle t, t'' \rangle \perp \langle w \rangle$, und durch

$$Ht = t, \quad Ht' = t'', \quad Hv = w$$

wird dann eine Isometrie H von $\mathfrak{V}$ definiert. □

6.3 Beweis von 6.1. Wir führen den Beweis durch Induktion nach $\dim \mathfrak{U}_1$ in drei Schritten. Die Induktionsbasis ist für $\mathfrak{U}_1 = \mathfrak{U}_2 = 0$ in trivialer Weise gegeben.

a) Sei $\mathfrak{V}$ symplektisch und $\mathfrak{U}_1$ regulär. Dann ist auch $\mathfrak{U}_2 = G\mathfrak{U}_1$ regulär. Also gilt $\mathfrak{V} = \mathfrak{U}_1 \perp \mathfrak{U}_1^\perp = \mathfrak{U}_2 \perp \mathfrak{U}_2^\perp$.
Da $\mathfrak{U}_1^\perp$ und $\mathfrak{U}_2^\perp$ reguläre symplektische Vektorräume derselben Dimension sind, gibt es nach 4.10 b) eine Isometrie I von $\mathfrak{U}_1^\perp$ auf $\mathfrak{U}_2^\perp$. Dann ist H mit

$$H(u_1 + u_1') = Gu_1 + Iu_1' \quad \text{für} \quad u_1 \in \mathfrak{U}_1,\ u_1' \in \mathfrak{U}_1^\perp$$

eine Isometrie von $\mathfrak{V}$, welche G fortsetzt.

b) Sei nun das Skalarprodukt symmetrisch (und dann $\operatorname{Char} \mathbf{K} \neq 2$) oder unitär. Sei ferner $\mathfrak{U}_1$ regulär. Dann hat $\mathfrak{U}_1$ nach 3.5 eine Orthogonalbasis $\{ u_1, \dots, u_m \}$. Sei $Gu_j = u_j'$ $(j = 1, \dots, m)$. Nach 6.2 gibt es eine Isometrie A von $\mathfrak{V}$ mit $Au_m = u_m'$. Nun sind $\langle Au_1, \dots, Au_{m-1} \rangle$ und $\langle u_1', \dots, u_{m-1}' \rangle$ reguläre Unterräume von $\langle Au_m \rangle^\perp = \langle u_m' \rangle^\perp$, und die Zuordnung $Au_j \to u_j' = Gu_j$ ist eine Isometrie. Nach Induktionsannahme gibt es daher eine Isometrie B von $\langle u_m' \rangle^\perp$ mit $BAu_j = u_j'$ für $j = 1, \dots, m-1$. Wir setzen B zu einer Isometrie C von $\mathfrak{V}$ fort durch

$$\begin{aligned} Cu &= Bu \qquad \text{für} \qquad u \in \langle u_m' \rangle^\perp \\ Cu_m' &= u_m'. \end{aligned}$$

Dies ist wegen $\mathfrak{V} = \langle u_m' \rangle \perp \langle u_m' \rangle^\perp$ offenbar möglich. Dann gilt

$$\begin{aligned} CAu_j &= BAu_j = u_j' \qquad \text{für} \qquad j \leq m-1, \\ CAu_m &= Cu_m' = u_m'. \end{aligned}$$

Somit ist CA eine Fortsetzung von G.

c) Nun liege der allgemeine Fall vor. Sei

$$\mathfrak{U}_1 = \operatorname{Rad} \mathfrak{U}_1 \perp \mathfrak{X}$$

mit regulärem $\mathfrak{X}$. Dann ist

$$\mathfrak{U}_2 = G\mathfrak{U}_1 = G(\operatorname{Rad} \mathfrak{U}_1) \perp G\mathfrak{X}.$$

Sei $\{ u_1, \dots, u_m \}$ eine Basis von $\operatorname{Rad} \mathfrak{U}_1$.
Nach 4.7 gibt es dann Vektoren $v_1, \dots, v_m \in \mathfrak{X}^\perp$ derart, daß

$$\mathfrak{U}_1 + \langle v_1, \dots, v_m \rangle = \langle u_1, v_1 \rangle \perp \dots \perp \langle u_m, v_m \rangle \perp \mathfrak{X}$$

mit hyperbolischen Paaren u_j, v_j gilt. Ähnlich gibt es Vektoren $v'_1, \ldots, v'_m$ aus $(G\mathfrak{X})^\perp$ mit

$$\mathfrak{U}_2 + \langle v'_1, \ldots, v'_m \rangle = \langle Gu_1, v'_1 \rangle \perp \ldots \perp \langle Gu_m, v'_m \rangle \perp G\mathfrak{X}.$$

Die Abbildung A mit

$$Au_j = Gu_j, \quad Av_j = v'_j, \quad Ax = Gx \qquad (x \in \mathfrak{X})$$

ist dann offenbar eine Isometrie des regulären Raumes $\mathfrak{U}_1 + \langle v_1, \ldots, v_m \rangle$ auf $\mathfrak{U}_2 + \langle v'_1, \ldots, v'_m \rangle$, welche G fortsetzt. Nach a) bzw. b) läßt sich A zu einer Isometrie von $\mathfrak{V}$ fortsetzen. □

Ist Char $\mathbf{K} = 2$ und ist (,) ein symmetrisches Skalarprodukt, so gilt der grundlegende Satz 6.1 nicht mehr:

6.4 Beispiel. Sei Char $\mathbf{K} = 2$, sei $|\mathbf{K}| > 2$ und sei $\mathfrak{V} = \langle v_1, v_2 \rangle$ ein $\mathbf{K}$-Vektorraum der Dimension 2 mit symmetrischem Skalarprodukt (,). Sei

$$(v_1, v_1) = (v_1, v_2) = (v_2, v_1) = 1, \qquad (v_2, v_2) = 0.$$

Offenbar ist $\mathfrak{V}$ dann regulär. Wegen $|\mathbf{K}| > 2$ gibt es ein $a \in \mathbf{K}$ mit $0 \neq a \neq 1$. Wegen $(v_2, v_2) = 0$ ist dann G mit $Gv_2 = av_2$ eine Isometrie von $\langle v_2 \rangle$ auf sich. Angenommen, es wäre H eine Fortsetzung von G auf $\mathfrak{V}$. Dann wäre

$$Hv_1 = xv_1 + yv_2, \; Hv_2 = av_2$$

mit geeigneten $x, y \in \mathbf{K}$. Wir hätten

$$1 = (v_1, v_2) = (Hv_1, Hv_2) = ax,$$
$$1 = (v_1, v_1) = (Hv_1, Hv_1) = x^2 + 2xy = x^2.$$

Wegen Char $\mathbf{K} = 2$ folgt $x = 1$, dann aber $a = 1$, entgegen der Voraussetzung $a \neq 1$.
Also ist G nicht fortsetzbar zu einer Isometrie von $\mathfrak{V}$.

6.5 Satz. (Witt). *Sei $\mathfrak{V}$ ein klassischer Vektorraum.*
a) *Sind $\mathfrak{U}_1$ und $\mathfrak{U}_2$ isometrische Unterräume von $\mathfrak{V}$, so sind auch $\mathfrak{U}_1^\perp$ und $\mathfrak{U}_2^\perp$ isometrisch.*
b) *Aus $\mathfrak{V} = \mathfrak{U}_1 \perp \mathfrak{W}_1 = \mathfrak{U}_2 \perp \mathfrak{W}_2$ mit $\mathfrak{U}_1$ isometrisch zu $\mathfrak{U}_2$ folgt, daß $\mathfrak{W}_1$ isometrisch zu $\mathfrak{W}_2$ ist. (Dies ist ein sog. Kürzungssatz.)*

Beweis. a) Ist G eine Isometrie von $\mathfrak{U}_1$ auf $\mathfrak{U}_2$, so gestattet G nach 6.1 eine Fortsetzung zu einer Isometrie H von $\mathfrak{V}$. Dann ist

$$H\mathfrak{U}_1^\perp = (H\mathfrak{U}_1)^\perp = \mathfrak{U}_2^\perp.$$

b) Aus $\mathfrak{V} = \mathfrak{U}_j \perp \mathfrak{W}_j$ folgt $\mathfrak{W}_j = \mathfrak{U}_j^\perp$, und dann liefert a) die Behauptung. □

Wir können nun auch die Aussage aus 4.8 b) und c) verschärfen:

6.6 Satz. *Sei $\mathfrak{V}$ ein klassischer Vektorraum. Sind $\mathfrak{U}_1$ und $\mathfrak{U}_1$ isotrope Unterräume von $\mathfrak{V}$ mit* $\dim \mathfrak{U}_1 \leq \dim \mathfrak{U}_2$, *so gibt es eine Isometrie G von $\mathfrak{V}$ mit $G\mathfrak{U}_1 \subseteq \mathfrak{U}_2$.*

Beweis. Wegen $\dim \mathfrak{U}_1 \leq \dim \mathfrak{U}_2$ gibt es einen Monomorphismus H von $\mathfrak{U}_1$ in $\mathfrak{U}_2$. Da $\mathfrak{U}_1$ und $\mathfrak{U}_2$ isotrop sind, ist H eine Isometrie. Nach 6.1 gestattet H eine Fortsetzung zu einer Isometrie G von $\mathfrak{V}$. □

6.7 Satz. *Sei $\mathfrak{V}$ ein klassischer Vektorraum. Dann gilt nach 4.8*

$$\mathfrak{V} = \langle u_1, v_1 \rangle \perp \ldots \perp \langle u_m, v_m \rangle \perp \mathfrak{V}_0$$

mit hyperbolischen Paaren u_j, v_j und anisotropem $\mathfrak{V}_0$. Dabei sind $m = \operatorname{ind} \mathfrak{V}$ und der Isometrietyp von $\mathfrak{V}_0$ eindeutig bestimmt.

Beweis. Sei

$$\mathfrak{V} = \langle u_1', v_1' \rangle \perp \ldots \perp \langle u_r', v_r' \rangle \perp \mathfrak{V}_0'$$

eine weitere solche Zerlegung. Nach 4.8 b) ist dann r der Index von $\mathfrak{V}$, also $r = m$. Nun sind

$$\langle u_1, v_1 \rangle \perp \ldots \perp \langle u_m, v_m \rangle \quad \text{und} \quad \langle u_1', v_1' \rangle \perp \ldots \perp \langle u_m', v_m' \rangle$$

offenbar isometrisch, also ist nach 6.5 a) $\mathfrak{V}_0$ isometrisch zu $\mathfrak{V}_0'$. □

6.8 Beispiele. a) Sei $\mathfrak{V}$ ein Vektorraum mit regulärem symmetrischem Skalarprodukt über einem Körper $\mathbf{K}$ mit $\operatorname{Char} \mathbf{K} \neq 2$. Sei $0 \neq v_1 \in \mathfrak{V}$ und $(v_1, v_1) = 0$, sei ferner $0 \neq w_0 \in \langle v_1 \rangle^\perp$. Die Abbildung T mit

$$Tv = v + (v, w_0)v_1 \qquad \text{für} \qquad v \in \langle v_1 \rangle^\perp$$

ist dann eine Isometrie des nichtregulären Raumes $\langle v_1 \rangle^\perp$ auf sich, wie man leicht nachrechnet. Nach 6.1 gestattet T eine Fortsetzung zu einer Isometrie von $\mathfrak{V}$. Wir zeigen, daß T genau eine Fortsetzung auf $\mathfrak{V}$ gestattet:

Sei $\langle v_1 \rangle^\perp = \langle v_1 \rangle \perp \mathfrak{W}$ und sei gemäß 4.7 v_1, v_2 ein hyperbolisches Paar mit $\mathfrak{V} = \langle v_1, v_2 \rangle \perp \mathfrak{W}$. Wir können ohne Änderung von T offenbar $w_0 \in \mathfrak{W}$ wählen. Sei $\overline{T}$ eine Fortsetzung von T und

$$\overline{T}v_2 = av_1 + bv_2 + w_1$$

mit geeigneten $a, b \in \mathbf{K}$ und $w_1 \in \mathfrak{W}$. Dann muß gelten

$$1 = (v_1, v_2) = (\overline{T}v_1, \overline{T}v_2) = (v_1, av_1 + bv_2 + w_1) = b$$

und für alle $w \in \mathfrak{W}$

$$\begin{aligned} 0 = (w, v_2) = (\overline{T}w, \overline{T}v_2) &= (w + (w, w_0)v_1, av_1 + v_2 + w_1) \\ &= (w, w_1) + (w, w_0) = (w, w_0 + w_1). \end{aligned}$$

Das verlangt

$$w_0 + w_1 \in \mathfrak{W}^\perp \cap \mathfrak{W} = 0,$$

also $w_1 = -w_0$. Schließlich ist

$$0 = (v_2, v_2) = (\overline{T}v_2, \overline{T}v_2) = (av_1 + v_2 - w_0, av_1 + v_2 - w_0) = 2a + (w_0, w_0).$$

Das liefert $a = -\frac{1}{2}(w_0, w_0)$ und

$$\overline{T}v_2 = -\frac{1}{2}(w_0, w_0)v_1 + v_2 - w_0.$$

Die Abbildung $\overline{T}$ heißt eine Pseudotransvektion. Wie man leicht sieht, gilt $\det \overline{T} = 1$. Man kann zeigen, daß jede Isometrie von Determinante 1 ein Produkt von Pseudotransvektionen ist, sofern $\mathfrak{V}$ nicht isotrop ist.

Zur Eindeutigkeit von $\overline{T}$ vergleiche man auch Aufgabe A 6.2.

b) Sei

$$\mathfrak{V} = \langle w_1, w_1' \rangle \perp \ldots \perp \langle w_m, w_m' \rangle$$

ein hyperbolischer Raum und w_j, w_j' jeweils ein hyperbolisches Paar. Wir setzen

$$\mathfrak{W} = \langle w_1, \ldots, w_m \rangle.$$

Sei $G \in \mathrm{GL}(\mathfrak{W})$ mit

$$Gw_j = \sum_{r=1}^{m} a_{rj} w_r \quad (j = 1, \ldots, m).$$

Wegen der Isotropie von $\mathfrak{W}$ ist G trivialerweise eine Isometrie von $\mathfrak{W}$ auf sich. Wir wollen alle Fortsetzungen $\overline{G}$ von G auf $\mathfrak{V}$ angeben.

Sei

$$\overline{G}w_k' = \sum_{s=1}^{m} (b_{sk} w_s + c_{sk} w_s').$$

Dann muß gelten

$$\begin{aligned} \delta_{jk} = (w_j, w_k') &= (\overline{G}w_j, \overline{G}w_k') \\ &= \left(\sum_{r=1}^{m} a_{rj} w_r, \sum_{s=1}^{m} (b_{sk} w_s + c_{sk} w_s') \right) \\ &= \sum_{r,s=1}^{m} a_{rj} (\alpha c_{sk})(w_r, w_s') = \sum_{r=1}^{m} a_{rj} (\alpha c_{rk}). \end{aligned} \tag{1}$$

Setzen wir $A = (a_{jk})$, $B = (b_{jk})$ und $C = (c_{jk})$, so besagt dies $E = A'(\alpha C)$. Dadurch ist C eindeutig bestimmt, nämlich $C = \alpha(A'^{-1})$.

Ferner ist gefordert

$$\begin{aligned}0 &= (w'_j, w'_k) = (Gw'_j, Gw'_k)\\ &= \left(\sum_{r=1}^{m}(b_{rj}w_r + c_{rj}w'_r), \sum_{s=1}^{m}(b_{sk}w_s + c_{sk}w'_s)\right)\\ &= \sum_{r=1}^{n}(b_{rj}(\alpha c_{rk})(w_r, w'_r) + c_{rj}(\alpha b_{rk})(w'_r, w_r)).\end{aligned} \tag{2}$$

Ist $(w_r, w'_r) = (w'_r, w_r) = 1$, so heißt dies

$$0 = B'(\alpha C) + C'(\alpha B).$$

Im symplektischen Falle hingegen bedeutet es

$$0 = B'C - C'B.$$

Insbesondere folgt für $\alpha = 1$ sofort

$$\det \overline{G} = \det A \det A'^{-1} = 1.$$

Wir untersuchen noch die maximalen isotropen Unterräume von hyperbolischen Vektorräumen mit symmetrischem Skalarprodukt:

6.9 Satz. *Sei $\mathfrak{V}$ ein hyperbolischer* **K***-Vektorraum der Dimension $2m$ mit symmetrischem Skalarprodukt und* Char **K** $\neq 2$.
a) *Die Menge $\mathfrak{J}$ der maximalen isotropen Unterräume von $\mathfrak{V}$ zerfällt in zwei disjunkte Teilmengen $\mathfrak{J}_1$ und $\mathfrak{J}_2$. Ist $\mathfrak{W}_0$ ein maximaler isotroper Unterraum aus $\mathfrak{J}_1$, so gilt*

$$\mathfrak{J}_1 = \{\, G\mathfrak{W}_0 \mid G \in \mathrm{SO}(\mathfrak{V}) \,\}$$

und

$$\mathfrak{J}_2 = \{\, G\mathfrak{W}_0 \mid G \in \mathrm{O}(\mathfrak{V}),\ G \notin \mathrm{SO}(\mathfrak{V}) \,\}.$$

b) *Für $\mathfrak{W}, \mathfrak{W}' \in \mathfrak{J}_j$ $(j = 1, 2)$ gilt*

$$\dim(\mathfrak{W} \cap \mathfrak{W}') \equiv m \pmod 2.$$

Für $\mathfrak{W} \in \mathfrak{J}_1$ und $\mathfrak{W}' \in \mathfrak{J}_2$ gilt hingegen

$$\dim(\mathfrak{W} \cap \mathfrak{W}') \equiv m - 1 \pmod 2.$$

Beweis. a) Sei $\mathfrak{W}_0$ ein maximaler isotroper Unterraum von $\mathfrak{V}$. Nach 6.1 gilt dann

$$\mathfrak{J} = \{\, G\mathfrak{W}_0 \mid G \in \mathrm{O}(\mathfrak{V}) \,\}.$$

Sei S eine nach 5.1 b) existierende Spiegelung von $\mathfrak{V}$. Da die Abbildungen aus $\mathrm{O}(\mathfrak{V})$ nach 1.15 b) nur die Determinanten 1 und -1 haben können und $\det S = -1$ gilt, ist

$$\mathrm{O}(\mathfrak{V}) = \mathrm{SO}(\mathfrak{V}) \cup S\ \mathrm{SO}(\mathfrak{V}).$$

Also folgt

$$\mathfrak{I}_1 = \{\, G\mathfrak{W}_0 \mid G \in \mathrm{SO}(\mathfrak{V}) \,\}$$

und

$$\mathfrak{I}_2 = S\mathfrak{I}_1 = \{\, SG\ \mathfrak{W}_0 \mid G \in \mathrm{SO}(\mathfrak{V}) \,\}$$

und $\mathfrak{I} = \mathfrak{I}_1 \cup \mathfrak{I}_2$. Wir haben noch $\mathfrak{I}_1 \cap \mathfrak{I}_2 = \emptyset$ zu zeigen.
Angenommen, es wäre

$$G_1\mathfrak{W}_0 = SG_2\mathfrak{W}_0 \quad \text{mit} \quad G_j \in \mathrm{SO}(\mathfrak{V}).$$

Setzen wir $H = G_1^{-1}SG_2$, so wäre dann $H\mathfrak{W}_0 = \mathfrak{W}_0$ mit $\det H = -1$. Das ist jedoch nach 6.8 b) nicht möglich. Also gilt doch $\mathfrak{I}_1 \cap \mathfrak{I}_2 = \emptyset$.

b) Nun seien $\mathfrak{W}$ und $\mathfrak{W}'$ isotrope Unterräume von $\mathfrak{V}$ von der Dimension m. Dann gilt $\mathfrak{W} \leq \mathfrak{W}^\perp$ und

$$\dim \mathfrak{W}^\perp = \dim \mathfrak{V} - \dim \mathfrak{W} = m,$$

also $\mathfrak{W} = \mathfrak{W}^\perp$. Natürlich ist ebenso $\mathfrak{W}' = \mathfrak{W}'^\perp$. Damit folgt

$$(\mathfrak{W} + \mathfrak{W}')^\perp = \mathfrak{W}^\perp \cap \mathfrak{W}'^\perp = \mathfrak{W} \cap \mathfrak{W}'.$$

Das zeigt $\mathrm{Rad}(\mathfrak{W} + \mathfrak{W}') = \mathfrak{W} \cap \mathfrak{W}'$. Ferner ist

$$(\mathfrak{W} \cap \mathfrak{W}')^\perp = \mathfrak{W}^\perp + \mathfrak{W}'^\perp = \mathfrak{W} + \mathfrak{W}'.$$

Der Vektorraum

$$\mathfrak{Z} = (\mathfrak{W} + \mathfrak{W}')/(\mathfrak{W} \cap \mathfrak{W}')$$

hat die Dimension

$$\begin{aligned} \dim \mathfrak{Z} &= \dim(\mathfrak{W} + \mathfrak{W}') - \dim(\mathfrak{W} \cap \mathfrak{W}') \\ &= \dim \mathfrak{W} + \dim \mathfrak{W}' - 2\ \dim(\mathfrak{W} \cap \mathfrak{W}') \\ &= 2m - 2\ \dim(\mathfrak{W} \cap \mathfrak{W}'). \end{aligned}$$

Durch die Festsetzung

$$[t_1, t_2] = (v_1, v_2) \qquad \text{für} \qquad t_j = v_j + (\mathfrak{W} \cap \mathfrak{W}') \in \mathfrak{Z}$$

wird auf $\mathfrak{Z}$ nach 4.14 a) ein reguläres symmetrisches Skalarprodukt definiert, und $\mathfrak{Z}$ hat den Index

$$\mathrm{ind}\, \mathfrak{V} - \dim(\mathfrak{W} \cap \mathfrak{W}') = m - \dim(\mathfrak{W} \cap \mathfrak{W}') = \frac{1}{2} \dim \mathfrak{Z}.$$

Also ist $\mathfrak{Z}$ wieder ein hyperbolischer Raum.
Sei $r = \dim \mathfrak{W}/(\mathfrak{W} \cap \mathfrak{W}')$ und sei

$$\mathfrak{W}/(\mathfrak{W} \cap \mathfrak{W}') = \langle \overline{w}_1, \dots, \overline{w}_r \rangle$$

mit $\overline{w}_j = w_j + \mathfrak{W} \cap \mathfrak{W}'$. Da $\mathfrak{W}/(\mathfrak{W} \cap \mathfrak{W}')$ bezüglich des Skalarproduktes [,] ein maximaler isotroper Unterraum von $\mathfrak{Z}$ ist, gilt nach 4.7

$$\mathfrak{Z} = \langle \overline{w}_1, \overline{t}_1 \rangle \perp \dots \perp \langle \overline{w}_r, \overline{t}_r \rangle$$

mit hyperbolischen Paaren $\overline{w}_j, \overline{t}_j$. Dabei ist

$$\overline{t}_j = s_j + w_j' + \mathfrak{W} \cap \mathfrak{W}' \qquad \text{mit geeigneten} \qquad s_j \in \mathfrak{W},\ w_j' \in \mathfrak{W}'.$$

Wegen der Isotropie von $\mathfrak{W}$ und $\mathfrak{W}'$ gilt

$$\delta_{jk} = [\overline{w}_j, \overline{t}_k] = (w_j, s_k + w_k') = (w_j, w_k')$$

und

$$0 = (w_j', w_k').$$

Wir erhalten somit

$$\begin{aligned} \mathfrak{W} + \mathfrak{W}' &= \langle \mathfrak{W} \cap \mathfrak{W}', w_1, \dots, w_r, s_1 + w_1', \dots, s_r + w_r' \rangle \\ &= \langle \mathfrak{W} \cap \mathfrak{W}', w_1, \dots, w_r, w_1', \dots, w_r' \rangle \\ &= (\mathfrak{W} \cap \mathfrak{W}') \perp \langle w_1, w_1' \rangle \perp \dots \perp \langle w_r, w_r' \rangle. \end{aligned}$$

Dabei ist aus Dimensionsgründen auch

$$\mathfrak{W}' = (\mathfrak{W} \cap \mathfrak{W}') \perp \langle w_1', \dots, w_r' \rangle.$$

Sei

$$\mathfrak{V} = \langle w_1, w_1' \rangle \perp \dots \perp \langle w_r, w_r' \rangle \perp \mathfrak{V}_0.$$

Wir definieren $G \in \mathrm{O}(\mathfrak{V})$ durch die Festsetzung

$$\begin{aligned} &G w_j = w_j', \quad G w_j' = w_j \qquad (j = 1, \dots, r) \\ &G v_0 = v_0 \qquad \text{für alle} \qquad v_0 \in \mathfrak{V}_0. \end{aligned}$$

Dann ist $\det G = (-1)^r$. Wegen

$$\mathfrak{W} \cap \mathfrak{W}' \subseteq (\langle w_1, w_1' \rangle \perp \dots \perp \langle w_r, w_r' \rangle)^\perp = \mathfrak{V}_0$$

gilt

$$G\mathfrak{W} = G(\mathfrak{W} \cap \mathfrak{W}' + \langle w_1, \dots, w_r \rangle) = \mathfrak{W} \cap \mathfrak{W}' + \langle w_1', \dots, w_r' \rangle = \mathfrak{W}'.$$

Also ist

$$\dim(\mathfrak{W} \cap \mathfrak{W}') = m - r \equiv \begin{cases} m \pmod 2 & \text{für } G \in \mathrm{SO}(\mathfrak{V}) \\ m - 1 \pmod 2 & \text{für } G \notin \mathrm{SO}(\mathfrak{V}). \end{cases} \qquad \square$$

Wir betrachten noch kurz den Spezialfall $m = 2$ von 6.9, welcher in der projektiven Geometrie des 3-dimensionalen Raumes eine Rolle spielt:

6.10 Satz. *Sei* $\mathfrak{V}$ *ein hyperbolischer* $\mathbf{K}$*-Vektorraum der Dimension 4 mit symmetrischem Skalarprodukt und mit* $\operatorname{Char}\mathbf{K} \neq 2$. *Seien* $\mathfrak{I}_1$ *und* $\mathfrak{I}_2$ *die in 6.9 eingeführten Mengen von maximalen isotropen Unterräumen von* $\mathfrak{V}$.
a) *Für* $\mathfrak{W}, \mathfrak{W}' \in \mathfrak{I}_j$ $(j = 1, 2)$ *mit* $\mathfrak{W} \neq \mathfrak{W}'$ *gilt* $\mathfrak{W} \cap \mathfrak{W}' = 0$.
b) *Für* $\mathfrak{W} \in \mathfrak{I}_1$ *und* $\mathfrak{W}' \in \mathfrak{I}_2$ *gilt* $\dim(\mathfrak{W} \cap \mathfrak{W}') = 1$.
c) *Ist* $0 \neq v \in \mathfrak{V}$ *mit* $(v, v) = 0$, *so gibt es genau ein* $\mathfrak{W} \in \mathfrak{I}_1$ *und genau ein* $\mathfrak{W}' \in \mathfrak{I}_2$ *mit* $\mathfrak{W} \cap \mathfrak{W}' = \langle v \rangle$.

Beweis. a) und b) folgen sofort aus 6.9.
c) Sei

$$\mathfrak{V} = \langle w_1, w_1' \rangle \perp \langle w_2, w_2' \rangle$$

mit hyperbolischen Paaren w_1, w_1' und w_2, w_2' mit $w_1 = v$. (Nach 4.7 kann man die w_j, w_j' so wählen.) Sei $w \notin \langle w_1 \rangle$. Genau dann ist $\mathfrak{W} = \langle w_1, w \rangle$ isotrop, wenn

$$(w_1, w) = (w, w) = 0$$

gilt. Das heißt einmal

$$w \in \langle w_1 \rangle^\perp = \langle w_1, w_2, w_2' \rangle,$$

somit

$$w = a_1 w_1 + a_2 w_2 + a_2' w_2' \quad (a_j, a_j' \in K)$$

und dann

$$0 = (w, w) = 2 a_2 a_2'.$$

Also folgt $w \in \langle w_1, w_2 \rangle$ oder $w \in \langle w_1, w_2' \rangle$. Somit sind $\langle w_1, w_2 \rangle$ und $\langle w_1, w_2' \rangle$ die einzigen maximalen isotropen Unterräume von $\mathfrak{V}$, welche v enthalten. Nach a) und b) gilt bei geeigneter Numerierung der $\mathfrak{I}_j$ dabei $\langle w_1, w_2 \rangle \in \mathfrak{I}_1$ und $\langle w_1, w_2' \rangle \in \mathfrak{I}_2$. □

6.11 Bemerkung. Wir betrachten im projektiven Raum der Dimension 3 über $\mathbb{R}$ die Menge

$$\mathfrak{G} = \{ (x_1, x_2, x_3, x_4) \mid x_j \in \mathbb{R}, \text{ nicht alle } x_j \text{ gleich } 0,\ x_1^2 + x_2^2 - x_3^2 - x_4^2 = 0 \}.$$

Beschränken wir uns auf die Punkte mit $x_4 = 1$ (die Punkte im affinen Raume), so erhalten wir die Quadrik

$$\mathfrak{G}_0 = \{ (x_1, x_2, x_3) \mid x_j \in \mathbb{R},\ x_1^2 + x_2^2 - x_3^2 = 1 \}.$$

Der Schnitt dieser Menge mit der Ebene $x_3 = a$ ist der Kreis

$$x_1^2 + x_2^2 = 1 + a^2;$$

der Schnitt mit $x_2 = 0$ ist die Hyperbel $x_1^2 - x_3^2 = 1$. Wir haben also ein sog. einschaliges Hyperboloid vor uns.

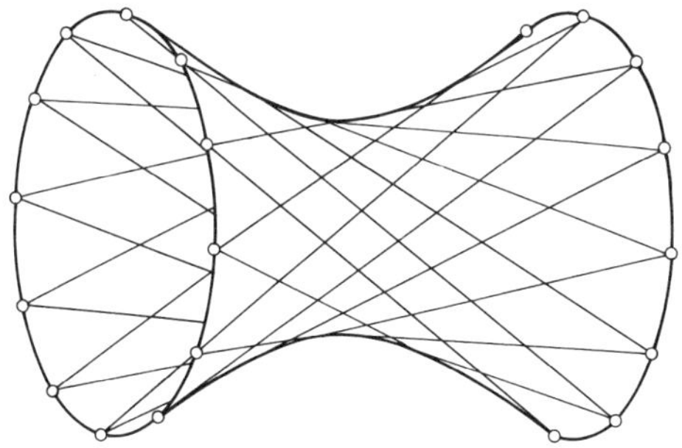

Führen wir auf $\mathbb{R}^4$ das Skalarprodukt

$$((x_j), (y_j)) = x_1 y_1 + x_2 y_2 - x_3 y_3 - x_4 y_4$$

ein, so wird $\mathbb{R}^4$ ein regulärer Raum mit symmetrischem Skalarprodukt vom Index 2 (siehe 4.12). Die isotropen Vektoren $v \neq 0$ aus $\mathbb{R}^4$ liefern dann gerade die Punkte $\langle v \rangle$ auf $\mathfrak{G}$. Nach 6.10 gibt es zwei Scharen $\mathfrak{J}_1$ und $\mathfrak{J}_2$ von isotropen Unterräumen von $\mathbb{R}^4$ von der Dimension 2, und jeder solche Unterraum liefert eine Gerade auf $\mathfrak{G}$. Geraden aus derselben Schar schneiden sich nicht, sie sind windschief; Geraden aus verschiedenen Scharen schneiden sich in einem Punkte aus $\mathfrak{G}$; jeder Punkt aus $\mathfrak{G}$ liegt auf genau einer Geraden aus $\mathfrak{J}_1$ und genau einer Geraden aus $\mathfrak{J}_2$.

Ist $(a_1, a_2, a_3) \in \mathfrak{G}_0$, so stellt man leicht fest, daß für $a_2 \neq \pm 1$

$$\ell_1 = \{ (x_1, x_2, x_3) \mid x_1 - x_3 = \frac{a_1 - a_3}{1 - a_2}(1 - x_2),\ x_1 + x_3 = \frac{a_1 + a_3}{1 + a_2}(1 + x_2) \}$$

und

$$\ell_2 = \{ (x_1, x_2, x_3) \mid x_1 - x_3 = \frac{a_1 - a_3}{1 + a_2}(1 + x_2),\ x_1 + x_3 = \frac{a_1 + a_3}{1 - a_2}(1 - x_2) \}$$

die beiden auf $\mathfrak{G}_0$ liegenden Geraden durch (a_1, a_2, a_3) sind. Ähnlich verfährt man für $a_1 \neq \pm 1$. Im verbleibenden Falle $a_j = \pm 1$ $(j = 1, 2, 3)$ sind

$$\ell_1 = \{ (x_1, x_2, x_3) \mid x_1 = a_1,\ x_2 = a_2 a_3 x_3 \}$$
$$\ell_2 = \{ (x_1, x_2, x_3) \mid x_2 = a_2,\ x_1 = a_1 a_3 x_3 \}$$

die beiden Geraden durch (a_1, a_2, a_3) auf $\mathfrak{G}_0$.

Aufgaben

A 6.1 Sei $\mathfrak{V}$ ein **K**-Vektorraum mit regulärem symmetrischem Skalarprodukt und Char **K** $\neq 2$. Sei

$$\mathfrak{V} = \langle u_1, v_1 \rangle \perp \ldots \perp \langle u_r, v_r \rangle \perp \mathfrak{W}$$

mit hyperbolischen Paaren u_j, v_j. Sei ferner

$$\mathfrak{U} = \langle u_1, \ldots, u_r \rangle \perp \mathfrak{W}$$

und sei G eine Isometrie von $\mathfrak{U}$ auf sich mit $Gu_j = u_j$ $(j = 1, \ldots, r)$. Man zeige: Ist H eine Fortsetzung von G zu einer Isometrie von $\mathfrak{V}$, so gilt

$$Hv_j = v_j + \sum_{k=1}^{r} a_{kj} u_k + w_j,$$

wobei die $w_j \in \mathfrak{W}$ eindeutig bestimmt sind und die a_{jk} den Gleichungen

$$a_{jk} + a_{kj} + (w_j, w_k) = 0$$

genügen.

A 6.2 Sei $\mathfrak{V}$ ein klassischer **K**-Vektorraum mit $\dim \mathfrak{V} = n$ und $\mathfrak{U}$ ein Unterraum mit $0 < \mathfrak{U} < \mathfrak{V}$. Man zeige: Genau dann hat die identische Abbildung auf $\mathfrak{U}$ nur eine Fortsetzung zu einer Isometrie von $\mathfrak{V}$, wenn gilt
(1) $\dim \mathfrak{U} = n - 1$ und $\dim \operatorname{Rad} \mathfrak{U} = 1$.
(2) Das Skalarprodukt ist symmetrisch.

A 6.3. Sei $\mathfrak{V}$ ein hyperbolischer Vektorraum mit unitärem Skalarprodukt. Sei $\mathfrak{W}_0$ ein maximaler isotroper Unterraum von $\mathfrak{V}$. Man zeige, daß (anders als in Satz 6.9) nun

$$\{\, G\mathfrak{W}_0 \mid G \in \mathrm{U}(\mathfrak{V}),\ \det G = 1 \,\}$$

die Menge aller maximalen isotropen Unterräume von $\mathfrak{V}$ ist.

A 6.4 Sei $\mathfrak{V}$ ein **K**-Vektorraum mit regulärem symmetrischen Skalarprodukt und Char **K** $\neq 2$. Man zeige, daß es keinen Unterraum $\mathfrak{U}$ mit $0 < \mathfrak{U} < \mathfrak{V}$ gibt mit $G\mathfrak{U} = \mathfrak{U}$ für alle $G \in \mathrm{O}(\mathfrak{V})$, ausgenommen den Fall, daß $|\mathbf{K}| = 3$ und $\mathfrak{V}$ eine hyperbolische Ebene ist. Dazu verfahre man wie folgt:

a) $\mathfrak{U}$ und $\mathfrak{U}^\perp$ enthalten keine von 0 verschiedenen isotropen Vektoren. (Man beachte Aufgabe A 4.2.)

b) Ist $v \in \mathfrak{V}$, aber $v \notin \mathfrak{U} \cup \mathfrak{U}^\perp$, so ist v isotrop. (Andernfalls betrachte man die Wirkung der Spiegelung zu v.)

c) $|\mathbf{K}| = 3$ und die Menge

$$\{ (u, u) \mid 0 \neq u \in \mathfrak{U} \}$$

besteht entweder nur aus 1 oder nur aus -1.

d) $\dim \mathfrak{U} = \dim \mathfrak{U}^{\perp} = 1$ und $\mathfrak{V}$ ist eine hyperbolische Ebene.

e) Man zeige schließlich, daß die hyperbolische Ebene über dem Körper mit drei Elementen tatsächlich ein Ausnahmefall ist.

§ 7 Klassische Vektorräume über endlichen Körpern

Der Hauptsatz 4.8 beschreibt die Struktur eines klassischen Vektorraumes nur bis auf den anisotropen Summanden $\mathfrak{V}_0$, reduziert also das Klassifikationsproblem auf die Untersuchung von anisotropen Räumen. Für die Spezialfälle $\mathbf{K} = \mathbb{R}$ und $\mathbf{K} = \mathbb{C}$ haben wir bereits in 4.11 abschließende Resultate gewonnen. Dies ist mit elementaren Hilfsmitteln auch bei endlichen Körpern möglich, wie wir in diesem Paragraphen zeigen werden.

Wir beginnen mit zwei einfachen Hilfssätzen über endliche Körper:

7.1 Hilfssatz. *Sei* $\mathbf{K}$ *ein endlicher Körper. Wir setzen*

$$\mathbf{K}^{\times 2} = \{ k^2 \mid k \in \mathbf{K}^{\times} \}.$$

Ist $\operatorname{Char} \mathbf{K} = 2$, *so gilt* $\mathbf{K}^{\times} = \mathbf{K}^{\times 2}$. *Ist* $\operatorname{Char} \mathbf{K} \neq 2$, *so ist* $|\mathbf{K}^{\times} : \mathbf{K}^{\times 2}| = 2$.

Beweis. Die Abbildung β mit $\beta x = x^2$ ist ein Gruppenhomomorphismus von $\mathbf{K}^{\times}$ auf $\mathbf{K}^{\times 2}$. Dabei gilt

$$\operatorname{Kern} \beta = \{ k \mid k \in \mathbf{K}^{\times},\ k^2 = 1 \} = \begin{cases} \{ 1 \} & \text{für } \operatorname{Char} \mathbf{K} = 2 \\ \{ 1, -1 \} & \text{für } \operatorname{Char} \mathbf{K} \neq 2. \end{cases}$$

Mit dem Homomorphiesatz für Gruppen folgt

$$|\mathbf{K}^{\times 2}| = |\mathbf{K}^{\times} : \operatorname{Kern} \beta| = \begin{cases} |\mathbf{K}^{\times}| & \text{für } \operatorname{Char} \mathbf{K} = 2 \\ \frac{|\mathbf{K}^{\times}|}{2} & \text{für } \operatorname{Char} \mathbf{K} \neq 2. \end{cases} \qquad \square$$

Daß bei endlichen Körpern der Charakteristik 2 das Quadrieren eine surjektive Abbildung ist, haben wir bereits in Beispiel 1.2 c) erwähnt.

Wir kommen zum entscheidenden Hilfssatz:

7.2 Hilfssatz. a) *Sei* $\mathfrak{G}$ *eine additiv geschriebene endliche abelsche Gruppe und seien* $\mathfrak{M}_1$, $\mathfrak{M}_2$ *Teilmengen von* $\mathfrak{G}$ *mit* $|\mathfrak{M}_1| + |\mathfrak{M}_2| > |\mathfrak{G}|$. *Dann gilt*

$$\mathfrak{G} = \{ m_1 + m_2 \mid m_j \in \mathfrak{M}_j \}.$$

b) *Sei* $\mathbf{K}$ *ein endlicher Körper und seien* $a, b \in \mathbf{K}$ *mit* $ab \neq 0$. *Dann gibt es zu jedem* $c \in \mathbf{K}$ *Elemente* $x, y \in \mathbf{K}$ *mit*

$$ax^2 + by^2 = c.$$

Beweis. a) Sei g aus $\mathfrak{G}$ vorgegeben. Wir setzen

$$\mathfrak{U}_1 = \{\, -g + m_1 \mid m_1 \in \mathfrak{M}_1 \,\} \quad \text{und} \quad \mathfrak{U}_2 = \{\, -m_2 \mid m_2 \in \mathfrak{M}_2 \,\}.$$

Dann ist $|\mathfrak{U}_j| = |\mathfrak{M}_j|$. Wegen $|\mathfrak{U}_1| + |\mathfrak{U}_2| > |\mathfrak{G}|$ gilt $\mathfrak{U}_1 \cap \mathfrak{U}_2 \neq \emptyset$. Also gibt es Elemente $m_j \in \mathfrak{M}_j$ $(j = 1, 2)$ mit $-g + m_1 = -m_2$.

b) Sei $|\mathbf{K}| = q$.

Ist $\operatorname{Char} \mathbf{K} = 2$, so gilt nach 7.1 $\mathbf{K}^\times = \mathbf{K}^{\times 2}$. Daher finden wir sogar stets ein $x \in \mathbf{K}$ mit $c = ax^2$ und können $y = 0$ wählen.

Ist $\operatorname{Char} \mathbf{K} \neq 2$, so gilt nach 7.1

$$|\mathbf{K}^{\times 2}| = \frac{|\mathbf{K}^\times|}{2} = \frac{q-1}{2}.$$

Setzen wir

$$\mathfrak{M}_1 = \{\, ax^2 \mid x \in \mathbf{K} \,\} \quad \text{und} \quad \mathfrak{M}_2 = \{\, bx^2 \mid x \in \mathbf{K} \,\},$$

so ist wegen $ab \neq 0$ und $0 \in \mathfrak{M}_j$

$$|\mathfrak{M}_j| = 1 + \frac{q-1}{2} = \frac{q+1}{2}.$$

Also gilt

$$|\mathfrak{M}_1| + |\mathfrak{M}_2| = q + 1 > |\mathbf{K}|.$$

Wenden wir nun a) auf die additive Gruppe $\mathbf{K}^+$ von $\mathbf{K}$ an, so folgt die Behauptung. □

7.3 Satz. *Sei* $\mathbf{K}$ *ein endlicher Körper mit* $\operatorname{Char} \mathbf{K} \neq 2$ *und* $\mathfrak{V}$ *ein* $\mathbf{K}$*-Vektorraum mit regulärem symmetrischem Skalarprodukt. Sei gemäß 7.1*

$$\mathbf{K}^\times = \mathbf{K}^{\times 2} \cup c_0 \mathbf{K}^{\times 2}$$

mit einem Nichtquadrat $c_0 \notin \mathbf{K}^{\times 2}$. *Ist* $\mathfrak{V}$ *anisotrop, so gilt* $\dim \mathfrak{V} \leq 2$, *und* $\mathfrak{V}$ *ist isometrisch zu einem der folgenden Räume:*

$$\mathfrak{V} = \{\, 0 \,\}. \tag{1}$$

$$\mathfrak{V} = \langle v \rangle \quad \text{mit} \quad (v, v) = 1. \tag{2}$$

$$\mathfrak{V} = \langle v \rangle \quad \text{mit} \quad (v, v) = c_0. \tag{3}$$

$\mathfrak{V} = \langle v_1, v_2 \rangle$ *von der Dimension 2 mit*

$$(v_1, v_1) = 1, \quad (v_1, v_2) = 0, \quad (v_2, v_2) = -c_0. \tag{4}$$

Beweis. Sei gemäß 3.5 $\{v_1, \ldots, v_n\}$ eine Orthogonalbasis von $\mathfrak{V}$ mit $(v_j, v_j) = a_j \neq 0$. Ist $n \geq 3$, so gibt es nach 7.2 b) Elemente $x, y \in \mathbf{K}$ mit

$$a_1 x^2 + a_2 y^2 = -a_3.$$

Dann folgt

$$(xv_1 + yv_2 + v_3, xv_1 + yv_2 + v_3) = a_1 x^2 + a_2 y^2 + a_3 = 0$$

mit $xv_1 + yv_2 + v_3 \neq 0$, entgegen der Anisotropie von $\mathfrak{V}$.

Also gilt $\dim \mathfrak{V} \leq 2$. Abänderung von v_j um Faktoren aus $\mathbf{K}$, also von a_j um Faktoren aus $\mathbf{K}^{\times 2}$, erlaubt die Annahme $a_j \in \{1, c_0\}$. Für $\dim \mathfrak{V} \leq 1$ erhalten wir dann gerade die in (1) bis (3) angegebenen Räume. Offenbar sind die Räume unter (2) und (3) nicht isometrisch.

Sei nun $\dim \mathfrak{V} = 2$. Nach 7.2 b) gibt es Elemente $x_1, x_2 \in \mathbf{K}$ mit

$$a_1 x_1^2 + a_2 x_2^2 = 1.$$

Setzen wir $w_1 = x_1 v_1 + x_2 v_2$, so gilt also $(w_1, w_1) = 1$. Sei $\langle w_1 \rangle^\perp = \langle w_2 \rangle$ und $(w_2, w_2) = b$. Dann ist

$$(xw_1 + w_2, xw_1 + w_2) = x^2 + b \neq 0 \quad \text{für alle} \quad x \in \mathbf{K}.$$

Somit gilt $-b \notin \mathbf{K}^{\times 2}$, also $-b \in c_0 \mathbf{K}^{\times 2}$. Indem wir w_2 um einen geeigneten Faktor aus $\mathbf{K}^\times$ abändern, können wir $-b = c_0$ erreichen, erhalten also den Typ (4).

Man sieht leicht, daß die Räume von Typ (4) wirklich anisotrop sind. □

7.4 Hauptsatz. *Sei* $\mathbf{K}$ *ein endlicher Körper mit* $\operatorname{Char} \mathbf{K} \neq 2$ *und sei* $\mathbf{K}^\times = \mathbf{K}^{\times 2} \cup c_0 \mathbf{K}^{\times 2}$. *Sei* $\mathfrak{V}$ *ein* $\mathbf{K}$*-Vektorraum mit regulärem symmetrischem Skalarprodukt.*

a) *Ist* $\dim \mathfrak{V} = 2m + 1$ *ungerade, so gilt*

$$\mathfrak{V} = \mathfrak{H}_1 \perp \ldots \perp \mathfrak{H}_m \perp \langle v_0 \rangle$$

mit hyperbolischen Ebenen $\mathfrak{H}_j$ *und mit* $(v_0, v_0) = 1$ *oder* $(v_0, v_0) = c_0$.

b) *Ist* $\dim \mathfrak{V} = 2m$ *gerade, so gilt*

$$\mathfrak{V} = \mathfrak{H}_1 \perp \ldots \perp \mathfrak{H}_m$$

oder

$$\mathfrak{V} = \mathfrak{H}_1 \perp \ldots \perp \mathfrak{H}_{m-1} \perp \mathfrak{V}_0,$$

wobei $\mathfrak{V}_0$ *ein anisotroper Raum vom Typ (4) aus 7.3 ist.*

c) *Zu jeder natürlichen Zahl* n *gibt es bis auf Isometrie genau zwei Typen von* $\mathbf{K}$*-Vektorräumen der Dimension* n *mit regulärem symmetrischem Skalarprodukt.*

Beweis. Aus 4.8 und 7.3 folgt, daß jeder Raum zu einem der in a) und b) angegebenen isometrisch ist. Die beiden in b) angegebenen Räume sind sicher nicht isometrisch, denn der erste hat den Index m, der zweite den Index $m-1$ (siehe 4.8).

Wären die Räume

$$\mathfrak{H}_1 \perp \ldots \perp \mathfrak{H}_m \perp \langle v_0 \rangle \quad \text{und} \quad \mathfrak{H}_1 \perp \ldots \perp \mathfrak{H}_m \perp \langle v_1 \rangle$$

mit $(v_0, v_0) = 1$, $(v_1, v_1) = c_0 \notin \mathbf{K}^{\times 2}$ isometrisch, so folgte mit dem Kürzungssatz 6.5 b) die Isometrie von $\langle v_0 \rangle$ und $\langle v_1 \rangle$, welche jedoch nicht zutrifft. □

Man kann in Vektorräumen über endlichen Körpern mit symmetrischem Skalarprodukt fast Orthonormalbasen finden:

7.5 Satz. *Sei* $\mathbf{K}$ *ein endlicher Körper mit* $\operatorname{Char} \mathbf{K} \neq 2$ *und sei* $\mathbf{K}^{\times} = \mathbf{K}^{\times 2} \cup c_0 \mathbf{K}^{\times 2}$. *Sei* $\mathfrak{V}$ *ein* $\mathbf{K}$*-Vektorraum mit regulärem symmetrischem Skalarprodukt.*
a) *Es gibt eine Orthogonalbasis* $\mathfrak{B} = \{ v_1, \ldots, v_n \}$ *von* $\mathfrak{V}$ *mit*

$$\begin{aligned} (v_j, v_j) &= 1 \quad \textit{für} \quad j = 1, \ldots, n-1 \\ (v_n, v_n) &= 1 \quad \textit{oder} \quad = c_0. \end{aligned}$$

b) *Ist* $n = 2m$ *gerade, so gilt*

$$\begin{aligned} \operatorname{ind} \mathfrak{V} &= m \quad \textit{für} \quad (-1)^m (v_n, v_n) \in \mathbf{K}^{\times 2}, \\ \operatorname{ind} \mathfrak{V} &= m-1 \quad \textit{für} \quad (-1)^m (v_n, v_n) \notin \mathbf{K}^{\times 2}. \end{aligned}$$

Beweis. a) Sei $\{ w_1, \ldots, w_n \}$ eine Orthogonalbasis von $\mathfrak{V}$ mit $(w_j, w_j) = a_j \neq 0$. Sei $n \geq 2$. Nach 7.2 b) gibt es $x, y \in \mathbf{K}$ mit

$$(xw_1 + yw_2, xw_1 + yw_2) = a_1 x^2 + a_2 y^2 = 1.$$

Wir setzen $v_1 = xw_1 + yw_2$. Dann ist $\mathfrak{V} = \langle v_1 \rangle \perp \langle v_1 \rangle^{\perp}$. Ist $\dim \langle v_1 \rangle^{\perp} = n - 1 \geq 2$, so fahren wir analog fort. Das führt schließlich zu der gewünschten Basis.
b) Ist $G(\mathfrak{B})$ die Gramsche Matrix zu $\mathfrak{B}$, so gilt

$$\det G(\mathfrak{B}) = (v_n, v_n).$$

Für die beiden Typen in 7.4 b) sind die Diskriminanten $(-1)^m$ und $(-1)^m c_0$. Da sich die Diskriminanten isometrischer Räume nur um einen Faktor aus $\mathbf{K}^{\times 2}$ unterscheiden, folgt die Behauptung. □

7.6 Bemerkung. Für gerades m gilt in 7.5 b) jedenfalls $(-1)^m = 1 \in \mathbf{K}^{\times 2}$. Ist m ungerade, so stehen wir vor der Frage, wann $-1 \in \mathbf{K}^{\times 2}$ gilt. Die Antwort hängt von $\mathbf{K}$ ab:
Offenbar ist -1 das einzige Element a in $\mathbf{K}$ mit $a^2 = 1 \neq a$. Ist $|\mathbf{K}^{\times 2}| = \frac{q-1}{2}$ ungerade, so gilt nach dem Satz von Lagrange sicher $-1 \notin \mathbf{K}^{\times 2}$. Ist jedoch $\frac{q-1}{2}$ gerade, so enthält $\mathbf{K}^{\times 2}$ ein Element a mit $a^2 = 1 \neq a$, und dieses muß -1 sein.

Also haben wir

$$-1 \in \mathbf{K}^{\times 2} \quad \text{für} \quad q \equiv 1 \pmod 4$$
$$-1 \notin \mathbf{K}^{\times 2} \quad \text{für} \quad q \equiv 3 \pmod 4.$$

Wir führen noch einige Abzählungen in den Räumen aus Hauptsatz 7.4 durch:

7.7 Hilfssatz. *Sei $\mathfrak{V}$ ein Vektorraum mit regulärem symmetrischem Skalarprodukt über einem endlichen Körper* $\mathbf{K}$ *mit* $\operatorname{Char}\mathbf{K} \neq 2$ *und* $|\mathbf{K}| = q$. *Sei $i(\mathfrak{V})$ die Anzahl der isotropen Vektoren (einschließlich 0) und $h(\mathfrak{V})$ die Anzahl der hyperbolischen Paare in $\mathfrak{V}$. Die $\mathfrak{H}_j$ seien im folgenden stets hyperbolische Ebenen.*

a) *Für $\mathfrak{V} = \mathfrak{H}_1 \perp \ldots \perp \mathfrak{H}_m$ ist*

$$i(\mathfrak{V}) = q^{2m-1} + q^m - q^{m-1}$$

und

$$h(\mathfrak{V}) = q^{2m-2}(i(\mathfrak{V}) - 1) = q^{2m-2}(q^m - 1)(q^{m-1} + 1).$$

b) *Für $\mathfrak{V} = \mathfrak{H}_1 \perp \ldots \perp \mathfrak{H}_{m-1} \perp \mathfrak{V}_0$ mit anisotropem $\mathfrak{V}_0$ von der Dimension 2 ist*

$$i(\mathfrak{V}) = q^{2m-1} - q^m + q^{m-1}$$

und

$$h(\mathfrak{W}) = q^{2m-2}(i(\mathfrak{V}) - 1) = q^{2m-2}(q^m + 1)(q^{m-1} - 1).$$

c) *Für $\mathfrak{V} = \mathfrak{H}_1 \perp \ldots \perp \mathfrak{H}_m \perp \langle v_0 \rangle$ ist*

$$i(\mathfrak{V}) = q^{2m} \quad \textit{und} \quad h(\mathfrak{V}) = q^{2m-1}(q^{2m} - 1).$$

Beweis. Ist $\dim \mathfrak{V} = 1$, so liegt der Fall c) vor mit $m = 0$, dann ist $i(\mathfrak{V}) = 1$ und $h(\mathfrak{V}) = 0$. Im Falle b) mit $m = 1$ gilt ebenfalls $i(\mathfrak{V}) = 1$ und $h(\mathfrak{V}) = 0$.

Es liege Fall a) mit $m = 1$ vor. Ist v_1, v_2 ein hyperbolisches Paar in $\mathfrak{V}$, so sind die Vektoren xv_1, xv_2 ($x \in \mathbf{K}$) gerade die sämtlichen isotropen Vektoren, ihre Anzahl ist $2q - 1$. Ist $w_1 \neq 0$ isotrop, so gibt es genau ein w_2 derart, daß w_1, w_2 ein hyperbolisches Paar ist, wie man leicht nachrechnet. Also ist $i(\mathfrak{V}) = 2q - 1$ und $h(\mathfrak{V}) = 2q - 2$.
Sei nun $\dim \mathfrak{V} \geq 3$ und $\mathfrak{V} = \langle v_1, v_2 \rangle \perp \mathfrak{W}$ mit einem hyperbolischen Paar v_1, v_2. Dann ist $\langle v_1 \rangle^\perp = \langle v_1 \rangle \perp \mathfrak{W}$. Ist

$$av_1 + w \in \langle v_1 \rangle^\perp$$

mit $a \in \mathbf{K}$, $w \in \mathfrak{W}$ und $av_1 + w$ isotrop, so gilt

$$0 = (av_1 + w, av_1 + w) = (w, w).$$

Das liefert $qi(\mathfrak{W})$ Möglichkeiten für $av_1 + w$. Ist

$$av_1 + bv_2 + w$$

isotrop mit $0 \neq b \in \mathbf{K}$, so gilt

$$0 = (av_1 + bv_2 + w, av_1 + bv_2 + w) = 2ab + (w, w).$$

Wir können also $w \in \mathfrak{W}$ und b mit $0 \neq b \in \mathbf{K}$ beliebig wählen, dann ist a eindeutig festgelegt. Das liefert für $\dim \mathfrak{V} = n$ dann weitere $q^{n-2}(q-1)$ isotrope Vektoren. Insgesamt folgt also die Rekursionsformel

$$i(\mathfrak{V}) = q^{n-1} - q^{n-2} + qi(\mathfrak{W}).$$

Daraus ergeben sich durch Induktion nach $n = \dim \mathfrak{V}$ leicht die angegebenen Formeln für $i(\mathfrak{V})$.

Wir zählen die hyperbolischen Paare w_1, w_2 ab. Als w_1 können wir jeden der $i(\mathfrak{V}) - 1$ von 0 verschiedenen isotropen Vektoren wählen. Ist w_1, w_2 ein hyperbolisches Paar und $\mathfrak{V} = \langle w_1, w_2 \rangle \perp \mathfrak{W}$, so ist $w_1, xw_1 + yw_2 + w'$ mit $w' \in \mathfrak{W}$ genau dann ein hyperbolisches Paar, wenn

$$1 = (w_1, xw_1 + yw_2 + w') = y$$

und

$$0 = (xw_1 + w_2 + w', xw_1 + w_2 + w') = 2x + (w', w').$$

Also können wir w' beliebig in $\mathfrak{W}$ wählen, x ist dann eindeutig bestimmt. Somit gibt es $|\mathfrak{W}| = q^{n-2}$ hyperbolische Paare w_1, w_2 zu vorgegebenem w_1. Das zeigt

$$h(\mathfrak{V}) = q^{n-2}(i(\mathfrak{V}) - 1).$$ □

Zur Berechnung der Ordnungen der orthogonalen Gruppen benötigen wir einen elementaren, aber für viele kombinatorische Fragen sehr nützlichen Hilfssatz über Permutationsgruppen.

7.8 Hilfssatz. *Sei $\mathfrak{G}$ eine Gruppe von Permutationen auf der endlichen Menge Ω. Ist $a \in \Omega$, so ist*

$$\mathfrak{G}_a = \{ G \mid G \in \mathfrak{G},\ Ga = a \}$$

eine Untergruppe von $\mathfrak{G}$ und

$$|\mathfrak{G} : \mathfrak{G}_a| = |\{ Ga \mid G \in \mathfrak{G} \}|.$$

(Man nennt $\{ Ga \mid G \in \mathfrak{G} \}$ die Bahn von a unter $\mathfrak{G}$.)

Beweis. Offenbar ist $\mathfrak{G}_a$ eine Untergruppe von $\mathfrak{G}$. Sei

$$\mathfrak{G} = \bigcup_{j=1}^{t} G_j \mathfrak{G}_a$$

mit $t = |\mathfrak{G} : \mathfrak{G}_a|$ die Zerlegung von $\mathfrak{G}$ in Nebenklassen von $\mathfrak{G}_a$. Für alle $H \in \mathfrak{G}_a$ gilt dann $G_j H a = G_j a$. Daher ist

$$\{ Ga \mid G \in \mathfrak{G} \} = \{ G_1 a, \ldots, G_t a \}.$$

Ist $G_j a = G_k a$, so gilt $G_k^{-1} G_j a = a$, also $G_k^{-1} G_j \in \mathfrak{G}_a$. Das erzwingt $G_j \mathfrak{G}_a = G_k \mathfrak{G}_a$, also $j = k$. Somit sind die $G_1 a, \ldots, G_t a$ paarweise verschieden, und es folgt

$$|\{ Ga \mid G \in \mathfrak{G} \}| = t = |\mathfrak{G} : \mathfrak{G}_a|. \qquad \square$$

7.9 Hilfssatz. *Sei* $\mathbf{K}$ *ein endlicher Körper mit* $|\mathbf{K}| = q$ *und* $\operatorname{Char} \mathbf{K} \neq 2$. *Sei* $c_0 \notin \mathbf{K}^{\times 2}$. *Dann gibt es genau* $q + 1$ *Paare* (x, y) *in* $\mathbf{K} \times \mathbf{K}$ *mit*

$$x^2 - c_0 y^2 = 1.$$

Beweis. Wir betrachten die Menge

$$\mathfrak{K} = \{ (x, y) \mid 0 \neq (x, y) \in \mathbf{K} \oplus \mathbf{K} \}.$$

Offenbar gilt $|\mathfrak{K}| = q^2 - 1$. Auf $\mathfrak{K}$ definieren wir eine Multiplikation durch

$$(x_1, y_1)(x_2, y_2) = (x_1 x_2 + c_0 y_1 y_2, x_1 y_2 + x_2 y_1).$$

Dies ist tatsächlich eine Multiplikation auf $\mathfrak{K}$: Sei

$$x_1 x_2 + c_0 y_1 y_2 = x_1 y_2 + x_2 y_1 = 0.$$

Ist $y_2 = 0$, so folgt $x_1 x_2 = y_1 x_2 = 0$, also $x_2 = 0$, ein Widerspruch. Ist $y_2 \neq 0$, so folgt aus

$$c_0 y_1^2 y_2 = -x_1 x_2 y_1 = x_1^2 y_2$$

dann

$$x_1^2 - c_0 y_1^2 = 0.$$

Das ist jedoch wegen $c_0 \notin \mathbf{K}^{\times 2}$ unmöglich für $(x_1, y_1) \neq (0, 0)$.
Man bestätigt durch direkte Rechnung, daß die auf $\mathfrak{K}$ definierte Multiplikation assoziativ und kommutativ ist. Ferner gelten

$$(x, y)(1, 0) = (x, y)$$

und

$$(x, y)(\frac{x}{z}, -\frac{y}{z}) = (1, 0)$$

für $z = x^2 - c_0 y^2$. Also ist $\mathfrak{K}$ eine Gruppe. ($\mathfrak{K}$ ist die multiplikative Gruppe des Körpers, welcher durch Adjunktion von $\sqrt{c_0}$ zu $\mathbf{K}$ entsteht.)
Wir definieren eine Abbildung γ von $\mathfrak{K}$ in $\mathbf{K}^\times$ durch

$$\gamma(x, y) = x^2 - c_0 y^2.$$

Nach 7.2 b) ist γ surjektiv. Ferner gilt

$$\begin{aligned}\gamma((x_1, y_1)(x_2, y_2)) &= (x_1 x_2 + c_0 y_1 y_2)^2 - c_0(x_1 y_2 + x_2 y_1)^2 \\ &= x_1^2 x_2^2 + c_0^2 y_1^2 y_2^2 - c_0 x_1^2 y_2^2 - c_0 x_2^2 y_1^2 \\ &= (x_1^2 - c_0 y_1^2)(x_2^2 - c_0 y_2^2) \\ &= \gamma(x_1, y_1)\gamma(x_2, y_2).\end{aligned}$$

Also ist γ ein Epimorphismus von $\mathfrak{K}$ auf $\mathbf{K}^\times$. Mit dem Homomorphiesatz für Gruppen folgt

$$\mathfrak{K}/\operatorname{Kern}\gamma \cong \mathbf{K}^\times,$$

also

$$|\operatorname{Kern}\gamma| = \frac{|\mathfrak{K}|}{|\mathbf{K}^\times|} = \frac{q^2 - 1}{q - 1} = q + 1.$$

Aber Kern γ ist gerade die Menge der (x, y) mit $x^2 - c_0 y^2 = 1$. □

7.10 Satz. (Dickson[6)]). *Sei* $\mathbf{K}$ *ein endlicher Körper mit* $|\mathbf{K}| = q$ *und* $\operatorname{Char}\mathbf{K} \neq 2$. *Sei* $\mathfrak{V}$ *ein* $\mathbf{K}$*-Vektorraum mit regulärem symmetrischem Skalarprodukt.*
a) *Ist* $\dim\mathfrak{V} = 2m + 1$ *ungerade, so gilt*

$$|\mathrm{O}(\mathfrak{V})| = 2q^{m^2} \prod_{j=1}^{m} (q^{2j} - 1)$$

für beide dann möglichen Typen von $\mathfrak{V}$.
b) *Ist* $\dim\mathfrak{V} = 2m$ *gerade und* $\mathfrak{V} = \mathfrak{H}_1 \perp \ldots \perp \mathfrak{H}_m$ *mit hyperbolischen Ebenen* $\mathfrak{H}_j$, *so gilt*

$$|\mathrm{O}(\mathfrak{V})| = 2q^{m(m-1)}(q^m - 1) \prod_{j=1}^{m-1} (q^{2j} - 1).$$

---

6) Leonard Eugene Dickson (1874–1954) Chicago; klassische Gruppen über endlichen Körpern, Algebren, Zahlentheorie.

c) *Ist* $\dim \mathfrak{V} = 2m$ *gerade und* $\mathfrak{V} = \mathfrak{H}_1 \perp \ldots \perp \mathfrak{H}_{m-1} \perp \mathfrak{V}_0$ *mit hyperbolischen Ebenen* $\mathfrak{H}_j$ *und anisotropem* $\mathfrak{V}_0$ *der Dimension 2, so gilt*

$$|\mathrm{O}(\mathfrak{V})| = 2q^{m(m-1)}(q^m + 1) \prod_{j=1}^{m-1} (q^{2j} - 1).$$

Beweis. (1) Ist $\dim \mathfrak{V} = 1$, so sind $\pm E$ die einzigen Isometrien von $\mathfrak{V}$, also gilt $|\mathrm{O}(\mathfrak{V})| = 2$.

(2) Ist $\mathfrak{V} = \langle v_1, v_2 \rangle$ eine hyperbolische Ebene und v_1, v_2 ein hyperbolisches Paar, so sind nach 4.13 die Isometrien von $\mathfrak{V}$ gerade die linearen Abbildungen G mit

$$Gv_1 = av_1, \quad Gv_2 = a^{-1}v_2$$

oder

$$Gv_1 = av_2, \quad Gv_2 = a^{-1}v_1$$

mit beliebigem $a \in \mathbf{K}^\times$. Also ist nun $|\mathrm{O}(\mathfrak{V})| = 2(q-1)$.

(3) Sei nun $\mathfrak{V}$ anisotrop mit $\dim \mathfrak{V} = 2$. Nach 7.4 b) gilt $\mathfrak{V} = \langle v_1 \rangle \perp \langle v_2 \rangle$ mit $(v_1, v_1) = 1$ und $(v_2, v_2) = -c_0$ mit $c_0 \notin \mathbf{K}^{\times 2}$. Wir setzen

$$\mathfrak{E} = \{\, v \mid v \in \mathfrak{V},\ (v, v) = 1 \,\}.$$

Nach 7.9 ist $|\mathfrak{E}| = q + 1$. Nach dem Satz von Witt (6.1) gilt ferner

$$\mathfrak{E} = \{\, Gv_1 \mid G \in \mathrm{O}(\mathfrak{V}) \,\}.$$

Setzen wir

$$\mathfrak{G} = \{\, H \mid H \in \mathrm{O}(\mathfrak{V}),\ Hv_1 = v_1 \,\},$$

so folgt mit 7.8

$$|\mathrm{O}(\mathfrak{V}) : \mathfrak{G}| = |\mathfrak{E}| = q + 1.$$

Die einzigen Abbildungen aus $\mathfrak{G}$ sind offenbar E und die Spiegelung S mit $Sv_1 = v_1$, $Sv_2 = -v_2$. Also ist $|\mathfrak{G}| = 2$ und $|\mathrm{O}(\mathfrak{V})| = 2(q + 1)$.
(4) Sei nun

$$\mathfrak{V} = \langle v_1, v_2 \rangle \perp \mathfrak{W}$$

mit einem hyperbolischen Paar v_1, v_2. Wir betrachten $\mathrm{O}(\mathfrak{V})$ als Permutationsgruppe auf der Menge Ω der hyperbolischer Paare von $\mathfrak{V}$.
Sei w_1, w_2 ein hyperbolisches Paar in $\mathfrak{V}$. Dann ist H mit $Hv_j = w_j$ $(j = 1, 2)$ eine Isometrie von $\langle v_1, v_2 \rangle$ auf $\langle w_1, w_2 \rangle$. Nach dem Satz von Witt (6.1) gibt es daher ein $G \in \mathrm{O}(\mathfrak{V})$ mit $Gv_j = w_j$. Also gilt

$$\Omega = \{\, Gv_1, Gv_2 \mid G \in \mathrm{O}(\mathfrak{V}) \,\}.$$

Setzen wir

$$\mathfrak{H} = \{ G \mid G \in \mathrm{O}(\mathfrak{V}),\ Gv_j = v_j \quad \text{für} \quad j = 1, 2 \},$$

so folgt mit 7.8

$$|\mathrm{O}(\mathfrak{V}) : \mathfrak{H}| = |\Omega| = h(\mathfrak{V}).$$

Dabei kennen wir $h(\mathfrak{V})$ bereits aus 7.7 für alle möglichen Typen von $\mathfrak{V}$.
Für $H \in \mathfrak{H}$ gilt auch

$$H\langle v_1, v_2\rangle^\perp = \langle v_1, v_2\rangle^\perp.$$

Also bewirkt H eine Isometrie auf $\langle v_1, v_2\rangle^\perp$. Ist umgekehrt L eine Isometrie auf $\langle v_1, v_2\rangle^\perp$, so können wir diese durch

$$Lv_j = v_j \quad (j = 1, 2), \qquad Lw = w \quad \text{für alle} \quad w \in \langle v_1, v_2\rangle^\perp$$

zu einer Isometrie $\overline{L}$ von $\mathfrak{V}$ aus $\mathfrak{H}$ fortsetzen. Also gilt $|\mathfrak{H}| = |\mathrm{O}(\langle v_1, v_2\rangle^\perp)|$ und

$$|\mathrm{O}(\mathfrak{V})| = h(\mathfrak{V})|\mathrm{O}(\langle v_1, v_2\rangle^\perp)|.$$

Durch eine Induktion nach $\dim \mathfrak{V}$, bei der man jeweils innerhalb der Serien a), b), c) bleibt und die Induktionsbasis durch (1)–(3) geliefert wird, ergibt sich nach einfachen Rechnungen die Behauptung. □

Um über endlichen Körpern auch die unitären Räume zu untersuchen, benötigen wir vor allem Informationen über die Automorphismen α mit $\alpha^2 = 1 \neq \alpha$.

Mit Rücksicht auf eine Anwendung in § 8 fassen wir den folgenden Hilfssatz etwas allgemeiner als für die Zwecke dieses Paragraphen erforderlich:

7.11 Hilfssatz. *Seien q,m und n natürliche Zahlen.*
a) *Es gilt* $(q^m - 1, q^n - 1) = q^{(m,n)} - 1$.
b) *Genau dann ist* $q^m - 1$ *ein Teiler von* $q^n - 1$, *wenn m ein Teiler von n ist.*

Beweis. a) Wir berechnen den größten gemeinsamen Teiler $d = (m, n)$ von m und n gemäß I,2.6 mit dem euklidischen Algorithmus. Sei also

$$\begin{aligned} n &= s_0 m + r_0 \quad \text{mit} \quad 0 \leq r_0 < m, \\ m &= s_1 r_0 + r_1 \quad \text{mit} \quad 0 \leq r_1 < r_0, \\ r_0 &= s_2 r_1 + r_2 \quad \text{mit} \quad 0 \leq r_2 < r_1, \\ r_{k-1} &= s_{k+1} r_k \quad (\text{mit} \quad r_{k+1} = 0). \end{aligned}$$

Dann ist r_k der größte gemeinsame Teiler d von m und n. Setzen wir $a = (q^m - 1, q^n - 1)$, so gilt

$$a | q^n - 1 - q^{r_0}(q^{s_0 m} - 1) = q^{r_0} - 1.$$

Aus $a|(q^m-1, q^{r_0}-1)$ folgt ebenso

$$a|q^m - 1 - q^{r_1}(q^{s_1 r_0} - 1) = q^{r_1} - 1.$$

Schließlich erhält man

$$a|q^{r_k} - 1 = q^d - 1.$$

Ist $n = ds$ und $m = dt$, so gilt andererseits

$$q^d - 1|(q^d-1)(1 + q^d + \ldots + q^{d(s-1)}) = q^n - 1$$

und ebenso $q^d - 1|q^m - 1$. Also ist

$$(q^n - 1, q^m - 1) = q^d - 1.$$

b) Dies folgt sofort aus a). □

7.12 Satz. *Sei* $\mathbf{K}$ *ein endlicher Körper.*
a) *Ist* $\mathbf{K}_0$ *ein Teilkörper von* $\mathbf{K}$ *und* $\dim_{\mathbf{K}_0}\mathbf{K} = f$, *so gilt* $|\mathbf{K}| = |\mathbf{K}_0|^f$.
b) *Ist* $\operatorname{Char}\mathbf{K} = p$, *so gilt* $|\mathbf{K}| = p^f$ *für geeignetes* f.
c) *Ist* $\operatorname{Char}\mathbf{K} = p$, *so ist für alle* j *die Abbildung* α *mit*

$$\alpha k = k^{p^j}$$

ein Automorphismus von $\mathbf{K}$.
d) *Ist* $\operatorname{Char}\mathbf{K} = p$ *und* $|\mathbf{K}| = p^f$, *so gilt*

$$x^{p^f} - x = \prod_{a\in\mathbf{K}}(x-a).$$

Für alle $k \in \mathbf{K}$ *ist* $k^{p^f} = k$.
e) *Ist* $\mathbf{L}$ *ein Teilkörper von* $\mathbf{K}$ *mit* $|\mathbf{L}| = p^l$, *so ist* l *ein Teiler von* f. *Ist* l *ein Teiler von* f, *so ist*

$$\{\, k \mid k \in \mathbf{K},\ k^{p^l} = k \,\}$$

der einzige Teilkörper von $\mathbf{K}$ *mit genau* p^l *Elementen.*

Beweis. a) Offenbar ist $\mathbf{K}$ ein Vektorraum über $\mathbf{K}_0$. Ist $\dim_{\mathbf{K}_0}\mathbf{K} = f$, so ist $|\mathbf{K}| = |\mathbf{K}_0|^f$.

b) Wegen $\operatorname{Char}\mathbf{K} = p$ ist

$$\mathbf{K}_0 = \{\, 0, 1, \ldots, p-1 \,\}$$

ein Teilkörper von $\mathbf{K}$, der sog. Primkörper von $\mathbf{K}$. Mit a) folgt $|\mathbf{K}| = p^f$, wobei $f = \dim_{\mathbf{K}_0}\mathbf{K}$ ist.

c) Nach 1.2 c) ist β mit $\beta k = k^p$ ein Automorphismus von $\mathbf{K}$. Dann ist auch β^j ein Automorphismus von $\mathbf{K}$ mit $\beta^j k = k^{p^j}$.

d) Sei $0 \neq a \in \mathbf{K}$. Dann ist γ mit $\gamma k = ak$ eine bijektive Abbildung von $\mathbf{K}^\times$ auf sich. Also folgt

$$\prod_{k\in\mathbf{K}^\times} k = \prod_{k\in\mathbf{K}^\times} (ak) = a^{p^f-1} \prod_{k\in\mathbf{K}^\times} k.$$

Das beweist $a^{p^f-1} = 1$ für alle $0 \neq a \in \mathbf{K}^\times$, also $a^{p^f} = a$ für alle $a \in \mathbf{K}$. Damit folgt

$$x^{p^f} - x = \prod_{a\in\mathbf{K}} (x-a).$$

e) Sei $\mathbf{L}$ ein Teilkörper von $\mathbf{K}$. Nach b) gilt $|\mathbf{L}| = p^l$ mit geeignetem l. Da $\mathbf{L}^\times$ ein Untergruppe von $\mathbf{K}^\times$ ist, ist nach dem Satz von Lagrange $|\mathbf{L}^\times| = p^l - 1$ ein Teiler von $|\mathbf{K}^\times| = p^f - 1$. Nach 7.11 ist daher l ein Teiler von f.
Sei $f = sl$. Dann ist nach 7.11

$$p^f - 1 = (p^l - 1)t$$

mit geeignetem t. Damit folgt

$$\begin{aligned} x^{p^f} - x &= x(x^{p^f-1} - 1) = x(x^{(p^l-1)t} - 1) \\ &= x(x^{p^l-1} - 1)(1 + x^{p^l-1} + \ldots + x^{(p^l-1)(t-1)}) \\ &= (x^{p^l} - x)(1 + x^{p^l-1} + \ldots + x^{(p^l-1)(t-1)}). \end{aligned}$$

Da $x^{p^f} - x$ im Polynomring $\mathbf{K}[x]$ nach d) in lauter Faktoren vom Grad 1 zerfällt, gilt dies auch von $x^{p^l} - x$. Setzen wir

$$\mathbf{L}' = \{ k \mid k \in \mathbf{K},\ k^{p^l} = k \},$$

so gilt also $|\mathbf{L}'| = p^l$. Ferner ist für alle $a, b \in \mathbf{L}'$

$$\begin{aligned} &(a+b)^{p^l} = a^{p^l} + b^{p^l} = a + b \qquad \text{(siehe c)),} \\ &(ab)^{p^l} = a^{p^l} b^{p^l} = ab, \quad (-a)^{p^l} = (-1)^{p^l} a^{p^l} = -a, \\ &(\frac{1}{a})^{p^l} = a^{-p^l} = a^{-1} \quad \text{für} \quad a \neq 0. \end{aligned}$$

Also ist $\mathbf{L}'$ ein Teilkörper von $\mathbf{K}$.
Ist $\mathbf{L}$ ein Teilkörper von $\mathbf{K}$ mit $|\mathbf{L}| = p^l$, so gilt nach d) $k^{p^l} = k$ für alle $k \in \mathbf{L}$. Das zeigt $\mathbf{L} \subseteq \mathbf{L}'$, wegen $|\mathbf{L}| = p^l = |\mathbf{L}'|$ also $\mathbf{L} = \mathbf{L}'$. □

7.13 Satz. *Sei* $\mathbf{K}$ *ein endlicher Körper mit* $\operatorname{Char}\mathbf{K} = p$ *und* $|\mathbf{K}| = p^f$.
a) *Ist f ungerade, so hat* $\mathbf{K}$ *keinen Automorphismus* α *mit* $\alpha^2 = 1 \neq \alpha$.
b) *Ist* $f = 2l$ *gerade, so hat* $\mathbf{K}$ *genau einen Automorphismus* α *mit* $\alpha^2 = 1 \neq \alpha$, *nämlich* $\alpha k = k^{p^l}$.

c) *Sei* $f = 2l$ *gerade und* $\alpha k = k^{p^l}$. *Wir setzen wieder*

$$\mathbf{K}_0 = \{ k \mid k \in \mathbf{K},\ \alpha k = k \}.$$

Für jedes $k_0 \in \mathbf{K}_0$ *existiert dann ein* $k \in \mathbf{K}$ *mit*

$$k_0 = k(\alpha k) = k^{1+p^l}.$$

(Dies ist ein multiplikatives Gegenstück zu der additiven Aussage in 2.4 c), welches freilich unter den allgemeineren Voraussetzungen von 2.4 nicht zu gelte braucht.)

Beweis. a) Sei α ein Automorphismus von $\mathbf{K}$ mit $\alpha^2 = 1 \neq \alpha$. Setzen wir

$$\mathbf{K}_0 = \{ k \mid k \in \mathbf{K},\ k = \alpha k \},$$

so gilt nach 2.4 $\dim_{\mathbf{K}_0} \mathbf{K} = 2$. Also folgt mit 7.12 a) für $|\mathbf{K}_0| = p^l$ nun

$$p^f = |\mathbf{K}| = |\mathbf{K}_0|^2 = p^{2l}.$$

Dies ist nur für gerades f möglich.
b) Sei nun $|\mathbf{K}| = p^{2l}$. Nach 7.12 c) ist α mit $\alpha k = k^{p^l}$ ein Automorphismus von $\mathbf{K}$. Dabei gilt nach 7.12 d)

$$\alpha^2 k = k^{p^{2l}} = k \quad \text{für alle} \quad k \in \mathbf{K},$$

also ist $\alpha^2 = 1$.
Die Gleichung

$$k = \alpha k = k^{p^l}$$

hat höchstens p^l Lösungen in $\mathbf{K}$, somit gilt $\alpha \neq 1$.
Sei nun β ein Automorphismus von $\mathbf{K}$ mit $\beta^2 = 1 \neq \beta$. Setzen wir

$$\mathbf{K}' = \{ k \mid k \in \mathbf{K},\ \beta k = k \},$$

so gilt nach 2.4 $\dim_{\mathbf{K}'} \mathbf{K} = 2$, also $p^{2l} = |\mathbf{K}| = |\mathbf{K}'|^2$. Nach 7.12 e) ist dann

$$\mathbf{K}' = \{ k \mid k \in \mathbf{K},\ k^{p^l} = k \},$$

und mit 2.4 g) folgt $\beta = \alpha$.
c) Nach 2.4 b) ist die durch $N(a) = a(\alpha a)$ definierte Normenabbildung N ein Homomorphismus von $\mathbf{K}^\times$ in $\mathbf{K}_0^\times$. Wir zeigen, daß N ein Epimorphismus ist. Nach dem Homomorphiesatz gilt

$$\mathbf{K}^\times / \operatorname{Kern} N \cong \operatorname{Bild} N.$$

Nach 2.4 b) ist

$$\operatorname{Kern} N = \{ \frac{b}{\alpha b} \mid b \in \mathbf{K}^\times \}.$$

Somit ist δ mit $\delta b = \frac{b}{\alpha b}$ ein Homomorphismus von $\mathbf{K}^\times$ auf Kern N. Daraus folgt

$$|\mathrm{Kern}\, N| = |\mathbf{K}^\times : \mathrm{Kern}\, \delta|.$$

Aber $b \in \mathrm{Kern}\, \delta$ heißt $b = \alpha b$, also $b \in \mathbf{K}_0^\times$.
Setzen wir $|\mathbf{K}_0| = q$, so ist also $|\mathbf{K}^\times| = q^2 - 1$ und $|\mathbf{K}_0^\times| = q - 1$. Daraus folgt

$$|\mathrm{Kern}\, N| = \frac{q^2-1}{q-1} = q+1$$

und dann

$$|\mathrm{Bild}\, N| = |\mathbf{K}^\times : \mathrm{Kern}\, N| = \frac{q^2-1}{q+1} = q - 1 = |\mathbf{K}_0^\times|.$$

Also ist N eine surjektive Abbildung von $\mathbf{K}^\times$ auf $\mathbf{K}_0^\times$.

7.14 Hauptsatz. *Sei* $\mathbf{K}$ *ein endlicher Körper und* α *ein Automorphismus von* $\mathbf{K}$ *mit* $\alpha^2 = 1 \neq \alpha$. *(Auch* Char $\mathbf{K} = 2$ *ist nun zugelassen.) Sei* $\mathfrak{V}$ *ein* $\mathbf{K}$*-Vektorraum mit regulärem unitärem* α*-Skalarprodukt.*
a) *Es gibt eine Orthonormalbasis* $\{v_1, \ldots, v_n\}$ *von* $\mathfrak{V}$ *mit* $(v_j, v_k) = \delta_{jk}$. *Also ist*

$$\Big(\sum_{j=1}^n x_j v_j, \sum_{j=1}^n y_j v_j\Big) = \sum_{j=1}^n x_j(\alpha y_j).$$

Insbesondere ist $\mathfrak{V}$ *durch Vorgabe seiner Dimension bis auf Isometrie eindeutig bestimmt.*
b) *Ist* $\dim \mathfrak{V} = 2m$ *gerade, so gilt* $\mathrm{ind}\, \mathfrak{V} = m$ *und*

$$\mathfrak{V} = \mathfrak{H}_1 \perp \ldots \perp \mathfrak{H}_m$$

mit hyperbolischen Ebenen $\mathfrak{H}_j$.
c) *Ist* $\dim \mathfrak{V} = 2m+1$ *ungerade, so gilt* $\mathrm{ind}\, \mathfrak{V} = m$ *und*

$$\mathfrak{V} = \mathfrak{H}_1 \perp \ldots \perp \mathfrak{H}_m \perp \langle v_0 \rangle$$

mit hyperbolischen Ebenen $\mathfrak{H}_j$ *und* $(v_0, v_0) = 1$.

Beweis. a) Nach 3.5 hat $\mathfrak{V}$ eine Orthogonalbasis $\langle w_1, \ldots, w_n \rangle$ mit $(w_j, w_j) = a_j \neq 0$. Wegen $(v, w) = \alpha(w, v)$ ist dabei $\alpha a_j = a_j$. Nach 7.13 c) gibt es daher $b_j \in \mathbf{K}$ mit $a_j = b_j(\alpha b_j)$. Setzen wir $v_j = b_j^{-1} w_j$, so folgt

$$(v_j, v_j) = (b_j(\alpha b_j))^{-1}(w_j, w_j) = 1.$$

b) und c) folgen aus a), da es zu vorgegebener Dimension nur einen Raumtyp bis auf Isometrie gibt. □

Weitere Aussagen über unitäre Räume und ihre Gruppen von Isometrien findet der Leser in den Aufgaben A 7.6 und 7.7.

Aufgaben

A 7.1 Sei **K** ein endlicher Körper mit $|\mathbf{K}| = q$ und $\mathfrak{V}$ ein regulärer symplektischer **K**-Vektorraum der Dimension $2m$.

a) $\mathfrak{V}$ besitzt $(q^{2m} - 1)q^{2m-1}$ hyperbolische Paare.

b) Bezeichnen wir mit $\mathrm{Sp}(2m, q)$ die Gruppe der Isometrien von $\mathfrak{V}$, so gilt

$$|\,\mathrm{Sp}(2m, q)| = q^{m^2} \prod_{j=1}^{m} (q^{2j} - 1).$$

(Man verfahre wie im Beweis von 7.10.)
c) Für $1 \leq j \leq m$ hat $\mathfrak{V}$ genau

$$\frac{(q^{2m} - 1)(q^{2m-1} - q)(q^{2m-2} - q^2) \ldots (q^{2m-j+1} - q^{j-1})}{(q^j - 1)(q^j - q) \ldots (q^j - q^{j-1})}$$

isotrope Unterräume der Dimension j. (Man zähle die Basen solcher Unterräume.)

A 7.2 Sei **K** ein endlicher Körper mit $|\mathbf{K}| = q$ und $\mathrm{Char}\,\mathbf{K} \neq 2$, sei $c_0 \in \mathbf{K}^\times$, aber $c_0 \notin \mathbf{K}^{\times 2}$. Die Menge

$$L = \{\, (x, y) \mid x, y \in \mathbf{K} \,\}$$

wird durch die Festsetzungen

$$(x_1, y_1) + (x_2, y_2) = (x_1 + x_2, y_1 + y_2)$$
$$(x_1, y_1), (x_2, y_2) = (x_1 x_2 + c_0 y_1 y_2, x_1 y_2 + x_2 y_1)$$

ein Körper mit $|\mathbf{L}| = q^2$.

A 7.3 Sei $\mathfrak{V} = \langle v_1, v_2 \rangle$ ein anisotroper Vektorraum mit symmetrischem Skalarprodukt über einem endlichen Körper **K** mit $|\mathbf{K}| = q$ und $\mathrm{Char}\,\mathbf{K} \neq 2$. Sei dabei

$$(v_1, v_1) = 1, \; (v_1, v_2) = 0, \; (v_2, v_2) = -c_0$$

mit $c_0 \in \mathbf{K}^\times$, aber $c_0 \notin \mathbf{K}^{\times 2}$. Man zeige:

a) Für alle $a_1, a_2 \in \mathbf{K}$ mit $a_1^2 - c_0 a_2^2 = 1$ ist $H(a_1, a_2)$ mit

$$H(a_1, a_2)v_1 = a_1 v_1 + a_2 v_2, \quad H(a_1, a_2)v_2 = c_0 a_2 v_1 + a_1 v_2$$

eine Isometrie von $\mathfrak{V}$ mit $\det H(a_1, a_2) = 1$.

b) Ist G eine Isometrie von $\mathfrak{V}$ mit $\det G = 1$, so gilt $G = H(a_1, a_2)$ für geeignetes a_1, a_2.

c) $\mathrm{SO}(\mathfrak{V})$ ist eine zu $\mathbf{L}^\times$ aus A 7.2 isomorphe Gruppe, ist daher zyklisch.

d) $|\mathrm{O}(\mathfrak{V})| = 2(q + 1)$, und $\mathrm{O}(\mathfrak{V})$ ist nicht abelsch.

A 7.4 Sei $\mathfrak{V}$ einer der Räume aus Satz 7.4. Man zeige, daß die Anzahl $j(\mathfrak{V})$ der v aus $\mathfrak{V}$ mit $(v, v) = 1$ folgende Werte hat:

a) Für $\mathfrak{V} = \mathfrak{H}_1 \perp \ldots \perp \mathfrak{H}_m$ mit hyperbolischen Ebenen $\mathfrak{H}_j$ ist $j(\mathfrak{V}) = q^{m-1}(q^m - 1)$, wobei wir wieder $|\mathbf{K}| = q$ gesetzt haben.

b) Für $\mathfrak{V} = \mathfrak{H}_1 \perp \ldots \perp \mathfrak{H}_{m-1} \perp \mathfrak{V}_0$ mit anisotropem $\mathfrak{V}_0$ von der Dimension 2 ist

$$j(\mathfrak{V}) = q^{m-1}(q^m + 1).$$

c) Für $\mathfrak{V} = \mathfrak{H}_1 \perp \ldots \perp \mathfrak{H}_m \perp \langle v_0 \rangle$ gilt

$$j(\mathfrak{V}) = q^m(q^m + 1) \quad \text{falls} \quad (v_0, v_0) = 1,$$
$$j(\mathfrak{V}) = q^m(q^m - 1) \quad \text{falls} \quad (v_0, v_0) = c_0 \notin \mathbf{K}^{\times 2}.$$

(Man behandle zuerst die Fälle mit $\dim \mathfrak{V} \leq 2$ direkt. Ist $\dim \mathfrak{V} = n \geq 3$ und $\mathfrak{V} = \langle v_1, v_2 \rangle \perp \mathfrak{W}$ mit einem hyperbolischen Paar v_1, v_2, so beweise man die Rekursionsgleichung

$$j(\mathfrak{V}) = (2q - 1) j(\mathfrak{W}) + (q^{n-2} - j(\mathfrak{W}))(q - 1).)$$

A 7.5 Sei $\mathbf{K}$ ein endlicher Körper mit $|\mathbf{K}| = q$ und $\operatorname{Char} \mathbf{K} \neq 2$. Sei $\mathfrak{V}$ ein Vektorraum mit symmetrischem Skalarprodukt von dem Typ aus 7.10 b). Man zeige, daß $\mathfrak{V}$ genau

$$\prod_{j=1}^{m-1} (q^j + 1)$$

isotrope Unterräume von der Dimension m hat. (Man verwende den Satz von Witt und Beispiel 6.8b).)

A 7.6 Sei $\mathbf{K}$ ein endlicher Körper mit $|\mathbf{K}| = q^2$ und α ein Automorphismus von $\mathbf{K}$ mit $\alpha^2 = 1 \neq \alpha$. Sei $\mathfrak{V}$ ein regulärer $\mathbf{K}$-Vektorraum mit unitärem α-Skalarprodukt. Sei $\dim \mathfrak{V} = n$.

a) Die Anzahl $i(\mathfrak{V})$ der isotropen Vektoren von $\mathfrak{V}$ ist

$$i(\mathfrak{V}) = q^{2n-1} + (-1)^n (q^n - q^{n-1}).$$

(Aus $\mathfrak{V} = \langle v_1 \rangle \perp \mathfrak{W}$ mit $(v_1, v_1) = 1$ leite man die Rekursionsgleichung

$$i(\mathfrak{V}) = i(\mathfrak{W}) + (q^{2(n-1)} - i(\mathfrak{W}))(q + 1)$$

her.)

b) $\mathfrak{V}$ hat genau $(i(\mathfrak{V}) - 1) q^{2n-3}$ hyperbolische Paare.

c) In $\mathfrak{V}$ gibt es genau

$$q^{n-1}(q^n - (-1)^n)$$

Vektoren v mit $(v, v) = 1$.

d) Ist $\mathrm{U}(\mathfrak{V})$ die Gruppe aller Isometrien von $\mathfrak{V}$, so gilt

$$|\mathrm{U}(\mathfrak{V})| = (q^n - (-1)^n)q^{n-1}(q^{n-1} - (-1)^{n-1})q^{n-2} \dots (q^2 - 1)q(q+1).$$

A 7.7 Sei **K** ein endlicher Körper wie in Aufgabe 7.6 und sei $\mathfrak{V}$ ein regulärer unitärer **K**-Vektorraum der Dimension $2m$. Dann hat $\mathfrak{V}$ genau

$$(q^{2m-1} + 1)(q^{2m-3} + 1) \dots (q + 1)$$

isotrope Unterräume von der Dimension m.
(Man verfahre wie in A 7.5.)

§ 8 Normalformen von Isometrien

Die feinere Untersuchung der Isometrien von Vektorräumen mit Skalarprodukt läuft natürlich auf die Frage nach den möglichen Jordanschen Normalformen hinaus. Im anisotropen Fall ist die Antwort einfach:

8.1 Satz. *Sei $\mathfrak{V}$ ein anisotroper klassischer Vektorraum und G eine Isometrie von $\mathfrak{V}$. Dann ist G halbeinfach (siehe I,3.11).*

Beweis. Sei $\mathfrak{V}_1 > 0$ ein G-invarianter Unterraum von $\mathfrak{V}$ von möglichst kleiner Dimension. Da $\mathfrak{V}_1$ anisotrop ist, gilt $\mathrm{Rad}\,\mathfrak{V}_1 = 0$. Mit 3.3 d) erhalten wir daher die G-invariante Zerlegung $\mathfrak{V} = \mathfrak{V}_1 \perp \mathfrak{V}_1^{\perp}$ mit einfachem $\mathfrak{V}_1$. Eine Induktion nach $\dim \mathfrak{V}$ liefert dann die Behauptung. □

8.2 Definition. Sei α ein Automorphismus des Körpers **K** mit $\alpha^2 = 1$ (eventuell $\alpha = 1$).
a) Sei $f = \sum_{j=0}^{m} a_j x^j$ ein Polynom aus $\mathbf{K}[x]$ mit $a_m \neq 0$. Wir definieren dann das Polynom f^* aus $\mathbf{K}[x]$ durch

$$f^*(x) = x^m(\alpha f)(\frac{1}{x}) = \sum_{j=0}^{m}(\alpha a_j)x^{m-j}.$$

Offenbar gilt $\mathrm{Grad}\, f^* \leq \mathrm{Grad}\, f$ und $(fg)^* = f^*g^*$ für alle $f, g \in \mathbf{K}[x]$. Ist $f(0) \neq 0$, so ist $\mathrm{Grad}\, f = \mathrm{Grad}\, f^*$ und $f^{**} = f$.

b) Wir nennen $f = \sum_{j=0}^{m} a_j x^j$ mit $\operatorname{Grad} f = m$ α-symmetrisch, wenn f und f^* sich nur um eine Einheit aus $\mathbf{K}[x]$ unterscheiden, wenn also $f^* = a_m^{-1}(\alpha a_0) f$ gilt. Ist $\alpha = 1$, so nennen wir ein α-symmetrisches Polynom kurz symmetrisch.

8.3 Hilfssatz. *Sei G eine reguläre Matrix aus $(\mathbf{K})_n$ und m_G das Minimalpolynom von G. Dann ist m_G^* bis auf die Normierung das Minimalpolynom von $\tilde{G} = (\alpha G)'^{-1}$ und von $(\alpha G)^{-1}$.*

Beweis. Sei $\operatorname{Grad} m_G = k$, also

$$m_G^* = x^k (\alpha m_G)(\frac{1}{x}).$$

Dann ist

$$m_G^*(\tilde{G}) = \tilde{G}^k (\alpha m_G)((\alpha G)') = \tilde{G}^k \alpha(m_G(G)') = 0,$$

also $m_{\tilde{G}} | m_G^*$. Da G regulär ist, gilt $m_G(0) \neq 0$ und somit $\operatorname{Grad} m_G^* = \operatorname{Grad} m_G$. Also ist $\operatorname{Grad} m_{\tilde{G}} \leq \operatorname{Grad} m_G$. Wegen $\tilde{\tilde{G}} = G$ erhält man ebenso $\operatorname{Grad} m_G \leq \operatorname{Grad} m_{\tilde{G}}$. Insgesamt folgt $m_{\tilde{G}} = c m_G^*$ mit geeignetem $0 \neq c \in \mathbf{K}$. Dann ist m_G^* (bis auf die Normierung) auch das Minimalpolynom von $\tilde{G}' = (\alpha G)^{-1}$. □

Aus naheliegenden Gründen verabreden wir, für den Rest dieses Paragraphen auf die Normierung des Minimalpolynoms zu verzichten. Als Minimalpolynom von G bezeichnen wir also jedes Polynom h mit

$$\{ g \mid g \in \mathbf{K}[x],\ g(G) = 0 \} = h\mathbf{K}[x].$$

In diesem Paragraphen betrachten wir Vektorräume mit orthosymmetrischem α-Skalarprodukt (,). Gemäß 2.5 nehmen wir stets an, daß (,) symmetrisch, symplektisch oder α-unitär ist. Auch der bisher meist ausgeschlossene Fall, daß (,) symmetrisch ist und $\operatorname{Char} \mathbf{K} = 2$ gilt, wird nun zugelassen.

8.4 Hilfssatz. *Sei $\mathfrak{V}$ ein $\mathbf{K}$-Vektorraum der Dimension n mit orthosymmetrischem α-Skalarprodukt (,). Sei ferner G eine Isometrie von $\mathfrak{V}$. Ist m_G das Minimalpolynom von G, so ist m_G α-symmetrisch.*

Beweis. Sei $\{ v_1, \ldots, v_n \}$ eine Basis von $\mathfrak{V}$ und

$$G v_i = \sum_{k=1}^{n} a_{ki} v_k.$$

Wir setzen $A = (a_{ij})$ und $B = ((v_i, v_j))$. Genau dann ist G nach 1.15 a) eine Isometrie von $\mathfrak{V}$, wenn

$$B = A' B (\alpha A).$$

Dabei ist B nach 1.8 regulär. Es folgt

$$\tilde{A} = (\alpha A)'^{-1} = (B^{-1}A'B)' = B'AB'^{-1}.$$

Also haben $\tilde{A}$ und A dasselbe Minimalpolynom m_G. Mit 8.3 folgt, daß m_G α-symmetrisch ist. □

8.5 Hilfssatz. *Sei $\mathfrak{V}$ ein* **K**-*Vektorraum mit orthosymmetrischem α-Skalarprodukt* $(\, , \,)$. *Sei ferner G eine Isometrie von $\mathfrak{V}$.*
a) *Sei $f \in \mathbf{K}[x]$ mit* Grad $f = m$. *Für alle $v, w \in \mathfrak{V}$ gilt dann*

$$(f(G)v, w) = (v, G^{-m} f^*(G)w).$$

b) *Seien $f, g \in \mathbf{K}[x]$ derart, daß f^* und g teilerfremd sind. Für $v \in$* Kern $f(G)$ *und $w \in$* Kern $g(G)$ *gilt dann $(v, w) = 0$. Sind insbesondere f und f^* teilerfremd, so ist* Kern $f(G)$ *isotrop.*

Beweis. a) Sei $f = \sum_{j=0}^m a_j x^j$ mit $a_m \neq 0$. Dann ist

$$\begin{aligned}(f(G)v, w) &= \sum_{j=0}^m a_j(G^j v, w) = \sum_{j=0}^m a_j(v, G^{-j}w) \\ &= (v, G^{-m}G^m \sum_{j=0}^m (\alpha a_j)G^{-j}w) = (v, G^{-m} f^*(G)w).\end{aligned}$$

b) Sei wieder Grad $f = m$ und seien $r, s \in \mathbf{K}[x]$ mit $1 = f^*r + gs$.
Für $v \in$ Kern $f(G)$ und $w \in$ Kern $g(G)$ gilt nach a) dann

$$\begin{aligned}0 &= (f(G)v, G^m r(G)w) = (v, G^{-m} f^*(G)G^m r(G)w) \\ &= (v, (f^*r + gs)(G)w) = (v, w).\end{aligned}$$ □

8.6 Definition. Sei $\mathfrak{V}$ ein **K**-Vektorraum mit orthosymmetrischem α-Skalarprodukt $(\, , \,)$ und G eine Isometrie von $\mathfrak{V}$. Wir nennen $\mathfrak{V}$ einen orthogonal unzerlegbaren G-Modul, wenn es keine G-invariante Zerlegung $\mathfrak{V} = \mathfrak{V}_1 \perp \mathfrak{V}_2$ mit $G\mathfrak{V}_j = \mathfrak{V}_j \neq 0$ gibt.

Unser Ziel ist die Beschreibung der orthogonal unzerlegbaren G-Moduln.

8.7 Satz. *Sei $\mathfrak{V}$ ein Vektorraum mit orthosymmetrischem α-Skalarprodukt $(\, , \,)$. Sei G eine Isometrie von $\mathfrak{V}$ und $\mathfrak{V}$ ein orthogonal unzerlegbarer G-Modul.*
a) *Jeder G-invariante Unterraum $\mathfrak{W}$ von $\mathfrak{V}$ mit $\mathfrak{W} < \mathfrak{V}$ ist nicht regulär.*
b) *Ist m_G das Minimalpolynom von G, so gilt entweder $m_G = p^t$ mit einem irreduziblen α-symmetrischen Polynom p oder $m_G = (pp^*)^t$ mit irreduziblem p, welches zu p^* teilerfremd ist.*
c) *Ist $\mathfrak{V} = \mathfrak{V}_1 \oplus \ldots \oplus \mathfrak{V}_s$ mit unzerlegbaren G-Moduln $\mathfrak{V}_j$, so gilt $s \leq 2$. Ist $s = 2$*

und ist p_1^t *das Minimalpolynom von* G *auf* $\mathfrak{V}_1$, *so ist* p_1^{*t} *das Minimalpolynom von* G *auf* $\mathfrak{V}_2$.
d) *Ist* $m_G = (pp^*)^t$ *mit irreduziblen, teilerfremden* p *und* p^*, *so gilt*

$$\mathfrak{V} = \operatorname{Kern} p(G)^t \oplus \operatorname{Kern} p^*(G)^t,$$

wobei $\operatorname{Kern} p(G)^t$ *und* $\operatorname{Kern} p^*(G)^t$ *isotrope, unzerlegbare* G*-Moduln sind.*

Beweis. a) Wäre $\mathfrak{W}$ regulär, so wäre $\mathfrak{V} = \mathfrak{W} \perp \mathfrak{W}^\perp$ eine nichttriviale G-invariante Zerlegung von $\mathfrak{V}$.

b) Nach 8.4 ist $m_G^* = (\alpha m_G)(0) m_G$. Wegen der Eindeutigkeit der Primfaktorzerlegung in $\mathbf{K}[x]$ gilt daher

$$m_G = c \prod_{j=1}^{r} (p_j p_j^*)^{t_j} \prod_{k=1}^{s} q_k^{u_k} \qquad (0 \neq c \in \mathbf{K})$$

mit paarweise teilerfremden, irreduziblen p_j, p_j^*, q_k, wobei die q_k α-symmetrisch sind. Daraus folgt mit dem Satz von Jordan (I,3.3) die G-invariante Zerlegung

$$\mathfrak{V} = \bigoplus_{j=1}^{r} \operatorname{Kern} (p_j p_j^*)(G)^{t_j} \oplus \bigoplus_{k=1}^{s} \operatorname{Kern} q_k(G)^{u_k}.$$

Nach 8.5 b) ist dies sogar eine orthogonale Zerlegung. Da $\mathfrak{V}$ ein orthogonal unzerlegbarer G-Modul ist, erzwingt dies entweder $m_G = (pp^*)^t$ mit irreduziblen, teilerfremden p und p^* oder $m_G = p^t$ mit irreduziblem α-symmetrischem p.

c) Sei

$$\mathfrak{V} = \mathfrak{V}_1 \oplus \ldots \oplus \mathfrak{V}_s$$

mit unzerlegbaren G-Moduln $\mathfrak{V}_j$ und $s \geq 2$. Nach a) ist jedes $\mathfrak{V}_j$ nicht regulär. Sei $p_j^{t_j}$ mit irreduziblem p_j das Minimalpolynom der Einschränkung von G auf $\mathfrak{V}_j$ und sei $t = t_1 \geq t_j$ für $j = 2, \ldots, s$. Da $\mathfrak{V}_j$ als G-Modul zu $\mathbf{K}[x]/p_j^{t_j}\mathbf{K}[x]$ isomorph ist (siehe I,3.3), ist $p_j(G)^{t_j-1}\mathfrak{V}_j$ der einzige minimale G-Untermodul ($\neq 0$) von $\mathfrak{V}_j$. Da auch $\operatorname{Rad} \mathfrak{V}_j$ G-invariant ist, folgt

$$p_j(G)^{t_j-1}\mathfrak{V}_j \leq \operatorname{Rad} \mathfrak{V}_j. \tag{1}$$

Da $\mathfrak{V}$ regulär ist, gilt bei geeigneter Numerierung der $\mathfrak{V}_j$

$$p_1(G)^{t-1}\mathfrak{V}_1 \not\leq \mathfrak{V}_2^\perp. \tag{2}$$

Also gilt es $v_j \in \mathfrak{V}_j$ $(j = 1, 2)$ mit

$$(p_1(G)^{t-1}v_1, v_2) \neq 0.$$

Ist $\operatorname{Grad} p_1 = k$, so folgt mit 8.5 a)

$$0 \neq (p_1(G)^{t-1}v_1, v_2) = (v_1, G^{-k(t-1)}p_1^*(G)^{t-1}v_2).$$

Dies zeigt

$$p_1^*(G)^{t-1}\mathfrak{V}_2 \not\leq \mathfrak{V}_1^\perp. \tag{3}$$

Andererseits gilt für alle $w_j \in \mathfrak{V}_j$ $(j = 1, 2)$

$$0 = (p_1(G)^t w_1, w_2) = (w_1, G^{-kt} p_1^*(G)^t w_2),$$

also

$$p_1^*(G)^t \mathfrak{V}_2 \leq \mathfrak{V}_1^\perp \cap \mathfrak{V}_2.$$

Da $\mathfrak{V}_1^\perp \cap \mathfrak{V}_2$ wegen (3) ein echter G-Untermodul von $\mathfrak{V}_2$ ist und alle Faktormoduln von $\mathfrak{V}_2$ Minimalpolynome der Gestalt p_2^r (mit geeignetem r) haben, sind die Polynome p_1^* und p_2 proportional. Wegen $t = t_1 \geq t_2$ folgt aus (3) dann $p_2(G)^{t-1}\mathfrak{V}_2 \neq 0$, also $t = t_2$.

Wir zeigen nun, daß $\mathfrak{V}_1 \oplus \mathfrak{V}_2$ regulär ist, woraus mit a) sofort $\mathfrak{V} = \mathfrak{V}_1 \oplus \mathfrak{V}_2$ folgt:

Angenommen, es wäre $\mathrm{Rad}(\mathfrak{V}_1 \oplus \mathfrak{V}_2) \neq 0$. Da jeder minimale G-Untermodul $(\neq 0)$ von $\mathfrak{V}_1 \oplus \mathfrak{V}_2$ in

$$p_1(G)^{t-1}\mathfrak{V}_1 \oplus p_2(G)^{t-1}\mathfrak{V}_2$$

liegt, gibt es $w_j \in p_j(G)^{t-1}\mathfrak{V}_j$ mit

$$0 \neq w_1 + w_2 \in \mathrm{Rad}(\mathfrak{V}_1 \oplus \mathfrak{V}_2).$$

Sei etwa $w_1 \neq 0$. Wegen $w_2 \in \mathrm{Rad}\,\mathfrak{V}_2$ (siehe (1)) folgt für alle $v_2 \in \mathfrak{V}_2$ dann

$$0 = (w_1 + w_2, v_2) = (w_1, v_2).$$

Das ergibt

$$0 \neq w_1 \in p_1(G)^{t-1}\mathfrak{V}_1 \cap \mathfrak{V}_2^\perp.$$

Da $p_1(G)^{t-1}\mathfrak{V}_1$ ein einfacher G-Modul ist, folgt $p_1(G)^{t-1}\mathfrak{V}_1 \leq \mathfrak{V}_2^\perp$, im Widerspruch zu (2). Also ist $\mathfrak{V}_1 \oplus \mathfrak{V}_2$ doch regulär.

d) Sei nun $m_G = (pp^*)^t$ mit irreduziblen, teilerfremden p und p^*. Dann gilt

$$\mathfrak{V} = \mathrm{Kern}\, p(G)^t \oplus \mathrm{Kern}\, p^*(G)^t.$$

Nach 8.5 c) sind $\mathrm{Kern}\, p(G)^t$ und $\mathrm{Kern}\, p^*(G)^t$ isotrop. Da $\mathfrak{V}$ ein orthogonal unzerlegbarer G-Modul ist, sind $\mathrm{Kern}\, p(G)^t$ und $\mathrm{Kern}\, p^*(G)^t$ nach c) unzerlegbare G-Moduln. □

Wir teilen die orthogonal unzerlegbaren G-Moduln in drei Klassen ein:

8.8 Definition. Sei $\mathfrak{V}$ ein **K**-Vektorraum mit regulärem α-Skalarprodukt (,), welches symmetrisch, symplektisch oder α-unitär ist. Sei G eine Isometrie von $\mathfrak{V}$ und $\mathfrak{V}$ ein orthogonal unzerlegbarer G-Modul.

a) Wir nennen $(\mathfrak{V}, G)$ vom Typ 1, falls $\mathfrak{V} = \mathfrak{V}_1 \oplus \mathfrak{V}_2$ mit unzerlegbaren G-Moduln $\mathfrak{V}_j$ gilt, wobei die Minimalpolynome zu G auf $\mathfrak{V}_1$ bzw. $\mathfrak{V}_2$ von der Gestalt p^t bzw. p^{*t} sind mit einem irreduziblen Polynom p aus $\mathbf{K}[x]$, welches zu p^* teilerfremd ist. (Nach 8.5 c) sind dabei $\mathfrak{V}_1$ und $\mathfrak{V}_2$ notwendig isotrop, also ist $\mathfrak{V}$ ein hyperbolischer Raum.)
b) Wir nennen $(\mathfrak{V}, G)$ vom Typ 2, falls $\mathfrak{V} = \mathfrak{V}_1 \oplus \mathfrak{V}_2$ mit unzerlegbaren G-Moduln $\mathfrak{V}_j$, wobei zu G auf $\mathfrak{V}_1$ und $\mathfrak{V}_2$ dasselbe Minimalpolynom p^t gehört mit irreduziblem, α-symmetrischem p.
c) Wir nennen $(\mathfrak{V}, G)$ vom Typ 3, falls $\mathfrak{V}$ ein unzerlegbarer G-Modul ist. (Dann hat das Minimalpolynom von G nach 8.7 die Gestalt p^t mit irreduziblem, α-symmetrischem p.)

Nach 8.7 gehört jeder orthogonal unzerlegbare G-Modul zu genau einer der in 8.8 eingeführten Klassen.

Wir fassen zunächst die Ergebnisse in Hauptsatz 8.9 zusammen, die Beweise werden danach in 8.10 bis 8.16 geliefert.

8.9 Hauptsatz. *Sei p ein irreduzibles Polynom aus* $\mathbf{K}[x]$ *und* α *ein Automorphismus von* $\mathbf{K}$ *mit* $\alpha^2 = 1$.
(1) *Ist p teilerfremd zu* p^*, *so existiert für jede natürliche Zahl t ein hyperbolischer Raum* $\mathfrak{V}$, *dessen Skalarprodukt symmetrisch (symplektisch,* α*-unitär) ist und eine Isometrie G von* $\mathfrak{V}$ *derart, daß* $(\mathfrak{V}, G)$ *vom Typ 1 ist mit* $m_G = (pp^*)^t$.
(2) *Ist* $(\mathfrak{V}, G)$ *vom Typ 2 mit* $m_G = p^t$ *und* α*-symmetrischem p, so gilt* $\alpha = 1$ *und* $p = x \pm 1$. *Ist ferner* Char $\mathbf{K} \neq 2$, *so ist dabei*

t gerade bei symmetrischem Skalarprodukt,

t ungerade bei symplektischem Skalarprodukt.

Sei umgekehrt Char $\mathbf{K} \neq 2$ *und* $\alpha = 1$. *Ist t gerade (bzw. ungerade), so existiert* $(\mathfrak{V}, G)$ *vom Typ 2 mit Minimalpolynom* $(x \pm 1)^t$ *von G und symmetrischem (bzw. symplektischem) Skalarprodukt auf* $\mathfrak{V}$.

Ist Char $\mathbf{K} \neq 2$ *und* $(\mathfrak{V}, G)$ *vom Typ 2, so gibt es sogar eine G-invariante Zerlegung* $\mathfrak{V} = \mathfrak{W}_1 \oplus \mathfrak{W}_2$ *mit isotropen* $\mathfrak{W}_j$, *also ist* $\mathfrak{V}$ *ein hyperbolischer Raum.*
(3) Ist $\alpha \neq 1$ *und p* α*-symmetrisch, so existieren* $(\mathfrak{V}, G)$ *vom Typ 3 mit* $m_G = p^t$ *für alle natürlichen Zahlen t.*

Ist $\alpha = 1$ *und p symmetrisch mit* $p \neq x \pm 1$, *so existieren* $(\mathfrak{V}, G)$ *vom Typ 3 mit* $m_G = p^t$ *für alle natürlichen Zahlen t, und zwar sowohl mit symmetrischem wie mit symplektischem Skalarprodukt.*

Sei $\alpha = 1$ *und* Char $\mathbf{K} \neq 2$. *Dann gibt es* $(\mathfrak{V}, G)$ *vom Typ 3 mit* $m_G = (x \pm 1)^t$ *und mit symmetrischem (bzw. symplektischem) Skalarprodukt auf* $\mathfrak{V}$ *genau dann, wenn t ungerade (bzw. t gerade) ist.*

Sei schließlich $\alpha = 1$ *und* Char $\mathbf{K} = 2$. *Ist t gerade, so existieren* $(\mathfrak{V}, G)$ *vom Typ 3 mit* $m_G = (x-1)^t$ *und symplektischem Skalarprodukt. Ist t ungerade, so existieren keine* $(\mathfrak{V}, G)$ *vom Typ 3 mit* $m_G = (x-1)^t$ *und symmetrischem Skalarprodukt.*

Die Aussage (1) in Hauptsatz 8.9 ist leicht zu beweisen:

8.10 Satz. *Sei p irreduzibel mit $(p, p^*) = 1$. Dann gibt es zu jeder natürlichen Zahl t ein $(\mathfrak{V}, G)$ vom Typ 1 mit Minimalpolynom $m_G = (pp^*)^t$.*

Beweis. Sei $t \operatorname{Grad} p = k$. Sei

$$\mathfrak{V} = \langle v_1, \ldots, v_k \rangle \oplus \langle w_1, \ldots, w_k \rangle = \mathfrak{V}_1 \oplus \mathfrak{V}_2$$

der hyperbolische Raum mit

$$(v_i, v_j) = (w_i, w_j) = 0, \quad (v_i, w_j) = \delta_{ij}$$

von dem jeweils gewünschten Typ des Skalarproduktes (symmetrisch, symplektisch, α-unitär). Sei

$$Gv_j = \sum_{i=1}^{k} a_{ij} v_i \quad (j = 1, \ldots, k),$$

wobei die Matrix (a_{ij}) so gewählt sei, daß $\mathfrak{V}_1$ ein unzerlegbarer G-Modul mit dem Minimalpolynom p^t ist. Setzen wir

$$Gw_j = \sum_{i=1}^{k} b_{ij} w_i \quad (j = 1, \ldots, k)$$

mit $(b_{ij}) = (\alpha a_{ij})'^{-1}$, so ist G nach 6.8 b) eine Isometrie von $\mathfrak{V}$. Nach 8.3 hat (b_{ij}) das Minimalpolynom $p^{*t} = (p^t)^*$. Da p und p^* teilerfremd sind, ist $(pp^*)^t$ das Minimalpolynom von G auf $\mathfrak{V}$.

Zu zeigen bleibt noch, daß $\mathfrak{V}$ ein orthogonal unzerlegbarer G-Modul ist.

Sei $\mathfrak{V} = \mathfrak{W}_1 \perp \mathfrak{W}_2$ eine G-invariante orthogonale Zerlegung und sei m_j das Minimalpolynom von G auf $\mathfrak{W}_j$. Nach 8.4 ist m_j ein α-symmetrischer Teiler von $(pp^*)^t$, also $m_j = (pp^*)^{t_j}$ mit geeignetem $t_j \leq t$. Da jedoch m_G das kleinste gemeinsame Vielfache von m_1 und m_2 ist, folgt bei geeigneter Numerierung $t_1 = t$. Das ergibt

$$\dim \mathfrak{V} = \operatorname{Grad} m_G = \operatorname{Grad} m_1 \leq \dim \mathfrak{W}_1,$$

also $\mathfrak{V} = \mathfrak{W}_1$. □

Wir wenden uns den Moduln vom Typ 2 zu und beweisen die erste Hälfte von 8.9, (2):

8.11 Satz. *Sei $(\mathfrak{V}, G)$ vom Typ 2. Sei dabei $\mathfrak{V} = \mathfrak{V}_1 \oplus \mathfrak{V}_2$ und sei p^t das Minimalpolynom von G auf $\mathfrak{V}_1$ und $\mathfrak{V}_2$ mit normiertem, irreduziblem und α-symmetrischem p.*

a) *Es gilt $\alpha = 1$.*

b) $p = x \pm 1$.

c) *Sei* Char $\mathbf{K} \neq 2$. *Dann ist*

t *gerade bei symmetrischem Skalarprodukt*

t *ungerade bei symplektischem Skalarprodukt.*

(Für Char $\mathbf{K} = 2$ *vergleiche man Aufgabe* A 8.1.)

Beweis. Da $\mathfrak{V}$ als G-Modul orthogonal unzerlegbar ist, sind $\mathfrak{V}_1$ und $\mathfrak{V}_2$ nach 8.7 a) nicht regulär. Da $\mathfrak{V}_1$ und $\mathfrak{V}_2$ unzerlegbare G-Moduln sind, sind die $p(G)^k\mathfrak{V}_j$ $(k = 0, \ldots, t-1)$ die einzigen G-Untermoduln $(\neq 0)$ von $\mathfrak{V}_j$. Also folgt wie im Beweis von 8.7 c)

$$p(G)^{t-1}\mathfrak{V}_j \leq \operatorname{Rad}\mathfrak{V}_j.$$

Wegen

$$\dim(p(G)^{t-1}\mathfrak{V}_j)^\perp = \dim\mathfrak{V} - \dim p(G)^{t-1}\mathfrak{V}_j = (2t-1)\operatorname{Grad} p$$

und $\mathfrak{V}_j \leq (p(G)^{t-1}\mathfrak{V}_j)^\perp < \mathfrak{V}$ ist

$$(p(G)^{t-1}\mathfrak{V}_1)^\perp = \mathfrak{V}_1 \oplus p(G)\mathfrak{V}_2 \tag{1}$$

und

$$(p(G)^{t-1}\mathfrak{V}_2)^\perp = p(G)\mathfrak{V}_1 \oplus \mathfrak{V}_2. \tag{2}$$

(Man beachte wieder, daß die $p(G)^k\mathfrak{V}_j$ die sämtlichen G-Untermoduln von $\mathfrak{V}_j$ sind.)

Seien $v_j \in \mathfrak{V}_j$ $(j = 1, 2)$. Der von v_1+v_2 erzeugte G-Untermodul $\mathfrak{U}$ ist isomorph zu einem Faktormodul von $\mathbf{K}[x]/p^t\mathbf{K}[x]$, ist also unzerlegbar und nicht regulär. Wieder folgt $p(G)^{t-1}\mathfrak{U} \leq \operatorname{Rad}\mathfrak{U}$, somit wegen (1) und (2)

$$0 = (v_1 + v_2, p(G)^{t-1}(v_1 + v_2)) = (v_1, p(G)^{t-1}v_2) + (v_2, p(G)^{t-1}v_1). \tag{3}$$

a) Angenommen, $\alpha \neq 1$. Dann gibt es ein Element $i \in \mathbf{K}$ mit

$$\begin{aligned} \alpha i &= -i \quad \text{für} \quad \operatorname{Char}\mathbf{K} \neq 2, \\ \alpha i &= i + 1 \quad \text{für} \quad \operatorname{Char}\mathbf{K} = 2 \qquad \text{(siehe 2.4 e) und f)).} \end{aligned}$$

Mit $v_1 + iv_2$ anstelle von $v_1 + v_2$ folgt

$$\begin{aligned} 0 &= (v_1 + iv_2, p(G)^{t-1}(v_1 + iv_2)) = (v_1, p(G)^{t-1}iv_2) + (iv_2, p(G)^{t-1}v_1) \\ &= (\alpha i)(v_1, p(G)^{t-1}v_2) + i(v_2, p(G)^{t-1}v_1) \\ &= \begin{cases} i\{\, -(v_1, p(G)^{t-1}v_2) + (v_2, p(G)^{t-1}v_1)\,\} \\ \quad \text{für } \operatorname{Char}\mathbf{K} \neq 2, \\ (1 + i)(v_1, p(G)^{t-1}v_2) + i(v_2, p(G)^{t-1}v_1) = (v_1, p(G)^{t-1}v_2) \\ \quad \text{für } \operatorname{Char}\mathbf{K} = 2, \end{cases} \end{aligned}$$

wobei für Char $\mathbf{K} = 2$ die Gleichung (3) verwendet wurde. Zusammen mit (3) folgt in allen Fällen

$$(v_1, p(G)^{t-1} v_2) = 0,$$

also $\mathfrak{V}_1 \leq (p(G)^{t-1}\mathfrak{V}_2)^{\perp}$, im Widerspruch zu (2).

b) Sei nun $\alpha = 1$ und Grad $p = k$. Da p normiert und symmetrisch ist, gilt $p^* = p(0)p$. Mit (3) und 8.5 a) folgt für alle $v_j \in \mathfrak{V}_j$ $(j = 1, 2)$ nun

$$\begin{aligned}
0 &= (v_1, p(G)^{t-1} v_2) + (v_2, p(G)^{t-1} v_1) \\
&= (v_1, p(G)^{t-1} v_2) + (G^{-k(t-1)} p^*(G)^{t-1} v_2, v_1) \\
&= (v_1, p(G)^{t-1} v_2) + (G^{-k(t-1)} p(0)^{t-1} p(G)^{t-1} v_2, v_1) \\
&= (v_1, p(G)^{t-1} v_2) + (p(G)^{t-1} v_2, p(0)^{t-1} G^{k(t-1)} v_1) \\
&= ((E + \epsilon p(0)^{t-1} G^{k(t-1)}) v_1, p(G)^{t-1} v_2),
\end{aligned}$$

wobei $\epsilon = 1$ im symmetrischen und $\epsilon = -1$ im symplektischen Fall gilt. Daraus folgt wegen (2)

$$(E + \epsilon p(0)^{t-1} G^{k(t-1)})\mathfrak{V}_1 \leq \mathfrak{V}_1 \cap (p(G)^{t-1}\mathfrak{V}_2)^{\perp} = p(G)\mathfrak{V}_1.$$

Das erzwingt

$$p \quad \text{teilt} \quad 1 + \epsilon p(0)^{t-1} x^{k(t-1)}. \tag{4}$$

Aus dem gleichen Grunde ist auch

$$\begin{aligned}
0 &= ((E + G)(v_1 + v_2), p(G)^{t-1}(v_1 + v_2)) \\
&= ((E + G)v_1, p(G)^{t-1} v_2) + ((E + G)v_2, p(G)^{t-1} v_1) \\
&= ((E + G)v_1, p(G)^{t-1} v_2) + (G^{-k(t-1)} p^*(G)^{t-1}(E + G)v_2, v_1) \\
&\qquad \text{(siehe 8.5a))} \\
&= ((E + G)v_1, p(G)^{t-1} v_2) + (p(G)^{t-1} v_2, p(0)^{t-1}(E + G^{-1})G^{k(t-1)} v_1) \\
&= ((E + G + \epsilon p(0)^{t-1}(E + G^{-1})G^{k(t-1)}) v_1, p(G)^{t-1} v_2).
\end{aligned}$$

Da wir v_1 durch Gv_1 ersetzen können, folgt mit (2)

$$(E + G)(G + \epsilon p(0)^{t-1} G^{k(t-1)})\mathfrak{V}_1 \leq \mathfrak{V}_1 \cap (p(G)^{t-1}\mathfrak{V}_2)^{\perp} = p(G)\mathfrak{V}_1.$$

Das zeigt

$$p \quad \text{teilt} \quad (1 + x)(x + \epsilon p(0)^{t-1} x^{k(t-1)}). \tag{5}$$

Ist $p \neq 1 + x$, so ist p wegen (4) und (5) ein Teiler von

$$(x + \epsilon p(0)^{t-1} x^{k(t-1)}) - (1 + \epsilon p(0)^{t-1} x^{k(t-1)}) = x - 1.$$

Also gilt $p = x \pm 1$.

c) Sei nun $\operatorname{Char}\mathbf{K} \neq 2$ und $p = x \pm 1$. Indem wir nötigenfalls G durch die Isometrie $-G$ ersetzen, können wir $p = x + 1$ annehmen. Dann ist $k = \operatorname{Grad} p = 1$. Nach (4) ist $x + 1$ ein Teiler von $1 + \epsilon x^{t-1}$, also

$$0 = 1 + \epsilon(-1)^{t-1}. \qquad \square$$

8.12 Satz. *Sei* $\alpha = 1$ *und* $\operatorname{Char}\mathbf{K} \neq 2$.
a) *Ist t gerade, so gibt es G-Moduln vom Typ 2 mit dem Minimalpolynom* $(x \pm 1)^t$ *und symmetrischem Skalarprodukt.*
b) *Ist t ungerade, so gibt es G-Moduln vom Typ 2 mit dem Minimalpolynom* $(x \pm 1)^t$ *und symplektischem Skalarprodukt.*

Beweis. Sei

$$\mathfrak{V} = \langle v_1, \ldots, v_t \rangle \oplus \langle w_1, \ldots, w_t \rangle$$

ein hyperbolischer Raum mit

$$(v_j, v_k) = (w_j, w_k) = 0, \quad (v_j, w_k) = \delta_{jk}.$$

Wir definieren G auf $\langle v_1, \ldots, v_t \rangle$ durch

$$Gv_1 = v_1, \quad Gv_j = v_{j-1} + av_j \quad (2 \leq j \leq t)$$

mit $a = \pm 1$. Dann ist $\langle v_1, \ldots, v_t \rangle$ ein unzerlegbarer G-Modul mit dem Minimalpolynom $(x - a)^t$. Auf $\langle w_1, \ldots, w_t \rangle$ lassen wir G vermöge der Matrix

$$\begin{pmatrix} a & 1 & 0 & \ldots & 0 \\ 0 & a & 1 & \ldots & 0 \\ \vdots & \vdots & \vdots & \ddots & \vdots \\ 0 & 0 & 0 & \ldots & a \end{pmatrix}^{t-1}$$

wirken. Nach 6.8 b) ist dann G eine Isometrie von $\mathfrak{V}$, und $\langle w_1, \ldots, w_t \rangle$ ist ein unzerlegbarer G-Modul mit dem Minimalpolynom $(x - a)^t$ (siehe 8.3).

Wir zeigen, daß $\mathfrak{V}$ als G-Modul orthogonal unzerlegbar ist:
Sei $\mathfrak{V} = \mathfrak{W}_1 \perp \mathfrak{W}_2$ mit $G\mathfrak{W}_j = \mathfrak{W}_j \neq 0$ $(j \neq 1, 2)$. Wegen der Eindeutigkeit der Jordanschen Normalform ist dann $\mathfrak{W}_1$ unzerlegbar mit dem Minimalpolynom $(x \pm 1)^t$. Indem wir G durch $-G$ ersetzen, können wir als Minimalpolynom $(x - 1)^t$ annehmen. Dann hat $\mathfrak{W}_1$ eine Basis $\{ u_0, \ldots, u_{t-1} \}$ mit $u_j = (G - E)^j u_0$ und $(G - E)u_{t-1} = 0$. Die einzigen G-invarianten Unterräume von $\mathfrak{W}_1$ sind die $\langle u_j, u_{j+1}, \ldots, u_{t-1} \rangle$. Da $\mathfrak{W}_1$ regulär ist, folgt somit aus Dimensionsgründen

$$\langle u_{t-1} \rangle^{\perp} \cap \mathfrak{W}_1 = \langle u_1, u_2, \ldots, u_{t-1} \rangle.$$

Das zeigt

$$\begin{aligned} 0 \neq (u_0, u_{t-1}) &= (u_0, (G-E)^{t-1} u_0) = ((G^{-1} - E)^{t-1} u_0, u_0) \\ &= (G^{-t+1}(-1)^{t-1}(G-E)^{t-1} u_0, u_0) = (-1)^{t-1}(G^{-t+1} u_{t-1}, u_0) \\ &= (-1)^{t-1}(u_{t-1}, u_0) = (-1)^{t-1}\epsilon(u_0, u_{t-1}), \end{aligned}$$

wobei wieder $\epsilon = 1$ im symmetrischen und $\epsilon = -1$ im symplektischen Fall gilt. Dies ist jedoch ein Widerspruch, falls t gerade und $\epsilon = 1$ oder t ungerade und $\epsilon = -1$. Somit ist $\mathfrak{V}$ orthogonal unzerlegbar. □

8.13 Beispiel. Sei Char $\mathbf{K} \neq 2$ und sei

$$\mathfrak{V} = \langle v_1, v_2 \rangle \oplus \langle w_1, w_2 \rangle$$

ein hyperbolischer Raum mit symmetrischem Skalarprodukt und

$$(v_i, v_j) = (w_i, w_j) = 0, (v_i, w_j) = \delta_{ij}.$$

Die lineare Abbildung G mit

$$\begin{aligned} &Gv_1 = v_1, Gw_1 = w_1 - w_2, \\ &Gv_2 = v_1 + v_2, Gw_2 = w_2 \end{aligned}$$

ist dann eine Isometrie von $\mathfrak{V}$. Aber auch

$$\mathfrak{V} = \langle v_1 + v_2 + w_1, v_1 - w_2 \rangle \oplus \langle v_1 + v_2 - w_1, v_1 + w_2 \rangle$$

ist eine G-invariante Zerlegung, bei der jedoch wegen

$$(v_1 + v_2 \pm w_1, v_1 + v_2 \pm w_1) = \pm 2(v_1, w_1) = \pm 2 \neq 0$$

beide Summanden nicht isotrop sind. Wie in 8.12 a) gezeigt, ist $\mathfrak{V}$ als G-Modul orthogonal unzerlegbar, also vom Typ 2.

Dieses Beispiel zeigt, daß bei $(\mathfrak{V}, G)$ vom Typ 2 nicht in jeder G-invarianten Zerlegung $\mathfrak{V} = \mathfrak{V}_1 \oplus \mathfrak{V}_2$ die $\mathfrak{V}_j$ isotrop sind (wie bei den $(\mathfrak{V}, G)$ vom Typ 1). Man kann jedoch für Char $\mathbf{K} \neq 2$ stets eine G-invariante Zerlegung $\mathfrak{V} = \mathfrak{W}_1 \oplus \mathfrak{W}_2$ finden mit isotropen $\mathfrak{W}_j$, wie wir in 8.14 zeigen werden. (Für Char $\mathbf{K} = 2$ stimmt dies nicht; siehe Aufgabe A 8.2.)

8.14 Satz. *Sei* Char $\mathbf{K} \neq 2$ *und sei* $\mathfrak{V}$ *ein* G*-Modul vom Typ* 2. *Dann gibt es isotrope,* G*-invariante Unterräume* $\mathfrak{W}_j$ $(j = 1, 2)$ *von* $\mathfrak{V}$ *mit* $\mathfrak{V} = \mathfrak{W}_1 \oplus \mathfrak{W}_2$. *Insbesondere ist* $\mathfrak{V}$ *ein hyperbolischer Raum.*

Beweis. Indem wir nötigenfalls G durch $-G$ ersetzen, können wir annehmen, daß G das Minimalpolynom $(x-1)^t$ hat und $\mathfrak{V} = \mathfrak{V}_1 \oplus \mathfrak{V}_2$ gilt mit

$$\mathfrak{V}_1 = \langle v_1, \ldots, v_t \rangle, \mathfrak{V}_2 = \langle w_1, \ldots, w_t \rangle,$$

wobei die Aktion von G auf $\mathfrak{V}$ beschrieben ist durch

$$Gv_1 = v_1, Gv_j = v_{j-1} + v_j \qquad (2 \leq j \leq t).$$
$$Gw_1 = w_1, Gw_j = w_{j-1} + w_j$$

(Die v_j, w_j sind jetzt keine hyperbolischen Paare!)
Da $\mathfrak{V}_1$ und $\mathfrak{V}_2$ singulär sind, gilt $v_1 \in \operatorname{Rad} \mathfrak{V}_1$ und $w_1 \in \operatorname{Rad} \mathfrak{V}_2$. Da $\langle v_1 \rangle^\perp$ und $\langle w_1 \rangle^\perp$ G-Untermoduln sind, folgt aus Dimensionsgründen

$$\langle v_1 \rangle^\perp = \mathfrak{V}_1 \oplus \langle w_1, \dots, w_{t-1} \rangle$$

und

$$\langle w_1 \rangle^\perp = \langle v_1, \dots, v_{t-1} \rangle \oplus \mathfrak{V}_2.$$

Wegen der Regularität von $\mathfrak{V}$ gilt ferner

$$(v_1, w_t) \neq 0 \neq (v_t, w_1).$$

Wir beweisen die Behauptung durch Induktion nach t. Dabei ist nach 8.11 t gerade im symmetrischen, t ungerade im symplektischen Fall.

a) Ist (,) symplektisch und $t = 1$, so sind $\mathfrak{V}_1$ und $\mathfrak{V}_2$ isotrop.

b) Sei (,) symmetrisch und $t = 2$. Dann ist also

$$(v_1, w_2) \neq 0 \neq (v_2, w_1).$$

Wir versuchen, ein $u = v_2 + aw_1$ (mit $a \in \mathbf{K}$) so zu bestimmen, daß

$$\mathfrak{W}_1 = \langle u, (G - E)u \rangle = \langle v_2 + aw_1, v_1 \rangle$$

isotrop ist. Da v_1 isotrop ist, verlangt dies

$$0 = (u, v_1) = (v_2 + aw_1, v_1)$$

und

$$0 = (u, u) = (v_2, v_2) + 2a(v_2, w_1).$$

Die erste Forderung ist wegen $\langle w_1, v_2 \rangle \leqslant \langle v_1 \rangle^\perp$ für jedes a erfüllt, die zweite ist wegen $2(v_2, w_1) \neq 0$ durch geeignete Wahl von a zu erfüllen.
Ähnlich bestimmen wir ein $u' = w_2 + bv_1$ derart, daß

$$\mathfrak{W}_2 = \langle u', (G - E)u' \rangle = \langle u', w_1 \rangle$$

isotrop ist. Offenbar ist dann $\mathfrak{V} = \mathfrak{W}_1 \oplus \mathfrak{W}_2$ mit isotropen, G-invarianten $\mathfrak{W}_j$.

c) Sei nun $t > 2$. Wir setzen

$$\mathfrak{U} = \langle v_1, \dots, v_{t-1} \rangle \oplus \langle w_1, \dots, w_{t-1} \rangle.$$

Dann ist

$$\operatorname{Rad} \mathfrak{U} = \mathfrak{U}^\perp = \langle v_1, w_1 \rangle.$$

Durch die Festsetzung

$$[u + \mathfrak{U}^{\perp}, u' + \mathfrak{U}^{\perp}] = (u, u') \quad \text{für} \quad u, u' \in \mathfrak{U}$$

wird nach 4.14 wegen $\mathfrak{U}^{\perp\perp} = \mathfrak{U}$ ein reguläres Skalarprodukt [,] auf $\mathfrak{U}/\mathfrak{U}^{\perp}$ definiert. G operiert auf $\mathfrak{U}/\mathfrak{U}^{\perp}$ vermöge

$$G(u + \mathfrak{U}^{\perp}) = Gu + \mathfrak{U}^{\perp}$$

als Isometrie bezüglich [,].
Vermöge unserer Induktionsannahme sei bereits ein $\overline{u} \in \mathfrak{U}/\mathfrak{U}^{\perp}$ gefunden derart, daß

$$\langle \overline{u}, (G - E)\overline{u}, \ldots, (G - E)^{t-3}\overline{u} \rangle$$

isotrop ist bezüglich [,] von der Dimension $t - 2$ und

$$(G - E)^{t-3}\overline{u} = \overline{v}_2 = v_2 + \mathfrak{U}^{\perp}$$

gilt. Sei $\overline{u} = u + \mathfrak{U}^{\perp}$. Dann ist

$$(G - E)^{t-3}u = v_2 + cv_1 + dw_1 \quad \text{mit geeigneten} \quad c, d \in \mathbf{K},$$

also

$$(G - E)^{t-2}u = v_1 \quad \text{und} \quad (G - E)^{t-1}u = 0.$$

Dies zeigt

$$u \in \text{Kern}\,(G - E)^{t-1} = \text{Bild}\,(G - E).$$

Sei also $u = (G - E)v_0$ mit $v_0 \in \mathfrak{V}$.
Dabei können wir v_0 durch $v = v_0 + x_1 w_1 + x_2 w_2$ (mit $x_j \in \mathbf{K}$) ersetzen, denn

$$(G - E)v + \mathfrak{U}^{\perp} = (G - E)v_0 + x_2 w_1 + \mathfrak{U}^{\perp} = (G - E)v_0 + \mathfrak{U}^{\perp}.$$

Wir versuchen, x_1 und x_2 so zu wählen, daß

$$\langle v, (G - E)v, \ldots, (G - E)^{t-1}v \rangle$$

isotrop ist. Für $j, k \geq 1$ und alle x_1, x_2 gilt

$$((G - E)^j v, (G - E)^k v) = [(G - E)^{j-1}\overline{u}, (G - E)^{k-1}\overline{u}] = 0,$$

also ist

$$\langle (G - E)v, \ldots, (G - E)^{t-1}v \rangle$$

isotrop. Ferner ist für $j \geq 2$

$$\begin{aligned}&(v, (G - E)^j v) = ((G^{-1} - E)v, (G - E)^{j-1}v) \\ &= -(G^{-1}(G - E)v, (G - E)^{j-1}v) = 0,\end{aligned}$$

denn $G^{-1}(G-E)v$ und $(G-E)^{j-1}v$ liegen in dem G-invarianten, isotropen Unterraum

$$\langle (G-E)v, \dots, (G-E)^{t-1}v \rangle.$$

Wir haben also durch Wahl von x_1 und x_2 nur noch zu erreichen, daß

$$(v,v) = (v,(G-E)v) = 0.$$

Wäre

$$v_0 \in \langle w_1 \rangle^{\perp} = \langle v_1, \dots, v_{t-1} \rangle \oplus \langle w_1, \dots, w_t \rangle,$$

so würde der Widerspruch

$$v_1 = (G-E)^{t-1} v_0 \in \langle w_1 \rangle$$

folgen. Also ist $(v_0, w_1) \neq 0$.

c) Sei zuerst (,) symmetrisch. Wir setzen $x_2 = 0$ und bestimmen x_1 durch

$$0 = (v,v) = (v_0 + x_1 w_1, v_0 + x_1 w_1) = (v_0, v_0) + 2x_1(v_0, w_1).$$

Dies läßt sich wegen $2(v_0, w_1) \neq 0$ erreichen. Wegen der Isotropie von v und $(G-E)v$ folgt dann

$$0 = (v,v) = (Gv, Gv) = (v + (G-E)v, v + (G-E)v) = 2(v,(G-E)v).$$

Somit ist auch $(v,(G-E)v) = 0$, und

$$\mathfrak{W}_1 = \langle v, (G-E)v, \dots, (G-E)^{t-1}v \rangle$$

ist isotrop. Analog finden wir ein $w \in \mathfrak{V}$ derart, daß

$$\mathfrak{W}_2 = \langle w, (G-E)w, \dots, (G-E)^{t-1}w \rangle$$

isotrop ist und $(G-E)^{t-1}w = w_1$. Da $\langle v_1 \rangle$ und $\langle w_1 \rangle$ die einzigen einfachen G-Untermoduln von $\mathfrak{W}_1$ bzw. $\mathfrak{W}_2$ sind, folgt $\mathfrak{W}_1 \cap \mathfrak{W}_2 = 0$, also aus Dimensionsgründen $\mathfrak{V} = \mathfrak{W}_1 \oplus \mathfrak{W}_2$.

e) Sei schließlich (,) symplektisch. Dann ist $(v,v) = 0$ stets erfüllt. Wir setzen $x_1 = 0$ und wählen x_2 so, daß mit $v = v_0 + x_2 w_2$ gilt

$$(v,(G-E)v) = 0.$$

Wegen $(w_1, w_2) = 0$ verlangt dies

$$\begin{aligned} 0 &= (v_0 + x_2 w_2, (G-E)v_0 + x_2 w_1) \\ &= (v_0, (G-E)v_0) + x_2((v_0, w_1) + (w_2, (G-E)v_0)). \end{aligned}$$

Dabei ist

$$\begin{aligned} (v_0, w_1) &= (v_0, G^{-1}(G-E)w_2) = ((G^{-1}-E)Gv_0, w_2) \\ &= ((E-G)v_0, w_2) = (w_2, (G-E)v_0). \end{aligned}$$

Wegen Char $\mathbf{K} \neq 2$ folgt

$$(v_0, w_1) + (w_2, (G - E)v_0) = 2(v_0, w_1) \neq 0.$$

Somit können wir x_2 so bestimmen, daß $(v, (G - E)v) = 0$ gilt. Dann schließen wir den Beweis wie in c) ab. □

Die Untersuchung der Moduln vom Typ 3 bereiten wir durch einen einfachen Hilfssatz vor.

8.15 Hilfssatz. *Sei (,) ein reguläres, nicht notwendig orthosymmetrisches α-Skalarprodukt auf $\mathfrak{V}$ und $\alpha^2 = 1$. Dann gibt es ein reguläres $A \in$ Hom$(\mathfrak{V}, \mathfrak{V})$ mit*

$$\alpha(v, w) = (w, Av)$$

für alle $v, w \in \mathfrak{V}$. Ist G eine Isometrie bezüglich (,), so gilt $AG = GA$.

Beweis. Sei $\{ v_1, \ldots, v_n \}$ eine Basis von $\mathfrak{V}$ und $\{ w_1, \ldots, w_n \}$ die dazu duale Basis mit

$$(v_i, w_j) = \delta_{ij}.$$

Wir definieren A durch

$$Av_i = \sum_{k=1}^{n} (v_i, v_k) w_k.$$

Dann ist

$$(v_j, Av_i) = \sum_{k=1}^{n} (\alpha(v_i, v_k))(v_j, w_k) = \alpha(v_i, v_j).$$

Daraus folgt leicht

$$(w, Av) = \alpha(v, w)$$

für alle $v, w \in \mathfrak{V}$.
Ist $Av = 0$, so ist $(v, w) = 0$ für alle $w \in \mathfrak{V}$, also $v = 0$. Somit ist A regulär.
Ist G eine Isometrie bezüglich (,), so folgt

$$(w, Av) = \alpha(v, w) = \alpha(Gv, Gw) = (Gw, AGv) = (w, G^{-1}AGv)$$

für alle $v, w \in \mathfrak{V}$. Das zeigt $G^{-1}AG = A$. □

8.16 Satz. *Sei G eine $\mathbf{K}$-lineare Abbildung des endlichdimensionalen $\mathbf{K}$-Vektorraumes $\mathfrak{V}$ auf sich. Dabei sei $\mathfrak{V}$ ein unzerlegbarer G-Modul, und das Minimalpolynom von G habe die Gestalt $m_G = p^t$ mit irreduziblem, α-symmetrischem p.*
a) *Ist $\alpha \neq 1$, so gibt es auf $\mathfrak{V}$ ein G-invariantes, reguläres, unitäres α-Skalarprodukt.*
b) *Sei $\alpha = 1$ und $p \neq x \pm 1$.*

Ist Char **K** $\neq 2$, *so gibt es auf* $\mathfrak{V}$ *sowohl symmetrische als auch symplektische reguläre G-invariante Skalarprodukte.*
Ist Char **K** $= 2$, *so gibt es auf* $\mathfrak{V}$ *ein symplektisches, reguläres, G-invariantes Skalarprodukt.*
c) *Sei* $\alpha = 1$, Char **K** $\neq 2$ *und* $m_G = (x \pm 1)^t$. *Ist t gerade, so gibt es auf* $\mathfrak{V}$ *G-invariante, reguläre symplektische Skalarprodukte, aber keine symmetrischen. Ist t ungerade, so gibt es auf* $\mathfrak{V}$ *G-invariante, reguläre symmetrische Skalarprodukte, aber keine symplektischen.*
d) *Sei* $\alpha = 1$, Char **K** $= 2$ *und* $m_G = (x - 1)^t$. *Ist t gerade, so gibt es auf* $\mathfrak{V}$ *G-invariante, reguläre symplektische Skalarprodukte. Ist t ungerade, so gibt es auf* $\mathfrak{V}$ *keine G-invarianten regulären symmetrischen Skalarprodukte, erst recht keine symplektischen.*

Beweis. Wir führen den Beweis in mehreren Schritten.

(1) Wegen der α-Symmetrie von m_G haben G und $(\alpha G)'^{-1}$ (bez. einer Basis von $\mathfrak{V}$ als Matrizen aufgefaßt) nach 8.3 dasselbe Minimalpolynom. Da eine unzerlegbar operierende lineare Abbildung durch ihr Minimalpolynom bis auf Konjugiertheit festgelegt ist, gibt es eine reguläre Matrix B mit $G = B(\alpha G)'^{-1}B^{-1}$. Das heißt

$$B = GB(\alpha G)',$$

also ist B die Gramsche Matrix zu einem regulären, G-invarianten α-Skalarprodukt $(\, , \,)$ auf $\mathfrak{V}$. Unser Ziel ist es, $(\, , \,)$ zu "symmetrisieren" unter Erhaltung der Regularität und G-Invarianz.
Nach 8.15 gibt es ein reguläres A mit

$$\alpha(v_1, v_2) = (v_2, Av_1) \quad \text{für alle} \quad v_1, v_2 \in \mathfrak{V} \quad \text{und} \quad GA = AG. \tag{i}$$

Da G unzerlegbar auf $\mathfrak{V}$ operiert, existiert nach Kap. I,A 3.8 ein Polynom $h \in \mathbf{K}[x]$ mit $A = h(G)$.

(2) Für $0 \neq a \in \mathbf{K}$ definieren wir durch

$$[v_1, v_2]_a = (av_1, v_2) + \alpha(av_2, v_1)$$

ein G-invariantes α-Skalarprodukt $[\, , \,]_a$, welches für $\alpha \neq 1$ unitär, für $\alpha = 1$ symmetrisch (und für $\alpha = 1$, Char **K** $= 2$ sogar symplektisch) ist. Wir versuchen, a so zu wählen, daß $[\, , \,]_a$ regulär ist.

Angenommen $[\, , \,]_a$ sei singulär. Dann ist

$$\mathfrak{W} = \{ \, w \mid [w, v]_a = 0 \quad \text{für alle} \quad v \in \mathfrak{V} \, \}$$

ein G-Untermodul von $\mathfrak{V}$ mit $\mathfrak{W} \neq 0$. Da $p(G)^{t-1}\mathfrak{V}$ der einzige einfache G-Untermodul von $\mathfrak{V}$ ist, folgt $p(G)^{t-1}\mathfrak{V} \leq \mathfrak{W}$. Für alle $v_1, v_2 \in \mathfrak{V}$ gilt daher

$$\begin{aligned} 0 = [p(G)^{t-1}v_1, v_2]_a &= (ap(G)^{t-1}v_1, v_2) + \alpha(av_2, p(G)^{t-1}v_1) \\ &= (p(G)^{t-1}v_1, (\alpha a)v_2) + (p(G)^{t-1}v_1, aAv_2) \quad \text{(siehe (i))} \\ &= (p(G)^{t-1}v_1, ((\alpha a)E + ah(G))v_2). \end{aligned} \tag{ii}$$

Aus Dimensionsgründen ist der G-Untermodul $(p(G)^{t-1}\mathfrak{V})^{\perp}$ gleich $p(G)\mathfrak{V}$. Also folgt

$$((\alpha a)E + ah(G))\mathfrak{V} \leq p(G)\mathfrak{V}.$$

Da p das Minimalpolynom zu G auf $\mathfrak{V}/p(G)\mathfrak{V}$ ist, erzwingt dies

$$\alpha a + ah \equiv 0 \pmod{p}. \tag{iii}$$

Ist $[\ ,\ ]_1$ regulär, so haben wir a) bis c), soweit sie sich auf unitäre oder symmetrische Skalarprodukte beziehen, bewiesen.

Sei weiterhin $[\ ,\ ]_1$ singulär. Aus (iii) folgt dann

$$h \equiv -1 \pmod{p}.$$

Ist $\alpha \neq 1$, so gibt es ein $a \in \mathbf{K}$ mit $a \neq \alpha a$. Wegen

$$\alpha a + ah \equiv \alpha a - a \not\equiv 0 \pmod{p}$$

ist $[\ ,\ ]_a$ regulär. Damit ist a) bewiesen.

(3) Sei weiterhin $\alpha = 1$ und $[\ ,\ ]_1$ singulär. Wir bilden ein weiteres G-invariantes Skalarprodukt $[\ ,\ ]'$ durch

$$[v_1, v_2]' = (Gv_1, v_2) + (Gv_2, v_1).$$

Offenbar ist $[\ ,\ ]'$ symmetrisch, für $\operatorname{Char} \mathbf{K} = 2$ sogar symplektisch.

Angenommen, $[\ ,\ ]'$ wäre singulär. Wie vorher folgt dann für alle $v_1, v_2 \in \mathfrak{V}$

$$\begin{aligned} 0 = [p(G)^{t-1}v_1, v_2]' &= (Gp(G)^{t-1}v_1, v_2) + (Gv_2, p(G)^{t-1}v_1) \\ &= (p(G)^{t-1}v_1, G^{-1}v_2) + (p(G)^{t-1}v_1, AGv_2) \quad \text{(siehe (i))} \\ &= (p(G)^{t-1}v_1, (E + h(G)G^2)G^{-1}v_2). \end{aligned}$$

Wiederum erzwingt dies

$$0 \equiv 1 + hx^2 \equiv 1 - x^2 \pmod{p}.$$

Da p irreduzibel ist, ist dies nur für $p = x \pm 1$ möglich.

(4) Zum Nachweis von b) haben wir nur noch zu zeigen, daß es für $\operatorname{Char} \mathbf{K} \neq 2$ und $p \neq x \pm 1$ auf $\mathfrak{V}$ auch G-invariante, reguläre, symplektische Skalarprodukte gibt. Dazu betrachten wir das offenbar G-invariante und symplektische Skalarprodukt $[\ ,\ ]''$ mit

$$[v_1, v_2]'' = [Gv_1, v_2]' - [v_1, Gv_2]'.$$

Ist $[\ ,\ ]''$ singulär, so folgt für alle $v_1, v_2 \in \mathfrak{V}$ wieder

$$\begin{aligned} 0 &= [p(G)^{t-1}v_1, v_2]'' = [Gp(G)^{t-1}v_1, v_2]' - [p(G)^{t-1}v_1, Gv_2]' \\ &= [p(G)^{t-1}v_1, (G^{-1} - G)v_2]' \\ &= [p(G)^{t-1}v_1, (E - G^2)G^{-1}v_2]'. \end{aligned}$$

Wie vorher erzwingt dies $p | 1 - x^2$, ein Widerspruch für $p \neq x \pm 1$.

(5) Sei nun $\alpha = 1$, Char $\mathbf{K} \neq 2$ und $m_G = (x \pm 1)^t$. Wie wir in (1) zeigten, gibt es ein reguläres G-invariantes Skalarprodukt $(\ ,\ )$ auf $\mathfrak{V}$. Wir betrachten für $\epsilon = \pm 1$ die G-invarianten Skalarprodukte $(\ ,\ )_\epsilon$ mit

$$(v_1, v_2)_\epsilon = (v_1, v_2) + \epsilon(v_2, v_1).$$

Dabei ist $(\ ,\ )_1$ symmetrisch und $(\ ,\ )_{-1}$ symplektisch. Wären diese Skalarprodukte beide singulär, so hätten wir wieder für alle $v_1, v_2 \in \mathfrak{V}$ und $\epsilon = \pm 1$

$$0 = (p(G)^{t-1}v_1, v_2) + \epsilon(v_2, p(G)^{t-1}v_1),$$

also

$$2(p(G)^{t-1}v_1, v_2) = 0.$$

Das ist wegen Char $\mathbf{K} \neq 2$ und der Regularität von $(\ ,\ )$ jedoch nicht wahr.

Also gibt es jedenfalls ein G-invariantes, reguläres, symmetrisches oder symplektisches Skalarprodukt auf $\mathfrak{V}$. Ist $t = \dim \mathfrak{V}$ ungerade, so besitzt $\mathfrak{V}$ überhaupt keine regulären symplektischen Skalarprodukte, dann liegt notwendig der symmetrische Fall vor.

Sei t gerade. Indem wir nötigenfalls G durch $-G$ ersetzen, können wir $m_G = (x - 1)^t$ annehmen. Dann hat $\mathfrak{V}$ eine Basis $\{ v_1, \ldots, v_t \}$ mit

$$Gv_1 = v_1, \quad Gv_j = v_{j-1} + v_j \quad (2 \leq j \leq t).$$

Sei $(\ ,\ )$ ein G-invariantes reguläres Skalarprodukt auf $\mathfrak{V}$. Da

$$\mathfrak{U} = \{ w \mid (v_1, w) = 0 \}$$

ein G-Untermodul von $\mathfrak{V}$ von der Dimension $t - 1$ ist, gilt $\mathfrak{U} = \langle v_1, \ldots, v_{t-1} \rangle$, also $(v_1, v_t) \neq 0$. Es folgt

$$\begin{aligned} 0 \neq (v_1, v_t) &= ((G - E)^{t-1}v_t, v_t) = (v_t, (G^{-1} - E)^{t-1}v_t) \\ &= (-1)^{t-1}(v_t, G^{-t+1}(G - E)^{t-1}v_t) \\ &= -(v_t, G^{-t+1}v_1) = -(v_t, v_1). \end{aligned}$$

Dies zeigt wegen Char $\mathbf{K} \neq 2$, daß $(\ ,\ )$ nicht symmetrisch sein kann. Also gibt es nach dem bereits Bewiesenen ein G-invariantes, reguläres, symplektisches Skalarprodukt auf $\mathfrak{V}$.

Damit ist c) bewiesen.

(6) Zu behandeln bleibt alleine noch d), nämlich der Fall $\operatorname{Char}\mathbf{K} = 2$ und $m_G = (x-1)^t$. Sei $\{ v_1, \dots, v_t \}$ eine Basis von $\mathfrak{V}$ mit

$$Gv_1 = v_1, Gv_j = v_{j-1} + v_j \quad (2 \leq j \leq t).$$

Sei ferner (,) ein Skalarprodukt auf $\mathfrak{V}$ und $g_{ij} = (v_i, v_j)$. Die G-Invarianz von (,) ist gleichwertig mit $(Gv_i, Gv_j) = (v_i, v_j)$, und dies heißt

$$g_{1j} = g_{j1} = 0 \quad \text{für} \quad j = 1, \dots, t-1$$

und

$$g_{i-1,j-1} + g_{i-1,j} = g_{i,j-1} \quad \text{für} \quad i, j = 2, \dots, t,$$

wie man leicht nachrechnet. Daraus folgt

$$(g_{ij}) = \begin{pmatrix} 0 & 0 & \dots & 0 & 0 & 0 & g_{1t} \\ 0 & 0 & \dots & 0 & 0 & g_{1t} & g_{2t} \\ 0 & 0 & \dots & 0 & g_{1t} & g_{1t} + g_{2t} & * \\ \vdots & \vdots & \ddots & g_{1t} & g_{2t} & * & * \\ g_{1t} & tg_{1t} + g_{2t} & \dots & \dots & \dots & \dots & \dots \end{pmatrix}$$

Angenommen, t sei ungerade und (g_{ij}) symmetrisch. Dann folgt durch Vergleich der Positionen $(2, t)$ und $(t, 2)$

$$g_{2t} = g_{1t} + g_{2t},$$

also $g_{1t} = 0$. Dann ist jedoch (g_{ij}) nicht regulär.

Schließlich haben wir zu zeigen, daß für gerades t ein G-invariantes reguläres symplektisches Skalarprodukt existiert.

Dies führen wir zuerst für $t = 2^k$ aus. Dann hat der 2^k-Zyklus

$$Z = \begin{pmatrix} 0 & 1 & 0 & \dots & 0 \\ 0 & 0 & 1 & \dots & 0 \\ \vdots & \vdots & \vdots & \ddots & \vdots \\ 0 & 0 & 0 & \dots & 1 \\ 1 & 0 & 0 & \dots & 0 \end{pmatrix}$$

nur ein einziges Jordan-Kästchen (siehe Kap. I, A 3.12), hat also die von uns gewünschte Jordansche Normalform. Dabei ist $Z' = Z^{-1}$. Wir bilden die Matrix

$$A = \begin{pmatrix} 0 & 1 & 1 & \dots & 1 & 1 \\ 1 & 0 & 1 & \dots & 1 & 1 \\ \vdots & \vdots & \vdots & \ddots & \vdots & \vdots \\ 1 & 1 & 1 & \dots & 1 & 0 \end{pmatrix}.$$

Wegen $\operatorname{Char}\mathbf{K} = 2$ gilt $A^2 = E$, also ist A regulär. Offenbar gilt

$$ZAZ' = ZAZ^{-1} = A.$$

In diesem Falle liefert A ein reguläres symplektisches Skalarprodukt, welches Z-invariant ist.

Also gibt es auf $\mathfrak{V}_k$ mit $\dim \mathfrak{V}_k = 2^k$ ein G-invariantes, reguläres, symplektisches Skalarprodukt (,), wobei G das Minimalpolynom $(x-1)^{2^k}$ hat.

Sei schließlich $t = 2m$ gerade. Wir wählen k so, daß $2m \leq 2^k$ und betrachten in $\mathfrak{V}_k$ den G-invarianten Faktorraum

$$\mathfrak{W} = (G-E)^{2^{k-1}-m}\mathfrak{V}_k/(G-E)^{2^{k-1}+m}\mathfrak{V}_k$$

von der Dimension $2m$, auf dem G das Minimalpolynom $(x-1)^{2m}$ hat. Wegen

$$\dim((G-E)^{2^{k-1}+m}\mathfrak{V}_k)^{\perp} = 2^k - (2^{k-1} - m) = 2^{k-1} + m$$

und der G-Invarianz von

$$((G-E)^{2^{k-1}+m}\mathfrak{V}_k)^{\perp}$$

ist

$$((G-E)^{2^{k-1}+m}\mathfrak{V}_k)^{\perp} = (G-E)^{2^{k-1}-m}\mathfrak{V}_k.$$

Mit 4.14 folgt, daß durch $[\overline{v}_1, \overline{v}_2] = (v_1, v_2)$ für

$$\overline{v}_j = v_j + (G-E)^{2^{k-1}+m}\mathfrak{V}_k \in (G-E)^{2^{k-1}-m}\mathfrak{V}_k/(G-E)^{2^{k-1}+m}\mathfrak{V}_k$$

ein G-invariantes, reguläres, symplektisches Skalarprodukt auf $\mathfrak{W}$ definiert wird. □

Die Moduln vom Typ 1 und 2 haben nach 8.9 stets maximalen Index, sind also hyperbolische Räume. Hingegen läßt Satz 8.16 völlig offen, welchen Isometrietyp die dort auftretenden Moduln vom Typ 3 haben können. Diese Frage läßt sich nur für spezielle Körper beantworten. Für die Körper $\mathbb{R}$, $\mathbb{C}$ und endliche Körper bestimmen wir in 8.20 den Index der Moduln vom Typ 3. (Die Aussage für endliche Körper findet bei gruppentheoretischen Untersuchungen mitunter Verwendung.)

Der Beweis des folgenden Satzes 8.17 benötigt Aussagen über endliche Körper, welcher über die in diesem Kapitel bereitgestellten Sätze etwas hinausgehen. Wir verweisen dafür auf H. Lüneburg, Galoisfelder, Kreisteilungskörper und Schieberegisterfolgen (BI-Taschenbuch 1978).

8.17 Satz. *Sei $\mathfrak{V}$ ein Vektorraum der Dimension n über dem endlichen Körper* $\mathbf{K}$ = GF(q) *aus q Elementen. Sei G eine lineare Abbildung von $\mathfrak{V}$ auf sich und $\mathfrak{V}$ ein einfacher G-Modul.*
a) *Das Minimalpolynom m_G von G hat den Grad n und ist ein irreduzibler Teiler von*

$$x^{q^n-1} - 1.$$

Insbesondere gilt $G^{q^n-1} = E$.

b) m_G *hat im Körper* GF(q^n) *genau n verschiedene Nullstellen, nämlich*

$$a, a^q, \ldots, a^{q^{n-1}}$$

mit geeignetem $a \in$ GF(q^n). *Dabei gilt* $a^{q^n-1} = 1$ *und* GF(q^n) = GF(q)[a].
c) *Für alle* $k < n$ *ist*

$$a^{q^k-1} \neq 1.$$

d) *Ist* $G^j \neq E$, *so läßt* G^j *keinen von 0 verschiedenen Vektor aus* $\mathfrak{V}$ *fest.*

Beweis. a) Da $\mathfrak{V}$ ein einfacher G-Modul ist, ist m_G irreduzibel und $\mathfrak{V} \cong \mathbf{K}[x]/m_G\mathbf{K}[x]$, also

$$n = \dim \mathfrak{V} = \operatorname{Grad} m_G.$$

Bekanntlich ist $x^{q^n} - x$ das Produkt aller normierten irreduziblen Polynome aus $\mathbf{K}[x]$, deren Grad ein Teiler von n ist (Lüneburg, S. 31–32). Also folgt

$$m_G | x^{q^n} - x, \quad \text{wegen } m_G(0) \neq 0 \text{ dann } m_G | x^{q^n-1} - 1.$$

b) Diese Aussage übernehmen wir aus der Theorie der endlichen Körper (Lüneburg, S. 28).

c) Ist $a^{q^k-1} = 1$, so folgt $m_G | x^{q^k} - x$. Dies ist für $k < n$ jedoch unmöglich, denn die irreduziblen Teiler von $x^{q^k} - x$ haben höchstens den Grad k.

d) Der Unterraum Kern$(G^j - E)$ ist G-invariant, also gleich 0 für $G^j \neq E$. □

8.18 Satz. *Sei* $\mathbf{K}$ = GF(q) *und sei* $\mathfrak{V}$ *ein klassischer Vektorraum der Dimenson* $n > 1$ *über* $\mathbf{K}$ *mit regulärem symmetrischem oder symplektischem Skalarprodukt. Sei G eine Isometrie von* $\mathfrak{V}$ *und* $\mathfrak{V}$ *ein einfacher G-Modul. Dann ist* $n = 2k$ *gerade und* $G^{q^k+1} = E$. *Liegt ein symmetrisches Skalarprodukt vor, so ist* ind $\mathfrak{V} = k - 1$.

Beweis. Nach 8.4 sind m_G und m_G^* (nun mit $\alpha = 1$ gebildet) proportional. Nach 8.17 b) hat m_G in GF(q^n) die Nullstellen $a, a^q, \ldots, a^{q^{n-1}}$ mit $a^{q^n-1} = 1$, und unter diesen muß die Nullstelle a^{-1} von m_G^* vorkommen. Somit gibt es ein j mit $0 \leqslant j < n$ und $a^{q^j} = a^{-1}$. Daher ist

$$a^{q^n-1} = 1 = a^{q^{2j}-1}.$$

Für die Ordnung $O(a)$ von a in der multiplikativen Gruppe $\mathbf{K}^\times$ folgt mit 7.11 a)

$$O(a) | (q^n - 1, q^{2j} - 1) = q^{(n,2j)} - 1.$$

Nach 8.17 c) gilt jedoch $a^{q^k-1} \neq 1$ für alle $k < n$. Das erzwingt $(n, 2j) = n$, also $n | 2j$.

Ist $j = 0$, so ist $a^2 = 1$ und nach 8.17 b) daher

$$\mathrm{GF}(q^n) = \mathrm{GF}(q)[a] = \mathrm{GF}(q).$$

Wegen $n > 1$ geht dies nicht, also ist $0 < j < n$ und $n|2j$. Daraus folgt, daß $n = 2k$ gerade ist und $j = k$ gilt, also $a^{q^k+1} = 1$. Das irreduzible Minimalpolynom

$$m_G = \prod_{j=0}^{n-1}(x - a^{q^j})$$

von G ist somit ein Teiler von $x^{q^k+1} - 1$, und dies zeigt $G^{q^k+1} = E$.

Ist das Skalarprodukt symmetrisch, also $\mathrm{Char}\,\mathbf{K} \neq 2$, so hat $\mathfrak{V}$ nach 7.4 den Index $k - 1$ oder k. Wir haben die zweite Möglichkeit auszuschließen. Nach 7.7 a) ist dann $(q^k - 1)(q^{k-1} + 1)$ die Anzahl der isotropen Vektoren $\neq 0$ in $\mathfrak{V}$. Nach 8.17 d) läßt jedes $G^j \neq E$ keinen Vektor $v \neq 0$ fest. Also haben nach 7.8 alle Bahnen von G auf der Menge der isotropen Vektoren $\neq 0$ dieselbe Länge $O(G)$. Das erzwingt

$$O(G)|(q^k + 1, (q^k - 1)(q^{k-1} + 1)),$$

wegen $2 \nmid q$ also

$$O(G)|(q^k + 1, q^k - 1)(q^k + 1, q^{k-1} + 1) = 2(q^k + 1, q^{k-1} + 1).$$

Setzen wir $d = (q^k + 1, q^{k-1} + 1)$, so ist d ein Teiler von

$$q(q^{k-1} + 1) - (q^k + 1) = q - 1.$$

Also folgt $O(G)|q^2 - 1$ und somit nach 8.17 c) $n = 2$.

Angenommen, $n = 2$ und $\mathrm{ind}\,\mathfrak{V} = 1$. Ist $\{v_1, v_2\}$ ein hyperbolisches Paar in $\mathfrak{V}$, so gilt nach 4.13 b)

$$Gv_1 = av_1,\ Gv_2 = a^{-1}v_2 \quad \text{oder} \quad Gv_1 = av_2,\ Gv_2 = a^{-1}v_1$$

mit $a \in \mathbf{K}^\times$. Dann ist aber $\mathfrak{V}$ kein einfacher G-Modul, denn im zweiten Falle gilt

$$G(v_1 + av_2) = v_1 + av_2.$$

Also ist nur der Fall $\dim \mathfrak{V} = n = 2m$ und $\mathrm{ind}\,\mathfrak{V} = m - 1$ möglich. □

8.19 Satz. *Sei* $\mathbf{K} = \mathrm{GF}(q)$ *mit* $2 \nmid q$ *und* $\mathfrak{V}$ *ein klassischer* $\mathbf{K}$*-Vektorraum der Dimension* $2k$ *mit symplektischem oder symmetrischem Skalarprodukt. Ist das Skalarprodukt symmetrisch, so sei* $\mathrm{ind}\,\mathfrak{V} = k - 1$. *Dann gibt es eine Isometrie G von* $\mathfrak{V}$ *von der Ordnung* $q^k + 1$ *derart, daß* $\mathfrak{V}$ *ein einfacher G-Modul ist.*

Beweis. Sei $a \in \mathrm{GF}(q^{2k})$ mit $O(a) = q^k + 1$. Dann liegt a in keinem echten Unterkörper von $\mathrm{GF}(q^{2k})$, denn für jeden echten Teiler d von $2k$ ist $q^k+1 > q^d - 1$.

Somit gilt

$$\mathrm{GF}(q^{2k}) = \mathrm{GF}(q)[a].$$

Bekanntlich hat das irreduzible Minimalpolynom von a über **K** die Gestalt

$$\prod_{j=0}^{2k-1} (x - a^{q^j}) \qquad \text{(siehe Lüneburg, S. 28).}$$

Wir bilden (etwa mit Hilfe der Begleitmatrix nach I,3.6 a)) eine lineare Abbildung G von $\mathfrak{V}$ auf sich mit

$$f_G = m_G = \prod_{j=0}^{2k-1} (x - a^{q^j}).$$

Wegen $a^{q^k+1} = 1$ haben m_G^* (gebildet mit $\alpha = 1$) und m_G die Nullstelle $a^{-1} = a^{q^k}$ gemeinsam. Da m_G und m_G^* irreduzibel sind, ist m_G symmetrisch. Nach 8.16 b) gibt es auf $\mathfrak{V}$ somit reguläre symplektische und symmetrische Skalarprodukte, welche G-invariant sind. Im symmetrischen Fall ist dabei nach 8.18 ind $\mathfrak{V} = k - 1$.

Nach 7.4 gibt es bis auf Isometrie über $\mathrm{GF}(q)$ genau einen solchen Vektorraum der Dimension $2k$, dieser besitzt also eine Isometrie G der Ordnung $q^k + 1$. □

Ein analoges Ergebnis gilt für Vektorräume mit unitärem Skalarprodukt; siehe Aufgabe A 8.4.

8.20 Satz. *Sei $\mathfrak{V}$ ein G-Modul vom Typ 3 mit dem Minimalpolynom p^t zu G, wobei p ein irreduzibles symmetrisches Polynom sei. Das Skalarprodukt auf $\mathfrak{V}$ sei symmetrisch und* Char **K** $\neq 2$.

a) *Ist t gerade, so gilt* ind $\mathfrak{V} = \frac{1}{2} \dim \mathfrak{V}$.

b) *Ist $t = 2k + 1$ ungerade, so ist* ind $\mathfrak{V} \geqslant k \operatorname{Grad} p$. *Ist insbesondere* $\operatorname{Grad} p = 1$, *so gilt* ind $\mathfrak{V} = k = \frac{1}{2}(\dim \mathfrak{V} - 1)$.

c) *Sei $t = 2k+1$,* $\operatorname{Grad} p > 1$ *und* **K** *der reelle Zahlkörper oder ein endlicher Körper mit* Char **K** $\neq 2$. *Dann ist* ind $\mathfrak{V} = \frac{1}{2} \dim \mathfrak{V} - 1$.

(Der Isometrietyp von $\mathfrak{V}$ wird hierdurch für endliches **K** *nach 7.4 völlig, für* **K** $= \mathbb{R}$ *nach 4.12 bis auf das Vorzeichen des Skalarproduktes festgelegt.)*

Beweis. Die einzigen G-invarianten Unterräume von $\mathfrak{V}$ sind die $\mathfrak{V}_j = \operatorname{Kern} p(G)^j$ $(j = 0, \dots, t)$. Aus Dimensionsgründen gilt daher $\mathfrak{V}_j^\perp = \mathfrak{V}_{t-j}$.

a) Ist $t = 2k$ gerade, so ist $\mathfrak{V}_k^\perp = \mathfrak{V}_k$ maximal isotrop, also

$$\operatorname{ind} \mathfrak{V} = k \operatorname{Grad} p = \frac{1}{2} \dim \mathfrak{V}.$$

b) Wegen $\mathfrak{V}_k^\perp = \mathfrak{V}_{k+1} > \mathfrak{V}_k$ ist wieder $\mathfrak{V}_k$ isotrop, also

$$\operatorname{ind} \mathfrak{V} \geqslant \dim \mathfrak{V}_k = k \operatorname{Grad} p.$$

Ist Grad $p = 1$, so folgt wegen $\operatorname{ind}\mathfrak{V} \leqslant \frac{1}{2}\dim\mathfrak{V}$ (siehe 4.8 a)) sofort $\operatorname{ind}\mathfrak{V} = \frac{1}{2}(\dim\mathfrak{V} - 1)$.
c) Sei nun $t = 2k + 1$ und Grad $p > 1$. Wegen $\mathfrak{V}_k^\perp = \mathfrak{V}_{k+1}$ wird nach 4.14 durch

$$[\bar{v}_1, \bar{v}_2] = (v_1, v_2) \qquad \text{für} \quad \bar{v}_j = v_j + \mathfrak{V}_k \in \mathfrak{V}_{k+1}/\mathfrak{V}_k$$

ein G-invariantes, reguläres Skalarprodukt $[\ ,\ ]$ auf $\mathfrak{V}_{k+1}/\mathfrak{V}_k$ vom Index $i = \operatorname{ind}\mathfrak{V} - \dim\mathfrak{V}_k$ definiert. Dabei ist $\mathfrak{V}_{k+1}/\mathfrak{V}_k$ ein einfacher G-Modul.

Fall 1. Sei **K** endlich. Nach 8.18 ist

$$i = \frac{1}{2}\dim\mathfrak{V}_{k+1}/\mathfrak{V}_k - 1 = \frac{1}{2}\operatorname{Grad} p - 1.$$

Das ergibt

$$\operatorname{ind}\mathfrak{V} = i + \dim\mathfrak{V}_k = \frac{1}{2}\operatorname{Grad} p - 1 + k\operatorname{Grad} p =$$
$$\frac{1}{2}(2k+1)\operatorname{Grad} p - 1 = \frac{1}{2}\dim\mathfrak{V} - 1.$$

Fall 2. Sei $\mathbf{K} = \mathbb{R}$, also

$$2 = \operatorname{Grad} p = \dim\mathfrak{V}_{k+1}/\mathfrak{V}_k.$$

Nach 4.13 kann $\mathfrak{V}_{k+1}/\mathfrak{V}_k$ keine hyperbolische Ebene sein, denn die dort aufgeführten Isometrien lassen stets einen eindimensionalen Unterraum fest. Also ist $\mathfrak{V}_{k+1}/\mathfrak{V}_k$ anisotrop, somit $i = 0$. Das ergibt

$$\operatorname{ind}\mathfrak{V} = \dim\mathfrak{V}_k = k\operatorname{Grad} p = 2k = \frac{1}{2}\dim\mathfrak{V} - 1. \qquad \square$$

Aufgaben

A 8.1 Sei Char $\mathbf{K} = 2$ und $\mathfrak{V} = \mathfrak{V}_1 \oplus \mathfrak{V}_2$ mit regulärem symmetrischem oder sogar symplektischem Skalarprodukt. Seien $\mathfrak{V}_1$ und $\mathfrak{V}_2$ singulär. Sei ferner G eine Isometrie von $\mathfrak{V}$ und seien $\mathfrak{V}_j$ $(j = 1, 2)$ unzerlegbare G-Moduln mit dem Minimalpolynom $(x-1)^t$. Dann ist $\mathfrak{V}$ ein orthogonal unzerlegbarer G-Modul.

A 8.2 Sei Char $\mathbf{K} = 2$ und $\mathfrak{V} = \langle v_1, v_2, v_3\rangle \oplus \langle w_1, w_2, w_3\rangle$. Ferner sei $G \in \operatorname{Hom}(\mathfrak{V}, \mathfrak{V})$ definiert durch

$$Gv_1 = v_1, \qquad Gv_j = v_{j-1} + v_j$$
$$Gw_1 = w_1, \qquad Gw_j = w_{j-1} + w_j$$

für $j = 2, 3$. Auf $\mathfrak{V}$ sei ein symplektisches Skalarprodukt $(\ ,\ )$ definiert mit der

Gramschen Matrix

$$\begin{pmatrix} 0 & 0 & 0 & 0 & 0 & 1 \\ 0 & 0 & 1 & 0 & 1 & 0 \\ 0 & 1 & 0 & 1 & 1 & 0 \\ 0 & 0 & 1 & 0 & 0 & 0 \\ 0 & 1 & 1 & 0 & 0 & 1 \\ 1 & 0 & 0 & 0 & 1 & 0 \end{pmatrix}.$$

a) Dieses Skalarprodukt ist regulär und G-invariant.

b) Hat das Polynom $x^2 + x + 1$ keine Nullstelle in $\mathbf{K}$, so gibt es kein $u \in \mathfrak{V}$ derart, daß

$$\langle u, (G - E)u, (G - E)^2 u \rangle$$

ein isotroper Unterraum der Dimension 3 ist.

A 8.3 Sei p ein irreduzibles, symmetrisches Polynom aus $\mathbf{K}[x]$, also $\alpha = 1$. Ist $\operatorname{Grad} p > 1$, so ist $\operatorname{Grad} p$ gerade.

A 8.4 Sei $\mathbf{K} = \mathrm{GF}(q^2)$ und sei α der Automorphismus von $\mathbf{K}$ mit $\alpha a = a^q$, also mit $\alpha^2 = 1$. Sei $\mathfrak{V}$ ein $\mathbf{K}$-Vektorraum der Dimension n mit regulärem unitärem α-Skalarprodukt.

a) Ist n gerade, so gibt es keine Isometrie G von $\mathfrak{V}$ derart, daß $\mathfrak{V}$ ein einfacher G-Modul ist.

b) Ist n ungerade, so besitzt $\mathfrak{V}$ eine Isometrie G von der Ordnung $q^n + 1$, und $\mathfrak{V}$ ist ein einfacher G-Modul.

c) Ist G eine Isometrie von $\mathfrak{V}$ und $\mathfrak{V}$ ein einfacher G-Modul, so gilt $O(G) | q^n + 1$.

§ 9 Ähnlichkeiten

9.1 Definition. In diesem Paragraphen sei stets $\mathfrak{V}$ ein $\mathbf{K}$-Vektorraum mit regulärem symmetrischen Skalarprodukt und $\operatorname{Char} \mathbf{K} \neq 2$. Wir nennen eine Abbildung $A \in GL(\mathfrak{V})$ eine Ähnlichkeit von $\mathfrak{V}$, wenn es ein $c(A) \in \mathbf{K}^\times$ gibt mit

$$(Av, Aw) = c(A)(v, w) \qquad \text{für alle} \quad v, w \in \mathfrak{V}.$$

Wir setzen

$$A(\mathfrak{V}) = \{ A \mid A \text{ ist Ähnlichkeit von } \mathfrak{V} \}$$

und

$$F(\mathfrak{V}) = \{\, c(A) \mid A \in A(\mathfrak{V}) \,\}.$$

9.2 Satz. a) *Die Ähnlichkeiten bilden eine Gruppe* $A(\mathfrak{V})$.
b) *Die Abbildung von A auf* $c(A)$ *ist ein Epimorphismus von* $A(\mathfrak{V})$ *auf* $F(\mathfrak{V})$ *mit dem* Kern $\mathrm{O}(\mathfrak{V})$.
c) *Es gilt* $\mathbf{K}^{\times 2} \leqslant F(\mathfrak{V}) \leqslant \mathbf{K}^{\times}$.
d) *Genau dann gilt* $F(\mathfrak{V}) = \mathbf{K}^{\times 2}$, *wenn*

$$A(\mathfrak{V}) = \{\, cG \mid c \in \mathbf{K}^{\times},\ G \in \mathrm{O}(\mathfrak{V}) \,\}$$

gilt.
e) *Ist* $\mathfrak{V}$ *ein hyperbolischer Raum, so gilt* $F(\mathfrak{V}) = \mathbf{K}^{\times}$.
f) *Ist*

$$\mathfrak{V} = \mathfrak{H}_1 \perp \ldots \perp \mathfrak{H}_m \perp \mathfrak{V}_0$$

mit hyperbolischen Ebenen $\mathfrak{H}_j$ *und anisotropem* $\mathfrak{V}_0$, *so gilt* $F(\mathfrak{V}) = F(\mathfrak{V}_0)$.
g) *Ist* $\dim \mathfrak{V}$ *ungerade, so gilt* $F(\mathfrak{V}) = \mathbf{K}^{\times 2}$.

Beweis. a) Für $A, B \in A(\mathfrak{V})$ gilt

$$(ABv, ABw) = c(A)(Bv, Bw) = c(A)c(B)(v, w).$$

Also ist AB eine Ähnlichkeit von $\mathfrak{V}$ mit $c(AB) = c(A)c(B)$.
b) Dies folgt ebenfalls aus der Rechnung unter a).
c) Für $a \in \mathbf{K}^{\times}$ ist $aE \in A(\mathfrak{V})$ mit $c(aE) = a^2$. Also gilt $\mathbf{K}^{\times 2} \leqslant F(\mathfrak{V}) \leqslant \mathbf{K}^{\times}$.
d) Ist

$$(Av, Aw) = c^2(v, w)$$

mit $c \in \mathbf{K}^{\times}$, so ist $c^{-1}A$ eine Isometrie von $\mathfrak{V}$.
e) Sei

$$\mathfrak{V} = \langle v_1, w_1 \rangle \perp \ldots \perp \langle v_m, w_m \rangle$$

mit hyperbolischen Paaren v_j, w_j. Für $a \in \mathbf{K}^{\times}$ definieren wir $A \in GL(\mathfrak{V})$ durch

$$Av_j = v_j, \qquad Aw_j = aw_j \qquad (j = 1, \ldots, m).$$

Dann ist A offenbar eine Ähnlichkeit von $\mathfrak{V}$ mit $c(A) = a$. Also ist nun $F(\mathfrak{V}) = \mathbf{K}^{\times}$.
f) Sei A_0 eine Ähnlichkeit von $\mathfrak{V}_0$ mit $c(A_0) = a$. Nach e) gibt es eine Ähnlichkeit A_1 von $\mathfrak{H}_1 \perp \ldots \perp \mathfrak{H}_m$ mit $c(A_1) = a$. Dann ist A mit

$$A(v_0 + v_1) = A_0 v_0 + A_1 v_1 \qquad \text{für} \quad v_0 \in \mathfrak{V}_0, \quad v_1 \in \mathfrak{H}_1 \perp \ldots \perp \mathfrak{H}_m$$

offenbar eine Ähnlichkeit von $\mathfrak{V}$ mit $c(A) = a$. Das beweist $F(\mathfrak{V}_0) \leqslant F(\mathfrak{V})$.

Sei A eine Ähnlichkeit von $\mathfrak{V}$ und v_j, w_j ein hyperbolischs Paar in $\mathfrak{H}_j$. Dann ist $\mathfrak{W}_1 = \langle v_1, \ldots, v_m \rangle$ ein maximaler isotroper Unterraum von $\mathfrak{V}$. Also ist auch $A\langle v_1, \ldots, v_m \rangle$ isotrop. Nach dem Satz von Witt (6.1) gibt es daher eine Isometrie B von $\mathfrak{V}$ mit $BAv_j = v_j$ für $j = 1, \ldots, m$. Dabei ist BA eine Ähnlichkeit von $\mathfrak{V}$ mit $c(BA) = c(A)$. Da eine Ähnnlichkeit die Orthogonalität erhält, gilt auch

$$BA\mathfrak{W}_1^\perp = \mathfrak{W}_1^\perp = \mathfrak{W}_1 \perp \mathfrak{V}_0.$$

Für $u \in \mathfrak{V}_0$ ist daher

$$BAu = u' + Cu$$

mit $u' \in \mathfrak{W}_1$ und eindeutig bestimmtem $C \in \operatorname{Hom}(\mathfrak{V}_0, \mathfrak{V}_0)$. Für alle $u_1, u_2 \in \mathfrak{V}_0$ folgt

$$c(A)(u_1, u_2) = (BAu_1, BAu_2) = (u_1' + Cu_1, u_2' + Cu_2) = (Cu_1, Cu_2).$$

Also ist C eine Ähnlichkeit von $\mathfrak{V}_0$ und somit

$$c(A) = c(C) \in F(\mathfrak{V}_0).$$

g) Sei $\mathfrak{B} = \{v_1, \ldots, v_n\}$ eine Basis von $\mathfrak{V}$. Dann gilt für jede Ähnlichkeit A von $\mathfrak{V}$

$$c(A)(v_j, v_k) = (Av_j, Av_k).$$

Ist $G(\mathfrak{B})$ die Gramsche Matrix zu $\mathfrak{B}$ und (a_{jk}) die Matrix zu A bezüglich der Basis $\mathfrak{B}$, so folgt mit 1.6

$$c(A)G(\mathfrak{B}) = (a_{jk})G(\mathfrak{B})(a_{jk})'$$

und daraus

$$c(A)^n \det G(\mathfrak{B}) = (\det A)^2 \det G(\mathfrak{B}).$$

Also folgt $c(A)^n \in \mathbf{K}^{\times 2}$, und für ungerades n somit $c(A) \in \mathbf{K}^{\times 2}$. □

9.3 Beispiele. a) Für $\mathbf{K} = \mathbb{R}$ gilt

$$F(\mathfrak{V}) = \begin{cases} \mathbb{R}^\times, & \text{falls } \mathfrak{V} \text{ ein hyperbolischer Raum ist,} \\ \mathbb{R}^{\times 2} & \text{in allen anderen Fällen.} \end{cases}$$

Nach 9.2 haben wir dazu nur zu zeigen, daß $F(\mathfrak{V}_0) = \mathbb{R}^{\times 2}$ für jeden anisotropen Raum $\mathfrak{V}_0 \neq 0$ gilt. Nach 4.12 gilt jedoch für alle $v \neq 0$ aus $\mathfrak{V}_0$ nun $(v, v) > 0$ oder $(v, v) < 0$. Ist A eine Ähnlichkeit von $\mathfrak{V}_0$, so folgt für alle $0 \neq v \in \mathfrak{V}_0$ daher

$$c(A) = \frac{(Av, Av)}{(v, v)} > 0,$$

also $c(A) \in \mathbb{R}^{\times 2}$.

b) Ist $\mathbf{K}$ ein endlicher Körper mit $\operatorname{Char}\mathbf{K} \neq 2$, so gilt

$$F(\mathfrak{V}) = \begin{cases} \mathbf{K}^{\times 2} & \text{falls } \dim\mathfrak{V} \text{ ungerade,} \\ \mathbf{K}^{\times} & \text{falls } \dim\mathfrak{V} \text{ gerade.} \end{cases}$$

Die erste Aussage folgt aus 9.2 g), die zweite folgt für hyperbolische Räume $\mathfrak{V}$ aus 9.2 e). Nach 7.4 bleibt noch der Fall zu betrachten, daß

$$\mathfrak{V} = \mathfrak{H}_1 \perp \ldots \perp \mathfrak{H}_{m-1} \perp \mathfrak{V}_0$$

gilt mit anisotropem $\mathfrak{V}_0 = \langle v_1, v_2 \rangle$ von der Dimension 2 und

$$(v_1, v_1) = 1, \qquad (v_1, v_2) = 0, \qquad (v_2, v_2) = -c_0$$

mit $c_0 \notin \mathbf{K}^{\times 2}$.

Sei $a \in \mathbf{K}^{\times}$ vorgegeben. Nach 7.2 b) gibt es $b_1, b_2 \in \mathbf{K}$ mit

$$b_1^2 - c_0 b_2^2 = a.$$

Wir definieren $A \in \operatorname{Hom}(\mathfrak{V}_0, \mathfrak{V}_0)$ durch

$$\begin{aligned} Av_1 &= b_1 v_1 + b_2 v_2 \\ Av_2 &= c_0 b_2 v_1 + b_1 v_2. \end{aligned}$$

Dann ist

$$\det A = b_1^2 - c_0 b_2^2 = a \neq 0.$$

Man rechnet leicht nach, daß

$$(Av_j, Av_k) = a(v_j, v_k) \qquad \text{für alle} \quad j, k = 1, 2$$

gilt. Also ist A eine Ähnlichkeit von $\mathfrak{V}_0$ mit $c(A) = a$. Mit 9.2 f) folgt dann $F(\mathfrak{V}) = F(\mathfrak{V}_0) = \mathbf{K}^{\times}$.

c) Sei $\mathbf{K} = \mathbb{Q}$ der rationale Zahlkörper und

$$\mathfrak{V} = \langle v_1 \rangle \perp \langle v_2 \rangle$$

mit $(v_j, v_j) = 1$ $(j = 1, 2)$. Dann gilt

$$F(\mathfrak{V}) = \{\prod_j p_j^{a_j} \mid a_j \text{ gerade für } p_j \equiv 3 \pmod 4,\ a_j \text{ beliebig sonst}\}.$$

Also ist in diesem Falle $\mathbb{Q}^{\times 2} < F(\mathfrak{V}) < \mathbb{Q}^{\times}$.

(1) Wir zeigen zuerst:

$$F(\mathfrak{V}) = \{\, c \mid c \in \mathbb{Q}^{\times} \text{ und } c = a^2 + b^2 \text{ für geeignetes } a, b \in \mathbb{Q} \,\} :$$

Ist $c = c(A)$ für eine Ähnlichkeit A von $\mathfrak{V}$ und ist $Av_1 = av_1 + bv_2$, so gilt

$$c = (Av_1, Av_1) = a^2 + b^2.$$

Sei umgekehrt $0 \neq c = a^2 + b^2$ mit $a, b \in \mathbb{Q}$. Dann ist A mit

$$Av_1 = av_1 + bv_2$$
$$Av_2 = -bv_1 + av_2$$

eine Ähnlichkeit von $\mathfrak{V}$ mit $c(A) = a^2 + b^2$.

(2) Offenbar besteht $F(\mathfrak{V})$ aus positiven rationalen Zahlen. Wegen $\mathbb{Q}^{\times 2} \leqslant F(\mathfrak{V})$ müssen wir nur untersuchen, welche natürlichen Zahlen der Gestalt

$$c = \prod_j p_j^{a_j}, \quad p_j \text{ Primzahlen und } a_j \in \{0, 1\}$$

in $F(\mathfrak{V})$ liegen.

Sei also $c = \prod_j p_j^{a_j}$ die Primfaktorzerlegung von $c \in \mathbb{Z}$. Ist $a_j = 0$ für alle p_j mit $p_j \equiv 3 \pmod 4$, so gibt es bekanntlich $a, b \in \mathbb{Z}$ mit $a^2 + b^2 = c$ (siehe etwa Hardy-Wright, Zahlentheorie, S. 299).

Sei nun $pm \in \mathbb{Z}$ mit $p \equiv 3 \pmod 4$ und p kein Teiler von m. Angenommen, es wäre

$$u^2 + v^2 = pm$$

mit $u, v \in \mathbb{Q}$. Sei $u = \frac{a}{n}$, $v = \frac{b}{n}$ mit $a, b, n \in \mathbb{Z}$ und $(a, b, n) = 1$. Dann ist

$$a^2 + b^2 = pm\, n^2.$$

Ist $\bar{a}, \bar{b}$ der Rest von a bzw. b modulo p, so gilt also

$$\bar{a}^2 + \bar{b}^2 = 0.$$

Aber in dem Körper GF(p) mit $p \equiv 3 \pmod 4$ ist -1 nach der Bemerkung 7.6 kein Quadrat. Somit ist $\bar{a} = \bar{b} = 0$, also sind a und b durch p teilbar. Aus

$$a^2 + b^2 = pm\, n^2$$

mit $p \nmid m$ folgt dann, daß auch n durch p teilbar ist. Das widerspricht jedoch der Voraussetzung $(a, b, n) = 1$.

Also kann pm im vorliegenden Falle nicht in der Gestalt $pm = a^2 + b^2$ mit $a, b \in \mathbb{Q}$ geschrieben werden.

Beispiel 9.3 c) zeigt, daß man keine einfache, für alle Körper geltende Beschreibung von $F(\mathfrak{V})$ erwarten kann.

Natürlich erhält jede Ähnlichkeit eines Vektorraumes die Orthogonalität. Diese Aussage gestattet eine Umkehrung:

9.4 Satz. *Sei $A \in GL(\mathfrak{V})$ und A erhalte die Orthogonalität, d.h. aus $(v, w) = 0$ folge $(Av, Aw) = 0$. Dann ist A eine Ähnlichkeit von $\mathfrak{V}$.*

Beweis. Sei $\{v_1, \ldots, v_n\}$ eine gemäß 3.5 existierende Orthogonalbasis von $\mathfrak{V}$ und $(v_j, v_j) = a_j \neq 0$.

Wegen $(v_j, v_k) = 0$ für $j \neq k$ ist auch $(Av_j, Av_k) = 0$. Aus

$$0 = (v_j - v_k, a_k v_j + a_j v_k)$$

folgt dann

$$0 = (A(v_j - v_k), A(a_k v_j + a_j v_k)) = a_k(Av_j, Av_j) - a_j(Av_k, Av_k).$$

Das zeigt

$$(Av_j, Av_j) = ba_j = b(v_j, v_j)$$

mit einem von j unabhängigen b. Daraus folgt leicht

$$(Av, Aw) = b(v, w) \qquad \text{für alle} \quad v, w \in \mathfrak{V},$$

also ist A eine Ähnlichkeit von $\mathfrak{V}$ mit $c(A) = b$. □

9.5 Satz. *Seien (,) und [,] zwei reguläre symmetrische Skalarprodukte auf* $\mathfrak{V}$. *Bezüglich (,) sei* $\mathfrak{V}$ *nicht anisotrop. Für* $(v, v) = 0$ *sei stets auch* $[v, v] = 0$. *Dann gibt es ein* $c \in \mathbf{K}^\times$ *mit*

$$[v_1, v_2] = c(v_1, v_2) \qquad \textit{für alle} \quad v_1, v_2 \in \mathfrak{V}.$$

Beweis. a) Sei bezüglich (,)

$$\mathfrak{V} = \langle v_1, w_1 \rangle \perp \ldots \perp \langle v_m, w_m \rangle \perp \mathfrak{V}_0 = \mathfrak{H} \perp \mathfrak{V}_0$$

mit hyperbolischen Paaren v_j, w_j und anisotropem $\mathfrak{V}_0$. Wegen

$$(v_j, v_j) = (w_j, w_j) = 0$$

ist nach Voraussetzung auch

$$[v_j, v_j] = [w_j, w_j] = 0.$$

Für $j \neq k$ folgt aus

$$(v_j + v_k, v_j + v_k) = (v_j + w_k, v_j + w_k) = (w_j + w_k, w_j + w_k) = 0$$

sodann

$$0 = [v_j + v_k, v_j + v_k] = 2[v_j, v_k]$$

und analog $[v_j, w_k] = [w_j, w_k] = 0$.

Ist $m \geqslant 2$, so folgt für $j > 1$ aus

$$(v_1 + w_1 - v_j + w_j, v_1 + w_1 - v_j + w_j) = 0$$

ferner

$$0 = [v_1 + w_1 - v_j + w_j, v_1 + w_1 - v_j + w_j] = 2[v_1, w_1] - 2[v_j, w_j].$$

Also gilt $[v_j, w_j] = c$ für alle $j = 1, \ldots, m$. Insgesamt folgt

$$[v, v'] = c(v, v') \qquad \text{für alle} \quad v, v' \in \mathfrak{H}. \tag{1}$$

b) Sei $v_0 \in \mathfrak{V}_0$ und $x \in \mathbf{K}^\times$. Dann gilt

$$(v_0 + xv_j - \frac{(v_0, v_0)}{2x} w_j, v_0 + xv_j - \frac{(v_0, v_0)}{2x} w_j) = (v_0, v_0) - (v_0, v_0) = 0.$$

Also ist auch

$$\begin{aligned} 0 &= [v_0 + xv_j - \frac{(v_0, v_0)}{2x} w_j, v_0 + xv_j - \frac{(v_0, v_0)}{2x} w_j] \\ &= [v_0, v_0] - (v_0, v_0)c + 2[v_0, xv_j - \frac{(v_0, v_0)}{2x} w_j]. \end{aligned}$$

Setzen wir darin $x = 1$ und $x = -1$, so folgt

$$[v_0, v_0] = c(v_0, v_0) \qquad \text{für alle} \quad v_0 \in \mathfrak{V}_0, \tag{2}$$

und dann für alle $x \in \mathbf{K}^\times$

$$[v_0, xv_j - \frac{(v_0, v_0)}{2x} w_j] = 0. \tag{3}$$

c) Sei zunächst $|\mathbf{K}| > 3$. Dann gibt es ein $x \in \mathbf{K}^\times$ mit $x^2 \neq 1$. Aus (3) folgt für alle $v_0 \in \mathfrak{V}_0$ und alle $j = 1, \ldots, m$ dann

$$0 = [v_0, v_j - \frac{(v_0, v_0)}{2} w_j] = [v_0, v_j - \frac{(v_0, v_0)}{2x^2} w_j],$$

also für $v_0 \neq 0$ wegen $(v_0, v_0) \neq 0$ dann

$$0 = [v_0, v_j] = [v_0, w_j].$$

Also sind $\mathfrak{H}$ und $\mathfrak{V}_0$ auch bezüglich $[\ ,\ ]$ orthogonal. Auch (1) und (2) folgt dann für alle $v_0 \in \mathfrak{V}_0$, $w \in \mathfrak{H}$

$$[v_0 + w, v_0 + w] = [v_0, v_0] + [w, w] = c((v_0, v_0) + (w, w)) = c(v_0 + w, v_0 + w).$$

Da $[\ ,\ ]$ regulär ist, gilt $c \neq 0$. Aus $[v, v] = c(v, v)$ für alle $v \in \mathfrak{V}$ erhält man schließlich durch Ersetzung von v durch $v_1' + v_2'$ ($v_j' \in \mathfrak{V}$) leicht auch $[v_1', v_2'] = c(v_1', v_2')$.

d) Sei $m > 1$. Für $j \neq k$ ist dann der Unterraum

$$\langle v_0 + v_j - \frac{(v_0, v_0)}{2} w_j, u \rangle$$

isotrop bezüglich (,) für $u = v_k$ und $u = w_k$. Also ist

$$\langle v_0 + v_j - \frac{(v_0, v_0)}{2} w_j, u\rangle$$

auch isotrop bezüglich [,]. Das liefert unter Berücksichtigung der Ergebnisse aus a)

$$0 = [v_0 + v_j - \frac{(v_0, v_0)}{2} w_j, u] = [v_0, u].$$

Da dies für alle k gilt, ist wieder $\mathfrak{V}_0$ orthogonal zu $\mathfrak{H}$ bezüglich [,], und wir verfahren weiter wie unter c).

e) Es bleibt alleine der Fall $m = 1$ und $|\mathbf{K}| = 3$. Dann ist

$$\mathfrak{V} = \langle v_1, w_1\rangle \perp \mathfrak{V}_0$$

mit anisotropem $\mathfrak{V}_0$, also mit $\dim_{\mathbf{K}} \mathfrak{V}_0 \leqslant 2$.

Sei zuerst $\dim_{\mathbf{K}} \mathfrak{V} = 3$, also

$$\mathfrak{V} = \langle v_1, w_1\rangle \perp \langle u\rangle \qquad \text{(Zerlegung bez. (,))}.$$

Nach (3) gilt

$$[u, v_1 - \frac{(u, u)}{2} w_1] = 0.$$

Setzen wir $[v_1, u] = b_{13}$ und $[w_1, u] = b_{23}$, so heißt dies

$$b_{13} = \frac{(u, u)}{2} b_{23} = -(u, u) b_{23}.$$

Ferner ist wegen (2)

$$[u, u] = c\,(u, u).$$

Also hat $\mathfrak{V}$ bezüglich [,] die Gramsche Matrix

$$G = \begin{pmatrix} 0 & c & -(u, u)b_{23} \\ c & 0 & b_{23} \\ -(u, u)b_{23} & b_{23} & c\,(u, u) \end{pmatrix}.$$

Damit folgt

$$0 \neq \det G = (u, u)c\,(b_{23}^2 - c^2).$$

Wegen $c \neq 0$ ist $b_{23}^2 \neq c^2 = 1$, also $b_{23} = 0$. Nun ist $\langle u\rangle$ bezüglich [,] orthogonal zu $\langle v_1, w_1\rangle$, und wir verfahren wie in c).

Sei schließlich $\dim_{\mathbf{K}} \mathfrak{V} = 4$. Nach 7.3 hat der anisotrope Raum $\mathfrak{V}_0$ nun eine Orthonormalbasis $\{v_3, v_4\}$. Wegen (3) gelten die Gleichungen

$$0 = [v_3, v_1 - \frac{(v_3, v_3)}{2} w_1] = [v_3, v_1 + w_1]$$

und ebenso

$$0 = [v_4, v_1 + w_1],$$

ferner

$$0 = [v_3 \pm v_4, v_1 - \frac{(v_3 \pm v_4, v_3 \pm v_4)}{2} w_1] = [v_3 \pm v_4, v_1 - w_1].$$

Daraus folgt

$$[v_3 \pm v_4, v_1 + w_1] = [v_3 \pm v_4, v_1 - w_1] = 0.$$

Wegen Char $\mathbf{K} \neq 2$ liefert dies

$$[v_3 \pm v_4, v_1] = [v_3 \pm v_4, w_1] = 0,$$

also

$$[v_3, v_1] = [v_4, v_1] = [v_3, w_1] = [v_4, w_1] = 0. \qquad \square$$

Aus Satz 9.5 folgt eine Verschärfung von Satz 9.4:

9.6 Satz. *Sei $\mathfrak{V}$ nicht anisotrop und sei $A \in GL(\mathfrak{V})$ eine Abbildung, welche isotrope Vektoren in isotrope Vektoren überführt. Dann ist A eine Ähnlichkeit.*

Beweis. Wir definieren ein reguläres symmetrisches Skalarprodukt [,] auf $\mathfrak{V}$ durch

$$[v_1, v_2] = (Av_1, Av_2) \qquad \text{für} \quad v_1, v_2 \in \mathfrak{V}.$$

Ist $(v, v) = 0$, so ist nach Voraussetzung auch Av isotrop, also $[v, v] = (Av, Av) = 0$. Mit 9.5 folgt daher

$$(Av_1, Av_2) = [v_1, v_2] = c(A)(v_1, v_2) \qquad \text{für alle} \quad v_1, v_2 \in \mathfrak{V}$$

mit geeignetem $c(A) \in \mathbf{K}^\times$. Also ist A eine Ähnlichkeit von $\mathfrak{V}$. $\square$

§ 10 Minkowski-Raum und Lorentz-Gruppe

Wir spezialisieren nun unsere Überlegungen auf den Minkowski-Raum, dessen Geometrie die Kinematik der speziellen Relativitätstheorie weitgehend enthält. Die mathematische Formulierung der Einsteinschen speziellen Relativitätstheorie wurde 1907 von Minkowski gegeben. Die physikalische Interpretation werden wir in § 12 behandeln.

10.1 Definition. a) Sei

$$\mathfrak{V} = \mathbb{R}^4 = \{ (x_1, x_2, x_3, x_4) \mid x_j \in \mathbb{R} \},$$

versehen mit dem regulären symmetrischen Skalarprodukt (,) mit

$$((x_j), (y_j)) = x_1 y_1 + x_2 y_2 + x_3 y_3 - c^2 x_4 y_4,$$

wobei c die Lichtgeschwindigkeit im Vakuum sei. Dann bilden die Vektoren

$$v_j = (\delta_{1j}, \delta_{2j}, \delta_{3j}, \delta_{4j}) \qquad (j = 1, 2, 3, 4)$$

offenbar eine Orthogonalbasis von $\mathfrak{V}$ mit

$$(v_j, v_j) = 1 \text{ für } j = 1, 2, 3, \quad (v_4, v_4) = -c^2.$$

(Natürlich könnten wir den Vektor v_4 durch $v_4' = c^{-1} v_4$ mit $(v_4', v_4') = -1$ ersetzen, aber mit Rücksicht auf die physikalische Interpretation tun wir dies nicht.)

Wir nennen $\mathfrak{V}$ mit dem Skalarprodukt (,) den Minkowski-Raum.

b) Die Menge der isotropen Vektoren von $\mathfrak{V}$ ist offenbar

$$\mathfrak{K} = \{ \sum_{j=1}^{4} x_j v_j \mid x_1^2 + x_2^2 + x_3^2 - c^2 x_4^2 = 0 \}.$$

Wir nennen $\mathfrak{K}$ den Lichtkegel und die isotropen Vektoren die Lichtvektoren.

c) Wir nennen einen Vektor $v \in \mathfrak{V}$ raumartig, falls $(v, v) > 0$, und zeitartig, falls $(v, v) < 0$.

d) Die Isometrien von $\mathfrak{V}$ nennen wir Lorentz-Transformationen, die Gruppe aller Isometrien von $\mathfrak{V}$ heißt die Lorentz-Gruppe und wir bezeichnen sie mit $\mathfrak{L}$.

Die Gründe für die in 10.1 b) und c) eingeführten Bezeichnungen sind die folgenden:

10.2 Bemerkung. Seien x_1, x_2, x_3 die räumlichen Koordinaten eines Punktes und $x_4 = t$ die Zeit. Wir nennen die Quadrupel (x_1, x_2, x_3, t) die Weltpunkte.

Ein vom Raumpunkt $(x_1, x_2, x_3) = (0, 0, 0)$ zur Zeit $t = 0$ ausgehendes Lichtsignal erreicht im Vakuum zur Zeit t gerade die Raumpunkte (x_1, x_2, x_3) mit $x_1^2 + x_2^2 + x_3^2 = c^2 t^2$. Daher sind die Lichtvektoren (x_1, x_2, x_3, t) mit

$$x_1^2 + x_2^2 + x_3^2 - c^2 t^2 = 0$$

gerade die Weltpunkte, welche das Lichtsignal irgendwann erreicht.

Der Lichtkegel $\mathfrak{K}$ zerlegt den Minkowski-Raum $\mathfrak{V}$ in die Teile

$$\mathfrak{Z} = \{ v \mid v \in \mathfrak{V}, \ (v, v) < 0 \}$$

und

$$\mathfrak{R} = \{ v \mid v \in \mathfrak{V}, \ (v, v) > 0 \}.$$

Die Vektoren $v = (x_j)$ mit

$$(v, v) = x_1^2 + x_2^2 + x_3^2 - c^2t^2 < 0$$

sind diejenigen Weltpunkte, welche von $(0, 0, 0)$ aus mit einem Signal erreichbar sind, welches sich mit einer Geschwindigkeit ausbreitet, die kleiner als c ist. Nehmen wir die Hypothese an, daß sich keine Wirkung schneller als mit Lichtgeschwindigkeit ausbreiten kann (und dies ist eine der Behauptungen der speziellen Relativitätstheorie), so stehen die Weltpunkte v aus $\mathfrak{R}$ mit

$$(v, v) = x_1^2 + x_2^2 + x_3^2 - c^2t^2 > 0$$

in keinerlei Kausalzusammenhang mit dem Weltpunkt (0,0,0,0).

Wir stellen einige Eigenschaften des Minkowski-Raumes zusammen, die sich direkt aus unseren früheren Überlegungen ergeben:

10.3 Hilfssatz. *Sei $\mathfrak{V}$ der Minkowski-Raum.*
a) *Die maximalen isotropen Unterräume von $\mathfrak{V}$ haben die Dimension 1.*
b) *Ist v ein zeitartiger Vektor, so ist das Skalarprodukt (,) positiv definit auf $\langle v \rangle^\perp$.*
c) *Sei $\mathfrak{V} = \mathfrak{V}_1 \perp \mathfrak{V}_2$ eine orthogonale Zerlegung mit* $\dim \mathfrak{V}_j = 2$ $(j = 1, 2)$. *Bei geeigneter Numerierung ist dann $\mathfrak{V}_1$ eine hyperbolische Ebene und $\mathfrak{V}_2$ ein Hilbertraum.*

Beweis. a) Nach 4.12 hat $\mathfrak{V}$ den Index 1.
b) Sei $(v, v) < 0$. Dann ist

$$\mathfrak{V} = \langle v \rangle \perp \langle v \rangle^\perp.$$

Ist $\{w_1, w_2, w_3\}$ eine Orthogonalbasis von $\langle v \rangle^\perp$, so gilt nach 4.12 $(w_j, w_j) > 0$ für $j = 1, 2, 3$. Also ist (,) auf $\langle v \rangle^\perp$ wegen

$$\left(\sum_{j=1}^{3} x_j w_j, \sum_{j=1}^{3} x_j w_j\right) = \sum_{j=1}^{3} x_j^2 (w_j, w_j)$$

positiv definit.
c) Sei $\{w_1, w_2\}$ eine Orthogonalbasis von $\mathfrak{V}_1$ und $\{w_3, w_4\}$ eine Orthogonalbasis von $\mathfrak{V}_2$. Nach 4.12 sind unter den Zahlen (w_j, w_j) drei positiv und eine negativ. Ist etwa $(w_1, w_1) < 0$ und $(w_j, w_j) > 0$ für $j = 2, 3, 4$, so ist (,) auf $\mathfrak{V}_2 = \langle w_3, w_4 \rangle$ positiv definit, und $\mathfrak{V}_1 = \langle w_1, w_2 \rangle$ ist eine hyperbolische Ebene. □

10.4 Hilfssatz. *Auf der Menge*

$$\mathfrak{Z} = \{ z \mid z \in \mathfrak{V},\ (z, z) < 0 \}$$

definieren wir eine Relation $\sim$ durch $z_1 \sim z_2$ für $(z_1, z_2) < 0$. Dies ist eine Äqui-

valenzrelation. Sei

$$\mathfrak{Z}^+ = \{\, z \mid z \in \mathfrak{Z} \text{ und } z \sim v_4 = (0,0,0,1) \,\}.$$

Dann ist

$$\mathfrak{Z}^- = \{\, z \mid z \in \mathfrak{Z} \text{ und } z \sim -v_4 \,\} = \{\, -z \mid z \in \mathfrak{Z}^+ \,\}$$

die einzige andere Äquivalenzklasse von $\sim$. *Ferner gilt*

$$\mathfrak{Z}^+ = \{\, (x_j) \mid x_1^2 + x_2^2 + x_3^2 - c^2 x_4^2 < 0,\ x_4 > 0 \,\}$$

und

$$\mathfrak{Z}^- = \{\, (x_j) \mid x_1^2 + x_2^2 + x_3^2 - c^2 x_4^2 < 0,\ x_4 < 0 \,\}.$$

(Die Weltpunkte aus $\mathfrak{Z}^+$ *bilden in der physikalischen Interpretation die Zukunft, die aus* $\mathfrak{Z}^-$ *die Vergangenheit, von* $(0,0,0,0)$ *aus gesehen.)*

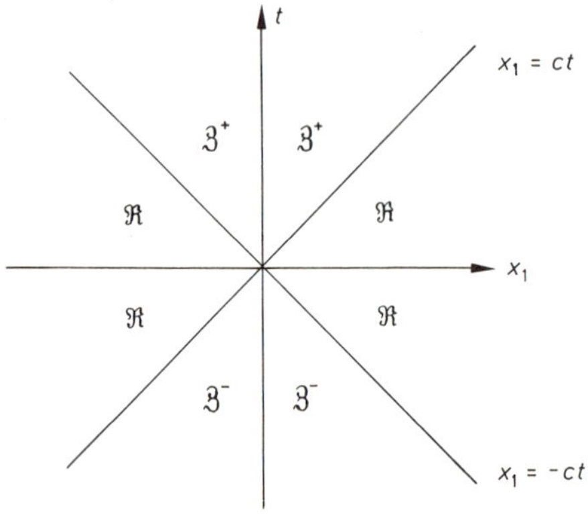

Beweis. a) Offenbar ist die Relation $\sim$ symmetrisch und reflexiv. Wir haben zu zeigen, daß sie transitiv ist.

Seien also $z_1, z_2, z_3 \in \mathfrak{Z}$ mit $(z_1, z_3) < 0$ und $(z_3, z_2) < 0$. Wir können $(z_3, z_3) = -1$ annehmen. Sei für $j = 1, 2$

$$z_j = w_j + a_j z_3 \quad \text{mit} \quad w_j \in \langle z_3 \rangle^{\perp},$$

wobei also

$$a_j = -(z_j, z_3) > 0$$

gilt. Dabei ist ferner

$$0 > (z_j, z_j) = (w_j, w_j) - a_j^2 \qquad (j = 1, 2).$$

Nach 10.3 b) ist (,) positiv definit auf $\langle z_3\rangle^\perp$. Also gilt nach der Schwarzschen Ungleichung (II,4.3)

$$(w_1, w_2)^2 \leqslant (w_1, w_1)(w_2, w_2) < a_1^2 a_2^2.$$

Wegen $a_j > 0$ folgt dann

$$(z_1, z_2) = (w_1, w_2) - a_1 a_2 < 0,$$

also $z_1 \sim z_2$.

Nun ist offenbar

$$\mathfrak{Z}^+ = \{\, z \mid z \in \mathfrak{Z},\ (z, v_4) < 0 \,\} = \{\, (x_j) \mid x_1^2+x_2^2+x_3^2-c^2x_4^2 < 0,\ x_4 > 0 \,\}.$$

Für $z_1, z_2 \in \mathfrak{Z}^+$ gilt

$$(-z_1, -z_2) = (z_1, z_2) < 0.$$

Also ist auch

$$\mathfrak{Z}^- = \{\, -z \mid z \in \mathfrak{Z}^+ \,\} = \{\, (x_j) \mid x_1^2 + x_2^2 + x_3^2 - c^2x_4^2 < 0,\ x_4 < 0 \,\}$$

eine Äquivalenzklasse von $\sim$. Offenbar gilt $\mathfrak{Z} = \mathfrak{Z}^+ \cup \mathfrak{Z}^-$. □

10.5 Bemerkung. Im Minkowski-Raum zerfällt nach 10.4 die Menge der zeitartigen Vektoren in die Zusammenhangskomponenten $\mathfrak{Z}^+$ und $\mathfrak{Z}^-$, wie man leicht sieht. Man kann zeigen, daß Ähnliches für $\operatorname{ind} \mathfrak{V} \geqslant 2$ nicht passiert. Es gilt nämlich:

Sei $\mathfrak{V}$ ein $\mathbb{R}$-Vektorraum mit regulärem symmetrischem Skalarprodukt und $\operatorname{ind} \mathfrak{V} \geqslant 2$. Dann ist jede der Mengen

$$\{\, v \mid v \in \mathfrak{V},\ (v, v) = a \,\} \qquad (a \neq 0)$$
$$\{\, v \mid v \in \mathfrak{V},\ (v, v) < 0 \,\}$$
$$\{\, v \mid v \in \mathfrak{V},\ (v, v) > 0 \,\}$$

zusammenhängend (siehe Aufgabe A 10.7). Der physikalisch fundamentale Unterschied zwischen Zukunft und Vergangenheit, wie er in Hilfssatz 10.4 auftritt, ist also für $\operatorname{ind} \mathfrak{V} \geqslant 2$ nicht vorhanden. (Hermann Weyl wies gelegentlich darauf hin, daß dies ein Argument für die Minkowski-Struktur unserer Welt sei.)

Übrigens gilt die Aussage von Hilfssatz 10.4 (mit demselben Beweis) auch für $\dim \mathfrak{V} \geqslant 5$ und $\operatorname{ind} \mathfrak{V} = 1$.

10.6 Satz. *Sei $\mathfrak{L}$ die Lorentz-Gruppe.*

a) *Dann ist*

$$\mathfrak{S} = \{\, G \mid G \in \mathfrak{L},\ \det G = 1 \,\}$$

ein Normalteiler von $\mathfrak{L}$ mit $|\mathfrak{L}/\mathfrak{S}| = 2$.

b) *Wir setzen*

$$\mathfrak{L}^+ = \{\, G \mid G \in \mathfrak{L},\ G\mathfrak{Z}^+ = \mathfrak{Z}^+ \,\}.$$

Dann ist $\mathfrak{L}^+$ *ein Normalteiler von* $\mathfrak{L}$ *mit* $|\mathfrak{L}/\mathfrak{L}^+| = 2$ *und*

$$\mathfrak{L} = \mathfrak{L}^+ \cup (-E)\mathfrak{L}^+.$$

c) *Setzen wir* $\mathfrak{S}^+ = \mathfrak{S} \cap \mathfrak{L}^+$, *so ist* $\mathfrak{S}^+ \lhd \mathfrak{L}$ *und* $|\mathfrak{L}/\mathfrak{S}^+| = 4$.

Beweis. a) Nach 1.15 b) ist die Determinante ein Epimorphismus von $\mathfrak{L}$ auf $\{1,-1\}$ mit dem Kern $\mathfrak{S}$. (-1 tritt als Determinante wirklich auf, da es nach 5.1 b) Spiegelungen in $\mathfrak{L}$ gibt.) Mit dem Homomorphiesatz für Gruppen folgt daher $\mathfrak{L}/\mathfrak{S} \cong \{1,-1\}$ und dann $|\mathfrak{L}/\mathfrak{S}| = 2$.

b) Für $z_1, z_2 \in \mathfrak{Z}$ mit $z_1 \sim z_2$ und für $L \in \mathfrak{L}$ gilt $Lz_j \in \mathfrak{Z}$ und

$$(Lz_1, Lz_2) = (z_1, z_2) < 0,$$

also $Lz_1 \sim Lz_2$. Somit ist entweder

$$L\mathfrak{Z}^+ = \mathfrak{Z}^+ \qquad \text{und} \qquad L\mathfrak{Z}^- = \mathfrak{Z}^-$$

oder

$$L\mathfrak{Z}^+ = \mathfrak{Z}^- \qquad \text{und} \qquad L\mathfrak{Z}^- = \mathfrak{Z}^+.$$

Der zweite Fall tritt nach 10.4 für geeignete L wirklich auf, zum Beispiel für $L = -E$. Offenbar ist $\mathfrak{L}^+$ eine Untergruppe von $\mathfrak{L}$. Ist $L \in \mathfrak{L}$, aber $L \notin \mathfrak{L}^+$, so gilt $-L \in \mathfrak{L}^+$. Also ist

$$\mathfrak{L} = \mathfrak{L}^+ \cup (-E)\mathfrak{L}^+$$

die Nebenklassenzerlegung von $\mathfrak{L}$ nach $\mathfrak{L}^+$. Das zeigt $|\mathfrak{L} : \mathfrak{L}^+| = 2$. Als Untergruppe vom Index 2 ist $\mathfrak{L}^+$ bekanntlich normal in $\mathfrak{L}$.

c) Wegen $\mathfrak{S}^+ = \mathfrak{S} \cap \mathfrak{L}^+$ gilt $\mathfrak{S}^+ \lhd \mathfrak{L}$. Wegen $-E \in \mathfrak{S}$, aber $-E \notin \mathfrak{L}^+$ ist $-E \notin \mathfrak{S}^+$. Man sieht wie in b) leicht, daß

$$\mathfrak{S} = \mathfrak{S}^+ \cup (-E)\mathfrak{S}^+,$$

also $|\mathfrak{S}/\mathfrak{S}^+| = 2$ und dann

$$|\mathfrak{L}/\mathfrak{S}^+| = |\mathfrak{L}/\mathfrak{S}||\mathfrak{S}/\mathfrak{S}^+| = 4.$$

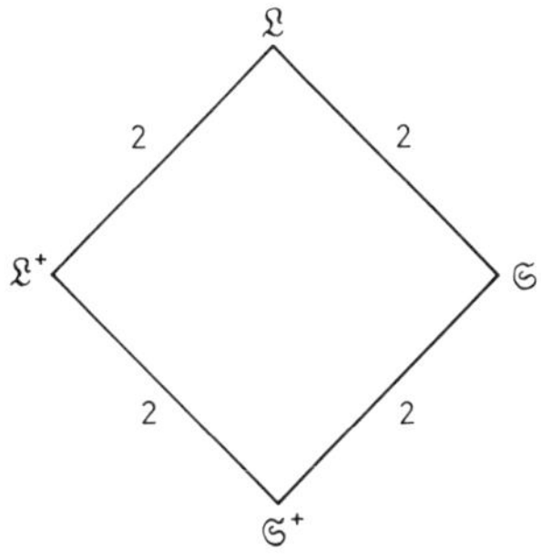

□

Wir kommen nun zur Behandlung derjenigen Isometrien des Minkowski-Raumes, welche die spezielle Relativitätstheorie beherrschen:

10.7 Satz. *Sei* $\mathfrak{V}$ *der Minkowski-Raum und* $\{v_1, v_2, v_3, v_4\}$ *die Orthogonalbasis von* $\mathfrak{V}$ *aus 10.1.*

a) *Sei* $\{w_1, w_2, w_3\}$ *irgendeine Orthonormalbasis von* $\langle v_1, v_2, v_3\rangle$. *Sei ferner G eine Isometrie von* $\mathfrak{V}$ *mit* $\det G = 1$ *und*

$$Gw_1 = w_1, \quad Gw_2 = w_2.$$

Genau dann gilt $G \in \mathfrak{S}^+$, *wenn es eine reelle Zahl u gibt mit* $-c < u < c$ *derart, daß mit*

$$d = (1 - \frac{u^2}{c^2})^{1/2} \qquad \textit{(positive Quadratwurzel)}$$

gilt

$$Gw_3 = \frac{1}{d}(w_3 + \frac{u}{c^2}v_4), \qquad Gv_4 = \frac{1}{d}(uw_3 + v_4).$$

b) *Wir setzen* $v = uw_3$. *Dann gilt für die Abbildung G aus* a), *sofern* $u \neq 0$,

$$Gw = w + \frac{(v,w)}{(v,v)}(\frac{1}{d} - 1)v + \frac{(v,w)}{dc^2}v_4 \quad \textit{für} \quad w \in \langle v_1, v_2, v_3\rangle$$

und

$$Gv_4 = \frac{1}{d}(v + v_4).$$

Beweis. a) Sei zuerst u_3, u_4 ein hyperbolisches Paar in $\langle w_3, v_4\rangle$. Wegen $\det G = 1$ gilt nach 4.13

$$Gu_3 = au_3, \quad Gu_4 = a^{-1}u_4 \quad \text{mit} \quad a \in \mathbb{R}^\times.$$

Wann liegt ein solches G in $\mathfrak{S}^+$? Dazu muß für alle zeitartigen Vektoren

$$z = x_1 w_1 + x_2 w_2 + x_3 u_3 + x_4 u_4$$

mit

$$(z, z) = x_1^2 + x_2^2 + 2x_3 x_4 < 0$$

auch gelten

$$0 > (z, Gz) = x_1^2 + x_2^2 + (a + a^{-1}) x_3 x_4.$$

Für $x_1 = x_2 = 0$ erfordert das insbesondere, daß aus $x_3 x_4 < 0$ auch $(a + a^{-1}) x_3 x_4 < 0$ folgt. Das bedeutet $a + a^{-1} > 0$, also $a > 0$.

Ist andererseits $a > 0$, so gilt $a + a^{-1} \geqslant 2$. Aus

$$0 > x_1^2 + x_2^2 + 2x_3 x_4$$

folgt $x_3 x_4 < 0$, und dann ist erst recht

$$0 > x_1^2 + x_2^2 + 2x_3 x_4 \geqslant x_1^2 + x_2^2 + (a + a^{-1}) x_3 x_4.$$

Also gilt $G \in \mathfrak{S}^+$ genau für $a > 0$.

Wir rechnen dieses Resultat um auf die Orthogonalbasis $\{w_1, w_2, w_3, v_4\}$ von $\mathfrak{V}$. Offenbar ist

$$u_3 = c w_3 + v_4, \quad u_4 = \frac{1}{2c^2}(c w_3 - v_4)$$

ein hyperbolisches Paar in $\langle w_3, v_4 \rangle$. Daher ist

$$G(c w_3 + v_4) = a(c w_3 + v_4)$$
$$G(c w_3 - v_4) = a^{-1}(c w_3 - v_4)$$

mit $a > 0$. Daraus folgt

$$G w_3 = \frac{1}{2}(a + a^{-1}) w_3 + \frac{1}{2c}(a - a^{-1}) v_4$$
$$G v_4 = \frac{c}{2}(a - a^{-1}) w_3 + \frac{1}{2}(a + a^{-1}) v_4.$$

Wegen $a > 0$ ist $\frac{1}{2}(a + a^{-1}) \geqslant 1$. Daher gibt es ein u mit $-c < u < c$ und

$$\frac{1}{2}(a + a^{-1}) = \frac{1}{(1 - \frac{u^2}{c^2})^{1/2}},$$

wobei die nichtnegative Quadratwurzel gemeint ist.
(Diese mathematisch unmotivierte Einführung von u hat physikalische Gründe, die wir in § 12 erkennen werden.)

Setzen wir weiterhin

$$d = (1 - \frac{u^2}{c^2})^{1/2},$$

so folgt

$$\frac{1}{4}(a - a^{-1})^2 = \frac{1}{4}(a + a^{-1})^2 - 1 = \frac{u^2}{c^2 d^2}.$$

Nun können wir das bislang noch nicht festgelegte Vorzeichen von u so wählen, daß

$$\frac{1}{2}(a - a^{-1}) = \frac{u}{cd}$$

gilt. Dann ist

$$Gw_3 = \frac{1}{d}(w_3 + \frac{u}{c^2}v_4), \qquad Gv_4 = \frac{1}{d}(uw_3 + v_4).$$

b) folgt durch einfache Rechnung. □

10.8 Definition. Sei $0 \neq w \in \langle v_1, v_2, v_3 \rangle$ mit $(w, w) < c^2$. Wir setzen

$$d = (1 - \frac{(w, w)}{c^2})^{1/2} \qquad \text{(positive Quadratwurzel).}$$

Nach 10.7 ist dann $L(w)$ mit

$$L(w)v = v + \frac{(v, w)}{(w, w)}(\frac{1}{d} - 1)w + \frac{(v, w)}{dc^2}v_4 \quad \text{für} \quad v \in \langle v_1, v_2, v_3 \rangle$$

$$L(w)v_4 = \frac{1}{d}(w + v_4)$$

ein Element aus $\mathfrak{G}^+$. Wir nennen $L(w)$ die Lorentz-Translation zu w. Ferner setzen wir $L(0) = E$.

In § 12 wird $L(w)$ als das relativistische Gegenstück zur Translation mit der konstanten Geschwindigkeit w interpretiert werden.

Wir studieren die Zusammensetzung von Lorentz-Translationen:

10.9 Satz. *Seien $w_j \in \langle v_1, v_2, v_3 \rangle$ mit $\langle w_1 \rangle = \langle w_2 \rangle$ und $(w_j, w_j) < c^2$ $(j = 1, 2)$. Dann gilt*

$$L(w_1)L(w_2) = L(\frac{w_1 + w_2}{1 + \frac{(w_1, w_2)}{c^2}}).$$

Insbesondere ist $L(w)^{-1} = L(-w)$, und für jedes $0 \neq v_0 \in \langle v_1, v_2, v_3 \rangle$ ist

$$\{ L(w) \mid w \in \langle v_0 \rangle \quad \text{und} \quad (w, w) < c^2 \}$$

eine kommutative Untergruppe der Lorentz-Gruppe $\mathfrak{L}$.

Beweis. Sei $\langle w_1 \rangle = \langle w_2 \rangle = \langle w_0 \rangle$ mit $(w_0, w_0) = 1$ und $w_j = u_j w_0$ mit $-c < u_j < c$. Wir setzen

$$d_j = (1 - \frac{u_j^2}{c^2})^{1/2}.$$

Bezüglich der Zerlegung

$$\mathfrak{V} = \langle w_0, v_4 \rangle^{\perp} \perp \langle w_0, v_4 \rangle$$

ist dann $L(w_j)$ die Matrix

$$\begin{pmatrix} E & 0 \\ 0 & H(u_j) \end{pmatrix}$$

mit

$$H(u_j) = \frac{1}{d_j} \begin{pmatrix} 1 & u_j \\ \frac{u_j}{c^2} & 1 \end{pmatrix}$$

zugeordnet. Wir setzen

$$u_3 = \frac{u_1 + u_2}{1 + \frac{u_1 u_2}{c^2}}.$$

Für reelle Zahlen a und b mit $|a| < 1$ und $|b| < 1$ ist

$$|a|(1 \pm |b|) < 1 \pm |b|,$$

also

$$|a| \pm |b| < 1 \pm |a||b|.$$

Damit folgt

$$\left| \frac{u_3}{c} \right| = \frac{\left| \frac{u_1}{c} + \frac{u_2}{c} \right|}{\left| 1 + \frac{u_1}{c} \frac{u_2}{c} \right|} = \frac{\left| \frac{|u_1|}{c} + \epsilon \frac{|u_2|}{c} \right|}{\left| 1 + \epsilon \frac{|u_1|}{c} \frac{|u_2|}{c} \right|} < 1,$$

wobei das Vorzeichen $\epsilon = \pm 1$ vom Vorzeichen von $u_1 u_2$ abhängt. Also ist $L(u_3 w_0)$ definiert. Weiterhin setzen wir

$$d_3 = (1 - \frac{u_3^2}{c^2})^{1/2}.$$

Dann ist

$$\begin{aligned} d_3^2 (1 + \frac{u_1 u_2}{c^2})^2 &= (1 - (\frac{\frac{u_1}{c} + \frac{u_2}{c}}{1 + \frac{u_1 u_2}{c^2}})^2)(1 + \frac{u_1 u_2}{c^2})^2 \\ &= (1 + \frac{u_1 u_2}{c^2})^2 - (\frac{u_1}{c} + \frac{u_2}{c})^2 \\ &= 1 + \frac{u_1^2}{c^2} \frac{u_2^2}{c^2} - \frac{u_1^2}{c^2} - \frac{u_2^2}{c^2} = d_1^2 d_2^2. \end{aligned}$$

Wegen $1 + \frac{u_1 u_2}{c^2} > 0$ zeigt dies

$$\frac{1}{d_3} = \frac{1}{d_1 d_2}(1 + \frac{u_1 u_2}{c^2}).$$

Damit erhalten wir

$$\begin{aligned} H(u_1)H(u_2) &= \frac{1}{d_1 d_2} \begin{pmatrix} 1 + \frac{u_1 u_2}{c^2} & u_1 + u_2 \\ \frac{u_1 + u_2}{c^2} & 1 + \frac{u_1 u_2}{c^2} \end{pmatrix} \\ &= \frac{1}{d_3} \begin{pmatrix} 1 & u_3 \\ \frac{u_3}{c^2} & 1 \end{pmatrix} = H(u_3). \end{aligned}$$

Hieraus folgen alle Behauptungen. □

Man kann natürlich direkt nachrechnen, daß auf dem offenen Interval $(-c, c)$ durch die Festsetzung

$$u \circ u' = \frac{u + u'}{1 + \frac{uu'}{c^2}}$$

eine assoziative und kommutative Verknüpfung $\circ$ definiert wird, welche eine Gruppenstruktur auf $(-c, c)$ liefert.

Satz 10.9 enthält bereits das Einsteinsche Additionstheorem für gleichgerichtete Geschwindigkeiten (siehe 12.7).

10.10 Satz. *Sei $G \in \mathfrak{L}$. Dann gibt es eine Lorentz-Translation L im Sinne von 10.8 und eine Isometrie H von $\mathfrak{V}$ mit $Hv_4 = \pm v_4$ und $G = LH$. Dabei sind L und H durch G eindeutig bestimmt. (Offenbar bewirkt H auf $\langle v_1, v_2, v_3 \rangle$ eine orthogonale Abbildung.)*

Beweis. a) Sei

$$Gv_4 = av_4 + v'$$

mit $a \in \mathbb{R}$ und $v' \in \langle v_1, v_2, v_3 \rangle$. Dann ist

$$-c^2 = (v_4, v_4) = (Gv_4, Gv_4) = (v', v') - c^2 a^2.$$

Das zeigt

$$c^2(a^2 - 1) = (v', v') \geqslant 0$$

und daher $a^2 \geqslant 1$.

Ist $v' = 0$, so folgt $a = \pm 1$, und es ist

$$Gv_4 = \pm v_4 \quad \text{und dann} \quad G\langle v_1, v_2, v_3 \rangle = \langle v_1, v_2, v_3 \rangle.$$

In diesem Falle wählen wir $L = E$.

Sei weiterhin $(v', v') > 0$, also $a^2 > 1$. Wir bestimmen u mit $-c < u < c$ durch

$$a^2 = \frac{1}{1 - \frac{u^2}{c^2}} = \frac{1}{d^2}$$

und setzen $w = (((v', v'))^{1/2})^{-1} v'$. Dann ist $(w, w) = 1$ und

$$Gv_4 = av_4 + bw$$

mit

$$-c^2 = -c^2 a^2 + b^2,$$

also

$$b^2 = c^2(a^2 - 1) = \frac{u^2}{d^2}.$$

Also ist

$$Gv_4 = \pm\frac{1}{d} v_4 \pm \frac{u}{d} w.$$

Durch Wahl des Vorzeichens von u können wir dabei

$$Gv_4 = \pm\frac{1}{d}(-uw + v_4) = \pm L(-uw)v_4$$

erreichen. Also gilt

$$L(-uw)^{-1} Gv_4 = \pm v_4.$$

Setzen wir $L = L(-uw)$, so ist $G = LH$ mit $Hv_4 = \pm v_4$.

b) Sei nun $L(w_1)H_1 = L(w_2)H_2$ mit $H_j v_4 = \pm v_4$. Setzen wir $H = H_2 H_1^{-1}$, so folgt

$$\frac{1}{d_1}(w_1 + v_4) = L(w_1)v_4 = L(w_2)Hv_4 = \pm\frac{1}{d_2}(w_2 + v_4).$$

Daraus folgt wegen $d_j > 0$ durch Vergleich der v_4-Komponente zuerst $d_1 = d_2$ und dann auch $w_1 = w_2$. □

10.11 Beispiel. Seien $L(w_1)$ und $L(w_2)$ Lorentz-Translationen mit $w_j \neq 0$. Nach 10.10 gilt eine Gleichung der Gestalt

$$L(w_1)L(w_2) = L(w_3)H$$

mit $Hv_4 = \epsilon v_4$ und $\epsilon \in \{1, -1\}$. Damit folgt unter Beachtung von 10.8

$$\begin{aligned}\frac{\epsilon}{d_3}(w_3 + v_4) &= L(w_3)Hv_4 = L(w_1)L(w_2)v_4 = \frac{1}{d_2}L(w_1)(w_2 + v_4)\\ &= \frac{1}{d_2}\{w_2 + \frac{(w_1, w_2)}{(w_1, w_1)}(\frac{1}{d_1} - 1)w_1\\ &\quad + \frac{(w_1, w_2)}{d_1 c^2}v_4 + \frac{1}{d_1}(w_1 + v_4)\}.\end{aligned}$$

Daraus erhalten wir durch Vergleich der v_4-Komponente unter Beachtung von

$$(w_1, w_2)^2 \leqslant (w_1, w_1)(w_2, w_2) < c^4$$

die Aussage

$$\epsilon \frac{d_1 d_2}{d_3} = 1 + \frac{(w_1, w_2)}{c^2} > 0. \tag{1}$$

Also ist $\epsilon = 1$. Ferner folgt

$$w_3 = \frac{d_3}{d_1 d_2}(w_1 + \frac{(w_1, w_2)}{(w_1, w_1)}(1 - d_1)w_1 + d_1 w_2) \in \langle w_1, w_2 \rangle. \tag{2}$$

Man beachte, daß zwar d_3 und somit (w_3, w_3) sich nicht ändern, wenn w_1 und w_2 vertauscht werden (siehe Gleichung (1)), aber der Vektor w_3 ändert sich dabei, falls $\langle w_1 \rangle \neq \langle w_2 \rangle$.

Ist $z \in \langle v_1, v_2, v_3 \rangle \cap \langle w_1, w_2 \rangle^{\perp}$, so gilt $L(w_j)z = z$ für $j = 1, 2, 3$, also auch $Hz = z$. Die Achse von H (eingeschränkt auf $\langle v_1, v_2, v_3 \rangle$) ist also senkrecht zu w_1 und w_2.

a) Ist $\langle w_1 \rangle = \langle w_2 \rangle$, so ist

$$w_2 = \frac{(w_1, w_2)}{(w_1, w_1)} w_1$$

und dann

$$w_3 = \frac{d_3}{d_1 d_2}(w_1 + w_2) = \frac{1}{1 + \frac{(w_1, w_2)}{c^2}}(w_1 + w_2)\ ;$$

das ist die Aussage von Satz 10.9.

b) Ist hingegen $(w_1, w_2) = 0$, so ist $d_3 = d_1 d_2$ und $w_3 = w_1 + d_1 w_2$.

c) Es sei

$$L(w_1)L(w_2) = L(w_3)H \qquad \text{und} \qquad L(w_2)L(w_1) = L(w_3)H'$$

mit demselben w_3 und $Hv_4 = v_4 = H'v_4$. Angenommen, es wäre $\langle w_1 \rangle \neq \langle w_2 \rangle$. Dann folgt aus (1) und (2)

$$w_1 + \frac{(w_1, w_2)}{(w_1, w_1)}(1 - d_1)w_1 + d_1 w_2 = w_2 + \frac{(w_1, w_2)}{(w_2, w_2)}(1 - d_2)w_2 + d_2 w_1.$$

Wegen der linearen Unabhängigkeit von w_1 und w_2 erzwingt das

$$\frac{(w_1, w_2)}{(w_1, w_1)} = \frac{d_2 - 1}{1 - d_1} \quad \text{und} \quad \frac{(w_1, w_2)}{(w_2, w_2)} = \frac{d_1 - 1}{1 - d_2}.$$

Dann ist aber

$$(w_1, w_2)^2 = (w_1, w_1)(w_2, w_2),$$

was jedoch wegen $\langle w_1 \rangle \neq \langle w_2 \rangle$ ein Widerspruch ist zur Schwarzschen Ungleichung.

Somit ist doch $\langle w_1 \rangle = \langle w_2 \rangle$. Insbesondere gilt also $L(w_1)L(w_2) = L(w_2)L(w_1)$ genau für $\langle w_1 \rangle = \langle w_2 \rangle$.

d) Für welche w_1, w_2 ($\neq 0$) ist $L(w_1)L(w_2)$ eine Lorentz-Translation, etwa $L(w_1)L(w_2) = L(w_3)$? Das erfordert für $v \in \langle v_1, v_2, v_3 \rangle \cap \langle w_2 \rangle^{\perp}$ insbesondere

$$\begin{aligned} L(w_1)L(w_2)v = L(w_1)v &= v + \frac{(v, w_1)}{(w_1, w_1)}\left(\frac{1}{d_1} - 1\right)w_1 + \frac{(v, w_1)}{d_1 c^2} v_4 \\ = L(w_3)v &= v + \frac{(v, w_3)}{(w_3, w_3)}\left(\frac{1}{d_3} - 1\right)w_3 + \frac{(v, w_3)}{d_3 c^2} v_4. \end{aligned}$$

Angenommen, es wäre $\langle w_1 \rangle \neq \langle w_2 \rangle$. Dann könnten wir v so wählen, daß $(v, w_1) \neq 0 = (v, w_2)$. Dann folgt durch Vergleich der Komponente in $\langle v_1, v_2, v_3 \rangle$

$$\frac{(v, w_1)}{(w_1, w_1)}\left(\frac{1}{d_1} - 1\right)w_1 = \frac{(v, w_3)}{(w_3, w_3)}\left(\frac{1}{d_3} - 1\right)w_3,$$

also $\langle w_1 \rangle = \langle w_3 \rangle$. Wegen der Formel (2) für w_3 wäre dann doch $w_2 \in \langle w_1, w_3 \rangle = \langle w_1 \rangle$. Also ist $L(w_1)L(w_2)$ nur für $\langle w_1 \rangle = \langle w_2 \rangle$ eine Lorentz-Translation.

Bevor wir uns dem systematischen Studium der Lorentz-Transformationen zuwenden, zeigen wir an einem Beispiel, daß Lorentz-Transformationen nicht immer halbeinfach sind (anders als orthogonale Abbildungen auf Hilberträumen!):

10.12 Beispiel. Sei $\mathfrak{V}$ der Minkowski-Raum und

$$\mathfrak{V} = \langle w_1, w_4 \rangle \perp \langle w_2, w_3 \rangle$$

mit

$$\begin{aligned} &(w_2, w_2) = (w_3, w_3) = (w_1, w_4) = 1 \\ &(w_j, w_k) = 0 \qquad \text{für alle übrigen Paare } j, k. \end{aligned}$$

Dann ist für jedes Paar $a, b \in \mathbb{R}$ die lineare Abbildung $G(a, b)$ mit

$$\begin{aligned} G(a, b)w_1 &= w_1 \\ G(a, b)w_2 &= aw_1 + w_2 \\ G(a, b)w_3 &= bw_1 + w_3 \\ G(a, b)w_4 &= -\frac{1}{2}(a^2 + b^2)w_1 - aw_2 - bw_3 + w_4 \end{aligned}$$

eine Isometrie von $\mathfrak{V}$ mit dem 4-fachen Eigenwert 1, wie man leicht bestätigt. Dabei gilt

$$G(a,b)G(a',b') = G(a+a',b+b').$$

Die $G(a,b)$ bilden also eine abelsche Gruppe. Man rechnet leicht nach, daß zu $(G(a,b)-E)^2$ die Matrix

$$\begin{pmatrix} 0 & 0 & 0 & -(a^2+b^2) \\ 0 & 0 & 0 & 0 \\ 0 & 0 & 0 & 0 \\ 0 & 0 & 0 & 0 \end{pmatrix}$$

gehört. Für $(a,b) \neq (0,0)$ hat daher $G(a,b)$ das Minimalpolynom $(x-1)^3$, ist somit sicher nicht diagonalisierbar.

Für $(a,b) \neq (0,0)$ sieht man leicht, daß

$$\text{Kern}\,(G(a,b)-E) = \langle w_1, bw_2 - aw_3 \rangle$$

gilt. Dabei ist $\langle bw_2 - aw_3 \rangle$ nicht isotrop, also ist

$$\mathfrak{V} = \langle bw_2 - aw_3 \rangle \perp \langle bw_2 - aw_3 \rangle^{\perp}$$

eine $G(a,b)$-invariante, orthogonale Zerlegung. Da $(x-1)^3$ das Minimalpolynom von $G(a,b)$ ist, ist $\langle bw_2 - aw_3 \rangle^{\perp}$ ein unzerlegbarer $G(a,b)$-Modul vom Typ 3 (siehe 8.8 c).

Mit Hilfe von § 8 können wir einen Überblick über alle Lorentz-Transformationen geben:

10.13 Satz. *Sei G eine Lorentz-Transformation auf dem Minkowski-Raum $\mathfrak{V}$. Dann ist $\mathfrak{V}$ eine orthogonale Summe von G-invarianten Unterräumen $\mathfrak{W}$ der folgenden Typen:*
(1) *$\mathfrak{W}$ ist eine hyperbolische Ebene.*
(2) *$\mathfrak{W}$ ist anisotrop von der Dimension 1 oder 2.*
(3) *$\mathfrak{W}$ ist vom Typ 3 mit dem Minimalpolynom $(x \pm 1)^3$.*

Beweis. Sei $\mathfrak{W}$ ein G-invarianter, orthogonaler Summand von $\mathfrak{V}$, welcher als G-Modul orthogonal unzerlegbar ist. Sei dabei m_G das Minimalpolynom von G auf $\mathfrak{W}$.
(1) Sei $\mathfrak{W}$ vom Typ 1, also $m_G = (pp^*)^t$ mit irreduziblem, nicht symmetrischem p. Nach 8.9 gilt $\mathfrak{W} = \mathfrak{W}_1 \oplus \mathfrak{W}_2$ mit isotropen Unterräumen $\mathfrak{W}_j$ der Dimension $t\,\text{Grad}\,p$. Wegen $\text{ind}\,\mathfrak{V} = 1$ folgt $t = 1$ und $p = x - a$ mit $a \neq 0, \pm 1$. Daher ist $\mathfrak{W} = \langle w_1 \rangle \oplus \langle w_2 \rangle$ eine hyperbolische Ebene und

$$Gw_1 = aw_1, \qquad Gw_2 = a^{-1}w_2.$$

(2) Sei $\mathfrak{W}$ vom Typ 2, also $m_G = (x \pm 1)^t$ und $\dim \mathfrak{W} = 2t$. Nach 8.9 ist dabei t gerade, also $t = 2$. Wegen 8.14 steht dies jedoch im Widerspruch zu $\operatorname{ind} \mathfrak{V} = 1$.
(3) Sei $\mathfrak{W}$ vom Typ 3 mit $m_G = p^t$, wobei p irreduzibel und symmetrisch ist. Ist $t \geqslant 2$, so ist $p(G)^{t-1}\mathfrak{W}$ wegen $(p(G)^{t-1}\mathfrak{W})^\perp = p(G)\mathfrak{W}$ isotrop von der Dimension $\operatorname{Grad} p$. Also ist $\operatorname{Grad} p = t = 2$ nicht möglich. Daher treten nur folgende Fälle auf:
(3a) $p = x \pm 1$. Nach 8.9 ist dann t ungerade, also $t = 1, 3$. (Der Fall $t = 3$ tritt nach 10.12 wirklich auf.)
(3b) $\operatorname{Grad} p = 2$ und $t = 1$. Da nach 4.13 die Isometrien einer hyperbolischen Ebene mit symmetrischem Skalarprodukt stets ein in Linearfaktoren zerfallendes charakteristisches Polynom besitzen, ist $\mathfrak{W}$ notwendig anisotrop. □

10.14 Bemerkungen. a) Zwischen der Lorentz-Gruppe $\mathfrak{L}$ und den orthogonalen Gruppen $\mathrm{O}(\mathfrak{W})$ zu reellen Hilberträumen $\mathfrak{W}$ besteht ein grundlegender Unterschied: $\mathrm{O}(\mathfrak{W})$ ist kompakt, aber $\mathfrak{L}$ nicht, da z.B. die Parameter a und b in den Matrizen $G(a, b)$ aus 10.12 beliebig sind. Dieser Unterschied hat tiefgehende Folgen, welche allerdings bei den hier betrachteten elementaren Problemen sich kaum zeigen. (Immerhin hängt die Tatsache, daß Lorentz-Transformationen nicht halbeinfach sein müssen, direkt damit zusammen.)

b) In § 11 werden wir zeigen, daß $\mathfrak{S}^+$ eine einfache Gruppe ist. Allgemeiner gilt: Sei $\mathfrak{V}$ ein $\mathbf{K}$-Vektorraum ($\operatorname{Char} \mathbf{K} \neq 2$) mit regulärem symmetrischem Skalarprodukt und $\operatorname{ind} \mathfrak{V} > 0$. Dann gibt es einen Normalteiler $\mathfrak{K}$ von $\mathrm{SO}(\mathfrak{V})$ mit

$$\mathrm{SO}(\mathfrak{V})/\mathfrak{K} \cong \mathbf{K}^\times/\mathbf{K}^{\times 2}.$$

Für $\dim \mathfrak{V} \geqslant 5$ ist $\mathfrak{K}/(\mathfrak{K} \cap \langle -E \rangle)$ einfach. Dabei ist $\mathfrak{K}$ der Kern der sog. Spinornorm. Im Falle der Lorentz-Gruppe ist $\mathfrak{K} = \mathfrak{S}^+$ (siehe 10.6).

Zur Spinornorm vergleiche man etwa Artin, Geometric Algebra.

Aufgaben

A 10.1 Seien S_j ($j = 1, 2$) Spiegelungen aus der Lorentz-Gruppe zu den Vektoren w_j mit $(w_j, w_j) \neq 0$, also

$$S_j w_j = -w_j, \quad S_j v = v \quad \text{für} \quad v \in \langle w_j \rangle^\perp.$$

a) Genau dann gibt es ein $G \in \mathfrak{L}$ mit $G^{-1} S_1 G = S_2$, wenn $(w_1, w_1)(w_2, w_2) > 0$. Kann man sogar $G \in \mathfrak{S}^+$ wählen?

b) Man zeige, daß die Spiegelungen S aus $\mathfrak{L}$ zu Vektoren w mit $(w, w) > 0$ in $\mathfrak{L}^+$ liegen (siehe 10.6 b)).

c) Ist S eine Spiegelung aus $\mathfrak{L}$ zu einem Vektor w mit $(w, w) < 0$, so liegt S nicht in $\mathfrak{L}^+$.

A 10.2 Sei wie in 10.11 $L(w_1)L(w_2) = L(w_3)H$. Wegen $w_3 \in \langle w_1, w_2 \rangle$ können wir die Orthonormalbasis $\{v_1, v_2, v_3\}$ so wählen, daß

$$\begin{aligned} w_1 &= u_1(\cos\alpha v_1 + \sin\alpha v_2) \\ w_2 &= u_2 v_2 \\ w_3 &= u_3(\cos\beta v_1 + \sin\beta v_2). \end{aligned}$$

Man beweise:

a) $u_3 \cos\beta = \frac{d_3}{d_1 d_2}(u_1 \cos\alpha + u_2 \sin\alpha \cos\alpha(1 - d_1))$

$u_3 \sin\beta = \frac{d_3}{d_1 d_2}(u_1 \sin\alpha + u_2 \sin^2\alpha + u_2 d_1 \cos^2\alpha)$.

Dadurch ist β eindeutig festgelegt.

b) Es gilt $Hv_3 = v_3$ und daher mit geeignetem γ

$$\begin{aligned} Hv_1 &= \cos\gamma v_1 + \sin\gamma v_2 \\ Hv_2 &= -\sin\gamma v_1 + \cos\gamma v_2. \end{aligned}$$

Aus $L(-w_2)L(-w_1)v_4 = H^{-1}L(-w_3)v_4$ leite man

$$\begin{aligned} &\frac{u_1}{d_1}\cos\alpha = \frac{u_3}{d_3}\cos(\beta - \gamma), \\ &\frac{1}{d_1 d_2}(u_1 \sin\alpha + u_2) = \frac{u_3}{d_3}\sin(\beta - \gamma) \end{aligned}$$

her, wodurch γ eindeutig festgelegt ist.

c) Man wähle speziell $\alpha = 0$ und $u_1 = u_2$. Dann ist $\gamma = 2\beta - \frac{\pi}{2}$. Durch Variation von u_1 (mit $0 < u_1 < c$) erhält man alle Winkel $\beta \in (0, \frac{\pi}{4})$, also alle $\gamma \in (-\frac{\pi}{2}, 0)$.

A 10.3 Man zeige, daß $\mathfrak{S}^+$ von den Lorentz-Translationen $L(w)$ erzeugt wird. (Mit Hilfe von A 10.2 c) zeige man, daß die $L(w_3)^{-1}L(w_1)L(w_2)$ die ganze orthogonale Gruppe

$$\{\, H \mid H \in \mathfrak{S}^+,\ Hv_4 = v_4 \,\}$$

erzeugen.)

A 10.4 Man zeige, daß die in 10.12 auftretenden Lorentz-Transformationen $G(a, b)$ alle in $\mathfrak{S}^+$ liegen.

A 10.5 Gibt es ein Element aus der Lorentz-Gruppe mit dem Minimalpolynom $(x - 1)^2$?

A 10.6 Sei $G \in \mathfrak{L}$. Es gebe linear unabhängige Vektoren w_1, w_2 mit $Gw_j = w_j$

$(j = 1, 2)$ und

$$(w_1, w_1) = (w_1, w_2) = 0, \qquad (w_2, w_2) = 1.$$

Dann gibt es eine Basis $\{w_1, w_2, w_3, w_4\}$ von $\mathfrak{V}$ mit

$$\mathfrak{V} = \langle w_1, w_3\rangle \perp \langle w_2\rangle \perp \langle w_4\rangle,$$

wobei w_1, w_3 ein hyperbolisches Paar ist und mit geeignetem $a \in \mathbb{R}$ gilt

$$Gw_3 = -\frac{a^2}{2}w_1 + w_3 + aw_4, \qquad Gw_4 = -a^2 w_1 + w_4.$$

Ist $a \neq 0$, so hat G das Minimalpolynom $(x-1)^3$.

A 10.7 Sei $\mathfrak{V}$ ein $\mathbb{R}$-Vektorraum mit regulärem symmetrischem Skalarprodukt (,) und mit $\operatorname{ind}\mathfrak{V} \geqslant 2$. Dann ist die Menge

$$\{\, v \mid (v, v) > 0 \,\}$$

zusammenhängend.

Die folgenden beiden Aufgaben skizzieren eine von § 8 unabhängige Herleitung der Jordanschen Normalform der Lorentz-Transformationen.

A 10.8 Sei G eine Lorentz-Transformationen.

a) Hat G einen reellen Eigenwert $a \neq \pm 1$, so ist jeder Eigenvektor zu a isotrop.

b) Sei $Gv_1 = av_1$ mit $a \in \mathbb{R}$, $v_1 \neq 0$ und $(v_1, v_1) = 0$. Dann ist auch a^{-1} Eigenwert von G; ist $a = \pm 1$, so ist a mindestens zweifacher Eigenwert von G. Die beiden anderen Eigenwerte von G (welche nicht notwendig reell sind) haben dann den Betrag 1.
(Man zerlege $\mathfrak{V} = \langle v_1, v_4\rangle \perp \langle v_2, v_3\rangle$ mit einem hyperbolischen Paar v_1, v_4 und beachte $G\langle v_1\rangle^{\perp} = \langle v_1\rangle^{\perp}$.)

A 10.9 Sei G eine Lorentz-Transformation mit $\det G = 1$.

a) Hat G nicht das charakteristische Polynom $(x \pm 1)^4$, so gibt es eine G-invariante Zerlegung

$$\mathfrak{V} = \langle v_1, v_2\rangle \perp \langle v_3, v_4\rangle,$$

wobei v_1, v_2 ein hyperbolisches Paar und $\langle v_3, v_4\rangle$ ein Hilbertraum ist.

b) Sei $(x \pm 1)^4$ das charakteristische Polynom von G. Dann gilt

$$\mathfrak{V} = \langle v_1, v_4\rangle \perp \langle v_2, v_3\rangle$$

mit einem hyperbolischen Paar v_1, v_4, wobei $\{v_2, v_3\}$ eine Orthonormalbasis von $\langle v_1, v_4\rangle^\perp$ ist. Dabei gilt

$$\begin{aligned} Gv_1 &= av_1 \\ Gv_2 &= a_{21}v_1 + av_2 \\ Gv_3 &= a_{31}v_1 + av_3 \\ Gv_4 &= -\frac{a}{2}(a_{21}^2 + a_{31}^2)v_1 - a_{21}v_2 - a_{31}v_3 + av_4 \end{aligned}$$

mit $a = \pm 1$. (Für $a = 1$ ist dies eine der Abbildungen aus 10.12.)
(Nach 4.17 hat G einen reellen Eigenwert a mit isotropem Eigenvektor v_1. Nach A 10.8 ist auch a^{-1} Eigenwert von G.
Ist $a \neq \pm 1$, so wähle man v_2 mit $Gv_2 = a^{-1}v_2$.
Ist $a = \pm 1$ zweifacher Eigenwert von G, so ist $f_G = (x-a)^2 g$ mit $g(a) \neq 0$, und man verwende

$$\mathfrak{V} = \mathrm{Kern}\,(G - aE)^2 \perp \mathrm{Kern}\, g(G) \qquad \text{(siehe 8.5).}$$

Ist $a = \pm 1$ ein vierfacher Eigenwert von G, so sei

$$\mathfrak{V} = \langle v_1, v_4\rangle \perp \langle v_2, v_3\rangle$$

mit einem hyperbolischen Paar v_1, v_4 und einer Orthonormalbasis $\{v_2, v_3\}$ von $\langle v_1, v_4\rangle^\perp$.)

§ 11 Der Isomorphismus $\mathfrak{S}^+ \cong \mathrm{SL}(2,\mathbb{C})/\langle -E\rangle$

11.1 Hauptsatz. *Es gilt* $\mathfrak{S}^+ \cong \mathrm{SL}(2,\mathbb{C})/\langle -E\rangle$.

Der Nutzen dieses Satzes für rein gruppentheoretische Untersuchungen in $\mathfrak{S}^+$ ist offenkundig: An die Stelle der Rechnung mit 4-reihigen Matrizen über $\mathbb{R}$ tritt die Rechnung mit 2-reihigen Matrizen über $\mathbb{C}$.

Man kann zeigen, daß der Isomorphissmus in 11.1 sogar ein Isomorphismus von topologischen Gruppen ist. Um dies zu tun, muß man sich vor allem eine Topologie auf der Faktorgruppe $\mathrm{SL}(2,\mathbb{C})/\langle -E\rangle$ verschaffen. (Man beachte, daß die Elemente von $\mathrm{SL}(2,\mathbb{C})/\langle -E\rangle$ keine Matrizen sind!) Wir führen dies jedoch nicht aus.

Dem Beweis von 11.1 schicken wir fünf einfache Hilfssätze voraus.

11.2 Hilfssatz. *Sei* $\mathfrak{H}$ *die Menge aller hermiteschen Matrizen aus* $(\mathbb{C})_2$.

a) *$\mathfrak{H}$ ist ein $\mathbb{R}$-Vektorraum und die Elemente*

$$H_1 = \frac{1}{\sqrt{2}}\begin{pmatrix} 1 & 0 \\ 0 & -1 \end{pmatrix}, \qquad H_2 = \frac{1}{\sqrt{2}}\begin{pmatrix} 0 & 1 \\ 1 & 0 \end{pmatrix},$$
$$H_3 = \frac{1}{\sqrt{2}}\begin{pmatrix} 0 & i \\ -i & 0 \end{pmatrix}, \qquad H_4 = \frac{c}{\sqrt{2}}E$$

bilden eine $\mathbb{R}$-Basis von $\mathfrak{H}$.
b) *Für $G, H \in \mathfrak{H}$ setzen wir*

$$(G, H) = -\det(G + H) + \det G + \det H.$$

Dann ist $(\ ,\ )$ ein symmetrisches Skalarprodukt auf $\mathfrak{H}$.
c) *Es gilt*

$$(H_j, H_j) = \begin{cases} 1 & \text{für } j = 1, 2, 3 \\ -c^2 & \text{für } j = 4 \end{cases}$$

und $(H_j, H_k) = 0$ für $j \neq k$. Also ist $\mathfrak{H}$ ein Minkowski-Raum.

Beweis. a) Man rechnet diese Behauptungen leicht nach.
b) Sei $G = (g_{jk})$ und $H = (h_{jk})$. Dann ist

$$(G, H) = -(g_{11} + h_{11})(g_{22} + h_{22}) + (g_{12} + h_{12})(g_{21} + h_{21}) + g_{11}g_{22} - g_{12}g_{21}$$
$$+ h_{11}h_{22} - h_{12}h_{21} = -g_{11}h_{22} - h_{11}g_{22} + g_{12}h_{21} + h_{12}g_{21},$$

und dies hängt bilinear von G und H ab. Die Symmetrie ist offenkundig.
c) Offenbar ist

$$(H_j, H_j) = -\det(2H_j) + 2\det H_j = -2\det H_j = \begin{cases} 1 & \text{für } 1 \leqslant j \leqslant 3 \\ -c^2 & \text{für } j = 4. \end{cases}$$

Man bestätigt leicht $(H_j, H_k) = 0$ für $j \neq k$. □

Wir lassen nun die Gruppe $\mathrm{SL}(2, \mathbb{C})$ auf $\mathfrak{H}$ operieren:

11.3 Hilfssatz. *Für $G \in \mathrm{SL}(2, \mathbb{C})$ definieren wir $D(G) \in \mathrm{Hom}(\mathfrak{H}, \mathfrak{H})$ durch*

$$D(G)H = GH\overline{G}' \qquad (H \in \mathfrak{H}).$$

a) *Für alle $H, \tilde{H} \in \mathfrak{H}$ gilt*

$$(D(G)H, D(G)\tilde{H}) = (H, \tilde{H}).$$

b) *D ist ein Homomorphismus von $\mathrm{SL}(2, \mathbb{C})$ in die Lorentz-Gruppe $\mathfrak{L}$ zu $\mathfrak{H}$ mit* Kern $D = \{E, -E\}$.
c) *Es gilt*

$$\text{Bild}\, D \leqslant \mathfrak{L}^+ = \{\, L \mid L \in \mathfrak{L},\ L\mathfrak{Z}^+ = \mathfrak{Z}^+ \,\}.$$

d) Die Spiegelung S von $\mathfrak{H}$ mit

$$SH_2 = -H_2, \qquad SH_j = H_j \quad \textit{für} \quad j = 1,3,4$$

liegt in $\mathfrak{L}^+$, aber nicht in Bild D.

Beweis. a) Wegen

$$\overline{(GH\overline{G}')}' = G\overline{H}'\overline{G}' = GH\overline{G}'$$

ist $GH\overline{G}'$ wieder hermitesch für $H \in \mathfrak{H}$. Offenbar ist $D(G)$ eine lineare Abbildung.
Wegen $\det G = \det \overline{G}' = 1$ gilt

$$\begin{aligned}(D(G)H, D(G)\tilde{H}) &= (GH\overline{G}', G\tilde{H}\overline{G}')\\ &= -\det G(H+\tilde{H})\overline{G}' + \det GH\overline{G}' + \det G\tilde{H}\overline{G}'\\ &= -\det(H+\tilde{H}) + \det H + \det \tilde{H} = (H,\tilde{H}).\end{aligned}$$

b) Für alle $G_1, G_2 \in \mathrm{SL}(2,\mathbb{C})$ ist

$$D(G_1G_2)H = (G_1G_2)H(\overline{G_1G_2})' = G_1(G_2H\overline{G}_2')\overline{G}_1' = D(G_1)(D(G_2)H).$$

Das zeigt $D(G_1G_2) = D(G_1)D(G_2)$. Daher ist D ein Homomorphismus von $\mathrm{SL}(2,\mathbb{C})$ in $\mathfrak{L}$.

Sei $G = (g_{jk}) \in \mathrm{SL}(2,\mathbb{C})$ und $D(G) = E$, also

$$H = D(G)H = GH\overline{G}' \qquad \text{für alle} \quad H \in \mathfrak{H}.$$

Dann folgt

$$\begin{pmatrix}1&0\\0&0\end{pmatrix} = G\begin{pmatrix}1&0\\0&0\end{pmatrix}\overline{G}' = \begin{pmatrix}g_{11}\overline{g}_{11} & g_{11}\overline{g}_{21}\\ g_{21}\overline{g}_{11} & g_{21}\overline{g}_{21}\end{pmatrix}.$$

Das erzwingt $|g_{11}| = 1$ und $g_{21} = 0$. Aus

$$\begin{pmatrix}0&0\\0&1\end{pmatrix} = G\begin{pmatrix}0&0\\0&1\end{pmatrix}\overline{G}' = \begin{pmatrix}g_{12}\overline{g}_{12} & g_{12}\overline{g}_{22}\\ g_{22}\overline{g}_{12} & g_{22}\overline{g}_{22}\end{pmatrix}$$

folgt $g_{12} = 0$ und $|g_{22}| = 1$. Aus

$$\begin{pmatrix}0&1\\1&0\end{pmatrix} = G\begin{pmatrix}0&1\\1&0\end{pmatrix}\overline{G}' = \begin{pmatrix}0 & g_{11}\overline{g}_{22}\\ g_{22}\overline{g}_{11} & 0\end{pmatrix}$$

erhalten wir schließlich $g_{11}\overline{g}_{22} = 1$. Wegen $1 = \det G = g_{11}g_{22}$ ist also $g_{22} = \overline{g}_{22} \in \mathbb{R}$ und dann auch $g_{11} \in \mathbb{R}$. Wegen $|g_{jj}| = 1$ bleiben nur die Möglichkeiten $g_{11} = g_{22} = \pm 1$, also $G = \pm E$. Offenbar gilt $-E \in \operatorname{Kern} D$.

c) Wir haben

$$(H_4, D(G)H_4) < 0$$

zu zeigen (siehe 10.4 und 10.6). Für $G = (g_{jk})$ ist

$$D(G)H_4 = G\frac{c}{\sqrt{2}}E\overline{G}' = \frac{c}{\sqrt{2}}\begin{pmatrix} a & * \\ * & b \end{pmatrix}$$

mit $a = |g_{11}|^2 + |g_{12}|^2 > 0$, $b = |g_{21}|^2 + |g_{22}|^2 > 0$.
Ist

$$D(G)H_4 = \sum_{j=1}^{4} d_j H_j = \frac{1}{\sqrt{2}}\begin{pmatrix} d_1 + cd_4 & * \\ * & -d_1 + cd_4 \end{pmatrix},$$

so gilt also

$$\frac{c}{\sqrt{2}}(a+b) = \frac{2c}{\sqrt{2}}d_4,$$

somit $d_4 = \frac{a+b}{2} > 0$. Wegen

$$(H_4, D(G)H_4) = d_4(H_4, H_4) = -d_4c^2 < 0$$

folgt dann $D(G) \in \mathfrak{L}^+$.
d) Angenommen, es gäbe ein $G = (g_{jk}) \in \mathrm{SL}(2, \mathbb{C})$ mit $D(G) = S$. Es gilt

$$\frac{1}{\sqrt{2}}(H_1 + \frac{1}{c}H_4) = \begin{pmatrix} 1 & 0 \\ 0 & 0 \end{pmatrix}.$$

Wegen $SH_j = H_j$ für $j = 1, 4$ müßte also gelten

$$\begin{pmatrix} 1 & 0 \\ 0 & 0 \end{pmatrix} = G\begin{pmatrix} 1 & 0 \\ 0 & 0 \end{pmatrix}\overline{G}' = \begin{pmatrix} g_{11}\bar{g}_{11} & g_{11}\bar{g}_{21} \\ g_{21}\bar{g}_{11} & g_{21}\bar{g}_{21} \end{pmatrix}.$$

Das erzwingt $g_{21} = 0$.
Unter Verwendung von

$$\frac{1}{\sqrt{2}}(H_1 - \frac{1}{c}H_4) = \begin{pmatrix} 0 & 0 \\ 0 & -1 \end{pmatrix}$$

folgt ähnlich $g_{12} = 0$. Dann ist wegen

$$\frac{1}{\sqrt{2}}\begin{pmatrix} 0 & i \\ -i & 0 \end{pmatrix} = H_3 = GH_3\overline{G}' = \frac{1}{\sqrt{2}}\begin{pmatrix} 0 & ig_{11}\bar{g}_{22} \\ -i\bar{g}_{11}g_{22} & 0 \end{pmatrix}$$

aber $g_{11}\bar{g}_{22} = 1$. Das liefert schließlich

$$GH_2\overline{G}' = \frac{1}{\sqrt{2}}\begin{pmatrix} 0 & g_{11}\bar{g}_{22} \\ \bar{g}_{11}g_{22} & 0 \end{pmatrix} = H_2,$$

entgegen der Annahme $GH_2\overline{G}' = SH_2 = -H_2$. □

Wir könnten bereits an dieser Stelle durch eine etwas umständliche Determinantenrechnung oder einen einfachen topologischen Zusammenhangsschluß

$\det D(G) = 1$ beweisen, womit Bild $D \leqslant \mathfrak{S}^+$ gesichert wäre. Wir stellen dies jedoch zurück und berechnen zuerst $D(G)$ für einige G aus $\mathrm{SL}(2, \mathbb{C})$.

11.4 Hilfssatz. a) *Sei*

$$G = \begin{pmatrix} e^{i\alpha} & 0 \\ 0 & e^{-i\alpha} \end{pmatrix} \in \mathrm{SL}(2, \mathbb{C})$$

mit reellem α. *Dann ist*

$$\begin{aligned} D(G)H_1 &= H_1, \\ D(G)H_2 &= \cos 2\alpha H_2 + \sin 2\alpha H_3, \\ D(G)H_3 &= -\sin 2\alpha H_2 + \cos 2\alpha H_3, \\ D(G)H_4 &= H_4. \end{aligned}$$

Also ist D(G) eine Drehung in der euklidischen Ebene $\langle H_2, H_3 \rangle$ *um den Winkel* 2α.
b) *Sei*

$$G = \begin{pmatrix} \cos\beta & \sin\beta \\ -\sin\beta & \cos\beta \end{pmatrix} \in \mathrm{SL}(2, \mathbb{C})$$

mit reellem β. *Dann gilt*

$$\begin{aligned} D(G)H_1 &= \cos 2\beta H_1 - \sin 2\beta H_2, \\ D(G)H_2 &= \sin 2\beta H_1 + \cos 2\beta H_2, \\ D(G)H_3 &= H_3, \\ D(G)H_4 &= H_4. \end{aligned}$$

c) *Sei*

$$G = \begin{pmatrix} a & 0 \\ 0 & a^{-1} \end{pmatrix} \in \mathrm{SL}(2, \mathbb{C})$$

mit reellem $a \neq 0$. *Dann gilt*

$$\begin{aligned} D(G)H_1 &= \frac{1}{d}(H_1 + \frac{u}{c^2} H_4), \\ D(G)H_2 &= H_2, \\ D(G)H_3 &= H_3, \\ D(G)H_4 &= \frac{1}{d}(uH_1 + H_4) \end{aligned}$$

mit geeignetem u *und* $d = \sqrt{1 - \frac{u^2}{c^2}}$. *Somit ist* $D(G)$ *eine Lorentz-Translation.*

Beweis. Die Aussagen unter a) und b) ergeben sich durch einfache Matrizenrechnung.

c) Man erhält

$$\begin{aligned}
D(G)H_1 &= \frac{1}{\sqrt{2}}\begin{pmatrix} a^2 & 0 \\ 0 & -a^{-2} \end{pmatrix} = \frac{1}{2}(a^2 + a^{-2})H_1 + \frac{1}{2c}(a^2 - a^{-2})H_4, \\
D(G)H_2 &= H_2, \\
D(G)H_3 &= H_3, \\
D(G)H_4 &= \frac{c}{\sqrt{2}}\begin{pmatrix} a^2 & 0 \\ 0 & a^{-2} \end{pmatrix} = \frac{c}{2}(a^2 - a^{-2})H_1 + \frac{1}{2}(a^2 + a^{-2})H_4.
\end{aligned}$$

Für alle $0 \neq a \in \mathbb{R}$ ist $a^2 + a^{-2} \geqslant 2$, somit

$$0 < \frac{2}{a^2 + a^{-2}} \leqslant 1.$$

Also gibt es ein u mit $-c < u < c$ und

$$\frac{2}{a^2 + a^{-2}} = \sqrt{1 - \frac{u^2}{c^2}} = d.$$

Daraus folgt

$$\frac{u^2}{c^2} = \frac{(a^2 - a^{-2})^2}{(a^2 + a^{-2})^2},$$

und dann bei geeigneter Festsetzung des noch freien Vorzeichens von u

$$\frac{u}{c} = \frac{a^2 - a^{-2}}{a^2 + a^{-2}} = \frac{d}{2}(a^2 - a^{-2}).$$

Also ist

$$\frac{c}{2}(a^2 - a^{-2}) = \frac{u}{d} \qquad \text{und} \qquad \frac{1}{2}(a^2 + a^{-2}) = \frac{1}{d}.$$

11.5 Hilfssatz. *Sei $\mathfrak{V}$ ein $\mathbb{R}$-Hilbertraum von der Dimension 3 und $\{v_1, v_2, v_3\}$ eine Orthonormalbasis von $\mathfrak{V}$. Seien orthogonale Abbildungen $D_1(\alpha)$ und $D_3(\beta)$ von $\mathfrak{V}$ definiert durch*

$$\begin{aligned}
D_1(\alpha)v_1 &= v_1, \\
D_1(\alpha)v_2 &= \cos\alpha v_2 + \sin\alpha v_3, \\
D_1(\alpha)v_3 &= -\sin\alpha v_2 + \cos\alpha v_3, \\
D_3(\beta)v_1 &= \cos\beta v_1 + \sin\beta v_2, \\
D_3(\beta)v_2 &= -\sin\beta v_1 + \cos\beta v_2, \\
D_3(\beta)v_3 &= v_3.
\end{aligned}$$

Zu jedem $G \in \mathrm{SO}(\mathfrak{V})$ gibt es dann Winkel α, β, γ mit

$$G = D_1(\alpha)D_3(\beta)D_1(\gamma).$$

Beweis. Sei

$$Gv_1 = x_1v_1 + x_2v_2 + x_3v_3.$$

Dann ist

$$x_1^2 + x_2^2 + x_3^2 = (Gv_1, Gv_1) = (v_1, v_1) = 1.$$

Wir fordern also insbesondere

$$\begin{aligned} x_1v_1 + x_2v_2 + x_3v_3 &= Gv_1 = D_1(\alpha)D_3(\beta)D_1(\gamma)v_1 = D_1(\alpha)D_3(\beta)v_1 \\ &= D_1(\alpha)(\cos\beta v_1 + \sin\beta v_2) = \cos\beta v_1 + \sin\beta(\cos\alpha v_2 + \sin\alpha v_3). \end{aligned}$$

Wegen $-1 \leqslant x_1 \leqslant 1$ existiert ein β mit $\cos\beta = x_1$. Dann ist

$$x_2^2 + x_3^2 = 1 - x_1^2 = \sin^2\beta.$$

Daher gibt es ein α mit

$$x_2 = \cos\alpha\sin\beta, \qquad x_3 = \sin\alpha\sin\beta.$$

Somit gilt

$$(D_1(\alpha)D_3(\beta))^{-1}Gv_1 = v_1$$

und

$$\det(D_1(\alpha)D_3(\beta))^{-1}G = 1.$$

Also ist

$$(D_1(\alpha)D_3(\beta))^{-1}G = D_1(\gamma)$$

eine Drehung mit der Achse v_1 um einen geeigneten Winkel γ. □

11.6 Beweis von 11.1. a) Wir zeigen zuerst $\mathfrak{S}^+ \leqslant \operatorname{Bild} D$:

Nach 11.4 a) und b) liegen alle Isometrien U von $\mathfrak{H}$ mit $\det U = 1$, $UH_4 = H_4$ und $UH_1 = H_1$ oder $UH_3 = H_3$ in $\operatorname{Bild} D$. Nach 11.5 liegt daher jede Lorentz-Transformation U mit $\det U = 1$ und $UH_4 = H_4$ in $\operatorname{Bild} D$.

Nach 11.4 c) enthält $\operatorname{Bild} D$ auch alle Lorentz-Translationen L zur Richtung H_1. Sei $G \in \mathrm{SL}(2,\mathbb{C})$ so gewählt, daß $D(G)H_1$ eine vorgegebene Richtung in $\langle H_1, H_2, H_3\rangle$ hat. Das geht, da nach 11.4 a), b) und 11.5 alle orthogonalen Abbildungen von $\langle H_1, H_2, H_3\rangle$ von geeigneten $D(G)$ bewirkt werden. Also ist

$$D(G)LD(G)^{-1} \in \operatorname{Bild} D,$$

und $D(G)LD(G)^{-1}$ ist eine Lorentz-Translation in Richtung $D(G)H_1$.

Sei $A \in \mathfrak{S}^+$. Nach 10.10 gibt es dann eine Lorentz-Translation L mit

$$L^{-1}A\langle H_1, H_2, H_3\rangle = \langle H_1, H_2, H_3\rangle, \qquad L^{-1}AH_4 = \pm H_4.$$

Wegen $A \in \mathfrak{S}^+$ und $L \in \mathfrak{S}^+$ (siehe 10.8) ist $L^{-1}A \in \mathfrak{S}^+$, also $L^{-1}AH_4 = H_4$. Dann folgt wegen $\det L^{-1}A = 1$ auch

$$\det(L^{-1}A)_{\langle H_1, H_2, H_3\rangle} = 1.$$

Also gilt $L^{-1}A \in \operatorname{Bild} D$ und dann auch $A \in \operatorname{Bild} D$.
b) Aus a) und 11.3 c), d) folgt

$$\mathfrak{S}^+ \leqslant \operatorname{Bild} D < \mathfrak{L}^+.$$

Wegen $|\mathfrak{L}^+/\mathfrak{S}^+| = 2$ erzwingt dies $\operatorname{Bild} D = \mathfrak{S}^+$. □

11.7 Bemerkung. Offenbar ist

$$\mathfrak{U} = \{\, G \mid G \in \mathrm{SL}(2, \mathbb{C}),\;\; D(G)H_4 = H_4 \,\}$$

eine Untergruppe von $\mathrm{SL}(2, \mathbb{C})$. Für $G \in \mathfrak{U}$ muß gelten

$$\frac{c}{\sqrt{2}}E = H_4 = GH_4\overline{G}' = \frac{c}{\sqrt{2}}G\overline{G}'.$$

Das bedeutet, daß G eine unitäre Matrix ist. Also gilt $\mathfrak{U} = \mathrm{SU}(2, \mathbb{C})$. Mittels des Homomorphismus D folgt dann

$$\begin{aligned}\mathrm{SU}((2, \mathbb{C})/\langle -E\rangle &= \mathrm{SU}(2, \mathbb{C})/\operatorname{Kern} D \cong D(\mathrm{SU}(2, \mathbb{C}))\\ &= \{\, G \mid G \in \mathfrak{S}^+,\;\; GH_4 = H_4 \,\} = \mathrm{SO}(\mathfrak{W}),\end{aligned}$$

wenn $\mathfrak{W} = \langle H_4\rangle^\perp = \langle H_1, H_2, H_3\rangle$ als 3-dimensionaler Hilbertraum gemäß 11.2 b) aufgefaßt wird.

Wir wollen noch zeigen, daß $\mathfrak{S}^+$ eine einfache Gruppe ist. Nach 11.1 bedeutet dies, daß $\mathrm{SL}(2, \mathbb{C})/\langle -E\rangle$ einfach ist. Allgemeiner beweisen wir:

11.8 Satz. *Ist* $\mathbf{K}$ *ein Körper mit* $|\mathbf{K}| > 3$, *so ist* $\mathrm{SL}(2, \mathbf{K})/\langle -E\rangle$ *einfach.*

Beweis. Wir setzen $\mathfrak{G} = \mathrm{SL}(2, \mathbf{K})$ und zeigen: Ist $\mathfrak{N}$ ein Normalteiler von $\mathfrak{G}$ mit $\mathfrak{N} \nleqslant \langle -E\rangle$, so gilt $\mathfrak{N} = \mathfrak{G}$.
a) Ist $\mathfrak{N} \triangleleft \mathfrak{G}$ und $\mathfrak{G}/\mathfrak{N}$ abelsch, so gilt $\mathfrak{G} = \mathfrak{N}$:

Sei $\mathfrak{V}$ der 2-dimensionale $\mathbf{K}$-Vektorraum, auf dem $\mathfrak{G}$ natürlich operiert. Sei $0 \neq v_1 \in \mathfrak{V}$ und sei $\mathfrak{V} = \langle v_1\rangle \oplus \langle v_2\rangle$. Wir betrachten die Abbildungen $G, H \in \mathfrak{G}$ mit

$$\begin{aligned} Gv_1 &= dv_1, \qquad & Gv_2 &= d^{-1}v_2\\ Hv_1 &= v_1, \qquad & Hv_2 &= av_1 + v_2.\end{aligned}$$

Wegen $|\mathbf{K}| > 3$ können wir dabei $d \in \mathbf{K}^\times$ so wählen, daß $d^2 \neq 1$ gilt. Dann folgt durch einfache Rechnung

$$G^{-1}H^{-1}GHv_1 = v_1, \qquad G^{-1}H^{-1}GHv_2 = a(1 - d^{-2})v_1 + v_2.$$

Durch Wahl von a erhalten wir also jede Transvektion T mit $Tv_1 = v_1$ in der Gestalt

$$T = G^{-1}H^{-1}GH.$$

In der kommutativen Faktorgruppe $\mathfrak{G}/\mathfrak{N}$ folgt

$$T\mathfrak{N} = (G\mathfrak{N})^{-1}(H\mathfrak{N})^{-1}(G\mathfrak{N})(H\mathfrak{N}) = (G\mathfrak{N})^{-1}(G\mathfrak{N})(H\mathfrak{N})^{-1}(H\mathfrak{N}) = \mathfrak{N},$$

somit $T \in \mathfrak{N}$. Da v_1 beliebig war, liegt also jede Transvektion von $\mathfrak{G}$ in $\mathfrak{N}$. Nach 4.13 a) ist $\mathfrak{G} = \mathrm{SL}(2,\mathbf{K}) = \mathrm{Sp}(\mathfrak{V})$, und nach 5.3 a) wird $\mathrm{Sp}(\mathfrak{V})$ von den Transvektionen erzeugt. Daher folgt $\mathfrak{G} = \mathfrak{N}$.

b) Sei $\mathfrak{N} \lhd \mathfrak{G}$ mit $\mathfrak{N} \not\leq \langle -E \rangle$. Dann gibt es ein $0 \neq v_1 \in \mathfrak{V}$ derart, daß $\mathfrak{G} = \mathfrak{N}\mathfrak{D}$ gilt mit

$$\mathfrak{D} = \{\, G \mid G \in \mathfrak{G},\ G\langle v_1 \rangle = \langle v_1 \rangle \,\}:$$

Sei $\pm E \neq N \in \mathfrak{N}$. Dann gibt es ein $0 \neq v_1 \in \mathfrak{V}$ mit $Nv_1 \notin \langle v_1 \rangle$. Wir setzen $Nv_1 = v_2$. Dann ist $\mathfrak{V} = \langle v_1 \rangle \oplus \langle v_2 \rangle$. Sei $\langle w \rangle \neq \langle v_1 \rangle$, also $\langle w \rangle = \langle av_1 + v_2 \rangle$ für geeignetes $a \in \mathbf{K}$. Wir definieren dann $H \in \mathfrak{G}$ durch

$$H^{-1}v_1 = v_1, \qquad H^{-1}v_2 = av_1 + v_2.$$

Damit folgt

$$H^{-1}NHv_1 = H^{-1}Nv_1 = H^{-1}v_2 = av_1 + v_2.$$

Dabei ist $H^{-1}NH \in \mathfrak{N}$ und $H^{-1}NH\langle v_1 \rangle = \langle w \rangle$. Also ist

$$\{\, N\langle v_1 \rangle \mid N \in \mathfrak{N} \,\}$$

die Menge aller eindimensionalen Unterräume von $\mathfrak{V}$.

Sei nun G ein beliebiges Element aus $\mathfrak{G}$. Dann gibt es ein $N \in \mathfrak{N}$ mit

$$G\langle v_1 \rangle = N\langle v_1 \rangle.$$

Also gilt $N^{-1}G\langle v_1 \rangle = \langle v_1 \rangle$ und somit $N^{-1}G \in \mathfrak{D}$.

c) Aus b) folgt

$$\mathfrak{G}/\mathfrak{N} = \mathfrak{N}\mathfrak{D}/\mathfrak{N} \cong \mathfrak{D}/(\mathfrak{N} \cap \mathfrak{D}).$$

Nach a) hat $\mathfrak{G}$ keine von $\mathfrak{E}$ verschiedenen abelschen Faktorgruppen, also hat auch $\mathfrak{D}/(\mathfrak{N} \cap \mathfrak{D})$ keine. Wir zeigen, daß daraus $\mathfrak{D} = \mathfrak{N} \cap \mathfrak{D}$ folgt, also $\mathfrak{G} = \mathfrak{N}\mathfrak{D} = \mathfrak{N}$:

Für $D \in \mathfrak{D}$ gilt

$$Dv_1 = av_1 \qquad \text{und} \qquad Dv_2 = bv_1 + a^{-1}v_2$$

mit $a \in \mathbf{K}^\times$. Die Abbildung von D auf a ist offenbar ein Epimorphismus von $\mathfrak{D}$ auf $\mathbf{K}^\times$ mit dem Kern

$$\mathfrak{T} = \{\, T \mid Tv_1 = v_1,\ Tv_2 = bv_1 + v_2 \,\}.$$

Dabei sind $\mathfrak{D}/\mathfrak{T} \cong \mathbf{K}^\times$ und $\mathfrak{T} \cong \mathbf{K}^+$ abelsch.

Wäre $\mathfrak{T}(\mathfrak{N} \cap \mathfrak{D}) < \mathfrak{D}$, so wäre auch

$$\begin{aligned}\mathfrak{E} \neq \mathfrak{D}/(\mathfrak{N} \cap \mathfrak{D}) \Big/ \mathfrak{T}(\mathfrak{N} \cap \mathfrak{D})/(\mathfrak{N} \cap \mathfrak{D}) \\ \cong \mathfrak{D}/\mathfrak{T}(\mathfrak{N} \cap \mathfrak{D}) \cong \mathfrak{D}/\mathfrak{T} \Big/ \mathfrak{T}(\mathfrak{N} \cap \mathfrak{D})/\mathfrak{T}\end{aligned}$$

abelsch, da $\mathfrak{D}/\mathfrak{T}$ abelsch ist. Das geht jedoch nicht. Also ist $\mathfrak{T}(\mathfrak{N} \cap \mathfrak{D}) = \mathfrak{D}$, und dann ist

$$\mathfrak{D}/(\mathfrak{N} \cap \mathfrak{D}) = \mathfrak{T}(\mathfrak{N} \cap \mathfrak{D})/(\mathfrak{N} \cap \mathfrak{D}) \cong \mathfrak{T}/(\mathfrak{T} \cap \mathfrak{N} \cap \mathfrak{D})$$

abelsch, also $\mathfrak{D} = \mathfrak{N} \cap \mathfrak{D}$. □

Aufgaben

A 11.1 Sei

$$G = \begin{pmatrix} 1 & 0 \\ a & 1 \end{pmatrix} \in \mathrm{SL}(2, \mathbb{C})$$

mit $a \neq 0$. Man zeige, daß $D(G)$ das charakteristische Polynom $(x-1)^3$ hat und daß Kern $(D(G) - E)$ die Dimension 2 hat.

A 11.2 In Ergänzung von 11.4 finde man alle $G \in \mathrm{SL}(2, \mathbb{C})$ mit $D(G)H_2 = H_2$ und $D(G)H_4 = H_4$.

A 11.3 Sei

$$G = \begin{pmatrix} a & 0 \\ 0 & a^{-1} \end{pmatrix} \qquad \text{mit} \quad a \in \mathbb{C}^\times.$$

Man zeige, daß $D(G)$ die Eigenwerte $|a|^2$, $|a|^{-2}$, $\frac{a^2}{|a|^2}$, $\frac{\bar{a}^2}{|a|^2}$ hat.

A 11.4 a) Durch die Festsetzung

$$F(G)H = GH\overline{G}'$$

für $G \in GL(2, \mathbb{C})$ und $H \in \mathfrak{H}$ wird ein Homomorphismus F von $GL(2, \mathbb{C})$ in die Gruppe der Ähnlichkeiten von $\mathfrak{H}$ definiert.

b) Man bestimme Kern F.

c) Man zeige, daß Bild F die Gruppe aller Ähnlichkeiten von $\mathfrak{H}$ ist.

d) Für welche G ist $F(G)$ eine Isometrie von $\mathfrak{H}$?

A 11.5 a) Für

$$G = \begin{pmatrix} x & 0 \\ 0 & 1 \end{pmatrix} \in GL(2, \mathbb{C})$$

berechne man $\det D(G)$.

b) Für alle $G \in GL(2,\mathbb{C})$ beweise man $\det D(G) = |\det G|^4$.

§ 12 Spezielle Relativitätstheorie

Am 21. September 1908 auf der Tagung der Gesellschaft deutscher Naturforscher und Ärzte in Köln begann Hermann Minkowski seinen Vortrag über Raum und Zeit mit folgenden Sätzen:

"Die Anschauungen über Raum und Zeit, die ich Ihnen hier entwickeln möchte, sind auf experimentell-physikalischem Boden erwachsen. Darin liegt ihre Stärke. Ihre Tendenz ist eine radikale. Von Stund an sollen Raum für sich und Zeit für sich völlig zu Schatten herabsinken, und nur noch eine Art Union der beiden soll Selbständigkeit bewahren."

Minkowski gab in seinem Vortrag den neuen Auffassungen von Raum und Zeit, welche Einstein seit 1905 in seiner speziellen Relativitätstheorie entwickelt hatte, eine einfache geometrische Gestalt: Es handelt sich um die Geometrie eines 4-dimensionalen $\mathbb{R}$-Vektorraumes mit einem symmetrischen Skalarprodukt der Signatur $(1,1,1,-1)$ und um die Isometrien dieses Raumes.

Bevor wir mit der Darlegung der Einsteinschen und Minkowskischen Ideen beginnen, werfen wir zuerst einen Blick zurück auf die klassischen Vorstellungen von Raum und Zeit, wie sie die Physik seit Galilei[7)] und Newton[8)] beherrschten:

12.1 Die Galilei-Gruppe. a) Wir beschreiben die Vorgänge in Raum und Zeit durch Vorgabe eines Quadrupels (x_1, x_2, x_3, t) von reellen Zahlen. Dabei sollen x_1, x_2, x_3 die Komponenten des Ortsvektors bezüglich einer Orthonormalbasis sein, t ist die Zeit. Als zulässige Übergänge sehen wir alle Abbildungen von (x_1, x_2, x_3, t) auf (x'_1, x'_2, x'_3, t') an mit

$$x'_j = b_j + \sum_{k=1}^{3} a_{jk} x_k \quad (j = 1, 2, 3), \qquad t' = t + b, \tag{1}$$

wobei (a_{jk}) eine orthogonale Matrix ist. Diese Abbildungen bewirken eine orthogonale Transformation der (x_1, x_2, x_3) nebst einer Verschiebung des Koordinatennullpunktes sowie des Nullpunktes der verwendeten Uhr.

7) Galileo Galilei (1564–1642) Florenz; Physiker und Astronom, Fallgesetze.

8) Isaak Newton (1642–1726) Cambridge und London; einer der Schöpfer der Analysis; Begründer der theoretischen Mechanik und ihrer Anwendungen auf die Astronomie; vielseitige Arbeiten zur Physik.

Neben diesen Abbildungen treten in der Newtonschen Mechanik noch andere auf, die sich ergeben, wenn die Nullpunkte der verwendeten Koordinatenachsen unter Beibehaltung ihrer Richtungen relativ zueinander eine gradlinige, gleichförmige Bewegung mit dem Geschwindigkeitsvektor (v_1, v_2, v_3) vollführen. Dann ist

$$x'_j = x_j + v_j t \quad (j = 1, 2, 3), \qquad t' = t. \tag{2}$$

Schreiben wir diese Transformationen mittels Matrizen vom Typ $(4, 4)$, so entspricht einer Abbildung vom Typ (1) mit $b = b_j = 0$ $(j = 1, 2, 3)$ eine Matrix der Gestalt

$$\begin{pmatrix} A & 0 \\ 0 & 1 \end{pmatrix}$$

mit einer orthogonalen Matrix A vom Typ $(3, 3)$. Einer Abbildung vom Typ (2) entspricht die Matrix

$$\begin{pmatrix} 1 & 0 & 0 & v_1 \\ 0 & 1 & 0 & v_2 \\ 0 & 0 & 1 & v_3 \\ 0 & 0 & 0 & 1 \end{pmatrix}.$$

Das Erzeugnis aller dieser Matrizen ist die Gruppe

$$\mathfrak{G} = \left\{ \left(\begin{array}{ccc|c} & & & v_1 \\ & A & & v_2 \\ & & & v_3 \\ 0 & 0 & 0 & 1 \end{array} \right) \;\middle|\; A \text{ orthogonal}, \;\; v_j \in \mathbb{R} \right\}.$$

Wir nennen $\mathfrak{G}$ die Galilei-Gruppe. Man sieht leicht, daß

$$\mathfrak{N} = \left\{ \left(\begin{array}{ccc|c} & & & v_1 \\ & E & & v_2 \\ & & & v_3 \\ 0 & 0 & 0 & 1 \end{array} \right) \;\middle|\; v_j \in \mathbb{R} \right\}$$

ein zu $\mathbb{R}^3$ isomorpher abelscher Normalteiler ist und $\mathfrak{G}/\mathfrak{N}$ isomorph ist zur dreidimensionalen orthogonalen Gruppe.

b) Die Bedeutung der Galilei-Gruppe liegt darin, daß die Gesetze der klassischen Mechanik invariant sind gegen Galilei-Transformationen:

Wir betrachten ein System von n Massenpunkten (etwa Himmelskörpern) mit den Ortsvektoren $z_j(t)$ $(j = 1, \ldots, n)$ zur Zeit t. Nehmen wir an, daß die zwischen den Massenpunkten wirksamen Kräfte Funktionen der Vektoren $z_j(t) - z_k(t)$ sind (etwa Newtonsche Gravitationskräfte oder elastische Kräfte), so lauten die Bewegungsgleichungen in vektorieller Gestalt

$$m_j z''_j(t) = f_j(z_j(t) - z_1(t), \ldots, z_j(t) - z_n(t)), \tag{3}$$

wobei m_j die Masse des Punktes j sei.

Wir ändern nun unser Bezugssystem gemäß einer Galilei-Transformation vom Typ (2). Sind $y_j(t)$ die Ortsvektoren der Massenpunkte im neuen Koordinatensystem, so ist

$$y_j(t) = z_j(t) + vt \quad \text{mit} \quad v = (v_1, v_2, v_3).$$

Dann gilt offenbar

$$m_j y_j''(t) = f_j(y_j(t) - y_1(t), \ldots, y_j(t) - y_n(t)). \tag{3'}$$

Man kann also durch mechanische Versuche die durch die Formeln (2) beschriebene gradlinige, gleichförmige Bewegung nicht erkennen.

c) Ist das in b) formulierte "Galileische Relativitätsprinzip" der Mechanik auch für elektromagnetische Vorgänge richtig?

Ein im Raumpunkt $(0,0,0)$ zur Zeit $t = 0$ gesendetes Lichtsignal erreicht bei der Ausbreitung im Vakuum mit der Lichtgeschwindigkeit c zur Zeit t gerade die Raumpunkte (x_1, x_2, x_3) mit

$$x_1^2 + x_2^2 + x_3^2 = c^2 t^2. \tag{4}$$

In den Koordinaten x_t', t' mit $x_j' = x_j + v_j t, t' = t$ lautet diese Bedingung freilich

$$x'^2_1 + x'^2_2 + x'^2_3 - 2(v_1 x'_1 + v_2 x'_2 + v_3 x'_3)t' + (v_1^2 + v_2^2 + v_3^2 - c^2)t'^2 = 0, \tag{4'}$$

und das ist i.a. wesentlich verschieden von

$$x'^2_1 + x'^2_2 + x'^2_3 = c^2 t'^2.$$

(Es ist klar, daß die Transformationen vom Typ (1) mit $b = b_j = 0$ wegen der Orthogonalität von (a_{jk}) tatsächlich

$$x_1^2 + x_2^2 + x_3^2 = c^2 t^2 \quad \text{in} \quad x'^2_1 + x'^2_2 + x'^2_3 = c^2 t'^2$$

überführen.)

Demnach sollte sich die in guter Näherung über kurze Zeiten gradlinige, gleichförmige Bewegung der Erde im Weltraum durch optische Experimente beweisen lassen. Diesem Nachweis sind zahlreiche Versuche gewidmet worden. Wir gehen auf zwei davon näher ein:

12.2 Die Versuche von Michelson[9] und Fizeau[10].

a) Der berühmte Versuch von Michelson verläuft wie folgt:

---

9) Albert Abraham Michelson (1852–1931) Pasadena (Cal.); grundlegender Versuch zur Elektrodynamik bewegter Körper.

10) Hippolyte Fizeau (1819–1896) Physiker, hat den Doppler-Effekt vorhergesagt, Bestimmung von c.

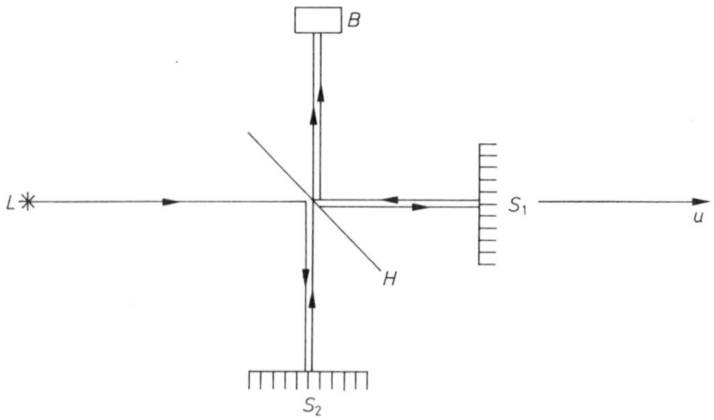

In der skizzierten Versuchsanordnung sei L eine Lichtquelle, H eine halbdurchlässige Platte, S_1 und S_2 Spiegel und B ein Beobachter. Das von L kommende Licht durchdringt teilweise die Platte H, wird dann am Spiegel S_1 und an H reflektiert und gelangt so zum Beobachter B. Ein Teil des Lichtes wird jedoch direkt an H reflektiert und gelangt über den Spiegel S_2 nach Durchdringung der Platte H nach B. (Beide Strahlen werden also je einmal an H reflektiert und durchdringen H einmal.) Die Strecken HS_1 und HS_2 seien von gleicher Länge l. Die Versuchsanordnung sei so aufgestellt, daß LS_1 die Richtung der Erdbewegung ist, u sei die Geschwindigkeit dieser Bewegung.

Wir behandeln diesen Versuch im Rahmen der klassischen Physik: Sei t_1 die Zeit, welche das Licht vom Durchgang durch H bis zur Ankunft in S_1 benötigt. Da der Spiegel S_1 in der Zeit t_1 um die Strecke $t_1 u$ nach rechts wandert, ist

$$l + t_1 u = t_1 c, \quad \text{also} \quad t_1 = \frac{l}{c - u}.$$

Ähnlich ergibt sich für die Zeitspanne t_2, welche das Licht für den Weg von S_1 nach H benötigt, da nun die Platte H dem Licht entgegenkommt,

$$l - t_2 u = t_2 c, \quad \text{also} \quad t_2 = \frac{l}{c + u}.$$

Somit benötigt das Licht für den Weg HS_1H die Zeit

$$t_1 + t_2 = \frac{2l}{c} \frac{1}{1 - \frac{u^2}{c^2}}.$$

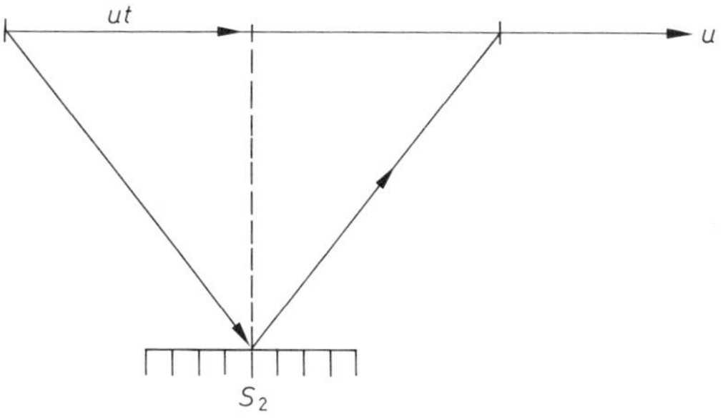

Trifft das an H reflektierte Licht den Spiegel S_2 nach der Zeit t, so gilt

$$c^2t^2 = u^2t^2 + l^2,$$

also ist

$$t = \frac{l}{\sqrt{c^2 - u^2}}.$$

Für den Weg von S_2 zurück nach H wird nochmal dieselbe Zeit benötigt.

Diese ungeheuer kurzen Zeiten $t_1 + t_2$ und $2t$ sind nicht direkt zu messen, aber die kleine Zeitdifferenz

$$\begin{aligned} t_1 + t_2 - 2t &= \frac{2l}{c}\Big(\frac{1}{1 - \frac{u^2}{c^2}} - \frac{1}{\sqrt{1 - \frac{u^2}{c^2}}}\Big) \\ &= \frac{2l}{c}\Big(1 + \frac{u^2}{c^2} + \ldots - 1 - \frac{1}{2}\frac{u^2}{c^2} - \ldots\Big) \sim \frac{l}{c}\frac{u^2}{c^2} \end{aligned}$$

macht sich beim Beobachter B in Gestalt von Interferenzen des mit unterschiedlichen Phasen einlaufenden Lichtes bemerkbar, und diese müßten mit den feinen Apparaturen von Michelson beobachtbar sein, wenn unsere ganz auf den klassischen Vorstellungen von Raum und Zeit beruhenden Überlegungen zutreffen. Aber nichts dergleichen ist zu sehen.

Dieses Versuchsergebnis wurde von Fitzgerald und Lorentz durch die ad hoc Hypothese erklärt, daß sich die Strecke HS_1 in der Bewegungsrichtung auf $l\sqrt{1 - \frac{u^2}{c^2}}$ verkürzt, während die Länge HS_2 von der Bewegung nicht beeinflußt wird. Gerade dann erhalten wir nämlich $t_1 + t_2 - 2t = 0$. Wir werden in 12.8 a) sehen, wie dieser Sachverhalt ohne künstliche Hypothesen aus den Grundannahmen der speziellen Relativitätstheorie folgt.

b) Der Versuch von Fizeau mißt die Geschwindigkeit der Lichtausbreitung in einem Medium M, welches sich mit konstanter Geschwindigkeit u bewegt. Ist $\frac{c}{n}$ die Lichtgeschwindigkeit in M (mit dem Brechungsindex $n > 1$ des Mediums M), so erhält man als Lichtgeschwindigkeit

$$\frac{c}{n} \pm u(1 - \frac{1}{n^2}),$$

je nach der Richtung von u. Den Faktor $1 - \frac{1}{n^2}$ nennt man den Fresnelschen[11)] Mitführungskoeffizienten. Für das Vakuum ist $n = 1$, für Gase liegt n nahe bei 1, dann tritt dieser Effekt nicht auf. Fizeau konnte den Effekt messen, wobei er als Medium M strömendes Wasser verwendete. Zeeman[12)] führte Messungen an schnell bewegten Quarzstäben durch.

Die klassischen Vorstellungen, welche die elektromagnetischen und optischen Schwingungen als Schwingungen eines elastischen Mediums, des Lichtäthers, deuten wollten, stießen vor allem bei der Erklärung des Michelson Versuches auf unüberwindliche Schwierigkeiten. Ruht dieser Äther und bewegt sich die Erde relativ zu ihm oder wird der Äther von der Erde in einem "Ätherwind" mitgeführt?

Eine allseits befriedigende Lösung dieser Rätsel hat erst die spezielle Relativitätstheorie von Einstein gebracht. Zu ihrer Begründung erheben wir den negativen Ausgang des Michelson Versuches zum Axiom!

12.3 Die Axiome der speziellen Relativitätstheorie. Wir beschreiben Ereignisse in Raum und Zeit wieder durch Angabe eines Quadrupels in $\mathbb{R}^4$. Jeder Beobachter ordnet jedem physikalischen Ereignis bezüglich des von ihm benutzten Bezugssystems drei Raumkoordinaten x_1, x_2, x_3 und eine Zeitkoordinate $x_4 = t$ zu. Die in der klassischen Theorie von allen Beobachtern gleichartig vollzogene Zerlegung des $\mathbb{R}^4$ in einen räumlichen und einen zeitlichen Anteil wollen wir jedoch nicht vornehmen, da sie sich in der Relativitätstheorie nicht halten läßt. Wir nennen (x_1, x_2, x_3, x_4) einen Weltpunkt.

Welche Transformationen

$$(x_1, x_2, x_3, x_4) \longrightarrow ({x'}_1, {x'}_2, {x'}_3, {x'}_4)$$

der Koordinaten wollen wir nun anstelle der Galilei-Transformationen als zulässige ansehen? Wir fordern:

Axiom 1. Es sei

$$x'_j = b_j + \sum_{k=1}^{4} a_{jk} x_k \qquad (j = 1, \ldots, 4)$$

mit $\det(a_{jk}) \neq 0$.

11) Augustin Jean Fresnel (1788–1827). Folgerte aus Beugung und Polarisation die Natur des Lichtes als Transversalwellen.

12) Pieter Zeeman (1865–1943) Amsterdam; entdeckte den sog. Zeeman Effekt, die Aufspaltung der Spektrallinien im Magnetfeld; Nobelpreis 1902.

Dieses Axiom entspricht der folgenden physikalischen Forderung: Eine gradlinige, gleichförmige Bewegung wird im ersten System beschrieben durch Gleichungen

$$x_j(t) = b_j + v_j t \qquad (j = 1, 2, 3),$$

wobei $t = x_4$ die Zeit des ersten Beobachters sei. Wir fordern, daß diese Bewegung auch für den zweiten Beobachter als gradlinig, gleichförmig erscheint, also beschrieben wird durch

$$x'_j(t') = b'_j + v'_j t' \qquad (j = 1, 2, 3)$$

mit $t' = x'_4$.

Axiom 2. Ist

$$\sum_{j=1}^{3} x_j^2 - c^2 x_4^2 = 0,$$

so sei auch

$$\sum_{j=1}^{3} (x'_j - b_j)^2 - c^2 (x'_4 - b_4)^2 = 0.$$

Das entspricht der physikalischen Forderung, daß der zweite Beobachter das in $(x_1, x_2, x_3, x_4) = (0, 0, 0, 0)$, also in $(x'_1, x'_2, x'_3, x'_4) = (b_1, b_2, b_3, b_4)$ ausgesandte Lichtsignal im Vakuum genauso beobachtet, wie der erste Beobachter, es breitet sich nämlich mit der Geschwindigkeit c in konzentrischen Kugeln um (b_1, b_2, b_3) aus, beginnend zum Zeitpunkt $t' = b_4$.

Was ist der mathematische Gehalt dieser beiden noch recht harmlos aussehenden Axiome?

12.4 Satz. *Sei $\mathfrak{V}$ der Minkowski-Raum und $\{v_1, v_2, v_3, v_4\}$ eine Orthogonalbasis von $\mathfrak{V}$ mit*

$$(v_j, v_j) = 1 \quad (j = 1, 2, 3), \qquad (v_4, v_4) = -c^2.$$

Genau dann ist

$$x'_j = b_j + \sum_{k=1}^{4} a_{jk} x_k \qquad (j = 1, \ldots, 4)$$

im Sinne von 12.3 *eine zulässige Transformation, wenn die Abbildung* $A \in \mathrm{Hom}(\mathfrak{V}, \mathfrak{V})$ *mit*

$$A v_j = \sum_{k=1}^{4} a_{kj} v_k \qquad (j = 1, \ldots, 4)$$

eine Ähnlichkeit von $\mathfrak{V}$ ist. Dann hat A die Gestalt $A = dL$ mit $0 < d \in \mathbb{R}^\times$ und einer Lorentz-Transformation L.

Beweis. Wir setzen $v = \sum_{j=1}^{4} x_j v_j$. Ist v ein isotroper Vektor, also

$$(v, v) = \sum_{j=1}^{3} x_j^2 - c^2 x_4^2 = 0,$$

so ist wegen Axiom 2 auch

$$\begin{aligned}(Av, Av) &= \sum_{k=1}^{3}(\sum_{j=1}^{4} a_{kj}x_j)^2 - c^2(\sum_{j=1}^{4} a_{4j}x_j)^2 \\ &= \sum_{k=1}^{3}(x'_k - b_k)^2 - c^2(x'_4 - b_4)^2 = 0.\end{aligned}$$

Also ist A eine lineare Abbildung von $\mathfrak{V}$, welche isotrope Vektoren wieder auf isotrope Vektoren abbildet, genau dann, wenn die Transformation

$$(x_1, x_2, x_3, x_4) \longrightarrow (x'_1, x'_2, x'_3, x'_4)$$

zulässig ist. Nach 9.6 ist daher A eine Ähnlichkeit von $\mathfrak{V}$. Nach 9.3 a) gilt $F(\mathfrak{V}) = \mathbb{R}^{\times 2}$, und das besagt nach 9.2 d), daß jede Ähnlichkeit A von $\mathfrak{V}$ die Gestalt $A = dL$ mit $0 < d \in \mathbb{R}$ und einer Isometrie L von $\mathfrak{V}$ hat. □

12.5 Lorentz-Translationen. Wir betrachten gemäß 10.8 die Isometrie $L(-uv_1)$ von $\mathfrak{V}$ mit $|u| < c$, $d = \sqrt{1 - u^2/c^2}$ und

$$\begin{aligned}&L(-uv_1)v_1 = \frac{1}{d}(v_1 - \frac{u}{c^2}v_4), \quad L(-uv_1)v_4 = \frac{1}{d}(-uv_1 + v_4), \\ &L(-uv_1)v_j = v_j \quad \text{für} \quad j = 2, 3.\end{aligned}$$

Da $L(-uv_1)$ eine Isometrie von $\mathfrak{V}$ ist, wird nach 12.4 durch

$$x'_1 = \frac{1}{d}(x_1 - ux_4), \quad x'_4 = \frac{1}{d}(-\frac{u}{c^2}x_1 + x_4), \quad x'_j = x_j \quad \text{für} \quad j = 2, 3$$

eine zulässige Transformation definiert.

Ist $x_4 = t$ die Zeit des ersten Beobachters, so hat der Nullpunkt $(x'_1, x'_2, x'_3) = (0, 0, 0)$ des zweiten Beobachters im System des ersten Beobachters zur Zeit t die Koordinaten $(ut, 0, 0)$, vollführt also eine Translation mit der konstanten Geschwindigkeit u bezüglich des ersten Beobachters. Aber die bei den Galilei-Transformationen gültige Gleichung $t' = t$ gilt nun nicht mehr, vielmehr ist

$$t' = x'_4 = \frac{1}{d}(-\frac{u}{c^2}x_1 + t).$$

Die beiden relativ zueinander bewegten Beobachter haben also nicht mehr denselben Zeitbegriff. Das hat sensationelle Folgen!

Bei den nun zu besprechenden Effekten der speziellen Relativitätstheorie schreiben wir stets (x, y, z, t) statt (x_1, x_2, x_3, x_4) und legen die Transformation

$$x' = \frac{1}{d}(x - ut), \quad y' = y, \quad z' = z, \quad t' = \frac{1}{d}(-\frac{u}{c^2}x + t) \qquad (L)$$

aus 12.5 mit $d = \sqrt{1 - u^2/c^2}$ zugrunde. Dies ist keine wesentliche Beschränkung, denn nach 10.10 ist jede Lorentz-Transformation ein Produkt einer Lorentz-Translation in geeigneter Richtung mit einer orthogonalen Transformation, welche lediglich ein anderes Koordinatensystem im Raume einführt, also keine invariante physikalische Bedeutung hat.

12.6 Die Relativität der Gleichzeitigkeit. Wir lassen zwei Beobachter, deren Bezugssysteme sich um die Transformation (L) unterscheiden (also sich relativ zueinander mit konstanter Geschwindigkeit $u \neq 0$ in Richtung der x-Achse bewegen) zwei physikalische Ereignisse beobachten. Beobachter 1 sehe diese in den Weltpunkten $(x_1, 0, 0, t_1)$ und $(x_2, 0, 0, t_2)$. Beobachter 2 sieht diese Ereignisse dann in den Weltpunkten $(x'_1, 0, 0, t'_1)$ und $(x'_2, 0, 0, t'_2)$ mit

$$x'_j = \frac{1}{d}(x_j - ut_j), \qquad t'_j = \frac{1}{d}(-\frac{u}{c^2}x_j + t_j).$$

Dabei ist also

$$t'_2 - t'_1 = \frac{1}{d}((t_2 - t_1) - \frac{u}{c^2}(x_2 - x_1)).$$

Ist $t_1 = t_2$, beobachtet also der erste Beobachter beide Ereignisse gleichzeitig, so ist $t'_2 - t'_1 \neq 0$, falls nicht auch $x_2 = x_1$ gilt. Somit ist "Gleichzeitigkeit" eine vom Beobachter abhängige Aussage. Sie wird genau so vom verwendeten Bezugssystem abhängig, so wie in der Geometrie die Aussage, daß zwei Punkte dieselbe x-Koordinate haben, offenbar von der Wahl der Koordinatenachsen abhängig ist.

Die zeitliche Reihenfolge zweier Ereignisse kann sich beim Übergang zu einem anderen Beobachter manchmal sogar umkehren:

Sei etwa $t_2 > t_1$. Ist

$$|t_2 - t_1| > \frac{1}{c}|x_2 - x_1|, \qquad \text{(i)}$$

so gilt für alle u mit $|u| < c$

$$\frac{|u|}{c^2}|x_2 - x_1| < \frac{|u|}{c}|t_2 - t_1| < |t_2 - t_1|,$$

also ist dann stets $t'_2 > t'_1$. Die Bedingung (i) besagt, daß die Strecke der Länge $|x_2 - x_1|$ kleiner ist als der Weg $c(t_2 - t_1)$ des Lichtes in der Zeit $t_2 - t_1$.

Ist hingegen

$$|t_2 - t_1| < \frac{1}{c}|x_2 - x_1|, \tag{ii}$$

so gibt es ein u mit $|u| < c$ und

$$|t_2 - t_1| < \frac{|u|}{c^2}|x_2 - x_1|.$$

Bei geeigneter Richtung von u erhalten wir dann $t_2' - t_1' < 0$. Nun erscheint Ereignis 2 dem ersten Beobachter nach Ereignis 1, für den zweiten Beobachter hingegen erscheint die Reihenfolge der Ereignisse umgekehrt.

Die Bedingung (ii) besagt, daß ein im Weltpunkt $(x_1, 0, 0, t_1)$ gesendetes Signal, dessen Ausbreitungsgeschwindigkeit höchstens c ist, nicht zum Weltpunkt $(x_2, 0, 0, t_2)$ gelangen kann.

Der negative Ausgang des Michelson Versuches ist in unserem Axiom 2 aus 12.3 natürlich bereits enthalten. Wie steht es mit dem Fizeau-Versuch aus 12.2 b)?

12.7 Das Einsteinsche Additionstheorem der Geschwindigkeiten. a) Für Lorentz-Translationen $L(w_1)$ und $L(w_2)$ mit $\langle w_1 \rangle = \langle w_2 \rangle$ hatten wir in 10.9 die Regeln

$$L(w_1)L(w_2) = L(w_3) \qquad \text{mit} \quad w_3 = \frac{1}{1 + \frac{(w_1, w_2)}{c^2}}(w_1 + w_2)$$

hergeleitet. Übersetzen wir dies in unsere jetzige physikalische Sprache, so liefert dies das Additionstheorem von Einstein für gleichgerichtete Bewegungen mit konstanter Geschwindigkeit:

Bewegt sich Beobachter 2 relativ zu Beobachter 1 mit der Geschwindigkeit u_1 und Beobachter 3 relativ zu Beobachter 2 mit der zu u_1 gleich- oder entgegengesetzt gerichteten Geschwindigkeit u_2, so bewegt sich Beobachter 3 relativ zu Beobachter 1 mit der Geschwindigkeit

$$u_3 = \frac{u_1 + u_2}{1 + \frac{u_1 u_2}{c^2}}.$$

Sind u_1 und u_2 sehr klein gegenüber c, wie bei den meisten mechanischen Versuchsanordnungen, so ist u_3 sehr nahe bei $u_1 + u_2$. Hingegen erhält man für alle $|u_j| < c$ $(j = 1, 2)$ stets auch $|u_3| < c$ (siehe 10.9). Für $u_1 = u_2 = \frac{9c}{10}$ erhält man zum Beispiel

$$u_3 = \frac{180}{181}c < c.$$

(Formal erhält man aus obiger Formel für $u_1 = c$ und beliebiges u_2 auch $u_3 = c$; da in 10.9 jedoch ausdrücklich $|u_j| < c$ vorausgesetzt worden war, ist dieser Schluß nicht zulässig. Die Aussage "$u + c = c$" ist vielmehr der Inhalt von Axiom 2 aus 12.3.)

b) Aus den Ausführungen unter a) folgt die ganz einfache Erklärung des Fizeau-Versuches aus 12.2 b). Die "Einstein-Addition" von $\frac{c}{n}$ und u liefert nämlich

$$\frac{\frac{c}{n} + u}{1 + \frac{u}{nc}} \sim (\frac{c}{n} + u)(1 - \frac{u}{nc}) \sim \frac{c}{n} + u(1 - 1/n^2)$$

(bis auf Terme der Größenordnung $\frac{u^2}{c}$), also genau den Fresnelschen Mitführungskoeffizienten.

c) Wir behandeln den transversalen Fizeau-Effekt, bei welchem eine

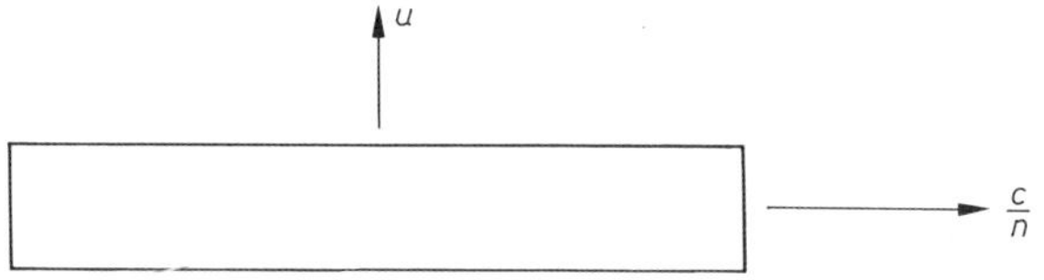

mit Wasser gefüllte Röhre senkrecht zu ihrer Richtung mit der Geschwindigkeit u bewegt wird, innerhalb des Wassers breitet sich das Licht wie vorher mit der Geschwindigkeit $\frac{c}{n}$ aus. Die Geschwindigkeitsvektoren sind also

$$w_1 = (\frac{c}{n}, 0, 0) \qquad \text{und} \qquad w_2 = (0, u, 0).$$

Da nun $(w_1, w_2) = 0$ gilt, folgt mit 10.11 b) für den Betrag u_3 der resultierenden Geschwindigkeit

$$1 - \frac{u_3^2}{c^2} = d_3^2 = d_1^2 d_2^2 = (1 - 1/n^2)(1 - \frac{u^2}{c^2}),$$

also

$$u_3 = \sqrt{\frac{c^2}{n^2} + u^2(1 - \frac{1}{n^2})}.$$

Somit erhält man eine "pythagoräische" Addition von c/n und u, wobei aber u^2 wieder mit dem Fresnelschen Mitführungskoeffizienten $1 - \frac{1}{n^2}$ zu versehen ist.

12.8 Lorentz-Kontraktion und Einsteinsche Zeitdilatation. a) Wir betrachten einen Stab in zwei Bezugssystemen (x, y, z, t) und (x', y', z', t'), welche durch die Lorentz-Transformation (L) aus 12.5 verbunden sind. Im zweiten Systeme ruhe der Stab, seine Endpunkte seien in $(x', y', z') = (0, 0, 0)$ und $(x', y', z') = (l_0, 0, 0)$. Wir nennen l_0 die Eigenlänge oder Ruhelänge des Stabes.

Wie sieht der erste Beobachter den Stab? Er liest zu irgendeinem Zeitpunkt t

die beiden Endpunkte x_a und x_b des Stabes ab. Nun ist

$$x'_a = \frac{1}{d}(x_a - ut) \quad \text{und} \quad x'_b = \frac{1}{d}(x_b - ut),$$

also

$$l_0 = x'_b - x'_a = \frac{1}{d}(x_b - x_a) = \frac{l}{d},$$

wenn $l = x_b - x_a$ die vom ersten Beobachter ermittelte Stablänge ist. Somit hat der Stab für den ersten Beobachter die Länge

$$l = \sqrt{1 - \frac{u^2}{c^2}}\, l_0 < l_0,$$

erscheint also dem ersten Beobachter gegenüber seiner Ruhelänge l_0 verkürzt. Dies ist die bereits in 12.2 bei der Behandlung des Michelson Versuches erwähnte Fitzgerald- oder Lorentz-Kontraktion.

Steht der Stab senkrecht zu Bewegungsrichtung, etwa mit den Endpunkten in $(0, 0, 0)$ und $(0, l_0, 0)$, so tritt offenbar wegen $y' = y$ kein derartiger Effekt auf.

b) Wieder sei der Zusammenhang zwischen zwei Bezugssystemen durch die Transformation (L) aus 12.5 gegeben. Eine Uhr ruhe im zweiten System und markiere die gleichmäßig verteilten Zeitpunkte

$$t'_1, t'_2, \ldots \qquad \text{mit} \quad t'_{j+1} - t'_j = \tau'.$$

Die Auflösung von (L) nach x, t liefert

$$x = \frac{1}{d}(x' + ut'), \qquad t = \frac{1}{d}(t' + \frac{u}{c^2}x').$$

Da unsere Uhr bezüglich des zweiten Systems ruht, erhält man daraus

$$t_{j+1} - t_j = \frac{1}{d}(t'_{j+1} - t'_j) = \frac{\tau'}{d}.$$

Also erscheint im ersten System die Zeiteinheit der Uhr als

$$\tau = \frac{\tau'}{\sqrt{1 - \frac{u^2}{c^2}}} > \tau',$$

ist gegenüber τ' also vergrößert. Dies ist die Einsteinsche Zeitdilatation.

Dieser Effekt findet eine experimentelle Bestätigung bei der Beobachtung von Mesonen, welche in der Atmosphäre unter Einfluß der Höhenstrahlung entstehen. Ihre mittlere Zerfallszeit in Ruhe ist etwa $\tau' = 1,5 \cdot 10^{-6}$ Sekunden. In dieser Zeit legt ein Meson höchstens $1,5c \cdot 10^{-6} = 450$ Meter zurück. Man beobachtet jedoch als häufigste Weglänge den viel größeren Wert von etwa 20 km. Im Bezugssystem eines auf der Erde ruhenden Beobachters entspricht das der mittleren Zerfallszeit

$\tau \sim 7 \cdot 10^{-5}$ Sekunden. Also hat in diesem Fall die Zeitdilatation den Wert

$$\frac{1}{\sqrt{1-\frac{u^2}{c^2}}} = \frac{\tau}{\tau'} \sim \frac{7 \cdot 10^{-5}}{1,5 \cdot 10^{-6}} \sim 50.$$

Das ergibt für die Mesonengeschwindigkeit u

$$u \sim c(1 - \frac{1}{5000}).$$

Man kann diese hohen Geschwindigkeiten der Mesonen durch Energiemessungen auf anderem Wege bestätigen.

12.9 Dopplereffekt[13] und Aberration..

a) Wir beschreiben eine ebene Lichtwelle durch die Funktion

$$F(x_1, x_2, x_3, t) = A \cos \frac{2\pi}{\lambda}(\sum_{j=1}^{3} l_j x_j - ct)$$

mit $\sum_{j=1}^{3} l_j^2 = 1$. Dann hat F den Wert A auf der Menge der (x_1, x_2, x_3, t) mit

$$\sum_{j=1}^{3} l_j x_j - ct = \lambda k \qquad (k \in \mathbb{Z}).$$

Für festes t ist das im Raum der (x_1, x_2, x_3) eine Ebene $E(t,k)$, die Wellenfront, mit der Normalen $l = (l_1, l_2, l_3)$, deren Länge durch $(l, l) = 1$ normiert ist.

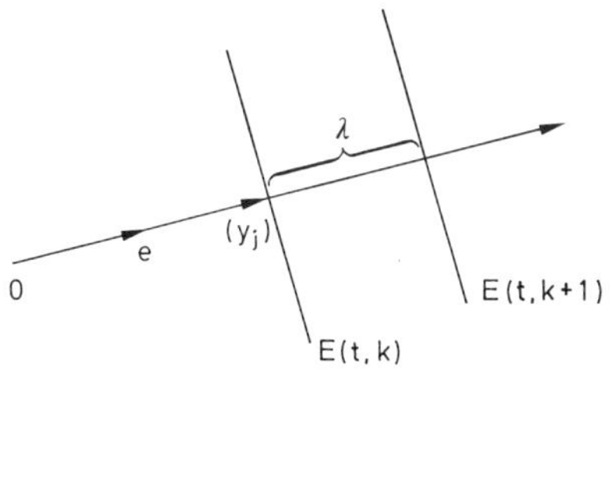

Sei $y = (y_j) = rl$ der Vektor von 0 zum Schnittpunkt von $\mathbb{R}l$ mit $E(t,k)$, also

$$\sum_{j=1}^{3} l_j y_j = r = ct + \lambda k.$$

---

13) Andreas Christian Doppler (1803–1853) Wien; Entdecker des nach ihm benannten Effektes in Akustik und Optik.

Also bewegt sich die Wellenfront mit der Lichtgeschwindigkeit c. Bei festem t ist der Abstand von $E(t,k)$ und $E(t,k+1)$ gerade λ; wir nennen daher λ die Wellenlänge unserer ebenen Welle.

Wir setzen nun

$$x = (x_1, x_2, x_3, t) \qquad \text{und} \qquad f = (f_1, f_2, f_3, f_4)$$

mit

$$f_j = \frac{2\pi}{\lambda} l_j \quad (j = 1,2,3), \qquad f_4 = \frac{2\pi}{\lambda c}.$$

Dann ist

$$(f,x) = \sum_{j=1}^{3} f_j x_j - c^2 f_4 t = \frac{2\pi}{\lambda}(\sum_{j=1}^{3} l_j x_j - ct)$$

und $(f,f) = 0$. Also gilt

$$F = A\cos(f,x).$$

b) Ein Beobachter B_1 beobachte eine einlaufende ebene Welle der Gestalt aus a). Ein zweiter Beobachter, der sich relativ zu B_1 mit der Geschwindigkeit u in der x_1-Achse bewegt, beobachte dieselbe Welle. Was sieht B_2?

Nach 12.5 gilt

$$x_1 = \frac{1}{d}(x'_1 + ut'), \quad x_2 = x'_2, \quad x_3 = x'_3, \quad t = \frac{1}{d}(\frac{u}{c^2}x'_1 + t').$$

Sei $x' = (x'_1, x'_2, x'_3, t')$. Dann gilt $(f,x) = (f',x')$, falls wir $f' = (f'_1, f'_2, f'_3, f'_4)$ aus

$$f'_1 = \frac{1}{d}(f_1 - uf_4), \quad f'_2 = f_2, \quad f'_3 = f_3, \quad f'_4 = \frac{1}{d}(f_4 - \frac{u}{c^2}f_1)$$

bestimmen. Nun beobachtet B_2 also eine ebene Welle der Gestalt

$$A\cos\frac{2\pi}{\lambda'}(\sum_{j=1}^{3} l'_j x'_j - ct').$$

(Nach unserem Grundaxiom breitet sich die Welle auch bezüglich B_2 mit Lichtgeschwindigkeit c aus!) Dabei ist also

$$f'_j = \frac{2\pi}{\lambda'} l'_j \quad (j = 1,2,3), \qquad f'_4 = \frac{2\pi}{\lambda' c}.$$

Zur Vereinfachung der Formeln nehmen wir an, daß der Normalenvektor l der Wellenfront in der (x_1,x_2)-Ebene liegt und den Winkel α mit der x_1-Achse bildet. Dann ist

$$l = (\cos\alpha, \sin\alpha, 0).$$

Aus $l_3 = 0$ folgt

$$0 = f_3 = f_3' = \frac{2\pi}{\lambda'} l_3',$$

also $l_3' = 0$ und somit

$$l' = (\cos\alpha', \sin\alpha', 0)$$

mit geeignetem Winkel α'. Dabei ist

$$f_1' = \frac{2\pi}{\lambda'} \cos\alpha' = \frac{1}{d}(f_1 - u f_4) = \frac{2\pi}{d\lambda}(\cos\alpha - \frac{u}{c}),$$

also

$$\frac{\cos\alpha'}{\lambda'} = \frac{\cos\alpha - u/c}{\lambda\sqrt{1 - \frac{u^2}{c^2}}}. \qquad (1)$$

Ferner folgt aus $f_2' = f_2$

$$\frac{\sin\alpha'}{\lambda'} = \frac{\sin\alpha}{\lambda}. \qquad (2)$$

Schließlich ist wegen

$$\frac{2\pi}{\lambda' c} = f_4' = \frac{1}{d}(f_4 - \frac{u}{c^2} f_1) = \frac{2\pi}{d\lambda c}(1 - \frac{u}{c}\cos\alpha)$$

noch

$$\frac{1}{\lambda'} = \frac{1}{\lambda d}(1 - \frac{u}{c}\cos\alpha). \qquad (3)$$

Aus (1) und (2) folgt

$$tg\alpha' = \frac{\sin\alpha\sqrt{1 - u^2/c^2}}{\cos\alpha - u/c}.$$

Diese Gleichung bestimmt α' zu vorgegebenen α und u. Also sieht der Beobachter B_2 die Welle aus einer anderen Richtung ankommend als B_1. Ist $\alpha = 0$, so ist freilich auch $\alpha' = 0$. Dieses bei der Beobachtung von Fixsternen festzustellende Phänomen heißt Aberration.

Ferner ist wegen (3)

$$\lambda' = \frac{\lambda\sqrt{1 - u^2/c^2}}{1 - \frac{u}{c}\cos\alpha}.$$

Also ermittelt Beobachter B_2 auch eine andere Wellenlänge des ankommenden Lichtes als B_1.

Für $\alpha = 0$ wird

$$\lambda' = \lambda\sqrt{\frac{1+u/c}{1-u/c}} = \lambda(1 + \frac{u}{c} + \ldots) > \lambda.$$

Das ist der longitudinale Doppler-Effekt mit $\frac{\lambda'-\lambda}{\lambda} \sim \frac{u}{c}$, welcher auch in der Akustik und bei klassischer Behandlung der Optik ähnlich zustande kommt. (In der klassischen Theorie erhält man $\lambda'(1 - \frac{u}{c}\cos\alpha) = \lambda$.)

Für $\alpha = \frac{\pi}{2}$ ist hingegen

$$\lambda' = \lambda\sqrt{1 - u^2/c^2} = \lambda(1 - \frac{1}{2}\frac{u^2}{c^2} + \ldots) < \lambda,$$

also ein sehr viel kleinerer Effekt. Dieser sogenannte transversale Doppler-Effekt wurde bei der Rotverschiebung der Spektrallinien von Sternen beobachtet.

Mit 12.9 haben wir die von uns selbst gesetzte Grenze, nämlich relativistische Kinematik, aber keine relativistische Physik zu treiben, fast schon überschritten. Wer tiefer in die Relativitätstheorie eindringen will, muß die relativistische Gestalt der Mechanik und vor allem der Elektrodynamik studieren. Erst die Relativitätstheorie liefert die abschließende Fassung der Elektrodynamik bewegter Körper. Wir verweisen dafür auf die folgenden Bücher:

A. Sommerfeld, Theoretische Physik III, IV.
M. von Laue, Die Relativitätstheorie 1.
C. Möller, The Theory of Relativity.

Eine sehr schöne Einführung in die physikalischen Grundlagen der speziellen Relativitätstheorie, welche nur ganz bescheidene mathematische Hilfsmittel verwendet, findet man in

M. Born, Die Relativitätstheorie Einsteins und ihre physikalischen Grundlagen.

Namenverzeichnis

Sachverzeichnis